I0033107

COURS COMPLET
D'AGRICULTURE

THÉORIQUE, PRATIQUE, ÉCONOMIQUE, ET DE MÉDECINE RURALE ET VÉTÉRINAIRE.

Avec des Planches en Taille-douce.

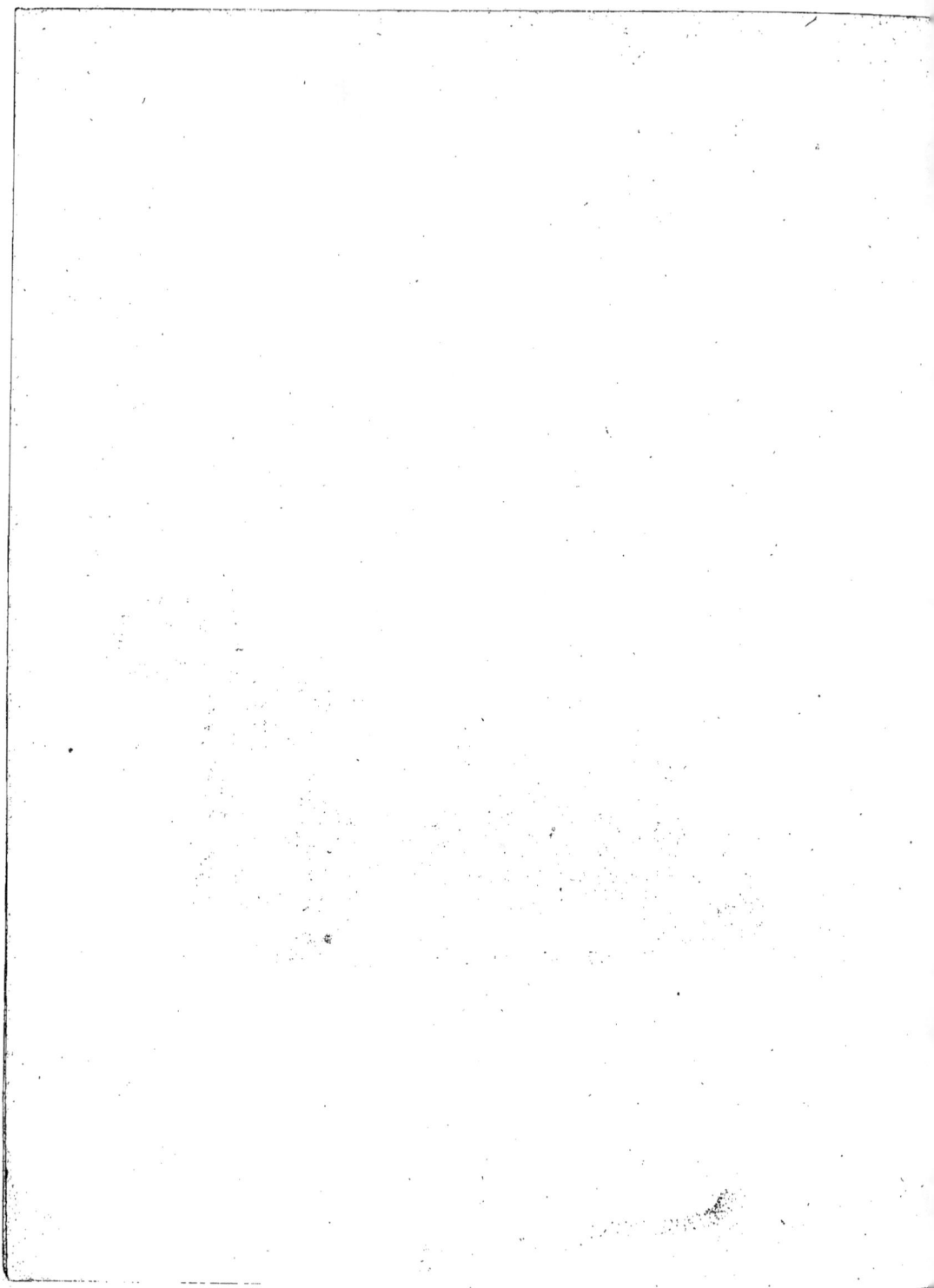

COURS COMPLET
D'AGRICULTURE
THÉORIQUE, PRATIQUE, ÉCONOMIQUE, ET DE MÉDECINE RURALE ET VÉTÉRINAIRE;

SUIVI d'une Méthode pour étudier l'Agriculture par Principes :

OU

DICTIONNAIRE UNIVERSEL
D'AGRICULTURE;

PAR une Société d'Agriculteurs, & rédigé par M. L'ABBÉ ROZIER, Prieur Commendataire de Nanteuil-le-Haudouin, Seigneur de Chevreville, Membre de plusieurs Académies, &c.

TOME SECOND.

A PARIS,

RUE ET HÔTEL SERPENTE.

M. DCC. LXXXII.

AVEC APPROBATION ET PRIVILÉGE DU ROI.

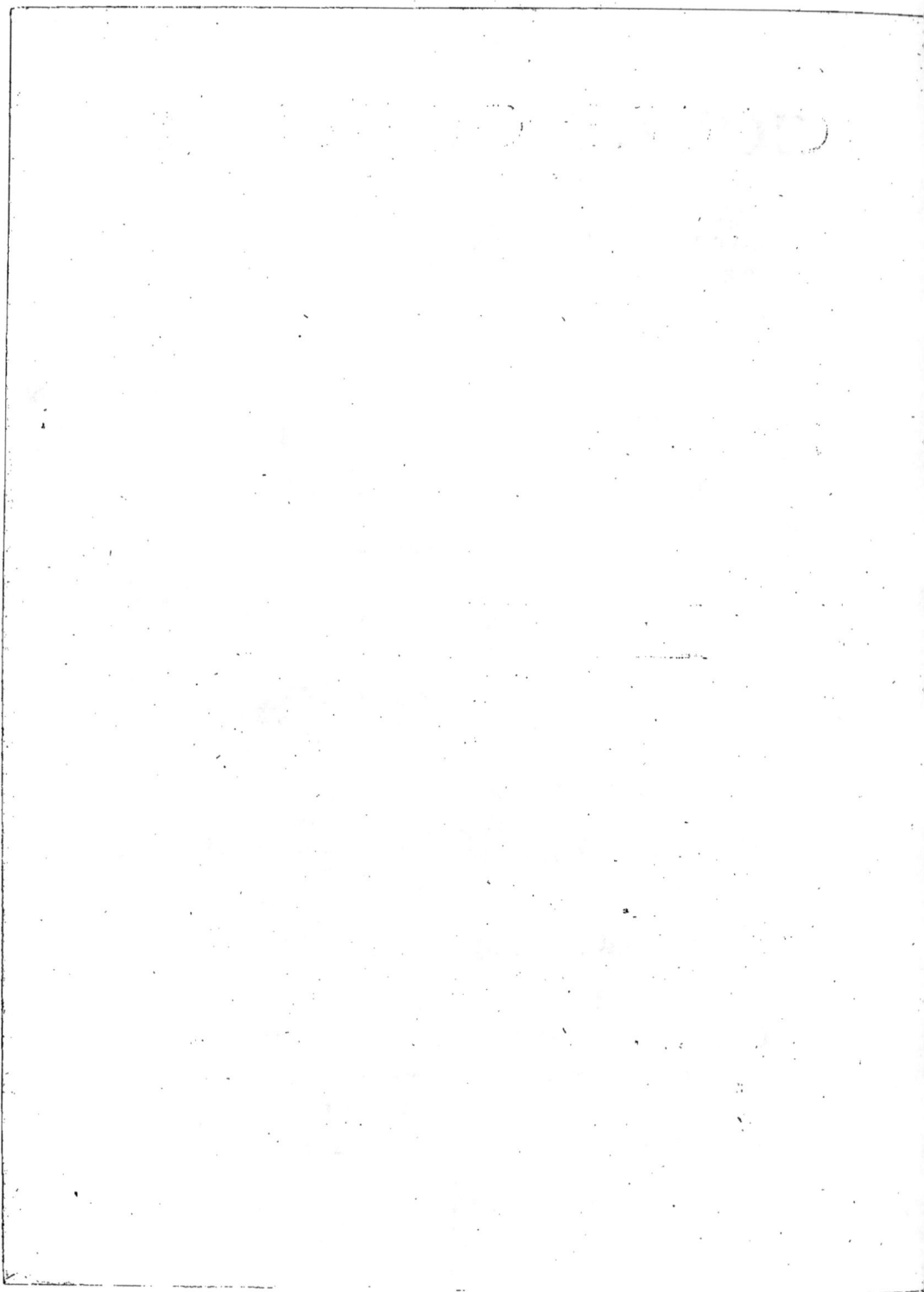

AVIS DE L'ÉDITEUR.

LE Public a accueilli le premier volume de cet Ouvrage ; son approbation redouble mon zèle, & m'engage à donner les plus grands soins aux volumes suivans. J'avois promis de publier ce premier volume à la fin de l'année 1780 ; mais mon déplacement de Paris dans les environs de Beziers, les soins, les réparations qu'entraîne une nouvelle acquisition ; en un mot, plusieurs circonstances réunies m'empêchèrent de mettre l'ordre nécessaire aux matériaux que je rassemblois depuis plusieurs années. Aujourd'hui c'est au milieu des jardins, des champs, des vignes, des prés, des oliviers, &c. que j'étudie & que je compare ce que j'avois écrit autrefois avec ce que j'observe de nouveau. Le Public est trop juste pour me savoir mauvais gré d'un retard forcé, & sur-tout d'un retard qui me met dans le cas de suivre des observations & de répéter des expériences. Exact à l'avenir, il paroîtra régulièrement un volume de six mois en six mois. Chaque volume sera enrichi de gravures aussi soigneusement finies que celles des deux premiers ; leur nombre pour chaque volume sera de quinze à vingt, & plus si le besoin l'exige (*a*). Le papier & les caractères d'impression seront les mêmes que ceux dont on s'est déjà servi.

Je desirerois sincérement répondre aux demandes particulières qui m'ont été faites par un grand nombre de Souscripteurs. Chacun sollicite pour ce qu'il affectionne le plus : l'un exige les plus grands détails sur les étangs, la pêche, &c. l'autre sur les différens genres de chasses. Celui-ci exige un Traité de Jurisprudence agricole, les Loix des Bâtimens ; & celui-là qu'on lui facilite les moyens de reconnoître d'une manière sûre les plantes utiles à la Médecine rurale, vétérinaire, &c. &c. Je préviens que je ne m'occuperai à l'avenir ni de pêche, ni de jurisprudence, ni de chasse ; ces objets sont trop étrangers à mon but.

Ces deux premiers volumes ne contiennent peut-être pas autant de mots que quelques Lecteurs en auroient desiré ; il n'étoit pas possible d'y en faire entrer un plus grand nombre, attendu que, pour éviter des répétitions inutiles par la suite, il a fallu nécessairement établir, lorsque l'occasion s'en est présentée, l'entier développement des principes généraux, & leur donner une certaine étendue. Par exemple, si on ne connoît pas les modifications de l'air & ses effets, comment comprendre la théorie des fermentations vineuses, & d'après cette théorie agir d'une manière assurée dans la pratique ? Pouvoit-on passer sous silence à l'article ABEILLE, qui forme un Traité complet, les belles expériences des Géorgiphiles de la Haute-Lusace ? au mot AMENDEMENT, l'application de la manière d'agir des élémens sur la terre ? &c. &c. Qui ne voit pas que ce qu'on a dit aux

(*a*) Le second volume en contient *vingt-huit*. On doit voir avec plaisir que nous ne négligeons rien de ce qui peut contribuer à l'intérêt de l'Ouvrage & à la satisfaction du Public.

mots Air, Amendement, &c. &c. s'applique naturellement & sert de base à une infinité d'articles renfermés dans les volumes suivans ?

Mon but, en rédigeant cet Ouvrage, a été de mettre le Cultivateur intelligent dans le cas de raisonner ses opérations, de lui présenter une série de principes certains, afin qu'il en prévît les conséquences dans la pratique. D'après ce plan, il falloit donc entrer dans quelques détails de la physique relative à la végétation & à l'agriculture, décrire toutes les parties qui concourent à former une plante, & les usages auxquels la nature destine chacune de ces parties. Peut-on parler des principes des engrais, de la fermentation, &c. sans faire connoître les sels, les principes spiritueux, & sans le flambeau de la chimie? Alors tout seroit obscur, incertain, & il faudroit employer des mots vides de sens, tomber dans le défaut de plusieurs Ouvrages en ce genre, qui ne renferment que des méthodes universelles, & une longue suite de recettes souvent absurdes & presque toujours inutiles. Mon but a été que ceux sur-tout qui vivent sur leurs Terres, loin des Villes, pussent trouver dans cet Ouvrage tout ce qu'il leur importe de savoir relativement à la culture des objets d'utilité première ou d'agrément; enfin ce qu'il est essentiel qu'ils sachent, soit pour la conservation de leur santé, soit pour celle de leurs bestiaux. Si je remplis complétement ce que je me propose, j'aurai la satisfaction d'avoir fait un livre utile, & de dire, avec Phèdre, *Lib. 3, Fab. 17: Nisi utile est quod facimus stulta est gloria.*

Certaines lettres, comme A, B, C, D, M, P, &c. &c. contiennent une longue suite de mots, & de très-grands articles; voilà pourquoi la lettre A compose le premier volume, & les lettres B & C forment le second & une partie du troisième. Plus j'avance, plus les matériaux se présentent en foule; de sorte qu'il n'est pas possible d'affirmer que six volumes suffiront pour cet Ouvrage. S'il excède le nombre de huit, *les volumes en sus de ces huit seront* DÉLIVRÉS GRATIS, *à Messieurs les Souscripteurs seulement.* J'aime mieux faire des sacrifices, & donner à mon Ouvrage l'étendue qu'il exige.

Si je me suis trompé dans les deux premiers volumes, & si j'erre dans les suivans, je prie ceux qui les liront d'avoir la bonté de me communiquer leurs observations; je me rétracterai de bonne-foi, parce que je n'ai d'autre objet en vue que l'utilité publique.

ERRATUM DU SECOND VOLUME.

Page 119, *ligne* 32, storax, *lisez*, stirax.

AVIS AU RELIEUR.

Mettez l'Epître Dédicatoire à la tête du premier volume, avant l'Avis de l'Editeur.

COURS COMPLET D'AGRICULTURE,

THÉORIQUE, PRATIQUE ET ÉCONOMIQUE, ET DE MÉDECINE RURALE ET VÉTÉRINAIRE.

ARRÊTER. Terme de jardinage. Il s'applique à plusieurs objets différens. On arrête des melons, des concombres, des potirons, &c. lorsqu'ils ont trop de bras ou de fleurs, que les jardiniers appellent improprement *fausses fleurs*, parce qu'elles ne donnent aucun fruit ; mais ces bonnes-gens n'ont pas observé que sur tous les pieds des plantes cucurbitacées, les fleurs mâles sont séparées des fleurs femelles, quoique sur le même pied ; & les unes & les autres diffèrent par leur forme, comme on le dira aux mots COURGE, MELON, &c. *Arrêter les fleurs mâles*, c'est empêcher la fécondation des fleurs femelles. Pour qu'elle s'exécute, il faut de toute nécessité que la poussière fécondante ou étamine se porte sur le pistil de la femelle, pénètre l'ovaire & vivifie la graine. Les jardiniers, avant de porter une main meurtrière sur ces prétendues fausses fleurs, devroient se demander à eux-mêmes, s'ils en savent plus que la nature, & si la nature ne produit uniquement ces fleurs que pour leur procurer le doux passe-tems & le plaisir de les *arrêter*, de les *pincer ?* Les mots ne manquent pas pour cette absurde castration.

On dit, *arrêter une vigne*, lorsque l'on coupe l'extrémité de ses sarmens ; opération aussi malfaisante que la première. Si elle se fait de bonne heure dans les provinces méridionales, par exemple à la fin de Juin, la portion de sarment qui reste attachée au cep poussera de nouveaux sarmens par ses bourgeons, & ces bourgeons, en se développant, fleuriront, produiront des raisins qui seront mûrs un mois après les autres, si la gelée ne les surprend, & ils donneront toujours un fort mauvais vin. Ne voit-on pas clairement que cette opération dérange l'ordre & le cours de la végétation, & que ce dérangement est en pure perte, même pour le raisin qui survient. Relevez le sarment ; attachez-le à l'échalas, ou contre un autre sarment s'il n'y a point d'échalas ; mais n'arrêtez pas.

Dans les provinces du nord, à quoi cet arrêt servira-t-il à la vigne, à la treille, à l'espalier ? A rien, sinon pour satisfaire le coup d'œil, pour mettre les branches à la même hauteur. Cela ne vaut-il pas la peine de tourmenter le cep & de le bourreler ?

Si dans les unes & les autres provinces cette opération se pratique plus tard, le motif en est aussi ridicule. Encore une fois, attachez & n'arrêtez pas.

On *arrête* un arbre fruitier : autre absurdité en général ! Respectez la nature qui ne produit rien en vain. Ce que je dis paroîtra un paradoxe, & diamétralement opposé à toutes les loix, sentences & règles prescrites par ceux qui ont traité de la conduite des arbres. Je dirai à ces auteurs & à leurs sectateurs : venez à *Montreuil*, & voyez. Ses habiles jardiniers sont parvenus, à force d'observations, à connoître les loix & la marche de la nature ; ils aident ses efforts & ne la contrarient point. Tous ces arrêtemens ou pincemens obligent la branche à pousser des branches chiffonnes qu'il faudra abattre à la taille. Il ne valoit donc pas la peine d'arrêter & de faire consommer une bonne partie de la séve en pure perte. Les cas où il faut arrêter sont extrêmement rares. Si un gourmand s'emporte dans le milieu d'un autre en espalier, & sur-tout si le bon bois manque dans cette partie, c'est le cas de l'arrêter, parce qu'il attireroit à lui seul presque toute la séve dont les branches voisines seroient dépouillées ; alors, lorsqu'il aura deux pieds de longueur, ravalez-le à la hauteur d'un pied ; il poussera de nouveaux bourgeons que l'on palissera, & un mois après on les raccourcira encore. Sur l'arbre que vous avez planté, & que vous destinez à former le buisson, ou autrement dit, le *vase*, le *gobelet*, &c. s'il ne s'élève qu'une seule branche ou deux, c'est le cas d'arrêter, afin de forcer les boutons inférieurs à donner de nouvelles branches ; mais pour tout arbre formé, attachez, palissez & n'arrêtez pas.

ARRHES, ARRHER. C'est l'argent qu'on donne pour assurer l'exécution d'un marché ; ce qu'on appelle à Paris donner le *denier à dieu*, soit qu'on achète des chevaux, des bœufs, des moutons, &c. lorſqu'on ne les paye pas ſur le champ.

ARRIÈRE-FAIX. (*Voyez* ACCOUCHEMENT)

ARRIÈRE-FLEUR. Ce mot n'eſt pas encore généralement reçu, & il manque au jardinage pour déſigner les fleurs qui paroiſſent ſur un arbre, & contre toute attente, ou pendant l'été, ou pendant l'automne, quoiqu'il ait fleuri au printems, & que ſes fleurs ſe ſoient aoûtées.

Cette ſeconde fleuraiſon annonce toujours l'état de ſouffrance de l'arbre par une cauſe quelconque. La ſéchereſſe du printems ou de l'été en eſt ſouvent la cauſe. La ſéve a langui dans ſes canaux; elle a été trop peu abondante; & s'il ſurvient, après un long eſpace de tems de ſéchereſſe, une pluie aſſez conſidérable pour pénétrer juſqu'aux racines, la ſéve reprend ſes droits, monte avec impétuoſité; mais comme elle trouve d'abord les diamètres de ſes conduits trop reſſerrés, elle s'emporte vers ceux qui le ſont moins, & force les boutons à fruit qui auroient épanoui l'année ſuivante, d'épanouir alors.

Il paroît encore d'arrières-fleurs, ſur-tout ſur la vigne, dans les pays chauds, lorſqu'on a arrêté ou pincé les ſarmens. On voit dans la cour d'une des principales auberges de la ville d'Orléans, je crois l'*Empereur*, un marronnier d'inde chargé de fleurs au mois de Septembre, quoiqu'il ait fleuri au printems. Il eſt auſſi verd que les autres marronniers de la même cour; ſa végétation eſt la même. Quelle eſt la cauſe de ce phénomène? je n'ai pu la découvrir.

Il ne faut pas confondre ces arrières-fleurs avec celles des arbres fruitiers, ou tels autres, qui pouſſent en Décembre ou en Janvier, ſi la chaleur de l'atmoſphère ſubſiſte juſqu'à cette époque. Ce phénomène arriva dans les environs de Lyon en 1743: tous les amandiers & les pêchers étoient en fleur le 6 Janvier, & le 7 il ne reſta plus une ſeule fleur ſur les arbres.

On a vu en 1722, en Portugal, dans la province des Algarves, pendant les mois de Décembre & de Janvier, des arbres verds & fleuris comme au printems, des prunes, des poires auſſi mûres & auſſi bonnes qu'au mois de Juin; des figues auſſi groſſes qu'en Avril & qu'en Mai; des vignes qui avoient déjà des grappes de verjus, &c. Cette douceur dans la température de l'atmoſphère ſe fit également ſentir en France, quoiqu'elle ſoit ſituée beaucoup plus au nord que le Portugal; on ne fut pas obligé de couvrir les artichauts pour les préſerver des gelées, & leur végétation ſe continua, ou plutôt devança tellement la ſaiſon ordinaire, que le 24 Janvier 1723, on coupa des artichauts d'une groſſeur ſuffiſante pour être mis en ragoût. La belle expérience de M. Duhamel, rapportée pag. 458, au mot AMANDIER, rend raiſon de ce phénomène, qu'il ne faut pas confondre avec celui de l'arrière-fleur.

ARROCHE. Les botaniſtes en comptent huit à dix eſpèces, ſans comprendre dans ce nombre pluſieurs variétés; mais pour ne pas ſortir de la loi que nous nous sommes imposée, nous ne parlerons que de l'espèce cultivée dans nos jardins, & de sa variété.

M. Tournefort place l'arroche dans la seconde section de la quinzième classe, qui comprend les fleurs apétales, à étamines, dont le pistil devient une semence enveloppée par le calice, & il l'appelle *atriplex hortensis alba, sive pallide virens.* M. le chevalier Von Linné l'appelle *atriplex hortensis*, & la classe dans la polygamie monœcie. Cette plante est connue par les jardiniers sous plusieurs dénominations différentes; ils la nomment *follette* par rapport à la promptitude avec laquelle elle croît; *bonne dame*, ou *belle dame.* L'auteur du *Dictionnaire d'Agriculture* imprimé à Paris, la confond au mot *Belle dame*, avec la *belladone*, (*voyez* ce mot) plante narcotique & vénéneuse. Sans doute que cet auteur ne connoissoit ni l'une ni l'autre de ces plantes.

Fleur, apétale, à étamines. Les fleurs hermaphrodites, ou les fleurs femelles, sont sur le même pied. Les fleurs hermaphrodites sont placées dans un calice concave, divisé en cinq parties; les fleurs femelles dans un calice, divisé en deux folioles planes, droites, ovales, aiguës, comprimées.

Fruit. Le pistil se change en une semence ronde, comprimée; celle de la fleur hermaphrodite est renfermée dans le calice devenu pentagone, & celle de la fleur femelle est contenue par les deux folioles de son calice.

Feuilles, sinuées, crenelées, triangulaires, blanchâtres, assez ressemblantes à celles de la poirée, mais plus petites, plus molles, recouvertes d'une espèce de poussière dont la couleur est d'un verd pâle.

Racine; longue d'un pied, fibreuse.

Lieu. Originaire de Tartarie, cultivée dans nos jardins, où elle fleurit communément en Juin ou en Juillet, ce qui dépend du tems auquel elle a été semée. Cette plante est annuelle.

Propriétés. L'herbe a un goût insipide; elle est délayante, rafraîchissante, peu nourrissante. Les semences sont inodores, leur saveur nauséabonde, légérement âcre, sur-tout lorsqu'elles sont récentes. Ces semences sont purgatives & émétiques. Un usage fréquent & trop continué des feuilles, diminue sensiblement les forces de l'estomac, & occasionne la diarrhée.

Usages. On emploie rarement les semences. On les prescrit pulvérisées depuis demi-drachme jusqu'à deux drachmes, délayées dans cinq onces d'eau. La dose, si on s'en sert en décoction, est depuis deux drachmes jusqu'à une once, dans huit onces d'eau ou de lait. Les feuilles sont utiles pour les décoctions émollientes, pour les fomentations & les lavemens. Appliquées sur des tumeurs inflammatoires & circonscrites, elles calment sensiblement la dureté, la chaleur & la douleur, & quelquefois les disposent à se convertir en abcès; appliquées sur des hémorroïdes externes, elles diminuent la douleur & la démangeaison.

Culture. Quoique cette plante soit originaire de Tartarie, il est inutile, dans aucune province du royaume, de la semer sur couche, ainsi que le conseille M. de la Quintinie, & plusieurs auteurs après lui. La terre ordinaire des jardins lui suffit. Dans les provinces méridionales, on peut la semer dès la fin de Mars ; il vaut cependant mieux attendre le mois de Mai pour tout le reste du royaume. Le jardinier d'Artois conseille de la semer depuis la fin de Février jusque dans le mois de Juin. Cette plante craint la gelée, & il est à craindre, dans les provinces du nord, de voir dans une matinée ses espérances détruites. Au mois de Juillet, ou plutôt, suivant le climat, la graine est mûre ; & après avoir laissé pendant quelques jours les tiges sur des draps exposés au soleil, pour en détacher les semences, on peut semer de nouveau cette graine, & on aura une assez bonne récolte.

Avant de la semer on trace des sillons si on doit arroser par irrigation, (*voyez* ce mot) ou bien on dresse des tables si on arrose avec la main : la graine est jetée à la volée, ou semée dans des raies ; quelques coups de râteau suffisent pour l'enterrer, & elle paroît quelques jours après. Dès que la graine germe, elle exige de fréquens arrosemens. Sa végétation est prompte & rapide, sa durée est courte, & elle monte promptement en graine. On est dédommagé d'une existence si passagère, par la facilité qu'on a d'en semer tous les huit ou quinze jours pendant la belle saison.

Il est très-inutile de replanter quelques pieds à part pour avoir la graine. Laissez la plante dans le lieu qui l'a vu naître, & ne dérangez pas sa végétation. Les seuls soins qu'elle exige consistent dans l'arrosement & le sarclage.

On se sert de cette arroche pour les potages qu'elle colore ; on l'unit avec l'oseille, & on la mange assaisonnée comme les épinards ; ce mets affoiblit trop l'estomac. Il vaut mieux lui préférer la poirée (*voyez* ce mot) pour les usages auxquels on l'emploie dans les cuisines. En total, cette plante mérite bien peu les soins qu'on lui donne.

ARROSEMENT, ARROSER. Les élémens semblent se faire la guerre entr'eux. Dès que l'un domine, il tyrannise les autres ; cependant ce n'est que par leur accord parfait que la végétation se soutient. La terre est le réceptacle de leurs opérations ; elle est purement passive, & les trois autres sont les agens. Si la partie aqueuse domine, l'air & la chaleur ont une action qui pousse les végétaux à la putréfaction avant qu'ils aient atteint le point de leur croissance ; & si elle est trop abondante, il n'y a point de végétation. Si au contraire la chaleur & l'air n'agissent pas de concert, la végétation est nulle. Si l'eau à son tour est évaporée, l'action de la chaleur desséche, oblitère les canaux de la séve ; les tiges sont sans vigueur, elles s'inclinent & se fanent ; les feuilles retombent ; enfin la plante se desséche, périt calcinée & réduite en poussière. Il faut donc que l'action des élémens soit combinée. Sans la chaleur la terre est inanimée ; sans humidité il n'y a point de dissolution, & la meilleure terre ressemble au rocher ; sans le secours de l'air, point de fermentation.

La main de l'Éternel a placé la nuit pour tempérer l'ardeur dévorante d'un jour d'été ; la rosée bienfaisante s'attache aux feuilles ; ces feuilles absorbent une partie de cette eau précieuse qu'elles avoient fournie par leur transpiration, & qui s'étoit élevée du sein & de la surface de la terre lorsque le soleil dardoit ses rayons ; enfin, des pluies douces & chaudes rendent à la terre une humidité précieuse, principe de végétation : mais lorsque l'action du soleil a été trop long-tems soutenue, l'industrie humaine, attentive à conserver & multiplier ses jouissances, est forcée de venir au secours d'une terre aride ; elle implore ses soins, il faut l'arroser, la rafraîchir, lui recombiner un de ses élémens dont elle a été dépouillée.

Il y a deux manières générales d'arroser, ou avec des arrosoirs, ou par irrigation, (*voyez* ces deux mots, & sur-tout le mot IRRIGATION ; il exige un article étendu à cause des prairies.) La troisième méthode, pratiquée par les curieux, est celle d'*aspersion ;* elle s'exécute avec une espèce de goupillon, afin de ne donner que peu d'eau à la fois, & afin que cette eau ne resserre pas trop la terre qui recèle dans son sein des semences délicates. Elle est rare pour la pleine terre, & presque toujours elle se borne aux vases, aux caisses & aux terrines, &c.

L'arrosement artificiel le meilleur, est celui qui imite le plus complétement la pluie. Voilà la loi dont on ne doit pas s'écarter. Comment faut-il arroser ? quand faut-il arroser ? avec quelle eau faut-il arroser ? sont autant d'objets à examiner.

1°. *De la manière d'arroser.* Le jardinier, armé de deux arrosoirs garnis de leur pomme ou grille, marchera rapidement dans le sentier qui borde ses *planches*, ses *quarreaux* ou ses *tables :* ces différens mots sont usités suivant les provinces du royaume. La pomme de l'arrosoir sera bombée & parsemée de trous très-petits, afin que les filets d'eau auxquels ils donneront passage, aient peu de volume, & les trous seront espacés de cinq à six lignes. S'ils étoient plus rapprochés, les filets se réuniroient dans leur chûte & tapperoient la terre.

On vient de dire que la marche du jardinier, lors du premier arrosement, devoit être précipitée, afin de donner très-peu d'eau en commençant, & il faut que la terre ait eu le tems de l'imbiber avant de lui donner un second arrosement, sur-tout si cette terre est sèche. Sans cette précaution, l'eau ruisselleroit de la table dans le sentier, ou se rassembleroit dans les petites cavités de la table, qu'elle rendroit encore plus profonde en y resserrant la terre.

Un quart-d'heure après ce premier arrosement, on donne le second ; la marche du jardinier est plus lente, plus posée, & il a soin d'arroser également par-tout. Il en sera ainsi du troisième & du quatrième si le besoin l'exige. Lorsque l'eau contenue dans l'arrosoir est presque toute écoulée, il n'en reste pas assez pour presser avec force contre les trous de la grille & sortir en manière de jets ; alors les différens filets d'eau se réunissent, & plus les trous en sont gros, plus le courant qu'ils forment par leur réunion est considérable. Ce courant précipite trop d'eau à la fois dans le même endroit, & y rend la terre plus serrée que dans le reste de la table.

Comme le jardinier a communément plusieurs tables à arroser, il passera sur une seconde, & même sur une troisième, avant de recommencer sur la première. Le tems employé à l'arrosement de ces deux tables, & celui nécessaire pour aller chercher l'eau, permettront à la terre de bien imbiber la première eau. Il en sera ainsi pour les arrosemens suivans.

Il résulte de cette méthode, 1°. que le jardinier ne perd point de tems; 2°. que les jeunes tiges ne sont point couchées, les racines délavées & décharnées; 3°. que les feuilles inférieures ne sont point enfouies dans la terre, ou recouvertes par celles que l'eau fait ressauter; 4°. sur-tout la plante ne passe pas rapidement d'une extrême sécheresse à un arrosement qui la noie. On verra alors les plantes remercier pour ainsi dire la main qui leur rend la vie, ou qui entretient leur vigueur.

2°. *Quand faut-il arroser?* Ayez égard aux saisons, & la question sera décidée. En hiver si on arrose sur le soir, il est à craindre que le vent ne change dans la nuit, & n'amène la gelée avec lui; alors l'arrosement est décidément nuisible. Une autre raison fait proscrire les arrosemens du soir; c'est la longueur & la fraîcheur de la nuit; mais à mesure que le soleil s'élève, que ses rayons prennent plus de perpendicularité, & par conséquent plus de force, c'est le cas de commencer à arroser dans la soirée, & le moment le plus favorable est celui où le soleil se couche. En cela vous imiterez l'ordre de la nature, puisque ce moment est celui où la rosée commence à tomber. Si pendant l'été on arrose dans la matinée, le soleil aura bientôt pompé l'humidité répandue sur la surface de la terre, & elle n'aura même pas le tems de pénétrer jusqu'aux racines des plantes, pour peu qu'elles soient profondes. La terre se durcira, formera une croûte, se gercera, & même par ces gerçures, le peu d'humidité renfermée dans la terre s'évaporera. Si on arrose vers le midi, outre les inconvéniens dont on vient de parler, il est à craindre que le soleil ne brûle les feuilles. La moindre goutte d'eau réunie en globule fait l'office d'une loupe; elle rassemble les rayons; & au point du foyer, la partie qui y correspond est sur le champ calcinée. Mais comme ces globules sont souvent très-multipliés, on ne sera plus surpris du desséchement presque subit d'une ou même de toutes les feuilles. On voit beaucoup d'exemples pareils dans les provinces méridionales, si on n'arrose pas par irrigation.

En hiver, au contraire, il faut arroser lorsque le soleil a dissipé la fraîcheur de la surface de la terre; ses rayons plongeant alors sur une ligne oblique, n'ont pas la même activité des rayons de l'été. L'humidité sera très-peu évaporée; & par une chaleur douce, elle aidera la fermentation des sucs, leur dilatation, enfin leur ascension dans les plantes.

Règle générale; on peut dire d'un jardin potager, ou d'un parterre, qu'il est bien entretenu, lorsque le fond de terre ne souffre jamais, par les soins de celui qui le cultive, ni de la sécheresse, ni de la trop grande humidité. Cette règle exige cependant une exception. Certaines plantes demandent beaucoup plus d'eau que d'autres. Le céleri, par exemple, exige beaucoup d'arrosemens; les ails & les oignons très-peu; mais le premier ne doit pas être noyé, & le sol des seconds ne doit pas être aride. C'est donc de l'entretien d'une humidité convenable que dépend la bonne végétation.

Si un jardinier arrose par boutade, tantôt une planche, tantôt une autre, & néglige & laisse dessécher les tables voisines, il est sûr d'attirer dans celle qu'il vient de noyer, les taupes-grillons, nommés dans quelques endroits, *courterolles*, *courtillières*, les mulots, les taupes, les vers, les limaces, les escargots, & toute la légion des insectes destructeurs. Ces animaux cherchent la fraîcheur, les uns pour creuser plus commodément leurs routes souterraines, les autres pour dévorer les insectes enfouis dans la terre. Ceux-ci abandonnent l'herbe desséchée & flétrie, & se précipitent sur celle qui leur fournit une nourriture plus succulente & plus analogue à leur goût ou à leurs besoins; ceux-là soulèvent la première couche de cette terre ramollie, s'enfoncent, y déposent leurs œufs, ou bien s'enterrent pour y subir une nouvelle métamorphose.

Il n'est pas possible de fixer le nombre des arrosemens, ni leur proportion; c'est le climat qu'on habite, la chaleur qu'on y éprouve, le sol qu'on y travaille, la plante qu'on y cultive, &c. qui doivent le décider. Il est constant qu'un sol sablonneux en exige beaucoup plus qu'un terrain argileux; (*voyez* le mot ARGILE) c'est au jardinier prudent & sage à les régler.

Les arrosemens trop fréquens nuisent beaucoup à la bonté des légumes. Aidés par la chaleur, ils poussent plus promptement, acquièrent plus de volume. Il en est ainsi des fruits; mais c'est toujours aux dépens du goût & de la qualité. Aussi on dit avec raison que les légumes, les herbages, &c. que l'on mange dans les grandes villes, sentent l'eau & le fumier: peu importe au jardinier qui les a vendus; il est payé, sa table est bien vîte replantée de nouveau, & c'est tout ce qu'il demande.

3°. *Avec quelle eau doit-on arroser?* L'eau peut être considérée relativement à son degré intrinsèque de chaleur, ou aux principes qu'elle contient.

1°. *Du degré de chaleur de l'eau.* On a beaucoup discuté si l'arrosement fait avec l'eau chaude ou l'eau tiède étoit avantageux ou nuisible. Le problême est résolu par lui-même, si on ne s'écarte pas de la loi de la nature. Plongeons la boule d'un thermomètre (*voyez* ce mot) dans une planche d'un jardin, à la profondeur de deux ou trois pouces. Au soleil levant d'un beau jour d'été, l'esprit-de-vin ou le mercure montrera le degré de chaleur de la terre, qui sera, je suppose, le degré dix-huit. Dans un endroit nullement abrité des rayons du soleil, à midi, le mercure sera à 20, à 22; à trois heures, à 24 ou 25; à sept heures du soir, à 19 ou à 20; enfin le lendemain à la même heure, à 18.

à 18. Ces proportions de degrés doivent être regardées comme générales, & non pas prises à la rigueur.

Supposons actuellement que l'eau dont on se sert pour arroser, soit l'eau d'une fontaine qui vienne de loin par des canaux très-profonds. Si on plonge dans cette eau un thermomètre dont la graduation soit régulière & égale au premier, on trouvera que la chaleur de l'eau de cette fontaine n'excèdera pas onze à douze degrés; & si elle est ce qu'on appelle parfaitement bonne, ou froide, elle aura précisément dix degrés & un quart de chaleur.

Il est aisé de tirer actuellement les conséquences sur les effets qui résultent de cette différence de température entre l'eau, la terre qu'on arrose, & les plantes qui végètent: elle sera pour le matin, environ de sept degrés; à midi, de 10; & à trois heures de l'après-midi, de 14. On peut juger par soi-même de l'impression fâcheuse que les plantes éprouveront par l'arrêt de leur transpiration: (*voyez* ce mot) organisées à peu près comme l'homme, elles sont sujettes aux mêmes maladies. Eh! qui ignore les suites fâcheuses d'une transpiration arrêtée?

Si on arrose avec de l'eau dont la chaleur soit de 60 à 80 degrés, & que celle de la terre soit de 18, & même de 25 & 30, il est constant que ce passage subit, cette alternative de froid & de chaud, relativement à la différence des degrés, attaquera la plante, détruira sa texture extérieure qui renferme & défend toute son organisation, & agira encore bien plus fortement sur celle des racines, beaucoup plus tendres & plus poreuses, que sur celle des tiges ou des feuilles. La nature ne connoît point d'extrêmes dans la marche de la végétation. Imitons-la donc.

L'eau pour l'arrosement doit être d'une température égale à celle du terrain qu'on veut arroser, à quelque heure que ce soit de la journée. Je ne parle pas de l'hiver lorsqu'il gèle, puisqu'on n'arrose plus alors. Pour cet effet, tirez le soir l'eau qui doit servir pour le lendemain matin: elle se mettra pendant la nuit, à la température de l'atmosphère. Tirez le matin celle dont vous vous servirez quelques heures après, & à trois heures de l'après-midi, celle destinée pour l'arrosement du soir au soleil couchant. Ce genre d'arrosement suppose dans le jardin un ou plusieurs dépôts d'eau découverts afin d'accélérer le travail; si le jardin en est dépourvu, c'est au maître vigilant à les faire construire sans délai. Une fosse d'une certaine étendue, dont le fond & les côtés seront corroyés avec de l'argile sur un pied d'épaisseur, évitera la dépense de la maçonnerie, & la maçonnerie même ne retiendra pas l'eau, à moins qu'elle ne soit faite en béton ou en pouzzolane. (*Voyez* ces mots)

2°. *Quels principes doit contenir l'eau destinée aux arrosemens?* La meilleure eau est celle qui cuit parfaitement les légumes & dissout complétement le savon; l'eau séléniteuse (*voyez* ce mot) est la plus mauvaise, parce qu'elle est pétrifiante. Les eaux qui coulent des mines, qui tiennent du cuivre en dissolution, sont exécrables & tuent les plantes. L'eau des rivières est très-bonne. Je ne sais trop ce qu'on entend par ce mot *eau crue*, si souvent employé par les jardiniers, & qui ne signifie rien ; car plus l'eau est réduite à ses propres principes, plus elle est pure comme eau. C'est un abus de mot, ou une expression appliquée mal à propos, & j'ai toujours vu que cette eau crue étoit ou séléniteuse, ou sortoit d'une source dont le degré de chaleur n'excédoit pas dix à onze degrés ; alors n'y ayant point de proportion entre sa chaleur & celle de l'atmosphère, de la terre, de la plante, &c. on l'a appelée *crue*.

Je ne veux pas dire que l'eau grasse, que l'eau savonneuse, &c. soient préjudiciables à l'arrosement. Ceci demande une explication. Si avec cette eau on arrose les feuilles & les tiges de la plante, elle nuira, parce qu'elle bouche leurs pores. Prenez de l'huile ou une eau très-grasse ; imbibez les feuilles, les tiges mêmes d'un arbrisseau naturellement plus robuste qu'une plante potagère ; l'arbrisseau languira, les feuilles s'inclineront, & il ne tardera pas à périr. Cette eau, au contraire, & en petite quantité, répandue sur la terre, sert de base à la combinaison savonneuse, presque le seul aliment des plantes, ou au moins le seul qu'elles pompent par leurs racines.

Une mare, des fosses, des citernes, &c. au fond desquelles on aura jeté quelques brouettées de fumier, corrigeront cette prétendue crudité des eaux, sur-tout si ces eaux restent pendant un tems convenable exposées au soleil, & c'est le grand point.

Quelques amateurs croient faire merveille en ajoutant du sel quelconque à l'eau destinée pour les arrosemens. Si ce sel est en petite quantité, il s'unira avec les principes graisseux & huileux renfermés dans la terre, & formeront ensemble le principe savonneux ; si le sel surabonde & n'est plus en proportion avec les substances graisseuses, &c. il brûlera, corrodera les plantes. C'est par cette raison que l'eau de mer fait périr les plantes qu'elle arrose, excepté celles dont la conformation permet de germer, de végéter & de fructifier dans cette eau. Une seconde expérience va confirmer ce que j'avance ; c'est le jardinier de milord Robin Manner qui parle. » L'été étant très-sec, je marquai avec de petits pieux quatre morceaux de terre dans les endroits d'un pâturage que les bestiaux avoient abandonné faute d'herbe. J'arrosai neuf soirées consécutives ces quatre morceaux de terre ; le premier avec deux pintes d'eau de source, sans mélange ; j'employai pour le second la même quantité d'eau, à laquelle j'ajoutai une once de sel commun : au troisième je donnai la même quantité d'eau, à laquelle je joignis le double de sel, & pour le quatrième morceau de terre, j'employai le triple de sel sur la même quantité d'eau. L'herbe vint en plus grande quantité & d'un verd plus foncé sur le second morceau, que sur le premier. Les touffes d'herbe, sur le troisième, étoient dispersées çà & là, & les endroits où j'avois prodigué l'eau étoient tout-à-fait stériles. Le quatrième morceau étoit généralement plus brûlé & plus stérile que le troisième

Il eſt cependant à remarquer qu'au printems ſuivant le quatrième morceau ſe trouva plus chargé d'herbes que les autres, parce que les pluies d'hiver avoient produit l'entière diſſolution des parties ſalines. » Ce jardinier auroit dû ajouter, la combinaiſon de ces parties ſalines avec les ſubſtances graiſſeuſes, d'où il en réſulta une plus grande abondance du principe ſavonneux. (*Voy.* le mot AMENDEMENT, pag. 478.)

Les fleuriſtes cherchent en vain à métamorphoſer la couleur des fleurs qu'ils cultivent, par le moyen des arroſemens. Que de tentatives ſans ſuccès ils ont faites pour avoir des œillets noirs, des roſes, des renoncules, &c. & ils n'ont pas obſervé que dans la nature il n'exiſte pas une ſeule fleur réellement noire! Leur art ne s'étendra pas plus loin que celui de la nature. Une autre cauſe s'oppoſe au ſuccès ſi ſollicité & ſi attendu. L'eau qui s'élève de la terre vers la plante monte dans un état de ſublimation, de diſtillation qui n'entraîne aucun atôme colorant, & l'extrémité des vaiſſeaux capillaires dont la racine eſt pourvue, fait l'office d'éponge ou de filtre, & rien d'étranger ne ſauroit parvenir dans les routes que la ſéve parcourt.

ARROSOIR. Vaiſſeau qui ſert à arroſer. (*Voyez* leurs différentes formes dans la gravure du mot OUTILS DU JARDINAGE) On en fait en cuivre, en fer-blanc, en terre cuite & en bois, & tous ſont également utiles, à la durée près.

Les arroſoirs dont on ſe ſert dans les environs de Paris ont à peu près la forme d'une poire tronquée par les deux extrémités. Ils doivent contenir au moins un ſeau d'eau. Ceux des provinces plus méridionales, reſſemblent à un priſme tronqué, & toute la partie inférieure eſt égale pour le diamètre ; la hauteur eſt priſe ſur celle de la feuille de fer-blanc ; les arroſoirs en cuivre y ſont preſque inconnus. Ces derniers ont un air plus dégagé, plus ſvelte, & ſont même plus faciles à manier. Un ſeul coup d'œil ſur la gravure vaudra mieux que la deſcription.

On ne ſauroit trop recommander de faire les trous des grilles petits & écartés au moins de ſix lignes, afin que les filets d'eau parviennent à terre ſans ſe réunir en chemin. La manière de diſpoſer la grille dans les arroſoirs pariſiens, contribue beaucoup à donner plus de cavité à la voûte que les filets forment en ſortant, que celle des autres arroſoirs. Lorſque le jardinier tient ceux-ci à la main, pour peu qu'il incline trop ſon arroſoir, les filets ſont alors perpendiculaires ſur la terre. La grille pour les arroſoirs des fleuriſtes diffère des premières, en ce que les trous ſont encore plus écartés, & qu'ils n'ont que le diamètre d'une épingle ordinaire. Cette grille n'eſt percée qu'aux deux tiers de ſa hauteur, & ne l'eſt pas dans la partie inférieure.

ARS. MÉDECINE VÉTÉRINAIRE. C'eſt l'intervalle qui ſépare la poitrine de l'articulation de l'épaule avec le bras. Nous diſons auſſi qu'un cheval *eſt frayé aux ars*, lorſqu'il y a inflammation & écorchure à la partie interne & ſupérieure de l'avant-bras.

Un cuir naturellement délicat, un voyage de longue haleine, principalement dans l'été, qui aura produit une écorchure par le frottement de cette partie contre le corps de l'animal, sont les causes qui peuvent y donner lieu. Nous avons vu des chevaux en être tellement incommodés, qu'ils marchoient à peine, & qu'ils fauchoient en cheminant, comme s'ils avoient pris un écart.

Ce mal cède facilement aux fomentations émollientes. L'inflammation dissipée, il faut bassiner la plaie avec du vin chaud miellé, & achever la cure par l'usage des poudres dessiccatives. M. T.

ARSENIC. Substance demi-métallique, pesante, volatile, qui se dissipe dans le feu sous la forme d'une fumée qui répand une odeur semblable à celle de l'ail.

On distingue trois sortes d'arsenic, le *blanc* ou *cristallin*, le *jaune* & le *rouge*. La loi & toutes les ordonnances de police, défendent de vendre de l'arsenic aux particuliers, à moins qu'ils ne soient connus, & elle a même porté la précaution jusqu'à prescrire aux vendeurs d'inscrire sur un registre le nom de l'acheteur. La loi est sage, & son exécution est presque nulle. J'ai vu dans la boutique d'un épicier d'une petite ville, la boîte à arsenic placée à côté de celles des girofles & de la muscade; enfin, à la portée de la main, comme si une pareille substance ne devoit pas être tenue sous la clef. On veut vendre, & peu importe à qui, parce que personne n'a l'œil ouvert sur la vente.

Sous prétexte de détruire les rats & les souris, on achète une composition connue sous le nom de *mort aux rats*, & qui plus d'une fois a causé la mort des hommes. Il y a tant de moyens de détruire ces animaux, qu'il est absurde de recourir à un piège si dangereux, & dont la couleur & la texture ressemblent si bien à celle de la farine.

L'usage de l'arsenic devroit être proscrit de la médecine; même à petite dose, soit intérieurement, soit extérieurement, il est dangereux. C'est un caustique & un corrosif au suprême degré, dont le vrai correctif n'est point encore connu. L'idée seule de ses ravages sur l'économie animale fait frémir: pris intérieurement, il occasionne une chaleur brûlante, & les douleurs les plus atroces dans l'estomac & dans les intestins; une soif dévorante qu'aucune boisson ne sauroit éteindre, suivie de fortes envies de vomir, de syncopes, de hoquets, de sueurs froides, de vomissemens de matières noires, de selles fétides. Le ventre s'aplatit, le pouls se resserre, se concentre; la gangrène dévore l'estomac, les intestins; enfin le malheureux meurt dans des douleurs inouies, & au milieu des plus horribles convulsions.

Les secours ne sauroient être assez prompts; le lait, l'huile d'olive, (sans rancidité) ou du beurre frais que l'on fait fondre dans l'eau tiède, doivent être donnés à grandes doses, tant que subsiste l'envie de vomir, & ne pas discontinuer tant qu'on suppose le moindre atôme d'arsenic dans l'estomac, & provoquer le vomissement en chatouillant l'intérieur du gosier avec la barbe d'une plume. Il ne faut pas craindre de fatiguer le malade par le vomissement ; au contraire, on doit le provoquer le plus qu'il est possible, jusqu'à ce qu'on ait appelé un médecin ou un chirurgien. Le moindre retard suffiroit pour établir l'inflammation dans l'estomac, dans les intestins, ainsi que la gangrène.

Si enfin ces substances n'émoussent pas la causticité de ce poison, on recourra à l'ipécacuanha en poudre, délayé dans un verre d'eau, sur laquelle on jettera quelques cuillerées d'oxymel scilitique ; si ce remède n'est pas assez actif, on recourra au vitriol blanc ou couperose blanche, à la dose de trente-six grains dissous dans l'eau, ou à l'émétique, à une dose un peu forte ; ce qui n'est pas sans danger.

La lessive de cendres vaudroit mieux ; par exemple, de sept à huit poignées sur une pinte d'eau : après l'avoir bien agitée avec l'eau, la laisser reposer, tirer à clair, & faire boire cette eau au malade. On peut encore employer le savon dissous dans l'eau chaude. Cette première lessive alcaline, la plus douce de toutes, seroit admirable pour neutraliser l'acide de l'arsenic, si les alcalis n'étoient pas caustiques. Il est à craindre que trouvant la membrane veloutée de l'estomac dans la plus grande irritation, ils ne l'augmentent encore ; mais aux grands maux les grands remèdes, sur-tout lorsqu'on ne trouve aucune ressource dans les autres.

Lorsque l'inflammation est à un certain degré, le vitriol blanc, l'émétique sont eux-mêmes un poison. L'eau de poulet, le petit lait, la décoction de mauve, de graine de lin, & de toutes les herbes émollientes, deviennent nécessaires, ainsi que les lavemens composés de ces mêmes substances, les fomentations sur la région de l'estomac & sur le ventre.

On a supposé, dès le commencement de cet article, que les personnes qui environnent le malade ont eu soin d'envoyer appeler le médecin ou le chirurgien, afin qu'avec des yeux accoutumés à observer, ils puissent juger sainement des symptômes, des progrès du mal, & y apporter les soulagemens convenables. Ces personnes de l'art connoîtront sans doute l'ouvrage de M. Navier, intitulé : *Contre-poisons de l'arsenic, du sublimé-corrosif, du verd-de-gris & du plomb*, dans lequel il donne la manière de composer un *hépar*, & la dose convenable au malade.

ARSEROLE, *ou* ARSIROLE. (*Voyez* AZÉROLIER)

ARTEMISE. (*Voyez* ARMOISE)

ARTHITRIQUE. (*Voyez* GOUTTE)

ARTICHAUT. Les botanistes rangent avec raison l'artichaut & le cardon sous le même genre ; mais comme on écrit ici pour les cultivateurs, on traitera du second au mot CARDON. M. Tournefort place l'artichaut dans la seconde section de la douzième classe, qui comprend les herbes à fleurs à fleurons, qui laissent après elles des semences aigretées ; & il l'appelle *cynara hortensis.* M. le chevalier Von Linné le nomme *cynara scolymus*, & le classe dans la singénésie polygamie égale.

I. *Description du genre. Fleur*, composée, flosculeuse; les fleurons sont en forme de tube. Les fleurons hermaphrodites sont, dans le disque & à la circonférence, égaux, rassemblés dans un calice renflé & écailleux. Le calice est grand, évasé, les folioles ou écailles se recouvrent alternativement & tout le tour. La forme des écailles varie suivant les individus nommés *espèces* par les jardiniers, & *variétés* par les botanistes, ainsi qu'on le verra.

Fruit. Point de péricarpe. Le calice contient des semences solitaires, ovales, à quatre faces arrondies, couvertes d'une aigrette assez longue, dont la couleur bleue tire sur le violet; les semences sont placées sur un réceptacle commun, plane & couvert de poils.

Feuilles, un peu épineuses, presque ailées, souvent découpées, & quelquefois entières; la surface inférieure un peu velue, blanchâtre; la couleur de la supérieure approche de celle qu'on nomme *verd de mer.*

Racine; en forme de fuseau, ferme, épaisse & fibreuse.

Port. Tige de la hauteur de deux pieds, & souvent plus; droite, cannelée, cotonneuse; la fleur naît au sommet d'un péduncule qui est une prolongation de la tige; ce péduncule est épais, feuillé; & outre la principale tige, il en pousse de côté plusieurs secondaires également chargées de fruit; les feuilles sont placées alternativement.

Lieu: les contrées méridionales de l'Europe; cultivé dans les jardins potagers. La plante est vivace. M. le chevalier Von Linné indique les environs de Narbonne pour le pays natal de l'artichaut. Je l'ai cherché vainement dans les campagnes sans l'y trouver. Quoique cette contrée éprouve peu de froid, il y gêle cependant, & son pied périt tout entier. Ce n'est pas la marche des plantes vivaces dans leur pays natal. Il y apparence que M. Von Linné a été trompé par les renseignemens qu'on lui a fournis.

II. *Des différentes espèces d'artichaut.* Il est difficile de bien caractériser ce que les jardiniers appellent *espèces*, sur-tout lorsque l'on prend la couleur pour base, puisque sur le même pied j'ai vu des fruits plus ou moins verds approchant du blanc, & tous deux ensemble; & des rouges & violets, également sur le même pied. Peut-être faudroit-il considérer ces espèces plutôt relativement au lieu où on les cultive, puisqu'il est probable que c'est l'espèce qui y réussit le mieux. Par exemple, dans la partie basse du Languedoc & de la Provence, &c. on cultive deux espèces d'artichaut, dont le fruit est très-petit, proportion gardée avec l'espèce cultivée dans les environs de Paris. Les uns sont appelés *artichauts blancs*, & les autres *artichauts rouges*. La famille des blancs offre deux ou trois variétés. L'extrémité des feuilles ou écailles extérieures des uns, eſt armée d'une épine aſſez dure, ſolide & piquante, & celle des autres en eſt dépourvue. Leur forme varie encore tantôt en cône plus alongé ou plus tronqué, & le cœur en général eſt dégarni de *foin*, ou du moins il eſt ſi court & ſi fin, qu'on ne s'en apperçoit pas en mangeant le fruit. Le rouge, tant ſoit peu plus gros que les premiers, toujours proportion gardée, varie également dans ſa forme, & il eſt plus renflé à ſa baſe que les autres. Ces deux eſpèces ſont très-précoces; dès que le froid ceſſe le pied végète, le fruit paroît, & il eſt bientôt en état d'être coupé. Les cantons ſitués au pied des grands *abris* (voyez tom. Ier. pag. 282, *Obſervations ſur les abris*, &c.) comme ceux de Nice, d'Hières, &c. permettent à l'artichaut de donner ſon fruit ſouvent en Janvier. Il s'en conſomme peu dans le canton; on les envoie à Paris. Je crois l'eſpèce blanche être celle que les auteurs appellent l'*artichaut de Gênes*, qu'ils ne décrivent pas aſſez bien pour la différencier par de bons caractères, de l'eſpèce blanche dont je parle. Je ne connois pas celle de Gênes; & lorſque j'en parlerai, ce ſera d'après les auteurs.

L'eſpèce blanche eſt plus hâtive que la rouge, & elle ne fructifie, en général, qu'une ſeule fois par année; la rouge, au contraire, qui *filleule* beaucoup plus, donne toujours de tems à autre, du fruit, juſqu'à ce que le froid viènne ralentir ſa végétation. Les artichauts ſecondaires ſont plus effilés & moins gros que les premiers, & un peu moins délicats, ſur-tout s'ils ſont preſſés par les chaleurs. La chair du fruit de ces deux eſpèces eſt ferme, caſſante, excellente à manger crue & aſſaiſonnée de toutes les manières, quoiqu'en diſent ceux qui les ont jugés ſans les connoître.

Une troiſième eſpèce, des provinces méridionales, & qu'on cultive dans le Lauragais & près de Perpignan, mérite d'être connue. Ses feuilles ſont plus découpées que celles des eſpèces précédentes; ſes tiges plus fermes & plus hautes. Son fruit eſt rougeâtre foncé, d'un diamètre de trois pouces environ, aplati par le haut & par le bas; ſes écailles courtes, très-ſerrées; ſon goût fort & relevé; c'eſt une bonne eſpèce, & qui commence à donner lorſque les deux autres finiſſent. Le fond du calice, qu'on appelle communément le *cul de l'artichaut*, eſt garni par beaucoup de foin blanc, & la chair eſt blanche.

Quelques amateurs cultivent dans les provinces du nord de ce royaume, le petit artichaut blanc dont on a parlé; il y réuſſit aſſez mal, y craint beaucoup le froid, & ſa chair n'a jamais le goût auſſi délicat que celui de ces mêmes artichauts cultivés dans les provinces méridionales.

L'eſpèce la plus commune, & que l'on cultive de préférence dans les climats du nord, eſt l'artichaut *vert*. Lorſque le terrain lui plaît, la groſſeur de ſon fruit paroît prodigieuſe, ſi on la compare avec celle des deux premières eſpèces déjà décrites. Il y en a dont la baſe du fruit a jusqu'à cinq pouces & même plus de diamètre. Outre sa grosseur, son caractère particulier est d'avoir les écailles ouvertes, & la pointe du fruit un peu aplatie. Il est très-inférieur pour le goût aux trois premières espèces.

La seconde espèce des mêmes climats, est le *violet*, moins gros & moins large que le précédent. La forme de ses écailles est moins arrondie ; elles sont armées d'un petit piquant à leur sommet ; le fond de leur couleur est verd, & d'un rouge violet à leur extrémité supérieure. Il n'est pas aussi productif que le précédent.

La troisième espèce est le *rouge*. La couleur de toute l'écaille approche du rouge pourpre ; le cœur est jaune, sa chair est délicate. Il est moins gros que les deux précédens. Cette espèce se rapproche beaucoup de la seconde des provinces méridionales.

Tous les auteurs qui ont écrit sur le jardinage ont parlé de l'artichaut *sucré de Gênes ;* ils se sont copiés mutuellement les uns & les autres, & ne disent rien de plus. Voici ce que dit l'auteur de l'*École du Jardin potager*, ouvrage qui mérite d'être distingué des autres en ce genre. » Le *sucré de Gênes*, ainsi nommé parce qu'il a effectivement le goût fin & sucré, est préférable au rouge par sa délicatesse, & n'est bon de même que cru. Sa pomme est fort petite, hérissée de pointes piquantes ; sa couleur est d'un verd pâle, & sa chair est fort jaune : on tire les œilletons de Gênes par la voie des courriers : son défaut est de dégénérer dès la seconde année ; il faudroit par conséquent en faire venir tous les ans pour les manger dans leur perfection, ce qui ne convient qu'à peu de personnes ; aussi on n'en voit que dans les jardins de quelques curieux. ».

III. *De la manière & du tems de semer les artichauts.* Un jardinier prudent laissera chaque année plusieurs pieds monter en graine, & il les recueillera avec soin. Cette précaution, qui coûte si peu, seroit inutile, si l'on n'avoit pas à redouter les gelées & la trop grande humidité. Le froid de 1776 fit périr une quantité prodigieuse de pieds d'artichaut, & pour de l'argent on ne trouvoit pas à acheter des filleules ou œilletons : la graine se vendit jusqu'à une pistole l'once. Les trop grandes pluies de l'hiver produisent le même effet que le froid ; c'est-à-dire, le pied périt en pourrissant par trop d'humidité. Si la graine qu'on a cueillie ne sert pas au printems, la perte sera peu considérable, & il pouvoit arriver qu'on se fût repenti d'une trop grande sécurité, & de son peu de précaution.

Il y a deux manières de semer les graines, ou à demeure, ou en pépinière pour replanter, & le tems de ces opérations est le mois de Mars dans les cantons où les pluies, les rosées froides & les gelées ne sont plus à craindre, & plus tard pour les autres climats.

Lorsque l'on sème à demeure, la terre doit auparavant avoir été bien préparée, bien défoncée, & fumée : de trois pieds en trois pieds on ouvrira de petits creux, & on les garnira de terreau. Trois ou quatre graines au plus, séparées entr'elles de quelques pouces, garniront

garniront la superficie de ce creux, & elles seront recouvertes d'un demi-pouce de terreau. Les arrosemens, dans le besoin, seront faits avec un arrosoir dont les trous de la pomme seront très-petits, & on arrosera peu à la fois, afin de ne pas trop affaisser la terre. Cependant la graine lève facilement, & sembleroit ne pas exiger de tels soins; aussi est-ce moins pour faciliter le développement de la graine, que la croissance rapide des racines. Plus elles pivoteront, plus la plante gagnera en force & en vigueur. Lorsque les graines auront germé, lorsque leurs jeunes feuilles auront acquis la longueur de quelques pouces, on ne laissera qu'un seul pied, & les deux ou trois autres seront replantés ou rejetés, suivant les besoins du jardinier.

La seule différence du semis en pépinière avec le précédent, c'est qu'on attend un peu plus tard, afin que le plant ait plus de corps lorsqu'on le replantera. Je préférerois la première méthode; elle épargne une opération, & à moins que la plante n'ait été levée de terre avec le plus grand soin & avec toutes ses racines, elle souffre toujours un peu de la transplantation. L'artichaut semé à demeure, ou replanté, ne donne ordinairement du fruit qu'à la seconde année.

IV. *De la manière de multiplier l'artichaut par filleule ou par œilleton.* Ces deux mots sont synonymes & usités dans différentes provinces: il est aisé de juger d'où ils dérivent. Autour de la tige principale & de ses racines, s'élèvent plusieurs tiges particulières qu'on sépare du tronc. Cette opération a lieu le plus communément à la fin de l'hiver, lorsqu'on découvre les artichauts, ou après que la plante a donné son fruit, ou au mois de Septembre; on peut même œilletonner pendant toute l'année, excepté dans la saison froide. Il vaut mieux plutôt que plus tard; la plante est plus vivace & résiste mieux au froid.

Le jardinier ordinaire & qui réfléchit peu, éclate avec le pouce l'œilleton, & le sépare du tronc principal; mais le jardinier prudent se sert du couteau, & la plaie faite à la mère tige est plutôt cicatrisée; il faut le même tems pour cette seconde méthode; elle est plus sûre & moins meurtrière. Avant d'œilletonner, on découvre la plante jusqu'à ses racines, & on a la facilité de choisir l'œilleton qui doit rester en place, si le tronc principal est mauvais, & les œilletons destinés à regarnir les places vides, & ceux que l'on destine pour former un nouveau quarré.

Si le tems est chaud, on fera très-bien de les tenir dans un vase assez rempli d'eau pour que le talon y trempe: la terre s'unit mieux au talon & à ses racines lorsqu'on le replante. Lorsqu'il est mis en terre, on peut, si l'on veut, finir de remplir le trou fait par le plantoir, avec du terreau; & avec ce même plantoir, pousser la terre contre le talon, de manière qu'il soit bien assujetti, & que l'arrosement qui succèdera aussitôt après la plantation, ne dérange pas la direction qui a été donnée à la plante.

V. *De la culture de l'artichaut.* Pour former une artichaudière, l'auteur de la *Maison Rustique*, & ceux qui l'ont copié, s'accordent à dire que le terrain doit être défoncé à la profondeur de trois pieds. On ne défonceroit guère plus pour un arbre à plein vent ; cette dépense est inutile. L'auteur de l'*École du Jardin potager*, ouvrage que nous avons déjà distingué par son mérite, conseille une fouille de deux pieds à deux pieds & demi, & c'est encore beaucoup. Le père d'Ardenne, auteur de l'excellent ouvrage intitulé, *Année champêtre*, prescrit le défoncement à deux pieds de profondeur, *pour le mieux*, ajoute-t-il ; mais ordinairement un pied & demi suffit, & la majeure partie des jardiniers ne défoncent pas au dessous d'un pied, & souvent moins. Cependant le père d'Ardenne rapporte qu'un seigneur de Provence fit transporter de la terre dans un endroit de son potager, à une hauteur considérable, & fit planter des artichauts dans ce terrain transporté : les plantes vigoureuses au dernier point, ont fruité tous les douze mois de l'année, jusqu'à ce que le terrain ait pris une consistance ordinaire. Ainsi avant d'entreprendre ce travail, chacun doit consulter la dépense qu'il peut faire, & se régler en conséquence. Une fouille très-profonde n'a d'avantage que les dix-huit premiers mois ; après cette époque la terre s'est tassée, à peu de chose près, comme si elle n'avoit pas été remuée. Il ne faut qu'une grosse pluie d'orage pour rendre la terre labourée aussi dure, aussi compacte que si on ne l'avoit pas sillonnée, surtout si le terrain est argileux.

Si la terre qu'on a défoncée pour l'*artichaudière* est bonne, il est inutile d'y ajouter du fumier, à moins qu'on habite un pays où il soit abondant. Toutes les plantes fumées sont plus belles, il est vrai, mais le goût de leur fruit est moins délicat.

On peut diviser cette terre ou en planches, ou la planter dans son entier, ou enfin la diviser par sillons, suivant la coutume des provinces méridionales, coutume que le besoin a rendue indispensable.

En général, ce n'est point assez d'espacer de deux pieds ou de deux pieds & demi chaque plant d'artichaut ; il faut trois pieds. Cette distance paroît énorme en plantant, mais dans la belle saison elle n'empêche pas que les feuilles d'une plante ne touchent celles de la plante voisine. Plus il y a de courant d'air entre chaque pied, plus les feuilles attirent & absorbent les principes de végétation répandus dans l'atmosphère. L'échiquier offre le moyen unique de donner plus de surface aux plantes sans diminuer leur nombre.

La plupart des jardiniers plantent deux œilletons à six pouces l'un de l'autre, afin d'avoir la liberté d'aracher celui des deux qui aura le moins bien repris ; opération inutile, qui multiplie la main-d'œuvre sans nécessité. Plantez un bon œilleton bien conditionné, bien enraciné ; arrosez suivant les besoins, & soyez sûr qu'il reprendra sans peine. Cependant quelques pieds peuvent être détruits par des accidens quelconques : pour les prévenir, ayez quelques œilletons en réserve, ou en pépinière, ou que vous laisserez sur le vieux pied jusqu'au moment où il faudra l'éclater pour regarnir.

Si en plantant la filleule ou œilleton, vous l'enfoncez trop profondément en terre, c'est-à-dire si le cœur est couvert, il pourrit; c'est une attention essentielle. Dès que le pied est mis en terre, il faut l'arroser tout de suite; & il reprendra beaucoup plutôt dans les pays chauds, si pour le garantir de la trop forte impression du soleil, on le couvre légérement avec la paille, ou même avec les grandes feuilles arrachées avant la plantation, ou telles autres feuilles d'un grand volume. Je me suis très-bien trouvé de cette petite attention, de même que de celle de découvrir la plante chaque soir, afin de la faire jouir de la fraîcheur de la nuit, du bienfait de la rosée, &c.

Nous supposons l'artichaudière formée, & même avoir passé son premier hiver, afin de ne pas être obligés de faire des répétitions. Ce que nous allons dire des travaux suivis de l'année, suppléera à ce qui pouvoit déjà être dit; cette marche sera plus méthodique.

Suivant le climat qu'on habite, suivant la manière d'être de la température, on commence à ouvrir les buttes formées au pied & tout le tour de la plante, pour la garantir des gelées pendant l'hiver. (On parlera bientôt de la manière de butter) Dans les provinces méridionales, le tems de débutter est vers la fin du mois de Février; & pour celles du nord, dans le courant de Mars. Si on débuttoit tout à la fois, on courroit les risques de tout perdre; la plante est trop délicate, elle est presque blanchie sous sa butte; dès-lors l'impression trop vive du soleil, ou celle d'une matinée fraîche, l'endommageroit beaucoup. Il convient donc de l'accoutumer peu à peu aux variations de l'atmosphère, & de ne la découvrir entiérement que lorsqu'elle n'a plus rien à craindre. C'est le cas, à cette époque, de mettre la plante à nu, de détacher les liens qui resserroient les feuilles, d'enlever celles qui sont pourries; de la dégarnir des œilletons surnuméraires, parce qu'ils nuiroient au pied & à ceux qu'on lui laisse, au nombre de deux ou trois tout au plus, & encore faut-il que la souche soit en bon état. Ceux qui naissent trop près du collet de la plante, c'est-à-dire à fleur de terre, seront sévérement séparés; on ne peut rien en attendre. (*Voyez* ce qui a été dit *n°. IV, sur la manière d'œilletonner.*) Les bons œilletons qu'on vient de séparer, serviront ou à des plantations nouvelles, ou à regarnir les places vides. Rejetez tous ceux qui n'ont pas de bonnes racines.

La terre, ou le fumier, ou la paille dont on s'est servi avant l'hiver pour butter, aussitôt après que la plante aura été *parée*, seront étendus sur le terrain, & un bon labour à la bêche ou à la pioche, suivant la coutume du pays, enfouira le tout aussitôt. Ce travail est indispensable.

En Avril, en Mai, les soins qu'exige la plante, c'est d'être débarrassée des mauvaises herbes, dont les graines, soit transportées par le vent, soit mêlées avec le fumier, la paille, &c. auront germé au retour de la belle saison. Enfin lorsque le fruit commencera à paroître entre les feuilles, un petit labour contribuera beaucoup à son prompt & vigoureux développement. C'est ici le moment de ne pas le laisser souffrir de la sécheresse. Prenez bien garde de ne pas attaquer les racines, de ne pas briser les chevelus; ce seroit interrompre le cours de la séve.

Dans les provinces du nord de la France, les premiers artichauts sont bons à couper seulement au mois de Septembre; & comme ils ne poussent pas tous à la fois, on en recueille jusqu'aux gelées. Les soins dont on vient de parler s'appliquent également à ceux-ci. Cette différence marquée pour le tems du fruit, vient & des espèces qu'on y cultive, & du peu de chaleur de ces climats relativement à celle que l'artichaut demande. Ces grosses espèces dégénèrent peu à peu dans les provinces du midi, & il faut les y renouveler souvent. L'espèce qui tient le milieu, & qui mérite d'être cultivée vers le midi, est celle du Lauragais, de Perpignan, qui se soutient très-bien. Elle donne son fruit plus tard que les petites espèces de Provence, de Languedoc, &c. & beaucoup plutôt que les grosses espèces de Paris.

Aussitôt après qu'on a coupé le fruit, on doit couper les tiges qui les ont portés, le plus près de terre qu'il est possible. Si on les éclate, si on les arrache à la manière des jardiniers, on endommage les œilletons & la souche; & la cassure inégale, cause presque toujours la pourriture au tronc. Dans les provinces méridionales, dès que les œilletons sont bien formés, on les sépare du tronc, on les replante, & on est assuré d'avoir de nouveaux fruits à la fin de Septembre, dans le courant d'Octobre, sur-tout si on a replanté les œilletons du petit artichaut rouge. Le climat & les espèces permettent de planter pendant tout l'été, pourvu qu'on ait soin d'arroser.

L'artichaudière dure plus ou moins long-tems, suivant la nature du terrain. En général, elle se maintient en bon état pendant trois ou quatre ans. Passé ce tems, il faut la renouveler & la transporter dans un carré différent.

Déjà les rayons du soleil commencent à tomber obliquement sur la terre, les matinées deviennent fraîches, les nuits froides, les gelées blanches couvrent les plantes, il est tems de songer à couvrir ou butter les pieds d'artichaut; cette époque est plus ou moins avancée ou retardée, suivant le climat.

Je crois que les mots *butter* & *couvrir* devroient avoir deux significations différentes, quoique ces deux opérations concourent au même but pour préserver les artichauts des gelées. Par *butter*, j'entends environner le pied avec la terre, jusqu'à une certaine hauteur; & par *couvrir*, environner le pied avec de la paille, du fumier, des feuilles, & le couvrir entiérement avec ces matériaux pendant les grandes gelées. Dans les provinces du nord on butte de bonne heure; dans celles du midi, le plus tard que l'on peut, & quelquefois point du tout; cela dépend de la saison. J'ai vu dans le Languedoc, & par un tems sec, il est vrai, la gelée être entre le cinquième & le sixième degré de Réaumur, au dessous de zéro, des pieds d'artichaut oubliés, n'en pas être endommagés,

& donner ensuite autant de fruit que les autres. Il est constant que si les feuilles, la tige & le terrain avoient été humides, ils seroient péris.

La saison décide dans le nord l'époque où il faut commencer à butter; c'est à peu près dans le courant de Novembre. Si la saison y devient pluvieuse & douce après les premiers froids, il est à craindre que les pieds ne moisissent, ne pourrissent. Ne vaudroit-il pas mieux, au lieu de terre, employer la balle du blé, (gluma) que dans quelques pays on nomme *bourrier?* l'eau ne la pénètre point lorsqu'elle est à une certaine épaisseur; la partie supérieure seule est humectée; elle forme une croûte; cette croûte garantit la partie inférieure, la terre & le pied de la plante. Si on a le choix du tems, il convient de préférer le moment où la terre est la moins humectée.

Quelques particuliers conseillent de travailler l'artichaudière, les uns en Septembre, les autres en Octobre ou au commencement de Novembre. Cette opération est aussi nuisible qu'inutile: je parle pour les terrains humides. Il vaudroit mieux piétiner le terrain, durcir sa surface, ouvrir une rigole dans le milieu du terrain vide entre les rangées d'artichauts, afin de faciliter l'écoulement des eaux. La balle du blé, mise autour de chaque pied, formera autant de monticules qui repousseront l'eau dans la rigole, & garantiront la plante d'une humidité dangereuse.

Un jardinier prudent n'attendra pas que les fortes gelées commencent pour transporter auprès de l'artichaudière le fumier & telle autre matière destinée à couvrir entièrement la plante. Le cultivateur négligent fait tout à la hâte, tout à contre-tems; par conséquent tout mal.

Avant de couvrir le pied, on doit rapprocher les feuilles les unes près des autres sans trop les resserrer; un lien de paille suffit. Quelques-uns coupent ces feuilles à sept à huit pouces au dessus de terre, comme s'ils avoient peur que la plante eût trop de force pour résister aux rigueurs de l'hiver, ou pour avoir moins de peine, & moins de fumier ou de paille à transporter & à ranger. Les maraîchers de Paris prennent le fumier court qui sort des couches & qui n'est pas consommé; ils s'en servent pour environner le pied, finissent par couvrir la plante avec de la paille de litière sèche, & augmentent cette couche de paille suivant l'intensité du froid. Il est heureux pour eux que cette espèce de paille soit très-abondante à Paris, ainsi que les fumiers. On n'a pas ailleurs la même ressource; chacun se sert de ce qu'il trouve, roseaux, feuilles, joncs, &c. tout est employé.

Il est aisé de sentir que cette paille de litière laisse beaucoup de vides entre chaque brin, la pluie s'introduit; & si les alternatives du froid & des pluies ont été longues, il n'est pas rare de voir à la fin d'un tel hiver, des carrés presqu'entièrement dévastés. La balle du blé pareroit à ces inconvéniens.

J'ai vu manœuvrer un jardinier d'après des principes plus réfléchis: il ne buttoit point, mais il environnoit les pieds d'artichaut dont les feuilles étoient liées, avec des briques & des carreaux. Le côté du midi étoit plus élevé; un large carreau servoit de porte, & la partie supérieure étoit recouverte par de longues tuiles. Dès que le tems étoit doux, ils ouvroit la porte de sa maisonnette, la plante recevoit les rayons du soleil; s'il pleuvoit, s'il faisoit froid, la porte étoit refermée, & la maisonnette recouverte de paille, disposée comme celle d'un paillasson, ou recouverte de fumier & de son paillasson. C'est par ce procédé, qu'on traitera de minutieux, qu'en 1776 il ne perdit pas un seul pied d'artichaut, malgré le froid excessif de cette année : il fut de seize à dix-sept degrés.

Autant que la saison le permettra, on découvrira plus ou moins le sommet des artichauts, afin de leur donner de l'air, de les empêcher de blanchir, & sur-tout pour laisser une libre sortie à l'humidité.

Les soins exigés par cette plante délicate & si ennemie de l'humidité surabondante, prouvent bien qu'elle n'est pas indigène à la France, même dans ses provinces méridionales, & que son existence est due entiérement à l'art. Dès-lors je ne vois pas pourquoi quelques auteurs ont parlé de l'artichaut sauvage. Ils auront surement pris quelques *carduus*, quelques *onopordons* qui croissent dans nos champs, pour le type de l'artichaut des jardins; d'autres ont confondu l'artichaut avec la plante vulgairement nommée *cardon d'Espagne*, dont nous parlerons au mot CARDON; & s'il croît naturellement en Italie & en Sicile, c'est surement dans des expositions où il ne craint pas les effets de la gelée.

Telle est la manière de conduire les artichauts pendant tous les tems de l'année, soit dans le midi, soit dans le nord du royaume; c'est à présent aux particuliers à en faire l'application au pays qu'ils habitent, en proportion de la distance où il se trouve de l'un ou de l'autre. Voyons actuellement quels sont les insectes qui nuisent à sa végétation.

Le *mulot* est le plus dangereux ennemi pendant l'hiver. On dit, & je n'ai pas essayé, qu'il abandonne l'artichaut pour se jeter sur les bettes blondes qu'on a plantées exprès autour du carré pour les y attirer. Je crois que le meilleur moyen est de leur tendre des pièges.

Le *puceron* recoquille les sommités des jeunes feuilles, & on les voit par milliers au dessous du fruit, collés sur la tige; ils s'attaquent même quelquefois au fruit. Des auteurs ont conseillé gravement, pour les détruire, d'arroser toute la plante avec de l'eau savonneuse; ce conseil est absurde : d'autres avec de l'eau chargée de suie; ce moyen est un peu plus sûr, quoiqu'il m'ait produit peu d'effet. Arrosez souvent la plante, dit un troisième, & ce troisième raisonne mieux que les deux premiers, sans cependant offrir un moyen assuré. Je ne vois pas, au surplus, le grand tort que ces pucerons font aux fruits; je sais qu'avec leur petite trompe ils sucent la séve; mais cette succion est si peu considérable, que je n'ai jamais vu aucun fruit moins gros qu'il ne devoit l'être. Ils sont désagréables à la vue, & voilà tout.

Il eſt facile de tirer parti de l'artichaudière qu'on ſe propoſe de détruire dans les provinces méridionales: on enterre les pieds comme les cardons, dans de petites foſſes creuſées exprès, & qu'on recouvre de terre. Là, le tronc & les côtes des grandes feuilles y blanchiſſent comme les cardons, ſervent aux mêmes uſages de la cuiſine qu'eux, & ils ſont encore plus délicats. Dans les provinces du nord, on ne laiſſe en été qu'un ſeul œilleton ſur chaque pied; & à la fin de Septembre, ou au commencement d'Octobre, on lie les feuilles, on les empaille, & un mois après les pieds ſont bons à manger. Pour faire durer plus long-tems ſes jouiſſances, ces cardons factices ne ſont pas liés tout à la fois; mais dans la crainte des gelées, on les lève de terre, on les plante dans le jardin d'hiver; enfin on les empaille ſuivant ſes beſoins. Le ſol du jardin d'hiver doit être couvert d'un bon pied de ſable, & ce ſable ſert à enterrer les pieds d'artichaut.

V I. *Des moyens d'augmenter le volume du fruit, & de ceux néceſſaires pour le conſerver.* Ayez un bon terrain, cultivez bien, donnez beaucoup d'engrais, & vous aurez des artichauts ſuperbes relativement à l'eſpèce. La loi eſt générale & ſans exception. Ceux qui aiment le merveilleux & qui réfléchiſſent peu, ont donné comme un moyen aſſuré de faire groſſir les fruits, de couper les feuilles à leur ſommet ou par moitié lorſque le fruit commence à paroître. Ce conſeil reſſemble à celui-ci: coupez les doigts des pieds de l'homme, il en marchera plus vîte. Eh quoi, toujours contrarier la nature! Ces auteurs ne ſavent donc pas que les feuilles tiennent lieu de poumons dans les plantes; que par leur ſecours, les ſecrétions de la tranſpiration ont lieu; en un mot, que c'eſt ralentir & diminuer les moyens par leſquels la nature élabore la ſéve & pompe non-ſeulement l'humidité de l'atmoſphère, mais encore aſpire les principes de la végétation qui y ſont diſſéminés?

Des auteurs ont conſidéré le fruit de l'artichaut, comme les fleuriſtes regardent une belle fleur. Ils ont dit: Si on coupe les artichauts ſecondaires, ſi on ne laiſſe que le premier ſur la même tige, il en ſera plus gros, & ils ont eu raiſon. Je demande à préſent: S'il falloit vendre le produit de douze pieds d'artichauts ainſi traités, ou celui de douze autres plantes d'artichauts abandonnées aux ſoins de la nature, & aidées des travaux du jardinier, de quel côté ſeroit le bénéfice? Laiſſez ces belles ſpéculations, & rapportez-vous-en aux jardiniers qui vivent ſur le produit de leurs ſoins & de leurs peines. Ils n'adopteront jamais cette maxime inſérée dans le *Dictionnaire Économique*, au mot *Artichaut:* » Pour avoir de belles têtes, on n'en laiſſe qu'une à chaque montant; on coupe toutes les ſecondes qui pouſſent autour de la tige, & on rogne environ le tiers de la longueur de toutes les feuilles ».

Voici un autre moyen propoſé par le père d'Ardenne, pour faire groſſir les têtes d'artichauts. Il faut avec la ſerpette, fendre la tige au deſſous du fruit, & on alonge cette fente d'environ trois pouces; on fait encore une ſeconde fente ſemblable à la première, qui la croise à angles droits. On insinue quelques brins de feuilles, ou autre chose pareille, pour tenir les fentes entr'ouvertes; après quoi l'on couvre le fruit, en repliant par-dessus les feuilles de la plante, afin de garantir du soleil les plaies qu'on a faites. Cette opération, toute simple qu'elle est, fait doubler & tripler le volume de l'artichaut, & le rend presque méconnoissable, jusqu'à le croire d'une autre espèce quand on ignore cette pratique.

Des moyens de conserver le fruit dans les provinces du nord. Quelquefois les premières gelées, & même assez fortes, surprennent les fruits encore sur pied, & même avant que quelques-uns soient arrivés à leur point de perfection. Alors on préviendra les effets de la gelée, lorsqu'on s'en voit menacé, en arrachant les pieds & les enterrant dans le *jardin d'hiver* ou *serre;* mais on perd le pied de l'artichaut pour sauver tout son fruit.

On peut encore, à l'approche des gelées, couper la tige près du collet, la porter dans la serre, l'enterrer dans du sable frais, à la profondeur de six à huit pouces, & donner à cette tige le plus d'air que l'on pourra & que la saison le permettra, afin de diminuer l'humidité de la serre. Ces tiges se conserveront ainsi pendant un ou deux mois, & le fruit sera bon à manger.

Du moyen de conserver l'artichaut sec. Le climat des provinces méridionales, & les espèces que l'on y cultive, permettent d'avoir du fruit pendant presque toute l'année, si on a eu soin d'œilletonner & de replanter à propos; aussi on s'occupe peu dans ces provinces du soin de faire sécher les fruits. Il n'en est pas ainsi dans celles du nord; en voici le procédé. On éclate de force les pommes de leurs tiges, & on ne les coupe pas. La tige retient les filets qui la lient avec le fruit; on jette ces pommes telles qu'elles sont dans l'eau bouillante, & on les y laisse cuire à moitié. Retirées de l'eau, & un peu refroidies, les feuilles sont arrachées l'une après l'autre; tout le foin est enlevé avec une cuiller; on coupe le cul en dessous, de l'épaisseur d'un écu, & tout de suite on le jette dans l'eau froide. Après les y avoir laissés deux heures environ, on les met égoutter sur des claies exposées au soleil, ou bien on les suspens par des fils dans un lieu où il y ait un grand courant d'air, afin de dissiper toute leur humidité. On les ferme ensuite dans un lieu bien sec. Lorsqu'on veut s'en servir, on les fait revenir dans l'eau tiède pendant quelques heures. Le cuisinier les fait cuire ensuite, & les accommode comme il lui plaît.

Le second moyen de conserver les artichauts, est de les faire cuire à moitié comme il vient d'être dit, de les retirer, de les laisser égoutter, ensuite d'arracher le foin avec une cuiller, sans toucher ni déranger les feuilles. On les jette dans l'eau froide, où ils restent pendant une heure ou deux. Dans cet intervalle on prépare de nouvelle eau, dans laquelle on jette une quantité suffisante de sel; les artichauts sont retirés de la première eau froide, & jetés dans cette eau salée; la surface de la cruche, ou le vase dans lequel on les aura plongés avec l'eau salée, sera recouverte d'huile d'olive ou de pavot, à la hauteur d'un pouce environ. On peut de cette manière, conserver les artichauts pendant toute l'année. La seule attention qu'ils exigent, est de changer l'eau une ou deux fois dans l'année, & de leur donner une nouvelle eau salée. Il vaut mieux qu'il ait plus de sel que moins, autrement l'artichaut pourriroit. Pour s'en servir, on met le fruit dessaler dans l'eau tiède, & on a le plaisir d'avoir des artichauts qui paroissent presque aussi beaux & aussi frais que ceux de la saison.

VII. *Des propriétés de l'artichaut.* La chaleur de l'artichaut a une saveur douceâtre & austère; sa racine est apéritive & diurétique. Le fruit nourrit médiocrement, se digère avec facilité, ne pèse pas sur l'estomac, ne cause point de coliques, ainsi qu'on l'a prétendu, & augmente sensiblement le cours des urines. Les fleurs ont la propriété de coaguler le lait sans donner de mauvaises qualités au petit-lait. Cette plante est plus utile entre les mains du cuisinier, que dans celles du médecin.

ARTICHAUT DE JÉRUSALEM. (*Voyez* TOPINAMBOUR)

ARTICULATION, ARTICULÉ. Ce mot se dit, en botanique, de la jonction ou de la connexion des différentes parties de la plante : ainsi on peut dire que la racine, la bulbe, le péduncule, les feuilles, la silique, &c. sont articulés. La racine fibreuse est articulée lorsqu'elle forme différens nœuds & plusieurs articulations, comme dans la plante appelée *sceau de Salomon.* La racine bulbeuse est articulée quand elle est composée de portions charnues, distinguées entr'elles, mais communiquant par des fibres intermédiaires, comme celles de la *saxifrage granulée.* La tige de presque toutes les plantes *graminées*, des *œillets*, &c. est interrompue dans toute sa longueur, par des articulations ou nœuds. Lorsque les feuilles naissent successivement du sommet les unes des autres, on dit qu'elles sont *articulées*; enfin la silique l'est aussi lorsqu'elle est alternativement retrécie & renflée, comme celle du *raifort.* M. M.

ARTISON. Nom donné à un petit ver dont l'œuf a été déposé dans le bois par une mouche à tarière, & qu'il ne faut pas confondre avec un autre gros ver du bois, qui est déposé par la mouche, ou plutôt par l'abeille-menuisière.

ARUM. (*Voyez* PIED DE VEAU)

ARURE. Nom d'une ancienne mesure géographique en usage chez les égyptiens; elle contenoit cent coudées. Les grecs appeloient également *arure* un espace de cinquante pieds sur une terre ensemencée, ou propre à l'être. Le mot *arure*, ou *arvure*, est encore reçu dans quelques-unes de nos provinces, pour désigner la mesure de terre qu'une charrue peut labourer en un jour.

ASARUM. (*Voyez* CABARET)

ASCARIDE. (*Voyez* VER)

ASCENSION DE LA SÉVE. L'ascension de la séve & du bout

des racines, jusqu'à l'extrémité des branches, & sa descente des branches vers les racines, est une des plus importantes découvertes que l'on ait faites dans l'économie végétale. M. Hales, qui le premier fit des expériences pour la démontrer, la substitua avec raison à la circulation de la séve, que l'on avoit imaginée à l'imitation de celle du sang; mais il s'en faut qu'elle lui ressemble. Les principes de la séve sont hors de la plante; ils n'ont besoin que d'un léger travail pour être appropriés à l'être qu'ils doivent nourrir; & c'est en montant à travers les canaux séveux, en séjournant dans les utricules, qu'ils achèvent de se perfectionner. De là, après avoir déposé leurs molécules nutritives, ils s'évaporent à travers l'écorce de la tige & des branches, sans revenir vers le point d'où ils sont partis, comme le sang. Telle est la marche de la séve terrestre. La séve aérienne pénètre à travers les pores des feuilles & des branches, & descend par des conduits propres jusque vers les racines, d'où elle s'échappe en abondance. Ce mécanisme sera plus détaillé à l'article SÉVE.

Mais quelle peut être la cause déterminante de cette ascension? Qui peut obliger un fluide, doué comme tous les autres d'un certain degré de pesanteur, de remonter contre son propre poids, & de s'élever quelquefois à des hauteurs prodigieuses? On a enfanté, pour l'explication de ce mystère végétal, une infinité de systêmes différens. Les uns l'ont attribué à la raréfaction & à la condensation de l'air, tant intérieur qu'extérieur, de la plante; d'autres à la disposition des valvules dans les fibres longitudinales, & à la transpiration. M. Bonnet a cru découvrir dans les plantes certains mouvemens péristaltiques, principes de l'ascension de la séve; M. de la Boisse emploie la contraction & la dilatation de l'air & des trachées; Malpighi, l'aspérité des canaux & la température de l'air; Grew, pour faciliter ce mouvement de la séve, la réduit en vapeurs, & par-là, diminuant sa densité, augmente sa légéreté. Tous ces systêmes, & quelques autres encore, ont besoin d'être approfondis & discutés; il n'est aucun d'eux qui ne rende raison jusqu'à un certain point de l'ascension de la séve; par conséquent tous renferment quelques vérités: peut-être qu'en les réunissant tous nous parviendrons à expliquer clairement ce grand phénomène. (*Voyez* le mot SÉVE)

Il est encore un autre phénomène végétal; c'est celui de l'ascension en ligne droite des tiges & des branches des plantes. (*Voyez* BRANCHE & PERPENDICULARITÉ) M. M.

ASNE. (*Voyez* ÂNE)

ASNÉE. (*Voyez* ÂNÉE)

ASPERGE, ASPERGÈRE, *ou* ASPERGERIE. Ces deux derniers mots sont synonymes, & désignent l'endroit planté en asperge. M. le chevalier Von Linné en compte quatorze espèces, soit d'Europe, soit des autres parties du monde, & nous ne parlerons que des espèces ou variétés cultivées dans les jardins; les autres sont plus du ressort de la botanique que de l'agriculture. Le naturaliste suédois l'appelle *asparagus officinalis*, & la classe dans la pentandrie monogynie : le naturaliste françois la nomme *asparagus sativa*, & la place dans la huitième section de la sixième classe, qui comprend les herbes à fleur de plusieurs pièces régulières, disposées en rose, dont le pistil ou le calice deviennent des fruits mous.

I. *Description de la plante.*
II. *Des espèces d'Asperges.*
III. *Du terrain propre au semis.*
IV. *De la manière de semer.*
V. *En quel tems il faut replanter, & comment replanter.*
VI. *De la conduite de l'Aspergère pendant l'année.*
VII. *De ses ennemis.*
VIII. *De ses propriétés.*

I. *Description de la plante. Fleur*, blanche, formée par six pétales disposés en rose ; ils sont réunis par leurs onglets, & sont oblongs droits, en forme de tube ; la fleur est sans calice ; les étamines sont au nombre de six, & le centre de la fleur est occupé par le pistil.

Fruit ; baie sphérique, portée par un péduncule très-fin, & dont la longueur est presque du double de celle des feuilles. Cette baie est verte dans le premier tems, & prend une couleur rouge à mesure qu'elle mûrit ; elle perd cette couleur lorsqu'elle est desséchée, & devient blanche. Elle renferme plusieurs semences noires, anguleuses, dures & lisses ; leur nombre varie beaucoup.

Feuilles, comme des brins de soie, linéaires, molles, longues, pointues, sans être piquantes, comme dans plusieurs espèces d'asperges.

Racines, nombreuses, blanchâtres, cylindriques, rangées circulairement autour d'une espèce de tronc cylindrique & charnu. Cet ensemble est nommé *patte* par les jardiniers.

Port. Les tiges s'élèvent à la hauteur de deux ou trois pieds & plus ; elles sont lisses, rameuses ; à la base des feuilles & des rameaux, on trouve des stipules membraneuses. Les rameaux sont placés alternativement, ainsi que les paquets de feuilles ; les uns sont composés de deux à trois feuilles ; d'autres de quatre, & même de cinq. Les fleurs naissent des aisselles des rameaux. Lorsque la tige commence à sortir de terre, sa pointe semble être chargée d'écailles très-serrées les unes sur les autres ; chaque écaille recouvre un petit bourgeon, qui se convertit ensuite en rameau qui donne des fleurs & du fruit.

Lieu. Les terrains sablonneux de l'Europe, & principalement dans les îles.

II. *Des espèces d'asperges.* Ceux qui ont écrit sur les espèces d'asperges cultivées dans les jardins, sans avoir des notions suffisantes de botanique, ont fort embrouillé la question, en donnant aux unes les noms des autres ; & comme ils n'ont publié aucune bonne description de l'espèce dont ils parloient, on ne sait comment concilier & comparer ce qu'ils ont dit.

Plusieurs auteurs de différens Traités sur le jardinage, distinguent trois espèces d'asperges, qu'ils croient caractériser par ces mots, la *grosse*, la *commune*, la *sauvage ;* ce qui certainement ne dit rien. L'auteur du *Dictionnaire Économique* cite toutes les espèces décrites par le chevalier Von Linné, & ne concilie pas pour cela les dénominations admises par les jardiniers ; la confusion est la même. M. Mallet, dans une petite brochure sur la culture de l'asperge, imprimée à Paris en 1779, en distingue trois espèces ; savoir, celle d'*Allemagne*, ou *asperge commune ;* celle de *Hollande* ou de *Marchienne ;* celle de *Gravelines* ou *maritime.* M. Mallet dit que la *Marchienne* dégénère après cinq ou six ans ; que celle de *Gravelines* subsiste plus de vingt ans en bon état ; & M. Fillassier, au contraire, dans son ouvrage intitulé : *Culture de la grosse Asperge de Hollande*, imprimé à Paris en 1779, regarde cette espèce comme la plus précoce, la plus hâtive, la plus féconde & la plus *durable* que l'on connoisse. Comment concilier ces contradictions, puisque M. Mallet donne une description de son asperge de *Gravelines*, qui convient à toutes les espèces ou variétés cultivées dans les jardins, & M. Fillassier ne dit pas un seul mot qui caractérise son asperge de *Hollande*, connue ailleurs sous la dénomination d'asperge de *Darmstad*, de *Pologne*, de *Strasbourg*, de *Besançon*, de *Vendôme ?* Il seroit fastidieux pour le lecteur & pour moi, d'entrer dans un plus grand détail sur les dénominations & sur leurs abus. L'auteur de l'*École du Jardin potager*, a raison de dire que ces espèces *jardinières* ne diffèrent entr'elles que par la grosseur. On peut, je crois, reconnoître leur filiation. L'asperge qui croît naturellement dans les îles sablonneuses du Rhône, de la Loire, du Rhin, &c. & que Bauhin a appelée *asparagus sylvestris*, a fourni par succession de tems & par les semis, l'asperge commune, ou *asparagus sativa.* La semence de celle-ci, & même de la première, chariée par les eaux des fleuves & des rivières à la mer, & qu'elle a ensuite rejetée sur ses rivages, a produit l'asperge maritime, ou *asparagus maritima.* Comme le terrain sablonneux des bords de la mer est sans cesse recouvert par les débris des plantes, des animaux qu'elle rejette, il s'y est formé un terreau, un sol plus substantiel & encore plus analogue à la bonne végétation de l'asperge ; dès-lors celle-ci est devenue plus grosse dans sa racine, ses feuilles ont été plus épaisses, & la tige mieux nourrie. *Asparagus altitis.* Voilà la seule différence qui existe entre toutes les trois. Les riverains ont cueilli la graine ; ils l'ont transportée dans leur jardin, où le travail & les engrais ont ajouté au premier degré de perfection que la plante avoit acquis sur les bords de la mer. Je sais que l'asperge maritime est restée toujours la même dans le Jardin des plantes à Paris, & qu'elle n'a pas été sensiblement améliorée. Cet exemple ne détruit point ce que je viens de dire. Au Jardin du Roi, l'asperge une fois semée & sortie dans un terrain quelconque, y reste à demeure, & n'a d'autre culture que la culture générale de toutes les autres plantes de la même plate-bande ; mais quelle différence de ce sol, de cette culture, avec le sol des jardins de Hollande, de Flandre ou des maraîchers de Paris, qui est presque tout terreau, & où les engrais sont si multipliés, que les plantes ne sentent que l'eau & le fumier ! C'est par cette prodigalité d'engrais & de soins, que les plantes des champs, dont les fleurs sont à quatre feuilles, deviennent doubles, & gagnent en nombre de pétales & en beauté de couleurs, ce qu'elles perdent dans leurs parties sexuelles. M. le chevalier Von Linné a eu raison de les nommer *plantæ luxuriantes.*

Ces asperges, qui étonnent aujourd'hui par leur grosseur comparée à celle des asperges ordinaires des jardins, & sur-tout comparée à celle des îles, sont encore très-peu communes, ce qui prouve que cette espèce *jardinière*, (voyez le mot ESPÈCE) est due à l'art. Il importe peu qu'elle soit nommée *Marchienne*, ou de *Gravelines*, ou de *Hollande*; le grand point est de la conserver pendant long-tems sans dégénérer, & cette dégénération plus ou moins prompte, dépend de la nature du sol, de son exposition, & sur-tout de la manière de conduire l'aspergère.

On peut, d'après ce qui vient d'être dit, diviser les asperges en asperges cultivées, & en asperges non cultivées. Ces dernières sont l'asperge des *îles* & la *maritime*, venues spontanément ; les autres sont les asperges jardinières qu'on doit diviser en *grosses* asperges & asperges *ordinaires*, puisqu'elles n'offrent aucun caractère botanique pour les distinguer. Dans le nombre des grosses asperges, on comprendra la *marchienne*, la *gravelines*, & toutes les autres espèces ou variétés qui en rapprochent. Peut-être faut-il mettre de ce nombre la belle espèce d'asperge dont M. de Bougainville a rapporté les graines de l'île d'*Otaiti*. Il en donna quelques-unes à M. de la Tourrette, qui les a semées à Lyon dans son jardin de plantes étrangères, où elles ont parfaitement réussi. L'asperge est verte depuis sa base jusqu'au sommet, grosse comme la *marchienne* ou la *gravelines*. On la dit d'un goût délicat & très-relevé. J'ai semé de la graine que M. de la Tourrette a eu la bonté de me communiquer ; elle a bien levé, & jusqu'à ce moment je ne vois aucune différence caractéristique & botanique entre cette asperge & celles que l'on cultive.

III. *Du terrain propre au semis.* L'asperge croît naturellement dans les îles sablonneuses, où elle pousse des tiges entiérement vertes & hautes de deux à trois pieds, sur-tout si elle est ombragée par quelque buisson ou arbrisseau. Dès-lors on doit conclure quel terrain lui est propre, & combien il est important de se conformer à sa loi de végétation ; mais pour lui donner plus d'embonpoint, il faut y mêler une nourriture plus succulente & naturellement légère. Le fumier des couches très-consommé, uni avec partie égale de sable & de terre franche, forme un sol excellent. Quelques-uns même n'emploient que ce fumier des couches. Cette méthode est très-bonne pour les environs de Paris, où les fumiers sont abondans ; mais ailleurs ils sont trop précieux, & on ne s'amuse pas à faire des couches. Ramassez donc autant de feuilles qu'il sera possible, de plantes herbacées, de joncs, &c. qui seront disposés par lits, entre chacun desquels vous placerez alternativement un lit de sable & un lit de bonne terre franche; la proportion du sable & de la terre est d'un quart pour chacun. Si on peut ajouter un peu de fumier sortant de l'écurie, ce sera encore mieux. Laissez ce monceau fermenter pendant tout l'été, & lorsque vous jugerez que les herbes seront bien pourries, passez le tout à la claie, afin de bien mélanger les parties; relevez le tout en pyramide, & couvrez avec de la paille longue, afin que les pluies ne délavent pas cette terre, & n'entraînent pas les sucs qu'elle contient. Dès le commencement de Février ou de Mars, suivant la température du climat, faites-la porter dans l'endroit où vous voulez former la pépinière. Le terrain du dessous doit auparavant avoir été bêché à fond, c'est-à-dire, la terre remuée & retournée de huit à dix pouces de profondeur. Si vous avez du fumier long & pailleux, il est bon d'en couvrir la surface avant de travailler. Enterré par le labour, il tient la terre mieux divisée, & laisse un plus libre écoulement à l'eau des pluies. Sur cette terre, jetez celle que vous avez préparée, & semez. C'est de la bonté de cette première terre que dépend, par la suite, le bel accroissement de la plante.

M. Fillassier, dans son *Traité de la culture de la grosse Asperge*, dit : » Si vous voulez qu'un plant soit convenablement conditionné, il doit avoir été élevé dans une terre substantielle, fraîche & légère, qui n'ait point été fumée, ni avant, ni après le semis de la graine. » Je ne vois pas trop sur quoi cette opinion est fondée, puisque cet auteur recommande ensuite l'usage de certains fumiers pour le terrain qui recevra le plant. Ne vaudroit-il pas mieux que tous deux fussent égaux ? la plante ne souffriroit pas du changement de nourriture. *Voyez* le mot PÉPINIÈRE, afin d'éviter des détails qui seroient ici superflus.

IV. *Du tems, & de la manière de semer.* Le climat décide le moment. Dans les provinces méridionales, c'est au mois de Février; dans celles du nord, à la fin de Mars, ou au commencement d'Avril.

Il y a deux manières de semer, ou à la volée, ou par raie, après s'être assuré de la bonté de la graine.

En semant à la volée, on couvre la planche avec les graines, & autant que faire se peut, également partout. On ne se repent jamais d'avoir semé trop clair, & toujours d'avoir semé trop épais.

La méthode de semer par raie est plus sure : on espace les graines plus régulièrement, & leur disposition sur une ligne droite permet d'arracher plus facilement les mauvaises herbes sans nuire aux jeunes plantes, & de leur donner de tems à autre de petits labours très-avantageux. Les raies doivent être espacées de dix à douze pouces, & chaque graine de six pouces. La profondeur de la raie sera de deux pouces au moins, de trois au plus, & lorsqu'on aura semé, on la remplira avec la terre jetée sur les côtés. Le tout sera recouvert avec du fumier léger & pailleux, afin d'empêcher que l'eau des arrosemens ne *tape* pas trop la terre. On arrosera suivant le besoin.

Plusieurs personnes préfèrent avec raison, de semer à demeure. Voici leurs procédés.

Les uns font un creux d'un pied & demi de profondeur, sur autant de largeur, sèment deux ou trois grains séparés les uns des autres. Au printems ils arrachent les pieds les plus foibles, & ne laissent subsister que les plus forts. Les autres ouvrent une fosse de trois pieds & demi à quatre pieds de largeur, défoncent le terrain, le chargent de fumier pourri ou terreau, en laissant toujours à cette fosse la profondeur d'un pied ; enfin sèment leurs graines à la distance d'un pied ; de sorte que cette fosse contient trois rangs de plantes. Chaque année, suivant l'une & l'autre méthode, on jette quelques pouces de la terre qui forme les ados de la fosse, ou de nouveau terreau si cette première terre a été enlevée. Enfin on continue à en jeter tous les ans jusqu'à ce que le terrain de la fosse soit à niveau de l'autre. On évite ainsi l'embarras de replanter, & la patte d'asperge n'est point endommagée. On a beau la ménager en la tirant de terre, en la maniant, en la replantant ; il est presque impossible de ne pas rompre un grand nombre des racines qui partent du tronc, & aucune plante ne prouve mieux combien il est essentiel de ménager les *racines*. (*Voyez* ce mot)

V. *En quel tems il faut replanter, & comment on doit replanter.* En Novembre il faut couper les tiges des semis à un pouce près de terre, & on peut couvrir le sol avec de la paille pour les garantir des grandes rigueurs du froid. Cette précaution n'est pas absolument essentielle. Au mois de Mars suivant ou d'Avril, toujours relativement au climat, on commence par ouvrir une tranchée sur le bord de la planche du semis, afin de reconnoître la place qu'occupe chaque plante. Il est à supposer que pendant l'été les plantes surnuméraires & parasites ont été arrachées, & par conséquent que les racines ne sont pas entremêlées. Il est encore à supposer, qu'avant de commencer l'opération, on aura préparé le terrain pour recevoir les plantes de la pépinière, ainsi que nous le dirons tout-à-l'heure. Lorsque tout est prêt, avec une main de fer, ou avec tel autre instrument à peu près semblable, on cerne tout autour des racines, & on enlève la plante, s'il se peut, sans détacher la terre de ses racines. Cette précaution est trop négligée, sur-tout des jardiniers qui font des pépinières pour vendre les pattes.

Si les pieds du semis sont assez séparés entr'eux, on peut les laisser dans la pépinière pendant la seconde année, & non pas plus long-tems ; on aura alors de gros sujets à replanter. Je préfère la première méthode, en ce qu'elle ménage mieux les racines, & parce que la reprise est plus assurée.

La manière de préparer le carré & de le disposer pour recevoir les pattes d'asperge, n'est pas à négliger. M. Mallet va l'indiquer.

» Je suppose, c'est lui qui parle,

le terrain très-friable ; il ne sauroit l'être trop : la terre franche & meuble est celle qui convient le mieux ; la terre sablonneuse ensuite, & la terre argileuse lui est entiérement contraire, à moins qu'elle ne soit défoncée à quatre pieds de profondeur, & mêlée par moitié avec une bonne terre sablonneuse & en rapport. »

» On commencera dès le mois de Septembre à dresser son terrain en planches égales, de quatre pieds de large : quant à la longueur, elle est arbitraire. »

» Les planches tracées, sans qu'il soit nécessaire de les bêcher, afin que la terre des côtés ne s'éboule pas en travaillant, il faut enlever deux pieds de profondeur de la première plante, & faire transporter la terre en dehors par un bout, & avoir soin de la finir sans la traverser, sans quoi l'opération seroit imparfaite, parce qu'on écraseroit le bord des planches. »

» Quant à la seconde planche, on n'y touche pas avant que les plantes d'asperge soient parvenues ; cependant afin de ne pas laisser le terrain vide, on peut y planter des laitues, des romaines, des endives, &c. La troisième planche se prépare de même que la première ; la quatrième reste dans le même état que la seconde, & ainsi de suite pour toutes les autres. »

» Après avoir enlevé les deux pieds de terre dont on vient de parler, il faut y mettre six pouces de fumier à demi-pourri, composé d'un tiers de fumier de mouton, d'un tiers de celui de vache, & d'un tiers de celui de cheval, que l'on aura rangé par couches au printems précédent, & sur lesquels on aura fait venir des melons ou d'autres légumes ».

» Ce fumier étant épars, la terre des fosses sera bêchée, le fumier enterré à la profondeur d'un demi-fer de bêche seulement, & il restera ainsi enfoui pendant une partie de l'hiver. »

» Au mois de Mars on labourera de nouveau toutes ces planches d'un demi-fer de bêche, pour faire revenir sur la superficie le même fumier qui doit être pourri. Pour lors on ajoutera trois pouces de terre sur ces fossés, mêlée de voiries pourries, ou avec du fumier de mouton également pourri. »

» Presque tous les jardiniers ont en général l'habitude de planter ou de semer sur des terreaux purs ; c'est une faute très-grande qu'ils commettent. La reprise & la levée des plantes sont à la vérité plus promptes ; mais ils ne veulent pas entendre que ce léger avantage est contre-balancé par les suites les plus fâcheuses, la pourriture ou la langueur. »

» Cela fait, après avoir passé le râteau sans *marcher sur les planches labourées*, il faut y planter en échiquier trois rangs d'asperge, & les pieds à quinze pouces de distance les uns des autres en tout sens. La vraie manière de planter les asperges, c'est de les poser sur la superficie de la terre, de bien étaler les racines avec précision, sans les casser, & d'y jeter ensuite trois pouces de terreau pour les couvrir. »

» La plantation étant faite, outre les trois pouces de terreau, il est prudent

prudent d'y joindre un pouce de hauteur de fumier de litière à demi pourri, ou de la paille hachée, & encore mieux, de la balle du blé : par ce moyen ce jeune plant est à l'abri des petites gelées printanières, & des vents secs & arides du nord, qui règnent ordinairement tous les printems. »

Après avoir fait connoître la méthode de M. Mallet pour l'asperge de *Gravelines*, il est nécessaire de mettre sous les yeux du lecteur celle de M. Fillassier, pour celle qu'il appelle de *Hollande*, puisque tous deux se sont spécialement appliqués à cette culture, & le lecteur les comparera.

» L'asperge de *Hollande*, dit M. Fillassier, étant fortement organisée, & pouvant se prêter à la plus ample végétation, veut une terre de la meilleure qualité, ou rendue telle par le secours de l'art, c'est-à-dire, cette terre doit tout à la fois être grasse & meuble; grasse, afin qu'elle lui fournisse une nourriture abondante; meuble, afin qu'elle ne mette aucun obstacle à l'extension de ses racines, ni à l'éruption de ses tiges. Le défaut de ces deux qualités fait dégénérer l'asperge en peu d'années. »

» On sait que le meilleur & même le seul moyen d'ameublir une terre trop compacte, est, après l'avoir défoncée & pulvérisée à plusieurs reprises, par un tems sec, d'y mêler une quantité de sable pur, proportionnée à la densité de cette terre. Le sable est, dans ce cas, bien préférable au terreau, conseillé par quelques auteurs; le terreau n'a presque point de durée dans ces sortes de terres; & bientôt s'amalgamant avec elles, il les laisse rentrer dans leur premier état. »

» On n'ignore pas non plus que la méthode la plus sûre de rendre substantielle une terre trop maigre, est d'y mêler de la terre grasse avec du fumier de vache bien pourri sous l'animal, & bien consommé en tas. Ce fumier même, s'il est bien onctueux, pourroit suffire au défaut de terre grasse; mais son effet, sans elle, est infiniment moins durable. »

» Si, pour cultiver l'asperge de Hollande, il est essentiel que le terrain soit gras & meuble, il n'est pas moins nécessaire aussi qu'il ne soit ni trop sec, ni trop humide. La trop grande sécheresse la rend dure, ligneuse, moins féconde, la conduit au marasme, & bientôt à la mort. Trop d'humidité chancit les racines, pourrit la plante, lui cause une espèce de pléthore, & la rend très-susceptible aux effets de l'intempérie des saisons. Le point capital est donc de bien apprécier la nature du terrain destiné à cette espèce d'asperge. »

» *Si le terrain est maigre, sec & brûlant*, on creuse à la fin de Septembre, les fosses destinées à former l'aspergerie, à quatre pieds de profondeur, sur autant de largeur, & la longueur est arbitraire. Afin que l'ouvrage soit plus propre & plus régulier, il faut, avant d'ouvrir la fosse, en tracer les dimensions avec exactitude, en s'alignant au cordeau de part & d'autre. Si le terrain est sur la pente d'un côteau, il faut ouvrir les fosses dans la direction opposée à cette pente; autrement la terre étant supposée très-légère & très-maigre, bien loin de retenir l'humidité néceſſaire à la végétation, n'en deviendroit que plus ſèche, plus brûlante, & les pluies entraîneroient bientôt hors des foſſes les engrais qu'on y mettroit. »

» La terre de la fouille ſe jette ſur les eſpaces non fouillés, qu'on nomme *ados*, & qui ne doivent pas avoir plus ni moins de trois pieds entre chaque foſſe, ayant ſoin que cette terre ne s'éboule pas dans la foſſe, ſoit durant, ſoit après le travail; & pour cela, on peut de tems en tems, à meſure que l'on la dépoſe ſur l'ados, la marcher également, & la taluter des deux côtés, en la frappant, ſoit avec le dos de la bêche, ſoit avec celui d'une pelle. »

» Les foſſes reſteront ouvertes juſqu'au commencement de Novembre, & à cette époque on en labourera le fond, ſoit avec la bêche, ſoit avec la pioche ou crochet, ou même avec une forte fourche. Il n'eſt pas néceſſaire que ce labour ait plus de cinq à ſix pouces de profondeur; on laiſſera la foſſe jouir encore des influences & des bienfaits de l'air durant quinze jours. »

» Au commencement de Décembre, on jettera ſur ce labour ſix bons pouces de fumier de vache bien gras, bien conſommé, ſur lequel on ſèmera de la chaux vive en poudre, de manière qu'on n'apperçoive plus la couleur du fumier. L'objet de cette chaux eſt de faire avorter & périr les œufs que les inſectes dépoſent ſur tous les engrais, & particuliérement ſur le fumier de vache. » M. Fillaſſier auroit pu ajouter, & pour former avec les ſubſtances animales ou graiſſeuſes, la combinaiſon ſavonneuſe, baſe de toute végétation. (*Voyez* le mot Engrais)

» Huit jours après on les couvre, ces ſix pouces de fumier, de huit pouces de terre que l'on prend ſur les ados, & l'on marche cette terre d'un bout de la foſſe à l'autre, pour l'incorporer avec l'engrais, qui, par cette opération, baiſſera d'environ deux pouces; enſorte que la foſſe n'aura plus que trois pieds de profondeur. »

» Au commencement de Janvier, après avoir gratté & ameubli avec la fourche la ſurface des huit pouces de terre, on couvre cette terre d'une nouvelle couche de fumier de vache, de ſix pouces également d'épaiſſeur, & on la ſème comme on a fait la première, avec de la chaux vive en poudre. »

» Huit jours après, on jette ſur cet engrais ſix bons pouces de terre priſe ſur les ados, & on marche cette terre d'un bout à l'autre de la foſſe, qui, après ce procédé, ne doit plus avoir qu'environ vingt-ſix pouces de profondeur; car les ſix pouces de fumier ſe réduiront auſſi à quatre; la neige, quand elle n'eſt point trop épaiſſe, ni la glace quand elle n'eſt pas trop forte, ne doivent retarder aucune des opérations qu'on vient de preſcrire. »

» En Février, par un tems ſec, & lorſque la terre n'eſt couverte ni de glace, ni de neige, après avoir gratté & ameubli avec une fourche la ſurface des ſix pouces de terre qui couvre la ſeconde couche de fumier, on y jette trois bons pouces de terre graſſe, ramaſſée durant l'été, & conſervée en un lieu sec, ou du moins qui a été couverte durant les pluies, pour empêcher de se pelotter. On a grand soin de briser cette terre grasse, de la réduire en poudre autant qu'il est possible, en la mettant dans la fosse; & après l'avoir bien râtelée pour la répartir également dans toute l'étendue de la fosse, on la couvre sur le champ de six bons pouces de terre, qu'on prend encore sur les deux ados; on unit cette terre avec le râteau, & dès ce moment on cesse de marcher dans les fosses, qui n'ont plus alors environ que dix-sept pouces de profondeur. »

» Dans la première quinzaine de Mars, on jette sur les six pouces de terre qui couvrent la terre grasse, quatre bons pouces de terreau gras, qu'on unit bien avec le râteau, & sur lesquels on jette ensuite quatre bons pouces de terre qu'on prend sur les deux ados. On applanit le plus également qu'il est possible cette dernière jetée de terre avec le râteau; & après avoir jaugé les fosses qui ne doivent pas avoir dans toute leur longueur plus de neuf pouces de profondeur, on marque avec la bêche les places où l'on doit planter les asperges. »

» On doit voir, pour peu qu'on soit au fait de l'agriculture, que cette précaution n'est pas fort dispendieuse, & qu'il en coûteroit peut-être davantage pour mettre dans un terrain de cette nature toute autre plante moins productive & moins durable. »

M. Fillassier me permettra de lui faire quelques observations, & il les pardonnera sans peine en faveur du motif. Quoiqu'il dise que cette opération ne soit pas fort dispendieuse, je ne suis point de son avis, & je ne la regarde praticable que pour ces riches financiers de Paris, qui savent, au prix de l'or, applanir les montagnes & combler les vallées. Si j'avois un pareil terrain, je ne songerois jamais à préparer une aspergère. Une excavation de quatre pieds me fait trembler, & huit maniemens ou transports de fumier, ou de terre, ne sont pas un petit objet. Les racines d'asperge, même les plus étendues, n'ont jamais été à quatre pieds de profondeur.

Je demande quelle a pu être l'idée de l'auteur en proposant une couche de trois pouces de terre *grasse*? il entend sans doute l'*argile* ou la *glaise*, deux mots synonymes: que doit produire cette couche? d'empêcher la filtration de l'eau dans la partie inférieure de la fosse, & alors elle se fera par les côtés, & l'humidité se dissipera dans le terrain voisin: souvent une couche d'argile moins épaisse de beaucoup, suffit pour retenir l'eau de la source la plus abondante, & la forcer à jaillir en dehors. Si donc cette couche empêche l'infiltration, à quoi servira tout cet appareil inférieur à la couche? à rien du tout, puisque les racines de l'asperge ne sauroient pénétrer à travers cette terre grasse ou glaise. Il est constant que les seules pluies de Février, de Mars & d'Avril, habituellement abondantes dans le climat de Paris, sont plus que suffisantes pour pénétrer le terrain supérieur, parvenir à cette glaise sèche & pulvérisée, & enfin la réduire peu à peu en couche dure, compacte, & dont la compacité s'accroîtra de plus en plus. J'aurois plutôt revêtu les bords de la fosse avec de l'argile, & j'aurois laissé l'intérieur de la fosse simplement garni de terre végétale, que j'aurois substituée à la glaise. Je puis me tromper dans ma manière de voir, différente de celle de M. Fillassier: le public en jugera. Voyons comment M. Fillassier prépare un *terrain trop froid & trop humide*.

» Afin de rendre ce terrain propre à l'asperge de Hollande, l'essentiel est d'en diminuer la densité, & de procurer à l'eau qui y séjourne un écoulement facile. Voici ce qu'il faut faire. »

» Avant tout, il faut examiner si le terrain a de la pente, ou s'il n'en a point. S'il a de la pente, il faut creuser les fosses dans la direction de cette pente, leur donner quatre pieds de profondeur, & autant de largeur, sur une longueur à volonté, comme on l'a dit plus haut, car en toute espèce de terre, les dimensions des fosses doivent être les mêmes. »

» Si le terrain est par-tout de niveau, il faut lui procurer une pente artificielle, & alors on creuse les fosses de manière que sur six toises elles aient à la fin un bon pied & demi de profondeur de plus qu'au commencement; c'est-à-dire qu'on ne creusera les fosses que de trois pieds & demi au commencement, & de cinq à la fin : par ce moyen le fond d'une fosse de six toises de longueur aura, du commencement à la fin, un pied & demi de pente, qu'on aura grand soin de rendre graduelle & progressive autant qu'il sera possible. »

» Dans les terrains humides qui n'ont aucune pente, il est bon, il est même nécessaire de ne donner aux fosses que six toises de longueur. »

» A l'extrémité où les fosses auront cinq pieds de profondeur, on creusera un fossé un peu plus profond pour y recueillir les eaux qui égoutteront des fosses. Ce fossé coupera toutes les fosses transversalement; c'est-à-dire que si les fosses sont ouvertes du midi au nord, direction qu'il faut leur donner autant qu'il est possible, le fossé les coupera d'orient en occident. On aura soin d'écurer ce fossé tous les ans, afin de le tenir toujours plus profond que les fosses. Les deux côtés du fossé s'élèveront en talus pour qu'ils soient plus solides : ainsi il aura trois pieds de large à l'ouverture, & un seulement au fond. »

» L'ouverture des fosses en terrain froid & humide, doit être faite dès la fin de Juin, pour que les terres profitent de la chaleur des mois qui suivent. »

» On donnera, ainsi qu'il a été dit, trois pieds de largeur aux ados, sur lesquels on aura soin de bien affermir & taluter les terres. » M. Fillassier a déjà proposé l'emplacement des ados à trois pieds de largeur; mais comment, sur une base de trois pieds, faire contenir la terre d'une fosse de quatre pieds de profondeur & de largeur? Cette butte aura donc six pieds de hauteur perpendiculaire, & plus de sept si on lui donne le pouce par pied de talus. On aura beau battre & piétiner cette terre, sur-tout si elle est *sèche & maigre* comme dans le premier cas; elle s'éboulera de toute nécestité peu à peu dans la foſſe, & l'opération ſera manquée. Je crois qu'un eſpace de cinq pieds ſeroit à peine ſuffiſant. Revenons à la méthode de l'auteur.

» A la fin de Juillet on jettera dans le fond des foſſes, qui, ayant une pente naturelle, ſont par conſéquent profondes de quatre pieds dans toute leur longueur, environ un pied de pierrailles, de décombres de bâtiment, &c. qu'on répandra bien également, & qu'on couvrira auſſitôt d'une couche de ſable pur, ou à ſon défaut, de terre ſablonneuſe & maigre, afin de remplir les intervalles qui ſe trouveront entre les petites pierres & autres matières employées. »

» Si les foſſes n'ont qu'une pente artificielle & proportionnée, comme on l'a preſcrit, on ne mettra qu'un demi-pied de pierrailles dans les parties où la foſſe n'aura que trois pieds & demi de profondeur; on en mettra un pied où elle en aura quatre, & deux pieds où elle en aura cinq; car après cette opération, la foſſe, de quelque nature que ſoit ſa pente, ne doit plus avoir que trois pieds de profondeur dans toute ſa longueur. »

» A la mi-Août, on poſera ſur la couche de ſable pur ou de terre ſablonneuſe dont on a parlé, un lit de menu bois, de ſarmens de vigne, &c. Quand ce lit eſt bien formé, on le ſème auſſi avec du ſable pur ou de terre ſablonneuſe; il faut que ces divers rempliſſages ne laiſſent plus alors aux foſſes, qu'environ trente pouces de profondeur. »

» A la fin d'Août, on jettera ſur le lit, du menu bois, & environ un pied de fumier de cheval, un peu long & très-ſec. On le marchera d'un bout de la foſſe à l'autre, à pluſieurs repriſes, pour le faire baiſſer à peu près de ſix pouces, puis on jettera ſur cet engrais un pied de la terre priſe ſur la ſuperficie des ados, laquelle terre aura été bien briſée & bien ameublie tous les quinze jours avec la fourche, ainſi qu'il a été dit plus haut. Après ce procédé, les foſſes ne doivent plus avoir qu'un pied de profondeur. »

» Au commencement de Septembre, après avoir ameubli & râtelé le pied de terre qui couvre le fumier, on y jette environ quatre pouces de terreau ſec, qu'on unit au râteau, & qu'on couvre enſuite de quatre autres pouces de terre des ados, la plus meuble & la plus ſèche. »

» Vers la fin de Septembre on remue & on mêle avec la fourche la terre & le terreau, puis on égaliſe: enfin l'on marque les places où l'on doit planter les aſperges. »

D'après ce que vient de dire M. Fillaſſier, jamais il ne me prendra fantaiſie d'entreprendre une telle aſpergerie.

» *Du terrain de bonne qualité;* c'eſt-à-dire, qui eſt aſſez ſubſtantiel & aſſez meuble. Dans un terrain de cette nature, on peut faire l'ouverture des foſſes, ſoit avant, ſoit après l'hiver, mais cependant pas plus tard que la fin de Février, parce qu'il eſt néceſſaire qu'elles reſtent un mois ouvertes avant de les combler, pour y planter.

» On ne creuſe les foſſes que d'environ trois pieds, ſur quatre pieds de largeur, la longueur à volonté, & les ados de trois pieds de largeur. »

» En dépoſant ſur les ados la terre de la fouille, il faut mettre à part ſur une partie d'un des deux ados, celle de la ſuperficie du terrain, parce qu'elle doit être préférée pour combler le fond de la foſſe & former le premier lit. »

» Après que les foſſes auront profité durant un bon mois des bienfaits de l'air, on y jettera un pied de la première terre tirée de la fouille & miſe à part. On briſe & on ameublit cette terre avec la fourche, on la râtelle ſans la marcher; & environ huit jours après, on la couvre d'un pied de fumier bien conſommé & bien pourri. On marche ſur cet engrais d'un bout de la foſſe à l'autre, pour l'affermir & le faire baiſſer d'un tiers; puis on jette ſur le fumier ſix pouces au moins de la terre des ados, de manière que les foſſes n'aient plus que neuf à dix pouces de profondeur; enfin, après avoir bien briſé & ameubli cette terre avec la fourche, ſans marcher dans la foſſe, après l'avoir bien unie avec le râteau, on marque les places où l'on doit planter les aſperges. »

» En terre ſèche & maigre, continue M. Fillaſſier, on ne doit planter l'aſperge de Hollande qu'à la fin de Mars ou au commencement d'Avril, par un tems doux. (Il parle pour les environs de Paris) Il faut du plant d'un an. »

» En terre froide & humide, cette plantation doit ſe faire à la fin de Septembre, ou dans la première huitaine d'Octobre, par un tems doux & un peu couvert, avec du plant de dix-huit mois. »

» En bonne terre on peut planter à la fin de Septembre, ou dans la première huitaine d'Octobre, avec du plant de dix-huit mois; ou à la fin de Mars, ou au commencement d'Avril, avec du plant d'un an. »

» En plantant avant l'hiver, il faut couvrir les foſſes, ſoit avec de bonne litière ſèche, ſoit avec de forts paillaſſons, lorſque les gelées arrivent, afin de préſerver les jeunes plantes des rigueurs du froid. »

» La plantation ſera faite en échiquier, & une plante ne nuira point à l'autre. Les pattes ſeront à dix-huit pouces l'une de l'autre dans la longueur, & à quinze ſeulement dans la largeur; de cette manière une foſſe de quatre pieds de large tiendra quatre rangées d'aſperge. La première, à deux pouces de l'ados; la ſeconde, à quinze pouces de la première; la troiſième, à la même diſtance de la ſeconde, & la quatrième à deux pouces de l'autre ados. »

» On peut, ſi on n'eſt point trop borné par le terrain, ne mettre dans la foſſe de quatre pieds de largeur, que trois rangs de patte, à deux pieds de diſtance en tout ſens, & les plantes profiteront davantage. »

» Le terrain étant bien diſpoſé, & toutes les dimenſions priſes, on prépare le plant. »

» On fait bouillir & fondre dans trois pintes d'eau de pluie ou de rivière, une livre de crottin de pigeon ou de mouton, une livre de ſalpêtre, ou à ſon défaut, de ſel commun; on a soin de bien remuer ce mélange pendant l'ébullition. Quand la liqueur n'est plus que tiède, on la verse peu à peu avec son sédiment, sur un boisseau & demi de bonne terre passée au panier ou à la claie, & on la pétrit jusqu'à ce qu'elle ait assez de consistance pour en pouvoir faire des boulettes grosses comme une noix, plus ou moins, selon la quantité de pattes qu'on a à planter. On introduit une de ces boulettes entre les différentes ramifications de chaque patte, & on la place au point d'où partent ces ramifications, c'est-à-dire, précisément au-dessous de l'œil. Il faut bien prendre garde, dans cette opération, d'offenser les racines, qui sont très-cassantes, & on doit les séparer l'une de l'autre autant qu'il est possible : l'effet de ces boulettes est non-seulement d'alimenter immédiatement la jeune plante, & d'économiser une *fumure* complète qu'il faudroit donner à l'aspergerie au bout de trois ans, mais encore d'empêcher les racines de se mêler, de s'embarrasser l'une avec l'autre, de les obliger à pivoter & à se diriger vers l'engrais déposé au fond de la fosse.... »

Ces boulettes me paroissent bien minutieuses, & il n'est guère possible de concevoir comment elles peuvent dispenser d'une *fumure* complète après la troisième année. A cette époque, & même long-tems auparavant, la plante doit avoir absorbé tous les sucs qu'elles contiennent.

» Si le plant est levé depuis quelques jours, & si le délai qui s'est passé depuis le moment où on l'a tiré de la pépinière, jusqu'à celui où on le plante, a fait un peu flétrir les grosses racines, on en coupe la dernière extrémité, mais avec la plus grande sobriété, & seulement pour les rafraîchir. Cette amputation n'est pas nécessaire, & elle est même préjudiciable quand le plant est fraîchement levé. » M. Filassier auroit dû ajouter, toujours *préjudiciable*, (*voyez* le mot RACINE) à moins que ce ne soit pour séparer quelques racines rompues ou brisées.

» On plante chaque patte avec sa boulette, à la profondeur de deux ou trois pouces, ayant soin de bien étaler les racines dans le creux qu'on aura formé à cet effet à la place qu'elle doit occuper; & afin de diriger plus surement ces racines vers le fond de la fosse, on insinuera l'extrémité des grosses ramifications dans de petits trous perpendiculaires qu'on fera avec le doigt. »

» La patte étant fixée en place, on la couvre de terre, de façon qu'il y en ait trois pouces au-dessus de l'œil. »

Telle est la méthode de deux auteurs qui ont récemment écrit sur la culture de l'asperge de Gravelines & de Hollande, que je crois être la même sous deux noms différens, ou au plus, une variété l'une de l'autre. Quant à la durée des pattes dans leur vigueur, ne proviendroit-elle pas de la manière dont elles ont été cultivées, du terrain & de son exposition, &c. ou peut-être enfin de l'enthousiasme de chaque auteur pour sa plante favorite ?

Ceux qui ne voudront pas se livrer à une culture aussi dispendieuse que les deux dont on vient de parler, pourront sans risque s'attacher à celle que je vais décrire, & dont je me trouve bien : mon terrain n'est ni bon, ni mauvais, ni trop sec, ni trop humide, ni trop léger, ni trop compacte.

J'ai fait creuser les fosses à deux pieds de profondeur, sur quatre pieds de largeur, à la fin d'Octobre, & jeter la terre sur un ados de quatre pieds de base. Depuis plusieurs mois on ramassoit avec soin les balayures des basses-cours, des cuisines, des bûchers; les débris de bois, de végétaux, avec un peu de fumier de cheval : tout cela fut successivement jeté dans ces fosses jusqu'au commencement de Février. A chaque reprise, on couvroit d'un demi-pouce avec la terre des ados. A la fin de Février, le tout fut consommé, à l'exception de quelques brins de bois, & on combla de cinq à six pouces le fond des fosses. Lorsqu'on les ouvrit, leur couche de terre supérieure fut portée dans l'allée du jardin la plus voisine, & mêlée avec un tiers de sable un peu gras, & un tiers de fumier de cheval, qui fermentoit en monceau depuis deux mois. Il étoit assez pourri, & pas encore réduit en véritable terreau. Cette terre ainsi préparée, resta en monceau & recouverte de longue paille, jusqu'à la fin de Février.

A cette époque le fond des fosses fut travaillé à plein fer de bêche, c'est-à-dire, sur onze à douze pouces de profondeur, & le terreau bien mêlé avec la terre. Dans le même tems on passoit à la claie la terre préparée du monceau de l'allée, & avec ce mélange la fosse fut exhaussée de huit pouces. Le terrain bien nivelé, bien râtelé; les pattes d'asperge furent placées sur toute l'étendue des fosses, à quinze pouces de distance en tout sens, & la personne chargée de les enterrer les couvroit successivement avec la même terre, à trois pouces au-dessus de l'œil de la patte. Dans la première fosse, les racines des pattes furent placées horizontalement; dans la seconde, on eut soin de les enfoncer sur une direction plus oblique que perpendiculaire, & ainsi de suite pour les autres fosses, & je n'ai pas encore vu qu'il résultât une différence sensible dans les plantes d'une fosse ou d'une autre.

Chaque année, depuis la fin d'Octobre, c'est-à-dire, aussitôt que les tiges sont parfaitement desséchées, jusqu'au commencement de Février, on porta sur ces fosses les balayures des appartemens & des cuisines seulement; & au commencement de Mars, on ajouta quelques pouces de terre des ados : un très-léger labour avec la pioche ou avec la bêche, mélangea le tout. Enfin la fosse parfaitement comblée, il y eut du terrain de trop, & il fut transporté sur les carreaux voisins. Les asperges qu'on coupe chaque année sont très-belles & très-bonnes.

Plusieurs auteurs recommandent de remplir le fond des fosses avec des cornes, des ongles, des os de bœuf & de mouton, avec les retailles des cordonniers, des tailleurs, &c. Ces substances animales ne produiront pas un grand effet dans les premières années : lorsqu'elles se putréfieront, à la longue, elles commenceront à devenir utiles;

utiles ; mais comment se procurer sans beaucoup de frais, de pareils engrais, sinon à la porte des grandes villes ? On y vend les cornes pour le service des arts, & les bouchers ont grand soin de vendre les os avec la viande. A Paris, pour faire le poids, on ajoute un os, & on l'appelle *réjouissance.*

Après avoir parlé des différentes manières de planter pour tous les terrains, examinons à quels signes on connoît une bonne patte d'asperge, car les jardiniers ne se font aucun scrupule de vendre même jusqu'au rebut de la pépinière.

Du plant d'asperge. M. Fillassier exige qu'il n'ait qu'un an, ou dix-huit mois tout au plus ; s'il passe cet âge, s'il a vu deux hivers en pépinière, il reprend avec moins de facilité, & est plus sujet à dégénérer ; ce qui n'est pas encore bien prouvé par l'expérience. M. Mallet, au contraire, exige un plant de deux ans, & il a raison.

On reconnoîtra qu'il a été trop serré dans la pépinière, si les racines sont effilées. Les racines doivent être presque égales en grosseur, en longueur, bien nourries & sans taches ; leur couleur d'un gris blanc, & non pas jaune ; l'œil gros, vigoureux.

Plus il sera tiré récemment de terre, plus la reprise sera facile. La manière de le lever n'est point arbitraire. Ayez de grandes balles ou de grands paniers, dont le fond soit garni avec de la mousse ; placez ensuite les plants d'asperge les uns à côté des autres, sans mélanger les racines, & continuez ainsi jusqu'à six pouces de hauteur. Alors, ajoutez un nouveau lit de mousse de quatre à six pouces ; continuez lit par lit jusqu'à ce que le panier soit plein, & recouvrez avec de la paille, sur laquelle on entrelace de la ficelle. Cette dernière opération ne s'exécutera que lorsque le tout se sera un peu tassé par son propre poids. Les plants peuvent voyager de cette manière sans craindre aucun dommage.

Lorsque vous demanderez des plants aux pépiniéristes, prévenez-les que vous rejetterez toutes les pattes dont les racines seront effilées, celles qui seront brisées, dont l'œil sera endommagé ou aura une couleur livide. Sans ces précautions, vous risquez d'avoir du mauvais plant & mal conditionné pour la route.

VI. *De la conduite de l'aspergerie.* La tenir parfaitement sarclée, ne jamais marcher sur les planches, sous quelque prétexte que ce soit, sont deux conditions essentielles pour tout le tems que subsistera l'aspergerie. On sarclera avec la main autour des plantes, de peur que le piochon ou la binette n'endommage la tige ou la racine.

L'aspergerie demande des soins particuliers pendant les trois premières années ; ceux des deux premières sont à peu près les mêmes.

Donner souvent de petits labours à la superficie du terrain, & même tous les mois, c'est fournir à la plante un moyen efficace pour sa végétation.

Lorsque le plant est parvenu à un pied de hauteur, on coupe à ras de terre sur chaque plante, la tige la plus forte, afin de déterminer le reflux de subsistance vers les racines. A la fin de Septembre, couper toutes les tiges, & ne leur laisser

que deux pouces. On recouvre ensuite ces chicots à fleur de terre, avec du fumier à demi-pourri. On le répéte : la méthode de M. Mallet est bonne dans les pays où les fumiers sont abondans, & dans le climat de Paris. Elle n'est point admissible dans les provinces méridionales ; la chaleur dévorante pénétreroit jusqu'aux racines à travers cet amas de terreau & de fumier, successivement convertis en terreau ; il faut une terre plus forte. La terre des ados préparée ainsi que je l'ai dit, est préférable.

On conduit l'aspergerie de la même manière dans l'année suivante, excepté qu'on coupe, à la fin de Mai, les trois ou quatre plus fortes tiges, afin d'occasionner un nouveau reflux aux racines.

M. Mallet conseille à ceux qui peuvent facilement se procurer des engrais, d'employer ceux des voieries. C'est, suivant lui, le meilleur engrais & le plus convenable aux asperges. Il faut faire des couches de voieries, d'un pied de hauteur, recouvertes d'un pouce de chaux vive, & inonder le tout ensuite, afin d'empêcher que l'action trop vive de la chaux ne brûle l'engrais, & ne détruise les portions mucilagineuses, huileuses & salines dont est doué cet excellent fumier. La chaux ne les détruira point ; mais sans humidité un peu abondante, il n'y aura presqu'aucune combinaison, aucun mélange des différens principes, & leur conversion en substance savonneuse, ne sauroit s'exécuter. (*Voyez* le mot ENGRAIS)

Ces tas de voieries, après avoir été exposés pendant un an à toutes les influences de l'air, de la lumière, de l'hiver, &c. passés ensuite à la claie, sont, de tous les amendemens, les meilleurs, sur-tout pour les asperges ; il suffit d'en mettre chaque année, à la fin de l'automne, l'épaisseur de trois pouces sur le plant d'asperge.

Une infinité de personnes s'imaginent que les voieries communiquent un mauvais goût aux légumes. Cela est vrai, si on les emploie trop récentes. Celles qui ont fermenté pendant un an, & sur-tout pendant deux, sont exemptes de ce reproche.

Des soins de la troisième année. A cette époque on peut commencer à jouir, mais très-sobrement, autrement on épuiseroit la plante. A la fin de Février, ou dans les premiers jours de Mai, on donne un petit labour à l'aspergère, & on jette sur cette labourée, de trois à quatre pouces de la terre des ados. Sarcler & biner tous les mois, sont des soins à ne pas négliger. Il faut prendre garde de ne jamais marcher sur la planche, & de ne point endommager la plante en travaillant la terre. Au commencement de Novembre on coupe les tiges, on bine, & on ajoute de nouvelle terre. M. Fillassier conseille la litière courte & les feuilles d'arbre ; M. Mallet veut qu'on ajoute six pouces de terreau composé d'une moitié de terre potagère, & d'une autre de fumier exactement pourri ; & encore mieux, dit-il, du mélange de chaux vive, & des voieries dont il a parlé.

Pour les années suivantes, la culture consiste à tenir l'aspergerie bien sarclée & bien labourée. Il ne faut jamais perdre de vue que l'asperge croît dans les terrains sablonneux; ainsi tous les soins du cultivateur doivent se borner à lui donner une terre légère, une terre végétale en abondance; les débris des végétaux, des animaux bien consommés, sont donc ce qui lui convient le mieux.

De la manière de cueillir les asperges. D'une même racine il sort plusieurs tiges. On ne coupera que celles qui ont atteint leur grosseur & la hauteur convenable; ces tiges seront coupées le plus près du tronc qu'il sera possible, & sans l'endommager.

L'auteur de l'*École du Jardin potager*, parle d'un outil pour couper les asperges, que je ne connois point. Il est fait en crochet par le bout, avec des dents taillantes, disposées comme celles d'une scie, accompagnées d'une longueur de fer de six pouces environ, de la grosseur d'une clef ordinaire, avec un manche de bois arrondi. On plonge cette espèce de couteau perpendiculairement le long de l'asperge; & quand il est entré à six pouces environ, on donne un tour de main pour l'embrasser avec le bout du crochet, & on la coupe en tirant à soi. Le couteau ordinaire vaut tout autant.

Si on ne consomme pas les asperges sur le champ, on les lie en bottes, que l'on place dans un vase dont le fond est garni de deux pouces d'eau, ou bien on les enterre à la profondeur de trois à quatre pouces dans du sable frais: la végétation de l'asperge se continue encore & dans l'eau & dans le sable.

Pour avoir des asperges hors de leur saison ordinaire. Par-tout où l'argent est abondant, l'industrie augmente les moyens de le faire dépenser. L'homme riche croit multiplier ses jouissances lorsque sa table est couverte de mets chèrement payés. Son amour-propre est satisfait, & son goût ne sauroit l'être, parce qu'il a fallu contrarier la nature. Voici les méthodes factices, mises en usage pour se procurer le plus détestable de tous les légumes.

On le peut de deux manières, ou par le secours des couches chaudes, ou par celui des réchauts.

» La première méthode (c'est M. Decombes qui parle, & MM. de la Quintinie & Bradley avant lui) L'opération doit se prévoir de loin, c'est-à-dire, il faut se former un fond de plantes en pépinière de deux ans. Après cette époque, elles sont en état d'être transplantées sur couches. Ces couches doivent être fortes, larges de quatre pieds, & chargées de six pouces de terre & de terreau mêlés ensemble. Lorsqu'elles sont bien dressées, & que la plus grande chaleur est passée, on range les asperges sur la couche à six ou sept pouces de distance, & on les recouvre de deux pouces de terre mêlée; on jette un peu de fumier chaud par-dessus, & on laisse quelques jours ces couches à l'air. »

» Quatre ou cinq jours après, on en retire exactement le fumier, & on les charge de nouveau de trois pouces de la même terre mêlée; après quoi on les couvre, soit avec des cloches, soit avec des châssis, sur lesquels on jette de la litière sèche & des paillassons, pendant les nuits & le mauvais tems, à proportion de la rigueur de la saison. »

» Si on a commodément de grands fumiers chauds sortant de l'écurie, en place de litière, les plantes s'en trouveront encore mieux; mais les paillassons en souffrent, car la vapeur chaude de ce fumier qui est dessous, brûle les ficelles. »

» C'est, pour l'ordinaire, au commencement de Novembre qu'on fait les premières couches destinées à cet usage, & on continue d'en faire tous les mois lorsqu'on veut en avoir une succession non interrompue, parce que chaque couche ne produit que pendant un mois au plus : ce mois passé, il faut la retourner, détruire le plant qui n'est plus propre à rien; il est brûlé. »

» Dix ou douze jours après que les pattes ont été plantées, elles commencent à pousser leurs tiges. Dès qu'elles paroissent, il faut donner un peu d'air aux cloches ou aux châssis; & si le tems le permet, les laisser nues au soleil, dont l'action donne au fruit le goût & la verdeur. Quel *goût* & quelle *verdeur!* Cependant, comme le soleil ne paroît pas souvent dans cette saison, voici la manière d'y suppléer en partie. »

» Lorsqu'on a fait une cueillette d'asperges, on les lie en bottes, on les enterre à moitié dans les réchauts, & on couvre d'une cloche chaque botte; s'il fait un peu de soleil, de blanches ou rougeâtres qu'elles sont, elles deviennent vertes au bout de deux ou trois jours. »

» On doit les réchauffer (*voyez* les mots COUCHE, RÉCHAUT) dix ou douze jours après qu'elles ont été plantées, & renouveler le réchaut une seconde fois, douze ou quinze jours après, dès qu'on s'apperçoit que la chaleur de la couche s'éteint. »

» A l'égard de celles qu'on veut réchauffer en pleine terre, on doit, comme pour les autres, y avoir pourvu à l'avance; c'est-à-dire qu'en les plantant, on doit les avoir disposées dans cette vue, & n'avoir donné que trois pieds ou trois pieds & demi aux planches, pour être plus faciles à réchauffer, & deux pieds aux sentiers. »

» Ces planches ainsi disposées, sont bonnes à réchauffer dès que le plant a quatre ans; il est encore meilleur à cinq & à six. »

» Pour les réchauffer, on ôte toute la terre des sentiers, à deux pieds de profondeur. On la jette sur des planches, en battant les bords, & on remplit le vide avec des fumiers chauds, bien trépignés. On laboure ensuite la planche pour dresser les terres, & on met tout de suite quatre à cinq pouces de fumier par-dessus. On les laisse dans cet état jusqu'à ce que la terre se soit échauffée & que les tiges commencent à paroître. »

» C'est ordinairement quinze jours ou trois semaines après, & aussitôt il faut manier les réchauts & les mêler avec plus ou moins de fumier neuf, suivant le besoin. Si le froid est considérable, il faut augmenter la charge de fumier sec par-dessus les planches. La tige, pressée par la chaleur du fond, pousse toujours au travers, & on a soin de lever le fumier tous les jours, autant que le tems le permet, pour donner de l'air à la plante. On doit auſſi le changer autant de fois qu'il eſt mouillé ou couvert de neige. Il faut par conſéquent en avoir une bonne proviſion. De deux en deux jours on coupe les bonnes tiges, & on les fait reverdir, comme il a été dit plus haut. »

» Quinze jours après on change encore les réchauts, & on continue de quinzaine en quinzaine, tant qu'on cueille du fruit. Il faut prendre garde qu'il ne brûle pas par trop de chaleur ; à quoi il eſt particuliérement ſujet dans les mois de Novembre & de Décembre, lorſqu'il ſurvient des pluies chaudes, ou même après quelques petites gelées qui concentrent la chaleur. Au moindre danger, il faut donner de l'air aux plantes, en levant le fumier de diſtance en diſtance. »

» Il y a des particuliers qui couvrent les planches entières avec des cloches ; l'embarras égale la dépenſe. Les planches ainſi préparées & gouvernées, donnent du fruit pendant ſix ſemaines ou deux mois. »

» On obſervera, pour la première fois qu'on réchauffera ces planches, de ne couper le fruit que pendant trois ſemaines environ. On les épuiſeroit d'en tirer davantage. »

Je regretterois le tems employé à tranſcrire ces deux méthodes, ſi je ne reſpectois la loi impoſée, de faire connoître tout ce qui a été dit ſur un ſujet ; & ceux qui aiment les légumes & les fruits forcés, ne me pardonneroient pas de les avoir paſſées ſous ſilence.

VII. *Des ennemis des aſperges.* Les uns s'attaquent aux racines, les autres aux tiges.

Il eſt aiſé de préſumer que dans une terre légère & plus fumée que le reſte du jardin, les inſectes y accourront de toute part. Le hanneton y trouve une retraite commode pour s'enterrer & s'y métamorphoſer en larve, qu'on nomme *ver blanc*, *turc*, &c. (*voyez* le mot HANNETON) ſi terrible & ſi deſtructeur des racines des plantes. La courtillière, ou *taupe-grillon*, ou *courterolle*, (*voyez* le mot COURTILLIÈRE) s'empreſſe de venir dépoſer ſes œufs dans ce fumier, & tout jardinier connoît, par une fatale expérience, combien cet inſecte eſt redoutable. L'huile, il eſt vrai, miſe dans les trous fabriqués par ces inſectes, & chaſſée par l'eau dans ſes routes ſouterraines, le font périr ; mais ſouvent cette eau abondante fait pourrir les pattes.

Toute eſpèce de limace & de limaçon ſe jette avec avidité ſur la jeune tige de l'aſperge, ſur-tout dans les terrains humides & dans les années pluvieuſes. Le ſoir, à la lumière, & de grand matin, on les verra chercher leur nourriture ; c'eſt le tems de les prendre & de les ſuivre juſque dans leurs retraites ; la route eſt marquée par leur bave.

Dans les années ſèches, ce ſont les pucerons, une chenille verdâtre, dont on ſe débarraſſe en ſecouant les tiges ſur du linge ; pluſieurs petits ſcarabées, &c.

Le ſeul moyen de détruire le puceron, eſt de ſacrifier les tiges qui en ſont infectées ; on préſerve les autres. Les ſcarabées, moins nombreux, & beaucoup plus gros, se distinguent aisément. On les voit sur le sommet de la tige, qu'ils ont bientôt cernée & dévorée. On les ramasse l'un après l'autre, & on les écrase.

M. Mallet a publié une recette, qu'il dit infaillible, pour faire périr les insectes qui s'attachent sur les asperges, comme sur les autres légumes; elle coûte peu à essayer.

Prenez des feuilles d'aulne, remplissez-en un tonneau jusqu'au tiers; remplissez-le d'eau, & remuez tous les jours. Quinze jours après, cette infusion aura la propriété de faire périr tous les insectes en arrosant les plantes. On renouvelle les feuilles à mesure qu'elles pourrissent: on peut conserver ce mélange pendant deux mois; il n'est pas nuisible aux plantes. Ce procédé est fondé, dit M. Mallet, sur ce que jamais insecte ne s'attache aux feuilles d'aulne. Cette proposition est trop générale, & j'ai la preuve contraire. La feuille de noyer, généralement parlant, auroit la même propriété.

VIII. *Des propriétés de l'asperge.* La racine est inodore, d'une saveur douce & fade. L'asperge donne à l'urine une odeur nauséabonde. Quelques gouttes d'huile de térébenthine jetées dans les vases de nuit, décomposent cette odeur & la changent complétement.

On place les racines au rang des cinq grandes racines apéritives. On prescrit les racines à la dose de demi-once, ou d'une once pour chaque pinte d'infusion. Les tiges sont prescrites depuis une à deux, dans une décoction de huit onces d'eau. On a beaucoup & trop vanté leurs propriétés pour expulser les graviers, contre les hydropisies, les maladies du foie.

L'usage le plus fréquent de l'asperge, est pour la cuisine. En Provence, en Languedoc, dans nos provinces méridionales, on trouve une asperge dont la tige devient ligneuse, son écorce blanche, & dont les feuilles sont courtes, dures, aiguës, légérement piquantes. C'est l'*asparagus antifolius* du chevalier Von Linné. Le peuple en mange les jeunes tiges, tant qu'elles sont herbacées; leur goût est sauvage & un peu amer. Elle croît le long des chemins, dans les haies, &c.

ASPIC. (*Voyez* LAVANDE)

ASPHYXIE, *& les accidens mortels occasionnés par des vapeurs suffoquantes, telles que celles qui s'exhalent du charbon allumé, des liqueurs en fermentation, des fosses, des puits fermés depuis long-tems, des latrines, du tonnerre, du froid, des lampes & des chandelles allumées dans de petits endroits; de l'asphyxie des noyés, & des gens qui travaillent aux mines.*

On donne en général le nom d'*asphyxie*, qui veut dire *sans pouls*, à toute affection dans laquelle le malade perd tout à coup l'usage des sens, tant internes qu'externes, du pouls & de la respiration: or, différentes causes peuvent donner naissance à cette maladie, si ressemblante à la mort.

1°. Les vapeurs suffoquantes du charbon allumé.

2°. Les vapeurs qui s'exhalent des ſubſtances en fermentation.

3°. Les vapeurs qui ſortent des foſſes & des puits bouchés depuis long-tems.

4°. Des vapeurs des latrines.

5°. Les effets du tonnerre.

6°. Les effets du froid.

7°. Les exhalaiſons des lampes & des chandelles dans les petits endroits.

8°. Des noyés.

9°. Des gens qui travaillent aux mines.

Tous ces objets ſont de la plus grande importance, & nous allons les examiner par ordre. Il eſt néceſſaire de dire un mot de l'air avant que d'entrer dans les détails de tous les accidens qui ſuivent la corruption de cet élément. Quoique les habitans de la campagne ſoient moins expoſés que les habitans des villes, aux maladies qui naiſſent dans un air chargé de vapeurs dangereuſes, cependant l'ignorance & le peu de ſoins qu'on prend de leur exiſtence, les expoſent aux effets mortels de certaines exhalaiſons.

L'air que nous reſpirons peut être altéré de pluſieurs manières, par des évaporations de différente nature, capables de nuire conſidérablement à la ſanté de ceux qui le reſpirent : ces effets ſont quelquefois très-rapides, & quelquefois ils ſont très-lents. L'air qui a paſſé à travers le charbon, l'air qui n'eſt pas renouvelé dans les endroits fortement échauffés par les poêles, par le feu ardent des cheminées ; l'air des chambres fort éclairées par la multiplicité des chandelles & des bougies, eſt fort mal-ſain ; de-là naît le danger de dormir dans les endroits où on brûle du charbon. Les vapeurs qui s'élèvent du vin, du cidre, de la bière, & de toutes liqueurs qui fermentent, ſont auſſi mortelles que l'air qui a paſſé par le charbon allumé. On a donné, de nos jours, le nom de *gas* ou d'*air fixe*, &c. à ces différentes vapeurs, qui ne ſont pas de l'air, mais des vapeurs acides, plus ou moins pernicieuſes, & qui, introduites dans la poitrine, y cauſent les plus grands ravages. Il eſt tellement dangereux d'entrer dans un cellier, ou dans un lieu quelconque qui renferme des liqueurs en fermentation, qu'on a vu des malheureux y expirer en très-peu de têms. Les ſouterrains fermés depuis long-tems, les puits qui, depuis longues années, n'ont pas été nettoyés, exhalent des vapeurs nommées *méphitiques*, auſſi meurtrières que celles dont nous venons de parler, & il ne faut y deſcendre que lorſqu'on a purifié ces lieux des vapeurs qu'ils contiennent.

Quand on veut ſavoir ſi ces lieux renferment des vapeurs dangereuſes, on y deſcend, par le moyen d'une corde, quelques ſubſtances enflammées ; ſi ces ſubſtances continuent à brûler, on peut deſcendre en toute ſureté dans ces lieux ; mais ſi au contraire les ſubſtances enflammées, telles que de la chandelle, du bois, &c. s'éteignent, ces endroits contiennent des vapeurs meurtrières, & il faut bien ſe donner de garde d'y deſcendre, ſans quoi l'on s'expoſe à perdre la vie.

Les perſonnes ſuffoquées par les vapeurs des mines, & celles qui ſont frappées de la foudre, ſont dans le même cas que celles qui ont respiré l'air méphitique des caves, des latrines, des puits, des souterrains, & du charbon allumé.

Charbon allumé. Lorsqu'une personne a respiré les vapeurs du charbon allumé, elle tombe privée de tous ses sens, tant internes qu'externes; alors il faut promptement la transporter à l'air libre, dans une cour, s'il est possible, lui appuyer la tête contre le mur, & lui jeter au visage de l'eau froide. Il faut continuer cet exercice pendant des heures entières sans interruption : plusieurs personnes doivent être occupées à tenir de l'eau froide toute prête, afin que celles qui la jettent au visage du malade n'en manquent pas : on continue jusqu'à ce que le malade éprouve quelques hoquets; alors on jette dans un verre d'eau huit à dix gouttes d'alcali volatil, & on tâche de le faire avaler au malade en lui tenant la bouche entr'ouverte par le moyen de petits morceaux de bois qu'on place entre les dents; on recommence les projections d'eau froide, & on ne les suspend par intervalles, que pour réitérer la boisson d'alcali volatil par gouttes dans l'eau.

Après les hoquets, le malade éprouve des vomissemens & des tremblemens; alors on le porte dans un lit légérement chaud; on lui frotte tout le corps avec des linges secs & un peu rudes; on laisse toujours circuler dans la chambre un courant d'air; on continue à lui donner de tems en tems quelques gouttes d'alcali volatil dans de l'eau, & on lui fait prendre des lavemens avec le savon & les feuilles de séné.

On ne doit jamais employer la saignée dans cet état; on tueroit infailliblement le malade; il existe très-peu de circonstances dans lesquelles elle soit nécessaire : mais quand elle est indiquée, il ne faut jamais l'employer que le malade ne soit revenu à lui : alors s'il est d'un tempérament sanguin, si son pouls est dur & plein, s'il se plaint de maux de tête violens, on lui fait mettre les pieds dans l'eau tiède; on le saigne du bras ou du pied, si les accidens sont forts, ou de la gorge, s'ils vont toujours en croissant. Comme cet état devient alors apoplectique, nous renvoyons à L'APOPLEXIE.

Émanations des substances qui fermentent, des puits, des mines, des souterrains, des latrines, des caves, de la foudre, du froid, des noyés. Lorsque l'on s'expose aux vapeurs contenues dans l'air des puits, des souterrains, des latrines & des caves, on éprouve les mêmes accidens que si on avoit respiré les vapeurs du charbon, & les secours doivent être les mêmes.

Les noyés & les gens frappés par la foudre, meurent de même que les asphyxiés. Dans l'article des *Noyés*, nous ajouterons quelques additions à ce que nous avons déjà dit sur cet article. Nous croyons très-intéressant de ne point omettre les moyens propres à purifier l'air infecté des puits, souterrains, caves, mines, latrines, &c.

Il est prouvé que l'eau réduite en vapeurs, est le moyen le plus efficace pour purifier l'air corrompu par les émanations dangereuses du charbon allumé. Or, il est d'une nécessité indispensable de verser de l'eau l'eau en grande quantité dans tous les lieux infectés de ces vapeurs, en établissant en outre une communication avec l'air extérieur. Dans les cabanes qu'habitent les gens de la campagne, le froid n'est d'ordinaire combattu que par des poëles, ou par du charbon allumé; chez les artisans, qui, par état, font beaucoup d'usage de charbon, les vapeurs méphitiques infectent toujours l'air que ces infortunés respirent, & on parviendra à le corriger, en exposant sur les poëles, ou près des foyers, de grandes jattes remplies d'eau, qu'on renouvellera souvent.

Dans les fosses d'aisance. Il faut jeter dans ces lieux une grande quantité de chaux vive; & auparavant d'y descendre, il faut essayer si l'air est purifié, en y plongeant des chandelles allumées, ou de la paille & du bois embrasés : si ces substances ne s'éteignent pas, l'air est pur, on peut y travailler; si au contraire elles s'éteignent, l'air est encore corrompu & meurtrier, & il faut bien se garder d'y descendre.

Le froid. Les gens vivement attaqués par le froid, sont dans l'état des asphyxiés privés de sentimens, tant internes qu'externes : il est rare, dans nos climats, de voir des effets aussi terribles du froid; mais quelques exemples suffisent pour que nous ne négligions pas de traiter de cet objet d'autant plus important, qu'il regarde cette partie de la nation la moins estimée, quoique la plus estimable, les habitans de la campagne.

Quand une personne vivement attaquée par le froid, a demeuré plusieurs heures couchée dans la neige, ou sur la glace, exposée à toutes les rigueurs du froid le plus vif, il faut lui faire des frictions par tout le corps avec de la neige, si on peut s'en procurer, ou avec des linges trempés dans l'eau froide; il faut bien se garder de l'exposer à la chaleur; il est d'observation que les fruits ou légumes gelés se corrompent quand on les plonge dans l'eau chaude avant de les avoir laissés quelque tems dans l'eau froide. La même chose arrive aux parties du corps frappées du froid; elles tombent en gangrène si on les expose à la chaleur, & la gangrène se déclare avec autant de célérité que le degré de chaleur est plus fort : les engelures ne doivent leur naissance qu'à la pernicieuse méthode d'exposer à une chaleur très-vive, les pieds ou les mains engourdies par le froid.

Après avoir frotté tout le corps avec de la neige, ou avec des linges trempés dans de l'eau froide, rien n'est plus salutaire qu'un bain froid dans lequel on plonge le malade l'espace d'une demi-heure. En sortant du bain on recommence les frictions; dès que le malade donne quelques signes de connoissance, on lui fait avaler quelques gouttes d'alcali volatil, dans un peu de vin tiède; on le place dans un lit bassiné & peu chaud; on continue les frictions avec des flanelles sèches; on place le malade à cette époque, quelque tems dans un bain tiède; on lui donne quelques cuillerées de bouillon; on le nourrit long-tems de cette manière avec précaution : en suivant cette conduite dictée par l'expérience, & confirmée par le raiſonnement, on parvient à rappeler à la vie ces victimes déplorables de l'inclémence des saiſons. Toute la conduite conſiſte à rétablir la chaleur par degré ; ſi on la faiſoit reſſentir promptement & fortement, le malade ne tarderoit point à expirer victime de ce traitement condamné par l'expérience, ſeul juge capable de prononcer dans des circonſtances auſſi délicates.

Des noyés. (*Voyez* ce mot)

ASPIRATION DES PLANTES. Ce mot déſigne l'action par laquelle le végétal comme l'animal pompe l'air qui l'environne, & qui doit ſervir ou à ſa nourriture, ou au ſeul mécaniſme de la reſpiration. Nous diſtinguons donc ici l'aſpiration de la ſuccion. C'eſt par la ſuccion que les plantes attirent & pompent les fluides, tels que l'eau, la ſéve, &c. & l'air eſt le ſujet ſeul de l'aſpiration. Cette diſtinction ſera encore bien plus ſenſible lorſque nous parlerons de la manière dont les plantes ſe nourriſſent.

Toutes les parties de la plante ſont douées de la propriété d'aſpirer l'air dans lequel elles vivent ; on peut voir au mot AIR, la quantité prodigieuſe que les feuilles en abſorbent dans un tems donné. L'écorce & les racines, ſur-tout les plus petites, comme le *chevelu*, ſont garnies d'une infinité de bouches, dont les unes aſpirent & les autres expirent l'air. Il eſt probable que ces ouvertures ne ſont pas les mêmes par leſquelles les autres ſubſtances nutritives pénètrent dans l'intérieur du végétal ; du moins nous voyons & nous connoiſſons dans la plante des vaiſſeaux à air, & des vaiſſeaux à fluides, qui n'ont pas les mêmes orifices, ni le même cours. Le microſcope le plus parfait n'a pu, juſqu'à préſent, diſtinguer ces orifices les uns des autres ; quoiqu'ils ne ſoient pas ſenſibles, ils n'en ſont pas moins exiſtans.

Quel eſt le principe de cette propriété du végétal ? quel eſt le jeu, quels ſont les reſſorts que la plante fait mouvoir pour aſpirer une maſſe d'air ? Ce myſtère eſt encore un ſecret pour nous. L'anatomie des végétaux eſt trop peu avancée ; nos connoiſſances ſont encore trop bornées dans cette partie pour nous flatter de l'expliquer avec préciſion. Si nous pouvons raiſonner avec une certaine vérité ſur la reſpiration animale, c'eſt que toutes les parties de l'organe qui l'opèrent nous ſont aſſez bien connues. Étudions les plantes avec autant d'ardeur, le flambeau de l'expérience à la main, & nous pourrons alors découvrir une infinité de vérités intéreſſantes. (*Voyez* AIR, PLANTES, RESPIRATION.) M. M.

ASSA FŒTIDA ; ſubſtance très-employée par les maréchaux. C'eſt un ſuc gommo-réſineux que l'on tire principalement de la racine d'une plante ombellifère qui croît en Perſe, dans les environs d'Heraat, & qu'on y nomme *hingiſch*. Les perſans inciſent la racine, il en découle un ſuc laiteux, un peu roux, d'une ſaveur âcre & amère, d'une odeur très-puante, & on le fait ſécher au ſoleil. Les indiens adultèrent ce ſuc quand il n'eſt pas encore épaiſſi, en y mêlant de la farine de féve. Le goût & la vue décèlent la fraude, qu'on reconnoît encore mieux en délayant le suc, d'abord dans l'eau tiède qui dissout la partie gommeuse; on filtre la liqueur; ce qui reste sur le filtre est jeté dans l'esprit-de-vin bien déphlegmé; il dissout la racine. On filtre encore de nouveau., & ce qui reste est l'addition des substances étrangères.

Lorsque les maréchaux emploieront l'assa fœtida pour vos bêtes, examinez-le auparavant. Le bon est en masse, rempli de larmes blanches, sec, d'un blanc jaunâtre quand il est coupé frais, se changeant peu de tems après en un beau rouge tirant sur le violet. Son odeur est semblable à celle de l'ail. Rejetez celui qui est gras, salé, rempli de terre, de même que le noir.

Il cause aux organes de la bouche une chaleur assez vive, fait beaucoup saliver, & réveille l'appétit de l'animal. On l'administre intérieurement sous forme de bol; la dose est depuis demi-once jusqu'à deux onces pour le bœuf & le cheval. La manière de faire ce bol est de pulvériser l'assa fœtida, & de l'incorporer avec suffisante quantité de miel. La dose pour les brebis est depuis deux drachmes jusqu'à une once.

On l'emploie encore en *mastigadour.* (*Voyez* ce mot) A cet effet réduisez-le en poudre subtile, & enveloppez cette poudre d'un morceau de toile dont vous formerez un nouet. Attachez-le au mastigadour, ou à une espèce de mors.

Cette substance est très-utile pour dissiper les coliques venteuses, & dans la *fourbure.* (*Voy.* ce mot) Sans aucun fondement, plusieurs personnes ont avancé que l'assa fœtida purge la brebis; qu'il corrige le mauvais effet des plantes vénéneuses, guérit les blessures faites par les bêtes venimeuses, les animaux enragés, & que sa vapeur s'oppose aux accès des retours épileptiques.

Ce remède est vraiment incisif & échauffant. On le prescrit quelquefois avec succès dans les suppressions du flux menstruel, des lochies, des pertes blanches, lorsque les feuilles de rue ou de sabine n'ont été d'aucune utilité.

ASSOUPISSANT. (*Voyez* NARCOTIQUE)

ASSOUPISSEMENT, MÉDECINE VÉTÉRINAIRE. Le cheval, le bœuf & le mouton, sont quelquefois atteints de ce mal. Nous en distinguons de deux espèces: l'un naturel, qui ne provient d'aucune indisposition interne. Il est occasionné par la fatigue, la grande chaleur, la pesanteur de l'atmosphère & autres causes semblables. Dans celui-ci, l'animal porte la tête basse; il paroît comme endormi & mange lentement; l'autre, qui naît de quelquelque dérangement ou vice de la machine, & que nous attribuons à toutes les causes qui empêchent les esprits de fluer & de refluer librement & en assez grande quantité, de la moelle du cerveau par les nerfs dans les organes des sens; & des muscles qui obéissent à la volonté de ces organes, à l'origine de ces nerfs dans la moelle du cerveau. Ces causes sont toutes celles qui peuvent produire l'épaississement du sang & la pléthore, tels que le travail excessif, la longue exposition aux ardeurs du soleil, la trop grande quantité d'alimens, leur mauvaise qualité : les vaisseaux de la tête sont alors distendus, les yeux enflammés, la bouche chaude, le pouls plein & fort, l'animal ne se remue qu'avec peine ; quand il est couché, il est impossible de le faire lever ; il refuse de manger : le mouton a beaucoup de peine à se rendre à la bergerie ; à peine y est-il arrivé, qu'il se couche, se met en peloton, & ne fait aucun mouvement.

Les chevaux qui ont une tête grasse & une grosse ganache, sont plus sujets à cette maladie que les autres. Le bœuf y est encore plus exposé que le cheval. Le sang de cet animal se raréfie beaucoup en été, sur-tout lorsqu'il travaille. Il étend les vaisseaux déjà tendus par eux-mêmes ; tout son corps résiste à cet effort, excepté le cerveau & le cervelet, où toute l'action est employée à le comprimer ; d'où il s'ensuit l'assoupissement, & quelquefois l'apoplexie. Dans ce dernier cas, le bœuf perd toute connoissance ; il est privé de mouvement & de sentiment, tombe tout à coup, & passe pour ainsi dire, en un clin d'œil, de la plus grande vigueur au plus grand dépérissement, & de la vie à la mort, sans qu'il soit possible de le secourir.

L'assoupissement de la première espèce cède à l'usage des breuvages tempérans nitrés, aux lavemens émolliens & au repos. Il n'en est pas de même du second, qui, outre ces remèdes, exige des saignées répétées, sur-tout à l'arrière-main, en observant, quant au mouton, de la proportionner à ses forces & à son âge. Trois onces suffisent à cet animal chaque fois. On traite de même l'assoupissement qui reconnoît pour cause un coup violent donné sur la tête ; mais dans celui qui est l'effet d'une tumeur placée sur le sommet de cette partie, il est essentiel de débrider la plaie pour donner issue à la matière, sans quoi, comme nous l'avons observé, elle gagneroit la moelle de l'épine, & le cheval seroit en danger de mourir subitement. M. T.

ASTER, *ou* ŒIL DE CHRIST. M. Tournefort place cette plante dans la quatrième section de la quatorzième classe, qui comprend les herbes à fleurs radiées, & à semences couronnées d'aigrettes. Il l'appelle, d'après Bauhin, *aster atticus cæruleus vulgaris.* M. le chevalier Von Linné la classe dans la singénésie polygamie superflue, & la nomme *aster amellus.*

Fleur, radiée, c'est-à-dire, composée de *fleurs à fleurons*, & de *fleurs à demi-fleurons*, (*voyez* ces mots) portées sur le même calice D ; les fleurons C occupent le centre de la fleur, nommé *disque*, (*voyez* ce mot) & les demi-fleurons B, la circonférence appelée *couronne.* Les fleurons sont hermaphrodites, & les demi-fleurons femelles. Le calice commun à ces deux espèces de fleurs, est représenté en D.

Fruit ; les semences E sont solitaires, ovales, couronnées d'une aigrette simple.

Feuilles, d'une seule pièce, nullement portées par des pétioles, mais adhérentes à la tige ; elles sont entières, oblongues, rudes, marquées de trois nervures.

Racine A, rameuse, fibreuse,

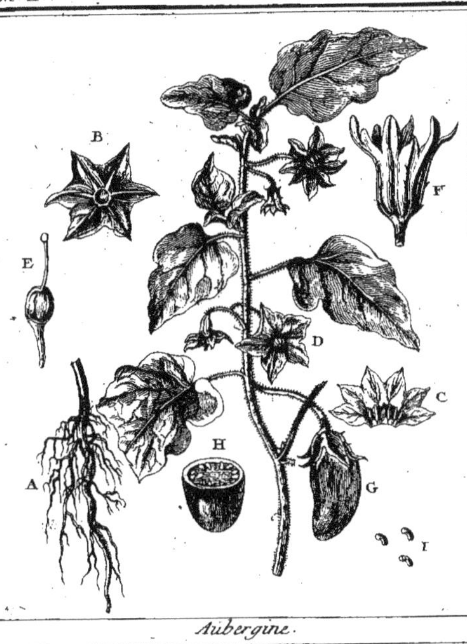

Aubergine.

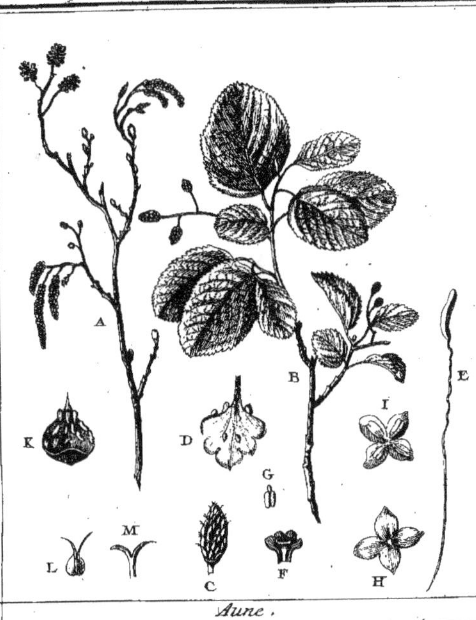

Aune.

Aster ou œil de Christ.

Aunée.

...elier Sculp.

Port. Les tiges sont herbacées, hautes de plusieurs pieds, dures, rameuses; elles se partagent à leurs sommités, en plusieurs petites branches terminées par des fleurs bleues, quelquefois violettes ou purpurines, quelquefois blanches & jaunes dans le milieu. Les feuilles sont placées alternativement le long des tiges.

Lieu. Les collines de l'Europe méridionale; cultivée dans les jardins. La plante est vivace par ses racines; elle fleurit au commencement de l'automne.

Propriétés. Ses feuilles ont un goût légérement amer & aromatique. On les regarde comme apéritives, résolutives & détersives. Elle est utile dans les inflammations de la gorge, & il n'est pas prouvé qu'elle le soit contre les morsures des bêtes venimeuses.

Culture. La forme élégante des tiges, la multiplicité des fleurs à leur sommet, leurs couleurs tranchantes, ont fait rechercher cette plante pour les jardins, où elle figure très-bien dans les grandes plattes-bandes.

On sème la graine au commencement ou à la fin de Mars, suivant le climat, dans une terre légère, un peu chargée de terreau, & elle lève facilement. Dès que la plante est un peu forte, on la tire de la pépinière pour la mettre en place. Dès qu'on a un pied de cet aster, il est facile de le multiplier par boutures, parce que la racine trace beaucoup, & même c'est un défaut. Si on n'avoit pas soin chaque année, ou au moins tous les deux ans, de cerner ses racines, elles s'empareroient de toute la platte-bande, & détruiroient les autres plantes. Le tems de lever les boutures est avant ou après l'hiver; la première saison vaut mieux, & on saisit le moment où les fleurs sont passées.

ASTRES. Mot générique que l'on applique communément aux étoiles fixes, aux planètes, aux comètes, en un mot, à tous les corps célestes. Cependant il paroît ne convenir proprement qu'à ceux qui ont leur lumière propre, & qui ne l'empruntent d'aucun autre, comme le soleil & les étoiles fixes.

S'il est un article qui, au premier coup d'œil, paroisse étranger au but que nous nous sommes proposé dans cet Ouvrage, c'est celui que nous traitons à présent; mais qu'on se souvienne qu'il n'est pas moins essentiel souvent de détruire une erreur accréditée, que d'enseigner une vérité nouvelle. Quelle plus ridicule erreur, que celle de l'influence des astres! & combien n'est-elle pas répandue! Le cultivateur ignorant & plein de préjugés, ajoute plus de confiance dans ces astres, dans leurs dispositions, que dans les météores qui l'environnent, & dont l'influence est réelle, parce que leur action est directe & prochaine. La lune, qui n'abandonne jamais notre terre, qui suit fidellement ses révolutions, a bien une action marquée sur notre air & sur notre mer, & cette action influe jusqu'à un certain point sur tous les êtres animés de ce globe; mais combien cette influence est petite! Que doit donc être celle des autres planètes plus éloignées de nous, & celle des astres, que des espaces immenses & incommensurables rendent presqu'invisibles?

A l'article ALMANACH, nous avons déjà recommandé aux curés & aux gens instruits qui habitent les campagnes, de tâcher, par la voie de la persuasion, de détruire insensiblement dans l'esprit des paysans, l'erreur de l'influence des astres. Nous renouvelons ici nos instances. Instruire de paroles & d'exemples, tel est leur devoir. Nous ne répéterons donc pas ici ce que nous avons dit au mot ALMANACH ; nous y renvoyons, de même qu'à ceux de LUNE & D'INFLUENCE. M. M.

ASTRINGENT. On nomme *astringens*, les médicamens qui ont la vertu de resserrer les parties, & d'arrêter les pertes de sang, les dévoiemens considérables, & le cours trop abondant des humeurs. Il faut la plus grande précaution dans l'usage des astringens ; on a vu plus d'une fois naître à la suite de leur usage, des maladies plus graves que celles qu'on vouloit détruire. Dans les maladies de poitrine, & de matrice sur-tout, dans les grands dévoiemens, il ne faut les employer qu'après l'usage des purgatifs. (*Voyez* chacune de ces maladies, & l'article MÉDICAMENS.) M. B.

ATMOSPHÈRE. Toute substance fluide qui environne un corps de toutes parts, qui en dépend, qui lui doit sa formation & son existence, porte en général, dans la physique, le nom d'atmosphère. Ainsi les exhalaisons odoriférantes qui émanent d'une fleur, forment une atmosphère autour d'elle ; un corps embrasé est enveloppé d'une atmosphère de lumière & de chaleur; la terre flotte dans le centre d'une atmosphère composée d'air, d'eau, de vapeurs, d'exhalaisons, de molécules, d'émanations, &c. Mille causes concourent à l'entretenir dans son état de fluidité & de mouvement perpétuel. Quelle est celle qui lui a donné la naissance ? Quel est le principe qui a formé autour de notre globe ce vêtement, (si je puis me servir de cette expression) qui le revêt de tous côtés ? A-t-il existé un instant où la terre, seule & isolée, a circulé au milieu de l'espace ? a-t-elle existé sans atmosphère ? Qu'est-ce que cette atmosphère ? quel est son usage ? quelles sont ses influences ? Il est peu de questions aussi intéressantes dans l'étude de la nature ; il en est peu d'aussi satisfaisantes, parce qu'il en est peu où la vérité se rencontre aussi souvent, & d'où l'on tire des conséquences aussi avantageuses dans la pratique. L'homme le plus indifférent trouve du plaisir à connoître, ou du moins à entendre parler de l'élément au milieu duquel il respire ; le physicien s'applaudit en calculant sa hauteur, sa densité, ses variations ; l'astronome est forcé d'étudier ses effets dans les routes que la lumière s'y fraye. Tout le monde voudroit deviner ses vicissitudes & les causes qui les produisent, & le laboureur lui doit tout : c'est de l'atmosphère que dépendent sa fortune ou ses malheurs ; il en éprouve les salutaires influences, ou il en redoute les cruels effets. Le succès de sa récolte n'est pas le seul objet qui l'intéresse ; sa santé dépend le plus souvent de la constitution de l'atmosphère : sage par état & par nécessité, aucun excès ne la dérange ; mais la moindre altération de ce fluide trouble l'équilibre de son économie ; l'air qu'il respire peut devenir un poison ; & tandis que dans les champs il va demander à la terre la récompense de ses travaux, sa nourriture & celle de sa famille, il peut en rentrant chez lui, rapporter le germe de maladies longues & aiguës. Qu'il importe donc à tous les hommes de connoître l'atmosphère !

Dès l'instant que le cahos a été débrouillé ; que l'ordre & l'harmonie ont régné sur le globe, l'atmosphère a existé ; c'est-à-dire qu'il s'est formé autour de la terre un amas d'air, de vapeurs & d'exhalaisons, qui toujours en action, en mouvement & en fermentation, est devenu un des principes absolument nécessaire & dépendant de la terre. Sans doute tous les astres ont de pareilles enveloppes ; mais laissons aux astronomes à discuter leur existence & leurs effets, & ne nous occupons que de celle qu'il nous intéresse si fort de bien connoître.

L'air proprement dit, paroît en faire une des parties principales ; c'est lui qui est le véhicule des autres, leur lien, & la base qui leur sert de point d'appui. L'eau réduite en vapeurs y est dissoute par l'air, & les molécules qui s'exhalent de tous les êtres animés & inanimés, y flottent librement, unies aux globules de l'air & de l'eau.

L'existence de l'eau dans l'atmosphère, est une vérité incontestable démontrée par l'expérience journalière. Plusieurs savans même, comme MM. Boerhaave, Halley, le Roi, &c. ont calculé la quantité qui y est répandue, & ils la regardent comme faisant la plus grande partie du poids d'une masse d'air donnée. Les bruines, les brouillards, les pluies, les nuages, ne sont que ces vapeurs, cette humidité assez condensée pour être sensible. Elle retombe sur la terre pour l'entretenir dans cet état de mollesse & de douceur, si nécessaire à la végétation. Une partie de cette eau salutaire passe dans les plantes, d'où elle ressort par la transpiration insensible. L'air la repompe de nouveau pour l'élever dans l'atmosphère, où elle reste suspendue jusqu'à ce qu'une nouvelle condensation la précipite vers la terre. (*Voyez* PLUIE, ROSÉE.) Une autre partie qui servoit à humecter la terre, est reportée en haut, & par la chaleur même de la terre, & par l'action du soleil. L'évaporation continuelle des grands amas d'eau, comme des fleuves, des étangs, des lacs, des mers, élève à chaque instant une prodigieuse quantité de vapeurs qui se distribuent dans toute la masse d'air qui enveloppe notre globe. Si dans un seul jour d'été, par le seul effet de la chaleur, il s'exhale, suivant le célèbre Halley, de la surface de la mer méditerranée environ 52,800,000,000 de tonnes d'eau, combien ne doit-il pas s'en évaporer de la surface immense de l'océan ? Non-seulement la chaleur solaire est une des causes prochaines de cette élévation, mais l'action des vents & celle de la température de la terre, l'augmentent à chaque instant.

D'après ce que nous venons de dire, on pourroit croire que l'atmosphère n'est jamais autant chargée de vapeurs aqueuſes, que l'orſque une humidité générale, une pluie de longue durée, des brouillards épais forment le tems que l'on appelle *humide ;* mais c'eſt une erreur vulgaire bien pardonnable, à la vérité, puiſqu'elle naît du témoignage des ſens ; le vulgaire n'eſt pas ici le ſeul qui s'abuſe ; le commun des hommes eſt très-perſuadé que jamais l'atmoſphère n'eſt auſſi dépouillée d'humidité, que lorſque le tems continue à être ſerein & chaud. Cependant c'eſt tout le contraire : plus la chaleur dure, plus l'évaporation eſt abondante, plus par conſéquent il s'élève de vapeurs ; & la ſéchereſſe de la terre ne vient que de cette évaporation. Cette eau, à la vérité, ne s'arrête pas dans les baſſes régions de l'atmoſphère ; raréfiée par la très-grande chaleur, elle devient plus légère, & ſa peſanteur ſpécifique la porte dans les couches les plus élevées, où elle s'étend & occupe un très-grand eſpace. La ténuité de ſes molécules, leur éloignement réciproque, la diſtance où elles ſont de notre globle, font qu'elles échappent à nos yeux, mais elles n'en exiſtent pas moins. Leur préſence s'annonce par l'augmentation du poids de l'atmoſphère, comme il eſt facile de s'en aſſurer par le baromètre. (*Voyez* BAROMÈTRE) Lorſque par leur rapprochement & leur condenſation, elles deviennent plus peſantes, elles retombent alors vers les régions inférieures, & deviennent ſenſibles pour nous par des effets immédiats. Si nous conſidérons notre globe comme un centre autour duquel s'étend toute l'atmoſphère par autant de couches ou de zones ; on conçoit facilement que celle de la circonférence doit avoir infiniment plus de diamètre & de ſurface, que celle qui nous avoiſine & nous touche : par conſéquent la même maſſe d'eau, qui eſt très-ſenſible lorſqu'elle flotte au-deſſus de nos têtes, par exemple ſous la forme de brouillard, parvenue vers les dernières couches, trouvera un plus grand eſpace où toutes ſes parties pourront s'étendre & s'éloigner les unes des autres au point d'être inviſibles. On a donc tort de conclure que l'atmoſphère eſt plus légère & moins chargée d'humidité, parce que l'air eſt plus ſerein.

L'air & l'eau ne ſont pas les ſeuls principes qui compoſent l'atmoſphère ; toutes les exhalaiſons & les émanations naturelles & artificielles des corps ſe raſſemblent & flottent dans ce grand réſervoir, & y travaillent ſans ceſſe à de nouvelles productions. Le règne végétal fournit abondamment des parties odorantes, qui ſe mêlent à l'eau & à l'air de l'atmoſphère. Il en eſt de ces parties odorantes, comme des molécules aqueuſes dont nous venons de parler ; tant qu'elles ſont réunies & rapprochées, elles ſont ſenſibles à l'odorat ; mais dès qu'elles viennent à prendre plus de ſurface en occupant plus d'eſpace, leur préſence paroît nulle, parce qu'elle ne s'annonce par aucune impreſſion ſur nos organes. La tranſpiration inſenſible des plantes évacue encore le plus grand nombre de leurs principes, comme les parties huileuſes, gommeuſes, ſéveuſes, réſineuſes ; mais la ſecrétion la plus abondante que les végétaux rendent à l'atmoſphère ;

phère, c'est certainement leur air fixe & leur air inflammable. (*Voyez* AIR FIXE & AIR INFLAMMABLE.) Ces deux substances redeviennent parties constituantes de l'air commun; absorbées de nouveau par les plantes, après les avoir nourries, entretenues & fortifiées, elles repassent encore dans la masse générale. Cette circulation perpétuelle est l'ame & la vie de l'économie végétale, comme nous l'avons vu dans les articles ci-dessus.

Nous ne parlerons pas ici des émanations terrestres, métalliques & fluides qui se rencontrent dans l'atmosphère. Comme ces substances n'y sont qu'accidentellement; que leur pesanteur spécifique les empêche d'y rester long-tems suspendues, elles n'en sont pas parties constituantes, & par conséquent elles ne doivent pas entrer dans la classe des principes de l'atmosphère. Les vents, les tempêtes, les bouleversemens, les embrasemens, les travaux des hommes, en petit comme en grand; les opérations des laboratoires, des mines, des exploitations, sont les causes qui répandent le plus souvent ces molécules dans l'air, où elles ne séjournent que peu. Pour parler plus exactement, il faudroit dire que ces substances hétérogènes sont transportées d'un lieu dans un autre par le moyen de l'air, & non pas qu'elles font partie de l'atmosphère, comme quelques auteurs l'ont avancé.

Il faut cependant remarquer que souvent l'atmosphère d'un pays, d'un sol, est infectée par les émanations ou les miasmes pestilentiels qui s'en exhalent. Il faut attribuer ce vice plutôt à l'air méphitique développé par la fermentation des végétaux ou des animaux qui se décomposent, qu'à des parties solides & nuisibles combinées avec l'atmosphère. C'est à ces miasmes, à cet air méphitique, qui se trouve toujours sous forme fluide, qui pénètrent dans l'intérieur de l'homme & des animaux par tous les organes, qui se mêlent à ses alimens, se déposent & adhèrent à ses vêtemens, qu'il faut attribuer les maladies épidémiques qui font tant de ravages. Mais ce qui prouve mieux que ces principes ne sont qu'interposés entre les molécules atmosphériques, & ne sont tout au plus qu'en dissolution dans l'eau, qui en est une partie nécessaire, c'est que le moindre changement dans la constitution de l'air, un grand vent, une pluie, une gelée les précipitent & balayent ces causes de destruction.

Il nous semble donc que deux principes concourent essentiellement à former cette masse de fluide qui environne notre globe, l'eau & l'air; & cet air encore n'est-il peut-être que le résultat de la combinaison des airs *déphlogistiqué*, *fixe* & *inflammable*. Toutes les autres substances que l'analyse y rencontre, n'y sont qu'accidentellement, & peuvent en être extraites & séparées, sans que pour cela la nature de l'atmosphère soit détruite.

Les substances qui concourent à composer l'atmosphère, ne sont pas le seul objet important à connoître; sa hauteur ou la profondeur de cette masse aérienne, & sa constitution présente, doivent intéresser le cultivateur physicien. De cette hauteur & de cette constitution actuelle, dépendent la force avec laquelle elle presse les corps qui se trouvent plongés dans son sein, & l'influence qu'elle a sur l'économie.

Cette hauteur n'est point facile à connoître exactement ; tous les moyens dont se sont servis MM. Boyle, Mariotte, Halley, Lahire, ont donné des résultats trop différens pour que l'on puisse compter sur quelque chose. Il est sûr que l'atmosphère est beaucoup plus élevée que les montagnes les plus hautes. La montagne du *Chimboraco*, dans les Cordilières du Pérou, a, suivant les calculs de MM. Bouguer & la Condamine, près de 3000 toises de hauteur. Quelle est l'élévation de l'atmosphère au-dessus de cette montagne ? Elle est à la vérité de 3000 toises moindre qu'au bord de la mer, & son poids augmente en proportion de sa hauteur. La physique offre un procédé bien simple pour estimer ce poids & la force avec laquelle il presse les corps que l'air environne. Le calcul en est facile.

On sait que la suspension de la colonne de mercure dans le baromètre, (*voyez* BAROMÈTRE), est dûe à la colonne d'air de même base, qui repose sur la surface du mercure. Cette petite colonne de mercure, de vingt-sept à vingt-neuf pouces, est en équilibre avec une colonne atmosphérique de même base & de toute la hauteur de l'atmosphère. Pour connoître le poids de cette masse d'air, il n'y a qu'à comparer la pesanteur du mercure avec un autre fluide, connu comme l'eau. Le mercure pèse près de quatorze fois plus que l'eau ; le poids d'une colonne de vingt-huit pouces équivaut donc à celui d'une colonne d'eau de même base & de trois cents quatre-vingt-douze pouces, ou de trente-deux pieds deux troisièmes de hauteur. Supposons trente-deux pieds pour la facilité du calcul. La surface du corps d'un homme de moyenne taille, est environ de quatorze pieds carrés ; & ce corps étant pressé de toutes parts par l'air qui l'enveloppe, cette pression équivaudra à celle d'une colonne d'eau de trente-deux pieds de hauteur, & dont la base seroit égale à toute la surface du corps de l'homme. Veut-on trouver quel est ce poids, le calcul suivant le donnera. Un pied cubique d'eau commune pèse 70 livres ; une colonne d'eau d'un pied carré de base, & de 32 pieds de hauteur, pèse 32 fois 70 livres, ou 2240 livres. Ainsi quatorze colonnes semblables pèseront ensemble 31360 livres. Quelle pression énorme pour une machine aussi foible que celle du corps humain ? il succomberoit facilement sous un tel poids, dont cependant il ne s'apperçoit pas, s'il n'étoit contre-balancé par l'air intérieur, disséminé entre les parties de son corps.

D'après cette théorie, il est facile de calculer la pression de l'atmosphère sur tous les corps, sur les animaux, comme sur les plantes. La proportion est égale ; c'est toujours l'air intérieur qui réagit & qui fait équilibre avec l'air extérieur. Le chêne fort & robuste, dont les branches étendues offrent une surface immense, n'éprouve pas de la part de l'air une pression plus forte que la plante herbacée. Tout est sagement prévu & ordonné par l'auteur de la nature, par celui qui a établi les loix des pesanteurs. La plante dont les organes sont foibles & délicats, & les fibres sans consistance, dans laquelle rien n'annonce la force & la solidité, n'éprouve cependant aucune altération de la part du poids de l'atmosphère. Quelle en peut être la raison ? La voici. Les plantes herbacées, en général, contiennent beaucoup plus de vide que les arbrisseaux & les arbres. Non-seulement leur intérieur renferme un canal vide, ou tout au plus garni d'une moelle extrêmement rare & légère, mais encore les vaisseaux aériens, les trachées y sont plus sensibles que dans les plantes ligneuses. La rigidité des fibres, la solidité de la masse totale d'un arbre dans toute sa force, forment une compensation à la diminution des interstices dont il étoit rempli dans sa jeunesse, & qui s'obstruent à mesure qu'il avance en âge. (*Voyez* ARBRE)

Les différens degrés de hauteur de l'atmosphère, depuis le niveau de la mer, jusqu'au sommet des plus hautes montagnes, ont été distingués en différentes régions, & ces différentes régions ont presque toujours une température différente. Les régions les plus basses, celles qui reposent sur le globe, sont aussi celles où l'on éprouve le plus grand degré de chaleur. La réflexion de la lumière du soleil, renvoyée par la surface de la terre, la chaleur naturelle des animaux & des végétaux, celle qui est inhérente à la terre, la chaleur artificielle, c'est-à-dire, celle que les hommes produisent à chaque instant en employant le feu ; toutes ces causes concourent à entretenir un certain degré de chaleur, principe de vie, dans la partie de l'atmosphère qui nous environne. Mais si on s'élève au-dessus d'elle, on éprouve à une certaine hauteur un froid qui devient de plus en plus vif & piquant, à mesure que l'on monte dans les régions supérieures. Enfin il augmente au point de glacer les particules d'eau qui forment les nuages ; ils se résolvent alors en *neige*. C'est pour cette raison que les physiciens ont nommé cette région, *région de la neige*. Elle décrit une courbe autour de la terre, mais il ne faut pas croire que cette courbe soit disposée parallélement à la courbure du globe ; les limites de cette région sont d'autant plus près, qu'elles sont plus éloignées de la zone torride, & qu'elles s'approchent davantage des pôles. Les voyageurs observateurs ont remarqué que la *région de la neige* étoit située à peu près à 2434 toises au-dessus du niveau de la mer sous la zone torride ; elle ne paroît élevée que de 2100 toises à l'entrée des zones tempérées ; elle ne l'est que de 15 à 1600 à l'endroit qui répond au-dessus du sommet du pic de Téneriffe. Située à peu près à la même hauteur en France & en Europe, elle va toujours en se rapprochant de la surface du globe, en avançant vers les pôles. (*Voyez* FROID & NEIGE.)

Tout ce que nous avons dit jusqu'à présent sur l'atmosphère, ne sert, pour ainsi dire, que d'introduction à la connoissance de ses qualités générales, d'où dépend son influence. Son poids & son ressort agissent moins immédiatement sur l'économie animale & végétale, que sa chaleur, son humidité, sa sécheresse, & sur-tout son électricité. Ces quatre propriétés sont les causes de tous les changemens, de tous les états de santé ou de maladie par lesquels les êtres animés passent dans le courant de leur vie. Leurs successions ou leurs variations trop rapides, entraînent presque toujours des dérangemens sensibles & dangereux, des maladies. Essayons de tracer un abrégé des effets de l'atmosphère dans tous ces cas, renvoyant de plus grands détails aux mots ÉLECTRICITÉ, HUMIDITÉ, SÉCHERESSE, &c.

Si un parfait équilibre & une proportion juste ne se trouvent pas dans la pesanteur de la colonne d'air qui repose sur nous, si sa constitution sèche ou humide ne convient pas au caractère, au tempérament, à l'habitude de ceux qui la respirent, il s'ensuit ordinairement des altérations plus ou moins nuisibles; elles le deviennent infiniment davantage lorsque les variations sont brusques & portées à l'excès. Des médecins habiles, des observateurs intelligens qui tiennent registre de météorologie médicale & végétale, ont remarqué un retour assez frappant des mêmes maladies avec les mêmes constitutions atmosphériques. Leurs résultats propres aux pays où ils ont observé, peuvent se généraliser jusqu'à un certain point & convenir à tous; ou du moins dans la pratique, on peut en tirer des conséquences utiles.

Les excès de légéreté dans l'atmosphère, long-tems soutenus, sont accompagnés ou suivis immédiatement de morts subites; les apoplexies sont plus fréquentes, & les épileptiques ont des rechûtes plus graves & plus répetées. Les asphyxies sont plus communes dans les excès de pesanteur; des fièvres putrides malignes règnent assez souvent tant que dure cette température. Ces mêmes excès n'influent pas moins sur les végétaux. M. Duhamel a remarqué que les plantes languissoient, & que leur végétation étoit singuliérement retardée, lorsque la légéreté considérable de l'atmosphère se conservoit quelque tems. Jamais la végétation n'est plus active, plus vigoureuse, que dans les tems qu'on appelle *bas*, *étouffans ;* que dans les jours où il doit y avoir des orages, des tonnerres, &c. Veut-on une démonstration plus frappante de cette vérité? que l'on gravisse sur une très-haute montagne, on s'appercevra facilement qu'à mesure que l'on parviendra vers son sommet, que par conséquent la hauteur de l'atmosphère diminuera, & que la colonne d'air deviendra plus légère, la végétation languira; l'on ne trouvera plus à une certaine élévation, que des arbustes rabougris, des plantes avortées, des herbes minces & rampantes; il est même une région où la végétation devient nulle. Le défaut de chaleur, de principes nutritifs, & sur-tout de cet air fixe disséminé dans l'atmosphère, contribue beaucoup à cet état de dépérissement: le premier agent de la vie des plantes, la cause de leur mouvement & de la circulation de la séve, un certain poids de l'air, y manquent. La trop grande pesanteur, & trop long-tems continuée, arrête la végétation & la rend tardive. On pourroit attribuer ce dérangement à la sécheresse qui agit presque toujours en même tems que la pesanteur de l'air, si M. Duhamel n'avoit remarqué le même état de langueur dans la végétation des plantes aquatiques, qui ne manquent jamais d'être couvertes d'eau.

Les grandes chaleurs mettent les humeurs en effervescence, & les dilatent à un point, que ne pouvant être contenues dans leurs vaisseaux, elles agissent contr'eux, les distendent, & occasionnent par-là des maladies inflammatoires du sang : souvent l'hémorragie ou des transpirations très-abondantes terminent ces maladies ; souvent aussi le siège du mal se fixe dans quelque viscère particulier, où il se fait un engorgement & un dépôt. Si les chaleurs continuent, les accidens deviennent plus graves & plus dangereux ; les maux de tête, les lassitudes dans les extrémités, un abattement général, le défaut d'appétit, des accès de fièvre, de fausses fluxions de poitrine, sont les suites ordinaires de cette température ; les bains, les rafraîchissans, le changement de la constitution de l'air, les font disparoître d'elles-mêmes.

La chaleur ne paroît d'abord influer qu'en bien dans le règne végétal : plus la somme des degrés de chaleur de l'année a été grande, plus le tems de la maturité des grains est avancé, comme l'a remarqué le père Cotte. Une chaleur douce raréfie les sucs des plantes, & leur donne plus de fluidité ; elle entretient dans un état constant & naturel, la chaleur intérieure des plantes, dont l'existence, à un terme modéré, est un des principes de l'organisation végétale. Mais dès que la chaleur vient à être dépouillée de l'humidité atmosphérique ; que son degré de force repousse dans les hautes régions de l'air, les molécules aqueuses qui flottent autour des plantes ; qu'elle enlève à la terre celles qui imbibent sa surface ; enfin, qu'une sécheresse brûlante succède à une chaleur tempérée, alors tout dépérit, la transpiration insensible & sensible est plus forte que la réparation ; la plante épuisée ne sent plus circuler dans ses canaux une lymphe reproductrice ; la séve & les sucs desséchés, & réduits à un moindre volume, fermentent & s'aigrissent ; une mort prompte suit bientôt cet état de langueur. (*Voyez* CHALEUR, SÉCHERESSE.)

Tous les excès sont nuisibles & ont des suites fâcheuses. Autant un froid léger, dans la saison, est-il favorable à la santé animale & végétale, autant est-il dangereux lorsqu'il est porté à un certain point, qu'il est de longue durée, ou qu'il règne dans un tems où une douce chaleur devroit être la seule température de l'atmosphère. Des épaississemens de la lymphe, des fluxions de poitrine, des catarres, des toux longues & fatigantes, des grippes, des douleurs d'entrailles, &c. affligent les hommes qui y sont exposés, ou qui en sont subitement frappés. Dans le fort de l'hiver, le froid de l'atmosphère ne fait pas autant de ravages dans l'économie végétale ; mais rien n'est si pernicieux que les faux dégels ; les gelées matinales du printems, lorsque les bourgeons commencent ou sont déjà développés. Dans une saison plus avancée, lorsque les blés sont en fleur, ou qu'ils ne font qu'épier, la gelée fait périr dans la balle toute l'espérance du cultivateur, en *brûlant* la fleur ou le tendre germe. Les gelées d'automne font quelquefois avorter les jeunes tiges de blé, en coupant leurs racines; mais heureusement que ce mal se répare de lui-même; la plante, au printems, repousse ordinairement de nouvelles racines. (*Voyez* FROID)

L'air, comme nous l'avons déjà remarqué, a la propriété de dissoudre & de retenir les vapeurs aqueuses; lorsqu'il en tient une trop grande quantité, & que les vents & la chaleur ne les dissipent pas, alors la constitution de l'atmosphère devient humide, & il n'en est point en général de plus funeste pour les deux règnes. Il est peu de maladies chroniques qui ne s'irritent dans cette disposition; des rhumatismes aigus & longs enchaînent tous les membres; des fièvres catarreuses se développent; le scorbut, sur-tout sur les bords & dans les contrées voisines de la mer, fait de grands ravages, lorsque le froid & l'humidité règnent ensemble. De toutes les propriétés atmosphériques, l'humidité est sans contredit celle dont l'influence est la plus utile aux végétaux; mais aussi aucune ne leur devient plus nuisible dans certaines circonstances: par exemple, lorsqu'un soleil vif & ardent trouve les plantes chargées d'humidité, chaque goutte ronde d'eau devient autant de verre brûlant, de lentille, dont le foyer concentre les rayons lumineux, augmente leur vivacité, & produit une petite brûlure sur la plante. Si la gelée survient tout d'un coup, & qu'elle trouve les tiges encore couvertes d'eau, que la rosée, les brouillards ou la pluie y auront déposée, on verra le même effet à peu près, quoique produit par une cause différente. Mais si ni le vent, ni le soleil, ne dissipent cette humidité, les plantes ont encore un autre danger à courir; celui de la moisissure & de la pourriture. (*Voyez* HUMIDITÉ)

Quelques auteurs ont attribué à l'humidité, suivie de très-grandes chaleurs, la *rouille* & la *nielle* des blés, & le *charbon* à l'humidité, accompagnée du froid. (*Voyez* CHARBON, NIELLE, ROUILLE.)

On ne peut douter, d'après ce tableau, des effets en bien & en mal des différentes constitutions de l'atmosphère. Son influence est donc un principe que tout cultivateur doit avoir sans cesse devant les yeux, pour savoir en tirer des conséquences utiles dans la pratique. Qu'il se souvienne que,

1°. Si la terre fournit les parties fixes de la nourriture des plantes, la partie humide & aérienne vient en entier de l'atmosphère, & c'est la partie la plus considérable.

2°. Que les fumiers & les engrais ne remplissent qu'une partie du but qu'il se propose en travaillant sa terre; que les labours qu'il donne, & les travaux multipliés, ne font que tourner, diviser, triturer la terre, & la mettre à même de recevoir mieux l'eau des pluies, des rosées, des brouillards; de la neige & des autres météores aqueux, & d'absorber insensiblement tous les principes fécondans répandus dans l'atmosphère. (*Voyez* AMENDEMENT, chap. Ier.)

3°. Que le mouvement, si nécessaire à la végétation, est imprimé aux sucs en partie par ceux du fluide qui les environne. Le poids & le ressort de l'air, ses différens degrés de chaleur & de froid, produisent une alternative de raréfaction & de condensation dans les fluides des végétaux. Cette alternative prépare & élabore ces sucs; le corps spongieux des racines les absorbe; la chaleur du jour les raréfie, & par-là les déplace; la fraîcheur de la nuit les condense & facilite l'introduction d'autres liqueurs; enfin, suivant M. Toaldo, cette alternative égale de dilatation & de contraction dans les canaux des plantes, y établit une espèce de mouvement, soit péristaltique, soit de diastole & de sistole, qui avance le mouvement, & *peut-être* la circulation des fluides dans tous les corps des plantes.

4°. Que rien n'est plus favorable à la végétation, qu'une douce chaleur, accompagnée d'une légère humidité; la chaleur donne le mouvement, l'humidité fournit la matière.

Il nous reste à parler d'un principe répandu dans l'atmosphère, qui donne souvent des signes sensibles de son existence, & que tous les jours on découvre produire de très-grands effets, l'électricité. Des esprits enthousiastes ont rendu ce principe universel; ils l'ont voulu faire la cause de tous les phénomènes qui se passent sous nos yeux. A force de le trop généraliser, ils ont obscurci sa marche, & souvent embrouillé ses vrais effets. Nous renvoyons au mot ÉLECTRICITÉ pour y développer sa nature, son action, & les points que nous pouvons regarder comme des vérités démontrées sur ce nouvel agent. Il nous suffit, pour compléter les connoissances que nous devons avoir sur l'atmosphère, de démontrer qu'il est toujours électrique.

C'est une vérité reconnue de tous les physiciens; les expériences des Dalibard, Delor, Lemonnier, Romas, Francklin, &c. l'ont prouvée d'une manière à ne laisser aucun doute: tout nous démontre que la masse d'air dans laquelle nous vivons, est une source inépuisable de matière électrique; c'est le vrai *magasin de l'électricité*, suivant l'expression de M. Lemonnier. Les orages, les tempêtes, les foudres & les éclairs, annoncent ses effets, ou plutôt elle en est la cause principale. Presque toujours la résolution des nuages en pluie, la formation de la grêle, les brouillards, les bruines, sont précédés ou accompagnés des signes de l'électricité la plus forte, capable de donner la commotion. De simples nuages flottans dans le vague des airs, sont autant de réservoirs qui promènent de tous côtés des amas de fluide électrique. Les barres électriques isolées en soutirent une partie, & annoncent sa présence par les étincelles & l'attraction des corps légers. Dans le tems le plus serein, l'air, ou plutôt l'atmosphère est imprégnée d'une certaine quantité d'électricité. En tout tems, en toutes saisons, à toute heure elle en donne des signes évidens, tantôt plus marqués, tantôt plus foibles. Plus on s'élève dans les régions atmosphériques, & plus elle a d'énergie, sans doute parce qu'elle y est plus libre, & qu'il s'y rencontre moins de vapeurs aqueuses qui détruisent en partie l'effet de l'électricité.

Le fluide électrique est donc un des principes toujours existans dans l'atmosphère ; mais il ne peut y exister sans avoir une influence directe sur tous les êtres organisés, qui tirent de son sein la matière de leur nourriture & de leur respiration. Les effets de cette influence dépendent particuliérement de la manière générale dont l'électricité agit ; & pour bien concevoir ses effets, il faut avoir des connoissances préliminaires du fluide électrique, & de sa nature. Il nous paroît donc plus naturel de traiter cet objet à la suite des notions que nous donnerons de l'électricité. (*Voyez* ce mot)

ATROPA. (*Voyez* BELLADONNE)

ATROPHIE, MÉDECINE RURALE. Amaigrissement de tout le corps, ou seulement de quelques-unes de ses parties. Dans l'atrophie de tout le corps, la nourriture est dépravée, le corps se détruit par degré & se dessèche, la graisse & la chair se consument. Il y a cette différence entre la maigreur & l'atrophie, que dans la première, la graisse seule se consume, & que dans la seconde, la graisse & la chair se fondent. La fièvre lente & consomptive accompagne toujours l'atrophie. Le marasme (*voyez* ce mot) est le dernier degré de cette maladie ; l'atrophie est plutôt la suite des autres maladies, comme des suppurations intérieures, &c. qu'elle n'est par elle-même une maladie, excepté chez les jeunes gens qui s'épuisent auprès des femmes, ou par la masturbation. M. B.

ATROPHIE, MÉDECINE VÉTÉRINAIRE. Maigreur excessive de l'animal. Elle est ordinairement la suite de quelque maladie intérieure. On y remédie en rétablissant les forces dans leur état naturel par une nourriture bien choisie, telle que le bon foin, l'avoine, l'orge en grain, l'eau blanchie avec de la farine, les lavemens nutritifs, & le repos. La maigreur est incurable lorsqu'elle est symptomatique, c'est-à-dire, lorsqu'elle est entretenue par des suppurations internes, des ulcères au poumon, des squirrhes au foie, des sueurs habituelles, par la morve invétérée & la pulmonie.

Nous reconnoissons encore une autre espèce de maigreur occasionnée par une évacuation abondante de salive. Les chevaux qui ont le tic (*voyez* ce mot) y sont sujets. Plus l'écoulement de cette humeur est copieux, plus la maigreur devient extrême, les forces diminuent sensiblement, & l'animal tombe dans l'atrophie.

On peut prévenir ce mal, en garnissant de fer-blanc ou de tôle, les bords de la mangeoire, & les parties du râtelier où le cheval appuye ses dents pour ticquer. Cette méthode nous a réussi à merveille dans des jeunes chevaux.

ATTACHE, ATTACHER. C'est la chose & l'action par laquelle

on en attache une autre. Ainsi pour le jardinage, la paille, le jonc, &c. sont utiles pour les plantes herbacées; l'osier, la loque pour les arbres. Avec la *loque* (*voyez* ce mot) & un clou, on attache les branches contre le mur & avec l'osier sur les treillages. Dans cette opération, les fils de fer, les cordes, les ficelles doivent être bannies. La branche grossit, l'écorce est endommagée & forme le bourrelet.

ATTEINTE, Médecine Vétérinaire. C'est une meurtrissure que le cheval se fait au dedans du boulet avec ses fers, ou contre un autre corps. Celle-ci n'est qu'une atteinte simple. L'atteinte encornée pénètre jusqu'au-dessous de la corne, & l'atteinte sourde ne forme qu'une contusion sans blessure apparente.

Les chevaux fatigués, foibles des reins, & qui s'entretaillent en marchant, sont très-exposés à l'atteinte; mais plus communément ce mal vient de ce qu'un cheval qui en suit un autre, lui donne un coup, soit au pied de devant, soit au pied de derrière en marchant trop près de lui, ou lorsqu'avec la pince du fer de derrière, il se donne un coup sur le talon du pied de devant.

On connoît l'atteinte par la plaie dans l'endroit où le cheval a été atteint. Le sang sort d'un trou, quand la pièce n'a pas été emportée. Dans l'atteinte sourde, on ne voit aucune meurtrissure, le cheval boîte, & la partie qui en est le siège, est plus chaude que le reste du pied.

Lorsque dans l'atteinte, le trou se bouche, & que la plaie paroît se consolider, la matière s'assemble quelquefois en dessous de la corne & pénétre jusqu'au cartilage; cette atteinte devient encornée, & reste quelque tems à paroître, sur-tout si l'animal n'a aucune humeur de mauvaise nature en lui, qui puisse corrompre le cartilage par elle-même.

Dès le moment que l'atteinte paroît, il faut couper la pièce détachée, & panser la plaie avec du vin chaud & du sel; s'il y a un trou, on le remplit de térébenthine, ou bien de la poudre à canon délayée avec de la salive, & on y met le feu. Si le trou de l'atteinte de la couronne se trouve profond, il est essentiel d'y appliquer légérement un bouton de feu.

Ce n'est que par une négligence, ou par une blessure qui se trouve auprès du cartilage, que l'atteinte devient encornée. La chair meurtrie se convertit en une matière qui corrompt à la fin le cartilage & le noircit. Cette circonstance est très-dangereuse par elle-même, & l'atteinte demande, pour être guérie, la même méthode que pour le javart encorné. (*Voyez* Javart) M. T.

ATTELAGE. Assemblage de chevaux, de mules, de bœufs attachés pour traîner une voiture, une charrette, une charrue. On peut encore appeler *attelage*, la manière dont on attelle de gros chiens pour tirer des chariots à roues basses, tels qu'on le voit à Lille, dans la Flandre françoise, dans le Brabant. On sera peut-être étonné d'entendre dire, que presque toute la viande, le charbon, &c. que l'on porte au marché de Lille, est amené sur des chariots tirés par deux, ou quatre, ou six chiens; & cependant rien n'est plus vrai.

ATTELOIRE. C'est la cheville qu'on met au limon pour engager & arrêter les traits des chevaux de charroi.

ATTÉNUANT. On donne le nom d'*atténuans*, aux médicamens qui divisent les humeurs épaisses amassées dans telles ou telles parties du corps, & qui les rendent plus fluides & plus propres à être expulsées au dehors. C'est le premier effet des fondans & des incisifs. Ces remèdes conviennent dans les *obstructions*. (*Voyez* ce mot) M. B.

ATTERRISSEMENT. Amas de terre qui se forme par la vase ou par le sable que la mer ou les rivières, par succession de tems, apportent le long des rivages. Les loix romaines attribuoient les atterrissemens aux propriétaires des héritages voisins. Nos rois, par une déclaration du mois d'Avril 1683, se sont appropriés, en vertu du titre de leur souveraineté, tous les atterrissemens faits par les rivières navigables. Quant à ceux des rivières non-navigables, ils appartiennent aux propriétaires de ces rivières; il faut consulter la coutume de la province.

AVACHIR. Mot créé, je crois, par M. la Quintinie, pour désigner des branches qui, devant être droites, sont penchées par leur extrémité.

AVALURE, Médecine Vétérinaire. Bourrelet ou cercle de corne qui se forme au sabot du cheval, à l'endroit de la couronne, lorsqu'il a été blessé, ou à cause d'une matière qui, après avoir séjourné entre la chair cannelée & la muraille, aura fusé jusqu'à la peau. Cette corne est plus raboteuse, plus molle que l'ancienne. L'animal boîte quelquefois, & le pied s'altère si l'on n'y remédie par de fréquentes onctions d'onguent de pied sur le sabot. M. T.

AVANCE FONCIÈRE. J'en distingue deux sortes: *Avances primitives*, exigées par la nécessité; & *avances secondaires*, exigées par la prudence. Supposons qu'un particulier achète un domaine, & que le vendeur laisse une maison entièrement dépouillée de tous ses meubles; que le fermier de ce domaine emmène avec lui, en sortant, tous les outils d'agriculture, les chevaux, les mules, les bœufs, les moutons, &c.

Si l'acheteur a su compter avec lui-même, il aura dit: l'acquisition de ce domaine monte à telle somme; mais si cette somme comprend la totalité de son bien, comment pourra-t-il subvenir aux dépenses qu'exigent les avances primitives, s'il veut faire valoir par lui-même? Emprunter? Mais c'est se ruiner par une acquisition, & se mettre dans la dure nécessité de rembourser très-tard, ou peut-être de ne jamais rembourser. Entrons dans quelques détails sur les avances primitives. Soit pour exemple, un domaine de trois charrues..... Objets à acheter.

1°. Sept bœufs, ou sept chevaux, ou sept mules, suivant la manière de labourer du pays. Il faut toujours un septième animal pour suppléer celui qui sera malade ou trop fatigué. Que l'on ne s'y trompe pas, il est de la plus grande ressource. Chaque paire de bœuf vaut communément de 300 à 400 livres; la paire de chevaux, de 7 à 800; & celle de mules de bon âge & fortes, de 8 à 1200 livres. Il faut deux vaches à 80 livres pièce, & au moins 50 moutons ou brebis, à 8 livres par tête.

2°. Les harnois.

3°. Quatre charrues: la quatrième surnuméraire, pour n'être pas pris au dépourvu. Si elles sont à train, comme celles de Brie & celles de Flandre, c'est au plus bas, un objet de 120 à 130 livres. Si c'est une *arraire*, suivant l'usage des provinces méridionales, elle coûtera au moins une pistole, &c. sans comprendre tous les accessoires des charrues.

4°. Pour le service d'un pareil domaine, il faut au moins une charrette & un tombereau avec leur essieu en fer; l'essieu en bois est une mauvaise économie. La charrette & le tombereau coûteront au moins 400 livres.

5°. Marteau, tenailles, pelles, pioches de tout genre.

6°. L'entretien des outils, des harnois, des charrettes; le compte du maréchal.

7°. Cuves, pressoirs, tonneaux, barriques, vaisseaux pour la vendange, &c.

8°. Achat des animaux de basse-cour.

9°. Gages de trois domestiques, au moins à 270 livres pour les trois. Ceux de deux servantes, 120 livres,

10°. La nourriture, à 150 livres pour chaque individu.

11°. La nourriture en foin, avoine, paille, &c. pour sept chevaux, ou mules, ou bœufs, & de deux vaches, à raison de 15 sols par jour pour chacun.

12°. L'achat des fumiers.

13°. L'achat des grains pour ensemencer.

14°. La réparation des bâtimens.

15°. L'entretien de tous les ustensiles quelconques.

16°. Les petits meubles & linges indispensables dans la métairie, &c. Enfin, on estime dans la Beauce, que les avances primitives pour faire valoir une métairie de deux charrues, excèdent la somme de 6000 livres. Dans ces avances générales ne sont point comprises celles des vaisseaux vinaires, celles que le propriétaire est obligé de faire pour meubler & disposer la maison qu'il doit habiter. Que fera-ce donc, si pour se loger il est contraint de bâtir! C'est le cas de dire que dans toute acquisition, il faut acheter les folies des autres; & dans ces circonstances, ne pas perdre de vue le conseil donné par Caton. » *Achetez d'un bon maître; il y a de l'avantage à acquérir un domaine en bon état; bien de gens croient que l'on gagne à acquérir d'un propriétaire négligent, à cause qu'il vend moins cher; ils se trompent: l'acquisition d'un bien délabré est toujours un mauvais marché.* » Écoutons encore Columelle. » *Le champ doit être plus foible que le laboureur. Si le fonds est plus fort, le maître sera écrasé.* » Que conclure de ces préceptes fondés sur l'expérience? Que tout homme sensé doit, en achetant, mettre en ligne de compte les avances primitives qu'il sera obligé de faire. Il y a plus : toute parcimonie en ce genre est ruineuse. Les bons marchés écrasent, parce qu'on ne vend bon marché que ce qui est mauvais. Achetez donc les meilleurs animaux, les meilleurs outils ; ne plaignez pas les gages aux bons serviteurs, & n'en ayez pas d'autres. Un valet paresseux, est toujours trop salarié ; un mauvais animal mange autant qu'un bon : tous deux sont des êtres à charge, & ils nuisent aux autres.

Les *avances secondaires*, ou *avances de prévoyance*, sont aussi indispensables que les premières. Supposons qu'un homme vive sur le produit de son domaine, & que ce produit soit son unique ressource. Que deviendra-t-il, si une gelée tardive détruit dans un instant les plus belles apparences d'une récolte en vin ; si une grêle ravage ses blés & ses vignobles ; si une épizootie fait périr ses bestiaux ; si un incendie consume ses bâtimens & ses provisions ? Il ne sera pas moins tenu à payer les impositions royales, le gage de ses valets, les frais de leur nourriture ; de pourvoir aux réparations des bâtimens, aux ravages des eaux, à l'entretien des fossés, &c. &c. Que doit donc faire un propriétaire sage & prudent ? diminuer sa dépense jusqu'à ce qu'il ait acquis en avance le revenu d'une année. Sans cette précaution, il végétera avec peine ; les inquiétudes, les chagrins, le créancier dont l'œil est toujours ouvert, assailliront sa porte ; toutes ses opérations seront gênées, ses animaux mal nourris, ses valets insolens, parce qu'ils ne seront pas payés ; en un mot, tout ira mal. Combien ne s'écoulera-t-il pas d'années avant que ce propriétaire, dénué d'avances secondaires, soit au pair ! & si deux mauvaises années se succèdent, n'est-il pas entiérement abîmé ? Le commerce ne se soutient que par la liberté, & l'agriculture par les avances. O vous, pères de famille, qui lirez cet article, ne perdez jamais de vue le conseil que je vous donne ! Regardez le produit d'une année d'avance, comme un dépôt sacré, auquel il ne faut toucher que dans les besoins les plus urgens. (*Voyez* le mot ABONDANCE)

AVANCER. *Terme de jardinage.* On dit avancer un arbre, un légume, un fruit, &c. Les couches, les cloches, les fumiers, les labours sont les moyens employés à cet effet. Tous sont utiles lorsqu'on ne cherche pas à forcer la nature. Ce point outre-passé, les fruits, les légumes qu'on se procure, sont sans odeur, sans goût agréable, & ils portent l'empreinte d'une dégradation frappante. *Chaque chose dans son tems*, disoit Caton, & Caton avoit fort raison. *Voyez* au mot ASPERGE, ce qui résulte des soins & des fumiers prodigués. Quelle jouissance !

La cause naturelle qui avance le plus la végétation, est un tems bas, couvert, disposé à l'orage, le passage des nuées électriques, & lorsqu'on électrise une plante, une semence, & le vase qui la contient. Ce feu électrique n'est-il pas le feu de la nature, celui qui vivifie cet univers ? n'est-il pas l'ame de la végétation ?

La seconde cause est l'exposition ; *voyez* ses effets par le secours des abris, au mot AGRICULTURE, tom. I, pag. 282.

La troisième est inhérente à la nature du sol. Le terrain sablonneux produit des fruits plus hâtifs, plus parfumés que ceux provenus d'arbres plantés dans un terrain trop gras, trop argileux & trop fumé. Cette différence de goût & d'aromat est bien plus sensible encore dans le vin, parce que c'est le résultat d'une grande masse de raisins.

La quatrième est la manière d'être de la saison. L'année pluvieuse est tardive, & l'année chaude hâtive. Dans la première, les fruits sont parfumés, & délavés dans la seconde.

Quelques personnes se sont imaginées qu'en arrosant la terre avec des esprits ardens & autres ingrédiens semblables, ils avanceroient le tems de la fleuraison & de la fructification. Le succès n'a pas couronné leurs tentatives ; il y a plus, les racines ont été endommagées.

AVANT-CŒUR, MÉDECINE VÉTÉRINAIRE. Une tumeur, de quelque nature qu'elle soit, située au devant du poitrail, prend le nom d'*avant-cœur* ou *d'anti-cœur*. Si elle est phlegmoneuse & d'un genre inflammatoire, on doit la regarder comme un apostême chaud, & la traiter de même. (*Voyez* APOSTÈME, PHLEGMON.) Si elle est squirrheuse, & de la nature du kyste, elle est dure, sans chaleur, sans douleur, & de la grosseur du poing ; les mules de charrette, & tous les animaux auxquels on met des colliers, y sont très-exposés.

Pour guérir le kyste, il s'agit de fendre la peau dans toute la longueur de la tumeur ; la matière contenue dans le sac étant vidée, il faut panser la plaie avec le digestif animé, jusqu'à parfaite cicatrisation. Le squirrhe demande à être emporté en entier ; l'extirpation peut occasionner une hémorragie considérable. Dans ce cas, l'amadou, ou une pointe de feu appliquée sur l'orifice du vaisseau, suffisent pour l'arrêter. M. T.

AVANT-PÊCHE. (*Voyez* PÊCHE)

AUBÉPIN, AUBÉPINE, ÉPINE BLANCHE, NOBLE ÉPINE. Mots adoptés dans certaines provinces, pour désigner le même arbre. M. Tournefort le place dans la section neuvième de la vingt-unième classe, qui comprend les arbres & les arbrisseaux à fleur en rose, dont le calice devient un fruit à noyau ; & il l'appelle *mespilus apii folio sylvestris spinosa sive oxyacantha*. M. le chevalier von Linné le nomme *cratægus oxyacantha*, & le classe dans l'ycosandrie digynie.

Fleur, composée de cinq pétales disposés en rose, presque ronds, concaves, insérés dans un calice d'une seule pièce, concave, ouvert. Les étamines sont au nombre de vingt environ ; le milieu de la fleur est occupé par deux pistils, & quelquefois par un seul.

Fruit ; baie rouge dans sa maturité, charnue, presque ronde, avec un ombilic dans sa partie supérieure ; elle renferme deux noyaux oblongs, séparés, durs, & chaque noyau contient une amande.

Feuilles, obtuses, portées sur des

pétioles assez longs, dentées en manière de scie, deux fois divisées en trois, lisses, d'un verd foncé & brillant par-dessus, & d'un verd plus clair par-dessous.

Racine, tortueuse, rameuse, ligneuse.

Port. Grand arbrisseau, qui s'élève quelquefois à la hauteur des arbres de la troisième grandeur, suivant le terrain où il croît. Les rameaux très-multipliés & tortueux; lorsqu'ils poussent en buisson, ils sont armés de fortes épines; l'écorce est blanchâtre; les fleurs naissent au sommet, disposées en corymbe, blanches, quelquefois d'un rose tendre, lorsque la fleur est dans son plus grand épanouissement; les feuilles sont placées alternativement sur les tiges.

Propriétés. Les feuilles ont un goût visqueux; les fleurs une odeur aromatique, assez agréable; la pulpe du fruit est molle, glutineuse, douceâtre, astringente. On tire des fleurs une eau distillée, qu'on regarde comme diurétique; ce qui est douteux. Des auteurs conseillent l'infusion des feuilles dans les diarrhées bilieuses, dans la diarrhée avec relâchement d'estomac, ce qui n'est pas bien démontré : d'autres prescrivent aussi inutilement de concasser le noyau, de le réduire en poudre, & de boire sa décoction pour expulser les sables, les graviers; l'usage de son écorce est aussi inutile dans les dyssenteries.

A force de culture, de soins, l'art est parvenu à métamorphoser les fleurs simples de l'aubépin en fleurs doubles. Sur certains individus, ces fleurs sont d'un blanc, & sur d'autres, blanches, & tirant sur le rose dans le centre. Ces fleurs rassemblées en bouquets, offrent un joli coup d'œil; elles méritent à cet arbrisseau une place dans les bosquets du printems. L'aubépin souffre la taille avec le croissant & avec les ciseaux, & il est facile de réunir à l'utilité de la haie, l'agrément du coup d'œil. On peut, à chaque distance de quinze à dix-huit pieds, suivant l'étendue de la haie, laisser monter une tige droite, & former à son sommet une tête ronde que l'on taille au ciseau.

Il y a deux manières de former les haies d'aubépin, ou en semant la graine, ou en plantant des pieds qu'on arrache dans les forêts.

Du semis. Cette méthode est plus longue, à la vérité, mais beaucoup plus sure. Dès que le fruit est parfaitement mûr, à la fin de l'automne, on le détachera des branches, & il sera aussitôt enterré, même avec sa pulpe, dans une caisse ou vase quelconque, rempli de terre rendue légère par le sable. Elle ne doit être ni trop humide, ni trop sèche, & on l'arrosera pendant l'hiver si le besoin l'exige. C'est ainsi qu'elle passera l'hiver dans un lieu à l'abri des gelées. Dès que l'on n'aura plus à redouter la rigueur de la saison, ces grains seront tirés de la caisse, & placés dans des sillons dont la terre sera légère. Chaque sillon sera éloigné du sillon voisin, de dix à douze pouces, & chaque grain de six pouces. Il est prudent d'en mettre deux ensemble, sauf à arracher celui qui aura poussé avec moins de vigueur. Ces distances sont nécessaires, & facilitent les sarclages & les petits labours que les jeunes plantes exigent. Les précautions dont on vient de parler, sont de rigueur, parce que le noyau s'ouvre difficilement; & sans elles il resteroit quelquefois dans terre pendant deux, & même trois années sans germer. Après la première année, on ravale la tige jusqu'à un pouce au-dessus de terre, & les racines acquièrent du volume. Après la seconde année, si le plant n'est pas encore assez fort, on le ravalera de même, ou bien on le transplantera, s'il a acquis assez de consistance. Il faut de toute nécessité le transplanter après la troisième année, autrement il rabougriroit dans la pépinière.

Avant de commencer la transplantation, le fossé qui doit recevoir les jeunes arbrisseaux sera ouvert sur toute la longueur qu'on lui destine. Sa profondeur doit être d'un pied & demi sur autant de largeur, & la terre du fond du fossé travaillée & remuée à six ou sept pouces de profondeur. C'est le meilleur moyen d'empêcher les racines de taller horizontalement, & les forcer de pivoter.

Le terrain de la pépinière doit être ouvert par tranchées, afin de ne point endommager les racines, & lever la plante sans en briser aucune. Pour peu que soit tempéré le pays qu'on habite, la transplantation la plus utile sera en Novembre, ou au commencement de Décembre au plus tard. Les racines s'attachent à la terre pendant l'hiver, & même végètent pour peu que l'air soit doux. La plante craint moins les effets des premières sécheresses du printems.

Après avoir levé les plants de la pépinière, suivant la quantité qu'on prévoit en planter depuis le matin jusqu'à midi, & ce qui vaudroit encore mieux, à fur & mesure qu'on les plante, afin que les racines ne soient pas trop exposées à l'impression de l'air & du soleil, on commencera à garnir avec les plants les deux côtés du fossé, & chaque plant sera éloigné de l'autre de quinze pouces, de manière que celui du côté droit soit placé au milieu des deux plants du côté gauche. Ce zig-zag ou échiquier, ne laissera que sept pouces & six lignes de vide sur les deux côtés de la plantation, & seize à dix-huit pouces entre les deux rangées. C'est la méthode la plus sûre d'avoir dans la suite une haie épaisse & bien fourrée. Toutes les tiges seront coupées à un ou deux pouces au-dessus de terre. Les jets de la première année seront ravalés, à la fin de l'hiver suivant, à six pouces. Il paroît au premier coup d'œil, que l'on perd du tems, & on ne considère pas que le tronc se fortifie; que les racines grossissent, & que le nombre des rameaux s'épaissit. Le grand défaut de toutes les haies, en général, est de se dégarnir par le pied, parce qu'on s'est trop hâté de jouir. Consultez le mot Haie, dans lequel la manière de disposer les premières branches, de les greffer par approche, rend ces haies impénétrables, même aux chiens; & d'une haie de cent toises de longueur, on forme un tout dont chaque branche tient à la branche voisine. On ne peut comparer aucune clôture de sureté à celle dont nous parlons.

La seconde méthode pour les haies d'aubépin, consiste à lever les jeunes plants dans les forêts, & à les planter comme il vient d'être dit. Leur reprise est moins sûre, tous les plants ne grandissent pas à la fois & également; il se fait des clarières, des vides, que l'on tente vainement de regarnir par la suite. La fosse pratiquée à cet effet est bientôt remplie des racines des pieds voisins, & ces racines absorbent la nourriture qu'exigeroit la jeune plante. Une haie formée avec des plants de pépinière est toujours plus forte, mieux garnie, & dure plus long-tems que celle formée avec des plants tirés des forêts, sur-tout si on a ménagé le pivot, ce qui est facile dans une pépinière.

AUBERGINE, *ou* MAYENNE, *ou* MÉRINGEANNE, *ou* MÉLONGÈNE. (*Voy. Pl. 1*, p. 52.) M. Tournefort la place dans la septième section de la seconde classe, qui comprend les fleurs en forme d'entonnoir, dont le pistil devient un fruit mou & charnu, & il l'appelle *melongena fructu oblongo*. M. le chevalier von Linné la classe dans la pentandrie monogynie, & la nomme *solanum melongena*.

Fleur, d'une seule pièce D en rosette, divisée en cinq parties; elle est vue par-dessous en B; elle est composée de cinq étamines, & d'un pistil E. On les voit comme réunies par leur sommet en D, & leur disposition en C. Le calice est d'une seule pièce en forme de cloche F, découpé en plusieurs parties à son sommet, & ses nervures sont armées de piquans plus forts que ceux des tiges. La fleur a une couleur vineuse un peu terne.

Fruit G, baie pendante, molle, cylindrique, lisse, luisante, douce au toucher, sa peau ordinairement violette, quelquefois jaune; la chair blanche renferme les semences I, applaties, en forme de rein, & on voit leur disposition en H.

Feuilles, ovales, terminées en pointe, entières, sinuées sur leurs bords, marquées de fortes nervures, soutenues par de longs pétioles armés d'épines, ainsi que les nervures des feuilles sur le dessus de la feuille. Le dessus est d'un verd plus foncé que le dessous.

Racine A; fibreuse, peu profonde.

Port. La tige s'élève ordinairement de douze à dix-huit pouces de hauteur; elle est cylindrique, cotonneuse, roussâtre, quelquefois violette, rameuse; les fleurs sont opposées aux feuilles.

Lieu. On la cultive dans les jardins, sur-tout en Provence & en Languedoc. La variété jaune vient d'Ethiopie.

Propriétés. L'herbe est fade, avec une légère odeur narcotique. On lui attribue les vertus des *solanum*; on la regarde comme adoucissante, anodine, émolliente, appliquée en cataplasme sur les hémorroïdes, dans les cas d'inflammations, &c. Le fruit fournit une nourriture rafraîchissante; il s'en fait une grande consommation dans nos provinces méridionales. Des auteurs qui certainement n'ont jamais bien connu ce fruit, l'ont regardé comme un aliment indigeste & même dangereux, parce qu'il est de la famille des *solanum*, comme si l'usage des pommes de terre, qui sont de la même famille, entraînoit après lui quelque inconvénient. La moitié des

des habitans de l'Irlande vit avec des pommes de terre. En Lorraine, en Franche-Comté, en Alsace, en Dauphiné, &c. la consommation est aussi étendue que celle des aubergines en Languedoc & en Provence. Il faut, il est vrai, une certaine intensité de chaleur pour lui donner le point de maturité qui lui convient.

Culture. Ceux qui se piquent d'avoir des aubergines de bonne heure, sèment en Février dans des vases dont la terre est bien préparée & légère; quelques-uns enterrent ces vases dans le fumier. D'autres forment de petites couches avec du fumier sortant de l'écurie; & après l'avoir battu, ils le laissent deux ou trois jours jeter son plus grand feu. On le recouvre ensuite de quatre pouces de terre très-fine; on sème la graine; on la recouvre d'un pouce de terre; s'il survient des froids, quelque peu de paille suffit pour garantir les jeunes plantes de leur impression, parce que ces couches sont toujours disposées contre de bons abris. Il est plus prudent de semer en Mars sur des couches, ou dans des vases, ainsi qu'il vient d'être dit. Tenez les jeunes plantes bien sarclées & arrosées, suivant le besoin. Avant de replanter, il faut fumer copieusement le terrain destiné aux aubergines, & le travailler sur une profondeur de dix à douze pouces. Chaque plant sera espacé de quinze à dix-huit pouces, & disposé en échiquier; les racines s'étendront plus à leur aise. Toute la culture ensuite se réduit à sarcler souvent, donner quelques labours, & arroser souvent.

On sème encore, ainsi qu'il a été dit, dans le mois d'Avril. Les fruits seront plus tardifs que les premiers, & on prolongera ses jouissances.

Choisissez les plus grosses aubergines, & les mieux nourries, pour la graine; coupez le fruit, il pourrira & se desséchera La graine se conservera mieux, enveloppée dans ses membranes, que si elle en avoit été séparée. Jetez dans l'eau ce fruit desséché, un ou deux jours avant de semer; les graines se détacheront, & aidez avec la main leur séparation.

On peut, avant de préparer le fruit pour aliment, lorsqu'il est partagé en deux, le saupoudrer avec un peu de sel, & une heure ou deux après, le presser, afin de faire écouler une partie de son eau de végétation, & on ne craindra aucune indigestion. Je propose ce moyen, sur-tout pour les provinces septentrionales, qui veulent s'approprier les productions des pays méridionaux.

Si on est curieux de le conserver pour l'hiver, il faut cueillir les fruits dans leur demi-grosseur; & après les avoir pelés, coupés en tranches, en détacher les graines, enfiler les tranches, les plonger dans l'eau bouillante; ensuite les mettre sécher à l'ombre ou au soleil, & les garantir de l'humidité après l'opération. Quand on veut les manger, il suffit de les faire revenir dans l'eau tiède avant de les assaisonner. C'est une assez mauvaise préparation; le fruit perd beaucoup de sa saveur.

AUBIER. Dans presque tous les arbres que l'on coupe horizontalement, l'on remarque une zone ou ceinture plus ou moins épaisse, plus ou moins dure, placée immédiatement après l'écorce, & qui va se terminer vers le cœur du bois, en acquérant progressivement plus de dureté; c'est ce que l'on nomme *aubier*, & ce qui enveloppe le bois parfait. Il ne diffère, du vrai bois, comme nous le verrons bientôt, que par sa couleur, sa pesanteur, & sa densité.

Suivant Malphigi, le nom d'*aubier* lui a été donné à cause de sa couleur blanchâtre. Il est vrai que l'aubier de presque tous les arbres est blanc, & cette couleur le fait aisément distinguer du reste du bois qui a une nuance ou plus foncée ou différente. Que l'on jette un coup-d'œil sur des tronçons d'orme, de chêne, de sapin, d'ébène, de grenadille, &c. l'on sera frappé de cette différence. Cette couleur paroît lui être tellement propre, que les bois, dont la couleur est très-foncée, ne laissent pas d'avoir un aubier blanc; l'ébène verte, dont le bois est d'un verd sombre, a l'aubier aussi blanc que celui du tilleul. C'est cette blancheur uniforme, qui a fait penser à quelques auteurs qu'il y avoit des arbres privés d'aubier; tels que le peuplier, le tilleul, le tremble, l'aulne, le bouleau, &c. mais s'ils avoient considéré attentivement ces bois, ils auroient apperçu facilement une ceinture beaucoup plus blanche qui entoure le cœur du bois de ces arbres naturellement blancs. La dureté & la pesanteur, moindres que celles du cœur, assurent encore que la nature suit, dans l'endurcissement de ces arbres, la même marche que dans les autres.

Composé de vaisseaux lymphatiques ou fibres ligneuses, du tissu cellulaire qui, partant de la moelle, vient se perdre dans l'écorce en suivant une marche horizontale, de vaisseaux propres remplis d'une liqueur particulière, d'utricules où cette liqueur s'élabore; enfin, de trachées par lesquelles l'air circule dans l'intérieur comme le reste du bois; l'aubier n'en diffère donc pas essentiellement. Toutes les parties arrangées par couches, à-peu-près concentriques, autour du cœur de l'arbre, plus ou moins épaisses, paroissent & sont réellement destinées à devenir bois dur, compacte & solide, lorsque la dessication de la séve & le tems leur auront donné une plus grande densité.

Le but de la nature en formant l'aubier, est donc de le faire passer insensiblement à l'état de bois. Son but se remplit tous les jours, à chaque instant, à toutes les ascensions ou descentes de la séve. Chaque retour du printems voit naître une nouvelle couche solide, tandis qu'entre l'écorce & le bois il se forme une nouvelle couche d'aubier. L'homme industrieux, dont la vie trop courte ne lui donne pas le tems d'attendre la nature & de suivre sa marche insensible, a tenté d'accélérer son ouvrage & de convertir l'aubier en bois dur. Ses essais ont été couronnés d'heureux succès, & dans l'espace de deux ou trois ans, il fait ce que la nature ne fait pas dans le cours d'un siècle.

Comme nous considérons l'aubier en total, nous n'examinons pas comment il se forme couche par couche; cette explication nous meneroit trop loin, & appartient plus particulièrement à l'article de la formation des *couches ligneuses*. (*Voyez* ce mot).

Si dans le tems de la séve l'on coupe un chêne, ou que dans les mois de Mai, Juin, Juillet, Août, on examine les souches de ces arbres qui ont été abattus dans l'automne ou l'hiver précédent, on voit sortir la séve, comme de sources abondantes, de tous les points de l'aubier; elle ne paroît pas sortir de la surface du bois dur. Il est donc constant, d'après cette observation, que la séve monte & descend à travers l'aubier plutôt qu'à travers le bois dur. Il ne faut pas cependant croire que les principaux canaux qui servent à conduire la séve, ne se trouvent que dans l'aubier: ils existent dans le bois dur, puisque ce bois dur a lui-même été aubier quelques années auparavant; mais ils y sont trop resserrés, desséchés & obstrués pour lui laisser un libre passage. Les couches ligneuses, plus écartées les unes des autres dans l'aubier que dans le bois dur, laissent les vaisseaux & les utricules dilatés au point nécessaire pour la circulation; & l'état de l'aubier, rare, spongieux & élastique, la facilite singulièrement. C'est de cette mollesse & de cette flexibilité que dépend la vie du sujet; car dès qu'elle cesse, que la rigidité s'empare des fibres ligneuses, que le desséchement devient général dans la couche, que la séve se condense dans les canaux & les utricules, l'endurcissement se forme, cette couche de bois meurt en quelque façon, & cette mort apparente la conduit à sa perfection, puisqu'elle la fait passer de l'état de bois tendre ou aubier, à celui de bois dur.

C'est à toutes ces causes réunies qu'il faut attribuer l'endurcissement progressif des couches de l'aubier. Cet endurcissement doit aller du centre à la circonférence, parce qu'à mesure qu'il se forme une nouvelle couche entre l'écorce & le bois, cette nouvelle couche presse vers l'intérieur, & pousse au centre de proche en proche; de plus, la séve circulant plus librement & en plus grande abondance du côté de l'écorce, tient tous les vaisseaux dans un état de vie & de santé plus parfait, au-lieu que vers le centre, son mouvement, si toutefois il existe, est très-lent. Sa marche, gênée dans son cours, & par son peu de force, & par la rigidité des canaux qu'elle parcourt, lui permet de former partout des dépôts qui les obstruent de plus en plus, & de s'y condenser tout-à-fait. A ces causes il faut encore ajouter le degré de chaleur, infiniment moindre au centre de l'arbre que vers sa circonférence; la chaleur extérieure de l'atmosphère, celle communiquée par les rayons du soleil, rendent la circulation de la séve plus active à la circonférence; cette augmentation de mouvement produit celui de la chaleur; ce nouveau degré dilate les couches les plus voisines; celles-ci ne peuvent pas s'étendre sans comprimer celles du centre, & sans y gêner absolument la circulation des fluides nourrissans. Les utricules eux-mêmes, qui forment les séparations des couches, deviennent plus étroits par les dépôts, en tous sens, des sucs dont ils sont les réservoirs. Ces petites geodes se remplissent insensiblement, & consolident les couches les unes avec les autres.

Les arbres croissent en grosseur par l'addition des couches circulaires & concentriques qui se produisent entre l'écorce & le bois. Ainsi, de quelque côté que l'on compte ces couches, abstraction faite de l'aubier, le nombre sera toujours égal, si l'arbre est sain, & si quelques maladies ou des accidens ne l'ont pas altéré dans certaines parties. Il n'en est pas ainsi si l'on ne considère que l'aubier, & le nombre des couches n'est pas le même de tous les côtés; leur grosseur n'est pas même égale. C'est à MM. de Buffon & Duhamel que nous devons une suite de recherches très-intéressantes sur ces objets, dont nous allons parcourir les résultats.

M. de Buffon ayant fait scier plusieurs chênes de quarante-six ans à deux ou trois pieds de terre, & ayant fait polir la coupe avec la plane, il remarqua que les couches annuelles d'aubier étoient plus nombreuses d'un côté que d'un autre, quoique les moins nombreuses fussent plus épaisses d'un sixième, d'un quart, & quelquefois du double que les plus nombreuses. On pouvoit compter six, sept, huit couches bien prononcées de plus d'un côté que de l'autre. Par exemple, un chêne de quarante-six ans environ, avoit d'un côté quatorze couches annuelles d'aubier, & du côté opposé il en avoit vingt; cependant les quatorze couches étoient d'un quart plus épaisses que les vingt de l'autre côté.

Un autre chêne du même âge avoit d'un côté quatorze couches d'aubier, & de l'autre vingt-une; cependant les quatorze étoient d'une épaisseur presque double de celles de vingt-une, &c.

Quoique nous ne parlions ici que du chêne, il est à présumer que tous les autres arbres sont dans le même cas.

Quelle peut être la cause d'un phénomène aussi singulier? Pourquoi cette différence? Qu'est-ce qui peut déterminer la transformation en bois des couches d'aubier d'un côté plutôt que d'un autre? Est-ce l'influence du vent & des froids du nord, ou des chaleurs du midi, comme on l'a cru long-tems, & comme tant d'auteurs l'ont répété les uns après les autres? Non, & il est même faux que l'excentricité des couches ligneuses s'éloigne plus du centre ou de l'axe du tronc de l'arbre du côté du midi que du côté du nord. On a proposé quelquefois ce phénomène aux voyageurs égarés dans une forêt, comme un moyen infaillible de s'orienter parfaitement & de retrouver sa route; un voyageur qui n'auroit que cette ressource seroit bien à plaindre, car sur vingt arbres qu'il couperoit, il n'en trouveroit peut-être pas deux dont le rayon d'excentricité le plus long fût dans la même direction. M. de Buffon ayant fait couper dix chênes dans la force de l'âge, à un pied & demi de terre, en a trouvé quatre qui avoient plus grossi du côté du midi que du nord; encore dans un, cet excès étoit absolument nul à trois pieds plus haut, trois où le côté nord l'emportoit, & trois l'orient. Il est à remarquer que cette supériorité n'étoit pas égale dans toute la tige. Ce que M. de Buffon avoit fait exécuter en Bourgogne, M. Duhamel l'a fait pareillement dans la forêt d'Orléans. En vain a-t-il cherché sur quarante arbres de quoi fixer ses incertitudes sur ce sujet, il a toujours vu que l'aspect du midi & du nord n'est point du tout la cause de l'excentricité des couches, & par conséquent de l'existence plus ou moins longue de celles de l'aubier.

Si l'exposition ne produit rien de sensible sur l'épaisseur des couches, c'est à l'insertion des racines & à l'éruption de quelques branches qu'il faut attribuer les différences que l'on rencontre. Cette découverte est due aux deux savans que nous venons de citer. Si l'on déracine un arbre, on remarquera toujours que le côté où existe la plus grosse racine est aussi celui où l'excentricité se fait remarquer, & où en-même-tems l'aubier a moins de couches, mais où elles sont plus larges. Une forte branche qui détermine une affluence de séve plus abondante, produit le même effet. Voici une dernière observation de M. de Buffon, qui confirme absolument ce principe. Il choisit un chêne isolé, auquel il avoit remarqué quatre racines à-peu-près égales pour la force, & disposées assez régulièrement, en sorte que chacune répondoit à très-peu-près à un des quatres points cardinaux; & l'ayant fait couper à un pied & demi au-dessus de la surface du terrain, il trouva, comme il le soupçonnoit, que le centre des couches ligneuses coïncidoit avec celui de la circonférence de l'arbre, & que par conséquent il étoit grossi de tous côtés également. Dans cet arbre l'aubier devoit avoir ses couches parallèles entr'elles.

La grande abondance de séve est une des principales causes qui fait que l'aubier se transforme en bois, & c'est d'elle que dépend l'épaisseur relative du bois parfait avec l'aubier dans les différens terrains & les différentes espèces. La séve en parcourant le tissu rare & spongieux de l'aubier, y dépose facilement les parties productrices du bois: plus il arrivera de séve, plus le nombre de ses parties sera grand, & plus aussi l'aubier deviendra bois. Une grosse racine, une racine traçant dans une meilleure veine de terre, ou une grosse branche produisant une plus grande quantité de séve & de sucs, occasionnera des couches ou plus épaisses, ou plus dilatées, quoiqu'elles se durcissent plutôt. Telle est la cause simple du phénomène singulier où l'on voit que le côté de l'aubier qui a moins de couches est aussi celui où elles seront plus larges, & que l'épaisseur de l'aubier en général, est d'autant plus grande, que le nombre des couches qui le forment est plus petit.

La différence des terrains, bons ou maigres, influe nécessairement sur l'épaisseur de l'aubier; on le sentira facilement d'après tout ce que nous venons de dire. M. de Buffon a encore confirmé ce principe par des expériences qui lui ont montré 1°. qu'à l'âge de quarante-six ans, dans un terrain maigre, les chênes communs ou de gland médiocre, avoient 1 d'aubier & $2 + \frac{2}{9}$ de cœur, & les chênes de petits glands 1 d'aubier & $1 + \frac{1}{16}$ de cœur. Ainsi dans les terrains maigres les premiers ont plus du double de cœur que les derniers.

2°. Qu'au même âge, dans un bon terrain, les chênes communs avoient 1 d'aubier & 3 de cœur, & les chênes de petits glands 1 d'aubier & 2 $\frac{1}{2}$ de cœur; ainsi dans les bons terrains les premiers ont un sixième de cœur plus que les derniers.

3°. Qu'au même âge, dans le même terrain maigre, les chênes communs avoient seize ou dix-sept couches ligneuses d'aubier, & les chênes de petits glands en avoient vingt-un; ainsi l'aubier se convertit plutôt en cœur dans les chênes communs que dans les chênes de petits glands.

La différence relative de grosseur de l'aubier au cœur, n'est pas le seul objet intéressant que l'on doive connoître dans le bois; la différence relative & proportionnelle de force, mérite aussi toute l'attention de celui qui veut tirer le parti le plus avantageux d'un tronc d'arbre. L'aubier n'étant qu'un bois imparfait, & n'ayant pas la même solidité, ne peut pas être du même usage; cependant il n'est pas absolument à rejeter dans des ouvrages qui n'exigeroient pas une grande force.

La solidité & la force du bois paroît être en raison de sa pesanteur; ainsi, toutes choses égales d'ailleurs, plus un bois est pesant, plus il est fort. L'aubier n'étant, pour ainsi dire, qu'un corps spongieux, dont l'intérieur n'est composé que de vaisseaux vides ou remplis d'air & de fluides, est nécessairement plus léger & moins pesant que le cœur du bois, & s'il est moins pesant, il est par conséquent moins fort. M. le comte de Buffon a fait un très-grand nombre d'expériences pour trouver le vrai rapport; & le résultat est que des barreaux d'aubier d'un pouce d'équarrissage sur un pied de longueur, dont le poids moyen n'étoit que de six onces $\frac{28}{32}$, ont rompu sous la charge moyenne de 629 livres, tandis que la charge moyenne pour rompre de semblables barreaux de cœur de chêne, s'est trouvée de 731 livres. L'aubier est donc d'environ un septième moins fort que le cœur de l'arbre. Plus on approchera de la circonférence & plus le bois sera tendre & foible.

C'est par une marche longue & insensible que la nature parvient à convertir l'aubier en bois solide. La condensation & le desséchement de la séve produisent cet effet. Il est un moyen de hâter cet instant & de rendre même l'aubier plus dur que le cœur du bois ordinaire; c'est celui de dépouiller les arbres de leur écorce sur pied, un an au moins avant de les couper. Les anciens l'ont connu, puisque Vitruve dit, dans son *Architecture*, qu'avant d'abattre les arbres, il faut les cerner par le pied jusque dans le cœur du bois, & les laisser ainsi sécher sur pied, après quoi ils sont bien meilleurs pour le service, auquel on peut même les employer tout de suite. Evelin rapporte, dans son *Traité des forêts*, que le docteur Plot assure, dans son *Histoire naturelle*, qu'autour de Hasson, en Angleterre, on écorce les gros arbres sur pied dans le tems de la séve, qu'on les laisse sécher jusqu'à l'hiver suivant, qu'on les coupe alors; qu'ils ne laissent pas de vivre ſans écorce ; que le bois en devient bien plus dur, & qu'on ſe ſert de l'aubier comme du cœur.

M. de Buffon a démontré juſqu'à l'évidence la vérité de ces faits. En 1733, le 3 mai, il fit écorcer ſur pied quatre chênes d'environ trente à quarante pieds de hauteur, & de cinq à ſix pieds de pourtour, très-vigoureux, bien en ſéve, & âgés d'environ ſoixante-dix ans. Il fit enlever l'écorce depuis le ſommet de la tige juſqu'au pied de l'arbre avec une ſerpe ; cette opération eſt très-aiſée, l'écorce ſe ſéparant très-facilement du corps de l'arbre dans le tems de la ſéve. Ces chênes étoient de l'eſpèce commune dans les forêts qui portent le plus gros gland. Quand ils furent entièrement dépouillés de leur écorce, il fit abattre quatre autres chênes de la même eſpèce, dans le même terrain & auſſi ſemblables aux premiers qu'il put les trouver. Il en fit encore abattre ſix & écorcer ſix autres. Les ſix arbres abattus furent conduits ſous un hangar pour pouvoir ſécher dans leur écorce & les comparer avec ceux qui en étoient dépouillés. Les arbres écorcés moururent ſucceſſivement dans l'eſpace de trois ans. Dès la première année, M. de Buffon fit abattre, le 26 d'août, un de ces arbres morts. La coignée ne pouvoit l'entamer qu'avec peine. L'aubier ſe trouva ſec, & le cœur du bois, humide & plein de ſéve, ce qui, ſans doute, fut cauſe que le cœur parut moins dur que l'aubier. Tous les autres, au contraire, parfaitement deſſéchés, offrirent un aubier très-dur, & le cœur encore plus dur. Il fit ſcier tous ces arbres en pièces de quatorze pieds de longueur, qui lui fournirent chacune une ſolive de même hauteur ſur ſix pouces très-juſte d'équarriſſage. Il en fit rompre quatre de chaque eſpèce, afin de reconnoître leur force, & d'être bien aſſuré de la grande différence qu'il y trouva d'abord.

La ſolive tirée du corps de l'arbre qui avoit péri le premier après l'écorcement, peſoit 242 livres ; elle ſe trouva la moins forte de toutes, & rompit ſous 7940 livres.

Celle de l'arbre en écorce qu'il lui compara, peſoit 234 livres ; elle rompit ſous 7320 livres.

La ſolive du ſecond arbre écorcé, peſoit 249 livres ; elle plia plus que la première, & rompit ſous la charge de 8362 livres.

Celle de l'arbre en écorce qu'il lui compara, peſoit 236 livres ; elle rompit ſous la charge de 7385 livres.

La ſolive d'un arbre écorcé qu'on avoit laiſſé exprès à l'injure du tems, peſoit 258 livres, & plia encore plus que la ſeconde, & ne rompit que ſous 8926 livres.

Celle de l'arbre en écorce qu'il lui compara, peſoit 239 livres, & rompit ſous 7420 livres.

Enfin la ſolive de l'arbre écorcé qui fut toujours jugé le meilleur, & qui mourut le plus tard, ſe trouva en effet peſer 263 livres & porta avant que de rompre 9046 livres.

La ſolive de l'arbre en écorce qu'il lui compara, peſoit 238 liv. & rompit ſous 7500 livres.

Les autres arbres ſe trouvèrent défectueux & ne ſervirent pas.

On voit déjà par ces épreuves, que le bois écorcé & ſéché ſur pied, est toujours plus pesant, & considérablement plus fort que le bois gardé dans son écorce.

Deux solives pareilles tirées, l'une du haut de la tige de l'arbre écorcé & laissée aux injures de l'air, & l'autre d'un pied d'un des arbres en écorce, furent comparées ensemble. Tout l'avantage, & du poids & de la force, fut pour la première, malgré des défauts assez considérables qu'elle avoit. Elle pesoit 75 livres, & ne rompit que sous l'effort de 12745 livres, tandis que l'autre ne pesoit que 72 livres, & rompit sous la charge de 11889 liv.

Ce qui suit est encore plus favorable.

De l'aubier d'un des arbres écorcés, M. de Buffon fit tirer plusieurs barreaux de trois pieds de longueur, sur un pouce d'équarrissage, entre lesquels il en choisit cinq des plus parfaits pour les rompre ; leur poids moyen étoit à peu près de 23 onces $\frac{11}{32}$, & la charge moyenne qui les fit rompre à peu près de 287 livres. Ayant fait les mêmes épreuves sur plusieurs barreaux d'aubier d'un des chênes en écorce, le poids moyen se trouva de 23 onces $\frac{2}{32}$, & la charge moyenne de 248 livres ; & ayant fait ensuite la même épreuve sur plusieurs barreaux de cœur du même chêne en écorce, le poids moyen s'est trouvé de 25 onces $\frac{10}{32}$, & la charge moyenne de 256 livres.

Ceci prouve que l'aubier du bois écorcé, est non-seulement plus fort que l'aubier ordinaire, mais même beaucoup plus que le cœur de chêne non écorcé, quoiqu'il soit moins pesant que ce dernier.

Deux autres épreuves confirmèrent encore cette vérité, & même les différences furent bien plus considérables dans la seconde, puisque une solive d'aubier d'un arbre écorcé rompit sous le poids moyen de 1253 livres, tandis qu'une autre, tirée d'un arbre non écorcé, se brisa sous la charge moyenne de 997 liv.

Il faut donc conclure des expériences de ce savant naturaliste, que l'aubier des arbres écorcés & séchés sur pied, est non-seulement beaucoup plus pesant & plus fort que l'aubier des bois ordinaires, mais même qu'il l'est plus que le cœur du meilleur bois.

Il faut remarquer que dans ces expériences la partie extérieure de l'aubier est celle qui résiste davantage, en sorte qu'il faut constamment une plus grande charge pour rompre un barreau d'aubier pris à la dernière circonférence de l'arbre écorcé, que pour rompre un pareil barreau pris au-dedans ; ce qui est tout-à-fait contraire à ce qui arrive dans les arbres traités à l'ordinaire, dont le bois est plus léger & plus foible à mesure qu'il est plus près de la circonférence.

La cause physique de cette augmentation de solidité & de force dans le bois écorcé sur pied, est facile à saisir. L'aubier, comme nous l'avons vu, se forme & augmente en grosseur par les couches additionnelles qui se forment entre l'écorce & le bois ancien ; l'écorce est absolument nécessaire à cette création, car l'écorce détachée, il ne se forme plus de nouvelles couches ; l'arbre peut vivre, jusqu'à un certain point, après l'écorcement, & croître même en hauteur, mais

mais non pas en grosseur. Toute la substance destinée à produire le nouveau bois, se trouve arrêtée par la solution de l'écorce; les canaux qui servoient à la conduire du haut en bas & de bas en haut, n'existant plus, elle est contrainte de se fixer dans tous les vides de l'aubier, de replier jusque dans le cœur de l'arbre. Elle s'y condense, ce qui en augmente nécessairement la solidité, & doit par conséquent augmenter la force du bois; car, comme la très-bien démontré M. de Buffon, la force du bois paroît être en raison de sa densité & de sa pesanteur.

C'est donc à l'interception & à la condensation de la séve qu'il faut attribuer l'endurcissement de l'aubier. Dans les arbres entiérement écorcés, il ne devient si dur que parce qu'étant plus poreux que le bois parfait, il tire la séve avec plus de force & en plus grande quantité. L'aubier extérieur la pompe plus puissamment que l'aubier intérieur; tout le corps de l'arbre tire jusqu'à ce que les tuyaux capillaires se trouvent remplis & obstrués; il faut une plus grande quantité de portions fixes de la séve pour remplir la capacité des larges pores de l'aubier, que pour achever d'occuper les petits interstices du bois parfait; mais tout se remplit à peu près également, & c'est ce qui fait que dans ces arbres la diminution de la pesanteur & de la force du bois depuis le centre à la circonférence, est bien moins considérable que dans les arbres revêtus de leur écorce. Ceci prouve en même-tems, que l'aubier de ces arbres écorcés, ne doit plus être regardé comme un bois imparfait, puisqu'il a pris en une année ou deux, par l'écorcement, la solidité & la force qu'autrement il n'auroit aquise qu'en douze ou quinze ans; car il faut à peu-près ce tems dans les meilleurs terrains, pour transformer l'aubier en bois parfait. On ne sera donc pas contraint de retrancher l'aubier, comme on l'a toujours fait jusqu'ici, & de le rejetter: on emploiera les arbres dans toute leur grosseur, ce qui fait une différence prodigieuse, puisque l'on aura souvent quatre solives dans un pied d'arbre, duquel on n'auroit pu n'en tirer que deux; un arbre de quarante ans, pourra servir à tous les usages auxquels on emploie un arbre de soixante ans; en un mot, cette pratique aisée donne le double avantage d'augmenter, non-seulement la force & la solidité, mais encore le volume du bois.

L'écorcement, tel que nous venons de le décrire d'après M. de Buffon, produiroit donc un grand bien s'il étoit adopté, sur-tout pour les arbres destinés à être employés en poutre & en solive. L'expérience le confirme journellement, & montre que des pièces de charpente faites avec du bois écorcé sur pied, se conservent mieux, & ne sont pas sujettes à se déjetter, à se travailler autant que les autres.

Presque tous les arts dans lesquels le bois entre comme matière principale, en tireroient de très-grands avantages, sur-tout l'art du charpentier & du constructeur. Il est bon de remarquer aussi que l'aubier tendre est singuliérement sujet à être attaqué par un vers connu sous le nom de *tarière*; on n'auroit plus à craindre cet inconvénient, ou du moins, ce vers ne feroit pas autant de ravage sur du bois écorcé. Sa dureté, & sa densité seroient des obstacles que cet insecte destructeur surmonteroit difficilement.

On remarque quelquefois dans un arbre que l'on vient de couper deux zones ou ceintures blanches autour du cœur; elles sont séparées l'une de l'autre par quelques couches ligneuses, de façon qu'il paroît exister deux aubiers. Cet accident est connu sous le nom de *faux aubier;* il est produit par les grandes gelées, comme M. de Buffon s'en est assuré. *Voyez* FAUX AUBIER, où nous expliquerons les accidens divers qui concourent à produire ce phénomène singulier.

AUBISOIN. (*Voyez* BLUET)

AVEINE. (*Voyez* AVOINE)

AVELINE. (*Voyez* NOISETTE)

AVENUE. Route plantée d'une ou de plusieurs allées d'arbres, qui conduit à une habitation quelconque. Que de terrein perdu & sacrifié pour des avenues dans les environs de Paris & près des grandes villes! On donne tout à la décoration, tandis qu'il est si facile de réunir l'agréable à l'utile. Les grands à l'imitation du Prince, les petits à l'imitation des grands, en un mot presque tous les propriétaires veulent aujourd'hui avoir des avenues, & souvent un cinquième ou un quart d'un petit domaine est employé à lui donner un air de grandeur. C'est sur ce sol perdu que l'impôt devroit peser, puisque ces avenues privent la société des productions qu'on étoit en droit d'attendre du terrain qu'elles occupent, tel est l'effet d'un luxe destructeur. Ce que Lafontaine dit dans sa Fable de *la Grenouille qui veut se faire aussi grosse que le Bœuf*, s'applique très-bien, quoique dans un sens différent, à l'objet dont il est question.

Le monde est plein de gens qui ne sont pas
plus sages;
Tout bourgeois veut bâtir comme les grands
seigneurs;
Tout petit prince a des ambassadeurs;
Tout marquis veut avoir des pages.

Si on substituoit au tilleul, au maronnier d'inde, dont le bois n'est d'aucun usage, à l'exception de quelques petits ouvrages au tour, le chêne, le noyer, on auroit à la longue une avenue utile & agréable; il est même possible de diriger les branches du dedans de l'allée, de manière à leur faire décrire le cercle & former une voûte impénétrable aux rayons du soleil. J'ai vu des avenues plantées en chêne, produire le plus bel effet, & celles plantées en noyer donner du fruit en abondance. Ces arbres sont utiles, & une sotte vanité les a proscrits en raison de leur utilité. Si l'avenue est plantée en ormeau, le vice est encore plus grand. Les racines de cet arbre iront dévorer la substance des bleds à plus de quinze ou vingt toises. La charrue aura beau chaque année morceler ces racines, chaque brin poussera de nouvelles tiges. Un seul coup d'œil sur les terres voisines des grands chemins, dont les plantations sont en ormeau, suffit pour convaincre de la vérité de ce que j'avance. Quel a donc été le motif déterminant pour choisir le maronnier d'inde, l'ormeau, le tilleul ? Le plaisir de forcer la nature. Le jardinier a voulu montrer son intelligence à manier le croissant, les ciseaux, & dans ses mains, les arbres ont formé un couvert taillé symétriquement sur une forme quarrée ; la naissance des branches a dessiné un grand ceintre, le tronc de l'arbre la colonne qui supporte tout l'édifice. La fureur a été portée si loin, qu'on a fini par tailler en éventail les peupliers d'Italie plantés dans les avenues, tandis que la seule beauté de cet arbre consiste à présenter une pyramide bien proportionnée sur sa largeur & sur sa hauteur. Ces tours de force des jardiniers, si je puis m'exprimer ainsi, frappent au premier coup d'œil, non par la beauté réelle des arbres, mais par la difficulté vaincue ; mais la nature se venge bientôt des outrages qu'on lui fait, en répandant à pleines mains l'ennui sous ces voûtes symétriques. Veut-on se promener ? il faut sortir du parc, des avenues, & gagner les chemins tortueux de la simple campagne. Rien de si triste que ces avenues monotones & que ces lignes droites à perte de vue. Cependant comme je dois parler & de l'agriculture utile, & de celle qu'on est convenu d'appeller *agriculture d'agrément*, je vais indiquer les arbres susceptibles d'être placés dans les avenues, & de la manière de les planter.

I. *Des espèces d'arbres convenables pour les avenues.* Le climat & la nature du terrain décident les espèces d'arbres à choisir par préférence. On peut distinguer trois climats en France : celui sous lequel la vigne ne sauroit croître, tel est celui de la Flandres, de l'Artois, d'une partie de la Picardie, de la Bretagne, & de toute la Normandie ; le second, est le climat des vignes, & le troisième, celui des vignes & des oliviers ; on pourroit à la rigueur ajouter un quatrième, celui des orangers.

Dans le premier, l'orme ou ormeau, le frêne, le tilleul, le marronnier d'inde, le chêne, le hêtre, le sorbier, y réussiront très-bien ; mais si avec raison vous préférez l'utile, plantez des pommiers à cidre, des poiriers pour le poiré, des cerisiers, &c.

Dans le second, l'orme, le noyer, le frêne, l'alisier, le néflier, le tilleul, le platane d'occident, le sycomore ou érable blanc, le chêne, le hêtre, le châtaignier, le noyer, le mûrier, tous les arbres fruitiers à pepins, l'abricotier, le prunier, le cerisier, qui s'éleveront à une plus grande hauteur, à mesure qu'on approchera du midi. Les arbres d'agrément sont les mêmes que ceux du premier climat.

Dans le troisième, l'olivier, le mûrier, le figuier qui y forme à la longue un bel effet ; le chêne verd, même le chêne liège, le noyer, l'alisier, l'ormeau, le marronnier d'inde, le platane d'orient & d'occident, le sycomore & même le jujubier ; enfin l'ormeau qui réussit très-bien dans tous les climats de France. On tenteroit vainement d'y planter le tilleul.

Si le terrain est humide, le saule, l'aune, toutes les espèces de peupliers ; l'ypréaux ou peuplier blanc, réussit aussi-bien dans le bas Languedoc que dans la Flandres ; les peupliers d'Italie y deviennent monstrueux par leur grosseur ; le peuplier noir ou peuplier commun est dans le même cas, ainsi que l'aulne ou verne.

2°. *De la manière de préparer le terrain d'une avenue.* La largeur d'une avenue doit jusqu'à un certain point être proportionnée à la longueur & à la largeur du bâtiment, ou d'une de ses parties, qui doit former la perspective à l'extrémité de l'avenue. La largeur est encore subordonnée à l'espèce d'arbre à planter; le chêne, le châtaignier, le noyer, étendent prodigieusement leurs branches; le chêne, le tilleul, l'ypréaux, le peuplier d'Italie, s'élèvent très-haut. Si l'allée est trop étroite, les arbres de la première espèce entrelaceront bientôt leurs branches; & plantée avec les arbres de la seconde, elle ne paroîtra qu'un boyau; enfin, le site, la nature du terrain, &c. sont autant d'objets à examiner avant de commencer les alignemens. Il y a une règle générale : une avenue de cent toises de longueur, peut avoir six toises de largeur, si le sol est de qualité médiocre, & huit s'il est bon. Celle de deux cens toises, huit dans le premier cas, & dix dans le second; & celle de trois cens toises, de dix à douze, à quatorze & à seize.

La distance d'un arbre à l'autre, sur la même ligne, dépend encore de la nature de l'arbre & de la nature du terrain. Si on plantoit, par exemple, le noyer aussi près que le peuplier d'Italie, & le peuplier d'Italie aussi éloigné que le noyer, il est constant que dans le premier, les racines & les branches du noyer s'entrelaceroient en peu de tems, & les arbres périroient après avoir langui pendant quelques années. Dans le second, les peupliers d'Italie seroient trop espacés & sembleroient des fuseaux. C'est dans de justes proportions que réside la beauté de ces plantations, & le succès de la bonne végétation des arbres y est également soumis.

On veut jouir & on plante serré, sauf, dit-on, d'arracher par la suite un arbre entre deux : mais qui répondra à celui qui pense ainsi, que le moment venu d'éclaircir les arbres de l'avenue, celui qui doit être coupé ne sera pas fort & vigoureux, tandis que celui destiné à rester en place sera, maigre, languissant, &c? Il n'y a rien à gagner lorsque l'on plante trop près, & tout à perdre en plantant serré.

L'espace à donner aux arbres dont la tige s'éleve fort haut, & dont les branches s'étendent beaucoup, est de trente pieds dans un terrain ordinaire, de quarante si le fond est très-bon, & de vingt s'il est médiocre.

Les arbres fruitiers de vingt à trente pieds; les platanes, les ormeaux, le grand tilleul, les mûriers, les hêtres, les marronniers d'inde, à trente pieds.

Les espèces de saules de dix à douze pieds; les ypréaux, les peupliers ordinaires également, &c.

La première attention dans la formation d'une avenue, est de mesurer exactement sa longueur, afin de savoir au juste la quantité d'arbres qu'elle exige. Fixez aux deux extrémités de chaque côté des jalons, & dans le milieu un troisième jalon bien aligné avec les deux premiers; ce troisième servira à aligner tous les jalons intermédiaires que l'on plantera de distance. Alors faites tracer une ligne sur le sol, & marquez la place de chaque arbre ; de cette première opération dépend la régularité de toutes les suivantes.

Il y a deux manières de planter une avenue, ou en ouvrant un fossé d'un bout à l'autre, & c'est la meilleure, ou en creusant des trous pour chaque arbre ; celle-ci est moins dispendieuse.

La profondeur des trous ou des fossés doit toujours être proportionnée à la force de l'arbre qu'ils doivent recevoir. Trois pieds de profondeur suffisent pour les arbres dont mal-à-propos le pivot a été coupé, & le moins qu'on puisse lui donner de largeur c'est quatre pieds. L'arbre profite mieux dans un trou quarré que dans un trou de forme ovale, parce qu'il y a plus de surface de terre remuée. C'est encore la raison pour laquelle les fossés sont préférables aux trous. Dans l'une & dans l'autre circonstance, on gagnera beaucoup à donner plus de largeur & plus de profondeur. Une parcimonie dans la dépense, à cette époque principale, nuit considérablement. Si par la suite on met en ligne de compte l'achat des arbres, les trous à faire pour remplacer les arbres morts, on verra qu'ils excéderont de beaucoup ceux qu'on a cherché à supprimer. Le mauvais travail coûte toujours trop, & ce qui en résulte est perpétuellement défectueux.

La manière de planter les arbres exige quelques attentions. Remplissez s'il est possible le fond des fossés ou des trous avec du gazon, & à leur défaut avec une terre nourrissante. Ménagez les racines, & ne permettez jamais de retrancher de leur longueur, sous le prétexte absurde de les rafraîchir, suivant la mauvaise coutume des jardiniers. Retranchez uniquement celles qui sont endommagées ; plus la fosse aura d'ouverture, mieux les racines seront disposées. La première terre qui aura été retirée de la fouille, ou telle autre meilleure, s'il est facile de s'en procurer, recouvrira les racines, & on aura grand soin de ne laisser aucun vide entre les racines & la terre. A cet effet, de tems en tems l'ouvrier tenant la tige de l'arbre, le soulevera par petites secousses, & la terre se tassera. Enfin on finira de remplir la fosse ou le trou avec la terre auparavant jetée sur leurs bords.

Mais à quelle profondeur faut-il enterrer l'arbre ? S'il l'est trop, il languira jusqu'à ce qu'il se soit formé de nouvelles racines vers la superficie de la terre, & l'arbre trop enterré est privé pendant longtems de cette espèce de racines qu'on nomme *aériennes*, parce que leurs principales fonctions sont de pomper l'air atmosphérique. Cependant les arbres d'avenues exigent d'être plantés un peu plus profondément que les autres, toute circonstance égale d'ailleurs, parce que ces arbres s'élevent beaucoup plus que les arbres voisins, & étant isolés, sont plus battus du vent, des orages, & plus dans le cas d'être déracinés.

Il faut encore observer que toute terre remuée s'affaise au moins d'un pouce par pied, il est donc nécessaire d'amonceler au pied de l'arbre une quantité de terre suffisante pour qu'elle égalise le terrain après l'affaissement. Si le terrain est naturellement sec, il vaut mieux laisser vide le petit bassin formé par le tassement; il retient une plus grande quantité d'eau pluviale, & conserve la fraîcheur au pied de l'arbre. Règle générale, il faut planter l'arbre un peu plus profondément qu'il l'étoit dans la pépinière, & laisser pour le compte de celui qui a fourni les sujets, ceux dont les racines sont écourtées ou trop mutilées. Au mot PLANTATION, nons entrerons dans de plus grands détails.

AUGE. Pierre ou pièce de bois creusée, dont on fait usage pour donner à boire & à manger aux animaux domestiques. Si le propriétaire ne veille lui-même, s'il ne visite de tems à autre les auges, il est constant qu'elles seront remplies d'ordures, de moisissure, de limon. Tout animal aime à boire & à manger proprement, & sur-tout la mule & le mulet. Les ordures quelconques qui fermentent au fond des auges, principalement dans les grandes chaleurs, vicient la nourriture de l'animal, & agissent sur elle comme le levain sur la pâte. Il est essentiel de les tenir dans le plus grand état de propreté, & de ne pas s'en rapporter aux domestiques, qui négligent ces petits accessoires, ou par faute d'attention, ou parce qu'ils n'en sentent pas les conséquences.

AUGELOT. Les vignerons des environs d'Auxerre, donnent ce nom à une petite fosse carrée qu'on ouvre dans les vignes avant l'hiver, pour y poser ensuite la crocette. Cette méthode s'appelle planter à L'AUGELOT.

AVINER UN TONNEAU. C'est l'imbiber de vin avant de s'en servir. (*Voyez* le mot TONNEAU, où toutes les préparations qu'il exige seront décrites.)

AVIVES, *ou* PAROTIDES, *Médecine vétérinaire.* Ce sont des glandes situées à la partie supérieure & postérieure de la ganache, dans l'intervalle qui se trouve entre la tête & le col, au dessous de l'oreille.

Ces parties se gonflent quelquefois dans la gourme, à la suite d'une blessure, d'une piqûre, d'un coup, & sur-tout lorsqu'un cheval venant d'être échauffé par un exercice violent, s'abbreuve d'une eau trop vive ou froide.

Dans le premier cas, la suppuration des glandes est avantageuse. Il faut la favoriser par l'application des cataplasmes émolliens & maturatifs. Dans le second, au contraire, les résolutifs & les spiritueux sont à préférer; quant au troisième, nous indiquons la saignée. Cette opération doit être même répétée suivant la douleur des avives & la violence des autres symptômes.

Il est une espèce de tranchée que les Maréchaux appellent avives. Dans celles-ci, les glandes parotides ne sont ni engorgées, ni douloureuses, ni enflammées; nous en avons une preuve dans l'opération pratiquée par les maréchaux sur les chevaux qui en sont attaqués; ils battent fortement ces glandes & les percent avec une flamme ou la pointe d'un couteau; si elles étoient vraiment douloureuses, cette cruelle opération, bien-loin de contribuer au soulagement de l'animal, ne tendroit au contraire qu'à le tourmenter vivement, à l'agiter avec force, & à le rendre comme furieux. C'est ce que nous ne voyons pas. Il arrive donc que ce qui est appelé *avives* dans cette circonstance, n'est autre chose que ce qu'on appelle *tranchées*, d'autant plus que les signes du premier mal sont les mêmes que ceux du second ; l'animal perd tout d'un coup l'appétit, il se tourmente excessivement par la douleur qu'il sent, il se couche, se roule par terre, se débat fortement, se lève, tombe & meurt quelquefois, s'il n'est promptement secouru.

Les remèdes propres aux tranchées conviennent à cette espèce d'avives, sans qu'il soit nécessaire de les battre & de les percer. Le résultat d'une pareille opération est d'ouvrir le conduit salivaire. La salive s'échappant continuellement, les digestions sont en défaut, & l'animal tombe dans l'atrophie & le marasme.

AULNE. (*Voyez* AUNE)

AUMAILLES. Terme des eaux & forêts, & de plusieurs coutumes, pour désigner des bêtes à cornes, & même des brebis.

AUNE, AUNAGE. Mesure dont on se sert pour mesurer les étoffes. L'aune de Paris à trois pieds sept pouces & huit lignes de longueur ; celle de Bordeaux, de la Rochelle, & de Rouen, est faite sur le même étalon ; celle de Lyon est un peu plus courte. Il y a la différence d'une aune sur cent aunes de Paris ; celle du Berry à huit lignes de plus que celle de Paris ; celle de Troye a seulement deux pieds six pouces & une ligne ; celle de Bretagne, deux pieds quatre pouces onze lignes ; celle d'Abbeville, deux pieds neuf pouces ; celle de Flandres, deux pieds un pouce cinq lignes. La *canne*, la *varre*, la *verge*, la *brasse*, sont également des mesures d'étoffes dans différentes provinces de ce royaume, & même ces mesures, la canne par exemple, n'est point égale dans la même Province. La canne de Toulouse est plus courte que celle de Montpellier. Quand aurons nous en France un seul poid, une seule mésure ?

AUNE, *ou* AUNETTE, *ou* VERNE, *ou* VERGNE. (*Pl.* 1, pag. 52.) Telles sont les dénominations principales sous lesquelles cet arbre est connu dans nos différentes provinces. M. Tournefort le place dans la troisième section de la dix-neuvième classe des arbres & arbrisseaux à fleurs à chatons, dont les fleurs mâles sont séparées des femelles sur le même pied, & dont les fruits sont écailleux. Il l'appelle *alnus latifolia glutinosa viridis*. M. le Chevalier Von Linné le classe dans la monœcie tétrandrie, & le nomme *betula alnus*.

Fleurs à chaton, mâles & femelles sur le même pied, mais séparées. Les fleurs mâles sont disposées sur des chatons alongés, écailleux ; elles sont rassemblées trois par trois, sous des écailles, dont une est représentée intérieurement en K, & extérieurement en D. Ces fleurs sont composées de quatre étamines I, placées dans une espèce de corolle en opposition avec ses divisions. La corolle est vue en dessus en H ; elle est d'une seule piece, divisée en quatre segmens égaux, & creusée en manière de cuiller ; l'axe du chaton est représenté en E.

Les fleurs femelles, sont rangées sur un chaton écailleux C ; chacune d'elles consiste en un pistil L, posé dans une écaille ovale & pointue. Ce pistil est composé de l'ovaire, d'un stile & deux stigmates, représentés séparément dans la figure M.

Fruit. Succède aux chatons femelles, comme on le voit au sommet de la branche A, & en F il est représenté isolé. C'est un osselet à deux loges qui succède à l'ovaire, & renferme deux semences G, anguleuses. La branche B, représente la disposition des fruits & des feuilles.

Feuilles simples, entières, ovales, dentées en manière de scie; les dentelures dentées à leur tour; la surface inférieure relevée de nervures saillantes, & elle est velue. La supérieure est d'un beau verd, & luisante lorsque la feuille est encore tendre; elle brunit peu-à-peu. Les feuilles sont portées par des pétioles assez longs, & elles sont gluantes.

Racine, rameuse, ligneuse.

Port; l'arbre s'élève assez haut & droit, suivant la terre sur laquelle il végète; l'écorce est d'un gris brun en dehors, & jaunâtre en dedans. Les fleurs naissent des aisselles des feuilles, portées sur des péduncules rameux; les feuilles sont placées alternativement.

Lieu. Le bord des rivières, des ruisseaux, des lieux humides.

Propriétés. L'écorce & les feuilles sont âpres au goût, on les dit vulnéraires, astringentes & résolutives; la décoction de l'une & de l'autre est employée dans les cataplasmes.

L'aune est un arbre précieux pour les usages domestiques, & subsiste très-longtems s'il est enfoui en terre.

Culture, on peut se le procurer par le semis. La méthode est longue & la bouture est plus commode, plus expéditive, puisque ces boutures réussissent aussi bien que celles des peupliers & des saules.

L'aune aime les lieux humides, quelquefois inondés, mais non pas perpétuellement couverts d'eau. Au mois de Février, de Mars ou d'Août, suivant le climat, on coupe les branches sur pied, & on les partage en morceaux de trois pieds de longueur avec une aiguille de fer, ou avec tel autre instrument; il faut percer le terrain à deux pieds & demi de profondeur, & placer dans le trou le morceau de bois avec la même aiguille, serrer la terre tout autour; moins la bouture sortira de terre, plus sa reprise sera assurée. (*Voyez* le mot BOUTURE) Quelques-uns coupent les boutures après la tombée des feuilles, les lient par paquets, & les mettent tremper dans l'eau à la profondeur de quelques pouces. Ces boutures restent dans cet état jusqu'après l'hiver, & ils les plantent ensuite. C'est multiplier la main d'œuvre inutilement.

La graine de cet arbre se sème d'elle-même, à moins qu'elle ne soit entraînée par des débordemens; il est facile de lever les jeunes plants après la première ou seconde année.

Un autre moyen encore bien simple de multiplier l'aune, c'est de couper une branche jeune, forte & bien nourrie, par exemple, sur une longueur de dix pieds, de l'enterrer sur toute sa longueur & de la couvrir avec trois ou quatre pouces de terre; des bourgeons percent l'écorce de distance en distance, traversent la terre qui les recouvrent, & forment autant de branches. Si les longues boutures placées parallélement sont enterrées très-profondément, les

les impressions de l'air & de la chaleur ne sauroient pénétrer jusqu'à elles, & les bourgeons ne se formeront point, ou s'ils sont formés, leur force ne sera pas suffisante pour percer la terre, & ils périront avant d'arriver à sa surface. Si, au contraire, ces boutures sont trop extérieures, le hâle & une chaleur un peu vive les dessécheront bientôt. Il est donc nécessaire de consulter la nature du terrain, s'il est ombragé par d'autres arbres, ou s'il ne l'est pas; enfin, si le sol retient constamment assez d'humidité pour que l'arbre puisse braver les chaleurs de l'été.

Si on arrache de terre quelques racines d'aune & qu'elles soient replantées, elles reprendront, pourvu qu'on y ait laissé la longueur d'un à deux pouces sans être enterrées.

On peut faire des pépinières en pratiquant l'une ou l'autre des méthodes indiquées, & tout possesseur d'un grand terrain humide doit en avoir une; lorsque cet arbre a trois ans de pépinière, c'est le vrai tems de l'arracher.

L'année révolue après la plantation, on peut receper la tige pour former par la suite un taillis, ou bien abattre toutes les branches surnuméraires, à l'exception de la plus vigoureuse, si on est dans l'intention de former un arbre. L'emploi le plus précieux de cet arbre est pour les travaux souterrains. On perce le tronc de part en part sur sa longueur pour la conduite des eaux. Ces mêmes troncs coupés de mesure offrent le bois le plus utile à l'étayement des terres dans les galeries, dans les puits des mines: plus il y est humide, & mieux il s'y conserve. Les pilotis formés de ce bois sont excellens s'ils sont enfoncés au-dessous du niveau de l'eau ou de la terre.

L'aune taillé en cepée pousse vigoureusement, & après six ou huit ans, ses longues tiges sont dans le cas d'être abattues, & donnent de belles perches.

Dans les pays de vignobles, plantés en échalas, & qui manquent d'autre bois, cet arbre est d'une grande ressource; il ne vaut cependant pas l'échalas de châtaignier, de chêne, ni même celui du saule marceau, & il est supérieur à ceux de peuplier & de saule. On s'en sert aussi pour cheviller & barrer les tonneaux.

Les tourneurs, les ébénistes, les sabotiers, recherchent les gros troncs. Les sabots faits avec le bois de hêtre sont préférables. Entre les mains de l'ébéniste, l'aune reçoit à merveille la couleur noire, & la conserve; & il supplée à l'ébène.

Les pâtissiers, les boulangers, les verriers préfèrent l'aune à tout autre arbre pour chauffer le four.

M. Mallet, dans son *Traité sur la culture des Asperges*, conseille de faire infuser dans l'eau les feuilles de cet arbre, & de les y laisser macérer assez long-tems; de se servir ensuite de cette eau pour arroser les asperges, afin de chasser les insectes qui les dévorent. Il établit cette opinion sur ce qu'il n'a jamais vu aucun insecte sur l'aune; mais il est constant que tout le parenchyme des feuilles est souvent dévoré par les insectes, sans que l'épiderme qui le recouvre paroisse endommagé. La feuille ressemble alors à un réseau; cet insecte est de la famille des *insectes mineurs des feuilles*. La seconde espèce de chenille qui attaque cet arbre, se change en scarabée, & la troisième en mouche à deux ailes.

L'aune fournit d'excellentes fascines pour l'écoulement des eaux, & pour retenir le terrain dans les fondrières.

Les sculpteurs & les tourneurs en font beaucoup de cas, à cause que son bois est lisse, & offre une coupe nette sous le ciseau.

L'écorce de cet arbre, unie avec de la vieille ferraille, macérés ensemble pendant plusieurs jours, produit une couleur utile aux teinturiers, aux chapeliers, & aux tanneurs, pour teindre en noir, pour colorer les filets, la corne & les os destinés aux ouvrages de coutellerie.

Son charbon entre dans la composition de la poudre à canon.

Comme la verdure de l'aune est très-agréable, & son ombre épaisse, on peut le placer dans les bosquets humides, ou pour former des points de vue dans l'éloignement, soit qu'on le laisse venir en grand arbre, soit qu'il soit tenu en cepée. On voit en Flandres des aunes dont le tronc a plus de cinquante à soixante pieds de hauteur.

AUNE NOIR. (*Voyez* BOURGENE)

AUNÉE, *ou* ENULE-CAMPANE. (*Pl. 1*, pag. 52.) M. Tournefort la place dans la première section de la 14e. classe, qui comprend les herbes à fleurs radiées & à semences couronnées d'une aigrette, & il l'appelle *aster omnium maximus helenium dictus*. M. le Chevalier von Linné, la classe dans la syngénésie polygamie superflue, & la nomme *inula helenium*.

Fleur, radiée, (*voyez* ce mot) composée de fleurons hermaphrodites dans le disque, & de demi-fleurons femelles à la circonférence. Ces demi-fleurons sont sujets à avorter. Les anthères sont terminés à leur base par des soies. Les fleurons B, sont en forme d'entonnoir, droits, découpés en cinq; les demi-fleurons C, linéaires, entiers, le tube menu, terminé par une languette découpée en trois petites dents. Les corolles sont jaunes & les écailles du calice ovales.

Fruit; les semences D sont à quatre côtés, couronnées d'une aigrette simple, de la longueur des semences, placée dans le calice sur un réceptacle plan & nu.

Feuilles; celles qui partent des racines, sont en forme de lance, longues d'un pied & plus, dentelées, ridées, blanchâtres en-dessous, vertes en-dessus, marquées par des nervures très-distinctes, & les feuilles de la tige l'embrassent par leur base.

Racine A, grosse, épaisse, charnue, branchue, brune en dehors, blanche en dedans, & d'une odeur forte.

Port, tige de trois, de quatre pieds & même plus, suivant le terrain; cannelée, velue, branchue; les fleurs naissent au sommet; les péduncules partent des aisselles des feuilles, & ne portent qu'une seule fleur; les feuilles sont alternativement placées.

Lieu; l'Europe méridionale, sur les montagnes. On la cultive dans les jardins où elle fleurit en Juillet & Août.

Propriétés; la racine a une saveur amère, & une odeur aromatique assez caractérisée. Elle est regardée comme alexitère, stomachique, vermifuge, tonique, détersive, & fortement résolutive.

La racine échauffe, favorise

l'expectoration, ranime les forces vitales & musculaires, calme les coliques venteuses sans inflammation ni disposition inflammatoire ; fortifie l'estomac ; souvent elle remédie au dégoût produit par des humeurs pituiteuses ; elle est indiquée dans l'asthme pituiteux ; sur la fin du rhume catarral, dans la paralysie séreuse, le tremblement des fondeurs, le tremblement & les foiblesses occasionnés par des préparations mercurielles, les pâles couleurs, l'affection hystérique, la suppression du flux menstruel, & des lochies par l'impression des corps froids, intérieurement & extérieurement dans la gale.

La conserve d'aunée cause souvent chez les personnes délicates, un sentiment de constriction dans la région épigastrique; d'ailleurs, elle convient dans la plupart des espèces de maladies où l'infusion de la racine est indiquée, & lorsque le sucre qui y abonde ne peut donner lieu à aucune incommodité.

L'extrait irrite, échauffe & fatigue plus l'estomac que la plus forte infusion de la racine.

L'eau distillée est presque inutile, ainsi que l'huile par infusion.

La racine fraîche est prescrite en apozème, depuis demi-once jusqu'à une once. La conserve à la dose d'une once. L'extrait depuis une demi-drachme jusqu'à une drachme.

On donne aux animaux la racine fraîche en infusion, à la dose de quatre onces, & la poudre de racines séches à la dose de demi-once.

AVOINE, AVEINE, AVÈNE. On doit prononcer aveine. M. Tournefort la place dans la troisième section de la quinzième classe, qui comprend les fleurs à étamines, qu'on nomme *blé* ou plantes *graminées*, parmi lesquelles plusieurs sont propres à faire du pain ; & il l'appelle d'après Bauhin, *avena vulgaris, seu alba.* M. le chevalier von Linné l'appelle *avena sativa*, & la classe dans la triandrie digynie.

PLAN du Travail sur l'Avoine.

I. *Description du genre.*
II. *De ses espèces.*
III. *Du terrain qui convient à l'Avoine, & de sa préparation.*
IV. *Du tems de la semer.*
V. *Du tems, & de la manière de la récolter.*
VI. *Des soins que l'Avoine exige dans le grenier.*
VII. *De la paille d'Avoine, considérée comme fourrage.*
VIII. *Analyse du grain d'Avoine.*
IX. *Du grain, considéré relativement à la nourriture des animaux.*
X. *Du grain, considéré relativement à la nourriture de l'homme.*
XI. *De ses propriétés médicinales.*

I. *Description du genre. Fleur* apétale, à étamines, composée de trois étamines, de deux pistils & d'un calice ou bâle, qui renferme plusieurs fleurs, & se divise en deux valvules alongées, renflées, larges, sans barbe. Sous la bâle on trouve deux autres valvules qu'on peut considérer comme une corolle, du dos de laquelle s'élève une barbe très-longue, torse & articulée.

Fruit, semence solitaire, oblongue, aiguë aux deux extrémités, avec un sillon qui s'étend sur toute sa longeur. Dans l'espèce dont on parle ici, chaque balle renferme deux semences.

Feuilles, longues, étroites, embrassant la tige par leur base, les inférieures plus étroites que celles du froment.

Racine, fibreuſe.

Port. Tige ou chaume articulé, haut d'un pied ou deux; les épis naiſſent au ſommet, l'aſſemblage des fleurs forme un panicule, & les fleurs ſont portées par des pédun-cules.

Lieu. On ne connoît pas le pays où cette plante eſt indigène; cependant, ſi on s'en rapporte à l'obſervation d'Anſon, on ſera porté à penſer qu'elle croît ſpontanément dans l'île d'Ivan Fernandez, aux environs du Chili. Cette plante étoit cultivée en Europe, long-tems avant la découverte du nouveau monde, puiſque Pline, dans le dix-ſeptième livre de *ſon Hiſtoire Naturelle*, dit que la bouillie de farine d'avoine faiſoit une des principales nourritures des allemands, & que les médecins ſe plaignoient de ce qu'il y avoit ſi peu de malades dans cette nation.

II. *De ſes eſpèces.* Si on les conſidère botaniquement, on en comptera ſeize; mais cette manière de voir eſt étrangère au but de cet Ouvrage. Je parlerai ſeulement de celles qui ſont utiles à l'agriculture par les grains qu'elles fourniſſent, ſoit pour la nourriture de l'homme, ſoit pour celle des animaux. Je rangerai même au nombre des eſpèces, pluſieurs individus que les botaniſtes regardent comme des variétés.

L'agriculteur, ſtrictement parlant, n'admet que deux eſpèces: celle que nous venons de décrire, *avena ſativa*, & l'avoine nue, *avena nuda*; la première fournit l'avoine *blanche*, l'avoine *noire*, l'avoine *brune*, l'avoine *rouge foncé*, & ce ſont les eſpèces agricoles, & qui ſe perpétuent. L'avoine *nue* eſt un être à part & iſolé; je ne connois aucune variété conſtante de cette eſpèce; cependant il peut y en avoir. La culture a tant de pouvoir, qu'elle en crée chaque jour. Les premières ne diffèrent eſſentiellement que par leur couleur, & ces couleurs ſe ſoutiennent. Après avoir examiné avec ſoin les fanes des plantes avant la maturité du fruit, je n'ai apperçu aucune différence aſſez caractériſée.

L'avoine la plus eſtimée, eſt celle dont la couleur du grain approche davantage de la noire ou de la brune; mais il ne faut pas confondre notre avoine *blanche* avec une nouvelle eſpèce d'avoine *blanche*, cultivée depuis peu dans quelques cantons de la France, où elle a été tranſportée de Pologne & de Hongrie. Je ne l'ai pas encore vue; elle eſt connue ſous ces deux dénominations, & en Angleterre on l'appelle encore avoine *d'Ecoſſe* ou de *Hollande*. Voici ce qu'en dit M. Buc'hoz dans ſon *Hiſtoire univerſelle du Règne végétal*, d'après un gentilhomme lorrain, qu'il ne nomme point:

» On eſt en uſage, preſque dans toute la France, de juger de la bonté de l'avoine par ſa couleur; plus elle eſt noire, plus elle eſt eſtimée à Paris. L'avoine de Hongrie n'a pas cet avantage, c'eſt tout le défaut qu'on lui connoiſſe, ſi on peut appeler défaut ce qui n'a d'autre fondement qu'un pur préjugé. La facilité que cette avoine a de s'égrener ſur pied, la rend plus difficile à couper que l'avoine ordinaire; elle exige plus de tems & de ſoin pour cette opération, par l'adhérence du grain aux capſules qui le renferment &

l'enveloppent. Quant à la forme de l'avoine de Hongrie, elle est très-différente de celle de nos avoines de France ; les premières feuilles qu'elle pousse sont plus larges, plus longues & d'un verd plus foncé ; le tuyau qui succède est plus gros & plus long du double au moins; l'épi est encore bien différent, le grain s'y arrange d'un seul côté en forme de vergettes, & les filamens qui les portent, se tiennent serrés contre la principale tige. Au reste, la culture de cette avoine est la même que celle de l'avoine ordinaire; elle se plaît dans les mêmes endroits, mais en bonne terre sur-tout; & dans une terre un peu fraîche, la supériorité en est pour lors plus apparente. On cultive cette avoine dans la Franche-Comté, & depuis fort long-tems dans la partie du sud-est de la Lorraine; elle y a très-bien réussi, dit un gentilhomme cultivateur de cette province, dans les terrains légers, sablonneux & humides; les brouillards & les nuages des montagnes, procurent en été, aux côteaux & aux plaines qui les avoisinent, une abondante rosée qui fait monter l'avoine jusqu'à quatre pieds de haut. Dans les plaines éloignées des montagnes, l'avoine ne vient belle qu'autant que les plaines sont à la proximité des eaux, à moins que l'année ne soit pluvieuse ; d'où il faut conclure qu'un peu d'humidité est avantageuse à l'avoine de Hongrie. Lorsqu'elle est coupée, les rosées abondantes la font *refaire* en peu de jours (terme usité dans le pays). Il faut la mettre en gerbe de fort bonne heure, avant que le soleil ait produit ses rosées ; elle en devient plus facile à s'égrener lorsqu'on la bat. Plusieurs laboureurs des environs de Lunéville en ont semé; mais elle a dégénéré dès la troisième année, au point que les épis sont entièrement devenus semblables à ceux de la variété, que nous nommons *avoine blanche.* »

» J'ai cueilli, ajoute un cultivateur, dans leur pleine maturité, quelques épis qui avoient conservé leur première nature, quoique néanmoins l'avoine eût été semée pour la quatrième fois sur le même terrain où l'on avoit prétendu qu'elle dégénéroit. J'ai semé ma graine au printems, tous les épis ont donné leurs graines du même côté, & ils ont produit d'aussi belle semence que celle qui avoit été envoyée de nos montagnes. Je pense donc, que pour avoir de la bonne semence, il faut couper toutes les espèces d'avoine dans leur maturité, & ne les laisser javeler que trois ou quatre jours au plus. L'avoine de Hongrie est plus sujette à s'égrener sur le champ, que les autres espèces; c'est pour cette raison qu'il faut la fauciller comme le blé ; il lui faut aussi plus de semence parce qu'elle est plus grosse ; le pied de la plante conservera mieux sa fraîcheur, & donnera des épis plus longs. »

» Semblable à l'avoine *nue*, elle donne peu de son, & je la crois propre à faire du gruau & de la bière ; le grain en est plus dur que celui des autres espèces. Bien des chevaux ne peuvent en manger ; en général, ils ne s'en soucient pas même beaucoup. Cette avoine est excellente pour engraisser les bœufs, les porcs, la volaille, pourvu qu'elle soit moulue relativement à l'usage auquel on veut l'employer. La paille est plus grande que celle des autres espèces ; mais elle est plus dure, moins substantielle, ce qui fait que les bêtes à cornes ne la mangent pas volontiers. Elle produit en volume, un cinquième de plus que l'avoine ordinaire ; elle donne communément cinq septiers par arpent, mesure de Paris.» Tel est ce que nous avons pu recueillir de plus positif sur l'avoine de Hongrie.

Quelques auteurs, d'après Bauhin, distinguent deux espèces d'avoine, l'une qu'ils appellent avoine d'hiver, *avena hiberna* ; & l'autre, l'avoine du printems, qui est celle que nous avons décrite. J'ai vainement examiné cette première pour juger en quoi elle différoit de la seconde, & elle m'a paru exactement la même espèce. Cette nomenclature inutilement multipliée, induit en erreur. Le tems de semer n'a jamais constitué une espèce.

III. *Du terrain qui lui convient, & de sa préparation.* Chaque pays a ses usages, & la culture varie du plus au moins d'une province à l'autre. La nature du sol contribue pour quelque chose, & la coutume décide plus souverainement, que la valeur du terrain. Dans certains cantons on destine les terrains maigres aux avoines ; dans d'autres, ce sont les terres fortes, & dans quelques-uns où l'on *alterne*, (*voyez* ce mot) l'avoine est semée dans les bons fonds. Il est constant que plus le fonds est fertile, plus l'avoine est belle, sa paille bonne & son grain mieux rempli, plus farineux ; & tout cela dépend beaucoup de la constitution de l'atmosphère, pendant l'année ; d'où est venu le proverbe : *mieux vaut un bon tems qu'un bon champ.* Si l'année est pluvieuse, les terrains maigres donneront de belles avoines ; si elle est sèche, la récolte sera abondante dans les terres fortes, parce qu'elles retiennent l'humidité dans leur intérieur ; ainsi, tout en général est relatif.

Pour avoir une idée claire de la nature du terrain que l'avoine exige, il suffit de considérer que ses racines tallent beaucoup ; & que toutes circonstances égales, on ne parvient à avoir de superbes récoltes, qu'autant que les racines ont beaucoup tallé : dès lors une terre maigre & dure ne lui convient pas ; la terre argileuse est dans le même cas ; mais pour que les racines tallent ainsi qu'il convient, la terre doit donc avoir été profondément labourée, & souvent labourée & bien *amendée.* (*Voyez* ce mot) Voilà pour la perfection.

Il sembleroit résulter de ce qui vient d'être dit, que l'avoine doit toujours être semée dans un bon terrain. Cette manière de raisonner, vraie dans le fond, seroit dangereuse pour les conséquences, puisqu'il en résulteroit l'abandon des mauvais terrains, & peu à peu ils seroient convertis en friches. Il y a un milieu par-tout ; il vaut mieux avoir une récolte médiocre que rien du tout, & même n'avoir que deux ou trois pour un, s'il reste encore du bénéfice lorsque les frais sont prélevés.

Je distingue dans les terrains maigres ceux qu'on ne cultive en avoine que tous les trois ou quatre ans après les avoir *écobué*, (*voyez* ce mot) & quelques fois même après cinq ou six ans ; telles sont les pentes des montagnes où la terre a peu de fond, & ceux qu'on laisse en jachère pendant une année pour les ensemencer l'année suivante.

Je préférerois dans le premier cas, au lieu d'écobuer, de donner chaque année après l'hiver, & lorsque le tems est bien assuré, un léger labour avec la charrue à versoir, afin d'enterrer les herbes; elles pourriront, & leur décomposition produira la terre végétale, *seul principe actif comme terre*, pour la végétation. De nouvelles plantes végéteront ; elles seront plus vigoureuses que celles qui les ont précédées, & à leur tour elles serviront de nourriture à celles qui leur succéderont. Le produit dédommagera-t-il des frais d'un labour pendant chaque année ? Oui sans doute, & ce produit sera beaucoup plus fort que celui qu'on retire après l'écobuage. Si on compare la dépense qu'entraîne l'écobuage avec celle de deux ou de trois labourages dans des années différentes & aux momens perdus, on verra que le tout revient au moins au même ; & par la méthode que je propose, fondée sur l'expérience & sur les loix de la végétation, il est démontré que la récolte sera au moins du double plus forte. Le grand art & le seul de l'agriculture, est de multiplier cette terre végétale soluble dans l'eau.

Chaque année on donnera un labour plus profond que celui de l'année précédente, parce que les racines des plantes auront pénétré plus profondément dans la terre ; de sorte qu'au moment de semer, ce terrain auparavant si maigre, si dépouillé de principes, équivaudra à un terrain léger & bien *amendé*.

Dans le second cas, il seroit plus avantageux aussitôt après que l'avoine est coupée, d'enterrer le chaume par un labour, que de le brûler sur place, ainsi que cela se pratique dans quelques cantons, ou de l'arracher pour le faire pourrir ensuite sous les bestiaux. Lorsqu'on le brûle, on ne rend à la terre qu'une partie de la portion saline & terreuse, tandis que lorsqu'on l'enfouit, cette partie saline est conservée ainsi que la portion huileuse que le feu fait évaporer. (*Voyez* le mot CENDRE) Arracher le chaume & le porter sous les bêtes, le rapporter ensuite converti en fumier, le répandre sur le champ, sont autant de main-d'œuvre qu'on économise par un seul labour, toujours très-utile au sol, puisque suivant le proverbe, *labour d'été vaut fumier*. Le soleil à le tems de pénétrer la terre, de faire fermenter les principes qu'elle contient, de les atténuer par sa fermentation & de les combiner ensuite. Labourez de nouveau avant l'hiver, aussi profondément que vous le pourrez : l'effet de la gelée est de soulever la terre, de l'émietter par les dégels & de la rendre perméable à l'eau, à l'air, &c. Lorsqu'au printems suivant la terre sera couverte d'herbes bien fleuries, labourez, ensevelissez les herbes ; & suivant le climat que vous habitez, labourez en automne pour semer ou en Février ou en Mars si le pays est sujet aux grandes gelées du mois de Janvier, ainsi que nous le dirons bientôt.

Le moyen que je propose rend utile l'année de *jachère*. (*Voyez* ce mot) Que prétend-on opérer par le repos d'une année ? C'est, répond-on, laisser la terre recouvrer les sucs qu'elle a perdus pour substanter la récolte. D'où tire-t-elle les nouveaux principes ? de l'air, de la chaleur, de la lumière du soleil, des pluies, de la neige, &c. mais la terre préparée ainsi que je l'ai dit, n'est-elle pas bien plus dans le cas de s'approprier les substances élémentaires, puisque ses pores sont plus ouverts, & sur-tout, disposés à une appropriation plus directe au moyen des plantes qui pourrissent & fermentent dans son sein? Ce n'est pas le cas d'entrer ici dans de plus grands détails.

La troisième méthode d'*alterner* avec l'avoine est défectueuse. La racine du blé talle, celle de l'avoine talle davantage, & toutes deux s'enfoncent à peu de chose près aussi profondément ; de sorte que toutes deux épuisent les sucs de la superficie, & laissent intacts ceux de la couche inférieure. Ne vaudroit-il pas mieux, après avoir semé le blé en Octobre, par exemple, semer sur ce blé en Février ou en Mars, suivant le pays, du *trèfle* ? (*Voyez* ce mot) Le blé coupé, le trèfle végétera, donnera dans la même année une ou deux coupes, & trois ou quatre l'année suivante si la saison est favorable. Il résultera de cette diversité de semences, que les racines du trèfle qui pivotent, se nourriront des sucs de la couche inférieure, & laisseront ceux de la couche supérieure. Aux trèfles on peut substituer la *luzerne*, les *raves*, les *navets*, les *carottes*, les *lupins*, si le terrain est maigre. (*Voyez* ce mot)

Toute espèce d'avoine en général, effrite trop la terre ; c'est dommage de sacrifier des terres à froment pour leur culture. Une récolte passable de froment, & même de seigle, vaut mieux que la plus superbe recolte d'avoine.

Un autre abus aussi destructeur, est de penser qu'un, ou tout au plus deux légers labours, suffisent pour l'avoine. Plus la terre est pauvre en principes, plus elle demande à être préparée.

Le troisième abus consiste à refuser des engrais à ces terres. Alors quelle récolte prétend-on avoir ? Les tiges seront éparses çà & là, les épis lâches & maigres, & le grain aride, sec, & ne contenant que du son. Voilà le produit, il valoit autant ne pas cultiver.

Un bon ménager ne sacrifie jamais ses terres à froment pour l'avoine ; il vaut mieux vendre son blé & acheter du grain pour la nourriture des bestiaux ; le bénéfice est clair & bien décidé. Heureux celui qui dans ses possessions n'a point de sol de médiocre qualité.

Quelques personnes ont été jusqu'à dire que le blé venoit très-beau après l'avoine, que cette plante divisoit le terrain ; cela est vrai si on la sème dans un terrain nouvellement défriché, & dont le grain est compacte & serré ; mais dans pareille circonstance, j'aurois mieux aimé semer de l'orge ; l'opération mécanique de l'émiettement de la terre auroit été la même, & la valeur du produit du grain auroit doublé.

Il faut conclure de ce qui vient d'être dit, 1°. qu'il n'y a aucune économie à sacrifier de bonnes terres pour la culture de l'avoine ; 2°. qu'elle appauvrit beaucoup la terre ; 3°. que les terrains légers lui conviennent si la saison est favorable ; 4°. que sa récolte est médiocre dans les terres argileuses, à

moins

moins que l'année ne soit séche ; 5°. que lorsque l'on veut semer sur un sol pauvre, il vaut mieux labourer à plusieurs reprises que d'écobuer ; 6°. enfin, que dans toutes les circonstances quelconques, il est essentiel d'enterrer le chaume aussitôt après la récolte, & d'enterrer les herbes aussitôt après qu'elles ont passé fleur, afin de multiplier le terreau ou terre végétale.

IV. *Du tems de semer & comment on doit semer.* Ici tout est relatif à la hauteur du climat que l'on habite, à l'intensité de la chaleur & du froid, à la durée de l'un ou de l'autre, &c. Il est clair, par exemple, que sur la grande chaîne des montagnes des Alpes qui commence à *Vence*, borde le Dauphiné, traverse la Savoye, va se confondre avec celles des Monts-Jura, de Franche-Comté, delà avec les Vosges de Lorraine ; (*Voyez Pl. 6.* p. 267, tom. I.) il est clair, dis-je, que la neige, les gelées, feroient périr le grain en terre si on semoit avant l'hiver. Ainsi le mois de Février, qui sert d'époque pour la plus grande partie du royaume, est une époque nulle pour ces pays hauts & montagneux, où l'on peut, tout au plus, commencer à ouvrir la terre à la fin de Mars ou dans le mois d'Avril. Cette époque est l'extrême ; mais chacun en prenant une graduation relative à son pays, découvrira la véritable époque à laquelle il doit semer.

Prenons actuellement un exemple dans un climat tout opposé : la Basse-Provence, le Bas-Dauphiné, & le Bas-Languedoc, vont le fournir. La chaleur du climat oblige de semer du 15 Octobre au 15 Novembre. Si l'on attendoit le mois de Février ou de Mars, le grain ne produiroit qu'une tige, parce que la chaleur avanceroit trop sa végétation, & la plante se hâteroit de monter en épi. Les pluies sont très-rares pendant ces deux mois, au lieu qu'en semant à la fin de Septembre, les racines ont le tems de travailler pendant les mois d'hiver, ordinairement assez tempérés, & il en sort des drageons multipliés qui donneront des tiges. De ces deux extrêmes venons aux climats intermédiaires.

On ne risque rien de semer avant l'hiver dès qu'on ne craint pas que les terres soient inondées, ou que la rigueur du froid fasse périr la plante. Toutes circonstances étant égales, il est constant que l'avoine d'hiver donne une récolte, & plus belle & plus sûre que celle des avoines semées en Février ou en Mars, qu'on nomme *avoines printanières*. Les racines ont travaillé pendant l'hiver, elles ont acquis de la force, de l'embonpoint, & les tiges en profiteront, à moins que les effets des météores ne s'y opposent ; dès lors on est sûr d'avoir un grain mieux nourri & plus abondant, surtout parce qu'il aura plus de moyens pour résister aux chaleurs & à la sécheresse du printems & de l'été.

Dans la majeure partie des cantons qui avoisinent Paris, on sème en Mars & même jusqu'au milieu d'Avril, parce qu'il y pleut souvent ; dans la Basse-Normandie, du côté de Rouen, on est dans le même cas ; ainsi les semailles tardives y réussissent. Cet exemple ne doit pas influer sur les autres provinces, à moins que certains cantons ne soient dans les mêmes circonſtances. L'expérience a donné lieu à ce proverbe, *plutôt en terre, plutôt hors de terre*, & on ne doit pas oublier celui-ci, *avoine de Février remplit le grenier*. Il faut donc profiter, autant qu'on le peut, des premiers jours auſſitôt que le froid eſt paſſé, & que la terre eſt en état de recevoir la ſemence pour ſemer les avoines.

Comment faut-il ſemer? Je demande qu'on me pardonne de citer ſouvent des proverbes. Ces expreſſions, ou ces ſentences n'auroient pas paſſé en proverbe ſi elles n'étoient pas fondées ſur l'expérience & ſur la vérité. *Il faut un homme alerte pour ſemer les avoines, & un homme lent pour ſemer l'orge*, c'eſt-à-dire, qu'il eſt abſurde de ſemer l'orge auſſi dru que l'avoine; il eſt aiſé de ſentir ſur quoi ce proverbe eſt fondé, ſi on conſidère combien un pied d'avoine eſt garni de chevelus. Les pieds, trop près les uns des autres, s'épuiſeront mutuellement. Semez donc clair, & ne perdez jamais de vue ce proverbe, *qui ſème dru récolte menu, qui ſème menu récolte dru*. Cependant, dans beaucoup d'endroits, on ſème un ſixième de plus d'avoine que d'orge.

J'ai vu dans pluſieurs provinces du royaume, une manière de ſemer l'avoine qui me paroît abuſive. Je parle des ſemailles de Février, de Mars ou d'Avril. On a donné avant l'hiver pluſieurs labours, & depuis le dernier, juſqu'à celui du moment de ſemer, la terre a eu le tems de ſe reſſerrer par l'effet des pluies. Le labour que l'on va donner pour ſemer ne produira donc pas autant d'effet que s'il avoit été précédé d'un autre labour un mois auparavant, ſi la gelée ou la trop grande humidité n'empêchent pas de travailler la terre. C'eſt juſqu'à préſent le moindre mal.

Sur cette terre durcie & tapée par les pluies, on répand le fumier, on ſème le grain & on laboure par-deſſus, de manière que le labour doit enterrer & le fumier & le grain. Cette méthode a deux défauts eſſentiels. 1°. Jamais tout le fumier n'eſt enterré, quelqu'habile que ſoit la main du laboureur; les principes du fumier non-enſéveli ſont perdus, au moins dans leur majeure partie; la chaleur du ſoleil les deſſéche, fait évaporer leurs principes, & il ne reſte plus qu'une paille ſéche & aride. J'en ai fait l'expérience chimique. 2°. Une partie du grain eſt trop enterrée, & l'autre reſte ſur la ſurface du ſol & ſert de nourriture aux oiſeaux, aux mulots, &c. Pourquoi ne pas ſemer ſur les ſillons mêmes, & enſuite paſſer la *herſe?* (*Voyez* ce mot) Il eſt ſurprenant que cet inſtrument ne ſoit preſque pas connu dans nos provinces méridionales.

Il exiſte preſque partout deux autres abus plus nuiſibles que les premiers. On ſème l'avoine ſans l'avoir paſſée à la chaux, ainſi qu'on le pratique pour les blés; cependant ce grain eſt auſſi ſujet au *noir* ou *charbon* que le froment; & l'on verra aux articles CHARBON & FROMENT, les dangereux effets qui réſultent des ſemences non chaulées.

Le ſecond abus conſiſte à ſemer les avoines telles qu'elles ſortent du grenier. J'ai eu la curioſité d'examiner cette avoine dans différentes provinces, de faire apporter un vaſe plein d'eau, d'y jeter, en préſence du cultivateur, une ou deux poignées de ce grain. Le grain bien formé, bien nourri, ſe précipita au fond, & le grain mauvais reſta ſur la ſurface. Ce grain, mis à ſécher pendant quelques jours, je l'ai ſemé enſuite avec beaucoup de précaution, & il n'en leva pas la centième partie. On verra dans l'article ſuivant d'où provient cette perte réelle.

Il n'eſt donc pas ſurprenant qu'il faille jeter en terre une très-grande quantité de grains, puiſque la moitié de la ſemence eſt nulle, même avant d'être employée. Que faut-il donc faire ? Paſſer par l'eau toute la ſemence, & avec de larges écumoires lever tous les grains qui ſurnagent, les mettre ſécher, les conſerver & les donner aux oiſeaux de baſſe-cour. Ils les nourriront peu, il eſt vrai, mais ils leſteront leur eſtomac, ce qui eſt un grand point.

Les bons grains feront, auſſitôt après, ſortis de l'eau & jetés dans une eau de chaux. (*Voyez* le mot ÉCHAULER) Après les avoir retirés de cette eau, mis à ſécher, ils feront ſemés auſſitôt après. Dès lors on ſera ſûr que tout grain enterré dans les proportions convenables, germera & donnera une belle plante.

Je conviens que je multiplie ainſi les manipulations; mais leur prix eſt-il en proportion de la perte de preſque une moitié franche de ſemence dans la terre, & dont cependant on peut tirer quelque parti, non-ſeulement pour les oiſeaux de baſſe-cour, mais encore pour les bœufs, les chevaux ? &c. Ce grain vide, vaudra encore mieux que la paille; le goût leur en plaira davantage.

Après que l'avoine eſt ſemée, & lorſque les mauvaiſes herbes commencent à paroître, il eſt abſolument néceſſaire de ſarcler, & de ſarcler toutes les fois qu'il en paroît; ces mauvaiſes herbes dérobent la ſubſiſtance des bonnes plantes, & l'avoine eſt celle qui en a le plus grand beſoin.

V. *Du tems & de la manière de récolter l'avoine.* On la cueille, ou un peu avant ſa maturité, ou à ſa maturité; on la coupe ou avec la faux ou avec la faucille. Ces objets méritent d'être examinés chacun ſéparément.

1°. *Avant la maturité complette.* L'avoine s'égrène aiſément; donc pour ne rien perdre, il faut la couper avant qu'elle ſoit bien mûre. Combien ce ſophiſme n'eſt-il pas préjudiciable au cultivateur ? Je conviens que ſi on attend ſa maturité il y aura du grain perdu. Evaluez cette perte; à la rigueur ce ſera un quart: mais quand votre avoine, cueillie avant ſa maturité, aura été battue, bien ſéchée & prête à mettre dans le grenier, c'eſt le cas de ſe ſervir du vâſe plein d'eau dont on a parlé, & vous verrez qu'il y aura une perte de moitié ou au moins d'un grand tiers. Si vous faites cette expérience cinq ou ſix mois après, la perte ſera encore plus frappante, parce que le grain aura eu le tems de bien ſécher.

2°. *A ſa maturité.* Tant que les tiges ſont encore vertes, & que cette couleur tire ſur le blanc, le moment de la couper n'eſt pas encore venu; il faut que la feuille ſoit complétement fanée, & la couleur de la tige doit être d'un jaune doré.

Si vous craignez de perdre du grain, en raiſon du tems qui s'écoule depuis le moment où l'avoine est mûre jusqu'à celui où elle sera mise à bas, prenez un plus grand nombre de moissonneurs, & l'ouvrage sera plutôt fini. Je multiplie, il est vrai, la dépense apparente, mais je conserve les produits qui excédent cette dépense. Toute moisson traînante, toute vendange trop long-tems continuée, sont une perte réelle pour le cultivateur. Cette maxime mérite d'être mûrement réfléchie. Ne vaut-il pas autant faire dans quatre jours, avec plus d'ouvriers, ce que l'on fait dans huit avec la moitié moins. *Grain serré vaut mieux que grain sur pied.* En effet, chaque jour le cultivateur tremble que le bien dont il est au moment de jouir, ne soit enlevé par une grêle, ou renversé avec sa tige par un orage, par des pluies, & ces exemples sont malheureusement trop communs. Qu'il est douloureux pour une ame sensible d'être le témoin des angoisses perpétuelles qui agitent le fermier ! Le moindre vent, le plus léger nuage, tout en un mot excite ses craintes & ses alarmes ; mais qu'il est consolant, après que ses greniers sont pleins, de voir l'air de joie & de contentement peint sur son visage ! Il mesure des yeux la masse des grains, sourit à sa vue, & il dit à ses enfans : Voilà notre ouvrage, & la juste récompense de nos peines & de nos travaux ; labourons de nouveau afin que la récolte de l'année prochaine soit aussi abondante.

3°. *De la coupe à la faux.* Il y a deux espèces de faux, l'une simple, & c'est celle dont on se sert pour les foins, & la même faux accompagnée de sa garniture, (*voyez* le mot FAUX) & les différentes espèces connues en France ou ailleurs.

Le travail à la faux simple est plus expéditif que celui de la faucille ; celui de la faux armée a l'avantage sur la faux simple de ranger les épis & de les étendre par terre tous également sur une ligne droite, de manière qu'il est facile de les javeler, & l'opération est très-prompte.

Toute espèce de faux a le désavantage de scier par saccade, & le contre-coup fait beaucoup égrener. Afin d'éviter cet inconvénient, on est tombé dans un plus considérable, celui d'être forcé de couper l'avoine dès que la couleur des tiges est changée du verd au blanc, ou au jaune très-pâle, & il en résulte que le grain n'est pas assez mûr, &c.

4°. *De la coupe à la faucille.* Pourquoi coupe-t-on le froment à la faucille ? parce qu'on ne le donne à couper aux moissonneurs que lorsque l'épi & la paille ne tirent plus aucune subsistance de la terre, & lorsque le grain ne commence plus à être si étroitement serré dans les enveloppes qui lui ont servi de berceau, & l'ont défendu contre les intempéries des saisons. Il est formé, il est mûr ; la tige & l'épi ne concourent plus à sa conservation. D'une main, le moissonneur tient une poignée de tiges, & de l'autre, en décrivant un cercle avec la faucille, il coupe ces tiges, sans contre-coup & sans secousse, & le grain reste renfermé dans sa balle. Il en arriveroit autant au grain d'avoine si on employoit la faucille ; malgré cela, dans les provinces où l'on se sert de la faucille, on a la fureur de couper les avoines trop vertes,

Les avoines coupées un peu vertes, restent couchées sur la terre afin de s'imprégner de la rosée, des pluies, &c. le grain se charge d'humidité, se gonfle, renfle, il paroît bien nourri, pesant, & il ne contient presque que de l'eau. C'est la raison pour laquelle les avoines nouvellement battues sont nuisibles aux animaux, ce qui sera prouvé ci-après.

S'il survient des pluies, le grain renfle davantage; la paille, si utile pour la nourriture des bœufs, s'altère; il faut javeler, mettre les javelles en gerbier, la masse s'échauffe, & le grain mûr germe ou pourrit. Si au contraire l'avoine avoit été coupée à sa maturité, on l'auroit presqu'aussitôt javelée, presque aussitôt mise en gerbier, & on n'auroit eu à craindre ni la germination ni la pourriture. Le grain ferme, noir & plein, auroit été plus propre à être long-tems conservé. Voilà comme par une simple opération, faite à propos, on obvie à tous les inconvéniens.

Dès que les gerbes ou javelles sont sèches, elles sont en état d'être battues, ou d'être mises en gerbier, si les circonstances l'exigent. La seule précaution à prendre est d'attendre leur parfaite dessiccation, sans quoi elles s'échaufferoient, & le grain & la paille seroient viciés.

VI. *Des soins que l'avoine exige dans le grenier.* Plus l'avoine aura été coupée ou fauchée verte, plus il est dangereux de l'amonceler, ou de la fermer, surtout si on a eu la manie de laisser pendant long-tems la plante exposée sur terre aux rosées ou à la pluie. Le bon grain, le grain vraiment farineux, est imbibé d'eau; il contient une portion sucrée; le suc uni à l'eau est susceptible de fermentation, surtout quand elle est aidée par la chaleur de la saison. Le grain s'échauffe, & même il germe; bientôt tout le monceau éprouve une chaleur considérable, & la partie farineuse est consumée en pure perte. On a vu, en 1769, un fermier de Neuilli, près Joigny, après avoir battu ses premières avoines, les mettre dans un coin de sa grange en un seul tas, & après avoir récolté à part celles qui n'avoient pas été mouillées dans les champs, & qu'il se proposoit de semer, les jeter sur le premier monceau: il crut ne rien risquer en entassant ces dernières sur les premières, & il est arrivé que la chaleur des avoines de dessous a consumé le germe des bonnes avoines qui étoient dessus, & en a détruit la fécondité, sans qu'il parût à l'extérieur aucun changement au grain. Si l'avoine supérieure a été détériorée dans sa substance au point de ne pas germer après avoir été semée, combien n'a donc pas été plus terrible la détérioration de l'avoine inférieure? Il y a plus, ce grain est devenu une nourriture très-dangereuse pour les animaux.

Les grains vides, ou au quart ou à demi-pleins, sont également susceptibles de la fermentation, peut-être même davantage que les grains bien farineux. Ecrasez sous les dents un grain bien nourri, bien sec, vous aurez beau le triturer, il ne laissera sur la langue aucun goût sucré; mais mâchez un semblable grain au moment qu'il germe, le sucre sera développé au point d'y être très-sensible. Ce n'est pas tout : aussitôt que la fleur sera tombée, la plante étant sur pied, aussitôt que le grain sera noué & bien formé, écrasez-le sous vos dents, & vous y trouverez le même principe sucré que dans la germination, & la partie farineuse qui doit l'absorber dans la suite, & se le combiner, ne sera pas encore formée, de manière que le principe sucré reste, pour ainsi dire, à nu dans la balle. Au mot FERMENTATION, on verra comment agit le principe sucré pour la produire.

Il faut conclure, d'après ces points de faits, que ce grain, à demi-formé, est très-susceptible de fermenter, sur-tout, lorsqu'il a resté long-tems exposé à la rosée dont il s'est approprié une partie considérable, & combien il est dangereux de fermer l'avoine & de l'amonceler avant sa complète dessiccation.

C'est une erreur, & une erreur malheureusement trop généralement accréditée, de penser que l'avoine, une fois rangée dans le grenier, n'exige plus aucun soin. Pour prouver cet abus, prenons deux exemples dans des climats bien opposés : dans ceux de Flandre, de Normandie, de l'île de France, &c. il pleut beaucoup, & il y règne une humidité continuelle, au moins pendant six mois de l'année, & elle pénètre dans les greniers. Plus un corps est poreux & sec, plus il attire l'humidité, la conserve, & c'est le cas de l'avoine ; mais si les murs du bâtiment sont construits avec du plâtre, suivant l'usage presque général de plusieurs provinces, l'humidité sera bien plus forte, parce que le plâtre travaille toujours. Prenez, par exemple, une livre de plâtre en poudre, & supposons qu'il faille demi-livre d'eau pour le gâcher ; la masse totale sera à peu de chose près d'une livre & demie, lorsqu'il aura été gâché & qu'il se sera cristallisé ; donnez-lui le tems de perdre l'eau surabondante à sa cristallisation, supposons pendant un mois d'été ; prenez ensuite cette masse, pesez-la exactement, tenez-la suspendue dans un grenier, & pesez-la de 15 en 15 jours pendant un an ou deux, & vous verrez que son poids sera augmenté ou diminué, en raison de l'humidité actuelle de l'atmosphère. Or, si cette masse qui représente des murs construits en plâtre, attire l'humidité, ces murs doivent donc la communiquer au monceau d'avoine qu'ils touchent, & l'avoine l'attirer puissamment. Ce n'est pas encore le seul défaut du plâtre ; il forme du nitre sur la superficie, soit intérieure, soit extérieure des murs, & chacun sait combien ce nitre attire puissamment l'humidité de l'air, puisqu'il y tombe en déliquescence, ou bien, il se cristallise de nouveau, si un courant d'air sec fait évaporer l'eau surabondante à sa cristallisation.

Pour obvier à ces inconvéniens, un propriétaire attentif fera garnir les murs avec des planches, ainsi que le sol sur lequel repose le monceau d'avoine.

Sur une étendue de près de quatre cent lieues, la mer baigne nos côtes, & il s'élève, de tems à autre, des vents qui entraînent une si grande humidité, que tous les bois des portes, des fenêtres, &c. s'enflent de manière qu'on ne peut plus les ouvrir ni les fermer ; l'eau ruisselle sur les murs intérieurs des bâtimens, le linge eſt ſans conſiſtance & reſſemble à du chiffon, le papier le mieux collé laiſſe percer l'encre, &c. Or, ſi cette humidité, aſſez commune pendant l'hiver, le long des côtes de la méditerranée, agit avec tant de puiſſance ſur les bois, comment n'agira-t-elle pas ſur l'avoine? A cette époque, peſez une livre de grain, repeſez-la quinze jours après, & vous jugerez de la grande diſproportion de ſon poids. Le ſeul bon ſens démontre la néceſſité de remuer ſouvent l'avoine, de lui faire changer de place auſſi ſouvent qu'au blé, & ſur-tout de la tenir dans un lieu ſec où règne un grand courant d'air pour diſſiper l'humidité; l'avoine s'en conſervera mieux, elle ſera alors une nourriture ſaine pour les animaux, & ils ſeront ſujets à beaucoup moins de maladies.

En agriculture le chapitre des abus eſt plus étendu que celui des pratiques utiles. C'eſt au propriétaire que je vais parler: ſi vous voulez conſerver de l'avoine ou pour les ſemences, ou pour la nourriture de vos animaux, ne la ſemez jamais ſans l'avoir laiſſé ſécher au ſoleil pendant pluſieurs jours, faites-la rigoureuſement vanner & cribler, afin de la dépouiller de toute terre, de toute pouſſière, de toute paille ou balle inutiles, enfin qu'au moment de la porter au grenier, elle ſoit nette & propre comme le plus beau froment. Servez-vous du moulin à *crible*; tout grain mal formé ſera chaſſé au loin, & l'avoine reſtera nette: avec ces précautions, elle craindra bien moins les effets de l'humidité. Ne vous en rapportez pas à vos valets, leur imagination, trop bornée, ne conçoit pas l'importance de ces petits détails, ou bien leur négligence ou leur inſouciance s'y oppoſent. *Il n'eſt pour voir que l'œil du maître*

VII. *De la paille d'avoine conſidérée comme fourrage.* Il y a trois manières de la faire manger aux animaux: ou en verd, ou coupée auſſitôt que le grain eſt formé, & ſechée enſuite; enfin, après avoir retiré le grain lorſqu'elle a été battue.

1°. *De la paille en verd.* Cette nourriture plaît beaucoup aux animaux, ils en ſont friands au point que ſi on leur en donnoit à diſcrétion, ils en ſeroient incommodés. Elle contient beaucoup d'air ſurabondant, ou de végétation; cet air ſe dégage dans leur eſtomac, ſe diſtend ſouvent au point de leur occaſionner une tympanite, (*voyez* ce mot) de ſuſpendre toutes les fonctions vitales; ſi, au contraire, on leur en donne modérément, cette nourriture leur tient le ventre libre & même les purge doucement; l'animal reprend ſes forces, & l'on eſt preſqu'aſſuré qu'il ſupportera les groſſes chaleurs de l'été ſans en être incommodé.

Le tems de couper cette avoine eſt marqué par la fleuraiſon; dès qu'elle eſt ceſſée, dès que le grain eſt encore tout lait ſucré, il faut l'abattre, & ce ſeroit encore mieux ſi chaque jour on coupoit la paille que les animaux peuvent conſommer. Ce n'eſt pas le cas de la leur donner auſſitôt qu'on l'apporte du champ, il faut un peu la laiſſer flétrir, autrement il ſeroit à craindre que cette nourriture leur donnât le dévoiement; il eſt bon de leur tenir le ventre libre, mais non pas dévoyé.

La quantité à donner ſe règle ſur

le volume de l'animal, sur son plus ou moins d'appétit habituel, &c.

2°. *De la paille coupée en verd & mise ensuite à sécher.* L'époque pour couper cette avoine est la même que la précédente ; avec cette différence cependant, que moins pressé par le besoin, on peut choisir un beau jour, & attendre que tous les grains soient à peu près formés également.

Cette paille ou ce *foin-paille* offre une ressource très-précieuse aux provinces méridionales qui manquent de fourrages naturels. Il y a plus, le foin-avoine vaut beaucoup mieux que le foin naturel ; la raison est évidente. Quel est le tems où les plantes ont le plus de sucs & le plus de principes, sinon celui où, de concert avec la nature, elles réunissent tous leurs efforts afin de donner la vie, l'accroissement & la perfection à l'individu qui doit reproduire son espèce ? Le moment où le grain est fécondé, est le moment le plus vigoureux de la plante ; un seul coup d'œil suffit pour s'en convaincre : mais si vous voulez avoir une conviction encore plus intime, mâchez une tige d'avoine avant l'époque de la fleuraison, mâchez-la quand le grain est formé, enfin mâchez-la lorsque le grain est mûr ; vous y trouverez dans le premier cas, un goût d'herbe & beaucoup d'eau; dans le second, moins de goût d'herbe & plus de goût sucré; enfin, dans le troisième, point d'eau ou très-peu d'eau, plus de goût d'herbe & très-peu de goût sucré. Faites germer le grain après sa maturité, la partie sucrée s'y manifestera de nouveau, parce que la nature prodiguoit ce principe doux & sucré, seulement pour perfectionner le grain.

Il résulte donc de ce qui vient d'être dit, que tout le principe sucré est développé dans la plante au moment que le grain est noué ; que ce principe est répandu dans les vaisseaux de la plante, & qu'elle est par conséquent dans l'état le plus nourrissant.

Toutes les plantes graminées sont sucrées du plus au moins ; & si on vouloit on en retireroit un sucre aussi parfait, chacun dans leur genre, que celui produit par la canne à sucre d'Amérique & les pays chauds. Ce principe est aujourd'hui tellement démontré, qu'il n'est plus possible de le révoquer en doute.

Si on compare actuellement le foin naturel au foin-avoine, la différence sera frappante. On cueille le premier lorsque la graine est mûre ; dès-lors les tiges n'ont presque point de principe sucré, & même plusieurs n'en ont plus. Si actuellement nous considérons les différentes espèces de plantes qui croissent dans les prairies naturelles, nous verrons que la moitié franche, au moins, n'appartient pas à la famille des graminées. La fonction de ces plantes surnuméraires, est de lester l'estomac des animaux, & le lest, quoique essentiel, n'est pas une nourriture. Le foin-avoine, au contraire, leste & nourrit tout à la fois.

3°. *De la paille seule après que le grain en a été séparé.* Cette paille n'est point aussi nourrissante que la précédente, & on a vu pourquoi elle ne l'étoit pas ; cependant les bœufs la préfèrent à toutes les autres

tres pailles, & les chevaux la mangent avec plaisir ; elle entretient dans les uns & dans les autres, une chair ferme, une respiration libre, une bonne activité. Le foin pur, au contraire, les rend lourds, paresseux, suants au moindre travail ; & ils le deviendront encore plus, si à l'exemple du Hollandois, du Flamand, &c. on leur donne le marc de la bière ; ils seront gras à pleine peau, toutes leurs formes bien arrondies, en un mot, de beaux chevaux de parade. De là est venu le proverbe : *cheval de paille, cheval de bataille ; cheval de foin, cheval de rien.* Il importe peu que ce proverbe soit en mots choisis, pourvu qu'ils expriment clairement ce qu'on veut dire.

Il y a une très-grande différence à faire entre les pailles quelconques des provinces méridionales du royaume, & celles des provinces du nord. Les premières sont infiniment plus nourrissantes, plus sucrées ; les grains à poids égal donnent beaucoup plus de farine ; ce point de fait sert de modification à ce que je viens de dire. Si on demande d'où provient cette différence si frappante, il est aisé de voir qu'elle provient de l'intensité de la chaleur habituelle ; son plus grand degré d'activité élabore mieux les sucs, ils sont moins délavés & délayés dans l'eau de végétation ; les conduits séveux plus étroits, & par conséquent la sève est plus épurée.

VIII. *Analyse du grain d'avoine.* Quoique toutes les plantes graminées se ressemblent entr'elles par la nature des principes qui les constituent, ils varient cependant, relativement à l'état & à la quantité où ils s'y trouvent. L'avoine contient plus d'écorce que de farine. Analysée à froid par le moyen de l'eau, on obtient une matière sucrée, beaucoup de substance extractive, dont l'odeur est comparable à celle de la vanille, & peu d'amidon. (*Voyez* ce mot) Analysée avec le secours du feu, ses produits, à la cornue, sont une huile épaisse, de l'acide coloré, & de l'alcali volatil. Nous devons cette analyse à M. Parmentier. Ce respectable citoyen, uniquement occupé du bien public, a successivement fait imprimer un *Traité complet sur la fabrication & le commerce du pain,... Avis aux bonnes ménagères sur la meilleure manière de faire le pain,... Analyse chymique du blé & des farines,..... Examen chymique des pommes de terre.... La manière de faire du pain avec les pommes de terre seules ;* & tout récemment, *Recherches sur les végétaux, qui, dans les disettes, peuvent remplacer les alimens ordinaires.... Traité de la châtaigne, &c.* Quel citoyen mérita plus que lui la couronne civique ? *Ob cives servatos.*

IX. *Du grain d'avoine considéré relativement à la nourriture des animaux.* Le propriétaire qui vend le grain d'avoine dont la paille à été un peu verte, trompe l'acheteur, & l'acheteur est volontairement sa dupe, si avant de conclure le marché, il n'a pas fait l'épreuve de l'eau ; elle lui apprendra au juste combien une mesure donnée renferme de bons grains & combien de grains vides. Ce n'est pas tout, il faut remettre la conclusion du marché à quelques jours après, emporter avec soi une poignée de grain, la peser en arrivant au logis, & la laisser quelques jours au soleil : cette épreuve dissipera l'eau surabondante qui ballonnoit le grain, & indiquera, en le pesant de nouveau, la différence réelle de ses deux états ; dès-lors on sera assuré de la quantité du grain qui doit se trouver dans une mesure. Combien de vendeurs arrosent leur avoine quelques jours avant de la livrer ! Combien d'acheteurs la trouvent bonne parce qu'elle est pesante !

Avant de donner l'avoine aux animaux, il faut qu'elle soit bien séche, qu'elle ait sué son eau de végétation, sans quoi elle leur est plus nuisible que profitable. Quelle qualité delétère ne doit donc pas avoir une avoine mouillée sur le champ, tenue à l'humidité dans le magasin ? &c. Il en est ainsi du foin naturel, du foin-avoine, &c. Le mieux est de ne s'en servir que trois mois après la récolte.

Toutes les fois que le palefrenier donnera l'avoine, ayez soin de la faire cribler, afin de la purger de tous les corps inutiles ou étrangers. Le crible en séparera sur-tout une poussière fine & une espèce de duvet qui picotte & s'attache au gosier de l'animal. Il doit être mené à l'abreuvoir, ou abreuvé à l'écurie avant de manger l'avoine. Ce grain le nourrit, ranime ses forces, le tient en haleine & dispos pour le travail. Il est assez inutile de lui en donner lorsqu'il ne travaille pas, ou du moins, il convient d'en diminuer la quantité, surtout aux bœufs.

En examinant les grains d'avoine dans les excrémens des chevaux qui s'en sont nourris, on apperçoit que la plupart sont encore dans un état d'intégrité. Les excrémens des bœufs & des vaches n'en présentent aucuns, parce que dans la rumination, il les ont broyés exactement. Ces grains dans les excrémens du cheval sont gonflés par l'humidité, & cette humidité leur donne une forte propension à germer pour peu que les circonstances le permettent. Ce qui prouve bien que ce grain est peu altéré, & qu'il a peu perdu de sa qualité alimentaire, c'est l'avidité des poules, des oiseaux, à fouiller ces excrémens afin de les manger ; ce qui suffiroit pour démontrer combien l'usage de donner le grain entier aux animaux est abusif.

Cette observation faite dans différens pays, a donné naissance à la publication de plusieurs méthodes, pour remédier à l'inconvénient dont il s'agit.

Les uns ont proposé de faire moudre l'avoine, & de la donner ainsi aux animaux ; les autres ont prétendu qu'il falloit la convertir en pain ; enfin, quelques-uns ont indiqué de la faire macérer dans l'eau quelques heures avant de la donner à manger ; mais ne seroit-ce pas un autre abus que de trop favoriser la digestion d'une nourriture qui doit être très-solide, pour exercer suffisamment les jeunes estomacs ? Ces méthodes conviendroient plutôt aux vieux animaux, qui, ne pouvant exécuter une bonne mastication, rendent presque tous les grains tels qu'ils les ont avalés.

On nourrit toutes sortes de volailles, & les cochons avec ce grain. Il rend le lard doux, & d'un goût excellent ; si on a l'attention de donner aux cochons un peu de pois à la fin de ce régime avant que de les tuer, le lard en est plus ferme. L'avoine augmente considérablement le lait des vaches & des brebis, & le lait en est plus gras. Les Espagnols pensent qu'il seroit plus sage de donner l'orge aux bêtes, & de garder l'avoine pour l'homme.

X. *Du grain considéré relativement à la nourriture de l'homme.* L'avoine moulue comme le blé, fournit une farine avec laquelle on fait du pain. Il est très-compacte, foncé en couleur, amer, & malgré cela, il n'en fait pas moins la nourriture principale des malheureux habitans de nos montagnes : tous les paysans du nord de l'Angleterre & de l'Ecosse, n'ont pas d'autre pain, & ne boivent que de l'eau. Du lait, du beurre, du fromage, leur aident à supporter cette nourriture, & cependant, ils n'en sont pas moins sains, forts & vigoureux. La sobriété, l'exercice, le bon air & le lait, ne sont-ils pas les premières causes de leur bonne santé? Nos ancêtres & les Germains, vivoient, au rapport de Pline, avec de la bouillie faite avec la farine d'avoine.

Le gruau est une avoine mondée & dépouillée de son écorce, & moulue grossiérement ; il est d'un très-grand usage en Bretagne pour la nourriture ordinaire. On le fait bouillir dans l'eau, ou dans du lait, ou dans du bouillon, ainsi que la farine, & en Angleterre on en fait des gâteaux.

En Hollande, en Allemagne, en Angleterre, l'avoine sert à faire de la bière qui est très-fine & très-délicate. Pourquoi ne l'emploie-t-on pas en France pour cet usage?

La balle de ce grain est douce, souple, peu susceptible de prendre l'humidité, ce qui l'a fait choisir pour les paillasses des enfans au berceau ; elle sert souvent de matelas aux gens de la campagne.

XI. *De ses propriétés médicinales.* La semence nourrit légérement, tempère la soif & la chaleur dans les maladies inflammatoires & les fièvres aiguës avec sécheresse de la bouche, avec chaleur dans l'abdomen & ardeur des urines. Quelquefois elle calme la toux essentielle, la toux convulsive, l'asthme convulsif, le rhume catarral, la colique néphrétique occasionnée par des graviers, la diarrhée produite par des médicamens âcres.

Le gruau d'avoine, depuis demi-once jusqu'à deux onces, mis en décoction dans deux livres d'eau pendant demi-heure, & ensuite passé & édulcoré avec du sucre, forme une boisson légère & nutritive.

Plusieurs personnes regardent comme un fort bon remède, pour enlever la douleur de côté dans des fluxions de poitrine, l'avoine fricassée dans du vinaigre, & appliquée entre deux linges sur le côté malade. Les maréchaux la font bouillir dans du vin, & l'appliquent bien chaude sur les flancs des animaux qui ont des tranchées.

On la recommande cuite avec du beurre pour dessécher la gale de la tête.

AVORTEMENT. Si la poussière fécondante renfermée dans les anthères des étamines, après être tombée sur le stigmate du pistil, n'y prospère point, par quelques causes particulières ; si dans le temps de la fleuraison, des insectes endommagent le stigmate ; si des gelées blanches le brûlent ; si une pluie trop abondante l'altère, alors l'embryon, ou le germe ne vient point à terme; en un mot, la semence avorte. Dans plusieurs provinces on nomme cet accident, la *coulure du fruit*.

La fleur n'est pas la seule partie de la plante qui soit sujette à l'avortement ; la tige, surtout celle du blé, est souvent attaquée de cette maladie. (*Voyez* BLÉ, MALADIES DES VÉGÉTAUX.)

En terme de forêt, on dit qu'un arbre est avorté, quand il n'est pas d'une belle venue, parce que le terrain ne lui a pas fourni du suc nourricier en assez grande quantité, & d'assez bonne qualité, ou parce que quelques accidens locaux, comme lorsque les bestiaux se frottent contre de jeunes plants, & écorchent leur écorce, leur causent un dommage considérable. Les arbres deviennent alors noueux & rachitiques. Qu'un cultivateur n'oublie jamais qu'il est beaucoup plus facile de prévenir ces maladies que de les guérir. M. M.

AVORTEMENT, *Médecine vétérinaire*. Accouchement prématuré. Il arrive avant le onzième mois dans la jument, avant le neuvième dans la vache, & avant le sixième chez la brebis.

Les exercices violens, les chûtes, les sauts, les coups sous le ventre, la mauvaise nourriture, la peur & l'effroi l'occasionnent.

La jument & la vache avortent ordinairement sans danger. Quand la sortie du fœtus est difficile, il faut saigner l'animal, s'il y a abondance de sang; lui extraire les matières contenues dans l'intestin rectum, & lui donner quelques lavemens émolliens dans la vue d'opérer le relâchement de l'orifice de la matrice. On peut aussi fomenter les reins & le ventre avec de l'eau-de-vie chaude. Lorsque la bête a mis bas, il est à propos de lui donner un peu de vin, du son humecté, du foin bien choisi & beaucoup d'eau blanche. La brebis avorte plus souvent ; elle demande d'être nourrie de la même manière, & de rester tranquille dans la bergerie pendant quatre ou cinq jours, & à l'abri de tout courant d'air ; après quoi, on la remet à sa nourriture ordinaire. M. T.

AURATTE. *Poire* (*Voyez* POIRE)

AURICULE. (*Voyez* OREILLE D'OURS)

AURONNE *ou* CITRONELLE. M. le chevalier von Linné la classe dans la syngénésie polygamie superflue, & l'appelle *artemisia abrotanum*. M. Tournefort la place dans la troisième section de la douzième classe, qui comprend les herbes à fleur à fleuron qui laisse après elle des semences sans aigrette.

Fleur, composée, à fleurons hermaphrodites dans le disque, & à fleurons femelles dans la circonférence; les fleurons sont en manière de tube, rassemblés dans un calice commun ; le réceptacle est nu.

Fruit ; les semences des fleurons, soit hermaphrodites, soit femelles, sont solitaires & nues.

Feuilles, très-nombreuses, découpées en plusieurs folioles linéaires, soyeuses au toucher, & leur couleur ressemble au verd de mer.

Racine, ligneuse & fibreuse.

Port ; arbrisseau, les tiges hautes de deux à trois pieds, dures, cassantes; droites, cannelées, branchues; les fleurs en grand nombre le long des tiges; les feuilles alternes.

Lieu; au bord des vignes, dans les provinces méridionales de France. Elle fleurit en Août & Septembre.

Propriétés. Plante âcre, amère au goût, d'une odeur forte, mais agréable, approchant de celle du citron; ce qui l'a fait nommer *citronelle*. Elle est tonique, stomachique, vermifuge, carminative, détersive, résolutive, très-répercussive. Les feuilles favorisent l'effet des terres absorbantes sur les humeurs acides contenues dans les premières voies; elles font mourir les vers ascarides, lombricaux, & quelquefois les cucurbitains renfermés dans l'estomac ou dans les intestins; souvent elles fatiguent les enfans & leur donnent des coliques; extérieurement & intérieurement, elles sont nuisibles dans la rache; extérieurement, elles sont quelquefois utiles dans la gangrène humide.

Usage. On emploie toute la plante dont on tire une huile par infusion & par décoction, on en fait aussi des vins médicinaux. Les feuilles sèches, se donnent depuis demi-drachme jusqu'à une once, en infusion dans six onces d'eau.

Culture. Il faut se hâter de recueillir la graine aussi-tôt après sa maturité, parce qu'elle se détache aisément de la tige, & le mieux est de ne pas différer à semer; la graine se dessèche aisément; elle n'exige aucun soin plus particulier que celui des plantes ordinaires; une terre douce, légère & substantielle suffit.

Dès qu'on est parvenu à en avoir un pied un peu fort, s'il ne pousse pas de nouvelles tiges de ses racines, il suffira de le couper après l'hiver à un pouce au-dessus de terre; bientôt paroîtront de nouvelles tiges, & à mesure qu'elles s'eleveront, on chargera le pied de terre en écartant les tiges. Ces tiges pousseront des racines, & l'année suivante on aura presque autant de pieds à lever, à séparer du tronc, qu'il y aura de tiges. Ce sous-arbrisseau supporte la tonte au ciseau; sa verdure est agréable, & il figure bien dans les bosquets d'hiver.

AUVENT, *ou qui pare le vent & qui en garantit;* ces mots sont synonymes. Ce qu'on appelle *auvent*, dit M. l'abbé Roger de Schabol dans son *Dictionnaire du Jardinage*, est totalement inconnu des jardiniers. Il n'y a qu'à Montreuil & les endroits où la méthode de Montreuil est pratiquée, qu'on connoît les auvents. Ce sont des inventions ingénieuses dont les habitans de ce lieu se sont avisés pour conserver leurs arbres.

Ils ont des tablettes au lieu de larmiers, à leurs murs. On appelle *larmier* la petite avance qui fait saillie au bas du chaperon; mais à Montreuil, c'est une tablette de cinq à six pouces de large; de plus, ils ont de trois en trois pieds ou environ, de forts échalas, ou d'autres bois scellés dans leurs chaperons, & incorporés dans ces tablettes. Ces bois scellés de la sorte, ont un pied & demi de saillie; là-dessus, ils mettent, au printems, des paillassons, à plat, de la même grandeur que ces bois, ainsi scellés dans les murs. Ceux qui sont en état de faire de la dépense, ont des potenceaux de fer au lieu d'échalas; & au lieu de paillassons, ce sont des planches fort larges qu'ils posent dessus, durant les tems fâcheux; ils laissent ainsi ces paillassons, à plat, & ces planches; quand les dangers sont passés, on serre le tout pour l'année suivante. Comme ils ont reconnu que ce sont les vapeurs de la terre qui gêlent les bas, ils appliquent leurs paillassons par le bas seulement, & le haut se trouve suffisamment garanti par leurs tablettes & leurs paillassons posés à plat sur les échalas, ou par leurs planches également posées à plat.

Nous avons admis dans le jardinage, continue ce grand maître, une espèce d'auvent inconnu jusqu'ici, & lequel est fort simple; il est le plus avantageux de tous pour les espaliers. Ce sont des paillassons posés en forme de toit ou de tentes, prenant du haut du mur où ils sont attachés ferme à cause des vents, & descendant, à peu près, vers la moitié de la hauteur du mur; vous soutenez par en bas, ces paillassons, soit avec des perches, soit avec des piquets, assez fermement pour résister aux vents. On les y laisse ainsi durant les dangers, parce qu'il y a assez d'air pour que les feuilles, les fleurs & les bourgeons ne s'attendrissent pas, ou bien on les y pose de façon qu'on puisse les enlever à volonté.

AUVERNAT, Raisin (*Voy.* ce mot)

AXILLAIRE, se dit en parlant de la disposition de la fleur, du fruit & du péduncule; en un mot, de tout ce qui sort des *aisselles* des feuliles ou des branches. (*Voyez* AISSELLES) M. M.

AZEDARACH, *ou* LILAS PERSE, *ou* LILAS DES INDES, *ou* FAUX SYCOMORE DE PROVENCE. M. Tournefort le place dans la troisième section de la vingt-unième classe, qui comprend les arbres & les arbrisseaux à fleur en rose, dont le pistil devient un fruit à plusieurs loges; il l'appelle d'après Dodoens, *azedarach*. M. le chevalier Von Linné le classe dans la décandrie monogynie, & le nomme *melia azedarach*.

Fleur, en rose, composée de cinq pétales lancéolés, longs & ouverts. Le nectar ou *nectaire* est en forme de tube, droit, d'un rouge noir, de la longueur des pétales; dix étamines sont attachées au sommet du nectar qui est divisé en dix parties. Il n'y a qu'un seul pistil. Le calice est petit, d'une seule pièce, & à cinq découpures.

Fruit, charnu, rond, contenant un noyau presque rond, marqué de cinq sillons & divisé en cinq loges qui contiennent chacune une semence presque ronde.

Feuilles, deux fois ailées, terminées par une impaire; les folioles sont entières, ordinairement au nombre de cinq, & portées par des pétioles. La feuille imite celle du *frêne*; mais elle est plus découpée, & son verd est beaucoup plus foncé.

Racine, ligneuse.

Port, grand arbrisseau, dont la tige est droite, rameuse; l'écorce verdâtre & lisse; les fleurs sont axillaires, portées sur des péduncules, disposées en grappes, & les feuilles font alternativement placées fur les rameaux.

Lieu. Les provinces méridionales, on l'y a naturalifé; cultivé dans les jardins, il craint le froid rigoureux.

Propriétés. Les feuilles font, dit-on, apéritives & les fruits des poifons pour l'homme.

Ufage. Il eft plus prudent de cultiver ce joli arbufte pour l'agrément que pour fon utilité en médecine.

Culture. Cet arbriffeau eft originairement de Syrie, & M. le baron de Tfchoudi nous apprend que de là, il a été tranfporté en Efpagne & en Portugal où il a fort multiplié; on l'a depuis peu naturalifé dans quelques îles des Indes occidentales. Les azedarachs, continue ce zélé obfervateur & cultivateur, qu'on élève de la graine venue dans ces îles, fleuriffent mieux que ceux produits par la graine de Portugal. Je n'ai pas été à même de faire cette différence; mais la graine d'un azedarach cultivé à Montpellier, & que M. Gouan, botanifte célèbre, avoit eu la bonté de m'envoyer, a très-bien réuffi à Lyon. Elle fut femée au mois de Mars, dans un pot dont la terre étoit légère & bonne; elle leva un mois après, & à la troifième année l'arbriffeau fe chargea de fleurs dans une expofition affez méridionale; le vafe paffa l'hiver dans l'orangerie. Sa culture exige plus de foin dans les provinces du nord, & M. de Tfchoudi l'a prefcrit ainfi.

La graine doit être femée en Mars, dans des pots enterrés dans une couche de tan; fi elle eft bonne; elle germera au bout de deux mois. En Juin il faudra familiarifer, peu à peu, les jeunes arbres avec l'air libre, & enfuite les y livrer tout à fait à une bonne expofition. En Octobre, on les placera fous des châffis; le printems fuivant, plantez chacun à part dans un petit pot que vous mettrez de nouveau dans une couche de tan, fans trop les ombrager par des paillaffons. En Juin, vous les expoferez à l'air libre; ils doivent paffer quatre ou cinq hivers fous des châffis: au bout de quelque tems, vous les tirerez du pot en motte, en recoupant feulement le bord de la motte pour rafraîchir les fibres, & vous les replanterez en Avril, là où ils doivent demeurer. On peut fe difpenfer de rafraîchir ces fibres; j'en ai l'expérience journalière pour tous les arbres plantés en pot: c'eft retarder leur végétation. Cet arbufte figure agréablement dans les bofquets, placé de manière qu'il foit à couvert du vent du nord.

AZEROLE, AZEROLIER, arbre du même genre que *l'aubépin* (*Voyez* ce mot). M. Tournefort l'appelle *mefpilus apii folio laciniato* & M. Von Linné *cratægus azarolus.* Il en diffère par fon fruit plus gros, par fes feuilles finement & profondément dentées; elles font plus grandes que celles de l'aubépin; fa tige s'élève beaucoup plus haut, elle eft droite, très-rameufe, ordinairement fans épines, & les fleurs font difpofées en grappes. Le fruit a un goût aigrelet, légèrement fucré; il eft rafraîchiffant; la couleur du fruit eft rouge,

& sa grosseur est différente suivant le terrain & le climat dans lequel l'arbre est planté; il a une variété à fleur toute blanche, une autre dont le fruit a la forme d'une poire. La variété blanche est beaucoup moins aigrelette que la rouge. Cet arbre est indigène dans les provinces méridionales.

On greffe l'azerolier sur l'aubépin, sur le néflier, sur le coignassier, & à son tour il est susceptible de recevoir les greffes de ces arbres; il ne vaut pas la peine d'être cultivé dans les provinces du nord, où il demande une bonne exposition; son fruit y est coloré seulement d'un côté, & n'acquiert jamais une maturité assez parfaite, d'où dépend tout l'agrément du goût de son fruit. Dans les pays plus méridionaux, on peut en faire des haies, comme l'aubépin, ou bien le placer dans les bosquets du printems, à cause de ses fleurs, & dans ceux d'automne par rapport à la jolie couleur de son fruit. Sa graine reste quelquefois jusqu'à la seconde année sans lever. La confiture faite avec l'azerole est très-agréable & approche beaucoup de celle d'épine-vinette.

BABEURE, *ou* LAIT DE BEURRE; liqueur séreuse que laisse le lait quand il est battu, & lorsque sa partie grasse est convertie en beurre. Cette liqueur est très-rafraîchissante. Si le beurre n'en est pas parfaitement dépouillé, cette liqueur est une des principales causes du goût fort qu'il acquiert. (*Voyez* le mot BEURRE)

BACCIFÈRE, ou qui porte des baies. (*Voyez* BAIE)

BACCILLE. (*Voyez* CRISTEMARINE)

BADIANE. (*Voy.* ANIS ETOILÉ)

BAGUE. On nomme ainsi les œufs de certaines chenilles disposés par rangs tout au tour d'une branche, ou pousse de l'année, & jamais sur le vieux bois; chaque œuf n'est pas plus gros que la tête d'une petite épingle. Ils sont ordinairement blancs, quelquefois bruns, surtout quand ils sont nouveaux. Ces rangs, souvent au nombre de 12 à 15, ressemblent à des perles enfilées; ils sont si serrés, si pressés les uns contre les autres, que le doigt ne suffit pas pour détacher ces œufs. Dès qu'on les apperçoit, si on les laisse éclore, les chenilles qui en sortiront, ne tarderont pas à dévorer toute la verdure de l'arbre.

BAGUENAUDIER A VESSIES, *ou* FAUX-SÉNÉ. M. Tournefort le place dans la troisième section de la vingt-deuxième classe, qui comprend les arbres & les arbrisseaux à fleur en papillon, ou papilionnacée, dont les feuilles sont la plupart ailées ou conjuguées, & il l'appelle *colutea vesicaria.*

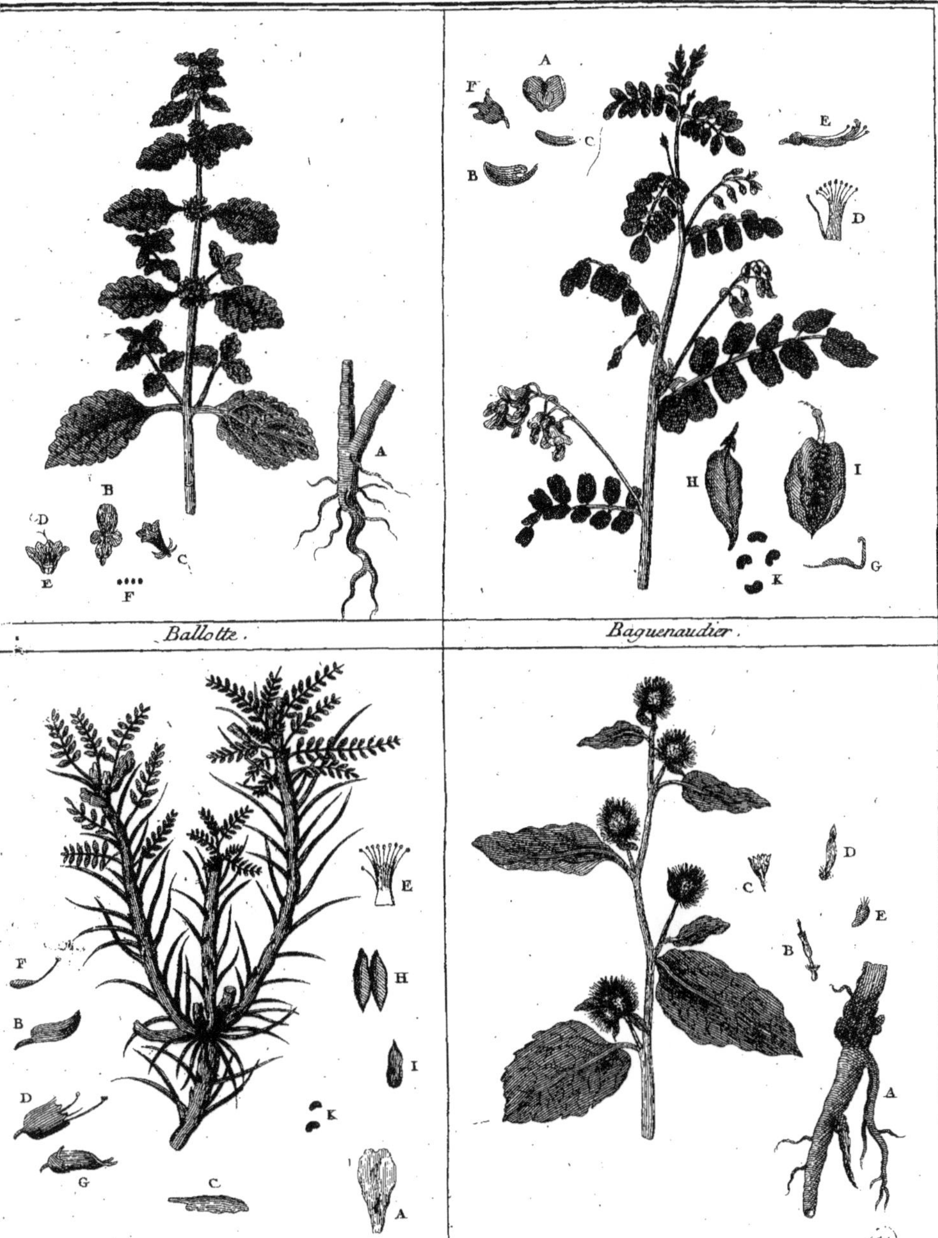
A
B
C
D
E
F
Ballotte.
A
B
C
D
E
F
G
H
I
K
Baguenaudier.
A
B
C
D
E
F
G
H
I
K
Barbe de Renard.
A
B
C
D
E
Bardane.

Sculp.

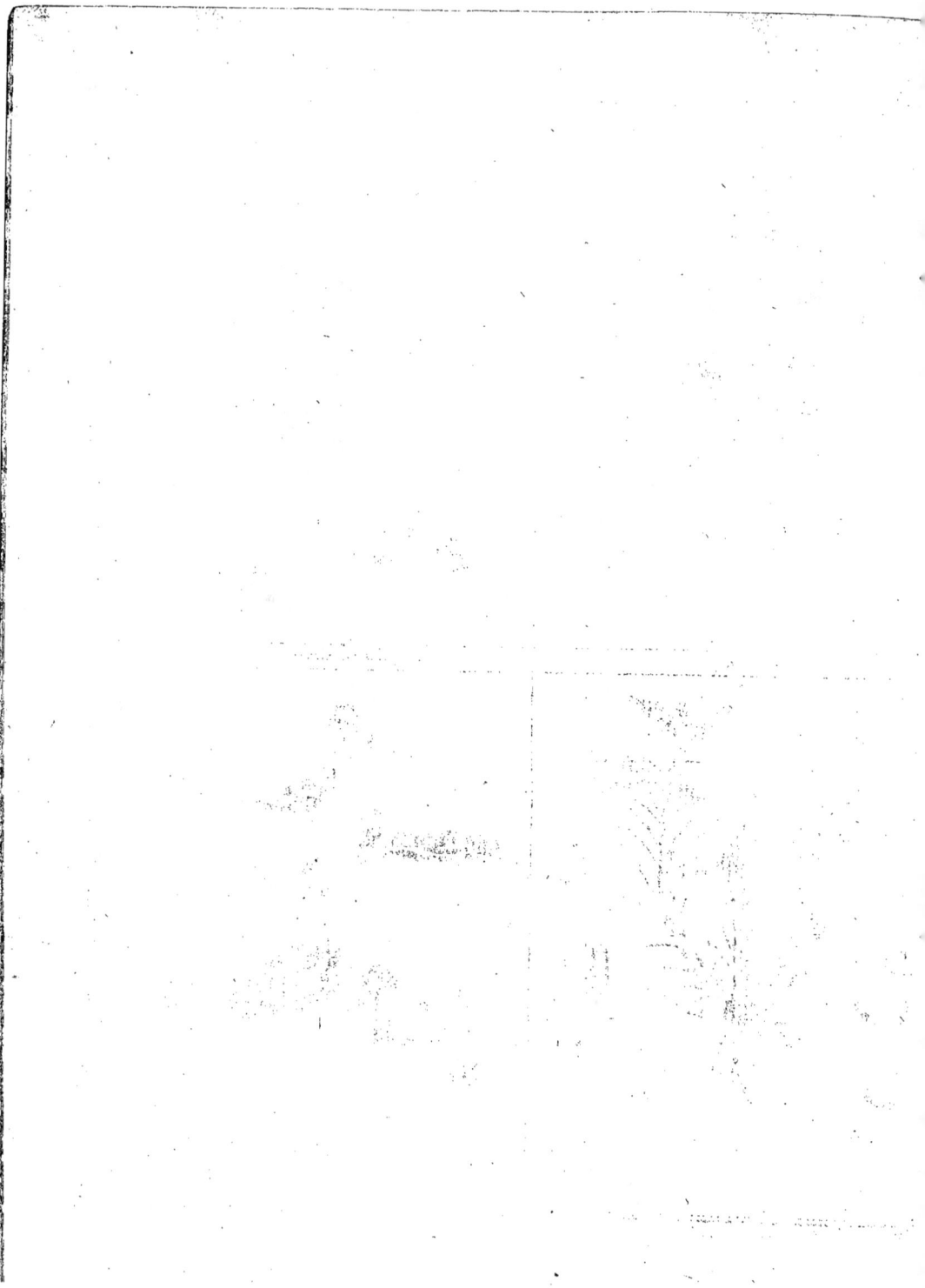

vesicaria. M. Von Linné le classe dans la diadelphie decandrie, & le nomme *colutea arborescens.*

Fleur, papilionnacée, (*Pl.* 2) composée d'un étendard A, de deux ailes B, de la carenne C, de dix étamines D réunies à leur base en deux parties par une membrane; la partie supérieure est composée de deux autres étamines qui se trouvent, à leur égard, dans la disposition représentée en E, le pistil G, est placé au centre; il est composé de l'ovaire, du stile & du stigmate. Toutes les parties de la fleur sont rassemblées dans le calice F, & ce calice est un tube court, divisé en cinq segmens inégaux & aigus.

Fruit. Le pistil devient, par sa maturité, un légume H, semblable à une vessie I, applatie & ouverte en-dessus, & presque totalement vide, renfermant des semences K en forme de rein.

Feuilles, ailées, avec une impaire; les petites feuilles ont chacune un pétiole implanté sur le pétiole général; elles sont égales, très-entières, presqu'en forme de cœur, quelques fois échancrées au sommet, terminées par un stile blanchâtre.

Racine, ligneuse, rameuse.

Port. Arbrisseau de trois à six pieds de haut, les rameaux lisses, les fleurs axillaires, jaunes, soutenues par des péduncules, disposées en grappes, lâches, pendantes; les feuilles sont alternativement placées sur les rameaux.

Lieu. Les provinces méridionales, dans les bois; il fleurit en Mai & en Juin.

Propriétés. Les feuilles ont un goût âcre & nauséeux; elles sont purgatives, ainsi que les semences; elles purgent légèrement sans donner des coliques, ni fatiguer l'estomac. Dès-lors, quelle nécessité d'acheter, à grands frais, de l'étranger, ce que la nature libérale fournit dans nos climats?

Usage. On donne les feuilles desséchées, depuis deux drachmes jusqu'à une once & demie, en macération au bain-marie dans six onces d'eau.

Culture. Cet arbrisseau s'élève avec la plus grande facilité, il suffit de semer sa graine en bonne terre; on peut l'employer dans les bosquets du printems & de l'automne. Il y a une variété dont les siliques sont purpurines; une autre à fleurs couleur de sang; enfin, une autre à feuilles ovales & très-entières: il est constant que les semis réitérés & une bonne culture, fourniront beaucoup d'espèces jardinières.

La seconde espèce de baguenaudier est celui à feuilles ovales & oblongues; il diffère du premier par ses tiges blanchâtres, par ses feuilles cotonneuses & blanchâtres en-dessous, d'un beau verd & lisses en-dessus; par sa fleur dont la carenne est plus courte que l'étendard; par ses ailes qui sont à peine distinctes. Son légume est une vessie renflée, marquée d'une suture longitudinale dans toute sa longueur, & entr'ouverte à sa base. Les fleurs sont d'un rouge éclatant. Ce sous-arbrisseau est originaire d'Ethiopie; il demande à être semé sur couche dans les provinces du nord; & dans celles du midi, il passe l'hiver en pleine terre, s'il est planté dans une bonne exposition. Il est inutile de parler des autres baguenaudiers qu'on ne sauroit élever en pleine terre.

BAGUETTE DIVINE *ou* DIVINATOIRE, caducée, verge d'Aaron, baguette de Jacob, &c. noms donnés à un rameau fourchu de coudrier, d'aune, de hêtre, de pommier, de laurier & même de tronc d'artichaut, &c. dont quelques charlatans se servent pour découvrir les minières, les trésors cachés, les sources; & ce qui est encore plus ridicule, les voleurs & les meurtriers fugitifs. La fourberie guidée par l'intérêt, & fortifiée par l'ignorance & par la crédulité du peuple, a cherché de tout tems à en abuser; il ne paroît pas cependant que l'on doive remonter plus haut que le onzième siècle, pour trouver l'origine de la baguette divinatoire, & même depuis cette époque les exemples de ces prétendus favorisés de la nature, aux yeux desquels elle dévoile ses secrets par le moyen de la baguette, ne se sont-ils pas multipliés infiniment? La supercherie ne triomphe & ne subsiste qu'auprès de la prévention; & si le peuple ajoute foi au pouvoir surnaturel des Aimar, des Parangue, des Bletton, c'est que son génie étroit prend pour des merveilles tout ce qui en passe les limites. Le peuple n'est pas toujours la seule dupe de l'adresse d'un fripon qui joint habilement l'astuce à l'extérieur simple & de bonne foi : nous avons vu des savans faits pour éclairer les hommes & dévoiler l'imposture, non-seulement croire, mais encore défendre la baguette divinatoire, l'attribuer à une puissance surnaturelle ses effets merveilleux; d'autres moins enthousiastes & moins prévenus, n'y voyant qu'une suite de loix de la nature, ont prétendu en expliquer le méchanisme & en attribuer la cause au jeu des vapeurs, des exhalaisons terrestres, & des émanations électriques & magnétiques. Le sentiment de ces derniers, présenté avec art, peut séduire & entraîner, je ne dis pas les ignorans, mais ces demi-savans pour qui l'autorité d'un homme fameux est toujours un oracle certain. Il est donc intéressant pour tout le monde de dévoiler ici l'imposture, de faire appercevoir, & pour ainsi dire toucher au doigt, les moyens employés par les fourbes à baguette pour la faire mouvoir, & réfuter les différentes explications que l'on a données de son opération. Découvrir l'erreur, arrêter ses progrès, démasquer un charlatan dangereux, & dessiller les yeux de ses admirateurs, peut être un service aussi essentiel que la découverte d'une vérité.

Il y a trois manières principales de tenir la baguette, & toutes trois très-susceptibles de se prêter aux différens mouvemens qu'on veut lui faire subir : la première, & la plus commune, est de prendre une branche fourchue de coudrier, d'un pied & demi de long, de la grosseur du doigt, & qui n'ait pas plus d'un an, s'il est possible. On tient les deux branches dans ses deux mains, sans beaucoup serrer, de manière que le dessus de la main soit tourné vers la terre; la tige commune est en devant, & parallèle à l'horizon ou un peu plus élevée. La seconde façon est de la porter sur le dos de la main en équilibre ; la troisième, beaucoup plus rare, & citée seulement par le père Kirker, jésuite, consiste à prendre un rejeton de coudrier, bien droit & sans nœuds : on le coupe en deux moitiés à peu près de la même longueur ; on creuse le bout de l'un en forme de petit bassin, & on coupe le bout de l'autre en pointe, en sorte que l'extrémité pointue d'un bâton puisse entrer dans l'extrémité concave de l'autre : on porte devant soi ce rejeton que l'on tient entre les deux doigts *index*.

Quand on passe au-dessus de quelques courans d'eau, de quelques veines métalliques, ou que l'on est près ou sur les traces d'un voleur ou d'un meurtrier, la baguette dans ces trois positions, tourne sur elle-même, & s'incline perpendiculairement à l'horizon. Il est certain que si cet effet ne dépendoit pas de la volonté de celui qui la porte, il tiendroit vraiment du prodige ; mais rien n'est plus facile que de démontrer que ces différens mouvemens ne sont que le résultat des mouvemens insensibles, mais libres de la main du *Rabdomancien.* (1) Suivons les trois situations de la baguette : dans la première les deux branches sont retenues dans les deux mains, un peu écartées. Ce premier écartement fait diverger nécessairement les deux branches & tend leurs fibres ; elles doivent chercher à se rapprocher ; plus les branches sont dures & solides, plus l'effort de celui qui les tient doit être considérable pour les écarter. Cette action devient quelquefois sensible dans les muscles de la main, qui se roidissent ; ce gonflement des muscles presse les vaisseaux sanguins & précipite la circulation dans ces parties ; de là, l'élévation du pouls, la sueur & la rougeur des mains que le charlatan fait passer souvent pour des accès de fièvre qu'il éprouve à l'approche de l'objet qu'il cherche. Dans cette situation forcée, veut-on faire tourner la baguette ? il suffit de déverser un peu les deux mains en serrant les branches de la baguette de plus en plus ; ce déversement s'opère en inclinant les mains du dedans en dehors. Comme ce mouvement part du coude, & qu'il peut se faire par des degrés insensibles, il est très-difficile, surtout à des yeux préoccupés, de le saisir. Dans cette action la baguette quitte sa situation horizontale, les extrémités des branches s'inclinent en s'écartant un peu ; la tige se relève par la réaction & le ressort des fibres ligneuses qui cherchent à se rétablir ; les mains cèdent d'elles-mêmes à cet effort, & se rapprochent en dedans, ce qui donne une secousse favorable à la baguette, & qui lui fait achever sa révolution avec rapidité. On conçoit facilement, d'après cette explication, que l'adresse suffit pour en imposer, & que le grand usage donne ce *tour de main* si précieux, & dans lequel consiste le mystère. L'art est de conduire tous ces mouvemens par des nuances délicates qui puissent échapper aux yeux les plus clair-voyans. Veut-on, au

(1) Homme qui devine par le moyen de la baguette.

contraire, faire tourner la baguette du dedans en dehors ? il suffit de serrer les deux doigts en les rapprochant, alors la baguette coule pour ainsi dire, & tombe de sa situation horizontale à la perpendiculaire.

La supercherie est plus facile à saisir dans la seconde & la troisième façon de porter la baguette : il faut avoir soin pour la seconde manière, de choisir une baguette dont une des branches soit plus forte, plus pesante & un peu plus longue ; on la pose sur le dos de la main, de façon que le pouce ou l'index écartés des autres doigts, soutienne en équilibre cette grosse branche ; en rapprochant le pouce ou l'index, cette branche perd son point d'appui, & retombe perpendiculaire à l'horizon en faisant un quart de révolution sur elle-même. Le mouvement d'oscillation de l'homme qui marche, détermine & accélère encore cette chûte.

Enfin, en serrant plus ou moins les deux bâtons, dans le troisième cas, en les dirigeant en haut & en bas, il sera très-facile de les faire incliner dans le sens que l'on voudra, sur-tout ne portant l'un contre l'autre que par un très-petit point de contact.

Tel est à peu près le méchanisme des mouvemens de la baguette divinatoire. Tout le monde peut le répéter, & avec un peu d'attention & d'exercice, tout le monde aura le pouvoir de faire tourner cette baguette magique ; mais avec ce précieux talent, personne n'aura le secret de découvrir, par cela seul, des sources ou des mines.

Cependant, dira-t-on, très-souvent on a creusé dans les endroits indiqués par la baguette, & l'on a rencontré des sources ; on l'a vue tourner sur des pièces de métal cachées dans la terre. Comment ces charlatans ont-ils pu deviner & rencontrer ce qu'ils cherchoient ? Ils n'ont rien deviné, ils ont seulement abusé de votre ignorance & de votre préoccupation. Les eaux des pluies & des neiges, qui ne peuvent pas avoir d'écoulemens, soit par le défaut de pente du terrain sur lequel elles tombent, soit par la nature même du sol qui est léger & maigre, s'imbibent facilement, se ramassent dans le sein de la terre, lorsqu'elles rencontrent des bancs d'argile ou de pierre. Toute l'eau qui coule des montagnes se rassemble dans les plaines & les bas fonds, y forme des sources multipliées, qui, si elles ne se forment, ou ne trouvent point d'issue, continuent à couler dans l'intérieur de la terre. Il n'est donc pas étonnant que dans tous les endroits où on creusera, on y rencontre de l'eau. D'après cette vérité, les hommes à baguette la font tourner où ils veulent, & encore plus souvent dans l'endroit à peu-près, où celui qui les paye desire trouver une source. La vraie charlatannerie consiste à assurer qu'on trouvera de l'eau à telle ou telle profondeur. La plupart du temps ils se trompent, & la triste victime de leur fourberie est toujours la dupe, qui plein de confiance, entreprend un travail sur leur indication. Combien de fois n'arrive-t-il pas que l'on a creusé deux ou trois fois plus profondément qu'ils ne l'avoient annoncé, sans rencontrer la moindre goutte d'eau ? Alors pour ſe tirer d'affaire, ils vous engagent à creuſer de plus en plus, & malheureuſement la première leçon ne ſuffit pas, & ce n'eſt qu'après avoir dépenſé beaucoup d'argent qu'on ouvre les yeux & qu'on rougit de ſa crédulité.

Par rapport aux pièces de métal cachées, il ne faut voir ici qu'un tour de joueur de gobelets, qui a l'air de deviner ce qu'il ſait très-bien d'avance. De plus, rarement ces charlatans tiennent-ils contre l'expérience; & les épreuves mêmes les plus ſimples, dirigées par un homme qui ne s'en laiſſera pas impoſer, déroutent ordinairement leur impudence.

Quelque riſible que ſoit cette ſupercherie, pluſieurs ſavans admettant le fait de bonne-foi, & ſans l'examiner, ont tenté de l'expliquer phyſiquement. Parmi les différens ſyſtêmes, il y en a de ſi ridicules, qu'il eſt inutile de les réfuter ici: nous nous contenterons de citer celui de M. Formey, comme le plus vraiſemblable, & d'en faire ſentir la fauſſeté, même en admettant la ſuppoſition que réellement la baguette tourne au-deſſus d'une ſource d'eau, ſuppoſition bien gratuite; c'eſt *Rulandus* & *Libavius*, accumulant volume ſur volume en faveur de l'enfant de Weildorſt en Siléſie, à qui, les dents étant tombées, il en étoit venu une d'or. Un orfévre de Breſlaw répondit à toutes ces differtations, en montrant que ce n'étoit qu'une feuille de cuivre doré.

C'eſt dans la comparaiſon avec l'aiguille aimantée, que M. Formey cherche l'explication des mouvemens de la baguette. Voici à peu-près ſes idées, telles qu'elles ſont expoſées dans l'Encyclopédie au mot *baguette divine*. « La matière magnétique ſortie du ſein de la terre, s'élève, ſe réunit dans une extrémité de l'aiguille, où trouvant un accès facile, elle chaſſe l'air ou la matière du milieu; la matière chaſſée revient ſur l'extrémité de l'aiguille & la fait pencher, lui donnant la direction de la matière magnétique. De même à peu-près, les particules aqueuſes, les vapeurs qui s'exhalent de la terre & qui s'élèvent, trouvant un accès facile dans la tige de la branche fourchue, s'y réuniſſent, l'appéſantiſſent, chaſſent l'air ou la matière du milieu. La matière chaſſée revient ſur la tige appéſantie, lui donne la direction des vapeurs, & la fait pencher vers la terre, pour vous avertir qu'il y a ſous vos pieds une ſource d'eau vive ».

« Cet effet, continue M. Formey, vient peut-être de la même cauſe qui fait pencher en bas les branches des arbres plantés le long des eaux. L'eau leur envoie des parties aqueuſes qui chaſſent l'air, pénètrent les branches, les chargent, les affaiſſent, joignent leur excès de peſanteur au poids de l'air ſupérieur, & les rendent enfin autant qu'il ſe peut, parallèles aux petites colonnes de vapeurs qui s'élèvent. Ces mêmes vapeurs pénètrent la baguette & la font pencher. »

Tel eſt le ſentiment de M. Formey. L'Encyclopédie ajoute: *tout cela eſt purement conjectural*. Et nous, nous ne craignons pas de dire: cette explication eſt fauſſe, & l'effet que l'on attribue ici aux vapeurs aſcendantes eſt impoſſible, & en voici les raiſons. 1°. Rien ne peut déterminer les vapeurs légères qui nagent dans l'atmoſphère, à entrer en aſſez grande quantité dans la tige de la baguette, pour la rendre plus pesante. 2°. Pourquoi entreront-elles dans la baguette par la tige unique, plutôt que par les deux branches ? 3°. Pourquoi entrant & affaissant par leur poids la tige unique & horizontale, la détermine-t-elle à tourner tantôt en dehors des mains par un quart de conversion, tantôt en dedans du côté de la poitrine de celui qui la tient, en décrivant les trois quarts d'un cercle ? car tantôt la baguette tourne en dedans & tantôt en dehors (suivant la volonté du jongleur, comme nous l'avons démontré plus haut). 4°. Enfin, quelle est la cause qui peut déterminer les vapeurs qui avoient pénétré la baguette, à en ressortir subitement, puisque le moment d'après elle peut reprendre sa situation horizontale & servir aux mêmes épreuves ? A ces questions joignons des faits. Les expériences que MM. Duhamel & Buffon ont faites sur le desséchement & l'imbibition du bois, nous apprennent qu'il faut un certain espace de tems pour qu'un morceau de bois plongé dans l'eau, s'imbibe au point d'acquérir une augmentation de poids ; qu'il faut non-seulement des jours, mais encore des mois pour qu'il reprenne la pesanteur qu'il avoit avant son desséchement. (*Voyez* DESSÉCHEMENT & IMBIBITION) Comment concevra-t-on après cela qu'une baguette qui passe, sans s'arrêter, à travers une masse de vapeurs, si tenues la plupart du tems qu'elles sont invisibles, puisse s'en charger au point d'en augmenter de poids ? De plus la transpiration de la personne qui tient la baguette, forme autour d'elle une atmosphère de vapeurs qui doit agir nécessairement sur la baguette. Cette émission de corpuscules abondans, grossiers, sortis des mains & du corps, & poussés rapidement, doit rompre, écarter le volume ou la colonne de vapeurs qui s'élèvent de la source, ou tellement boucher les pores & les fibres de la baguette, qu'elle sera inaccessible aux vapeurs. Sans les vapeurs, nous dit-on, la baguette sera muette ; or comme elle n'agit que dans les mains, & qu'elle n'a pas la vertu d'empêcher la transpiration, elle devroit perpétuellement garder le silence sans l'adresse de celui qui la fait parler.

Je n'ajouterai pas que dans l'hypothèse de M. Formey, comme le jeu de la baguette ne dépend que des vapeurs, elle devroit se mouvoir dans les mains de tout le monde, ce qui n'arrive cependant pas ; mais ce qui pourra arriver indépendamment des vapeurs, lorsqu'on suivra exactement les procédés que nous avons indiqués.

L'effet sur la baguette des exhalaisons métalliques, soit que les matières qui les produisent soient en grande quantité, ou que ce ne soit qu'une simple pièce de métal ; celui des corpuscules d'un meurtrier ou d'un voleur, après plusieurs jours, non-seulement sur terre, mais encore sur une rivière rapide, ou sur une mer agitée, comme dans *l'histoire de Jacques Aimar*, est si ridicule & si impossible, que nous croirions mériter le même reproche que nous faisons à ceux qui le croyent, si nous perdions du tems à le réfuter. Si une meute suit une bête fauve à la piste, c'est que les corpuscules émanés du corps de l'animal existent encore sur les traces qu'il a suivies ; mais comment s'imaginer qu'un ou deux mois après, les corpuscules émanés du corps d'un assassin qui a descendu le Rhône dans un bateau, qui s'est embarqué à Toulon pour Gênes, puissent flotter encore dans l'air, & être ramassés par la baguette, après un espace de tems si considérable? Non-seulement cette idée est ridicule, mais elle est révoltante par les funestes conséquences que l'on en peut tirer ; & certes les juges de Lyon seroient coupables s'ils avoient condamné l'assassin du marchand de vin, sur les seuls indices de la baguette de Jacques Aimar, que l'on a reconnu dans la suite pour un fourbe & un fripon. Nous en disons autant de Bletton de Bourgogne.

Faut-il donc se contenter de mépriser cet espèce de charlatan, dont le théatre est toujours dans les campagnes, au sein de l'ignorance & de la crédulité? Non, il faut faire plus, il faut dévoiler leur imposture, les confondre, & chercher à désabuser le peuple qui en est toujours la dupe. C'est aux curés & aux seigneurs à remplir ce devoir essentiel. Plus ils sont élevés par leur état & leurs connoissances au-dessus de la classe des simples citoyens, plus ils lui doivent leurs soins & leurs secours. Les besoins de l'esprit sont aussi intéressans que ceux du corps ; les instituteurs, & les pères des gens de la campagne, doivent veiller & sur leurs biens physiques, & sur les maux que la préoccupation & l'ignorance peuvent causer parmi eux. M. M.

BAIE. C'est un fruit mou, succulent, charnu, d'une forme ordinairement arrondie ou ovale, renfermant une ou plusieurs semences au milieu d'une pulpe. Ces semences sont tantôt sans apparence de loge, tantôt avec des loges. La couleur de ce fruit varie dans les différentes espèces ; l'arbre ou l'arbuste qui le porte, prend de là le nom de *baccifère*.

Suivant M. Linné, la nature, en formant ces baies, a voulu remplir deux objets : le premier, de fournir une nourriture abondante aux oiseaux, & le second de favoriser la multiplication des baccifères. En effet, les oiseaux attirés par le goût de ses fruits, les enlèvent de dessus les branches, se nourrissent de leur pulpe succulente, & laissent tomber çà & là les semences qui y étoient renfermées ; la terre les recueille dans son sein, où elles trouvent bientôt les principes nécessaires à leur végétation.

On distingue assez généralement les baies, & par leur formes, & par le nombre des semences qu'elles contiennent : celles du *fustet*, *de l'épine blanche*, de *l'obier*, du *filaria*, de la *laureole mâle & femelle*, du *thym*, de la *viorme* & du *guy*, sont succulentes & ne renferment qu'une seule semence ; (*voyez* pour la planche, le mot BULBE, *fig. 1*. A & B. B est le noyau.) Celles du *chevre-feuille*, de *l'alizier*, du *jasmin*, du *storax*, de l'*asperge*, du *raisin de mer*, (*fig. 2*) de *l'épine-vinette*, (*fig. 3*) & de la *bourdaine*. (*fig. 4*) On trouve trois semences dans les baies du *fureau*, du *petit houx*, du *genevrier*, du *nerprun*, (*fig. 5*) & de *l'alaterne* ; (*fig. 6*) on n'a représenté ici que les noyaux.

Il y a quatre semences dans les baies du *troéne*, de *l'agnus-castus*, du *houx*. (*fig. 7*. A est la baie ; B les semences.)

On en trouve ordinairement cinq dans les baies du *raisin*, de la *bousserole*, de *l'airable*, de plusieurs espèces de *néfliers*, & dans celles du *lierre*.

(*fig. 8.* A eſt la baie coupée; B les ſemences à demi-découvertes.)

Enfin, elles ſont en très-grand nombre dans les baies de la *belladone*, du *myrthe*, du *ſolanum*, de la *roſe*, de *l'arbouſier*, du *groſeillier* (*fig. 9.* A eſt la baie; B les ſemences) & du *câprier* (*fig. 10.* A eſt la baie; B les ſemences.)

Lorſque les baies ſont petites & ramaſſées en grappes ou en corymbe, on leur donne le nom de *grains*; telles ſont celles du *groſeillier*, du *berberis*, du *ſureau :* les fruits de la *ronce* & du *mûrier*, ſont compoſés de pluſieurs petites baies raſſemblées en tête arrondie ou ovale ſur un réceptacle commun. La baie du *coqueret* eſt renfermée dans une enveloppe membraneuſe & colorée, qui n'eſt autre choſe que le calice de la fleur, renflé par la maturité; celle du *roſier* provient de la baſe du calice, amplifiée, amollie & colorée; celle de l'if eſt un réceptacle charnu & ſucculent, qui s'ouvre par degré pour laiſſer échapper la ſemence, après l'avoir tenu enveloppée pendant quelque tems. M. M.

BAIL. (Nous n'enviſageons ce mot que relativement aux biens de campagne.) « En général le *bail* eſt » l'acquiſition de la jouiſſance dé» terminée, & à tems, d'une pro» priété quelconque ». On dit : l'*acquiſition*, parce que le bail ſuppoſe un prix; s'il n'y en avoit point, ce ne ſeroit plus un bail. On dit : *la jouiſſance déterminée*, parce que par les clauſes de l'acte on eſt maître de circonſcrire ou d'étendre les bornes de la *jouiſſance*. On dit : *la jouiſſance à tems*, parce qu'il faut néceſſairement un terme à *un bail*; qui loueroit pour toujours, vendroit. (1) On dit enfin d'une *propriété quelconque*, parce que, à l'exception des jouiſſances affectées à une perſonne, ou à une choſe privativement, on peut louer tout le reſte. Par exemple, un juge ne peut donner ſon office à bail; mais un greffier peut affermer le ſien, &c. Le propriétaire d'un héritage ne peut louer le droit de paſſage qu'il a ſur le fonds d'autrui, pour aller dans cet héritage, à un autre qu'à celui auquel il a loué l'héritage, &c. mais il eſt libre de louer ſon pré, ſa vigne, ſon étang, & tout ce qui lui appartient.

Celui qui ſe détermine à paſſer un bail de ſa jouiſſance, s'appelle *locateur*, *propriétaire*, *bailleur*, *loueur*, quelquefois, mais mal, *locataire*; celui avec lequel il contracte ſe nomme *conducteur*, *preneur*, *locataire*, *fermier*, *amodiateur*, *grangier*, &c. Quiconque peut jouir librement peut paſſer un bail comme *bailleur* ou comme *preneur*.

La perſonne dont la liberté eſt gênée, ſoit par la loi, ſoit par une autre perſonne, doit avoir le conſentement, ſoit du magiſtrat, ſoit de l'autre perſonne.

Les baux ſe diverſifient, relativement à la nature des biens, au tems de la jouiſſance, & à la manière dont on ſatisfait au prix.

La location d'un fond de terre, ſoit terre labourable, ſoit vigne, ſoit pré; celle des bois, des étangs, &c. ſe dit proprement *bail à ferme*.

(1) Auſſi, doit-on regarder le *bail à rente* comme une eſpèce de vente.

Le

Le terme de neuf ans est le terme ordinaire des baux ; si on l'étendoit, il deviendroit un *bail à longues années* ou *emphytéotique* (1), & soumettroit le *preneur* au paiement d'un droit de *demi-centième denier* envers le roi. Néanmoins un arrêt du conseil, du 8 Avril 1762, exempte « de l'*insinuation*, *centième*, » *demi-centième* & *francs fiefs*, les » baux au-dessus de neuf jusques à » vingt-sept années, par lesquels » les fermiers seroient chargés de » défricher, marner, planter, ou » autrement, améliorer en tout ou » en partie, les terres comprises » dans lesdits baux, & ce, pour » les généralités de Paris, Amiens, » Soissons, Orléans, Bourges, Moulins, Lyon, Riom, Poitiers, la » Rochelle, Limoges, Bordeaux, » Tours, Auch, Champagne, » Rouen, Caen & Alençon ». Mais, comme on vient de le voir, dans les cas ordinaires la jurisprudence assujettit à un demi-droit de centième denier les baux au-dessus de neuf années jusques à trente ; & au droit entier, depuis trente & au-dessus, c'est-à-dire jusques à quatre-vingt-dix-neuf ans, qui est le plus long terme que des baux puissent avoir. L'espèce de bail que l'on appelle *bail à domaine congéable*, d'usage dans certaines provinces, (en Bretagne) engendre aussi le droit de centième denier. En effet, « cette » convention par laquelle le seigneur d'un héritage en transporte » le domaine utile à un tiers, moyennant une certaine redevance, à la » charge de rembourser ce dernier, » de toutes ses améliorations, quand » lui seigneur, voudra reprendre » l'héritage ». Cette convention, qui constitue le bail à domaine congéable, est plutôt regardée comme une aliénation indéfinie que comme un bail véritable.

On stipule le paiement du prix du bail de différentes manières.

On peut partager avec le fermier les fruits, & alors c'est ce qu'on nomme *amodiation*, qui est en quelque sorte une société où le fermier met son labeur & le propriétaire son fond. Dans le cas où la récolte viendroit à manquer, le fermier ne doit rien au propriétaire, comme le propriétaire ne doit rien au fermier en dédommagement.

Quelquefois le propriétaire ne se réserve qu'une rente sur son fond, dont il aliène la jouissance à perpétuité, moyennant le paiement de cette rente. Ce contrat, qui s'appelle improprement *bail à rente*, a ses loix particulières.

Le locateur confie en certains cas à son fermier, des bestiaux dont l'augmentation est tout le profit qu'on peut en tirer. Il le fait à condition d'une part dans cette augmentation, la propriété des bestiaux confiés lui restant toujours. C'est ici un *bail à cheptel*. (*Voyez* ce mot)

L'usage pour les *baux à fermes* est

(1) *Emphytéose*, d'où l'on a fait *emphytéote*, *emphytéotique*, est un mot grec, qui veut dire, *plantation*, parce que chez ce peuple on ne donnoit à *bail emphytéotique* que des terres vagues & en friche, que le *preneur* s'obligeoit à planter & à mettre en valeur.

de stipuler les paiemens, ou en argent, ou moitié en grains, moitié en argent. Ordinairement on paie tous les six mois ou tous les ans.

De la manière de faire les baux.

Ces actes se font, soit pardevant notaire, soit sous seing-privé. Il ne se fait point de bail verbal en campagne, quoique quelquefois il en existe sans écrit ni paroles.

Les biens ecclésiastiques ne peuvent se louer que pardevant notaire (1); les baux en doivent même être enregistrés au greffe des domaines des gens de main-morte, suivant l'édit de 1691; cependant le défaut de cette formalité ne rendroit pas un bail nul, l'édit ne le prononçant pas, & rien ne se suppléant en fait de dispositions pénales. Le bénéficier, à la rigueur, est astreint à ne louer qu'après publication & enchère.

Quand on fait un bail sous seing-privé, on débute par déclarer son nom, sa qualité, sa demeure:

Je soussigné (tel), *propriétaire en vertu de.... demeurant à.... loue....* (ou bien) *reconnois avoir, par le présent, donné à bail.* On exprime ensuite le nom, les qualités & la demeure du preneur: *à..... au sieur* (tel).... On passe à la désignation de l'objet: *une ferme, un terrain*, &c. *que ledit sieur* (tel) *convient bien connoître.* On fixe le tems: *pour l'espace de trois, six, neuf années ou plus.* On détermine ensuite le prix: *moyennant telle somme, telle redevance*, &c. puis les termes du paiement: *payables en tant de partie & à tel jour....* L'ordonnance civile permet aux propriétaires, tit. XXXIV, art. 7, de stipuler la contrainte par corps pour les biens situés à la campagne; ainsi le bailleur est maître d'ajouter, s'il est ainsi convenu: *à peine d'y être contraint & par corps.* Le preneur s'exprime après en ces termes: *& moi* (tel) *m'oblige à remplir les conditions ci-dessus, à jouir en bon père de famille, à rendre* (la chose) *sans être dégradée ni détériorée, me soumettant à la contrainte par corps si je venois à manquer aux paiemens. Fait double entre nous; à..... le...... signé.....*

La différence d'un *bail sous seing-privé* à un *bail pardevant notaire*, est que ce dernier donne une hypothèque respective au bailleur & au preneur sur l'universalité de leurs biens pour l'exécution du bail; au lieu que le bail sous seing-privé ne produit au locateur qu'un privilège sur les meubles & ustensiles du locataire, & n'accorde à celui-ci ni privilège, ni hypothèque contre l'autre.

Le bail sous seing-privé doit être contrôlé, reconnu en justice, & suivi d'une sentence, pour être exécutoire; au lieu que le *bail authen-*

(1) Ce principe est sujet à quelques modifications. Un arrêt du conseil rendu sur les représentations du clergé, le 2 Septembre 1760, porte, art. VII: *Que lorsque les bénéficiers & autres gens de main-morte auront affermé par bail général passé devant notaires, tous les revenus dépendans de leurs bénéfices, les preneurs pourront faire des baux particuliers sous signature privée; & lorsqu'ils auront passé devant notaires des baux particuliers, de tous leursdits revenus, ils pourront passer sous signature privée un bail général.*

tique, sans autre formalité qu'un commandement préalable, donne le droit de passer à la saisie & à l'emprisonnement.

Un bail pardevant notaire l'emporte sur un bail sous seing-privé qui lui seroit antérieur, à moins que cette antériorité ne fût établie précisément, ou par l'occupation de l'objet loué, ou par le contrôle du bail privé.

Quelques auteurs tiennent qu'une promesse de louer n'équivaut point au bail. Cette opinion est contraire aux anciennes maximes, & aux principes de la matière. Tous les contrats où le consentement est exprimé de quelque manière, suffit pour la perfection de l'acte ; tous ces contrats sont consommés du moment que le consentement existe. Ce sont les termes de la loi (1) : *consensu fiunt obligationes in...... locationibus conductionibus. Ideò autem istis modis consensu dicimus obligationem contrahi, quià neque verborum, neque scripturæ, ulla proprietas desideratur, sed sufficit eos qui negotia gerunt consentire.* Cependant, comme un des plus grands malheurs qui puisse arriver à un agriculteur, c'est de plaider, nous conseillons aux habitans de la campagne, lesquels n'auroient pas pris la précaution d'avoir un bail en règle, de ne point suivre une contestation qui n'auroit qu'une promesse pour fondement, à moins que ce ne fût pour demander des dommages-intérêts ; car ils pourroient n'obtenir que cela, la jurisprudence s'étant sur ce point écartée de la marche du droit.

Que le consentement seul constitue un bail ; la chose est si certaine, que quand le consentement est présumé, on tient le bail pour passé. Ainsi le locataire, à l'expiration de sa jouissance, s'y trouve prorogé dès que le propriétaire ne fait pas un bail nouveau. C'est ce qu'on appelle *tacite-réconduction.*

La tacite-réconduction, en fait de biens de campagne, a lieu pour trois ans. Elle est proscrite dans les généralités de Soissons, d'Amiens, & de Châlons, (déclaration du 20 Juil. 1764), à cause de l'abus qui en résultoit de la part des fermiers, lesquels, sous prétexte de tacite-réconduction, trouvoient le moyen de se perpétuer dans leurs fermes, & de parvenir à jouer le rôle de propriétaires incommutables. Elle ne renouvelle que les obligations ordinaires ; elle n'entraîne point la contrainte par corps, quoique le bail la portât ; elle n'engage point la caution du bail ; elle ne continue point l'hypothèque acquise par le bail, &c.

Obligations des contractans.

Le propriétaire s'oblige à faire jouir son fermier conformément au bail, c'est-à-dire, de tout ce qu'il lui a loué, pendant le tems & de la manière qu'il lui a loué.

Le fermier s'oblige à bien user de

(1) » Dans les locations-conductions, il ne faut que le consentement pour obliger. » Et l'on dit que dans ces cas le consentement seul est requis, parce qu'aucunes sortes de » formules ne sont nécessaires pour la validité de cette espèce d'actes ; mais il suffit que » ceux qui y parlent soient d'accord. » ff. Liv. 44. tit. 7. L. *consensu.*

la chose, & à remplir les conditions du bail.

Bien user, c'est-à-dire : cultiver selon la nature des fonds; ne pas changer l'usage, comme mettre en pré ce qui est en vigne, &c. sans le consentement exprès du locateur; avertir celui-ci des dégradations qui tendroient à détériorer le bien, à peine d'être responsable de ce détriment. Il est défendu au fermier de dessoler ou de dessaisonner les terres; il faut qu'il convertisse les pailles, chaumes, &c. en fumier; qu'il laisse en quittant celui qu'il a fait; enfin il doit se comporter sur les fonds du bailleur comme s'il étoit bailleur lui-même.

Remplir les conditions du bail, c'est-à-dire : payer dans les termes & ainsi qu'il est convenu. Cependant s'il arrivoit, par cas fortuit, comme grêle, inondation, gelée (1), une disette absolue, il pourroit demander une réduction, & même une entière remise du prix du bail; mais il faudroit bien établir que dans les années précédentes il n'a point bénéficié autant qu'il perd celle-ci, & faire voir que pour la suite il ne peut espérer d'être entièrement dédommagé du tort qu'il éprouve.

Le locateur ayant stipulé que pour aucune cause le fermier ne pourra demander de diminution, ce dernier ne peut plus prétexter les cas fortuits.

Si le prix de la ferme est stipulé payable en grains, ou en certaine portion de fruits en nature, on tient qu'il n'y a jamais lieu de la part du locataire, à prétendre de remise; en cas de disette on lui permet seulement de payer le tout en argent.

L'obligation de *remplir les conditions du bail*, outre le paiement, comprend encore les améliorations, redevances ou autres engagemens qu'auroit pris le fermier envers le propriétaire, ainsi que les réparations locatives des bâtimens & celles d'usage dans son canton.

De l'exécution des baux.

Pour faire exécuter les clauses de son bail par le locataire, le locateur a le droit de saisir tous les effets du fermier, même les bestiaux & ustensiles servans au labourage, qu'on ne saisit pour aucune autre dette, même pour deniers royaux.

Le fermage de l'année prime la taille de cette même année.

En pays coutumier la créance du propriétaire est privilégiée sur les fruits, revenus, meubles, ustensiles, &c. du fermier; en pays de droit écrit, son privilège est restreint aux fruits & revenus de sa chose.

Lorsque le fermier s'est soumis à la contrainte par corps, il n'est pas reçu à faire cession de ses biens afin de s'y soustraire; & l'emprisonnement peut être effectué si le propriétaire insiste.

Dans le cas où un fermier quitteroit sa ferme, ou viendroit à en interrompre l'exploitation, le locateur peut le forcer à la résiliation du bail; & le faire condamner en des dommages-intérêts proportion-

(1) On stipule aussi dans quelques provinces, le cas de la *guerre guerroyante*.

tés au tort que sa négligence ou son abandon lui causent.

Un propriétaire est libre d'expulser judiciairement un fermier qui laisse passer deux termes sans le payer.

Relativement au fermier, l'exécution des clauses des baux lui donne une action contre le propriétaire, qu'il peut contraindre à le mettre en possession de la totalité de sa location.

Il peut encore, si la chose louée a quelques vices qui lui ayent été cachés, obtenir un dédommagement du bailleur. Il sous-loue sans le consentement de ce dernier, & même contre son gré.

Les meubles, ustensiles, fruits, & bestiaux du sous-locataire, sont hypothéqués *au prorata* de sa jouissance pour le paiement du *propriétaire*; mais ce n'est que jusques au moment de l'échéance du terme; car après cette échéance, le sous-locataire est censé s'être acquitté. Il est vrai que s'il avoit payé d'avance, il seroit dans la nécessité de payer deux fois.

Fin des baux.

Un bail finit à l'expiration du tems convenu par le bail.

Il finit aussi par une convention amiable entre les deux contractans, lorsque l'un donne & que l'autre accepte le congé.

La mort du locateur qui lègue, ou l'usufruit ou la propriété de la chose louée, rompt le bail; mais il est dû au locataire un dédommagement qui est ordinairement arbitré en proportion d'une année sur trois de ce qui reste à courir.

C'est l'héritier qui est obligé à dédommager, & non le légataire.

L'héritier est tenu des faits de son auteur; il doit entretenir les baux.

Lorsque le bail a été passé par un *bénéficier*, une *douairière*, ou un *usufruitier*, leur mort le rompt pour la fin de l'année commencée, sans que le fermier ait rien à prétendre des successeurs.

La mort du mari qui a passé des baux pour un terme plus long que le terme ordinaire des baux, les réduit à ce terme ordinaire.

La mort du fermier impose à ses ayans cause la nécessité d'exécuter les baux qu'il a faits.

La vente de la chose louée, rompt aussi le bail, mais engendre des dédommagemens à la charge du vendeur.

L'acquéreur est obligé de donner copie de son acte d'acquisition aux locataires, que ceux-ci sont en droit de critiquer s'il y a lieu.

Quand le fermier s'en va, il doit laisser à celui qui le remplace la commodité de préparer les travaux de l'année prochaine; il doit rendre les *ustensiles nécessaires aux labours*, en l'état où il les a reçus; & s'il a négligé d'en faire un état, on s'en rapporte au serment du propriétaire s'il est d'usage que ce dernier les fournisse. Quant aux autres meubles, c'est au contraire, s'il n'y a point d'état, le serment du fermier que l'on reçoit.

Le fermier ne peut, à la fin de son bail, arracher les arbres qu'il a plantés sur les héritages; mais s'il y a fait des améliorations considérables, le propriétaire doit lui tenir compte de ses impenses. M. F.

Dans quelques provinces, & non dans toutes, si le fermier est privé de sa récolte par les grêles, les gelées, les inondations, &c. il est en droit de demander qu'il lui soit fait une diminution sur le prix de son bail, à moins que, par une clause particulière de la convention, il n'ait déclaré prendre, à ses périls & risques, ces sortes d'événemens, sans diminution du prix du bail. La seconde manière pour ne pas être dans le cas de donner des dédommagemens au fermier, est, après avoir fixé le prix de la ferme, par exemple, à 3000 liv. de le réduire à 2700 livres; les 300 livres servent de dédommagement au fermier, & il ne peut en répéter aucun autre, à moins d'une détérioration très-considérable du sol.

Est-il avantageux aux propriétaires & aux fermiers de contracter des baux à termes courts ou longs? La réponse est simple. Les baux les plus longs sont les plus avantageux, si les contractans sont d'honnêtes gens; si l'un des deux est un fripon, le plus court est le meilleur.

Le propriétaire cherche à affermer au plus haut prix, & le fermier au plus bas, c'est dans l'ordre; mais lorsqu'une ferme est à sa juste valeur, le propriétaire qui veut l'augmenter trompe le fermier, & se trompe lui-même. Le propriétaire doit se dire: plus je retirerai de mon domaine, moins le fermier, par une conséquence naturelle, sera en état de me payer; à chaque époque du paiement, je serai contraint de le harceler & de le constituer en frais de justice, par assignations, commandemens, saisies, &c. mais plus je multiplierai ces frais, plus je le mettrai hors d'état de payer sa dette; c'est donc moi, propriétaire, qui serai la première victime: je savois la juste valeur de ce que j'affermois, & le fermier n'avoit que des apperçus sur ce qu'il prenoit; la loi n'étoit pas égale, je l'ai trompé, & en revanche je perds mon revenu.

Si j'afferme au-dessus de sa valeur, il est clair que je suis un mal-honnête homme; si j'afferme à sa valeur exacte, c'est-à-dire, sur le pied du produit d'une année ni bonne, ni mauvaise, il y a peu de délicatesse dans mon procédé, & ce procédé avide est encore à mon désavantage, parce qu'il est impossible que mon fermier améliore ma terre; & toute terre qui n'est point améliorée se dégrade insensiblement: il y aura donc de toute nécessité une diminution dans le prix du bail qui suivra; je gagnerai (peut-être) dans celui-ci, pour perdre dans le suivant; ma combinaison est donc mauvaise.

Si, au contraire, je fais entrer en ligne de compte le défaut de récoltes, le bénéfice honnête que le fermier doit faire, il sera le premier à augmenter le prix du nouveau bail, parce qu'il aura des avances, & dès-lors il ne craindra pas d'entreprendre des améliorations.

Le propriétaire qui raisonne doit se dire: jetons un coup d'œil sur les fermes de mon voisinage, & voyons celles qui sont les mieux entretenues. A coup sûr ce sont celles où les fermiers y sont établis de père en fils. Ils regardent le domaine comme leur patrimoine, & ils donnent les mêmes attentions que s'il leur appartenoit. Mon voisin, au contraire, change de fermier tous les six ou tous les neuf ans, & ses terres annoncent un dépérissement complet. En effet, le fermier dit à son tour : *tirons de la terre tout ce qu'elle pourra produire; après nous, le déluge.* Tout changement de main nuit à la terre.

Un propriétaire prudent doit faire des sacrifices pour conserver un fermier honnête. Il connoît ce qu'il a, & il ignore ce qu'il prendra : il n'est plus tems alors de regretter la perte du premier. Si ce second avoit eu quelque chose à perdre, il n'auroit pas couru sur l'enchère du premier, & celui-ci n'auroit pas abandonné la ferme, à cause d'une légère augmentation, s'il n'étoit pas assuré que le nouveau marché seroit onéreux pour lui. Six ans suffisent, & bien au-delà, pour connoître à fond la valeur d'une terre.

Le propriétaire ne doit jamais perdre de vue les maximes suivantes. Le fermier doit vivre sur le produit de la ferme, voilà la première loi; il doit gagner, c'est la seconde; payer sa ferme est la troisième. Les seuls baux à ferme, *à moitié fruit*, dispensent de la seconde, puisque les pertes & les profits sont supportés par le fermier & par le propriétaire; mais la première loi est de nécessité dans tous les cas.

Le propriétaire sensé continue à raisonner ainsi : si mon fermier ne paie pas, je puis le contraindre par corps, l'emprisonner, faire judiciairement vendre ses meubles, & judiciairement réduire à la mendicité lui, sa femme & ses enfans; mais que résultera-t-il de ce trait de barbarie? Que celui qui voudra lui succéder, bon ou mauvais payeur, me dira : mon devancier s'est ruiné chez vous, vous avez fini par le jeter dans le précipice; je ne prends votre ferme qu'à un prix bien plus modéré, dans la crainte d'un pareil traitement. Le raisonnement est simple, & sa conséquence est une perte assurée pour le propriétaire.

Propriétaires, soyez humains; dès-lors vous serez raisonnables, & vous entendrez réellement vos intérêts; souvenez-vous que vous récoltez là où vous n'avez pas semé; que celui qui sème & qui vous nourrit ne doit pas périr de misère. N'est-il pas assez malheureux de plier sous la main de fer avec laquelle vous pressurez, sans encore mourir de faim? Le besoin de vivre, l'espérance de vivre en travaillant, l'ont conduit à une démarche inconsidérée. Il a signé son bail, & vous le punissez de ce que les intempéries de l'atmosphère ont contrarié ses vœux & votre insatiable avidité! Si vous exigez le paiement à la rigueur, si vous ne faites aucune remise, aucune diminution sur le bail, votre ame est de fer.

Lorsque vous avez contracté avec ce malheureux, le prix du blé se soutenoit, le vin avoit du débit; les prohibitions se multiplient, la guerre survient, les caves, les greniers sont remplis, la valeur des denrées diminue de moitié, il ne se présente point d'acheteurs; & ce fermier, en acceptant votre bail, pouvoit-il prévoir cette diminution & ces causes? Venez donc à son secours, votre intérêt l'exige plus que le sien. Lecteur, pardonne si j'insiste si long-tems sur cet objet; le sort du malheureux m'afflige, & je suis chaque jour témoin d'une foule de traits qu'on regarderoit avec horreur chez une nation même barbare, & qu'on se permet de sang froid & avec réflexion au dix-huitième siècle, chez un peuple qui se dit civilisé.

Tant qu'il existera des propriétaires avides & cruels, les baux seront toujours trop longs pour le malheureux fermier. S'il veut résilier son bail, il faut qu'il plaide & paye néanmoins à chaque époque, en attendant la décision du procès; & le propriétaire annulle les conventions par le simple défaut de paiement. Ici la loi n'est pas égale; toute en faveur du tenancier, elle écrase celui qui porte le poids du jour: lequel des deux cependant méritoit d'être protégé par la loi? Je sais que, suivant certaines coutumes, on met des dédites respectives, à la troisième ou à la sixième année, en prévenant à l'avance; mais le fermier a le tems d'être complettement ruiné dès la première, parce que c'est l'année la plus dispendieuse pour lui. Si la récolte manque, où seront ses ressources pour les avances que la seconde exige? Le proverbe dit, *le bon maître fait le bon valet*; & le proverbe auroit dû ajouter, *le bon tenancier fait le bon fermier.*

L'avidité a dicté le bail de six années; l'avidité modifiée celui de neuf, & la prudence & la raison dictent celui de dix-huit, par deux baux de neuf années, faits à deux jours différens. Rien ne ressemble plus à une terre en décret qu'une terre affermée, depuis longues années, par des baux de six ans. On a beau mettre conditions sur conditions, accumuler les clauses, il est impossible que le fermier les remplisse. Pourvu que l'apparence de leur exécution existe, cela suffit; mais à peine est-il sorti de la ferme, qu'on est forcé de reprendre sous œuvre tout ce qu'il a fait. On a cru gagner; & on perd effectivement, si l'on sait compter.

Supposons un domaine d'une certaine étendue; il y aura nécessairement des terres maigres, un sol inculte ou des fonds submergés. Dans tous ces cas, le fermier à bail de six années raisonne ainsi: pourquoi défoncerai-je cette terre maigre, la chargerai-je d'engrais? il me faudra plus de valets, plus de bestiaux. Je n'y prendrai que trois récoltes en blé, au plus; la première sera médiocre, toutes circonstances égales, parce que la terre n'aura pas eu le tems de se *cuire*; la seconde récolte sera passable, & la troisième bonne, si la saison ne met obstacle à mes travaux; mais le produit de ces récoltes couvrira-t-il mes premières avances, & me dédommagera-t-il de mes travaux? ce n'est guère possible. Si je défriche un terrain, si je plante une vigne, la dépense sera encore plus forte, & je commencerai à jouir, lorsqu'il faudra l'abandonner à mon successeur; j'aurai fait le bien de mon propriétaire, & non le mien: tirons donc du domaine tout ce que je pourrai, & *après moi le déluge.* Tel est le le langage de tous les fermiers; il eſt dans l'ordre, puiſque les proportions ne ſont pas égales.

Si vous voulez que le fermier travaille en bon père de famille, mettez-le dans le cas de regarder votre poſſeſſion comme ſon bien propre. Plus il ſera convaincu de cette idée, plus vous y gagnerez. Il défrichera les terrains incultes, deſſéchera les marais les plus aquatiques, il multipliera les vignes, les arbres, boiſera votre terre, dans l'aſſurance de jouir paiſiblement, & d'avoir le tems de cueillir le fruit ſur l'arbre qu'il aura planté.

Il ne faut pas légérement paſſer des baux à longs termes; ils ſuppoſent la connoiſſance la plus intime ſur la probité du fermier, ſur ſon intelligence & ſur ſon activité. Voici quelques caractères auxquels vous reconnoîtrez ſes qualités.

Après avoir pris les plus grands renſeignemens auprès du maître qu'il doit quitter, tranſportez-vous ſur les lieux mêmes, parcourez les villages voiſins, interrogez les uns & les autres ſur le compte de cet homme; prenez des informations, ſur-tout dans les cabarets; s'il y eſt inconnu, c'eſt un bon ſigne, la voix générale le jugera. Tâchez de découvrir quelques-uns des valets qu'il aura congédiés; ſoyez en garde ſur ce qu'ils diront, à cauſe de la rancune, mais comparez leur dire avec celui des autres, & vous ſaurez décidément ce qu'il vaut. Les informations ne font tort qu'aux fripons, & elles manifeſtent la bonne conduite de l'homme de bien.

Après avoir parcouru les villages, venez chez ce fermier, au moment qu'il vous attendra le moins; examinez, en entrant chez lui, s'il y règne un air de propreté & d'aiſance, un air d'ordre; dans ce cas, il doit mettre beaucoup d'ordre dans ſes travaux. Parcourez ſucceſſivement avec lui ſes écuries, ſes greniers, ſes celliers; voyez & jugez tout par vous-même. Tous les lieux par où vous paſſerez atteſteront ſa négligence ou ſes ſoins. Que ce coup-d'œil eſt inſtructif pour ceux qui ſavent voir!

Du corps de la ferme allez aux champs, voyez comme ils ſont cultivés, ſi les ravines ſont comblées, les foſſés entretenus, les arbres ſoignés, les outils quelconques en bon état. Si tout eſt conforme à votre attente, ce fermier eſt l'homme qui convient, & il ne reſte plus qu'un article à examiner, c'eſt celui des avances.

Cet article eſt eſſentiel. La meilleure volonté de l'homme le plus rangé, le plus actif, le plus vigilant, ne ſauroit les ſuppléer. On ne fait rien avec rien, & on eſtime que pour une ferme de cinq cens *arpens* (*voyez* ce mot) de terres labourables, les avances du fermier doivent être de 16 à 17000 livres, ſans compter ce qu'il doit dépenſer avant de toucher un grain de la première récolte, & ces dépenſes montent à plus de 2000 livres.

Si l'homme ſur lequel vous avez jeté la vue n'a qu'une partie des avances néceſſaires, & ſi vous le croyez en état de remplir toutes vos intentions, ne balancez pas à faire des ſacrifices, aidez-le de tout votre pouvoir ; c'eſt une avance dont ſon travail vous paiera de gros intérêts par la ſuite ; c'eſt un homme précieux qu'il ne faut pas laiſſer échapper ; il s'attachera à vous par vos bienfaits, & il ſera lié par la reconnoiſſance & par ſon propre intérêt.

Dans aucun cas, & ſous aucun prétexte quelconque, ne prenez un chaſſeur, un pêcheur ou ivrogne. Cette claſſe d'êtres ne réſiſte jamais à la vue d'un fuſil, d'un hameçon ou d'une bouteille. Jamais chaſſeur, pêcheur, buveur n'ont été riches. Le fermier ne doit quitter ſon habitation que le dimanche, pour vaquer aux offices divins, doit aller rarement à la ville, & uniquement pour y vendre ſes denrées.

Avant de paſſer un bail à long terme, un propriétaire prudent aura ſous les yeux le plan de ſes poſſeſſions, &, ce qui vaudra encore mieux, en connoîtra chaque partie ; c'eſt le moment de fixer un plan réglé de culture, & ſurtout un plan d'amélioration. Il tracera ſur le papier toutes les conditions qu'il exige du fermier, fera un tableau & un devis des améliorations à faire pendant chaque année du bail, de manière que le commencement des grandes entrepriſes ſoit fixé à la ſeconde année, afin que le fermier ait le tems de ſe récupérer de ſes avances & de ſes travaux : c'eſt le moment de commencer le défrichement des terres, la plantation des vignes, de former des pépinières dans tous les genres, &c. mais une clauſe eſſentielle qu'on ne doit jamais oublier, eſt de fixer le nombre d'arbres & les qualités qui, chaque année, ſeront plantés dans le domaine. Propriétaires, attachez-vous à boiſer ; votre fonds doublera de valeur après la quarantième année. Si vos terres ſont trop précieuſes pour les ſacrifier à des forêts, plantez leurs liſières en bois de conſtruction, & multipliez les arbres fruitiers.

Avant de paſſer le bail, mettez ſous les yeux du nouveau fermier le tableau des améliorations que vous exigez de lui, afin qu'il le liſe attentivement, le médite, & ne ſigne qu'après une pleine connoiſſance. C'eſt à vous à tenir la main par la ſuite à l'exécution de chacun des articles. Pour juger s'ils ſont bien remplis, ne vous en rapportez qu'à vous-même, autrement vous ſerez trompé. Le fermier a beau être homme de bien, pour ſa tranquilité il faut le croire, mais agiſſez toujours comme s'il ne l'étoit pas. L'homme ſurveillé en vaut mieux, & le champ y gagne.

BAILLI. C'eſt le nom d'un officier que les ſeigneurs hauts-juſticiers prépoſent à l'adminiſtration de la juſtice, dans les terres de leur juriſdiction.

Bailli vient du latin *bajulus* (1), dont nos anciens annaliſtes ſe ſervent pour déſigner le régent d'un royaume, le gouverneur d'un prince enfant. *Bail*, *baillie*, dans nos vieilles coutumes, ſignifient *la tutelle*, l'adminiſtration des biens

(1) Qui lui-même dérive de *bajulare* : porter un fardeau.

d'un mineur. Une ordonnance rendue par S. Louis, en 1228, appelle indifféremment *bajulus* ou *ballivus* le même officier.

Ce n'est pas pour faire parade d'une vaine érudition que nous indiquons ici l'étymologie de ce terme, puisque notre dessein n'est que de parler des baillis seigneuriaux, bien moins éminens en dignité que ceux qui portèrent d'abord ce titre; mais, pour faire sentir que, quoique restreintes, leurs fonctions n'en sont pas moins importantes.

Ils distribuent la justice au peuple de la campagne; la justice, seul bien du pauvre, qui le console, qui le soutient, qui lui aide à supporter avec courage les travaux les plus rudes, parce qu'elle sert de sauve-garde à sa foiblesse, de savoir à son ignorance; parce qu'elle fait disparoître toutes les inégalités; parce qu'aux yeux du bailli le seigneur doit descendre au rang du vassal, ou le vassal s'élever au niveau du seigneur.

Autrefois les seigneurs eux-mêmes rendoient la justice. Cette obligation admirable dérive nécessairement de l'institution de la société. Aussi-tôt que plusieurs hommes furent rassemblés, s'ils préférèrent de voir régler leurs volontés privées par la volonté de l'un d'eux, à l'embarras toujours renaissant de débattre & de résoudre sans cesse ce que devoit faire chaque individu; ce fut certainement parce qu'ils crurent celui qu'ils choisissoient plus éclairé qu'eux sur l'intérêt général, & sur-tout parce qu'ils furent persuadés que, dans son cœur, cet intérêt général l'emporteroit constamment sur l'intérêt particulier, fût-ce le sien propre.

C'est à l'abandon de son intérêt particulier qu'il faut rapporter les différens genres de services qu'ils s'empressèrent à lui rendre. Ce fut d'abord un tribut que la reconnoissance payoit à la générosité; le chef de la société ne pouvoit pas s'oublier absolument pour elle, qu'elle ne s'occupât essentiellement de lui. Il entra donc en partage dans toutes les jouissances qu'il assuroit aux autres, & ces diverses prestations une fois établies, celui qui remplaça, à quelque titre que ce fût, le juge, le directeur de la société, les recueillit, les conserva, les transmit à son successeur.

Rien de plus pénible, rien de plus excessivement fatigant que la condition de juge dans son état primitif. Avoir sans cesse l'œil ouvert sur ce qui se passe parmi ceux que leur confiance absolue tient dans une sécurité parfaite; réprimer les attentats, punir les forfaits, contenir le vice, en étouffer le germe; fixer, au milieu de la société, la paix, le repos, le bonheur; voilà quel dut être le but de son application constante.

On trouve, dans le livre de Job, un beau portrait du juge (1). « J'étois, dit-il, le libérateur de » l'infortuné qui crioit vers moi, » le soutien du pupille qui n'en » avoit point; je consolois le cœur » de la veuve, & la bénédiction

(1) Cap. 29.

» de celui que j'avois sauvé du » danger s'arrêtoit sur ma tête. » La justice me servoit de manteau » royal, & mes jugemens de dia» dême. Cherchant avec soin à » m'instruire de la cause que j'i» gnorois, je fus l'œil de l'aveu» gle, le pied du boiteux, le père » des pauvres; je brisai les dé» fenses du sanglier de l'iniquité, » & j'arrachai d'entre ses dents » la proie qu'il alloit dévorer ». Nous rapprocherons de cet endroit un trait placé plus loin dans l'original, & qui nous paroît bien digne de terminer un aussi sublime tableau. « J'avois fait, dit Job, un » pacte avec mes regards (1), afin » qu'en venant à tomber sur une » vierge, ils n'éveillassent pas » même une pensée qui lui fût re» lative ».

Telle étoit l'idée qu'avoit alors un juge de l'étendue de ses laborieuses fonctions, & de la *sainteté*, si l'on peut parler ainsi, qu'on exigeoit de sa personne. Pour que ses concitoyens dormissent, il ne dormoit point; il n'étoit jamais tranquille, pour qu'ils le fussent toujours; & si l'on n'étoit heureux, sur-tout du bonheur qu'on procure, il se seroit cru défendu de l'être, pour que tous les autres le fussent. Le prix de cette perpétuelle surveillance, de cette abnégation absolue de soi-même, de cette impérieuse tyrannie qu'exerçoit le devoir sur toutes ses facultés, étoit bien senti par les peuples, qui le payoient, en prodiguant à leur juge les dons, les respects, & jusqu'aux adorations; même, plus d'une fois, ces sentimens vivement excités, durent ne pas s'éteindre à sa mort, ils durent le suivre dans le tombeau; & il n'en faut pas douter, si l'idolâtrie naquit de la reconnoissance, ainsi que de célèbres auteurs l'ont pensé. Le premier objet du culte des mortels fut l'image d'un bon juge qui, pendant sa vie, avoit existé parmi eux comme une divinité bienfaisante.

Sans nous étendre davantage sur une matière qui nous conduiroit trop loin, on conçoit facilement que, s'il est doux d'obtenir des hommages aussi flatteurs, comme il en coûtoit infiniment pour les mériter, il arriva bientôt que, sans cesser d'y prétendre, on cessa de s'en rendre digne. On alla plus loin, on finit par diviser ce ministère vénéré. Un homme puissant, mais pervers, devenu juge, mit d'un côté les égards, les rétributions, les honneurs; & de l'autre, les soins, les peines, l'exercice de toutes les vertus requises. Dans cette place éminente, il se réserva le premier lot, & délégua le deuxième, avec quelques légères portions du premier, à l'être qui put le mieux ou lui plaire, ou le payer. C'est ainsi que les choses se passèrent dans l'origine des sociétés, & c'est à peu près l'histoire de ce qui s'est fait chez nous.

Les rois Francs, maîtres des Gaules, avoient préposé à l'administration de la justice, dans certains districts, des personnages distingués par leurs qualités ou par les services qu'ils en avoient re-

(1) Cap. 31.

çus. Peu-à-peu ces préposés, qui n'exerçoient leurs fonctions que tant qu'il plaisoit au prince, trouvèrent le moyen de se perpétuer dans leurs offices, en s'en emparant d'abord pendant leur vie, & depuis en les transmettant à leurs héritiers.

On imagine bien qu'ils ne négligèrent pas de s'approprier les différens avantages attachés à leur charge. Ils firent plus, comme l'oubli de toute règle, de toute loi, eût amené la barbarie dans notre France, qu'ils rendirent la justice à leur guise, & quelquefois sur des principes les plus extravagans, ils se crurent en droit de créer des redevances, & d'imposer à leurs vassaux des obligations souvent aussi singulières que la façon dont ils jugeoient.

Car long-tems ils jugèrent eux-mêmes; mais aujourd'hui les seigneurs, c'est-à-dire, les représentans des usurpateurs primordiaux, dont le tems a légitimé les propriétés, non-seulement ne jugent plus en personne, mais semblent être généralement persuadés qu'il leur est défendu de le faire.

Cependant il n'y a point de loi qui interdise aux Seigneurs, qui seroient aptes, idoines, reconnus tels, & reçus par les officiers d'une justice royale, de rendre des jugemens dans leur jurisdiction. On cite, il est vrai, un arrêt du parlement de Provence qui prohibe cet usage; mais un arrêt n'est pas une loi; le roi seul dans le royaume a le droit d'en promulguer.

Quoi qu'il en soit, les seigneurs nomment toujours un officier assez généralement appelé *Bailli*, pour exercer les fonctions de magistrat dans leurs terres; & c'est à cette sorte de magistrats que cet article est destiné.

Il y a trois sortes de justices seigneuriales : la haute, la moyenne & la basse.

A laquelle des trois qu'un officier soit commis, il est essentiel qu'il connoisse ses devoirs à l'égard du seigneur, & des justiciables sur le sort desquels il influera plus qu'il ne sauroit s'imaginer.

C'est dans la méditation des loix, des ordonnances, & des coutumes, qu'il puisera ces connoissances. C'est dans les réflexions sur le bien qui peut en résulter, qu'il trouvera à les augmenter. C'est en se pénétrant du desir d'opérer ce bien tout entier, qu'il en acquerra le complément.

Les loix lui apprendront : « qu'il » ne doit jamais se croire plus sage » qu'elles; qu'il doit prononcer selon » les preuves & les allégations, & » n'accorder rien outre ce qu'on lui » demande; qu'il ne peut revenir sur » ses pas; qu'il n'a d'autorité que » dans son territoire; & surtout elles » lui apprendront qu'il faut qu'il » s'occupe d'elles. »

Il saura par les ordonnances : « que » le seigneur qui l'a nommé peut le » destituer purement & simplement, » mais non d'une manière injurieuse; » qu'il peut juger entre lui & ses » vassaux, *pour tout ce qui concerne* » *les domaines, droits & revenus, or-* » *dinaires ou casuels, tant en fief que* » *roture de la terre, même des baux,* » *sous-baux & jouissances, circons-* » *tances & dépendances, soit que l'af-* » *faire se poursuive au nom du seigneur* » *ou en celui de son procureur fiscal;* » qu'il ne peut connoître d'aucun » autre objet intéressant personnel-

» lement son seigneur.» Quant aux vassaux, il verra dans les ordonnances : » quelles sont les formalités » qu'il doit suivre dans ses juge» mens ; que faute par lui de s'y » conformer, il peut être pris à » partie ; qu'il peut être pris à par» tie pour déni de justice ; qu'il doit » être très-circonspect à ordonner » l'exécution provisoire de ses sen» tences, sur-tout lorsque cette exé» cution n'est pas réparable en dé» finitif, autrement, qu'il s'expose » à se voir condamner aux dépens, » dommages-intérêts des plaideurs, » &c. &c. »

Les ordonnances dont il faut particuliérement qu'il s'instruise, sont celles de 1667 & de 1670 ; c'est-à-dire, l'excellente ordonnance civille, & l'importante ordonnance criminelle. Il ne sauroit négliger sans danger ni sans honte, celles qui règlent la forme, fixent la valeur des actes entre les citoyens, ou qui introduisent de nouveaux procédés dans l'ordre judiciaire & qui sont postérieures aux deux précédentes, qu'il ne peut lire, ni avec trop d'attention, ni avec trop de fréquence.

Pour les coutumes, le juge doit, pour ainsi dire, savoir par cœur celle qui régit le fief de son seigneur ; c'est elle qui détermine son pouvoir. Par exemple, nous avons avancé qu'il y avoit trois sortes de justices, *la basse*, *la moyenne* & *la haute* ; mais quelles sont les bornes qui les séparent ? C'est la coutume locale qui les pose. La coutume de Moulins attribue « *au bas-justicier*, » *la connoissance* des *actions person*» *nelles entre ses sujets jusqu'à la* » *somme de 40 s. des délits dont l'a*» *mende est de 7 s. 6 d.* » Celles de Sens & d'Auxerre disent : « qu'*au* » *sieur bas-justicier appartient jurisdic*» *tion & connoissance de toutes causes* » *civiles, personnelles, & possessoires,* » *réelles & mixtes, & des méfaits de* » *ses sujets amendables.* » Celle de Senlis veut : « *que le bas-justicier* ait » *connoissance des meubles, de battre* » *autrui sans sang & sans poing gar*» *ni, de vilaines paroles & injures* » *contre ses sujets & hôtes*, &c. » Nous n'en citerons pas davantage, & nous nous abstiendrons de parler des *moyennes* & *haute-justices*, qui offrent de même de très-grandes variétés. Ce que nous venons de rapporter est suffisant pour établir la nécessité que le juge du seigneur soit à cet égard bien familier avec sa coutume.

Mais cela est d'autant plus indispensable, que sans cette précaution il sera souvent arrêté dans l'intelligence d'un article particulier qui, la plupart du tems, s'explique par un autre. S'il se remplit du texte, s'il peut en rapprocher les expressions dans sa mémoire, rarement se présentera-t-il rien d'obscur pour lui. Au reste, il est assez reçu que la coutume de Paris parle pour celles qui sont muettes en certains cas.

Qu'il observe : que les coutumes étant de droit étroit, il ne lui est pas loisible d'ajouter ou de retrancher à leurs dispositions ; que quand elles ne sont point abolies par le non-usage, ou par des édits qui y dérogent expressément, elles doivent être suivies à la rigueur, &c. Qu'il s'affermisse sur ces distinctions importantes de la personnalité & de la réalité des statuts. On entend par *statuts personnels* ceux qui concernent les personnes, leur état, leur âge, &c. & par *ſtatuts réels*, ceux qui diſpoſent des choſes, mobiliaires ou immobiliaires, qui aſtreignent les actes à certaines formalités, &c. *Les ſtatuts perſonnels* gouvernent l'homme en quelque lieu qu'il ſoit; l'empire des *ſtatuts réels* n'eſt que territorial.

Au moyen de ces notions préliminaires d'un eſprit juſte, & de l'envie de mettre cette dernière qualité en uſage, s'il examine ſcrupuleuſement, & le fond de l'affaire ſoumiſe à ſa déciſion, & les circonſtances qui le déguiſent, qui paroiſſent le changer, & finalement le changent quelquefois, il lui arrivera rarement de ſe tromper.

Qu'il ait l'attention de faire rédiger le vu de ſa ſentence d'une manière exacte, qu'il y mentionne avec ſoin les pièces qui lui ont été préſentées, qu'il y rappelle même les points eſſentiels ou les clauſes qui fondent la conteſtation; cette attention peut être de la plus grande utilité. Les praticiens ſubalternes, par négligence, leurs parties, par ignorance, laiſſent ſouvent égarer des titres précieux dont il eſt trop heureux que l'exiſtence & le précis ſoient conſtatés par un jugement.

Pour ce qui regarde le prononcé, la clarté doit en être le principal caractère. Nous conſeillerions volontiers au juge d'en motiver les diſpoſitions; par-là il donneroit toujours aux magiſtrats ſupérieurs une preuve au moins de candeur, quand par hazard ce ne ſeroit pas de doctrine.

On ne peut trop appuyer ſur les efforts que doivent faire les premiers juges pour mériter que leurs ſentences ſoient confirmées. Le ſuccès d'un appel interjetté par un payſan, eſt dans ſon village comme une étincelle qui tombe ſur des matières combuſtibles; il enflamme toutes les têtes; il met dans les cœurs l'idée que le juge eſt, ou ignorant, ou partial, & cette idée devient la ſource d'une multitude de procès d'où dérivent des maux infinis: l'abandon de la culture, la dépravation des villes rapportée dans les campagnes, le goût de la chicane, & définitivement la ruine totale des familles.

Il ſeroit bien à deſirer que quand un villageois en ajourne un autre, le juge prît la peine de les faire venir extrajudiciairement pardevant lui, & que là il tentât de réunir les deux adverſaires en leur mettant ſous les yeux le peu de valeur de l'objet qui les diviſe, le peu d'importance des motifs de leur différent, en comparaiſon de la perte du tems, des avances d'argent, des démarches, des ſupplications, des angoiſſes auxquelles ils vont ſe dévouer. Il eſt à préſumer que ſi au lieu d'un huiſſier, dont le rôle eſt de ſouffler le feu, les plaideurs ruſtiques avoient le bonheur de rencontrer un homme grave qui, par des réflexions prudentes, & de ſages conſeils, tempérât les bouillons de colère, les accès d'humeur qui preſque toujours déterminent la première aſſignation, il y auroit peu ou point de conteſtations dans les campagnes.

Le malheur eſt que preſque toujours les baillis ou juges des ſeigneurs ſont domiciliés loin des hameaux, dans l'enceinte des villes les plus prochaines, d'où ne venant tenir les plaids que très-rarement, ils ne font inftruits des querelles qu'après que le levain s'en eft aigri, & que le mal eft incurable. Cependant de quelle utilité leur réfidence au milieu de ces bonnes gens ne feroit-elle pas? Obligés de tenir la main à la police, d'empêcher le braconnage, les jeux de hazard, de veiller fur les marchands, fur les tavernes, fur les mœurs, &c. la préfence d'un bailli, refpectable par une conduite pure, par une probité févère, par une fermeté reconnue pour n'être que l'amour des règles, tiendroit tout dans le devoir. Le braconnier abandonneroit un métier dangereux & qu'il ne pourroit plus exercer dans l'ombre; le marchand craindroit une infpection rigoureufe qui ferviroit de frein à fa cupidité; les taverniers n'oferoient recueillir pendant ou jufqu'à des heures indues, ces libertins que l'ivrognerie conduit à la faînéantife, & la faînéantife au crime; ils n'oferoient pas fur-tout donner azyle à ces méprifables brelandiers qui perdent en une heure le fruit du travail d'une femaine, s'expofent au jufte emportement de leurs femmes, aux cris, aux larmes de leurs enfans, dont ils jouent brutalement le pain, la vie; l'adolefcence dans les deux fexes, furveillée, devenue plus circonfpecte dans fes démarches, les mariages feroient plus fréquens & les unions plus fortunées; enfin pour entrer dans des détails bas, fi l'on veut, mais point indifférens, puifque rien de ce qui touche l'humanité ne fauroit l'être, les villages, pour l'ordinaire réceptacles de fange & d'immondices, fe nétoyeroient, fe purifieroient, & fans doute s'affainiroient à la voix d'un juge qui, par la condamnation à une légère amende, auroit bientôt amené les habitans à goûter l'agrément & les avantages de la propreté, & de la falubrité qui en réfulte.

Nous prévoyons à regret qu'on nous dira que le féjour des champs convient peu aux gens de juftice; & que ce n'eft pas là le lieu où l'on fait fortune.

Nous en conviendrons, en remarquant que ce n'eft pas non plus le lieu où l'on eft obligé de facrifier au luxe, & de fe ruiner par convenance. Mais bien mériter de fa patrie, contribuer à la félicité d'une foule de fes femblables, ramener l'innocence & la joie qui l'accompagne dans leurs foyers paifibles, voir le refpect & l'amour naïf briller fur tous les fronts à fon afpect, être certain que fa confervation entre dans les prières de toutes les familles, fe lever en paix avec tout le monde, fe coucher en paix avec foi même; ces jouiffances d'un cœur noble, d'une belle ame, valent bien les richeffes, l'argent, les terres, qu'on n'acquiert pas fans peine, qu'on ne conferve pas fans inquiétude, & que trop fouvent on ne poffède pas fans remords. M. F.

BAIN. On diftingue trois efpèces de bains; le bain entier, le demi-bain, & le bain par partie: le bain entier eft celui dans lequel on plonge tout le corps, pendant un efpace de tems limité; le demi-bain eft celui dans lequel on ne

plonge

plonge que la moitié du corps, & le bain par partie eſt celui dans lequel on ne plonge que quelques parties du corps, les pieds ou les mains, &c.

Le bain eſt ſimple ou compoſé; il eſt froid ou chaud. Le bain ſimple eſt celui dans lequel on ſe ſert de l'eau ſimple; il eſt compoſé quand on fait bouillir dans l'eau quelques plantes *émollientes*, *mucilagineuſes ou aromatiques.*

Le bain chaud eſt nuiſible dans tous les cas, parce que la chaleur faiſant augmenter le volume des différentes liqueurs qui circulent dans le corps humain, il s'enſuit néceſſairement des hémorragies dangereuſes par la poitrine, par le nez, par les oreilles, par la veſſie ou par le fondement; il ne faut jamais employer que le bain tiède: on a coutume de ſe ſervir de thermomètre pour graduer le degré de chaleur qu'on veut obtenir; mais cette méthode eſt très-défectueuſe: les hommes n'ont pas le même degré de ſenſibilité dans l'organe du tact répandu ſur toute la ſuperficie du corps; dans l'un la ſenſibilité eſt exquiſe, & dans l'autre elle eſt plus émouſſée; or, d'après ce fait il eſt très-aiſé d'appercevoir combien l'uſage des thermomètres eſt défectueux, tout ſcientifique qu'en ſoit l'appareil; il s'enſuit que tel trouvera l'eau chaude, tandis que tel autre la reſſentira froide: c'eſt la main du malade qui doit ſervir de thermomètre, & alors il ſera certain de prendre un bain qui, loin de lui nuire, remplira l'intention qu'on ſe propoſe dans ſon uſage.

Les bains tièdes entiers conviennent dans tous les cas où il faut détendre, relâcher, amollir, & rendre aux fluides deſſéchés, l'humidité qui entretient leur fluidité; dans les rhumatiſmes aigus, après avoir fait précéder les ſaignées, ſuivant l'exigence des cas, dans toutes les ſuppreſſions de tranſpiration & dans les inflammations de bas ventre, les bains tièdes doivent marcher à la tête des principaux remèdes propres à rétablir le calme. On ne tire pas des bains tièdes tout l'avantage dont ils ſont ſuſceptibles, parce qu'on ignore les moyens capables d'ajouter à leur effet ſalutaire; il n'eſt pas rare même de voir les bains tièdes produire des effets oppoſés à ceux qu'on en attendoit. Pour obvier à ces inconvéniens nous allons expoſer nos idées ſur cet objet important.

On doit ſavoir que le corps humain eſt ouvert dans toute ſa ſuperficie, par des milliers de petits trous nommés *pores*, dont l'uſage eſt de laiſſer paſſer l'inſenſible tranſpiration & la ſueur, & de repomper dans les fluides qui l'environnent, des portions, ſoit d'air, ſoit d'eau: or, ces émanations ſe font ſous la forme de vapeurs imperceptibles; ces vapeurs ſont bientôt condenſées par le contact de l'air, & elles s'épaiſſiſſent ſur la peau. Ces différentes couches épaiſſies bouchent les pores qui ſont faits pour repomper des parcelles d'air ou d'eau, & nuiſent à la ſortie de l'inſenſible tranſpiration & de la ſueur; ces deux émanations rentrent dans la maſſe du ſang, & portent le ravage dans la machine. Si on plonge le corps dans l'eau, ces couches épaiſſes & huileuſes empêchent l'eau de pénétrer ; l'eau par sa pesanteur, spécifiquement plus lourde que l'air, exerce sur le corps une pression très-forte ; les fluides se portent vers les lieux où la résistance est moindre ; & comme la tête est exposée à l'air, c'est ordinairement dans cette partie que se font les ravages, ou dans la poitrine, si primitivement ou accidentellement cette partie est foible.

Il est facile, non-seulement d'obvier à ces accidens que causent les bains tièdes, mais il est encore aisé de rendre ces derniers très-salutaires : il ne s'agit que d'employer les procédés suivans.

Après avoir laissé quelques minutes le corps plongé dans l'eau tiède, retirez-le de ce fluide, & avec des linges secs & un peu chauds, faites quelques frictions légères sur toutes les parties du corps; replongez-le dans l'eau ; réitérez deux ou trois fois ces moyens, & vous enleverez ces croûtes huileuses & épaisses qui bouchent l'orifice des pores ; vous faciliterez l'insensible transpiration, & l'entrée des parties adoucissantes les plus fines de l'eau tiède, & ces bains tièdes procureront les plus grands avantages.

Les bains froids. On sait que l'usage des bains froids remonte à la plus haute antiquité; leur effet est de fortifier les parties foibles : c'est pour cette raison qu'ils sont si avantageux aux enfans ; ils exigent, il est vrai, de la prudence dans leur administration; il ne faut pas exposer brusquement les enfans dans l'eau, on doit commencer par laver successivement chacune de leurs parties avec de l'eau froide, & on parvient ensuite à leur baigner le corps entier sans courir le plus léger risque.

Les bains froids conviennent encore souverainement dans les maladies nerveuses ; mais il faut que le malade n'ait point d'obstructions, parce qu'alors ils ajouteroient au désordre plutôt que d'y remédier.

Le bain froid avec le savon & le sel réussit bien dans les rhumatismes chroniques, & point du tout inflammatoires.

Les demi-bains s'emploient lorsque le malade ne peut pas supporter les bains entiers.

Les bains par partie s'emploient de même que les bains entiers, froids ou tièdes.

Les bains froids par partie, réussissent dans les pertes considérables; on plonge dans un seau d'eau froide les pieds de la malade ; mais comme ce moyen exige des connoissances profondes dans l'art de guérir, nous renvoyons ce que nous avons à en dire à l'article des HÉMORRAGIES & PERTES DES FEMMES.

Les bains de pieds tièdes sont utiles dans les retards des règles & dans leur suspension, dans les douleurs de tête & de poitrine ; dans les rhumes, dans les coups à la tête, dans les évanouissemens, dans les spasmes & dans les convulsions ; enfin dans tous les cas où il s'agit de faire une dérivation du sang qui se porte plus abondamment dans une partie que dans une autre.

Il existe encore des cas dans lesquels les bains en général conviennent, & nous aurons soin de les indiquer dans le courant de cet Ouvrage.

Nous ne pouvons terminer cet article sans faire des vœux bien ardens pour l'établissement de bains publics gratuits, ou peu coûteux, dans tous les lieux qui le permettroient; combien de malheureux, après les fatigues accablantes d'une journée passée à l'ardeur dévorante de la canicule, ou dans l'exercice des métiers qui exigent l'usage continuel du feu, y trouveroient le délassement de leurs travaux, & préviendroient les maladies cruelles qui sont les suites d'épuisement & de sueurs arrêtées. Puissent nos vœux toucher le cœur des ames sensibles, qui armées du pouvoir, ne se bornent pas, quand ils le veulent, à de tristes desirs, & ont le bonheur de pouvoir commander le bien, & de le faire exécuter. M. B.

BAISSER. Terme des vignerons des environs d'Auxerre & de la partie de Bourgogne où la vigne est attachée à une perche soutenue par un échalas. Ils entendent par là, courber comme le dos d'un chat, la portion de sarment laissée sur cep après la taille. Cette pratique diffère de celle de Côte-Rotie en ce que le sarment décrit presque un cercle entier, & son extrémité revient aussi bas que l'endroit d'où ce sarment prend naissance. La méthode bourguignone ne fait décrire qu'une portion de cercle à ce sarment. Si on demandoit aux paysans de ces deux cantons, la raison physique qui les à déterminés à plier ainsi le sarment; il répondroient *c'est la coutume*; mais pourquoi est-elle établie? Ils auroient beaucoup de peine à répondre à ces questions. Tâchons d'y suppléer pour eux; 1°. le raisin est plus directement exposé aux rayons du soleil, il n'est pas enseveli sous un monceau de feuilles comme dans les autres cantons du royaume; 2°. il règne au tour de lui un plus grand courant d'air; dès-lors son suc est mieux élaboré, moins aqueux, & par conséquent, le raisin moins sujet à pourrir dans les années pluvieuses; 3°. le motif dominant, & le plus important de tous, est que cette manière de plier l'arçon, resserre le diamètre des canaux séveux, & la séve est forcée de monter plus pure & moins impétueusement. Comme son canal direct, ou plutôt la perpendicularité du sarment est supprimée, le cep ne s'épuise pas à produire ces longs & inutiles sarmens qui produisent sur la vigne le même épuisement que celui occasionné par les gourmands sur les arbres fruitiers; enfin ce cep, dont le sarment est *baissé* ou *arçonné*, ne donne, en général, que des sarmens à fruit pour la taille suivante. Cet objet mérite d'être pris en considération par les propriétaires qui desirent se procurer des vins de qualité sur les hautains du Béarn: on devroit arçonner les sarmens & attacher les pampres à la perche supérieure ou à la branche supérieure de l'arbre, pour les hautains du Dauphiné dans les voisinages de Grenoble.

BAISSIÈRE. Liqueur un peu trouble qui couvre la lie du vin, de la bière & du cidre. Il n'est pas prudent de boire ou de faire boire ces baissières; celles du vin contiennent du tartre en surabondance, elles occasionnent des coliques; il vaut mieux les conserver pour jetter dans les vinaigres ; plus les vins font tartareux, plus le vinaigre eft fpiritueux, & plutôt les baiffières font converties en vinaigre. Si au tems du foutirage du vin, on a une affez bonne provifion de baiffières, on peut en faire de l'eau-de-vie, mais elle fera de qualité médiocre, à moins qu'elle ne foit diftillée, comme nous le dirons aux mots DISTILLATION, EAU-DE-VIE.

BALAUSTE, BALAUSTIER. (*Voyez* GRENADIER)

BALAYURE. Ordures amaffées avec un balai. Il n'eft point de petite économie pour une groffe ferme, & les balayures font à la la fin de l'année un bon tas de fumier. J'ai vu avec peine que prefque partout, on fe contentoit de les pouffer à la cour ou de les jeter fur le chemin, & la première pluie entraîne leurs principes. Elles font communément une terre très-fine, trés-divifée & mêlée des détrimens des fubftances animales & végétales. La fanté du maître & de fes valets eft intéreffée à ce que tout foit tenu dans la plus grande propreté : dès-lors on doit balayer fouvent, & ne laiffer pourrir dans aucun coin des fubftances, qui, en fe décompofant, vicient l'air qu'on refpire. Le monceau, chaque jour augmenté, donne à la fin de l'année plufieurs tombereaux de bon fumier.

BALISIER *ou* CANNE D'INDE. M. Tournefort le place dans la feconde fection de la neuvième claffe, qui renferme les herbes à fleur régulière, en rofe d'une feule pièce, mais divifée en fix parties, & dont le calice devient le fruit, & il l'appelle *cannacorus latifolius vulgaris*. M. le chevalier Von Linné le claffe dans la monandrie monogynie, & le nomme *canna Indica*.

Fleur, imitant les fleurs en lys, d'une feule pièce, divifée en fix parties lancéolées, réunies à leur bafe ; les trois extérieures font droites, plus grandes que le calice, & les inférieures plus longues ; le calice eft divifé en trois folioles ; la fleur n'a qu'une étamine & un piftil ; la corolle eft rouge-doré, il y a une variété à fleur jaune.

Fruit. Capfule prefque ronde, raboteufe, couronnée, marquée de trois fillons ; intérieurement elle a trois loges, trois valvules, & renferment plufieurs femences groffes comme des pois, rondes & noires.

Feuilles, portées fur des pétioles, ovales, aiguës de chaque côté, marquées par des nervures, douces au toucher, roulées en cornet avant leur développement, de manière que le bord d'un des côtés de la feuille, enveloppe le bord de l'autre côté.

Racine, en forme de bulbe, charnue, noueufe, horizontale.

Port. Tige folide, depuis deux à quatre pieds de hauteur, fuivant la chaleur du climat & les foins qu'on a donnés à la plante ; elle eft feuillée & fimple, les fleurs naiffent au fommet ; difpofées en manière d'épi ; les feuilles font alternativement placées fur la tige & l'embraffent par le bas.

Lieu. Les Indes ; elle eft vivace.

Propriétés. Cette plante figure très-bien dans des plates-bandes, mais elle craint le froid. Il faut la femer ſur couche, & lui donner au moins l'orangerie pendant l'hiver, dans les provinces du nord. Bien abritée & garnie de paille, elle paſſe l'hiver en pleine terre dans nos provinces méridionales.

BALIVAGE, BALIVEAU. Quoique ces deux mots aient chacun une ſignification différente, ils ont trop de rapport l'un avec l'autre pour les ſéparer. *Balivage* eſt un terme d'eaux & forêts, qui ſignifie la marque du roi, du grand maître ou du maître particulier, ou du gruyer, ou enfin, du particulier, qui doit être empreinte ſur les baliveaux à conſerver. Le mot *balivage* ſe dit encore de l'action de compter les baliveaux.

Par *baliveau*, on veut dire un arbre réſervé dans la coupe des bois taillis, & choiſi pour le laiſſer croître en futaie. Il doit être de chêne, de hêtre ou de châtaigner.

Les qualités d'un bon baliveau ſont d'être bien droit, de la hauteur des taillis, les branches de la tête bien ramaſſées vers la tige, & en quantité proportionnée à ſa groſſeur. Ces baliveaux viennent de ſemence ou ſur ſouche; les premiers ſont appelés *brins de ſemence*, & les ſeconds *brins de pied*, quand ils ſont ſeuls ſur la ſouche; mais s'il s'en trouve pluſieurs on les nomme *brins de ſouche*. Ces derniers ſont les moins propres à former de bons baliveaux. Les ordonnances de nos rois, en forçant & preſcrivant le nombre de baliveaux qu'on doit laiſſer par arpent en coupant un taillis, ont eu pour but de conſerver en France à peu près la même quantité de bois, & former de nouvelles forêts, dans la vue de ſuppléer les anciennes à meſure qu'on les abat.

Le baliveau de deux coupes eſt ſouvent appelé *perot*, celui de trois coupes *tayon*.

On diſtingue trois ſortes de baliveaux; 1°. ceux d'âge; 2°. les baliveaux modernes; 3°. les baliveaux anciens.

1°. *Des baliveaux d'âge*. Ceux qui ſont de l'âge du taillis, c'eſt-à-dire venus de ſemence, en même-tems que lui, portent ce nom: au défaut du chêne, l'ordonnance preſcrit le hêtre, le châtaignier ou *autre arbre de la meilleure eſſence*; l'ordonnance preſcrit d'en laiſſer ſeize par arpent de taillis, & dix par arpent de futaie. L'arpent des eaux & forêts, réglé par l'ordonnance, eſt de cent perches carrées, la perche de 22 pieds: ainſi, cet arpent eſt de 1344 $\frac{4}{9}$ de ſuperficie. On choiſit les plants les plus droits, les mieux venans pour baliveaux; il eſt permis aux particuliers de couper ceux venus ſur taillis quand ils auront acquis l'âge de quarante ans.

2°. *Les modernes* ſont les baliveaux âgés de deux & trois âges. Dans les taillis qu'on coupe tous les vingt ans, un moderne peut avoir quarante ou ſoixante ans; dans ceux de vingt-cinq ans, ils ont cinquante ou ſoixante-quinze ans, & ainſi de ſuite à proportion des âges; cependant le vrai baliveau moderne eſt de deux âges au moins, & de trois au plus.

Pour établir la réſerve des modernes, on en fait le choix dans les baliveaux taillis qui ont été réſervés de l'âge lors des deux dernières exploitations: il ne faut pas s'attacher à l'âge le plus grand, parce que quelque fois il arrive qu'un moderne de deux âges, est plus beau qu'un autre de trois âges. On doit principalement s'appliquer à la vigueur de l'arbre, afin qu'il puisse encore profiter, & rapporter l'intérêt de son capital au bout de la révolution d'âge qui doit s'écouler avant la seconde exploitation, & même s'il se peut pendant les révolutions suivantes, afin de former un arbre de la grosse taille lorsqu'il aura acquis le titre de baliveau ancien. Pour cela, il ne faut point qu'il soit *élandré*, encore moins *pommier*, *rabougri* & *couronné ;* il faut au contraire qu'il ait toutes les perfections qu'on peut desirer. Quand les premiers baliveaux de l'âge ont été bien choisis, il est facile d'en extraire les meilleurs à la révolution suivante, pour le nombre des modernes; mais si le mauvais état des taillis n'a pas permis d'en avoir de bons, il vaut beaucoup mieux augmenter le nombre des baliveaux de l'âge, & diminuer celui des modernes, que de perpétuer l'existence de mauvais sujets, capables de nuire aux taillis, & incapables de valoir un sol de plus aux propriétaires lorsque la révolution suivante sera accomplie, à moins toutefois qu'on ait besoin de multiplier les étalons pour se procurer des semences.

3°. *Des anciens.* Les baliveaux anciens sont ceux qui ont plus de trois âges, ou au moins quatre âges. Un baliveau est déjà ancien à quatre-vingt ans, dans un taillis de vingt ans; il est ancien à l'âge de cent ans, dans un taillis de vingt-cinq ans; & il l'est également à l'âge de cent-vingt ans; dans un taillis de trente ans, & ainsi de suite.

On choisit les anciens dans le nombre des modernes qui ont acquis trois âges accomplis : pour cela il faut choisir les plus gros, les plus vigoureux & les plus beaux arbres de la forêt; que le tronc soit droit, bien élevé; qu'il porte ses branches en les ramassant vers la tige; que sa tête en soit garnie à proportion de sa grosseur.

En suivant l'ordonnance à la rigueur, il est constant que tous les bois taillis des gens de main-morte devroient à la longue former des futaies composées d'arbres de tout âge, puisqu'à la première coupe on doit réserver 16 baliveaux par arpent; les 16 de la seconde avec les 16 de la première forment 32 à la troisième; ces 32 avec les 16 nouveaux en feront 48, & ainsi, en augmentant toujours du nombre de 16, on aura à la fin une forêt. Ces détails sont tirés du *Manuel forestier de M. Guyot, garde-marteau de la maîtrise de Rambouillet.*

Il se présente deux questions. 1°. La méthode de conserver les baliveaux est-elle avantageuse? 2°. Est-il possible de suivre une méthode plus avantageuse, en conservant le nombre des baliveaux?

Etablissons quelques principes. 1°. Toutes les semences d'arbres germées tendent, en sortant de terre, à pousser une tige perpendiculaire. 2°. Si la tige qui doit former l'arbre se trouve isolée, elle poussera des branches latérales, formera promptement sa tête, & s'élèvera peu, proportion gardée. 3°. Si tous les trois ou quatre ans on émonde l'arbre de ses branches inférieures, ainsi qu'on le pratique sur les ormeaux qui bordent les grands chemins, la tige, emportée par la séve qui monte aux branches du sommet, s'élancera, gagnera en hauteur, acquerra peu de diamètre; au lieu que celui de l'arbre n°. 2, gagnera en grosseur ce que celui-ci acquiert en longueur. 4°. Si plusieurs arbres sont voisins les uns des autres, & que les rayons du soleil pénètrent difficilement vers la racine, leurs tiges se dépouilleront de leurs branches inférieures; & comme les tiges s'élancent toujours vers la lumière, dès-lors elles doivent monter & filer également les unes & les autres, si aucunes circonstances particulières ne s'y opposent. 5°. S'il se forme une clarière au milieu de ces tiges rapprochées, celles qui avoisineront cette clarière pousseront des branches latérales, & le brin principal cessera de s'élever, & ne s'occupera plus qu'à grossir. Tirons quelques conséquences de ces principes.

I. *La méthode de conserver les baliveaux est-elle avantageuse?* L'ordonnance qui prescrit d'en laisser 16 par arpent a manqué son but, quoiqu'au premier coup-d'œil elle paroisse très-sage. Il y a très-loin de la spéculation à la pratique, & les loix de la nature ne se prêtent pas toujours aux loix dictées d'après nos idées.

1°. Ces 16 brins, sans doute les plus beaux parmi ceux qui ont poussé sur l'arpent pris pour exemple, ont une tête formée par des branches formant, avec la tige, des angles de 20 à 30 degrés. (*Voyez* fig. 25, pl. 18 du tome Ier, & lisez la page 630 & suivantes.) Ces angles ne pouvoient avoir plus d'étendue, parce que l'arbre est supposé jeune & vigoureux: dès-lors ses branches devoient toucher celles des arbres voisins. Dans cet état, son écorce est tendre, ses pores très-ouverts, ses vaisseaux remplis de séve, &c. il se trouve isolé avant l'hiver par la coupe du taillis. Voilà donc cet arbre, auparavant abrité par les tiges voisines, exposé à toutes les intempéries de la saison, & l'expérience a prouvé que presque tous les baliveaux ont péri en 1709; mais supposons qu'ils résistent aux rigueurs de l'hiver.

2°. Ces 16 brins, loin de continuer à élever progressivement leurs tiges comme dans les années précédentes, ne croîtront plus dans les mêmes proportions. Les branches latérales pousseront de tous les côtés, les supérieures s'inclineront & décriront successivement des angles de 40 à 50 degrés, &c. & les branches inférieures seront obligées de suivre la même direction, afin de jouir du bénéfice de l'air, de la lumière & des rayons du soleil; enfin le tronc de l'arbre grossira, ses branches se prolongeront, & il ne croîtra presque plus. Sur ces 16 brins, à peine y en aura-t-il le quart qui prospérera, &, pour me servir d'une expression usitée par les forestiers, ils croîtront à la manière des *pommiers*.

3°. *Ces baliveaux sont la ruine des taillis.* Pendant les premières années, les baliveaux se hâtent à pousser de grandes branches par le côté, & elles s'étendent d'autant plus aisément que rien ne les gêne; mais toutes les souches qu'elles couvrent de leur ombre, privées du soleil, des influences de l'air, végétent mal, se *rabougrissent*, *s'étiolent*, (*voyez* ces mots) & périssent à la fin. Il est inutile d'en fournir la preuve, & de démontrer par le raisonnement que cela doit être ainsi; un seul coup-d'œil sur les taillis en convaincra plus sûrement.

4°. *Les baliveaux occasionnent la gelée des taillis.* On s'en rapportera sans doute à la véracité & au discernement de M. le comte de Buffon. Voici comme il s'explique: « On sait, par une expérience déjà trop longue, que le bois des baliveaux n'est pas de bonne qualité, & que d'ailleurs ils font tort aux taillis. J'ai observé fort souvent les effets de la gelée du printems dans deux cantons voisins de bois taillis. On avoit conservé dans l'un tous les baliveaux de quatre coupes successives, & dans l'autre on n'avoit réservé que les baliveaux de la coupe actuelle. J'ai reconnu que la gelée avoit fait un si grand tort au taillis chargé de baliveaux, que l'autre tailli l'a devancé près de cinq ans sur douze. L'exposition étoit la même; j'ai sondé le terrain en divers endroits, il étoit semblable. Ainsi je ne puis attribuer cette différence qu'à l'ombre & à l'humidité que les baliveaux jetoient sur le taillis, & à l'obstacle qu'ils formoient au desséchement de cette humidité, en interrompant l'action du vent & du soleil. »

» Les arbres qui poussent vigoureusement en bois produisent rarement beaucoup de fruit; les baliveaux se chargent d'une grande quantité de glands, & annoncent par-là leur foiblesse. On imagineroit que ce gland devroit repeupler & garnir les bois; mais cela se réduit à bien peu de chose, car de plusieurs millions de ces graines qui tombent au pied de ces arbres, à peine en voit-on lever quelques centaines, & ce petit nombre est bientôt étouffé par l'ombre continuelle & le manque d'air, ou supprimé par le dégouttement de l'arbre & par la gelée qui est toujours plus vive près de la surface de la terre, ou enfin détruit par les obstacles que ces jeunes plantes trouvent dans un terrain traversé d'une infinité de racines. On rencontre à la vérité quelques arbres de brin dans les taillis; ces arbres viennent de graine, car le chêne ne se multiplie pas par rejeton, & ne pousse pas de la racine; mais les arbres de brin sont ordinairement dans les endroits clairs des bois, loin des gros baliveaux, & sont dus aux mulots ou oiseaux qui, en transportant les glands, en sèment une grande quantité. »

Voici encore une observation importante de M. de Buffon. » J'ai su mettre à profit, dit-il, ces graines que les oiseaux laissent tomber. J'avois observé dans un champ qui, depuis trois ou quatre ans, étoit demeuré sans culture, qu'autour de quelques petits buissons qui s'y trouvoient fort loin les uns des autres, plusieurs petits chênes avoient paru tout d'un coup; je reconnus bientôt par mes yeux que

cette

cette plantation appartenoit à des geais qui, en sortant du bois, venoient d'habitude se placer sur ces buissons pour manger leur gland, & en laissoient tomber la plus grande partie qu'ils ne se donnoient jamais la peine de ramasser. Dans un terrain que j'ai planté dans la suite, j'ai eu soin de mettre de petits buissons; les oiseaux s'en sont emparés, & ont garni les environs d'une grande quantité de jeunes chênes ».

Il résulte nécessairement de ce qui vient d'être dit, 1°. que les baliveaux ne remplissent pas le but de l'ordonnance pour le repeuplement des forêts; 2°. qu'ils nuisent essentiellement aux taillis; 3°. qu'une forêt remplie d'arbres d'un âge si disproportionné est une mauvaise forêt, puisqu'une partie des pieds est en décours, tandis que la seconde est à son point de perfection, & la troisième & la quatrième sont bien éloignées d'y être parvenues. Il y aura donc une perte réelle si on abat cette forêt; elle sera plus forte encore si on est obligé de jardiner, de couper des arbres çà & là, d'y former des clarières, &c.

II. *Est-il possible de suivre une méthode moins destructive, en conservant le même nombre de baliveaux?* Deux manières peuvent suppléer la première méthode.

Tout taillis un peu considérable est divisé en coupes réglées, & communément, entre chaque coupe, on ménage des routes pour le passage des charrettes qui font le service du transport. C'est le long de ces routes qu'il conviendroit de laisser croître les baliveaux dans un nombre proportionné à celui prescrit par l'ordonnance.

Ces baliveaux placés sur quatre rangs de chaque côté de la route, formeroient un petit massif de bois; les pieds se défendroient mutuellement les uns & les autres; & sur ces huit rangées d'arbres, les intérieures prospèreroient, & les arbres des deux extérieures auroient encore une supériorité marquée sur les baliveaux qui restent isolés, suivant la méthode ordinaire, puisqu'un de leur côté seroit protégé par les arbres voisins. Si on ne laisse qu'un seul rang sur la bordure, il vaudroit presqu'autant ne pas prendre cette précaution.

La seconde méthode qui suppléeroit la première, consiste à former des masses lorsque l'on coupe le taillis, c'est-à-dire, que si on a seize arpens de taillis à couper, on choisira le mieux venant, qu'on laissera en futaie, après avoir abattu tous les brins qui deviennent inutiles. Il n'est pas à craindre que leur souche repousse, elle périra accablée sous l'ombre des arbres, & par le manque d'air. Par ce moyen, bien simple, on conservera autant & plus de bois que n'en prescrit l'ordonnance, & on sera assuré d'avoir de bon bois pour la charpente, pour les bâtimens, pour la marine, &c. Si à chaque coupe on suit cette marche, le taillis sera peu-à-peu converti en *forêt*. (*Voyez* ce mot)

BALLE. C'est cette partie qui remplace le calice & la corolle, dont les plantes graminées sont dépourvues. Elle est composée de paillettes ou écailles, d'inégale grandeur, tantôt opposées, les unes aux autres, tantôt simples, tantôt doubles de chaque côté; quelquefois solitaires entre les fleurs ; quelquefois embriquées en assez grand nombre ; mais jamais insérées circulairement sur le réceptacle, en quoi la balle diffère essentiellement de la corolle & du calice des autres plantes.

Ces paillettes sont ordinairement transparentes, coriaces, ovales, oblongues, pointues, & peu colorées ; on leur donne le nom de *valve* ou *valvule :* ainsi, un assemblage de deux, de trois paillettes autour d'une même fleur, s'appelle une *balle à deux*, *à trois valves.* Elles portent souvent à leur extrémité un filet pointu qu'on nomme *barbe.* (*Voyez* ce mot)

Les deux valves qui renferment immédiatement les étamines & le pistil, représentent la corolle de la fleur ; & lorsque ces valves sont doubles de chaque côté, les deux extérieures tiennent lieu de calice. (*Voyez* Fig. 11. de la planche du mot BULBE. A représente deux balles ouvertes. B, plusieurs balles ramassées ensemble.

Lorsque plusieurs petites fleurs qui ont chacune leur balle propre sont réunies entre deux valves communes, ces valves représentent un calice commun ; & l'assemblage des petites fleurs qui y sont contenues se nomme *epillet.* (*Voyez* ÉPI)

BALLOTE *ou* MARRUBE PUANT, *ou* MARRUBE NOIR. (*Planche* 2, pag. 113.) M. Tournefort la place dans la seconde section de la quatrième classe, qui comprend les herbes à fleur d'une seule pièce, irrégulière, labiée, dont la lèvre supérieure est creusée en cuiller, & il l'appelle *Ballota.* M. von Linné, la nomme *Ballota nigra*, & la classe dans la didynamie gymnospermie.

Fleur. La lèvre supérieure est creusée en cuiller, droite, ovale, entière ; l'inférieure est divisée en trois pièces obtuses, dont la moyenne est échancrée. La corolle est purpurine & quelquefois blanche. L'intérieur de la fleur B est représenté avec ses étamines, au nombre de quatre, dont deux plus grandes, & deux plus courtes. Il n'y a qu'un pistil. Le calice, plissé en cinq stries, d'une seule pièce, à cinq découpures, est représenté en C.

Fruit. Le calice est ici entr'ouvert D, pour laisser voir le pistil qui surmonte quatre embryons E, & qui deviennent autant de semences F. Ces semences mûrissent dans ce calice.

Feuilles, portées par de longs pétioles, en forme de cœur alongé, sans divisions, marquées de fortes nervures, dentées en manière de scie ; elles ressemblent assez à celles de l'*ortie rouge*, & à celles de la *melisse.* (*Voyez* ces mots)

Racine A, ligneuse, rameuse, fibreuse.

Port. Tiges hautes d'une coudée, quarrées, branchues, noueuses. Plusieurs fleurs naissent sur un même péduncule si court, qu'elles paroissent adhérentes à la tige ; elles sont rangées circulairement tout autour d'elle ; & autour des fleurs, il y a de petites feuilles. Les autres feuilles sont opposées deux à deux sur les nœuds de la tige.

Lieu. Les terrains incultes.

Propriétés. Acre, amère, antihystérique, très-recommandée comme détersive vulnéraire, par Boerhave.

Usage. On emploie l'herbe en cataplasme, en décoction & en infusion dans du vin, à la dose d'une demi-poignée sur une livre d'eau ou de vin pour l'homme, & de deux poignées sur une livre de liqueurs pour les animaux ; on applique avec succès le cataplasme sur la teigne, & l'infusion à la dose de quatre onces, deux fois par jour contre la jaunisse. Quelques auteurs ont assez inutilement recommandé l'herbe crue, pilée avec du sel, contre les morsures des bêtes enragées. Si ce remède étoit capable de produire quelqu'effet, il devroit être plutôt attribué au sel qu'à la plante.

BALSAMINE. M. Tournefort la place dans la première section de la onzième classe, qui comprend les herbes à fleurs de plusieurs pièces, irrégulière, anomale, dont le pistil devient un fruit à une seule loge. Il l'appelle *balsamina fœmina*. M. le chevalier von Linné, la classe dans la syngénésie monogamie, & la nomme *impatiens balzamina*, à cause de la facilité ou plutôt d'une espèce d'impatience que montre son fruit lorsqu'on le touche. Sa capsule s'ouvre avec éclat, se roule en spirale, & par cette contraction, lance les semences qui ont acquis leur point de maturité.

Fleur anomale à cinq pétales inégaux ; le supérieur est en manière de lèvre, presque rond, plane, droit, aigu à son sommet ; les inférieurs forment l'autre lèvre ; ils sont grands, recourbés, élargis en dehors & irréguliers ; ceux du milieu sont égaux & opposés. On voit par derrière un nectaire en forme de capuchon.

Fruit. Capsule à une seule loge & à cinq valvules, qui s'ouvre avec élasticité en se pliant en spirale ; elles renferment des semences presque rondes, brunes, attachées à un réceptacle en forme de colonne.

Feuilles, simples, entières, presque sans pétiole, faites en forme de fer de lance, & dentées en manière de scie.

Racine, très-fibreuse.

Port, tige haute d'un pied à un pied & demi, rameuse, herbacée, rougeâtre ou blanche, suivant la couleur de la fleur qu'elles portent ; les péduncules des fleurs naissent des aisselles des feuilles ; les fleurs sont quelquefois rassemblées plusieurs ensemble, quelquefois solitaires ; les feuilles sont placées alternativement sur les rameaux.

Lieu. Les Indes, cultivée dans nos jardins ; la plante est annuelle & fleurit presque tout l'été.

Propriétés. On la dit vulnéraire, détersive, mais elle mérite plus d'être cultivée pour la décoration, que pour les usages médicinaux.

Culture. Le lieu de sa naissance indique qu'elle craint le froid ; il ne faut donc pas se hâter de la semer, à moins qu'on ne fasse usage des châssis. Le tems de la semer dans les provinces du Nord, est à la fin de Mars, & sur couche ; & dans les provinces du midi, à la fin de Février, dans une terre légère & bien préparée. Le grand point est de la garantir des matinées froides. La plus légère gelée blanche cuit la tige, & la fait promptement pourrir. On ne sauroit donner une terre trop légère & trop substantielle à cette plante. On a beau semer de l'excellente graine, la fleur dégénère si la plante n'a pas le terrain qu'elle exige ; soit en pépinière, soit lorsqu'elle est plantée à demeure ; elle exige de fréquens arrosemens, à cause de la multiplicité des fibres de sa racine. La balsamine figure supérieurement dans le milieu des bordures, dans de grands vases, placés sur des amphithéatres. Les principales couleurs de cette fleur sont la couleur de feu, le gris de lin, le violet, l'incarnat, le blanc, & souvent ces différentes couleurs sont mélangées avec le blanc, ce qui forme un coup d'œil très-agréable.

BALSAMIQUES. Toutes substances solides ou fluides, qui n'ont rien d'acre, d'acide d'irritant, d'amer, ou de salé, & qui sont composées de principes aqueux & onctueux, sont nommées balsamiques. Ces remèdes sont propres à corriger l'acrimonie de nos humeurs : on les prend intérieurement, & on les applique extérieurement sur les plaies. Les bains sont balsamiques, parce qu'ils détendent, adoucissent, &c. (*Voyez* BAINS & ADOUCISSANS.) M. B.

BALZANE. Ce n'est autre chose qu'un changement en blanc de la couleur du fond de la robe du cheval, ou dans les quatre extrémités, ou dans trois, ou dans deux, ou dans une. Anciennement on appelloit *travât*, le cheval dont deux extrémités du même côté étoient blanches ; *transtavât*, celui dont le pied de devant d'un côté, & celui de derrière de l'autre, étoient balzanes, & *azzel* le balzan du pied du hors montoir de derrière. Toutes ces expressions sont à présent hors d'usage : nous disons, balzan des quatre extrémités, ou du montoir ou du hors montoir, ou du montoir de derrière, & des extrémités antérieures. Quant à la jonction du poil blanc du canon ou du boulet avec la couleur générale de la robe, s'il se trouve des irrégularités en pointe comme des dents de scie, ces irrégularités empruntant de la balzane & du fond du poil, la balzane est dite dentelée ; si elle est tachetée de noir, elle est dite herminée ou mouchetée ; si elle monte & s'étend, ou près du genou, ou près du jarret, & même au-dessus, on dit que le cheval est chaussé haut, chaussé trop haut. Nous trouvons dans les foires, des cavaliers & des maquignons assez superstitieux pour s'imaginer qu'il y a une fatalité sinistre attachée à la balzane du pied du hors montoir de derrière. M. T.

BAN. Terme de jurisprudence, qui veut dire proclamation solemnelle, pour ordonner ou défendre quelque chose. Mais pour ne s'occuper que des objets relatifs à l'agriculture, il ne s'agit ici que du ban des *moissons*, du ban des *vendanges* & du ban à *vin*. Le bien de l'agriculture exigeroit que ces mots n'eussent jamais été connus dans notre langue, ou du moins qu'à l'avenir, ils fussent oubliés, tout en iroit mieux. Le ban des moissons n'a presque plus lieu en France. Le bon sens a prévalu une fois contre la coutume.

Publier le *ban* est une permission que les officiers de police ou les seigneurs accordent aux particuliers de vendanger leurs vignes ou de moissonner les grains après avoir pris l'avis des principaux habitans, fur la maturité des raifins ou des grains : comme fi j'avois befoin d'un tiers pour veiller fur mes intérêts, & comme fi ce tiers pouvoit les connoître mieux que moi. Si on vouloit remonter à l'origine de ce droit, on trouveroit que c'eft en général une ufurpation du feigneur ou du décimateur. Dans prefque toutes les provinces foumifes à la coutume du *ban*, le feigneur s'eft arrogé le droit de faire vendanger fes vignes les premières par les habitans du village ; ils les nourrit feulement & ne les paie point. Les deux premiers jours font pour lui, & les fuivans pour le particulier. Le décimateur a dit : fi chacun vendange à fa fantaifie, j'aurai trop de peine à prélever ma dîme, je multiplierai mes frais, & mon vin fera de qualité plus inférieure ; le régime prohibitif eft mieux notre affaire. En apparence, le ban offre un point d'utilité & conforme à la raifon, puifque l'on prend l'avis des notables de la paroiffe. J'ai vu ces affemblées, & c'eft parce que j'y ai affifté, que je foutiens que les bans font nuifibles.

Tous les vignobles d'une paroiffe ne peuvent pas être à la même expofition, dans le même fol. Là le raifin eft parfaitement mûr, ici il ne l'eft pas ; ici on cultive une efpèce de raifin dont la maturité eft plus hâtive, là une autre efpèce qui mûrit plus tard ; cependant tout le monde doit vendanger pour ne pas être *déclos*, c'eft-à-dire, pour que les *glaneurs*, les *raifimoleurs*, ne viennent pas fourrager votre vigne. Mais puifque le feigneur, le décimateur, & les notables, ont fi fort à cœur l'intérêt du particulier, pourquoi ne pas s'attacher à prévenir la dévaftation de ces glaneurs qui, fous prétexte de cueillir les raifins oubliés dans une vigne, volent ceux des vignes non vendangées qui les touchent : cet abus eft exceffif, furtout dans le voifinage des petites villes, foit pour le raifin, foit pour le grain.

Dans les grands pays de vignobles, la récolte eft ordinairement faite par des hommes, femmes & enfans qui defcendent des montagnes ; elle eft pour eux une partie de plaifir, & c'eft peut-être la feule occafion de l'année où ces malheureux boivent du vin. Dès que l'atmofphère paroît fe charger de nuages, dès que dans les bas fonds le raifin commence à pourrir, enfin dès que l'on craint tant foit peu pour la récolte, ces hommes fe prévalent, il faut vendanger, & les payer fouvent le quatruple du prix ordinaire. Si au contraire chacun étoit libre de vendanger, la *preffe*, pour me fervir d'un mot ufité dans ces circonftances, ne feroit pas au village, les propriétaires des vignes plantées fur des coteaux, aideroient ceux des vignes en bas fonds, & ainfi fucceffivement. Il feroit facile d'ajouter encore d'autres motifs pour faire profcrire les bans de vendange, fi tout homme de bon fens n'en reconnoiffoit pas les abus. Heureux font les habitans du Languedoc & de la Provence ; ils ne connoiffent pas ce droit deftructeur, chacun y vendange quand il lui plaît & comme il lui plaît.

Je fais que la loi vous permet de couper le raifin avant la publication du ban de vendange, mais elle défend de le fortir de la vigne. En vérité n'eſt-ce pas vouloir permettre à un homme de marcher quand on lui a lié & garrotté les deux jambes ? La loi n'oblige pas de vendanger le même jour que les autres ; mais alors il faut établir des gardes dans tous les coins de ſa vigne pour prévenir le dégât des glaneurs. Cette liberté équivaut à une prohibition. Le payſan eſt toujours preſſé de vendanger ; & le propriétaire, qui deſireroit procurer à ſon vin une qualité ſupérieure, ne peut laiſſer mûrir le raiſin auſſi long-tems qu'il le deſireroit, à cauſe des déſagrémens qui réſultent de n'avoir pas ſuivi le torrent. J'ai vu un décimateur faire un procès à un particulier qui ne vendangeoit jamais que huit à dix jours après les autres.

BANDAGE. Mot emprunté de la chirurgie & appliqué au jardinage par M. l'abbé Roger de Schabol. En voulant tailler une branche, on l'éclate ou on la tord : un ouragan caſſe des branches qui ne ſont pas encore ſéparées ; des branches ſurchargées de fruit ſont, ou forcées, ou à demi-caſſées ou éclatées. Dans tous ces cas & autres ſemblables, le jardinier coupe, c'eſt plutôt fait, & ſouvent un arbre eſt eſtropié, ce qu'on appelle *épaulé*. Le jardinier ſoigneux rapproche habilement & promptement les parties l'une contre l'autre avant que le hâle les flétriſſe ; il met des éclíſſes ou petits morceaux de bois tout autour, de peur que la ligature n'offenſe l'écorce, ou s'il n'en a pas beſoin, il enveloppe & garnit la branche avec quelques chiffons ; mais auparavant, pendant que quelqu'un tient la branche en état, & les parties bien rapprochées, il met autour de la plaie un enduit de bouſe de vache un peu épais, ſur lequel il applique enſuite ſon chiffon & ſes écliſſes, faiſant un bandage ferme avec de l'oſier ou de la corde un peu groſſe. Afin que la ſecouſſe des vents, ou quelqu'autre accident ne puiſſe rien déranger, il met, ou une fourche de bois, ou quelque ſupport auquel il attache ſa branche malade ; par ce moyen la branche reprend, & il ſe fait un bourrelet ou cicatrice à la plaie. Quelle analogie avec les os de l'homme ! Outre que l'arbre n'eſt pas défiguré, ces branches portent des fruits comme s'il ne leur étoit rien arrivé.

BANDAGE. Terme de chirurgie & de maréchallerie. On entend par ce mot, une circonvolution de bande autour de quelque partie du corps, bleſſée, luxée, ou fracturée, pour la maintenir dans ſon état naturel, ou pour contenir les compreſſes ou les médicamens qu'on applique deſſus. Il ſeroit trop long, & même déplacé, de rapporter ici toutes les eſpèces de bandages que l'art a imaginées. Ceux pour l'animal ſont en général plus difficiles à exécuter que ceux pour l'homme, à cauſe du volume & de la forme du coffre ; cependant le bon ſens ſeul dicte la manière de le faire. Une grande attention, en appliquant le bandage, eſt de ne pas meurtrir une partie pour en ſoulager une autre, c'eſt-à-dire qu'il ne doit faire aucun pli, ni être trop fortement lié, ni gêner aucun des principaux mouvemens de toutes les parties qui ne ſont pas affectées dans l'animal.

BANNE *ou* BANNEAU, BENNE

ou BENOT, COMPORTE, font autant de mots ufités dans différentes provinces pour fignifier un vaiffeau de bois à deux mains ou *cornes*, découvert en-deffus, compofé de douves & d'un feul fond, plus long que large, & ouvert dans la totalité par-deffus, dans lequel on tranfporte la vendange en nature. Les douves font fixées par fix cerceaux. Si la partie fupérieure eft garnie d'un fond dans lequel on a ménagé un trou qu'on peut fermer à volonté avec un bouchon, il fert alors à tranfporter le vin nouveau, & quelquefois le vin vieux. Les grandes *bannes* font deftinées pour les charrettes, ou bien deux hommes armés de deux barres de cinq à fix pieds de longueur les portent à bras. Les ânes ou les mulets en portent deux lorfqu'ils font plus petits. Ces vaiffeaux feront repréfentés dans la gravure du mot CUVE. La grande obfervation a avoir lorfqu'on achète ces bannes, confifte à examiner fi les deux mains ou cornes font placées dans une oppofition parfaite. Pour peu que l'une s'écarte de cette direction, la banne, placée fur les deux barres, penche d'un côté & le vin fe répand. La douve qui tient à la corne doit être d'une feule pièce avec elle. Il eft inutile de parler ici de la manière de préparer les douves, cet article fera traité fort au long au mot TONNEAU. Comme les bannes ne fervent pour ainfi dire que dans le tems des vendanges, & qu'il faut que les hommes les manient fouvent, foit pour les remplir, les porter, foit pour vider leur contenu dans la cuve ou dans les tonneaux, il eft prudent de les faire d'un bois léger; le faule, le peuplier, fuffifent; celles en chêne ou en châtaignier font trop pefantes; il vaut mieux leur donner plus de capacité.

Le mot banne a encore d'autres fignifications. Il défigne une voiture faite en tombereau, dont le fond eft fermé par des trapes qui s'ouvrent & tombent quand on veut la vider.

A Paris on nomme *charbon de banne*, celui qui vient dans des efpèces de fourgons garnis de claie.

A Lyon on appelle *benne* la mefure qui fert à la vente du charbon de pierre; elle eft faite comme la banne dont on vient de parler, mais elle a une mefure fixe. Ce charbon fe vend à mefure comble.

On nomme encore *benne* un vafe dans lequel on fait tranfporter par les bêtes de fomme, du blé, de la chaux, &c.

BANQUETTE. Terme de jardinier pour défigner des paliffades baffes à hauteur d'appui.

BAQUET. Sorte de petit cuvier de bois dont les bords font fort bas. Ils font conftruits avec des douves, des cerceaux, un fond, & garnis d'une ou de deux mains; quelques-uns n'en ont point. Ce vafe eft fort commode pour tirer le vin en bouteille, ou pour recevoir les baiffières & les lies des tonneaux. Il eft repréfenté dans la gravure au mot BARRATE, *Fig. 1.* armé d'un côté d'une main de fer A, & de l'autre d'une corne en bois B pour le rendre plus portatif. Plufieurs de ces baquets n'ont ni main ni cornes. Nous rapportons au mot générique BAQUET, plufieurs autres vaiffeaux approchant, pour la forme, tels qu'on les voir, (*Fig.* 2, 3 & 9), dont on se sert, soit pour le vin, soit pour le lait, &c. Comme leurs noms varient, changent plusieurs fois, même dans une province, il est impossible de le citer ici ; chacun est en état d'appliquer le nom de son pays à la forme de baquet qu'il reconnoîtra.

N'employez jamais de douves trop larges, ni pour le fond, ni pour les côtés, elles se coffineront. Le tonnelier aura beau vous dire que les plus larges sont les meilleures, n'en croyez rien. A l'article TONNEAU ce point de fait sera discuté.

BARATTE, *ou* BATTE-BEURRE, *ou* BEURRIERE. Sorte de longs vaisseaux de bois faits de douves, plus étroits par en haut que par en bas, & qui servent à battre la crême dont on fait le beurre. (*Pl.* 3, *Fig.* 4.)

Ce vaisseau est ordinairement garni de deux, trois à quatre cerceaux à ses deux extrémités & dans son milieu. Les cerceaux, à demi-ronds, semblables à ceux employés pour les barriques, sont défectueux ; non-seulement les osiers s'usent promptement, mais encore la crême qui rejaillit quelquefois, se niche dans la cavité formée par la réunion des deux cerceaux ; elle y aigrit promptement, ainsi que le petit-lait qui se sépare en faisant le beurre ; & pour peu qu'il se mêle par la suite de cette matière aigrie avec la crême, le beurre ne tarde pas à prendre un goût âcre & fort ; d'ailleurs, comme toutes les préparations du lait exigent la plus grande propreté, ces cerceaux sont un obstacle à celle qu'exigent ces vaisseaux. Deux cerceaux plats & larges sont préférables aux premiers ; il est aisé d'en sentir la raison.

La seconde pièce qui entre dans la composition de la baratte est son couvercle A, *fig.* 5 ; il est mobile & s'enlève avec le bâton B qui le traverse & qui est fixé au *batte-beurre*, proprement dit C C, qui est percé de plusieurs trous. On voit, *Fig.* 11, la position de celle qui bat le beurre. C'est en soulevant & abaissant pendant un espace de tems assez considérable le bâton & le batte-beurre, que le petit-lait se sépare de la crême, & la crême forme le beurre : plus il est battu plus il se conserve, & moins facilement il devient âcre. Dans les laiteries des seigneurs les barattes sont de faïance.

Toutes les fois qu'on s'est servi de la baratte, on doit la laver à fond ainsi que tous ses accessoires, les frotter avec un brandon de paille, soit en dedans soit en dehors, les mettre à égoutter & à sécher ; en un mot, ne jamais s'en servir sans que le tout soit de la plus rigoureuse propreté. Quelques beurriers très-attentifs commencent par laver les barattes avec du petit-lait chaud, & ensuite avec l'eau fraîche.

Cet instrument suffit pour une laiterie fournie par quelques vaches seulement ; mais l'opération seroit trop lente, trop pénible dans les grandes laiteries semblables à celles de la Flandre, de la Hollande, de la Franche-Comté, de la Suisse, &c. il y faut des instrumens plus expéditifs, & qui sont intéressans à adopter dans les pays où ils ne sont pas connus ; ils économisent sur le tems, sur la main-d'œuvre, & font dans une heure ce que les barattes ordinaires n'exécutent pas dans dix.

La

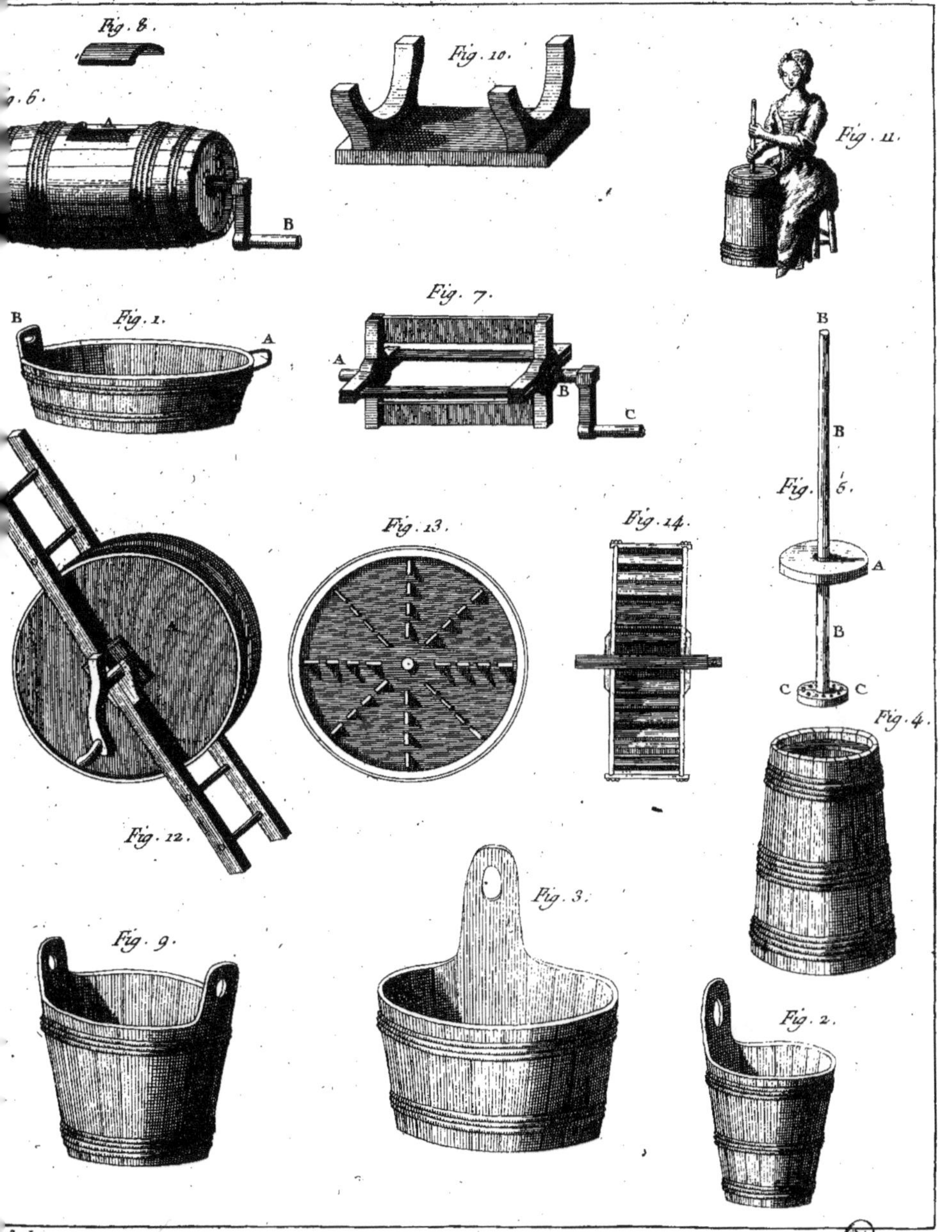

Fig. 8.

Fig. 10.

Fig. 6.

A

B

Fig. 11.

Fig. 7.

A

B

C

B

Fig. 1.

A

B

B

Fig. 5.

Fig. 13.

Fig. 14.

A

B

C C

Fig. 4.

Fig. 12.

Fig. 3.

Fig. 9.

Fig. 2.

Sculp.

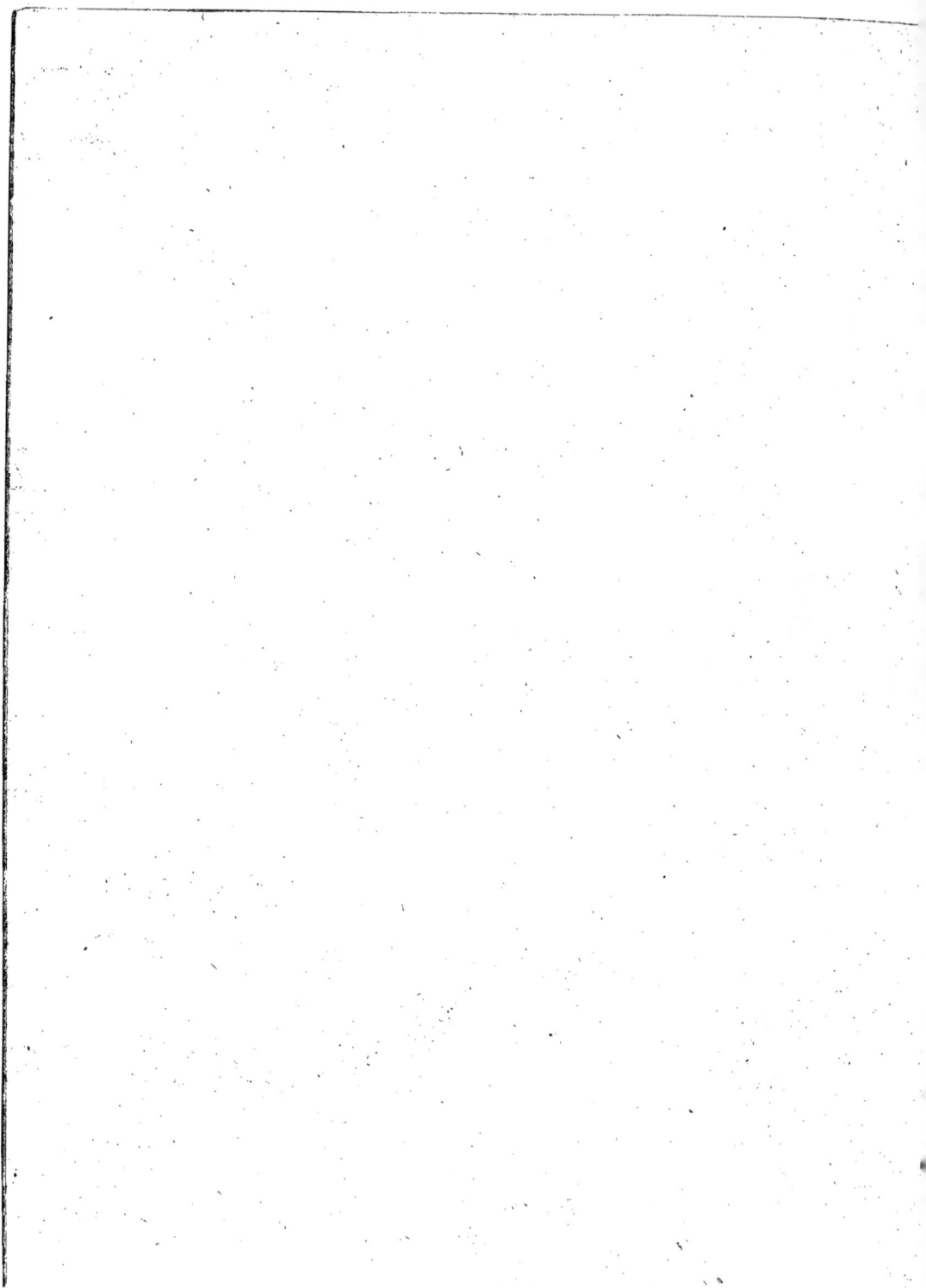

La *Figure 6* représente une baratte flamande ; c'est une barrique susceptible de contenir depuis soixante jusqu'à deux cents pintes de lait, (la pinte, mesure de Paris, c'est-à-dire, qu'elle contient deux livres d'eau, poids de marc.)

Cette barrique est assujettie sur un chevalet solide, *Fig. 10*, de manière que le chevalet & la barrique ne peuvent faire aucun mouvement pendant que l'homme tourne la manivelle B, *Fig. 6*. Dans la partie supérieure de la barrique est pratiquée une large ouverture A qu'on referme avec son couvercle *Fig. 8*, & qu'on assujettit exactement.

L'intérieur de la barrique, *Fig. 6*, est garni par un moulinet à quatre ailes, *Fig. 7*, qui touchent à un pouce près les douves de la barrique ; son axe A appuie contre la douve du milieu & du fond, & entre dans un gousset pratiqué à cet effet, afin qu'il ne se dérange pas pendant l'opération ; à l'autre extrémité de son axe B est adaptée la manivelle C, au moyen de laquelle l'homme fait mouvoir la baratte, & communique le mouvement à toute la masse de lait contenue dans la barrique.

Les suisses, les franc-comtois, les habitans des Vosges, au moins dans certains cantons, construisent leurs barattes sur le même principe que les flamands & les hollandois. Le support de la baratte est une espèce d'échelle, *Fig. 12*, à peu près semblable à celle qui soutient la meule du rémouleur. La baratte A est à peu près de deux pieds à deux pieds & demi de hauteur sur dix à douze pouces de diamètre d'un fond à l'autre. La *Figure 13* représente le moulinet intérieur vu de face, & la *Fig. 14* le moulinet ou batte-beurre, vu perpendiculairement. Comme il y a plus d'ailes à ce moulinet que dans celui des flamands, le beurre est plutôt fait & dépouillé du petit-lait ; cependant le premier est préférable, il se fait moins de déchet, il reste moins de crême & de beurre adhérens aux parois des ailes ; enfin il est plus difficile de tenir ce dernier dans un plus convenable de propreté.

BARBE, BOTANIQUE. Filet pointu situé à l'extrémité, ou attaché à un autre endroit de la paillette de la balle. Ce filet est tantôt très-long, comme dans l'orge, (voyez *Fig. 12*, de la Planche du mot BULBE,) assez court dans certains fromens, droit dans le seigle, & tors ou articulé dans l'avoine. (Voyez *Fig. 11*, A de la même Planche.)

On donne encore improprement le nom de barbe aux poils qui recouvrent des parties de certaines plantes lorsqu'ils sont un peu longs, & disposés en faisceaux. (*Voyez* POIL). M. M.

BARBE, *ou* BARBILLONS. Duplicature de peau en forme d'appendice située dessous la langue du bœuf & du cheval. Les maréchaux sont dans l'usage de couper ce prolongement, parce qu'ils le regardent comme un obstacle qui empêche ces animaux de boire & de manger. Les barbillons étant de se prêter aux différens mouvemens de la langue, nous conseillons au contraire de les conserver.

BARBE DE BOUC. M. Tournefort la place dans la première section de la troisième classe qui comprend les herbes à fleur composée de demi-fleurons, dont les semences sont aigretées, & il la désigne par cette phrase d'après Bauhin : *tragopogon pratense luteum majus.* M. von Linné la nomme *tragopogon pratense*, & la classe dans la syngénésie polygamie égale.

Fleur, composée de demi-fleurons, de couleur jaune, ressemblans pour la forme à ceux du salsifis commun qui est du même genre ; ces demi-fleurons sont de la longueur des folioles du calice, rassemblés dans un calice simple, à huit côtés, divisé en folioles aiguës, égales & réunies à leur base.

Fruit ; semences solitaires, oblongues, anguleuses, rudes, terminées par une aigrette faite en manière de plume, de trente rayons environ, & elle est portée sur un long pédicule en forme d'alène ; les semences sont renfermées dans le calice & placées sur un réceptacle nu, plane & raboteux.

Feuilles, adhérentes à la tige par leur base, longues, un peu ovales, aiguës, très-lisses.

Racine, en manière de fuseau, noirâtre en dehors & blanche en dedans.

Port. Tige d'un pied & demi de hauteur environ, ronde, solide, lisse, garnie de feuilles, alternativement placées ; les fleurs naissent au sommet.

Lieu. Les prés, où elle fleurit en Mai & Juin.

Propriétés. La racine est douce au goût, apéritive, pectorale, stomachique ; la plante pilée & appliquée déterge & consolide les ulcères. On mange la racine en salade ; on en boit la décoction pour les chaleurs d'estomac, de poitrine, du foie, des reins... On recommande assez inutilement la racine bouillie dans l'eau contre les piqûres & les morsures mortelles, & contre le poison.

BARBE DE MOINE. (*Voyez* CUSCUTE)

BARBE DE RENARD, *ou* ADRAGANT. (*Voyez Pl.* 2, p. 113.) M. Tournefort la place dans la cinquième section de la dixième classe, qui comprend les herbes à fleur de plusieurs pièces, irrégulière, papilionnacée, dont le pistil devient une gousse divisée en deux loges, selon sa longueur ; & d'après Bauhin, il l'appelle *tragacantha massilienses.* M. le chevalier von Linné la classe dans la diadelphie décandrie, & la nomme *astragalus tracantha.*

Fleur, papilionnacée ; l'étendard A plus grand que les autres parties, échancré, obtus, droit, ses côtés réfléchis, les deux ailes oblongues, plus courtes que l'étendard ; une aile est représentée en B ; la carenne C, de la longueur des ailes, échancrée ; le calice D en forme de tube, d'une seule pièce, à cinq dentelures, les inférieures graduellement plus petites ; les étamines E, au nombre de dix, rassemblées en faisceau autour du pistil F, excepté une seule qui s'en détache par sa base ; le pistil F est composé de l'ovaire, d'un stile long & courbe, dont l'extrémité se relève & se termine par le stigmate.

Fruit G, succède au pistil ; il est composé de deux valvules H, qui forment deux loges par le moyen de la cloison membraneuse I, qui partage le légume terminé par une pointe, & qui renferme plusieurs semences en forme de rein K.

Feuilles, ailées, portées sur un long pétiole, souvent terminé par un filet; les folioles sont velues.

Port; tiges velues, rameuses, formant une espèce d'arbrisseau; les feuilles naissent le long des tiges, disposées en rond, & alternativement; lorsque les feuilles sont tombées, les pétioles subsistent & ils sont comme épineux.

Lieu. Les pays méridionaux, la Syrie, dans les Echelles du Levant, très-commune dans la Basse-Provence.

Propriétés. Les auteurs ne sont pas d'accord sur ses vertus; on la regarde cependant en général comme rafraîchissante, & quelques-uns lui attribuent les mêmes usages qu'à la racine de la grande *consoude*. (*Voyez* ce mot)

Usage. La gomme qu'on retire de ce petit arbrisseau est un objet de commerce; & pour peu qu'on prît la peine de le cultiver dans la Basse-Provence & dans le Bas-Languedoc, on se passeroit aisément de celle qui est importée d'Alep en France par la voie de Marseille. Dans le tems des grandes chaleurs, en Juin, Juillet, &c. le suc nourricier s'épaissit, fait crever les vaisseaux qui le contenoient; alors ce suc coule sur les tiges, les branches, & sur-tout s'accumule dans les interstices qui se trouvent entre les épines & les tiges; là, il se coagule & se durcit sous la forme d'un vermisseau, souvent de plus d'un pouce de longueur sur une ligne d'épaisseur.

La bonne gomme du commerce doit être luisante, légère, blanche, très-nette, sans goût & sans odeur; celle dont la couleur est noirâtre, jaune, chargée d'ordure, doit être rejetée.

Lorsqu'on veut réduire en poudre cette gomme, il faut que le mortier soit chaud; si on la fait fondre dans l'eau, elle se gonfle, forme une espèce de gelée un peu transparente & luisante; elle est fort employée en pharmacie pour donner du corps aux poudres qu'on veut rassembler en pillules; la gomme arabique produiroit le même effet.

On mêle cette gomme avec le lait pour faire des crêmes, & on peut la substituer aux blancs-d'œufs; la colle de farine, mêlée avec cette gomme dissoute dans l'eau, est plus tenace.

Cette gomme est regardée comme humectante, rafraîchissante, incrassante; on la prescrit pour adoucir l'acrimonie des humeurs, contre la toux, les douleurs de colique, dans la maigreur, le marasme occasionnés par l'appauvrissement du sang, &c. tout cela est fort douteux.

BARBEAU. (*Voyez* BLUET)

BARBILLON. (*Voyez* BARBE)

BARDANE, *ou* GLOUTERON. (*Pl.* 2, pag. 113.) M. Tournefort la place dans la seconde section de la douzième classe, qui comprend les herbes à fleur à fleurons, qui laisse après elle des semenses aigretées, & il l'appelle, d'après Bauhin, *lappa major*, *arctium dioscoridis*. M. le ch. von Linné la classe dans la polygamie syngénésie égale, & la nomme *arctium lappa*.

Fleur, composée de fleurons hermaphrodites B, dans le disque & à la circonférence; ils sont d'une seule pièce, en forme de tube, découpés en cinq parties linéaires & égales, comme on le voit en C, & le pistil en D; le calice est rond, composé d'écailles placées en recouvrement les unes sur les autres, terminées en pointes aiguës, & recouvertes en manière d'hameçon.

Fruit. Semences solitaires, E, à deux angles opposés, couronnées d'une aigrette simple & très-courte, contenues par le calice, posées sur un réceptacle plane, garni de petites lames sétacées.

Feuilles, simples, entières, en forme de cœur, très-grandes, velues, blanchâtres en dessous, portées par de longs pétioles.

Racine A, épaisse, longue, fusiforme, noirâtre en dehors, & blanche en dedans.

Port. La tige s'élève de trois à six pieds de hauteur, suivant le terrain; elle est herbacée, cannelée, rameuse. Les fleurs sont solitaires, & naissent des aisselles des feuilles sur les branches; les feuilles sont placées alternativement sur la tige.

Lieu. Les prés, les grands chemins, les cours des granges, & fleurit en Août; la plante est annuelle.

Propriétés. La racine a une saveur douceâtre & un peu austère; les feuilles sont amères; les semences sont âcres & amères. Les fleurs, les feuilles, les racines, sont regardées comme apéritives, vulnéraires, fébrifuges, & les semences comme un excellent diurétique.

Usages. On prescrit pour l'homme la racine séche & en poudre, depuis demi-once jusqu'à une once, en décoction dans douze onces d'eau; le suc dépuré des feuilles à la dose de quatre onces; la semence réduite en poudre, & infusée dans du vin blanc, jusqu'à demi-once. Extérieurement les feuilles appliquées sont anti-ulcéreuses. On donne aux animaux la dose d'une once, & en décoction à la dose de quatre onces sur deux livres d'eau.

Les différens auteurs ne sont point d'accord sur les propriétés de la bardane. M. Vitet, dans sa *Pharmacopée de Lyon*, s'exprime ainsi: » *sans être fondé sur une seule observation*, elle a été proposée pour dissiper la fièvre quarte automnale, la fièvre quarte par répercussion de la gale; pour aider la résolution de la pleurésie & de la péripneumonie; pour favoriser l'action du mercure dans la vérole, empêcher la salivation par le mercure, tendre à la guérison de la gale & des écrouelles; soulager dans l'asthme pituiteux, la goutte & le scorbut ». Cependant, si nous nous en rapportons au témoignage du chevalier von Linné, si bon juge en cette partie, il la recommande contre le phlogose, la colique néphretique, la goutte, la vérole, l'œdeme, &c. Le doute est utile, il oblige de recourir à de nouvelles expériences, & il seroit bien à desirer qu'une société de médecins reprît en sous-œuvre l'examen des effets de toutes les plantes employées en médecine pour les différentes maladies. Une telle entreprise seroit digne du zèle de la société royale de médecine de Paris, & conforme à son établissement; elle ne se contenteroit certainement pas de l'analyse chimique par le feu, puisque ce ne ſeroit pas la véritable analyſe de la plante, & l'exemple a prouvé que les produits étoient toujours les mêmes, à peu de choſe près. Le travail immenſe de M. Geoffroy n'eſt preſque d'aucune utilité; il prépare la voie à un plus grand ouvrage. L'analyſe, par exemple, ſuivant la méthode de M. de la Garaye, ſeroit bien plus naturelle & plus utile. L'analyſe une fois bien faite, il faudroit faire l'eſſai de chaque plante, & en conſtater exactement les effets. Qui peut mieux que cette ſociété ſavante, & compoſée des plus grands praticiens de Paris, entreprendre cet ouvrage? En partant de la ſuppoſition que tout ce qu'on fait ſur les propriétés des plantes eſt nul ou douteux, la ſociété diviſeroit le travail entre chacun des individus qui la compoſent. Pluſieurs s'aſſocieroient pour examiner, par exemple, la claſſe des purgatifs, des aſtringens, &c. & dans l'eſpace de quatre à cinq années, on auroit un corps complet de doctrine ſur le règne végétal, & la charlatanerie de ces gens à ſecret ſeroit bientôt anéantie.

Le lecteur nous pardonnera ces réflexions nécéſſitées par le ſujet, en faveur du motif, & s'unira avec nous pour inviter la ſociété royale à entreprendre ce travail.

BARDIN. (Pomme de) *Voyez* POMME.

BARE. (*Voyez* CIVIÈRE.)

BARAL, BARIL, BARILLE, BARIQUE. (*Voyez* TONNEAU)

BAROMÈTRE. Inſtrument qui indique les variations du poids & du reſſort de l'air. Sa marche, comparée avec l'état actuel de l'atmoſphère, ſemble encore annoncer les changemens de tems; ainſi cet inſtrument météorologique peut être de la plus grande utilité pour l'agriculteur. S'il connoiſſoit bien les pronoſtics qu'il peut en tirer, il ne couperoit point ſon foin, ſon blé, &c. lorſqu'il prévoiroit que la pluie n'eſt pas éloignée, & que dans le jour même il doit craindre quelqu'orage. Il eſt de notre devoir de faire connoître cet inſtrument. Pour remplir ce but, nous le conſidérerons,

1°. Par rapport à ſa conſtruction & à ſa correction.

2°. Par rapport à ſes variations & aux différens principes qui en ſont cauſe.

3°. Nous examinerons les conſéquences les plus exactes que l'on en peut tirer.

4°. Nous dirons un mot de ſon uſage & de la manière de s'en ſervir pour meſurer les hauteurs.

SECTION PREMIÈRE.

De la conſtruction des Baromètres.

En général, le baromètre eſt un inſtrument compoſé d'un tube de verre, rempli en partie d'une colonne de mercure en équilibre avec une colonne de l'air atmoſphérique, de pareille baſe & de même peſanteur. Il doit ſon origine à Toricelli, diſciple de Galilée, ou plutôt ce fut lui qui découvrit la peſanteur de l'air, (*voyez* AIR) & qui la meſura par une colonne de mercure; mais ce fut Otho de Guerike qui s'apperçut le premier que cette colonne de mercure hauſſoit, baiſſoit & ſouffroit des variations dans ſa longueur, ſuivant les variations de l'atmoſphère. Il remarqua que lorſque cette colonne s'alongeoit le tems devenoit beau & ſerein; que lorſqu'elle diminuoit de hauteur, le mauvais tems & la pluie ſuccédoient : il imagina donc que cet inſtrument pourroit être regardé comme un indicateur des changemens du tems.

D'autres phyſiciens mirent plus d'exactitude dans leurs obſervations, & les perfectionnèrent; mais le tube de Toricelli, premier baromêtre, avoit deux défauts eſſentiels dont on s'apperçut bientôt, & qu'on parvint inſenſiblement à corriger. Le premier, c'eſt que la partie ſupérieure du tube qui paroît vide, ne l'étoit pas effectivement, puiſqu'elle contenoit de l'air qui, jouiſſant d'une force expanſive naturelle, & ſoumis aux variations de la chaleur & du froid, empêche néceſſairement le mouvement de la colonne de mercure, & s'oppoſe à ce qu'elle ait ſa hauteur exacte. Le ſecond défaut venoit des molécules d'air même, disséminées dans le mercure, qui, ſe dilatant & ſe condenſant ſuivant la température de l'atmoſphère, fait varier la longueur de la colonne de mercure, la peſanteur & le reſſort de l'air étant les mêmes. Ces deux défauts nuiſoient abſolument à la perfection de cet inſtrument; ils diſparoiſſent, ou plutôt ils n'ont pas lieu, quand il eſt conſtruit avec exactitude, & d'après les principes que nous allons donner.

On diſtingue deux eſpèces de baromètre, le baromètre ſimple & le baromètre double ou compoſé. Le baromètre ſimple, qui approche le plus du tube de Toricelli, eſt, ſans contredit, le plus parfait, pourvu que, dans ſa conſtruction, on apporte toutes les précautions néceſſaires. Prenez un tube de verre de 30 à 36 pouces de longueur, de deux lignes ou environ de diamètre. Ce diamètre doit être bien égal dans toute ſa longueur; plus petit, la colonne de mercure éprouveroit trop de frottement; plus gros, la ligne de niveau ſeroit ſujette à trop de variations. Il faut que le tube ſoit bien net en dedans; pour le nettoyer intérieurement, on y paſſe un peu de coton très-ſec. On doit bien ſe garder de le laver avec quelque liqueur que ce ſoit, d'y ſouffler même dedans, en un mot, d'y introduire la moindre humidité, car l'expérience a appris que le mercure ſe tient plus bas dans un tube lavé que dans tout autre. On ſcelle hermétiquement un des bouts du tube A, B, (*Fig. 1, Pl. 4*) en faiſant un petit étranglement en C, afin que ſi l'on vient à renverſer ou incliner le baromètre, la colonne de mercure, tombant contre le haut A, ne puiſſe caſſer le tube. On fera enſuite chauffer le tube, & on y introduira une certaine quantité de mercure auſſi chaud que le verre pourra le ſoutenir ſans ſe caſſer; & le tenant au-deſſus d'un réchaud plein de charbons allumés, on fera bouillir le mercure, afin de le dégager de tout l'air interpoſé dans ſes pores. Pour détacher ces bulles plus facilement, on ſe ſert d'un fil de

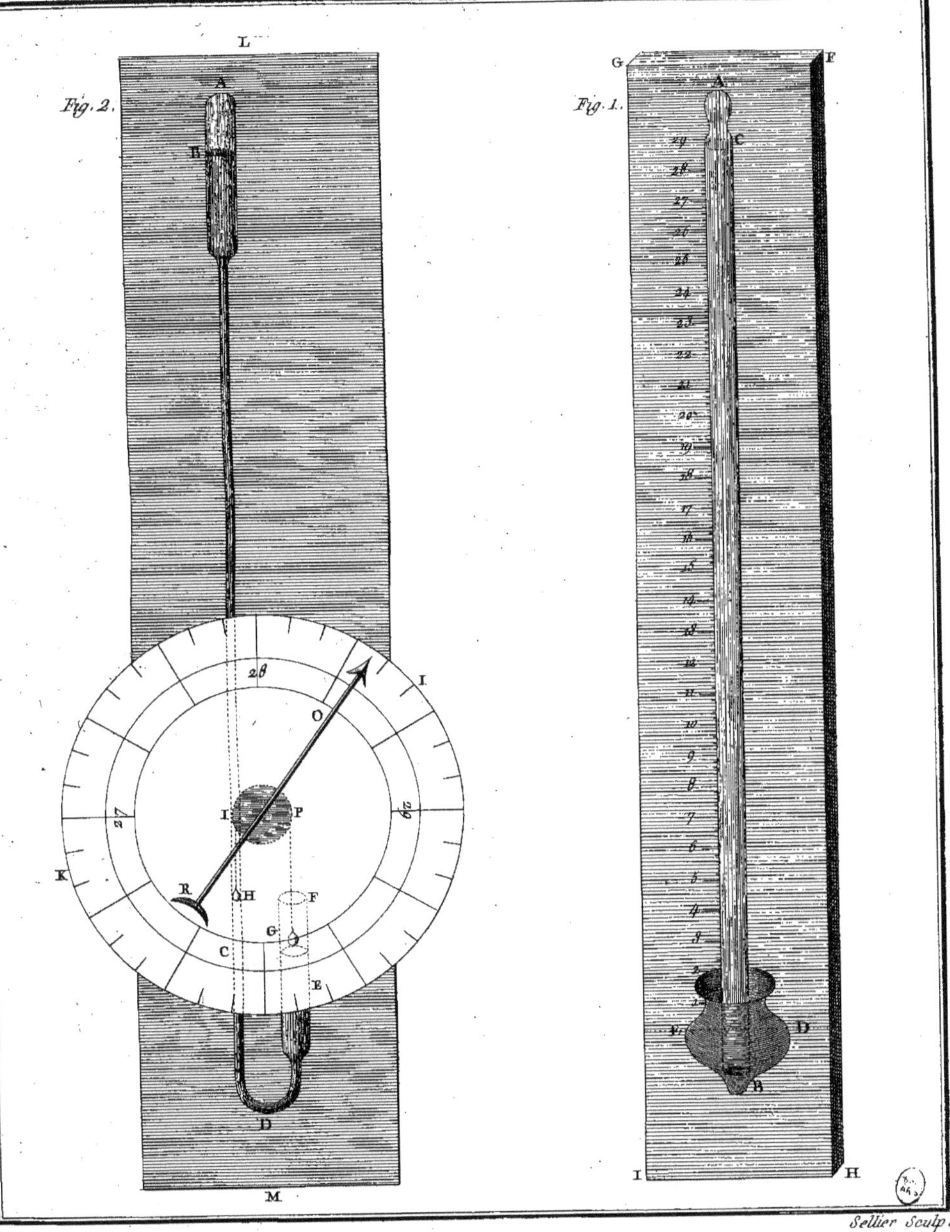

Sellier Sculp.

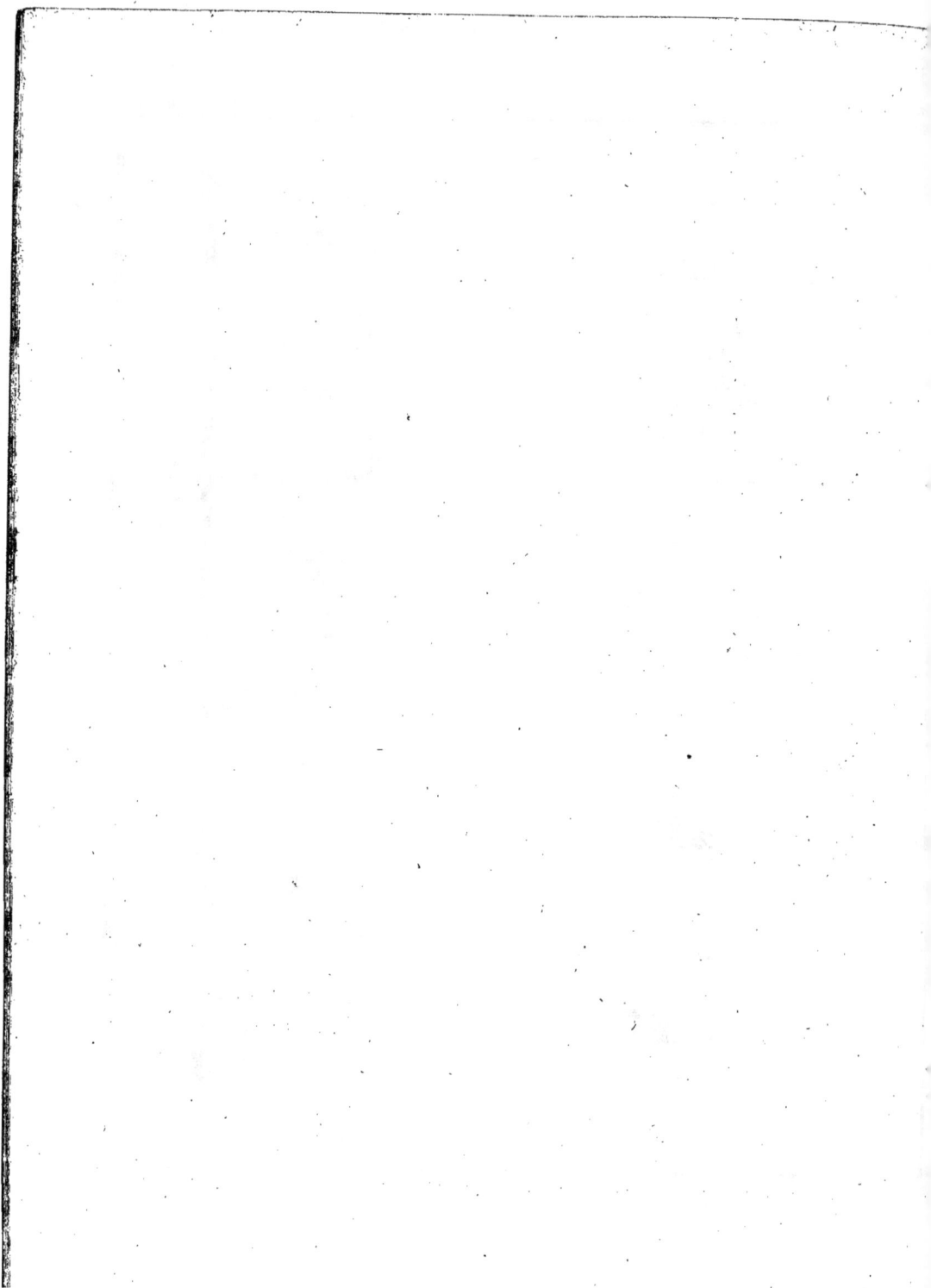

fer que l'on plonge dans le tube. En faiſant agir & mouvoir ce fil de fer, les bulles s'échappent de la maſſe du mercure, & ſe portent au haut du tube. L'ébullition & le mouvement du fil de fer ſont les moyens les plus ſimples & les plus commodes pour purger abſolument d'air le mercure du baromètre. Quand cette première opération eſt achevée, on introduit dans le tube une ſeconde portion de mercure que l'on traite de la même manière que la précédente, & ainſi juſqu'à ce que le tube ſoit plein, & que la colonne ſoit entièrement purgée d'air; ce que l'on reconnoît lorſqu'étant ſoulevée ou inclinée, elle retombe ſur le fond du tube en frappant un coup ſec, & que, contre les parois intérieures du tube, elle forme une ſurface auſſi brillante que celle d'un miroir bien étamé.

Cela fait, on redreſſe le tube verticalement, on recouvre ſon ouverture d'un petit vaiſſeau qu'on nomme *cuvette* D, E, & l'on renverſe enſuite le tout avec attention, afin que l'air ne pénètre pas dans l'intérieur du tube. Une partie du mercure ſe précipite dans la cuvette, obſtrue l'orifice du tube, & contient la colonne de mercure en ſituation. Si la cuvette renferme trop de mercure, alors on en retire une partie au moyen d'un chalumeau, ou on en ajoute ſi elle n'en renferme pas aſſez; car il faut que le mercure y jouiſſe de la plus grande ſurface poſſible, afin que, montant ou baiſſant dans le tube, il ne change pas ſenſiblement la ligne de niveau D, E de la cuvette, car alors la meſure de la hauteur de la colonne ne ſeroit plus exacte, le point de zéro ne ſe trouvant plus au même endroit.

On a eu ſoin auparavant de préparer une planche F, G, H, I, pour recevoir la cuvette & le tube. On y dreſſe une échelle qu'on diviſe en pouces, à commencer à la ſurface du mercure D, E, de la cuvette, & l'on ſous-diviſe en lignes les eſpaces du vingt-ſeptième & du vingt-huitième pouce. C'eſt dans cet intervalle que ſont renfermées toutes les variations que parcourt la colonne de mercure du baromètre.

Tel eſt le baromètre ſimple, le plus exact & le plus ſûr pour l'obſervation; mais l'eſpace de deux pouces étant trop peu conſidérable pour ſaiſir les petites variations, on a imaginé les baromètres inclinés, les baromètres doubles, les baromètres raccourcis, & les baromètres à cadran. Nous ne parlerons ici que de ce dernier, comme plus commun & très en uſage. Pour la deſcription des autres & l'examen de leur bonté ou de leurs défauts, nous renvoyons aux ouvrages de phyſique qui en traitent *ex profeſſo*, & entr'autres à l'excellent *Dictionnaire de Phyſique de M. de la Fond*, & à ſon utile *Deſcription & uſage d'un Cabinet de Phyſique.*

Le baromètre imaginé par M. Hook eſt compoſé d'un tube de verre A B C D E F, (*Fig.* 2, *Pl.* 4) recourbé en D, & ayant deux renflemens, l'un à l'extrémité ſupérieure fermée hermétiquement, & l'autre à l'extrémité inférieure ouvert en F. On le remplit de mercure à la manière ordinaire ; le mercure abandonne une partie du renflement supérieur A B pour remplir celui d'en bas jusqu'en E, ligne de niveau ; & l'espace depuis EC jusqu'en B est la hauteur de la colonne de mercure qui doit exprimer les variations de l'atmosphère. Pour les rendre sensibles, on établit ce tube sur une planche LM, à laquelle est fixé un cadran I K, dont on divise la circonférence en 36 parties égales, dont chacune désigne une ligne réelle d'abaissement ou d'élévation du mercure dans le tube, ce qui forme par conséquent un espace de trois pouces. Derrière ce cadran est une petite poulie P, extrêmement mobile, dont l'axe porte une aiguille très-légère O R. Cette poulie a deux gorges sur l'une desquelles est attaché, par le moyen d'une soie F, le petit poids G, beaucoup moins pesant qu'un pareil volume de mercure. Sur l'autre gorge est attaché, par la soie I, H mais dans un sens contraire, le petit poids H, moins pesant que le poids G.

Telle est toute la construction du baromètre à cadran, en voici le mécanisme. Quand, par la pression de l'atmosphère, la colonne de mercure descend de E vers D, le poids G le suit, & par-là fait tourner la poulie P, & par conséquent l'aiguille O R ; si au contraire la pression diminue, & que la colonne remonte de D en F, elle soulève le poids G, & alors le petit poids H, qui n'est plus soutenu, fait tourner dans l'autre sens la poulie & l'aiguille.

On sent facilement que la perfection de cet instrument dépend de l'exacte proportion entre le diamètre de la poulie & la division du cadran. Pour qu'elle soit juste, il faut que la poulie fasse un tour entier sur elle-même, lorsque la colonne de mercure E varie de dix-huit lignes dans le renflement DF ; mais, avec tout cela, cette espèce de baromètre ne doit jamais être préféré au baromètre simple de Toricelli, & ne peut servir que pour des observations météorologiques générales ; car 1°. les petites variations du mercure ne s'y font point appercevoir aussi promptement que dans un baromètre simple & ordinaire, à cause des frottemens ; 2°. le fil qui embrasse la poulie est susceptible des impressions de la sécheresse & de l'humidité ; lorsqu'il se dessèche, il s'allonge, & le contre-poids H descend & fait tourner l'aiguille ; lorsque ce fil s'imbibe d'humidité, il se raccourcit & la poulie tourne encore, quoique le poids de l'atmosphère demeure le même dans l'un & l'autre cas.

En supposant ces deux baromètres aussi parfaitement exécutés qu'il est possible, sur-tout le premier, on croira avoir un instrument qui devra suivre exactement les variations de l'atmosphère, & indiquer les changemens de tems ; cependant ce baromètre composé de mercure doit nécessairement éprouver différens degrés de dilatation & condensation, & devenir, pour ainsi dire, un thermomètre. Ce défaut très-considérable par les conséquences, dans les observations délicates & minutieuses, a fixé l'attention des savans qui

qui ont travaillé sur l'usage du baromètre. Une colonne de mercure de vingt-sept pouces, qui éprouve la chaleur de l'eau bouillante, se dilate de six lignes, suivant M. Deluc, de six lignes & demie suivant M. de Rocheblave; & de cinq lignes seulement, suivant M. Legaux de Metz. Cette variété annonce au moins que les expériences ont été faites par des procédés différens, mais ces physiciens admettent la même correction, c'est-à-dire, celle proposée par M. Deluc. Il s'agit de ramener le baromètre toujours à la même température; pour cela prenez un terme moyen, par exemple, dix degrés au-dessus du terme de la glace, du thermomètre de Réaumur: à ce terme, la hauteur du mercure dans le baromètre sera prise telle qu'elle se trouvera. Si la chaleur est plus forte, on retranchera de cette hauteur autant de seizième de ligne que le thermomètre marquera de degrés au-dessus de dix; si au contraire elle est moindre, on ajoutera autant de seizième de ligne que le thermomètre marquera de degrés au-dessous de dix; alors toutes les observations seront faites comme si la température étoit constante. Suivant M. Legaux de Metz, c'est du point de zéro du thermomètre qu'il faut commencer à compter les degrés pour la correction.

SECTION II.

Des variations des baromètres, & des causes qui les produisent.

Un baromètre bien construit & très-sensible reste rarement dans la même position; on le voit s'élever & s'abaisser tour à tour, tantôt par une progression insensible, tantôt très-rapidement. Les changemens de tems paroissent succéder à ces variations, & quelquefois les précéder. Quelle en peut être la cause? Beaucoup de physiciens l'ont cherchée, plusieurs ont bâti sur cet objet des systêmes qui tous expliquent très-bien quelques variations isolées, mais aucun ne peut rendre raison de toutes à la fois. Il est donc plus prudent de choisir, dans ces différens systêmes, les parties qui se rapprochent du fait & de la vérité, que d'adopter un systême entier.

Il est constant d'abord que la hauteur moyenne du mercure est en france de vingt-sept pouces & demi; que les variations ne s'y étendent guère au-delà de trois pouces, c'est-à-dire, son plus grand abaissement est à vingt-six pouces, & sa plus grande élévation à vingt-neuf. Ces variations diminuent à mesure que l'on approche de l'équateur, où elles sont très-peu de chose; au contraire, elles vont en augmentant, en s'approchant des régions septentrionales. Communément lorsque le mercure baisse, à quelque hauteur qu'il soit, il annonce que le tems va passer du beau au variable, du variable au mauvais, & que s'il est au mauvais, il le deviendra encore davantage; au contraire, s'il monte, le tems tournera au beau.

Tout ce qui peut augmenter la pesanteur de l'atmosphère, tout ce qui peut la diminuer, déterminera nécessairement l'élévation & la descente du mercure dans le tube du baromètre; ainsi les vents, les vapeurs, les exhalaiſons, la chaleur, le froid, la quantité d'air que l'eau réduite en vapeurs & nageant dans l'atmoſphère, ſous la forme de brouillard ou de nuage, laiſſe échapper par ſa dilatation, toute celle qu'elle abſorbe par ſa condenſation, toute celle encore que les fermentations inteſtines du globe, celles des corps en fermentation ou en putréfaction laiſſent échapper, ſont autant de cauſes principales qui font mouvoir le baromètre.

Les vents froids, les vents impétueux ou qui ſoufflent les uns contre les autres en différens ſens, condenſent l'air, l'accumulent, pour ainſi dire, dans de certaines régions, ce qui rend l'atmoſphère plus peſante, & en état de ſoutenir la colonne de mercure plus haut; au contraire les vents chauds, mais ſecs, dilatent l'air & le rendent plus léger, &, dans ce cas, la colonne de mercure eſt moins haute.

Les vapeurs & les exhalaiſons augmentent la maſſe de l'air. Si elles ne ſont pas raréfiées ſur le champ par la chaleur atmoſphéririque, elles ne s'élèvent point dans les régions ſupérieures, & agiſſent immédiatement, par leur poids, ſur la colonne de mercure. Elle deſcendra lorſque ces vapeurs & ces exhalaiſons auront été entraînées vers la terre par la chûte de la pluie, de la neige & de la grêle, parce que l'atmoſphère aura repris alors ſa première légèreté. Il en ſera de même de l'abſorption & de la reſtitution de l'air échappé des différentes ſubſtances qui le contenoient, ſoit par la chaleur générale, ſoit par les fermentations.

SECTION III.

Indications les plus exactes du baromètre.

Les principales cauſes des variations connues, peut-on compter ſur ſa marche, & doit-on ajouter quelque confiance à ſes indications? On le peut juſqu'à un certain point, & il y a des cas où cette indication eſt aſſez ſûre; cependant il ne faut pas y ajouter foi en toute occaſion, & en même tems accuſer de menſonge cet inſtrument, ſi le changement annoncé n'a pas lieu. Il peut arriver que la cauſe qui devoit opérer ce changement ceſſe tout d'un coup d'agir, par une révolution ſubite & imprévue; mais à force d'obſervations & d'exactitude, voici quelques règles tracées par d'excellens phyſiciens, & ſur leſquelles on peut compter. Elles ſont tirées du *Mémoire de M. Changeux*, inſéré dans le *Journal de phyſique 1774, Août, p. 100.*

PREMIÈRE RÈGLE.

Le mercure qui monte & deſcend beaucoup annonce changement de tems. En général les différentes inconſtances du mercure dénotent les mêmes inconſtances dans le tems.

DEUXIÈME RÈGLE.

La deſcente du mercure n'annonce pas toujours de la pluie, mais du vent. Les vents, en raſſemblant ou diſſipant les vapeurs aqueuſes & les nuages, augmentent ou diminuent la maſſe de l'atmoſphère. Ils doivent donc, ſuivant leur nature, faire monter & baiſſer le baromètre, & cet inſtrument indique autant la différence des vents, que la pluie ou la sécheresse ; de là la règle suivante.

TROISIÈME RÈGLE.

Le mercure descend plus ou moins, suivant la nature des vents ; le mercure baisse moins lorsque le vent est nord, nord-est & est, que pendant tout autre vent. Les vents froids & ceux qui règnent dans la basse région, les seuls que nous puissions sentir, condensent l'air, & le rendent plus propre à supporter les nuages. A l'égard des vents qui règnent dans les régions supérieures, ils ont un effet contraire, parce qu'ils font refluer les nuages vers la terre.

QUATRIÈME RÈGLE.

Lorsqu'il y a deux vents en même tems, l'un près la terre, & l'autre dans la région supérieure de l'atmosphère, si le vent le plus haut est nord, & que le vent bas soit sud, il survient quelquefois de la pluie, quoique le baromètre soit alors fort haut ; si, au contraire, c'est le vent du sud qui est le plus élevé, & le vent du nord le plus bas, il ne pleuvra point, quoique le baromètre soit très-bas. Dans le premier cas, les nuages sont condensés, & l'atmosphère qui les soutient est raréfiée ; l'équilibre est donc rompu, & l'air ne peut plus soutenir les nuages. Dans le second, les nuages sont raréfiés, & l'air qui les soutient est condensé ; il soutiendra d'autant mieux les nuages.

CINQUIÈME RÈGLE.

Pour peu que le mercure monte & continue à s'élever, après ou pendant une pluie abondante & longue, il y aura du beau tems.

SIXIÈME RÈGLE.

Le mercure qui descend beaucoup, mais avec lenteur, indique continuation de tems mauvais ou inconstant ; quand il monte beaucoup & lentement, il présage la continuation du beau tems. Dans ces deux cas, la condensation & la raréfaction des nuages, l'élévation des vapeurs est graduelle, uniforme & lente ; & l'atmosphère, par conséquent, ne s'allége ou ne se charge qu'au bout d'un long tems.

SEPTIÈME RÈGLE.

Le mercure qui monte beaucoup & avec promptitude annonce que le beau tems sera de courte durée ; quand il descend beaucoup & promptement, c'est une indication pareille pour le mauvais tems.

La raison contraire de la règle précédente donne l'explication de celle-ci.

HUITIÈME RÈGLE.

Quand le mercure reste un peu de tems au variable, le ciel n'est ni serein ni pluvieux, il ne fait ni beau ni mauvais ; mais alors, pour peu que le mercure descende, il annonce de la pluie ou du vent : si, au contraire, il monte, ne fût-ce que de très-peu, on a lieu d'espérer du beau tems. Le conflit qui s'est opéré entre les nuages & l'air qui les soutient, fait rester le mercure au variable ; mais quand il remonte ou descend, c'est qu'il s'est opéré des changemens qui, s'ils ne sont pas trop considérables, doivent déterminer le tems au beau ou au mauvais ; car s'ils étoient violens ils ne dureroient pas. (*Voyez* les deux règles précédentes)

NEUVIÈME RÈGLE.

Dans un tems fort chaud, la descente du mercure prédit le tonnerre, quand elle est considérable, & si elle est très-petite, il y a encore du beau tems à espérer. Les grands changemens qui s'opèrent, par la condensation des nuages & l'allégement de l'atmosphère, causent des agitations qui électrisent les nuages, & enflamment les substances gazeuses qui se sont élevées, par la chaleur, à différentes distances; de là le tonnerre & les météores ignées qui se rapportent à ce terrible phénomène. On ne doit pas être étonné que, dans les tremblemens de terre, lorsque l'air est rempli d'exhalaisons chaudes qui s'élèvent du sein des cavernes échauffées & des gouffres qui s'entr'ouvrent & se crevassent, le baromètre descende au plus bas degré; l'air est alors très-raréfié, & comme il ne soutient plus le nuage, il tombe souvent des pluies considérables, il se forme des vents, & des tempêtes violentes agitent & soulèvent les flots des fleuves & des mers des voisinages.

DIXIÈME RÈGLE.

Quand le mercure monte en hiver, cela annonce de la gelée. Descend-il un peu sensiblement? il y aura un dégel. Monte-t-il encore lors de la gelée? il neigera. C'est ordinairement le vent du nord qui, dans l'hiver, fait monter le mercure; il y aura donc du froid, & par conséquent de la gelée. Le vent du sud, au contraire, le faisant descendre, amènera du dégel. Si les nuages se condensent & tombent durant la gelée, ils se résoudront en pluie que le froid convertira en neige; mais, comme nous l'avons déjà remarqué, ce mouvement des nuages fera hausser la colonne de mercure.

Telles sont en général les règles de conjectures sûres que l'on a tirées des observations exactes de la marche du baromètre; tous les autres cas dépendent de ceux-ci, & peuvent y être facilement ramenés.

SECTION IV.

De l'usage du baromètre, & de la manière de s'en servir pour mesurer les hauteurs.

Le plus grand avantage que l'on retire du baromètre est, sans contredit, la connoissance qu'il nous donne de la pression actuelle de l'atmosphère sur tous les corps, pression qui, comme nous l'avons vu déjà, (*voyez* AIR) influe si considérablement sur l'économie animale & végétale. Outre cette connoissance certaine de sa marche comparée, on peut tirer des inductions plus que probables des changemens prochains de tems, & dresser à volonté une table exacte de ses variations, qui font partie des observations météorologiques. Pour former ces tables, voyez l'article MÉTÉOROLOGIE, où nous en donnerons d'universelles pour tous les instrumens propres aux observations.

Pour tirer tout le parti d'un baromètre dont on est assuré de la bonté & de la justesse, il faut qu'il soit suspendu contre un mur solide, bien d'à-plomb, perpendiculaire à l'horison, & d'une manière fixe; le moindre mouvement, la moindre oscillation est en état d'altérer, jusqu'à un certain point, son exactitude. Il faut encore, s'il se peut, l'exposer dans un endroit dont la température soit celle de l'atmosphère, afin qu'il éprouve les mêmes altérations de chaleur & de froid; car s'il est renfermé dans un appartement très-chaud, par exemple, tandis que l'air sera très-froid, la colonne de mercure, dilatée par la chaleur de l'intérieur, sera nécessairement plus élevée qu'elle ne le seroit en plein air.

Le principe, *l'élévation de la colonne de mercure dans le baromètre est en raison de la hauteur de la colonne d'air qui pèse sur le mercure*, a conduit à l'application du baromètre, pour mesurer la hauteur des montagnes. En effet, plus on monte & plus la colonne d'air diminue; & plus elle diminue, plus le mercure baisse dans le baromètre. Cela posé, voici comme on emploie cet instrument. Il faut d'abord en avoir deux parfaitement d'accord, & qui marchent bien ensemble. On en laisse un au bas de la montagne, & on transporte l'autre au haut, ou à différentes stations, & l'on tient registre à chacune, de l'abaissement exact du mercure. On compare ensuite les deux baromètres, après avoir retranché ou ajouté à celui que l'on a employé sur la montagne, les variations du stationnaire, s'il en a éprouvé quelques-unes. En général, l'abaissement d'une ligne de mercure indique une élévation de treize toises; ainsi donc, si le baromètre est descendu, par exemple, de dix lignes, défalcation faite de toute variation, on devra en conclure que la montagne, ou la station, est élevée au-dessus du baromètre stationnaire, de cent trente toises; ainsi des autres.

On sent facilement combien cette manière de mesurer demande d'exactitude dans celui qui l'emploie. Non-seulement il faut faire attention à l'élévation de la colonne de mercure, mais encore à sa dilatation ou à sa condensation. C'est ici surtout qu'il faut faire l'application de la règle que nous avons tracée dans le dernier alinea de la section première. M. Deluc, qui le premier a employé cette méthode avec succès, avoit adapté à son baromètre deux thermomètres, l'un pour les corrections à faire à la hauteur de la colonne de mercure, & l'autre pour les corrections à faire à la température de l'air dans le lieu & le tems de l'observation; enfin l'application des logarithmes des hauteurs du baromètre, exprimées en lignes, observées au haut & au bas de la montagne, a perfectionné cette méthode. C'est dans l'ouvrage même de ce fameux physicien, intitulé: *Recherches sur les différens états de l'athmosphère*, qu'il faut étudier tous ces détails absolument nécessaires pour avoir des mesures exactes & précises.

L'emploi du baromètre pour la mesure des montagnes, a fait chercher le moyen de le rendre portatif, sans qu'il pût se casser, & sans que l'air pût s'introduire dans le mercure. Pour remplir ces deux objets, on se sert d'un tube étranglé par un bout, comme nous l'avons décrit plus haut ; & au lieu de conserver l'ouverture qui se trouve à l'extrémité du tube, plongée dans une cuvette, on ferme cette ouverture lorsque le mercure a bouilli dans le tube, & on en ouvre une autre latérale à un demi-pouce au-dessus. On plonge ce tube rempli de mercure dans une cuvette cylindrique d'environ deux pouces de profondeur ; on remplit cette cuvette jusqu'à quelques lignes près de son orifice, & on la recouvre avec une peau, ou avec un couvercle de bois percé d'un petit trou que l'on bouche avec une cheville lorsqu'on ne fait pas d'usage de l'instrument ; il devient portatif sans autre préparation. On conçoit en effet qu'il sera portatif dès qu'on pourra le mouvoir en tout sens, sans que l'orifice qui communique du tube à la cuvette se trouve à découvert, & tant qu'il refusera passage à l'air qui pourroit s'introduire dans la colonne de mercure. Or la construction donnée produit cet effet. Quelque degré d'inclinaison, quelque situation qu'on fasse prendre au tube, son ouverture latérale sera constamment recouverte de mercure, & conséquemment refusera passage à l'air ; on pourra même le renverser impunément, l'étranglement de la partie supérieure empêchera que le choc du mercure contre la voûte du tube ne le casse.

Nous ne pouvons terminer cet article du baromètre sans dire un mot de son phosphorisme. Si l'on agite dans l'obscurité un baromètre bien purgé d'air, on apperçoit une lueur intérieure qui suit la colonne de mercure dans sa chute. Les anciens physiciens, comme Bernoulli, Hartsoeker, de Mairan, bâtissent différens systêmes pour expliquer ce phénomène si simple qui dépend de l'électricité seule. Le mercure frottant contre les parois du tube, l'électrise de la même manière que les coussins, par leur frottement, électrisent le plateau ou le globe électrique. M. M.

BARRAGE DES TONNEAUX. (*Voyez* TONNEAU)

BARRES. Espace compris entre les dents machelières & les crochets du cheval. Les barres ne doivent être, ni trop hautes, ni trop basses ; la sensibilité & la délicatesse accompagnent ordinairement le premier de ces défauts ; elles sont d'ailleurs, & alors, plus exposées à l'action de l'embouchure, parce que la langue de l'animal n'en partage point, ou en partage très-peu l'impression. Ces sortes de barres sont aisément endommagées ; nous voyons même que cette hauteur excessive & superflue les rend incapables du plus léger appui. Que si quelquefois des chevaux en qui ces parties péchent par le trop d'élevation, ont néanmoins la bouche dure, cette dureté ne peut être que l'effet des cicatrices & des sortes de calus qui ont suivi les meurtrissures, & les plaies occasionnées par des embouchures mal ordonnées, & assez souvent par la dureté des mains ignorantes & cruelles du cavalier ; aussi est-il très-essentiel de ne pas négliger, dans le choix qu'on fait d'un cheval, (*voyez* CHEVAL) de voir si les barres sont calleuses ou entammées, ou même rompues.

Que pourroit-on eſpérer en effet, d'une bouche dont les parties auroient été griévement bleſſées? elles le ſont quelquefois ſi fortement, que l'os en ſouffre, qu'on y apperçoit un gonflement conſidérable & une carie.

Les barres baſſes ſont communément inſenſibles. Au moyen de cette imperfection, la langue eſt pour ainſi dire, ſur le même niveau, elle ſoutient en conſéquence l'embouchure, elle éprouve la plus grande partie de ſes effets & des actions de la main du cavalier; delà un nouveau point de dureté, bien plus difficile à corriger & à vaincre, que ſi l'inſenſibilité ne naiſſoit que du ſeul défaut de hauteur. Il n'eſt pas impoſſible auſſi que des chevaux, dont les barres ſont baſſes, & l'appui très-dûr, faſſent ſentir à la main une véritable irréſolution. Elle provient alors des bleſſures que la langue ou les lèvres auront éprouvées de la part du mors, ſoit qu'il ait porté trop vivement ſur la première de ces parties, ſoit que des pièces mal polies & mal jointes, aient endommagé les autres.

Si la bleſſure des barres eſt légère, elle guérit aiſément, en lavant la plaie avec du vin miellé; mais ſi l'os eſt attaqué & carié, il faut emporter la carie avec le biſtouri; mettre l'animal au ſon humecté pour toute nourriture, & baſſiner toujours la plaie avec le même vin. On ne doit emboucher le cheval que lorſque cette partie ſera capable de réſiſter au mors. M. T.

BARRER LES VEINES. Opération pratiquée par les maréchaux, & ſur-tout par ceux de la campagne, ſur les veines des jambes, pour arrêter, diſent-ils, les mauvaiſes humeurs qui s'y jettent; elle ſe fait en ouvrant le cuir, en dégageant la veine avec une corne de chamois, en la liant deſſus & deſſous, & en la coupant entre deux ligatures. On barre les veines de la cuiſſe pour les maux des jambes & des jarrets, au paturon pour les maux de la ſole, & quelquefois aux larmiers & aux deux côtés du cou, pour les maux des yeux. Des obſervations journalières nous démontrent le peu d'effet de cette opération. Nous l'approuverions volontiers, ſi l'humeur qu'on prétend incommoder la partie, n'y communiquoit que par la branche de veine qu'on barre; ce qu'un anatomiſte ne ſauroit admettre, puiſqu'il ſait que le ſang s'y rend par des rameaux collatéraux; cette opération d'ailleurs arrêtant en partie la circulation du ſang, ce fluide arrêté, la ſéroſité ſe ſépare de la partie rouge, tranſſude à travers des tuniques de la veine, ſe dépoſe dans le tiſſu cellulaire, & forme l'œdème, l'engorgement des jambes, & une infinité d'autres maux plus grands & plus longs à guérir que ceux auxquels on prétend remédier par une pareille pratique. M. T.

BARRIQUE. (*Voyez* TONNEAU)

BAR-SUR-AUBE. *Raiſin.* (*Voyez* ce mot)

BASILIC. M. Tournefort le place dans la troiſième ſection de la claſſe quatrième qui comprend les herbes à fleurs d'une ſeule pièce & labiée, dont la lèvre ſupérieure eſt retrouſſée, & il l'appelle, d'après Bauhin, *ocimum vulgatius*. M. le chevalier von Linné le classe dans la didynamie gymnospermie, & le nomme *ocimum basilicum*.

Fleur, labiée; son tube est court & large; la lèvre supérieure plus grande que l'inférieure; celle-ci frisée & légérement crenelée; l'une fendue en quatre & l'autre entière.

Fruit. Quatre semences, oblongues, noirâtres, dans un calice renfermé, très-court.

Feuilles, ovales, lisses, simples, entières, portées sur des pétioles.

Racine, ligneuse, fibreuse, brune.

Port. Une tige principale de laquelle partent de petites branches touffues; elle s'élève de six à dix pouces de hauteur; les fleurs sont épis verticillés; deux feuilles florales au-dessous des bouquets; les feuilles opposées.

Lieu. Les Indes; cultivé dans tous les jardins; fleurit en Juillet & Août; la plante est annuelle.

II. *De ses espèces*. L'espèce des botanistes, qui vient d'être décrite, a fourni les *espèces jardinières* suivantes: 1°. le basilic à larges feuilles; 2°. à feuilles crépues; 3°. à feuilles d'un verd brun, & grandes; 4°. à feuilles panachées comme celles de la crette de coq, ou amaranthe, ou simplement d'un rouge vineux; 5°. une autre espèce très-verte à petites feuilles. Telles sont les espèces communément cultivées dans les jardins des particuliers. On voit dans ceux des curieux:

1°. *Le basilic vivace*, originaire d'Asie, dont les tiges sont ligneuses, simples, presque carrées, & qui s'élèvent presqu'à la hauteur de trois pieds; les feuilles sont ovales, alongées, dentées en manière de scie, en dessous rudes au toucher; quelques-uns des rameaux naissent au sommet; ils sont cylindriques, les fleurs blanches, au nombre de six ensemble, mais disposées autour du rameau; son odeur est très-agréable. Clarici, dans son *Istoria ecoltura delle piantæ*, dit qu'il en a vu plus de trente espèces bien distinctes. M. Tournefort en distingue vingt espèces, dont la plupart sont des espèces jardinières.

2°. *Le basilic très-petit*. Ses feuilles sont très-entières & blanchâtres.

3°. *Le basilic à très-petite fleur*. Il est originaire du Malabar; sa tige s'élève à la hauteur de douze à dix-huit pouces; elle est cylindrique, rougeâtre, branchue, couverte de poils; ses rameaux sont courts; ses feuilles sont ovales, oblongues, à dentelures arrondies, portées sur de longs pétioles; les épis terminent les tiges; les feuilles florales, opposées, lisses, en forme de cœur recourbé; les fleurs, au nombre de trois, renfermées dans chaque feuille florale; leur corolle est petite, d'un rouge pourpre, la lèvre supérieure est divisée en quatre, & l'inférieure est simple. Les fleurs sont si petites qu'à peine les apperçoit-on sans le secours de la loupe.

Les botanistes en reconnoissent plusieurs autres espèces.

III. *De sa culture*. On peut semer le basilic depuis le mois de Février jusqu'au commencement de Juillet, sur-tout dans les provinces méridionales; cependant ceux de Février & de Mars exigent des couches, & d'être garantis par des paillassons pendant les matinées, les nuits & les jours froids. Dans les provinces du nord les châssis (*voyez* ce ce mot) sont indispensables. Si on attend le mois de Mars dans les pays chauds, ou les mois d'Avril ou de Mai dans le nord, on ne risque pas de le semer en pleine terre ou dans des pots. Cette seconde méthode est préférable; il est plus facile de les soigner & de les garantir des matinées froides; la terre ne sauroit être trop atténuée & trop substantielle. On peut semer épais. Lorsque la jeune plante a poussé six feuilles, on la replante, & elle reste en terre jusqu'à ce qu'elle ait commencé à former sa tête & donné une certaine masse de racines; c'est alors le cas de la replanter à demeure. Si on a semé en pleine terre & clair, ces replantations sont inutiles.

Il est bon de semer à des tems différens; par exemple, tous les quinze jours: si un semis a manqué, sa perte est réparée par le semis suivant, & de cette manière on est assuré d'avoir de beaux pieds de basilic jusqu'aux premières gelées. Pline dit quelque chose de bien puéril, chapitre premier, liv. 19. *Nihil ocymo fecundius cum maledictis & probris serendum præcipiunt ut cæterius proveniat.*

Arroser sur le champ le basilic replanté, & le garantir pendant quelques jours de l'impression du soleil, sur-tout dans les pays chauds, sont deux précautions essentielles. Comme cette plante pousse beaucoup de petites racines, de petits chevelus, elle épuise bientôt l'humidité de la terre qui l'environne; dès-lors, de fréquens & abondans arrosemens sont nécessaires; il importe peu que ce soit le soir ou le matin ou pendant le jour, pourvu que le pied ait une humidité proportionnée à l'évaporation qui se fait & qui s'est faite pendant le jour. Trop d'eau seroit aussi nuisible que pas assez.

En replantant il faut conserver la terre autour des racines, autant qu'on le peut; le tirefleur est utile dans cette circonstance; plus on ménagera la terre & les racines, plus la reprise sera facile. Si on choisit pour cette opération un jour un peu pluvieux & couvert, la réussite est assurée. Lorsque la tête de la plante commence à se former, c'est le tems de replanter.

Dans les parterres, dans les jardins des provinces méridionales, où la verdure est assez rare pendant l'été, le basilic offre une ressource précieuse. Il faut planter chaque pied à dix pouces l'un de l'autre, le tailler sur les côtés de l'allée & par-dessus; alors tous les pieds poussant en même tems leurs rameaux, ils se touchent & forment un tapis de verdure très-agréable. Si on ne taille pas le basilic en dessus, il forme alors une tête ronde & agréable à la vue. Si on veut conserver pendant long-tems des basilics dans des pots, ou en pleine terre, il suffit de leur empêcher de porter fleur en les taillant.

Il faut laisser la plante sécher sur pied lorsqu'on la destine pour la graine; on l'arrache de terre un peu avant sa dessiccation complète, dans la matinée, lorsque la rosée la couvre encore; elle empêche que la graine, parfaitement mûre, n'échappe du calice qui la renfermoit. On porte les pieds dans un lieu aëré & sec, dans lequel les plantes restent suspendues pendant quelques jours, & on les bat enſuite pour en avoir la graine. On peut même les laiſſer ſur la tige juſqu'à l'année ſuivante, ſi ces tiges ne ſont pas balotées par le vent. La graine eſt bonne pendant deux & même trois ans.

Le baſilic que l'on deſtine aux emplois de la cuiſine, veut être cueilli à l'époque de ſa pleine fleur, & être mis à l'ombre & ſuſpendu pour deſſécher.

IV. *De ſes propriétés.* Son odeur eſt aromatique; ſon goût âcre & amer. La plante eſt céphalique, emménagogue, diaphorétique, ſtomachique, ſternutatoire; elle eſt indiquée pour réveiller les forces vitales, dans les maladies de foibleſſe, dans le vomiſſement produit par des matières ſéreuſes ou pituiteuſes. La doſe des feuilles récentes eſt depuis deux drachmes juſqu'à une once, en infuſion dans ſix onces d'eau; celle des feuilles ſéches, depuis une drachme juſqu'à demi-once en infuſion dans la même quantité d'eau. La poudre ſe prend comme celle du tabac.

Les abeilles aiment beaucoup cette plante, il ſeroit bon de la multiplier autour du rucher.

BASSE-COUR. A la ville c'eſt un endroit qu'on cache avec beaucoup de ſoin & qui eſt ſéparé de la cour principale de l'habitation; elle eſt deſtinée pour les écuries, les remiſes; c'eſt l'emplacement pour étriller les chevaux, dépoſer les fumiers, &c.; à la campagne au contraire, c'eſt la partie la plus utile & la plus vivante; elle facilite le ſervice des écuries, des fenières, des remiſes, des hangards, des greniers en tous genres, & c'eſt le dépôt ou la fabrique de tous les engrais.

Pour qu'une baſſe-cour ſoit avantageuſement ſituée, il faut 1°. que le terrain en ſoit horizontal, c'eſt-à-dire, que la charrette en faſſe le tour ſans monter ni deſcendre; 2°. qu'il ſoit légérement incliné de tous les points de la circonférence vers le centre; 3°. qu'elle ſoit, s'il eſt poſſible, enrichie d'une fontaine qui formera l'abreuvoir des beſtiaux, & ſervira à les faire baigner. Au défaut de fontaine, un bon puits eſt abſolument indiſpenſable. L'intérêt du propriétaire exige 1°. qu'il puiſſe voir de ſon appartement tout ce qui s'y paſſe; 2°. qu'elle ſoit exactement fermée de tous les côtés; 3°. que dans les bâtimens qui l'environnent, il n'y ait point de portes extérieures; elles facilitent trop les déprédations: en un mot, il faut que tous les ouvriers & tous les animaux entrent & ſortent par la principale porte; & les portes acceſſoires ne ſeront ouvertes que ſuivant les beſoins & rarement.

La baſſe-cour & les bâtimens qui l'environnent ſeront proportionnés à l'étendue du domaine, & il vaut mieux en avoir plus que moins; mais le point eſſentiel eſt qu'aucun bâtiment ne ſoit entiérement ſéparé ou éloigné des autres; dans ce cas, il eſt très-difficile que le maître puiſſe veiller ſur tout, & qu'il puiſſe garder une règle invariable pour le ſervice. Ce bâtiment éloigné ſervira d'aſyle à la fainéantiſe, & de cachette pour les vols.

Un point encore eſſentiel pour la facilité du ſervice & pour la ſanté des habitans, eſt que la baſſe-cour ſoit tenue dans la plus grande propreté & dans un ordre parfait. On juge par l'inſpection de la baſſe-cour, de la conduite du maître & de ſon eſprit d'ordre. Au mot FERME nous donnerons le plan d'une baſſe-cour en règle & de toutes ſes dépendances.

BASSIN. Eſpace quelconque deſtiné à recevoir l'eau d'une fontaine. (*Voyez* au mot CITERNE, la manière de conſtruire toutes les pièces ſuſceptibles de conſerver l'eau.) En terme de jardinier le mot *baſſin* ſignifie creuſer la terre de quelque pouces de profondeur & à une certaine diſtance du pied de l'arbre, afin de déterrer ſa greffe plantée trop profondément. Le mot *baſſin* ſignifie encore le creux formé autour d'un arbre, ſoit pour l'arroſer, ſoit pour le fumer. On ne doit pas craindre de donner de la largeur à ce baſſin, & cette largeur demande à être proportionnée au volume des branches, & par conſéquent des racines. Il vaut preſqu'autant n'en point faire que de les pratiquer trop reſſerrés ſuivant la coutume. Plus il aura de ſurface plus les racines profiteront & du fumier, & des arroſemens.

BASSINER. Expreſſion des jardiniers, tirée de la pratique de la chirurgie, pour dire imbiber, arroſer légérement.

BÂT. Selle groſſière qui ſert aux ânes, aux mulets & aux bêtes de ſomme. On appelle *cheval de bât*, celui qui eſt deſtiné à porter des fardeaux ſur un bât. La grande attention à faire, eſt d'obſerver que le bât ne ſoit ni trop large, ni trop étroit; s'il eſt trop large, & qu'il vacille ſur le dos de l'animal, on aura beau ſangler le mulet, le cheval, &c. la charge tournera au moindre ſoubreſaut; s'il eſt trop étroit, il preſſera trop vigoureuſement les côtes de l'animal, gênera ſa reſpiration, le fatiguera & finira par l'écorcher & établir une plaie. Le proverbe dit une *ſelle à tous chevaux*; il eſt le même pour le bât, & ces bâts bannaux écorchent preſque toujours l'animal vers le garot & ſur l'épine du dos. Un maître prévoyant aura un bât affecté pour chaque bête de ſomme, & il veillera & viſitera ſouvent s'il eſt en bon état, & s'il ne bleſſe point l'animal.

BÂTARD. Ce mot a pluſieurs ſignifications dans le jardinage. On appelle *bâtard* un arbre ou un fruit qui n'eſt pas de la véritable eſpèce dont il porte le nom. Ainſi, on dit des *mirabelles bâtardes*, des *reinettes bâtardes*. Par la ſeconde ſignification on déſigne un arbre dont la tige eſt plus haute que celle d'un arbre nain, & moins haute que celle d'un arbre à demi-tige; il tient le milieu entre l'arbre à demi-tige & l'arbre nain.

BATARDIÈRE. Dépôt formé dans une place du jardin, des arbres tirés de la pépinière, & on les y tient en réſerve pour remplacer ceux qui par la ſuite manqueront dans le jardin. Cette ſage précaution n'eſt bonne cependant que pour un certain tems, parce qu'il eſt naturel de penſer que les arbres s'appauvriront dans la batardière par la manière dont ils y ſont plantés.

Le terrain de la batardière doit

être défoncé au moins à deux pieds de profondeur ; la terre en être bonne, légère, substantielle. Les arbres y seront plantés à deux pieds de distance les uns des autres en tout sens. Telle est la pratique ordinaire. Il en résulte un abus essentiel ; on est obligé de couper le pivot de l'arbre, & de châtrer, de racourcir les autres racines. Il poussera, il est vrai, de nouvelles racines ; mais lorsqu'on le plantera de nouveau & à demeure pour figurer dans un verger ou dans un jardin, il ne poussera jamais avec la même vigueur que l'arbre planté avec ses racines entières & son pivot. Deux raisons puissantes concourent à l'affoiblissement de l'arbre ; 1°. son état défectueux ; 2°. les racines des arbres voisins auront travaillé pendant deux ou trois ans ; elles sentiront la terre fraîchement remuée pour planter le nouvel arbre, elles pousseront vivement de ce côté, viendront affamer celles de leur compagnon ; de sorte que sa végétation sera languissante, & celle des racines voisines forte & active. On est souvent étonné du peu de réussite des secondes plantations ou remplacemens ; en voilà les causes.

Au lieu de deux pieds de distance d'un arbre à un autre, je demande que l'on en donne quatre & même cinq ; il n'y aura qu'un peu plus de terrain employé ; & que les jeunes arbres que l'on plantera dans la batardière conservent leur pivot & toutes leurs racines. On sera sûr, lors de la replantation, de la reprise de l'arbre ; si dans ce moment on a pour ses racines les mêmes attentions qu'en le sortant de la pépinière, & en le plaçant dans la batardière.

Le sol de cette seconde pépinière, ou plutôt de ce dépôt, sera fossoyé au moins deux fois l'année, à la sortie de l'hiver & au mois de Juillet. Les arrosemens ne seront pas négligés, puisqu'on sent combien la multiplicité des racines absorbera l'humidité de la terre. Le bien-être des jeunes arbres exige de fréquens farclages, & il feroit ridicule, quoique quelques auteurs le conseillent, de semer des légumes, sur-tout dans les batardières, où les arbres ne sont espacés que de deux pieds ; ils ont peur sans doute que l'arbre réussisse trop bien. Il n'est pas possible d'imaginer une parcimonie plus mal entendue.

BATATE. Ce qui est dit de la batate dans le Dictionnaire Encyclopédique, & dans plusieurs autres ouvrages sur l'agriculture, où il a été copié, doit nécessairement jeter dans l'erreur. Il réunit sous la même dénomination la *batate*, le *topinambour*, la *pomme de terre* ou *patate*. La première espèce est originaire des deux Indes ; c'est un *convolvulus*. Le Brésil a fourni la seconde qui est un *helianthus* ; la Virginie a donné la pomme de terre, & c'est un *solanum*. (*Voyez* les mots POMME DE TERRE, TOPINAMBOUR.) Aucun caractère botanique ne rapproche ces trois plantes, à moins qu'on ne prenne pour caractère générique & spécifique la racine tubéreuse. La description de ces plantes fera voir qu'on les a mal-à-propos confondues ensemble.

La tige de la batate est verte, rampante, pousse de nouvelles racines aux points par où elle touche la terre, & ces racines poussent à leur tour des tubercules plus ronds que longs, & d'un jaune plus ou moins rougeâtre; les racines sont chevelues & laiteuses; les feuilles sont d'un verd clair en dessus, un peu blanchâtres en dessous; les fleurs petites, en entonnoir, vertes extérieurement, & blanches intérieurement; elles sont d'une seule pièce sans découpure, & leur calice est d'une pièce à quelques dentelures. La plante est vivace.

On la multiplie, non par des semis, ce seroit perdre du tems & du travail inutilement; mais on la coupe par quartier, en observant que chaque quartier ait au moins un œil ou deux; ou bien on plante de petites batates toutes entières. On peut les espacer, même à plus de dix ou douze pieds, parce que chaque tige, à la distance de deux à quatre pieds, prend racine & forme une plante nouvelle. Si l'on veut qu'elle produise beaucoup de batates, il faut travailler la terre, sur-tout en cet endroit, & fumer.

Cette racine, ou plutôt ce tubercule est farineux comme la pomme de terre, & sa saveur en est infiniment plus délicate. Elle nourrit beaucoup, & la nourriture qu'elle offre est saine, quoiqu'un peu venteuse; si on la fait cuire sous les cendres, elle perd cette qualité incommode. Je ne désespèrerois pas qu'entre les mains de M. Parmentier, elle ne fût bientôt réduite en pain excellent. On l'emploie dans tous les apprêts comme la pomme de terre.

Les espagnols l'ont naturalisée chez eux en Europe; elle n'a plus qu'un pas à faire pour être naturalisée en France, au moins dans nos provinces méridionales où elle seroit une bonne ressource, sur-tout dans les tems de disette. Ses tiges ont encore l'avantage précieux pour ces provinces, de servir de fourrage aux chevaux. Si quelqu'amateur veut faire l'essai de cultiver cette plante dans la France méridionale, je lui conseille de faire venir d'Espagne des tubercules & de la graine, de planter les unes & de semer les autres. Il est plus aisé de naturaliser les plantes par la graine que de toute autre manière. Je vais en faire l'essai & j'en rendrai compte, s'il est possible, au mot POMME DE TERRE, ou à la fin de cet ouvrage. La batate une fois naturalisée dans nos pays chauds, on pourra peu à peu l'acclimater de proche en proche dans nos provinces situées plus au nord. Cette racine & celle du manioque sont la nourriture ordinaire des noirs dans nos îles.

BÂTIMENT. (*Voyez* FERME)

BATTAGE, *ou* DÉPIQUAGE, est l'action de séparer le grain de l'épi, soit avec le fléau, soit en faisant fouler les gerbes par le pied des animaux. Suivant la coutume des différentes provinces, on bat ou à l'air, ou dans des lieux fermés; tout dépend de l'habitude, & chacune a ses avantages: la dernière méthode permet de battre pendant l'hiver, tems auquel les travailleurs sont moins occupés dans les pays où il y a peu ou point de vignobles à façonner.

Avant de battre le blé, il faut préparer l'AIRE. (Ce mot a été oublié dans le premier volume) L'aire doit être bien exposée à tous les vents, afin de pouvoir facilement séparer la poussière d'avec le blé; son sol dur & sec. Dans quelques endroits, après que le blé a été battu, on en cultive le sol, & c'est une petite économie si on considère le travail & la dépense qu'il faudra faire l'année suivante pour la remettre en état. Pour durcir le sol de l'aire, la glaise est absolument nécessaire; cependant elle a le défaut de se gercer & de se crevasser par la grande chaleur. On y remédiera en ajoutant de petites retailles de pierre, & même un peu de poussière de chaux éteinte à l'air. On peut de tems à autre, pendant la première année, la faire battre avec une *batte*, (*voyez* ce mot) afin que les parties se réunissent de plus en plus. Dans certains cantons de nos provinces méridionales, on mêle la terre grasse avec du marc d'olive, le tout délayé ensemble. On en couvre l'aire d'une forte couche; lorsqu'elle commence à sécher, on la bat & on ajoute une seconde couche que l'on bat de nouveau. Il est rare d'avoir besoin d'une troisième. Pour que ces couches ne se desséchent pas trop vîte, & par conséquent ne se gercent pas, il convient de les recouvrir de paille. Dans d'autres cantons, après avoir bien nivelé & battu le sol, on délaie de la fiente de vache dans l'eau, & cette eau, au moyen des balais, est étendue sur le sol. L'une & l'autre méthode sont très-bonnes. Quelques-uns se contentent de traîner à plusieurs reprises un fort rouleau qui aplatit & nivelle le terrain. Que l'on se serve du fléau ou des chevaux ou des mules pour séparer le grain de l'épi, l'une ou l'autre précaution est indispensable; sans elle, le grain s'amoncelleroit dans les crevasses, ou bien le fléau ou les pieds des animaux l'incrusteroient dans une terre trop molle. Il n'en est pas ainsi lorsque l'on bat pendant l'hiver & à couvert; l'aire est toujours prête si aucune circonstance particulière ne l'a dérangée.

On ne doit jamais commencer à battre si la gerbe n'a été pendant quelque tems amoncelée en *gerbier* ou *meaux* ou *meule*; ces mots, usités dans certaines provinces, sont synonymes. Pendant ce tems le grain laisse évaporer une partie de l'humidité qui le renfloit, il prend de la retraite, & la *balle* (*voyez* ce mot) qui l'enveloppoit, se dessèche, s'ouvre & le laisse échapper plus facilement. Le proverbe dit que le blé *sue dans le gerbier*, c'est-à-dire, qu'il perd une partie de son eau surabondante de végétation.

Si on bat avec le fléau, les gerbes sont déliées & étendues sur le sol, de manière que l'épi regarde le centre de l'aire, & la paille les pieds du batteur; au contraire, dans les pays où l'on se sert de mules ou de chevaux, on commence par garnir le centre de l'aire par quatre gerbes sans les délier; l'épi regarde le ciel & la paille porte sur terre; elles sont droites. A mesure qu'on garnit un des côtés des quatre gerbes, une femme coupe les liens des premières, & suit toujours ceux qui apportent les gerbes, mais elle observe de leur laisser garnir tout un côté avant de couper les liens. Les gerbes sont pressées les unes contre les autres, de manière que la paille ne tombe point en avant; si cela arrive, on a soin de la relever lorsqu'on place de nouvelles gerbes. Enfin, de rang en rang on parvient à couvrir presque toute la surface de l'aire.

Les mules, dont le nombre est toujours en raison de la quantité de froment que l'on doit battre, & du tems qu'on doit sacrifier pour cette opération, sont attachées deux à deux, c'est-à-dire, que le bridon de celle qui décrit le côté extérieur du cercle, est lié au bridon de celle qui décrit l'intérieur du cercle; enfin, une corde prend du bridon de celle-ci & va répondre à la main du conducteur qui occupe toujours le centre; de manière qu'on prendroit cet homme pour le moyeu d'une roue, les cordes pour ses rayons, & les mules pour les bandes de la roue. Un seul homme conduit quelquefois jusqu'à six paires de mules. Avec la main droite armée du fouet, il les fait toujours trotter pendant que les valets poussent sous les pieds de ces animaux la paille qui n'est pas encore bien brisée, & l'épi pas assez froissé.

On prend pour cette opération des mules ou des chevaux légers, afin que trottant & pressant moins la paille, elle reçoive des contre-coups qui fassent sortir le grain de sa balle.

La première paire de mules est plus rapprochée du conducteur que la seconde; la seconde plus que la troisième, & ainsi de suite. Chaque paire de mules marche de front, & ainsi quatre paires de mules décrivent huit cercles concentriques en partant de la circonférence au conducteur, ou excentrique en partant du conducteur à la circonférence.

Ces pauvres animaux vont toujours en tournant, il est vrai sur une circonférence d'un assez large diamètre, & cette marche circulaire les auroit bientôt étourdis si on n'avoit la précaution de leur boucher les yeux avec des *lunettes* faites exprès, ou avec du linge; c'est ainsi qu'ils trottent du soleil levant au soleil couchant, excepté pendant les heures du repas.

La première paire de mules, en trottant, commence à coucher les premières gerbes de l'angle; la seconde, les gerbes suivantes, & ainsi de suite. Le conducteur en lâchant la corde ou en la resserrant, les conduit où il veut, mais toujours circulairement, de manière que lorsque toutes les gerbes sont aplaties, les animaux passent & repassent successivement sur toutes les parties.

Pour battre le blé, soit avec le fléau, soit avec les animaux, il faut choisir un beau jour & bien chaud, la balle laisse mieux échapper le grain.

Laquelle de ces deux méthodes est la plus avantageuse & la plus économique? Il sera aisé d'en faire le tableau. La première conserve la paille dans son entier; la seconde la réduit en petits brins, & c'est dans cet état qu'on la donne aux mules, aux chevaux & aux bœufs.

Une paire de mules, année commune, bat ou *dépique*, pour me servir de l'expression consacrée à cette opération, dix septiers de grains; le septier dont je parle ici pèse ordinairement cent vingt livres, petit poids, ou cent livres poids de marc. Pour cela, on nourrit le conducteur, on lui paie quatre livres &

dix sols par paire de mules; on donne en avoine environ la valeur de cinq sols, & la nourriture du conducteur est estimée quinze sols; la dépense est donc de cent dix sols. Si le conducteur fait aller, deux, trois ou quatre paires de mules, ces dernières paires ne coûtent plus chacune que quatre livres quinze sols; ainsi quarante septiers de blé à dépiquer coûtent dix-neuf livres quinze sols. A présent que chacun calcule si la même somme employée en journées d'hommes produiroit autant ou moins de blé battu. Le dépiquage laisse beaucoup plus de grains dans l'épi que le battage; c'est un fait constant, sur-tout dans les années pluvieuses, & lorsque le grain n'est pas parfaitement sec & bien nourri. Un de mes voisins a abandonné cette méthode pour s'en tenir à celle du fléau, & il y trouve mieux son compte. Un second avantage du fléau résulte de la facilité avec laquelle on sépare la paille entière du grain & de la balle; au lieu qu'après le dépiquage, il faut manier deux ou trois fois à la fourche la même paille.

Pour autoriser le dépiquage, on dit que la paille est toute hachée, que les animaux la mangent avec plus de plaisir; le même voisin dont je viens de parler assure qu'ils mangent la paille longue avec le même appétit, & je puis assurer que les animaux en perdent moins. Je n'ai pas encore pu faire ces observations & ces comparaisons par moi-même : j'en rendrai compte dans un des volumes suivans, & s'il est possible au mot FROMENT. Ce qu'il y a encore de très-constant, c'est que le seigle ne se dépique pas aussi facilement que le blé.

BATTANS. On appelle ainsi les deux valves ou panneaux qui forment les siliques. (*Voyez* ce mot)

BATTE. En terme de jardinier, est une sorte de maillet de bois plat & ferré, & garni d'un long manche. La seconde espèce de batte, particuliérement consacrée à battre les allées & l'aire, (*Voyez* l'article précédent) est un morceau de bois long d'un pied & demi, épais de six pouces & large de huit à neuf, & il est emmanché diagonalement dans le milieu. (*Voyez* sa forme dans la gravure qui accompagne le mot OUTILS DE JARDINAGE)

BATTE-BEURRE. (*Voyez* BARATTE)

BATTEMENT DE CŒUR. (*Voyez* CŒUR)

BATTEMENT DE FLANC. (*Voyez* FLANC)

BATTEUR. Valet ou manouvrier qui bat le blé exposé à l'air ou en grange, en été ou en hiver. Dans la majeure partie du royaume, ce sont les habitans de la montagne qui viennent lever la récolte dans la plaine. Si c'est en été, ils ont le tems de couper, battre, nettoyer le grain, le porter au grenier avant que leur récolte soit mûre. A quel prix & avec quelle peine ces pauvres malheureux n'achètent-ils pas le salaire qu'on leur donne ! S'ils prennent à prix fait, soit en argent, soit en grain, ils reçoivent peu, & souvent ils trouvent à peine leur nourriture;

riture; si on les nourrit, on réserve pour cette époque, tout ce qu'il y a de plus mauvais. Propriétaires, soyez humains; venez à votre aire, voyez par vous-mêmes leurs travaux, & jugez de leurs peines. Levés avec le soleil, exposés à son ardeur pendant les deux mois les plus chauds de l'année, ils ne quittent le travail que lorsque la nuit les force de l'abandonner, & c'est le moment de toute la journée où leur chemise va commencer à sécher. Donnez-leur du vin, ils en supporteront mieux la fatigue; & si le vin est trop cher, ne leur refusez pas au moins du vinaigre pour corriger l'eau qu'ils boivent, tempérer la soif qui les dévore, & les rafraîchir. Je ne connois qu'une seule province où le batteur ne soit pas vexé par le propriétaire; il lui fait la loi; c'est dans le Bas-Languedoc. S'il vous en coûtoit une pistole ou deux de plus, vous ne seriez pas appauvri, ces malheureux vous béniroient, & ce petit sacrifice augmenteroit singuliérement leur bien-être. Il faut si peu pour contenter celui qui n'a rien, & il en coûte si peu pour se l'attacher!

BATTRE LES GERBES. Dans les années pluvieuses, les herbes fourmillent, croissent, grainent & mûrissent avec les blés. La faucille abat également la bonne & la mauvaise plante, & tout est confondu dans la gerbe. Lorsque la gerbe est séche, quelques personnes la font porter sur l'aire & battre à demi avec le fléau sans la délier, afin de détacher la majeure partie du bon grain. La gerbe relevée, ce grain est mis à part, & la gerbe ensuite déliée & battue de nouveau, donne le reste du grain mêlé avec les semences étrangères. Je ne vois ici qu'une opération inutile; le van, le crible, feront la séparation du bon & du mauvais grain. C'est multiplier la dépense sans nécessité.

BATTRE DU FLANC. Se dit d'un cheval poussif ou d'un cheval qui a la fièvre ou une autre maladie qui se dénote par une agitation de son flanc, plus forte qu'à l'ordinaire.

BAUCHE, *ou* BAUGE, *ou* TORCHIS. C'est une espèce de mortier fait avec de la terre franche, corroyée avec de la paille ou du foin haché. On s'en sert, soit pour lier les pierres d'un mur, soit pour boucher les vides entre les chevrons qui forment toute la carcasse d'une maison. Il n'est pas possible d'imaginer une maçonnerie plus défectueuse pour tous les genres.

Examinons l'effet qui résulte de l'union de la paille & de la terre. La paille ou le foin occupent un plus grand espace au moment qu'on les gâche avec la terre. La terre, en séchant, prend de la retraite, se gerce, & par conséquent n'occupe plus le même espace qu'auparavant; dès-lors les pierres sont mal jointes, moins liées. Si on applique ce mortier contre le bois, contre les chevrons, l'humidité fait renfler le bois, & le bois presse contre la terre. Cette terre se dessèche, le bois se dessèche à son tour, & il reste nécessairement un vide entre deux.

Ce mortier, qui ne sauroit se cristallifer & prendre une forme folide, femblable à celle du plâtre ou du mortier fait avec la chaux, fuit les impreffions de l'atmofphère. S'il eft humide, la bauche ou torchis l'eft également ; & s'il eft fec pendant un certain tems, la bauche fe deffèche auffi. Par ces alternatives de féchereffe & d'humidité, la paille pourrit, fe décompofe, ne fert plus de lien à la terre. Auffi on voit que peu à peu la furface de cette terre s'émiette, qu'elle tombe en pouffière, & le bois refte décharné.

Deux caufes concourent encore à cette dégradation ; la gelée & la formation du fel de nitre. La gelée furvient ordinairement après les pluies des mois de Novembre & de Décembre, & toujours très-abondantes dans nos provinces du nord, où ce genre de bâtiffe eft en ufage. La bauche imbibée a les pores remplis d'humidité ; le froid concentre l'humidité, pénètre dans l'intérieur, & gêle chaque particule d'eau. Il eft démontré que toute eau gelée occupe un plus grand efpace que dans un état d'eau fimple ; dès-lors chaque particule d'eau fait l'effet du levier fur la partie de terre qui la touche, & ainfi de proche en proche, fur toute la partie du torchis. Le dégel furvient, & une partie du recrépiffage tombe : fi le froid a plufieurs reprifes, elles occafionnent autant de dégradations aux bâtimens. La chaleur furvient, la terre prend une nouvelle retraite, les liens font anéantis, & les gerçures commencent. Le fimple coup d'œil fur ces bâtimens, fur ces murs, prouve ce que j'avance.

La formation du nitre eft la feconde caufe de leur dégradation, Chacun fait que toute paille réunie à la terre, attire le *fel de l'air*. Ce n'eft pas le cas de prouver ici fon exiftence, & de quelle nature il eft ; mais il eft conftant que, de l'union de ce fel avec la terre ainfi préparée, il fe forme peu à peu fur la furface du mur un véritable fel de nitre. Chacun fait encore que ce fel fe criftallife fi l'air eft parfaitement fec, mais qu'il tombe en déliquefcence, c'eft-à-dire qu'il fe fond à l'air fi l'atmofphère eft humide. Alors l'humidité faline gagne de proche en proche, fe répand ; & plus elle fe répand, plus il fe forme de nouveau fel de nitre. Les pluies, il eft vrai, délavent la furface, mais l'intérieur n'eft pas moins pénétré. Voilà la caufe la plus agiffante & la plus immédiate, enfin celle qui achève de défunir ; & il eft aifé de juger alors combien les effets de la gelée font dangereux & actifs. Au mot PISAI, nous indiquerons une autre manière de bâtir auffi économique, auffi fimple, auffi facile à exécuter, & infiniment plus folide.

BAUDET. (*Voyez* ÂNE)

BAVE DES ANIMAUX. C'eft dans la bave des chiens enragés que réfide le virus ; leurs dents font les inoculatrices de ce virus : mais fi une fubftance eft imprégnée de fa bave, & que l'homme ou un animal l'avale d'une manière quelconque, la rage fe déclarera auffi furement que par l'effet de la morfure.

La bave ou falivation trop abondante, eft une maladie commune au bœuf & au cheval. Il eft aifé de la reconnoître à la feule infpection & aux fymptômes de la maladie.

L'appétit de l'animal diminue en raiſon de la perte de ſalive, la maigreur augmente chaque jour ſenſiblement, les forces des muſcles perdent de leur action, la maladie devient grave & conduit à l'épuiſement, ſi elle dure trop long-tems. (*Voyez* SALIVATION)

BAUME. *Plante* (*Voyez* MENTHE)

BAUME, *Pharmacie*. On en connoît de deux eſpèces: les *naturels* & les *composés*.

Les baumes naturels ſont des matières huileuſes, aromatiques, d'une conſiſtance liquide & un peu épaiſſe, qui découlent d'elles-mêmes de certains arbres, ou par des inciſions qu'on y fait, à deſſein d'en obtenir une plus grande quantité. Les principaux ſont le baume *blanc*, ou de la *Mecque*; le baume d'*ambre liquide*, le baume du *Pérou*, de *tolu*, de *copahu*, le *ſtirax liquide*, les *térébenthines*, &c. Comme on les trouve en ſubſtance dans toutes les boutiques des apothicaires, il eſt inutile d'en tracer ici l'hiſtorique; d'ailleurs, les propriétés dont ils jouiſſent ſeront décrites ſous leur mot propre.

Les baumes compoſés ſont bien plus multipliés; ils ſervent le plus ſouvent à l'empiriſme & à la charlatannerie. Tout baume qui a pour baſe l'huile, la graiſſe, le beurre & le ſaindoux, & dans lequel ces ſubſtances ne ſouffrent aucune combinaiſon qui change leur manière d'être, ſont plus nuiſibles qu'utiles. Par *combinaiſon*, je n'entends pas un ſimple mélange; par exemple, du bois de ſantal réduit en poudre, avec l'huile, le beurre, &c. L'union de ces deux ſubſtances ne forme point de nouvelle combinaiſon dans leurs principes, & ne réduit pas l'huile en corps ſavonneux.

L'expérience a démontré que tout corps gras appliqué ſur la peau, en bouche les pores, & arrête la tranſpiration; que la chaleur naturelle de la partie ſur laquelle on les applique, ſuffit pour les faire rancir & leur donner un caractère de cauſticité; que tout corps gras devenu rance, devient épipaſtique, c'eſt-à-dire qu'il cauſe l'inflammation, excorie la peau, & attaque les chairs. On voit par-là combien il eſt dangereux d'appliquer de pareils baumes, ou ſur des plaies récentes, puiſqu'ils y produiront une inflammation, ou ſur des plaies déjà accompagnées d'inflammation, puiſqu'ils l'augmenteront encore. On ne doit donc pas être ſurpris, ſi des plaies traînent long-tems avant de ſe cicatriſer; de pareils baumes s'oppoſent aux efforts de la nature, les contrarient, impatientent le malade, & nuiſent à la réputation de celui qui les adminiſtre, puiſqu'on va juſqu'à dire qu'il retarde la guériſon pour gagner davantage. Ce n'eſt pas toujours mauvaiſe volonté, ſouvent c'eſt ignorance. A l'article ONGUENT, les principes qui viennent d'être indiqués ſeront mis dans tout leur jour. Nous nous permettrons ſeulement une ſimple réflexion. La compoſition des baumes varie ſuivant les différentes pharmacopées. Celui qui, dans la pharmacopée de Paris, eſt compoſé de dix drogues, l'eſt de quatre ſeulement dans celle de Londres; de vingt dans celle de Nuremberg, &c. Combien de pareils exemples ne pourrois-je pas citer ? Qui est-ce donc qui agit sur une plaie ? Est-ce la nature ? est-ce le baume ? Un critique dira : c'est la nature, puisque les baumes plus ou moins composés de drogues, produisent le même effet à Londres, à Paris, à Nuremberg, &c. De l'eau simple, ajoute le critique, ou très-froide, ou tiède, ou chaude, suivant les circonstances, équivaudra à tous les baumes, *si la plaie ne dépend pas d'un vice intérieur.* Nous laissons aux maîtres de l'art à décider, quoiqu'il soit permis de douter, depuis que l'académie de chirurgie de Paris a prononcé sur l'abus des baumes, onguens & emplâtres. (*Voyez* le mot ONGUENT)

Les baumes les plus simples sont les meilleurs : celui du *samaritain*, autrement appelé *baume de l'évangile*, en est une preuve. Sa composition est simple & facile. Prenez de l'huile d'olive, ou de noix, ou de lin, *non-rance*, & du bon vin, parties égales ; faites cuire tout ensemble à petit feu, dans un pot de terre vernissée, jusqu'à la consomption du vin ; le baume sera fait. Il est excellent pour toutes les plaies simples, & fortifie les nerfs. Qui ne voit pas que l'huile, dans cet état, a été changée en corps savonneux & miscible à l'eau ; que lorsque l'on bassinera la plaie, soit avec le vin, soit avec l'eau, ces deux substances nettoieront la peau, & ses pores non-obstrués laisseront toute la liberté nécessaire à la transpiration. Pour nettoyer ou dégraisser la peau, connoît-on une substance plus utile que le savon ?

Afin de ne pas passer pour pyrrhonien sur l'article des *Baumes*, nous allons donner la composition de quelques-uns qui paroissent réunir tous les suffrages des maîtres de l'art. Un gros volume ne suffiroit pas, s'il falloit décrire tous les baumes composés, publiés en différens tems, & sur-tout la longue énumération des miracles qu'on leur attribue. Comme il est difficile, à la campagne, de se procurer l'attirail d'un laboratoire, les recettes suivantes seront faciles à exécuter.

Baume anodin de Bates ; savon blanc, ... 1 once.

Opium crud, . . . 2 onces.

Esprit-de-vin rectifié, . . 9 onces.

Mêlez le tout ensemble ; laissez digérer sur un feu doux ; passez la liqueur ; ajoutez trois gros de camphre : ce baume appaise les douleurs. Il est utile dans les constrictions, dans les rhumatismes qui ne sont pas accompagnés d'inflammation. On en frotte la partie affectée, avec la main échauffée, ou bien on applique une compresse trempée dans ce baume. Il faut renouveler l'un ou l'autre, jusqu'à ce que les douleurs soient dissipées.

Baume de Geneviève, ou *baume interne & externe.*

Huile d'olive fine, non *rance*, ou *forte*, ... 3 livres.

Cire jaune, neuve, en petits morceaux, ... demi-livre.

Eau rose, ... *Idem*.

Bon vin rouge ; trois livres, ou trois chopines.

Santal rouge, en poudre, deux onces.

Mettez le tout dans une terrine de terre vernissée, qui contienne environ cinq ou six pintes d'eau ; laissez bouillir pendant une demi-heure, remuant toujours la matière

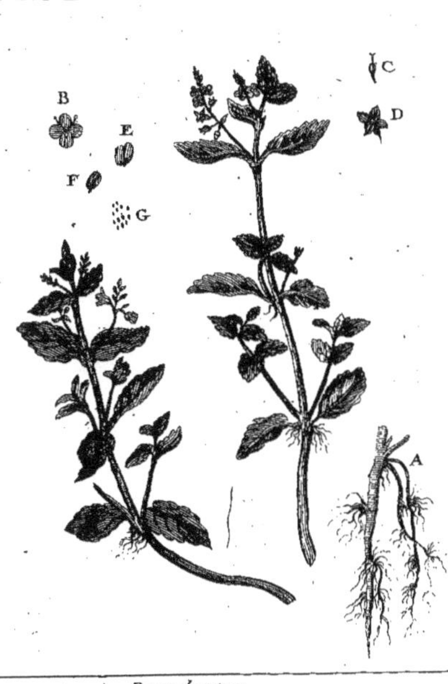

Beccabunga.

Belladone.

Baumier ou Lotier odorant.

Bec de Grue ordinaire.

Sellier Sculp.

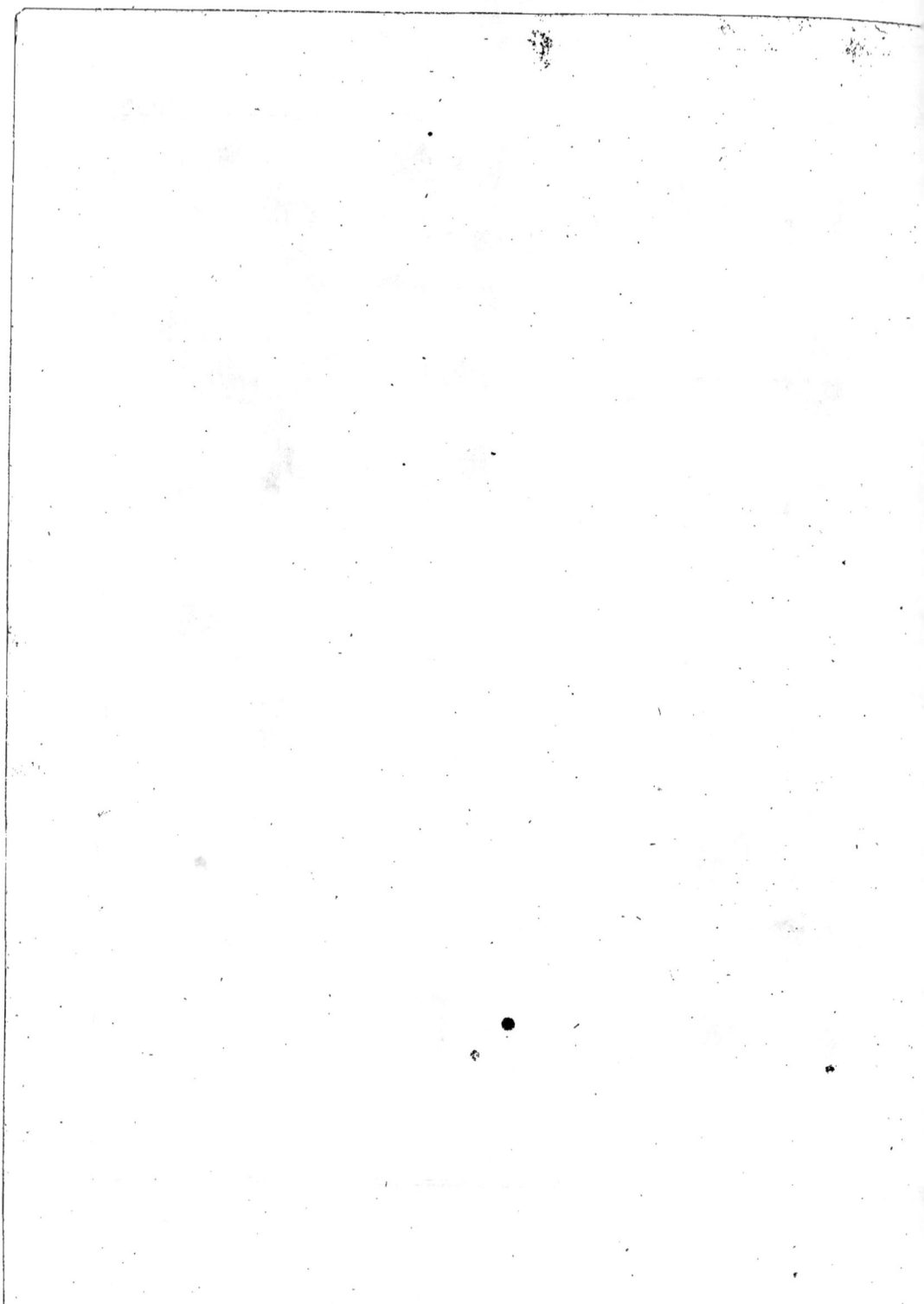

avec une ſpatule de bois. Ce tems expiré, ajoutez,

Térébenthine de Veniſe, fine, une livre.

Incorporez bien le tout avec la ſpatule, pendant une ou deux minutes; retirez le vaiſſeau du feu; & quand le baume ſera un peu refroidi, jettez-y,

Camphre en poudre, . . 2 gros.

Mêlez bien avec la ſpatule; coulez enſuite à travers un linge dans un autre vaiſſeau; laiſſez repoſer juſqu'au lendemain. Lorſqu'il ſera figé, faites de profondes inciſions en forme de croix dans le baume, avec la ſpatule, pour faire écouler l'eau qui ſera dépoſée dans le fond; mettez enfin dans un pot de faïence pour le conſerver.

La manière d'employer ce baume conſiſte à frotter la partie gangrenée, ulcérée, meurtrie, bleſſée, &c. ſans avoir égard à ce qui eſt même cadavéreux; de la couvrir de linge ou de papier brouillard, ſur lequel on en a étendu; de panſer le malade deux fois par jour, & de continuer juſqu'à ce qu'il ſoit guéri.

M. Duverney, dans les *Mémoires de l'Académie des Sciences*, année 1702, aſſure, d'après l'expérience, que ſes effets ſont aſſurés contre les bleſſures qui pénètrent ou ne pénètrent pas, contre les rhumatiſmes, contre les douleurs, de quelqu'eſpèce qu'elles ſoient, même les douleurs internes, comme celles de la pleuréſie, les coliques, les maux de tête, &c. & en l'étendant chaud ſur la partie malade, & en faiſant prendre deux gros par la bouche. On s'en ſert également dans les fièvres malignes, contre la morſure des animaux venimeux, les meurtriſſures, les foulures, les brûlures.

Si la bleſſure pénètre dans la cavité du corps, on en ſeringue une petite quantité, légérement tiède, dans la plaie, en oignant les parties voiſines, & on prend intérieurement un gros & demi, ou deux gros, dans un bouillon. Il eſt bien démontré que c'eſt un excellent anti-gangreneux.

Les amateurs des baumes peuvent conſulter les différentes pharmacopées, où ils trouveront la manière de les préparer. Ceux qui viennent d'être indiqués ſuffiſent, & au-delà, pour les beſoins journaliers, & équivalent à cette longue ſérie de pots qui décorent la boutique des apothicaires.

BAUMIER, *ou* LOTIER ODORANT, *ou* MELILOT ODORANT. *Pl.* 4) M. Tournefort le place dans la quatrième ſection de la dixième claſſe, qui comprend les herbes à fleur en papillon, & dont les feuilles des tiges ſont ternées; il l'appelle *melilotus major odorata violacea*. M. le chevalier von Linné le claſſe dans la diadelphie décandrie, & le nomme *trifolium melilotus cærulea*.

Fleur, papilionnacée, compoſée de quatre pétales; le ſupérieur ou étendard B, eſt oblong, plié dans ſa longueur, découpé en cœur à ſon extrémité ſupérieure; il ſe replie & ſe termine preſqu'en pointe à ſa baſe, & eſt marqué de quelques nervures; les ailes C, au nombre de deux, ſont placées, une de chaque côté, & recouvrent les parties ſexuelles de la plante; elles s'attachent au fond du calice par un long appendice; la carenne D eſt placée entre les ailes & au-dessous ; elle semble soutenir le pistil E qui s'élance du fond du calice, entouré de dix étamines réunies en un corps par leur base, à l'exception d'une seule qui se détache du faisceau général, & ne tient à la membrane qui les unit, que par un seul point ; le calice F est d'une seule pièce, à cinq dentelures profondes & pointues.

Fruit. Le pistil E se change en un légume cylindrique & court. Comme les fleurs sont rassemblées en manière de tête, les légumes conservent le même ordre. Il est représenté ouvert en H, & il renferme de petites semences I.

Feuilles ; au nombre de trois sur chaque pétiole, comme celles des trèfles ; elles sont oblongues, alongées, terminées en pointe, dentées en manière de scie aiguë, avec de fortes nervures. Ordinairement la base du pétiole est garnie d'une appendice.

Racine A, pivotante, jaunâtre, en forme de fuseau, peu fibreuse.

Port. La tige s'élève de un à deux pieds, droite, cannelée ; les feuilles placées alternativement ; les péduncules naissent des aisselles des feuilles, & sont longs ; la fleur est violette.

Lieu. La Lybie, la Bohême, le Languedoc, les jardins. Cette plante est annuelle ; elle fleurit en Juillet.

Propriétés ; déterſive, vulnéraire, alexipharmaque.

Usage. L'eau de la plante distillée, est ophtalmique. Les sommités de la plante fleurie, à la dose d'un gros, en infusion dans du vin, provoquent les sueurs, les règles, les urines. Ces sommités fleuries, mises à infuser dans de la bonne huile d'olive, sont recommandées pour la réunion des plaies, pour guérir les hernies des enfans.

Si on veut la cultiver dans les jardins, elle ne demande aucun soin plus particulier que celui que l'on donne aux autres plantes. On sème la graine en Mars.

BAUMIER. (*Voyez* TACAMAHACA)

BEAU-PRÉSENT. *Poire.* (*Voyez* ce mot)

BECCABUNGA, *ou* VÉRONIQUE AQUATIQUE, *ou* BECCABUNGA A FEUILLES RONDES. (*Pl.* 4, p. 181) M. Tournefort le place dans la sixième section de la seconde classe, qui renferme les herbes à fleur d'une seule pièce, en forme d'entonnoir, dont le pistil devient un fruit dur & sec ; Il l'appelle *beccabunga major officinalis.* M. Linné le classe dans la diandrie monogynie, le range parmi les véroniques, & il le nomme *veronica beccabunga.*

Fleur B, d'une seule pièce, en forme de tube à sa base ; elle est divisée en quatre parties arrondies ; les étamines, au nombre de deux, sont attachées aux parois de la corolle, & sont plus grandes qu'elle ; la fleur n'a qu'un pistil C, terminé par un stigmate sphérique ; toutes les parties de la fleur sont renfermées dans le calice D, d'une seule pièce, découpé en quatre parties aiguës.

Fruit. Le pistil se change en une capsule E, en forme de cœur, comprimée par le haut, à deux loges, & à quatre valvules F, qui renferment de très-petites semences rondes noirâtres G.

Feuilles, ovales, planes, lisses, luisantes, crenelées.

Racine A, fibreuse, blanche, rampante, noueuse.

Lieu. Les fossés remplis d'eau vive. elle est vivace, & fleurit en Mai & Juin.

Port. Les tiges ordinairement couchées, quelquefois droites, hautes d'un pied; elles sont cylindriques, rougeâtres, branchues; les fleurs, d'un joli bleu, naissent disposées en épi sur des rameaux qui partent des aisselles des feuilles; les feuilles sont opposées deux à deux sur les nœuds, & les tiges poussent des racines par ces nœuds.

Propriétés. L'herbe est insipide au goût, & sans odeur; elle est détersive, diurétique, antiscorbutique, vulnéraire.

Usage. Les feuilles sont indiquées au défaut du cresson pour le scorbut; & c'est cette propriété qui l'a fait nommer par quelques-uns, & assez mal à propos, *cresson de fontaine*. La multiplicité de dénominations induit à chaque instant en erreur. Pour l'homme, on prescrit son suc à la dose de quatre onces, ou seul, ou mêlé avec du petit-lait. On emploie la plante dans les tisanes, les apozêmes altérans, apéritifs, antiscorbutiques, depuis une poignée jusqu'à quatre; la conserve, à la dose d'une once. Son eau distillée est inutile & semblable à l'eau ordinaire; le sirop a les mêmes propriétés que l'infusion des feuilles. Les feuilles pilées & cuites dans l'eau, sont, dit-on, antihémorrhoïdales. Elle sert également pour les animaux, sur-tout son infusion.

BEC DE GRUE ORDINAIRE, *ou* GERAINE CICUTINE, *ou* A FEUILLES DE CIGUE, *ou* GERANIUM MUSQUÉ. (*Pl.* 4, p. 181.) M. Tournefort le place dans la sixième section de la sixième classe, qui comprend les herbes à fleur de plusieurs pièces régulières & en rose, dont le pistil devient un fruit composé de plusieurs pièces ou capsules; & d'après Bauhin, il le désigne par cette phrase: *Geranium cicutæ folio minus & supinum*. M. von Linné le classe dans la monadelphie décandrie, & le nomme *geranium cicutarium*.

La famille des *geranium* est très-nombreuse, & on a donné le nom de *bec de grue*, à cette plante, à cause de la ressemblance de son fruit avec le bec de la grue. Il seroit déplacé de décrire ici toutes les espèces de *geranium* connues, dont M. le chevalier von Linné fait monter le nombre à cinquante-sept; & il est possible d'en découvrir un plus grand nombre, sur-tout en Afrique & en Ethiopie. On ne parlera que de quelques espèces utiles à la médecine, ou qui servent d'ornement dans les jardins.

Fleur; celle du *geranium musqué* est composée de cinq pétales en forme de cœur B, disposés en rose, & conservant une forme régulière entr'eux; les étamines sont au nombre de cinq, réunies par leur filet en un seul corps, & elles environnent le pistil D; le calice C est divisé en cinq parties.

Fruit, en forme de bec alongé, marqué dans sa longueur, de cinq stries, divisé en cinq battans, qui, lors de la maturité, se détachent par leur base, & se relèvent en se roulant sur eux-mêmes, pour laisser sortir les semences. En E, la graine eſt repréſentée dans ſon premier état, & en F, dans l'état où la met le contact de l'air.

Feuilles, ailées, découpées finement, obtuſes, reſſemblant à celles de la ciguë, moins grandes, étendues horizontalement & circulairement ſur la terre.

Racine A, très-longue, en forme de navet alongé, brune en dehors, blanche en dedans.

Port. Les tiges s'élèvent de huit à douze pouces au plus, & ſouvent à quatre ſeulement, ſelon la nature du terrain; les péduncules naiſſent des aiſſelles des feuilles, & portent au ſommet pluſieurs fleurs rouges: ces fleurs ſont réunies à leur baſe ſur le péduncule, par des ſtipules membraneuſes; les feuilles des tiges ſont oppoſées.

Lieu. Les terrains ſablonneux, incultes; commence à fleurir dès que le froid ceſſe, & alors les tiges n'ont que quelques pouces de hauteur.

Propriétés. Toute la plante eſt d'un goût légérement ſalé; elle eſt vulnéraire, aſtringente.

Uſages. Les feuilles pilées & macérées dans du vin, pendant douze heures, arrêtent les hémorragies; on les emploie en forme de cataplaſmes contre l'eſquinancie. L'herbe réduite en poudre, ſe donne à la doſe de demi-drachme; & aux animaux, à celle de demi-once.

Uſage économique. Cette plante eſt très-multipliée dans les terrains ſablonneux: les habitans des bords de la Seine, dans le Vexin ſur-tout, arrachent la plante & la racine dans le courant de Novembre, lavent le tout pour en détacher la terre; & cette herbe ainſi préparée, ſert de nourriture aux vaches, qui la mangent avec avidité, ſur-tout la racine.

On a vu en F la graine terminée par une eſpèce de queue ou aiguille. Cette aiguille ſe recoquille, ſe tord dans le tems ſec, & ſe détord pendant que l'atmoſphère eſt chargée de vapeurs; elle forme par conſéquent un excellent *hydromètre*. (*Voyez* ce mot)

Le bec de grue ſanguinaire. M. Tournefort le nomme *geranium ſanguineum maximo flore*; & M. le chevalier von Linné, *geranium ſanguineum*. Il diffère du premier par ſa *corolle* grande & violette, & ſa *fleur* a dix étamines; par ſes *feuilles* arrondies, découpées en cinq parties, & chacune de ces cinq parties eſt diviſée en trois; elles ſont velues, vertes en deſſus, blanchâtres en deſſous; la *racine* eſt épaiſſe, rouge & fibreuſe; les *tiges*, de la hauteur d'une coudée, nombreuſes, rougeâtres, velues, noueuſes; les péduncules ne portent qu'une ſeule fleur, & on remarque deux feuilles florales ſur le péduncule le plus élevé; les feuilles du ſommet ſont portées par de courts pétioles: on s'en ſert dans les décoctions & apozêmes vulnéraires; & extérieurement, pilées, & appliquées ſur les plaies. Cette plante eſt vivace, ainſi que la précédente.

Le bec de grue, pied de pigeon. Il diffère des deux précédens par ſon *calice*, dont les découpures ſont longues & pointues, & par ſes *capſules* liſſes; par ſes *feuilles* ſemblables, pour la forme, à celles des mauves; mais plus arrondies, plus légères, plus blanchâtres, découpées en cinq parties principales,

qui

qui se divisent en plusieurs petites découpures aiguës ; la racine est simple, branchue ; les *tiges* s'élèvent à la hauteur de quelques pouces, inclinées vers la terre ; les *feuilles* des tiges souvent au nombre de cinq, portées par de longs pétioles, moins lisses, plus blanches, plus petites que les feuilles qui partent des racines ; les *fleurs* sont au nombre de deux sur chaque péduncule. M. Tournefort la nomme, *geranium folio malvæ rotundo ;* & M. le chevalier von Linné, *geranium rotundi folium.* Ses propriétés sont les mêmes que les précédentes.

Bec de grue, herbe à Robert. Comme cette plante est d'un grand usage en médecine, on a cru devoir la laisser à sa place alphabétique, & la faire connoître par une gravure particulière. (*Voyez* HERBE A ROBERT)

Telles sont les différentes espèces de becs de grue employées en médecine. Le desir d'embellir les jardins par des plantes dont les fleurs succèdent presque sans interruption, depuis le printems jusqu'aux gelées, a invité à cultiver deux ou trois autres espèces de becs de grue.

Le premier est le *bec de grue à odeur forte.* C'est le *geranium inquinans* du chevalier von Linné ; le calice est d'une seule pièce ; les feuilles sont presque rondes & en manière de rein, cotonneuses, crenelées, très-entières ; la feuille ressemble à celles des mauves, mais elle est plus épaisse, plus charnue ; plusieurs fleurs naissent au sommet du même péduncule, quelquefois au nombre de dix ou de douze, & même plus. La fleur est d'une belle couleur écarlate, & produit un bel effet, soit en platte-bande, soit en amphithéatre, soit isolée dans des pots. Les feuilles froissées entre les doigts, ont une odeur désagréable, & laissent sur la peau une couleur semblable à celle de la rouille.

Le second est *le bec de grue à feuille marquée d'une zone.* Les feuilles sont plus grandes que celles du précédent, moins épaisses, d'un verd plus foncé, assez semblables pour la forme ; mais dans le milieu de la feuille, une zone de couleur plus brune & bien caractérisée, colore la feuille circulairement. Les fleurs sont gris de lin. C'est le *geranium zonale* du chevalier von Linné ; les tiges nombreuses & rameuses s'élèvent plus que celles du précédent ; & ainsi qu'elles, les rameaux des tiges principales s'élèvent sans suivre aucun ordre régulier.

Le troisième est *le bec de grue à odeur douce pendant la nuit*, ou le *geranium triste* du chevalier von Linné. Il est très-aisé à distinguer de tous les autres. Sa racine est tubéreuse & fibreuse ; les feuilles sont couchées sur la terre, doublement ailées ; la première paire d'ailes est découpée en cinq ou six parties, à leur tour découpées en autant d'autres ; l'interstice qui règne sur la côte, entre les grandes découpures, est garnie par des petites découpures ; de sorte que la côte ou pétiole est dans toute sa longueur, garnie de folioles alternativement, longues & courtes, & égales de chaque côté. Du milieu des feuilles & du tubercule, s'élève une tige longue de six à huit pouces, au sommet de laquelle naissent cinq à six fleurs d'un verd jaunâtre, marquées dans le milieu d'une tache rouſſâtre foncée. La fleur n'a rien de flatteur à la vue, mais elle en dédommage bien par l'odeur qu'elle commence à répandre dès que le ſoleil ſe couche, & pendant toute la nuit.

La culture de ces trois dernières eſpèces de becs de grue, eſt facile dans les provinces méridionales; il ſuffit de ſemer la graine dans des pots remplis de terre légère, & placés dans une bonne expoſition. Le tems du ſemis eſt le mois de Mars. Dans nos provinces du nord, elles exigent la couche & les châſſis. Cette méthode eſt lente & indiſpenſable, lorſqu'on ne peut pas ſe procurer des boutures. S'il eſt poſſible d'en avoir, il faut renoncer au ſemis, puiſqu'avec la plus petite bouture on a le plaiſir de garnir un vaſe, & de le voir fleurir pluſieurs fois pendant l'année. Aucune plante ne réuſſit plus complétement; on peut même couper une tige en pluſieurs morceaux; s'il reſte un œil à chacun, ils formeront autant de plantes. Il n'en eſt pas ainſi du *geranium triſte*, qui ſe multiplie par ſes tubercules. Dès que l'on aura ſéparé un morceau de la tige, il ſuffit de le planter, de l'arroſer tout de ſuite, & de tranſporter le vaſe à l'ombre pendant quelques jours. Sur cent boutures, on n'en manquera pas une. J'en ai fait depuis le mois de Mars juſqu'au mois d'Octobre; les plus printannières paſſent mieux l'hiver, parce qu'elles ont eu le tems de donner un bon nombre de racines. On peut en planter une douzaine dans un vaſe d'un pied de diamètre; & un mois après, mettre chaque pied dans un vaſe ſéparé. Plus le vaſe eſt grand, plus la plante proſpère, plus elle multiplie ſes rameaux, & par conſéquent ſes fleurs. Une attention ſingulière à avoir, c'eſt de ne pas placer les vaſes dans un endroit expoſé à être battu des vents; s'ils ſont un peu impétueux, ils caſſent les rameaux & les ſéparent de leur tige. Cependant le mal eſt peu conſidérable, puiſque chaque morceau caſſé & remis en terre, même quelques jours après, forme autant de nouvelles plantes.

L'hiver eſt redoutable pour ces plantes originaires des côtes d'Afrique; la gelée fait pourrir les tiges. Il faut ſe hâter, ſi on a été ſurpris, de ſéparer le mort du vif, autrement la pourriture gagneroit toute la plante; cependant elles n'exigent pas les ſerres chaudes; une bonne orangerie ſuffit.

Comme ces plantes approchent, par leur texture, de la nature des plantes graſſes, elles craignent comme elles, la trop grande humidité pendant l'hiver. De là, l'indiſpenſable néceſſité de les placer près des fenêtres de l'orangerie; & s'il ſe peut, de ne pas les priver de la lumière du ſoleil. Après l'hiver, lorſqu'on ſortira les pots de l'orangerie, il faudra penſer auſſitôt à leur donner de la terre nouvelle, dépotter la plante, & châtrer les racines aſſez près: elle en aura bientôt pouſſé de nouvelles. C'eſt encore à cette époque, ou du moins 15 jours après, qu'on la dégarnit d'une quantité ſuffiſante de ſes rameaux, ſoit pour en faire des boutures, ſoit pour conſerver à cette eſpèce d'arbriſſeau une forme agréable. Comme ces plantes pouſſent beau-

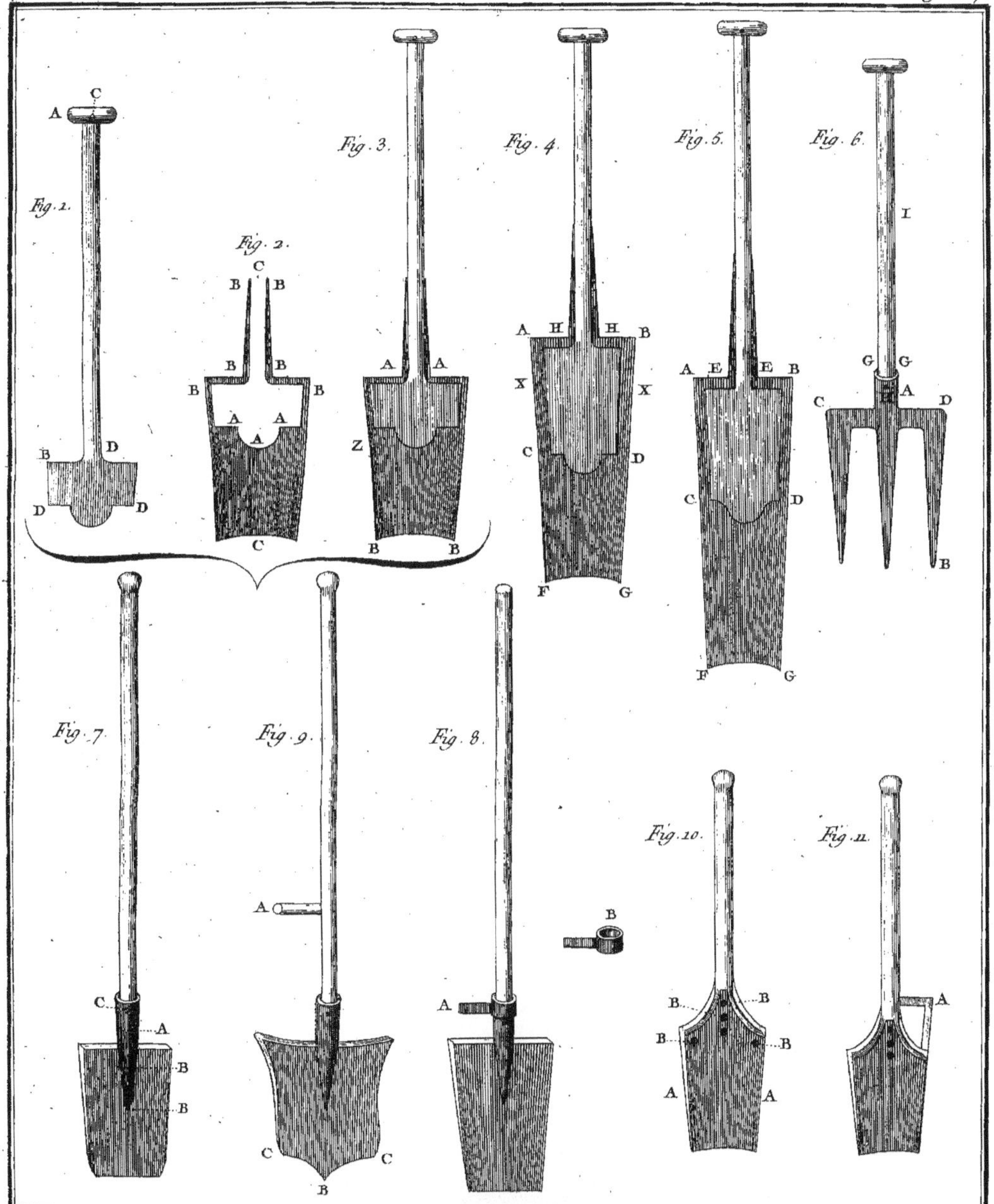

Fig. 1. *Fig. 2.* *Fig. 3.* *Fig. 4.* *Fig. 5.* *Fig. 6.*

Fig. 7. *Fig. 9.* *Fig. 8.* *Fig. 10.* *Fig. 11.*

Sellier Sculp.

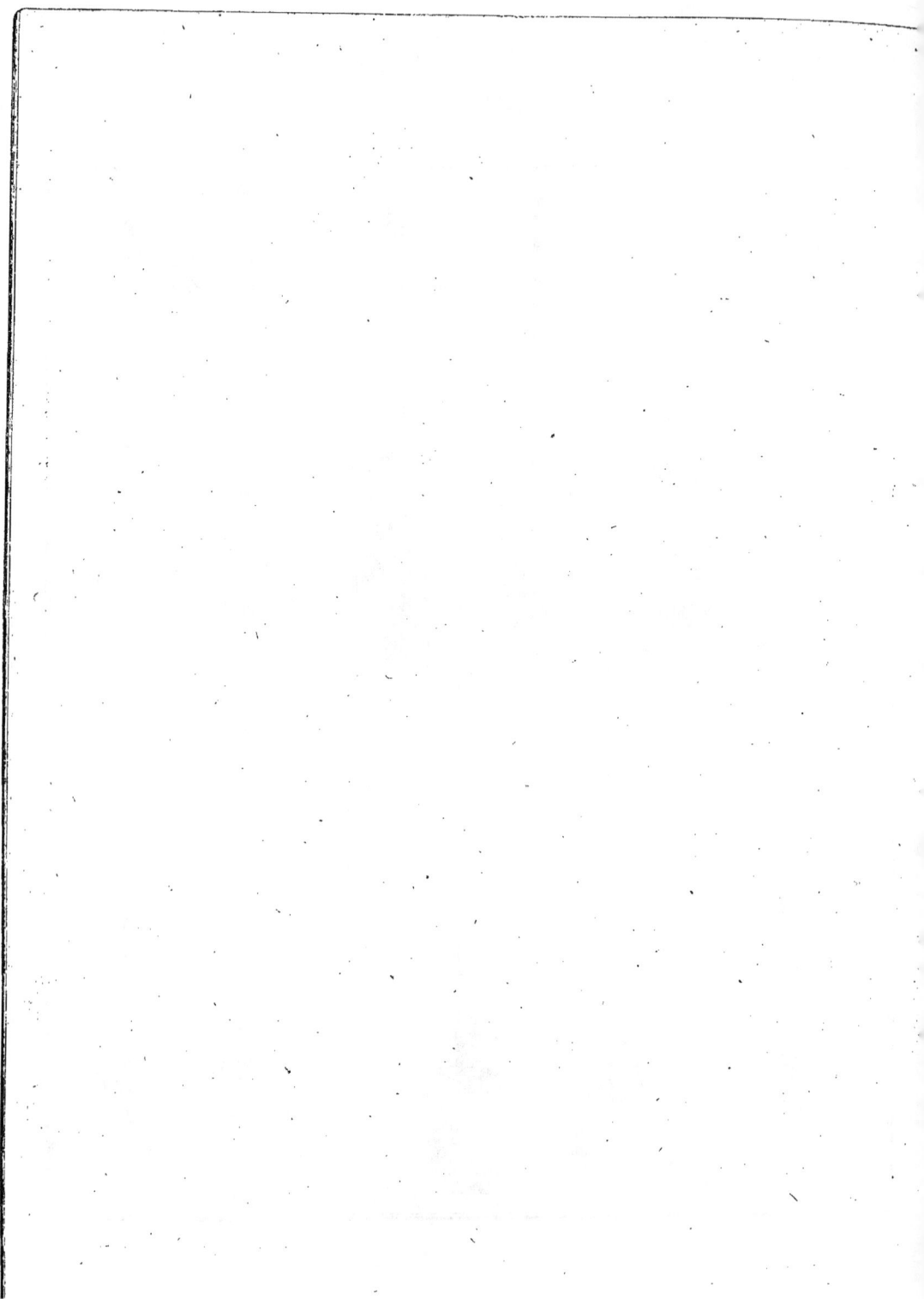

coup de racines, qu'elles rempliſſent bientôt le vaſe, elles exigent de fréquens arroſemens dans les grandes chaleurs, mais non pas le bec de grue triſte; ſon tubercule pourriroit.

BÊCHE. Inſtrument d'agriculture ou de jardinage, compoſé d'un manche de bois plus ou moins long, ſuivant les eſpèces de bêches, & d'un fer large, aplati & tranchant. Voici comment s'explique l'auteur du *Dictionnaire économique*, au ſujet de cet inſtrument, au mot *Bêche*, édition de 1767.

» On ſe ſert de cet inſtrument ainſi emmanché, pour remuer & labourer la terre; ce qui ſe fait en y enfonçant la bêche à la profondeur d'un pied, afin de la renverſer ſens deſſus deſſous, & par ce moyen faire mourir les méchantes herbes, & diſpoſer en même tems la terre à recevoir la ſemence ou un nouveau plant de légumes. La bêche a auſſi l'avantage de briſer la terre en petites molécules, mais le labour qu'elle fait eſt long, pénible & coûteux; de ſorte qu'on ne peut guère en faire uſage que dans les jardins, ou dans de petites pièces de terre encloſes de haies.» C'eſt ainſi que l'on s'explique lorſqu'on copie des auteurs qui ne connoiſſoient pas l'objet dont ils parloient, ou qui ignoroient de quelle manière on cultive dans nos différentes provinces. Le cabinet eſt d'une triſte reſſource, lorſqu'il eſt queſtion d'agriculture - pratique. Examinons la forme des différentes eſpèces de bêches, & enſuite nous diſcuterons les avantages qu'on en retire; même pour la culture des grains & des vignes.

CHAP. I. *Des différentes eſpèces de Bêches.*
CHAP. II. *De la manière de ſe ſervir de différentes Bêches, de leurs avantages ou de leurs défauts comparés.*
CHAP. III. *Des avantages que l'agriculture retire de l'uſage de la Bêche.*

CHAPITRE PREMIER.

Des différentes eſpèces de Bêches.

1°. *De la Bêche ordinaire.* Trois objets concourent à ſa formation. La main A, *Fig. 1*, *Pl. 5*; BB le manche & la partie en bois de la pelle; C, le fer ou tranchant, *Fig. 2*, qui forme avec le bois la pelle toute entière, *Fig. 3*. La longueur du manche, depuis A juſqu'en B, *Fig. 1*, eſt ordinairement de deux pieds quatre pouces. Il peut être raccourci d'un à deux pouces, ou alongé ſur les mêmes proportions, relativement à la grandeur de la perſonne qui travaille. Ce manche a depuis douze juſqu'à treize lignes de diamètre. Il tient à la partie de la pelle B, ou plutôt, c'eſt une même pièce de bois; mais la main A eſt une pièce qu'on ajoute enſuite. Dans le milieu, une mortaiſe eſt pratiquée pour recevoir l'extrémité du manche, coupée en proportion de la largeur & de la profondeur de la mortaiſe; il faut que cette portion du manche, enfoncée dans la mortaiſe, ſoit de niveau, & affleure la partie ſupérieure de la main, afin qu'il ne reſte ni proéminence, ni creux; ce qui fatigueroit le dedans de la main de l'ouvrier. Une cheville d'un bois dur, C, donne de la ſolidité, & fixe enſemble la main

& le manche. Quelques personnes en mettent deux, & l'ouvrage est plus solide.

L'extrémité inférieure du manche, c'est-à-dire, ce qui fait partie de la pelle, a depuis huit jusqu'à dix lignes d'épaisseur, sur une largeur de sept à huit pouces. Elle est lisse & platte sur les côtés B D, & taillée en coupant dans toute la partie inférieure, afin qu'elle puisse s'adapter juste à la raînure ou ente formée dans la tranche AAA, *Fig.* 2. La pelle de bois ainsi préparée, & entrée jusqu'au fond de la gorge ou raînure, on fixe le tranchant contre le bois, au moyen des clous plantés à un pouce près les uns des autres sur les bandes de fer BB, *Fig.* 2. Ces bandes ont deux lignes d'épaisseur, & leur largeur suit celle du bois; de sorte que la bêche, *Fig.* 3, toute emmanchée, présente une espèce de coin de huit à neuf pouces de largeur dans la partie supérieure, de sept à huit pouces dans l'inférieure, sur une hauteur de dix à douze pouces. L'épaisseur du bois en AA, *Fig.* 3, recouvert de la bande de fer, est d'un pouce, & le bois & le fer vont en diminuant insensiblement jusqu'en BB, où le fer n'a plus qu'une demi-ligne d'épaisseur.

II. *De la bêche poncins.* (*Fig.* 4) Nous la nommons ainsi, parce que M. de Montagne, marquis de Poncins, l'a fait exécuter, & s'en sert habituellement. C'est la même que la précédente, quant au fond, mais non pas pour les proportions. Afin de la distinguer de la suivante, nous l'appellerons *petite poncins*.

La petite poncins, *Fig.* 4, a sa pelle de dix-huit pouces de hauteur, sept pouces de large à son sommet de A en B; six pouces & demi de large en C D, à l'endroit où le bois est incrusté dans le fer; enfin, cinq pouces de large au bec de la bêche de F en G. Elle a un pouce d'épaisseur au sommet, près du manche H H, ainsi que la petite bêche, *Fig.* 3; mais la différence essentielle est dans l'épaisseur du fer, dans les reins de la bêche X X, *Fig.* 4, au-dessous du bois. A cet endroit Z, *Fig.* 3, dans la petite bêche, le fer n'a pas tout-à-fait six lignes, tandis qu'à la bêche, *Fig.* 4, il en a sept; ensuite, en descendant jusqu'au bec, le fer doit se soutenir plus épais que dans la petite bêche; le bois de celle-ci doit être enté ou incrusté d'un pouce de profondeur dans le fer. La force dans les reins de la bêche X X, *Fig.* 4, & l'enture du bois d'un pouce dans le fer, sont deux précautions, sans lesquelles on doit s'attendre à voir beaucoup de grandes bêches brisées, parce que le coup de levier de cet outil étant très-fort, il a besoin d'être plus solidement constitué; enfin, le manche de cette grande bêche, est plus long de deux pouces que celui de la petite.

Le rapport géométrique des surfaces des deux bêches, est, pour celle de dix-huit pouces, de cent dix pouces carrés; & pour la surface de la bêche d'un pied, il est de quatre-vingt-cinq; la différence des surfaces est donc de vingt-cinq. Ainsi, en supposant que chaque bêche soulève en raison de sa surface, une tranche de terre de la même épaisseur & de la même pesanteur spécifique, la petite poncins ſe trouvera chargée, en poids abſolu, d'un quart & quelque choſe de plus que la bêche ordinaire. Il eſt prouvé qu'un pionnier de force ordinaire & bien exercé, ne peut ſoulever à chaque coup de bêche, que cinquante livres de terre; il réſulte que c'eſt douze livres & demie de terre que la petite poncins ſoulèvera de plus que la bêche ordinaire.

Mais comme la bêche d'un pied pénètre plus facilement en terre que la petite bêche poncins, l'ouvrier coupe des blocs plus épais, & conſéquemment ſoulève auſſi peſant, & peut-être plus, que celui qui mène la grande bêche; ce qui fait qu'à poids égal, la petite poncins eſt plus lente & plus pénible que l'autre. La raiſon en eſt, que l'ouvrier eſt obligé à un coup de levier plus puiſſant lorſqu'il ramène la terre d'un pied & demi de profondeur, que lorſqu'il la ramène ſeulement d'un pied. Il faut encore qu'il monte la jambe plus haut pour placer le pied ſur une ſi longue bêche; d'où il ſuit que moins les hommes ſeront grands, moins ils auront d'avantages.

Il paroît réſulter de ces obſervations, que tout l'avantage eſt pour la bêche ordinaire, & le déſavantage pour la petite poncins. Cependant M. de Poncins s'eſt aſſuré, par une longue ſuite d'expériences, que le travail de la bêche de dix-huit pouces, devance d'un cinquième de tems ſur une tranchée, celui de la bêche d'un pied, ſur deux tranchées, lorſque l'on veut miner un terrain. Voici les raiſons qu'il donne de cette différence.

» Le mouvement de la grande bêche n'eſt qu'à deux tems, & à chaque tems, elle ne décrit que dix-huit pouces; enſorte que dans les deux tems, elle ne décrit que trois pieds; au contraire, dans la minée de la bêche d'un pied, il y a trois tems; & dans ces trois tems, la bêche décrit cinq pieds; ainſi, quelque preſte que ſoit la petite bêche, & quelque lente que ſoit celle de dix-huit pouces, il n'y a pas plus à s'étonner de voir la grande bêche dévancer la petite, que de voir dans la muſique la meſure à deux tems plus rapide que la meſure à trois tems. »

III. *De la grande poncins*, de deux pieds de hauteur, *Fig. 5.* Elle pèſe huit livres trois quarts; elle a ſix pouces & demi de large au ſommet A B; cinq pouces neuf lignes en C D, c'eſt-à-dire, à l'endroit où le manche eſt incruſté dans le fer; enfin, quatre pouces cinq lignes de large au bec F G de la bêche. Sa ſuperficie eſt de cent trente-un pouces carrés; de ſorte qu'elle a vingt-un pouces de plus en ſurface, que la petite poncins, & quarante pouces de plus que la bêche d'un pied. Au ſommet, joignant le manche E E, elle a quinze lignes d'épaiſſeur. Quant aux autres dimenſions, & à la ſolidité depuis le ſommet juſqu'aux reins, & depuis les reins juſqu'au bec de la bêche, elles ſont à peu près les mêmes que dans la petite poncins.

IV. *Du trident*, ou *triandine*, ou *truandine*. (*Fig. 6*) La bêche pleine ne peut être d'aucun uſage dans les terrains pierreux & graveleux; celle-ci ſupplée aux trois premières. Toute la partie inférieure de A en

B est en fer ; sa largeur de C en D, est de huit pouces, & sa hauteur de D en B, est de douze pouces. La hauteur de la traverse d'en-haut, est d'un pouce, & son épaisseur de huit lignes ; c'est la même épaisseur pour les trois branches, ainsi que la même largeur dans le haut ; mais elles viennent en diminuant depuis D jusqu'en B, où elles finissent par n'avoir que trois lignes d'équarrissage. Ce trident est garni dans son milieu, d'une douille GG, qui fait corps avec lui, & cette douille reçoit le manche I, de même longueur que celui de la bêche, *Fig. 1.* La douille est percée d'un trou H, par lequel on passe un clou qui traverse le manche, & va répondre au trou pratiqué dans la douille, & vis-à-vis ; de cette manière, le manche est solidement fixé.

V. *De la pelle-bêche simple.* (*Fig. 7*) Le manche est de trois à quatre pieds de longueur. Plus ce levier est long, cependant proportion gardée, plus on a de force pour jeter au loin la terre qu'on soulève. La pelle est toute en fer, ainsi que la douille A, dont l'épaisseur va en diminuant jusqu'en B. L'épaisseur de la pelle dans le haut, est d'une ligne & demie jusqu'à deux lignes ; sa largeur est communément de huit pouces, sur neuf à dix de longueur. Le manche & la pelle sont assujettis ensemble par un clou C, qui traverse de part en part la douille, & le manche, & qui est rivé de chaque côté.

Un défaut de cette pelle-bêche, est d'être trop foible à l'endroit où cesse l'épaisseur de la continuation de la douille en B. C'est-là que le fer se casse ordinairement, ou plie s'il est trop doux ; mais à force de plier & d'être redressé, il casse enfin. Un second défaut de cet outil, c'est d'être trop mince dans la partie supérieure sur laquelle le pied repose lorsqu'il s'agit de l'enfoncer dans la terre. Ce fer coupe la plante des pieds ; les souliers, même très-forts, ne garantissent pas d'une impression qui devient à la longue douloureuse. C'est pour parer à ces inconvéniens, que les cultivateurs des environs de Toulouse, du Lauraguais, ont imaginé la bêche-pelle suivante.

VI. *De la bêche-pelle à hoche-pied mobile.* (*Fig. 8*) Elle ne diffère en rien de la précédente, sinon par un peu plus de grandeur & de largeur, & sur-tout par son *hoche-pied* A, représenté séparément en B. La douille de la pelle de fer n'a qu'un seul côté plein ; le reste est vide ; le manche s'ajuste dans cette douille, & sert de côté opposé à la douille ; de manière qu'adapté au manche & à la douille, il réunit si exactement l'un & l'autre, qu'ils forment un outil solide. Ce hoche-pied ou support, a trois lignes d'épaisseur, un pouce de largeur. Tous les ouvriers ne bêchent pas du même pied ; mais pour parer à cet inconvénient, on peut le tourner à droite ou à gauche ; alors il sert à l'un & l'autre pied. Le même reproche que l'on fait à la bêche-pelle, *Fig. 7*, s'applique à celle-ci ; le fer est sujet à casser dans l'endroit où la douille finit, mais elle a sur elle l'avantage de ne pas blesser la plante du pied de l'ouvrier qui travaille, parce qu'il l'appuie sur le hoche-pied, qui a plus d'un pouce de largeur, & même jusqu'à dix-huit lignes. L'ouvrier peut enfoncer cet outil dans terre jusqu'à la hauteur du hoche-pied, de sorte qu'il remue la terre à la profondeur de douze à quinze pouces.

VII. *De la bêche-pelle de Luques.* (*Fig. 9*) Elle diffère de la précédente, par la manière dont le hoche-pied A est placé sur le manche. Quant à la pelle, ainsi que la douille, elles sont de fer. La pointe B s'use en travaillant, & s'arrondit ainsi que les angles C C. La pelle de quelques-unes, cependant, a la forme des pelles *Fig. 7* & *8*.

VIII. *De la bêche lichet simple.* (*Fig. 10*) Elle est en usage dans le Comtat d'Avignon & dans le Bas-Languedoc. La pelle est composée de deux plaques de fer AA, minces, tranchantes & réunies par le bas, ouvertes par le haut, pour y insinuer un manche B, contre lequel elles sont clouées BB. Ce manche placé dans l'ouverture de la lame, en a toute la largeur; & pour le reste il est tout semblable aux autres manches ordinaires, c'est-à-dire, qu'il a environ trois pieds de longueur, & un pouce & demi de diamètre. La largeur de la pelle est de huit à neuf pouces dans le haut, de six à sept pouces dans le bas, & de douze pouces dans sa hauteur. Dans le Bas-Languedoc, on nomme cet instrument *luchet*.

IX. *De la bêche lichet à pied.* (*Fig. 11*) Je ne la crois en usage que dans le Comtat. Elle diffère simplement de la précédente par le morceau de fer A, sur lequel l'ouvrier pose le pied pour enfoncer l'outil dans la terre.

CHAPITRE II.

De la manière de se servir des différentes Bêches, de leurs avantages ou de leurs défauts comparés.

En général, la manière de se servir des bêches est la même, puisqu'il s'agit de couper une tranche de terre, de la soulever, de retourner le dessus dessous, & si la terre n'est pas émiettée, de la briser avec le plat de la bêche, après en avoir grossiérement séparé les parties par quelques coups du tranchant.

L'ouvrier, suivant la compacité du terrain, prend plus ou moins d'épaisseur dans ses tranches; il présente la partie inférieure sur la terre, en donnant un coup avec ce tranchant; ensuite mettant le pied sur un des côtés de la partie supérieure de la pelle, tenant le manche des deux mains, il presse & des mains & du pied, & fait entrer la bêche jusqu'à ce que son pied touche le sol; la bêche alors est enfoncée à la profondeur de douze pouces. Pour y parvenir, si la terre est dure, sans déplacer son instrument, il le pousse en avant, le retire en arrière successivement, & cet instrument agit comme agiroit un coin; il détache enfin la portion de terre qu'il veut enlever.

On doit voir, par ce détail, l'avantage réel des bêches (*Fig. 4, 5, 6*) sur les autres. La main dont le manche est armé, sert de point d'appui aux deux bras de l'homme qui travaille. Son corps est porté presque totalement, suivant sa force & sa pesanteur, attendu qu'il ne touche la terre que par le pied opposé, de sorte que l'instrument entre plus facilement, puisque l'effort est plus grand; au contraire, en se servant des bêches (*Fig.* 7, 8, 9, 11) un des points d'appui se trouve, il est vrai, sur le haut de la pelle, mais l'autre n'est pas au sommet du levier, puisque les deux mains de l'homme sont placées, l'une vers le milieu de la hauteur du manche, & l'autre près de son extrémité. Quand même l'une des deux mains seroit placée au sommet, elle n'auroit pas l'avantage qui résulte de la réunion des deux mains de l'homme sur la main ou manette du manche des bêches (*Fig.* 4, 5, 6 & 7.) On ne sauroit assez apprécier la grande différence occasionnée par cette simple addition.

La bêche (*Fig.* 8) a l'avantage d'avoir un manche plus long, & la grandeur du levier lui donne beaucoup de force pour soulever la terre, & plus de terre, avec facilité; mais l'avantage de la longueur du levier n'équivaut pas à celui qu'on obtient pour enfoncer la bêche en terre, lorsque son manche est armé d'une main.

La bêche luquoise (*Fig.* 9) n'est pas enfoncée en terre presque perpendiculairement comme les précédentes, mais très-obliquement, ce qui est nécessité par la longueur de son manche, & par la hauteur à laquelle est placé son hoche-pied. Avec les autres bêches, on se contente de retourner la terre, mais avec celle-ci, on la jette à quelques pieds de distance. On commence par ouvrir un fossé de la profondeur d'un pied, sur deux pieds de largeur, à la tête de l'étendue du terrain qu'on se propose de travailler. La terre qu'on retire de ce fossé est transportée sur les endroits les plus bas du champ, ou disséminée sur le champ même; alors prenant tranches par tranches successives, la terre est jetée dans le fossé, le remplit insensiblement, & il en est ainsi pour toute la terre du champ. On ne peut disconvenir que ce labour ne soit excellent, & la terre parfaitement ameublie à une profondeur convenable.

Un autre avantage que les luquois retirent de cet instrument, est la facilité pour creuser des fossés, & former des revêtemens; ils jettent sans peine la terre à la hauteur de huit pieds; & forment, avec cette terre, un rehaussement sur le bord du fossé, semblable à un mur. C'est avec cet outil que ces cultivateurs laborieux ont rendu le sol de la république de Luques un des plus productifs & des mieux cultivés de toute l'Italie.

CHAPITRE III.

Des avantages que l'Agriculture retire de l'usage de la Bêche.

Les habitans des provinces qui emploient la bêche, croyent que par-tout ailleurs on cultive comme chez eux, & diront, pourquoi entrer dans de si grands détails? nous n'avons pas besoin d'instructions. S'ils s'en tiennent à leur méthode, ils ont raison; mais la comparaison des différentes bêches connues, & les avantages qu'une plus grande perfection donne à l'une l'une sur l'autre, doit, ce me semble, les frapper & les engager à corriger les défectuosités de celles dont ils se servent.

Les cultivateurs des pays où l'on laboure tout le terrain, soit avec des bœufs, soit avec des chevaux, ne pourront pas se figurer qu'il existe en France beaucoup de cantons où l'on ne travaille qu'à la bêche. C'est à ces cultivateurs que je propose de faire des essais sur un arpent; par exemple, de calculer la dépense pour bêcher ce champ à un pied de profondeur, & de calculer ensuite le produit de ce même champ, comparé avec la dépense. Il faut convaincre, non par le raisonnement, mais par l'expérience. Le tableau de comparaison exige que le cultivateur prenne un arpent dont la terre soit parfaitement égale à celle de l'autre arpent, & qu'il mette en ligne de compte les frais du labourage avec avec les bœufs ou les chevaux, & de leur nourriture pendant toute l'année, & celle de ses valets, &c.

Si on veut avoir une idée du tems qu'un homme mettra à bêcher une mesure quelconque d'un terrain, M. le marquis de Poncins va la donner. Au mois d'Août 1777, il fit mesurer dans sa terre de *Magnien-Hauterive*, en Forez, deux *métérées*, l'une à côté de l'autre, portant chacune deux cents cinquante-six toises quarrées, dans un terrain de même nature, doux & profond. Il fit bêcher ces deux métérées, l'une à la profondeur de dix-huit pouces, sur une tranchée avec la bêche (*Fig.* 4), & l'autre à la profondeur de deux pieds, sur deux tranchées, avec la bêche d'un pied (*Fig.* 3). Il employa le même pionnier, homme de force ordinaire, à bêcher l'une & l'autre, & ne le quitta pas depuis le lever du soleil jusqu'à son coucher, jusqu'à ce que les deux ouvrages fussent finis. Il mit vingt jours à miner, sur deux tranchées & à deux pieds de profondeur, la première métérée, avec la bêche d'un pied (*Fig.* 3), & il employa seize jours pour bêcher l'autre métérée, & à la même profondeur de deux pieds, avec la bêche de dix-huit pouces. La seconde a par conséquent, pour de semblables travaux, l'avantage d'un cinquième du tems, & d'un cinquième moins de dépense; enfin en dix jours de tems, un homme bêche une mesure de terre de deux cents cinquante-six toises quarrées, en se servant de la bêche d'un pied pour la culture ordinaire. C'est de ce point dont il faut partir, pour calculer la dépense des expériences proposées ci-dessus.

Il résulte, pour le cultivateur, des avantages sans nombre du travail à la bêche. 1°. Le tiers de son terrain n'est pas sacrifié en prairies destinées pour la nourriture des animaux.

2°. La première dépense est de 40 à 50 sols par bêche, tandis que l'achat des chevaux, ou des mules, ou des bœufs est ruineux.

3°. Une bêche peut servir au moins deux ans, en la faisant travailler, tandis qu'il faut compter de l'autre côté, & l'intérêt de la mise en argent pour l'achat des chevaux, &c. & la diminution de leur prix lorsqu'ils vieillissent, & leur maladie, & leur ferrure; enfin, leur perte féche lorfqu'ils meurent.

4°. L'achat des harnois, des inftrumens aratoires, forme encore une valeur à ajouter à la première, ainfi que celle de leur dépériffement. Enfin, tous ces objets raffemblés montent à 16300 liv. d'après le compte préfenté dans le *Dictionnaire encyclopédique*, au mot *ferme*, pour exploiter un domaine de 500 arpens. Je conviens qu'il feroit impoffible dans la majeure partie de nos provinces, de faire travailler à la bêche une fi grande étendue de terre; mais cela ne feroit pas impoffible dans les pays de plaine, fitués au pied des montagnes. Les montagnards defcendent dès que les travaux font finis, & paffent, autant qu'ils le peuvent, leur hiver dans les Pays-Bas ou dans les grandes villes; c'eft ce qui attire à Paris, à Lyon, &c. ces nuées d'auvergnats, de Limofins, d'habitans des Cevènes, du Rouergue, environ 12 à 1500 luquois en Corfe, &c. C'eft le cas de les attirer dans les campagnes, ainfi qu'on le pratique dans les plaines du Forez, du Beaujollois, &c.

5°. Depuis le moment que la récolte eft levée, jufqu'à celui où l'on jette le grain en terre, on donne au moins fix labours, & une feule façon à la bêche fuffit & vaut mieux que douze labours. Il fuffit de paffer une bonne herfe fur le terrain enfemencé.

6°. Avec le fecours de la bêche, la terre ne repofe jamais. Une année, elle donne du froment, & fouvent lorfque le blé eft coupé, on fème des raves; l'année fuivante, on fème des choux, des raves, des oignons, des courges, des melons, du chanvre, du blé farrafin, &c. Si on craint que la terre foit épuifée, que l'on jette un coup-d'œil fur les récoltes de la plaine du Forez, fur tout le territoire qui borde le cours du Rhône, depuis Lyon jufqu'à dix à quinze lieues plus bas, & on ne dira plus que l'on épuife la terre.

7°. Le produit des récoltes eft frappant. Les terres de ma famille étoient autrefois labourées avec des bœufs; elles donnoient en feigle, année commune, de cinq à fept pour un, & la terre reftoit une année en jachère; mais depuis que la bêche a ameubli cette terre, l'année du grain produit ordinairement de dix à quinze, en froment pour un, & ce qu'on appeloit autrefois *année de repos*, fournit deux petites récoltes. Il eft donc clair que la bêche a triplé le produit.

C'eft à vous, feigneurs de paroiffes, curés, cultivateurs intelligens, que je m'adreffe. Si les circonftances phyfiques ne s'oppofent pas à la culture de la bêche, faites tous vos efforts pour introduire l'ufage de cet inftrument dans le canton que vous habitez; je vous le demande au nom de l'humanité dont vous ferez les bienfaiteurs. Vous trouverez des obftacles à furmonter de la part du payfan, mais forcez-le d'ouvrir les yeux à la lumière, par votre exemple. Ne cherchez pas à le fubjuguer par le raifonnement, il le perfuaderoit qu'il ne changeroit pas fa coutume. Montrez-lui votre champ lors de la récolte, voilà la leçon par excellence. L'ouvrier que vous emploierez fera gauche & mal-adroit dans le commencement; c'eſt l'affaire d'un jour ou deux, & au troiſième il bêchera avec autant de facilité que ceux qui ſe ſont ſervi de cet inſtrument depuis leur enfance. Un prix propoſé, en ſus de la journée de l'ouvrier, pour celui qui bêchera plus de terrain & plus également, qui émiettera mieux la terre avec le plat de la bêche, rendra bientôt induſtrieux les hommes de bonne volonté. Payez bien, aiguillonnez l'amour-propre, & vous ſerez aſſuré du ſuccès.

Il me reſte à dire deux mots de la bêche (*Fig. 6*), ou *trident*, ou *truandine*. On objectera, ſans doute, que les bêches dont on vient de parler, seront inutiles dans les terrains pierreux, caillouteux, & on aura raiſon; mais comme il n'eſt point d'obſtacles que l'amour du gain & la bonne volonté ne puiſſent ſurmonter, la truandine eſt devenue la reſſource de l'induſtrie. On voit, par ſa forme, avec quelle facilité elle doit pénétrer & pénètre dans les terrains de cette nature. C'eſt avec cet inſtrument que l'on bêche tout le pays caillouteux des environs de Lyon, & c'eſt par un travail continuel qu'on eſt parvenu à donner de la valeur à cet ancien lit du Rhône.

Pour les vignes, cet inſtrument eſt d'un grand ſecours; ſon labour eſt profond, & il n'endommage point les racines. C'eſt un des meilleurs outils pour détruire à fond les mauvaiſes herbes.

BÉCHIQUES. Tous les médicamens qui calment la toux ſont nommés *béchiques*. Ces remèdes ſont onctueux, comme les pâtes d'amandes, les looks, les huiles ſimples. Ils ſont un peu irritans, pour faciliter la ſortie des crachats. Quelques grains de kermès mêlés aux looks, ou de ſimples adouciſſans, comme les boiſſons faites avec la décoction des plantes aqueuſes, des graines d'orge, de lin, & autres de cette claſſe, ſont de très-bons béchiques. Tout médicament qui adoucit la toux, & fait ſortir les crachats, eſt un remède béchique & pectoral. Dans les inflammations de la poitrine, la ſaignée eſt le premier des béchiques. (*Voyez* les différentes maladies de la poitrine) M. B.

BELETTE. En latin *muſtela*. Cet animal a ſix dents inciſives à chaque mâchoire; à chaque pied, cinq doigts garnis d'ongles, ſéparés les uns des autres, le pouce éloigné des autres doigts. La longueur ordinaire du corps de la belette eſt à peu près de ſix pouces, depuis le bout du muſeau juſqu'à l'origine de la queue. Ce petit quadrupède eſt fin, ruſé, agile, ſauvage; ſa forme eſt allongée, bas de jambes & de couleur rouſſe, excepté qu'il a la gorge & le ventre blanc. Son muſeau eſt pointu, ſa queue eſt courte; quelquefois tout ſon poil devient blanc en hiver. Cet animal eſt très-commun dans nos provinces méridionales, & répand autour de lui une odeur très-forte pendant les chaleurs. Il met bas au printems, & ſes portées ſont ordinairement de quatre ou cinq.

La belette eſt fort ſauvage, & j'ai eſſayé vainement de l'apprivoiser, d'après le témoignage de Liger, dans ses *Amusemens de la campagne*, où il dit qu'on l'apprivoise facilement, si on lui frotte les dents avec de l'ail. M. de Buffon a raison de dire que, si on veut les conserver, il faut leur donner un paquet d'étoupes dans lequel elles puissent se fourer & y traîner ce qu'on leur donne, pour le manger pendant la nuit. Si on pouvoit les apprivoiser, leur odeur forte en dégoûteroit. Cet animal est très-hardi & courageux.

S'il pénètre dans un colombier, dans un poulailler, il y cause de grands dégâts, casse les œufs & les suce avec avidité; d'un coup de dent à la tête, tue les petits pigeonneaux & les petits poussins, & les transporte, les uns après les autres, dans sa retraite. Les moineaux, les rats, les chauve-souris; font pour lui un mets favori; les rats, les souris, ne trouvent aucune sureté à se réfugier dans leurs trous; il y entre avec eux, & ils deviennent sa proie. La morsure de cet animal est venimeuse, sur-tout lorsqu'il est irrité.

Dès qu'on s'apperçoit des ravages de la belette, il faut aussitôt multiplier les pièges. Tels sont les quatre de chiffre & le traquenard, dont on donnera la description au mot PIÈGE; un œuf servira d'appât, & c'est le plus sûr. Quelques-uns conseillent de prendre une poire ou une pomme bien mûre, de la partager par le milieu, de la saupoudrer avec de la noix vomique, réduite en poudre très-fine, & de rejoindre les deux moitiés. La belette est plus carnivore que frugivore; elle préfèrera l'œuf.

BÉLIER. (*Voyez* MOUTON)

BELLADONE, *ou* BELLE-DAME. (*Pl. 4*, pag. 181.) M. Tournefort la place dans la première section de la première classe, qui comprend les herbes à fleur en forme de cloche, dont le pistil devient un fruit mou & assez gros; & il l'appelle *bella dona majoribus foliis & floribus*. M. le chevalier von Linné la classe dans la pentandrie monogynie, & la nomme *atropa mandragora*. C'est aux italiens que cette plante est redevable de son nom de *bella dona*, ou *belle-dame*, parce que les dames de quelques contrées d'Italie, préparent avec le suc de son fruit, un rouge pour s'en servir comme du fard. La multiplicité des noms jette souvent les compilateurs peu instruits, dans des erreurs dangereuses. Par exemple, l'auteur du *Dictionnaire d'Agriculture*, dit, en parlant de la *belle-dame :* » Sorte d'herbe potagère. Les botanistes l'appellent *bella dona*, de l'italien. C'est, selon eux, une plante assoupissante. » Ils ont raison. C'est l'auteur qui confond, *arroche*, ou *belle-dame*, (*voyez* ARROCHE) avec la *bella-done*, mot qu'on a très-mal à propos francisé en celui de *belle-dame*.

Fleur, d'une seule pièce, en forme alongée, & découpée en cinq parties à son extrémité; les étamines, au nombre de cinq, B, adhérentes par leur base à la corolle B, qui est représentée coupée & ouverte. Le calice C, également d'une seule pièce, & découpé en cinq, renferme une baie, sur le milieu de laquelle est implanté le pistil.

Fruit. Baie molle, verte d'abord, & ensuite d'un violet noir; divisée

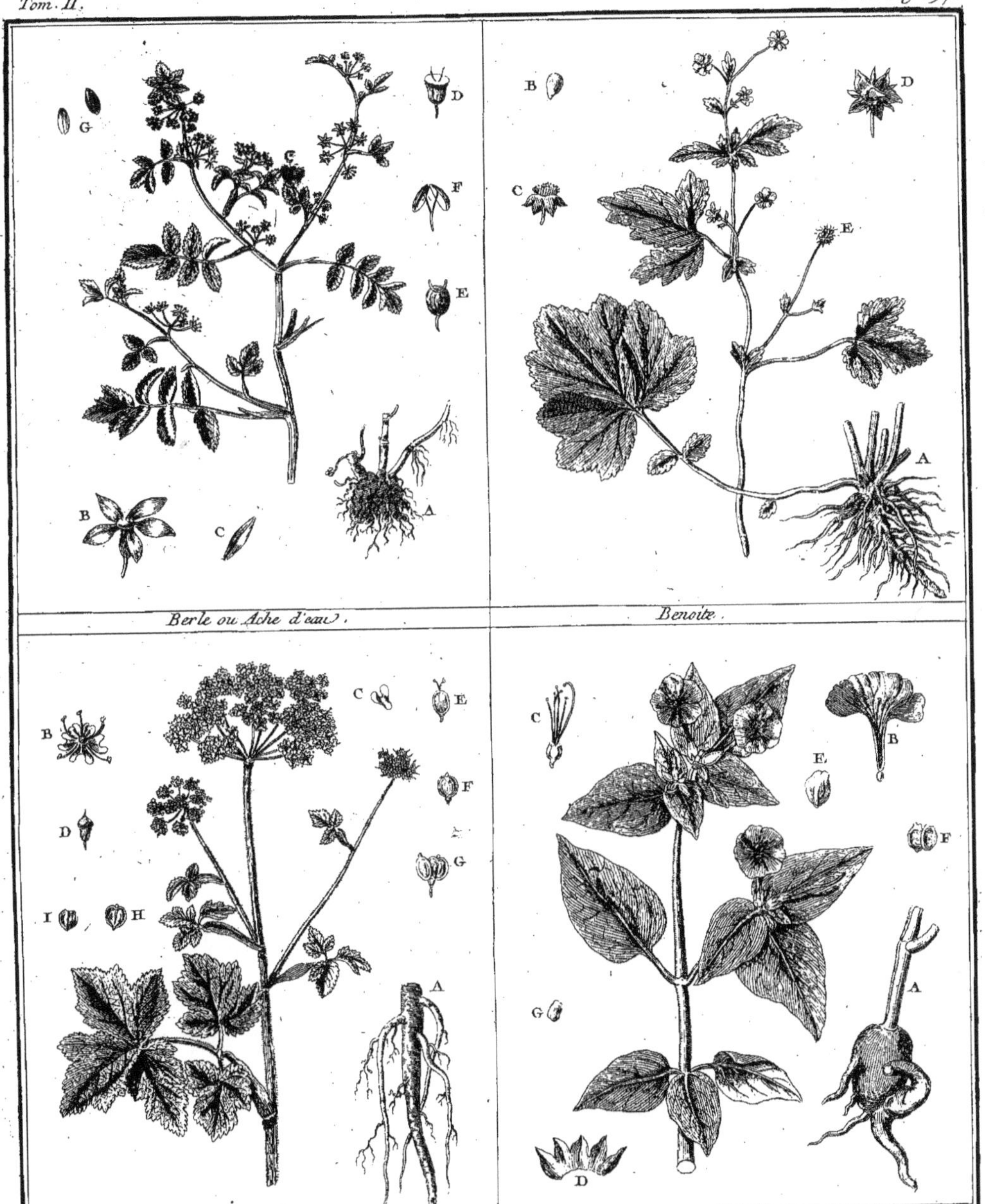

Berle ou Ache d'eau. Benoite.

Sellier Sculp.

Berce. Belle de nuit.

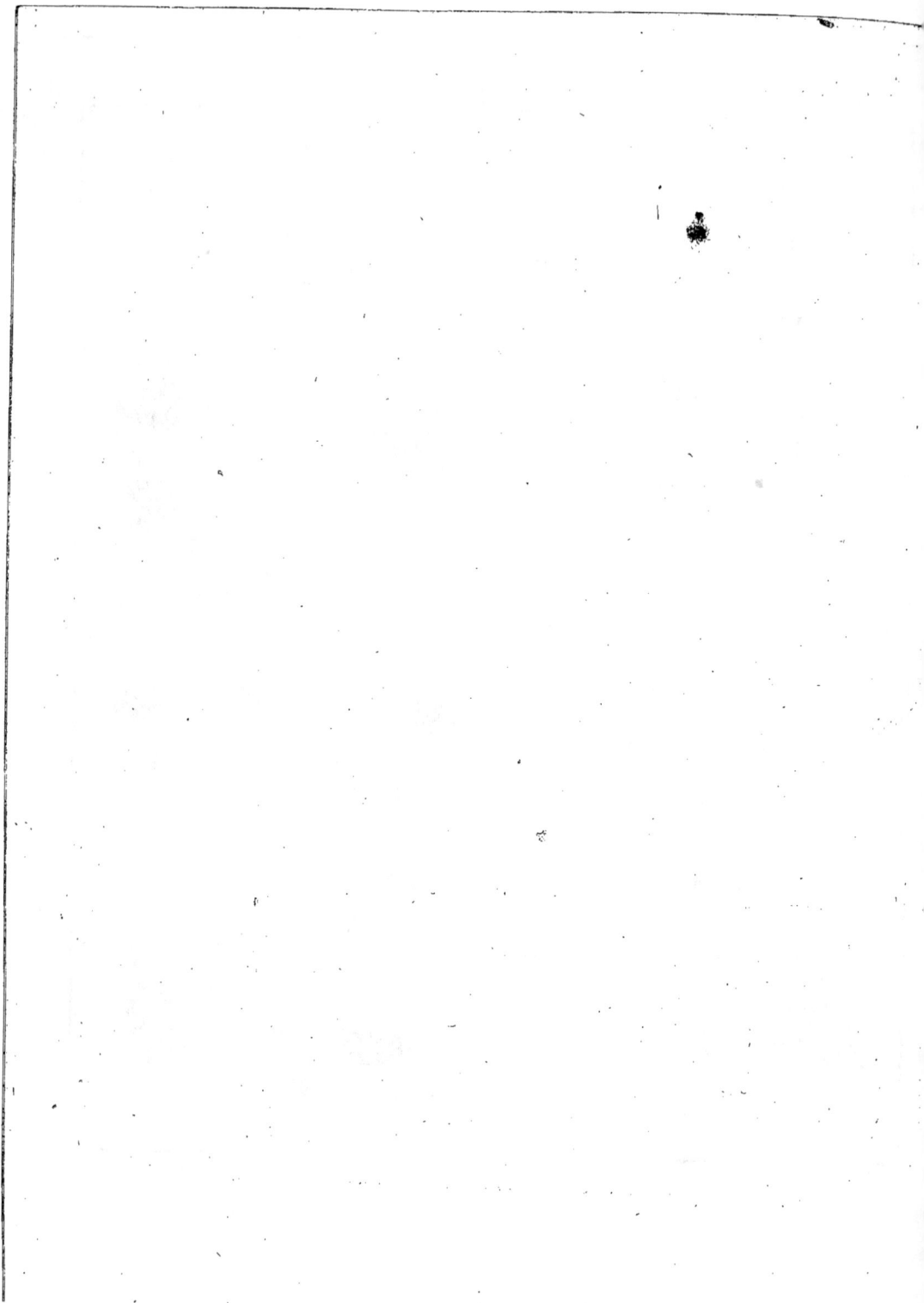

intérieurement en deux loges remplies d'une ſubſtance pulpeuſe, rougeâtre, & de ſemences petites, en forme de lentilles. En D, on voit ce fruit coupé tranſverſalement, & environné par le calice.

Feuilles, blanchâtres en deſſous, & d'un verd noir en deſſus, ovales, entières, terminées en pointe.

Racine A, groſſe, pivotante, quelquefois diviſée en pluſieurs autres racines, blanchâtre en dedans, rouſſe en dehors, pouſſant des bourgeons & des racines chevelues à la baſe de ces bourgeons.

Port. Les tiges ſont cylindriques, hautes de deux à quatre pieds; elles partent de la racine, ſont molles, velues, feuillées, rameuſes, & la première gelée les fait périr. Les fleurs naiſſent des aiſſelles des feuilles; elles ſont d'un rouge triſte, portées ſur un péduncule ordinairement accompagné à ſa baſe de deux folioles.

Lieu. Sur les bords des bois, le long des murs; fleurit en Mai, en Juin; la plante eſt vivace.

Propriétés. Les feuilles ont une odeur virulente, une ſaveur nauſéabonde & médiocrement âcre, ainſi que les baies. Ces baies ſont un poiſon plus actif que les feuilles; leur contre-poiſon immanquable eſt le vinaigre.

Uſage. Extérieurement, les feuilles fraîches, pilées & appliquées, ſont réſolutives; on s'en ſert pour retarder les progrès du cancer ulcéré, & diminuer la vivacité des douleurs qu'il fait éprouver. C'eſt fort mal à propos qu'on a conſeillé contre les ophtalmies, le ſuc exprimé ſous forme de collyre.... L'extrait des feuilles, donné intérieurement & à doſes un peu fortes, procure le ſommeil avec fièvre & agitation, fatigue l'eſtomac, cauſe des anxiétés, & ſouvent des mouvemens convulſifs. Si on le donne à petite doſe, il diminue *quelquefois* les progrès du cancer occulte & du cancer ulcéré; il favoriſe la déterſion des ulcères invétérés, & il ſuſpend les diarrhées opiniâtres. Au ſurplus, les ſeuls maîtres de l'art doivent adminiſtrer cette plante vénéneuſe.

Quelques auteurs ont conſeillé de placer cette plante dans les plates-bandes d'un jardin, à cauſe de la couleur des fruits; ces auteurs ſuppoſoient, ſans doute, que les enfans n'iroient pas ſe promener dans ce jardin. Peu accoutumés encore à comparer les objets les uns avec les autres, ils prennent les fruits de la bella-done pour des ceriſes, & ils les mangent; un ſeul ſuffit pour les empoiſonner. Combien d'exemples ne pourroit-on pas citer ici! Comme cette plante aime les lieux pierreux, frais, il n'eſt pas rare d'en trouver près des habitations. La prudence dicte de la faire détruire, de ne pas ſe contenter de couper les tiges, mais encore de fouiller la terre juſqu'à la profondeur de la dernière de ſes racines.

BELLE CHEVREUSE. *Pêche*. (*Voyez* ce mot)

BELLE DAME. (*Voyez* ARROCHE)

BELLE DE JOUR. (*Voyez* LISERON)

BELLE DE NUIT, *ou* MERVEILLE DU PÉROU. (*Pl.* 6) On a

confondu pendant long-tems cette plante avec celle qui fournit le jalap des boutiques. C'eſt un vrai liſeron que nous ferons connoître ſous le nom de JALAP. (*Voyez* ce mot) M. Tournefort la place dans la troiſième ſection de la ſeconde claſſe, qui comprend les herbes à fleur d'une ſeule pièce, dont la forme reſſemble à celle d'un entonnoir, & dont le calice devient l'enveloppe du fruit, & il l'appelle *jalapa flore purpureo.* M. Linné la claſſe dans la pentandrie monogynie, & la nomme *mirabilis jalapa.*

Fleur, en forme d'entonnoir, à cinq découpures, échancrées & pliſſées. En B, elle eſt repréſentée ouverte, pour faire voir la diſpoſition des parties ſexuelles. Le tube eſt étroit, alongé, renflé par le haut, fixé ſur un nectar rond. La fleur eſt compoſée de cinq étamines, & d'un piſtil, repréſentés ſéparément en C. Le calice D eſt d'une ſeule pièce, & découpé en cinq lobes.

Fruit E : eſpèce de petite noix brune, ovale, à cinq côtes, dont la cavité F, repréſentée ouverte, contient la ſemence G.

Feuilles, ovales, terminées en pointe ; celles des tiges ſont portées ſur des pétioles ; & celles d'entre leſquelles les fleurs naiſſent, ſont adhérentes aux tiges.

Racine A, groſſe, noirâtre en dehors, blanche en dedans, charnue comme un navet, caſſante, & longuement pivotante.

Port. La tige s'élève à la hauteur de deux pieds & plus ; elle eſt herbacée, ferme, noueuſe, très-branchue ; les fleurs naiſſent au ſommet, raſſemblées en manière de tête, & les feuilles ſont oppoſées. Les fleurs varient ſinguliérement dans leurs couleurs, & ſur le même pied. Il n'eſt pas rare d'en voir de rouges, de blanches, de blanches fouettées de rouge ; de toutes jaunes, & des jaunes fouettées de rouge.

Lieu. Originaire d'Amérique, & cultivée dans les jardins où elle fleurit depuis le mois de Juin juſqu'aux gelées. La plante repouſſe de la racine pendant pluſieurs années de ſuite, ſi la gelée ne pénètre pas juſqu'aux racines. J'en ai fait arracher de terre, de plus groſſes que la cuiſſe.

Propriétés. Comme pendant long-tems le vrai jalap a été inconnu, on ſe ſervoit de la racine de belle de nuit, & l'expérience a prouvé qu'elle eſt un purgatif hydragogue, peut-être moins doux que celui du vrai jalap, mais qui peut être employé avantageuſement & à petites doſes pour l'homme & pour les animaux. La racine a un goût âcre & nauſéabonde.

Uſage. La doſe de la racine, réduite en poudre eſt, pour l'animal, depuis deux drachmes juſqu'à demi-once ; & pour l'homme, de douze à quinze grains, aſſociés avec d'autres purgatifs ; cependant il vaut mieux préférer le jalap qui nous vient de l'Amérique par la voie de Marſeille & de Bordeaux.

Culture. Il eſt ſurprenant que cette plante, depuis ſi long-tems entre les mains des jardiniers ou des fleuriſtes, n'ait éprouvé d'autre variété que dans les couleurs de ſes fleurs ; enfin, qu'à force de ſoins & d'engrais, on n'ait pas encore obtenu de fleurs plus grandes ou doubles. On peut la ſemer à demeure ou en pépinière, dès que l'on ne craint pas les gelées tardives, & elle reprend facilement à la transplantation. La tige principale jette beaucoup de rameaux, & ces rameaux poussent de manière qu'ils forment une tête large, arrondie, & chargée de fleurs; de manière que chaque pied forme une belle masse dans les plates-bandes.

La belle de nuit paroît redouter la lumière du grand jour. Dès que le *sommeil* (*voyez* ce mot) commence à gagner les autres plantes, celle-ci s'éveille, s'épanouit, & elle étale la bigarrure & la vivacité de ses couleurs, toute la nuit, jusqu'à ce que le soleil, le lendemain, fasse briller ses rayons; mais si pendant la journée, le ciel est couvert de nuages, la fleur reste épanouie. Cette plante, une fois mise en terre, demande peu de soins, quelques arrosemens de tems à autre, & à être sarclée. Dès que la semence est mûre, elle se détache du calice; on peut attendre, pour la ramasser, que la terre en soit couverte. La graine est à l'abri de toutes les injures du tems.

BELLE DE VITRY. *Pêche.* (*Voyez* ce mot)

BELLE GARDE. *Pêche.* (*Voyez* ce mot)

BELLISSIME. *Poire.* (*Voyez* ce mot)

BENNE. *Mesure.* (*Voyez* BANNE)

BENOITTE, *ou* GALIOTE, *ou* HERBE DE SAINT BENOIT. (*Pl. 6*, pag. 197.) Elle tire son nom de *benedicta*, ou *herbe bénite*, à cause des grandes propriétés qui lui ont été attribuées par les auteurs anciens. M. Tournefort la place dans la septième section de la sixième classe, qui comprend les herbes à fleur de plusieurs pièces régulières, en forme de rose, dont le pistil devient un fruit composé de plusieurs semences disposées en manière de tête; & il l'appelle, d'après Bauhin, *caryophyllata vulgaris.* M. Linné la classe dans la polyandrie polyginie, & la nomme *geum urbanum.*

Fleur, composée de cinq pétales B, disposés en rose, de la grandeur du calice D, d'une seule pièce, mais découpée en cinq parties aiguës. Les étamines sont au nombre de vingt; elles entourent un pistil formé par soixante ovaires, qui forment le fruit E. En C, on voit le calice avec les ovaires.

Fruit E. Les ovaires deviennent autant de capsules qui renferment des semences rondes, armées de pointes longues, nues, courbées en hameçon.

Feuilles; les unes partent immédiatement de la racine, & les autres des tiges. Les inférieures sont portées par de longs pétioles, & communément au nombre de cinq ou de sept; celles d'en-bas très-petites, & les trois du sommet rapprochées, mais séparées entr'elles, quoique la gravure les représente réunies. Celles des tiges sont moins volumineuses; celles du sommet n'ont point de pétioles, & sont divisées en trois lobes. Toutes sont découpées en manière de scie dans leurs contours.

Racine A, pivotante, fibreuse, roussâtre.

Port. Tiges d'un pied de haut,

velues, branchues ; les rameaux sont alternativement placés ; des fleurs jaunes naissent au sommet.

Lieu. Les terrains ombrageux & humides. La plante est vivace, & fleurit en Juin & Juillet.

Propriétés. La racine de cette plante est d'une odeur agréable, quoiqu'assez forte ; le goût en est âcre & amer : elle est astringente, sudorifique, cordiale, & M. Chomel la vante beaucoup comme fébrifuge.

Usages. On se sert, pour l'homme, de la racine cueillie au printems. La décoction de la racine fraîche se donne à la dose d'une once, ou d'une poignée de la plante infusée dans une livre d'eau. La dose de la racine, réduite en poudre, à une drachme dans du vin, & elle résout le sang extravasé à la suite des chûtes ; ce que produit aussi le suc des feuilles donné à la dose de trois onces. Aux animaux, on donne la décoction de toute la plante, à la dose d'une forte poignée dans une livre d'eau, & la poudre des racines, depuis demi-once jusqu'à une once. On tire de cette racine un extrait utile dans le crachement de sang, dans la diarrhée, dans la dyssenterie, & dans les pertes des femmes. Tel est, en général, ce qui a été dit sur les propriétés & les usages de la benoite. Mais de combien ne faudra-t-il pas rabattre de ces propriétés, si on consulte la *Pharmacopée de Lyon*, publiée par M. Vitet ? » Les feuilles, dit-il, fortifient peu l'estomac & les intestins ; elles sont rarement utiles dans la diarrhée avec foiblesse de l'estomac, & sur la fin de la dyssenterie bénigne ; elles ne remédient point à la suppression du flux menstruel, par l'impression des corps froids ; à la suppression des lochies, par l'action d'un corps froid ; elles favorisent peu la suppression des hémorragies internes, & il est très-douteux que la racine soit indiquée dans ces espèces de maladies. » A qui faut-il en croire ?

BEQUÈNE. Poire. (*Voyez* ce mot.)

BÉQUILLER. J'emprunte ce mot en entier du *Dictionnaire économique*. Se dit, dans le jardinage, quand on a fait un petit labour avec une houlette, ou une espèce de béquille, ou avec la serfouette, ou la bêche, dans des caisses d'arbrisseaux, ou dans une planche de laitue, pois, féves, chicorées, fraisiers, &c. Cela se fait pour ameublir la terre qui paroît battue, ensorte que l'eau de pluie ou les arrosemens puissent pénétrer jusqu'au fond de la motte qui est dans la caisse, ou du moins au-dessous de la superficie, pour servir de nourriture aux racines.

M. Duhamel, dans son ouvrage sur la culture des terres, observe que dans le pays d'Aunis, on donne au blé qui est en terre, deux petits labours, avec l'instrument appelé *béquille* ou *béquillon*. Comme cette province est très-peuplée, il en coûte peu pour faire donner cette façon par des femmes, & la récolte en devient beaucoup meilleure, quoique ces labours détruisent beaucoup de pieds de froment.

La béquille est un instrument de fer recourbé, moins large que la ratissoire, mais recourbé en rond, &

& dont le manche eſt plus court. La béquille a pris ce nom, dit M. Roger de Schabol, parce que jadis, au bout de ſon manche, il y avoit un morceau de bois en travers, poſé comme celui qui forme une béquille. Quelques jardiniers ont conſervé juſqu'à préſent cette forme de manche, qui embarraſſe plus qu'elle ne ſert.

BÉQUILLON. Terme de fleuriſte, pour déſigner les feuilles étroites qui rempliſſent le diſque des fleurs des anemones, & en forment la *peluche*. (*Voyez* ANEMONE)

BERCE, *ou* FAUSSE BRANC-URSINE, *ou* PATTE D'OIE. (*Pl. 6*, pag. 197.) M. Tournefort la place dans la cinquième ſection de la ſeptième claſſe, qui comprend les herbes à fleurs en roſe, diſpoſées en ombelle, dont le calice devient un fruit compoſé de deux ſemences aplaties, & d'une groſſeur conſidérable; il l'appelle *ſphondylium vulgare hirſutum*. M. le chevalier von Linné la nomme *heracleum ſphondylium*, & la claſſe dans la pentandrie dyginie.

Fleurs, en forme de roſe, diſpoſées en ombelle, & compoſées de cinq pétales. Les pétales du diſque des ombelles, ſont recourbés; ceux des fleurs de la circonférence, dont une eſt repréſentée en B, ſont grands & diviſés en deux, C. L'enveloppe de l'ombelle générale, eſt quelquefois compoſée de deux à cinq feuilles, & quelquefois il n'y en a point. L'enveloppe de l'ombelle partielle, eſt compoſée de cinq à huit feuilles menues & linéaires. Les étamines ſont au nombre de cinq, B; & le piſtil E eſt compoſé de l'ovaire, de deux ſtiles cylindriques, & de deux ſtigmates. Le piſtil fait corps avec le calice qui l'accompagne juſqu'à la maturité; il eſt repréſenté en D.

Fruit. Après la fécondation, le piſtil devient un fruit F, qui ſe ſépare en deux ſemences G, & vues ſéparées l'une de l'autre en H I. Ces deux ſemences ſont ovales, aplaties & feuillées.

Feuilles. Celles du bas de la tige, ainſi que celles de la tige, l'embraſſent par leur baſe membraneuſe; elles ſont ailées, larges, découpées irréguliérement, & quelquefois on voit depuis un juſqu'à trois rangs de feuilles, ſur le même pétiole commun, mais toujours terminé par une impaire. C'eſt de la configuration de ces feuilles, qu'elle a tiré le nom de *patte d'oie*.

Racine A, en forme de fuſeau, charnue, jaune en dehors, remplie d'un ſuc jaunâtre.

Lieu. Le bord des bois, des prés; elle ſubſiſte pendant deux ans.

Port. Tige de trois ou quatre pieds, droite, ronde, noueuſe, velue, creuſe, rameuſe; l'ombelle naît au ſommet, & les feuilles ſont placées alternativement ſur les tiges.

Propriété. Le ſuc de la racine a un goût âcre & un peu amer; les ſemences ont une odeur déſagréable; les feuilles ſont émollientes; les racines & les ſemences ſont inciſives, apéritives, carminatives, & antiſpaſmodiques.

Uſages. On ſe ſert de l'herbe & des ſemences ſeulement en décoction pour les bains, les lavemens & fomentations, ou en cataplaſmes.

La semence est conseillée par quelques-uns dans les difficultés d'uriner, dans la suppression des écoulemens périodiques. La décoction de la racine, prise intérieurement, est laxative, & soulage les personnes sujettes aux vapeurs.

Cette plante, dont les feuilles des racines ont une grande étendue, nuit considérablement aux prairies, lorsqu'elle s'y multiplie; ce qui arrive très-facilement après la maturité de son fruit. On peut cependant en tirer un bon parti pour la nourriture des vaches, qui l'aiment beaucoup; il suffit de la couper près de terre lorsqu'elle va fleurir, sans chercher à arracher sa racine. Comme cette plante ne vit que deux ans, on est sûr de la détruire si on l'empêche de fleurir & de grainer. Si on la coupe trop tôt, c'est-à-dire, si les ombelles ne sont pas déjà formées, il est à craindre que les racines ne produisent de nouvelles tiges, & par conséquent de nouvelles fleurs & de nouvelles graines.

BERCEAU. C'est une allée quelconque, recouverte par une espèce de voûte. Il y a deux manières de couvrir cette allée, ou avec les branches des arbres qui la forment, ou avec des lattes disposées en treillage; & dans ce second cas, il faut recourir à des arbustes grimpans pour la couvrir. Tels sont le chèvre-feuille, le jasmin, la bignone, &c.

Premier genre. Si on veut un berceau verd, depuis le bas jusqu'au sommet, c'est ordinairement la charmille que l'on emploie; ses rameaux se prêtent à toutes les fantaisies des jardiniers. Le hêtre est également utile; le verd luisant de ses feuilles rend le coup d'œil plus agréable, mais on jouit moins promptement qu'avec la charmille, & celle-ci devient plus épaisse. C'est un abus, cependant, de lui laisser prendre plus d'un pied d'épaisseur des deux côtés, à partir du tronc, & cette épaisseur est seulement avantageuse pour les berceaux & pour les allées d'une très-grande étendue. L'épaisseur de six pouces de chaque côté, suffit à une allée ordinaire, parce que dans l'un & dans l'autre cas, tout l'intérieur est dégarni de feuilles, & la verdure n'est que sur l'*écorce*, s'il est permis de s'exprimer ainsi, du mur de verdure. Cette observation doit être faite de bonne heure, lorsqu'on commence à tailler la charmille. Plus les petites branches seront rapprochées du tronc, plus elles se multiplieront & se garniront de verdure; mais à mesure qu'elles s'éloignent du tronc, elles sont plus sujettes à laisser des vides, des clarières.

Il y a plusieurs manières de planter les charmilles ou autres arbres destinés à former des berceaux. Les uns laissent les pieds de toute hauteur, tels qu'on les arrache dans les forêts; les autres les coupent à six pouces au-dessus du niveau de terre. Par la première méthode, on jouit plus promptement, mais moins surement, parce que la reprise est plus difficile; d'ailleurs, le bas ne se charge pas d'autant de rameaux, & par conséquent de feuilles. Par la seconde, il semble que l'on perd deux ou trois ans de jouissance, & on en est bien dédommagé par la ſuite. La main de l'artiſte conduit bien plus facilement les jeunes branches, garnit ce qui eſt trop nu, & épaiſſit ce qui eſt trop clair. Dans l'un & dans l'autre cas, les pieds doivent être eſpacés au moins de dix-huit pouces ; le mieux ſeroit à deux pieds. C'eſt un abus de planter trop ſerré. On ſait que le tronc de la charmille groſſit beaucoup. Or, ſi on a planté à un pied de diſtance, les troncs, après quelques années, ſe toucheront à peu de choſe près, & les petites branches périront inſenſiblement. C'eſt ce que l'on voit tous les jours.

La charmille ne ſe plaît pas, juſqu'à un certain point, dans nos provinces méridionales, à moins que par le ſecours de l'eau, la terre ne conſerve une humidité ſuffiſante ; on la ſupplée par le mûrier planté en porrette. Si le jardinier n'eſt pas au fait de la conduite de ce genre de paliſſade, elle ſera détruite avant l'eſpace de dix ans. Comme on contrarie la nature, elle travaille toujours à reprendre ſes droits, les pieds ſe dégarniſſent, les bois gourmands ſe multiplient & s'emportent ; enfin, la verdure n'eſt plus qu'au ſommet des tiges.

Plantez la porrette à deux pieds de diſtance ; & ſous quelque prétexte que ce ſoit, ne coupez pas le pivot ; faites donc une foſſe très-profonde. Si la repriſe de l'arbre eſt due ſeulement aux chevelus, ces racines ſecondaires traceront horizontalement, & iront ſucceſſivement chercher leur nourriture à plus de cinquante pieds ; malheur alors au potager, aux champs qui ſeront dans leur voiſinage.

Coupez toutes les tiges à deux pouces de terre ; & dès la fin de la première année, commencez à plier horizontalement, & à aſſujettir ſur ce plan les jeunes tiges ; mais s'il s'en élance quelques-unes trop droites, trop fortes, trop vigoureuſes, pliez-les doucement dès que vous le pourrez ; enfin, ne laiſſez monter aucune tige perpendiculaire. Répétez la même opération, au moins deux fois pendant toutes les années ſuivantes. C'eſt le ſeul moyen de modérer l'impétuoſité de la ſéve de l'arbre ; ſi on ſe preſſe de jouir, on perd tout.

Avec le laurier, la laurelle, le laurier-thym, on produira le même effet ; mais il faut de la patience. Il n'y auroit peut-être point de berceau mieux couvert, qu'avec le figuier qui produit les *figues-fleurs*, ſi l'odeur fatigante qui s'exhale de ſes feuilles, ne dégoûtoit pas d'un pareil ombrage.

Dans nos provinces ſeptentrionales, les berceaux de ce premier genre réuſſiſſent à merveille ; mais ils concentrent une humidité qui pénètre, cauſe des fluxions, &c. Dans nos pays méridionaux, ils deviennent le réceptacle de tous les inſectes, & des couſins ſurtout ; de manière qu'il eſt impoſſible d'y reſpirer tranquillement le frais. Ces inconvéniens ont fait imaginer le ſecond genre des berceaux.

Second genre. Des berceaux en arcades. Ils diffèrent des premiers par les ouvertures ſymétriques qu'on laiſſe de diſtance en diſtance. Il y a deux manières de les pratiquer. Dans la première, l'allée eſt plantée en plein, c'eſt-à-dire que la partie inférieure correſpondante à l'ouverture de l'arcade, eſt tenue à hauteur d'appui, ou à la hauteur de trois ou quatre pieds, mais jamais plus, & sert de base au vide formé par l'arcade; & le tout ensemble dessine ce qu'on appelle *un cloître*. Dans la seconde, ces soubassemens sont supprimés, & les arbres forment l'arcade. La longueur & la largeur de l'allée, décident de la largeur & de la hauteur de ces espèces de portes, & des panneaux de verdure. On est parvenu, sur-tout avec le hêtre, à former tous les avants-corps, toutes les bosses dont l'architecture décore les bâtimens. C'est-là le grand triomphe, & ce que le jardinier tailleur d'arbres appelle le *chef-d'œuvre*. Au premier coup d'œil il est frappé; il admire la difficulté vaincue; mais bientôt après, cette constante uniformité le détourne pour le porter sur la campagne, où les arbres qui l'embellissent ne sont pas soumis au ciseau du jardinier. Admire qui voudra ces *chef-d'œuvres;* ils sont peu de mon goût. Je conviens cependant qu'ils ne sont pas déplacés près de l'habitation.

Troisième genre. Des berceaux formés par des arbres. Le maronnier d'Inde, le tilleul, l'ormeau, le platane, le chêne, le hêtre, le noyer, &c. sont les arbres dont on se sert communément.

Les berceaux de ce genre sont dégarnis de branches jusqu'à une certaine hauteur, & à peu près jusqu'à l'endroit où les branches commencent à former la voûte.

Si la longueur & la largeur du berceau ne sont pas considérables, le tilleul de Hollande mérite d'être employé. La voûte aura à peu près vingt pieds de hauteur, & deux à trois pieds d'épaisseur à son sommet; toute la partie supérieure sera taillée en manière de table. Outre l'arcade générale formée par la réunion de tous les arbres, on peut ménager une arcade particulière sur les côtés entre deux arbres, & ainsi pour tous les arbres suivans. Le tilleul de Hollande se prête à ces différentes formes. Il y aura dans ce genre de travail, trois difficultés vaincues. La première sera la formation de la grande arcade; la seconde, celle des arcades particulières; & la troisième enfin, la table ou plate-forme qui règnera sur toutes les arcades. On pourroit en ajouter une quatrième; celle de taille, en manière de mur, des côtés qui concourent à établir la voûte générale & les voûtes particulières.

Si, au contraire, l'allée a beaucoup d'étendue, & une largeur proportionnée, c'est le cas de donner au moins vingt-quatre pieds de distance d'un arbre à un autre, même en supposant un bon terrain. Si le sol est mauvais, ou de médiocre qualité, à moins qu'on ne lui en substitue d'autre sur une très-grande largeur & profondeur, on espèrera en vain de se procurer un berceau bien fourré. Tous les arbres dont on a parlé sont bons pour les berceaux. Ceux qui desireront jouir plus promptement, se serviront, ou du marronnier d'Inde, ou du grand tilleul. Le noyer est aujourd'hui réputé trop *bourgeois;* l'ormeau est excellent, & le chêne admirable, lorsqu'on ne plante pas uniquement pour soi. Ce dernier demande peu de soins, & la nature fait presque tous les frais.

Il est très-difficile de disposer les

branches destinées à avoir grande portée, à se plier en berceau ; ici l'art doit vaincre la nature. M. le Blond, dans son ouvrage intitulé, *Pratique des Jardins*, donne quelques moyens ; mais on ne trouve nulle part autant de détails que dans le *Journal économique* du mois de Juin de l'année 1761.

Les allées en berceau sont, sans contredit, les plus belles de toutes, quand elles sont formées de grands arbres, telle qu'étoit au printems de l'année 1781, la grande allée du Palais Royal à Paris ; allée unique dans son genre. Pour disposer les branches des arbres à se courber les unes vers les autres, il faut beaucoup d'art, & se donner des soins infinis. La première attention consiste à ménager les branches qui sont les plus propres à former l'arcade, & on coupe toutes celles du côté opposé ; en sorte que l'on élague l'arbre perpendiculairement comme on fait pour une palissade, mais en dehors seulement, tandis qu'en dedans de l'allée, on taille seulement les branches en ceintre pour opérer avec méthode. Il ne faut jamais compter sur les branches latérales pour former cette arcade ; car ces branches sont sujettes à se dessécher, & elles laisseroient alors un vide difficile à remplir dans la suite. Il faut donc gêner les principales branches de l'arbre, & obliger du moins les plus droites, & celles qui forment pour ainsi dire son corps, à se pencher par une courbure insensible : c'est à quoi l'on parviendra facilement, en attachant ces branches avec une corde ou avec un jet de vigne sauvage, qui attire ces grosses & maîtresses branches les unes vers les autres, en attachant ces espèces de cordes aux branches des arbres opposés. Pour cet effet, il faut parvenir, d'une manière ou d'une autre, jusqu'à l'extrémité de la branche principale qu'on veut courber, y attacher ce sarment avec un bout de corde, & avoir soin de garnir l'endroit de la ligature avec de la mousse, afin de ne pas occasionner un bourrelet ; ensuite prenant le sommet de la branche voisine, on les incline légérement l'une vers l'autre ; ce qui les détermine chacune à décrire une portion d'arc. Comme ces branches sont plus menues vers leur extrémité, que vers le bas, elles font l'effet du ressort, dont une partie est plus grosse que l'autre, & décrivent à peu près une portion d'ellipse, qu'il est facile de réduire en demi-cercle ou en plein ceintre, au moyen des petites branches qui poussent à droite ou à gauche des branches principales qu'on taille avec le croissant.

En observant la forme du plein ceintre, on coupe, comme je l'ai dit, du côté opposé, toutes les branches qui voudroient excéder l'aplomb d'une palissade, de manière que toute la séve se porte dans les maîtresses branches, & en dedans du berceau.

Les côtés de cette allée se fortifieront & se garniront à merveille, au moyen de ce qu'on les taille en forme de palissades ; mais il faut observer dans les intervalles de chaque arbre, une petite courbe surbaissée, qui fait des uns & des autres une espèce de portique pour entrer sous le berceau.

Tout l'inconvénient qui se rencontre dans ce cas, c'est que les branches que l'on veut faire plier les unes par les autres, n'étant pas d'une égale force & d'une égale grosseur, les plus petites, & par conséquent les plus foibles, seront obligées de céder aux plus grosses, & plieront trop, tandis que celles-ci, qui sont plus roides, ne plieront pas, ou ne formeront pas le ceintre. Or, cette difformité, surtout dans le commencement, feroit un très-mauvais effet.

Pour remédier dès l'origine à un défaut si considérable, il sera bon de fortifier la branche la plus foible, par le moyen d'une grande perche que l'on attachera par derrière, & qui viendra prendre jusque dans l'enfourchement de l'arbre. On fait alors plier la branche & la perche en même tems, & l'une soutient l'autre; de manière que, proportionnant la grosseur de la perche suivant le plus ou moins de foiblesse de la branche, il arrive qu'elle prend une courbure toute semblable à celle de la branche plus forte qui lui est opposée.

Lorsqu'on a su, dès le commencement, disposer l'arbre à avoir trois maîtresses branches qui forment le trident, & qui se présentent en face, alors on peut être assuré que l'arcade deviendra parfaite, & se garnira également dans toutes ses parties: mais s'il falloit tout de suite, en plantant une allée d'arbres déjà gros, leur faire former le berceau, on observeroit de faire choix seulement de ceux qui font les fourches triples, & on élagueroit les moyennes branches qui ne sont pas nécessaires.

Il ne faut jamais faire un berceau trop écrasé; ses proportions doivent suivre les règles de la bonne architecture, avoir en hauteur le double de leur largeur. Ainsi une allée qui auroit, par exemple, trente pieds de largeur, devroit en avoir soixante de hauteur dans le milieu de son arcade; pour cela, il faut d'abord élever les arbres à une hauteur de tige raisonnable, comme de quinze à vingt pieds, avant de leur faire former leur courbure & leur enfourchement. Lorsqu'une fois les soins des premières années ont donné aux branches une pareille inclinaison, elles continuent d'elles-mêmes à se la former. Lorsqu'on aura bien attention de tailler en palissade perpendiculaire les deux côtés extérieurs des arbres latéraux, la séve se portant toute en dedans de l'allée, chargera ces maîtresses branches d'une pesanteur de feuilles & de petites branches, qui leur feront bientôt contracter le pli qu'on desire.

Le seul danger à craindre de ces arbres ainsi penchés les uns contre les autres, est que toutes les branches faisant pesanteur d'un seul côté, ils ne soient arrachés par les efforts des grands vents, sur-tout quand ils sont chargés de leurs feuilles. Pour prévenir cet accident, qui seroit fort grand pour une allée déjà formée, & qui auroit coûté beaucoup de soins à élever, il faut tâcher de les étayer avec une longue perche que l'on met en dedans, & qui atteint d'une grosse branche courbe, à une autre semblable de l'arbre opposé; de manière qu'en poussant debout, elle retienne l'effort que le vent le plus violent pourroit faire pour renverser l'arbre en dedans. Cette perche peut être double ; & au moyen de quatre chevilles de fer avec clavettes, elles peuvent embrasser les deux branches opposées, & les empêcher de s'écarter ou de se rapprocher trop ; mais il faut, dans ce cas, mettre entre les chevilles de fer & les branches, des petites planchettes, avec un bourrelet de paille, pour empêcher que le frottement continuel ne fasse en très-peu de tems des plaies aux branches.

Lorsque les arbres se trouvent plantés dans un fonds de terre qui leur convient ; qu'ils peuvent y étendre à leur aise leurs racines, & qu'on leur a fait peu à peu former le berceau, on n'a plus rien à craindre, parce que les racines opposées aux efforts du vent & à la courbure, ont pris de la force à mesure que les obstacles ont augmenté. On a remarqué que plus un arbre étoit exposé aux tempêtes, plus il poussoit ses racines en avant dans la terre ; & plus elles étoient en état de résister aux efforts des ouragans. On voit au contraire, que les arbres qui y sont le moins exposés, ont les racines moins grandes & moins enfoncées dans la terre ; aussi sont-ils plutôt renversés quand ils se trouvent agités par des tourbillons de vent. On en voit assez fréquemment des exemples dans le milieu des forêts ; au lieu que sur les lisières des bois, où les arbres sont beaucoup plus exposés aux vents, on en voit rarement de renversés par leur violence.

Quatrième genre. Des berceaux en treillages. Des cerceaux en bois ou en fer, supportés sur des pieds droits, ou en fer, ou en pierre, ou en bois, forment la masse du treillage ; des lattes qui se croisent depuis huit pouces jusqu'à un pied de distance, garnissent cette masse. Ce n'est pas le cas de décrire ici de quelle manière il faut s'y prendre pour établir un treillage simple ou composé ; c'est au charpentier ou au menuisier à l'exécuter. Nos pères se contentoient autrefois de ceux dont on vient de parler ; mais le luxe, qui corrompt tout, les a regardé avec mépris à cause de leur simplicité, & les a relégués dans les jardins des bourgeois habitans la campagne. Il faut aujourd'hui des berceaux en treillage, décorés de toutes les richesses de l'architecture. Ils coûtent immensément plus, & procurent moins d'ombrage. Consultez l'Ouvrage intitulé : *Le Menuisier Treillageur*, publié dans les *Arts de l'Académie*, par M. Roubo ; il ne laisse rien à desirer sur ce sujet.

La vigne est une des plantes sarmenteuses la plus propre pour couvrir complétement & promptement un berceau ; & entre toutes les espèces de vignes, celle qu'on nomme à Paris, *vigne à verjus*, est la plus avantageuse ; ses feuilles sont très-grandes, ses yeux assez rapprochés, & elle pousse des sarmens vigoureux.

Toutes les espèces de chèvre-feuille, le jasmin ordinaire, servent à couvrir les berceaux ; mais l'un & l'autre ont le défaut de se dégarnir par le pied, & de n'avoir de la verdure qu'à l'extérieur ; de manière qu'on a la triste perspective, en se promenant, de voir du bois sec, pour peu que l'une ou l'autre de ces plantes soit déjà d'un certain âge. La *bignone*, (*voyez* ce mot) qui aime les pays chauds, produit un effet semblable.

Dans nos provinces du midi, la *grenadille*, (*voyez* ce mot) ou *fleur de la passion*, est admirable, & offre un coup d'œil varié, par la multiplicité de ses larges fleurs, & le verd foncé de ses feuilles, auxquelles succède un fruit d'une jolie couleur jaune rougeâtre, gros comme une pomme d'api. Outre que la grenadille pousse avec une rapidité surprenante, elle a l'avantage de conserver ses feuilles vertes pendant toute l'année.

Cinquième genre. Berceaux en arbres fruitiers. Ce sont ceux que je préfère; ils réunissent l'agréable & l'utile. Au printems, ma vue se promène avec délices sur un rideau de fleurs; en été, un épais feuillage me dérobe à l'ardeur du soleil; & dans la saison des fruits, ma main cueille celui que j'ai vu naître & suivi dans toutes ses progressions. Il ne faut pas croire cependant, qu'il convienne de planter indistinctement toutes espèces d'arbres fruitiers pour couvrir ce berceau; il faut qu'ils conservent entr'eux une sorte d'analogie pour la durée de leurs feuilles & de leurs fruits; autrement une place seroit nue, & la place voisine chargée de feuilles & de fruits. Rien de plus agréable qu'un berceau formé d'abricotiers, sur-tout pendant la maturité des fruits, qu'un berceau en pommier, à l'époque de l'épanouissement des fleurs, &c.

Si le terrain est bon, espacez les arbres de quinze à vingt pieds, & ne plantez que ceux garnis de leur pivot & de beaucoup de chevelus. Coupez les tiges à six pouces au-dessus de terre, & couvrez la plaie avec l'onguent de S. Fiacre. (*Voyez* ce mot) Dès que les jeunes branches auront acquis un degré de force suffisant, commencez à les incliner doucement, & à les rapprocher de la ligne presque horizontale, mais ne les *arrêtez* point. (*Voyez* ce mot) Conduisez par la suite les branches, comme il a été dit pour celles des mûriers destinées à couvrir les berceaux du premier genre, qu'on peut également garnir avec des arbres fruitiers. Le point essentiel est de ne pas succomber à la séduisante tentation de vouloir trop tôt jouir; si les bois gourmands commencent à emporter la séve avec trop de vigueur par le haut, le pied ne tardera pas à se dégarnir. Il faut le tems à tout, & la jouissance trop prématurée est toujours éphémère. *Voyez* au mot HAIE, la manière de rendre les berçeaux impénétrables aux voleurs & même aux chiens. Une pareille direction donnée aux branches de l'arbre, les force à produire beaucoup, parce que toutes les branches sont à fruit, & il faut avoir soin de tenir les *brindilles* (*voyez* ce mot) fort courtes; enfin, de ne pas laisser cette espèce d'espalier gagner en épaisseur; elle consumeroit la séve de l'arbre en pure perte.

BERGAMOTE. (*Voyez* CITRONNIER)

BERGAMOTE, Poire. (*Voyez* ce mot)

BERGER. Celui qui garde les bêtes

bêtes à laine dans les champs, & qui en prend soin dans l'étable; il ne faut pas confondre le mot *berger* avec celui de *pâtre*; ils ont deux significations différentes. Le pâtre est pour ainsi dire le valet du berger, & n'est pas chargé du traitement des animaux malades. Il se trouve une certaine distance entre les *rois bergers* de l'ancien tems, & les bergers de nos jours; la muse de nos poëtes ne s'égayera plus à chanter leurs amours. Nos préjugés barbares ont enlevé cette considération qui relève l'homme à ses propres yeux & aux yeux des autres, & sans laquelle il n'y a plus d'énergie dans la façon de penser & dans la conduite. A la liberté près de quitter son maître quand le terme est arrivé, sa condition diffère bien peu de celle de l'esclave, & le rend presqu'aussi brute que les animaux confiés à ses soins! Qu'attendre de cette espèce d'hommes?

Virgile conseilloit d'accorder des distinctions aux bergers de son tems, & l'espagnol, à cet égard, plus sage que les autres peuples, a senti l'importance de relever cette profession; il a méprisé tous les arts, mais il a respecté celui de berger au point qu'on retrouve encore aujourd'hui les vestiges de cette vie pastorale, qui, dans les tems reculés de notre âge, rendoient heureux ceux qui s'y livroient. Les arts de luxe ont des écoles ouvertes; on y décerne des prix, des encouragemens; & celui d'où dépend la matière première d'une des principales branches du commerce, non-seulement n'a aucun encouragement, mais encore il est méprisé. Continuons à rendre tributaires les autres nations, en leur faisant acheter nos frivolités; mais empruntons d'elles leurs loix & leurs arts utiles: l'échange sera tout en notre faveur.

Les possesseurs des bergeries, en Espagne, forment depuis un tems immémorial, une société particulière, dont les chefs s'assemblent à certaines époques dans les lieux indiqués. Ils règlent dans ces assemblées la marche des troupeaux, font des règlemens nouveaux, ou changent les anciens, tant pour ce qui regarde les bergers conducteurs, que pour ce qui peut intéresser la conservation du bétail.

L'usage de ces assemblées pastorales subsistoit du tems des goths. Euric IX, un de leurs rois, donna en 466 une loi, non pour l'établir, mais pour la maintenir. Pour que ces assemblées des pasteurs eussent plus de consistance, les rois d'Espagne leur donnèrent le titre de *conseil*, & voulurent qu'ils fussent tenus en leur nom par un de leurs officiers de justice, qu'ils chargèrent spécialement de veiller à l'exécution des loix que le conseil feroit ou auroit faites auparavant. Ce sage & très-politique établissement acquit une si grande considération au corps des bergers, qu'une reine de Portugal ne dédaigna pas, en 1499, de lui envoyer un ambassadeur pour demander que les troupeaux espagnols fussent envoyés pour paître sur les terres de ses sujets, leur promettant tout aide, secours & protection. Cette proposition fut acceptée, & les troupeaux espagnols ont toujours été, depuis cette époque, paître sur les terres des portugais, auxquels chacun d'eux paye aujourd'hui une légère redevance. Ce qui existoit dans ces tems reculés, subsiste encore sur le même pied; & en 1731, le gouvernement espagnol fit imprimer & distribuer un code de loix entier en faveur des bergers & des troupeaux. Rois, princes & ministres, accordez de la considération & des récompenses, & vous changerez la face de l'agriculture; vous seuls pouvez opérer cette heureuse révolution, d'où dépend la richesse réelle d'un état.

Le mot *berger* est générique, & on en distingue de plusieurs classes. Le véritable berger est celui auquel on confie la conduite d'un troupeau, de plus ou moins de bêtes, appartenant au propriétaire d'une métairie: il est nourri & payé à gages.

La seconde classe comprend ceux qui n'ont point de gages, & qu'on nourrit, mais qui ont en propriété un certain nombre de bêtes mêlées avec celles du maître. Cette méthode est vicieuse; nous le prouverons tout-à-l'heure.

La troisième renferme les bergers des communautés; c'est-à-dire, ceux qui sont chargés de veiller & conduire toutes les bêtes à laine d'une paroisse dans les champarts ou dans les communaux; enfin, de ramener sur le soir à chaque particulier, le nombre de bêtes qui lui a été confié le matin.

Dans la quatrième, on peut placer les femmes, les vieillards & les enfans qui conduisent de petits troupeaux séparés.

Lorsque le troupeau est nombreux, un berger ne suffit pas; on lui donne un aide ou pâtre, que dans quelques provinces on appelle un *pilliard*.

Ne permettez jamais à un berger, sous quelque prétexte que ce soit, d'avoir des bêtes en propriété; c'est le moyen le plus sûr de ruiner un troupeau. S'il en a, observez que le berger est celui de tous les valets de la ferme qui paroît manger le plus. De là est venu le proverbe: *Il vaut mieux le charger que de le remplir.* Cet homme adroit, sous une enveloppe grossière, escamote avec la plus grande dextérité les morceaux de pain, & ses poches servent de gibecières. Ce n'est pas tout: ils vont jusqu'à partager celui destiné pour les chiens. C'est avec ces provisions, que dans les champs ils alimentent les bêtes qui leur appartiennent. Si dans une terre il se trouve quelques places chargées d'herbes nourrissantes, soyez assurés que ses bêtes seules en profiteront. Si le troupeau passe sous des oliviers, ils secouent adroitement les branches, afin que leurs brebis en profitent; ils les font passer sur les lisières des moissons, des vignes, &c. & ont grand soin de les éloigner des haies, des broussailles, qui déchirent leur laine: enfin, leurs bêtes seront les plus belles du troupeau, les moins sujettes aux maladies, & les mieux soignées. De là est encore venu le proverbe: *Mouton du berger ne meurt jamais.* Les fraudes multipliées ont donné lieu à ces proverbes; mais puisqu'ils existent & qu'ils sont connus de tout le monde, pourquoi n'ouvre-t-on pas les yeux? On croit économiser la valeur d'un gage, & on perd le triple & le quatruple. Je ne finirois pas, si je rapportois toutes les fripponneries que je connois; mais en voici encore une qu'on ne doit pas passer sous silence. Si une de leurs brebis met bas un petit qui ait souffert pendant l'accouchement, ou qui ne laisse pas espérer qu'il prospèrera dans la suite, ils l'échangent contre un agneau mâle du maître, & ils sont accoutumés à faire prendre le change aux mères, & à leur faire nourrir ces petits. Pour couvrir leurs larcins, lorsqu'on s'apperçoit qu'ils n'ont presque plus de mâles, ils disent gravement avoir des secrets coûteux, capables de produire cette heureuse multiplicité de mâles.

Si au contraire le berger n'a aucune part dans le troupeau, il sera négligent, peu soigneux, parce qu'il est assuré de n'avoir rien au-delà de la nourriture & de ses gages. Je conseille donc aux propriétaires de fixer une gratification très-forte, au lieu de gages, & cette gratification sera divisée en plusieurs parts. 1°. Si la laine du dos est de la même qualité & netteté que celle qu'on lui présentera en le prenant à son service, il aura telle part de la gratification; il en sera ainsi pour celle du ventre & des cuisses. La seconde part sera pour le nombre de bêtes qui surviendront & qui vivront jusqu'à l'âge de six mois. C'est à peu près le tems de marquer celles que l'on veut garder ou vendre au boucher. La troisième part servira à payer la conservation du troupeau, c'est-à-dire, qu'autant qu'il mourra d'individus, autant on diminuera par tête sur la gratification; par ce moyen le berger a le plus grand intérêt à la prospérité du troupeau. Le seul appât du gain conduit cette classe d'hommes. Ce ne sera donc pas assez de promettre une gratification du double des gages; celle du triple suffira à peine, & le propriétaire y gagnera encore beaucoup. Je sais fort bien que si on propose ce marché à un berger frippon, il se gardera bien de l'accepter, & le berger honnête ne s'y refusera pas. Ce plan de traitement servira au maître de pierre de touche pour connoître le bon berger. La justice cependant exige que les cas d'épizooties soient prévus, quoiqu'il ne tienne qu'au berger d'empêcher la communication des bêtes saines & des bêtes infectées. (*Voyez* ÉPIZOOTIE)

Les qualités qui constituent un bon berger, sont la fidélité, la vigilance & la science. Pour qu'il soit fidèle, ne le mettez pas dans le cas de vous tromper, en lui laissant la liberté de vendre les moutons, les brebis, les agneaux, ni d'en acheter. Ne lui permettez jamais de tuer les bêtes malades, ou d'enterrer les mortes qu'en votre présence. Ne lui donnez point de gages, mais des gratifications, ainsi qu'il a été dit, & des gratifications très-fortes. Pour entretenir sa vigilance, surveillez en tout & partout, sans qu'il s'en apperçoive; vous saurez alors à quoi vous en tenir. S'il parvient à connoître que vous êtes son ombre, montrez-vous souvent à découvert, & il croira vous avoir toujours après lui. Parcourez la bergerie; voyez si la litière est souvent renouvelée;

si le troupeau est conduit aux champs & ramené aux heures convenables ; s'il ne maltraite point les animaux avec des pierres, avec son bâton, &c. Quant à sa science, elle doit se réduire à deux points : 1°. à connoître & à distinguer tous les individus d'un troupeau, comme un maître d'école connoît le signalement de chacun des enfans de sa classe ; par ce moyen, le berger distingue au premier coup d'œil, & par la simple inspection extérieure, la brebis qui est malade, de celle qui ne l'est pas ; 2°. à les traiter dans leurs maladies. Mais comment l'amener au second point si important, si le berger ne s'est pas attaché à étudier les symptômes des maladies, leur marche, leurs progrès & leurs terminaisons ? Cet esprit d'observation suppose des notions préliminaires qu'il n'a pas. Et qui peut lui avoir donné ce coup d'œil juste, sinon le tems & l'expérience ? Ce n'est pas le tout : malheureusement sa science consiste, pour l'ordinaire, dans l'assemblage de quelques recettes de médicamens qu'il applique dans presque tous les cas. Les maladies des troupeaux sont moins nombreuses & moins compliquées que celles des hommes ; & malgré cela, elles le sont encore trop relativement à la science des bergers. La plus légère épizootie enlève un troupeau, & ce n'est pas leur faute ; ce qui prouve la nécessité d'une école pour les bergers, ou bien d'être instruits par leurs maîtres, si les maîtres ont assez d'intelligence pour saisir les conseils & les manières d'administrer les remèdes rassemblés dans les bons livres imprimés sur ce sujet. Les suédois, plus attentifs que nous sur leurs propres intérêts, ont des écoles de bergers soutenues par l'état, & protégées directement par le roi. Le gouvernement fait distribuer à la porte de toutes les églises de la campagne & des villes, un petit *Traité* pour servir d'instruction à ceux qui voudront élever des brebis. Au mot MOUTON, on entrera dans les plus grands détails sur leur éducation.

BERGERIE. Lieu où l'on enferme les moutons & les brebis. Elle diffère du *parc*, en ce qu'elle est couverte & presque toujours murée ; de l'*étable*, qui sert également aux bœufs, aux cochons, aux brebis ; au lieu que la bergerie est uniquement consacrée aux moutons, brebis, &c. Le mot *bergerie* est inconnu en Espagne ; les bêtes blanches sont toujours dans les champs, sur les montagnes, &c. à moins qu'on appelle *bergerie* le lieu où l'on fait la tonte, & où ces animaux restent pendant vingt-quatre heures avant d'être tondus, afin que la sueur & une forte transpiration nettoient la peau. La pratique espagnole sera détaillée fort au long au mot MOUTON.

I. *De la forme & de la position de la bergerie.* Le carré long est préférable à toute autre forme : plus d'animaux sont rangés sur la même ligne le long des râteliers, & il est plus aisé de leur distribuer la nourriture, que lorsqu'elle est coupée par plusieurs râteliers ; les moutons se pressent moins les uns contre les autres pour manger. La moitié de la longueur doit former la largeur ; cependant en Flandre, par exemple, pour quarante moutons, on donne vingt-cinq pieds de long sur vingt pieds de large ; & dans le Cotentin, où l'espèce de bête à laine est beaucoup plus petite qu'en Flandre, cet espace est censé suffisant pour contenir 70 moutons. M. Hastfert, suédois, très-instruit dans cette partie, exige quatre pieds & demi carré d'étendue pour un mouton de moyenne grosseur. L'élévation du plancher doit être au moins de dix pieds sur une bergerie de cinquante pieds de longueur.

Choisissez, si vous le pouvez, un côteau pour placer la bergerie. Le sol formé par le rocher est le meilleur ; celui en gravier est bon : le sol terreux est le moins avantageux. Le plus cruel ennemi des bêtes blanches, est l'humidité. Si la bergerie est placée sur un côteau, faites creuser tout autour un fossé, afin que les eaux pluviales s'écoulent avec facilité ; de manière que la base du fossé pratiqué dans la partie supérieure, soit au-dessous du niveau de la partie la plus basse de la bergerie ; dès-lors l'humidité extérieure sera peu à craindre dans l'intérieur. Ce fossé supérieur communiquera avec ceux de la circonférence, & les eaux iront se rendre dans une grande fosse ménagée au-dessous de la bergerie. Cette fosse recevra également les urines, & sera garnie de paille, de feuilles, &c. ; par ce moyen, on aura à la fin de l'année, une masse assez considérable de fumier, si le berger ou les valets ont soin d'y balayer les excrémens que rend le troupeau en dehors, en entrant ou en sortant de la bergerie. Un petit pont en bois ou en pierre, bâti sur le fossé, servira pour l'entrée & la sortie du troupeau. Le sol de la bergerie doit être en plan incliné d'un pouce sur trois pieds. Quelques auteurs exigent que le sol soit de niveau. Je ne suis pas de cet avis ; une bergerie ne sauroit être trop sèche. Qui est-ce qui ignore que l'humidité réunie à la chaleur, est la cause la plus active, & celle qui produit le plutôt la pourriture ?

Je demande pour condition essentielle, que la bergerie soit située dans sa longueur, du nord au midi ; & ses côtés, de l'est à l'ouest. Il est prudent de la séparer des autres écuries, s'il se peut ; ou du moins, de ne laisser entr'elles aucune communication. On cherche ordinairement le sol le plus uni pour former la cour générale de la ferme ; il faudra, dans ce cas, donner à celui de la bergerie, la pente indiquée. La bergerie séparée de la ferme est ordinairement la cachette générale des valets & des pasteurs. Le maître n'est plus dans le cas de voir à chaque heure du jour ce qui s'y passe. On doit cependant convenir qu'une bergerie séparée & isolée est bien mieux aérée ; ce qui est un point de la plus grande importance pour la conservation des troupeaux.

II. *Des murs & des jours de la*

bergerie. Les plus mauvais murs sont ceux construits en *bauches*, autrement appelés *torchis*. (*Voyez* au mot BAUCHE leurs défauts) Ceux en *pisai* sont très-bons, (*voyez* ce mot) si la maçonnerie en pierre & mortier excède le sol de la bergerie à la hauteur de deux pieds ; ceux entiérement faits en maçonnerie dureront plus long-tems, mais coûteront plus, & ne seront pas plus utiles. Que la bergerie soit isolée ou non, on ouvrira deux grandes portes à deux battans, une au nord, & l'autre au midi ; & si la position ne le permet pas, elles seront placées du couchant au levant ; mais ce n'est plus la même chose. La vivacité avec laquelle les moutons rentrent dans la bergerie, nécessite ces grandes portes. Si la porte est étroite, ils se presseront les uns contre les autres, de manière que trois ou quatre moutons remplissent tellement l'espace vide, qu'ils ne peuvent plus entrer. Poussés par ceux qui viennent en foule après eux, ils ne peuvent plus ni avancer ni reculer. Combien de fois n'ai-je pas vu des épaules démises, & une fois entr'autres, un mouton étranglé, parce que son col appuyoit directement contre l'angle du jambage de la maçonnerie. Dans la saison des vents froids, des gelées trop fortes, la porte du nord est fermée, & celle du midi est ouverte ; mais toutes deux le doivent être, dès que le troupeau est sorti de la bergerie. On ne sauroit trop renouveler l'air. Cette maxime est contraire, j'en conviens, aux usages presque généralement reçus en France. Les maladies se multiplient dans le troupeau, & on s'aveugle au point de ne pas vouloir reconnoître que la chaleur est ce qui contribue le plus à son dépérissement. Si on consultoit la nature, on verroit qu'elle a pourvu l'animal d'une forte toison, pour le garantir de toutes les intempéries de l'air ; que si l'air froid leur devient dangereux, c'est accidentellement, & uniquement parce qu'on les tient dans un lieu trop resserré, où l'air s'échauffe, se vicie, & ne se renouvelle pas.

Si la bergerie est isolée, on pratiquera des fenêtres du côté des portes, & du côté du levant & du couchant. Chacune aura au moins trois pieds de largeur sur cinq de hauteur. Leur nombre sera proportionné à la longueur & à la largeur de la bergerie. Si elle tient au contraire aux bâtimens de la ferme, on les placera où l'on pourra, & on les multipliera le plus qu'il sera possible. Chaque fenêtre sera garnie de son châssis à vître, & ce châssis fermera ou ouvrira à volonté. On peut suppléer les châssis à vîtres par ceux en papier ou en toile ; & c'est une mauvaise économie, puisqu'il n'y a que la première mise qui coûte. C'est une très-grande erreur de penser que le mouton aime l'obscurité. Dans son état sauvage, ne vit-il pas dans les bois, dans les champs, &c. ; & peut-on penser que parce que nous l'avons rendu esclave, il ait changé de goût & d'inclination ?

Le mouton transpire beaucoup ; il vicie l'air par sa transpiration ; il le vicie encore par son inspiration & par sa respiration. Cet air devient du plus au moins corrompu ;

ce qu'on appelle *air fixe*, *air mortel*. (Voyez *Effet de l'air fixe sur l'économie animale*, tom. Ier. pag. 338.) Cet air est plus pesant que l'air atmosphérique, & par conséquent il forme une espèce de zone dans laquelle le mouton respire continuellement, tandis qu'à quelques pieds plus haut, l'air est salubre ou moins vicié. D'après ce point de fait, je conseille de pratiquer quelques ventouses au niveau du sol de la bergerie, & cet air fixe, plus pesant que l'air atmosphérique, trouvera des issues pour s'échapper. Suivant le besoin & la saison, on laissera un plus ou moins grand nombre de ventouses ouvertes ou fermées. Avec ces précautions, il règnera perpétuellement dans la bergerie un courant d'air frais qui se renouvellera sans cesse, & dissipera la chaleur étouffante qu'on y respire : elle est si forte, que j'ai vu la neige fondre à mesure qu'elle tomboit sur le toit d'une bergerie de soixante pieds de longueur sur vingt-cinq de largeur ; les murs avoient dix pieds de hauteur, & elle étoit remplie par deux cents cinquante moutons, tandis qu'il y avoit six pouces de neige sur le toit voisin, posé à la même hauteur, & toutes les circonstances étoient égales, aux moutons près. Il est vrai que depuis quelques jours la rigueur de la saison n'avoit pas permis de laisser sortir le troupeau de la bergerie. Ceux pour qui ce fait paroîtra extraordinaire, & qui cependant desireront avoir une preuve palpable du degré singulier de chaleur d'une bergerie remplie de moutons, n'ont qu'à y porter un thermomètre, & ils verront que cette chaleur passe souvent le trentième degré, sur-tout si le toit est bas & écrasé, suivant la coutume presque générale.

Dans presque toutes les bergeries, au lieu de fenêtres, on se contente d'établir des larmiers de douze pouces de hauteur, sur six de largeur, à cinq pieds au-dessus du sol. C'est par leurs secours que j'ai distingué bien clairement jusqu'à quel point l'évaporation de l'humidité fournie par la litière ou par la transpiration, étoit considérable. Il suffit de s'approcher du larmier, & de se placer, lorsque le soleil luit, à l'endroit opposé d'où vient la lumière ; alors on voit clairement les vapeurs sortir en foule & comme la fumée.

III. *De la propreté de la bergerie.* De toutes les parties de la ferme, la bergerie est ordinairement l'endroit le plus infecte & le moins soigné. Le toit ou le plancher est surchargé de toiles d'araignées ; & souvent, par une économie des plus mal entendues, des pièces de bois la traversent d'un bout à l'autre ; & sur ces solives, on place des claies pour soutenir une partie de la paille qui servira à la litière ou à la nourriture du troupeau. Que d'abus décrits en peu de mots !

1°. En retranchant presque de moitié la hauteur de l'espace de la bergerie, ne voit-on pas que l'air sera bientôt vicié ; que la chaleur augmentera en raison de la diminution de l'espace & du nombre des brebis. L'on dira vainement, & on aura beau répéter sans cesse, d'après les autres, & sans preuve, que les moutons craignent le froid ; c'est une maxime abominable, qui cause presque toutes leurs maladies. Les bêtes à laine mises en liberté, & livrées à elles-mêmes dans le parc de Chambor, sont la preuve la plus convaincante du contraire, puisqu'elles s'y sont multipliées, & leur laine a acquis une finesse qu'elle n'avoit pas. On le répéte; la nature a pourvu à leurs besoins, en leur donnant une toison longue & bien fourrée.

2°. Le double toit, même en planches, en revêtement les unes sur les autres, ou jointées par des feuillures, est préjudiciable, ainsi qu'on vient de le prouver; il l'est moins, cependant, que celui formé par des soliveaux, & par des claies d'osiers ou de joncs. Tous deux, il est vrai, concourent à rendre l'air vicié; mais le second nuit encore à la propreté de la laine. Chaque interstice qui se trouve entre les brins, sert de couloirs, par lesquels la poussière & les débris de paille rongée par les rats, ou brisée de mille autres manières, tombent sur l'animal, se mêlent à sa laine; & plus il se remue ou s'agite lorsqu'il se couche ou lorsqu'il est couché, plus la poussière & la paille s'insinuent profondément dans la laine.

3°. Les toiles d'araignée servent à accumuler la poussière, les débris des malheureux insectes, victimes de sa voracité; & lorsqu'elles en sont surchargées, ou qu'un coup de vent brise les attaches qui les tenoient suspendues, le tout s'écroule & augmente les ordures dont la laine de l'animal est déjà surchargée. Plusieurs auteurs, d'ailleurs très-estimables, & en particulier M. Carlier, à qui nous devons deux ouvrages bien faits sur les bêtes à laine, l'un intitulé : *Considérations sur les bêtes à laine*, un vol. *in-12*; & l'autre, *Traité des bêtes à laine*, en deux vol. *in-4°*, dit « que les araignées sont une peste dans les étables, au-lieu de servir à purger l'air, comme on le croit faussement dans les campagnes. Outre que ces toiles reçoivent des ordures qui tombent ensuite sur le mouton ou sur son fourrage, les araignées elles-mêmes s'insinuent, ou tombent dans le foin ou dans les pailles, & sont un poison pour le mouton qui les avale. » M. Carlier me permettra-t-il de lui demander s'il juge ainsi d'après l'expérience; si elle a été répétée sous ses yeux; s'il en a acquis la preuve démonstrative par l'ouverture de l'animal; si cette ouverture lui a fait voir que l'araignée, en sa qualité vénéneuse, agit comme les poisons acides, en corrodant les parois de l'estomac & des intestins, ou comme les poisons coagulans; enfin, si toutes les araignées velues ou rases produisent le même effet ? Je ne crains pas de douter de ces effets, de les regarder comme supposés, après les exemples du contraire que j'ai cités au mot ARAIGNÉE, & que je prie de consulter.

IV. *Du fumier de la bergerie, & du tems de le lever.* Les auteurs ne sont point d'accord sur ce sujet, & presque tous semblent partir du préjugé où l'on a été, & où est plongé le plus grand nombre des cultivateurs; c'est-à-dire, que les troupeaux doivent être tenus très-chaudement. En effet, la chaleur que le fumier de mouton sur-tout, acquiert en fermentant, s'unissant à celle

celle occasionnée par la transpiration & l'haleine des animaux, en produit une très-considérable. L'auteur de la *Nouvelle Maison Rustique* recommande de nettoyer la bergerie une fois ou deux au plus tous les ans. Si on la cure deux fois dans l'année, ce doit être en Mars & à la fin d'Août; & en Juillet, si on ne la nettoie qu'une fois. Voilà, de tous les conseils, un des plus nuisibles & des plus dangereux. L'expérience journalière prouve que la majeure partie des maladies des bêtes à laine est occasionnée par l'humidité réunie à la chaleur qui engendre la pourriture; & si, malgré l'abus de toutes les coutumes, on est forcé de convenir que la chaleur du fumier est très-humide, ou pour parler plus correctement, qu'il s'en élève une humidité chaude & copieuse, on sera donc forcé de reconnoître que l'amas de fumier est un des principes certains des maladies.

Plus le fumier reste entassé dans la bergerie, plus les couches successives s'affaissent & se durcissent. Dès-lors les urines n'ont plus d'écoulement, & s'accumulent dans la litière supérieure. C'est sur la paille imbibée d'urine, & pénétrée d'excrémens, que l'animal est forcé de se coucher dans l'humidité qui est si préjudiciable à sa santé, qui détériore la laine & altère insensiblement sa couleur. De blanche qu'elle doit être naturellement, elle prend un œil roussâtre; elle est surchargée d'ordures qui s'opposent à la transpiration de l'animal. La sueur transpirée s'arrête à la base de la laine, y acquiert de l'acrimonie, corrode la base des poils, excorie la peau; & souvent, à la fin de l'hiver, l'animal perd une partie de sa toison; peut-être encore la gale, à laquelle les moutons sont fort sujets, ne dépend-elle pas d'un autre principe.

Si le troupeau est nombreux, c'est-à-dire, si la bergerie qui le renferme est pleine, sans que l'animal soit trop pressé, levez le fumier tous les huit jours, en quelque saison que ce soit, à moins que les pluies ou les gelées ne permettent pas au troupeau de sortir. Dès qu'il est dehors, ouvrez toutes les portes, toutes les fenêtres; faites exactement balayer le sol, & nettoyer les planchers & les murs; enlevez le fumier, & ne fermez que lorsque le troupeau sera prêt à rentrer, & lorsque vous lui aurez fourni une nouvelle litière.

On ne manquera pas de m'objecter, 1°. que cette litière n'est pas assez pourrie; 2°. qu'elle consommera un très-grand amas de feuilles, de paille, &c. Je conviens de tout cela; & je demande à mon tour: Quelle nécessité y a-t-il donc, que la paille se convertisse en *fumier fait* dans la bergerie? & dans les domaines où l'on tient de nombreux troupeaux, n'est-ce pas pour se procurer la plus grande quantité possible d'engrais? Dès que la paille est imbibée d'urine, & chargée de crottins, elle jouit dès-lors de la propriété de fermenter, de s'échauffer, & de produire du bon fumier. Il faut le porter dans la fosse, & le travailler ainsi qu'il sera dit au mot ENGRAIS. Dans une basse-cour bien ordonnée & bien conduite, il est de règle que l'excédant de la paille destinée à la nourriture des animaux, doit être conservée pour la litière; il est donc très-avantageux qu'on en consomme une grande quantité. Si la paille est rare; si on n'en a que pour la nourriture des animaux, un ménager attentif aura soin d'envoyer dans les terrains incultes, couper des buis, des genêts, des joncs; de faire de grands amas de feuilles, &c. &c., & il suppléera ainsi la paille. S'il ne veille pas sur ce point important, il sera trompé. D'ailleurs, c'est l'ouvrage des femmes, des enfans, & un âne ou deux seront destinés à faire les charrois. Un filet à larges mailles suffit pour renfermer & transporter les feuilles. Enfin, si on est dans l'impossibilité de se procurer de quoi faire des litières abondantes, on ramassera beaucoup de sables, & chaque semaine on en jettera une quantité suffisante sous les moutons; par exemple, deux ou trois pouces de hauteur; & la semaine suivante, il sera amoncelé en un tas, à l'abri de la pluie. Cet engrais est excellent, sur-tout pour les terres argileuses, (*voyez* ARGILE) crayeuses, marneuses; en un mot, pour toutes les terres compactes, vulgairement & mal à propos appelées *froides*.

V. *Des meubles de la bergerie.* Ils consistent en râteliers, lits des bergers, & instrumens nécessaires à sa propreté.

Le râtelier, suivant les dénominations de certaines provinces, est désigné par ces mots, *bierre*, *galerre*, *berceau.* Il y a deux manières de placer les râteliers, ou contre les murs, tout le tour de la bergerie, ou dans le milieu, suivant toute sa longueur. Je préférerois cette seconde méthode, parce qu'en fermant avec une simple claie les deux extrémités, on sépare les bêtes, que, pour des raisons quelconques, on ne veut pas laisser confondues avec les autres; par exemple, les mères avec leurs petits, ou les mères seulement, &c.

Suivant la coutume de certaines provinces, les râteliers sont simplement suspendus de distance en distance, avec des cordes; & dans d'autres ils sont stables, & ne varient point pour la hauteur. Ces deux manières ne sont pas sans inconvéniens. Si un mouton se jette avec avidité contre le râtelier mobile; s'il est poussé par un autre, le mouton opposé, dont le museau est trop rapproché du râtelier pour y prendre sa nourriture, reçoit alors un coup dans les dents, & la meurtrissure des lèvres ou du museau, est en raison de la force d'impulsion que le râtelier a reçue.

Si le râtelier est stable & bas, les moutons qui jouent dans la bergerie comme aux champs, s'amusent à le franchir, & sont dans le cas, à cause de leur maladresse, de se blesser. S'il est plus relevé, ils passent par-dessous, se frottent contre, & altèrent leur toison. Ces râteliers permanens ont le désavantage de devenir plus bas de jour en jour, puisque chaque jour la litière s'élève par l'addition de la paille ou des feuilles, &c.; puisqu'elle parvient à la hauteur de dix-huit pouces ou de deux pieds, lorsqu'on ne nettoie la bergerie qu'une ou deux fois dans l'année. Si, pour parer à cet inconvénient, on fixe le râtelier dans une position moyenne, il est trop haut dans les commencemens, le mouton eſt forcé de trop lever la tête, & la pouſſière & les brins de paille tombent ſur ſa toiſon, ſur celles de ſes voiſins, & les gâtent. Si le râtelier eſt placé trop bas, le fourrage ſe conſond avec la paille qui ſert de litière, & ce mélange dégoûte l'animal & l'incommode. En général, l'animal gâte plus de fourrage qu'il n'en mange. On évitera ces inconvéniens, en faiſant enlever chaque ſemaine, ou tous les quinze jours au plus tard, la litière. Ces détails paroîtront minutieux à ceux qui s'occupent peu de la qualité de la laine; mais ils ne ſavent pas que par le concours de pluſieurs petits ſoins, elle acquerra une valeur beaucoup plus conſidérable.

Le râtelier, les auges, &c. doivent être conſtruits avec du bois ſuſceptible de prendre le plus grand poli. S'il eſt raboteux, chargé d'eſquilles, de piquans, la laine de l'animal qui paſſe auprès, ou qui s'y frotte, ſe déchire, s'écorche, & c'eſt ordinairement la plus belle laine qui ſe détériore, puiſque c'eſt celle du dos.

Il réſulte de ce qui vient d'être dit, que le râtelier doit être ſtable, ferme, ſolide, & placé à une hauteur convenable, c'eſt-à-dire horizontale avec le dos du mouton; alors il ne ſera pas forcé de lever ni de baiſſer la tête.

Quatre pièces de bois fichées en terre, ſervent à établir le lit du berger dans un des coins de la bergerie; quelquefois il n'y a que deux pièces ſur le devant, & les traverſes ſont ſcellées dans le mur. Un drap, une couverture & de la paille, complettent ſon lit. Plus il ſera élevé au-deſſus du ſol, plus le berger ſera couché ſainement; l'air vicié eſt plus peſant, & remplit le bas de la bergerie. Un certain nombre de claies, des fourches, des pelles, &c. ſont les autres meubles.

Si le ſel marin, préſent précieux que nous a fait la nature pour prévenir la dépravation de nos humeurs, ne coûtoit pas ſi exhorbitamment cher, je placerois au rang des meubles de la bergerie, une certaine quantité de petits ſacs qu'on rempliroit de ſel de tems à autre, & ſur-tout dans les ſaiſons pluvieuſes. Les moutons lécheroient ces ſacs, leur ſalive diſſoudroit à ſur & meſure une portion de ce ſel, & la mortalité ſeroit moins conſidérable. A l'article Bétail, on diſcutera les bons ou les mauvais effets du ſel.

La prudence veut que la lampe qui ſert à éclairer la bergerie, ſoit placée à une certaine hauteur, dans un endroit fixe & permanent; qu'elle ſoit fermée dans une eſpèce de lanterne, & qu'un grillage de fer recouvre le tout. La plus légère imprudence devient terrible par ſes effets, & un maître vigilant ne ſauroit veiller de trop près.

VI. *Du dépôt des fourrages.* On a vu, *Article III*, combien il étoit abſurde de couper la hauteur de la bergerie par un plancher, ſoit en planches, ſoit en claies; qu'il contribuoit à rendre l'air plus promptement vicié, & à abîmer les toiſons par les ordures qui en tombent ſans ceſſe. Il reſte à parler d'un troiſième vice auſſi préjudiciable que le premier. Pour économiſer ſur l'emplacement, pour mettre plus directement sous la main du berger, le fourrage destiné pour le troupeau, on a imaginé ce double plancher; mais comment ne voit-on pas que ce fourrage, tenu dans un endroit perpétuellement chaud & humide, y contracte un mauvais goût & une odeur désagréable? Je conviens que le troupeau le mange; il y est forcé. Il vaut encore mieux se nourrir d'une substance détériorée, que de mourir de faim. Cette nourriture est encore une des causes qui contribue le plus à leurs maladies de nourriture. Il vaut donc mieux, lorsque l'on construit la bergerie, bâtir à côté ou dans le fond, un magasin de fourrages, & ne laisser entre la bergerie & lui, qu'une seule porte de communication, que le berger tiendra toujours fermée. Au moyen de cette petite précaution, on aura toujours un fourrage sain & agréable pour le troupeau.

VII. *Des bergeries ouvertes.* Tout ce qui vient d'être dit est très-inutile pour les cultivateurs de bon sens, qui savent que le mouton craint par-dessus tout la chaleur, & que ce préjugé dangereux est la cause de la dégradation des laines de France, & de la perte des troupeaux. *Plus il fait chaud dans une bergerie, mieux cela vaut.* Ce malheureux préjugé a fait mourir autant de bêtes à laine, que la main du boucher. Personne ne niera que le climat de Suéde ne soit infiniment plus froid que celui de France; cependant, depuis que l'excellent citoyen, M. Alstrœmer, digne des plus grands éloges, a introduit dans ce royaume les races angloises & espagnoles, les bergeries sont, de distance en distance, ouvertes par des trous de trois ou quatre pouces de diamètre, afin que l'air y joue librement. Quel air froid, en comparaison du nôtre! Outre ces trous, il y a encore des fenêtres qu'on ouvre & ferme à volonté, de manière qu'on y maintient l'air tempéré des printems ou des automnes de France; ce qui peut être évalué au douzième degré du thermomètre de Réaumur. Dès que la chaleur de l'atmosphère approche de ce terme, il est donc absurde de tenir les troupeaux dans des bergeries où la chaleur est nécessairement au moins de trente degrés. On fait sortir l'animal pour aller paître dans les champs, & il passe tout à coup du trentième degré au douzième; & lorsqu'il rentre dans la bergerie, du douzième au trentième. Si le changement subit du degré de chaleur cause à l'homme les rhumes, les fluxions de poitrine, l'arrêt de la transpiration, &c. le mouton n'est-il pas bien plus dans le cas de subir la même loi, puisque la chaleur de nos appartemens ne passe pas habituellement, dans l'été, celle de vingt-quatre à vingt-six degrés; & encore est-ce fort rare, sinon dans nos provinces méridionales? Je sais que pendant la saison des chaleurs, les grands propriétaires des troupeaux font parquer; mais je sais aussi que dans beaucoup de provinces de France, on ignore la manière de faire parquer. D'ailleurs, les troupeaux réunis en parc, n'équivalent pas à la centième partie des moutons de France, qui ne parquent point; ainsi, de manière ou d'autre, on ne doit plus être étonné si la chaleur fait périr beaucoup de moutons dans l'écurie même. Leur graisse se fond & se change en une substance aqueuse & corrosive ; la laine d'hiver pousse beaucoup, à peu près comme les plantes que l'on tient dans la serre chaude ; elles perdent en qualité ce qu'elles gagnent en longueur, & souvent la racine de cette laine se dessèche, & la laine tombe, &c.

Il est très-facile de remédier à ces inconvéniens, en faisant construire des bergeries ouvertes. Elevez leurs murs de circonférence à la hauteur de quatre pieds, & laissez une ouverture pour la porte, qui sera fermée par une barrière mobile. A cette hauteur, le loup ne sauroit pénétrer dans la bergerie. Il est d'ailleurs trop rusé pour se jeter dans un endroit dont il ne peut pas facilement sortir. Sur ce mur, élevez des pilliers en bois ou en maçonnerie, & donnez-leur huit pieds de hauteur ; ils serviront à porter une charpente recouverte en tuiles ou en chaume, &c. Le forget du toit doit déborder de deux pieds les murs, afin de garantir la bergerie des pluies, & de conduire ces eaux de manière que le sol de l'intérieur ne contracte point d'humidité. Chaleur & humidité, sont les deux fléaux les plus redoutables pour les troupeaux.

Cette bergerie ouverte sera d'un grand secours pendant l'été, à ceux qui n'ont point d'abri à donner aux troupeaux, depuis dix heures du matin jusqu'à trois de l'après-midi ; elle servira également, tant que les gelées ne refroidiront pas trop l'atmosphère, & même pendant les gelées, si l'on veut m'en croire. Je n'avance point ici une opinion hazardée, ni un systême ; je parle d'après ma propre expérience ; & tout le monde sait que M. le maréchal de Saxe fit jeter dans le parc de Chambor plusieurs moutons & plusieurs brebis de la race de Sologne ; que devenus sauvages dans ce parc, qui a trois lieues de tour, clos de murs, & dont la majeure partie est en forêt & en taillis, ils s'y sont multipliés, & que leur laine a été trouvée de beaucoup supérieure à celle de tous les troupeaux du voisinage. Mais veut-on une preuve au moins aussi forte, & qui portera la conviction jusque dans les esprits les plus prévenus ? il suffit d'aller à Montbard, dans la Haute Bourgogne, voir chez M. Daubenton, combien nous sommes encore éloignés d'avoir des idées saines sur l'éducation des moutons. On y verra les espèces flandrines du Cotentin, de l'Ile de France, de la Sologne, de la Bourgogne, du Languedoc, de la Navarre ; enfin, de toutes les provinces de France, avoir pour bergerie un terrain très-étendu, simplement clos de mur. Ces races sont exposées à toutes les intempéries des saisons, les mères mettent bas au milieu de la neige ; & les agneaux, loin d'y périr, acquièrent beaucoup de force & de vigueur. J'ose ici joindre mes instances à celles du public, pour engager ce respectable & zélé citoyen à faire imprimer l'ouvrage qu'il a annoncé, que l'on attend depuis long-tems avec la plus vive impatience. J'espère qu'il produira une révolution complète en France.

A l'article MOUTON, nous entrerons dans tous les détails nécessaires pour faire connoître la constitution du mouton, ses différentes maladies, & sur-tout celles qui sont occasionnées par le défaut des mauvaises bergeries.

BERLE, *ou* ACHE D'EAU. (Voyez *Planche 6*, pag. 197.) M. Tournefort la place dans la première section de la septième classe, qui comprend les herbes à fleurs en rose, soutenues par des rayons, & disposées en ombelle, dont le calice devient un fruit composé de deux semences cannelées. Il l'appelle, d'après Bauhin, *sium sivè apium palustre foliis oblongis*. M. von Linné la classe dans la pentandrie digynie, & la nomme *sium angustifolium*, ou *sium berula*. Govan.

Fleur, composée de cinq pétales égaux B; la forme de chaque pétale C est oblongue, & terminée en pointe. Les étamines, au nombre de cinq, sont placées sur le bord du calice, alternativement avec les pétales, & en opposition avec leurs divisions. Le pistil D se divise en deux, & est enveloppé par le calice qui fait corps avec lui.

Fruit. Les deux stigmates E subsistent jusqu'à la maturité du fruit; alors le fruit F se sépare en deux graines G convexes, cannelées, brunes en dessus, aplaties & pâles en dessous.

Feuilles; ailées, terminées par une impaire, dentelées en manière de scie, & à dentelures aiguës; leur base est membraneuse, & cette membrane se partage en deux portions longues & aiguës.

Racine, très-fibreuse, A.

Port. Les tiges sont articulées, & prennent racine par-tout où elles touchent terre; elles sont anguleuses, cannelées, rameuses, & les ombelles naissent des aisselles des feuilles. Les feuilles sont vertes en dessus, & blanchâtres en dessous.

Lieu. Les petits ruisseaux, & les terrains toujours humides. Elle fleurit communément en Juin & Juillet.

Propriétés. On la regarde comme apéritive, diurétique, tonique & anti-scorbutique.

Usage. Il est certain que la racine détermine une abondante sécrétion & excrétion d'urine; dès-lors elle peut entraîner les petits graviers contenus dans les reins & dans la vessie; mais il n'est point démontré qu'elle convienne, ainsi que plusieurs l'avancent, dans le scorbut, pour provoquer le flux menstruel, suspendu par l'impression des corps froids. Elle est même dangereuse dans toutes les espèces de dyssenterie. Les racines sont beaucoup plus actives que les feuilles. Le suc exprimé des feuilles, se donne depuis une once jusqu'à cinq; les feuilles récentes, depuis demi-once jusqu'à deux onces, en macération au bain-marie, dans six onces d'eau, & les semences concassées, également en macération dans la même quantité d'eau, depuis demi-drachme jusqu'à demi-once.

Quelques auteurs l'ont recommandée dans les différentes maladies du bétail. Je crois qu'il seroit plus prudent de ne pas s'en servir, ni pour les hommes, ni pour les animaux. Règle générale, toutes les plantes ombellifères qui croissent dans les terrains humides, dans les marais & autres lieux semblables, font dangereufes, vénéneufes, &c. & au contraire, celles qui végétent naturellement fur les terrains fecs, font toutes cordiales, aromatiques, &c. L'expérience n'a encore fourni aucune exception à cette règle. Les *Mémoires de l'Académie de Suéde*, pour l'année 1740, nous en fourniffent la preuve, en parlant de la *berle à larges feuilles*, qui diffère de celle-ci par fes ombelles qui naiffent au fommet des tiges, & par la plus grande étendue des feuilles. Il y eft dit que les payfans de Husby faifoient manger à leurs beftiaux, pour les préferver d'une maladie contagieufe, la racine de la berle hachée très-menue. Tant qu'ils n'employèrent cette racine que tendre & cueillie avant le milieu de Juin, elle ne fit aucun mal; mais un d'eux l'ayant donnée vers le milieu d'Août, à la dofe d'une poignée, les beftiaux fuèrent extraordinairement; ils fe jetoient par terre, étendoient leurs jambes, frappoient de la tête contre terre; quelquefois l'accès fe calmoit & revenoit peu de tems après; enfin, plufieurs en moururent. Un enfant qui mangea de cette racine, eut des fymptômes plus graves: cependant on le guérit en le faifant vomir, & lui donnant beaucoup de lait.

BESAIGRE, fe dit d'un vin qui a une tendance à devenir aigre, & qui ne l'eft pas encore, c'eft-à-dire qu'il commence à abforber l'air atmofphérique, qui le convertira peu à peu en vin aigre. Jamais le vin d'un tonneau tenu toujours bien plein, ne paffera au *befaigre*, à moins que le bouchon ou le fauffet, &c. ne ferment pas exactement. Aux mots VIN, VINAIGRE, ces maximes feront mieux développées.

BESI. (*Voyez* BEZI, ou plutôt le mot POIRE.)

BESOCHE. (*Voyez* PIOCHE) La première ne diffère de celle-ci, qu'en ce qu'elle n'eft pas pointue.

BÉTAIL, BESTIAUX. Toutes bêtes à quatre pieds, qui fervent à la nourriture de l'homme, & à la culture des terres, font comprifes fous cette dénomination générale. De ce nombre font les bœufs, les vaches, les boucs, les chèvres, les moutons, les brebis, les cochons, &c. On les fpécifie enfuite, en les fubdivifant en *gros* & en *menu* bétail.

Il eft inutile d'entrer ici dans les détails concernant la manière d'élever les beftiaux de tous genres, de les traiter dans leurs maladies, des précautions qu'ils exigent pour les accoutumer au travail, &c. puifque ces objets feront pris en confidération fous le nom propre de chaque animal, & chaque maladie fera traitée féparément. Il ne s'agit ici que de quelques obfervations concernant leur nourriture en général, & leur entretien.

CHAPITRE PREMIER.

DES VÉGÉTAUX PROPRES A LA NOURRITURE DU BÉTAIL.

SECTION PREMIÈRE,

Des arbres & arbustes utiles pour la nourriture des bestiaux.

1°. Parmi les arbres fruitiers cultivés dans nos jardins, on compte les feuilles d'amandier, qui engraissent singuliérement les moutons; celles de tous les poiriers, pommiers, cerisiers, griottiers, pruniers, groseilliers, framboisiers, coignassiers, fraîches ou sèches. Les émondures de ces arbres, au tems qu'on les taille, avant la séve du mois d'Août, doivent être rassemblées en fagots, & portées à sécher à l'ombre dans un endroit sec. C'est de ce lieu qu'on les tire pendant l'hiver, pour les donner à manger aux bestiaux; ils trouvent par-tout de quoi se nourrir dans l'été: il vaut donc mieux les conserver pour la saison où le mauvais tems les empêche de sortir de l'écurie. Le grand point est d'empêcher que la moisissure ne les gagne.

2°. *Des arbres fruitiers toujours verts.* Les pins, les sapins, les genevriers ne peuvent être mis en fagots; leurs feuilles se détachent des branches en se desséchant. Dans cet état, l'animal ne peut les manger. La pointe de ces feuilles leur pique la bouche & le gosier; mais comme ces arbres conservent leurs feuilles vertes pendant toute l'année, c'est le cas de couper les branches au moment où le besoin l'exige, & de les porter tout de suite aux bestiaux. On ne doit recourir au genevrier, que dans un besoin pressant; l'animal, il est vrai, mange avec plaisir les jeunes pousses du printems; dans l'arrière-saison, les feuilles sont trop piquantes, & encore plus dans l'hiver. Il faut alors les faire tremper dans l'eau pendant vingt-quatre heures, pour les ramollir. L'olivier, que l'on taille tous les deux ans, fournit par ses feuilles, une nourriture succulente aux moutons, dans un tems où les pâturages sont encore peu abondans; & dans l'automne, les bergers ont le plus grand soin de conduire furtivement leurs troupeaux sous les oliviers, pour leur faire dévorer les olives tombées par terre. Ce seroit un demi-mal, s'ils ne secouoient pas les branches de l'arbre.

3°. *Des arbres fruitiers qui perdent leurs feuilles pendant l'hiver.* Tous les peupliers quelconques sont utiles; il faut les émonder au commencement du mois d'Août, & conserver les fagots, ainsi qu'il a été dit. Sous le nom générique de peuplier, je comprends l'ypreau ou peuplier blanc, le tremble, les peupliers d'Italie, de Virginie, de Caroline; le le peuplier commun, &c. &c. Parmi les faules, je ne connois que le marceau deftiné aux chèvres. Les chênes du pays, autrement dits chênes noirs, le chêne-liège, le chêne vert, & même le chêne rampant, donnent d'excellentes bourrées; l'érable ou fycomore, à grandes ou à petites feuilles; l'ormeau, le tilleul, le charme ou charmille, &c. fourniffent de bons fagots, ainfi que l'alifier, le néflier, le forbier ou cormier. Les feuilles du hêtre ou fayard, font bonnes pour les beftiaux; fon fruit engraiffe fingulièrement les cochons, mais fa trop grande abondance leur eft nuifible. Il ne faut pas négliger toutes les efpèces de bruyères, & fur-tout la bruyère en arbre. Dans les provinces où elle croît, les bœufs, les chevaux, les mulets la mangent avec avidité. Le mouton ne dédaigne pas les feuilles encore vertes de l'aulne, du fureau. Les feuilles de frêne ont leur mérite; il eft à craindre, cependant, qu'il ne refte attachées fur elles, des mouches cantharides, attirées par l'efpèce de manne qui fuinte fur cet arbre. Il en eft ainfi de l'ormeau. Ces infectes nuiroient aux troupeaux auxquels on deftine ces feuilles; elles leur cauferoient des inflammations dans les reins & dans la veffie. Les moutons aiment fingulièrement les feuilles, les fruits du maronnier d'Inde; leur amertume ou leur âpreté, eft auffi agréable pour eux, que celle de l'olive.

SECTION II.

Des herbes propres à la nourriture des Beftiaux.

1°. *Des plantes potagères.* Il n'en eft aucune, fi on en excepte les oignons, dont les débris ne foient utiles aux beftiaux quelconques. Pour avoir des betteraves, des fcorfonnères, des panais, des chervis, des carottes plus forts en racine, il eft à propos de couper leurs fanes au moins deux fois dans l'année, & cette coupe ne doit pas être perdue. En Dauphiné, en Beaujollois, &c. on fème de groffes raves; dans plufieurs autres endroits des courges, des citrouilles, des melons, des pommes de terre, qui fervent merveilleufement pour la nourriture d'hiver; & on garantit ces fruits de la gelée, en les tenant fous de la paille. Il eft alors plus avantageux de les donner à demi-cuits dans l'eau qui contient quelques parties de fon; les beftiaux s'en trouvent très-bien, & fur-tout les chèvres, qui préfèrent ces préparations encore tièdes, à tous les autres alimens. Les fanes des courges, des melons, à demi-cuites, font de quelque utilité. La pomme de terre mérite la préférence fur tous les autres. C'eft un farineux excellent & très-nourriffant. Celui qui poffede un bétail nombreux, doit en femer des champs entiers, & je lui réponds que fes animaux pafferont la mauvaife faifon fans diminuer de valeur & fans fouffrir.

Les débris de toutes les efpèces de choux, ne doivent pas, fuivant la coutume des mauvais ménagers, être jetés aux fumiers, ainfi que les côtes des melons, après en avoir mangé la pulpe. Dans le pays, comme au Mont-d'Or, près de Lyon, où l'on élève beaucoup de chèvres, on fème pour elles des champs entiers en choux frisés. On dégarnit successivement les tiges de leurs feuilles inférieures ; & les feuilles du sommet, nuancées de toutes les couleurs, & panachées, offrent un joli coup d'œil. Toutes les feuilles de choux, en général, sont plus profitables aux vaches, aux brebis & aux chèvres, à demi-cuites, avec du son, ou sans son, que si on les leur donnoit crûes ; l'abondance du lait dédommage amplement de la peine qu'on se donne & du bois qu'on consume. Il ne faut pas négliger la culture du *choux-rave ;* il fournit beaucoup de feuilles, & souvent une racine bonne à manger, grosse comme la cuisse.

2°. *Des plantes graminées.* C'est la famille par excellence, celle qui fournit le plus abondamment à la nourriture de l'homme & des animaux ; cependant je ne parlerai pas ici de celles qui sont la base de nos prairies, de celles qui produisent le froment, le seigle, l'orge, l'avoine, l'épeautre, &c. Leurs grains sont trop précieux, trop utiles à la nourriture de l'homme, pour les sacrifier aux bestiaux ; mais le blé de Turquie, dans les provinces où il n'est pas employé en aliment, fortifie les bœufs, donne du lait aux vaches, engraisse les moutons destinés à la boucherie, & fait acquérir à la volaille cette graisse & cette délicatesse, qui les fait rechercher. Les pommes de terre cuites, & le maïs, donnent aux dindes de Saint-Chaumont une grosseur monstrueuse, & une chair fine & savoureuse. Il en est ainsi pour les volailles qu'on élève en Bresse, & qui surpassent en qualité toutes celles du royaume. Le gros & le petit millet, le sorghum ; en un mot, toutes les plantes graminées offrent des grains utiles. Tout le monde sait que le maïs porte au sommet de ses tiges de longs panicules de fleurs mâles, & que la fleur femelle est portée sur épi dans la partie la plus inférieure de la tige. Dès que les fleurs femelles sont fécondées, on coupe toute la tige chargée de feuilles qui la surmontent, & elle fournit une bonne nourriture d'été & d'hiver, aux bœufs, aux moutons & aux mules. Les feuilles des tiges du sorghum ont le même avantage, & elles en offriroient un bien plus considérable encore, si l'expérience que j'ai sous les yeux réussit. Après avoir fait couper ces tiges lors de la maturité de la graine, à la fin du mois d'Août, il a repoussé de nouvelles tiges par le pied. Je ne sais si elles parviendront à donner une seconde récolte ; mais quand cela ne seroit pas, elles offriront au moins un fourrage assez abondant, capable d'être coupé à l'entrée de l'hiver. La plante supportera-t-elle impunément les rigueurs de l'hiver ? Je l'ignore. Je rendrai compte de ces expériences, en parlant du *sorghum.* (*Voyez* ce mot) On peut même tirer partie du *chiendent*, qu'il est essentiel de détruire partout où il se trouve. Il faut le cueillir, l'arracher lorsque ses pousses sont encore tendres, le mettre sécher pour l'arrière-saison. Alors on le fait macérer quelques jours dans l'eau, & on le donne aux bestiaux. La partie sucrée qu'il contient, excite leur appétit. Il n'existe point de petites économies pour le propriétaire vigilant, & il trouve dans les petits soins, mille ressources auxquelles les autres ne pensent pas; cependant c'est de ces ressources combinées que résulte l'abondance & le bien-être des bestiaux.

3°. *Des plantes légumineuses.* En Flandre, en Artois, en Normandie, & dans un trop petit nombre d'autres provinces, on en sème beaucoup; & on appelle *dragée*, le mélange des pois, vulgairement nommés *vesce*, des lentilles & des féves. L'année pendant laquelle ces terres ne sont pas destinées aux grains, produit la dragée. Dès que la fleur est nouée, & le grain formé, on fauche les plantes, & leurs racines deviennent un engrais pour la terre. (*Voyez* les mots ALTERNER, AMENDER.) Les fanes de toutes les espèces de pois cultivés dans nos jardins ou en plein champ, méritent d'être conservées pour la saison fâcheuse de l'hiver. On fera bien de laisser parfaitement dessécher sur pied celles qui sont destinées à produire la graine pour les semailles de l'année suivante; les autres, au contraire, exigent d'être arrachées avant ce dessèchement; & quand même il y resteroit quelques gousses, elles vaudront mieux pour le bétail. Tous les *lotiers*, les *melilots*, les espèces de pois d'ers qui croissent spontanément dans les campagnes, sont aussi très-bons.

4°. *Des différentes plantes champêtres, utiles en tout, ou par quelques-unes de leurs parties, pour la nourriture du bétail.* M. le chevalier von Linné est peut-être le premier qui, dans son excellent ouvrage, intitulé: *Amœnitates Academicæ*, ait réuni dans un court abrégé, l'énumération des plantes utiles à l'homme, aux animaux & aux arts. M. Buc'hoz, dans son *Manuel alimentaire des plantes*, a suivi la même marche; & l'on trouve dans les *Mémoires de la Société économique de Berne*, un recueil de MM. de Coppet & Ith, sur les plantes de Suisse qui peuvent servir à la nourriture du bétail. Nous allons faire connoître les plantes principales qu'ils indiquent.

Le sarrasin ou blé noir tient le premier rang. Dans quelques provinces de l'intérieur du royaume, on le sème après la récolte du blé & sur le même champ; & à peu près vers le commencement d'Octobre, on l'arrache de terre. Les gelées blanches précoces l'abîment, sur-tout quand le grain n'est pas mûr. Il faut, pour le récolter, qu'il ait été semé dans le commencement du mois de Juillet. On voit par-là que cette culture dépend du climat qu'on habite, & des *abris*. (*Voyez* ce mot) Au contraire, dans les pays plus froids, on le sème après les gelées, sur-tout sur les hauteurs, dans les terrains maigres. Le bétail aime l'herbe verte & sèche. Le grain sert à engraisser les bœufs, les cochons, toutes sortes de volailles: broyé sous la meule, & mêlé avec l'avoine, il est très-agréable & très-sain pour les chevaux.

Les bœufs, les moutons aiment les feuilles d'*ortie*; la graine est très-utile pour les jeunes dindonneaux.

La grande *bistorte* augmente sensiblement le lait de vache.

La racine de *filipendule* est recherchée par les cochons, ainsi que celle de la *tormentille*.

Le bétail recherche généralement

la *boucage*, que quelques-uns appellent *pimprenelle*, *grande saxifrage*, & qui n'est pas la *pimprenelle* des jardins & des champs. Celle-ci a été conseillée avec raison par M. Roques, pour en faire des prairies artificielles. Les chevaux & toutes les bêtes à cornes aiment l'herbe, particuliérement quand elle est tendre, & la graine peut leur être donnée à la place de l'avoine, s'ils n'ont pas beaucoup à travailler.

Tous les *plantains*, en général, sont très-bons, & sur-tout le plantain des Alpes.

Le *melampire*, ou *blé de vaches*, leur est très-agréable, rend le beurre gras & jaune.

Toutes les espèces de *chardons* encore jeunes, & sur-tout le *cirsium* ou *chardon des avoines*, parce qu'il est très-commun sur les terrains qu'on lui destine, offrent un aliment agréable aux vaches & aux ânes.

Je finirai cet article par citer les feuilles de vignes, aussi utiles vertes que sèches. Dans les pays où la culture des vignes est bien entendue, on a grand soin de couper les bourgeons qui portent des sarmens inutiles, & qui nuisent au cep par la séve qu'ils absorbent en pure perte. Ces jeunes pousses sont cueillies lorsqu'elles sont encore vertes & tendres, & chaque jour on les donne au bétail. Dès que le raisin commence à changer de couleur, & sur-tout dans les vignes dont les ceps sont forts & vigoureux, on peut chaque jour ramasser la quantité de feuilles suffisante pour les bœufs, les vaches, les chèvres : la seule attention à avoir, c'est de cueillir ces feuilles dans les endroits fourrés, & on rend en outre service au raisin, en l'exposant davantage à l'ardeur du soleil : on continue ainsi jusqu'à ce qu'il n'y ait plus de feuilles aux vignes. Un métayer vigilant en fait cueillir une grande provision avant que la feuille soit épuisée de sucs, les fait sécher, & les garde pour l'hiver. Il suffit d'exposer à l'humidité des brouillards, des bruines ou d'une pluie légère, la quantité qui doit être consommée dans la journée ou le lendemain ; alors la feuille ne se brise plus & reprend du nerf. Pour les chèvres, la maxime est un peu différente. De la vigne, les feuilles fraîches sont portées dans de grands cuviers, dans des tonneaux défoncés d'un seul côté & à moitié pleins d'eau. On les remplit de feuilles, & on a soin que l'eau les surnage. C'est ainsi qu'on conserve les feuilles pendant tout l'hiver. Les vaisseaux qui les renferment ne doivent servir qu'à cet usage, parce qu'ils contractent un goût si désagréable, qu'ils sont hors d'état de conserver du vin sans lui communiquer leurs défauts. Il seroit prudent de substituer à ces tonneaux des vaisseaux faits avec du *bléton*, (*voyez* ce mot) & ils serviroient pendant des siècles, sans exiger la plus légère réparation.

SECTION III.

Observations sur la manière de conserver les végétaux destinés à la nourriture du Bétail.

Quoique j'aie sommairement indiqué le tems de couper les fagots sur quelques arbres, je ne dois pas passer sous silence les observations qui m'ont été communiquées par un noble des états du Gévaudan, M. le baron de S. * * *; elles tiennent à une pratique établie sur ses expériences.

Depuis la fin du mois d'Août, époque des semences des blés d'hiver en Gévaudan, & jusqu'à ce qu'elles soient finies, le laboureur qui possède des frênes, des ormeaux, &c. ramasse tous les matins la feuille de ces arbres pour en faire une botte pesant soixante à quatre-vingts livres, qu'il donne à l'heure du goûter aux bœufs & aux vaches qui labourent. Pour avoir la feuille du frêne, il casse près de la branche la côte ou pétiole qui porte les folioles, & les met en petites bottes jusqu'à ce qu'il y en ait la quantité dont on vient de parler. Celle d'orme se cueille l'une après l'autre, comme celle du mûrier, & on la jette à mesure dans un sac suspendu à l'arbre. Pour l'avoir plus promptement, il faut prendre le bout extérieur de la branche dans la main, & la couler tout le long vers la tige; au moyen de quoi la branche se trouve dépouillée de toutes ses feuilles par une seule opération.

La feuille de frêne est préférable à celle de l'ormeau, comme plus propre à soutenir la force des bœufs qui fatiguent beaucoup pendant la durée des semences. Lorsqu'ils cessent de labourer, on les mène aux pâturages, d'où ils rentrent sur le soir dans les écuries; ils y trouvent des feuilles si le bouvier a eu le tems de s'en pourvoir; autrement ils passent la nuit au moyen de ce qu'ils ont brouté. Le matin, avant de les remener au travail, on leur donne une botte de foin ou de feuilles. Si la feuille est couverte de gelée blanche, & qu'il ne fasse pas du soleil, on presse la botte dans l'eau, qui la dissipe. M. de Buffon fait cette remarque. » Dans l'été, si le foin manque, (ce qui arrive très-souvent dans nos provinces méridionales) on donnera aux jeunes bœufs des jeunes pousses & des feuilles de frêne, d'orme, de chêne, fraîchement coupées, mais en quantité modérée; l'excès de cette nourriture, qu'ils aiment beaucoup, leur cause quelquefois un pissement de sang. » Je ne révoque point en doute le témoignage de M. de Buffon; mais je ne l'ai jamais observé. La différence de climat en seroit-elle la cause?

Quoique les arbres soient ainsi dépouillés de leurs feuilles en automne, ce procédé ne nuit point à la pousse du printems suivant, attendu que le mouvement de la séve est sur sa fin.

La première coupe des branches se décide sur la force des arbres; ceux de rivière étant les plus hâtifs à la pousse, sont émondés les premiers, tels que l'*aune* ou *verne*, le *peuplier*, &c. Les fagots d'aune doivent être renfermés tout de suite; si la pluie les mouille, elle fait noircir la feuille, & la rend inutile pour le bétail. Le bouleau, l'érable, le sycomore, le tilleul, le charme, l'orme, le frêne & le chêne, fournissent par gradation les suites de la coupe. La feuille de hêtre se cueille au moment qu'elle commence à jaunir.

Les saules, l'aune s'émondent au bas du tronc; le peuplier, tout le long de sa tige, en conservant les jets placés au sommet de l'arbre. A l'égard des autres, ils sont traités comme à l'ordinaire, avec la différence qu'on laisse autour de leurs cimes quelques bouts de branches en forme de chicots, par où les arbres repoussent avec plus d'aisance, & prennent une tête arrondie; le chêne se coupe tout du long, & sans qu'on y laisse aucune branche.

L'état de la pousse des jeunes arbres décide leur première taille; mais dès qu'une fois on les a soumis à cette taille ou émondure, il faut quatre ans d'intervalle entre les coupes des bois de rivière, & cinq ans pour les autres. Les vieux arbres qui sont en retour, peuvent être élagués comme les autres. L'expérience en a été faite sur des ormeaux & des marronniers d'Inde très-gros, & ils ont tous poussé avec force, quoique leur tronc fût resté sans aucun jet extérieur. Le seul inconvénient à craindre, est celui des gerçures sur l'aire de la coupe. Il est facile de prévenir la pourriture intérieure, en recouvrant la plaie avec de la terre grasse, mêlée de paille longue, ou avec l'*onguent de S. Fiacre*. (*Voyez* ce mot)

Les bêtes à laine mangent le matin le foin pur ou mêlé avec la paille; à midi, & les jours qu'elles ne sortent point, on leur donne la feuille, & le soir la nourriture du matin. Pour accoutumer les agneaux aux feuilles, on commence par leur donner celles des arbres de rivière; après quoi toutes les autres espèces passent en revue, & on finit par celles de chêne, qui paroissent leur convenir mieux que toute autre.

Les propriétaires dont les métairies regorgent de fourrages, regarderont les détails dans lesquels je viens d'entrer, comme des objets minutieux & de peu de valeur; mais comme leur nombre est malheureusement bien petit en comparaison des propriétaires moins aisés, j'espère que ces derniers ne les regarderont pas du même œil. Je les ai mis sur la voie; c'est à eux de profiter de toutes les petites économies que je leur indique.

CHAPITRE II.

Vues générales sur l'entretien domestique du Bétail.

On doit sur ce sujet, à M. Tschiffeli de Berne, une suite d'observations aussi judicieuses qu'importantes, & qui ont commencé à produire une révolution en ce genre dans la Suisse, où l'on élève une quantité prodigieuse de bestiaux. Puisse l'exemple qu'il a donné être imité en France. Voici comment il s'explique.

La question se réduit à savoir si l'entretien domestique du bétail est plus avantageux que de l'envoyer paître, tant par rapport au profit direct qu'il doit donner, que par rapport aux engrais qu'il procure.

SECTION PREMIÈRE.

Des avantages de l'entretien domestique.

Supposé que l'avantage que procure la multiplication des engrais par cette méthode, fût contre-balancé par la diminution du profit réel, il s'ensuivroit que cette méthode feroit inutile ou ruineufe ; mais comme la multiplication qu'elle procure eft de la dernière évidence, il faut commencer par traiter la première partie de la queftion dont la certitude eft moins probable.

Il faut d'abord examiner les avantages & les défavantages, quant au profit direct de la méthode de nourrir le bétail à l'étable. Ce point une fois établi, le profit médiat ou fecondaire qui fuit de la multiplication des engrais, fera déterminé avec plus de précifion.

Le profit immédiat & direct que donnent les bêtes à cornes, confifte, 1°. dans leur multiplication ; 2°. dans leur vente, quand elles font graffes ; 3°. dans leur lait ; 4°. dans leur travail.

Tous ces avantages dépendent abfolument de la fanté parfaite du bétail ; & cette fanté dépend à fon tour principalement, 1°. d'une nourriture choifie, fuffifante & réglée ; 2°. des foins qu'on prend de l'animal ; 3°. du repos qu'on lui accorde ; 4°. de la falubrité des eaux ; 5°. de la température de l'air auquel il eft expofé.

Le plus grand nombre des pâturages appartient à des communautés, & font vulgairement appelés *communes*, *communaux*. (*Voyez* ce mot) A peine la terre entr'ouvre-t-elle fon fein aux premiers rayons du printems ; à peine apperçoit-on les premières pouffes des plantes les plus hâtives, que voilà toute la communauté en mouvement. Prefque tous les habitans, par une cupidité infenfée, ont la mauvaife habitude de tenir à l'étable plus de bêtes qu'ils ne font en état d'en hiverner ; & ils ne confidèrent pas que quatre pièces de bétail, de quelqu'efpèce qu'elles puiffent être, nourries & entretenues convenablement, donnent plus de profit que fix mal nourries. Ils fe voient donc au bout de leurs fourrages. Ces pauvres bêtes affamées, trouvent des pâturages prefque nus, où, au lieu d'une pâture fuffifante, elles font réduites à dévorer ce qu'elles peuvent arracher des haies, des brouffailles, & à charger leur eftomac d'une nourriture indigefte ; des gelées, des pluies, des vents glacés qui les pénétrent, jettent dans leurs corps les femences des maladies que les ardeurs de l'été développent d'une manière funefte. L'été luimême n'eft pas à d'autres égards moins dangereux pour les bêtes qui pâturent ; elles font affaillies par les mouches, les taons, & par une infinité d'autres infectes : fouvent accablées de fatigues, dévorées de la foif, elles vont fe défaltérer & s'empoifonner dans un bourbier d'eau croupie, verdâtre & puante. Enfin, le *mielat* (*voyez* ce mot) qui tombe inopinément fur des plantes fucculentes, & dont le bétail eft avide, eft la caufe immédiate des plus funeftes maladies.

L'automne n'eft pas fans inconvénient ; & pendant cette faifon, ordinairement humide, le bœuf, la vache piétinent le terrain, foulent la plante & la racine, & endurciffent le fol au point que l'année fuivante l'herbe y eft rare. Si au contraire, on s'abftient de faire brouter les prairies en automne, les plantes à feuilles pourriffent & forment la couche de terre végétale, l'ame de la végétation. (*Voyez* le mot TERRE VÉGÉTALE) Les fanes qui ne sont pas encore pourries, défendent la jeune herbe lorsqu'elle commence à pousser ; ses pointes, encore délicates & sensibles, sont pour ainsi dire recouvertes d'un manteau qui les met à l'abri des vents froids du printems. Il sera prouvé au mot COMMUNE, que les bœufs & les vaches les plus maigres de tout le royaume, sont ceux qui s'y nourrissent ; & on fera voir quel parti on doit tirer de ce terrain.

On sent bien qu'il n'est pas question ici des bœufs que l'on élève pour vendre, ou qu'on nourrit pour les bouchers, lorsqu'on a la facilité de les envoyer paître sur les hautes montagnes du royaume ; telles sont les Alpes de la Provence, du Dauphiné, les Monts-Jura, le Mont-Pilat, les montagnes d'Auvergne, du Vivarais, du Languedoc, les Pyrénées, &c. où elles paissent l'herbe fine, délicate, & rendue odoriférante par le *meum*. Il est tout naturel de profiter de ces avantages, & il faudroit une trop grande quantité de fourrage pendant l'année, pour nourrir l'immensité des bêtes à cornes qui couvrent ces monts sourcilleux : cependant il y a quelques inconvéniens ; en voici la preuve.

Si on veut multiplier le bétail, & sur-tout éviter la dégénération des espèces, il est impossible que dans le pâturage commun, il ne se trouve pas de jeunes & de vieilles bêtes de races différentes & peu assorties ; c'est l'ordinaire. Il arrive souvent que des genisses se trouvent pleines à quinze mois, & même plutôt ; & comme alors elles ont à peine la moitié de leur taille, leur état épuise bientôt les forces qu'elles ont à cet âge ; la mère reste petite & maigre, elle donne du lait à proportion ; le veau tiendra de sa mère, & ne fera jamais qu'une bête chétive & de mauvaise race. Voilà une des principales causes du dépérissement des belles races en France.

Si au contraire les genisses ne sont saillies qu'à deux ans & demi ; si on leur donne une nourriture convenable, & en proportion suffisante, on est assuré d'avoir une bête de belle race, & de remonter & perfectionner ainsi l'espèce. Combien de fois n'a-t-on pas vu les vaches perdre leurs veaux sur les pâturages, soit en se battant, en sautant, & de mille manières.

Veut-on avoir des bêtes grasses ? rien ne contribue plus efficacement & plus promptement à les mettre en cet état, qu'en leur donnant leur nourriture fréquemment par petites portions, & sur-tout avec exactitude, à des heures réglées. Soignées de cette façon, elles s'engraissent à vue d'œil ; ce qui n'arrive pas sur des pâturages, même en automne, saison qu'on choisit ordinairement pour faire prendre de la graisse au bétail. Dans l'été, la chose est impossible. C'est aussi la raison pour laquelle les vaches ne donnent pas autant de lait sur le pâturage, quand même elles auroient de l'herbe jusqu'aux genoux, qu'elles en donneroient dans une étable où elles seroient nourries avec attention.

Ce que l'on vient de dire ne tient point à un systême enfanté par une imagination plus brillante ; il porte sur des faits & sur des expériences

expériences multipliées de M. Tſchiffeli. Sa méthode a été trouvée ſi avantageuſe, qu'elle a été adoptée par les grands propriétaires de l'état de Berne. Je l'ai vu pratiquer avec le plus grand ſuccès, par un particulier des environs de Lyon : il avoit fait venir de la Suiſſe un nombre aſſez conſidérable de vaches ; elles lui fourniſſoient le double de lait que les vaches ordinaires, & le prix des veaux étoit bien ſupérieur.

Section II.

Objections contre l'entretien domeſtique, & Réponſe à ces Objections.

Lorſque M. Tſchiffeli introduiſit cette méthode, on lui propoſa un grand nombre d'objections ; il devoit s'y attendre. Toutes les fois qu'on s'éloigne de la routine, même d'après les principes les plus clairs, l'ignorance & la mauvaiſe foi font entendre leur voix ; & les ſuccès même les plus décidés, ne ſont pas toujours capables de l'étouffer. Afin qu'on ne les répete pas de nouveau, examinons-les, en faiſant parler M. Tſchiffeli. 1°. La ſanté du bétail demande qu'il puiſſe pâturer librement, attendu que la liberté eſt l'état naturel des bêtes.

On convient ſans difficulté, que les bêtes à cornes entiérement libres, comme les moutons du maréchal de Saxe dans le parc de Chambor, ou comme les bœufs ſauvages des plaines de la Camargue, à l'embouchure du Rhône, jouiroient de la ſanté la plus ferme dans des climats doux & tempérés ; mais ce n'eſt pas le cas ordinaire. On ne trouve pas par-tout le climat du Mexique & d'une grande partie de l'Amérique ; peut-être même, & cela paroît plus que probable, ſi le veau étoit né dans les champs, & ne les eût jamais quitté, il en vaudroit beaucoup mieux : mais ſoit à cauſe de leur éducation, ſoit à cauſe du climat, la rigueur des hivers oblige de tenir les bêtes à l'étable tant que dure la mauvaiſe ſaiſon ; elles s'y attendriſſent, deviennent plus délicates, & par-là ſont moins dans le cas de réſiſter aux intempéries de l'air. Ici, comme dans tous les autres cas de l'économie rurale, l'expérience eſt le plus ſûr & même le ſeul guide. Que l'on obſerve où les épidémies prennent naiſſance ; ſi c'eſt au pâturage ou à l'étable, & dans lequel des deux endroits elles font le plus de ravages. Tous les hommes inſtruits dans la médecine vétérinaire, diront, d'après l'expérience, que les maladies contagieuſes doivent preſque toujours leur origine & leur durée, aux mauvaiſes qualités des pâturages & des eaux, & que la maniere d'être de l'atmoſphère y entre pour peu. Ils ajouteront encore, que les épizooties ſe propagent par la communication des bêtes les unes avec les autres, ou par la communication des bergers, des maréchaux, &c. On en a la preuve la plus frappante dans la cruelle maladie de 1775, 1776 & 1777, qui enleva tous les beſtiaux des provinces occidentales & méridionales de France, & qu'on arrêta en formant un cordon de troupes. N'a-t-on pas vu en 1771, un ſeul bœuf hongrois porter & répandre le germe du mal dans les campagnes de Veniſe, de Milan, de Ferrare, de Naples, de Florence, de Rome? &c. &c. Il en est ainsi de toutes les épizooties; & les propriétaires qui ont tenu leurs bestiaux renfermés dans les écuries, & qui ont empêché qu'ils ne fussent visités par les médecins ou maréchaux ambulans, les ont préservés de la contagion.

2°. *L'entretien domestique du bétail absorbe tout le profit.* Cette objection est simplement captieuse. Il faudra, j'en conviens, faucher les foins, les voiturer, &c. Mais si l'animal en consomme moins dans l'écurie; s'il se porte mieux; si les vaches fournissent plus de lait, qu'aura-t-on à répondre? C'est ce qui sera prouvé plus bas. Le grand avantage de cette méthode vient de la multiplicité des engrais qu'on se procure. Un de nos rois demandoit à un de ses généraux, quels étoient les points principaux pour maintenir une armée en campagne & en bon état. Il répondit: *Sire, de l'argent; &* quoi encore? *de l'argent, & de l'argent.* Si on demande quel est le moyen le plus sûr d'avoir d'abondantes récoltes? je répondrai: *Des engrais;* & quoi encore? *des engrais, des engrais.*

3e. *Objection.* Que faire des pâturages? quel parti en tirera-t-on? où prendre cette quantité de fourrages que consommeront des bêtes tenues toute l'année à l'étable?

Les économes suisses estiment qu'en général une vache à lait d'une taille moyenne, consomme pendant la saison du pâturage, le fourrage de quatre arpens, chacun de trente-six mille pieds carrés, & il faut que le terrain en soit bon, s'il peut suffire à nourrir la vache depuis le 10 Mai jusqu'au 15 Octobre. En prenant cette estimation pour base du calcul, & supposant en conséquence, qu'un homme veuille entretenir sur sa terre vingt pièces de gros bétail, pendant l'hiver & pendant l'été; ces vingt bêtes auront donc besoin, pour leur entretien, de quatre-vingts arpens de pâturages, qu'il faudra partager en différens enclos, afin qu'ils puissent être broutés alternativement, & que l'herbe ait le tems de repousser dans ceux que le bétail quitte. Si l'animal pâture indistinctement partout, il gâtera plus d'herbe qu'il n'en consommera. Voilà donc déjà une première dépense pour l'enclos. Si les enclos sont supprimés, il faut nourrir & payer les gages d'un berger.

Supposons que ce pâturage soit trop éloigné des étables, pour que le foin pût être fauché deux fois par jour, & y être transporté commodément pour la nourriture des vingt bêtes; qui est-ce qui empêcheroit de construire au milieu de ce pâturage, une étable de quarante pieds de long sur vingt pieds de large, laquelle pût, au besoin, être construite de branches entrelacées, & simplement couverte de mousse, de paille? le bétail y seroit suffisamment à l'abri pendant les trois saisons; il y seroit nourri en vert aussi-bien que dans un bâtiment plus solide, & pourroit être conduit sur le soir & sur le matin, à l'abreuvoir le plus rapproché. Tous ceux qui savent quelle quantité d'herbe est foulée par les pieds des bêtes qui paissent, & gâtée par leur souffle, verront tout d'un coup que ces vingt bêtes n'auront pas besoin de l'herbe de ces quatre-vingts arpens pour être nourries dans leur cabane, & qu'on pourra faire venir du foin sur une partie considérable de ce terrain, même en supposant qu'on n'ait pas pensé à y faire la plus légère amélioration. Cet avantage seul dédommagera avec usure de ce que coûteront deux valets qu'il faudroit y entretenir pendant l'été pour y soigner le bétail.

Cet entretien en vert pendant l'été, est un objet si important pour le grand propriétaire, comme pour le simple paysan, qu'il mérite d'être discuté plus amplement. Cette méthode n'est bien connue & pratiquée avec les attentions nécessaires, qu'en peu d'endroits; & tous ceux qui la suivent conviennent que l'on peut entretenir quatre bêtes de l'herbe d'un terrain maigre, tandis que la même étendue de sol dans un fonds fertile, suffiroit à peine à la pâture de trois. Pour qu'il ne reste aucun doute sur cet article, c'est-à-dire, sur la préférence que mérite la méthode de nourrir en vert ses bêtes à l'étable sur toute autre, il faut voir quelle est la différence, quant au poids, entre le fourrage vert & le fourrage sec, & combien il en faut de l'un & de l'autre pour la nourriture d'une bête.

1°. Un quintal de trèfle vert fauché dans le tems qu'il commence à fleurir, se réduit à vingt livres quand il est parfaitement sec. Cette plante est une des plus succulentes, & qui par conséquent perd le plus de son poids en se séchant.

2°. Il est prouvé qu'une vache à lait ordinaire nourrie à l'étable, mange chaque jour du printems, de l'été & de l'automne, l'un dans l'autre, cent cinquante livres de trèfle vert.

3°. Qu'en hiver, vingt-cinq livres de trèfle sec suffiront à la même vache.

Il semble donc, suivant ce calcul, qu'il faut cinq fois plus de fourrage vert; mais il faut faire attention qu'une bête a besoin au moins d'un cinquième de nourriture de plus dans les longs jours de l'été, qu'en hiver, sans doute à cause que la transpiration est plus forte. Par conséquent, cette perte apparente dans la consommation du fourrage vert, est non-seulement compensée, mais encore il y a le bénéfice d'un trentième.

On doit ajouter à tous ces avantages, qu'en faisant consommer à l'étable un fourrage vert, on ne court aucun risque d'avoir pour l'hiver un foin insipide ou gâté, puisqu'on a eu le tems & la commodité de le faucher & de le cueillir dans les jours les plus favorables; que le fumier d'été a plus de force que celui d'hiver; qu'il peut être employé en automne, & qu'il est exempt de cette multitude de graines de mauvaises herbes, qui pullulent dans les champs chargés des engrais ordinaires. Enfin, il est bien démontré que l'herbe fraîche a plus de propriétés que n'en a le foin sec, & encore moins le regain. L'odeur forte qui s'exhale dans la fenaison, prouve combien de principes s'évaporent avec l'eau de végétation pendant la dessiccation du fourrage. Il résulte de cette méthode, que les bêtes destinées à la boucherie s'engraissent plutôt; que les vaches donnent beaucoup plus de lait, & les jeunes bêtes ainsi élevées prospèrent sensiblement plus. Une seule chose qu'il faut observer, c'est de mêler dans le fourrage qu'on donne aux bêtes de labour, un tiers de foin ou de paille, à cause de la qualité laxative de l'herbe fraîche.

On doit conclure de ce qui vient d'être dit, que le propriétaire qui entendra bien ses intérêts, conservera seulement le fourrage sec & nécessaire pour nourrir abondamment son bétail pendant l'hiver & durant les pluies d'été, & que l'autre partie sera mangée en vert.

SECTION III.

Du soin du Bétail dans les étables.

Le mot *bergerie* renferme en général, ce qui convient aux étables relativement à la propreté, à la grandeur, à la salubrité de l'air, &c. Ainsi il est inutile d'entrer dans de nouveaux détails.

Je dirai seulement que l'on doit donner quatre pieds à chaque animal de la grosse espèce, & trois pieds & demi à chaque bœuf ou vache d'une espèce plus petite, afin qu'ils puissent s'étendre & se coucher à l'aise.

1°. L'on ne doit pas épargner la paille fraîche pour litière ; l'étable sera nettoyée au moins deux fois chaque semaine ; & dans les grandes chaleurs, tous les deux jours. Moins l'étable est humide, moins l'air est renfermé, & mieux s'en trouve le bétail. Cependant dans l'été, il convient de ménager un courant d'air, mais de diminuer la clarté du jour, afin que les mouches ne tourmentent pas les animaux. Le véritable moyen de les chasser, c'est de fermer exactement toutes les portes & toutes les fenêtres pendant quelques minutes, & d'ouvrir ensuite ou une porte, ou une fenêtre vers l'endroit où le jour sera le plus grand ; elles s'empresseront de sortir. C'est le cas, après cela, d'entr'ouvrir les portes & les fenêtres pour rétablir le courant d'air, & diminuer considérablement la clarté du jour. Tant que l'étable sera beaucoup moins éclairée que les parties voisines, les mouches n'y rentreront pas, & ces maudits insectes sont le fléau du bétail.

Le fréquent changement de litière rendra à la vérité le fumier moins gras ; mais il se réduira plus facilement en terreau par une plus prompte fermentation, & la quantité dédommagera bien du peu qu'il perdra en qualité ; cependant c'est un problême qui reste à résoudre.

2°. L'on mènera boire le bétail le matin de bonne heure, & tard le soir, mais toujours après l'avoir bien fait manger.

3°. L'on donnera à manger aux bêtes le matin, à midi & le soir ; & l'on se souviendra que le matin & le soir, leur ration doit être partagée en quatre ou cinq portions, & qu'on doit laisser passer un quart-d'heure après qu'une portion est mangée, avant de leur en donner une autre. Il n'est guère de tems mieux employé que celui-ci, par rapport à l'entretien du bétail. A midi, l'on ne donnera qu'une demi-ration, que l'on pourra, sans faire de tort à l'animal, ne partager qu'en deux portions.

4°. On ne fauchera jamais l'herbe quand elle est trop jeune, mais seulement quand les plantes les plus précoces commencent à perdre leurs fleurs. Quant aux prairies artificielles, on peut commencer à les faucher quand leurs boutons à fleur paroissent. Cette précaution, jointe aux deux attentions précédentes, préserve le bétail de ces gonflemens si ordinaires, lorsqu'on commence à le nourrir en vert, & de la diarrhée, à la vérité moins dangereuse. Par la même raison, il sera à propos de mêler du foin avec l'herbe quand on commence à nourrir le bétail en vert, afin de l'accoutumer peu à peu à l'herbe pure.

5°. Par la même raison, on doit bien se garder de donner l'herbe coupée quand il pleut & lorsqu'elle est trop humide. Le bétail doit, dans cette circonstance, se contenter du fourrage sec. Plus l'herbe est grasse & succulente, plus l'observation de cette règle est nécessaire; cependant dans la nécessité, & surtout quand le foin ne se trouve pas bon pour les vaches à lait, M. Tschiffeli a fait donner plus d'une fois pendant la pluie, de la fenasse, c'est-à-dire des plantes graminées, de celles qui rapprochent de l'avoine par la disposition de leurs fleurs, de leurs grains, parce qu'elles s'imbibent moins d'eau que les autres. Il donnoit cette herbe toute humide aux bêtes, & il n'en est survenu aucun accident. On peut encore l'étendre sous des hangards bien aérés, & enlever l'humidité superflue avec des linges que l'on presse sur le fourrage.

6°. S'il est tombé une forte rosée, il faut attendre, pour couper l'herbe, que le vent & le soleil l'aient un peu séchée. Le soir, une ou deux heures avant le coucher du soleil, est le tems le plus propre pour cette opération, qui ne doit jamais être entreprise dans le fort de la chaleur. Les plantes alors sont flétries, & plaisent moins au bétail. L'on fauche le matin pour le midi & pour le soir; & le soir pour le matin suivant.

7°. La faux doit être suivie immédiatement du râteau. L'on charge promptement l'herbe sur le char, & on la répand aussi éparpillée qu'il est possible dans la grange. Quand l'herbe est grasse & entassée, elle s'échauffe en peu d'heures, & commence à fermenter; ensorte qu'elle devient autant désagréable au bétail, que dangereuse pour sa santé. L'opération qui vient d'être décrite, est regardée comme une opération tellement nécessaire, que les dimanches & fêtes n'y apportent aucun obstacle, même dans les cantons protestans, où les pasteurs sont plus rigoristes sur l'observation du dimanche même, que dans les pays catholiques.

Si, malgré l'observation de toutes les règles indiquées ci-dessus, il arrivoit qu'une bête vînt à enfler; accident souvent suivi d'une mort prompte; si le secours n'est aussitôt donné, voici un moyen curatif & radical, autrefois publié par la société d'agriculture de Tours. » Faites avaler à la bête malade, trois ou quatre livres de lait fraîchement trait d'une vache saine; après quoi, sortez-la de l'étable, & faites-lui faire quelques tours: ensuite, pour plus de sûreté, vous la laisserez huit ou neuf heures sans manger, & ne lui donnerez que du foin sec, une couple de fois : il n'y a plus rien à craindre. »

Voici encore deux autres moyens qui m'ont constamment réussi. Au moment qu'on s'apperçoit de l'enflure, de l'emphysème de l'animal, il faut, à grands coups de fouet, le faire courir pendant un quart-d'heure, le laisser un peu reposer ensuite, & commencer de nouveau, jusqu'à ce que l'enflure soit diminuée. Ce moyen est moins prompt que le suivant.

Faites dissoudre une once de sel de nitre raffiné, dans la petite quantité d'eau capable de le dissoudre. Dans cet état, unissez cette eau saline à un bon verre d'eau-de-vie, & faites avaler le tout à l'animal. Cette composition paroît bisarre, mais elle n'en est pas moins sûre. Je parle d'après un grand nombre d'expériences faites sur des bœufs, sur des vaches qui s'étoient gorgées de luzerne ou de trèfle dans la prairie artificielle.

Tant qu'il existera des communes, l'entretien domestique est impossible pour la multitude ; mais partagez ces communes, chaque paysan devient propriétaire, & chaque paysan est assuré d'avoir un bétail en bon état. (*Voyez* le mot COMMUNE)

SECTION IV.

De la bonté & de la multiplicité des engrais produits par l'entretien domestique du Bétail.

Personne ne doute qu'on aura plus de fumier quand on prendra soin de le ramasser pendant une année entière, que s'il reste dispersé sur les pâturages. Il faut donc prendre la question dans un autre sens, & la réduire à savoir si, pour la fertilisation de la terre, le fumier que le bétail répand çà & là ne fait pas autant d'effet que si ce fumier étoit soigneusement ramassé & entassé.

La méthode établie en Angleterre, & introduite actuellement en plusieurs endroits, de faire parquer les brebis pour fertiliser les champs, pourroit occasionner du doute sur cette question ; mais la grande différence qui existe, c'est que le gros bétail ne peut pas être tenu serré comme l'est un troupeau de moutons, & par conséquent chaque portion de terrain n'est pas également fumée.

L'expérience journalière prouve que l'urine & les excrémens du bétail, tels qu'ils sortent du corps de l'animal, ne font pas un bon engrais, qu'ils brûlent les plantes sur lesquelles ils tombent ; & tout le monde sait que l'excrément de l'oie, par exemple, est la peste des prés.

Tout excrément dans cet état, n'est pas un bon fumier ; ce qui sera plus amplement démontré au mot ENGRAIS. Il faut qu'il subisse une nouvelle fermentation, & change, pour ainsi dire, de nature, ou du moins qu'il fasse de la masse de ses principes, une combinaison nouvelle, une recomposition. L'analyse chymique démontre la différence des produits des excrémens frais & des excrémens fermentés.

Les pâturages parcourus par le bétail, & par conséquent chargés de leur fiente, fourmillent de cette espèce d'insecte, appelé *escarbot commun*, ou *grand pilulaire*, & plus connu encore sous le nom de *fouille-merde*. Il dévore les bouses souvent au point de n'en laisser aucun vestige. C'est donc un engrais consommé en pure perte ; & cette observation est essentielle. La plus importante, sans contredit, est celle de la déperdition assurée des principes de ces excrémens : dévorés, desséchés par le soleil, ils s'évaporent, & ne laissent presque plus qu'une parcelle de résidu, que le vent chasse au loin, que la pluie délave & entraîne ; enfin cet engrais, qui seroit devenu précieux, est réduit à rien, & devient presque nul.

Consultons encore l'expérience, toujours plus persuasive que le raisonnement. Où remarque-t-on l'effet sensible des excrémens qu'ont laissé tomber les bêtes, si ce n'est sur les places où l'année précédente l'on a rassemblé soir & matin les vaches pour les traire ? Je suppose qu'on nourrisse à l'étable vingt pièces de gros bétail : ces vingt bêtes, pendant cinq mois d'été que le bétail est ordinairement sur le pâturage, si elles sont nourries de bonne herbe verte, & qu'on ne leur ait pas épargné la litière, fourniront au moins cent vingt chars de bon fumier & bien conditionné ; le char est de quarante pieds cubes. De l'aveu de tous les économes les plus experts, deux chars de fumier que donne en été le bétail nourri en vert, équivalent au moins, quant à sa vertu & à sa durée, à trois chars de fumier faits en hiver. Voilà donc une augmentation & de la quantité, & de la qualité de l'engrais ; la nourriture domestique du bétail l'emporte donc sur le parcours.

M. Tschiffeli compte pour peu la paille mêlée avec l'excrément, & il ne la regarde que comme un véhicule. Je ne suis point de son sentiment ; elle fournit cette précieuse terre végétale, cette terre entiérement soluble dans l'eau ; & la paille, par sa décomposition, produit les mêmes effets que tous les végétaux ; mais cet excellent observateur aime mieux admettre moins, & prouver plus. Il dit : » Si on répand tous les ans la quantité de fumier dont on a parlé, sur quatre-vingts arpens de pâturages, & qu'ils soient successivement bonifiés dans l'espace de cinq ans, ne donneront-ils pas une herbe plus épaisse, plus vigoureuse, que pareil nombre d'arpens de la même qualité, sur lesquels on auroit fait pâturer les vingt bêtes dont il est question. Il suffit d'avoir des yeux pour décider un fait aussi simple ; & quand même le sol de ce second pâturage seroit couvert d'une couche de bouse fraîche, son produit seroit bien inférieur au premier.

Ce n'est pas le cas de détailler ici les soins nécessaires pour convertir les excrémens en un bon *engrais*. (*Voyez* ce mot, & ce qui a été dit au mot BERGERIE, afin de profiter des eaux qui en découlent.)

Nous avouons avec un plaisir égal à notre reconnoissance, devoir presque tout ce qui a été dit dans ce second chapitre, à M. Tschiffeli ; nous y avons seulement ajouté quelques observations qui ont paru nécessaires.

CHAPITRE III.

De l'usage du sel pour le Bétail.

Section première.

Est-il avantageux de donner du sel au Bétail?

La nature, qu'on devroit consulter en tout, a décidé la question, & les hommes l'ont embrouillée. Je ne connois aucun animal domestique, qui n'ait un goût décidé pour le sel marin & pour le nitre. On voit des pigeons gagner, après quatre ou six lieues de trajet, les bords de la mer, & chercher dans les falaises le sel qui s'y attache. On voit les moutons, les vaches, &c. lécher les pierres des murs, & sur-tout ceux faits en plâtre, parce qu'il s'y forme bientôt un vrai sel de nitre. Existe-t-il une source salée dans une province; les chevaux, les bœufs s'échappent quand ils le peuvent pour y aller, & les animaux, même sauvages, s'y rendent de toute part. D'après une indication si forte, si soutenue, comment s'aveugler au point de dire, les uns que le sel est inutile, & les autres, qu'il est nuisible au bétail. Il est constant que le trop est dangereux en tout; mais entre le trop & le nécessaire, il y a une ligne de démarcation; & l'animal, plus sobre que l'homme, l'outre-passe très-rarement. Pour infirmer cette assertion, on citeroit en vain l'exemple du bœuf qui périt sur la prairie où il a brouté la luzerne. Ce n'est pas le trop de nourriture; c'est la qualité qui lui donne la mort, s'il n'est secouru promptement; c'est la fermentation de cette plante dans son estomac, qui dégage une masse d'air considérable; & cet air se raréfiant, cause la raréfaction subite de l'air contenu dans tout le systême du tissu adipeux. Cet exemple, le plus fort de ceux qu'on pourroit citer, ne détruit point cette assertion importante : pour conserver la santé aux animaux que l'homme a réduits à l'esclavage, il faut étudier leur goût, le suivre, ne point établir de loix générales, mais se régler sur les lieux, sur les circonstances, &c.

Il est important de distinguer la nature des pâturages, & la manière d'être des saisons, avant de donner du sel au bétail quelconque. Par exemple, les moutons qui paissent depuis le mois de Mai jusqu'à la fin de Septembre, & même jusqu'au milieu d'Octobre, dans les plaines embrasées de la Basse-Provence, du Bas-Languedoc, &c. n'ont pas besoin de sel, puisqu'ils ne sortent jamais de l'étable ou du parc avant que la rosée du matin soit dissipée. L'herbe courte, mais très-substantielle, de ces provinces, est par elle-même assez sèche, sans encore chercher à augmenter la soif de l'animal par l'usage du sel. Si au contraire, le printems & l'été sont pluvieux, le sel donné de tems à autre sera utile, & sur-tout dans un hiver humide.

Ce que je dis des provinces méridionales s'appliquera, jusqu'à un certain point, à celles du centre du royaume, lorsque les circonstances seront égales; & ce seroit mal entendre ses intérêts, que d'épargner le sel aux bœufs, aux vaches qui pâturent

pâturent dans les communaux marécageux. Règle générale, plus l'herbe est intérieurement aqueuse, plus le sol du pacage est humide, & plus le sel devient nécessaire. Il est entiérement inutile dans les provinces voisines de la mer, sur l'étendue de deux à trois lieues, de ses bords, parce que les vents de mer entraînent avec eux assez de parties salines, & les déposent sur les plantes. Les prés salés rendent à la longue, les espèces de moutons plus petites; mais la délicatesse de leur chair dédommage en partie de la petitesse de leur toison. Les moutons des prés salés de l'embouchure de Seine, ceux de Bretagne, &c. sont une preuve de ce que j'avance, & font voir l'effet produit par le trop grand usage du sel, qui devient alors dessiccatif à un trop haut degré.

Dans nos provinces septentrionales, où il pleut souvent, & où la chaleur est modérée, l'usage du sel est indispensable. Il faut une substance qui redonne du ton à l'estomac de l'animal, trop relâché par une nourriture délavée. Le sel dissipe cette humidité surabondante, excite l'appétit, & prévient les maladies dont le principe reconnoît pour cause le relâchement & la mauvaise digestion.

Tous les apprêts destinés à la nourriture de l'homme, sont salés, & même jusqu'au pain, dans la majeure partie de nos provinces. Pourquoi cet usage seroit-il général chez toutes les nations, si l'expérience confirmée de siècle en siècle n'en avoit démontré la nécessité? L'estomac du bœuf, quoique différemment construit que celui de l'homme, celui du mouton, &c. triturent & digèrent les alimens d'après la même loi & la même cause, à quelques modifications près. Or, si le sel est si indispensable pour l'homme, pourquoi en refuser au bétail? L'usage modéré, & suivant les circonstances, est nécessaire; le trop seul est nuisible.

M. l'abbé Carlier, dans son excellent *Traité des bêtes à laine*, s'explique ainsi, lorsqu'il combat l'opinion de M. Hastfer, à qui l'on est redevable d'un excellent *Traité* en ce genre, & rédigé d'après les principes de M. Alstrœmer. » Il paroîtroit, à la manière de s'énoncer » de M. Hastfer, qu'il voudroit faire » dépendre la santé des bêtes à » laine, de l'usage du sel. Il jugeoit » ainsi, parce que vivant dans un » pays où le sel est commun, il » n'avoit pas porté ses vues plus » loin. S'il eût été informé de ce » qui se passe à cet égard dans l'in» térieur de la France, il auroit » reconnu que l'usage en est ignoré » dans bien des provinces où les » troupeaux se soutiennent, se mul» tiplient & se portent très-bien; » *d'où il s'ensuit que l'usage du sel est* » *absolument indifférent.* »

Je suis fâché de ne pas être de l'avis de cet estimable auteur; mais comme je juge d'après mes observations, & non sur le témoignage des autres, j'ose dire que l'usage du sel n'est pas indifférent, & qu'il est même nécessaire jusqu'à un certain point. En parcourant presque toutes les provinces du royaume, j'ai observé que celles où cet usage est inconnu, sont précisément du ressort de ce qu'on appelle *pays de grandes gabelles*; & que le sel coûte dix sols la livre dans les unes, & treize sols dans les autres ; que ces provinces sont les plus pauvres du royaume, souvent malgré la fertilité de leur sol, parce que l'impôt les écrase, & sur-tout sa perception. Or, dans ces provinces, il faut que le cultivateur songe à se procurer du sel pour lui, avant de penser à son bétail.

Les circonstances m'ont encore mis dans le cas de remarquer, que les épizooties étoient plus fréquentes dans les provinces où l'usage du sel étoit inconnu, que dans les autres. Si on me cite pour preuve du contraire, la dernière épizootie du Languedoc, quoiqu'un pays d'état, & où le sel n'est pas fort cher, je répondrai qu'elle y est venue par communication, mais que le foyer, ou le principe, n'étoit pas dans cette province.

Je conviens avec M. l'abbé Carlier, que le sel dessèche, allume la soif du bétail, l'excite à boire immodérément ; mais c'est l'excès, & non l'usage modéré & soumis aux lieux & aux circonstances. Il vaudroit autant dire que l'usage du pain est dangereux, & le prouver par cet adage de l'école de Salerne : *Omnis indigestio mala, panis autem pessima.* La trop grande quantité de pain peut occasionner la plus forte de toutes les indigestions : donc il ne faut pas manger de pain. Il en est du raisonnement sur le sel, comme de celui sur le pain.

On lit dans les papiers anglois de l'année 1764, une observation qui vient parfaitement à notre sujet. Un particulier d'Amérique avoit une quantité de foin gâté par la pluie, & presque pourri dans les champs. Il eut la précaution, lorsqu'il le renferma dans son état de siccité convenable, de faire répandre du sel sur la première couche, dès qu'elle eut l'épaisseur de six pouces, & il fit ajouter alternativement des couches de fourrage & de sel en petite quantité, jusqu'à ce que le tout fût empilé. Lorsque ce particulier vint à le donner au bétail, il se jeta dessus avec une avidité extraordinaire, & il le préféra même à celui où il n'y avoit point de sel, quoiqu'il fût excellent. Cette expérience mérite d'être répétée, & il arrive souvent en France, que les pluies font perdre une grande quantité de fourrage, qu'il seroit possible de faire consommer par cette méthode.

SECTION II.

De la manière de donner le sel au Bétail.

Chacun a sa méthode. En voici quelques-unes décrites par M. Hastfer, & d'autres en usage dans nos provinces ; & il ne parle que des brebis ; ce qui peut s'appliquer aux boeufs, aux vaches, aux chèvres, &c. On donne le sel purement & simplement à lécher, ou dans des médicamens qui produisent le même effet ; & tout cela ensemble est compris sous le nom de *saler les brebis.* Quant au premier, c'est-à-dire, au sel purement & simplement, il y a plusieurs manières.

1°. Au milieu de l'étable on plante un poteau qui est creusé en-haut, & on y met un gros morceau de sel, afin que les brebis le puissent lécher. On couvre le creux avec un couvercle, lorsqu'on ne veut pas que les brebis en léchent ; car si elles le font trop souvent, elles deviennent trop séches, & gagnent trop de soif ; de sorte qu'elles boivent immodérément quand on les admet à l'eau. On leur laisse tous les jours pendant une heure, l'usage libre du sel, après quoi on le couvre ; mais cette méthode n'est pas la meilleure.

2°. Quelques-uns ont la coutume de donner à chaque bête, tous les quinze jours, une petite poignée de sel pilé ; c'est trop : il vaut mieux donner la même dose divisée en quinze prises, une pour chaque jour.

3°. D'autres placent tout au long des râteliers, des auges longues & étroites, remplies de goudron, de sel ou de nitre, & des bourgeons d'absynthe pétris ensemble. Les brebis y peuvent lécher tant qu'elles veulent, parce que le goudron tient ces ingrédiens en masse, & il n'y a pas à craindre que les brebis prennent du sel en trop grande abondance. L'absynthe, quoique amère, antiputride & stomachique, est inutile, ainsi que les autres ingrédiens qu'on peut y ajouter ; le sel suffit.

4°. D'autres ont la coutume de placer dans l'allée, devant l'étable, une ou plusieurs vieilles nacelles, ou de faire exprès plusieurs petites caisses, avec des planches, qu'ils remplissent de colle, & la font durcir pendant l'été au soleil. Sur cette colle, les pâtres répandent leur urine, ramassent toutes les autres urines de la maison, les jettent pardessus, & les laissent imbiber ; ils admettent tous les jours les brebis à cette espèce de sel, & le placent même sous un appentis de la maison, afin que le reste du bétail le puisse lécher à son tour. Cette méthode est vicieuse par rapport à la colle qui nuit aux bêtes à laine.

5°. Quelques-uns suspendent un sac de distance en distance, rempli de sel ; la salive de la brebis le mouille & le dissout lorsqu'elle le léche.

6°. Les gens les plus sensés le mêlent, lorsqu'il est réduit en poudre, avec le fourrage frais ou sec, & l'animal ne laisse rien perdre.

7°. Dans certains cantons, on fait cuire à moitié des feuilles de choux, de raves, de navet, de pommes de terre ; enfin, l'herbage qu'on a le plus communément sous la main & en plus grande abondance, & on fait dissoudre dans cette eau une quantité proportionnée de sel au nombre de bœufs, de vaches, &c. Lorsque le tout est presque refroidi, le partage se fait pour chaque animal. Quelques-uns ajoutent une quantité de son. Il est certain que cette méthode est excellente, quoiqu'un peu laborieuse. Une grande attention à avoir, est de tenir chaque animal séparé de son voisin ; les uns mangent plus vîte que les autres ; & il arriveroit souvent que le même mangeroit presque deux portions à lui seul. Le second motif de cet écartement, est pour éviter que l'eau salée ne rejaillisse, lorsque l'animal mâche les feuilles encore un peu dures, sur la peau de l'animal voisin. Les bœufs ne cesseroient de se lécher ensuite, & avec la langue d'entraîner le poil. Ce poil avalé formeroit successivement des égragopiles dans l'estomac, qui occasionneroient les accidens les plus graves, attendu que l'animal ne peut plus les digérer. Ce qui a rapport aux maladies particulières de chaque animal, est traité au mot propre.

BÉTOINE. (*Planche 7*) M. Tournefort la place dans la troisième section de la quatrième classe, qui comprend les herbes à fleur d'une seule pièce, labiée, & dont la lèvre supérieure est retroussée. Il la nomme *betonica purpurea*. M. le chevalier von Linné l'appelle *betonica officinalis*, & la classe dans la didynamie gymnospermie.

Fleur; elle est ici représentée plus grosse que nature. Le tube B est cylindrique, courbé; la lèvre supérieure arrondie, entière, plane, droite; la lèvre inférieure C est divisée en trois parties, & la mitoyenne est échancrée. La fleur est ordinairement couleur de pourpre, & quelquefois blanche. Elle a quatre étamines, dont deux sont plus longues, & deux sont plus courtes. Le pistil est placé au fond du calice, & est composé de quatre ovaires distincts. Le calice D, dans lequel repose la fleur, est d'une seule pièce, à cinq dentelures profondes, & soutenue par un petit péduncule; il est barbu. En E, il est représenté ouvert pour laisser voir la position du pistil.

Fruit; quatre semences réunies en F, & séparées en G, brunes, arrondies, placées au fond du calice.

Feuilles, oblongues, arrondies au sommet & à leur base; les dentelures, tout autour, ordinairement arrondies, velues, ridées, quelquefois en forme d'oreilles à leur base.

Racine A, de la grosseur d'un pouce, coudée, fibreuse, chevelue.

Port. Les tiges s'élèvent du milieu des feuilles, à la hauteur de douze à dix-huit pouces; elles sont droites, carrées, noueuses; à chaque nœud naissent deux feuilles opposées; les fleurs sont au sommet, disposées en épi garni de quelques feuilles florales.

Lieu. Les buissons, les prés, & sur-tout le bord des bois; elle fleurit en Juin & Juillet.

Propriétés. Ses racines ont un goût amer, & les feuilles une saveur aromatique. La plante est céphalique, tonique, sternutatoire, antihystérique, vulnéraire, détersive; la racine, désagréable au goût, excite des nausées, des vomissemens. L'usage doit en être proscrit.

Usage. Les feuilles réduites en poudre, & inspirées par le nez, font éternuer, & causent une évacuation assez abondante des humeurs qui revêtent la membrane pituitaire. Cette poudre est indiquée dans le larmoiement par abondance d'humeurs pituiteuses, dans le catharre humide, dans l'enchifrénement, lorsqu'il n'existe aucune disposition à l'inflammation. Les auteurs lui attribuent beaucoup d'autres propriétés qu'on peut révoquer en doute, jusqu'à ce que de nouvelles expériences bien suivies les confirment.

BÉTON. Quelques-uns prononcent BLÉTON. Genre de maçonnerie très-économique, & pas assez en usage. Nous en devons la connoissance aux romains; ils l'employoient particuliérement pour la

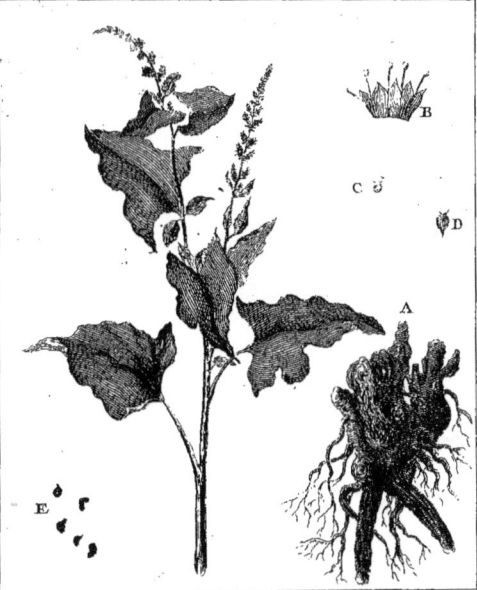

...llier Sculp. Bétoine. Bon-Henri.

conduite des eaux. Tel étoit l'aqueduc qui conduisoit l'eau dans la Naumachie, autrefois bâtie où est actuellement la place des *Terreaux* à Lyon, & dont on voyoit les vestiges à la porte de Saint Clair, avant qu'on eût construit le grand chemin le long du Rhône; mais en remontant ce fleuve, à deux lieues au-delà, il en reste encore des morceaux aussi entiers que lors de leur construction. Cette manière de maçonner s'est conservée dans le Lyonnois & dans quelques provinces voisines. Elles doivent encore aux romains la manière de bâtir en *pisay*. (*Voyez* ce mot)

Le béton n'est autre chose que le mélange de la chaux, du sable & du gravier. Il faut bien se garder de le confondre avec le mortier de M. Loriot, & avec le mortier de M. de la Faye; c'est une opération toute différente. En voici le procédé. On prend de la chaux la plus récemment tirée du four; on l'éteint dans un bassin proportionné à sa quantité; & ce bassin n'est autre chose que du gros gravier mêlé de sable, disposé circulairement pour contenir l'eau & la chaux. Dès que la chaux est éteinte, & encore toute chaude, & très-chaude, c'est-à-dire, au moment où elle est bien infusée, plusieurs hommes armés de *broyons*, broient ensemble cette chaux, ce sable & ce gravier; & lorsque le mélange est bien fait, c'est le moment d'employer ce mortier.

Supposons que ce soit pour la fondation d'un édifice quelconque. On commence par ouvrir les tranchées ou fondemens, à la profondeur, la longueur & largeur convenables, non-seulement pour les murs de face, mais encore pour ceux de refente. Toute la terre enlevée, & le tout bien préparé, on place de distance en distance, des bassins de sable ou de gravier, où l'on éteint la chaux; aussitôt après qu'elle a été broyée ainsi qu'il a été dit, les mêmes ouvriers armés de pelles, poussent le tout dans les tranchées, se hâtent d'éteindre de nouvelle chaux, & de la même manière, & continuent l'opération jusqu'à ce que la tranchée soit remplie. Pendant ce tems, d'autres ouvriers armés de longues pioches, sassent sans cesse le béton dans la tranchée, afin de chasser l'air qui peut rester entre les différentes couches; enfin, quand la tranchée est remplie, elle est aussitôt recouverte de deux à trois pieds de terre, & reste ainsi pendant un an ou pendant deux; ce qui vaut encore mieux. Dans cet intervalle, la masse totale se cristallise toute d'une piece, quand même elle seroit dans l'eau; & quelques années après, elle est si dure, que le pic ne peut y mordre.

Il ne faut pas croire qu'on doive, pour cette opération, choisir du gravier fin. Quand même il seroit gros comme le poing; quand même, à la place de ce gravier, on emploieroit des retailles de pierre, l'opération n'en seroit pas moins parfaite.

Lorsque l'on juge que la cristallisation, ou, pour me servir du mot le plus employé, lorsque la prise du mortier est faite, on enlève la terre, on mouille la surface; enfin, on élève le reste de la maison en maçonnerie: c'est ainsi que les fondations de toutes les maisons qui couvrent actuellement le Brotaux, vis-à-vis de Lyon, ont été faites. Dix ouvriers font plus d'ouvrage dans un jour, que quarante qui maçonneroient ces fondations. Il est vrai qu'il faut donner le tems au béton de se cristalliser ; mais à la campagne, où l'on n'est pas si pressé de bâtir qu'à la ville, & où les loyers ne sont pas si lucratifs, cet espace de tems facilite les moyens d'apporter & de rassembler les autres matériaux à peu de frais, parce que l'on profite, pour les charier, des jours pendant lesquels les animaux ne peuvent entrer dans les champs ; d'ailleurs, il y a moins de dépense à faire tout à la fois, & c'est un grand point pour le cultivateur.

On a vu que les parois des tranchées ont servi de moule ; ainsi, dans la supposition qu'on ait voulu faire plusieurs pièces souterraines, & communiquant les unes avec les autres, il aura suffi de laisser le noyau de terre qui doit former l'ouverture de la porte d'une pièce à une autre ; de sorte qu'on peut dire qu'on jette au moule toute la partie inférieure d'un bâtiment. Consultez les mots CAVE, CITERNE, CUVE ; ils offrent tous les détails à cet égard.

Le point essentiel pour faire un bon béton, est qu'il soit encore chaud dans le moment qu'on le jette dans la tranchée.

Le second avantage du béton, est pour la maçonnerie aquatique. Faut-il élever un quai, empêcher qu'un ruisseau n'emporte le terrain, ne creuse sous les fondemens, le béton fournit le moyen le moins dispendieux & le plus sûr. Lorsque les pilotis sont enfoncés, on coule sur le devant & contr'eux, des revêtemens formés de vieilles planches, qui servent d'encaissement pour la partie extérieure. Si le courant est rapide & profond, on plante en avant quelques pilotis, & qu'on enfonce peu. Ces premiers pilotis retiennent les planches d'encaissement, comme le feroit une coulisse. Tout étant ainsi disposé, on se hâte de remplir l'intervalle en béton, jusqu'à la hauteur que l'on desire. Il prend aussitôt de la consistance ; & quelques années après, il faut faire jouer la mine pour le détruire. J'en ai vu l'expérience. Ce que j'ai dit des quais s'applique à toutes les maçonneries qu'on oppose à l'eau. Si l'encaissement devient trop dispendieux, on peut y suppléer en employant les mauvaises toiles fabriquées avec de la filasse. On en fait des sacs grossiers ; & dès qu'ils sont remplis de béton, ils sont aussitôt précipités au fond de l'eau. C'est ainsi que les fondations du quai de Villeroy de Lyon ont été faites. Le courant de la rivière étoit si rapide, & la masse d'eau si considérable, que toute la chaux étoit délayée & entraînée ; de sorte que le gravier seul arrivoit au fond.

BETTE. (*Voyez* POIRÉE)

BETTE-RAVE. M. Tournefort la place dans la première section de la quinzième classe, qui comprend les herbes à fleur à étamines, dont la partie inférieure du calice devient le fruit ; & il l'appelle *beta rubra vulgaris*. M. le chevalier von

Linné la désigne par les mêmes mots latins, & la classe dans la pentandrie digynie.

Fleur, apétale, à étamines, composée de cinq étamines, & de deux pistils ; les étamines sont placées dans un calice divisé en cinq pièces ovales, oblongues & obtuses.

Fruit. Espèce de capsule à une seule loge, qui renferme une semence en forme de rein, comprimée, entourée du calice, & comprise dans sa substance.

Feuilles, grandes, longues, très-entières, se prolongeant sur le pétiole qui est aplati, épais & large.

Racine, cylindrique, en forme de fuseau.

Port. Tiges de deux coudées, cannelées, branchues ; les fleurs naissent au sommet, & les feuilles sont alternativement placées sur les tiges.

Lieu. Cultivée dans les jardins potagers. Livrée à elle-même, elle fleurit la même année ; mais de la manière dont on la cultive, elle dure deux ans.

I. *De ses différentes espèces*. M. von Linné regarde la bette-rave comme une simple variété de la poirée ou bette. Cependant nous en distinguerons quatre espèces jardinières, dont les caractères sont assez marqués & constans, au moins pour trois.

La première est la *grosse bette-rave rouge*. Toute la plante a une couleur vineuse ; & exprimée, elle donne un suc très-rouge ; sa racine, suivant le terrain, devient quelquefois grosse comme la tête.

La seconde est la *petite bette-rave rouge*. Elle ne diffère de la précédente, que par la petitesse de ses feuilles & de sa racine ; & sa racine est un peu moins arrondie, ses feuilles moins alongées, moins grandes, moins foncées en couleur. Elle est plus délicate au goût, moins fade, & sent la noisette. Quelques-uns appellent cette espèce, la *bette-rave de Castelnaudari*. On peut commencer à la manger dès le mois d'Août.

La troisième est la *bette-rave jaune*. Sa couleur est citronnée ; la racine, la côte des feuilles, & leurs nervures, sont jaunes en dedans & en dehors ; mais la feuille est d'un beau verd ; elle est très-délicate. La racine de quelques individus est irréguliérement fouettée & panachée de rouge dans son intérieur. Elle doit être mangée de bonne heure si on veut qu'elle ne perde rien de sa qualité.

La quatrième est la *bette-rave blanche*. Ce qui, dans les précédentes, est jaune ou rouge, est dans celle-ci verd ou blanc. Elle est très-inférieure aux trois premières pour sa qualité.

II. *De leur culture*. L'époque à laquelle on doit semer les bettes-raves, dépend du pays que l'on habite. Par exemple, dans les provinces méridionales, tout le mois de Mars est avantageux ; le commencement d'Avril pour l'intérieur du royaume ; & la fin pour les provinces septentrionales & les pays élevés. Le point capital est de semer quand on ne craint plus les gelées. Cette espèce de plante craint le froid.

Semblable à toutes celles dont les racines sont charnues, elle aime une terre profondément défoncée, forte, bien fumée, & non pas *argi-*

leuse, comme le conseille l'auteur de l'ouvrage intitulé, *le Jardinier d'Artois*, à moins que cette argile ne soit divisée par le sable & par le fumier; & ce n'est pas au moment de semer qu'on doit lui avoir donné cette préparation.

Si la terre est maigre, peu défoncée, &c. la racine de la bette-rave se divisera en plusieurs branches ou fourches, & il vaudroit autant ne pas avoir semé cette plante.

La meilleure manière est par raies, séparées de dix-huit pouces les unes des autres, afin de pouvoir marcher entre deux lorsque le tems est venu d'éclaircir les jeunes plants. Dans les pays où l'on arrose par irrigation, il vaut mieux les semer en bordure, le long des planches où coule l'eau.

Lorsque les jeunes plantes ont poussé cinq ou six feuilles, c'est le tems de les éclaircir, mais à des reprises différentes, afin que si, par quelqu'accident, des pieds mouroient, on eût de quoi les regarnir. Quelques auteurs ont pensé mal à propos, qu'il étoit inutile de replanter la bette-rave pour regarnir les places vides. Si la terre de ces places est bien travaillée de nouveau; si le jeune plant a été levé avec toutes ses racines, & replanté avec soin, l'expérience prouve que la racine deviendra aussi forte, aussi grosse que si elle n'avoit pas changé de place.

On donne communément trop peu de distance d'une plante à une autre. Il faut au moins un pied ou quinze pouces pour le mieux; autrement les feuilles se touchent, se nuisent mutuellement, & interceptent le courant d'air qui doit les environner de toute part.

Sarcler assidument, piocheter quelquefois, arroser suivant la nécessité, sont les seuls soins que la plante demande.

Pour tirer les bettes-raves de terre, on ne doit pas attendre que la gelée ait endommagé les feuilles. On peut, dès le commencement de Novembre, tordre leur fane, les déterrer, car elles ne profitent plus en terre; aussitôt après les laver, les essuyer, & les laisser deux ou trois jours exposées à l'action du soleil, dans un lieu bien abrité.

Dès que la racine a perdu sa surabondance d'eau, on la porte dans la serre, ou dans un lieu sec & à l'abri des gelées, & on amoncelle ces racines les unes sur les autres. Il est inutile, ainsi que le conseille l'estimable auteur de l'*Année Champêtre*, de les couvrir de terre, de paille, &c.; c'est tout au plus ce qu'il faudroit faire au moment où l'on craindroit les plus fortes gelées.

Suivant les climats, les racines conservées dans les serres poussent des feuilles nouvelles au retour des premières chaleurs. Ne leur donnez pas le tems de recommencer leur végétation; prenez quelques-unes de ces racines, & replantez-les pour avoir de la graine dans la saison.

Vertus. Les feuilles sont insipides, inodores; la racine a une saveur douce. Les feuilles & la racine sont émollientes.

Usage. Plus dans les cuisines qu'en médecine. Cependant la feuille de bette-rave, ainsi que celle de poirée, entretient l'écoulement séreux occasionné

occasionné par l'excoriation produite par les vessicatoires ; le suc de la racine, inspiré par le nez, fait éternuer & sortir les mucosités. La racine de bette-rave nourrit peu, se digère facilement, si elle est bien cuite, & adoucit les bronches pulmonaires. On peut au moins, deux fois dans l'été, couper toutes les feuilles, & les donner au bétail.

M. Margraff, célèbre chimiste de Berlin, a tiré de toute la plante, un sel doux, qui est un véritable sucre.

BETTE-RAVE. *Poire.* (*Voyez* ce mot)

BETTE-RAVE. *Pêche.* (*Voyez* ce mot)

BEURRE. C'est la partie grasse, huileuse & inflammable du lait. Elle est distribuée entre ses molécules séreuses & caséeuses, & sans y être dissoute; c'est pourquoi cette substance se sépare par le repos, monte à la superficie de la liqueur, s'y rassemble en masse fluide, & forme ce qu'on appelle la *crême.* On enlève cette crême, & on la porte dans le *batte-beurre*, que dans certains endroits on nomme *baratte*, & *serène* dans la Normandie. (*Voyez* ces mots, & la *Planche 3.*) L'agitation ou la percussion, imprimée à la crême, en sépare les parties séreuses, connues sous la dénomination de *petit-lait.* Après cette séparation, la crême prend une consistance uniforme, solide, quoique molle, d'où il résulte le beurre.

Les anciens, ou du moins les grecs, n'ont pas connu le beurre. Les écrivains parlent de plusieurs espèces de fromage, & gardent le plus profond silence sur le beurre. Je n'ai rien lu dans leurs écrits, de relatif à cette substance ; cependant je puis m'y tromper. Son usage devoit être commun chez les juifs, puisqu'il est dit dans l'écriture, *butirum & mel comedet* Les romains le connurent, & s'en servirent plus comme médicament que comme aliment, ou pour la préparation des alimens, puisque Pline, après avoir parlé des différentes préparations du lait, dit : *On tire encore du lait le beurre, mets exquis des nations, & qui distingue les riches, du peuple.* Il nous importe peu de savoir de quelle manière son usage nous a été transmis, pourvu qu'on le fasse bien aujourd'hui, & qu'il devienne un objet de commerce trop longtems négligé en France. Pour le bien faire, il faut connoître ses principes constituans; & après cela, nous parlerons de la meilleure manière de le fabriquer.

CHAPITRE PREMIER.

Des principes du Beurre.

Nous empruntons du *Dictionnaire de Chimie* de M. Macquer, l'analyse suivante, qui ne laisse rien à desirer sur cet article. » Le beurre, ainsi qu'on l'a déjà dit, est la partie grasse, huileuse & inflammable du lait. Cette espèce d'huile est distribuée naturellement dans toute la substance du lait, en molécules très-petites, qui sont interposées entre les parties caséeuses & séreuses de cette liqueur, entre lesquelles elles se tiennent suspendues, à l'aide d'une très-légère adhérence, mais sans être dissoutes. Cette huile est dans le même état où est celle des émulsions ; & c'est par cette raison, que les parties butireuses contribuent à donner au lait le même blanc mat qu'ont les émulsions ; & que par le repos, ces mêmes parties se séparent de la liqueur, & viennent se rassembler à sa surface, où elles forment une crême. »

»Tant que le beurre est seulement dans l'état de crême, ses parties propres ne sont point assez unies les unes aux autres, pour qu'il se forme une masse homogène ; elles sont encore à moitié séparées par l'interposition d'une assez grande quantité de parties séreuses & caséeuses. On perfectionne le beurre, en exprimant par le moyen d'une percussion réitérée, ses parties hétérogènes, d'entre ses parties propres : alors il est en une masse uniforme, & d'une consistance molle. »

»Le beurre récent, & qui n'a éprouvé aucune altération, n'a presque point d'odeur ; sa saveur est très-douce & agréable : il se fond à une chaleur très-foible, & ne laisse échapper aucun de ses principes, au degré de l'eau bouillante. Ces propriétés, jointes à celles qu'a le beurre, de ne pouvoir s'enflammer que lorsqu'on lui applique une chaleur bien supérieure à celle de l'eau bouillante, capable de le décomposer & de le réduire en vapeurs, prouve que la partie huileuse du beurre est de la nature des huiles douces, grasses & non volatiles, qu'on retire de plusieurs matières végétales par la seule expression. »

» La consistance demi-ferme qu'a le beurre, est due, comme celle de toutes les autres matières huileuses concrètes, à une quantité assez considérable d'acide qui est uni dans ce corps composé, à la partie huileuse ; mais cet acide est si bien combiné, qu'il n'est aucunement sensible lorsque le beurre est récent, & tant qu'il n'a reçu aucune altération. Lorsque le beurre vieillit, & qu'il éprouve une sorte de fermentation, alors cet acide se développe de plus en plus ; & c'est la cause de la rancidité qu'acquiert le beurre avec le tems, comme les huiles douces de son espèce. »

A cette observation de M. Macquer sur la cause de la rancidité du beurre, on peut en ajouter une seconde ; & je crois que la partie séreuse qui reste dans le beurre, y contribue également. Je conviens cependant que ce petit-lait est acide ; & qu'ainsi, absolument parlant, la proposition de M. Macquer est vraie. Mais cet acide du petit-lait, est-il identiquement le même que celui renfermé dans le beurre lorsqu'il est fait & bien fait ? Le beurre bien fait prend à la longue, un goût âcre, fort & rance ; le beurre mal fait, c'est-à-dire, celui qui n'a pas éprouvé assez de percussions dans la baratte, est bien plutôt rance que l'autre, parce que le petit-lait n'en est pas assez exprimé. Si on prend du premier, & qu'on le paîtrisse dans plusieurs eaux consécutives, il conservera toujours son goût rance, quoiqu'au même degré ; le second, au contraire, le perdra totalement ; parce qu'en le paîtrissant, le petit-lait s'en dégage, ainsi que son acide, & donne à l'eau une couleur laiteuse plus ou moins foncée, suivant la plus ou moins grande quantité de petit-lait.

Il n'est aucune bonne cuisinière qui ne connoisse cette manière d'adoucir le beurre fort. La mal-propreté dans sa fabrication, concourt encore à accélérer ce goût fort.

» Le feu dégage aussi l'acide du beurre plus promptement & plus sensiblement. Si on expose du beurre à un degré de chaleur assez fort pour le faire fumer, il s'en exhale des vapeurs d'une âcreté insupportable, qui tirent les larmes des yeux, qui prennent à la gorge & excitent la toux, comme on l'éprouve tous les jours dans les cuisines où l'on fait un roux. Ces vapeurs du beurre ne sont autre chose que l'acide qui s'en dégage. Ce qui reste du beurre après cette opération, a une saveur forte, bien différente de la douceur qu'il avoit auparavant, parce que ce qui lui reste d'acide est développé & à demi dégagé par l'action du feu. »

» Il faut, si l'on veut décomposer le beurre par la distillation, lui appliquer un degré de chaleur bien supérieur à celui de l'eau bouillante : il s'en élève alors des vapeurs acides, d'une volatilité & d'une âcreté considérables. Ces vapeurs sont accompagnées d'une petite portion d'huile qui ne se fige point, parce que c'est celle qui a été dépouillée de la plus grande partie de son acide ; il passe ensuite une seconde huile rousse, qui se fige en se refroidissant, & qui devient de plus en plus épaisse, à mesure que la distillation avance. Il reste enfin dans la cornue une assez petite quantité de matière charbonneuse, qui, exposée au feu, à l'air libre, ne peut se brûler & se réduire en cendres, que très-difficilement. »

En voilà assez pour la théorie : passons à la pratique. Ceux qui desireront de plus grands détails, peuvent consulter le *Dictionnaire* déjà cité. Observons cependant encore, que l'huile première & l'huile seconde qu'on retire par le moyen du feu dans la distillation, se sépare d'elle-même & à la longue, dans les grands vaisseaux de bois qui contiennent le beurre salé, avec cette différence de la seconde, que cette huile ne se fige pas.

CHAPITRE II.

De la manière de faire le Beurre frais.

Il n'existe en France aucune province où l'on ne fasse du beurre ; presque par-tout il est mauvais, prend facilement un goût fort, & promptement un goût de rance ; c'est que presque par-tout on le fait mal. Sa fabrication, & tous les ustensiles qui y servent, exigent la plus grande propreté. Eh ! comment l'exiger du paysan, de la paysanne, qui ne voient que le moment présent, & qui réfléchissent bien peu sur l'avenir ? Il vend son beurre du jour au jour ; il ne connoît pas l'acheteur, & il lui importe peu qu'il soit content, pourvu qu'il retourne du marché chez lui, avec le prix de sa marchandise. Celui, au contraire, qui fabrique une grande quantité de beurre, & qui le sale, est esclave de la routine & de la coutume, & n'examine pas si elle est mauvaise, & si on peut leur en substituer une meilleure. Telle est la cause pour laquelle on mange si peu de bon beurre en France, excepté dans quelques cantons particuliers, où la méthode est perfectionnée.

On doit à M. Jore, secrétaire perpétuel de la société d'agriculture, d'avoir fait connoître en 1763, dans le *Recueil des Mémoires de cette société*, la méthode suivie au pays de Bray en Normandie; elle peut servir de modèle pour tout le royaume; & c'est ainsi que s'explique M. Jore:

» Tous les habitans de la Normandie connoissent les défauts du beurre qu'on y fait; mais peu savent que ces défauts sont bien moins dans la qualité des laitages, que dans la manière de conduire la laiterie. Un seul canton a ce talent, & nul autre n'en a su profiter, depuis nombre d'années qu'il en jouit. En suivant la méthode du pays de Bray, que je vais exposer, on rendra le beurre délicat & bon dans toutes les saisons de l'année; il deviendra un article intéressant du ménage, parce qu'il sera propre aux salaisons, & en état d'être conservé pendant des années entières: par-là il pourra entrer dans le commerce par préférence à tout autre beurre fait différemment, & épargner au royaume les sommes considérables qui passent à l'étranger, qui nous en fournit une très-grande quantité d'assez mauvais, lorsque la mer est libre.»

Observations faites à Merval, sur la manière de faire le Beurre au pays de Bray.

»Les laitages sont déposés dans des caves voûtées, profondes & fraîches, à peu près comme il convient qu'elles le soient pour bien conserver les vins; leur température, en hiver comme en été, est à peu près de huit à dix degrés du thermomêtre de M. de Réaumur; elles sont carrelées de carreaux de terre ordinaire, ou simplement de brique à plat; lorsque l'on craint que la chaleur ne pénétre dans ces caves, on ferme les soupiraux avec des bouchons de paille, pendant la chaleur du jour. L'hiver, on se conduit de sorte que le froid n'y puisse entrer, en bouchant les soupiraux lors de la gelée; l'entrée de ces caves, & les soupiraux, doivent être ouverts du côté du nord ou du couchant; souvent l'entrée est dans les maisons, mais dans un appartement où l'on ne fait jamais de feu.»

La propreté de ces caves est jugée si nécessaire, qu'on en écarte les ustensiles de bois, les planches, &c. qui, avec le tems, répandroient de l'odeur en pourrissant dans ce lieu frais. Il ne paroît aux voûtes, aux embrasures des soupiraux, aucune ordure; & pour entretenir cette propreté, on lave souvent les carreaux, & on n'y entre jamais qu'avec des sabots qui restent toujours à la porte. Les personnes qui prennent soin de la laiterie, les chaussent en ce lieu, & y déposent leur chaussure ordinaire; la moindre odeur qu'on y ressentiroit, autre que celle du lait doux, seroit contraire à la perfection du beurre, & regardée comme un défaut d'attention de la part des servantes. (1)

(1) La propreté est jugée si nécessaire à la perfection du beurre, qu'en Saxe & en Bavière, on panse & on lave les vaches avant de les traire, lorsqu'elles ont couché dans l'étable.

Les vases dans lesquels on dépose le lait nouvellement trait, sont des terrines proprement échaudées à l'eau bouillante, pour en détacher le lait ancien qui s'incorpore dans la terre dont elles sont faites. Ce lait rance est un levain invisible, mais connu, qui fait aigrir celui qui est nouveau. Des expériences réitérées ont manifesté cet inconvénient; ces terrines sont larges de quinze pouces par le haut, six pouces par le bas, & profondes de six pouces. Toutes ces mesures ont été prises de dehors en dehors; plus de profondeur seroit nuisible, plus de largeur seroit incommode. Chacune de ces terrines contient au plus quatre pots de lait. On pose ces terrines sur le carreau de la cave bien nettoyé (1); la fraîcheur de ce lieu communique aux terrines, & empêche le lait de se cailler; car tout l'appareil de la cave tend principalement à empêcher que le lait ne se caille & n'aigrisse, en été, avant qu'on en ait tiré la crême; & en hiver, que le froid ne soit si considérable dans les caves, qu'il puisse geler le lait, & rendre trop difficile la façon du beurre formé d'une crême qui auroit éprouvé un grand degré de froid.

Ces terrines ainsi remplies, sont déposées pendant vingt-quatre heures, & souvent moins, sur le carreau de la cave; on les écrême ensuite: on ne doit point attendre plus long-tems, autrement la crême perdroit de sa douceur, deviendroit épaisse, & le lait qui est dessous, pourroit, en été, se cailler, & prendre de l'aigreur; ce qui est absolument opposé à la perfection du beurre. Pour écrêmer, on procède ainsi: »

» La servante lève doucement la terrine, en pose le conduit sur une cruche contenant huit à dix pots; & du bout de son doigt, ouvre la crême à l'endroit du conduit de la terrine; de sorte que le lait qui est dessous, versé dans la grande cruche, s'échappe par cette ouverture, & la crême reste seule dans la terrine. Toutes les terrines de la même heure sont ainsi vidées de lait dans le même instant; on rassemble toutes les crêmes dans des cruches particulières, pour en faire le beurre dans un autre moment. Si la saison exige que l'on tire les vaches trois fois par jour, on opère de même trois fois par jour, dès que le lait a été déposé vingt-quatre heures dans les terrines. »

» Il faut observer que les terrines n'ayant que six pouces de profondeur, les parties butireuses du lait passent alors promptement à la superficie, & elles y sont parvenues dans le courant de dix-huit à vingt heures, sur-tout quand la température de l'air de la cave empêche le lait de se coaguler. »

» Si le tems est orageux, très-

(1) On apporte le lait des herbages dans des seaux de bois ou des vases de terre, où il a été trait: tout vase de cuivre est regardé comme dangereux dans les opérations de la laiterie; on le laisse reposer environ une heure dans la cave, jusqu'à ce que la mousse en soit tombée, & qu'il ait perdu la chaleur naturelle qu'il tient de l'animal d'où il est sorti. Alors on le coule dans ces terrines, au travers d'un tamis, de sorte qu'aucun poil des vaches, ou autres ordures, ne reste dedans.

chaud, & menace de tonnerre, le lait crême, se caille, & aigrit promptement; ce qu'il faut prévenir. Ainsi, dès que celle qui est chargée du soin de la laiterie entend le tonnerre dans le lointain, elle court à la cave, en fait boucher les soupiraux, rafraîchir le carreau, en y versant de l'eau. Cette eau sert de conducteur à la matière électrique contenue dans l'orage, & qui forme la foudre. (*Voyez* le mot ATMOSPHÈRE) L'on écrême toutes les terrines où la crême paroît un peu faite. Dans ces cas extraordinaires, elle monte en moins de douze heures. »

» En tirant le lait de dessous les crêmes par épanchement, dans le courant de vingt-quatre heures au plus, le lait de beurre qui est dans la crême n'a point acquis d'aigreur, puisque le lait de dessous n'en a point. Ce dernier étant alors une liqueur très-fluide, il n'en reste point avec les crêmes, qui puisse s'aigrir, pendant quatre ou cinq jours qu'on les conserve dans la cave, avant d'en faire le beurre. »

» Ceux qui connoissent l'usage qui est suivi généralement dans la Haute & Basse-Normandie, pour le gouvernement des laiteries, jugeront facilement que les terrines de neuf à dix pots, qu'on y emploie communément, ne peuvent pas être rafraîchies comme au pays de Bray; que l'usage d'y verser le lait, encore chaud, est totalement opposé aux moyens de le rafraîchir; que les parties butireuses du lait ne peuvent pas s'élever à la superficie, aussi promptement qu'il convient pour les obtenir avant que le lait soit aigri; que l'usage de tenir ces grandes terrines également exposées au grand froid & au grand chaud, sans aucune attention à prévenir l'odeur & la mal-propreté naturelle du lieu, y sont encore plus opposées: que laisser aigrir & cailler le lait, & n'écrêmer qu'après cinq, six, & même huit jours, & souvent plus, sont des usages qui détruisent le lait & la crême, au point qu'il n'en peut provenir rien d'avantageux. Il est d'expérience générale, que les acides détruisent sensiblement les parties grasses, & qu'ils donnent la consistance de savon à celles qu'ils ne réduisent pas en eau; aussi est-il reconnu dans le pays de Bray, que la crême levée lorsqu'elle est légère, nouvelle & douce, sur un lait encore doux, rend une plus grande quantité de beurre, proportion gardée, que lorsqu'elle a été levée ancienne sur un lait caillé, aigri & vieux tiré; non-seulement le beurre est en moindre quantité, mais encore il est gras, ne peut être gardé frais, & n'est nullement propre aux salaisons, but principal de nos observations.»

» Nous connoissons divers cantons de cette province, où les beurres sont bons & délicats en automne, & au commencement du printems, mais qui sont gras & mauvais en été, parce que les fraîcheurs du printems & de l'automne opèrent naturellement sur les laitages, à peu près ce que l'on pratique avec industrie au pays de Bray pendant toute l'année; mais lorsque l'été est revenu, l'aigreur des laitages gâte le beurre & le rend méprisable, quoique le fonds de leurs herbages soit excellent. On doit présumer que si on se conduisoit mieux, on

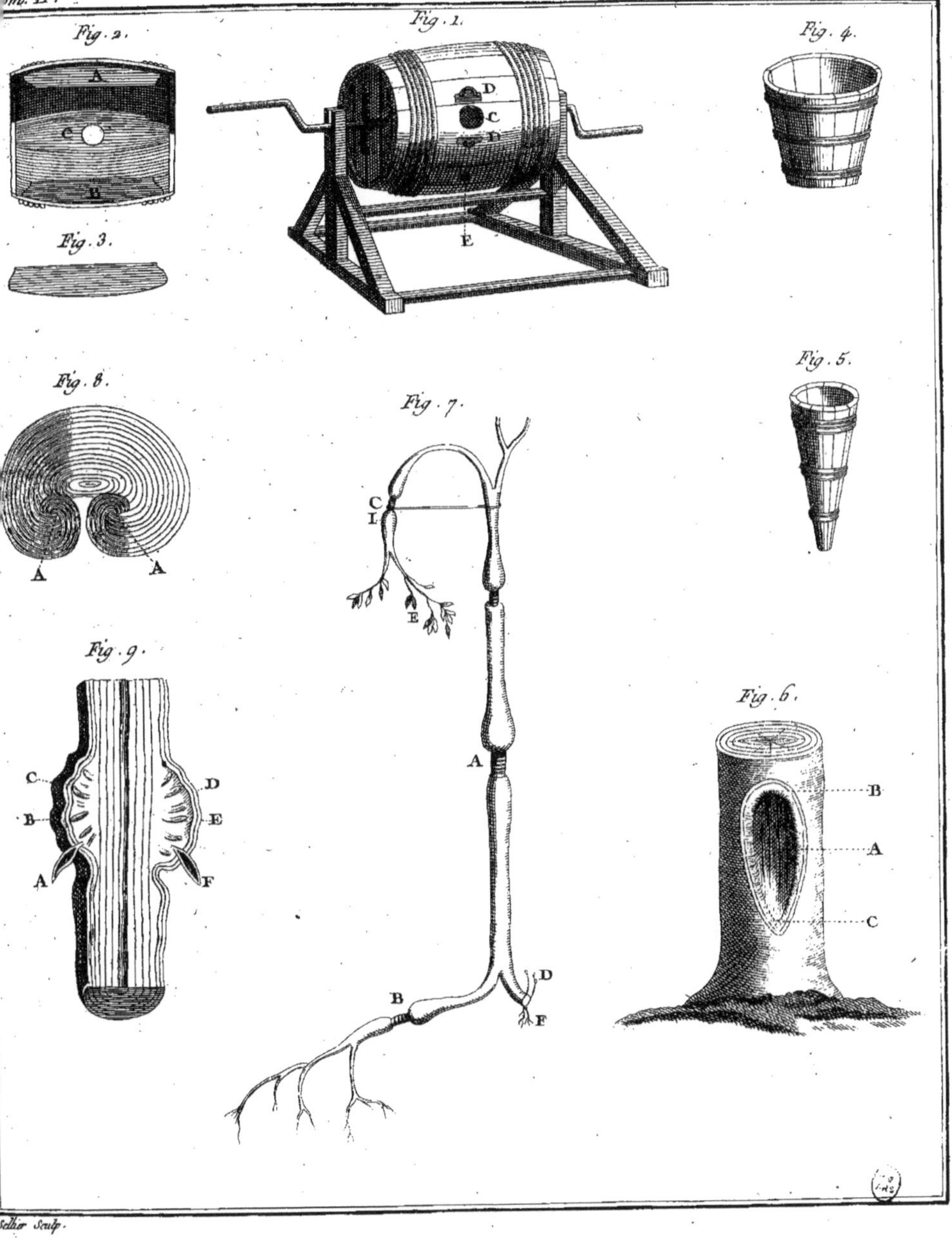

Fig. 2.
A
C
B

Fig. 1.
D
C
D
E

Fig. 4.

Fig. 3.

Fig. 5.

Fig. 8.
A A

Fig. 7.
C
I
E
A
B
D
F

Fig. 9.
C
B
A
D
E
F

Fig. 6.
B
A
C

Sellier Sculp.

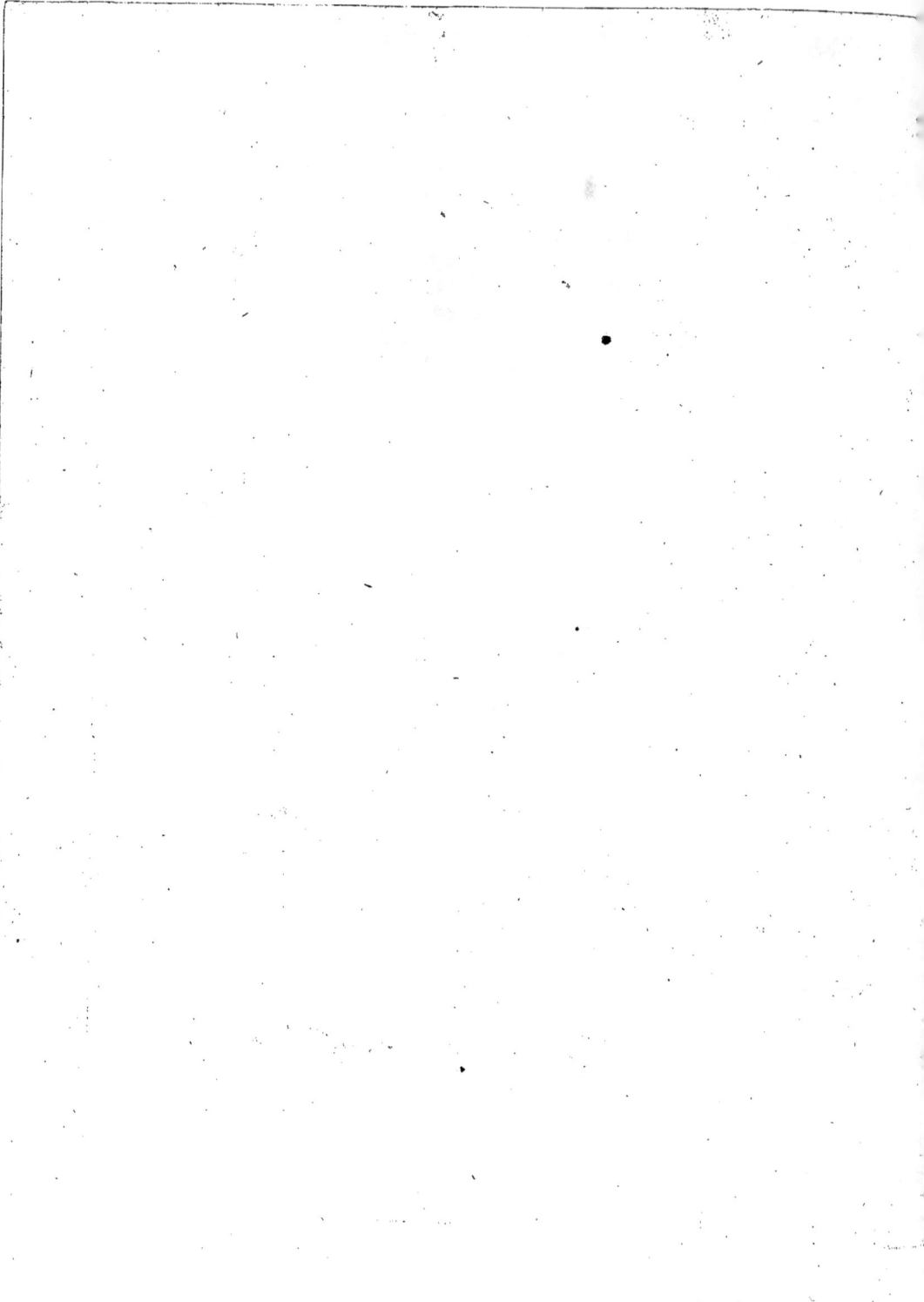

ne perdroit pas l'avantage que l'on doit naturellement attendre de la belle saison, où les pâturages sont infiniment plus abondans & meilleurs. »

» Nous avons connoissance qu'une ferme, dont un des principaux revenus consiste en beurre, étant anciennement conduite par des personnes intelligentes, donnoit du beurre qui étoit vendu sur le pied du meilleur du pays de Bray. Cette ferme ayant passé à un fermier peu intelligent sur cet article, dont la femme étoit imbue des préjugés qu'elle avoit puisés au pays de Caux, & qu'elle suivit exactement pendant les neuf années de son bail, le beurre qui en étoit provenu pendant ce tems, avoit constamment été vendu, sur le pied du très-mauvais, à un tiers moins que celui de ses voisins, sans que les remontrances du propriétaire de la ferme, & cette non-valeur, aient pu la déterminer à changer de méthode. Depuis huit années, la même ferme a passé à un nouveau fermier, intelligent & laborieux, qui a suivi le bon usage, & le beurre de sa façon a sur le champ repris son rang entre les très-bons beurres du pays, & est vendu sur le pied du meilleur dans les marchés de Gournay : c'est de ce fermier que nous tenons la pratique que nous avons exposée ici. Cette anecdote prouve que l'avantage de la méthode est indépendante du sol, tout bon qu'il puisse être. »

» On exclut de la cave au lait, tous les laitages écrêmés, dans la crainte qu'ils ne portent préjudice aux autres laitages, mais on y conserve les crêmes quatre à cinq jours, & même jusqu'à huit, avant d'en faire du beurre ; cependant on a reconnu que moins on garde la crême, plus le beurre qui en est fait a de perfection. »

» Dans les grandes fermes, où la quantité de crême est trop considérable pour la battre à la *baratte*, (*voyez* ce mot) on se sert d'un instrument nommé *serène*, (*Fig. 1*, *Pl. 8.*) C'est une barrique ayant trois pieds de longueur, sur deux & demi de diamètre par son plus fort, le tout mesuré de dehors en dehors ; aux extrémités il y a des manivelles ; on en attache une à chaque fond, au moyen des croix de fer qui les portent. »

» Ces deux manivelles sont appuyées sur un chevalet fait exprès, de la hauteur convenable, pour que des femmes puissent commodément tourner la serène ; le tout assemblé est une espèce de treuil, dont la barrique tient lieu de fusée ; les croix de fer qui portent les deux manivelles, & qui sont appliquées sur les deux fonds, dispensent de faire passer un axe au travers de la barrique, dans l'intérieur de laquelle il ne convient point d'y admettre de fer. On donne à ces manivelles trois pieds de longueur, afin que deux & même trois personnes puissent être appliquées à chacun de ses bras, lorsque la quantité de beurre, dont la serène est chargée, l'exige. »

» L'intérieur de la serène est garni de deux planchettes, qui ont chacune quatre pouces de hauteur, attachées aux douves de la barrique ; la *Figure 2* représente la barrique vue intérieurement, mais dans le sens opposé à l'ouverture.

(*Fig. 1.*) Cette planchette règne d'un bout à l'autre de la barrique, par la partie qui est attachée aux douves; elles sont échancrées par les deux extrémités, ainsi qu'on en voit une à la *Figure 3*, afin que le fluide coule facilement par ces échancrures, lorsque la serène tourne sur ses tourillons.

» On peut faire cent livres de beurre à la fois dans une serène de cette proportion. Il en est de plus grandes, comme il en est de plus petites; au reste, les instrumens avec lesquels on fait le beurre, n'influent point sur la qualité, pourvu qu'il soit fait sans interruption. La serène est en usage pour accélérer l'opération & faire une grande quantité de beurre à la fois; tout autre qui rempliroit le même objet, peut être employé. »

» Si la serène ou moulin à beurre, n'est pas d'une grandeur trop forte, on peut, au lieu des manivelles qui servent à la faire mouvoir, & qui occupent à cet effet un ou deux hommes, les suppléer par deux roues, ou par une, suivant la grandeur, dans chacune desquelles on mettroit un chien de basse-cour; on imiteroit en cela l'usage des provençaux, des languedociens, qui se servent de cet animal & de ces roues, pour faire tourner la broche du rôti. Si on a de l'eau à sa disposition, l'économie seroit plus grande, le mécanisme aussi simple, & on pourroit en battre une plus grande quantité à la fois. »

» La crême étant versée dans la serène, on en ferme l'entrée, qui doit avoir au moins six pouces d'ouverture pour être commode, (*Fig. 1*) avec un bondon garni de linge lessivé, comme il sera dit ci-après; on passe par-dessus ce bondon, une cheville de fer qui entre à force dans deux gâches de fer attachées à la barrique D & D, (*Fig. 1*) de sorte qu'il est étanché; quatre ou six personnes tournent la serène, jusqu'à ce que le beurre soit fait; ce qui dure une heure en été, & plusieurs heures en hiver. Cette opération coûte peu; les domestiques du fermier se font aider par les pauvres femmes du village, auxquelles on distribue du lait de beurre pour toute récompense.

» On voit assez que l'action de la serène tourmente beaucoup la crême, lorsque chaque tour elle tombe deux fois d'une planchette à l'autre. »

» On connoît que le beurre est fait lorsqu'il tombe par masse; alors on tire le lait par un trou qui avoit été bouché d'un bondon de bois d'environ un pouce de diamètre, E; (*Fig. 1*) on introduit par ce trou un seau d'eau fraîche, au moyen d'un entonnoir; le bondon étant replacé, on continue de tourner la serène pour laver & rafraîchir le beurre; on répète cette manœuvre jusqu'à trois fois, si on veut le bien nettoyer, & on le laisse rafraîchir quelques heures dans la dernière eau, pour en augmenter la fermeté lorsque les chaleurs l'exigent. »

» Le beurre étant suffisamment rafraîchi, on ouvre le grand bondon C, (*Fig. 1*) pour en tirer le beurre avec la main, par pelottes de deux à trois livres, dont on forme des mottes de différens poids, jusqu'à cinquante livres, en l'entassant sur un linge lessivé exprès: les plus grosses sont les plus estimées, parce

que

que le beurre s'en conſerve mieux dans le tranſport ; on les marque avec une cuillère de bois & des petits bâtons découpés, pour décorer cette marchandiſe.

Le beurre manque de couleur pendant l'hiver ; ſa pâleur naturelle eſt déſagréable à celui qui le vend, à celui qui l'achète, & plus encore à ceux qui le conſomment. On a trouvé le moyen de lui donner la couleur jaune, telle qu'elle eſt naturellement pendant l'été, ſans altérer la qualité du beurre, & qui ne lui communique aucun goût. On aſſemble une grande quantité de feuilles de la fleur que l'on nomme *ſouci double* ou *ſimple ;* elles ſont également bonnes, ſi elles ſont nouvellement cueillies ; on les entaſſe dans un pot de grès, à meſure qu'on les arrache, & on les foule ; on ferme le pot, & on le dépoſe dans la cave au lait. Après quelques mois, toutes ces feuilles ſont converties en une liqueur épaiſſe, qui a conſervé la couleur de la fleur du ſouci ; on ſe ſert de cette liqueur pendant l'hiver, pour donner de la couleur au beurre ; on en introduit une petite quantité, qu'on délaye avec de la crême, lorſqu'on remplit la ſerène ; l'uſage apprend à donner la doſe qui eſt néceſſaire, ſuivant la nuance que l'on veut donner au beurre : cette couleur eſt ſolide, le beurre ne la perd jamais ; les fleurs du ſouci qui la donnent, n'ont nulle qualité malfaiſante ; elles ſont reconnues pour être cordiales & ſudorifiques ; la petite quantité qu'il en entre dans le beurre, n'eſt nullement ſenſible.

De la propreté qu'exige le Beurre lorſqu'on le fait.

Le beurre s'attache non-ſeulement à tout ce qui n'eſt pas exactement propre, mais encore à tout ce qui eſt bien lavé, & même échaudé à l'eau bouillante, s'il n'eſt pas nettoyé de leſſive faite avec la cendre fine, ou avec les orties-grièches macérées, de ſorte qu'elles ne piquent plus : on uſe ordinairement de cette dernière ; & chaque fois qu'un vaſe, un linge, ou quelqu'uſtenſile a ſervi aux laitages, aux crêmes ou au beurre, on les nettoie avec cette leſſive avant d'en uſer de nouveau. De plus, la maîtreſſe qui communément eſt chargée du ſoin de manier le beurre, de le tirer de la ſerène pour le mettre en motte, eſt obligée de s'en frotter les mains & les bras ; autrement le beurre s'y attacheroit.

De l'uſage des laitages écrêmés.

Ce qui reſte des laitages, après que le beurre en a été tiré, conſiſte, premiérement, en lait de beurre, dont les pauvres ſe nourriſſent ; on en fait de la ſoupe pour les valets & les ſervantes de la ferme ; on en humecte le ſon, dont on nourrit les volailles de la baſſecour, &c.

Secondement, en lait doux tiré de deſſous les crêmes : on s'en ſert pour la nourriture des veaux ; on le leur donne chaud, & coupé de moitié d'eau : ce laitage étant privé des parties graſſes du lait, donne à pluſieurs de ces veaux, une maladie de langueur, qui en faiſoit périr autrefois un grand nombre ; mais on y remédie présentement, en rendant ces veaux malades à leur mère, (1) qui les allaite & leur rend la vigueur. Ce remède est cher, parce qu'il prive le fermier du beurre que lui donneroit le lait de la mère. On prétend qu'en coupant le lait doux écrêmé, d'une moitié d'eau, dans laquelle on auroit fait bouillir quelque tems des navets, des panais (2) & autres plantes douces & nourrissantes, on préviendroit la langueur dont ces animaux sont attaqués, & qu'ils engraisseroient, parce que le suc de ces plantes suppléeroit, en quelque sorte, aux parties butireuses qui manquent au lait écrêmé. Nous pensons que l'on pourroit essayer cette pratique sans aucun danger : mais il faut avertir les habitans de la campagne, qu'en général ils se servent indiscrétement des vases de cuivre pour chauffer les laitages qu'ils donnent à ces veaux ; le cuivre de leurs chaudières dépose dans ce lait, naturellement disposé à devenir aigre, parce qu'il est privé des parties grasses qu'il contenoit, une qualité corrosive, capable de nuire aux jeunes veaux, & même de leur donner la mort. Il est plus sûr de se servir de vases de terre, ou de marmitte de fer, dont il ne peut rien résulter de fâcheux. »

» A l'égard du lait écrêmé que les veaux ne consomment point, on le fait cailler artificiellement le plutôt qu'il est possible, afin qu'il n'aigrisse pas ; on en fait alors des fromages communs, dont on se sert dans le ménage de la ferme, ou que les pauvres achètent ; enfin, le petit-lait qui sort de ces fromages, avec le lait écrêmé qu'on n'emploie pas à cet usage, sert à la nourriture des cochons de la basse-cour. »

CHAPITRE III.

De la salaison des Beurres.

» Nos vues tendent à rendre le beurre propre aux salaisons, & à l'introduire par ce moyen dans le commerce, soit de l'intérieur du royaume, soit de celui qui se fait dans d'autres pays de l'Europe, soit enfin dans le commerce maritime, qui s'étend au-delà du tropique. »

» La méthode que nous venons d'indiquer, donne aux beurres les qualités nécessaires pour la conservation, mais il faut le saler de façon à le pouvoir conserver. Ces divers avantages dépendent de la qualité & de la quantité du sel qu'on y emploie, des vases dans lesquels on dépose le beurre salé, & de quelques autres circonstances. »

» Les fermiers n'étant pas dans l'usage de vendre leur beurre tout salé, le portent dans les marchés

(1) Ce remède ne réussit pas lorsque les vaches pâturent dans les marais où il y a de la *douve ;* les mères meurent même lorsqu'on ne les livre pas au boucher trois ou quatre années après qu'elles ont commencé à pâturer dans ces dangereux fonds ; les moutons y périssent après la première année.

(2) L'usage de cultiver des panais & des navets pour donner aux vaches, est très-avantageux à ceux qui les gardent pendant l'hiver. Au surplus, voyez le mot BÉTAIL.

des villes où la consommation est plus grande ; là, chacun se pourvoit de la quantité de beurre frais qui lui convient pour sa provision; l'acheteur distingue celui qui a les qualités que lui donne la méthode du pays de Bray, indiquée plus haut, d'avec celui qui a été fait suivant l'usage du pays de Caux ; il met le prix à l'un, & méprise l'autre. Il faut saler le beurre le plutôt qu'il est possible, tout retardement lui est préjudiciable ; on le lave plusieurs fois, jusqu'à ce que l'eau ne paroisse plus laiteuse ; on doit se servir de sel gris, tel que celui que l'on distribue dans les gabelles, & non de sel blanc, qui a la réputation de faire de mauvaise salaison en tout genre. On fait sécher le sel gris au four, & on le broie. Le beurre lavé étant étendu, on répand dessus une once de sel sec & broyé, par chaque livre de beurre ; on le pétrit ensuite jusqu'à ce que le sel & le beurre soient bien incorporés. »

» On met le beurre salé dans des vases d'une sorte de terre que l'on nomme *grès ;* il y en a de différentes formes ; on les échaude à l'eau bouillante pour en détacher l'ancien beurre qui s'incorpore dans la terre, & on les écure ensuite, comme on a dit ci-devant de tous les ustensiles qui touchent le beurre. Ces vases contiennent vingt à trente livres ; on foule le beurre salé dans ces pots, & on les remplit à deux pouces près du bord ; on le laisse reposer ensuite sept à huit jours. Pendant ce tems le beurre salé se détache du pot, parce qu'il diminue de volume, & laisse entre lui & le pot un intervalle d'environ une ligne, dans lequel l'air pourroit s'introduire & gâter le beurre si on le laissoit en cet état. »

» Pour prévenir cet accident, on prépare une saumure de sel & d'eau commune ; il faut qu'elle soit assez forte en sel pour qu'un œuf y surnage ; il y auroit du danger à la faire trop foible. Cette saumure étant reposée, on la tire au clair, & on la verse sur le beurre salé, de manière qu'elle s'introduise dans l'intervalle qui est entre le pot & le beurre salé, & en fasse sortir l'air à mesure qu'elle y entre ; on l'excite à y entrer, en la versant peu à peu, & en remuant doucement le pot ; on augmente la quantité de la saumure, jusqu'à ce que le beurre en soit couvert d'un pouce. Alors l'air ne peut l'approcher d'aucun côté, à moins que le beurre ne flotte dans la saumure ; en ce cas, il faut en charger la masse, ensorte qu'elle rentre dans la saumure pour prévenir la corruption de toutes les parties que l'air auroit approchées. »

» Tels sont les usages observés pour saler le beurre que nous conservons à Rouen pendant toute l'année ; on en use dans les maisons les mieux tenues, où il est employé avec succès à préparer les mets que l'on sert sur les tables les plus délicates. Tout beurre qui aura été salé de cette manière, étant conservé dans des pots de grès, avec une suffisante quantité de saumure, aura les mêmes avantages que celui du pays de Bray dont nous parlons, parce que la proprieté de le conserver vient principalement de ce que le beurre n'est pas altéré par les acides du lait aigri, & parce que le vase où il est conservé étant de bonne terre, bien échaudé à l'eau bouillante, & écuré, comme nous l'avons recommandé, ne peut communiquer au beurre de mauvaise qualité. Lorsque l'on transporte cette denrée, on ne peut pas maintenir la saumure dans les pots pendant le voyage : pour la remplacer, on couvre le beurre d'un pouce de sel; ce moyen réussit lorsqu'il ne manque de saumure que pour peu de tems: ainsi le beurre qui seroit bien fait, que l'on transporteroit salé des divers cantons de la Normandie, jusqu'à Paris, ou dans les provinces peu éloignées, & qui seroit pourvu de saumure en arrivant, seroit très-bon. Il n'en est pas de même des beurres destinés pour la navigation : il est difficile d'en porter un grand nombre dans des pots, à cause de leur fragilité; & de-là est venu l'usage de les mettre dans des vases de bois; mais soit qu'on les mette dans des vases de terre ou de bois, il est impossible de les conserver plongés dans leur saumure dans la cale d'un vaisseau destiné à naviger au-delà du tropique. Pour prévenir ces inconvéniens, il faudroit avoir des attentions particulières à préparer le bois des vases pour les préserver de la fermentation dont ils sont susceptibles, lorsqu'étant excessivement échauffés dans les cales, ils portent sur le beurre leur propre séve, en altèrent la qualité, & les font devenir gras malgré le sel : la même fermentation diminuant en peu de tems le volume du douvain, la saumure s'échappe, & le beure se gâte aussitôt. Le remède peut n'être pas impossible; il seroit sans doute très-avantageux de le trouver, d'autant qu'il influeroit probablement sur la conservation de toutes les provisions de bouche qu'on embarque, d'où dépend en partie la navigation & la santé des navigateurs. La mauvaise qualité de ces vivres a plus fait périr d'hommes, que les naufrages & la fureur des combats; mais cet objet demande de l'étendue & des expériences qui s'écartent de l'agriculture. »

» Pour conserver les beurres pendant la navigation, il faut les mettre dans des pots, les bien fouler, les couvrir de sel, & prévenir le vide où l'air puisse se glisser. Un vase de figure conique, comme celui de la *Fig. 4*, encore mieux un vase qui seroit un cône, *Fig. 5* (1), d'où on pourroit facilement tirer le beurre en une seule masse, après qu'il s'est contracté en lui-même, seroient ceux que je préférerois. La masse de beurre étant enduite de sel par dehors, & remise dans son pot en la faisant rentrer avec un peu de force, pourroit en cet état se passer de saumure, parce que ces vases étant tenus sur la pointe du cône, la masse de beurre entreroit de plus en plus dans un tel vase, à mesure que la chaleur de la cale la feroit changer de forme; par ce moyen il n'y auroit jamais de vide que la superficie qui seroit couverte de sel. Il en seroit de même des vases de bois de pareille forme, si on prévenoit la

(1) Il est fâcheux que cette forme soit incommode dans l'arrangement de la cale des navires.

fermentation des bois dont ils sont faits. »

» En général, les pâturages d'une grande partie de la Normandie, semblent préférables à ceux du pays de Bray, à en juger par la nature du sol, & par l'engrais des animaux qui y pâturent. Si, par le moyen de quelqu'encouragement, on parvenoit à introduire la méthode de bien faire le beurre dans les divers cantons où on le fait mal, le beurre salé qui nous vient d'Isigny & des autres cantons de la Normandie, ne seroit pas entiérement abandonné à l'usage du peuple. Il est à présumer que ces beurres deviendroient alors la base d'un commerce dont jouiroient principalement ceux qui ont de grands herbages; car il n'est point actuellement de vache à lait qui ne rende cinquante livres de profit à son maître tous frais faits, sans les augmentations qu'on en peut espérer par le commerce des beurres de plus grande valeur, l'engrais des veaux & des vaches même. Nous savons aussi que le bœuf d'engrais ne rapporte pas autant, à beaucoup près, à l'herbager; d'où il suit qu'il y auroit de l'avantage à nourrir des vaches à lait. Cet avantage subsisteroit jusqu'à ce que la quantité des beurres fût en proportion avec le commerce qui s'en fait; & quoi qu'il pût arriver par la suite, ce commerce seroit toujours une branche intéressante pour l'agriculture, qu'elle conserveroit en nous mettant dans le cas de ne plus employer celui que l'on tire aujourd'hui de l'étranger. »

CHAPITRE IV.

Des qualités du Beurre.

Le beurre frais est agréable au goût, & je ne crois pas qu'il contienne aucun principe nutritif. En total, c'est une nourriture indigeste. Le beurre mangé à haute dose, tient le ventre libre, cause une douleur dans la région épigastrique & à la tête, donne souvent des renvois âcres & brûlans. Le beurre âcre, fort ou rance, trouble la digestion, la rend pénible & laborieuse, & occasionne des renvois encore plus âcres & plus brûlans que ceux produits par la quantité prise du beurre frais : ce dernier rend le sang très-acrimonieux.

Le beurre extérieurement appliqué, diminue la dureté & la douleur des tumeurs phlegmoneuses, & les fait pencher vers la suppuration.

BEURRÉ. *Poire.* (*Voyez* ce mot)

BÉZI. *Poire.* (*Voyez* ce mot)

BICHE. (*Voyez* CERF)

BICHE, *Histoire Naturelle.* C'est la femelle du cerf. (*Voyez* ce mot)

On a donné ce nom à un insecte coleoptère du genre du cerf-volant; mais il ne faut pas les confondre, & encore moins croire que l'un soit la femelle & l'autre le mâle. Ils diffèrent entr'eux principalement par les pinces. Le cerf-volant les a longues, rameuses, très-fortes, & garnies de plusieurs denticules : celles de la biche sont petites, faites en croissant, & garnies seulement d'un petit denticule. Si la couleur est la même, un noir rougeâtre, la grandeur est bien différente ; la grande biche est un peu moins grande que le cerf-volant, & la petite biche n'a que la moitié de sa longueur. La biche est l'animal parfait, qui doit sa naissance à une chrysalide formée elle-même par une de ces espèces de gros vers, que l'on trouve dans l'intérieur des vieux arbres, sur-tout au-dessous de l'écorce. M. M.

BICHERÉE. Mesure de terre dans certaines provinces. La bicherée lyonnoise est de quatre-vingts pas sur chaque face, & le pas de deux pieds & demi. La bicherée delphinale est plus grande. Ce mot est sans doute venu de *bichet*, ou de la mesure des grains nécessaires pour ensemencer la superficie de la bicherée. La bicherée du Beaujolois est composée de 1600 pas, & le pas de deux pieds & demi.

BICHET. Mesure de grains, dont la consistance varie selon les lieux, & que l'on évalue en général au minot de Paris. Il est particuliérement en usage en Bourgogne & dans le Lyonnois. A Lyon, un bichet de froment pèse communément de cinquante-huit à soixante-deux livres. Le blé de la montagne pèse plus que celui de la plaine.... Le bichet est encore en usage à Montereau, à Moret, à Sens, à Meaux. A Montereau, le bichet de froment pèse 40 livres ; celui de méteil 38 ; de seigle, trente-six ; & d'orge, trente-deux. Huit bichets font le septier du pays, qui est de seize boisseaux de Paris. Le muid est de douze septiers ; mais on y ajoute toujours quatre bichets pour faire le compte rond de cent bichets pour un muid. Le bichet de Moret est plus petit que celui de Montereau. A Sens, il y a huit bichets au septier du pays, & il en faut sept pour faire le septier de Paris ; ainsi il est plus petit d'un sixième que celui de Montereau ; car le septier de Paris est de douze boisseaux. A Meaux, le septier de Paris contient quatre minots ou bichets, & pèse deux cents livres. Ce bichet est plus pesant que celui de Montereau.

A Tournus, le bichet est de seize mesures ou boisseaux du pays, qui font dix-neuf boisseaux de Paris, & un peu plus. Le bichet de Beaune, ainsi que celui de Tournus, se divise en seize mesures, mais qui ne rendent à Paris que dix-huit boisseaux. Celui de Verdun est composé de huit mesures ou boisseaux, & il rend quinze boisseaux de Paris. Celui de Châlons-sur-Saône contient huit mesures, & est égal à quatorze boisseaux de Paris. Ne verra-t-on donc jamais disparoître cette bigarrure dans les poids & dans les mesures !

BICHOT. Mesure de grains en usage à Dijon, qui est la charge d'un cheval, & pèse trois cents trente-six livres. On compte à Dijon par quatrances, quartaux, bichots & hémines. Le quatrance de froment tient treize pintes & demie de la grande mesure ; il pèse quarante-deux livres, & criblé quarante-une. Le quarteau tient quatre quatrances, le bichot deux quartaux ; & l'hémine, qui est la charge de deux chevaux, tient deux bichots.

BIDET. (*Voyez* CHEVAL)

BIENNE, *ou* BISANNUELLES. Terme de botanique, pour désigner la durée d'une plante. Celles qui ne vivent que deux ans, comme le persil, le salsifis, sont appelées *biennes*. Le caractère botanique pour annoncer cette qualité, est ♂, qui est celui de la planète de Mars, dont la révolution autour du soleil est de deux ans. M. M.

BIÈRE. Liqueur ou boisson spiritueuse qu'on peut faire avec toutes les semences farineuses, mais pour laquelle on préfère communément l'orge & ses espèces. C'est, à proprement parler, un vin de grain. Tout corps qui contient un mucilage sucré, lorsqu'il est étendu dans une quantité d'eau convenable, & lorsque par la préparation on a développé le principe sucré, alors il fermente & donne une liqueur vineuse dont on retire l'esprit ardent par la distillation. Les égyptiens, dit-on, ont inventé l'art de faire la bière, & c'est de l'Egypte que la bière a passé dans le reste du globe. La ville de Peluse lui donna son nom, & on l'appeloit *bière pelusienne*; on y en fabriquoit de deux espèces. D'Egypte, elle passa dans les Gaules, en Flandre, en Angleterre; & du tems de Polybe, les espagnols buvoient de la bière. Il est constant qu'après l'eau, la bière paroît la liqueur la plus naturelle, sur-tout pour les pays où la vigne ne peut croître. L'homme s'écartant peu à peu des loix de la nature, a recouru aux boissons spiritueuses pour ranimer ses forces, ou peut-être plus encore pour satisfaire sa sensualité ou un goût déréglé, & de l'exemple est venu l'imitation. En effet, la bière répugne à ceux qui en boivent pour la première fois, & le vin *fait* déplaît à un enfant. Il est seulement agréable pour lui dans sa nouveauté, parce que le principe sucré est encore très à nu. C'est donc plus l'exemple des uns & des autres, que le besoin, qui consacre & perpétue l'usage des liqueurs fermentées.

Les farines de toutes les graines extraites par une suffisante quantité d'eau, & abandonnées à elles-mêmes, au degré de chaleur propre à la fermentation spiritueuse, subissent naturellement cette fermentation, & sont métamorphosées en véritable vin. (*Voyez* le mot FERMENTATION, où seront détaillées les conditions requises à ce sujet.)

Pour faire la bière, il faut d'abord faire tremper dans l'eau froide les grains qu'on lui destine; peu à peu ils s'imbibent de cette eau, & le grain se renfle. Il est retiré de cette eau, & mis en tas de six à huit pouces d'épaisseur, dans un lieu convenablement chaud, où il germe, & il faut le retourner souvent pour empêcher la trop grande chaleur, & donner de l'air aux grains. On le laisse ainsi jusqu'à ce que le germe ait acquis environ six lignes de longueur. Enfin, le plus grand nombre se sert de la *tourraille*. Elle est composée d'un très-grand fourneau surmonté d'une trémie, dont les côtés sont construits de briques, de manière à ne pouvoir être altérés par le grand feu qu'on fait dans le fourneau. La partie ſupérieure de la trémie eſt un plancher de carreaux de briques, percés de petits trous. Quelquefois ce ſont pluſieurs tringles de bois, ſur leſquelles on étend une toile de crin nommée *la haire ;* c'eſt ſur cette toile qu'on place le grain ; & à meſure que la chaleur du fourneau lui fait perdre ſon humidité, on le retourne, & on fait complétement deſſécher tous les germes. On paſſe enſuite le grain par un crible de fer, pour en ſéparer la pouſſière & les germes deſſéchés, nommés *touraillons.* Dès que la germination eſt ſenſible, les uns placent le grain dans un four convenablement échauffé pour torréfier le grain ; d'autres le font paſſer par un canal échauffé au même degré. Le grand point eſt d'arrêter la germination, de détruire & de diſſiper l'humidité ſurabondante. Par la germination, la viſcoſité du mucilage eſt détruite, & le principe ſucré entiérement développé ; par la torréfaction légère, la partie mucilagineuſe du grain eſt atténuée. C'eſt à ce point que le grain eſt en état d'être moulu groſſiérement, & on le nomme alors *drèche malt.*

Si la farine eſt trop groſſe, l'eau n'en retire pas tout ce qu'on peut en retirer ; ſi, au contraire, elle eſt trop fine, elle forme avec l'eau une pâte que ce fluide a beaucoup de peine à délayer. Le malt eſt porté dans une cuve nommée *cuve matière.* C'eſt un tonneau à deux fonds ; l'inférieur eſt plein ; le ſupérieur eſt percé d'une infinité de trous faits en cône. La baſe de ces trous, qui a environ trois quarts de pouce de diamètre, regarde le fond plein ; & le ſommet, qui n'a guère qu'une ligne, eſt tourné en haut. Il y a deux pouces environ entre le fond plein & le faux fond ſur lequel on étend la farine. Dans un des coins de la cuve matière, on place un tuyau de bois, nommé *pompe à jeter trempe.* Cette pompe traverſe le faux fond, & ſert à porter l'eau ſur le fond plein.

L'eau qu'on emploie pour braſſer doit être chaude ; l'habitude ſeule apprend à donner le degré de chaleur convenable. L'eau chauffée dans des chaudières, eſt conduite par une gouttière dans la pompe à jeter trempe ; & lorſqu'elle a rempli l'eſpace qui ſe trouve entre les deux fonds de la cuve matière, elle coule par les trous du faux fond avec une rapidité proportionnée à la vîteſſe qu'acquiert l'eau de la chaudière en tombant par la pompe. Cette force eſt telle, que la farine qui recouvre le faux fond eſt portée à la partie ſupérieure de la cuve, & répartie dans toute la maſſe de la liqueur. Pluſieurs ouvriers, armés chacun d'une pelle de fer percée dans ſon milieu, agitent la farine, & la délayent dans l'eau auſſi parfaitement qu'il eſt poſſible. La liqueur alors eſt fort trouble. On laiſſe dépoſer la farine, ou le fardeau proprement dit, & l'eau ſurnageante ſe nomme *premier métier.* On la fait écouler par une ouverture pratiquée dans le ſecond fond de la cuve ; elle traverſe en s'écoulant, la farine ou le fardeau, & ſe charge davantage. Le premier métier chauffé de nouveau, eſt renverſé ſur la farine qu'on délaye une ſeconde fois. On laiſſe encore dépoſer le fardeau ; & la liqueur ſurnageante, ou *ſecond métier,* étant tirée à clair, on y mêle trois ou quatre livres de houblon par chaque pièce, & on fait cuire le tout dans de grandes chaudières. La bière qu'on veut faire blanche doit être moins cuite que la bière rouge.

Lorſque la liqueur a acquis le degré de cuiſſon convenable, on la porte avec le houblon, dans des bacs, où elle perd la plus grande partie de ſa chaleur. De ces bacs on la fait couler dans la cuve où doit ſe faire la fermentation tumultueuſe, qu'on nomme *cuve guilloire*. On ne remplit qu'en partie cette cuve, & on y met de la levure, qui eſt l'écume épaiſſe que rejette la bière dans ſa fermentation ſecondaire. C'eſt cette levure qui développe le mouvement fermentatif; & lorſqu'il a déjà acquis quelque force, on ajoute peu à peu de nouvelle liqueur; enfin, ce n'eſt que lorſque la fermentation eſt parfaitement établie, qu'on achève de remplir la cuve; encore faut-il avoir l'attention de laiſſer aſſez d'eſpace vide pour contenir les écumes à meſure qu'elles ſe forment.

Lorſque ces écumes commencent à s'enfoncer dans la liqueur, c'eſt un ſigne que la fermentation tumultueuſe s'eſt appaiſée. On brouille alors le tout; c'eſt ce qu'on nomme *battre la guilloire*.

On tire la bière dans des tonneaux, où quelque tems après la fermentation ſecondaire s'établit. Il ſort des tonneaux une mouſſe légère, qui tombe dans des baquets où elle s'affaiſſe & forme une bière qui ſert à remplir les tonneaux à meſure qu'ils ſe vident. Lorſque la fermentation eſt complétement achevée, il ne s'élève plus de mouſſe. On nomme *levure* l'écume épaiſſe qui ne s'affaiſſe pas dans les baquets. On la conſerve pour ſervir de levain à de nouveaux métiers. On ne bouche les tonneaux que lorſqu'il ne ſort plus de mouſſe.

Quelques braſſeurs ajoutent pendant la cuite de la bière, autant de livres de ſirop de ſucre, qu'il y a de boiſſeaux d'orge. D'autres, par économie, ſuppléent au houblon, qui eſt cher, de la petite ou de la grande abſinthe; les amers aident la bière à ſe conſerver plus longtems. La bière abſinthiſée échauffe beaucoup.

On prépare avec la bière, des boiſſons médicamenteuſes, comme avec le vin; il ſuffit de mettre infuſer les plantes ou les ſubſtances indiquées à la maladie qu'on doit traiter.

Il eſt bien démontré aujourd'hui, d'après les expériences du célèbre & infortuné capitaine Cook, faites dans ſon *Voyage autour du Monde*, que l'uſage du malt de bière eſt le moyen le plus aſſuré de prévenir & d'empêcher que le ſcorbut n'attaque les marins, & qu'il eſt le remède le plus aſſuré pour ſa guériſon. Ne ſeroit-ce pas un objet digne d'occuper le miniſtre de la marine? & ne ſeroit-il pas avantageux de faire publier une loi qui forceroit tout capitaine de vaiſſeau de prendre, avant de partir pour un trajet aſſez long, une quantité de malt proportionnée au nombre des paſſagers & des gens qui compoſent l'équipage?

Lorſque l'on ne veut pas être incommodé de la bière blanche, on doit la choiſir ni trop vieille, ni trop nouvelle, mousseuse, claire, d'une belle couleur ambrée, d'un goût piquant & agréable. La rouge doit être forte, piquante, d'un rouge clair & brillant. La bière trop nouvelle pèse sur l'estomac, y fermente; & à la longue, elle peut occasionner des retentions d'urine. Boire un peu d'eau-de-vie prévient ce second accident. L'ivresse occasionnée par la bière est terrible. On appelle *bière de Mars*, celle qui est fabriquée dans ce mois, le plus propre à la fermentation; & *double bierre*, celle qui est plus chargée de principes que la bière simple. Les anglois & les hollandois en préparent plusieurs espèces particulières. Ceux qui desireront plus de détails sur cet article, peuvent consulter le *Dictionnaire encyclopédique*, au mot *Brasserie;* ils seroient étrangers à notre objet.

BIÈVRE. (*Voyez* CASTOR)

BIGARRADE. (*Voyez* ORANGER)

BIGARREAU. (*Voyez* CERISIER)

BILE. Nom que l'on donne à une humeur jaunâtre, amère & savonneuse, qui fond les substances grasses, salines & glutineuses, qui se préparent dans le foie pour aider à la digestion des différens alimens dont nous faisons usage pour nous nourrir. Plusieurs maladies graves naissent de la dégénérescence de cette humeur importante, & des dérangemens qu'elle éprouve dans son cours. (*Voyez* FOIE & JAUNISSE.) M. B.

BILLON. Ce mot a deux significations. La première est relative à la vigne, & la seconde au labourage. Le mot billon est usité par les vignerons de Bourgogne, pour dire, un sarment taillé court, à trois ou quatre doigts seulement. Cette taille est particulière à toute espèce de plant de vigne qui donne ses raisins près le cep, & non sur l'avant du sarment. Le meûnier, par exemple, qui est un raisin blanc, dont les feuilles sont blanches en dessous, & le grain plus long que rond, a besoin d'être taillé court; tandis que le vionnier, raisin blanc, cultivé au territoire de Côte-Rôtie, exige une taille longue, parce qu'il ne charge bien qu'à l'extrémité du sarment. Ces deux noms d'espèces de raisins sont familiers pour moi, parce que j'ai parcouru presque tous les vignobles du royaume; mais ils sont inconnus dans la majeure partie de nos provinces. Ainsi, tant qu'on n'aura pas une nomenclature comparative de tous les raisins du royaume, il est impossible de publier un bon & utile ouvrage sur la vigne. Il faut se contenter des généralités, & les généralités instruisent peu.

BILLON. Labourer en planches, ou labourer en billon, est presque synonyme. La seule différence est que la planche a plus de superficie que le billon. La planche peut avoir jusqu'à dix pieds de largeur, & le billon depuis un jusqu'à trois pieds. La crainte de voir le grain submergé, a fait imaginer les différens genres de billon. Pour billonner, le premier sillon est tracé à deux ou trois pieds au-delà du bord de la pièce; on en ouvre un second en deçà, qui remplit le premier sillon; ensuite en ouvrant un troisième de l'autre côté du premier, la terre de ce troisième est renversée sur ce premier : c'est ainsi qu'il forme le double ados du billon. Pour continuer à billonner le champ, il faut tourner du troisième billon au second, revenir vers le troisième, de là près du quatrième, & ainsi successivement; de cette manière le billon se trouve formé & bordé de deux sillons. Telle est ainsi cultivée cette plaine superbe & fertile dont la Loire arrose les bords depuis Blois jusqu'à Tours, & qui est garantie de ses inondations par une levée bien construite & bien entretenue. Je ne vois aucun avantage réel dans cette culture; il me paroît, au contraire, qu'il y a beaucoup de terrain inutilement cultivé, & qu'il y a presqu'autant de plein que de vide. Je conviens que par cette méthode on égoutte les eaux jusqu'à un certain point; mais l'eau qui reste dans les deux sillons latéraux du billon, fait pourrir le grain qui y a été jeté en semant; & si l'extrémité de ces sillons n'a pas un dégorgement, l'eau s'y accumule, & gagne presque jusqu'à la moitié de hauteur du billon; de sorte qu'effectivement, il n'y a pas la moitié du terrain vraiment à l'abri de l'eau & couvert de blé. C'est ce que j'ai observé très-attentivement en traversant la plaine dont je viens de parler. Je crois qu'en labourant par planches de dix pieds de largeur, & formant bien l'ados de l'un & de l'autre côté, il y auroit moins de terrain perdu, & par conséquent plus de grains conservés. Il est presque moralement impossible qu'une plaine quelconque n'ait pas un écoulement naturel aux eaux sur l'un ou sur plusieurs de ses côtés; alors par le secours des saignées, ménagées sur la direction de la pente, l'eau s'écoulera, ne pourrira plus les blés, & les billons deviendront inutiles; que si, au contraire, la plaine n'a aucune pente pour l'écoulement, c'est aux propriétaires de cette plaine à s'accorder entre eux, & à creuser un fossé assez profond pour recevoir, par des fosses particulières, la masse des eaux; & en continuant le grand fossé, la porter au-delà, & en débarrasser tous les champs. Cette opération me paroît praticable, même pour les plus bas. C'est ainsi qu'on a desséché une grande partie des étangs de la Bresse. C'est ainsi que les romains ont desséché l'étang de Montadi près de Béziers; qu'ils ont percé une montagne pour donner de l'écoulement. Depuis eux jusqu'à ce jour, cette plaine, ou plutôt ce très-bas fond, produit chaque année les récoltes les plus abondantes en froment. Mais revenons aux autres manières de former les billons, que l'on suit plus par habitude locale, que par nécessité; car j'ai vu billonner des terres qui ne craignoient pas la submersion des grains.

Quelques-uns labourent toute la terre à plat avec la *charrue à versoir*; (*voyez* ce mot) & lorsque le champ est ensemencé & hersé, ils font, de distance en distance, des raies qui forment les planches. Voilà encore du grain & du travail perdus. Ceux qui donnent à prix fait la culture suivant cette méthode, sont souvent trompés, s'ils ne veillent sur leurs laboureurs. Ils ouvrent la première raie qui jette la terre sur le bord ; puis ouvrant une seconde raie de l'autre côté, & jetant la terre contre la première, il se trouve que l'espace compris entre ces deux raies est chargé de terre remuée, mais que le dessous ou le milieu ne l'est point, alors il y a un tiers de travail de moins, & la dépense est la même que si les trois raies avoient été formées.

Est-il plus utile de labourer par billons que par planches? C'est une question que M. Tull, cultivateur anglois, propose & discute. Il se détermine en faveur des billons, parce que, dit-il, ils présentent plus de superficie que la planche. Cet infiniment petit est de bien peu de valeur ; mais quand même ce seroit un mérite réel, il n'équivaudroit jamais à la perte considérable & à la pourriture des grains ou des plantes déjà venues : d'ailleurs, si l'on considère la quantité de terrain perdu par les deux sillons qu'exigent les billons, on verra que le bénéfice donné par un peu plus de superficie, ne dédommage pas de la perte. En outre, la perpendicularité que les tiges affectent en croissant, rend nul ce prétendu avantage d'une plus grande superficie, puisqu'il est bien démontré qu'un terrain en pente ne peut pas contenir plus d'arbres qu'un terrain plat.

Pour billonner les terres sablonneuses, on a une charrue sans coutre, mais armée d'un soc long & étroit, & garnie de chaque côté d'un versoir fort évasé par derrière, qui, renversant la terre sur le côté, forme le dos d'âne. On la nomme *charrue à billonner.*

Il est constant que cette méthode doit être interdite pour tous les champs où l'on ne craint pas la submersion ; & que pour tous les autres, ce n'est pas la plus avantageuse.

BINAGE, BINER. Ces mots s'appliquent au travail des champs, de la vigne & du jardinage, & c'est dire, relativement à ces trois objets, que l'on fait deux fois le même travail. Le binage suppose un travail fait précédemment, & beaucoup plus considérable que le binage, puisque celui-ci ne remue que la terre déjà travaillée. La première façon du labourage est pour rompre & ouvrir la terre. Ce travail a lieu, ou d'abord après la récolte, suivant la coutume de certains cantons, ou aussitôt après l'hiver. Dans l'un & dans l'autre cas, on bine six semaines ou deux mois après ; mais dans le premier, on rebine de nouveau dès que les gelées sont passées. Pour biner la vigne, il faut auparavant qu'elle ait été fossoyée ; on fossoye dès que la chaleur vient ranimer la végétation ; & même si on le peut, avant l'épanouissement des bourgeons, & on bine dans le mois de Juin. Quant au jardinage, on bine les laitues, les chicorées & autres plantes potagères, autant que le besoin l'exige, & ce petit travail n'est jamais perdu.

BINETTE. Instrument de jardinage. Petite pioche en fer, & armée d'un manche. Son nom propre, qui est un diminutif, indique à peu près son volume. Un de ses côtés est à deux fourchons ; en forme de cornes, & l'autre est camus. Il sert à remuer légérement la terre autour des plantes. Ainsi, biner dans un jardin, c'est le travailler avec la binette.

BIQUE, pour dire *Chèvre.* (*Voyez* ce mot)

BISANNUELLE (Plante) *Voyez* BIENNE.

BISET, *ou* BIZET. (*Voyez* PIGEON).

BISTORTE. M. Tournefort la place dans la seconde section de la quinzième classe, qui comprend les fleurs apétales, à étamines, dont le pistil devient une semence enveloppée par le calice ; & il l'appelle *bistorta major radice minus intorta.* M. von Linné la nomme *polygonum bistorta*, & la classe dans l'octandrie trigynie.

Fleur, sans corolle, & le calice B corollé lui en tient lieu ; il est divisé en cinq ; en C, il est représenté vu par derrière. Au milieu du calice sont renfermées huit étamines plus longues que lui, & le pistil D est au milieu ; il est divisé en trois à son sommet, & chaque partie est cylindrique & recourbée également.

Fruit. Le pistil se change en une graine E ovale, terminée en pointe, sillonnée sur les côtés.

Feuilles, simples, ovales, oblongues ; celles des racines portées par des pétioles, & celles des tiges les embrassent par leur base.

Racine A, charnue, presque tubéreuse, contournée, torse ; la partie solide jette des fibres ramifiées.

Port. Tige très-simple, d'un ou deux pieds de haut ; grêle, lisse, cylindrique, noueuse, ne portant qu'un seul épi de fleurs ; ovale, de couleur rougeâtre ; les feuilles sont alternativement placées sur les tiges.

Lieu. Les montagnes, les prés élevés, & fleurit en Mai & en Juin ; la plante est vivace.

Propriétés. La racine n'a point d'odeur, & sa saveur est âpre & austère. Elle est vulnéraire, astringente.

Usage. La racine seule, en général, est d'usage ; on la regarde comme spécifique contre les fleurs blanches, pour suspendre la diarrhée occasionnée par la foiblesse de l'estomac & des intestins. Il n'est pas si bien démontré qu'elle guérisse les fièvres intermittentes. Extérieurement, elle consolide les plaies récentes, lorsqu'elle est réduite en poudre, & elle desséche les ulcères sanieux. Son effet le plus décidé, est de constiper & de suspendre l'hémorrhagie utérine par pléthore ou par blessure. La racine sèche se donne depuis demi-once jusqu'à une once, en macération dans six onces d'eau ; les feuilles récentes, depuis demi-once jusqu'à deux onces, en infusion dans cinq onces d'eau. La décoction est utile en gargarisme dans les maux de gorge. La dose pour les gros animaux, est de quatre onces de poudre en infusion dans une demi-livre d'eau.

Sa graine peut servir à la nourriture des oiseaux de basse-cour.

BISTOURNER, *Médecine vétérinaire.* Serrer & tordre les vaisseaux qui aboutissent aux testicules des animaux, de manière qu'ils ne peuvent plus engendrer, parce que ces vaisseaux se déchirent ou se bouchent au point qu'il n'y passe plus d'humeur prolifique.

Le bistournage n'est pas la méthode que nous adoptons pour ôter aux animaux le pouvoir de se reproduire. Ils sont à la vérité plus vigoureux que ceux que l'on châtre; mais ils sont moins dociles, moins tranquilles; ils deviennent moins gros & moins gras, & leur chair n'en est pas si délicate. La meilleure méthode est donc de faire l'opération complète, c'est-à-dire, la castration. (*Voyez* CASTRATION) Quant au tems convenable à chaque animal, pour cette opération, *voyez* ANE, BŒUF, BOUC, CHEVAL, COCHON, MOUTON. M. T.

BITUME. Substance huileuse & minérale, d'une odeur forte & pénétrante, que l'on rencontre ou sous forme fluide, nageant sur la surface des eaux, ou sous forme concrète & solide. Les bitumes liquides sont le pétrole & le pissasphalte. (*Voyez* PÉTROLE) Les solides sont l'asphalte ou bitume de Judée, le succin, le jayet & le charbon de terre. Nous renvoyons à ces mots pour les propriétés particulières à chacun de ces bitumes: nous n'examinerons ici que leurs propriétés générales, & leur origine.

Les bitumes tant solides que liquides, ont tous une odeur pénétrante, quelquefois agréable, qui s'exalte par la chaleur; ils sont susceptibles de s'enflammer très-facilement. Les solides se cassent aisément, & presque toujours par éclats; enfin, ils ressemblent assez aux matières huileuses concrètes, tirées des règnes végétal & animal, sur-tout par l'analyse chimique. Tous ces bitumes étant soumis à la distillation, donnent du flegme, un acide souvent sulfureux, une huile légère, analogue à l'huile de pétrole; un sel volatil, acide & concret; & sur la fin de l'opération, une huile noire & épaisse. Le résidu est un charbon plus ou moins terreux & abondant. Ce produit, quoique le même dans tout pour la qualité, varie pour la quantité; ainsi, par exemple, le succin ou ambre jaune est celui de tous qui donne le plus de sel acide volatil concret, & le charbon de terre produit le plus de cendres.

Les produits & les qualités extérieures des bitumes, les empêchent d'être confondus avec les résines; ils en diffèrent en général par leur solidité qui est plus considérable, par leur odeur forte & pénétrante, tandis que celle des résines est presque toujours aromatique; par leur indissolubilité dans l'esprit-de-vin, & par le sel acide concret que l'on retire de la plupart.

L'industrie humaine a su tirer parti de ces productions minérales, & du côté de l'utilité, & du côté de l'agrément. Le charbon de terre est employé très-utilement dans les manufactures & les mines; le pétrole dans les cimens; le succin dans les vernis, & le jayet pour des bijoux & des ornemens. Ce dernier sur-tout, sert à faire des boutons, des colliers & des pendans d'oreille de deuil.

Les naturalistes n'ont pas tous

jours été d'accord sur l'origine des bitumes. Quelques-uns ont pensé qu'ils étoient un produit minéral ; d'autres, qu'ils étoient dûs aux règnes végétal & animal. Le premier systême n'a plus de partisans ; & tous les bons naturalistes conviennent à présent, que c'est à la décomposition des substances animales & végétales sur-tout, qu'il faut remonter pour trouver la formation des bitumes. On ne peut douter que les matières végetales & animales renfermées dans le sein de la terre, ou qui se détruisent continuellement à sa surface, ne forment un dépôt de matière huileuse, qui, par l'action des acides, & la fermentation intérieure, ne puissent prendre le caractère de bitumes. L'homme, dans un assez court espace de tems, vient à bout de former des bitumes artificiels, en combinant des acides minéraux avec des huiles végétales. Il ne manque peut-être à ces bitumes, que le tems, une plus longue digestion, une pénétration plus intime, une combinaison plus parfaite pour être de vrais bitumes. Que ne fera donc pas la nature, qui a pour elle le tems, & qui emploie des moyens dont la simplicité conduit toujours à la perfection ?

On peut donc supposer avec vraisemblance, qu'une très-grande quantité de végétaux & d'animaux ont été enfouis dans la terre à différentes profondeurs, par des accidens & des révolutions considérables. Mille observations d'histoire naturelle confirment cette supposition. Ces matières se décomposent insensiblement & fermentent ensemble ; la partie huileuse s'en sépare, les acides qu'elles-mêmes contenoient, & ceux qui se trouvent dans la terre, réagissent contre ces matières huileuses, se combinent avec elles, & forment une nouvelle substance, que la partie terreuse des premières rend plus ou moins solide. Lorsque ces bitumes conservent leur fluidité, ou qu'ils sont mêlés avec des courans d'eau, alors ils s'échappent de la terre par les ouvertures qu'ils rencontrent, tantôt pur, comme l'huile de pétrole, tantôt nageant à la surface des eaux qui les ont chariés, comme l'asphalte ou bitume de Judée.

Telle est, en peu de mots, l'explication la plus probable que l'on puisse donner de la formation des bitumes dans les entrailles de la terre. (*Voyez* CHARBON DE TERRE) M. M.

BLAIREAU. De tous les animaux sauvages auxquels l'homme déclare la guerre, il n'en est pas qui la mérite aussi peu que le blaireau. D'un naturel tranquille, & même paresseux, aimant la solitude, vivant toujours assez loin des habitations, dans l'épaisseur des taillis, s'y creusant une demeure profonde, où il passe les trois quarts de la vie ; le blaireau n'en sort que pour aller chercher sa nourriture, qui ne consiste souvent qu'en mulots, lézards, serpens, sauterelles, quelquefois des jeunes lapereaux, & presque toujours des racines suffisent à sa subsistance. Le tort qu'il fait à l'homme est presque nul, surtout en comparaison du service essentiel qu'il lui rend en détruisant les nids des guêpiers, dont il mange le miel, les rats des champs, les lézards & les serpens, auxquels il fait une chasse continuelle. Mais ingrat & méconnoissant, l'homme ne considère dans les animaux qui l'environnent, que des êtres destinés à le servir comme des esclaves, ou à supporter tous les caprices de la loi du plus fort.

L'extérieur du blaireau est lourd & assez laid; la longueur du poil de son corps fait paroître ses pattes si petites, que l'on diroit que son ventre touche la terre, & qu'en général il est fort gros. Ce n'est qu'une fausse apparence; car dépouillé, il ne l'est point du tout. Son museau est alongé comme celui de quelques chiens, & son nez a la même forme que celui des chiens. Ses yeux sont petits & vifs; ses oreilles courtes & rondes, comme celles des rats, sont presqu'entiérement cachées dans le poil dont la tête est garnie. Sa queue, assez courte & grosse, est garnie de poils longs & forts. Ses jambes sont courtes; celles de derrière sont presque toujours pliées, de façon que la cuisse & la jambe sont fort inclinées, & que leur direction est peu éloignée de la ligne horizontale. Il y a cinq doigts à chaque pied, & chaque pied est terminé par un ongle très-fort, plus long dans les pieds de derrière que dans ceux du devant.

Le poil du blaireau est de trois couleurs; noir, blanc & roux. Il a sur la tête deux bandes pyramidales noires, qui commencent un peu au-dessous des yeux, & qui vont jusqu'au haut de la tête, derrière les oreilles. Une bande blanche partant du museau, s'élève entre les deux bandes noires jusque sur le cou; & passant derrière ces deux mêmes bandes, elles viennent le long du cou & des mâchoires, se terminer vers le bord des deux lèvres; elles renferment ainsi les deux bandes noires. Tout le dessous du corps, & les quatre jambes, sont noirs; le dessus, depuis le col jusqu'à la queue, est garni de blanc & de noir, avec quelques légères teintes de fauve; les côtés du corps, la queue & les alentours de l'anus, sont de couleur mêlée de blanc sale & de roussâtre. Le poil du blaireau est rare, & ferme à peu près comme les soies du cochon; le plus long a jusqu'à quatre pouces. Le blanc ou blanc sale y domine en plusieurs endroits, & le rend presque gris; ce qui lui a fait donner dans la campagne, le nom de *grisart*.

Un caractère particulier de conformation dans cet animal, est une espèce de poche peu profonde qui se trouve entre l'anus & la queue. Les mâles comme les femelles en sont pourvus. L'orifice de cette poche est garni d'un poil roux à l'extérieur, & parsemé de poils fauves assez longs dans l'intérieur. Elle est enduite d'une matière blanche épaisse, & semblable à de la graisse par sa consistance; il en suinte continuellement une liqueur onctueuse, d'une odeur fétide, que le blaireau se plaît à sucer.

Les ongles forts dont ses doigts sont armés, lui donnent la facilité de se creuser des terriers profonds; c'est ordinairement dans les taillis épais, dans les bois très-fourrés, qu'il choisit son domicile. Les racines qu'il rencontre en creusant, lui servent

servent de nourriture quand elles sont tendres & encore herbacées ; il les coupe & les rejette loin de son terrier, si elles sont trop dures. Rarement le mâle occupe-t-il le même terrier que la femelle, mais il est toujours dans les environs. La propreté la plus grande règne dans leur domicile, & jamais ils n'y font leurs ordures. Tout le tems que la nécessité & le besoin ne les fait pas veiller aux soins de leur nourriture, ils dorment ; & ce sommeil presqu'habituel, fait qu'ils sont toujours gras, quoiqu'ils ne mangent pas beaucoup.

La femelle met bas en été & vers le commencement de l'automne, & la portée est ordinairement de trois ou quatre. Il n'est aucun animal qui ne s'occupe d'avance de la petite famille qu'il doit mettre au jour ; l'attachement & les sollicitudes de mère, sont inhérentes à tous les êtres vivans. Doux présent de la nature, comme il rend intéressant ceux qui perpétuent les différentes races ! La femelle du blaireau prépare de loin le terrier où elle doit mettre bas ; elle va dans la campagne choisir de l'herbe tendre ; elle la coupe, en fait de petits fagots qu'elle traîne jusqu'au fond de son terrier, où elle en fait un lit commode pour elle & ses petits. C'est-là qu'elle les dépose jusqu'à ce qu'ils soient en état de prendre une nourriture plus forte & plus substantielle ; alors elle sort durant la nuit, & court chasser au loin : elle déterre les nids des guêpes, & emporte le miel ; malheur aux rabouillères des lapins, dont elle saisit les jeunes lapereaux, qu'elle apporte à ses petits. De retour auprès de sa jeune famille, si elle se croit en sureté, elle jette un cri au bord du terrier ; ils accourent à la voix de leur mère, & viennent partager le butin qu'elle a enlevé. Mais le moindre bruit se fait-il entendre ? tout disparoît ; la mère fait rentrer ses petits les premiers, & les suit. Le danger devient-il éminent ? quelque chien a-t-il découvert cette famille, & veut-il l'attaquer ? bientôt cet animal, si timide un moment auparavant, sent naître dans son cœur tout le feu, tout le courage d'une mère qui défend ce qu'elle a de plus cher, ses enfans. Il reste au bord de son terrier, & combat avec un acharnement prodigieux. Ses morsures sont cruelles ; rien ne l'épouvante. Il tient tête à deux ou trois chiens à la fois ; un combat long & opiniâtre lui donne toujours la victoire, quand il n'est pas contraint de succomber sous le nombre. Tout est en lui armes offensives ; ses dents & ses ongles. Le blaireau trop pressé, s'accule contre une pierre, contre un arbre : défendu par derrière, il fait face de tous côtés avec avec une intrépidité mêlée de fureur.

On chasse le blaireau avec des bassets à jambes torses, qui vont le relancer jusqu'au plus profond de son terrier. Si le terrier n'a qu'une issue, & qu'elle soit occupée par le chien, le blaireau s'enfonce de plus en plus, éboule des terres sur son ennemi, tâche de lui boucher le passage, en rejetant derrière lui tout ce qui se trouve dans son trou ; se retourne de tems en tems contre le chien, & le mord aux pattes & au museau. Si le terrier a plusieurs issues, il cherche à lui donner le change, & s'échappe par le côté où il entend le moins de bruit. Il faut donc être très-attentif quand on *terre* un blaireau, & veiller au-dessus de toutes les issues, ou plutôt les boucher en partie, & n'en laisser que deux ou trois de libres, que l'on pourra surveiller facilement. On peut le tirer au fusil dès qu'il paroît, ou le faire attaquer par des chiens courans qui l'arrêtent bientôt, parce que cet animal ne court pas; alors, ou on l'assomme, ou on le serre avec des tenailles, & on le musèle pour l'empêcher de mordre. Dans cet état, on le fait piller par de jeunes chiens de chasse, afin de les accoutumer de bonne heure à l'odeur de cet animal.

Quand le blaireau est acculé au fond de son trou, on ne peut le prendre qu'en ouvrant son terrier au-dessus de lui. Il faut bien prendre garde alors de ne pas blesser le chien qui le tient ainsi en arrêt.

Si l'on rencontre de jeunes blaireaux, on peut les emporter chez soi; ils s'apprivoisent aisément. Le caractère doux & tranquille de cet animal le rapproche de la société; il est susceptible même de reconnoissance & d'attachement; il suit & caresse celui qui le flatte, & qui lui donne à manger. Ce nouveau genre de vie lui paroît préférable à celui des bois, car il ne cherche point à s'échapper. L'inquiétude perpétuelle que l'on remarque dans les autres animaux sauvages que l'on veut apprivoiser, n'altère pas sa tranquillité. Très-facile à nourrir, tout ce qui sort de la cuisine lui est bon, & il accourt à la voix qui l'appelle. Sans soucis, & ne soupçonnant pas même qu'il peut avoir des ennemis, il ne voit que des amis dans sa nouvelle demeure. Il s'accoutume bientôt avec les chiens qui sont cause de sa captivité, vit, mange & joue avec eux, sur-tout lorsqu'ils sont jeunes. En un mot, il paroît destiné à augmenter le nombre des animaux que l'homme s'est attaché, en changeant leur caractère par une éducation suivie. Mais ce qui éloignera toujours d'élever des blaireaux, c'est l'odeur puante qu'ils exhalent continuellement, & la gale à laquelle ils sont sujets. Cependant on pourroit soupçonner, par analogie, que des blaireaux nés & élevés dans nos basse-cours, perdroient insensiblement cette mauvaise odeur, ou du moins qu'elle s'affoibliroit beaucoup. Nous voyons en effet, que le changement de nourriture en opère un très-grand dans le physique comme dans le moral des animaux. Les caractères vigoureux & distinctifs que la nature leur a donné, se dissipent à nos côtés; & plusieurs qui, dans les bois, ont une transpiration très-forte, ou exhalent quelqu'odeur désagréable, semblent avoir perdu ce caractère, quand deux ou trois générations les ont fixés parmi nous. La terre & la poussière dont le poil du blaireau est continuellement rempli dans le terrier, lui donnent la gale; la propreté dans laquelle on le tiendroit, préviendroit cette maladie.

Mais quel avantage direct pourroit-on espérer de l'acquisition de cette espèce? Nous ne connoissons pas encore tous les services qu'il pourroit nous rendre; mais notre industrie toujours ingénieuse, en sauroit tirer parti. L'occasion & les circonstances ont fait plus de découvertes que la réflexion.

La chair du blaireau n'est pas mauvaise à manger, & de sa peau on fait des fourrures grossières, des colliers pour les chiens, des couvertures pour les chevaux. Dans les campagnes, on fait un grand usage de l'axonge, qui est sa graisse blanche, inodore, insipide & molle, pour calmer les douleurs des reins, appaiser l'ardeur des fièvres. On l'emploie encore dans les douleurs de rhumatisme, dans les contractions & les foiblesses des articulations & des nerfs. M. M.

BLANC, BOTANIQUE. Maladie des plantes. On connoît dans le jardinage deux espèces de cette maladie, bien différentes l'une de l'autre, & qui ne dépendent pas des mêmes causes. La première est propre à certaines plantes, & détruit leurs feuilles; & la seconde n'attaque que des arbres, sur-tout le pêcher, & quelques autres arbres fruitiers. Nous allons donner le détail de ces deux maladies, suivre leur effets, & tâcher d'en indiquer les remèdes.

I. Le blanc de la première espèce se fait remarquer avec deux symptômes particuliers; tantôt semblable à la rouille du blé, il altère & dessèche d'abord les feuilles, ensuite les tiges des plantes cucurbitacées, des laitues, des chicorées & des œillets, &c.; tantôt ce ne sont que des points blancs que l'on remarque sur les feuilles, ou tout au plus, quelques feuilles totalement blanches que l'on rencontre parmi les autres feuilles saines & bien portantes d'un arbre ou d'une plante. Le blanc qui attaque les feuilles & les tiges des concombres, des œillets, des laitues, &c. commence ordinairement par les feuilles des extrémités des tiges; elles perdent leur couleur insensiblement; elles pâlissent & blanchissent; ensuite elles se fanent; les pétioles s'altèrent; ils n'ont plus la force de supporter les feuilles qui retombent vers la terre: cette maladie s'augmente & gagne de proche en proche; des tiges entières en sont bientôt infectées, & un état de langueur universelle devient la cause de la mort de toute la plante. Cette maladie singulière n'a point d'autre cause qu'une espèce d'obstruction dans les dernières feuilles, occasionnée par une trop grande sécheresse. La séve, soit montante, soit descendante, n'étant pas assez abondante, ne peut pas suffire à la nourriture générale. Le parenchyme des feuilles se corrompt; il n'est plus en état d'élaborer la séve. Comme la couleur est le premier symptôme de la santé, le premier effet de la maladie est la perte de cette couleur. Des feuilles, elle se communique à leurs pétioles; des pétioles aux tiges. Dans cet état, toute la surface extérieure des parties attaquées ne peut plus exhaler & inspirer cette force végétale dépendante du mécanisme même de la feuille, & de son état de perfection; la circulation des deux séves n'a plus lieu; dès-lors plus de nourriture, plus de vie.

Le remède le plus simple à cette maladie, consiste dans des arrosemens fréquens. Si ce moyen ne réussit pas, & que l'on soit attaché à la plante malade ; si c'étoit, par exemple, un œillet, ou une autre fleur intéressante, coupez courageusement la partie attaquée du blanc ; mais ayez soin de la couper une ligne ou deux au-dessous de l'endroit malade. N'y a-t-il que quelques feuilles blanches ? arrachez-les avec leurs pétioles. La tige commence-t-elle à s'altérer ? coupez-la, & vous préserverez par-là le reste de la plante.

Toutes les plantes qu'on élève sur *couche*, (*voyez* ce mot) sont plus sujettes au blanc, que celles qui naissent spontanément dans les champs, ou qui sont simplement semées & cultivées dans les jardins. Les melons & les concombres tiennent le premier rang pour la sensibilité & la délicatesse. En effet, les tiges de toute la famille des plantes cucurbitacées, ne sont presque remplies que d'un mucilage très-aqueux ; & malgré la rugosité de l'épiderme qui les recouvre, cet épiderme est très-mince. La chaleur humide des couches la rend encore plus sensible & plus susceptible des impressions trop froides de l'air, ou trop chaudes des rayons du soleil. Je n'ai jamais vu le blanc sur les melons ni sur les concombres semés en pleine terre ou venus sous cloche. La couche & les cloches forcent la nature ; il n'est donc pas étonnant qu'en s'éloignant de la simplicité de ses loix, on multiplie le germe des maladies. Les plantes ainsi traitées, ne ressemblent pas mal aux habitans des grandes villes ; ils sont assujettis à une foule de maux inconnus dans les campagnes, & ces maux semblent se multiplier en raison de l'opulence des individus qui les habitent.

II. Les taches blanches que l'on remarque sur quelques feuilles, ne sont pas ordinairement dangereuses. C'est une maladie locale & sans conséquence, lorsqu'il n'y a que quelques feuilles d'attaquées ; mais si toutes le sont, la plante ne manque pas de périr peu de jours après. Les arbres résistent davantage, & il semble que cette maladie ne les affecte pas sensiblement ; car dans des espaliers, on remarque souvent des arbres entiers, sur-tout des pommiers, dont presque toutes les feuilles sont criblées de ces taches blanches, qui les font paroître vides & comme transparentes. Tous ceux qui ont écrit sur les maladies des plantes, ont attribué celle-ci aux rayons du soleil, qui, traversant les gouttes de pluie dont les feuilles se trouvoient chargées, les brûloient comme lorsqu'ils traversent un verre brûlant. De-là est venu le nom assez commun de *brûlure*, donné à cette maladie. M. Adanson, dans sa *Famille des Plantes*, a réfuté avec raison cette explication, & nous sommes de son sentiment. En effet, comment veut-on que les rayons du soleil, en traversant ces gouttes d'eau, puissent brûler les feuilles sur lesquelles elles sont répandues ? Les notions les plus simples de physique suffisent pour en sentir toute la fausseté. 1°. Il est de fait, que les rayons du soleil traversant un verre convexe ou brûlant, n'agissent qu'au foyer de ce verre, & ne peuvent brûler ni au-delà, ni en-deçà ; 2°. un verre qui n'est convexe que d'un seul côté, & plan de l'autre, a le foyer beaucoup plus long qu'un verre de pareille convexité, mais convexe des deux côtés. Cela posé, considérons la goutte d'eau reposant sur la feuille; la surface par laquelle elle la touche est plane, & non convexe ou sphérique; ainsi son foyer se trouve bien plus loin que le point de contact, & par conséquent au-delà de la feuille. Elle ne peut donc pas agir comme verre brûlant sur la feuille même. De plus, l'eau de la pluie ou de la rosée, de la pluie sur-tout, s'étend également sur toute la feuille; c'est un enduit, un vernis, dont elle est pour ainsi dire enduite, & non pas de simples gouttes sphériques: certainement, dans cet état, elle ne fait pas l'office de verre brûlant.

Mais quelle peut donc être la cause de cette maladie si commune, & qui ne semble produire ses ravages, que lorsque réellement le soleil, par son ardeur, dissipe les gouttes d'eau qui se trouvoient sur les feuilles? L'explication qu'en donne M. Adanson nous paroît encore très-juste. » Cette maladie, » dit-il, vient d'une espèce d'épuisement causé par la grande évaporation de la séve, ou par une destruction des pores de la transpiration trop dilatés, ou enfin, » par une putréfaction occasionnée » dans les sucs du parenchyme ou » de la séve, par leur mélange avec » l'eau. » Quand une goutte d'eau recouvre une partie de la feuille, qu'arrive-t-il? la transpiration cesse, une imbibition beaucoup plus forte s'établit dans ce point-là; l'eau, échauffée par le soleil, dilate les pores de l'épiderme, pénètre le tissu réticulaire, se mêle avec le parenchyme, & délaye tous les sucs qui se rencontrent dans cette espèce de réservoir. Le soleil continuant à agir, il s'établit une espèce de petite fermentation qui détruit la substance même du parenchyme. Le tissu réticulaire plus dur, & de nature ligneuse, résiste davantage, & subsiste, tandis que la maladie ronge la matière succulente & parenchymateuse qu'il renferme entre ces réseaux. C'est à cet effet qu'il faut attribuer le vide & l'espèce de transparence que l'on remarque sur les feuilles attaquées du blanc.

Comme cette maladie n'a pas des suites bien dangereuses, & que la plaie ne passe pas ordinairement l'endroit attaqué, elle ne doit donner aucune inquiétude; & le seul remède à indiquer, consiste à la prévenir plutôt qu'à la guérir. Lorsque dans la chaleur de l'été, des ondées subites, ou des pluies d'orage, n'ont fait disparoître le soleil qu'un instant, & que l'on s'attend à le voir lancer ses rayons quelques momens après, on peut avoir soin d'agiter les plantes, de secouer légérement les branches des arbres que l'on veut conserver dans leur beauté, afin de faire tomber une partie de l'eau dont leurs feuilles sont couvertes. M. M.

III. La seconde espèce de *blanc*, plus connue sous le nom de *lèpre*, fait ses ravages principalement sur les arbres fruitiers, & sur-tout le pêcher. On l'appelle encore *meûnier*, relativement à la couleur blanche que prennent les feuilles, les bourgeons, & même les rameaux & les fruits. Cette couleur est dûe à une sorte de matière cotonneuse qui les empêche de transpirer; ou plutôt, cette matière cotonneuſe ne ſeroit-elle pas elle-même la matière de la tranſpiration épaiſſie ſur l'épiderme & ſur l'écorce ?

M. de Villehervé, cet excellent obſervateur, & à qui nous devons la publication de la *Pratique du Jardinage*, de M. l'abbé Roger Schabol, a ſuivi attentivement cette maladie, & a remarqué qu'elle ſe manifeſtoit dès la fin de Juin, durant les mois de Juillet, d'Août & de Septembre; qu'à ces époques, il ſe forme à l'extrémité des bourgeons, aux feuilles, aux rameaux, aux fruits, un duvet blanchâtre, aſſez reſſemblant à la chanciſſure qui paroît ſur les viandes cuites & trop long-tems gardées.

En ſuivant le blanc ou la lèpre dans ſon commencement, dans ſes progrès & dans ſa fin, il a vu, 1°. que ce duvet blanchâtre attaque d'abord l'extrémité du rameau. Toutes les maladies qui affligent les arbres commencent du bas en-haut, & s'inſinuent en montant à meſure que la ſéve vicieuſe y eſt portée; mais dans le blanc, au contraire, l'humeur prend d'abord à la cîme du bourgeon. Ce grouppe de feuilles qui en terminent la pouſſe, commence à blanchir, puis elle deſcend inſenſiblement vers le gros du rameau, ſe communique aux feuilles, à la peau, aux yeux, aux fruits, & ſouvent même au vieux bois. Toute la capacité de l'arbre en eſt tellement infeſtée, qu'il devient farineux; les ſuites en ſont funeſtes pour l'année ſuivante: il n'y a pas de fruit à eſpérer ſur aucune des branches qui en ſont attaquées, à cauſe de la chûte prématurée des feuilles qui n'ont point le tems de travailler la ſéve pour la faire paſſer au bouton endommagé par cette humeur deſſéchante.

2°. Les pruniers, les abricotiers, & tous les végétaux ſont ſujets à la lèpre ou blanc; mais plus rarement & plus légérement, à proportion de leur délicateſſe. Cette maladie eſt cependant beaucoup moins commune dans les provinces méridionales, aux pêchers & aux abricotiers, parce qu'ils ſe trouvent dans un climat plus analogue, ou du moins plus rapproché de celui de leur pays natal. La chaleur y étant plus active, plus ſoutenue, les coups de vents froids rares ou nuls, la tranſpiration de ces arbres n'eſt pas interceptée.

3°. Il en eſt de cette maladie comme de la jauniſſe: elle ne prend pas toujours à toutes les parties de l'arbre à la fois, & ne nuit qu'aux bourgeons, qui, à la taille, ſont jetés à bas ou taillés fort court, ſi on eſt obligé de les conſerver.

4°. Elle attaque également toutes ſortes de pêchers en tous lieux. Ici je ne ſuis pas de l'avis de M. de Villehervé. Sa propoſition eſt vraie pour les provinces de la circonférence de Paris, ou pour les lieux qui rapprochent de ce climat par leur poſition. Je n'ai jamais vu aucun pêcher ou abricotier ſujet à cette maladie dans nos provinces méridionales, ſur-tout s'ils ſont à plein-vent. Je ne dis pas que le blanc ou la lèpre ne puiſſe attaquer les nains; & je crois que dans cette circonſtance, on doit attribuer le principe de la maladie à l'expoſition où ils ſont plantés, & le cas eſt très-rare. Les arbres qu'on rogne, qu'on pince, en ſont plus maltraités, ainſi que les arbres remplis de mouſſe, de bois mort, de chicots, de chancres, de plaies mal traitées.

5°. Cette maladie eſt tellement contagieuſe, que les bourgeons de l'arbre le plus ſain, placé à côté d'un autre qui en eſt attaqué, ne tardent pas à être couverts de lèpre; il eſt vrai qu'elle n'y fait pas le même progrès, mais elle ne laiſſe pas de s'étendre. Ne feroit-ce pas le cas de demander ſi ce bourgeon que l'on croit attaqué par communication, ne l'eſt pas plutôt parce qu'il s'eſt trouvé dans la même poſition, dans les mêmes circonſtances que ſon voiſin?

6°. L'humeur, principe de ce duvet blanc dans le pêcher, vient, dit M. de Villehervé, d'une ſéve mal cuite & mal préparée, qui filtre à travers les toupillons de feuilles dont chaque bourgeon eſt couronné, & qui ſont plus petites que celles des yeux inférieurs; elle commence à diſtiller de ces dernières & de l'écorce du bourgeon, comme une humidité gluante qui colle tant ſoit peu les doigts. Son principe eſt la gomme qui flue des feuilles où elle eſt différemment modifiée, plus amincie, plus déliée que dans les grands réſervoirs de la ſéve. Je ne penſe pas avec M. de Villehervé, que le principe de cette maladie ſoit ſimplement dû au principe gommeux; je croirois plutôt que c'eſt un principe qui forme le *miellat*, (*voyez* ce mot) & qui contient une ſubſtance douce & ſucrée. J'ai eu cette année des pruniers un peu chargés de blanc; & après avoir porté à la bouche une des feuilles les plus blanches, j'ai reconnu le goût ſucré & mielleux. Les petits pucerons ne s'attachent point aux émanations gommeuſes, & un grand nombre s'étoit jeté ſur les feuilles & bourgeons lépreux. Je ſuppoſe, continue M. de Villehervé, comme une choſe inconteſtable, que la ſéve, après avoir monté facilement, trouvant ſes paſſages fermés à ſon retour, eſt obligée de fluer en dehors; & qu'étant déplacée, elle produit le même ravage dans les plantes, que le ſang dans notre corps en ſemblable occaſion: elle ne flue point par bouillon comme l'autre gomme, mais par petites parcelles minces & ſuperficielles. D'abord frappée de l'air, coagulée enſuite, & aplatie ſur les feuilles & ſur la peau, elle ne tarde pas à être deſſéchée par les vents & par le ſoleil. Le tiſſu de cette humeur viſqueuſe & gluante, a paru au microſcope comme autant de petites parties filandreuſes collées les unes ſur les autres. On ne peut mieux les comparer qu'à certains duvets cotonneux que la nature forme ſur les feuilles & les fruits du coignaſſier, & ſur les feuilles de l'eſpèce de raiſin, que pour cette raiſon on nomme *meûnier*. La forme de ces filamens n'annonce-t-elle pas que les pores ont fait l'office de filières par où ils ſe ſont échappés, & qu'à meſure qu'ils en ſortoient, leur ſubſtance prenoit de la conſiſtance, & leur extrême fineſſe permettoit à la partie ſimplement aqueuſe de s'évaporer.

7°. Les arbres attaqués de la lèpre en Juin, ou au commencement de Juillet, ſe rétabliſſent au renouvellement de la ſéve. Au contraire, à la fin de Juillet & en Août, tems où la féve est amortie, & où le soleil va en rétrogradant, ils se dépouillent de leurs feuilles, & dès-lors les yeux ou boutons avortent pour l'année suivante. Il faut, à la taille, avoir une attention particulière au choix du bon bois, afin de ne l'asseoir que sur le bois le plus franc.

Cette lèpre ne doit pas être confondue avec le blanc qui prend aux feuilles du pêcher durant les grandes sécheresses. Vers le mois d'Août, & au commencement de Septembre, certains coups de soleil frappent vivement les feuilles de ces arbres, dont la féve n'est pas assez abondante pour suffire à la dissipation qui s'en fait quand le soleil enlève toutes leurs substances, & pompe leur humide radical. Ces feuilles paroissent alors toutes blanches à l'endroit du dessus qui répond au soleil, tandis que le dessous est verd comme à l'ordinaire. Elles peuvent se remettre jusqu'à un certain point, en baquettant de l'eau avec la main pour les humecter, & en arrosant les tiges. Ce blanc n'est pas dangereux, en ce que le bouton est tout-à-fait formé, & qu'on n'a point à appréhender la chûte des feuilles, ni leur production forcée.

Cette maladie est plus commune dans les provinces méridionales, que dans les environs de Paris, & elle est à craindre pendant tous les mois de l'été, sur-tout lorsque le vent de mer souffle. Il traîne avec lui une forte humidité, qui remplit l'atmosphère; & les rayons du soleil traversant cette espèce de couche aqueuse, y acquièrent une chaleur à peu près égale à celle qu'on leur voit acquérir en traversant la lentille du miroir ardent. Tout ce qui se rencontre au point du foyer, est grillé & calciné, & le reste est plus ou moins attaqué, suivant son rapprochement ou son éloignement de ce foyer. On ne sauroit nombrer les effets variés qu'ils produisent sur les feuilles & sur les fruits, depuis la simple érosion, jusqu'à la dessiccation la plus complète. Ainsi, je ne confonds point le blanc avec cette espèce de brûlure, &c. C'est peut-être le premier période de l'un & de l'autre.

Voici les moyens de remédier au blanc, que propose M. de Villehervé. Selon lui, la lèpre du pêcher est une féve appauvrie & dépouillée de son baume, qui, étant portée trop abondamment vers l'extrémité des bourgeons, n'a plus de jeu pour descendre, à cause des obstructions qui l'en empêchent, & est obligée de se dégorger autour des feuilles & de la branche, par la nouvelle féve qui la pousse, & qui flue tant qu'elle ne trouve point de conduits pour la renfermer. Il faut donc, pour l'arrêter & la fixer, lui en former de nouveaux, où elle puisse être digérée & circuler, & par conséquent, dans le cas présent, pincer & arrêter les branches & les bourgeons attaqués du blanc, aussitôt qu'il commence, & les couper à trois ou quatre yeux plus bas que leur extrémité d'en-haut, afin qu'il s'y forme un nouveau bourgeon, dont les pores libres & plus ouverts, donneront lieu à la circulation de la féve. En retranchant cette partie supérieure qui est viciée, on coupe court infailliblement

ment à l'humeur gangreneuse. Cet expédient employé dès la naissance du mal, lui a toujours réussi.

En rabaissant ces branches, on observera de ne les point casser, mais de les couper proprement proche d'un œil, & de soulager beaucoup l'arbre à l'ébourgeonnement; ensorte que si une branche de la taille du printems en a poussé cinq ou six, on n'en laissera que deux. Au moyen de cette suppression, l'arbre sera plus en état de fournir à la circulation de la séve dans les rameaux qu'on laisse, & d'en produire de nouveaux à la place de ceux qui auront été raccourcis. L'année suivante la taille sera très-courte, sur du bois choisi, & à petite quantité. Le cas présent exige la mutilation des bourgeons par le bout, & c'est peut-être le seul qui oblige de s'écarter de la loi générale.

J'admets avec M. de Villehervé ce rabaissement des branches, & je l'ai souvent évité, en lavant les feuilles, les bourgeons & le bois, & à plusieurs reprises, avec l'eau d'un arrosoir, dont la pomme ou grille étoit percée par des trous très-fins. Cette opération doit avoir lieu du moment qu'on s'apperçoit du blanc. Le succès en est dû au lavage qui détache des feuilles & du bois, & qui dissout cette substance gommeuse, mucilagineuse & sucrée, qui produit sur les uns & sur les autres, le même effet que l'huile sur le corps de tous les insectes quelconques. Cette substance ferme les pores par lesquels la transpiration s'opère, ainsi que ceux par lesquels les feuilles, &c. absorbent l'air & l'humidité de l'atmosphère, qui servent à entretenir le jeu de la séve ascendante, pendant le jour, des racines aux feuilles; & de la séve descendante, pendant la nuit, des feuilles aux racines. L'insecte dont la trachée-artère est placée sur le dos, & qui est fermée par l'huile, meurt apoplectique. L'apoplexie de l'arbre, si je puis m'exprimer ainsi, suivie de la paralysie, reconnoît la même cause, puisque cette couche de blanc bouche les pores inhalans & les pores absorbans; dès-lors engorgement, reflux de la séve, &c. Les lavages mettant le bois & les feuilles à nu, rétablissent les fonctions de ces pores, si l'obstruction de leur orifice n'est pas trop invétérée.

IV. *Blanc du fumier.* C'est une suite de la trop grande, trop longue & trop forte fermentation. Alors les couches, ou bien les fourchées de fumier pailleux, ainsi qu'elles ont été placées, acquièrent dans leurs interstices une couleur blanche; & le fumier, dans cet état, a perdu presque toute sa force. On pourroit même dire qu'il n'est plus utile que lorsqu'il se change en terreau. Le blanc ne survient ordinairement pas au fumier qui est étendu & pas trop amoncelé, & ces couches blanches & chancies ont communément lieu dans l'été, si on n'a soin, de tems à autre, d'arroser le monceau de fumier, & de faire en sorte de rendre à l'intérieur la portion d'humidité qui s'en exhale. Le monceau de fumier trop sec n'est pas exposé au blanc; mais cette dessiccation trop forte permet l'évaporation de la majeure partie de ses principes. Il y a un juste milieu en tout, & il vaut mieux que la base du monceau soit dans une petite quantité d'eau, que d'être sans humidité : s'il y a alors trop d'humidité jointe à la chaleur, le milieu du monceau se chancit & prend le blanc. L'art de faire le bon fumier tient à beaucoup de considérations particulières, qui seront détaillées aux mots ENGRAIS, FUMIER.

Ceux qui font des couches de champignons, regardent cette chancissure de blanc, comme la matrice des champignons, & ils l'insèrent dans leurs couches.

BLANC, COULEUR BLANCHE. Il est essentiel de donner cette couleur aux colombiers ; elle y fixe les pigeons, & les y attire.

Le trop grand blanc fatigue la vue ; mais il est agréable lorsqu'il est mêlé ou coupé par la verdure.

Pour blanchir les murs, on se sert communément de la chaux éteinte & délayée dans l'eau. Ce blanc roussit promptement, & salit les habits.

Comme à la campagne on n'a pas toujours des barbouilleurs sous sa main, & que la propreté & l'agrément exigent de donner à l'intérieur des maisons une teinte blanche, voici quelques procédés qu'on peut faire exécuter par ses valets. Je les emprunte du *Dictionnaire économique*, après les avoir mis en pratique.

I. *Pour blanchir les murailles*, faites bouillir dans l'eau bien nette, environ le quart de son poids de chaux vive ; délayez-la, & servez-vous en. Posez ensuite sur votre blanc de chaux, une colle composée de gomme arabique, ou de pêcher, de prunier, de cerisier ou d'abricotier. Au défaut de la première, prenez de la gomme adragant, & des rognures de parchemin, que vous aurez mises à discrétion ; faites bouillir le tout dans une suffisante quantité d'eau, & passez-le par un linge. Cette colle fera tenir le blanc & lui donnera beaucoup d'éclat. Si la colle est trop épaisse, ajoutez-y de l'eau ; autrement elle écaillera en se séchant.

II. Prenez une livre de blanc de céruse, non mélangé avec la craie ou le plâtre, ainsi qu'on le vend communément, & dix ou douze livres de plâtre blanc, tamisé très-fin ; détrempez le tout avec l'eau de savon blanc ; & polissez-le avant qu'il soit sec, avec la main, ou avec un sac ou nouet de peau, rempli de laine.

III. *Blanc des carmes.* Cette manière de blanchir les chambres ou cabinets, est des plus belles & des plus propres. Il faut avoir une bonne quantité de chaux faite de cailloux blancs qu'on rencontre dans les rivières, ou du moins, on se procurera la plus belle chaux qu'on pourra trouver. On la passera bien fin pour la séparer des petites pierres & matières étrangères. On mettra cette chaux dans un baquet ou cuvier de bois, garni d'un robinet à la hauteur de l'espace qu'occupera la chaux ; on le remplira d'eau claire, & on battra bien avec de gros bâtons ce mélange, qu'on laissera ensuite reposer pendant vingt-quatre heures. Après ce tems, on ouvrira le robinet, & toute l'eau qui surnage la chaux s'écoulera : mettez-en de la nouvelle ; battez-la, & répétez l'opération chaque jour pendant un mois. Plus long-tems on lave ainsi cette chaux, plus elle se dépâte & devient blanche. Ceux qui veulent avoir ce blanc dans sa perfection, le travaillent pendant six mois, & quelquefois plus.

Usage de ce blanc. Pour s'en servir, égouttez toute l'eau par le robinet, vous trouverez au fond la chaux en pâte. On en mettra une quantité convenable dans un pot de terre, dans lequel on versera un peu de térébenthine de Venise, & quelque peu d'outremer ou de cendre bleue. On remuera bien le tout avec un gros pinceau. Si le mélange s'épaissit trop, on y ajoutera un peu d'eau de savon ou de colle de gants bien propre, qu'on remuera fortement, & tout de suite on l'appliquera sur les murailles qu'on aura eu soin de rendre très-unies. Avant de donner les seconde & troisième couches, on laissera parfaitement sécher la première.

Blanc de Baleine. Substance insoluble dans l'eau & dans l'esprit-de-vin, blanche, inflammable, insipide, prompte à rancir, d'une consistance approchante de celle du suif de mouton, qu'on retire des ventricules du cerveau de la baleine. Ce blanc mêlé intimément avec du sucre ou avec un jaune d'œuf, ou avec du miel, appaise la toux, favorise l'expectoration sur la fin de la péripneumonie, dans la phtysie pulmonaire essentielle, la phtysie pulmonaire des fondeurs, & la phtysie pulmonaire par inflammation de poitrine. Cette substance est pesante aux estomacs foibles, aux tempéramens bilieux; nuisible lorsque les matières contenues dans les premières voies tendent à l'acide, & dans le commencement des maladies inflammatoires de la poitrine. Ce blanc, dissout dans plusieurs jaunes d'œufs, & donné sous forme de lavemens, calme les coliques occasionnées par des substances vénéneuses.

BLANCHE D'ANDILLY. *Poire.* (*Voyez* ce mot)

BLANCHETTE. (*Voyez* MACHE)

BLANCHIMENT du *fil*, du *chanvre*, du *lin*. (*Voyez* ces mots)

BLANQUET. *Poire.* (*Voyez* ce mot)

BLANQUETTE. Vin blanc assez renommé, que l'on fait dans la Gascogne & dans le Bas-Languedoc, avec le raisin qui y est appelé *blanquette*. Ce nom lui a été donné par rapport au duvet blanc & cotonneux qui recouvre sa feuille par-dessous. Je pense que ce raisin est celui que l'on nomme *malvoisie* dans le Lyonnois, & *meûnier* dans les provinces plus septentrionales. Son grain est petit, plus long que rond, arrondi à ses deux extrémités; sa couleur, lors de sa maturité, tire sur le roux. La chair du grain est cassante, & chaque grain renferme communément deux pepins; son suc est doux, sucré, assez aromatisé. Le raisin mûrit facilement; mais il faut attendre sa complète maturité avant de le couper pour faire la *blanquette*. C'est un vin doux, assez spiritueux, & de l'espèce de ceux qu'on nomme *vin de femme ;* il s'éclaircit difficilement, & par conséquent a besoin d'être collé & fouetté. La blanquette de Limoux a beaucoup de réputation.

BLATIER. C'est pour ainsi dire le colporteur des grains d'un marché à l'autre. Il en achète une certaine quantité, & spécule sur cette quantité, en observant que la mesure de tel marché est plus grande ou plus petite que celle de tel autre, & le prix n'est pas toujours en raison de la différence de grandeur des mesures ; c'est ce qui assure son bénéfice. La loi lui défend d'exposer aucun blé mélangé, & lui ordonne que celui du fond du sac soit aussi beau que celui de dessus. Dans le cas de contravention prouvée, la marchandise est confisquée, & il paye cinquante livres d'amende.

BLATTE. (*Voyez* au mot INSECTE la gravure qui la représente) Nous ne parlerons ici que de la *blatte des cuisines & des greniers ;* & c'est la même. Les autres espèces sont indifférentes pour l'agriculteur. M. Geoffroy la caractérise par cette phrase : *Blatta ferrugineo-fusca, elytris sulco ovato impressis, abdomine brevioribus.* Cet insecte est de couleur brune, comme brûlée ; ses antennes longues & unies, surpassent d'un tiers la longueur du corps, & sont composées d'une infinité d'anneaux courts. La tête est petite & presque entièrement cachée sous la platine du corcelet qui est large & ovale. Les étuis, de la même couleur que le reste du corps, sont transparens, membraneux, & plus courts d'un tiers que le ventre. Du haut de chacun partent trois stries principales, & presque toutes trois du même point. La femelle n'a ni étuis, ni ailes, mais seulement deux moignons au commencement des uns & des autres. Aux deux côtés du dernier anneau du ventre, sont deux appendices vessiculaires, débordant le ventre, longs d'une ligne, qui paroissent striés transversalement, à cause des anneaux dont ils sont composés. Les jambes sont très-épineuses. Ces insectes se trouvent communément autour des cheminées & des fours des boulangers. Leur larve se nourrit de farine, de pâte, & fait beaucoup de dégât ; ce qui l'a fait nommer dans beaucoup d'endroits, la *pannetière.* Elle paroît être très-vorace, puisqu'elle dévore les jeunes vers à soie qu'on a mis éclore, ainsi que leur graine.

BLÉ, *ou* BLED. Nom qu'on a donné en général à toutes les substances farineuses dont on peut faire du pain. Cependant l'exception particulière se rapporte directement au froment dont M. le chevalier von Linné compte onze espèces, sans parler des variétés. On ne peut assurer positivement de quel pays il est indigène, ou bien si on le doit à une plante graminée si perfectionnée par la culture, qu'on ne reconnoît plus son type. Quelques auteurs l'ont dit originaire de Sicile, sans doute par conjecture, puisqu'ils ne l'ont point prouvé. Des voyageurs ont avancé qu'on le trouvoit chez les illinois & chez les callifforniens, mais que son grain n'étoit guère plus gros que celui du millet. Cette différence de grosseur, & plusieurs autres considérations particulières, déterminent à penser que le froment est une espèce dûe à la culture, & qui s'est perpétuée de race en race, puisque les plus anciens historiens de tous les pays, parlent avec éloge de cette plante si essentielle à la subsistance des humains. L'Amérique a tiré ses blés d'Europe ; ils n'y croissoient pas spontanément, parce qu'avant la découverte de cet autre hémisphère, la terre n'y étoit pas cultivée ; de sorte que si l'espèce des illinois est un vrai froment, elle est encore bien éloignée de la perfection même des plus mauvais blés d'Europe. M. l'abbé Poncelet, à qui l'on est redevable d'une excellente *Histoire naturelle du froment*, a essayé de reconnoître par la dégénérescence, s'il pourroit ramener notre froment à son état primitif. Après l'avoir semé, il en a coupé les premières tiges très-peu élevées encore ; ces tiges se sont multipliées. Il les a encore coupées de nouveau ; elles n'ont point cessé de croître & de multiplier ; enfin, il a recommencé si souvent cette opération, que les tiges extraordinairement multipliées n'étoient pas plus grosses que celles du *gramen* ou chiendent ordinaire. Il a conservé pendant deux ans ce grain dégénéré, sans être certain qu'il fût devenu ou bisannuel seulement, ou vivace. Il vouloit, après cette dégénération bien constatée, ramener par la culture ce même froment à son état de perfection ; mais des circonstances particulières ne lui ont plus permis de suivre son expérience. Je la répete actuellement, & j'en rendrai compte à la fin de cet Ouvrage.

Ce n'est pas le cas de parler ici de la culture du blé en général, de la nature des terres qui conviennent à chaque espèce de blé en particulier, des instrumens pour ouvrir la terre & recouvrir la semence ; des engrais que ces terres exigent, ni de la préparation des grains avant de les semer : ces objets seront traités séparément sous le mot propre de chaque espèce. Il ne s'agit actuellement que des points généraux & communs à toutes les espèces, & qui éviteront des répétitions par la suite. La première chose à examiner, est, *comment & par quelles loix s'exécutent le développement du germe & la végétation de la plante ? & ensuite quels sont les principes constituans du blé ?* La richesse principale des campagnes dépend de ces deux objets. Le bien-être des propriétaires & des habitans des villes en est le résultat. Il est donc très-important que le cultivateur soit instruit, & que l'instruction lui serve ou à abandonner les pratiques vicieuses de culture, ou à perfectionner celles qu'il a trouvées établies. Chaque pays a sa méthode, & dans chaque pays on dit qu'elle est fondée sur l'expérience ; cela est vrai jusqu'à un certain point. J'ai demandé cent fois aux cultivateurs, s'ils avoient fait des expériences comparatives avec leur méthode, pour juger s'il n'y avoit rien à y changer ? Tous m'ont répondu négativement, disant que leur méthode étoit bonne, & il ne m'a pas été possible d'en tirer d'autres éclaircissemens. Lorsque le cultivateur connoîtra parfaitement les principes du blé, la marche de sa végétation, la nature du sol qu'il laboure, il sera alors en état de faire des expériences, & des expériences raisonnées & fondées sur une bonne théorie; car toute expérience faite au hasard & sans principes, n'est point concluante, & la plus légère modification la rend nulle pour les années suivantes.

On doit à M. l'abbé Poncelet une suite de recherches intéressantes sur cet objet; & aucun auteur, jusqu'à ce jour, n'a développé avec autant de soins & d'intelligence, le mécanisme de la végétation du blé; après lui on ne peut plus que glaner. Quelle reconnoissance ne doit-on pas à un homme qui a étendu la sphère de nos connoissances, & qui doit tout à la seule observation! » Dans l'impossibilité (c'est ainsi » qu'il s'explique) de me procurer » les bons ouvrages qui traitent de » l'agriculture & des arts qui en » émanent, je n'ai eu pour toute » ressource, que celle de pouvoir » lire sans contrainte, & à toute » heure, dans le plus ancien des » livres, dans le grand livre de la » nature; & ç'a été pour y lire » avec plus de liberté, pour pou- » voir méditer plus profondément » sur ce que j'y aurois lu, que re- » nonçant pour un tems au com- » merce des hommes, je me suis » retiré dans une paisible solitude; » c'est-là qu'inconnu & ignoré de » l'univers entier, jouissant d'une » santé parfaite, avide de connois- » sances; seul, absolument seul; » sans compagnon, sans domesti- » que, sans témoins, j'ai labouré » la terre, semé, moissonné, mou- » lu, fait du pain; sans engrais, » sans charrue, sans moulin, sans » four; en un mot, sans autres » ustensiles que ceux qu'une ima- » gination industrieuse, excitée par » la nécessité des circonstances, & » guidée par la raison, me faisoit » inventer. J'en excepte pourtant » quelques vaisseaux chimiques, un » crayon, des pinceaux, de l'encre » de la Chine, & sur-tout un excel- » lent microscope dont je m'étois » muni, parce que je prévoyois » l'indispensable besoin que j'en au- » rois souvent. »

Puisse l'exemple de M. l'abbé Poncelet être suivi par tous ceux qui s'attachent à une partie de l'agriculture, & même de chaque science quelconque. C'est la seule manière de bien voir. Je saisis avec joie cette occasion de lui témoigner publiquement ma reconnoissance, & celle des agriculteurs, des vérités qu'il nous a fait connoître. Je me fais gloire de dire que je vais me servir de son travail, & je le dis avec une franchise égale aux soins que prennent les plagiaires pour qu'on ne connoisse pas les sources où ils ont puisé. Je pourrois comme eux, faire l'extrait de l'ouvrage de M. l'abbé Poncelet, rendre son travail presque mien, ou du moins le faire croire aux ignorans; mais je préfère son estime & l'utilité dont il sera à ceux qui ne le connoissent pas & qui liront ce que j'écris. Ce seroit un crime de le défigurer.

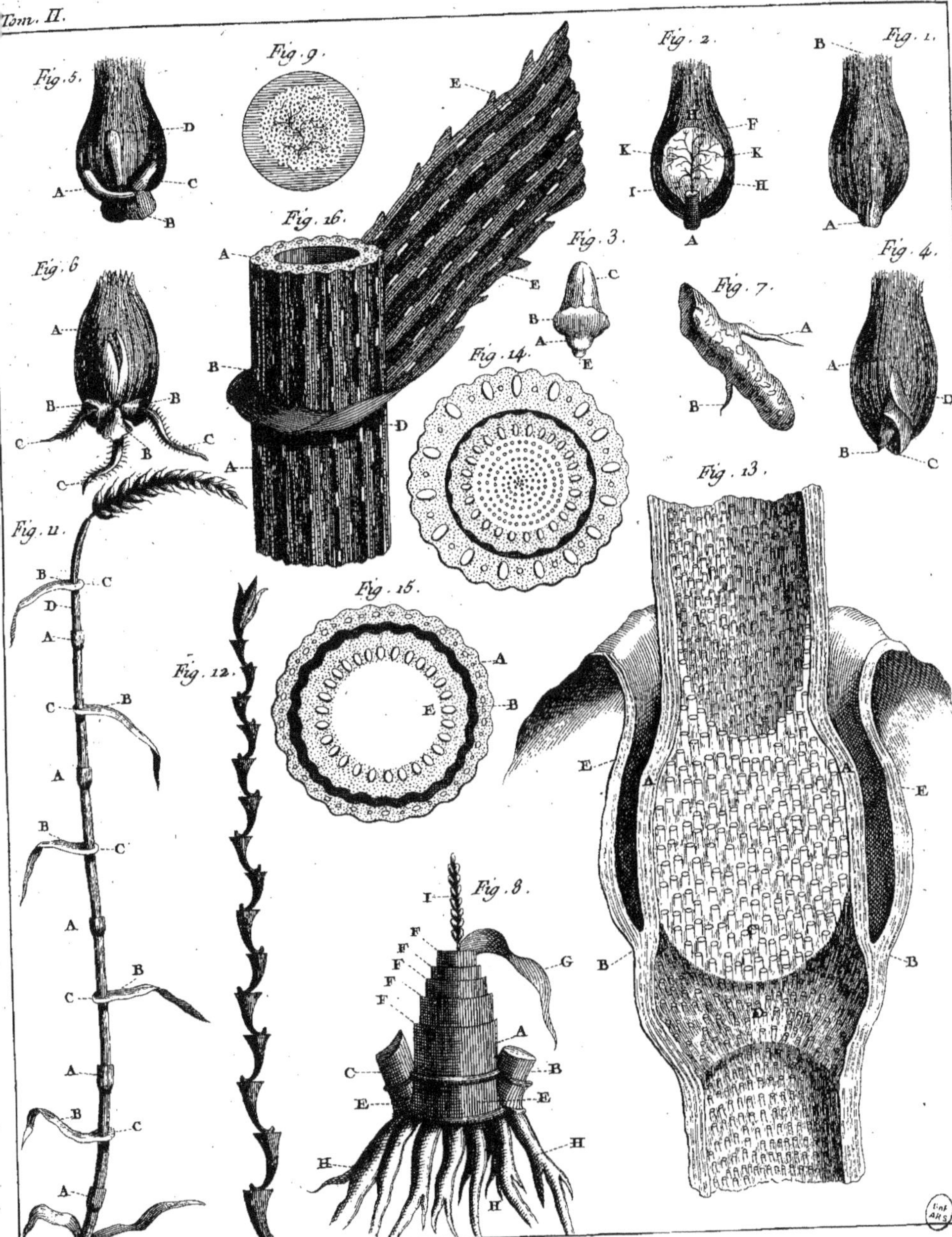

Fig. 1. Fig. 2. Fig. 3. Fig. 4. Fig. 5. Fig. 6. Fig. 7. Fig. 8. Fig. 9. Fig. 11. Fig. 12. Fig. 13. Fig. 14. Fig. 15. Fig. 16.

Sellier Sculp.

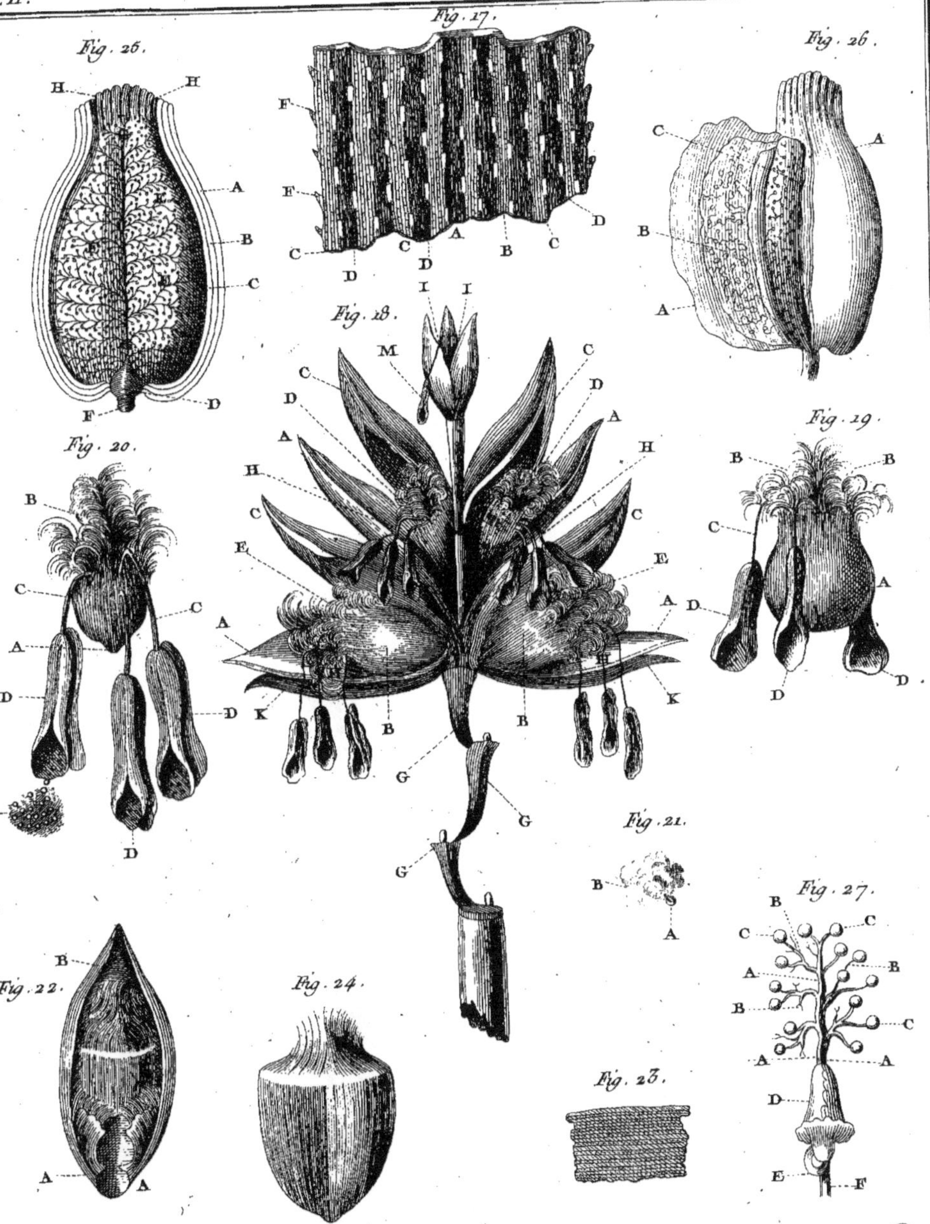

Sellier Sculp.

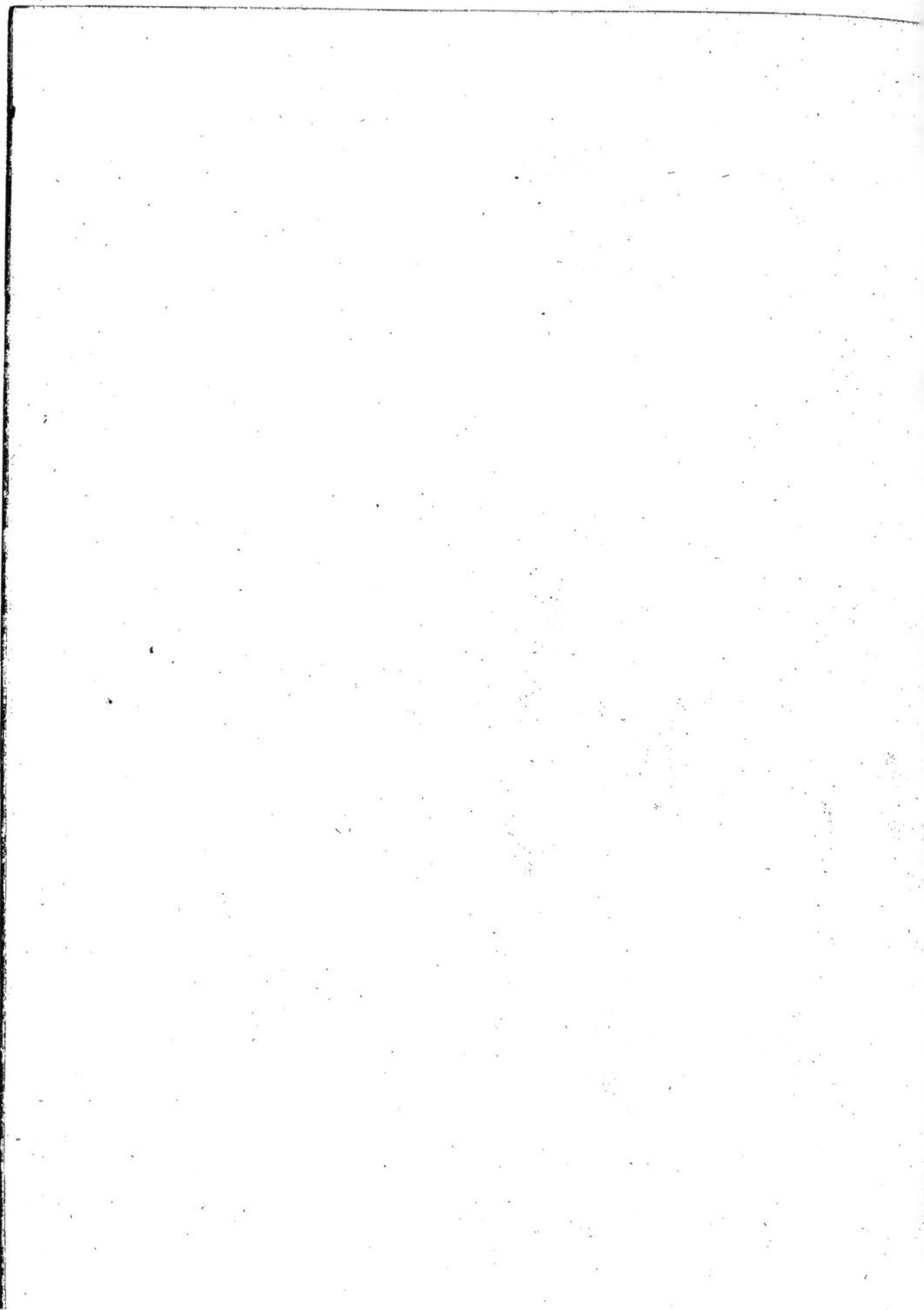

CHAP. II. *Examen plus particulier du Blé, suivi dans tous les points de sa végétation.*

CHAPITRE PREMIER.

VUES GÉNÉRALES SUR LE DÉVELOPPEMENT DU GERME, ET SUR LA VÉGÉTATION DU BLÉ.

SECTION PREMIÈRE.

Du développement du germe.

Le grain de froment, comme tout le monde sait, présente assez bien la figure d'un petit fuseau dont les deux extrémités sont tronquées; il est aplati d'un côté, convexe de l'autre. On remarque au bas de celui-ci, (*Pl. 9, Fig 1,*) une protubérance A, qui indique l'emplacement du germe (1). Le côté aplati est distingué par une rainure profonde qui partage le grain en deux lobes; ceux-ci, vers la partie convexe, semblent se réunir en un seul. Plusieurs naturalistes, à cause de cette réunion, n'ont admis dans le froment qu'un seul lobe.

Le grain est recouvert d'un tégument composé de trois tuniques ou membranes : les deux premières sont formées de tuyaux disposés verticalement les uns à côté des autres, communiquant entr'eux par des insertions latérales, & formant au sommet B, par leur terminaison commune & leur réunion, une espèce d'aigrette. La troisième membrane qui recouvre intérieurement l'un & l'autre lobe, est si mince,

que jamais M. l'abbé Poncelet n'a pu en observer ni discerner la contexture; ce n'est même qu'avec bien de la peine qu'on vient à bout d'en découvrir l'existence. Entre celle-ci & la seconde, on trouve une couche de substance visqueuse, qui est peut-être de la résine, & la partie mucilagineuse peut être également logée dans le même endroit. Cette espèce de gomme-résine enveloppe le grain dans sa totalité. Dans la partie inférieure est une ouverture qui communique avec le chalumeau F, (*Pl. 10, Fig. 25* & *27*), plongé & divisé de même dans toutes les parties de l'épi. Tout le long de la rainure règne un gros vaisseau GG, (*Fig. 25*) divisé en plusieurs branches AAA, (*Fig. 27*) sous-divisées elles-mêmes en une infinité de petits rameaux BBB, tous terminés par un globule CCC, réservoir précieux du suc nourricier, vrai sel essentiel sucré & fermentescible, plus connu sous le nom de *substance muqueuse*, dont on parlera dans le chapitre suivant. Tous ces vaisseaux, d'une exilité surprenante, renferment cependant chacun en particulier, un double canal provenant originairement du chalumeau ou tige F, (*Fig. 25* & *27*), dont l'un est destiné à porter le suc nourricier dans chaque globule CC de l'un & de l'autre lobe, tandis que réciproquement le second canal partant de chaque globule, est destiné à porter le suc au germe D, par l'entremise du canal F, inséré, comme il a été dit, dans la

---

(1) Les mots propres dont on ne comprendra pas la signification, sont expliqués dans le courant de cet Ouvrage. Ainsi voyez chaque mot.

rainure, & auquel se réunissent tous les petits canaux A A A de chaque sous-division B B B. Le grand canal ou principal vaisseau F de la rainure, en transmettant ainsi au germe la substance alimentaire qu'il reçoit de toute part, fait, à proprement parler, les fonctions de cordon ombilical : après avoir formé en E, (*Fig. 27*) un sinus, il va s'insérer dans la partie inférieure du germe auquel il fournit pour lors immédiatement la nourriture nécessaire à sa subsistance.

Pour peu qu'on ait saisi le système organique du grain de froment, il ne sera pas difficile de concevoir ce qui va être crayonné pour rendre la chose plus sensible.

Le premier développement du germe dépend d'un mouvement intestin, qu'on peut appeler *fermentation*. Tant que cette espèce de fermentation n'est point excitée par une cause extérieure, toutes les parties organiques du grain demeurent dans un repos absolu ; le germe lui-même, sans donner le moindre signe de vie, reste dans l'inaction & comme enseveli dans un profond sommeil ; mais l'humidité n'a pas plutôt pénétré par l'orifice inférieur, communiquant à la tige ou chalumeau, & suivi les ramifications dans leurs nombreuses sinuosités, jusque dans l'intérieur des globules, qu'aussitôt la substance muqueuse qui y est contenue, se dissout, se gonfle, s'agite, s'étend jusqu'au germe, lui communique son mouvement, l'éveille & l'excite à déployer sa puissance végétative : il éprouve alors, & pour la première fois, le besoin d'être nourri ; il attire donc à soi & pompe vigoureusement, par le moyen du canal conducteur, faisant les fonctions de cordon ombilical, le suc nourricier nécessaire à sa subsistance : de-là son accroissement insensible, & l'augmentation graduée de ses forces.

Ainsi commence & continue le jeu des parties organiques d'un grain de blé, jusqu'à ce qu'enfin les deux lobes entièrement épuisés, n'offrent plus qu'un sac vide ; le germe n'attend même pas cet instant pour chercher ailleurs une nourriture plus abondante. Huit jours après avoir été déposé en terre, quelquefois plus, quelquefois moins, il fend ses enveloppes, (*Fig. 4*, *Pl. 9*), fait paroître les premiers vestiges, tant des feuilles que des racines, les unes & les autres renfermées chacune dans une espèce de bourse particulière. Quelques jours après, ce mince tégument se déchire, & c'est pour lors qu'on voit à découvert les feuilles séminales & les premières racines. C'est à cette époque qu'on peut comparer le germe du blé à un enfant de quelques mois, nourri tantôt du lait de sa nourrice, tantôt d'alimens plus solides, de soupes, de bouillies, &c. ; de même le germe, au tems où nous parlons, se nourrit tout à la fois & de la substance muqueuse que fournissent les deux lobes, & de la terre soluble que lui fournit le sol, sa vraie mère-nourrice.

On vient de comparer le germe développé, à un enfant de quelques mois ; mais l'analogie entre ce qui se passe dans le grain du froment après avoir été semé, & ce qui se passe dans la matrice animale peu après

après le tems de la conception, est bien plus frappante. On sait que dans celle-ci le cordon ombilical, après s'être divisé en plusieurs branches vers son extrémité supérieure, porte ses ramifications dans le placenta, membrane épaisse quelquefois d'un bon pouce, toute parsemée de glandes & de vaisseaux, d'où suinte une liqueur douceâtre, qui, après s'être insinuée dans les vaisseaux les plus grêles, est chariée par eux jusqu'au cordon ombilical, d'où elle passe ensuite au fœtus. N'est-ce pas presque mot pour mot, ce qu'on vient d'observer dans le grain de blé lorsqu'il commence à se développer ? N'a-t-on pas vu que de la substance globuleuse, vulgairement appelée *farine*, il sort une liqueur douce, sucrée, qui sert de nourriture au germe ?

Il est vrai que dans cette description, on n'a parlé ni de l'alantoïs, ni du chorion, ni de l'amnios, autres membranes particulières au fœtus animal; mais ne pourroit-on pas appliquer ces noms aux diverses enveloppes qui recouvrent le germe immédiatement ? Ces tuniques, ces bourses que les racines déchirent en se prolongeant, ont beaucoup de ressemblance aux membranes qui enveloppent le fœtus.

SECTION II.

Théorie de l'accroissement.

A peine le germe s'est-il développé, qu'on y remarque un accroissement sensible, & cet accroissement s'opère en vertu des trois premières loix de la nature; de la loi d'affinité, de la loi d'attraction, & de la loi d'assimilation. La loi d'affinité est celle en vertu de laquelle deux corps d'une même nature, ou d'une nature approchante, tendent à s'unir préférablement aux autres corps avec lesquels ils ont un rapport moins intime. La loi d'attraction est celle en vertu de laquelle deux corps qui ont entre eux un rapport d'affinité, se rapprochent nécessairement, à moins que des obstacles invincibles ne s'y opposent. Enfin, la loi d'assimilation est celle en vertu de laquelle deux corps qui se sont rapprochés par un effet de la loi d'attraction, finissent par s'identifier. Voici l'application de ces loix.

Quelques jours après que le grain a été déposé dans une terre bien meuble, l'humidité, ainsi qu'il a été dit, ayant passé par l'orifice inférieur de l'un des deux conduits qui composent le grand vaisseau destiné à faire les fonctions du cordon ombilical, pénètre insensiblement jusque dans l'intérieur des globules, où elle attaque & dissout la substance muqueuse : celle-ci devenue fluide, & ne trouvant plus d'obstacles à vaincre pour se joindre au germe avec lequel elle a la plus grande affinité, quitte le globule, coule de rameaux en rameaux, jusque dans l'espèce de cordon ombilical dont on a si souvent parlé, s'affimile au germe, s'identifie avec lui; & par une conséquence nécessaire, augmente le volume de toutes les parties organiques. Cet accroissement parvenu à un certain degré, les racines prennent vigueur, déchirent leurs enveloppes ; & toujours, par une même suite de cette loi d'affinité, percent les mottes environnantes, s'étendent de droite & de gauche, attirent la terre soluble, aliment nécessaire de toute plante. Cette attraction est quelquefois si marquée, qu'il n'est pas rare de voir la racine, comme si elle étoit douée de discernement & d'intelligence, se détourner brusquement d'une motte très-molle, mais privée de terre soluble, pour aller chercher une motte voisine plus compacte, mais remplie de cette même terre.

Ce qui se passe dans la racine en vertu des loix d'affinité, d'attraction, d'assimilation, se répète au même instant, & par un effet de la même cause, dans les feuilles séminales. Les trachées dont les feuilles sont en partie composées, renferment un fluide d'une affinité bien décidée avec l'air ambiant, soit à cause des propriétés spécifiques de celui-ci, soit plutôt, ainsi que le conjecture M. Poncelet, à cause d'une substance très-active, très-subtile, contenue dans ce même air. Les trachées doivent donc vigoureusement l'attirer ; & par cette attraction, il doit s'établir un mouvement d'oscillation entre tous les fluides du systême vasculaire de la plante. On conçoit sans doute, par ce qui a été observé, que ce mouvement d'oscillation suppose deux points d'appui, l'un placé dans l'air qui refoule par bas les fluides contenus dans les vaisseaux de la substance corticale, l'autre placé dans la racine qui force les mêmes fluides de monter par les fibres de la substance ligneuse ; d'où il résulte nécessairement l'admirable mécanisme de la circulation d'une séve ascendante & descendante ; & par une autre conséquence, un accroissement successif & continuel de toutes les parties organiques. Une expérience bien simple démontre cette vérité. Mettez une goutte d'huile à l'orifice des racines ; sur le champ vous intercepterez le mouvement d'oscillation, & la plante mourra.

Revenons au sujet. D'après ce mécanisme, la plante devroit insensiblement acquérir un volume immense, & l'acquerroit en effet, si la nature n'avoit pas paré à cet inconvénient, en établissant dans chaque plante, non-seulement une expiration proportionnelle à l'aspiration, mais encore une transpiration continuelle, quoiqu'insensible, des parties les plus fluides & les plus volatiles. Cette expiration & cette transpiration, en évacuant les vaisseaux pour faire place à une nouvelle séve, doivent nécessairement produire deux effets bien remarquables : celui d'empêcher la plante d'acquérir un volume indéfini, & celui de contribuer à l'entretien du mouvement d'oscillation, originairement excité par l'attraction alternative de la racine & des trachées ; mouvement qui persévère sans interruption, jusqu'à ce que les parties solides assimilées en quantité excessive, aient formé des obstructions sans nombre, intercepté la circulation, dérangé le mouvement d'oscillation, & qu'enfin elles l'aient totalement arrêté. A cet instant de repos si fatal à la plante, plus d'aspiration, plus d'expiration, de transpiration, d'attraction, d'affimilation; en un mot, plus de fonctions vitales; la plante se fane & périt. Une description des parties organiques du blé jettera un plus grand jour sur cette théorie.

SECTION III.

Des parties organiques du Blé.

De la racine. La racine du blé est un corps organisé, qui est à la plante ce que la bouche, l'œsophage & l'estomac sont aux animaux. Elle est composée des mêmes substances que le tronc & la tige entière; savoir, de la substance corticale, de la substance ligneuse, & de la substance médullaire. Quoiqu'au premier coup d'œil ces trois substances paroissent fort différentes l'une de l'autre, on retrouve cependant dans toutes, la même contexture & le même mécanisme. La substance médullaire paroît seule s'en écarter un peu, c'est-à-dire que dans l'écorce, tant intérieure qu'extérieure, on distingue, comme dans le bois, les fibres, les utricules, les trachées, & le vase propre.

I. *Des fibres.* Elles sont d'une contexture solide, & très-propres à former la charpente de la plante. Elles sont à celles-ci ce que les os, & vraisemblablement les nerfs, les artères & les veines sont aux animaux; leur lacis réticulaire les fait assez ressembler aux filets d'un pêcheur. L'intervalle des mailles est rempli d'un nombre infini de petites vessies de figures différentes; l'intérieur des fibres est creux: ce sont des espèces de canaux par où la séve, introduite dans la racine par les orifices placés à ses extrémités, commence son cours.

II. *Des utricules.* On vient d'observer que l'intervalle des mailles fibreuses, communément désigné sous le nom de *parenchyme*, étoit rempli d'un nombre infini de petits vaisseaux; ce sont les utricules, ainsi nommés parce qu'ils ont la forme d'une outre renflée par le milieu, & fort étroite vers les extrémités: ils sont placés horizontalement, & communiquent les uns aux autres par une double ouverture, propre à donner & à recevoir successivement un suc clair provenant des fibres voisines.

III. *Des trachées.* Entre les fibres & les utricules, on distingue des lignes spirales & perpendiculaires, recouvertes d'une membrane écailleuse qui paroît leur servir de tunique: ce sont les trachées, vaisseaux vides en apparence, mais réellement remplis d'air, semblables en tout aux vaisseaux qui servent de poumon aux insectes. Ils sont remarquables par une suite d'anneaux placés de distance en distance, & doués d'un mouvement élastique.

IV. *Du vase propre.* Ce que les botanistes ont nommé le *vase propre*, est un assemblage de petits vaisseaux tous différens de ceux qu'on vient de décrire sous le nom d'*utricules*. Le vase propre est destiné à recevoir & à charier dans toute la plante une huile essentielle, à laquelle est presque toujours uni l'*esprit recteur*, substance singulière, incoërcible, d'une ténuité & d'une activité si grande, qu'on ne l'obtient jamais seul, sans qu'il adhère à une base quelconque. Les petits vaisseaux qui constituent le vase propre, sont placés circulairement entre la substance médullaire & l'écorce.

De l'écorce. L'écorce est aux plantes, ce que la peau est aux animaux, avec cette différence que dans celles-là, non-seulement elle sert à défendre les organes intérieurs, contre les accidens du dehors, mais encore qu'elle réunit les vaisseaux où s'opère la circulation de la séve descendante.

Les vaisseaux de l'écorce sont les mêmes que ceux que l'on observe dans le reste de la plante. Ce que l'on remarque particuliérement dans l'écorce du blé, sont deux tissus ou membranes différentes, l'une nommée *écorce extérieure* ou *cuticule*, l'autre *écorce intérieure* ou *substance corticale.* De la prolongation de la cuticule, naissent les feuilles; & de la prolongation des deux tissus conjointement, est formé le son qui sert d'enveloppe aux deux lobes.

Il est incertain si la substance médullaire, dans les gramens, s'étend jusqu'à l'écorce, & par-delà, comme on l'observe dans les arbres & dans les arbrisseaux. Ce qu'il y a de remarquable dans le froment, est que l'écorce se prolonge depuis la racine, jusqu'au-dessus du grain, où chaque fibrille du tissu réticulaire se termine comme un tube de baromètre, (*Pl. 10, Fig. 25*) bouché hermétiquement dans la partie supérieure, & formant comme une calotte : il est probable que, dans cette partie, les vaisseaux qui ont apporté la séve ascendante, se recourbent pour en faciliter la descente.

De la substance médullaire. C'est un amas de vésicules rondes, communément placé au centre des végétaux : l'on n'y remarque ni fibres, ni utricules, ni trachées, ni vase propre ; elle occupe dans le blé la partie la plus interne du chalumeau, dont elle tapisse les parois, & ne forme un plein que dans les nœuds & les ramifications de l'épi ; de manière cependant, qu'elle prolonge toujours ses branches au travers de la substance ligneuse, & même jusqu'à l'extrémité de l'écorce, qu'elle perce d'outre en outre dans plusieurs végétaux.

M. l'abbé Poncelet soupçonne que la substance médullaire contient la partie la plus élaborée de toute la plante, & qu'elle est à celle-ci, ce que les vaisseaux spermatiques sont aux animaux. Il soupçonne encore que c'est dans son voisinage qu'il faut chercher les vaisseaux où la substance muqueuse est élaborée. On sent bien qu'il ne parle pas ici des globules qui composent la farine ; ils sont faciles à trouver, & ils ne sont pas les instrumens qui servent à l'élaboration de la substance sucrée ; ils n'en sont que le réservoir.

Des feuilles. Puisque la feuille n'est qu'une prolongation de la cuticule extérieure, elle doit être composée des mêmes parties organiques ; savoir, des fibres, des utricules, du vase propre, & particuliérement des trachées. C'est dans le parenchyme des feuilles que sont situés les orifices par où l'air s'insinue dans ces espèces de poumons, pour être ensuite transporté par eux dans toutes les parties de la plante. Outre ces orifices destinés à la respiration & vraiſemblablement auſſi à l'expiration de l'air, M. Poncelet remarque dans les mêmes feuilles, trois ſortes d'ouvertures, qu'il croit deſtinées, les unes à la tranſpiration inſenſible, & dont il n'a reconnu aucune trace; les autres, aux excrétions ſolides analogues aux matières ſtercorales des animaux; enfin, les troiſièmes, deſtinées aux excrétions fluides qu'il ſoupçonne avec fondement analogues à l'urine. Ces derniers organes de la ſecrétion fluide paroiſſent diſperſés dans toute la longueur du chalumeau, à la différence de l'organe des excrémens ſolides qui ne ſe trouvent que dans la feuille. Il eſt facile d'obſerver, au moyen d'une ſimple loupe, les excrétions fluides; on les diſtingue ſous la forme de petits points ronds & brillans. Les excrétions ſolides, ſont beaucoup plus ſenſibles; on peut les diſcerner à la ſimple vue : il ſuffit même, pour en amaſſer en quantité, de mettre ſous un, ou ſous plusieurs chalumeaux encore ſur pied, une feuille de papier blanc. Vingt-quatre heures après, on la trouve couverte de petits grains noirâtres, de figure irrégulière : ce ſont les excrémens dont il eſt queſtion. La feuille n'eſt donc pas un ſimple ornement de la plante, c'eſt un organe très-eſſentiel, & même d'une néceſſité ſi abſolue, qu'une plante qui en ſeroit entiérement privée, périroit indubitablement, comme périroit un animal à qui l'on arracheroit les poumons. Il eſt vrai que dans pluſieurs eſpèces d'arbres, les feuilles tombent à l'approche de l'hiver : auſſi l'arbre eſt-il alors comme enſeveli dans un ſommeil qui ne repréſente pas mal l'image de la mort. Si la ſéve circule encore, elle ne circule que foiblement & inſenſiblement; mais le printems n'a pas plutôt ramené une température plus douce, qu'auſſitôt le ſommeil de la plante ſe diſſipe, la ſéve reprend ſon cours, les ſignes de vie reparoiſſent, & dans peu de nouvelles feuilles remplacent les anciennes.

Des chalumeaux & des nœuds. On vient d'obſerver que les feuilles n'étoient qu'une prolongation de la ſubſtance corticale : le chalumeau n'eſt de même qu'une prolongation de la racine. C'eſt exactement dans l'un & dans l'autre la même diſpoſition d'organes, & ſans doute le même réſultat. Le chalumeau eſt, comme dans toutes les eſpèces du même genre, creux dans ſon intérieur, fiſſile dans ſa longueur, & diviſé d'eſpace en eſpace, par des nœuds qui méritent une conſidération particulière, parce qu'ils jouent un très-grand rôle dans le mécaniſme du blé. On doit regarder ces nœuds, comme autant d'organes qui rempliſſent chacun une partie des fonctions du cœur. C'eſt là que la ſéve aſcendante, analogue au chyle, ſe mêle avec la ſéve deſcendante, analogue au ſang. Une multitude incroyable d'utricules & d'autres vaiſſeaux, les uns connus, les autres inconnus, tous rangés ſymétriquement, & dans un ordre relatif à leur deſtination, y font vraiſemblablement l'office de veine ſous-clavière, d'artères pulmonaires, de valvules ſigmoïdes, &c. Le centre du nœud eſt abſolument plein; il eſt rempli d'une grande quantité de ſubſtance médullaire, réſervoir ſans doute, d'un fluide très-exalté, & analogue à la semence des animaux.

SECTION IV.

De la floraison & des parties organiques de la fructification.

Quoiqu'on ne distingue dans le froment aucune fleur proprement dite, on y remarque cependant toutes les parties qui servent à la réproduction d'un nouvel individu. A mesure que le chalumeau s'accroît & s'élève, il perd insensiblement quelque chose de son diamètre, au point même qu'il paroît, à son dernier nœud, diminué de plus d'un tiers; mais en récompense, l'intérieur n'en est plus vide, la substance médullaire en remplit entiérement toute la capacité: elle s'y trouve en plus grande abondance, & cependant plus exaltée que par-tout ailleurs, si ce n'est dans sa liaison sans doute, ou *collet*, pour féconder la nature, prête à faire les derniers efforts pour la réproduction des nouveaux germes, & cette merveille doit s'opérer & se répéter au même instant, dans toutes les divisions de l'épi. On peut donc envisager cette partie du chalumeau, comme un axe commun, où sont implantés dans un ordre alterne, (*Pl. 9, Fig. 12*) & pour l'ordinaire, au nombre de 21, différens pédicules d'où sortent les balles; domicile commun des agens mâles & femelles de la fructification. C'est donc ici plus que jamais, qu'on va trouver & admirer l'analogie constante qui subsiste entre les individus des règnes végétal & animal.

Chaque balle est composée de deux feuilles KK, (*Planche 10, Fig. 18*) servant d'enveloppe commune, & de quatre autres feuilles AA, CC, faisant les fonctions de pétales, & formant de chaque côté deux espèces de calices. La balle est terminée par un cinquième calice II, presque toujours avorté.

Les deux premières feuilles KK sont concaves, & n'offrent rien de fort particulier; elles sont destinées à recouvrir la balle en entier, sans doute pour en défendre l'intérieur contre des accidens fâcheux auxquels elle est sans cesse exposée. Les deux feuilles AA, CC, qui forment le calice, sont d'une structure très-singulière. Quoique simples, elles paroissent cependant doubles au premier coup d'œil, c'est-à-dire, qu'elles sont concaves d'un côté, convexes de l'autre; de manière pourtant, que, repliées sur elles-mêmes, elles forment une retraite propre à recevoir d'abord le pistil & les étamines, & par la suite le nouveau grain de blé. On trouve au fond du calice dont on vient de parler, un corps rond par bas, BB, DD, (*Fig. 18*) & AA, (*Fig. 19 & 20*) applati vers le haut, & surmonté d'une espèce d'aigrette brillante EE, (*Fig. 18*) & BB, (*Fig. 19 & 20*) composée de petits tubes sans nombre: M. Poncelet croit que ce sont les extrémités des fibres qui composent le tissu vasculaire des membranes, vulgairement appelées *son*. Le demi-globe dont on vient de parler, connu par les botanistes sous le nom de *pistil*, paroît double; du moins on y distingue deux orifices appelés *stigmates*: ces deux pièces sont analogues à la matrice des animaux, & au col qui en est la prolongation. Du centre du pistil, & à travers les petits tuyaux qui forment l'aigrette dont on a parlé, s'élèvent trois cordons, HH, (*Fig. 18*) & CCC, (*Fig. 19* & *20*) terminés chacun par une paire de cornets DD, (*Fig. 19* & *20*) adossés l'un à l'autre par leur partie postérieure : ce sont les *étamines*, c'est-à-dire, les organes spermatiques, analogues aux testicules des animaux mâles. Lors donc que toutes ces parties sont parvenues au point d'accroissement qui répond à l'âge de puberté, les parties mâles, par une suite de la loi universelle, si sensible dans toute la nature, tendent à s'unir avec les parties femelles, c'est-à-dire, que les étamines répandent une infinité de petits globules F, (*Fig. 20*) qui ne manquent jamais d'être aussitôt attirés par les stigmates, pour être tout de suite précipités au fond du pistil, c'est-à-dire, dans l'ovaire. Il est facile, au moyen d'une forte lentille, de distinguer dans chaque globule provenu des étamines, une cicatricule A, (*Fig. 21*) qui s'ouvre pour lancer une vapeur subtile B, vraisemblablement une espèce d'*aura seminalis*, dans laquelle réside le principe actif, source unique de la vie dans les végétaux comme dans les animaux.

La liqueur séminale sortie de l'ovaire situé au fond du pistil, ne s'est pas plutôt mêlée avec le fluide séminal, émané des étamines & attiré au fond de ce même pistil proche de l'ovaire, qu'il s'y fait une pénétration réciproque & intime des deux semences. C'est l'instant prescrit par la nature, où le germe nouveau commence à exister. Il semble qu'à mesure qu'il s'accroît, que le grain qui le renferme grossit, que la substance muqueuse qui doit le nourrir par la suite, s'accumule dans les deux lobes; il semble, dis-je, que le reste de la plante languisse : la quantité des parties nutritives, fixes & solides, l'emportant insensiblement sur les mêmes parties fluides & volatiles, l'équilibre, entre les unes & les autres, si nécessaire à la conservation de la plante, se détruit ; il se forme des obstructions sans nombre dans les feuilles d'abord, ensuite dans les tiges, & enfin dans les nœuds ; c'est ce que l'on remarque à la couleur jaune, qui, dans ces conjectures, remplace la couleur verte. Le mouvement d'oscillation, gêné par les frottemens qu'occasionnent les passages retrécis, ralentit nécessairement son action ; conséquemment la séve ne doit plus circuler que foiblement & inégalement. Le grain cependant prospère toujours, parce qu'il n'a besoin pour sa subsistance, que d'une très-petite quantité de parties nutritives, & même des plus spiritueuses & des plus actives que puisse fournir la séve ; mais il n'est pas plutôt parvenu au point de maturité parfaite, qu'il s'endort. A cette époque, le mouvement d'oscillation, nécessaire jusqu'alors pour lui transmettre les sucs nourriciers devenus désormais inutiles, s'arrête tout-à-coup, la racine, les feuilles, la tige se dessèchent, & tout périt. En un mot, ce qui a fait mouvoir tant de puissances pour la production du grain, retire tout-à-coup son principe agissant, & livre à une prompte destruction l'être qui a été produit. Son but est de multiplier & de conserver l'espèce; il est enfin rempli.

Comme, lorsque nous traiterons l'article FROMENT, il ne sera question que de sa culture, il convient de continuer à suivre M. l'abbé Poncelet dans les recherches particulières qu'il a faites sur ce grain, & qui développent de plus en plus sa théorie sur la végétation du blé.

CHAPITRE II.

Examen plus particulier du Blé, & suivi dans tous les points de sa végétation.

Pour savoir comment le gonflement du germe A, (*Fig. 1. Pl. 9*) s'opéroit, M. Poncelet retira de terre un grain, six jours après l'avoir planté, & vit le germe plus saillant & plus gonflé qu'à l'ordinaire. Etoit-ce au moyen d'un fluide introduit dans l'intérieur du grain, par les pores répandus en tout sens sur la surface de l'enveloppe extérieure, ou par un conduit spécialement destiné à cet effet? Pour éclaircir cette première circonstance, il prit deux grains de blé, enduisit de mastic la pointe de l'un, celle où se trouve le germe A, (*Fig. 1*) & par où passe la séve dans le tems de la végétation, laissant la pointe opposée B dans son état naturel. Il enduisit pareillement de mastic les deux pointes de l'autre grain.

Ces deux grains ainsi préparés, furent déposés dans une terre bien meuble, & placés à côté de deux autres grains, non mastiqués, pour servir de terme de comparaison.

Quinze jours après, il examina l'état des quatre grains; les deux enduits de mastic n'avoient ni l'un ni l'autre augmenté de volume; au lieu que les deux grains qui n'avoient point été mastiqués, portoient chacun une tige de la plus belle venue: d'où il conclut que le fluide qui occasionne le développement du germe, s'insinue dans l'intérieur du grain, par le seul endroit A, celui par où monte la séve dans le tems de la végétation.

Sept jours après avoir planté son blé, il retira de terre ce même grain qu'il avoit examiné la veille & qui avoit été tout de suite enfoui. Après en avoir observé le gonflement, il apperçut une fente en A; alors levant successivement les deux pellicules qui constituent le son, il découvrit le germe tel qu'il est représenté *Fig. 3*. La partie C ne ressembloit pas mal à un cône, sur lequel on distinguoit, au moyen d'une loupe, des feuilles repliées: la bâse du cône représentoit assez bien un cul de lampe A, terminé par un pédicule E. Il souleva ce germe avec la pointe d'une aiguille très-fine, il l'enleva sans la moindre déchirure, à l'exception d'une partie du pédicule, & vit au moyen d'une forte loupe, qu'il étoit comme couché dans la cavité HH, (*Fig. 2*). Il étoit attaché par le pédicule E, (*Fig. 3*) au grain F, (*Fig. 2*). Ce pédicule engagé dans la gaine A, se replioit de l'autre côté du grain, dans la rainure I, qui divise la graine en deux lobes. De part & d'autre de la rainure I, & de l'extrémité du pédicule, fort épanoui de ce côté, partoit une ramification KK, du plus beau rouge, & sous-

sous-divisée en une infinité de branches qui alloient se perdre dans l'intérieur de l'un & de l'autre lobe. C'est cette adhérence du pédicule qui fut cause que le germe ne put être détaché sans déchirer l'extrémité du pédicule.

Le même jour M. Poncelet examina avec la lentille un autre grain planté dans le même tems que le précédent, & qu'il n'avoit pu conserver en entier, ayant été obligé de le disséquer, pour découvrir la communication du germe avec les deux lobes, au moyen du pédicule E (*Fig.* 3) terminé en plusieurs branches. Il découvrit dans ce nouveau grain la fente A C (*Fig.* 4) bien plus ouverte qu'auparavant ; il apperçut au-dedans de cette fente plusieurs pièces B C D, d'une blancheur éblouissante, toutes parsemées de globules brillans, clairs, transparens comme l'eau de roche. La feuille C étoit concave, & paroissoit envelopper, du moins en partie, la feuille convexe B. Après avoir bien examiné ce grain, sans l'endommager en aucune de ses parties, il le remit dans la terre.

Le neuvième jour il retira de terre ce même grain ; & l'ayant successivement observé avec les lentilles, n°. 2, 3 & 4 du microscope simple, il apperçut que les pièces qui, la veille, avoient la forme des feuilles du *sedum*, étoient devenues d'une figure toute différente, quoique la couleur fût toujours la même. La piéce A (*Fig.* 5) avoit la forme d'une corne recourbée, elle portoit une espèce de bourse à peu près ronde B, à côté de laquelle on voyoit une seconde bourse, d'où sortoit une pièce cylindrique C, pareille à la pièce A. Enfin une troisième pièce D, sortoit d'une bourse semblable aux précédentes, moins longue que la pièce A, & plus longue que la pièce B. Les observations finies, le grain fut remis en terre.

Le dixième jour ce grain fut déterré, & M. Poncelet vit toutes les parties déjà décrites fort développées. Il vit en A (*Fig.* 6) les premières feuilles, nommées par les uns, *feuilles séminales*, & par les autres, *plumes*. Elles étoient au nombre de trois, de couleur un peu ambrée. Il apperçut au bas du grain, en B B B, les fragmens des trois bourses déchirées, de chacune desquelles sortoit une radicule C C C. Le grain fut remis en terre.

Le même jour il en déterra un autre, planté dans le même tems que celui dont on vient de parler. Il l'ouvrit pour savoir s'il distingueroit cette ramification rouge, citée plus haut ; mais il n'apperçut ni la couleur, ni la ramification, pas même avec la plus forte des lentilles ; l'une & l'autre avoient été oblitérées par l'excessif gonflement des lobes. Il en mit des fragmens au foyer de la lentille, n°. 7, & il remarqua une infinité de globules de différentes grosseurs, & de particules qui n'avoient point la forme de globules ; elles approchoient plutôt de la figure d'une ramification.

Comme le germe de ce même grain de blé avoit déjà pris un degré d'accroissement considérable, M. Poncelet en prit un fragment, qu'il plaça au foyer de la lentille, n°. 7, pour voir s'il appercevroit ces mêmes globules déjà découverts dans la substance des lobes, plus particuliérement connue sous le nom de *farine ;* il ne vit rien de semblable, mais beaucoup de particules d'une organisation commencée, c'est-à-dire, de vésicules de différentes couleurs, grises, jaunâtres, quelques-unes même tout-à-fait noires, de cavités, de portions de tubes, de filets, &c. & tout cela, dans une très-grande confusion.

Le onzième jour il retira de terre son grain de blé, & observa qu'en vingt-quatre heures les trois racines & les feuilles séminales avoient pris un accroissement de plus de six lignes, & il n'observa que cela de particulier. M. Poncelet résolut de laisser tranquillement végéter ce grain avant que de l'examiner de nouveau; & un mois après seulement, il le retira de terre. Sa tige portoit alors quatre pouces de hauteur, l'extrémité des feuilles comprises. Il distingua sans peine le sac ou enveloppe extérieure, communément appelée *son*. Ce sac étoit absolument vide, flasque, & adhéroit à la tige, entre les racines & le premier nœud. Il examina ensuite avec la lentille, *n*°. 7, l'un des brins de cette racine, (*Fig.* 7) & il apperçut une infinité de mamelons irréguliers, les uns ronds, les autres presque angulaires, quelques-uns plats, d'autres convexes, tout cela parsemés de tubes, dirigés en tout sens, mais dont il ne pouvoit appercevoir que des portions séparées, parce que l'ensemble offroit seulement des parties d'une organisation assez compliquée : il observa aussi de distance en distance en A B, (*Fig.* 7) des filets de racines transparens, & qui parurent être de même nature que les maîtres brins de la racine HHH. (*Fig.* 8.)

Le génie observateur de M. l'abbé Poncelet, fort mécontent de ce qu'il n'avoit pu découvrir rien de bien satisfaisant au sujet de la ramification qu'il croyoit avoir remarquée dans l'intérieur des deux lobes, & qu'il nommera désormais *racine séminale*, forma la résolution de revenir sur ses pas, pour voir s'il ne trouveroit rien de nouveau concernant la communication des globules avec le germe, au moyen de quelques vaisseaux jusqu'à présent inconnus ; il enleva de terre un grain de blé, qui n'avoit encore poussé qu'une feuille unique de deux pouces de hauteur, & qui servoit d'enveloppe à la tige entière. A cet âge, la tige se nourrit de deux façons, & par la racine extérieure qui pompe les sucs de la terre, & par la racine séminale qui pompe les sucs contenus dans les globules des deux lobes : semblable en quelque façon à un enfant qui tetteroit sa mère, & que l'on nourriroit en même tems de soupe & de bouillie.

Il observa dans cette jeune plante, d'abord le sac, qui parut presque vide; & pressé légérement, il en sortit un lait aussi épais que de la crême. Il en mit sur un porte-objet de cristal, (*Fig.* 9) & avec les lentilles *n*°. 6 & 7, il vit bien distinctement l'existence de la racine séminale, distribuée dans toute la masse de cette petite portion de lobe, placée sur le porte-objet du microscope simple. Il distingua les branches de cette racine avec autant de précision que si elles eussent été les branches & les plus petits rameaux d'un grand arbre. Les globules en nombre infini, & de grosseur différente, paroissoient attachés à l'extrémité de chaque filet de la racine : le tout nageoit dans un fluide de la plus parfaite transparence; les globules n'étoient pas tous de la même grosseur ; il y en avoit de tout calibre. De cet examen il passa à celui du chalumeau.

Immédiatement au-dessous du premier nœud EE, (*Fig. 8*) se trouve placée la première feuille A, dont il emporta avec un canif plus des trois quarts, ne réservant que la partie inférieure, adhérente à la tige en forme d'anneau. A côté de ce premier chalumeau, il en trouva un second B ; & après avoir retranché plus des trois quarts de la seconde feuille, il découvrit en C un troisième chalumeau. Ils commençoient tous par une espèce de nœud plus connu sous le nom de *collet* ou de liaison EE, & cette partie tient immédiatement à la racine HH. Le premier vrai nœud ne commence guère qu'à un pouce & même plus de la racine.

Après avoir successivement coupé toutes les feuilles au nombre de quatre, tout près du lieu où elles commencent à prendre naissance, comme on peut le voir par la *Figure 8*, FFF, il parvint à la cinquième G, qu'il ouvrit sans la couper, & au milieu de laquelle il découvrit l'épi I d'une petitesse extrême ; il la plaça au foyer du microscope double, armé seulement de la lentille *n*°. 4, de trois lignes de foyer. Il distingua pour lors, & même sans peine, toutes les parties dans la position précise qu'elles doivent toujours conserver. Les capsules ou balles étoient rangées en échelons le long de l'axe, dans un ordre alterne & symétrique, toutes diaphanes, brillantes comme du cristal : on eût dit un bouquet de diamans, d'un travail riche, & d'un dessin parfait.

Les feuilles du chalumeau retranchées ainsi qu'il a été dit, il ne ressembla pas mal pour lors au corps d'une lunette d'approche, composée de plusieurs tubes qui s'emboîtent les uns dans les autres, & qui, pour l'ordinaire, sont terminés à chaque division par un nœud ou virole.

Le 9 Juin parurent les premiers épis du blé, & le 18 les premières fleurs. M. Poncelet jugea pour lors qu'il étoit tems de recommencer ses observations microscopiques. Il dessina la figure, & le site de toutes les parties du chalumeau. Les lettres AAA (*Fig. 11*) représentent les nœuds qui le divisent dans toute sa longueur, depuis la racine jusqu'à l'épi. Après le premier nœud, en partant de la racine, commence la première feuille B qui enveloppe le chalumeau comme un fourreau ou gaine, ouverte cependant d'un côté & tout du long, mais repliée sur elle-même ; elle forme une espèce de collier en C, d'un verd pâle, s'élargit insensiblement, s'alonge bien davantage, & se termine enfin en pointe aiguë : suivent quatre autres feuilles BBBB, toutes semblables à la précédente : le fourreau D de la cinquième, renferme l'épi avant son entier développement. Insensiblement le chalumeau se prolonge depuis la racine jusqu'à sa plus grande hauteur : son développement ressemble assez à une lunette d'approche, ainsi qu'il a déjà été dit, dont on tireroit successivement les tubes emboîtés les uns dans les autres, & distingués par autant de viroles. Quand le chalumeau est parvenu à sa plus grande hauteur, l'épi ne cesse plus d'augmenter de volume : il ouvre & dilate la gaine dans laquelle, jusqu'alors, il étoit demeuré clos & comme emmailloté ; il s'élève de trois pouces, & quelquefois encore plus, au-dessus de l'espèce de collier C de la dernière feuille. M. Poncelet en prit un fragment, (*Fig. 17, Pl. 10*) qu'il plaça au foyer du microscope de Dellabare, & cette feuille lui présenta alors le spectacle le plus intéressant : des espèces d'angles successivement rentrans & saillans, placés dans un ordre symétrique, & relevés par des points brillans, d'une lumière aussi vive que celle des pierres précieuses, s'offrirent à sa vue ; il dessina la figure de cette feuille, telle qu'elle est représentée (*Fig. 17*) & il la vit composée de diverses parties organiques.

I. *Les fibres*, corps infiniment grêles, solides, alongés, & de la nature du bois. Ce sont ces fibres, plus ou moins rassemblées, qui constituent la charpente de la plante ; & par cette raison, répondent assez bien aux os des animaux.

II. *Les utricules*, toujours pleins d'un suc transparent.

III. *Les trachées* sont ici d'un diamètre assez considérable comparé au diamètre des autres vaisseaux. On les distingue par une suite d'anneaux placés verticalement d'espace en espace, dans toute la longueur des feuilles & du chalumeau.

IV. *Le vase propre*, tube droit, placé entre les fibres, & suivant régulièrement leur direction. Il est toujours rempli d'huile, qu'il charie, selon les besoins de la plante, dans toutes les parties convenables. C'est le conducteur de la substance glutineuse, ou plutôt gommo-résineuse qu'on trouve dans le blé.

La feuille toujours placée au foyer du même microscope, parut divisée en A (*Fig. 17*) par une nervure presque imperceptible : suivoient ensuite des deux côtés de cette nervure, plusieurs espèces de colonnes B C D, disposées par angles alternativement rentrans & saillans. Chaque colonne étoit composée d'une infinité d'utricules, de trachées & d'autres vaisseaux plus grêles, qui paroissoient communiquer entr'eux par des espèces d'anastomoses. Les bords de la feuille F F étoient garnis de denticules comme une scie, & ces denticules paroissoient assez éloignés les uns des autres. A la partie la plus saillante, ainsi qu'à la partie la plus rentrante de chaque angle, on appercevoit distinctement plusieurs points brillans, disposés en quinconce. Ces points, vus d'un certain côté, ressembloient parfaitement aux denticules dont le bord des feuilles étoit garni ; & c'est à ces denticules, dont la feuille est parsemée, qu'on peut attribuer cette espèce d'aspérité que l'on ressent quand on y passe le doigt.

M. Poncelet prit ensuite un fragment du chalumeau, (*Pl. 9, Fig. 16*) au milieu duquel se trouvoit un nœud recouvert de la feuille EE; (*Fig.* 13, *Pl.* 9) il fendit cette portion du chalumeau en deux parties égales, afin de pouvoir plus facilement en examiner l'intérieur. Il apperçut d'abord la substance corticale, ou l'écorce A, absolument séparée des autres vaisseaux. Elle formoit en B, lieu où commence la feuille, une anastomose. L'épaisseur du nœud étoit partagée en deux parties C & D, sans aucune cloison sensible. C étoit rempli d'une multitude incroyable de vaisseaux de toute espèce, dont il fut impossible de discerner la forme, & on remarquoit très-aisément les orifices de ceux qui avoient été coupés; D paroissoit plein de vaisseaux pareils, mais d'un diamètre plus petit, & en même tems plus pressés les uns contre les autres.

Comme M. Poncelet est persuadé que c'est dans les nœuds que s'opère le mélange de la séve ascendante & descendante, il pense que cette séve, dans sa circulation, ne descend pas, comme on l'a cru, depuis l'épi jusqu'à la racine, mais seulement depuis l'épi jusqu'au nœud contigu. De-là une partie de cette séve, & celle qui n'a point été élaborée, descend jusqu'au nœud plus bas, où elle se mêle à une portion de la séve la mieux élaborée de ce dernier nœud, pour remonter ensemble au nœud supérieur, tandis que la portion de séve la moins élaborée redescend vers le nœud inférieur, pour y subir une nouvelle coction. Ces différens mélanges se répétent ainsi sans cesse, à peu près comme le chyle se mêle au sang quand il passe dans le cœur, de-là dans les poumons, pour y être perfectionné; c'est-à-dire qu'on peut supposer une grande analogie entre la circulation de la séve & la circulation du sang, avec cette différence cependant, que dans l'animal il n'y a qu'un cœur pour élaborer le sang, tandis que dans la plante il y a plusieurs nœuds pour élaborer la séve.

Il coupa ensuite horizontalement une tranche du chalumeau, & vit avec le secours du même microscope de Dellabare, un spectacle qu'on jugeroit imaginaire à l'aspect du dessin. (*Fig.* 15, *Pl.* 9) L'écorce A paroissoit goudronnée comme certaines pièces d'orfévrerie; elle étoit séparée de l'intérieur E du chalumeau, par un vide assez sensible B. Cette multitude innombrable de points que l'on remarque par-tout, sont autant de vaisseaux d'une petitesse surprenante.

La *Figure* 14 de la même *Planche* représente le milieu du nœud coupé horizontalement. On y apperçoit à peu près le même arrangement de vaisseaux que dans la *Figure* précédente. Les uns ont paru vides, & c'étoit vraisemblablement les trachées; les autres étoient pleins d'un fluide transparent.

Le blé étant en pleine fleur, M. l'abbé Poncelet profita de la circonstance pour observer la fleuraison dans tous ses progrès.

L'épi est composé de la tige & des balles. La tige fort grêle, est divisée par des échelons placés alternativement les uns auprès des autres, comme on le voit *Pl.* 10, *Fig.* 18, GGG, & *Pl.* 9, *Fig.* 12, où l'axe de l'épi en échelons est représenté de grandeur naturelle. C'est sur ces espèces d'échelons que ſont implantées les balles au nombre de vingt-une, tantôt plus, tantôt moins, parce que les premières placées au bas de l'épi, & les dernières placées au haut, ſont ſujettes à avorter plus ou moins facilement. Chaque balle eſt compoſée de pluſieurs feuilles d'une ſtructure ſingulière. Il y en a de deux ſortes; les unes ſimples, les autres plus compoſées. On voit en A A (*Fig. 18*) deux feuilles ſimples & concaves; elles reſſemblent aſſez bien à deux coquilles de moule. Les feuilles C C ſont doubles, concaves d'un côté, convexes de l'autre, de manière pourtant, que, repliées ſur elles-mêmes, elles forment une capſule propre à loger d'abord l'ovaire, le piſtil & les étamines, & par la ſuite le nouveau grain de blé. On compte ſix feuilles de chaque côté, formant de part & d'autre deux capſules, non compris le ſommet, terminé par des capſules qui ne parviennent jamais au point de maturité II. Ces capſules tiennent ici lieu de calice.

Au milieu de chaque capſule, formée de deux feuilles, A C d'une part, & C A de l'autre, on trouve de chaque côté, au fond des capſules ſervant de calices, deux petits corps ronds formés en demi-globes; ce ſont les ovaires. Ceux de la capſule inférieure B B, ſont exactement ronds. *Voyez* la *Figure 19*, où ce corps eſt deſſiné plus en grand & hors de ſa capſule: il eſt un peu moins ſphérique dans la capſule ſupérieure, c'eſt-à-dire en D D, (*Fig. 18*) & plus en grand, (*Fig. 20*) A C C. Ces petits globes, toujours aplatis vers leur ſommet, ſont ſurmontés d'un panache qui les ombrage totalement, & qui repréſente aſſez bien une aigrette d'argent E E, (*Fig. 18*) & B B, (*Fig. 19* & 20.) Ce corps ſphérique paroît double & garni de deux piſtils. On remarque au ſommet de chaque piſtil, un ſtigmate ou orifice du canal qui conduit dans l'intérieur du demi-globe la ſubſtance fournie par l'étamine.

Du milieu de chaque panache ou aigrette E E, ſortent trois cordons H H; (*Fig. 18*) & C C C, (*Fig. 19* & 20) terminés par trois doubles cornets adoſſés les uns contre les autres par leurs côtés poſtérieurs. Voyez *Fig. 19* & 20, D D. Tous ces cornets ſont remplis de globules d'une petiteſſe extrême F, (*Fig. 20*) & ſont deſtinés à les répandre ſur les piſtils ou parties femelles, dont ils ne ſont jamais éloignés au commencement de la fleuraiſon. Ces petites globules ont une cicatricule à la partie inférieure; & dès qu'ils ſont parvenus au point de maturité convenable, cette cicatricule s'ouvre avec exploſion. M. Poncelet a cru voir quelquefois en ſortir comme une légère vapeur; & c'eſt cette vapeur qui, pénétrant le ſtigmate, va féconder la partie femelle ou demi-globe, que l'on peut regarder comme un organe faiſant les fonctions de la matrice. C'eſt-là ſans doute que les germes ſont conſervés pleins de vie juſqu'à un plus ample développement.

Le 26 du même mois, M. Poncelet continua d'obſerver les progrès de la végétation. Il détacha une balle de l'épi; le grain de la première capſule avoit acquis la moitié de ſa grandeur. (*Planche 10*,

Fig. 22.) Ce grain, ci-devant de la figure d'un demi-globe, avoit perdu sa première forme : il étoit devenu beaucoup plus alongé. Il remarqua dans la partie inférieure AA, (*Fig.* 22), deux espèces d'ailerons environnés, à leur extrémité, de petites pointes semblables aux crochets d'une aile de chauve-souris. La partie supérieure B étoit terminée en forme de cône tronqué. Elle étoit recouverte d'une infinité de petits filets qui ont paru être l'extrémité des tubes qui composent le tissu vasculaire, vulgairement appelé *son*. Ces tubes étoient très-sensibles au microscope, garnis de la lentille *n°*. 6. (Voyez *Fig.* 23 de la même *Planche*, où est dessiné un fragment du son.) C représente le grain de froment dans la cavité d'une des feuilles de la balle.

Après avoir ouvert la seconde capsule, il trouva un grain tout-à-fait semblable à celui qui vient d'être décrit, avec cette différence néanmoins, qu'il étoit beaucoup plus petit; singularité constamment observée dans toutes les capsules, & qui rend raison de l'inégalité des grains dans un même épi, les uns sensiblement plus gros que les autres.

Enfin il ouvrit la troisième capsule, qui se trouve toujours au sommet de la balle II, (*Fig.* 18) & il trouva encore une étamine M; mais le grain étoit si petit, qu'à peine pouvoit-on l'appercevoir. Ce dernier grain ne parvient jamais à un état de maturité.

La *Figure* 24, *Pl.* 10, représente le grain de la capsule C. (*Fig.* 18) Ce grain ouvert par le milieu, on apperçoit au dedans comme un commencement de substance spongieuse, d'un verd très-foncé; mais à l'aide du microscope, il ne paroît ni mamelons, ni globules.

Le premier Juillet, M. l'abbé Poncelet entreprit d'examiner dans le plus grand détail, tout l'intérieur d'une balle. Pour cet effet, il retira de la capsule inférieure un grain; & ouvert par le milieu, il se trouva être rempli d'une liqueur laiteuse. Cette liqueur mise au microscope simple, garni de la lentille *n°*. 6, offrit bien distinctement l'existence de la racine séminale, ainsi qu'il a déjà été dit. Cet examen fut continué le 6 Juillet sur une balle tirée d'un épi sur pied. Le premier grain inférieur fut enlevé & dépouillé de ses enveloppes; on vit que le son étoit composé d'une première pellicule ou membrane blanche comme du coton A. (*Fig.* 25, *Pl.* 10.) Cette pellicule, placée au microscope double, garni de la lentille *n°*. 5, présenta un assemblage d'une infinité de tubes remplis d'une liqueur claire & brillante; des globules transparens & brillans comme la liqueur, étoient parsemés d'espace en espace. M. Poncelet examina ensuite la membrane ou pellicule B du son. Elle étoit d'une belle couleur verte: l'intérieur en étoit si visqueux, que la membrane entière adhéroit aux doigts; & lorsqu'on vouloit l'en séparer, il restoit un fil qui s'alongeoit considérablement. Cette membrane placée au microscope double pour en observer l'intérieur, fit voir qu'elle étoit enduite d'une substance luisante, disposée par petites masses d'inégale grosseur. Ne seroit-ce pas là que se forme & que se trouve placée comme dans un réservoir, la substance *glutineuse*, qu'on devroit appeler *gomo-résineuse?* Il n'y parut aucun globule, ni rien qui en approchât. La partie extérieure de cette même membrane paroissoit formée de longs tuyaux lisses, qui ont semblé n'avoir rien de commun avec la substance visqueuse apperçue dans la partie intérieure.

Après avoir enlevé ces deux pellicules ou membranes dont le son est composé, il resta une substance blanche, charnue, d'un blanc jaune & assez semblable à un grain de riz ou d'orge mondé, avec cette différence pourtant, que la substance dont on a parlé étoit moins dure, quoiqu'assez ferme. Placée au microscope double, aucun globule ne fut sensible, & il parut que le tout étoit recouvert d'une membrane extrêmement fine, C. (*Fig.* 25) Ayant écrasé une portion de cette substance sur un porte-objet de cristal, elle fut placée au microscope simple garni de la lentille *n*°. 7. Alors une multitude incroyable de globules, brillans comme des pierres précieuses, & adhérens aux filets d'une ramification divisée à l'infini, formoit comme une double grappe de raisin composée de grains sans nombre. (*Fig.* 25) M. Poncelet vit alors clairement, que ce que l'on prend communément pour une poudre fine, nommée *farine*, est une organisation surprenante. Chacun de ces grains, d'une petitesse extrême, communique, au moyen d'un vaisseau particulier, avec le dernier nœud F du chalumeau, d'où il tire sa nourriture; & par un autre vaisseau, il communique au germe D, qui, à son tour, en tire sa subsistance. Tous ces petits vaisseaux E E se réunissent en un vaisseau plus gros G G, placé le long de la rainure du grain, & qui aboutit au germe D auquel il adhère. C'est le commencement de la racine séminale, & par conséquent c'est dans ces gros globules que, suivant toute apparence, il faut placer la substance sucrée & fermentescible, qu'on peut, avec raison, regarder comme la première nourriture du germe.

Médiocrement satisfait de ces observations touchant le lieu où se trouve placée la substance gommo-résineuse, & n'ayant sur cela que des conjectures assez bien fondées, à la vérité, pour établir quelque chose de certain, M. Poncelet résolut, en attendant la parfaite maturité du blé, de faire de nouvelles recherches sur cet important objet.

Il choisit un grain de blé A, (*Fig.* 26) bien nourri, & qui avoit acquis toute sa grosseur. Il enleva adroitement la première pellicule ou membrane A, & il y apperçut les tuyaux formant un tissu vasculaire. Cette pellicule enlevée, il découvrit la seconde d'une belle couleur verte, & composée comme la précédente, de tuyaux appliqués latéralement les uns contre les autres. Elle fut enlevée de même, & ce fut pour lors qu'il découvrit en B & en très-grande quantité, une substance blanche, épaisse comme de la crême, si visqueuse, que lorsqu'il la touchoit avec le doigt, il en tiroit un fil qui s'étendoit fort loin sans se rompre. Il mit un peu de cette substance au microscope simple, garni de sa plus forte lentille;

lentille ; il apperçut une infinité de petits corps de toutes sortes de figures, ronds, ovales, angulaires, &c. mais sans aucuns filamens. Ayant enlevé toute cette substance visqueuse, & bien lavé, au moyen d'un pinceau trempé dans l'esprit-de-vin, la superficie découverte du grain de blé, il ne vit aucun globule, mais beaucoup d'inégalité sur la surface ; d'où M. Poncelet conclut l'existence d'une troisième membrane ou pellicule, qui est d'une finesse extrême. Il passa sur cette surface un poinçon dont la pointe étoit fort aiguë, & ce fut pour lors qu'il apperçut les globules en C : le grain n'offroit aucune liqueur ; au contraire, il étoit ferme & charnu comme une amande. Combien de gens se trompent, en pensant que le grain de blé, à une certaine époque de sa croissance, n'est rempli que de lait. Ce lait ne provient pas de l'intérieur du grain ; c'est une vraie gomme-résine dissoute & étendue dans beaucoup d'eau, connue depuis sous le nom de *substance glutineuse*, placée entre la seconde tunique ou pellicule, & la troisième, que l'on fait sortir sous une forme laiteuse lorsqu'on presse le grain. L'intérieur de ce grain, quand il est formé, ne fournit de liqueur qu'un peu d'une espèce de sérum, qui remplit les interstices des globules.

Après avoir bien lavé dans l'esprit-de-vin la superficie du grain, M. Poncelet en enleva une portion avec la pointe d'une aiguille, & l'écrasa sur un porte-objet de cristal qui fut placé au foyer du microscope simple, garni de sa plus forte lentille *n*°. *8* : il vit plus distinctement que jamais, non-seulement les globules d'une rondeur parfaite, en quoi ils diffèrent des molécules inégales de la gomme-résine ; mais il apperçut encore leur ramification divisée à l'infini, au moyen desquelles on peut comparer les deux lobes du grain à une double grappe de raisin ; de manière cependant, qu'au moyen de la rainure qui sert de cordon ombilical au germe, les deux lobes exactement séparés par-devant, sont adhérens l'un à l'autre par leur partie postérieure entiérement convexe.

M. Poncelet a toujours observé au microscope une grande différence entre la farine prise immédiatement dans le grain de froment, & la farine provenue de mouture. Les globules de la première sont clairs, distincts, & sans autre mélange que quelques branches de ramification, tandis que la farine provenue de la mouture est remplie de plusieurs substances hétérogènes, de gomme-résine, de sels, de son, &c. indistinctement mêlés les uns dans les autres.

Telle est la manière intéressante, instructive & curieuse dont M. l'abbé Poncelet rend compte de l'anatomie du blé : personne avant lui ne l'avoit examiné aussi attentivement, ni suivi si exactement dans ses différens périodes. On peut regarder cette analyse du blé comme un chef-d'œuvre de patience, d'intelligence & de soin. Ce qu'il dit sur les substances que l'on trouve dans ce même grain parfait, nous sera encore d'une grande utilité lorsque nous traiterons du mot FARINE ; & aux mots FROMENT,

SEIGLE, &c. on trouvera tout ce qui eſt relatif à leur culture, à leur maladie & à leur conſervation.

BLÉ MÉTEIL. (*Voyez* MÉTEIL)

BLÉ CORNU, *ou* ERGOTÉ. (*Voyez* ERGOT)

BLÉ NOIR. (*Voyez* SARRASIN)

BLÉ DE TURQUIE, D'INDE *ou* D'ESPAGNE. (*Voyez* MAÏS)

BLÉ DE VACHE, *ou* MÉLAMPIRE. Les botaniſtes en comptent pluſieurs eſpèces, & on ne s'arrêtera ici qu'à celle qui peut être utile. M. Tournefort place cette plante dans la quatrième ſection de la troiſième claſſe, qui comprend les herbes à fleur d'une ſeule pièce, irrégulière, terminée par un muſle à deux mâchoires; & il l'appelle *melampyrum purpuraſcente coma*. M. von Linné la nomme *melampyrum arvenſe*, & la claſſe dans la didynamie gymnoſpermie.

Fleur. Le calice eſt d'une ſeule pièce, en forme de tube, à demi-fendu, diviſé en quatre, & accompagné d'une feuille rougeâtre. La corolle eſt d'une ſeule pièce, le tube oblong, recourbé; la lèvre ſupérieure en forme de caſque aplati, & les bords recourbés; l'inférieure eſt droite, fendue en trois lobes égaux, marquée au milieu de deux éminences. Les étamines, au nombre de quatre, dont deux plus courtes & deux plus longues, & toutes cachées ſous la lèvre ſupérieure.

Fruit. Capſule oblongue, ſon bord ſupérieur convexe; l'inférieur droit, à deux loges, renfermant des ſemences dont la forme approche de celle d'un grain de blé, mais plus petites & noires.

Feuilles, longues, étroites; quelques-unes entières, quelques-unes découpées en pointe.

Racine, dure, fibreuſe.

Port. Tige haute d'environ un pied, rougeâtre, carrée, rameuſe, feuillée; les fleurs naiſſent au ſommet, diſpoſées en épi, coniques & lâches, rougeâtres, tachetées de jaune. Les feuilles florales ſont dentées.

Lieu. Les champs, au milieu des blés. La plante eſt annuelle.

Propriétés. Les bœufs, les vaches mangent avec plaiſir la plante & ſon grain, d'où on lui a donné le nom de *blé de vache*. Dans le beſoin, on peut faire du pain avec ſa graine. Quelques auteurs diſent que ce pain cauſe des peſanteurs à la tête; d'autres, au contraire, le regardent comme très-ſain, & même agréable. Il eſt peut-être facile de concilier leurs opinions. Si le grain eſt encore trop frais, trop rempli de l'eau de végétation, il peut très-bien arriver qu'il produiſe des effets funeſtes; en cela, ſemblable au manioque, à la bryoine, &c. cette première eau eſt toujours dangereuſe, même dans le meilleur froment; mais ſi une forte exſiccation a fait diſparoître cette eau, alors le pain eſt ſain. Ce qu'il y a de certain, c'eſt que dans les pays où cette plante fourmille dans les blés, dans la Flandre, par exemple, le payſan ne ſépare pas ce grain de celui du blé ordinaire, & le pain qui en réſulte ne produit aucun mauvais effet.

BLEIME. En hippiatrique, nous connoiſſons ſous cette dénomination, une inflammation cauſée par un ſang extravaſé dans la ſole des talons. Elle a pour principes les coups, les bleſſures & les fortes contuſions.

Nous diſtinguons dans le cheval trois ſortes de bleimes. 1°. La bleime ſèche, qui eſt le réſultat de la ſéchereſſe du pied. Elle attaque communément les pieds cerclés, les pieds encaſtelés; (*voyez* ENCASTELURE) plutôt le quartier de dedans, que celui de dehors, & fait beaucoup boîter l'animal; 2°. la bleime encornée, dans laquelle la matière abonde: échappée des tuyaux qui la contenoient, elle ſe pervertit bientôt; & ne trouvant plus d'iſſue elle-même, pénètre ſous le quartier, & cauſe de vrais ravages; 3°. la bleime foulée, qui eſt la ſuite d'une contuſion, d'une foulure, d'une compreſſion, & à laquelle les pieds plats & les pieds combles ſont conſéquemment très-ſujets.

La bleime de la première eſpèce demande les cataplaſmes émolliens, les rémolades & les onctions d'onguent de pied ſur la ſole des talons & le ſabot. Si dans la bleime de la ſeconde eſpèce, la rougeur de la ſole des talons ſe change en tache noire, il faut ouvrir la ſole avec une renette ou la cornière du boutoir, pour faire évacuer la matière, introduire par l'ouverture de petits plumaceaux imbibés d'eſſence de térébenthine, & comprimer légérement les plumaceaux avec un bandage, de peur que les chairs ne ſurmontent. Dans la troiſième enfin, on applique des plumaceaux imbibés d'eau-de-vie camphrée, & on ferre le cheval comme pour les bleimes. (*Voyez* FERRURE)

Le bœuf & le mouton ſont auſſi ſujets à la bleime. Elle a ſon ſiège entre les ongles de ces animaux, & reconnoît pour cauſe les coups & les contuſions. On y remédie facilement par des lotions de parties égales d'eau-de-vie & de vinaigre. M. T.

BLÉRAU. (*Voyez* BLAIREAU)

BLESSURE. (*Voyez* PLAIE)

BLUET, BARBEAU, BLAVEOLE, CHEVALOT, AUBIFOIN, CASSE-LUNETTE. M. Tournefort le place dans la ſeconde ſection qui comprend les herbes à fleur à fleurons, qui laiſſe après elle des ſemences aigretées, & il l'appelle *cyanus ſejetum*. M. le chevalier von Linné le nomme *centaurea cyanus*, & le claſſe dans la ſyngénéſie polygamie ſuperflue. (*Voyez* ſa repréſentation, *Planche* 7, pag. 244.) La multiplicité de noms qu'on lui donne dans les différentes provinces, prouve ſon uſage commun parmi le peuple, & nous examinerons tout-à-l'heure à quoi il faut s'en tenir.

Fleur; calice écaillé; les écailles dentées en leurs bords en manière de ſcie, forment une eſpèce de poire, du milieu de laquelle ſortent deux eſpèces de fleurs. Les fleurons qui occupent le milieu de la fleur B, ſont plus petits que les autres, partagés en cinq lanières égales, & ſont hermaphrodites: ceux de la circonférence C ſont beaucoup plus grands, partagés en deux lèvres découpées, & sont femelles, stériles, & en plus petit nombre.

Fruit. Les semences sont petites, oblongues, surmontées d'une aigrette, cachées dans les poils du réceptacle.

Feuilles, très-entières, blanchâtres, velues, alongées, linéaires; les inférieures dentelées.

Racine A, ligneuse, avec des fibres capillaires.

Port. Tiges de la hauteur d'un ou deux pieds, anguleuses, cotonneuses, creuses, branchues. Les fleurs naissent au sommet, ordinairement d'un beau bleu. La culture, ou des accidens, font varier cette couleur; les feuilles sont alternativement placées sur les rameaux.

Lieu. Les champs, dans les blés, les avoines, &c. La plante est annuelle.

Propriétés. Les fleurs ont très-peu d'odeur, & sont, au goût, d'une saveur amère, & légérement âcre & astringente. Elle est regardée comme ophtalmique & apéritive.

Usage. Je crois que la forme & la couleur de sa fleur ont déterminé le peuple à lui reconnoître plus de propriétés que cette plante n'en possède. Les auteurs ont recommandé les fleurs pour augmenter légérement le cours des urines dans l'ictère essentiel, dans l'hydropisie, contre la gale. On les prescrit sous forme de collyre contre l'ophtalmie érysipélateuse, pour les taches de la cornée, pour l'inflammation des paupières. L'eau simple dans laquelle on a fait cuire la fleur, agit plus que les principes inhérens à ces fleurs. On a beaucoup vanté l'eau distillée des feuilles simplement, ou des feuilles & des fleurs distillées ensemble, & cette eau a été nommée *de casse-lunettes*, comme si les vues foibles ou affectées n'avoient plus besoin du secours des lunettes. C'est une belle chimère. L'eau de fontaine ou de rivière produira le même effet. Règle générale, la distillation de toute plante inodore, produit une eau qui n'a pas plus de propriétés que l'eau ordinaire.

Culture. Le joli coup d'œil qu'offre le bluet des champs, a engagé les fleuristes à le transporter dans leurs jardins. La culture n'a pas changé le port de la plante, mais bien son volume; les tiges se sont élevées, ont pris plus de consistance; les fleurons se sont agrandis & élargis: enfin, leur couleur est devenue plus foncée dans les uns, plus claire dans les autres. C'est donc à la culture seule que les fleuristes doivent les barbeaux moitié blancs, moitié violets, tous blancs ou rouges, & quelquefois à fleur double. Dès qu'on leur refuse une excellente culture, ils reviennent bien vîte à leur état naturel. On voit encore dans les jardins, une plante que les fleuristes nomment *barbeau jaune*, & qu'on ne doit pas confondre avec le barbeau; c'est une espèce à part, & très-distincte, que M. le chevalier von Linné nomme *centaurea salmantica*; ni avec l'*ambrette musquée*, qu'on appelle improprement *barbeau Turc*; c'est le *centaurea moschata* de M. von Linné; ni avec le grand bluet, *centaurea montana*, qui forment tous les deux des espèces différentes, mais du genre des centaurées. Celui qu'on appelle *barbeau jaune* craint plus le froid que les autres, & il est vivace, ainsi

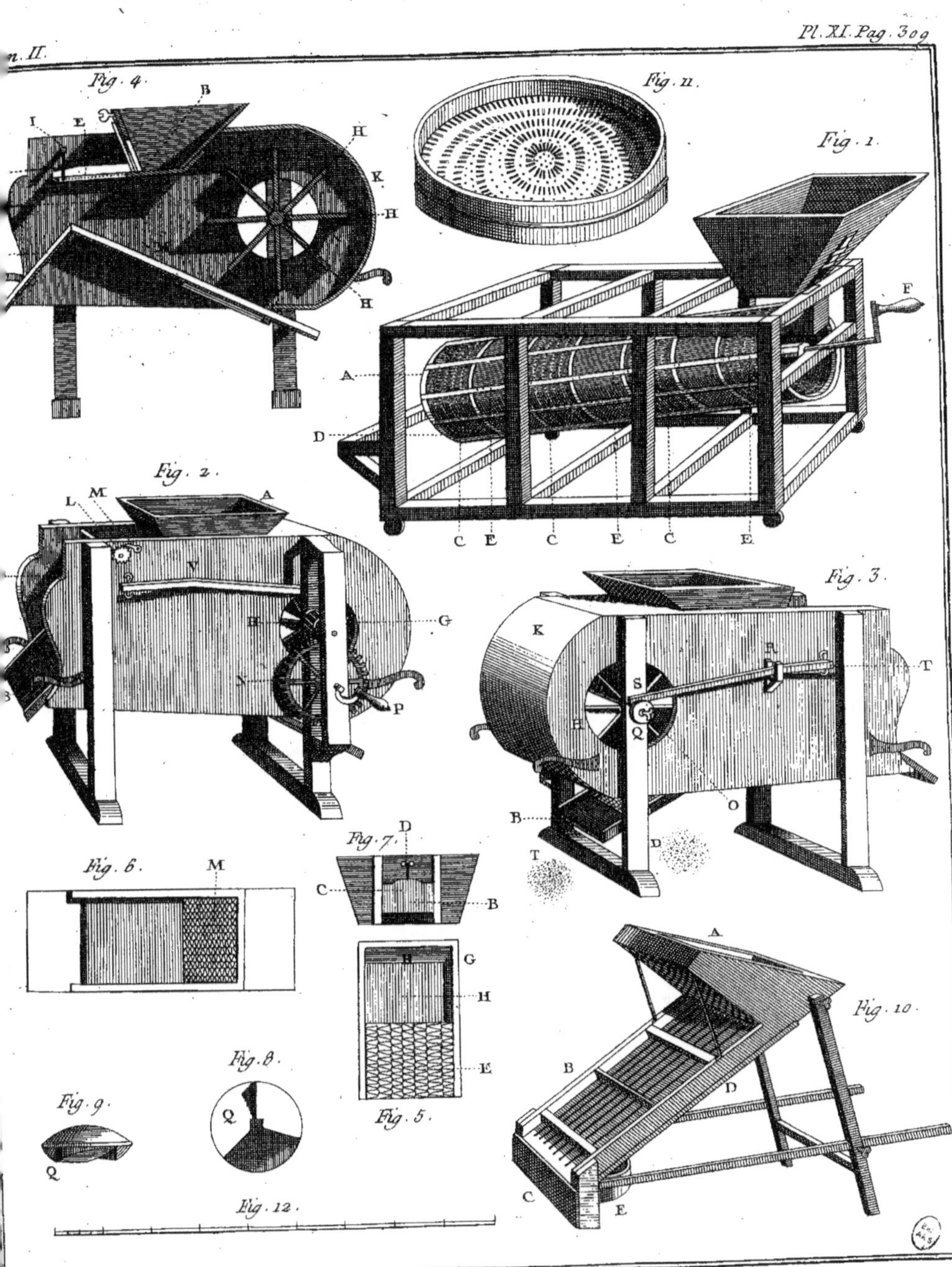

Sellier Sculp.

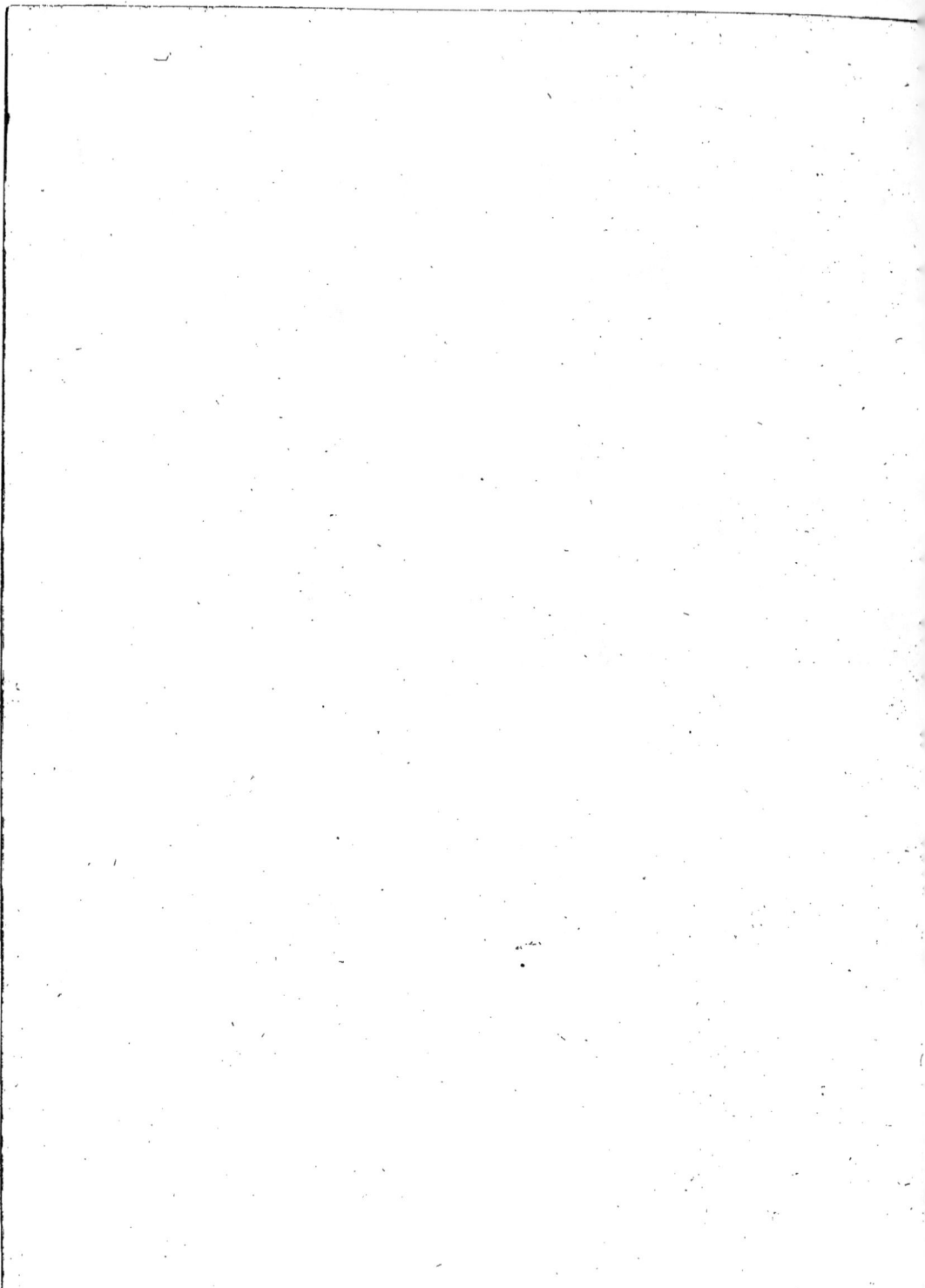

que le *grand barbeau* & le *barbeau turc*, ainsi nommé parce qu'il croît spontanément en Turquie, & est vivace. La première espèce se sème en Septembre ou en Octobre, & les autres au premier printems. Meilleure sera la terre, plus elle sera bien préparée, & plus les fleurs seront belles. On peut même les semer sur couche dans le climat de Paris. Ces fleurs figurent mieux dans un bouquet que sur la plante, parce qu'elles sont trop espacées les unes des autres.

BLUTEAU, BLUTOIR. Il y en a de deux sortes : le premier est un sas de crin, ou d'étamine, ou de toile, qui sert à séparer le son de la farine ; le second a la même forme, & agit par les mêmes principes. C'est également un cylindre composé par des feuilles de fer-blanc, trouées comme des râpes, & par des fils de fer placés circulairement les uns à côtés des autres, & à une distance assez rapprochée pour ne pas laisser passer le grain, mais seulement les ordures auxquelles il est uni. Ce seroit un crible s'il étoit plat & à découvert. Tous les deux sont utiles, & même nécessaires, dans un ménage un peu considérable.

Des bluteaux simples. Il est inutile de décrire séparément l'un & l'autre, puisqu'ils ne diffèrent que par les toiles de finesse différente ; par les trous dans le premier, & par les grilles dans le second. En parlant de celui-ci, j'indiquerai les différences.

Les bluteaux sont nécessairement composés de deux pièces principales : le bluteau proprement dit, ou cylindre, & la grande caisse ou coffre du bluteau. (Voyez *Fig. 1, Pl. 11.*) La caisse qui renferme le bluteau n'est pas représentée ici, parce qu'il est aisé de s'imaginer le cadre recouvert de planches, quelquefois même on supprime les planches, & on recouvre le tout par de grosses toiles à plusieurs doubles. La caisse du bluteau à farine est un grand coffre de bois, long de sept ou huit pieds, large de dix-huit ou vingt pouces, d'environ trois pieds de haut ; élevé sur quatre, ou six, ou huit soutiens de bois en forme de pied. Ces proportions doivent être plus étendues pour les bluteaux à grains.

Le cylindre A ici représenté, est pour le grain ; il est alternativement garni de feuilles de tôle, percées à jour comme des râpes, C C, & de fils d'archal E E E, posés parallélement les uns aux autres.

Dans les bluteaux à farine, il existe trois ou quatre divisions, suivant l'espèce de pain qu'on veut faire, & le bahut est coupé par autant de divisions faites avec des planches, qu'il y a de différentes toiles pour recouvrir le cylindre ; de sorte que chaque division de planches forme une espèce de coffre séparé, qui renferme une farine, relatif à l'étamine qui couvre le cylindre dans cette partie ; ce qui donne la première, la seconde, la troisième farine, & le gruau, que quelques personnes appellent *fine fleur de farine*, *farine blanche*, *farine*, enfin, *gruau*.

Dans les ménages un peu considérables, la farine, telle qu'elle vient du moulin, est transportée dans l'appartement au-dessus du bluteau : on ménage une ouverture dans le plancher ; on y pratique un couloir, soit avec des planches, soit avec de la toile, qui laisse tomber la farine dans la trémie B. Si le couloir est en bois, son extrémité inférieure est bouchée par une tirette ou coulisse qu'on ouvre & ferme à volonté ; elle sert à ne laisser couler à la fois, que la quantité suffisante de farine qui doit entrer dans le bluteau. Si au contraire le couloir est de toile, une simple ficelle suffit pour le fermer. La trémie elle-même peut être garnie d'une tirette à sa base. Lorsque le grain est versé dans la trémie, il coule dans le cylindre qui est en plan incliné ; alors on le fait tourner avec la manivelle F, & sa pente détermine la farine à passer de l'étamine la plus fine sur l'étamine la plus grossière ; enfin, le son tombe par l'ouverture D, & quelquefois contient une cinquième case plus grande que les autres pour le recevoir, ou bien on attache un sac à cette ouverture, qui le reçoit.

Si c'est un bluteau à grains, tel qu'il est représenté ici, les cases sont inutiles. Le grain, dans son trajet, est fortement gratté toutes les fois qu'il rencontre alternativement la tôle piquée. La poussière & les mauvais grains s'échappent par les cribles de fil d'archal, & le grain en sortant, est clair & brillant. Ce crible est sur-tout excellent pour nettoyer les grains niellés, charbonnés ou mouchetés. Les meilleurs cribles en ce genre, sont ceux qui ont le plus grand diamètre. Ainsi on peut leur donner jusqu'à trois pieds.

2°. *Du bluteau composé*, ou *crible à vent*. J'ignore pourquoi on appelle *crible* l'instrument dont on parle ; il s'éloigne de l'idée ordinaire qu'on a du *crible ;* c'est pourquoi j'en parle au mot BLUTEAU, sauf à le rappeler au mot CRIBLE. M. Duhamel, ce travailleur infatigable, & à qui le public doit la plus grande reconnoissance pour son *Traité de la conservation des grains*, en a donné une très-bonne description ; & c'est ce qu'on connoît de mieux en ce genre. C'est d'après lui que le bluteau à vent sera décrit ; il ne sert que pour le grain.

On met comme aux autres, le grain dans une trémie A (*Fig.* 2) ; il en sort par une ouverture B, (*Fig.* 4 & 7) qu'on rend plus ou moins grande, en ouvrant plus ou moins une porte à coulisse C, (*Fig.* 7) ce qui s'exécute aisément en tournant un petit cylindre D, *même Figure*, placé au-dessus, autour duquel se trouve une petite ficelle qui répond à la petite porte.

Au sortir de la trémie, le froment se répand sur un crible E, (*Fig.* 5) qui est fait par des mailles de fil de laiton, assez larges pour que le bon froment y puisse passer. Les grains avortés, & la plupart des charbonnés, passent avec le bon froment, & sont chassés vers F, (*Fig.* 2 & 4) par le courant d'air dont on parlera dans la suite.

Ce crible est reçu dans un châssis léger de menuiserie G, (*Fig.* 5) & bordé des deux côtés & au fond, par des planches minces HH.

On fait ensorte que le crible E penche un peu par le devant ; & comme cette circonstance fait que le froment coule plus ou moins vîte, on est maître de régler convenablement la pente du crible, en tournant une traverſe cylindrique I, (*Fig.* 4) qui porte à un de ſes bouts une petite roue dentée L, (*Fig.* 2) qui eſt retenue par un linguet M. En tournant cette traverſe, on accourcit ou on alonge une ficelle N, (*Fig.* 4) qui élève ou abaiſſe le bout antérieur du crible.

Malgré cette pente du crible, le froment ne couleroit pas, ſi l'on négligeoit d'imprimer au crible un mouvement de trémouſſement. Voici par quelle mécanique on produit cet effet.

Au bout O de l'eſſieu (*Fig.* 3) oppoſé à celui où eſt la manivelle P, (*Fig.* 2) il y a une roue Q, (*Fig.* 3, 8 & 9) qui a des coches ſur la face verticale tournée du côté de la caiſſe : un morceau de bois, ou un long levier un peu coudé en R, répond à ces coches par un bout S. Ce levier touche & eſt attaché à la caiſſe par le ſommet R de l'angle fort obtus que forment ſes deux branches : à l'extrémité T du levier, oppoſée à la roue cochée, eſt attachée une ficelle qui, traverſant la caiſſe, va répondre au crible. De l'autre côté de la caiſſe eſt un autre morceau de bois V, (*Fig.* 2) qui fait reſſort, & répond, comme le levier dont on vient de parler, au crible, par une ficelle qui traverſe la caiſſe. Il eſt clair que lorſqu'on fait tourner l'eſſieu, les coches de la petite roue Q donnent un mouvement d'oſcillation au bout du levier R qui lui répond ; ce mouvement ſe communique à ſon autre bout T, & de-là au crible, au moyen de la ficelle T, ce qui lui donne le trémouſſement qu'on deſire.

Ce mouvement détermine le grain à couler peu à peu ſur le crible qui eſt un peu incliné ; & ce qui n'a pu paſſer au travers des mailles, tombe par l'extrémité, en forme de nappe, ſur un plan incliné X, (*Fig.* 4) qui le jette dehors & vis-à-vis la partie antérieure du crible. Ce qui a paſſé par le crible ſupérieur, tombe en forme de pluie ſur un plan incliné d'environ quarante-cinq degrés, où le froment, en roulant, trouve une grille ou treillis de fil d'archal M, (*Fig.* 4 & 6) ſemblable au premier E, (*Fig.* 5) mais dont les mailles ſont un peu plus étroites, pour que le petit grain tombe ſur la caiſſe en N, (*Fig.* 3) pendant que le gros ſe répand derrière le crible en T.

On apperçoit ſur un des côtés de la caiſſe, une manivelle P, (*Fig.* 2) qui fait tourner une roue dentée F, laquelle engrène dans une lanterne G, fixée ſur l'eſſieu qui fait tourner la petite roue cochée Q, dont on a parlé.

Ce grand eſſieu qui, au moyen de la lanterne, tourne fort vîte, porte huit ailes, (*Fig.* 2, 3 & 4) HHH, formées de planches minces, qui, imprimant à l'air qu'elles frappent, une force centrifuge, produiſent un vent conſidérable, qui chaſſe bien loin vers F toute la pouſſière, la paille & les corps légers qui ſe trouvent dans le grain, ſoit que les corps étrangers aient paſſé par le crible, ou qu'ils ſe trouvent dans les mottes & les immondices qui tombent en nappe devant le crible.

Pour ſe former une idée juſte de cet inſtrument, il faut ſe repréſenter un homme appliqué à la manivelle P ; (*Fig.* 2) elle fait tourner une roue dentée en hérisson N. Cette roue engrènant dans la lanterne G, qui est placée au-dessus, imprime un mouvement de rotation assez vif au grand essieu qui fait tourner les ailes HHH, (*Fig.* 2, 3 & 4) renfermées dans la caisse K, & à la petite roue cochée Q qui est de l'autre côté de cette même caisse. Cette petite roue Q imprime un mouvement de trémoussement au levier TRS, (*Fig.*3) qui fait mouvoir le crible supérieur E, (*Fig.* 4) tant qu'on tourne la manivelle.

Un autre homme verse du froment dans la trémie A. Ce froment coule peu à peu sur le crible supérieur E, (*Fig.* 4) qui, ayant un peu de pente vers l'avant, & étant dans un trémoussement continuel, tamise le froment, & le passe peu à peu en forme de pluie. Dans cette chûte, il traverse un tourbillon de vent occasionné par les ailes HHH, (*Fig.* 2, 3 & 4) attachées au grand essieu, & il tombe sur un plan incliné, où il y a un second crible B, (*Fig.*3, & M *Fig.* 4) nommé *crible inférieur*, qui sépare le gros grain du petit.

Comme les pièces qui composent ce crible n'exigent pas une exacte proportion, l'échelle (*Figure* 12) suffira pour indiquer à peu près quelle doit être leur grandeur ; mais il est bon d'être prévenu que le grand essieu doit être de fer, & les fuseaux de la lanterne G de cuivre, sans quoi ces deux pièces ne dureroient pas long-tems. Il seroit encore avantageux d'augmenter la grandeur du crible inférieur, & l'on pourroit avoir des cribles dont les mailles seroient différemment lozangées, pour séparer les différens grains & les différentes graines.

Ce crible est admirable pour séparer du bon grain, la poussière, la paille, les graines fines, les grains charbonnés ; en un mot, tout ce qui est plus léger ou plus gros que le bon froment. Il sépare encore exactement toutes les mottes formées par les teignes, les crottes de chat, de souris, &c.

Pour que ce bluteau-crible produise le meilleur effet possible, il faut que le grenier soit percé de fenêtres ou de lucarnes de deux côtés opposés ; car en plaçant le bout F du crible, (*Fig.* 4), vis-à-vis la croisée qui est opposée au vent, le vent qui traverse le grenier, se joignant à celui du crible, chasse bien loin toutes les immondices. Ainsi c'est un bon instrument dont on doit se pourvoir lorsqu'on se propose de faire des magasins considérables de blé.

Ce n'est pas à ce seul point que se borne son utilité. Je lui en reconnois une au moins aussi précieuse, qui est celle de séparer le bon grain de toutes ses immondices à mesure qu'il vient d'être battu, & par conséquent de ne pas le porter & le reporter de l'aire au magasin, & du magasin, qu'on nomme dans quelques endroits, la *Saint-Martin*, à l'aire. Pour *venter* ou *vanner* le blé, on est forcé d'attendre un beau jour, & un jour pendant lequel la force du vent ait quelqu'activité, ce qui est assez rare pendant les grandes chaleurs de l'été. Si le grain reste long-tems amoncelé sans être battu, il court de grands risques de s'échauffer, pour peu que la moisson ait été levée par un tems humide,

humide. Ce bluteau-crible prévient tous ces inconvéniens. Pour vanner, on est obligé de jeter en l'air & au loin, le grain chargé d'ordures. Le grain, par sa pesanteur spécifique, tombe le premier & le plus près : mais mêlé avec les petites mottes de terre, égales à son poids, la poussière & les pailles, plus légères, sont entraînées plus loin par le vent : la ligne de démarcation entre le bon grain, le mauvais & les ordures, n'est pas exacte ; de manière qu'on est obligé de revenir plusieurs fois à la même opération. Voici comme je m'y suis pris pour nettoyer mon grain avec le bluteau-crible.

Tout le grain que j'ai à nettoyer est rangé sur une ligne de trois à quatre pieds de largeur, deux pieds environ de hauteur, & la longueur de ce parallélogramme est indéterminée, si c'est en plein air, ou proportionnée à la grandeur du local du bâtiment, si le grain y est renfermé ; le premier est préférable à tous égards. A cinq pieds d'un des bouts du parallélogramme, je place une grille de fer de quatre pieds de largeur, sur cinq pieds de hauteur ; elle est soutenue de chaque côté, dans sa partie supérieure, avec un piquet en bois, terminé dans le bas par une pointe de fer qui entre dans la terre à la profondeur d'un pouce ; par ce moyen les deux piquets une fois assujettis, la grille est solide, parce qu'également à sa base elle est garnie de deux pointes de fer d'un pouce, qu'on enfonce de manière que sa traverse inférieure touche la terre par tous ses points. L'inclinaison de trente degrés est celle qu'on doit donner à la grille, & ses mailles n'ont que six à huit lignes de diamètre.

Deux hommes armés de pelles, sont placés à la tête du monceau de blé, & en jettent alternativement une pellée contre la grille & dans sa partie supérieure. Tout le grain & la poussière passent à travers la grille ; la paille & les épis tombent sur le devant de la grille. Lorsque le monceau de blé passé, lorsque celui des débris de la paille, & que la grille est trop éloignée des travailleurs, alors les deux hommes enlèvent avec leur pelle le monceau de paille, & rapprochent la grille à une distance convenable du blé pour continuer leur opération. Le blé passé est en état d'être porté au bluteau.

Si on demande pourquoi ce premier travail ? je répondrai que lorsque l'on jette dans le bluteau les débris de la paille, & les épis pêle-mêle avec le grain, il faut répéter à plusieurs fois le blutage, au lieu qu'une seule suffit lorsqu'on a pris la première précaution. Si on repasse une seconde fois son grain au bluteau, il en sortira de la plus grande netteté. Cette opération occupe deux hommes, & les deux mêmes suffisent pour le blutage ; un seul cependant suffit pour cette dernière, si au-dessus de la trémie on a ménagé une espèce de magasin ou réservoir à blé ; une fois plein, l'ouvrier pourroit travailler toute la journée & d'un seul trait, s'il n'avoit besoin de repos de tems à autre. Pour qu'il prenne ce repos, il tire une petite corde qui tient à une tirette ou coulisse, & la coulisse, en s'abaissant, ferme l'ouverture de ce réservoir. J'ai fait vanner du blé de toutes les manières, & je n'en ai point trouvé de plus économique & de plus expéditive que celle dont je viens de parler. Qu'on ne perde jamais de vue qu'il n'y a point de petite économie à la campagne.

BOCAGE. C'est un bouquet de bois, planté dans la campagne, & non cultivé; en quoi il diffère du bosquet. Ces bouquets font un joli effet dans un grand parc, si on sait bien ménager le point de vue & assortir les espèces d'arbres qui doivent le composer. Dans un terrain humide, l'aune, planté indistinctement avec le saule, & sur-tout le saule de Babylone, qui laisse retomber ses branches, fait un joli effet par le contraste du verd, & par celui de la disposition des branches; le tremble & le chêne se marient très-bien ensemble dans les terrains secs, ainsi que l'ormeau avec le frêne, le frêne avec l'érable, l'érable avec les sorbiers, les aliziers, les acacias, &c. Le site seul, & la nature du terrain, décident de l'espèce des arbres qu'on doit livrer à eux-mêmes, & ne pas soumettre au terrible ciseau, ou au croissant du jardinier qui dévaste tout. Le mérite du bocage consiste dans son air champêtre & dans l'ombre qu'il fournit. On ne sauroit donc trop laisser monter les arbres & se fourrer de branches. Il faut qu'il fasse masse, qu'il se détache exactement des objets qui l'environnent, & que dans aucun point de vue il ne puisse se confondre avec eux. Le bocage environné de prairies est très-agréable.

BŒUF & VACHE. Le bœuf est le taureau châtré. Il est, sans contredit, l'animal le plus estimé entre les bêtes à cornes. Il semble méconnoître sa force, pour se plier à la volonté de l'homme. Nous en voyons des troupeaux entiers, être dociles à la voix d'une femme ou d'un enfant, suivre sans s'écarter, le chemin du pâturage, paître, ruminer, s'égayer sous les yeux de leur conducteur, se désaltérer au bord d'un ruisseau limpide qui arrose la prairie, & rentrer à l'étable sans résistance. Cet animal partage encore avec l'homme les travaux pénibles de la campagne; c'est lui qui défriche nos terres, prépare nos moissons, transporte nos grains : sans lui les pauvres & les riches auroient beaucoup de peine à vivre; il est la base de l'opulence des États, qui ne peuvent fleurir que par la culture des terres, & par l'abondance du bétail.

Le bœuf n'est pas si lourd, ni si mal-adroit qu'il paroît au premier aspect. Il sait se tirer d'un mauvais pas, aussi-bien, & peut-être encore mieux que le cheval. L'exemple que nous allons rapporter en est une preuve. Un de ces hommes, qu'on appelle vulgairement *toucheurs de bœufs*, trouvant un pré dans son chemin, y fit entrer ses bœufs pour pâturer. Excédé de fatigue, il se couche en travers sur la brèche faite à la haie, & s'endort. Quelques momens après, un de ces bœufs s'approche tout doucement; & sentant son conducteur endormi, passe adroitement par-dessus lui sans le toucher; un second en fait autant; ensuite un troisième, un quatrième, & ainsi tout le troupeau défila : enfin, l'homme se réveille, regarde autour de lui, & eſt bien étonné de voir que ſes bœufs ne ſont plus dans le pré, où il les croyoit en ſûreté.

Les animaux les plus peſans ne ſont pas ceux qui dorment le plus profondément, ni le plus long-tems. Le bœuf dort, mais d'un ſommeil court & léger; le moindre bruit le réveille. Il ſe couche ordinairement ſur le côté gauche; auſſi obſervons-nous que le rein, de ce côté, eſt toujours plus gros & plus chargé de graiſſe, que celui du côté droit.

Quoique les anciens aient prétendu que le bœuf & la vache avoient la voix plus grave que le taureau, il n'eſt pas moins vrai de dire que ce dernier a la voix plus forte, puiſqu'il ſe fait entendre de plus loin. Le mugiſſement du taureau n'eſt pas un ſon ſimple, mais un ſon composé de pluſieurs octaves, dont la plus élevée frappe le plus l'oreille; car ſi l'on y fait attention, on entend en même tems un ſon grave, & même plus grave que celui de la vache, du bœuf & du veau, dont les mugiſſemens ſont auſſi plus courts. Le taureau ne mugit que d'amour; mais la vache mugit plus ſouvent d'horreur & de peur, tandis que le veau mugit de douleur, de beſoin de nourriture, & du deſir de ſa mère.

Comme il n'y a de différence du bœuf au taureau, que par la caſtration; & à la vache, que par les parties de la génération, nous traiterons dans cet article, de ces trois animaux enſemble.

Plan du Travail.

PREMIÈRE PARTIE.

PREMIÈRE PARTIE.

CHAPITRE PREMIER.

DES POILS DU BŒUF, DE SES PROPORTIONS, ET DE SA COMPARAISON AVEC LE CHEVAL.

SECTION PREMIÈRE.

De la variété des poils du Bœuf.

La couleur du poil la plus ordinaire au bœuf, & par conséquent la plus naturelle, est fauve. Cependant le poil roux paroît être le plus commun ; & plus il est rouge, plus il est estimé. On fait cas aussi du poil noir, & l'on prétend même que les bœufs d'un poil bai durent long-tems ; que les bruns durent moins, & se rebutent de bonne heure ; que les gris, les mouchetés ne valent rien pour le travail, & ne sont propres qu'à être engraissés. Nous sommes convaincus que de tous poils il est de bons bœufs, mais que, de quelque couleur que soit le poil, il doit être luisant, épais, doux au toucher ; s'il est rude, mal uni ou dégarni, il est à présumer que l'animal souffre, ou qu'il n'est pas d'un fort tempérament.

SECTION II.

Des proportions du Bœuf & de la Vache.

Un bœuf d'une taille ordinaire, mesuré en ligne droite, depuis le bout du mufle ou de la partie inférieure de la tête, jusqu'à l'anus, donne environ sept pieds & demi de longueur ; quatre pieds un pouce & demi de hauteur, prise à l'endroit des jambes de devant, & quatre pieds trois pouces à l'endroit des jambes de derrière ; un pied neuf pouces dans la tête, depuis le bout des lèvres jusqu'au chignon ; un pied dans le contour de la bouche ; presque moins de la moitié de largeur dans la mâchoire postérieure, que dans la mâchoire antérieure ; deux pieds un pouce de longueur dans la colonne vertébrale qui forme le dos ; plus de longueur dans la huitième, neuvième & dixième côtes, que dans les autres ; dix pouces & demi de longueur dans l'avant-bras ; cinq pouces de circonférence à l'endroit le plus petit de cet os ; plus de largeur que d'épaisseur dans le radius, c'est-à-dire, dans l'os antérieur qui forme l'avant-bras ; deux pouces & demi de longueur dans les rotules ; treize pouces de longueur dans le tibia ou l'os qui forme la jambe ; un pouce onze lignes de longueur dans les premières phalanges des pieds ; deux pouces de distance entre l'anus & le scrotum. Deux pieds quatre pouces de longueur dans la verge, depuis la bifurcation du canal caverneux, jusqu'à l'insertion du prépuce ; quatre pouces & demi dans les testicules.

A l'égard des parties naturelles de la vache, il y a deux pouces de distance entre l'anus & la vulve ; trois pouces de longueur dans cette dernière partie ; deux pouces de hauteur dans les mamelons, & environ trois pouces de circonférence à leur base ; une ligne de diamètre dans le canal de chaque mamelon ; dix pouces de longueur dans les mamelles, & un pied de longueur dans le vagin. On doit bien sentir que ces proportions ne sont pas les mêmes dans tous les individus.

SECTION III.

Parallèle du Bœuf & du Cheval.

La comparaison du bœuf avec le cheval, démontre que le premier a le poil plus doux & plus souple ; que la tête n'est pas si alongée ; qu'il y a moins de longueur dans les mâchoires, plus de largeur dans le front, plus de grandeur dans les apophises du col, plus de grosseur dans les épaules ; qu'il a le dos plus droit & plein, les reins plus larges, les côtes plus arrondies, le ventre tombant, les hanches plus longues, la croupe large & ronde, les jambes plus courtes, les genoux en dedans, la queue pendante jusqu'à terre, & que l'ongle, au lieu d'être d'une seule pièce, présente une bifurcation. La forme de son dos & de ses reins, démontre encore qu'il ne convient pas autant que le cheval, l'âne & le mulet, pour porter des fardeaux ; mais la grosseur de son col & la largeur de ses épaules, indiquent assez qu'il est propre à tirer & à porter le joug. Sa tête est très-forte, & semble avoir été faite exprès pour la charrue. La masse de son corps, la lenteur de ses mouvemens, le peu de hauteur de ses jambes, sa tranquillité & sa patience, semblent concourir à le rendre propre à la culture des champs, & plus capable qu'aucun autre animal, de vaincre la résistance constante & toujours nouvelle, que la terre oppose à ses efforts. Il n'en est pas de même du cheval : quoiqu'aussi fort que le bœuf, il est moins propre au labour, par l'élévation de ses jambes, la grandeur de ses mouvemens, leur rudesse, & par son impatience.

CHAPITRE II.

DE LA GÉNÉRATION.

SECTION PREMIÈRE.

De l'usage principal du Taureau.

Le taureau sert principalement à la propagation de l'espèce, & quoiqu'il puisse être soumis au travail, on est moins sûr de son obéissance que de celle du bœuf. La nature a fait cet animal indocile & fier. Dans le tems du rut, il devient indomptable, & souvent comme furieux ; il combat généreusement pour le troupeau, & marche le premier à la tête. S'il y a deux troupeaux de vaches dans un champ, les deux taureaux s'en détachent & s'avancent l'un vers l'autre en mugissant :

lorsqu'ils sont en présence, ils s'entre-regardent de travers, en ne respirant que la vengeance & la jalousie, grattent la terre avec leurs pieds, font voler la poussière par-dessus leur dos; enfin, se joignant bientôt avec impétuosité, ils s'attaquent avec acharnement, & ne cessent de combattre que lorsqu'on les sépare, ou que le plus foible est contraint de céder au plus fort; pour lors le vaincu se retire triste & honteux, tandis que le vainqueur s'en retourne tête levée, triomphant & fier de sa victoire. Cet animal va au-devant de l'ennemi, & ne craint ni le chien ni le loup; enfin, nous voyons que dans les combats, soit publics, soit particuliers, qu'il a à soutenir, ou contre des hommes, ou contre d'autres animaux auxquels il est sacrifié, il fait face aux assaillans avec tant de courage, qu'il ne succombe qu'à la dernière extrémité, percé de mille coups, ou déchiré.

Section II.

Qualités du Taureau & de la Vache, destinés à la propagation de l'espèce.

Un taureau propre à servir un troupeau de vaches, doit être gros, bien-fait, & en bonne chair, ayant l'œil noir, le regard fixe, le front ouvert, la tête courte, les cornes grosses, courtes & noires, les oreilles longues & velues, le mufle grand, le nez court & droit, le col charnu & gros, les épaules & le poitrail larges, les reins forts, le dos droit, les jambes grosses & charnues, la queue longue & bien garnie de poils, le fanon pendant jusque sur les genoux, l'allure ferme & sûre, le poil rouge, & de l'âge de trois ans jusqu'à neuf.

Le choix de la vache n'exige pas moins d'attention. Il faut qu'elle soit âgée de quatre ans jusqu'à neuf, docile, forte, élevée dans les montagnes fertiles en pâturages, ou dans les plaines éloignées des eaux marécageuses; que les os du bassin soient évasés, la tête ramassée, les yeux vifs, les cornes courtes & fortes, l'espace compris entre la dernière fausse-côte, & les os du bassin, un un peu long, le poitrail & les épaules charnues, les jambes grosses & tendineuses, la corne bonne, le poil rouge & uni.

Section III.

Des pays qui fournissent les meilleures Vaches pour la production.

Les vaches d'Auvergne, des Cevènes & de la Suisse, sont les meilleures. Celles de la Flandre, de la Bresse & de la Hollande, fournissent une plus grande quantité de lait, dont la nature répond à la qualité des alimens & de l'air qu'elles habitent, c'est-à-dire qu'il est plus aqueux.

Section IV.

De l'accouplement du Taureau avec la Vache, & des moyens de le faire réussir.

Un taureau destiné à servir les vaches, doit être nourri dans l'étable, avec un mélange de paille & de foin, & travailler une heure ou deux par jour, excepté dans le tems du rut, où il devient indocile; alors il faut se contenter seulement de le laisser promener dans une basse-cour close de murs.

Le tems de la monte dure depuis le mois d'Avril jusqu'au commencement de Juillet. La vache qui est en chaleur mugit fréquemment & avec plus de force que dans les autres tems. Elle saute sur les vaches, sur les bœufs, & même sur les taureaux. La vulve est gonflée & saillante en dehors.

Le taureau le plus jeune & le plus ardent, demande beaucoup de ménagement, lorsqu'on veut le faire couvrir avec succès pendant plusieurs années : c'est particuliérement au printems qu'il a plus à faire, parce que la vache est communément en chaleur au mois d'Avril, de Mai & de Juin, quoiqu'il y en ait dont la chaleur soit plus tardive, & d'autres dont elle soit plus précoce. Quand il s'approche de la vache, on l'aide en dirigeant le membre dans le vagin, & en détournant la queue de la vache, de crainte qu'il ne se blesse. Il arrive quelquefois au taureau de sortir avant que d'avoir éjaculé l'humeur séminale, de monter plusieurs fois inutilement, de vouloir répéter l'acte de la génération, d'être dérangé par les divers mouvemens de la vache, & de dédaigner celle qu'il doit couvrir. Dans tous ces cas, il faut avoir recours aux moyens que nous indiquerons pour l'étalon, au mot CHEVAL. (*Voyez* le mot CHEVAL)

La vache retient plus aisément que la jument, souvent dès la première & seconde fois ; rarement faut-il que le taureau y revienne trois fois ; par conséquent un taureau qui ne couvre que de deux jours l'un, depuis le commencement d'Avril jusqu'à la mi-Juillet, peut couvrir plus de trente vaches, sans risque d'être épuisé.

Il est essentiel, pour empêcher la dégénération de l'espèce, de croiser les races en les mêlant ; & surtout en les renouvelant par des races étrangères. Si les campagnes sont souvent dépourvues de beaux bœufs, c'est parce qu'on apporte trop peu de précautions sur le choix, la qualité & le nombre des taureaux. Dans toutes ces circonstances, le laboureur est obligé de faire saillir ses vaches, soit par des taureaux lâches, foibles & épuisés, soit par des taureaux trop jeunes. Ces animaux s'épuisent, leur accroissement, leur force & leur courage diminuent, & les productions que l'on obtient sont peu propres à fournir de bons élèves. Il conviendroit mieux de faire venir des taureaux de Danemarck, de la Suisse, des Cevènes & de l'Angleterre, & de les distribuer dans les campagnes ; par ce moyen les habitans n'étant pas obligés de faire sauter leurs vaches par les taureaux du pays, on verroit bientôt le grand nombre & la belle espèce des bœufs se rétablir. Il n'est pas moins nécessaire aussi de choisir pour parcs des terrains secs, légers, fertiles en plantes nutritives, aromatiques, & arrosés d'une eau courante.

L'accouplement fait, on sépare le taureau de la vache, en les laissant reposer pendant demi-heure ; ensuite l'un est conduit à l'étable, & l'autre au pâturage. La vache fécondée ne mugit plus, la vulve cesse d'être gonflée, & elle répugne à l'approche du taureau, qui même refuse de la couvrir, lorsqu'elle est pleine. Cette répugnance du taureau ne doit pas engager le cultivateur à le lâcher dans le parc avec le nombre des vaches qu'il peut couvrir ; ce seroit méconnoître ses vrais intérêts, parce que cet animal se ruine plus pendant trois ou quatre mois que dure la monte, qu'il ne le feroit en trois ans de tems, & en ne couvrant, comme nous l'avons déjà dit, une vache que tous les deux jours. Il en est de même d'un taureau qui saillit à l'âge de deux ans ; il produit peu, & se trouve ruiné après trois ans de mauvais service.

Si lorsque le taureau est prêt de monter une vache, on lui substitue une jument en chaleur, ou une ânesse bien amoureuse, de cet accouplement contre-nature, naît un animal de petite taille, qui porte le nom de *jumart*. (*Voyez* JUMART)

SECTION V.

Des soins que la Vache exige lorsqu'elle est pleine. De son accouchement.

La vache qui est pleine demande beaucoup de soins & de précautions. Il faut la défendre des injures de l'air, telles que la pluie, le froid, les grandes chaleurs ; la faire peu travailler, lui laisser prendre haleine dans le travail, l'empêcher de courir, de sauter des haies, des fossés, & ne lui donner aucun coup. Elle risqueroit d'avorter. (*Voyez* AVORTEMENT) Le gras pâturage lui convient pour nourriture. Le septième mois, c'est-à-dire, deux mois avant l'accouchement, on peut augmenter la nourriture, en y ajoutant des raves, des navets, des courges, du bon foin, de la luzerne & du sainfoin. Les vaches dont le lait tarit un mois ou six semaines avant qu'elles mettent bas, ne sont pas aussi bonnes que celles dont le lait ne tarit pas même dans les derniers jours, parce que le lait annonce & est une preuve que la mère donne au fœtus une nourriture suffisante.

L'accouchement se fait au commencement du dixième mois. La vache exige alors plus d'attention que la jument, parce qu'elle est plus fatiguée & plus épuisée. On doit la séparer des autres vaches, la laisser coucher sur une bonne litière, la garantir du froid, lui donner un quart-d'heure après l'accouchement, de la farine de froment délayée dans de l'eau commune ; ensuite la nourrir pendant huit jours avec du foin de bonne qualité, de la luzerne & du sainfoin, & lui donner pendant ce tems pour boisson, de l'eau blanchie avec la farine d'orge ; après quoi on la remet par degré à sa vie ordinaire & au pâturage, ayant sur-tout le soin de la ramener trois ou quatre fois par jour à l'étable, pour donner à teter au veau.

CHAPITRE III.

CHAPITRE III.

Des soins que le Veau exige depuis le moment de sa naissance, jusqu'à celui auquel on le fait servir.

Section première.

Des soins qu'il faut avoir pour le Veau dès qu'il est né, jusqu'au tems de la castration.

Dès le premier moment de sa naissance, cet animal doit être tenu chaudement & commodément, & teter aussi souvent qu'il en est besoin. Ayant atteint cinq à six jours, il faut le séparer de la mère, parce qu'elle seroit bientôt épuisée, s'il restoit continuellement auprès d'elle. On ne laisse teter que trente ou quarante jours, les veaux qu'on veut livrer au boucher; & pour les engraisser promptement, les œufs cruds, du lait bouilli avec de la mie de pain, suffisent à merveille; mais ceux, au contraire, qui sont destinés à la charrue, doivent teter au moins trois ou quatre mois; le premier hiver est le tems le plus dangereux de leur vie, & par conséquent celui où ils demandent le plus de soins. On les sèvre par degrés, en commençant à leur donner un peu de foin choisi, ou de la bonne herbe, afin de les accoutumer insensiblement à cette nourriture. Quand ils en mangent, c'est alors le tems de les séparer pour toujours de leur mère, & de ne plus leur permettre de teter, quoiqu'ils soient dans la même étable & au même pâturage que la vache. Aussitôt que le froid commence à se faire sentir, ils ne doivent rester au pâturage qu'une heure le matin, autant le soir, être tenus chaudement, ne sortir de l'étable que bien tard, & y entrer de bonne heure. Il ne faut pas sur-tout oublier de les caresser, de leur manier souvent les cornes, & principalement les pieds, afin de pouvoir les ferrer dans la suite; éviter autant qu'il est possible de les irriter, de les contrarier & de leur donner des coups; car il est prouvé que la violence & les mauvais traitemens les rendent vicieux & indociles.

Le veau conserve jusqu'à dix mois, c'est-à-dire, jusqu'au tems où la seconde dentition commence, les huit dents incisives qui se montrent à sa mâchoire postérieure huit jours après sa naissance. Son quatrième estomac contient des grumeaux de lait caillé, qui, séchés à l'air, font la pressure dont on se sert à la campagne pour faire cailler le lait. Plus cette pressure est ancienne, meilleure elle est, & il n'en faut qu'une petite quantité pour faire un grand volume de fromage.

Section II.

De la castration du Veau, & des moyens à employer pour l'accoutumer à se laisser ferrer, & à être mis au joug.

A l'âge de deux ans & demi, on prive le veau de pouvoir se reproduire, par la castration. (*Voyez* Castration) Il prend alors le nom de *bœuf*. Parvenu à l'âge de trois ans, on l'accoutume à se laisser ferrer, si c'est dans les pays de montagnes ou pierreux, & sur-tout s'il est destiné à la charrette. (*Voyez*

FERRURE) Il arrive souvent que lorsque cet animal est soumis pour la première fois à l'opération de la ferrure, il s'inquiète, s'agite, donne du pied, & fatigue le laboureur le plus fort & le plus vigoureux; mais le seul moyen de l'y accoutumer insensiblement, est de le flatter, de le caresser, d'être patient, & non de le battre, ainsi que nous le voyons pratiquer par certains habitans de la campagne; aussi sont-ils souvent la cause que leurs bœufs sont quelquefois comme furieux, & qu'ils deviennent indomptables.

C'est à l'âge de trois ans, trois ans & demi, qu'il faut accoutumer insensiblement le veau ou le jeune bœuf au joug, également par la douceur, les caresses & la patience, & en lui donnant de tems en tems de l'orge bouillie, des féves concassées, & d'autres alimens semblables dont il est très-friand, en l'attelant à la charrue avec un autre bœuf de même taille, & qui soit déjà dressé, en les menant ensemble au pâturage, afin qu'ils se connoissent & s'habituent à n'avoir que des mouvemens communs. L'aiguillon est ici prohibé, parce qu'il rendroit l'animal intraitable, & qu'il exige au contraire, d'être ménagé dans le travail, de peur qu'il ne se fatigue trop. S'il est très-difficile à retenir, s'il est impétueux, s'il donne du pied, ou est sujet à heurter de ses cornes, tous ces défauts disparoissent, en attachant l'animal bien ferme à l'étable, & en l'y laissant jeûner pendant quelque tems; s'il est peureux, la moindre chose l'effraie; le travail & l'âge en diminuant la crainte, remédient à ce vice: s'il est comme furieux, le moyen le plus sûr de le corriger & de le rendre docile, est de l'attacher à une charrette bien chargée, au milieu de deux autres bœufs, qui soient un peu lents, & de leur donner souvent de l'aiguillon.

CHAPITRE IV.

Des avantages de la Vache.

Section première.

Des Vaches qui donnent le plus de lait.

Les vaches ne sont pas seulement utiles par les veaux & le laitage qu'elles donnent: il y a bien des pays où on les met encore au trait & à la charrue, & où on les fait travailler comme les bœufs.

Les vaches de la Flandre, de la Bresse & de la Hollande, fournissent une grande quantité de lait. Les Hollandois tirent annuellement du Dannemarck, des vaches grandes & maigres, qui donnent en Hollande beaucoup plus de lait que les vaches de France. C'est apparemment cette même race de vaches qu'on a transportée en Poitou, en Aunis & dans les marais de Charente. Elles sont appelées *flandrines*, parce qu'en effet elles sont plus grandes & plus maigres que les vaches communes, & qu'elles donnent une fois autant de lait, & des veaux beaucoup plus forts. Avec un taureau de cette espèce, on obtient une race bâtarde qui est beaucoup plus féconde & plus abondante en lait que la race commune. Ce sont les bonnes vaches à lait qui font une partie des richesses de la Hollande; elles fournissent deux fois autant de lait que les vaches de

France, & six fois autant que celles de Barbarie.

Ce n'est point la grosseur du pis, ainsi que quelques-uns le prétendent, qui fait la bonté de la vache. Il y en a qui l'ont petit, & qui néanmoins donnent beaucoup de lait. Le pis n'est gros quelquefois, que parce qu'il est trop charnu. Les vaches de la Suisse fournissent aussi une quantité immense de lait. Il s'est formé depuis peu à Paris, un établissement de ces vaches, mais le lait n'est ni aussi abondant, ni aussi bon. Cette différence ne doit-elle pas être rapportée à la nature du climat & de la nourriture?

Section II.

De la traite des Vaches, & des moyens d'entretenir & d'augmenter le lait.

En été, la traite des vaches se fait deux fois le jour, le matin & le soir; mais en hiver, il suffit de la faire une fois seulement. La bonne façon de traire est de conduire la main depuis le haut du pis jusqu'en-bas, sans interruption, ce qui produit une mousse haute dans le seau, au lieu qu'en pressant le pis, & comme par secousses, le beurre se sépare du lait.

Quand une vache donne peu de lait, on parvient à en augmenter la quantité & à l'entretenir, par l'usage des alimens succulens, tels que la bonne herbe, la paille d'avoine, le foin, le trèfle, le sainfoin & la luzerne. Ces pâturages ne donnent aucun mauvais goût au lait, à moins qu'ils ne soient dans des bas-fonds; pour lors il participe de la mauvaise qualité des herbes de marais, & des prés fort bas. En général, de l'herbe douce, & de la bonne eau, produisent un lait excellent & toujours abondant.

Section III.

De la consistance du lait pour qu'il soit bon.

La consistance du lait, pour être bon, doit être telle, que lorsqu'on en prend une petite goutte, elle conserve sa rondeur, sans couler, & qu'elle soit d'un beau blanc. Celui qui tire sur le jaune, sur le bleu ou sur le rouge, ne vaut rien. Il faut aussi que la saveur en soit douce, sans aucune amertume, sans âcreté, de bonne odeur, ou sans odeur. Il est meilleur au mois de Mai, & en été, qu'en hiver, & il n'est parfaitement bon, que quand la vache est jeune & saine. Les différentes qualités de lait sont relatives à la quantité plus ou moins grande des parties butireuses, caséeuses & séreuses qui le composent. Le lait trop clair est celui qui abonde en parties séreuses. Le lait trop épais est celui qui en manque, & le lait trop sec n'a pas assez de parties butireuses & séreuses. Celui d'une vache en chaleur n'est pas bon, non-plus que celui d'une vache qui approche de son terme, ou qui a mis bas depuis quelque tems; en un mot, la bonté du lait varie selon la nourriture de l'animal. Tout le monde sait de quel usage est le lait pour les besoins de l'homme, & sur-tout dans certaines maladies qui l'affligent, lorsqu'il est dirigé par un médecin instruit & éclairé.

CHAPITRE V.

DE L'AGE DU BŒUF, DE SES QUALITÉS POUR LE TRAVAIL, DE SA NOURRITURE, DU TEMS QU'IL FAUT LE FAIRE TRAVAILLER, DE LA MANIÈRE DE L'ENGRAISSER, DE LA DURÉE DE SA VIE.

SECTION PREMIÈRE.

Des dents du Bœuf, & des moyens de connoître son âge.

Les dents mâchelières du bœuf sont au nombre de vingt-quatre, disposées de façon que chaque mâchoire en a six d'un côté, & six de l'autre.

Les dents incisives sont au nombre de huit, placées sur le bord semi-circulaire de la mâchoire postérieure; elles ont chacune le corps court, l'extrémité large & semi-circulaire; la face antérieure de cette extrémité est concave & oblique; elle a son bord inférieur tranchant, sa face postérieure est convexe; la racine est courte, ronde & obtuse; elles diffèrent les unes des autres par la largeur de l'extrémité antérieure, & la longueur de la racine. Les pinces ont l'extrémité supérieure plus large, au contraire la racine plus courte & moins grosse. Les autres dents incisives diminuent de largeur du côté de l'extrémité supérieure, & augmentent en longueur & grosseur du côté de la racine.

La mâchoire antérieure est dépourvue de dents incisives; mais à leur place, on observe une espèce de bourrelet formé de la peau intérieure de la bouche, qui est fort épais dans cet endroit. Le bœuf se sert de sa langue quand il broute, pour ranger, pour ramasser l'herbe en forme de faisceau, & ses dents mâchelières en coupent la pointe; aussi ne broute-t-il que celle qui est longue, & ne porte-t-il aucun préjudice aux prairies sur lesquelles il se nourrit; il n'ébranle nullement la racine, enlève les grosses tiges, & détruit peu à peu l'herbe la plus grossière; c'est ainsi qu'il bonifie les pâturages.

On connoît l'âge du bœuf par ses dents incisives & par les cornes. Les premières dents de devant tombent à dix mois, & sont remplacées par d'autres qui sont moins blanches & plus larges; à seize ou dix-huit mois, les dents voisines de celles du milieu, tombent pour faire place à d'autres. Toutes les dents de lait sont renouvelées à trois ans; elles sont pour lors égales, longues, blanches, & deviennent par la suite, inégales & noires.

Vers la quatrième année, il paroît une espèce de bourrelet vers la pointe de la corne. L'année suivante, ce bourrelet s'éloigne de la tête, poussé par un cylindre de corne qui se forme, & qui se termine aussi par un autre bourrelet, & ainsi de suite; car tant que l'animal vit, les cornes croissent, & tous les bourrelets que l'on observe sont autant d'anneaux qui indiquent le nombre des années, en commençant à compter trois ans par la pointe de la corne, & ensuite un an pour chaque anneau. Il est à observer que les cornes du bœuf & de la vache deviennent plus grosses & plus longues que celles du taureau.

SECTION II.

Qualités du Bœuf propre au travail. De sa nourriture.

Un bœuf propre au travail doit avoir la tête courte & ramassée, l'oreille grande, velue, unie, la corne forte, luisante, & de moyenne grandeur; le front large, les yeux gros & noirs, le col charnu, les épaules grosses, larges & chargées de chair; le fanon pendant jusque sur les genoux, les côtés étendus, les reins larges & forts, le ventre spacieux & tombant, les flancs proportionnés à la grosseur du ventre, les hanches longues, la croupe épaisse & ronde, les jambes, les cuisses grosses, charnues & nerveuses, le pied ferme, l'ongle court & large; il doit être docile, obéissant à la voix, d'un poil luisant, doux, épais, de belle taille, & de l'âge de cinq ans jusqu'à dix.

Dans les pays où les terres sont légères, on peut faire servir la vache à la charrue; mais lorsqu'il s'agit de l'employer à cet usage, il faut avoir le soin de l'assortir avec une vache de sa force & de sa taille, afin de conserver l'égalité du trait, & de maintenir le soc en équilibre.

En hiver, le foin, la paille, un peu d'avoine & du son; en été, l'herbe fraîche des gras pâturages, les lupins, la vesce, la luzerne, font de très-bons alimens pour le bœuf qui travaille. La luzerne donnée en trop grande quantité & sans discrétion, lui fait gonfler le ventre, & met souvent l'animal en danger de périr. Les feuilles d'orme, de frêne, de chêne, lui donnent le pissement de sang. (*Voyez* PISSEMENT DE SANG) Les premières herbes ne lui valent rien; & ce n'est que vers la mi-Mai qu'il faut le laisser paître jusqu'au mois d'Octobre, en observant sur-tout de ne point le faire passer tout-à-coup, mais peu à peu, du vert au sec, & du sec au vert.

SECTION III.

De l'heure à laquelle le Bœuf doit commencer & finir son travail.

En été, le bœuf doit commencer à travailler le matin, depuis la pointe du jour jusqu'à neuf heures; & le soir, depuis deux heures, jusqu'après le soleil couché. Au printems, en hiver & en automne, on le fait travailler sans discontinuer, depuis neuf heures du matin, jusqu'à cinq heures du soir. Cet animal va d'un pas tranquille & égal; il ne lui faut en labourant, ni avoine, comme au cheval, ni presque point de foin dans l'intervalle du travail, & n'a pas besoin même d'être ferré, comme nous l'avons déjà dit, à moins que ce ne soit dans un pays pierreux, & qu'il soit destiné à la charrette.

SECTION IV.

A quel âge finit-il de travailler? & comment l'engraisse-t-on?

C'est à douze ans qu'on tire le bœuf de la charrue pour l'engraisser & le vendre. Cet animal peut être engraissé dans toute saison. L'été est cependant à préférer. A cet effet, on le conduit à la prairie de bon matin, & on le ramène à l'étable quand la chaleur commence à se faire sentir. La chaleur étant passée, on le remet au pâturage pour le reste du jour. Le bœuf qui est mis à l'engrais en hiver, exige d'être tenu chaudement dans l'étable, depuis le 15 Novembre jusqu'au mois de Mai ; de manger beaucoup de foin mêlé avec de la paille d'orge, de lui faire avaler des pilules faites avec de la farine de seigle, d'orge ou d'avoine, paîtrie avec de l'eau tiède & du sel ; de lui hacher de tems en tems de grosses raves, des carottes, des navets, des feuilles & des graines de maïs, & de lui donner du vin dans de l'eau chaude, contenant beaucoup de son. Dans le pays Messin, on engraisse les bœufs avec des tourtes de chenevis & du suif ; en Auvergne & dans le Limousin, avec du foin de haut-pré & du marc d'huile d'olive, mêlé avec de gros navets & de la farine de seigle. Si les bœufs que l'on veut engraisser n'ont point d'appétit, il faut laver leur langue avec du fort vinaigre & du sel, & leur jeter même une poignée de sel dans la bouche. Rien d'ailleurs ne les entretient mieux en appétit, qu'en mettant tous les jours du sel parmi leurs alimens. Un peu d'exercice contribue aussi à rendre leur chair meilleure. C'est pour cette raison, que les bœufs d'Auvergne & du Limousin, sont inférieurs dans le pays, pour le goût, à ceux que l'on amène de ces provinces à Paris, & à petites journées. Le voyage perfectionne leur engrais.

Section V.

De la durée de sa vie.

Le bœuf, après avoir parfaitement enduré toute sa vie le joug de l'esclavage & de la tyrannie, meurt ordinairement à l'âge de quatorze ou quinze ans. Rien n'est perdu dans lui après sa mort : tout, jusqu'aux cornes, aux nerfs, aux cartilages, à la peau, est mis en usage.

CHAPITRE VI.

De la Rumination.

Section première.

Qu'entend-on par Rumination ? & quel est le nombre des estomacs du Bœuf ?

Nous appelons rumination, la trituration qu'exercent les dents molaires de l'une & de l'autre mâchoire, sur les alimens transportés de la panse & du bonnet dans la bouche.

Le cheval mange nuit & jour lentement, mais presque continuellement, tandis que le bœuf, au contraire, mange vîte, & prend en peu de tems toute la nourriture qu'il lui faut ; après quoi il cesse de manger, & se couche pour ruminer. D'où vient cette différence, si ce n'est celle de la conformation dans l'estomac de ces animaux ? Le bœuf a quatre estomacs. Le premier, c'est-à-dire, celui auquel l'œsophage aboutit, est le plus grand de tous. Nous l'appelons la *panse*, l'*herbier* ou la *double*. Le second, qui n'est, à dire vrai, qu'une continuation du premier, porte le nom de *réseau*, de *bonnet* ou *chaperon*. Le troisième, bien distingué des deux premiers, & qui n'y communique que par un orifice assez étroit, est nommé le *feuillet*, ou *myre-feuillet*, *millet*, *mellier*, ou *meulier*. Il est plus grand que le bonnet, & plus petit que la caillete, qui est le quatrième estomac, auquel nous donnons aussi le nom de *franche-mule*. Le bœuf, dont les deux premiers estomacs ne forment qu'un même sac d'une très-grande capacité, peut, sans inconvénient, prendre à la fois beaucoup d'herbe, & les remplir en peu de tems, pour ruminer ensuite, & digérer à loisir; mais le cheval, qui n'a qu'un estomac, ne peut au contraire y recevoir qu'une très-petite quantité d'herbe, & le remplir successivement, à mesure qu'elle s'affaisse & qu'elle passe dans les intestins où se fait principalement la décomposition de la nourriture; car nous remarquons dans le bœuf, que le foin de la panse est réduit dans une espèce de pâte verte semblable à des épinards hachés & bouillis; que c'est sous cette forme qu'elle est retenue dans le troisième estomac; que sa décomposition en est entière dans le quatrième, & que ce n'est pour ainsi dire, que le marc qui passe dans les intestins, tandis que dans le cheval, le foin ne se décompose guère ni dans l'estomac, ni dans les premiers intestins, où il devient seulement plus souple, plus flexible, relativement à la liqueur dont il est pénétré & environné; qu'il arrive au cœcum & au colon sans grande altération; que c'est principalement dans ces deux intestins, dont l'énorme capacité répond à celle du bœuf, que se fait dans cet animal la décomposition de la nourriture, & que cette décomposition n'est jamais aussi entière que celle qui se fait dans le quatrième estomac du bœuf.

SECTION II.

Comment se fait la rumination.

Lorsque le bœuf veut ruminer, la panse qui contient la masse d'herbe ou de foin qu'il a mangé, se contracte; & en comprimant cette masse, elle en fait entrer une portion dans le bonnet, c'est-à-dire, dans le second estomac. Celui-ci se contracte à son tour, enveloppe la partie d'aliment qu'il reçoit, s'arrondit, fait une pelotte par sa compression, & l'humecte avec l'eau qu'il répand dessus, en se contractant. La pelotte ainsi arrondie & humectée, est disposée à entrer dans l'œsophage; mais pour peu qu'elle y entre, il faut encore un acte de déglutition. Cette opération se fait en peu de tems. Pour s'en assurer, on n'a qu'à jeter les yeux, par exemple, sur une chèvre, tandis qu'elle rumine. Lorsque cet animal a fait revenir une pelotte de la panse dans la bouche, il la mâche pendant une minute; ensuite il l'avale, & l'on voit la pelotte descendre sous la peau le long du col. Alors il se passe quelques secondes, pendant lesquelles la chèvre reste tranquille, & semble, pour ainsi dire, être attentive au-dedans d'elle-même. Nous avons tout lieu de croire que pendant ce tems, la panse se contracte, & le bonnet reçoit une nouvelle pelotte; ensuite le corps de l'animal se dilate & se resserre bientôt par un effort subit; & enfin nous voyons la nouvelle pelotte remonter le long du col. Il paroît que le moment de la dilatation du corps est celui où la gouttière de l'œsophage s'ouvre pour recevoir la pelotte, & que l'instant où il se resserre subitement, est celui de la déglutition, qui fait entrer la pelotte dans l'œsophage, pour revenir à la bouche, & y être broyée de nouveau.

CHAPITRE VII.

De l'influence de la nourriture et du climat sur le Bœuf.

SECTION PREMIÈRE.

De l'influence de la nourriture.

Les bœufs qui mangent lentement résistent plus long-tems au travail, que ceux qui mangent vîte. Ceux des pays élevés & secs sont plus vifs, plus vigoureux, plus sains, & par conséquent moins sujets aux maladies, que ceux qui sont élevés dans des pays bas & humides. Ils deviennent plus forts lorsqu'on les nourrit au sec, que lorsqu'on les nourrit au vert.

SECTION II.

De l'influence du climat.

Le climat change la constitution, le caractère & la structure de cet animal. En effet, quelle distance du bœuf anglois au bœuf italien ; celui-ci est petit, lâche ; il a la tête moins ramassée, les épaules moins musculeuses, la poitrine plus étroite, les cuisses & les jambes moins grosses, les pieds plus délicats & moins fermes, tandis que celui-là a le corps grand, la tête courte & ramassée, les oreilles grandes, bien velues & bien unies ; les cornes fortes & luisantes, le front large ; les yeux gros & noirs, le musle gros & camus, les épaules grosses & pesantes, les jambes & les cuisses musculeuses, les pieds ferme, l'ongle court & large.

Les pays froids conviennent mieux au bœuf que les pays chauds : voilà pourquoi les bœufs de Danemarck, de la Podolie, de l'Ukraine, sont les plus gros ; ensuite ceux d'Irlande, d'Angleterre, de la Hollande & de Hongrie ; & que ceux de Perse, de Turquie, de Grèce, d'Italie, de France & d'Espagne, sont plus petits ; voilà pourquoi aussi dans le même royaume, les provinces ne donnent pas des bœufs d'une égale beauté & d'une égale force, & que par exemple, en France, les bœufs d'Auvergne, de Bourgogne & de Limousin, sont plus gros que ceux des autres provinces méridionales ; & que par la même raison, les bœufs de cette partie de Languedoc, qu'on appelle les *Cevènes*, sont plus grands & plus beaux que ceux du reste de la province.

Pour l'ordinaire, lorsque ces animaux passent subitement d'un climat froid à un beaucoup plus chaud, ils éprouvent des maladies inflammatoires. L'arrangement organique, il est vrai, ne change pas, mais il faut que les solides & les liquides éprouvent une révolution qui les mette, pour ainsi dire, au ton du climat. Ce changement est plus ou moins sensible dans l'économie animale, relativement aux circonstances où le sujet se trouve ; en général, plus la différence dans le degré de chaleur est grande, plus les affections, qui en sont les suites, doivent

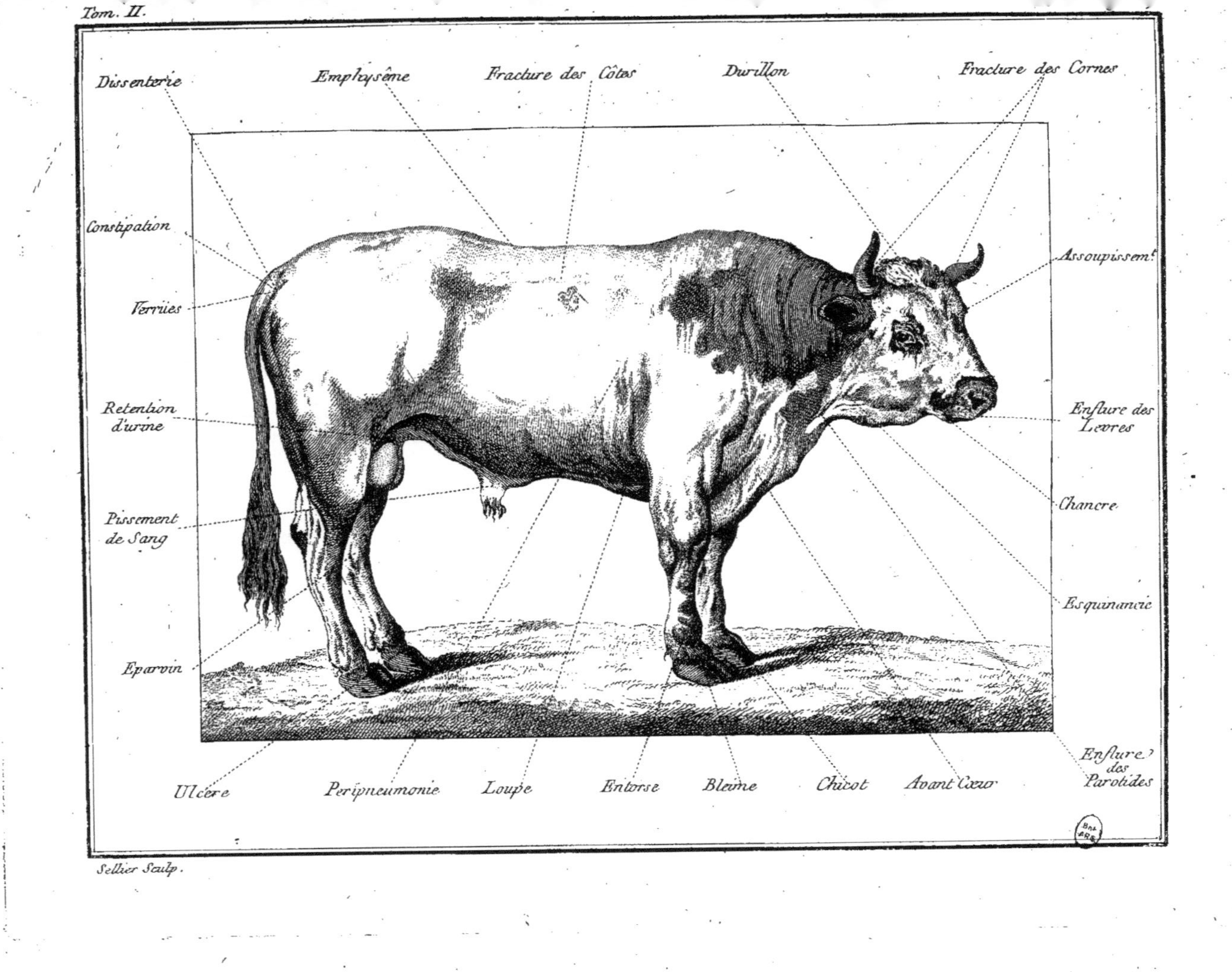

Sellier Sculp.

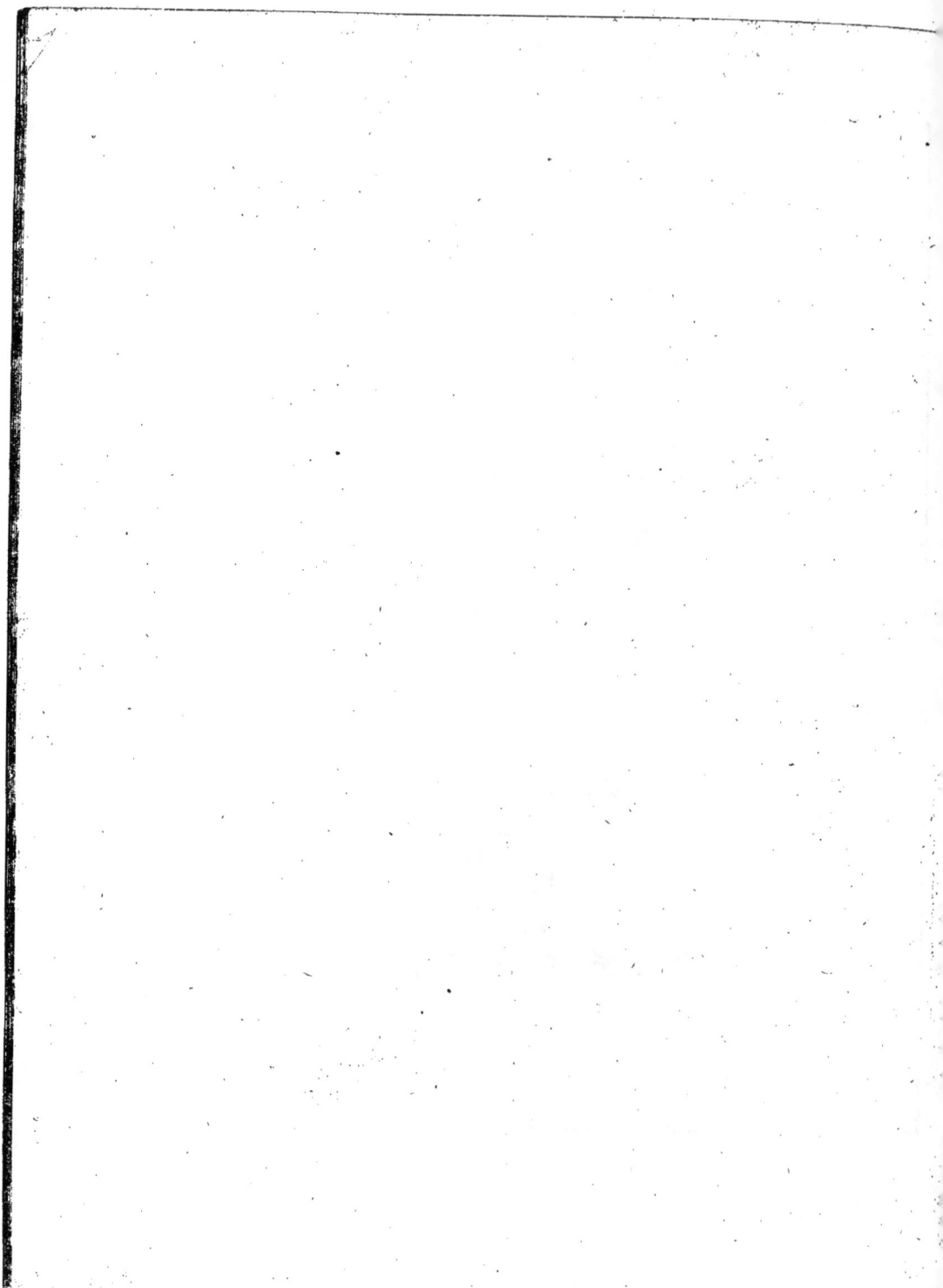

doivent être sensibles. Nous en avons un exemple dans les bœufs qui, en 1756, furent amenés d'Auvergne, dans les fortes chaleurs de Juillet & d'Août, dans l'île de Minorque. Obligés de boire en arrivant, d'une eau tiède & saumâtre, & par conséquent peu propre à les rafraîchir, les bœufs tomboient dans une espèce de langueur, maigrissoient à vue d'œil, avoient l'haleine brûlante, & finissoient par pisser le sang. Dans l'ouverture de leur corps, on trouvoit à presque tous les viscères du bas-ventre, des traces d'une inflammation terminée par la gangrène. Presque tous les bouviers qui eurent soin de ces animaux, furent malades; mais ceux qui eurent l'imprudence de se nourrir de leur chair, furent attaqués d'une fièvre maligne, accompagnée de gangrène, qui se manifestoit dès le second jour, aux coudes & aux talons.

DEUXIÈME PARTIE.

Des maladies du Bœuf.

CHAPITRE PREMIER.

Des maladies internes.

Section première.

Maladies de la tête.

L'assoupissement, l'apoplexie, l'abattement.

Section II.

Maladies de la poitrine.

L'esquinancie, la toux, la péripneumonie, la courbature, la pulmonie & l'hydropisie de poitrine.

Section III.

Maladies du bas-ventre.

Les tranchées ou coliques, les indigestions, la dyssenterie, le dévoiement, le pissement de sang, la rétention d'urine, sa suppression, la constipation, la jaunisse, les vers & l'égagropile.

CHAPITRE II.

Des maladies externes.

Section première.

Maladies de l'avant-main.

Le durillon, la fracture des cornes, l'enflure des lèvres, du col, de la tête; l'engorgement des glandes de la ganache, les aphtes, le chancre à la langue, le charbon, l'avant-cœur, l'emphysème, la loupe au coude, l'entorse & la bleime.

Section II.

Maladies du corps.

La gale, les dartres, les verrues, la fracture des côtes, l'effort des reins, l'œdème sous le ventre, & la brûlure.

Section III.

Maladies de l'arrière-main.

L'effort de cuisse, l'éparvin, la tumeur au jarret, le clou de rue, les chicots & l'ulcère.

N. B. La gravure ci-jointe (*Pl. 12*) indique les parties affectées par les principales maladies qui sont décrites chacune sous le mot qui les désigne, ainsi que la méthode curative qu'elles exigent. M. T.

BOISQUETEAU. (*Voyez* BOQUETEAU)

BOIS. Ce mot a deux significations dans notre langue : par la première on entend ce qui constitue la substance dure, ligneuse & compacte d'un arbre ; & sous la seconde, on parle d'un lieu planté d'arbres propres à la construction des édifices, à la charpente, à la menuiserie, au charronnage, au chauffage, &c. Il n'est pas question sous ce mot général, de traiter ici du semis, de la culture, de la coupe du bois ; ces détails sont réservés pour les mots FORÊTS, TAILLIS ; nous ne devons nous occuper en ce moment que des généralités.

CHAPITRE PREMIER.

Des mots techniques des différentes qualités de bois, disposés par ordre alphabétique.

Bois arsin ; lorsqu'il a été maltraité par le feu.

Bois blanc. On comprend sous cette dénomination tous les arbres qui ont, non-seulement le bois *blanc*, mais encore léger & peu solide ; tels sont le saule, le bouleau, le tremble, l'aune ; & ils sont communément appelés *blancs bois*. Les vrais *bois blancs* sont le châtaignier, le tilleul, le frêne, le sapin, parce que, quoique blanchâtres, ils sont fermes & propres aux grands ouvrages. Les blancs bois viennent vîte, même en des terreins mauvais ; ils ont peu de consistance, ne sont bons qu'à de petits ouvrages, & ne peuvent entrer que pour un tiers dans le bois à brûler.

Bois bombé ; s'il a quelque courbure naturelle.

Bois carié ou *vicié ;* s'il a des malandres ou nœuds pourris.

Bois chamblis ; quand il a été maltraité par les vents, soit qu'il ait été déraciné ou renversé, soit que les branches seulement aient été rompues.

Bois charmé ; lorsqu'il a reçu quelque dommage dont la cause n'est pas apparente, & qu'il menace de périr ou de tomber.

Bois en défends ; lorsqu'il est défendu de le couper, qu'il a été reconnu de belle venue, & qu'on veut lui laisser prendre tout son accroissement. Ces défends ne sont guère d'usage que dans les grandes forêts où les bois sont dégradés ou trop jeunes pour qu'on puisse en faire usage. Les taillis sont en *défends* de droit jusqu'à cinq ou six ans. Le défends s'étend toujours aux chèvres, cochons, moutons & autres animaux malfaisans, hors le tems de la glandée pour les cochons.

Bois défensable ; lorsque celui à à qui il appartient peut permettre de faire les coupes & paissons convenables, parce qu'il est en état de résister.

Bois encroué ; lorsqu'il a été renversé sur un autre en l'abattant, & que ses branches se sont entrelacées avec les branches des arbres sur lesquels il est tombé. L'ordonnance défend d'abattre les bois sur lesquels d'autres sont encroués.

Bois en étant ; quand il est debout.

Bois à faucillon ; lorsqu'il s'agit d'un petit taillis qu'on peut abattre à la serpette.

Bois gelif ; s'il a des gerçures ou fentes causées par la gelée.

Bois marmentaux ou *de touche ;* lorsqu'ils entourent un château, une maison, un parterre, & qu'ils lui servent d'ornement, les usufruitiers n'en peuvent disposer.

Bois mort ; s'il ne végète plus, soit qu'il tienne à l'arbre, soit qu'il en ait été séparé.

Bois mort en pied ; s'il est pourri sur pied sans substance, & bon seulement à brûler.

Bois en puel ; si c'est un bois qui ait été nouvellement coupé, & qui n'ait pas encore trois ans, il est défendu d'y laisser entrer aucun bétail.

Bois rabougri ; s'il est mal fait, tortu & de mauvaise venue.

Bois recépé ; quand sur quelques défauts qu'on lui a remarqués, on l'a coupé par le pied pour l'avoir plus promptement & de plus belle venue.

Bois sur le retour ; lorsqu'il est trop vieux, qu'il commence à diminuer de prix, & que les chênes ont plus de deux cent ans.

Bois de haut revenu ; s'il est de demi-futaie de quarante à soixante ans.

Bois vif ; quand il porte fruit & qu'il vit, comme le chêne, le hêtre, le châtaignier & autres qui ne sont pas compris dans les morts bois.

On compte encore un grand nombre de mots techniques relatifs aux bois de *charpente*, de *charronnage*, de *chauffage*, &c. mais comme ils ne sont pas du ressort de l'agriculture, nous n'en parlerons pas, & il a fallu indiquer les premiers afin que les propriétaires des forêts comprennent le langage des officiers des maîtrises.

CHAPITRE II.

Précis des Ordonnances rendues sur l'exploitation des Bois.

Les propriétaires de bois & ceux qui en font commerce, ne doivent pas ignorer la substance des réglemens qui ont fixé la jurisprudence à cet égard, & la manière dont les forêts doivent être exploitées. Je tire cet article du *Traité des Bois*. On peut voir ces ordonnances dans l'ouvrage cité.

Les différens bois qui peuvent être mis en vente sont distingués, soit relativement à leur essence ou espèce, soit par rapport à leur hauteur, leur force & leur âge. Quant à l'essence c'est, ou le chêne, l'orme, le hêtre, le châtaignier, le frêne, le charme, l'érable ou le noyer; ou les arbres sauvageons, comme poiriers, pommiers, mérisiers, cérisiers, cormiers; ou des arbrisseaux tels que le buis, le génevrier, le noisetier, l'aune, le bourdaine, le nerprun, le sureau, le néflier, l'azérolier, l'épine blanche, &c.

La distinction que l'on fait des bois mis en vente, relativement à l'usage est 1°. le taillis, 2°. les baliveaux sur taillis, 3°. les ventes par pieds d'arbres, 4°. les ventes par éclaircissemens, 5°. les recepages, 6°. les ventes des chablis, 7°. les ventes des futaies, 8°. les adjudications au rabais.

I. *Des taillis.* Les propriétaires peuvent abattre ceux-ci à l'âge de neuf à dix ans, excepté certaines essences de bois, telles que les châtaigniers qu'on abat dès qu'ils sont assez forts pour faire des cerceaux ou des échalas pour les pays de vignobles, les coudriers, les osiers, &c. qui servent au même usage, excepté également les taillis des gens de main-morte qui ne doivent être abattus qu'à l'âge de vingt-cinq ans, quand les objets sont assez considérables pour pouvoir y établir une coupe annuelle; mais que pourtant on leur permet d'abattre à vingt-quatre ans, & même plus jeunes, quand ils ne sont pas d'une certaine étendue, pourvu que le partage puisse s'en faire en coupes réglées de trois en trois ans au moins.

Cependant, pour approvisionner Paris de bois de corde, il a été décidé que tous les bois des ecclésiastiques & gens de main-morte dont l'étendue excédoit cinquante arpens, & qui seroient situés à une lieue des rivières affluentes en cette ville, ne seroient abattus qu'à l'âge de trente-cinq ans en *hauts taillis*, nom que l'on donne aux taillis depuis vingt-cinq ans jusqu'à quarante.

A l'égard des bois du roi, les grands-maîtres se règlent, tantôt sur l'avantage de la forêt que l'on doit exploiter, d'autres fois sur ce qui convient au bien public; & suivant les différentes circonstances, ils fixent l'exploitation des taillis à trente, vingt-cinq, vingt, dix-huit, seize & quinze ans, & même à moins.

II. *Des baliveaux.* Les propriétaires, lorsqu'ils abattent leurs bois, doivent laisser sur pied, & par arpent, seize baliveaux de l'âge du taillis, & dix par arpent de futaie, outre ceux des ventes précédentes. Les ecclésiastiques & gens de main-morte, sont obligés de laisser par arpent, quatre anciens arbres au-dessus de quarante ans; tous ceux de quarante ans bien venans, & en outre vingt-cinq baliveaux de l'âge des taillis. Les gens de main-morte ne peuvent jamais abattre ces baliveaux qu'ils n'y soient autorisés par des lettres-patentes. Quand on leur permet de les abattre au-dessus de quarante ans, c'est sous la condition qu'ils porteront leurs taillis à l'âge de vingt-cinq ans, & qu'ils feront une réserve de ceux de quarante ans & au-dessous, indépendamment de vingt-cinq baliveaux par arpent, de l'âge du bois; mais ils trouvent le moyen d'éluder la loi, & de les abattre presque tous sous le prétexte d'*arbres mal venans.*

Je remarquerai que ce prétexte peut être quelquefois équivoque ou en fraude de la loi; le plus souvent c'est la loi qui a tort & non les gens de main-morte. Il est presqu'impossible que ces *arbres* soient *bien venans.* (*Voyez-en* la preuve dans ce qui a été dit aux mots BALIVAGE, BALIVEAU)

La loi leur permet encore d'abattre une partie des baliveaux au-dessus de cent à cent vingt ans, à condition de commencer par ceux qui donnent le plus de marques de dépérissement & de retour. Ici la loi est forcée de plier, parce que le placement des baliveaux a été mal vu dans le principe. Il n'est donc pas étonnant qu'un chêne de cent ans soit déjà sur le retour; mais ce qui doit étonner, c'est que l'abus ſoit connu, géométriquement démontré comme abus, & que la légiſlation n'y remédie pas. Tout le monde convient que les forêts ſe détruiſent, que chaque jour le bois devient plus rare en France, que des provinces entières en ſont dépourvues; on voit le mal & on défriche toujours.

Les particuliers ne doivent pas vendre ni couper ceux qui leur appartiennent avant qu'ils aient atteint l'âge de quarante ans. On ſe relâche quelquefois de cette règle à leur égard, parce que la plupart des propriétaires ont ſouvent un beſoin abſolu de jouir de leur revenu, & qu'indépendamment de cela les bois des particuliers ne ſont pas d'une grande reſſource pour l'Etat; d'ailleurs on doit ſuppoſer qu'un propriétaire eſt intéreſſé à gouverner ſon bien en bon père de famille. Ils doivent, ſix mois avant de faire la coupe des bois de haute-futaie qui leur appartiennent, à la diſtance de quinze lieues de la mer, & ſix des rivières navigables, en donner avis au grand-maître. La loi les oblige encore de donner pareil avis, un an avant l'exploitation de plus de vingt-cinq arpens & au-deſſous. Elle leur permet de faire couper juſqu'à trois cent pieds d'arbres au-deſſous de trois pieds de tour, & cinquante au-deſſus de cette groſſeur, au cas qu'ils en aient beſoin pour des réparations de maiſon & de chauſſée d'étangs, en en donnant avis au greffe de la maîtriſe un mois avant de faire exploiter.

On appelle *baliveaux modernes* ceux de quarante, cinquante, ſoixante, quatre-vingts ans; ceux de l'âge du bois deviennent plus ou moins gros, ſuivant la force du taillis. Les meilleurs ſont ceux d'eſſence de chêne, de hêtre, de châtaignier; enſuite ceux d'orme, de frêne; les cormiers, poiriers, aliziers, &c. ceux de bois blanc, ne ſont pas, à beaucoup près, auſſi précieux. Il eſt bon qu'ils ſoient tous venus de *brins*, car ceux qui ſont immédiatement produits de ſemences, ſont beaucoup meilleurs que ceux qui viennent ſur vieilles ſouches. Il faut qu'ils ſoient *bien venans*, de bonne hauteur & de grandeur convenable. Les élandrés, c'eſt-à-dire, ceux qui ſont élevés ſans être gros à proportion; les *rafaux*, les *rabougris*, tortus, boſſus, ou qui font le *pommier*, ſont peu eſtimés.

Il vaut mieux vendre les baliveaux à la coupe du taillis, que de faire la vente d'un taillis & de remettre à l'année ſuivante celle des baliveaux; car outre qu'il en réſulteroit une vente par pieds d'arbres, ou en *jardinant*, ce qui eſt défendu par les ordonnances, qui veulent que l'on abatte *à tire & aire*, c'eſt que l'année d'après, lorſque l'on viendroit à abattre les baliveaux, on pileroit le taillis par le roulement des voitures, la chûte des arbres, & le trépignement des bucherons.

III. *Ventes par pieds d'arbres.* Elles ſont néanmoins permiſes & même néceſſaires lorſqu'il s'agit d'arbres de *haies* & de *palis*, ou d'arbres iſolés; comme ſont ceux des avenues des châteaux, ou les chênes, ormes, frênes & noyers qui ſont repandus çà & là dans les terres.

IV. *Ventes par éclairciſſement* ou par

expurgade. Elles se font lorsque le taillis a acquis l'âge de huit à dix ans, & dans le cas où il est trop épais; alors on le coupe, en réservant les plus beaux arbres, & lorsque les taillis ont recru ou acquis un certain âge & une certaine grandeur. On recoupe de nouveau le recru des arbres qu'on a abattus; on abat même une partie de ceux réservés lors de la précédente coupe, & on ne réserve en ce cas que la quantité d'arbres que l'on juge que le terrein peut nourrir: ce doit toujours être les *mieux venans*, & on doit abattre par préférence les dessous qui seroient étouffés par les autres; mais il ne faut jamais faire ces exploitations par adjudication, parce que les adjudicataires abattent par préférence les plus beaux arbres, & toujours en plus grande quantité qu'il ne convient. Un propriétaire entendu peut, en faisant ces éclaircissemens par économie & avec intelligence, retirer un profit considérable du bois qu'il destine à former une futaie. En observant d'abattre les plus foibles, on peut tirer tous les cinq ou six ans, un bénéfice d'une futaie, en même-tems que l'on favorise l'accroissement des pieds les plus vigoureux que l'on a soin de réserver. Ces expurgades sont très-avantageuses à un particulier atentif & intelligent; mais elles ruineroient les bois du Roi & ceux des gens de main-morte, & c'est par cette raison que l'ordonnance de 1669 les a justement proscrites.

V. *Recepages*. On ne peut se dispenser de receper les bois *incendiés*, *pilés* ou *abroutis* par le bétail, & ceux qui ont été considérablement endommagés par les gelées ou par la grêle. Dans ces cas, l'adjudication des recepages se fait comme dans les ventes ordinaires, & le prix se fixe suivant la qualité & la force du bois.

VI *Chablis*. Les vents violens arrachent les arbres. En cet état on les nomme *chablis*, *chables*, *caables*; ceux dont les branches sont éclatées ou rompues dans leur tronc se nomment *rompis*, *volis* ou *volins*. On fait de tems en tems des adjudications de ces sortes de bois. On adjuge encore par *menus marchés* les copeaux, branchages, souches & troncs, &c. qui restent des arbres qui ont été coupés pour les bâtimens du Roi & pour le service de la marine, & encore les arbres que les marchands ont laissés dans leurs ventes après que le tems des vuidanges est expiré. Toutes ces choses sont comprises dans l'ordonnance, sous les termes de *remanans aux charpentiers*, & font l'objet des menus marchés & petites adjudications.

Les bois qu'on nomme bois de *condamnation*, de *forfaiture*, de *délit*, ou *bois charmés*, c'est-à-dire, qui ont été *éhoupés*, sont ceux que l'on a fait tomber ou mourir par artifice; *bois arsins*, au pied desquels on allume des feux pour les faire mourir & tomber; *faux ventis*, quand on les a fait tomber par déchaussement, ou en coupant leurs racines, ou à force de cordages & de leviers, ou avec la scie; car les maraudeurs évitent d'employer la coignée, qui, par le bruit qu'elle fait, avertit les gardes du délit qui se commet. Tous ces bois sont connus sous le nom de *chablis*. A l'égard des bois de *condamnation* & de *forfaiture*, il est défendu de les vendre jusqu'à ce que l'auteur du forfait soit connu & condamné, afin de laisser subsister le corps du délit.

En général, ces petites adjudications sont sujettes à bien des inconvéniens. Il est toujours dangereux d'introduire dans les forêts des gens fournis d'outils propres à couper du bois, & qui ont droit d'en sortir de vif; ils ne manquent guère d'augmenter leurs lots par de nouveaux délits.

VII. *Futaies*. Une des exploitations qui mérite le plus d'attention, est celle des demi-futaies, des jeunes futaies, & des hautes-futaies.

Les bois conservent le nom de *taillis* jusqu'à quarante ans; quand ils sont plus âgés, on les nomme *hauts-taillis*, ou *quart de futaie*. Depuis quarante ans jusqu'à soixante, on les nomme *demi-futaie*; depuis soixante jusqu'à cent vingt, *jeune futaie*; & au-dessus, *haute-futaie*; mais la grandeur des arbres influe plus sur les différentes dénominations que leur âge. Les ordonnances de François premier, Charles IX, & de Henri III, fixent à cent ans l'âge où il faut abattre les futaies; mais c'est un défaut.

VIII. *Adjudication par rabais*. Il y avoit autrefois dans les bois du roi, beaucoup d'usages, supprimés par l'ordonnance de 1669. Après que les officiers de la maîtrise avoient décidé de l'endroit où l'on couperoit le bois pour les usagers, & que l'on avoit fixé à dire d'experts, quelle quantité d'arpens il falloit pour satisfaire aux droits de ces usagers, on faisoit une adjudication au rabais, à celui qui entreprenoit de satisfaire les usagers avec la moindre étendue possible de bois. Si, par supposition, les experts avoient estimé qu'il falloit dix arpens pour satisfaire à l'usage, & qu'un entrepreneur s'engageât à satisfaire avec neuf, un autre avec huit, c'est à ce dernier qu'on adjugeoit cette fourniture; mais au moyen de la révocation faite par l'ordonnance, de ces usages & chauffages, à l'exception des fondations & dotations, cette formule n'est plus en vigueur. Les usages & chauffages de fondations & dotations faites aux églises séculières & régulières, & aux hôpitaux, auxquels, suivant la même ordonnance, ils ont été conservés en espèces dans les forêts qui peuvent les supporter, se prennent en nature; & quand les forêts ne le peuvent pas, cet usage est évalué en argent, suivant la valeur du bois blanc, qui est celui que les communautés doivent prendre pour leur chauffage. Ceux à titre d'aumônes sont également évalués en argent.

Réserves. Par l'édit de Charles IX, de 1561, il fut ordonné que le tiers des bois du roi & des gens de mainmorte, seroit mis en réserve pour croître en futaie; & par l'enregistrement de cet édit, la cour du parlement a ordonné que cette partie mise en réserve, seroit entourée de fossés, pour marquer que cette partie est défensable; que les bois situés en mauvais sol, seroient exceptés de cette règle.

Les ordonnances de 1577 & de 1597, veulent que la quatrième partie des bois des gens de mainmorte, soit apposée en réserve, & séparée du reste du taillis, par bornes & limites, sans qu'il soit permis d'y abattre aucun arbre, qu'en suivant les mêmes formalités qui sont prescrites pour les futaies. Celle de 1669 fixe aussi cette réserve au quart; & des arrêts du conseil ont ordonné qu'elle seroit appliquée sur un bouquet de douze arpens; ce qui fait trois arpens de réserve, même sur un bouquet de quatre arpens, faisant un arpent de réserve: souvent au-dessous de quatre, il a été ordonné que la totalité resteroit en réserve.

Par des considérations particulières, & sans tirer à conséquence pour les autres ecclésiastiques, ceux des provinces de Flandre, Hainaut & Artois, & les communautés laïques, séculières & régulières de ces provinces, ont été dispensées de ce quart de réserve par l'arrêt du conseil du 29 Juin 1706, à la charge seulement de laisser la huitième partie des bois qui contiendront quarante arpens & au-dessus, dans un seul ténement, avec défense d'y faire aucune coupe sans permission de sa majesté.

On a eu raison d'exempter de réserve les bois situés en terrain trop sec; mais mal-à-propos a-t-on voulu en exempter aussi ceux qui sont en terrains fort humides, puisque l'on peut toujours les dessécher par des fossés, sangsues & rigoles, qui renvoient les eaux dans les parties basses, où elles forment des étangs pour élever du poisson.

Il faut éviter de faire des réserves dans les endroits où il ne se trouve que du bois blanc, ou du mort-bois; mais toujours, autant qu'il est possible, les faire en bons fonds & au milieu des forêts, parce qu'elles sont exposées à être dégradées & pillées.

Division des forêts. Toutes les forêts sont divisées par maîtrises particulières, ou jurisdictions royales, qui connoissent de tous les abus, malversations, délits commis dans les bois & forêts, & sur les rivières, & qui ressortissent par appel, aux grandes maîtrises, ou aux tables de marbre.

La division la plus ordinaire se fait par gardes. Il y a un grand garde, ou *garde-fond*, qui a sous lui des gardes subalternes, & d'autres encore subordonnés, que l'on nomme *gardes-traversiers;* chaque garde est divisée en plusieurs triages, & chaque triage en un nombre de *ventes.* Ces gardes, ainsi que les triages & les ventes, ont des noms particuliers qui servent à les désigner, & qui sont marqués sur les cartes générales & particulières des forêts.

Par triage, on entend quelquefois la part que le seigneur peut prendre dans une commune; mais si ce triage, mieux connu sous le nom de *tiers-lot*, est à titre onéreux, comme cens, corvée, ou autre redevance, ou servitude, le seigneur ne peut l'exiger; mais seulement comme principal habitant, y mettre paître son bétail, & jouir des autres avantages de la commune: si, au contraire, ce droit lui est acquis à titre de concession gratuite, il peut exiger le tiers pour son triage, & alors il perd son usage dans la commune.

On est trop heureux quand on possède une grande forêt, plantée d'une bonne espèce de bois, parce que l'on peut & que l'on doit même y conserver des futaies ; ce qui sera aisé, en entretenant des coupes réglées des taillis, les parties foibles & les bordages qui sont plus exposés que le centre à être pillés.

Pour fixer l'âge où il convient d'abattre les taillis, il faut faire attention à la nature du terrain, afin de ne point occuper inutilement la terre par des bois qui ne font que languir, & qui ensuite dépérissent. Si on abat trop tôt une futaie, on n'en retire pas tout l'avantage possible ; & si on la laisse trop vieillir, la qualité du bois s'altère, & l'on fait des pertes considérables sur le nombre d'arbres, dont plusieurs tombent en pourriture. Si ce sont des chênes qui meurent & pourrissent, il vient à leur place quelques hêtres, charmes, érables ou bois blanc ; & quand la forêt est abattue, ces bois de médiocre qualité, s'emparent de tout le terrain, faute d'avoir eu l'attention de le repeupler d'une espèce de bon bois, soit en y répandant du gland, soit en y mettant du nouveau plant, mais non pas arraché dans les forêts, raison pour laquelle il vaut mieux arracher les arbres des futaies, que de les couper.

Les abus qu'il convient d'éviter dans l'exploitation, & même pour les prévenir, sont : qu'il faut avoir un plan de la forêt bien exactement arpenté, sur lequel il en sera fait une description où sera marqué & désigné ce qui est destiné pour demeurer en défend, & pour former une futaie, & ce qui doit être en taillis ou recepage, sans quoi tout seroit confondu.

CHAPITRE III.

Des formalités pour la vente des Bois.

L'adjudication des ventes ayant été une grande source d'abus, a été cause que les rédacteurs des ordonnances ont exigé, à cet égard, quantité de formalités dont les principales sont.

1°. Suivant l'ordonnance de 1669, il n'est pas permis de donner à ferme les bois taillis & les menus marchés ; mais la vente peut en être faite par le maître particulier, au lieu que l'adjudication des bois de haute futaie doit être faite par le grand-maître, assisté des officiers de la maîtrise.

2°. La vente des baliveaux sur taillis doit être faite par le grand-maître : cependant, il est d'usage dans plusieurs maîtrises, que les baliveaux qui doivent être coupés avec le taillis, s'adjugent par le maître particulier, en l'absence du grand-maître.

3°. Le recepage des futaies & hauts taillis doit être adjugé par le grand-maître, & les menus recepages par le maître particulier.

4°. Pour faire des ventes extraordinaires de futaies, l'ordonnance de 1579 veut qu'il y ait des lettres-patentes vérifiées en parlement & à la chambre des comptes : quant aux ventes ordinaires, la personne qui a le département des bois, envoie au grand maître, un arrêt du conseil pour en faire les assiettes & les adjudications, & le grand-maître adresse en conséquence son ordonnance aux officiers de la maîtrise.

5°. La première opération qui

doit se faire dans la maîtrise, est l'enregistrement des lettres-patentes, ou de l'arrêt du conseil, ou de l'ordonnance du grand-maître ; à moins que le grand-maître ne fasse faire l'enregistrement sur la réquisition du procureur du roi.

De l'assiette. C'est la désignation de l'endroit où la coupe doit être faite. On prend jour pour l'assiette des ventes par assignation à l'audience, & on le notifie aux officiers qui doivent y assister. Le grand-maître ou l'officier par lui commis en son absence, qui est ordinairement le maître particulier, se transporte avec le procureur du roi, le garde-marteau, le greffier, les gardes & l'arpenteur. Il indique sur la réquisition du procureur du roi à l'arpenteur, le lieu où il estime que la vente doit être assise, la quantité d'espèces dont elle est composée, la désignation du triage où elle se trouve, les bouts & les côtés ; & il marque de son marteau en face, deux arbres qui doivent servir de pieds corniers, l'un à un bout, l'autre à l'autre ; & l'arpenteur fait le mesurage, fixe l'étendue & règle la figure de la vente, après le serment par lui fait ; & du tout enfin, on dresse un procès-verbal.

L'arpentage doit être fait par les arpenteurs de la maîtrise, & à leur défaut, par ceux d'une maîtrise voisine, à peine de nullité. La réformation faite dans toutes les forêts du roi ayant réglé les coupes qui doivent être faites dans chacune, les officiers doivent suivre ce qui est fixé par les réglemens.

Dans le cas de quelque incendie, ou autre grand délit qui donneroit lieu à un recepage, c'est alors une adjudication extraordinaire à faire. Les officiers doivent en dresser procès-verbal pour en référer au grand-maître, & à la personne des finances ayant le département des forêts.

L'opération de l'arpenteur étant de grande conséquence, tant pour le vendeur que pour l'acheteur, l'arpentage doit être fait avant l'adjudication ; il faut qu'il assiste à l'assiette, qu'il ait une commission par écrit, dans laquelle les ventes qu'il doit mesurer soient désignées par tenans & aboutissans ; & que comme il est responsable de son mesurage, la commission puisse faire sa justification, & mettre les officiers à portée de confronter la commission avec son procès-verbal, dans lequel il a dû se conformer à ce qui a été réglé lors de l'assiette, & marquer sur son plan les pieds corniers & les parois, suivant les contours & les sinuosités que la vente a dans la forêt.

L'arpenteur doit encore mesurer tant plein que vide, sans *remplage* ou *remplissage* ; c'est aux acquéreurs lors de l'adjudication, à faire attention aux vides & vagues qui peuvent se trouver dans la vente. Quand le mesurage est fait, & que l'arpenteur en a déposé au greffe, le plan avec son procès-verbal, les officiers doivent procéder au martelage ; car il est défendu aux marchands d'entrer dans les ventes non martelées.

Du martelage & balivage. Le marteau de la maîtrise doit être déposé dans la chambre du conseil,

& mis dans un coffre fermant à trois clefs, dont une reste entre les mains du maître particulier, l'autre est remise au procureur du roi, & la troisième au garde-marteau. Chaque fois qu'on le tire du coffre, on le renferme dans une boîte qui ferme aussi à trois clefs : cette boîte se remet au garde-marteau; & quand l'opération est faite, on remet le marteau dans le coffre de la chambre du conseil. On dresse le procès-verbal de la retraite & remise, pour opérer la charge & la décharge du garde-marteau.

Les marteaux portent d'un côté une petite hache pour enlever l'écorce, découvrir le bois & former le *placage* ; de l'autre côté, est une masse sur laquelle sont gravées ou les armes du Roi, ou celles du grand-maître, ou les marques particulières des autres officiers subalternes, & même celles des marchands de bois ; mais celui de la maîtrise qu'on enferme sous trois clefs, est le seul qui sert pour le martelage ; quoique le grand-maître ou les autres officiers marquent de l'empreinte de leur marteau, les pieds corniers, tournans & parois ; que les arpenteurs les contremarquent avec le leur ; que les sergens & gardes marquent avec leur marteau les souches & les arbres de délit qu'ils rencontrent dans leurs tournées, & que les marchands marquent de leur empreinte particulière le bois qui sort de leur vente, sans quoi on pourroit le saisir.

On martelle tous les arbres en défend, parois, pieds corniers, tournans, & particuliérement ces deux derniers, & encore les baliveaux, qu'il est permis d'abattre avec le taillis.

Le balivage est à peu près la même chose que le martelage, puisqu'il consiste à marquer de l'empreinte du marteau, tous les arbres, ou au moins la plus grande partie de ceux qu'on doit réserver pour les baliveaux.

Les officiers doivent dresser très-réguliérement des procès-verbaux de martelage & balivage, qui doivent être transcrits sur les registres pour la décharge du garde-marteau ; & lorsqu'il se rencontre des cantons de bois où les arbres sont très-anciens, ou fort abroutis, ou incendiés, & où l'on ne peut réserver des baliveaux, ils doivent en faire une mention expresse dans les mêmes procès-verbaux.

De l'adjudication des ventes. Après avoir fait l'assiette, le mesurage, le martelage & le balivage, on *terme les ventes*, c'est-à-dire que l'on publie le jour & le lieu où l'on en fera l'adjudication. Le lieu doit toujours être dans la jurisdiction des eaux & forêts du ressort. Le jour est arbitraire ; mais l'indication doit être toujours pour huit jours au moins après la dernière des publications qui doivent se faire dans les villes, bourgs & villages voisins des ventes, & principalement dans les lieux où l'on consomme le bois.

Les adjudications doivent se faire dans l'auditoire de la maîtrise, en présence des officiers des eaux & forêts, au plus offrant & dernier enchérisseur, à l'extinction du dernier feu ; elles se font ordinairement dans les mois de Novembre ou

Décembre, pour l'exploitation en être faite l'année suivante.

Les affiches doivent contenir l'indication précise de la date & du lieu où l'adjudication se fera, & la désignation du lieu où les ventes sont situées.

Toutes personnes sont reçues à enchérir, excepté celles qui appartiennent par parenté, ou à titre de serviteurs, aux officiers des eaux & forêts, dans le nombre desquels on devroit bien comprendre les domestiques de gens de grand crédit, parce qu'ils peuvent impunément commettre des délits.

Les marchands ne peuvent s'associer plus de trois ensemble; l'adjudicataire, celui qui sert de caution, & le certificateur, dont les noms & demeures doivent être déclarés au greffe.

On commence par mettre à prix, puis on forme des enchères; la plus haute est appelée *haute-mise*. Ensuite si la vente par haute-mise est portée à peu près à son prix, on allume le premier feu, pendant lequel les enchères ne peuvent pas être moins de douze livres s'il s'agit d'une vente en total, & de quatre sols s'il se fait par arpent. Ce feu étant éteint, on allume le second, pendant lequel les enchères sont doubles de ce qu'elles ont été pendant le premier feu. Le second feu éteint, on donne le troisième pour le triplement. A l'extinction de ce troisième feu, l'adjudication est censée faite au dernier enchérisseur, sauf un délai qui est ordonné, pendant lequel les marchands sont reçus par *doublement*, *tiercement* & *demi-tiercement*. Ces enchères évincent le précédent adjudicataire de sa vente, laquelle alors est adjugée *trouſſement*, c'est-à-dire définitivement.

Le doublement est quand on tierce & demi-tierce une vente, ce qui fait la moitié de son total. Par exemple, si le prix d'une adjudication est de trois mille livres, le tiercement sera de mille livres, & le demi-tiercement de cinq cents livres.

Le tems de tiercer ou doubler les ventes, en général ou en particulier, est fixé jusqu'au lendemain midi de l'adjudication; ainsi il faut faire le doublement & le tiercement au greffe dans le tems fixé, car il est de rigueur, & le tiercement doit de plus être signifié le même jour aux adjudicataires & au receveur. Cette signification est pareillement de rigueur, & met les greffiers dans l'obligation de dater exactement les jours & les heures dans les actes qu'ils dressent pour les adjudications.

On engage les enchérisseurs à couvrir les enchères, en accordant à celui qui a la *haute-mise*, avant que le feu soit allumé, la faculté de faire des enchères simples; au-lieu que les autres sont obligés de faire des enchères doubles pendant le second feu, & triples pendant le troisième. Le même privilége est accordé à celui qui a la dernière enchère au premier feu; & à celui auquel reste l'enchère, au troisième feu. Ce dernier peut, après les feux éteints, enchérir par une simple enchère, sans être tenu, comme les autres, d'enchérir par doublement & tiercement: ainsi l'adjudicataire peut enchérir par simple enchère sur le tiercement & le demi-tiercement, & le tierceur & le doubleur peuvent enchérir l'un sur l'autre par simple enchère, sur un seul feu que l'on allume pour eux seulement ; & cette adjudication faite, il n'y a plus lieu à revenir.

Tout adjudicataire a la liberté de renoncer à son enchère, en faisant au greffe sa déclaration de cette renonciation, en la faisant signifier à son précédent enchérisseur, & en payant comptant au receveur le montant de sa folle-enchère ; le tout dans les vingt-quatre heures, & ainsi successivement, d'enchérisseur en enchérisseur. Pour éviter qu'un homme insolvable ne trouble les ventes, quand l'enchérisseur n'est pas connu, le receveur est fondé à lui demander une caution solvable.

Les termes du paiement de l'adjudication se fixent par les officiers. Le premier à la Notre-Dame de Décembre ; le second à Noël suivant ou autre époque ; mais le dernier paiement ne peut être reculé au-delà de la S. Jean d'été de l'année, depuis l'usance.

Les acquéreurs des ventes des bois du roi étoient anciennement chargés de payer certaine somme pour les droits de cire & greffe ; mais au-lieu de tous ces droits qui ont été supprimés, les ventes ne sont plus actuellement chargées que de vingt-six deniers pour livre, dont, par l'édit de Février 1745, quatorze de ces vingt-six deniers ont été aliénés pour les officiers des maîtrises.

Des frais. Ceux de mesurage, martelage, balivages, affiches, publications, adjudications & autres menus frais, se prennent sur les douze deniers pour livre, restans des vingt-six dont on vient de parler : le grand-maître arrête les états de dépenses & journées des ouvriers, & fait un certificat de service. Les journées que les maîtres particuliers font pour le roi, doivent être de douze livres ; cependant elles ne sont taxées qu'à neuf livres ; mais quand ils travaillent pour le compte des communautés & gens de main-morte, leurs journées sont payées à raison de dix-huit livres ; lorsque le lieutenant exerce pour le maître, il a les deux tiers de ses honoraires ; le procureur du roi, le garde-marteau, le greffier, ont six livres quand ils travaillent pour le roi, & douze livres quand c'est pour gens de main-morte. Les frais sont donc au moins de onze pour cent pris sur la vente, & c'est le propriétaire qui les supporte, car le vendeur ne perçoit pas le montant des frais des mains de l'acquéreur.

De la caution. Dans la huitaine de l'adjudication, les marchands adjudicataires doivent donner caution au greffe, sinon ils sont évincés ; on leur fait payer la folle-enchère, & l'adjudication passe d'enchérisseur en enchérisseur, jusqu'à ce qu'on ait satisfait à la condition de la caution, qui est reçue par le maître & par le procureur du roi. L'acquéreur ayant payé comptant, le receveur lui donne un billet de contentement, qu'il fait enregistrer au greffe, & qu'il notifie au garde-marteau ; alors il peut entrer en exploitation de sa vente, après s'être présenté au gruyer ou capitaine forestier, avec son billet de contentement, & s'être muni de lettres de *foreſtement*, qui eſt la permiſſion du grand-maître pour exploiter telle ou telle vente.

Du ſouchetage. Les marchands qui exploitent une vente, ſont reſponſables des délits qui ſe commettent du tour de leur vente, que l'on nomme l'*ouie de la coignée*, & qui forme un arrondiſſement de l'étendue de cinquante perches, pour les bois de cinquante ans & au-deſſus, & de vingt-cinq perches pour les bois plus jeunes. Comme on peut leur imputer les délits qui ſe commettent aux environs de leur vente, ils doivent requérir les officiers des forêts, de faire une viſite juridique des ſouches & délits qui ſe trouvent aux environs de leur vente. Cette opération ſe nomme *ſouchetage ;* & moyennant cette précaution, on ne peut leur imputer les délits qui ont été commis avant qu'ils aient commencé leur exploitation.

De l'exploitation. Il eſt défendu d'abattre pendant que le bois eſt en ſéve; mais le tems de ſéve n'eſt pas le même par-tout. L'ordonnance de 1669 le fixe depuis le premier Octobre juſqu'au 15 Avril, ſauf aux officiers à changer ce terme, ſuivant que la ſéve eſt plus ou moins avancée dans une province que dans une autre. Quand des hivers trop longs ont empêché d'abattre, & lorſque la ſéve eſt tardive, les officiers retardent ce tems d'une quinzaine de jours.

Le tems de la *vidange*, celui dans lequel tous les bois abattus doivent être tirés des ventes, doit être fixé par le cahier des charges. Il eſt ordinairement de douze ou de quatorze mois; mais le grand-maître & les officiers le fixent ſuivant que le terrain eſt praticable pour les voitures & la commodité de tranſporter le bois.

Par *exploiter*, ou *uſer une vente*, on entend abattre le bois & le tirer de la vente. Les arbres doivent être coupés au rez de terre, enſorte que les anciens nœuds recouverts & cauſés par les coupes précédentes, ne paroiſſent plus. On doit abattre les arbres rabougris, rompus & de peu de valeur. La coupe doit être faite tout de ſuite, commençant par un bout, & finiſſant par l'autre. L'uſage de la ſcie eſt défendu pour abattre; mais on permet aſſez ſouvent de pivoter quelques gros arbres, que l'on fixe cependant à un très-petit nombre. Les bucherons, en coupant ainſi les racines pour tirer le pivot de l'arbre avec le tronc, la pièce s'en trouve plus longue & terminée par une groſſe tête; ce qui la rend plus propre à faire, ſoit des jumelles de preſſoir, ſoit des arbres tournans.

Il eſt défendu d'abattre les arbres des ventes voiſines, ſur leſquels les arbres de la vente qu'on exploite ſeroient *encroués ;* ce qui arrive quand, en abattant un arbre, il tombe ſur un autre, de ſorte que les branches des deux arbres ſe trouvent mêlées enſemble.

Si pendant l'exploitation, le vent abat quelqu'arbre de réſerve, le garde-vente, conjointement avec le garde-général, en dreſſe procès-verbal, & l'on marque d'autres arbres pour tenir lieu de ceux-ci.

Les particuliers peuvent vendre leurs bois, avec la permiſſion de les écorcer ſur pied, pour en tirer du tan ; mais cela eſt expreſſément défendu aux bois du roi.

Il eſt défendu de faire des coffrets de fente avec les chênes qui peuvent fournir des bûches, & de faire des échalas de fente avec les bois qui peuvent fournir des pièces de charpente ou de merrain ; mais on a peu d'égards à ces prohibitions, & l'on permet aux marchands de tirer de leur bois le meilleur parti poſſible. Pourquoi laiſſe-t-on donc ſubſiſter ces prohibitions? Elles peuvent ſervir à favoriſer la concuſſion ou la vexation.

Il eſt défendu de faire du charbon dans les forêts qui avoiſinent Paris, parce que cette marchandiſe peut être plus facilement voiturée de plus loin que le bois. La défenſe de faire des cendres s'étend à toutes les forêts du roi ; & quoiqu'elle ne regarde point les ronces, les épines, les brouiſſailles qui ne peuvent être d'aucun uſage, on n'eſt point tenté d'enfreindre cette loi, parce que preſque par-tout le débit du bois eſt trop avantageux, pour qu'il puiſſe y avoir quelque profit à faire des cendres.

Défenſes ſont faites aux marchands, & à leurs aſſociés, de faire ni tenir aucun attelier, loge ni affûtage en leurs maiſons, ni autres parts que dans les ventes, & de permettre qu'il ſoit apporté dans leur vente d'autre bois que celui du crû de la vente qu'ils exploitent. Il leur eſt auſſi défendu de laiſſer pâturer aucunes bêtes dans leur vente pendant la vidange, & nommément les chevaux, jumens, bœufs ou ânes, qui ſervent à enlever le bois. Ils ſont reſponſables du délit, ſauf leur recours contre le délinquant.

On ne peut travailler dans les forêts, ni en enlever le bois nuitamment & les jours de dimanches & de fêtes. On doit réſerver non-ſeulement les pieds corniers, tournans, parois, baliveaux marqués, mais encore les arbres fruitiers qui ſervent à la nourriture des bêtes fauves, tels que les pommiers, poiriers, néfliers, aliziers, mûriers, &c.

Les clercs, facteurs, gardes-ventes & conducteurs, doivent prêter ſerment entre les mains du maître-particulier, & avoir un livre relié, cotté par nombre, paraphé par le maître-particulier, pour y inſcrire jour par jour, de ſuite, & ſans y laiſſer aucun blanc, toutes les marchandiſes qui ſortent de la vente. Pour prévenir les fraudes, & être en état d'agir juridiquement contre ceux qui déroberoient le bois des marchands, il lui eſt ordonné de marquer de l'empreinte de ſon marteau, quelques brins de bois de ſa vente, comme deux ou trois ſur chaque charrette ; & le conducteur doit donner à ceux qui enlèvent du bois, un billet qui déſigne l'eſpèce de bois enlevé, avec la date du jour, & l'heure à laquelle le voiturier eſt ſorti de la vente. A défaut de marteau, le conducteur donne au voiturier un échantillon ou taille, qui eſt un morceau de bois qu'il fend en deux ; le voiturier en prend une moitié, & l'autre reſte au conducteur. En cas que le voiturier ſoit arrêté en chemin, il préſente ſon échantillon pour être confronté avec celui du conducteur,

& pour prouver que le bois n'a pas été enlevé en fraude.

Du récolement. Le tems de la vidange expiré, les officiers de la maîtrise, c'est-à-dire, le maître particulier, le procureur du roi, le garde-marteau & le greffier, doivent se transporter dans les ventes, pour examiner si elles sont coupées, vidées & exploitées suivant l'ordonnance; si les réserves ont été faites; si l'on n'a point outre-passé la mesure; enfin, s'il y a *sur-mesure* ou *manque de mesure:* c'est-là ce que l'on nomme *récolement.* Il doit être fait immédiatement après la vidange. Les vacations des officiers sont fixées par un réglement du conseil des finances, à la moitié de l'*assiette*, *martelage*, *mesurage*, *balivage;* & ces frais sont acquittés par les marchands, lorsque ce sont des bois des gens de main-morte; & payés sur l'état du roi, lorsque ce sont des bois du roi ou en grurie; du moins cette pratique est la plus commune.

Cette opération conduit à la nécessité de constater s'il y a *outre-passe*, *sur-mesure* ou *manque de mesure;* c'est pourquoi l'on fait alors un second mesurage par un arpenteur autre que celui qui a fait le premier, lequel néanmoins y assiste. Si la vente se trouve plus étendue qu'elle n'étoit fixée par le premier mesurage, ce qu'on appelle *sur-mesure*, il n'y a pas dans ce cas de délit, & le marchand n'est pas tenu de payer la sur-mesure sur le pied de la vente. S'il se trouve que l'on ait abattu du bois au-delà des limites fixées par le premier arpentage, ce qui se nomme *outre-passe*, alors il y a délit, qui se punit par une amende, outre que le bois qui a été abattu de trop est payé le double du prix de la vente. Si la vente se trouve de moindre étendue qu'elle n'a été portée dans l'adjudication, ce qu'on appelle *manque de mesure*, il est dû un dédommagement à l'adjudicataire; mais il est défendu de le faire en donnant d'autres bois. Ce dédommagement ne peut non-plus être fait par une diminution du prix de son acquisition, parce que dès que l'état des ventes a été envoyé au conseil, on n'y peut plus rien changer, mais on le dédommage à proportion de ce qui peut manquer, en lui adjugeant une somme comptant sur le prix des premières ventes à venir, que l'on adjuge sous la clause & la charge de ce remboursement. Dans le premier cas, s'il y a eu *outre-passe*, qui est-ce qui dédommage le propriétaire de la suite de l'ignorance ou de la mauvaise foi de l'arpenteur?

Pendant que les arpenteurs font leurs opérations, les officiers visitent l'intérieur de la vente, pour voir si les réserves des *baliveaux*, *parois*, *tournans*, *pieds corniers* ont été faites, & si la vente est vidée de toute marchandise: ce qui n'a pas été enlevé est confisqué. On fait ensuite un nouveau souchetage autour de la vente, pour voir si les délits sont conformes au premier, ou s'il y en a de nouveaux. Le récolement fait, le maître rend son jugement d'absolution, congé de cour ou de condamnation pour partie, & congé pour l'autre.

Tel est le tableau des formalités à observer

observer par les gens de main-morte, avant, pendant & après l'exploitation d'une forêt. Ils sont toujours réputés mineurs, & ils ne le sont jamais plus que dans ces occasions, où les officiers des maîtrises leur servent de tuteurs, les mènent pour ainsi dire par la lisière, & les traitent à la rigueur.

Les abus se sont multipliés, & l'ont été à l'excès : chaque abus a fait naître un réglement pour le prévenir, car la loi n'est presque jamais dûe à la prévoyance, mais le plus souvent au besoin. Si ce n'est pas en raison des abus que les formalités ont été prescrites, c'est donc pour multiplier les frais du vendeur, de l'acquéreur, & d'un autre côté, pour augmenter les bénéfices des officiers des maîtrises. Je pense que ces deux points de vue ont été la base fondamentale de toute cette opération financière.

Des marchés. Ce sont des contrats qui fixent les conditions des engagemens réciproques entre les vendeurs & les acheteurs, particuliérement sur ce qui regarde les bois des particuliers. Les uns & les autres doivent s'attacher à prévoir tous les cas possibles, afin que par des stipulations clairement énoncées, chacun connoisse l'étendue des droits qu'il aura à exercer.

L'acquéreur doit songer à obtenir un tems suffisant pour pouvoir vider sa vente, & faire ses recouvremens, avant que le vendeur puisse avoir droit de l'actionner & obtenir contre lui des contraintes.

Le vendeur, qui risque souvent de n'avoir aucun recours valable contre l'acquéreur, lorsque la totalité du bois est vendue & enlevée par le défaut de solvabilité de ce dernier, doit avoir attention que son paiement soit consommé avant la vidange entière ; & souvent il lui seroit plus avantageux de vendre moins cher à un marchand riche & solvable, qui prendra des termes plus courts pour le paiement, que de se trouver dans la nécessité de poursuivre en justice un acquéreur qui n'est pas en état de faire des avances.

Il survient quelquefois des accidens qui ne permettent pas de vider la vente dans le terme convenu, comme des pluies considérables & continuelles qui rompent les chemins. Le marchand doit tâcher de les prévoir, & engager le vendeur à lui accorder un délai assez long pour faire la vidange, afin d'éviter le risque de payer des dommages & intérêts à cause du *recrû*. D'un autre côté, le propriétaire a un avantage certain quand la vente est promptement vidée, parce que, jusque-là, les souches & les bourgeons éprouvent nécessairement des dommages.

Il est juste que l'acquéreur stipule une garantie de tous troubles qui pourroient survenir & occasionner du séjour ou retard à la vente ; & dans ce cas, charge le vendeur de tous dépens, dommages & intérêts : mais le vendeur doit avoir soin d'excepter les retards qui seroient occasionnés par la faute ou par la négligence de l'acquéreur.

Les arbres que le vendeur doit tenir en réserve, doivent être stipulés : il est même bon qu'il en fasse un inventaire & description où leur grosseur sera marquée, & il seroit encore mieux de les marteler; mais l'acquéreur, de son côté, doit stipuler que si aucun de ces arbres en réserve se trouvoit arraché ou endommagé, il seroit seulement tenu de les prendre pour son compte & d'en laisser d'autres équivalens sur pied; & que si le dommage tomboit sur des arbres qui ne pourroient être remplacés que par d'autres de pareille grosseur, il en seroit fait estimation par experts, aux frais de l'acquéreur, qui est obligé de prévenir tout dommage.

Celui qui achète des baliveaux dans un taillis, peut stipuler qu'il ne sera point tenu des dommages qui pourroient être faits aux taillis, parce qu'ils sont inévitables.

On doit aussi stipuler les routes que l'acheteur tiendra pour vider les ventes; car s'il est juste que le propriétaire se charge de les fournir & de satisfaire au dédommagement du tort que l'on pourroit faire aux autres propriétaires, il est juste aussi qu'il évite de s'exposer, par une stipulation trop vague, aux tracasseries de l'acheteur, qui, n'étant point tenu d'entrer dans ces dédommagemens, ne voudroit pas s'assujettir à tenir les routes indiquées, & se frayeroit des chemins indistinctement par-tout où il trouveroit sa commodité.

Il est avantageux pour l'acheteur de stipuler qu'il lui sera loisible de faire exploiter son bois en toutes sortes d'ouvrages; mais il faut que ce soit sous la condition de le faire abattre dans les temps fixés par l'ordonnance, & avoir soin de marquer spécialement s'il veut faire du charbon, des cendres, ou lever l'écorce des arbres étant sur pied; comme aussi qu'il pourra faire construire des loges dans le bois pour retirer les ouvriers & les gardes-ventes. Le vendeur, de son côté, doit fixer les endroits où les fourneaux à charbon peuvent être faits, prévoir & éviter tout ce qui pourroit causer un incendie.

Les voituriers & tous ceux qui enlèvent & tirent le bois hors de la forêt, prétendent avoir le droit d'y laisser paître leurs chevaux ou leurs bœufs, & soutiennent que les chevaux ne mangent point le bourgeon. Cette prétention n'est point fondée & est nuisible aux bois. Il vaudroit mieux leur abandonner une pièce de pré que de leur accorder cette liberté. Dans le Bourbonnois, l'Auvergne, & le Nivernois principalement, les ouvriers prétendent même avoir droit de nourrir des bestiaux dans les lieux qu'ils exploitent. Ces bestiaux font un grand tort au recrû, & le propriétaire doit leur interdire cet usage par un article exprès de son marché.

On doit convenir à qui, du vendeur ou de l'acheteur, appartiendra la glandée pendant l'exploitation.

Lorsqu'il est question d'arracher une futaie, il faut avoir l'attention de stipuler si l'acquéreur sera tenu de faire essarter & régler le terrain; si, pour le dédommager des frais de cette opération, on lui permettra d'y faire une ou deux récoltes, & s'il sera tenu de repeupler la partie arrachée ou une autre. Quand on se contente de couper les arbres & de laisser les souches former un taillis, l'acheteur ne doit être tenu en garantie que des abroutissemens qui seroient faits par ses bestiaux ou ceux de ses gens, à moins qu'il ne voulût se charger de faire garder & garantir le bourgeon de tout dommage.

De l'écorcement. L'ordonnance défend d'écorcer aucun arbre. *Voyez* au mot ÉCORCER les inconvéniens qui résultent de cette ordonnance & des modifications qu'elle exige; & pour tout ce qui a rapport aux soins, à l'entretien, à la culture des forêts, *voyez* les mots FORÊT, TAILLIS.

BOIS GENTIL, *ou* MÉSÉREUM. (*Voyez* LAURÉOLE)

BOIS JAUNE. (*Voyez* FUSTET)

BOIS NÉPHRÉTIQUE. C'est le *guilandina moringa* du chevalier von Linné. Il croît en Egypte, en Arabie, à Ceylan, sur les côtes du Malabar. Il est inodore, d'une saveur âcre & amère, d'une couleur jaunâtre, très-dur, donnant à l'eau une couleur jaune bleuâtre lorsque l'eau est en ébullition. Son fruit est la noix de *ben*, de la grosseur d'une amande, triangulaire, fournissant une huile inodore, d'une saveur imperceptiblement âcre & amère, se tenant congelée au vingtième degré au-dessus de la glace, suivant le thermomètre de Réaumur, & par conséquent peu susceptible de se rancir.

Son bois excite médiocrement le cours des urines; il agit foiblement dans la colique néphretique par des graviers; il n'attaque point les calculs mêmes des plus petits; il ne dissipe point la gale & autres affections cutanées. L'huile du fruit sert aux parfumeurs à falsifier plusieurs huiles essentielles. Comme ce bois vient de loin, on l'a regardé comme merveilleux; & plusieurs auteurs en ont vanté l'excellence. Peut-être en se desséchant dans le transport, ou pendant le séjour dans les boutiques des apothicaires, perd-il de ses propriétés. C'est encore ce qu'il convient d'examiner sans prévention.

Pour faire usage du bois, on le réduit en petits morceaux, ou bien on le râpe, & on le donne depuis demi-once jusqu'à une once & demie, en macération, au bain-marie dans sept onces d'eau pendant vingt-quatre heures.

BOIS PUANT. (*Voyez* ANAGYRIS)

BOIS DE SAINTE-LUCIE. (*Voyez* MAHALEB.)

BOISEUX. Il vient du mois *bois*. On dit *racines boiseuses* en parlant de celles qui étant grosses, ont la consistance du bois dur.

BOISSEAU. Mesure ordinairement ronde de divers corps secs, tels que des grains, la farine, la cendre, le charbon, le sel & plusieurs fruits.

Le boisseau de blé se divise à Paris en quatre quarts ou seize litrons. Il est le tiers du minot. Il contient à peu près un tiers de pied cube, & pèse environ vingt livres. Il est inoui combien cette mesure varie dans le royaume; & après le travail le plus dur, il est presque impossible d'en faire la concordance. Cette réduction à un étalon uniforme ne peut être l'ouvrage d'un seul particulier, à moins qu'il ne soit aidé par le gouvernement. Rien cependant ne seroit plus facile que d'avoir le tableau des différens boisseaux. Il suffiroit que le directeur général des finances s'adresfât aux intendans, & ceux-ci à leurs subdélégués. On parviendroit, par ce moyen, à avoir des renseignemens non équivoques, si on avoit préalablement bien motivé la demande.

Sur les mesures de celui de Paris, chacun pourra évaluer celui de son canton. Le boisseau de Paris doit avoir huit pouces & deux lignes & demie de haut, & dix pouces de diamètre; le demi-boisseau, six pouces cinq lignes de haut sur huit pouces de diamètre; le quart de boisseau doit avoir quatre pouces neuf lignes de haut & six pouces neuf lignes de large; le demi-quart, quatre pouces trois lignes de haut & cinq pouces de diamètre. Le litron doit avoir trois pouces & demi de haut & trois pouces & demi de diamètre; & le demi-litron, deux pouces dix lignes de haut sur trois pouces une ligne de large. Trois boisseaux font un minot; six font une mine; douze, un septier; & cent quarante-quatre, un muid.

Les mesures d'avoine sont doubles de celles des autres graines; de sorte que vingt-quatre boisseaux d'avoine font un septier, & deux cents quarante-huit, un muid. On divise le boisseau d'avoine en quatre picotins, & le picotin en deux demi-quarts ou quatre litrons. Quatre boisseaux de sel font un minot; & six, un septier. Huit boisseaux font un minot de charbon; seize, une mine; & trois cents, vingt-un muids. Trois boisseaux de chaux font un minot, & quarante-huit minots font un muid.

La farine, le blé & la plupart des grains se mesurent à boisseau ras & sans grain sur bord.

BOISSELÉE. Mesure de terre, usitée dans quelques provinces. Elle consiste en autant de terre qu'il en faut pour employer la quantité de grain que peut contenir un boisseau. Les huit boisselées font environ un arpent de Paris. Il en est de la boisselée comme de la *bicherée.* (*Voyez* ce mot) Elle n'offre rien d'assez déterminé, si on se fixe sur la quantité de grain qu'on peut semer. En effet, tel terrain exige d'être semé plus épais qu'un autre; & tel métayer, soit par habitude ou par d'autres raisons, jettera sur un champ, par exemple, dix mesures de grain, tandis qu'un autre n'en jettera que huit ou neuf. Cependant c'est la semaille qui a déterminé ces mesures de terre, & de-là cette bigarrure relative aux coutumes des provinces & des cantons. Enfin l'arpentage est venu au secours, & la mesure de terre a été déterminée par pieds. Comme le pied-de-roi est une mesure reconnue dans tout le royaume, il seroit facile de prescrire une manière invariable pour la division & le mesurage des terres de tout le royaume.

Ce que l'on dit des mesures, doit s'appliquer aux poids. Le poids de marc est celui qui offre des divisions plus justes & plus simples, & tout ce qui est vendu au nom du roi, l'est sous ce poids; tels le tabac, le sel, &c. Cette réforme n'effrayeroit donc pas les esprits, puisqu'ils y sont déjà accoutumés relativement à des objets d'une consommation journalière. Les différens poids, les différentes mesures favorisent la friponnerie, & les gens simples ou ignorans en sont toujours la victime.

BOISSON, MÉDECINE VÉTÉRINAIRE. On entend, en général, par le terme de boisson, toute liqueur dont les animaux s'abreuvent eux-mêmes, sans aucun secours étranger. L'eau est leur boisson ordinaire; elle est absolument nécessaire pour jeter de la détrempe dans le sang, le rendre plus fluide; pour dissoudre les alimens, les réduire, avec le secours de la salive & des sucs gastriques, en un liquide laiteux; pour diviser & étendre les substances farineuses dont souvent se nourrissent les bestiaux, & qui, n'ayant point fermenté, forment toujours une colle tenace, qui a grand besoin d'un véhicule aqueux. On peut attendre ces bons offices de l'eau légère, pure, simple, douce & limpide, & non de ces eaux stagnantes & croupissantes, de ces eaux marécageuses, troubles, épaisses, chargées d'une multitude de corps étrangers, qui fourmillent de vers, où les insectes ont déposé des millions d'œufs, & où souvent, dans certains pays, on fait rouir du chanvre & du lin. Loin de servir de véhicule & d'aider à la digestion, ces eaux ont besoin elles-mêmes d'être digérées. Passent-elles dans le sang? elles produisent des embarras dans la circulation, des obstructions; les vaisseaux capillaires étant bouchés, engorgés, la circulation n'ayant plus lieu dans ces canaux, le sang, qui a un moindre trajet à faire, revient plus promptement au cœur, qui le repousse à mesure qu'il aborde; les battemens de ce viscère sont plus fréquens, le fluide artériel est mu avec une impétuosité qui augmente en raison composée de la force du cœur & de la fréquence de ses contractions; il heurte avec plus de force contre la matière qui engorge les vaisseaux capillaires: cette matière étant de plus en plus engagée dans ces canaux, qui décroissent en diamètre, elle s'y corrompt par son séjour & par la chaleur; de-là les fièvres putrides, malignes; de-là les inflammations, suivies de suppuration ou de gangrène.

Non-seulement l'eau croupissante est pernicieuse par sa viscosité, mais encore parce qu'elle fourmille de vers de toute espèce qui prennent de l'accroissement dans les intestins des bestiaux, & parce qu'elle est chargée d'une quantité prodigieuse d'œufs d'insectes, que la chaleur des entrailles fait éclore. Parmi ces vers & ces insectes, les uns croissent, picotent, irritent les intestins, causent des mouvemens spasmodiques, convulsifs; d'autres meurent, se pourrissent, & cette pourriture des substances animales passant dans le sang des bestiaux, il en résulte un grand désordre: aussi, par les dissections anatomiques, appercevons-nous presque toujours dans les animaux morts de certaines maladies contagieuses & épizootiques, les estomacs enflammés & leurs tuniques internes parsemées de taches livides, gangreneuses qui s'étendent le long du canal intestinal.

L'eau ne doit pas être non-plus ni trop vive, ni trop froide. Son effet sur le sang d'un cheval ou d'un bœuf échauffé ou en sueur, est de le condenser & de l'épaissir, de crisper & de roidir les parties solides, d'arrêter & de suspendre les excrétions les plus salutaires, & souvent de donner lieu à des maux qui conduisent inévitablement à la mort; tels que les fortes tranchées, l'engorgement des parotides, la pleurésie. (*Voyez* ces mots) C'est à raison de sa froideur qu'elle a une vertu restreintive, & que nous l'indiquons en bains, dans le principe de la fourbure, dans l'entorse & dans certains engorgemens des jambes. La boisson ordinaire des animaux malades est l'eau blanche. Elle ne doit cette couleur qu'au son qu'on y ajoute. Il ne suffit pas pour la blanchir, comme font la plupart des maréchaux & des gens de la campagne, d'en jeter une ou deux mesures dans l'eau, qui remplit le seau ou le baquet à abreuver. Elle n'en reçoit alors qu'une teinture très-foible & très-légère, & participe moins de la qualité tempérante & rafraîchissante de cet aliment. Pour la bien faire, il suffit de prendre une jointée de son, de tremper les deux mains dans le seau, d'exprimer fortement & à plusieurs reprises l'eau dont le son est imbu, & de rejeter le son qui est parfaitement inutile. L'eau prend alors une couleur véritablement blanche; on en prend une seconde jointée, & on agit de même : la blancheur augmente, & le mêlange est d'autant plus parfait, que cette blancheur ne naît que de l'exacte séparation des portions les plus déliées du son, lesquelles se sont intimément confondues avec celles de l'eau. De cette manière l'eau ne devient pas putride aussi promptement. L'état de putridité est si frappant dans l'eau qui contient beaucoup de son, que la plupart des gens de la campagne sont dans l'usage d'y ajouter un peu de sel, ou quelque substance acide qui la corrige, telle que le vinaigre; mais de quelque manière que l'eau blanche soit préparée ou corrigée, tant que l'on y laissera subsister longtems le son, celui de froment surtout, elle contiendra un principe putride & mal-faisant, & ne conviendra jamais dans les maladies des bestiaux; principalement dans toutes celles où les humeurs tendent à la putridité. Il en sera de même de toutes les plantes piquantes, telles que les choux, les navets, les raiforts, que l'on a coutume de mettre dans la boisson des bœufs. Elles sont toutes capables d'augmenter l'alkalicité & la putridité des humeurs.

Lorsqu'il s'agit de rétablir les forces de l'animal; à la suite d'une longue maladie, & dans les occurrences d'anéantissement, l'eau doit être blanchie par le moyen de quelques poignées de farine; mais il ne faut pas précipiter, ainsi qu'on le fait communément, la farine dans l'eau; elle se rassembleroit en une multitude de globules d'une épaisseur plus ou moins considérable; il en résulteroit une masse qu'on auroit ensuite peine à diviser : il faut donc, à mesure que l'on ajoute la farine, la broyer avec les doigts, & la laisser tomber en poudre; après quoi, agiter l'eau, & la mettre devant l'animal.

L'eau miellée sert aussi de boisson dans certaines maladies. Elle est très-adoucissante. On la fait en mettant une dose plus ou moins forte de miel dans l'eau destinée à abreuver l'animal, & en l'y délayant, autant qu'il est possible.

Si la maladie eſt telle que l'on ſoit obligé de la lui faire prendre, il faut ſe ſervir de la corne.

On donne auſſi quelquefois pour boiſſon les eaux diſtillées des plantes aromatiques, telles que la ſauge, la menthe, &c. Celles qui ſont journellement employées par les maréchaux, & parmi leſquelles on compte l'eau d'endive, de chicorée, de bugloſe & de ſcabieuſe, ne ſont nullement cordiales. Nous n'avons point encore trouvé parmi elles aucun effet qui puiſſe leur mériter ce nom. M. T.

BOITER, Médecine vétérinaire. Un animal boite à la ſuite de pluſieurs cauſes différentes. Nous n'obſervons point dans les animaux que la claudication provienne de naiſſance, mais plutôt & ordinairement par divers accidens externes, tels que l'écart, l'effort de cuiſſe, l'entorſé, l'éparvin, la courbe, le ganglion, l'atteinte, le javart, &c. (*Voyez* ces mots) La claudication eſt plus ou moins grande, ſelon les degrés du mal; & nous diſtinguons, par exemple, celle de l'épaule du cheval qui a pour principe un heurt, un coup ou un froiſſement cauſé par les mamelles de l'arçon, à l'enflure de la partie, & à la douleur que l'animal reſſent, lorſque l'on tente de mouvoir ſon bras de devant en arrière. Si, au contraire, elle procède de l'épaule & du bras, ou de la cuiſſe, du jarret & du boulet, ordinairement elle eſt moindre, quand l'animal ayant marché, ces parties ſe trouvent échauffées; au lieu que quand elle procède du pied, l'animal, après le plus léger exercice, boite toujours davantage: on s'en aſſure encore mieux en le déferrant, pour découvrir le foyer du mal. M. T.

BOL, *ou* TERRE BOLAIRE, TERRE SIGILLÉE, eſt une vraie argile, blanche ou colorée, d'un grain extrêmement fin, & qui s'attache plus fortement à la langue que les autres argiles; elle contient auſſi plus de terre ferrugineuſe. On a attribué autrefois de grandes vertus aux bols. Les cérémonies religieuſes que l'on employoit pour les tirer de la terre, ont encore augmenté l'idée de ſes merveilleuſes propriétés dans l'eſprit du peuple toujours crédule & toujours dupe de ſes yeux. Si les terres bolaires jouiſſent de quelques qualités médicinales, elles les doivent certainement au principe ferrugineux qu'elles contiennent & qui leur donne leur couleur: car l'analyſe chimique démontre que toutes en contiennent plus ou moins; & l'on connoît l'action du fer ſur l'économie animale, dans diverſes maladies.

Leur uſage a été & eſt encore trop fréquent en médecine, pour que nous n'examinions pas s'il eſt bien fondé, & s'il ne pourroit pas être ſuppléé par des remèdes plus ſimples & plus directs. On a regardé les bols comme emplaſtiques, alexipharmaques, deſſiccatifs, aſtringens, fortifians, réſolutifs, propres à adoucir les acides intérieurement, & à arrêter la dyſſenterie, le flux & le crachement de ſang. Cette longue énumération de vertus doit d'abord les faire ſoupçonner par un médecin ſage, à qui les remèdes univerſels ne paroiſſent que des remèdes, ou vains, ou dangereux. De plus, il eſt très-douteux que ces ſubſtances argileuſes puiſſent ſe diſſoudre dans les premières voies. Les acides minéraux & végétaux n'ont aucune action ſur elles, à plus forte raiſon les acides de l'eſtomac les plus foibles de tous. Il eſt donc à craindre que reſtant intactes dans les organes de la digeſtion, elles ne faſſent que fatiguer l'eſtomac, ſans paſſer avec les alimens dans la maſſe générale. S'il s'en diſſout une portion, ce ne peut être que de la terre calcaire qui s'eſt trouvée mêlée avec la terre argileuſe qui forme les bols; dans ce cas, pour adoucir les acides & abſorber les aigreurs, il vaudroit mieux employer les terres abſorbantes, comme les yeux d'écreviſſe, la craie préparée, &c. &c. La terre ferrugineuſe qui forme une partie de la terre bolaire, peut produire un bon effet, ſi l'opération de la digeſtion vient à bout de l'extraire & de la ſéparer de l'argile; mais ne vaudroit-il pas beaucoup mieux employer tout ſimplement des préparations martiales, dont on connoîtroit les proportions, & la manière d'agir des ſubſtances qui les compoſent? Dans aucun cas l'uſage des bols n'eſt préférable, & il s'en trouve ſouvent où leur emploi peut être dangereux; il ſeroit donc avantageux de les abandonner entiérement.

Il eſt intéreſſant au naturaliſte-cultivateur de pouvoir reconnoître toutes les terres qui ſe rencontrent au tour de lui & ſous ſes pieds, de les comparer avec celles qui ſont décrites & dont on retire quelqu'avantage; c'eſt ce qui nous détermine à dire un mot des bols les plus connus.

On les diſtingue communément par leur couleur.

1°. *Le bol rouge*, ou d'*Arménie*. Il a été très-vanté autrefois; mais il devient rare & cher, parce que l'on n'en apporte preſque plus du Levant. Les médecins s'en ſervoient comme aſtringent & alexipharmaque. Les doreurs l'emploient encore pour faire l'aſſiette de l'or de leur dorure; & les relieurs, après l'avoir porphyriſé avec un peu de blanc d'œuf mêlé d'eau, s'en ſervent pour dorer la tranche des livres. Du côté de Saumur & de Blois en France, on trouve du bol rouge, mais il eſt plus communément d'un rouge pâle, ou couleur de chair, comme la terre ſigillée, ou le bol de Lemnos. Cette terre bolaire a été très-fameuſe, même dans la plus haute antiquité, puiſqu'Homère & Hérodote en parlent. On voit dans ces auteurs que ce n'étoit qu'avec de très-grandes cérémonies, & l'appareil impoſant de la religion, qu'on la tiroit de terre. On nous rapporte encore beaucoup de terre de Lemnos, ſous la forme de paſtilles convexes d'un côté & plates de l'autre. Sur le côté aplati eſt l'impreſſion du cachet que chaque ſouverain des lieux où on trouve ces bols y fait appoſer; de-là leur vient le nom de *terre ſigillée*.

2°. *Le bol blanc* qui paroît n'être qu'une argile blanche, très-pure & très-douce au toucher, vient de Gran en Hongrie, & de Coltberg ſur le territoire de Liège. Il a dans ces pays la réputation d'être d'une efficacité ſingulière dans la dyſſenterie.

3°. *Le bol gris* eſt aſſez commun dans le Mogol en Aſie; ce bol tirant un peu sur le jaune, porte le nom de *terre de patna;* on en fait des pots, des bouteilles, des carafes que l'on nomme *gargoulette*, si minces & si légères, que le souffle même les fait rouler çà & là. Les Indiennes en sont friandes, sur-tout pendant le tems de leur grossesse; & lorsque ces vases sont imbibés de la liqueur qu'ils ont contenue, & qu'elles ont bu cette liqueur, elles mangent avec plaisir & avidité ces vases de terre, auxquels elles attribuent beaucoup d'excellentes qualités. On fait en Espagne des vases presque semblables que l'on nomme *bucaros.*

4°. Le bol verdâtre qui ne doit sa couleur qu'au cuivre qu'il renferme; il est facile de voir qu'il ne faut jamais employer ce bol intérieurement. Bien loin d'être un remède, il deviendroit un vrai poison.

5°. On trouve enfin un bol noir dans le comté de Berne, qui contient du bitume.

Tels ont été les bols les plus connus. Comme ils ne sont qu'une terre argileuse, ferrugineuse, on pourroit assurer que toutes les argiles colorées par ce métal sont plus ou moins bols; ainsi nous renvoyons au mot *argile* pour avoir des détails plus étendus sur la nature de cette terre. M. M.

BOMBEMENT, BOMBER. Tout terrain plus élevé dans le milieu, en dos d'âne, en bahut, que sur les côtés, est bombé. On bombe le terrain des plates-bandes dans les grands jardins; elles ont plus de graces, & les eaux pluviales ont un écoulement des deux côtés. On bombe le terrain d'une allée par la même raison, ainsi que celui d'un champ, lorsqu'on laboure en *table*, ou en *billon.* (*Voyez* ces mots)

BON CHRÉTIEN. (Poire de) *Voyez* ce mot.

BONDON, BONDONNER. (*Voyez* BOUCHON)

BON-HENRI. (Voyez *Planche 7*, pag. 244) M. Tournefort le place dans la seconde section de la quinzième classe, qui comprend les fleurs apétales, à étamines, dont le pistil devient une semence enveloppée par le calice, & il l'appelle *chenopodium folio triangulo;* M. von Linné le nomme *chenopodium bonus Henricus*, & le classe dans la pentandrie digynie.

Fleur. Le calice B tient lieu de corolle; il est concave, découpé en cinq folioles concaves, ovales, membraneuses à leurs bords; les étamines au nombre de cinq, sont alternativement placées avec les découpures du calice B, & le pistil D est divisé en deux.

Fruit. Semences E, en forme de rein, renfermées dans le calice C.

Feuilles, triangulaires, en fer de flèche, très-entières, lisses, portées sur de longs pétioles, élargis par le bas, & qui embrassent la tige.

Racine A, épaisse, jaunâtre, ligneuse.

Port. Les tiges d'un pied & demi de hauteur, quelquefois droites, quelquefois couchées, nombreuses, cannelées, creuses, un peu velues; les fleurs naissent au sommet, disposées en espèce d'épi, & les feuilles sont alternativement placées sur ces tiges.

Lieu. Dans les champs incultes,

dans les endroits escarpés; fleurit en Mai, Juin, Juillet : la plante est vivace.

Propriétés. Plante fade, insipide au goût, rafraîchissante & délayante.

Usage. On emploie l'herbe en décoction, en lavemens, en fomentation. Dans les montagnes, on la mange au lieu d'épinards; & M. von Linné dit qu'en Suède & dans le Nord on fait cuire ses tiges comme celles des asperges. Toutes ces préparations tiennent médiocrement le ventre libre & nourrissent peu. Elles relâchent les tégumens & calment sensiblement la chaleur, la dureté & la douleur des tumeurs inflammatoires circonscrites, & quelquefois les disposent à se convertir en abcès. Appliquées sur les hémorrhoïdes externes, elles passent pour diminuer la douleur & la démangeaison. On donne le suc exprimé des feuilles, depuis deux onces jusqu'à cinq, seul ou délayé dans partie égale d'eau pure. Les feuilles récentes, broyées jusqu'à consistance pulpeuse, sont employées en cataplasme.

BONIFIER UN CHAMP. Tout travail fait à propos, tout engrais proportionné à la nature du sol, servent à bonifier un champ, une vigne, un pré, &c. Consultez le mot AMENDEMENT, dans lequel on a détaillé ce qu'il convient de faire, & mis en évidence par quelles loix & par quels principes la nature travaille à cette bonification. On bonifie un domaine de bons instrumens, & en augmentant le nombre & la quantité des bestiaux; on bonifie un bâtiment, lorsque par des réparations utiles, on se procure plus d'aisance pour le service, ou lorsqu'on y ajoute quelque partie essentielle, &c.

BONNE DAME. (*Voyez* ARROCHE)

BONNET DE PRÊTRE. (*Voyez* COURGE, FUSAIN.)

BORDER, BORDURE. *Terme de jardinage.* On borde une planche, lorsqu'avec le dos de la bêche on relève la terre des bords, de manière que la planche soit plus élevée que le sentier, & lorsque ce bord est tracé sur une ligne bien prononcée. On borde les allées d'un jardin, ou avec des plantes, ou avec des corps solides & durables.

1°. *Des bordures avec des plantes.* Les plantes qui doivent servir pour les bordures, sont choisies conformément au pays & au climat que l'on habite. Règle générale; ne cherchez jamais à former des bordures avec des plantes étrangères : le mérite d'une bordure est d'offrir à l'œil une continuité sans interruption, & il sera très-difficile que la bordure ne soit échancrée, si les plantes ne sont pas du pays. Le buis, par exemple, est de presque tous les pays; il souffre parfaitement le ciseau, dessine tres-bien une allée, un parterre, &c. mais il a plusieurs défauts : le premier est de produire un grand nombre de chevelus qui attirent toute la substance & l'humidité du terrain voisin & l'affament. Plus on travaille un parterre, plus il est fumé & chargé de terreau, pour y planter, par exemple, des renoncules & autres fleurs, plus les chevelus se jettent du côté travaillé,

& aucun ne s'étend sous la terre du sentier ou de la petite allée. Son second défaut, aussi essentiel que le premier, est de servir de repaire à tous les insectes du voisinage ; ils y cherchent la fraîcheur pendant le jour, & une retraite sûre contre les oiseaux leurs ennemis ; ils en sortent pendant la nuit, attirés par la fraîcheur & par le besoin de pourvoir à leur subsistance ; alors toutes les jeunes pousses, les plantes tendres des semis sont dévorées. Le buis est donc seulement avantageux pour dessiner les grandes plates-bandes, & les parterres qui sont garnis avec des fleurs communes.

La sauge, le thym, le serpolet, la marjolaine, la lavande, servent pour les bordures, mais non pas dans les pays froids. Ces plantes ne sauroient résister à la rigueur des grands hivers. La marjolaine & la lavande demandent à être tenues basses ; les deux autres plantes s'élèvent peu, mais s'élargissent ; alors après avoir placé le cordeau, on coupe tout ce qui l'excède. En total, ces bordures sont tristes à la vue. Leur verdure est trop pâle, trop blanchâtre, & se confond souvent avec la couleur de la terre pendant les chaleurs de l'été. Malgré cela, si on a beaucoup de mouches à miel, je conseille de préférer celles-ci à toutes les autres, & sur-tout au buis dont la fleur communique au miel un goût désagréable ; cependant les mouches courent avidement sur les buis dans le tems de leur fleuraison, parce qu'elles travaillent pour elles, & s'embarrassent fort peu des sensations que leur miel nous fera éprouver dans la suite.

Le fraisier formeroit une bordure agréable, s'il ne poussoit pas une infinité de filamens. Une bordure de cette espèce donne dix fois plus de peine à un jardinier qu'une en buis.

La violette à fleur double a un mérite réel dans la verdure de ses feuilles : serrées & rassemblées les unes près des autres, elles forment une jolie masse en dos d'âne ; il suffit d'arrêter les bords une ou deux fois chaque année.

Une bordure un peu trop négligée, est celle faite avec le persil. Ses feuilles sont d'un beau vert, luisantes & nombreuses.

L'oseille sert encore au même usage ; mais elle a le défaut de monter promptement en graine, si on n'a pas le soin de couper fréquemment ses feuilles ; alors la plante ne répond plus au but qu'on se proposoit. Ces feuilles coupées successivement sur toute la longueur de la bordure, offrent des places vides : dans certains endroits, la couleur des feuilles nouvelles est d'un vert tendre, & dans d'autres, d'un vert très-foncé. Cette bigarrure déplaît à la vue.

2°. *Des bordures avec des corps solides.* Elles sont, ou en bois, ou en briques. Rien ne dessine mieux une allée, & on range le terrain beaucoup plus commodément. Le bois de chêne est le meilleur pour cet usage. Il faut, de distance en distance, planter des piquets équarris, sur lesquels on cloue fortement les bordures de trois à quatre pouces de hauteur pour les petits emplacemens, & de six, si l'emplacement a beaucoup d'étendue. L'épaisseur de la planche doit être proportionnée à sa longueur. On ne sauroit trop multiplier les piquets ou soutiens, parce que l'humidité de la terre, jointe à l'action du soleil, fait facilement déjeter les planches. Je conseille de faire brûler par le bas les piquets, jusqu'à ce qu'il se soit formé une couche charbonneuse d'une à deux lignes de profondeur. Ils durent plus long-tems en terre. Tout ce qui n'est pas brûlé doit être passé avec une couleur à l'huile à plusieurs couches, & il faut attendre que la première couche soit exactement séche, avant de passer la seconde ; autrement, ce seroit de l'huile & de la couleur perdues. Ce que je dis des piquets s'applique aux planches : communément on peint le tout en vert ; mais si c'est pour border un gazon, la couleur blanche est plus agréable ; elle contraste avec la couleur rousse ou brune de la terre & la couleur verte de la prairie.

Les briques d'un pouce d'épaisseur, sur huit à dix de longueur, ont l'avantage sur les bordures en bois, de ne jamais pourrir ; ainsi la dépense une fois faite, il ne faut plus y revenir : c'est pourquoi je conseille de n'employer que des briques vernissées en vert, comme la poterie commune. Elles sont plus chères que les autres, il est vrai, mais elles durent beaucoup plus, & n'offrent pas à la vue une vilaine couleur roussâtre, qui se confond avec celle de la terre.

BORNAGE, BORNE. (*Voyez* LIMITE)

BOSQUET. Petit bois pour servir d'ornement dans les parcs & dans les jardins de propreté. Il diffère du bocage par sa grandeur & par les soins que l'on donne aux arbres & à leur choix. Le bocage doit avoir l'air d'un lieu brut sortant des mains de la nature ; & le bosquet, au contraire, doit être embelli par la nature & par l'art. Cependant si l'on peut cacher cet art & faire paroître la nature seule, le bosquet en sera plus agréable. On a eu la fureur, jusqu'à ce jour, de les tracer symétriquement, d'aligner les allées & jusqu'aux feuilles des arbres ; mais lorsqu'on s'y promène, l'ennui marche à vos côtés : la symétrie est l'ennemie de la belle & simple nature. On revient heureusement de ces formes antiques & de mauvais goût, & l'on cherche aujourd'hui avec raison, à se rapprocher d'un ordre plus simple.

On distingue les bosquets relativement aux saisons ; c'est-à-dire qu'on a soin de planter dans le même espace de terrain les arbres qui fleurissent dans la même saison. De-là est venue la dénomination de *bosquets de printems*, *d'été*, *d'automne* & *d'hiver*. Ce dernier est composé d'arbres toujours verts. Je crois qu'on pourroit encore les diviser relativement à la hauteur & à la force des arbres, quoique ces deux objets ne soient pas assez connus pour faire des comparaisons géométriques ; mais des approximations suffisent. Il se présente encore une observation, & elle tient au climat que l'on habite. Par exemple, il est aussi impossible de voir réussir le sapin dans les plaines brûlantes de nos provinces méridionales, que de cultiver le laurier en pleine terre dans nos climats élevés seulement comme Langres, sans parler même des montagnes :

on ne sauroit forcer la nature. D'après ces observations préliminaires, entrons dans quelques détails.

Ier. GENRE. *Des bosquets toujours verts, plantés d'arbres, de grandeur & de force presqu'égale.* Dans les provinces méridionales, le cèdre du Liban, le pin maritime de Bordeaux, le baumier de Giléad, le laurier tulipier, le grand chêne vert, le chêne-liège, l'olivier, qu'on ne rabaisse point dans cette circonstance; le laurier franc, dont on a soin de supprimer les rejetons qui poussent des racines; les cyprès mâles & les cyprès femelles; tous ces arbres formeront un bel ensemble de différens verts. Dans le nord, on supprimera les oliviers, les lauriers, les cyprès, les chênes verts & les chênes-lièges.

Arbres verts moins élevés. Le pin d'Alep, le pin maritime de Mathiole, le pin-pinier, le torche-pin de Haguenau, le chêne vert, tel qu'il croît sur les bords de la Méditerranée. Les arbres-de-vie ou thuya de Chine & de Canada. On peut les cultiver dans toutes les plaines de France.

Arbres verts, moins élevés que les premiers & les seconds. L'arbousier, l'alaterne, les différentes espèces de genevrier, comme le genevrier oxycèdre, celui à fruit de couleur écarlate, & même celui de Virginie, dans les provinces méridionales seulement, excepté le genevrier commun; le tamarin de Narbonne également; celui d'Allemagne convient dans tout le royaume, ainsi que le buis, le phyllirea, le cèdre de Virginie, l'if, le houx, le petit chêne vert rampant, &c.

Arbrisseaux toujours verts. L'arbre de cire, le laurier-cerise, la sabine, le pourpier de mer, le genêt épineux, le laurier-thym, le buisson ardent, le ciste à feuille de laurier, le troëne, &c.

Arbustes toujours verts. L'auronne ou citronelle, le romarin, le ciste, le laurier alexandrin, le petit cyprès, la rue, la lauréole, le houx frélon.

Arbustes grimpans & toujours verts. Le lierre, le smilax, la clématite à feuille de poirier; le chèvre-feuille toujours vert, celui de Mahon, celui de Virginie.

J'ai vu des bosquets où presque tous les arbres que je viens de nommer étoient rassemblés; mais comme on les avoit placés indistinctement les uns parmi les autres, les plus forts étouffèrent successivement les plus petits. Ne seroit-il pas plus naturel de placer sur le premier rang extérieur, les arbustes; sur le second, les arbrisseaux; sur le troisième, ceux qui s'élèvent plus que les seconds & les premiers, en conservant entre ces rangs la distance que chacun exige, de manière que ce bosquet vu de loin, pyramideroit agréablement, & permettroit de distinguer toutes les espèces d'arbres qui le composent? Cette manière me paroît la plus agréable. Il ne faut pas croire cependant, que tous ces arbres réussiront dans le même terrain; ce seroit une erreur de laquelle suivroit nécessairement la destruction, ou du moins des clarières considérables dans ce bosquet, & qu'il est très-important d'éviter. Le laurier-tulipier, par exemple, aime un terrain humide, ainsi que le pin maritime de Mathiole ; les pins de Bordeaux un sol sablonneux, & le pin sauvage un terrain pierreux ; le chêne vert, le gravier, la pierre ; le chêne-liège, un sol qui ait du fonds ; & tout terrain convient au pin-pinier, excepté un fonds trop humide. Les cyprès réussissent dans une couche profonde de terre, mais beaucoup mieux si elle est un peu humectée. Le buis aime l'humidité, ainsi que le genevrier, si on desire qu'il s'élève ; l'arbousier se plaît en terre légère, &c. C'est à un jardinier à connoître les différentes espèces, & à les régler sur leurs qualités. Elles seront beaucoup mieux spécifiées, en parlant de chaque arbre en particulier. Ainsi consultez chaque mot, afin d'éviter des répétitions inutiles.

II. Genre. Des bosquets formés par de gros arbres, & à peu près d'égale hauteur. Pour former un bosquet, tous les arbres dont je vais parler ne sont pas nécessaires. Je les indique seulement, afin que l'on soit à même de choisir ceux qui seront le plus analogues au climat. Il faut encore observer, que si on veut beaucoup d'ombrage, on ne doit pas mêler les arbres indistinctement : un peuplier d'Italie figureroit mal à côté du chêne & du marronnier d'Inde ; mais si on desire un coup d'œil varié, un coup d'œil piquant, ces trois arbres réunis contrasteront très-bien ensemble, soit par rapport à la forme qu'ils affectent, soit à cause de la diversité de couleur de leurs feuilles.

Le maronnier d'Inde, l'acacia, les différentes espèces d'ormeaux, de chênes, de peupliers, de hêtres, de frênes, de platanes, de noyers, de saules ; l'alizier, le cormier, l'érable à sucre, le mélèze du Canada. Ce dernier mêlé avec les précédens, produit un effet pittoresque, ainsi que le saule de Babylone.

III. Genre. Des arbres moins élevés. Le frêne à fleur, & le frêne à feuilles rondes, le tulipier, l'arbre de Judée, le bois de Sainte-Lucie, le catalpa, les merisiers, cerisiers, abricotiers, pruniers, pommiers, poiriers, sorbiers ; l'érable sycomore, l'érable plane à écorce marbrée de Montpellier, le commun, l'aune noir, l'aune blanc & à feuilles découpées, l'olivier de Bohême, le frêne de Caroline à écorce de noyer, l'orme de Virginie, le charme, le bouleau, les mûriers, le caroubier, &c.

Des petits arbres. Le lilas commun, le citise des Alpes, l'azérolier, le grenadier, l'arbre de neige, le néflier, le cornouiller, les épines, le micocoulier du Levant, le jujubier, le figuier, le pistachier, le maronnier d'Inde à fleurs rouges, l'arbre de Judée, du Canada, les sureaux, le paliure, le sumach de Virginie, le térébinthe, le nerprun, le saule marceau, le nez coupé ou faux pistachier, le mélèze de Sibérie à fruit noir.

IVe. Genre. Des arbrisseaux. Toutes les espèces de rosiers, le lilas de Perse, le genêt d'Espagne, le syringa, les baguenaudiers, les viormes, l'acacia rose, l'amandier d'argent, le citise des jardiniers, les spiræa, l'emerus, l'althea frutex, les jasmins, les sumach du Canada, de Pensilvanie & à feuilles d'orme, le fustet, les osiers, &c.

Arbrisseaux grimpans. Outre les arbrisseaux verts dont on a parlé, la clématite du Canada, la clématite commune, & celle du Levant, ainsi que celle à fleur violette double ou simple, le chèvre-feuille, le jasmin commun, le bourreau des arbres, le lierre du Canada, la vigne vierge.

Des arbustes. L'agnus castus, l'amandier nain à fleur simple & à fleur double; le spiræa à feuilles de saule, le genêt des teinturiers, le xylosteon des Pyrénées, le framboisier du Canada, l'amélanchier, l'alizier de Virginie, le bouleau nain de Sibérie, les groseilliers, le framboisier, le syringa nain, &c.

Arbustes rampans & toujours verts. L'asperge toujours verte, la ronce à fleur simple & à fleur double, la germandrée de Crête, & celle à feuille de petit chêne, le thym, la corbeille d'or, les pervenches, la bousserole, le taraspic, le genêt à feuilles de mille-pertuis, &c.

Arbustes rampans qui perdent leurs feuilles. La thymelée des Alpes, le jasmin de Chine à feuilles étroites, la vigne de Judée, le raisin de mer, le saule de S. Léger, &c.

Voilà, sans contredit, la liste d'une masse énorme de matériaux qu'on peut employer de mille & de mille manières dans la formation des bosquets, suivant la situation du local, la nature du terrain. Il faut convenir qu'il est très-possible d'augmenter la liste que je viens de donner; mais la multiplicité la plus indéfinie des arbres, des arbrisseaux & des arbustes, ne formera pas à elle seule la beauté & les charmes d'un bosquet. Celui qui le dessinera doit être peintre, faire agréablement contraster un arbre avec un autre, ménager des points de vue piquans, & surtout relativement au site, employer les arbres qui lui sont analogues. Certainement dans un lieu sauvage, où les rochers seroient accumulés les uns sur les autres; un ormeau, un tilleul, &c. dont la tête imiteroit par la taille celle d'un oranger, y figureroit aussi mal que si son tronc étoit tortueux, rabougri, & hors de rang au milieu d'un quinconce d'ailleurs bien régulier. Examinons actuellement un certain nombre d'espèces différentes d'arbres qui fleurissent en même tems, afin d'avoir des bosquets pour toutes les saisons. Il s'agit ici de fleurs apparentes & agréables à la vue; certainement celles des chênes, des peupliers, &c. ne méritent pas qu'on en parle, ni de celles des pins, & en général des arbres toujours verts. Les époques de fleuraison que je vais indiquer, varient suivant les climats, & la plus grande différence est un mois plutôt ou un mois plus tard. J'ai conservé l'ordre déjà établi, c'est-à-dire que les arbres qui s'élèvent le plus haut sont indiqués les premiers, suivant chaque mois, & les plus petits, ou rampans, sont ceux qui terminent la liste; après eux viennent les arbustes grimpans & rampans. Les mêmes individus seront cités quelquefois dans différens mois; c'est qu'ils fleurissent à plusieurs reprises, ou bien qu'ils donnent une continuité de fleurs pendant ces mois.

Janvier, fournit le taraspic toujours vert.

Février, le micocoulier mâle, le mesereon ou bois gentil, la clématite à feuille de poirier & les pervenches, &c.

Mars, l'abricotier, l'amandier, l'abricotier épineux à fruit noir, le pêcher, l'amandier nain, l'amélanchier commun, le mesereon ou bois gentil, la corbeille d'or, &c.

Avril, Les poiriers, le cormier, l'alizier, l'arbre de Judée, le mérisier, les pruniers, les guigniers & bigarreautiers, le cerisier, l'acacia de Sibérie, le laurier-thym, les rosiers, l'amélanchier du Canada, le prunelier, le spiræa, le jasmin jaune commun, le caragana à quatre feuilles, l'amélanchier-cotonaster, la corbeille d'or.

Mai, le maronnier d'Inde, l'acacia, le frêne à fleur, les pommiers, le bois de Sainte-Lucie, le mérisier à grappes, le mérisier à fleur double, le lilas commun, violet & blanc, le citise des Alpes, l'obier à fleur simple & double, les azeroliers, l'épine luisante, le grenadier, le néflier, le coignassier, le pavia ou maronnier d'Inde à fleur rouge, l'arbre de Judée, du Canada, le lilas de Perse, l'aubépine, le syringa, le baguenaudier commun, le spiræa à feuille d'obier, la viorne du Canada, la viorne ou marsienne, l'acacia rose, le pommier paradis, le ciste des jardiniers, l'emerus ou séné bâtard, le chamæ-cerisier commun, le jasmin jaune d'Italie, le baguenaudier du Levant, le cerisier nain du Canada, l'amandier nain à fleur double, le spiræa à feuille de saule, la quinte-feuille, l'arrête-bœuf, le xylosteon des Pyrénées, l'alizier de Virginie, les rosiers nains, le syringa nain, le chèvre-feuille de Virginie & le commun, la ronce, la germandrée de Crête, le thym, le taraspic vert, le jasmin de Chine à feuilles étroites, &c.

Juin, le laurier-tulipier, le tulipier, le catalpa, le styrax à feuille de coignassier, l'indigo bâtard, l'arbre de neige, l'épine à feuille d'érable, le sureau commun & à feuilles découpées, le ciste à feuille de laurier, le rosier, le rosier sauvage, le genêt d'Espagne, l'agnus castus, le cornouiller sanguin, le genêt-balai, le troëne, le ciste, le ciste velu, le calmia, l'hyssope, la lavande, le phlomis, les sauges, la santoline blanche, le framboisier du Canada, les sureaux nains, les rosiers nains, le chèvre-feuille toujours vert, le chèvre-feuille de Mahon, la clématite commune, celle du Levant, & celle à fleur violette double & simple, le jasmin commun, l'apocin ou faux bourreau des arbres, la ronce, la germandrée de Crête, le thym, les pervenches, le genêt à feuille de mille-pertuis, le jasmin de Chine à feuilles étroites.

Juillet, le laurier tulipier, le styrax à feuilles de coignassier, l'althea frutex, la bruyère, les sauges, la santoline à feuilles blanches, le jasmin de Chine à larges feuilles, le genêt des teinturiers, le mille-pertuis en arbre, la clématite du Canada, &c.

Août, framboisier du Canada, la clématite d'Espagne, celle du Canada, la commune, &c.

Septembre, l'acacia rose, l'althea frutex, la lavande, la bruyère, l'agnus castus, la clématite du Levant, celle à fleur violette double ou simple, la ronce à fleur double.

Octobre, le rosier musqué.

Novembre, la clématite de Mahon.

Décembre, le laurier-thym, la clématite à feuille de poirier.

Je ne me flatte pas d'offrir une liste

liste complète dans aucun genre; mais voilà, pour la majeure partie, les arbres, arbrisseaux & arbustes qu'on peut élever en pleine terre, & c'est actuellement à celui qui trace un bosquet à faire le choix qui convient. Je lui indique les matériaux, c'est à lui à les mettre en place.

Il seroit facile de dessiner ici des plans de bosquets, de figurer des allées en patte d'oye, des portiques en charmille, & le tout orné de statues, de pièces d'eau, de cascades, d'eaux jaillissantes; mais à quoi serviroient ces dessins? A rien du tout, puisque la beauté du bosquet est relative à son site & à ses points de vue; c'est donc l'un & l'autre qui doivent être la base de l'entreprise. Accumuler des arbres, multiplier des allées, des ronds, des quarrés, &c. ce n'est point former un bosquet; il faut, pour qu'il soit pittoresque, qu'il peigne quelque chose, que son ensemble & ses détails soient analogues. Si le site est agreste, s'il est sauvage, le recherché & le symétrique lui sont opposés; si le bosquet termine un jardin, c'est le cas d'employer toute la coquetterie de la nature, de donner l'essor à l'art, d'unir même l'architecture à la verdure, & la verdure aux fleurs. Aux mots JARDIN, PARC, nous entrerons dans les plus grands détails, & ferons connoître toutes les parties qui le concernent.

BOSSE, MÉDECINE VÉTÉRINAIRE. Nous donnons ce nom à un engorgement des glandes comprises entre les branches de la mâchoire postérieure du cochon, avec tension, chaleur & douleur. Cet animal est plus exposé à cette maladie, que tous les autres; il perd l'appétit, respire difficilement, son col devient très-gros; il éprouve une chaleur considérable, s'agite, se couche, se lève, & quelquefois meurt le troisième ou quatrième jour.

Le froid subit qu'éprouve le cochon, après une course violente, ou après avoir été forcé de se mouiller dans une eau vive & froide; des coups portés sur les glandes; une disposition particulière à l'inflammation; de l'eau froide prise en boisson, sont les principes qui peuvent donner lieu à cette maladie. Une mauvaise nourriture, de l'eau impure pour boisson, un terrain marécageux la rendent épizootique.

Pour diminuer la vélocité & la quantité du sang vers ces glandes, & empêcher que l'animal ne suffoque, comme il arrive assez souvent, il faut le saigner une fois ou deux, aux veines de la cuisse, ou aux veines superficielles du bas-ventre, exposer la partie malade à la vapeur de l'eau-de-vie & du vinaigre, donner pour nourriture du son mouillé, & pour boisson de l'eau blanche, contenant du sel de nitre; administrer quelques lavemens émolliens, appliquer sur les glandes tuméfiées des cataplasmes de levain, d'oignons de lys & de basilicum; n'ouvrir l'abscès que lorsque les duretés & l'inflammation sont considérablement diminuées, & panser l'ulcère suivant la quantité du pus & l'état de la tumeur. Cette maladie étant souvent épizootique, si l'on voit à la campagne un cochon prendre le col gras, & la tuméfaction de cette partie s'accroître, on ne doit pas hésiter de le séparer des autres, de lui donner pour seule nourriture un peu de son mouillé avec un peu de sel de nitre, & un breuvage d'environ une chopine de décoction de baies de genièvre; de parfumer le col avec le mêlange ci-dessus décrit, de l'envelopper d'une peau de mouton, la laine en dedans; de parfumer l'écurie avec les baies de genièvre macérées dans le vinaigre, d'empêcher exactement toute communication immédiate ou médiate de l'animal infecté, avec les porcs sains, & de passer un séton au poitrail de tous ceux qui sont soupçonnés d'avoir communiqué avec les malades. M. T.

BOTANIQUE.

PLAN du mot Botanique.

SECTION PREMIÈRE.

De la Botanique en général.

SECTION II.

De la Physique végétale.

SECTION III.

De la Nomenclature

SECTION IV.

De l'Histoire naturelle d'une Plante.

SECTION V.

De la Culture.

§. I. *Culture naturelle.*

§. II. *Culture artificielle.*

SECTION VI.

De l'usage des Plantes.

SECTION VII.

SECTION PREMIÈRE.

De la Botanique en général.

I. *Définition de la Botanique.* L'histoire naturelle a pour objet tout ce qui couvre, embellit & vit sur la surface de la terre; elle pousse même ses recherches jusque dans son sein. Tous les êtres qui croissent simplement, comme s'exprime Linné, qui croissent, vivent & sentent, sont de son ressort. Si la première partie de l'histoire naturelle minérale est amusante, intéressante même par la variété & la multiplicité des sujets qui la composent, combien plus l'histoire naturelle végétale doit-elle fixer l'attention de tout homme qui pense, de tout philosophe sensible à la vue des êtres qui l'environnent! La botanique est cette partie de la science de la nature qui s'occupe directement de tout ce qui a un rapport immédiat au règne végétal : ainsi depuis la plante que le microscope seul peut offrir aux regards, jusqu'au chêne majestueux, tout ce qui végète est du ressort de la botanique.

II. *Avantages, agrémens & utilité de la Botanique.* Il est peu d'étude aussi satisfaisante, aussi intéressante, aussi digne de l'homme : à chaque pas il trouve des merveilles. La nature s'offre à lui sous mille formes agréables; elle se dévoile à ses yeux, elle se présente avec tous ses attraits; rarement lui fait-elle un mystère de ses beautés; & s'il en coûte quelquefois un peu pour en jouir, quelle douceur accompagne cette jouissance! Un plaisir pur, fait pour être senti par tout le monde, un plaisir qu'il rencontre à chaque pas, qui l'accompagne sans cesse, que l'ennui ne flétrit point, que le remords ne fait jamais regreter; un plaisir sur-tout que l'on peut avouer, que l'on partage sans regret, que l'on augmente même en multipliant le nombre de ceux qui s'y livrent, parce qu'en même-tems on multiplie ses richesses : telle est la sensation dont cette étude enivre l'ame. Voir, admirer, suivre la nature pas à pas, être étonné de sa sagesse, de sa simplicité & de sa fécondité; étudier, apprendre, & savoir, ou du moins compter sur quelque chose de certain, car ici tout est faits, apparence, réalité; voilà la botanique. Cette science n'est point fondée sur des calculs, des démonstrations algébriques : son objet n'est pas à des millions de lieues de distance; un grand appareil de machines dispendieuses autant que délicates & difficiles à manier ne sèment pas sur la route des entraves continuelles; elle n'exige pas des instrumens compliqués, mais de bons yeux, des yeux surtout accoutumés à voir, à saisir, secondés quelquefois par une loupe ou un microscope; un esprit droit & sage, qu'une imagination vive & exaltée n'emporte jamais au-delà des bornes : voilà tout ce que la nature demande à un amateur, à un philosophe qui veut la connoître dans un de ses règnes les plus intéressans. Quelquefois elle vous invitera à pénétrer dans son sanctuaire retiré, elle vous appellera par l'attrait si séduisant de l'amour des découvertes, par l'appas si flatteur de l'observer jusques dans ses retraites; elle semblera vous conduire comme par la main à travers les forêts, les rochers arides, les sommets incultes. Avec quelle profusion ne récompensera-t-elle pas les soins, les peines, les sacrifices que vous faites à son étude! Outre le bienfait d'une atmosphère pure qu'elle vous fera respirer, la sérénité des airs, la perspective étendue par un horizon immense, les points de vue délicieux qu'elle vous fait rencontrer sur ces hauteurs, elle jonchera vos traces de fleurs nouvelles, de plantes inconnues, dont le port & le caractère s'éloignent autant de ceux des végétaux qui nous environnent dans les plaines, que le climat de ces régions aériennes diffère de celui des vallées & des sols inférieurs. Mais tout cela n'est rien auprès des avantages & de l'utilité réelle que nous pouvons en tirer.

L'agriculture, proprement dite, la médecine rurale & vétérinaire, l'art des teintures, l'architecture & la mécanique tirent leur plus grand secours de la botanique. Les plantes diverses, qui d'elles-mêmes viennent nous offrir leurs richesses, & qui semblent attendre que nous en tirions parti; celles que notre industrie a su s'approprier, auxquelles nous donnons tous nos soins dans l'espoir d'en être généreusement récompensés; ces végétaux majestueux qui portent leurs têtes altières dans les régions des nuages, servent de base à ces sciences. De quel intérêt n'est-il donc pas en général, de savoir les connoître, les distinguer & les juger! Des caractères particuliers servent à les classer; des classes, on descend aux genres, des genres aux espèces, des espèces aux familles, des familles aux individus qui les composent: ainsi d'anneau en anneau, on parcourt toute la chaîne. Ce sont donc ces caractères particuliers qu'il faut étudier, c'est une des clefs de la botanique. Vouloir connoître les plantes sans s'instruire à fond de ces caractères extérieurs, c'est vouloir travailler en vain: desirer de faire de grands progrès dans l'agriculture générale, dans la médecine surtout, sans être au moins un peu botaniste, c'est refuser de s'éclairer de la lumière d'un flambeau, & se résoudre à marcher à tâtons dans les ténèbres; aussi voyons-nous que les premiers écrivains botanistes ont été des médecins.

III. *Histoire de la Botanique ancienne & moderne.* Les anciens n'ont cultivé la botanique, que dans la vue d'en tirer des secours pour soulager l'humanité; c'est là le but principal & le plus essentiel que l'on devroit se proposer dans cette étude, & que l'on a peut-être un peu trop négligé dans ce siècle. C'étoit sur les lieux mêmes où la nature fait croître les plantes, que l'on alloit les étudier. Une transmigration quelquefois très-longue, un climat & un ciel souvent nouveaux, une culture toujours différente & artificielle, ne les altéroient pas. On les recevoit des mains de la nature, qui les offroit telles qu'elles devoient être, avec leur éducation agreste, & leurs sucs propres. Les plantes seules qui fournissoient à la médecine des remèdes certains, fixèrent l'attention des Hyppocrate, des Crateras & des Théophraste. Ces trois Auteurs Grecs nous ont donné les descriptions des plantes connues & en usage de leur tems. Hyppocrate ne nomme & ne décrit la propriété que de 234. Crateras est entré dans de plus grands détails, mais c'est à Théophraste, qui nous a laissé seize livres sur les plantes, que nous devons l'histoire des connoissances des grecs en botanique. Par malheur il règne une si grande obscurité dans son ouvrage, soit par rapport aux descriptions, soit par rapport aux noms qui ne sont plus les mêmes à présent, que l'on ne peut en tirer tout l'avantage qu'il semble promettre.

Les romains plus occupés à faire des conquêtes, & à étendre leur empire, qu'à acquérir des connoissances, ne commencèrent guère à écrire qu'après les triomphes des Lucullus & la défaite de Mithridate. Les ouvrages des Valgius, Musa, Euphorbius, Æmilius Macer, Julius Bassus, Sextius Niger, ne sont connus que parce qu'ils sont cités par Pline, & la botanique ne fit pas de grands progrès entre leurs mains. Caton & Varron s'occupèrent directement de l'agriculture. Dioscoride rendit la botanique intéressante & utile, en faisant non-seulement l'histoire des herbes, comme on l'avoit faite jusqu'à son tems, mais encore en donnant celle des arbres, des fruits, des sucs & des liqueurs que les végétaux fournissent. Dans son ouvrage, il fait mention d'environ 600 plantes, & il en décrit 410. Il ne nous a laissé que les noms & les propriétés des autres.

A peu près dans le même tems, Columelle, le père de l'agriculture, composa un très-grand ouvrage sur cet objet, dont il nous reste encore 13 livres. Les excellens préceptes qu'il donne aux cultivateurs sont de tous les tems, & conviennent presqu'à tous les pays ; aussi nous sommes-nous fait un plaisir d'en citer quelques-uns. (*Voyez* le mot AGRICULTURE, au commencement, pag. 252 ; & à la fin, pag. 285.) Pline parut ensuite, & nous a laissé l'état exact des connoissances des romains en botanique : il a décrit des plantes, comme dit Gesner, en philosophe, en historien, en médecin & en agriculteur. Pline porte le nombre des plantes connues de son tems à près de 1000. Il faut mettre les œuvres de Palladius, avec celles de Caton, Varron, Columelle, & en général, on peut dire que les romains ont écrit plutôt sur l'agriculture, que sur la botanique.

Galien, dont la médecine se glorifie à si juste titre, & que ses ouvrages font placer à côté d'Hyppocrate, après un très-grand nombre de voyages dans différens pays, s'appliqua à donner à ses contemporains une histoire des plantes, faite avec le plus grand soin. Durant la chûte de l'empire romain, la botanique, cette science si utile fut absolument négligée, & elle resta dans l'oubli jusqu'au tems des arabes.

Ce peuple conquérant, après avoir soumis à l'alcoran la moitié de l'ancien hémisphère, se livra à l'étude des sciences, durant les beaux jours qui distinguèrent le règne de leurs principaux califes ; mais ils embrouillèrent plutôt qu'ils n'expliquèrent la botanique des anciens grecs & romains. Sérapion, Rhazes, Avicenne, Averroès, Abenbitar, &c. &c. furent des commentateurs plus obscurs que les auteurs dont ils s'érigèrent les interprêtes : cependant on doit leur savoir gré de leurs travaux ; ils ont tiré de la nuit & de l'oubli les ouvrages qui nous restent. Après eux, l'ignorance étendit son voile épais, & enveloppa de ses ténèbres l'univers jusqu'à la fin du quinzième siècle, où l'on commença à s'occuper de cette science. Insensiblement ce goût s'accrut, la botanique prit une forme, les plantes furent examinées & étudiées de plus près, & les voyages, les fatigues & les travaux de Dalechamp, de Belon, de Césalpin, de Clusius, de Lobel, de Prosper Alpin, des deux frères Bauhin, de Parkinson, de Magnol, nous ont fourni ce que la botanique a de plus précieux & de plus exact, & ont amené les siècles heureux, où elle est devenue une science complète & digne de fixer entièrement l'attention de l'homme qui cherche à s'instruire. On vit de tous côtés se former des jardins botaniques où l'on rassembloit & cultivoit des plantes que les quatre parties du monde sembloient apporter en tribut.

Les deux plus fameux, comme les deux plus anciens, sont sans contredit ceux de Suéde & de Paris. Rudbek, célèbre botaniste suédois, fut le père & le fondateur de celui de Stockholm; il y établit des démonstrations, on y accourut, on se plut à l'entendre. Le roi de Suéde encouragea ces commençemens; ce jardin s'agrandit insensiblement, il est devenu à présent un lieu de délices sous la direction du fameux Linné; mais son principal mérite est d'y avoir vu naître son systême.

François premier, père des lettres, aima & cultiva les sciences; les plantes l'occupèrent & l'amusèrent souvent. Henri IV eut un jardin considérable, dont il confia le soin à Jean Robin, qui l'enrichit d'un grand nombre de plantes très-rares. Louis XIII accorda à M. de la Brosse, son médecin, l'établissement d'un jardin de botanique dans le fauxbourg S. Victor; ce médecin en fut le fondateur & l'intendant. En 1640, on commença à y faire des leçons publiques de botanique; Vespasien Robin en fut le démonstrateur. Après la mort de M. de la Brosse, ce jardin fut négligé jusqu'à M. Fagon, qui s'attacha à lui donner un nouveau lustre, comme au lieu qui l'avoit vu naître. Ce fut de son tems que des voyageurs botanistes furent envoyés dans différentes régions, pour ramasser & apporter en France toutes les plantes étrangères qu'ils pourroient trouver. M. Fagon lui-même parcourut le Languedoc, les Alpes & les Pyrénées; le père Plumier fut envoyé en Amérique. M. Tournefort visita successivement les montagnes de Dauphiné, de la Savoie, de la Catalogne, les Pyrénées, l'Espagne, le Portugal, la Hollande, l'Angleterre, la Grèce, & une partie de l'Asie & de l'Afrique; enfin chargé de richesses, il vint déposer au jardin du roi 1356 nouvelles espèces de plantes.

Ce jardin immense après avoir passé entre les mains de M. Dufay qui en fut un des plus zélés restaurateurs, est actuellement sous la direction de M. le comte de Buffon. Les plantes sont confiées aux soins de M. Thouin qui joint à plusieurs qualités intéressantes, une connoissance très-étendue de la botanique & de la culture des plantes; enfin depuis long-temps l'instruction & la démonstration, sont entre les mains de MM. de Jussieu & le Monnier. Il étoit difficile de réunir autant de grands hommes & de savans pour concourir également à la perfection de ce jardin de botanique.

IV. *Nombre de plantes connues.* Cette science immense par les détails, porte ses regards sur tous les végétaux qui peuplent la terre. Quelques grands que soient les jardins les plus considérables, ils ne renferment pas le quart de celles qui sont connues; que sera-ce, si nous comptons celles qui peuplent les pays qui n'ont point encore été parcourus par nos fameux botanistes. M. de Linné propose environ mille genres de plantes, quelques auteurs vont infiniment audelà, & en comptent près de vingt mille espèces. « J'ose dire que j'en » ai fait moi seul, dit M. Commerson, une collection de vingt » mille ; & je ne crains pas d'annoncer qu'il en existe au moins » quatre à cinq fois autant sur la » surface de la terre ». On peut en croire cet illustre botaniste ; & l'exemple de MM. Banck & Solander, qui ont rapporté douze cens nouvelles espèces de plantes confirme le sentiment de M. Commerson.

V. *Division de la Botanique.* Ce nombre immense d'individus devroit effrayer & dégoûter de l'étude, quiconque voudroit tenter de se livrer à la botanique, si cette science n'avoit pas ses principes enchaînés les uns aux autres, & capables de conduire de connoissances en connoissances jusqu'à la dernière division. Des notions générales & qui conviennent à toutes les plantes, elle peut descendre au plus petit détail sans s'égarer, & remonter de même, de la partie la plus foible d'une plante, jusqu'aux météores qui influent sur sa végétation. Son objet très-étendu, se divise & se subdivise en une infinité de parties & de sections qui, prises même séparément, sont en état de fixer l'esprit du philosophe qui voudroit l'approfondir. Toutes réunies, elles se prêtent un secours mutuel ; isolées, elles satisfont imparfaitement, & à chaque pas, on sent, on desire, on a recours aux autres.

Ces différentes parties, sont la physique végétale, la nomenclature, l'histoire naturelle, la culture, l'usage des plantes, & leur collection ou herbier. Parcourons-les successivement pour en connoître toute l'importance.

SECTION II.

De la Physique végétale.

Quiconque ne veut pas se contenter d'une connoissance superficielle & vaine du règne végétal, & qui, peu satisfait de distinguer le caractère & le port d'une plante, veut encore savoir quelles sont les parties qui la composent, les principes qui l'entretiennent, & le méchanisme admirable par lequel elle vit, doit porter ses regards audelà de l'individu qu'il vient d'arracher, & que ses yeux contemplent avec intérêt. S'il se demande pourquoi & comment une graine, après avoir séjourné dans la terre un certain espace de tems, se développe, pousse des racines & une tige, se couvre de feuilles, de fleurs & de fruits, & se propage des siècles infinis, par une multitude aussi infinie de germes ; si après avoir fait l'analyse de cette plante, il n'obtient pour résidu qu'un peu de terre, du phlegme, quelques sels, une huile, il verra qu'il faut nécessairement remonter plus haut & chercher dans une autre science des connoissances & des principes absolument nécessaires pour obtenir la solution du problême qu'il cherche à résoudre.

I. *La théorie de la végétation*, pour être bien entendue, suppose que l'on est familier avec les vérités de la physique. *L'air*, l'*eau*, le *feu* & la *terre* entrent comme parties constituantes, comme élémens dans les végétaux ; il faut donc absolument savoir ce que c'est, comment ils agissent, comment ils deviennent, pour ainsi-dire, plantes eux-mêmes. (On peut voir au mot AIR, Ier. vol. de cet Ouvrage, le plan que nous suivrons pour les autres élémens, quand nous les traiterons.) Rarement, ou pour mieux dire, jamais ces élémens ne sont purs & homogènes ; ils se présentent toujours à nous composés, modifiés, combinés entr'eux, & avec d'autres principes qui les altèrent, qui leur donnent des propriétés particulières, & dont les effets sont tous différens. Nouvelle source de recherches & d'étude.

L'astre qui préside à la naissance du jour, qui sème sur sa route des flots de lumière fécondante, qui répand de tout côté l'impression d'une chaleur bienfaisante, qui pénètre tous les êtres du principe de la vie & de la santé, qui donne l'impulsion à tout, qui anime tout ; le dieu, le père de la nature, le *soleil* a la plus grande influence sur la végétation. Est-il caché, tout prend un air de langueur, de sommeil, de mort ; les plantes redemandent ardemment son retour, elles le cherchent, elles se retournent & se portent vers son côté, elles soupirent après lui. Son absence trop prolongée, entraîne des maladies réelles, la transpiration arrêtée, l'épaississement des sucs, l'étiolement. Reparoît-il enfin, est-il rendu à leurs desirs, elles semblent saluer son retour par une nouvelle vigueur ; l'épanouissement de leurs feuilles & de leurs fleurs annonce un nouveau ressort, un agent puissant, un principe d'existence. De quelle utilité n'est donc pas la connoissance de l'influence du soleil sur les plantes ? mais, pouvons-nous nous flatter de quelques vérités, de quelques principes certains dans cette partie ? Nous examinerons & discuterons fidèlement ce que nous savons, comme nous avouerons de bonne foi ce que nous ignorons, aux mots LUMIÈRE & SOLEIL.

Les météores, tant aqueux qu'ignées, tiennent de trop près à la physique générale, & ont tant de rapport avec la végétation, qu'on ne doit pas négliger leur étude. La science de la *météorologie* les renferme tous ; elle doit avoir un article à part, indépendamment des mots BROUILLARDS, BRUINE, CHALEUR, FROID, GELÉE, GIVRE, GRÊLE, NEIGE, PLUIE, ROSÉE, TONNERRE, VENTS & VERGLAS.

II. C'est peu de connoître les météores & ce qui les constitue, si l'on n'entend pas autant qu'on le peut, comment ils influent sur la végétation ; mais pour cela *l'anatomie* & la *physiologie végétale* sont aussi nécessaires à un botaniste & à un agriculteur intelligent, que l'anatomie & la physiologie animale à un médecin. Et en effet, les élémens agissent sur un être quelconque, en raison de ses parties différentes & de leur rapport entr'elles. C'est certainement là une des connoissances les plus utiles & les plus intéressantes. Quel plus merveilleux assemblage, quelles richesses, quelle fécondité de parties ! ici des solides,

des ; une charpente ligneuſe qui réſiſte aux efforts les plus impétueux des orages ; là une tige herbacée, ſouple, pliante, qui cède & ſe courbe mollement. Les mêmes principes conſtituent le chêne vigoureux & l'humble roſeau, le pin qui ſe perd dans les nues, & la violette qui ſe cache ſous l'herbe. Des fibres ligneuſes, une écorce qui les enveloppe, des vaiſſeaux propres & des fluides qui y circulent, des pores abſorbans & des vaiſſeaux excrétoires, des organes mâles & femelles, telles ſont les principales parties de l'anatomie végétale dont le détail eſt immenſe. Voyez-en le tableau au mot ANATOMIE DES PLANTES.

III. Tout cet amas de parties, n'a pas été fait en vain. L'être qui en eſt compoſé, nait, végète, croît, ſe reproduit & meurt ; il a donc une vie, & cette vie dépend de pluſieurs principes ; il eſt ſuſceptible d'un état de ſanté & d'un état de maladie ; un mouvement continuel l'anime, il prend de l'accroiſſement & de la perfection ; les principes qui l'avoient entretenu, l'acte même de la vie, le conduiſent inſenſiblement à la mort. Voilà donc autant d'objets qui concourent à former une *phyſiologie végétale*, dont l'exquiſſe eſt tracée au mot cité plus haut.

La phyſique, l'anatomie & la phyſiologie végétale donnent la clef de la botanique ; c'eſt un fil ſûr pour guider les pas dans ce labyrinthe ; & l'on ne doit pas craindre de ſe livrer après cela à l'étude des plantes proprement dites. Elle renferme la nomenclature & l'hiſtoire naturelle de chaque individu.

SECTION III.

De la Nomenclature.

Si l'eſprit de l'homme étoit aſſez vaſte, aſſez fort pour retenir facilement vingt mille & tant de mots perſonnels diſtinctifs ; s'il pouvoit ſe familiariſer avec ce nombre prodigieux de noms, ſans les confondre, la nomenclature ſimple des plantes ſeroit ſeule néceſſaire en botanique. Mais il s'en faut de beaucoup, que la mémoire de tous ceux qui ſe livrent à cet étude, puiſſe accumuler & retenir ſans confuſion les noms & les caractères de toutes les plantes ; cependant la nomenclature doit être la véritable clef de la botanique, c'eſt le ſeul moyen de s'entendre & de ſe communiquer, de pays en pays, les obſervations & les découvertes que l'on peut faire dans le règne végétal. Comment donc ſupléer à la foibleſſe & à l'inſuffiſance des mémoires communes ? L'eſprit de méthode & d'ordre eſt venu au ſecours ; les fameux botaniſtes ayant remarqué que quantité de plantes avoient des caractères propres & communs entr'elles, & qu'elles ſe rangeoient mutuellement par familles, ont établi des diviſions générales & des ſubdiviſions particulières, ſuſceptibles de différentes ſections. Ce projet aidant facilement l'eſprit, a été adopté aſſez généralement ; de-là ſont venus les méthodes, les ſyſtêmes & les phraſes botaniques.

Si pluſieurs auteurs qui ont écrit ſur l'agriculture, avoient été botaniſtes, ils auroient déſigné par des phraſes claires, par des deſcriptions méthodiques, les plantes dont ils parloient. On ne les auroit pas vu traiter deux fois le *ray-grass* & le *fromental*, faire deux espèces du *sainfoin* & de l'*esparcette*; décrire un arbre pour un autre, &c. Que d'exemples on pourroit citer !

I. On distingue deux espèces de *méthode ;* l'une *naturelle* & l'autre *artificielle*.

Si la nature avoit divisé elle-même toutes les plantes en grandes familles, qui eussent les plus grands rapports non-seulement pour la forme, mais encore pour les qualités intérieures, alors nous aurions tout le règne végétal divisé en familles naturelles ; & par conséquent, la méthode qui les classeroit & qui en assigneroit les divisions, pourroît être regardée comme la méthode de la nature, une méthode vraiment *naturelle*. Mais nos connoissances en botanique ne sont pas portées au point nécessaire pour saisir tout cet ensemble. Nous ne connoissons qu'un certain nombre d'espèces ; & encore, celles que nous croyons connoître, les connoissons-nous parfaitement ? Toutes les parties qui les composent se sont-elles offertes à nous ? les avons-nous analysées ? sommes-nous assurés qu'elles posséedent telles ou telles propriétés ? une prétendue analogie, des rapports apparens, des simples similitudes ne nous ont-elles jamais égarés ? Quel est l'homme qui osera affirmer le contraire ? Nous sommes donc bien loin de composer une méthode naturelle ; il a fallu recourir à d'autres principes, pour suppléer aux bornes limitées de notre mémoire, saisir l'ensemble, se reconnoître au milieu de cette multitude d'êtres, & se faire un langage particulier, intelligible dans tous les tems & dans tous les lieux ; l'art & l'imagination sont venus au secours, & ont tenu lieu des vérités que la nature nous cachoit ; on a construit des méthodes artificielles & des systêmes.

La *méthode artificielle* est fondée sur la connoissance de toutes les parties & toutes les propriétés des plantes.

Les besoins qui ont toujours été les premiers guides de l'homme, & auxquels il doit sa science & ses richesses, lui firent trouver dans les plantes, & des alimens & des remèdes : il n'y vit d'abord que ces deux objets principaux ; & l'importance des services qu'il en retiroit, régla ses premières divisions. Les plus anciens botanistes dont nous ayons les écrits, n'ont considéré que les usages auxquels on les employoit : Théophraste distingua les plantes en *potagères*, *farineuses*, *succulentes*, &c. & Dioscoride en *aromatiques*, *alimenteuses*, *médicinales* & *vineuses*. Si ces divisions sont insuffisantes, celles tirées des climats particuliers que les plantes affectionnent, & des saisons où elles fleurissent, sont encore bien plus vaines. Les qualités ou vertus médicinales des plantes, frappèrent les médecins ; ils voulurent rapprocher la botanique de son véritable objet, l'application à soulager l'humanité ; & ils distinguèrent les plantes par leurs qualités, *amères*, *acerbes*, *salées*, *âcres*, *acides*, *austères*, &c. & par leurs vertus, *purgatives*, *apéritives*, *sudorifiques*, *emménagogues*, *hépatiques*, &c. Mais rien de plus incertain & de plus dangereux que ces méthodes. Combien souvent n'arrive-t-il pas que les différentes parties d'une plante ont des vertus opposées ? il faudroit donc, pour suivre un ordre exact, placer la racine dans une division, la tige & les feuilles dans une autre, & les fleurs dans une troisième. Souvent aussi la même plante a plusieurs vertus ; elle appartiendroit donc à plusieurs classes. Quelle confusion ! quel cahos !

Les usages, les positions locales, les circonstances de saisons, les qualités, les vertus ne pouvant fournir des distributions exactes & méthodiques, on chercha des caractères, des signes frappans aux yeux les moins accoutumés à l'étude des plantes. D'abord, la considération des végétaux, selon leur grandeur, leur consistance & leur durée fut anciennement adoptée par Aristote ; & l'Ecluse, sous le nom de Clusius dans le seizième siècle, développa & fit valoir ce système. Tout le règne végétal fut partagé en *herbes* & en *arbres* ; les herbes, en *annuelles*, qui lèvent, croissent & meurent dans la même année, & en *vivaces*, qui durent plus d'un an. Dans la seconde classe, on distingua les *arbustes* ou *sous-arbrisseaux*, les *arbrisseaux* & les *arbres*. Ce pas fait servit beaucoup pour connoître en grand la vie & le port des plantes ; les familles se trouvèrent trop nombreuses : c'étoient des lignes de démarcation tracées, pour ainsi-dire, entre de très-vastes provinces ; mais on ne voyoit pas encore comment on pourroit démêler l'immensité d'objets que chacune renfermoit en particulier.

On eut recours alors à la considération des racines, des tiges, des feuilles, des fleurs & du fruit. Tant qu'on ne s'attacha qu'à certaines parties isolées & trop vagues, comme les feuilles ou les racines, la botanique fit peu de progrès ; elle avança beaucoup plus & se perfectionna insensiblement, quand on étudia tout l'ensemble. On vit tout d'un coup un très-grand nombre de plantes avoir des caractères multipliés, permanens & sensibles, & se ranger pour ainsi-dire, comme d'elles-mêmes, en très-grandes *familles naturelles* ; telles sont les *graminées*, les *cruciformes*, les *ombellifères*, les *cucurbitacées*, les *conifères*, &c. &c. Chaque plante de chacune de ces familles, rassembloit des caractères sensibles, essentiellement les mêmes, dans tous les individus de la même famille. C'est ainsi que dans le règne animal, nous voyons les différentes espèces d'animaux, par exemple, tous les chiens, dans les quadrupèdes, les pics dans les oiseaux, les scarabées dans les insectes, réunir des caractères qui leur sont propres, & qui les différencient des animaux des autres classes.

Si l'on connoissoit absolument toutes les plantes, & que l'on pût distinguer toutes les familles naturelles, on auroit cette *méthode naturelle* dont nous avons parlé plus haut. Elle feroit le tableau de la progression graduelle que la nature a suivie dans la formation des végétaux. Les chaînons de cette chaîne ne nous font pas tous connus ; un très-grand nombre eſt échappé à nos recherches, & quantité de plantes ne trouvent point de place dans les familles naturelles que nous avons déjà déterminées. Ce font des exceptions frappantes qui ne feroient que jeter de la confuſion dans la botanique, ſi les *méthodes artificielles*, fondées ſur des caractères moins ſenſibles à la vérité & moins multipliés, mais plus ſimples, plus généraux & auſſi invariables que ceux des *familles naturelles*, & les ſyſtêmes n'avoient pas ſervi de fil dans ce labyrinthe obſcur.

II. Le *ſyſtême* eſt un arrangement, un ordre général fondé ſur la détermination d'un caractère quelconque, qui, comme principe fondamental, ſert de baſe à toutes les diviſions & ſous-diviſions. Ce caractère peut être tiré également du fruit, ou des organes ſexuels, ou de la corolle, ou même des feuilles ; mais, pour qu'il fût bon & univerſel, il faudroit qu'il renfermât aſſez de diviſions pour conduire, par une voie également ſûre & facile, à la connoiſſance de toutes les plantes obſervées. L'expérience nous montre qu'aucun ſyſtême adopté juſqu'à préſent, ne remplit toutes ces conditions ; & celui du chevalier von Linné, qui en approche le plus, n'eſt pas encore exempt de reproche à cet égard. Pluſieurs ſavans ſe ſont appliqués à le corriger dans certaines parties ; & de tous les ſyſtêmes, de toutes les méthodes, imaginés depuis, & qui par conſéquent devroient être meilleurs, c'eſt le plus parfait & le plus exact pour le botaniſte.

Dans toute méthode, comme dans tout ſyſtême, chaque diviſion eſt déſignée par un terme général qui la caractériſe.

1°. Les *claſſes* ou familles, forment les premières diviſions, celles du caractère général qu'on a adopté pour la première diſtinction.

2°. L'*ordre* ou *ſection* ſubdiviſe chaque claſſe, en conſidérant un caractère moins apparent, mais auſſi général que celui qui conſtitue la claſſe.

3°. Le *genre* ſubdiviſe l'*ordre*, en conſidérant dans les plantes, indépendamment du caractère particulier de l'ordre, des rapports conſtans dans leurs parties eſſentielles, rapports qui rapprochent un certain nombre d'*eſpèces*.

4°. L'*eſpèce* ſubdiviſe le *genre* ; mais c'eſt par la conſidération des parties moins eſſentielles, qui diſtinguent conſtamment les plantes qui y ſont compriſes.

5°. La *variété* ſubdiviſe les eſpèces, ſuivant les différences, uniquement accidentelles, qui ſe trouvent entre les individus de chaque eſpèce.

6°. L'*individu* enfin, eſt l'être ou la plante qui arrête vos yeux, conſidérée ſeule, iſolée, indépendamment de ſon *eſpèce*, de ſon *genre* & de ſa *claſſe*.

Cette idée générale des diviſions admiſe dans les méthodes & les ſyſtêmes, deviendra plus claire, par l'application que nous en ferons aux méthodes particulières de MM. Tournefort & von Linné. Pour la rendre plus ſenſible, dès à préſent, nous emprunterons, avec M. Duhamel, la comparaiſon de Cœsalpin ; « au moyen de ces » distinctions, dit-il, le règne vé» gétal se trouve divisé comme un » grand corps de troupes. L'armée » est divisée en régimens : les ré» gimens en bataillons ; les batail» lons en compagnies ; les compa» gnies en soldats ».

III. *Phrases botaniques.* En descendant insensiblement de la classe générale à la dernière division, on arrive à la plante qui fait l'objet des recherches. Pour la reconnoître, il ne suffit pas de savoir à quel genre, à quelle espèce elle appartient ; il faut encore connoître ses caractères propres & son nom. Les plantes usuelles & communes en ont un, que le peuple leur a assigné de tout temps ; on en a donné à celles que l'on a rangées depuis dans les différens systêmes, & tous les jours on est obligé d'en créer pour les nouvelles espèces & les individus que les voyageurs botanistes rencontrent. Outre ce nom particulier, chaque botaniste décrit une plante d'après son systême, & cette description s'exprime dans le moindre nombre de mots possibles, dans une *phrase* courte & précise. Tous les auteurs n'ont pas également réussi dans cette partie de la botanique, qui est certainement une des plus essentielles. En général, une *phrase botanique*, pour être bonne, doit présenter en abrégé, la somme des différences d'une espèce d'avec toutes les espèces du même genre : celles du chevalier von Linné, sont plus précises que celles des autres auteurs. Avec tout cela, elles ne sont pas exemptes de défauts : le grec-latin dont elles sont composées, n'est pas à la portée de tout le monde, & devient fatigant à retenir. Les phrases, dans Tournefort, ne portent souvent que sur le nom du pays de la plante, ou sur celui du botaniste qui l'a découverte.

Comme notre Ouvrage est destiné à l'utilité commune, & que notre projet en le composant, est de le rendre intelligible pour tout le monde, les *phrases botaniques* que nous emploirons, seront toujours en françois ; nous tâcherons qu'elles soient claires, simples & précises. Nous y joindrons toujours celles de MM. Tournefort & von Linné, afin de faire reconnoître les plantes aux botanistes ordinaires. Il paroît donc absolument nécessaire de faire connoître les deux fameux systêmes que ces auteurs ont imaginés. Ils sont nos guides les plus sûrs ; & en les adoptant l'un & l'autre, c'est le moyen de les corriger & de les perfectionner mutuellement.

Voyez au mot SYSTÊME, le développement de ceux de MM. Tournefort & von Linné.

SECTION IV.

De l'histoire naturelle d'une plante.

L'histoire naturelle offre une infinité d'objets à nos recherches & à notre curiosité. Rarement oublie-t-elle les soins que nous nous donnons pour l'étudier ; & dans tous ses règnes elle offre à chaque instant des spectacles intéressans, des découvertes piquantes, ou des merveilles à admirer. Le règne végétal séduit, attache ; & la plus simple, la plus humble des plantes mérite toute l'attention de l'homme. L'histoire naturelle considère son objet, & dans sa forme extérieure, & dans son caractère particulier, & dans le lieu de sa naissance, de sa formation, & dans l'usage dont il peut être : ainsi, dans la botanique, l'histoire naturelle s'occupe de la description de toutes les parties de la plante, de son pays natal, du sol qui lui convient, du climat qui lui est propre, des qualités & des vertus qu'elle possède, & des usages dont elle peut être.

I. *Description du port d'une plante.* Il n'est point de partie dans une plante qu'il ne soit absolument intéressant de connoître. Depuis la racine jusqu'aux fleurs, tout doit être spécifié, tout doit être décrit. Il est des *caractères* (*Voyez* ce mot) essentiels qui empêchent de confondre telle ou telle plante; quelques-unes ont des formes singulières & distinctives qu'on ne doit pas oublier. Il y a tant de variétés, en général, dans les *racines*, les *tiges*, les *supports*, les *feuilles*, les *fleurs*, les *fruits*, les *semences!* Où en serions-nous si nous n'en avions pas une idée claire & complète? comment pourroit-on reconnoître une plante d'après un auteur, s'il n'a pas été exact à la bien décrire? C'étoit le défaut des anciens botanistes, sur-tout des grecs: attachés uniquement aux vertus médicinales, ils ne les distinguoient que par ces propriétés, en négligeant presque absolument leurs formes extérieures. Aussi quelle obscurité règne dans leurs ouvrages! Il est presque impossible de spécifier & de nommer à présent la moitié des plantes dont ils ont laissé le nom & la description.

Pour remplir le but desiré, il faut s'attacher singuliérement à la forme, la couleur, l'odeur & la saveur même de chaque partie, s'il est possible; la décrire, si les observations le permettent, à sa naissance, durant son accroissement, dans son état de perfection, pendant sa fleuraison & à sa mort. Les noms & les phrases employés doivent être clairs, simples, & intelligibles, même pour ceux qui ignorent absolument la langue botanique.

II. *Description du sol & du climat.* Pour parvenir à transplanter & multiplier les plantes étrangères dont on espère tirer parti, il faut les naturaliser dans nos climats. Deux connoissances sont nécessaires à la réussite de ce projet; 1°. celle du sol; 2°. celle du climat. Tous les végétaux ne croissent pas indifféremment dans toute espèce de terrain. La nature leur a donné, à la vérité, une force particulière, par laquelle elles s'approprient les sucs terrestres qui leur conviennent le plus, & aspirent dans l'atmosphère les élémens qui doivent servir à leur nourriture. Mais ces sucs propres, ces élémens ne se rencontrent pas par-tout. Telle plante demande un sol aquatique & marécageux, pendant que celle-ci veut une terre légère & sabloneuse; des cailloux, un roc recouvert d'une légère couche de terre, conviennent à celle-ci, tandis que cette autre ne se plait qu'au milieu d'un terrain argileux. Il est donc essentiel de bien connoître le sol que la nature a assigné à chaque plante, afin de l'imiter, autant qu'il est possible, quand on veut la cultiver. La température du climat influe prodigieusement sur le règne végétal;

la chaleur artificielle des ferres & des couches en approche jufqu'à un certain point. (Aux mots COUCHE & SERRE, on verra la différence de l'art avec la nature.) Fidèles à ces principes, nous avons foin, à l'article des plantes, de parler du terrain où on les trouve & où elles réuffiffent.

III. *Des qualités.* La defcription des qualités d'une plante n'eft pas moins importante. C'eft précifément dans cette partie que la botanique eft une fcience vraiment digne du philofophe qui ne cherche à s'inftruire que pour être utile. Par le mot de *qualité* ou *propriété*, nous entendons, dans cet Ouvrage, la vertu médicinale d'une plante. Ces vertus font reconnues dans un très-grand nombre de plantes. Le hafard, les recherches, les effais nous en découvrent tous les jours de nouvelles, & l'on peut prefqu'affurer que la botanique renferme toute la médecine. Les fauvages, vrais enfans de la nature, & qui ne connoiffent qu'elle pour guide, n'en ont point d'autre. La fanté dont ils jouiffent, le peu de maladies qui les affligent, la courte durée même de ces maladies, à quoi faut-il attribuer tous ces avantages, finon à l'ufage des fimples? (*Voyez* des détails fur cet objet au mot VERTUS DES PLANTES) En décrivant la plante, fpécifiez exactement fes propriétés avérées, & admifes en général; indiquez même celles qui font douteufes; de nouvelles expériences peuvent les confirmer, ou en démontrer la fauffeté. Une defcription bien faite doit les renfermer toutes, ainfi que les ufages dont elles peuvent être.

IV. *Des ufages mécaniques.* L'article de l'ufage des plantes devient de jour en jour plus étendu. A mefure que l'induftrie augmente, les plantes offrent de nouvelles richeffes à l'homme, foit pour fa nourriture, foit pour la mécanique & les arts. Différentes nations emploient fouvent la même plante à divers ufages. Nous les approprier, c'eft étendre nos connoiffances & augmenter nos richeffes. La nature offre à tout l'univers fes tréfors; c'eft une mine inépuifable qui eft ouverte, & dont l'exploitation n'eft pas difficile. Hâtons-nous d'y travailler, ou du moins profitons des ouvrages faits par ceux qui nous ont précédés. Ne reprochons pas à la nature d'avoir fait croître dans des climats éloignés des plantes utiles; les courfes des voyageurs, le commerce, la tranfmigration des plantes, nous mettent à même de jouir de leurs avantages. On ne doit donc jamais négliger les détails des ufages que différens peuples tirent d'une plante dans fon hiftoire.

SECTION V.

De la culture des plantes.

La botanique n'a confidéré d'abord les plantes que fous les rapports généraux d'êtres vivans, compofés d'une infinité de parties qui toutes concourroient à leur exiftence, ou fous le point de vue, qu'ayant des parties communes, elles pourroient former une chaîne immenfe, compofée de tous les individus végétans; elle s'eft élevée enfuite jufqu'à la contemplation de cette férie: d'un coup d'œil rapide, parcourant ce nombre prodigieux, elle a osé les diviser & les subdiviser, leur assigner des rangs & des classes, former des ordres, nommer des familles & nombrer les productions de la nature; ses efforts n'ont pas été absolument vains, des succès apparens ont couronné son audace; & si la nature ne lui a pas prodigué sans réserve tous ses trésors, & dévoilé tous ses secrets, du moins elle a souri à ses tentatives; & les phénomènes qu'elle lui a présentés à chaque pas, sont déjà pour elle une magnifique récompense. Fière de ses conquêtes, la botanique a contemplé avec plaisir les dépouilles qu'elle a rapportées; elle s'est plu à les considérer dans leur forme élégante, dans leurs vertus & dans l'usage qu'elle en pourroit faire; mais n'estimant ses richesses que par le plaisir de les répandre, elle s'est amusée à les décrire avec exactitude, afin qu'elles pussent être reconnoissables, & par-là devenir communes à tout le monde.

C'est trop peu encore pour elle, elle va nous apprendre à les multiplier, & à nous les approprier par la culture. Parmi ces plantes, les unes ne demandent qu'à être confiées à la terre & abandonnées à ses soins, tandis que les autres exigent de nous des préparations préliminaires, une attention journalière, des dépenses & des travaux continuels : on peut donc les distinguer en deux cultures; l'une, que nous nommerons *culture naturelle*, & l'autre, *culture artificielle*. Ce n'est pas que dans la dernière, la nature ne soit pas l'agent principal & unique même de la réproduction; mais nous aidons, pour ainsi dire, nous modifions, nous forçons quelquefois ce principe à agir suivant nos vues. Nos soins ne le produisent pas, mais l'accompagnent, l'excitent ou le retiennent suivant nos desirs; tandis que, dans la première, la semence une fois déposée dans son sein, nous attendons tout de son travail. Qu'on nous permette ici une comparaison pour développer notre idée : dans la *culture naturelle*, nous plaçons notre argent chez un banquier, pour qu'il nous rapporte du profit au bout d'un certain tems, tranquilles sur les moyens qu'il emploiera; dans la *culture artificielle*, nous le faisons valoir nous-mêmes, & nous devons tout notre gain à notre industrie.

§. I. *De la culture naturelle.*

Plusieurs objets sont du ressort de la culture naturelle; mais le premier, dont il faut s'occuper essentiellement, c'est celui de la connoissance des sols les plus propres à telle ou telle culture. Elle doit nous guider dans les opérations rurales faites en grand, comme l'établissement des forêts, des prairies, & la culture des grains & des vignes.

La botanique, telle que nous la considérons, cette science générale des végétaux, ne regarde point ces parties comme étrangères à son étude. Elle embrasse tout, & ses recherches se portent sur l'ensemble comme sur les détails. Ne craignons donc pas de tracer ici le tableau de son travail dans cette partie; le détail des préceptes particuliers se trouvera naturellement répandu dans les différens articles insérés dans cet Ouvrage. (*Consultez* les mots propres)

I. *De la connoissance des sols.* Si toute la terre qui enveloppe notre globe, & qui est susceptible de culture, étoit la même, uniforme partout, la culture seroit une (abstraction faite du climat); ajoutons, on ne pourroit cultiver avec succès qu'une seule espèce de plante, celle qui conviendroit à ce terrain. Mais heureusement le sol change à chaque pas, & nous met à même de varier & de cultiver les diverses plantes qui doivent nous servir. La terre végétale n'est qu'un composé de plusieurs autres espèces, qui dominent les unes sur les autres par cantons, par régions entières. Ici c'est une terre forte & argileuse que l'humidité pénètre difficilement; qui une fois imbibée des eaux que la neige dépose, ou que la pluie verse abondamment, se dessèche avec peine; que le soleil durcit, à la longue, & rend presqu'impénétrable à l'action des météores : là, au contraire, c'est une terre légère, friable, meuble, que la douce chaleur du soleil pénètre facilement, qui suit, pour ainsi dire, toutes les vicissitudes de l'atmosphère : plus loin, ce n'est qu'un sable ingrat, sans liaison, sans principe végétatif : à côté, l'on apperçoit un terrain marneux, peu fertile par lui-même, mais capable de répandre la vie dans les sols qui l'environnent, ou qui le recouvrent; enfin, des terres mêlangées, à différentes proportions, de toutes celles-là, offrent d'autres rapports & d'autres principes. Si l'agriculteur indiscret ne craignoit pas de confier à ces sols si variés la même semence, de planter la vigne ou des arbres forestiers dans tous ces terrains, devroit-il être étonné de voir évanouir ses espérances par de mauvaises récoltes, & le dépérissement de ses plantations? De quel intérêt n'est-il donc pas pour lui de s'appliquer, avant tout, à la connoissance réfléchie du terrain qui forme son domaine, pour en tirer le parti le plus avantageux, & pour l'améliorer en corrigeant ses défauts?

Il en tirera le parti le plus avantageux, en ne lui confiant que l'espèce de plante qui lui convient, & il l'améliorera, soit en composant un nouveau mêlange approchant de celui que la nature a fait, au moyen de la terre argileuse sur un terrain sablonneux, du sable sur un terrain argileux, & de la marne; soit en répandant sur ses terres les *engrais* que lui offrent abondamment les trois règnes.

Son terrain bien connu & bien préparé, il pourra se livrer avec sécurité à la culture des grands objets, ou des plantes utiles.

II. *Des forêts.* L'article des forêts ne regarde pas seulement le choix des arbres qui les composent, mais encore la manière de les semer ou de les planter, ainsi que le tems de leur exploitation Ne croyons pas qu'il suffise de planter, de semer, de couper indifféremment une forêt, sans faire attention à la nature du terrain, à la position, à l'aspect & à l'élévation du sol, au climat & à la température ordinaire de l'atmosphère qui domine le canton, aux espèces d'arbres à employer, à la durée de leur croissance, à celle de leur vie. Tous ces objets sont de la plus grande conséquence. (*Voyez* le mot FORÊT) C'est ici que la partie de la botanique qui traite des arbres & des arbrisseaux, est d'un grand secours. Elle nous fait connoître les arbres qui se plaisent en plaine, ceux qui aiment à couvrir de leurs ombrages les collines ou les vallées, ceux qui ne craignent pas d'affronter les frimats dans les régions élevées; elle nous apprend quelle est à peu près la durée de l'arbre que nous voulons multiplier, dans quel tems il est dans sa perfection, & propre aux usages auxquels on le destine; elle nous montrera dans quelle saison & comment il faut semer ou planter avec le plus d'avantages : jointe à l'économie rurale, elle nous donnera sur tous ces points le détail des pratiques les plus simples & les plus sûres.

III. *Des prairies.* Si la *botanique* paroît en grand & avec toute sa majesté dans les forêts; si les objets qu'elle nous présente, nous étonnent par leur élévation, leur diamètre, l'étendue de leurs branches, la richesse de leurs feuillages, & nous forcent de les admirer, combien n'est-elle pas intéressante dans les prairies, où mille fleurs séduisent nos regards par des nuances multipliées à l'infini? Qui me nommera cette multitude de végétaux dont les tiges pressées ne présentent qu'un tapis de verdure? qui m'apprendra à connoître & me décrira les plantes qui, contenant une quantité considérable de parties savoureuses & nutritives, doivent seules entrer dans les fourrages? qui m'assignera le caractère des plantes qu'il importe de détruire, soit parce qu'étant parasites, elles dévorent la substance des autres, soit parce qu'étant nuisibles, dangereuses & quelquefois un vrai poison, elles porteroient les maladies ou la mort dans les troupeaux? qui m'enseignera les plantes les plus propres à établir des praires artificielles? La botanique résoudra toutes ces questions, satisfaira à tout, & ne nous trompera jamais. Ses connoissances sont fondées sur des faits, ses principes sont démontrés par l'expérience; point de calcul, peu de raisonnement, jamais de secrets, toujours la nature, & voilà cette science qui doit nous guider sans cesse.

IV. *De la culture des grains.* Les forêts & les prairies une fois établies, travaillent à nous enrichir d'année en année, sans exiger de nous de nouveaux soins; nous en sommes quittes pour une première avance, assurés que pendant un long espace de tems la nature nous rendra avec intérêt ce que nous aurons d'abord dépensé. Mais il est une autre culture qui exige des travaux annuels; c'est celle des grains & des vignes.

On peut diviser les grains en trois espèces; grains farineux, semences huileuses & plantes charnues.

1°. *Grains farineux.* La classe des grains farineux est très-étendue; elle renferme non-seulement le froment, le seigle, l'orge, l'avoine, le sarrasin, le maïs, le riz, mais encore les pois, les haricots, les féves, le millet, le panis, &c. &c. 2°. Les semences huileuses principales sont le lin, le chanvre, le colsat, la navette, le pavot & la cameline. 3°. Les plantes charnues les plus cultivées sont les raves, les turneps, les pommes de terre, les melons, les courges, les potirons & les concombres.

La botanique ne nous donne pas ici les mêmes préceptes indistinctement pour toutes ces plantes. Celles de la première classe, une partie de la seconde & quelques-unes de la troisième, ne craignent pas d'être semées en pleine terre & d'être abandonnées entièrement à la nature & à l'influence des météores. Fortes & vigoureuses par elles-mêmes, & propres à presque tous les climats, il suffit de leur choisir la terre & l'exposition qui leur convient le mieux. Les autres, au contraire, exigent une culture particulière & certains degrés de chaleur. Dès-lors si vous voulez les faire croître dans un canton où la nature du terrain & celle du climat leur est contraire, il faut nécessairement avoir recours à l'artifice, & suppléer, pour ainsi dire, à la nature.

Le nom, l'histoire & la culture de ces trois genres de grains appartiennent bien directement à la botanique, mais on est convenu d'en former une science particulière, connue sous le nom d'*agriculture*. Ces principes, pour être bons, ne doivent jamais s'éloigner de ceux de la botanique; celle-ci est la base & le fondement de celle-là. L'agriculture en grand porte ses regards au-delà de la plante qu'elle cultive; elle s'occupe non-seulement des *défrichemens*, des *engrais*, des *labours* & des *instrumens aratoires*, mais encore ne faisant qu'un corps avec le systême politique & le commerce, ses rapports & ses relations la distinguent aisément de la simple botanique. Où ces relations commencent, l'agriculture cesse de faire partie de la botanique & n'entre plus dans notre plan.

V. *Des vignes.* Un homme qui jetteroit les yeux sur des côteaux chargés de vignes, croiroit au premier coup d'œil que la même espèce de vigne les recouvre de ses pampres & de ses raisins : s'il approchoit de plus près, il distingueroit aisément à la forme des feuilles, à la grosseur des grains qu'il s'étoit d'abord trompé, & que la vigne a ses variétés comme presque toutes les espèces de plantes. Cette variété est beaucoup plus considérable que l'on ne pense, & la qualité du vin dépend souvent en partie de la nature du raisin. Un agriculteur qui veut planter des vignes, doit connoître ces variétés, afin de choisir celle qui, cultivée dans telle ou telle position, fructifiera plus abondamment. La botanique, par ses phrases claires & simples, lui sera d'un secours infiniment au-dessus de la nomenclature vulgaire, si embrouillée & si peu d'accord de province à province ; il se fera entendre de tous les botanistes & même de ceux qui ne le sont pas, s'il veut les décrire; & sur des espèces qu'il aura choisies, il n'aura pas la douleur de voir, au tems de sa récolte, ses espérances trompées.

Jusqu'à présent la botanique ne nous a donné que des préceptes généraux, parce qu'elle a supposé que les plantes que nous voulions cultiver convenoient & au terrain & au climat. Notre desir effréné de posséder & de jouir, même des biens que la nature a prodigués à d'autres climats, nous a fait imaginer la culture artificielle : ici la botanique veut bien encore guider nos pas, soyons dociles à ses leçons.

§. II. *De la culture artificielle.*

La nature, cette mère généreuse, nous a prodigué jusqu'à présent ses soins, tant qu'il n'a été question que de produire les végétaux qui nous étoient de première nécessité : notre luxe, notre gourmandise, notre avarice, toujours insatiables, ont voulu l'asservir & lui arracher des biens qu'elle sembloit vouloir éloigner de nous. Elle n'a pu se refuser à nos desirs, mais elle a exigé que nous dussions à nos peines & à nos travaux ces nouvelles jouissances.

Parmi les plantes, les unes naissent dans des climats éloignés, les autres ont une forme & une saveur peu agréables ; quelques-unes s'abandonnant à leur vigueur naturelle, poussent tout en bois & en feuilles, au détriment des fruits ; celles-ci isolées ne peuvent être que de foible secours ; celles-là naissant, croissant & mourant dans des déserts, nous en privent absolument. La botanique, secondée par notre industrie, nous apprend à multiplier ces dons de la nature, à les améliorer, à les conserver & à les rassembler dans un même lieu ; ce qui forme quatre objets bien distincts dans cette partie de la culture ; *multiplication des plantes*, *institution végétale*, (pour me servir de l'expression du baron de Tschoudi) *conservation* & *jardins botaniques*. Nous allons les parcourir successivement, n'en offrant que le tableau, & réservant les détails aux mots propres.

I. *De la multiplication des plantes.* Les plantes annuelles, quelque tems avant leur mort, produisent des semences qui doivent donner naissance à une nouvelle génération, & les perpétuer d'âge en âge. Les plantes vivaces n'attendent pas l'instant de leur dépérissement pour se reproduire par les graines ; chaque année elles nous offrent, après la saison des fleurs, leurs fruits qui renferment les germes régénérateurs. Cette marche de la nature paroît uniforme dans tous les individus ; & l'on peut assurer qu'il n'y a pas de plantes qui ne portent des graines, quoique dans certaines espèces elles ne soient pas apparentes. Il est cependant d'autres moyens de réproduction & de multiplication : les ressources de la nature sont infinies, & ses merveilles se rencontrent à chaque pas. Ici, des racines arrachées de la racine principale, peuvent donner des branches qui se chargeront de feuilles, de fleurs & de fruits. Là, des branches couchées dans la terre, pousseront des racines d'un côté, & des tiges de l'autre. Auprès de ces jeunes plantes qui doivent l'existence aux germes développés de la *graine*, croissent les mêmes plantes venues de *bouture* & de *marcotte*. Ce *bourgeon*, cet *œil* est-il donc indifférent à donner des racines ou des branches, des fleurs ou des chevelus ? Quels prodiges inconcevables ! Qui percera le voile dont la nature couvre ici ses opérations ? Ce ne peut être que la botanique qui, dans la partie de l'anatomie & de la physiologie végétale, essayera de débrouiller ce cahos en suivant la marche de la nature pas à pas.

Quand vous connoîtrez bien ce que c'est qu'une graine, quelles font les parties qui la composent, comment elles se développent ; alors le *semis* ne sera plus pour vous un objet mécanique, une opération grossière, mais une source d'observations intéressantes qui régleront, & le tems, & la forme de semer, & le choix de la semence. Quand vous aurez bien disséqué les tiges des plantes, que vous posséderez à fond l'organisation végétale, vous verrez bientôt sur quels principes sont fondés les *marcottes* & les *boutures ;* vous apprendrez quelles sont les plantes qui en sont susceptibles ; & joignant toujours l'expérience au raisonnement, vous serez bientôt en état de multiplier à l'infini vos richesses par ce moyen singulier : vous y trouverez un double avantage, & celui de la reproduction certaine de la même espèce, & celui d'une jouissance plus prompte. Les semis donnent ordinairement des variétés ; & l'on ne sait ce que l'on aura, que lorsque la plante est parvenue à son point de perfection ; au lieu que les marcottes & les boutures ne sont jamais sujettes à changer.

II. *Institution végétale.* Tout a concouru pour seconder vos desirs : les plantes que vous avez semées croissent & s'élèvent de jour en jour ; celles que vous avez marcottées, ou que vous avez multipliées de boutures, ont pris des racines ; de nouvelles branches poussent de tous côtés : c'est ici que la nature réclame vos soins. Vous avez entrepris de l'améliorer, elle va être docile, & se courbera, pour ainsi dire, sous votre main, afin de remplir vos desirs ; mais n'épargnez point vos peines, ne calculez pas avec elle, ne vous reposez point sur ce que vous avez fait, agissez continuellement ; la nature s'efforce à chaque instant de reprendre ses droits ; & si vous vous négligez, cette jeune plante que vous voulez *civiliser*, rentrera bientôt dans son état agreste & libre. Ici, rien ne se fait à l'aveugle, tout doit être médité, tout doit être fondé sur de bons principes que la botanique peut seule donner.

Vos soins embrassent également, & les arbres fruitiers, & les arbres d'agrément, & les plantes potagères.

Les arbres fruitiers, abandonnés à eux-mêmes & sans culture, produisent tous des fruits & assez abondamment ; mais leur saveur naturellement exaltée, ne peut être que désagréable : la *greffe* & l'*écussonage* adoucissent la séve par une nouvelle modification. De *sauvageon*, l'arbre devient *franc*, & prodigue bientôt des fruits qui flattent autant le goût que l'odorat. Quelques arbres fruitiers n'exigent pas toujours de vous des soins aussi pressans & aussi multipliés ; formez-en vos *vergers*, embellissez-en les environs de votre demeure ; mais choisissez-leur toujours, & le meilleur terrain, & la meilleure exposition, si vous voulez être récompensés de vos premières peines. D'autres arbres fruitiers sollicitent vos regards journaliers ; leur fruit délicat peut se perfectionner sous vos mains. Ici, l'abondance & la qualité dépendent presqu'absolument de vous ; ne les éloignez donc pas de vos yeux, tapissez-en vos murs, formez-en des *espaliers*, plantez-les en *arbres nains* ; qu'une *taille* intelligente les débarrasse de branches infructueuses & fatigantes ; qu'elle sache vous préparer, d'année en année, vos récoltes, & qu'en faisant naître vos espérances, elle en assure le succès. Souvenez-vous que vous travaillerez en aveugle, si la botanique ne vous a pas appris à distinguer le *bois gourmand*, les *branches folles*, les *boutons à fleurs*, & les *boutons à feuilles ou à bois*.

Embellir sa retraite, la rendre le plus agréable que l'on peut, est un soin que l'on doit bien pardonner au philosophe cultivateur. Il faut que notre séjour nous plaise, pour que nous nous y plaisions. Quand on l'a fait soi-même ce qu'il est, il a des droits éternels à notre intérêt & à notre attachement. L'art & la taille sont parvenus à faire prendre toutes sortes de formes aux *arbres d'agrémens*. Ici, courbés en voûte & plantés en allée, ils défendent une avenue des ardeurs du soleil. Là, rapprochés de nos têtes, ils semblent suspendre leur feuillage & s'entrelacer pour former une ombre épaisse, & nous inviter à venir goûter la paix, la tranquillité, & quelquefois le plaisir, loin du tumulte & du grand jour ; ou bien, festonnés en arcades, ils offrent de longs portiques, décorés d'une riche architecture. La botanique fait distinguer les arbres susceptibles d'être taillés, & de prendre toutes les formes variées que dicte notre caprice.

Parmi la multitude de plantes dont la nature a peuplé la terre, elle en a destiné un certain nombre pour notre nourriture. Quelles peines, quelles fatigues, s'il falloit à chaque instant se déplacer pour aller les cueillir dans les bois, & dans les autres endroits où elles croissent naturellement ! L'industrie humaine a imaginé les *potagers* dans lesquels elle a transplanté tous les végétaux qui peuvent servir à notre nourriture. La botanique ne se trouve pas ici toujours d'accord avec le commun des jardiniers pour la nomenclature. Les jardiniers le sont-ils eux-mêmes entr'eux ? C'est un malheur, que cette science peut & doit seule corriger. Quand vous parlerez en botaniste & à des botanistes, servez-vous des phrases que vous offrent les différens systêmes ; mais quand vous voudrez vous faire entendre de votre jardinier, n'employez pas d'autres expressions que celles qui lui sont connues. (Nous suivrons exactement ce précepte dans le cours de cet Ouvrage).

En réunissant cette science à celle de l'économie rurale, on aura des principes certains pour établir un *jardin potager*, pour choisir son emplacement, son exposition, la préparation des terres, les instrumens, les couches, les ados, &c.

III. *La conservation des plantes* peut avoir deux objets principaux ; celui des plantes durant leur vie, & celui des fruits qu'elles nous donnent.

Si tous les végétaux n'étoient cultivés que dans les lieux & les climats que la nature leur a assignés, l'art seroit absolument inutile. Mais en les transplantant chez nous, nous ne transplantons pas la température de l'atmosphère, ni le degré de chaleur des rayons du soleil qui les voit naître. Il faut donc y suppléer & nous efforcer d'imiter la nature, produire une chaleur artificielle, soit en rassemblant les rayons du soleil dans un espace où on veut les faire vivre, & les défendant du froid par le moyen des *caisses à vitrages*, des *serres*, des *orangeries*; soit en les garantissant immédiatement de l'intempérie des saisons dans l'endroit même où elles végètent, par des *paillassons* dont on recouvre ou enveloppe leur tige; soit en tâchant d'égaler le degré de chaleur naturelle, par des *poëlles*, des *réchauds* & des *serres chaudes*.

C'est en vain que l'on se donneroit mille soins de cultiver les arbres & les plantes qui doivent donner des fruits, si on négligeoit la conservation de ceux-ci. Ce seroit exactement creuser, fouiller une mine à grands frais, & négliger de fondre & réduire en riche métal le minérai. *La conservation des fruits* demande des soins variés & relatifs à leur nature. La botanique, en indiquant les principes qui les constituent, fera sentir aisément les meilleurs procédés pour empêcher ces principes de se décomposer, pour construire un *fruitier* & des *greniers* commodes, sains & propres aux différens objets qu'on veut y renfermer.

IV. *Des jardins botaniques*. La botanique nous a donné des préceptes pour la culture des plantes de première nécessité, pour celles d'usage ordinaire, pour celles même qui ne sont que d'agrément. Il est encore une autre espèce d'étude qui est digne de nos soins, & qui même, considérée sous un juste point de vue, mérite toutes les attentions d'un naturaliste. C'est celle de toutes les plantes en général, sous le rapport des systêmes & des méthodes naturelles ou artificielles. S'il falloit les observer & les étudier dans les lieux qu'elles affectionnent de préférence, la vie de l'homme suffiroit à peine pour en voir la moindre partie; les dépenses, les voyages de longs cours, les fatigues qu'ils entraînent nécessairement, rebuteroient le plus grand nombre, & peu d'êtres privilégiés auroient le courage des Tournefort, des Commerson, des Thunberg, des Forster; peu se résoudroient à consumer leurs plus beaux jours, à affronter mille dangers pour rapporter dans leur patrie quelques plantes nouvelles. Les *jardins* de botanique ont été établis pour offrir à tous les amateurs & à tous les curieux, des collections plus complètes les unes que les autres de plantes, soit étrangères, soit indigènes. C'est ici le règne de la botanique pour la partie de la *nomenclature*. (*Voyez* section III) Là, chaque particulier est libre de choisir tel ordre qu'il lui plait, ou de n'en pas suivre du tout. Dans les jardins publics, destinés aux démonstrations & à l'instruction des élèves, on adopte toujours quelque grand systême; ici, c'est le systême sexuel de Linné; là, c'est la méthode de Tournefort; dans cet autre, c'est l'ordre des familles de M. de Jussieu. Toutes les plantes rangées suivant ces systêmes, forment une série, une chaîne naturelle que l'on suit avec plaisir; c'est un livre, un catalogue vivant & animé, qui intéresse d'autant plus & instruit avec d'autant plus d'avantage, qu'il parle sans cesse à tous les sens. Ces dépôts immenses renferment, pour ainsi dire, les tributs envoyés par toutes les régions de la terre; & sans sortir d'un petit eſpace de terrain, on voyage parmi des peuples de différens pays, de différentes tribus. Les uns, ſe naturaliſant à notre climat, y vivent facilement; les autres, nés dans les plaines arides, ſur les bords brûlans du Niger & de la zone torride, ne peuvent ſupporter la douceur de notre atmoſphère, il leur faut des feux continuels & des abris. L'induſtrie des *ſerres chaudes* & leur chaleur graduée, les tranſportent bientôt dans la température de leur pays natal; & trompés par l'art, émule de la nature, ils payent nos ſoins de leurs fleurs & de leurs fruits.

SECTION VI.

De l'uſage des plantes.

Nous voilà enfin parvenu au bout de la carrière. Juſqu'à préſent, nous avons étudié la nature de nos richeſſes, les moyens de les multiplier, de les faire valoir, de les conſerver; apprenons à jouir. Nous en connoiſſons le prix, profitons des avantages qu'elles nous offrent: tel un marchand qui a ſacrifié ſa jeuneſſe & une partie de ſa vie à amaſſer des tréſors; ſur ſes vieux jours, tranquille au milieu du fruit de ſes peines & de ſon travail, il ne penſe plus qu'à l'employer à ſe procurer les douceurs de la vie.

Plus on a étudié le règne végétal, & plus on a découvert de propriétés dans les plantes. L'homme a ſu preſque tout s'approprier dans les végétaux, tantôt la vertu nutritive, tantôt la vertu médicamenteuſe: il s'eſt apperçu que le ſuc exprimé de certaines parties, étoit coloré naturellement, ou pouvoit le devenir avec certaines préparations; ſes yeux ont été charmés de l'émail des fleurs, des nuances des feuilles; ſon odorat a été flatté des parfums qui s'exhaloient des calices; quelques tiges fermes & robuſtes ont aſſuré ſa retraite, des branchages épais l'ont couverte; les fibres de certaines plantes s'adouciſſent ſous ſes doigts induſtrieux; il en a formé un tiſſu capable de le défendre de l'injure des ſaiſons; en un mot, racine, tronc, branches, feuilles, fleurs, fruit, tout a été converti pour ſon uſage; les végétaux ſemblent s'empreſſer à prévenir & à ſatisfaire tous ſes deſirs.

Cette variété dans l'emploi que nous faiſons des plantes, a fait imaginer à quelques auteurs de les diviſer ſuivant leurs propriétés; nous n'en adopterons ici que quatre principales, elles renferment toutes les autres: les plantes *alimentaires*, les plantes *pharmacopoles* ou *médicinales*, celles qui ſont *propres aux arts & aux métiers*, & celles qui peuvent être employées pour la *décoration des jardins*. Nous allons examiner rapidement les différentes richeſſes que la botanique nous offre dans ces quatre claſſes.

I. *Des plantes alimentaires.* Parmi la quantité immenſe de végétaux qui croiſſent autour de nous, preſque tous contiennent les principes néceſſaires à la nourriture animale, les uns plus, les autres moins. La nature ſemble n'avoir point eu d'autres vues en les multipliant ſi fort. Mais tous renferment-ils cette matière nutritive dans un état propre à ſervir d'aliment? & n'y auroit-il pas du danger à manger

ger indiſtinctement toutes ſortes de plantes, & toutes les parties des plantes, ou à les offrir aux animaux ? c'eſt ici que la botanique ſecondée de l'analyſe & de la chimie, nous rend les ſervices les plus eſſentiels ; elle nous apprend que la matière vraiment nutritive tirée du règne végétal, eſt cette ſubſtance mucilagineuſe, ſans ſaveur, ni odeur, ni couleur, diſſoluble dans l'eau, ſuſceptible de fermentation, & exhalant ſur les charbons une odeur de caramel ou de pain grillé. Cette ſubſtance ſi précieuſe, eſt connue ſous le nom de *corps muqueux ſapide*, & de *corps muqueux inſipide*. Il eſt peu de parties dans la plante, où la botanique ne la retrouve ; tantôt on la ſépare des feuilles & des racines, par le moyen de l'eau ; tantôt l'écoulement ſpontané des gommes, ou l'inciſion faite au tronc & aux branches de certains arbres, la retirent du milieu des liqueurs végétales avec leſquelles elle étoit mélangée ; ici l'expreſſion l'enlève des tiges & des fleurs ſous forme de matière ſirupeuſe ſucrée ; là, l'abeille diligente va la cueillir au fond des nectaires, l'élabore, & nous l'offre pour nous récompenſer des ſoins que nous avons bien voulu prendre de ſa république : le tiſſu celluleux des fruits veut envain nous dérober ce ſuc gélatineux ; le broiement & la trituration l'expriment bientôt ; la fermentation le développe enfin des ſemences farineuſes, ſous forme d'amidon.

En général, il n'eſt donc aucune partie végétale qui ne puiſſe offrir à l'homme ou à l'animal, une nourriture ſaine. A la vérité ; il n'eſt pas toujours facile de l'extraire & de l'obtenir ſous une forme comeſtible. Il ſuffit à la botanique, proprement dite, de nous préſenter le tableau des plantes incultes, qui dans un cas de néceſſité, pourroient remplacer les plantes cultivées, & qui même ſeroient dans le cas de varier nos jouiſſances, en ſatisfaiſant nos goûts & nos appétits ; de nous apprendre quelles ſont les racines qui contiennent de l'amidon qu'il faut extraire pour en faire de la bouillie ou du pain ; quelles ſont celles dont les ſemences & les racines farineuſes peuvent ſervir en totalité à la nourriture. Il exiſte encore une claſſe, dont la racine, ſans être farineuſe, peut ſervir à notre nourriture, ſur-tout quand l'aſſaiſonnement y eſt joint.

La nourriture ſolide n'eſt pas le ſeul bienfait du règne végétal ; le ſuc exprimé de certains fruits, acquiert par la fermentation des qualités auxquelles nous devons ſouvent le rétabliſſement de nos forces & la gaieté de l'eſprit. Méfions-nous cependant des liqueurs & des ſucs de toutes les plantes, & n'uſons que de celles que la botanique nous indiquera. On peut la croire, ſur-tout lorſque l'expérience & l'obſervation l'accompagnent.

II. *Des plantes médicinales*. Si vivre n'étoit que jouir d'une bonne ſanté, & couler des jours heureux exempts de fatigues, d'accidens & de maladies, l'homme n'auroit cherché dans les plantes que la vertu nutritive ; mais hélas ! il ne paroît être ſur la terre que pour traîner une vie languiſſante en bute à mille maux. Il naît dans les ſouffrances, ſon premier ſoupir eſt celui de la douleur, ſes premiers cris ſont ceux de la plainte; la foibleſſe l'accompagne, les principes qui le ſoutiennent, tendent continuellement à perdre leur accord & leur harmonie, le plus petit dérangement occaſionne des ravages affreux. A peine parvenu à ſon état de force & de perfection, qu'il tend continuellement à ſon dépériſſement; les maladies affiègent ſes vieux jours, l'infirmité annonce ſa deſtruction, une néceſſité cruelle & ſans ceſſe agiſſante, le précipite vers le tombeau; il l'atteint enfin: il a vécu. Malheureux qu'il eſt, ne trouvera-t-il donc aucun ſecours dans la carrière de la ſouffrance? n'eſt-il pas de main charitable qui allégera ſa douleur, qui la diſſipera? perſonne ne l'aidera-t-il à vivre & à jouir de cette vie paſſagère? Oui, & ce bienfait ineſtimable ſera encore dû à la botanique. Elle trouvera dans les végétaux, non-ſeulement le palliatif de tous nos maux, mais encore leurs remèdes ſouverains; elle nous rend une ſeconde vie, la ſanté, le plus précieux des biens, celui que ni les tréſors ni les grandeurs ne peuvent ſuppléer. Des familles, des genres, des claſſes entières poſſèdent des vertus médicamenteuſes, il n'eſt point de remèdes que la nature ne nous préſente: ici des purgatifs & des vomitifs, là des alexipharmaques puiſſans ou des rafraîchiſſans; plus loin des antiſeptiques croiſſent à côté des vulnéraires, des fébrifuges, des cordiaux, des carminatifs, &c. &c. Quelle profuſion, quelle richeſſe! ajoutons, quelle ſûreté, quand nous employons les végétaux d'après l'indication de la nature!

III. *Des plantes propres aux arts & aux métiers*. L'homme a trouvé ſa ſubſiſtance dans les plantes alimentaires; les médicinales ont ſoulagé ſon exiſtence; ſon induſtrie n'en eſt pas reſtée là. Les arts ont façonné & embelli ſon ſéjour, il en renaît de tous côtés pour ſatiſfaire ſes deſirs, ils ſe multiplient comme ſes penſées, & la botanique va lui choiſir les végétaux dont il peut tirer le plus grand parti. Sous mille formes variées, les arbres majeſtueux tantôt ſoutiennent ſes édifices, & le défendent lui-même des injures des ſaiſons, tantôt les décorent & les enrichiſſent. La *charpente*, la *menuiſerie*, le *charronage*, &c. trouvent dans le règne végétal leur matière première. L'homme n'emploira-t-il que les arbres qui peuplent les forêts? Ces plantes qui végètent humblement à l'abri de leur feuillage, lui feront-elles inutiles, ou n'y trouvera-t-il que ſa nourriture & ſes remèdes? Mais toutes ne peuvent pas remplir ſes deſirs dans cet objet. Les négligera-t-il, dédaignera-t-il de les admettre à ſon ſervice? Non; il ne faut rien négliger dans la nature. Dans toutes ſes productions on reconnoît ſa prodigalité & ſes vues généreuſes; à chaque pas un bienfait ou une reſſource. L'art de la teinture eſt ſur le point de faire les progrès les plus rapides, en cherchant ſa matière colorante dans les végétaux. Déjà la botanique tinctoriale annoncée par Linné, augmentée par quelques auteurs, se perfectionne entre les mains d'un illustre secrétaire d'une savante académie; déjà M. Dambourney a su extraire un nombre non moins prodigieux que varié, de couleurs ou de nuances du règne végétal. Rien ne résiste à l'activité de l'homme; il suffit, pour ainsi dire, qu'il forme un souhait, pour que la nature se fasse presque une loi de le remplir; & quel est le règne où elle lui offre plus de ressource & plus d'avantages que la botanique?

IV. *Des plantes propres à la décoration des jardins.* C'est trop peu pour elle que l'utile, elle a voulu y joindre l'agréable. Pourquoi a-t-elle peint de si vives couleurs ces calices & ces pétales? Pourquoi a-t-elle étendu ces nuances verdâtres sur ces feuillages touffus? Pourquoi a-t-elle rempli ces nectaires de parfum délicieux? n'est-ce pas pour flatter agréablement tous nos sens? Quels charmes! quelles délices! Mon œil récréé fait passer dans mon ame la douce sensation qu'il éprouve; mes sens flattés goûtent un plaisir pur; c'est celui qui naît de la contemplation de la nature. Vastes forêts, retraites délicieuses, vous nous offrez des bosquets où la nature sourit de tous côtés, où elle étale mille beautés intéressantes & variées: là un air embaumé circule sous les touffes majestueuses des arbres élevés; ici des plantes fleuries mêlent leurs beautés, & confondent presque leurs tiges avec les branches surbaissées de ces buissons. Quel doux murmure agite ses feuilles argentées! Comme ce ruisseau serpente parmi ces fleurs, & répand la fraîcheur & la vie! Comme mon œil repose sur ces masses que le zéphir agite mollement; comme il suit cette architecture champêtre; comme il s'égare à travers les sinuosités de ces berceaux; comme il revient ensuite parcourir ce parterre émaillé, ce riche tapis que l'art tentera toujours en vain d'imiter! L'art égalera-t-il jamais la nature! Mais, ô séjour enchanteur! pourquoi êtes-vous éloigné de moi? pourquoi faut-il vous aller chercher au loin? pourquoi ne vous transporterai-je pas autour de ma demeure! Si mon industrie n'égale pas cette simplicité dont la nature a fait votre plus bel ornement, du moins vous serez l'ouvrage de mes mains. C'est moi qui aurai semé & cultivé ces fleurs odoriférantes, distribué ce *parterre*; c'est moi qui aurai planté ce *bois* touffu, qui aurai percé ce *parc*, dessiné ce *boulingrin*, courbé ce *bosquet*; c'est moi qui aurai rassemblé enfin tous ces êtres; ils me devront la vie & l'entretien. Quelle jouissance! Mais qui m'indiquera les plantes qui doivent se succéder les unes aux autres, & décorer mon parterre, soit par leurs fleurs, soit par leurs fruits? Qui me nommera les arbres & les arbrisseaux dont je dois composer la retraite de la paix, du silence, de la tranquillité & du plaisir, si ce n'est la botanique, cette science universelle des végétaux?

SECTION VII.

Herbier & Collection de plantes.

Que de bienfaits nous lui devons? Que de secours elle nous a prodigué? De quels plaisirs n'a-t-elle pas accompagné son étude ! La peine a toujours été cachée sous le voile d'une nouvelle jouissance, & la solidité dans ses présens l'emporte encore infiniment sur tout. Ne ferons-nous donc rien pour elle ? Verrons-nous échapper de nos mains ces dons si variés ? Elle a voulu multiplier le théatre de sa bienfaisance ; il n'est aucun coin de la terre, où le botaniste ne trouve un sujet d'étude. Mais hélas ! tout passe, tout se flétrit, tout se décompose ! Cette plante que nous admirons, & qui séduit tous nos sens, dans un instant ne sera plus. Aurai-je eu seul le plaisir de la contempler : non, il faut la décrire ; mais la description que j'en ferai parlera à l'esprit, & ne dira presque rien aux yeux ? Si j'essayois d'en conserver la forme & les nuances par la *peinture* & la *gravure ?* mais la peinture & la gravure exigent de très-grandes connoissances pour être fidèles, & par conséquent utiles. Si je tentois de la transporter telle qu'elle est, avec ses feuilles & ses fleurs, on la reconnoîtroit facilement, on distingueroit ses caractères, elle vivroit toujours ; & la mort, pour ainsi dire, n'auroit plus aucun empire sur elle ? Mais les fluides dont elle est composée, & qui circulent sans cesse dans toutes les parties, tendent continuellement à la fermentation & à l'altération. Il faut donc les extraire & enlever ce principe toujours agissant de mort & de ravages. La *dessiccation* en est le moyen le plus simple ; & un *herbier* bien fait & bien en ordre, devient un jardin de botanique qu'à chaque instant on peut consulter, & dans lequel la nature se reproduit, sinon avec sa même beauté, du moins avec toutes ses parties essentielles. (*Voyez* le mot HERBIER, où l'on traitera au long de sa formation, de la récolte & de la dessiccation des plantes.) M. M.

BOTTE. Nom que l'on donne aux grandes barriques d'huile : elles sont ordinairement de onze à douze cens livres.

BOUC & CHÈVRE. Le bouc est le mâle de la chèvre. Il en diffère par son odeur désagréable, par les parties de la génération & par ses cornes. Ces deux animaux ont une touffe de barbe sous le menton, & quelquefois deux grosses verrues ou glands qui pendent sous le col ; leur queue est très-courte, & la chèvre est sur-tout remarquable par la longueur de ses deux mamelles qui lui pendent sous le ventre.

§. I. *Des poils du Bouc & de la Chèvre, de leurs proportions, de la différence de la structure & du tempérament de ces deux animaux, d'avec celui du bélier & de la brebis.*

I. La couleur la plus ordinaire du poil du bouc & de la chèvre, est le blanc & le noir. Nous en voyons des blancs & des noirs en entier ; d'autres sont en partie blancs & en partie noirs ; on en trouve aussi beaucoup qui ont du brun & du fauve. Le poil n'est pas également long sur les différentes parties du corps ; il est plus ferme par-tout, que le poil du cheval, mais moins dur que son crin. La couleur du poil n'influe en rien sur la qualité de l'animal.

II. *Proportions du Bouc.* En tirant

les proportions du bouc, nous observons que sa grandeur varie à peu près comme celle du bélier. Ses cornes sont plus longues que celles de la chèvre ; elles sont différemment contournées, & ont la même position & la même direction. Ses grandes cornes & sa longue barbe lui donnent un air bisarre. Son corps paroît ou trop petit, relativement à la longueur de ses cornes, ou trop gros par rapport à la hauteur de ses jambes, qui sont fort courtes, & comme nouées, principalement celles de devant. Les hanches, la croupe, les fesses, les cuisses, en un mot, toute la partie postérieure du corps, paroissent trop gros, & les jambes de derrière trop longues, en comparaison des autres parties du corps. Les genoux sont tournés en dedans ; les pieds de devant sont plus gros que ceux de derrière.

III. *Parallèle du Bouc & du Bélier.* En comparant le bouc avec le bélier, nous voyons que la plus grande différence se trouve dans la tête, & sur-tout dans les cornes, qui sont placées plus en avant. Leur base s'étend jusqu'à l'endroit du front qui correspond à la partie supérieure des orbites, tandis que celle du bélier est à huit lignes environ au-dessus des orbites ; les cornes sont beaucoup moins courbées, leur couleur en est plus brune, le bord antérieur & intérieur est plus tranchant, le bord postérieur & extérieur plus arrondi ; le front est relevé en bosse, les orbites sont rondes, les os du nez & ceux de la mâchoire postérieure, sont presque droits, le garrot est plus incliné en avant, la croupe plus haute, à proportion de sa largeur ; le bras plus long que le canon, les jambes de derrière plus longues, relativement au canon. Quant aux parties de la génération, il n'y a aucune différence assez considérable pour mériter une description particulière à celle du mouton. (*Voyez* MOUTON)

IV. *De la différence du tempérament de la chèvre, de celui de la brebis.* Le tempérament qui, dans tous les animaux, influe beaucoup sur le naturel, ne paroît pas cependant dans la chèvre, différer essentiellement de celui de la brebis, puisque ces deux espèces d'animaux dont l'organisation intérieure est presqu'entièrement semblable, se nourrissent, croissent & multiplient de la même manière, & qu'ils se ressemblent par le caractère des maladies, qui sont à peu près les mêmes. Mais nous observons cependant que, malgré son inconséquence apparente, la chèvre se laisse teter plus aisement, qu'elle est plus docile à la voix de l'homme, plus sensible à ses caresses, puisqu'elle le paye d'un attachement particulier, & qu'elle dépose son caractère d'inconstance pour reconnoître ses bienfaits. On a vu des chèvres venir d'une lieue & plus, pour allaiter des enfans de leur maître, se camper & diriger avec une prudence & une intelligence admirables, le bout de leurs mamelles dans la bouche de ces mêmes enfans. Nous connoissons une personne qui n'a jamais sucé d'autre lait que celui d'une chèvre. Cet animal quittoit réguliérement son troupeau trois fois par jour, & venoit d'une lieue pour allaiter son nourrisson, qu'il suffisoit de placer à terre dès qu'on la voyoit paroître. Cette personne qui vit encore, est légère, badine, du caractère le plus gai, mais le plus inconstant. On lui entend dire souvent, que ses entrailles tressaillent à la vue d'une chèvre. Si on avoit plusieurs exemples semblables, on pourroit décider jusqu'à quel point les alimens influent sur le moral comme sur le physique.

§. II. *De la Génération.*

I. *Des qualités du Bouc & de la Chèvre destinés à la propagation.* Un bouc propre à la réproduction de son espèce, doit être de bonne figure, c'est-à-dire, avoir la taille grande, le col court & charnu, la tête légère, les oreilles pendantes, les cuisses grosses, les jambes fermes, le poil épais & doux, la barbe longue & bien garnie, & de l'âge de trois ans jusqu'à sept.

Quant au choix de la chèvre, celle dont le corps est grand, la croupe large, les cuisses fournies, la démarche légère, les mamelles grosses, le pis long, le poil doux & épais, est réputée la meilleure.

II. Le bouc peut engendrer à un an, & la chèvre dès l'âge de huit mois; mais les fruits de cette génération précoce sont foibles & défectueux, & l'on doit attendre ordinairement, que l'un & l'autre aient atteint au moins l'âge de deux ans. Le bouc est un animal très-vigoureux & très-chaud. Un seul peut suffire à cent cinquante chèvres pendant trois mois; mais cette ardeur qui le consume, ne dure que trois ou quatre ans, au bout desquels il se trouve ruiné.

III. *De l'accouplement.* La chèvre cherche le mâle avec empressement. Elle s'accouple avec ardeur, & est ordinairement en chaleur aux mois de Septembre, Octobre & Novembre; elle retient plus surement en automne, & l'on doit préférer même les mois d'Octobre & de Novembre, parce qu'il est bon que les jeunes chevreaux trouvent de l'herbe tendre lorsqu'ils commencent à paître pour la première fois.

IV. La chèvre porte cinq mois, & met bas au commencement du sixième. On lui donne ordinairement du bon foin, quelques jours avant qu'elle chevrote, & quelques jours après. Il faut prendre garde de ne point la laisser souffrir de soif pendant le tems qu'elle porte.

Il est essentiel de l'aider dans l'accouchement, qui est presque toujours laborieux. Les douleurs qu'elle souffre en mettant bas, la font souvent périr, quand on néglige de lui prêter du secours. Ces douleurs sont l'effet des efforts que fait cet animal, & de l'irritation de la matrice. Il arrive de-là, que ce viscère s'enfle, & que l'arrière-faix ne suit pas le chevreau. Dans ce cas, il faut lui faire avaler un bon verre de vin, la tenir bien chaudement, & lui bassiner la vulve avec une décoction de feuilles de mauve, de bouillon blanc, ou de toute autre plante émolliente, afin de relâcher les parties, & de prévenir l'inflammation.

§. III. *Du sevrage du Chevreau; de la castration.*

I. Quand le chevreau est né, la chèvre doit l'allaiter pendant un mois ou six semaines. L'âge de sevrer les chevreaux est à un mois & demi, ou à deux mois pour ceux de la plus petite espèce; & à un mois ou cinq semaines pour ceux de la grosse; mais on ne doit leur ôter le lait qu'à mesure qu'ils commencent à se faire une autre nourriture, telle que des jeunes bourgeons, de la bonne herbe & du foin choisi; & ce n'est que lorsqu'ils y sont habitués, qu'on peut les priver tout-à-fait du lait.

II. Parvenus à l'âge de six à sept mois, les chevreaux entrent quelquefois en rut; c'est pourquoi l'on doit les châtrer à cet âge, s'ils ne sont pas destinés à féconder un troupeau. Quant à la manière de faire la castration, *voyez* ce mot.

§. IV. *Des alimens de la Chèvre.*

En été, on fait sortir de grand matin les chèvres pour les mener aux champs, en observant de les ramener à l'étable pendant les heures de la plus forte chaleur. L'herbe chargée de rosée, qui ne vaut rien pour les moutons, fait un grand bien aux chèvres. Les pays marécageux ne leur sont point convenables; elles se plaisent au contraire, sur les montagnes, & à grimper; elles trouvent autant de nourriture qu'il leur en faut, dans les bruyères, dans les friches & dans les terres stériles. Les ronces, les épines & les buissons, sont de très-bons alimens pour elles. On doit sur-tout les éloigner des endroits cultivés, les empêcher d'entrer dans les blés, dans les vignes & dans les bois, parce qu'il est prouvé que les taillis, les arbres dont elles broutent avec avidité les jeunes pousses, périssent presque tous par les dents de ces animaux. En hiver, au contraire, les branches de vigne, d'orme, de frêne, les raves, les navets, & en général tous les alimens que l'on donne aux brebis, conviennent aux chèvres. On les fait sortir depuis neuf heures du matin jusqu'à cinq heures du soir. Dans la plupart des climats bien chauds, où l'on nourrit beaucoup de chèvres, on ne leur donne point d'étable; mais l'expérience prouve qu'en France elles périroient, si elles n'étoient pas à l'abri pendant l'hiver. Dans certaines provinces du royaume, il est défendu & avec raison, de mener les chèvres paître ailleurs que sur son propre territoire, & même il est permis au propriétaire qui les trouve dans son fonds, de les tuer.

C'est très-mal entendre ses intérêts, que de laisser courir les chèvres. L'expérience a démontré que celles nourries dans l'écurie, & qui n'en sortent jamais, donnent plus de lait que celles qui courent. D'ailleurs, il y a une perte réelle du fumier. (*Voyez* le mot Bétail.)

II. *Du nombre des plantes qu'elles mangent, & de celles qui leur sont nuisibles.* Parmi les bestiaux, les chèvres sont l'espèce qui mange le plus de diverses plantes; ensuite les brebis; après lesquelles viennent les bêtes à cornes; enfin, les veaux & les poulains sont ceux qui mangent le moins d'espèces. Nous évaluons le nombre de celles que les chèvres consomment, à environ cinq cens; celui de la brebis à quatre cens;

celui des bêtes à cornes & des chevaux, à deux cens; & celui des veaux & des poulains, à cent. Mais nous devons obſerver que parmi les différentes eſpèces de plantes, il y en a pluſieurs que les beſtiaux choiſiſſent & mangent par préférence dans une ſaiſon, tandis qu'ils n'y touchent point, & que même ils rejettent dans une autre; & que ce qui les détermine à manger telle ou telle eſpèce de plante, eſt relatif à une infinité de circonſtances qui empêchent de donner des règles certaines & poſitives à cet égard. La ſabine, l'herbe aux puces, les feuilles & le fruit de fuſain, les eſpèces de napel, par exemple, donnent la mort aux chèvres, tandis qu'elles s'engraiſſent en mangeant la dictame & la quintefeuille; elles mangent auſſi impunément la ciguë ordinaire, quoiqu'elle ſoit un vrai poiſon pour les vaches; mais l'âne y eſt quelquefois trompé; quand cela arrive, cet animal ne tarde pas d'en éprouver l'effet narcotique, puiſqu'il tombe dans un état d'inſenſibilité dans lequel il ne donne aucun ſigne de vie.

Nous concluons de tout ceci, qu'il eſt très-difficile de parvenir à la connoiſſance parfaite de certaines maladies des animaux, ſi l'on n'a obſervé des effets ſenſibles de pluſieurs plantes, Telle maladie eſt ſouvent attribuée dans les campagnes, à des cauſes très-éloignées, tandis qu'elle n'eſt dûe, peut-être, qu'à l'action de quelque plante, qui agit toujours dans l'intérieur de l'animal, & rend impoſſible la guériſon de la maladie dont le vétérinaire ou le maréchal s'occupent, & dont ils ignorent la vraie cauſe. (*Voyez* le mot Bétail; on y a indiqué des moyens économiques de les nourrir pendant l'hiver.)

Voici la manière dont on nourrit les chèvres pendant l'hiver, au Mont-d'Or, près de Lyon. Cette montagne eſt renommée pour ſes fromages, ſoit frais, ſoit demi-raffinés ou en crême, ſoit complétement raffinés, dont il ſe fait une ſi grande conſommation à Lyon, & par les envois dans tout le royaume. L'animal ne ſort jamais de l'écurie; & comme la corne de ſon pied n'eſt pas uſée par la marche, ſouvent elle s'aplatit à l'extrémité, & s'alonge quelquefois juſqu'à huit ou dix pouces. Il eſt impoſſible que dans cet état la chèvre qui aime ſi fort à gravir, puiſſe ſe tenir ſur les rochers. Cet alongement de la corne du pied eſt-il une maladie ou une ſuite de la vie ſédentaire? Le fait n'eſt pas encore bien décidé.

Les propriétaires de vignobles jettent le marc du raiſin dans des cuves, le couvrent d'eau, de manière qu'il y baigne entiérement, & le conſervent ainſi pour la nourriture d'hiver. Auſſitôt après que le raiſin a été coupé, on ramaſſe autant qu'il eſt poſſible, des feuilles de vigne, que l'on foule & que l'on comprime dans des cuves, dans des tonneaux, dans des citernes, &c. & on les remplit d'eau de manière qu'elle ſurnage les feuilles. Il faut que les feuilles aient auparavant été lavées à grande eau, afin de les dépouiller des parties terreuſes qui les recouvrent.

Si cette méthode eſt économique relativement

relativement à la nourriture, elle ne l'est pas à l'égard des vaisseaux. Quoique fabriqués en bois de chêne, ils pourrissent bientôt, & contractent un mauvais goût, de manière qu'il est presqu'impossible de les faire servir ensuite à tenir du vin, sans lui communiquer ses mauvaises qualités. Il est étonnant que dans cette partie du Lyonnois, où l'on connoît l'usage du *betton*, (*voyez* ce mot) on ne prépare point avec lui des vaisseaux, des réservoirs, qui dureroient des siècles, & qui coûteroient si peu. C'est tout au plus une première avance à faire, dont on seroit bien dédommagé par la suite.

§. V. *Des Chèvres propres à donner du lait; des moyens de l'augmenter; de la traite; de l'usage du lait.*

I. Une chèvre propre à donner du lait, doit avoir une grande taille, un maintien ferme & léger, le poil épais, & les mamelles grosses & longues.

II. *Des moyens d'augmenter le lait.* Plus les chèvres mangent, plus la quantité du lait augmente. Pour entretenir & augmenter cette abondance de lait, il faut les conduire dans de bons pâturages, dans lesquels la dictame & la quinte-feuille se trouvent en grande quantité; les abreuver soir & matin, & leur donner de tems en tems du salpêtre ou de l'eau salée. Si elles ne sortent pas de l'écurie, on peut leur donner le marc des huiles de noix, de navette, de colsat, d'olives, de pavot, &c.; faire bouillir pour elles le triage des herbes potagères avec du son, la farine du maïs ou blé de Turquie; la pomme de terre cuite avec le son, augmente singulièrement leur lait.

III. *De la traite.* Elle se fait deux fois par jour; le soir & le matin, & de la même manière que pour la vache. (*Voyez* BŒUF)

IV. *De l'usage du lait.* Le lait de chèvre est plus sain & meilleur que le lait de la brebis. Il est d'usage en médecine, & tient le milieu entre le lait de vache & celui d'ânesse. Cependant, d'après les observations de M. Vénel, il est bien démontré que le lait de chèvre n'est pas plus pectoral, plus vulnéraire que le lait de vache. (*Voyez* le mot LAIT) Il a moins de consistance que le premier, moins de sérosité que le second; il a la vertu des plantes dont l'animal s'est nourri, se caille aisément, & l'on en fait des *fromages.* (*Voyez* ce mot, où l'on décrira la méthode du Mont-d'Or)

§. VI. *De l'âge de la Chèvre, de sa voix, & de la durée de sa vie.*

I. *A quoi connoît-on l'âge de la chèvre?* Les dents & les nœuds des cornes indiquent l'âge de la chèvre, comme dans la brebis. (*Voyez* MOUTON) Elle n'a point, ainsi que ce dernier animal, des dents incisives à la mâchoire antérieure, & celles de la mâchoire postérieure tombent & se renouvellent dans le même ordre.

II. *Pourquoi la voix de la chèvre est-elle tremblante?* Le tremblement de la voix de la chèvre a persuadé à quelques auteurs, que cet animal avoit continuellement la fièvre, & que la fièvre étoit l'unique cause qui rendoit sa voix tremblante. Ce sentiment, selon nous, n'a guère de vraisemblance, puisque la fièvre est un état contre nature, toujours accompagné d'un dérangement dans les fonctions vitales, & ordinairement mortelle dans cet animal. Or, est-il probable que la chèvre fût aussi gaie, aussi pétulante, si l'ardeur de la fièvre la consumoit? brouteroit-elle l'herbe avec autant d'appétit? boiroit-elle avec autant de plaisir? prendroit-elle de l'embonpoint? Disons donc avec plus de raison, que quoique la voix de la chèvre soit tremblante, elle est dans un état de santé comme les autres animaux, & que son cri tremblant ne paroît être celui d'un animal qui a la fièvre, ou qui se plaint, que par la constitution particulière de ses organes; mais cette digression seroit étrangère à notre objet.

§. VII. *Combien de tems vit la Chèvre.*

Elle vit ordinairement jusqu'à l'âge de dix à douze ans. J'en ai vu une de l'âge de dix-huit ans, qui fournissoit une pinte de lait par jour.

§. VIII. *De l'achat des Chèvres.*

Il est des précautions à prendre lorsqu'il est question d'acheter des chèvres. On doit examiner si elles ne sont pas dans un état de langueur, & si elles ne sont pas abattues. Un animal aussi pétulant, aussi léger, ne cesse d'être agile que lorsqu'il est malade. Les chèvres boivent le jour même qu'on les achète; ce qu'elles ne font point lorsqu'elles sont dans un état de maladie.

§. IX. *Du climat le plus convenable à la Chèvre.*

On trouve des chèvres semblables à celles de France, dans plusieurs parties du monde; & l'on observe qu'elles sont plus petites dans les pays chauds que dans les pays froids. C'est pour cette raison qu'elles sont plus grandes en Moscovie & dans les autres climats de cette température, que dans la Guinée; & que dans un même royaume, celles qui vivent dans les provinces situées au nord, sont plus grandes que celles qui habitent les provinces méridionales; voilà pourquoi aussi, & l'expérience le prouve; celles que l'on élève en Picardie & dans l'Ile-de-France, sont plus grandes & plus belles que celles du Bas-Languedoc & du Roussillon.

§. X. *De ses maladies.*

On peut les considérer comme externes & comme internes. Elles se divisent en maladies de la tête, du tronc & des extrémités.

Les maladies *internes* de la tête sont, le vertige ou tournoiement, l'assoupissement & l'apoplexie; les *externes* sont, la fracture des cornes, l'onglée, la tumeur sous la ganache, les aphtes, le bouquet & les maladies extérieures des yeux.

Les maladies *internes* du tronc, sont, la fièvre, la toux, l'esquinancie, l'hydropisie, l'enflûre de la matrice, le pissement de sang, la diarrhée, la constipation, le mal-sec & le feu de saint Antoine; enfin, les maladies putrides. Les *externes* sont, la gale, la fracture

Fievre
Fracture des Côtes
Feu S.t Antoine
Cornes cassées
Onglée
Diarrhée
Bouquet
Esquinancie
Constipation
Pissement de Sang
Hydropisie
Entorse
Bleime
Toux
Sellier Sculp.

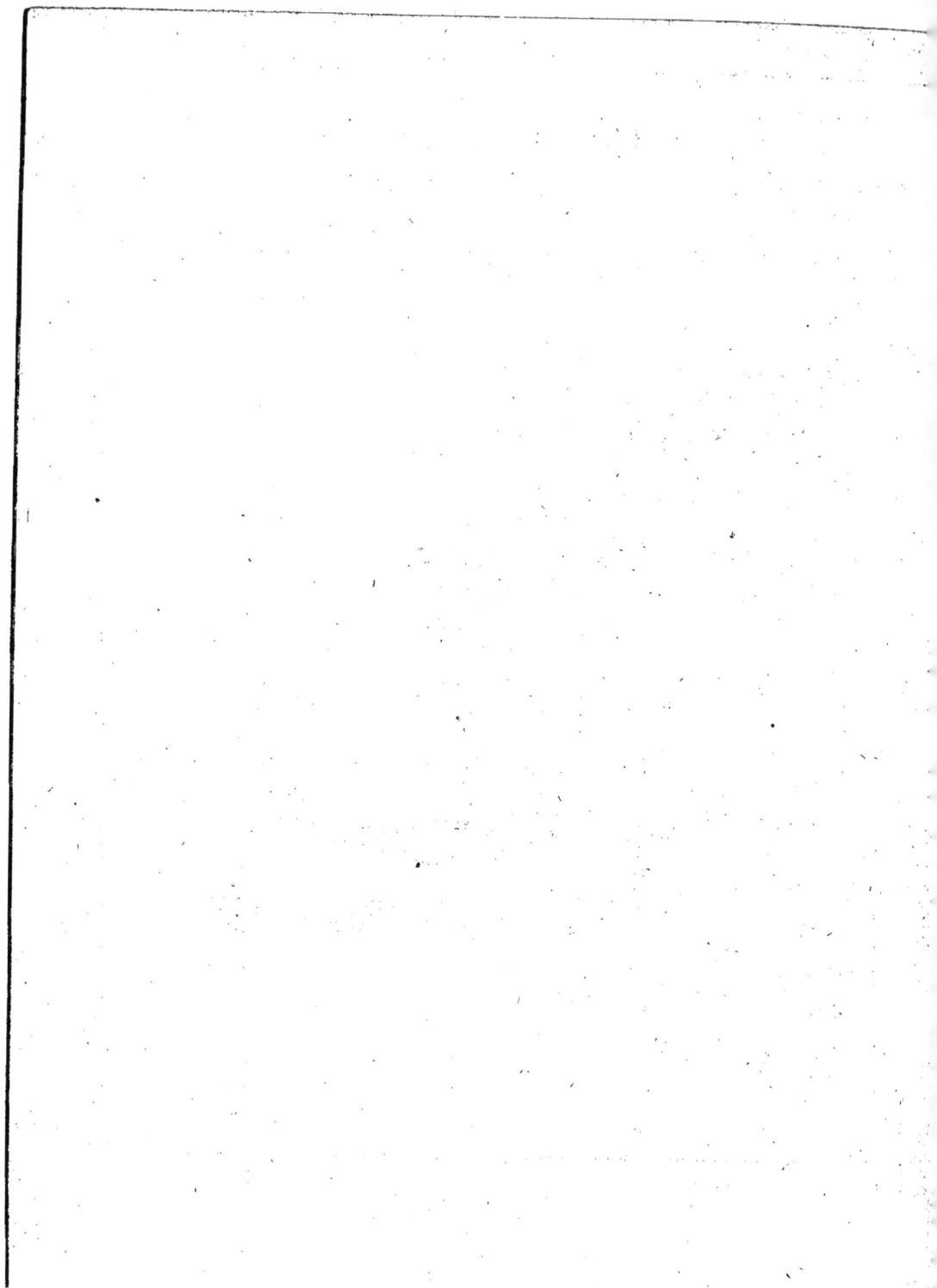

des côtes, les efforts des reins, les ulcères à la vulve, &c.

Les maladies des *extrémités* sont, les tumeurs au genou, au jarret, l'entorse, les fractures, les morsures des bêtes venimeuses, la bleime, &c.

La *Planche* 13 ci-jointe indique les parties affectées; & quant aux signes & traitement des maladies, consultez le mot propre.

§. XI. *Des propriétés du Bouc & de la Chèvre.*

En médecine on emploie le suif & la moëlle. L'un & l'autre sont émolliens & anodins. On a beaucoup vanté l'usage du sang de bouc contre la pierre & autres maladies des reins. On le nourrissoit à cet effet avec des feuilles de laurier, de fenouil; en un mot, avec des plantes qu'on regarde comme apéritives; enfin, on l'abreuvoit avec du vin blanc. Ce remède doit être mis, avec les autres semblables, au rang des préparations inutiles. La chair de chèvre est indigeste.

Le suif est le meilleur que l'on connoisse pour faire des chandelles.

On sale le bouc & la chèvre de la même manière que le bœuf; le premier cependant conserve une odeur & un goût désagréables. Il vaudroit mieux ne pas le mêler avec le reste, qu'il infecte.

Après la mort de l'animal, sa peau est très-utile pour les arts, & entre dans le commerce des cuirs. Les marroquiniers, chamoiseurs & mégissiers, la préparent de différentes manières. Les peaux de chèvres de Corse égalent en beauté celles du Levant, pour être préparées en marroquin.

§. XII. *De la Chèvre d'Angora.*

Elle ne diffère de celle d'Europe que par sa grosseur, la finesse de son poil, d'un blanc éblouissant & très-long, & par ses cornes recourbées en arrière & passant sous les oreilles. Le bouc les a plus longues, & elles sont pliées en spirale. La chair & le lait de ces animaux, sont meilleurs que ceux des chèvres d'Europe.

Il est étonnant qu'on n'ait pas cherché à les naturaliser en France, sur-tout après l'exemple que M. Alstrœmer en donna en 1742 en Suède, où ils n'ont souffert aucune détérioration, & se perpétuent de jour en jour. On est obligé de tirer de Syrie, de Perse, du Levant, le beau poil de chèvre que l'on emploie dans nos manufactures, & rien ne seroit plus facile que de ne pas recourir à l'étranger. M. T.

BOUCAUT. Moyen tonneau, ou vaisseau de bois, qui sert à renfermer diverses sortes de marchandises. On se sert également du boucaut pour le vin & autres liqueurs. Quelquefois ce mot est pris pour la chose contenue, & on dit, un boucaut de vin, de girofle, de morue.

BOUCHE. La bouche est cette ouverture située à la partie inférieure de la tête du cheval, que forment les lévres, d'une commissure à l'autre. Elle ne doit être ni trop, ni trop peu fendue. Dans le premier cas, le mors en force les coins, & les extrémités de l'embouchure s'y trouvant pour ainsi dire noyées, les font froncer & rider; c'est ce que nous appelons, *boire la bride.* Dans une bouche trop peu fendue, au contraire, l'embouchure ne trouve presque point de place, & ne pouvant se loger, elle porte sur les crochets, & fait froncer la lévre.

Nous disons qu'un cheval a une belle bouche, lorsqu'elle est fraîche & pleine d'écume.

C'est par l'entremise des parties qui la composent, & en y sollicitant par le moyen du mors, telle ou telle sensation, plus ou moins vive, que nous déterminons le cheval à l'obéissance, que nous l'invitons à telle action, que nous en réglons les mouvemens, & que nous en fixons la précision & la justesse.

Les parties qui composent la bouche sont les lévres, les barres, la langue & le palais. (*Voyez* ces mots, quant à la conformation & à l'usage de ces parties.) M. T.

Si le bœuf, le cheval, le mouton, &c. ne mâchent pas, examinez la bouche, afin de s'assurer si le voile du palais, le fond de la bouche, la langue, les lèvres, &c. ne sont pas affectés par des *aphtes*, ou par des *ulcères*, ou par des *chancres*. (*Voyez* ces mots)

BOUCHON. On nomme ainsi tout ce qui sert à boucher un vase quelconque, & plus particulièrement les tonneaux & les bouteilles.

Du bouchon des tonneaux. L'ouverture des tonneaux est nécessairement ronde, & très-ronde, parce qu'on la fait avec une tarière qui forme son trou circulairement. Le bouchon doit avoir exactement la même forme, être parfaitement arrondi sur ses bords. S'il a des angles saillans, ces angles auront beau être applatis lorsque le marteau chassera avec force le bouchon dans le trou, il ne touchera jamais par tous ses points ceux de la circonférence du trou; dès-lors il y aura communication entre l'air de l'atmosphère & celui renfermé dans la barrique. On ne doit donc pas être surpris si on trouve souvent des vaisseaux pleins de vin qui aigrissent; c'est que le vin, après avoir perdu une partie de son air fixe, ou de combinaison, (*Voyez* AIR FIXE) absorbe une certaine quantité d'air de l'atmosphère, se l'approprie, le combine avec l'air fixe qui lui reste, enfin il aigrit. Dans ce cas, tout vaisseau plein qui absorbe l'air atmosphérique, est toujours sec à l'extérieur. Pour remédier aux défectuosités du bouchon, autant qu'on le peut, on se sert de filasse, dont on enveloppe le bouchon. Ce moyen est insuffisant, parce que la filasse remplit d'une manière lâche les cavités, & force sur les parties anguleuses.

L'expédient le plus court est de faire travailler les bouchons au tour. Le bois doit être dur & très-sec. Sa hauteur ne doit pas excéder celle des cerceaux les plus rapprochés du trou, & même leur être inférieure. Si elle l'excède, lorsque l'on roulera la barrique, elle portera sur le bouchon, & courra grand risque d'être débouchée, sur-tout s'il se trouve le moindre obstacle, la plus légère pierre à sa rencontre. Combien d'exemples n'ai-je pas vu résulter de ces manques d'attention? que de vins écoulés ou aigris!

Je demande donc que tous les bouchons de barriques soient faits au tour; qu'avant de s'en servir, on ait l'attention de les mettre dans la cuve pendant tout le tems de la fermentation tumultueuse, de les en retirer lorsqu'on écoule le vin; de les placer à l'ombre dans un lieu sec, & où il y ait un courant d'air; le vin pénètre ces bouchons, dépouille le bois de toute espèce d'astriction, & on peut après cela s'en servir avec la plus grande confiance. Il suffira d'envelopper leur partie inférieure avec un morceau de linge, lorsqu'il s'agira de boucher une barrique.

Les paysans ont coutume d'employer le bois de saule ou de peuplier pour faire des bouchons, parce qu'il est facile de les unir & de les façonner. De tels bouchons ne valent absolument rien; les fibres de ces bois sont trop droites, trop poreuses, &c. Lorsque le tonneau est plein, & qu'il survient un vent du midi, ou lorsque le vin travaille dans le tonneau, la force de l'air qui se débande & cherche à s'échapper, pousse la liqueur à travers les fibres du bois, & on voit la superficie du bouchon chargée d'une liqueur trouble & souvent couverte de bulles d'air. Lorsque ces bois blancs ont deux ou trois ans de coupe, ils sont un peu moins mauvais.

Des bouchons de bouteilles. Il n'y a point d'économie à se servir de mauvais bouchons; pour un bouchon on perd une bouteille de vin. Le prix des bouchons est relatif à la qualité, & ce prix est depuis quinze sols le cent jusqu'à quarante & cinquante sols. Achetez toujours les plus chers, parce qu'ils sont les meilleurs. A cinquante sols, c'est deux liards par bouteille; & quel est le vin le plus maigre en qualité, dont le prix ne soit pas au moins sextuple de celui du bouchon? Il n'y a donc aucune proportion entre la parcimonie & la perte, puisque le vin mis en bouteille est pour être gardé.

Un bon bouchon ne doit point avoir de *noir*, c'est-à-dire que toute la partie du liége détachée de l'arbre par le moyen du feu, & que le feu a noircie, doit être enlevée. Un bouchon mou ne vaut rien, & il faut mettre au même niveau celui qui est aussi gros par un bout que par un autre. Le bouchon bien fait a dix-huit lignes de hauteur, sur une largeur quelconque, mais la partie inférieure est plus étroite de deux lignes que la partie supérieure. Lorsqu'on bouche une bouteille, le bas du bouchon doit entrer avec quelque peine dans son ouverture; c'est à la palette à faire entrer le reste. Les bouchons mous plient sous la palette, & n'entrent pas; ils sont à rejetter.

Avant de placer le bouchon, il convient de le mouiller avec du vin, il entre mieux. Quelques Auteurs conseillent de l'imbiber d'eau. Cette méthode est défectueuse. L'eau fait naître les fleurs ou *chêne*, qui surnagent ensuite la liqueur. Ces fleurs ne nuissent pas à la qualité du vin, mais elles sont désagréables à la vue. Toute bouteille, après avoir été rincée & mise à écouler, dans laquelle on aura passé un demi-verre de vin, & qu'on aura vuidée aussitôt, ne donnera point de fleurs dans la suite. Ce vin absorbe l'humidité aqueuse, ou le peu d'eau qui tapissoit ses parois intérieures, & c'est de cette eau que résultent les fleurs. *Voyez* au mot GOUDRON différentes recettes pour conserver les bouchons.

On doit choisir le lieu le plus sec de la maison pour tenir les bouchons en dépôt avant de s'en servir; si on les laisse dans un lieu humide, ou dans la cave, ils prennent un goût de moisi, & le communiquent au vin.

BOUCHONNER. C'est frotter avec un tortillon de paille ou de foin, quelques parties du corps de l'animal. L'action de bouchonner est mise au rang des exercices nécessaires à la santé des animaux, parce que la vertu de cette sorte de friction, est de resserrer & de fortifier les parties que l'on y soumet; de diminuer, si elle dure longtems, la résistance de ces mêmes parties; de faire révulsion, & de détourner la fluxion des humeurs d'une partie sur une autre. Nous avons vu nombre de coliques dans les chevaux, qu'aucun remède n'avoit pu soulager, cesser à l'action forte & réitérée des bouchons de paille. Dans les sueurs qui arrivent au bœuf & au cheval, à la suite d'un travail pénible, ou d'un exercice violent, il est convenable, avant que de donner à manger à ces animaux, de les bouchonner. Cela est d'autant plus nécessaire que cette pratique non-seulement nettoie le corps de la sueur qui le mouille, mais encore fait sortir & exprime des pores de la peau, des restes de sueur, & donne du ressort aux parties. Il en doit être de même des chevaux qui viennent de l'eau, & que l'on a mis à la nage; on les essuie d'abord, après quoi on les bouchonne. Le bouchonnement ouvre les pores resserrés par la vertu restreintive de l'eau, augmente la chaleur de la peau, y rétablit l'évaporation nécessaire, & prévient par conséquent une infinité de maladies graves & dangereuses. M. T.

BOUCLEMENT. C'est une opération par laquelle on empêche qu'une jument ne soit saillie dans des écuries, ou des étables remplies de chevaux ou de mulets.

Il y a deux manières de faire cette opération.

La première consiste à percer simplement d'outre en outre les lévres de la nature de la jument, avec du fil de laiton ou de cuivre, qu'on recourbe ensuite en anneau. Sous ce premier fil, on en met un second, sous celui-ci un troisième & un quatrième, & l'on entrelace ces anneaux les uns dans les autres.

La seconde manière de boucler, est de prendre deux cylindres de cuivre percés horizontalement en quatre endroits différens. A l'un de ces deux tuyaux, est arrêté un grand fil de laiton, que l'on passe à travers des lévres de la vulve, & dans les trous de l'autre cylindre; on recourbe ensuite ce fil, en le faisant passer dans le trou qui doit être au-dessous du premier, en reperçant ensuite la vulve, & en continuant ainsi, jusqu'à ce que le fil, à force de passer & de repasser, forme une espèce de grille au-devant de la vulve de la jument.

Cette opération n'est guère en usage, & est souvent dangereuse, par rapport à l'inflammation qu'elle suscite dans ces parties. M. T.

BOUE, GADOUE. Immondice, fange, ordure qui s'amasse sur les chemins, dans les rues & les places publiques. J'ignore s'il existe un meilleur engrais, soit pour les jardins, soit pour placer au pied des arbres, ou pour amender un champ, parce qu'aucune substance ne contient une plus grande quantité de terre soluble, (*voyez* le mot TERRE) ni un mélange plus intime de substances animales, végétales & terreuses, & toutes réduites à la plus extrême division. Quelle différence dans la manière d'administrer la police dans les villes ! A Paris, il en coûte immensément pour faire enlever les boues & les porter aux voiries ; à Lyon, les gens de la campagne viennent souvent de plus d'une grande lieue les charger, ou sur des ânes, ou dans des tombereaux ; à Genève, l'enlèvement des boues est une des fermes de la ville, & qui lui rapporte beaucoup. Dans les petites villes, dans les villages, &c. où chaque habitant est propriétaire de fonds, il a grand soin de faire nettoyer la rue devant toute l'étendue de la maison, & la boue & les ordures sont si recherchées, que souvent le pavé est décharné, & les chevaux ont peine à se tenir. N'est-il pas étonnant qu'il soit défendu aux jardiniers ou maraîchers de Paris & de ses environs, d'employer ce fumier par excellence dans leurs jardins potagers, dans la crainte, pense-t-on, qu'il ne communique un mauvais goût, ou une qualité malfaisante aux légumes, fruits ? &c. Il est constant que lorsque ce fumier fermente, il répand une odeur très-désagréable, & cette odeur a été le principe de la conclusion bisarre qu'on a tirée. Mais lorsque cet engrais est resté en grande masse amoncelé pendant 10 à 15 mois, il n'a plus d'odeur, & dans cet état, il est impossible qu'il communique ni mauvais goût, ni mauvaise odeur aux plantes même les plus délicates. C'est alors un terreau par excellence.

Il n'existe de la boue dans les grands chemins, dans les chemins ruraux, que lorsque l'eau ne trouve pas une issue pour s'échapper. Dès-lors ce bas fond sert de réceptacle aux eaux des endroits supérieurs. Ces eaux se sont appropriés la *terre soluble*, la *terre végétale* qu'elles ont entraînées, ainsi que les débris des excrémens des animaux ; cette terre devenue boue, & encore divisée & pétrie de mille manières, par le piétinement des chevaux, toutes les parties en sont mélangées intimément : enfin elles forment à la longue une terre noire & végétale par excellence. C'est ne point entendre du tout ses intérêts, que de ne pas chercher à accumuler le plus qu'il est possible cette terre précieuse, soit en faisant des fossés pour la recevoir, soit en l'enlevant dès qu'elle commence à se sécher. C'est le cas de rapporter sur la place de nouvelle terre, afin de ne pas détériorer & rendre le chemin plus mauvais, & l'on sera bien dédommagé de son travail. Heureux celui qui peut se procurer celle des villes, ou des chemins !

BOUFFISSURE, MÉDECINE VÉTÉRINAIRE. Symptôme de différentes maladies que les animaux éprouvent ; c'est une tuméfaction des tégumens par l'air. Ces symptômes sont dûs, ou à des causes extérieures, ou à des causes intérieures.

Des causes extérieures. L'animal peut être bouffi, ou à la suite d'une *morsure* ou *piqûre* d'une bête venimeuse, (*voyez* ces mots) ou lorfqu'une plaie pénètre dans la cavité de la poitrine, par exemple par la fracture d'une côte, lorſque l'extrémité de la côte caſſée touche le poumon; ou enfin, lorſque pour guérir d'un écart, de la fourbure, du mal de cerf, &c. les ignorans font une inciſion à la peau, & introduiſent dans l'ouverture un chalumeau ou un ſoufflet, & pouſſent de l'air, à peu près comme le boucher l'exécute avant d'écorcher un bœuf ou un mouton. Il n'eſt pas poſſible d'imaginer une pratique plus vicieuſe.

Si la côte caſſée porte ſur le poumon, le plus court eſt de vendre l'animal au boucher, & ſi c'eſt un cheval, une mule, &c. de les tuer. On dépenſeroit inutilement ſon argent à les faire traiter. Dans l'autre cas, il faut ſe hâter de donner iſſue à l'air ſoufflé, par des ſcarifications à la peau, & avec la main de pouſſer légèrement l'air vers ces iſſues, & auſſitôt après de faire baigner l'animal dans l'eau la plus froide, & même d'appliquer de la glace ſur les parties les plus tuméfiées.

Des cauſes intérieures. Elles ſont toutes très-graves : *la première* marche à la ſuite d'une dyſſenterie longue & opiniâtre. La bouffiſſure, ou tuméfaction ſe manifeſte peu à peu ſur le dos & ſur les lombes; & lorſque l'on comprime la partie affectée, l'animal éprouve de la douleur; on entend & on ſent un petit craquement ſous les doigts. Cette tuméfaction eſt une preuve que la dyſſenterie a épuiſé les forces de l'animal, que ſa ſubſtance tend à une décompoſition générale, puiſque l'air principe s'en dégage, ainſi que des fluides. Il eſt très-rare, dans cette circonſtance, de rappeler l'animal à la ſanté. Dès qu'on s'apperçoit de cette maladie, il eſt indiſpenſable de le ſéqueſtrer, de le ſéparer des autres animaux de ſon eſpèce, parce que cette dyſſenterie eſt preſque toujours épidémique. La prudence & l'intérêt du propriétaire exigent, que tout le fumier de l'écurie où étoit l'animal avant ſa ſéparation des autres, ſoit enlevé avec ſoin, l'écurie bien balayée, les auges, les râteliers, les cordes, en un mot, tout ce qui lui a ſervi, lavé à pluſieurs repriſes, frotté, ratiſſé, & enfin pour la dernière fois, lavé avec du vinaigre très-fort. Quant à l'animal malade, il eſt indiſpenſable de l'enterrer dans une foſſe très-profonde, & de le recouvrir de pluſieurs pieds de terre. Ceux qui alors vendent la bête malade aux bouchers, ſont dans le cas, ainſi que l'acheteur, d'être punis ſévérement par les Juges des lieux qui doivent veiller à la ſanté du citoyen; toute grace en faveur des coupables eſt un crime encore plus grand contre la ſociété. Sans une ſévérité des plus rigoureuſes, on riſque de faire périr tous les beſtiaux d'une province. (*Voyez* le mot ÉPIZOOTIE)

Le payſan ſouvent écraſé par la perte de ſon bétail cherche à profiter de la peau, écorche l'animal, & de la même main, va panſer ceux qui reſtent dans l'écurie. L'expérience lui prouvera bientôt combien cette parcimonie lui ſera fatale; ſucceſſivement tout ſon bétail périra pour la valeur d'une peau. Quelle économie! Ce n'eſt pas tout, cette même peau peut encore donner lieu à l'épizootie par-tout où elle ſera tranſportée : c'eſt par attouchement & non par l'air que le mal ſe propage,

il

il en est des maladies des animaux comme de la peste, que des mesures sages & prudentes circonscrivent dans un lieu.

La seconde cause intérieure de la bouffissure vient de la dépravation des humeurs; on la nomme *venin dormant*. Voici comme M. Vitet s'explique dans son excellent ouvrage intitulé, *Médecine vétérinaire*. Le défaut d'appétit, la sécheresse de la langue, la tuméfaction du dos & des lombes, le bruit qui se fait entendre lorsqu'on touche la partie tuméfiée, sont les premiers symptômes qu'éprouve l'animal; ensuite il perd entièrement l'appétit, les tégumens se gonflent considérablement, même jusqu'à effacer les creux que l'on voit aux flancs, & à rendre un son lorsqu'on les frappe, semblable à celui que donne un cuir tendu.

Le bœuf & le mouton téguent: quelquefois il sort par le fondement une espèce d'écume accompagnée d'une fréquente déjection; alors les bouviers donnent le nom de *venin hâté* à cette maladie. La mauvaise qualité de l'air, des plantes, du terrain, particulièrement les grandes chaleurs & le défaut de boisson, passent pour les principes les plus fréquens du *venin hâté*, auquel le bœuf est plus exposé que le cheval.

La première indication à remplir est la diminution du sang par la saignée à la veine jugulaire, plus ou moins réitérée selon l'âge, le tempérament & l'espèce de sujet, selon la constitution de l'air, la nature du sol & le genre de vie. L'eau qui doit servir de boisson sera animée par des plantes aromatiques, telles que les feuilles d'absinthe, les plantes amères, les fleurs de camomille romaine, &c. Lorsque la langue est sèche, & que les humeurs paroissent tendre vers la putridité, ajoutez à l'eau destinée pour boisson, une once de nitre, ou demi-once de crême de tartre, ou simplement du vinaigre, jusqu'à ce que l'eau ait acquis une agréable acidité; c'est dans les cas où il y a chaleur. Gardez-vous de purger l'animal, de le faire saliver, de lui donner de l'urine pour boisson, de le faire suer dans les orties, c'est-à-dire, de le placer dans une fosse, où on le couvre de feuilles, & ensuite de fumier, excepté la tête pour le laisser respirer. Ce remède, quoiqu'avantageux dans une infinité de cas, ne sert ici qu'à augmenter la dépravation des humeurs. Je n'approuve point le breuvage composé d'une pinte d'eau-de-vie, où l'on aura fait macérer quatre gousses d'ail pour faire suer l'animal. Il échauffe beaucoup, rarement fait suer, malgré les couvertures les plus chaudes. Si l'indication est d'augmenter les forces, les fonctions vitales, & de déterminer la sueur, je préférerois une infusion d'absinthe & de suie de cheminée, chacune à la dose de quatre onces sur trois livres de vin, parce que le vin est moins capable d'exciter l'inflammation des viscères, que l'eau-de-vie.

BOUGE. Terme de tonnelier, pour désigner le milieu de la futaille, dans sa partie la plus bombée. Je ne vois de bien faits & de commodément faits, que les tonneaux Espagnols, & après eux, ceux de Bordeaux qui le sont beaucoup moins. Partout ailleurs, ils n'ont point assez de bouge ; l'ouvrier va au plus expéditif ; la coutume , & souvent l'ordonnance des pays s'opposent au perfectionnement de l'ouvrage. La raison en est bien simple : les gens en place aiment à faire des ordonnances sans avoir préalablement jugé par comparaison. Un tonneau, une barrique, &c. ne sauroient avoir trop de bouge, ni trop avoir la forme d'un fuseau tronqué par les bouts. Lorsqu'on roule un vaisseau bien bougié, il ne porte alors que sur quelques points, & un enfant le conduit où il veut, & comme il veut ; si, au contraire, il touche la terre sur une surface de deux pieds, la résistance est en raison de cette surface, & par conséquent triple ou quarduple de la première ; il faut donc alors une force triple & quadruple pour le faire mouvoir.

Le second avantage qui résulte du bouge renforcé, est la solidité du vaisseau, les douves joignent beaucoup mieux, & font plus la voûte. Il faut plus de peine, il est vrai, pour les réunir, mais c'est l'affaire d'un tour de tourniquet de plus ou de moins pour commencer à les serrer ; les cerceaux font le reste.

Le troisième avantage résulte du peu de vide qui reste entre la surface de la liqueur & le trou du bouchon. Tout le monde sait que le vin, que l'eau-de-vie, &c. s'évaporent dans le tonneau ; que le vin, par une fermentation insensible, dépose ses parties les plus grossières, qu'elles occupent alors moins de place, & par conséquent que le vide augmente. Si le tonneau que je suppose de quatre pieds de longueur n'a qu'un pouce de bouge, il est clair que s'il manque un demi-pouce de vin dans le vaisseau, il y aura plus de trois pieds de surface vide sur la longueur, & sa largeur sera proportionnée ; mais si ce même vaisseau à trois pouces de bouge de chaque côté, le premier vide supposé ne s'étendra pas à un pied, & la largeur sera proportionnée. Tout le monde sait encore que l'évaporation ne se fait que par les surfaces ; par conséquent, plus il y aura de vide dans le tonneau, plus l'évaporation de la liqueur qu'il contient sera considérable. Au mot TONNEAU, j'entrerai dans de plus grands détails.

BOUILLIE, *Nourriture & Médicament.* C'est une nourriture grossière & indigeste, dont on a coutume de farcir l'estomac des enfans à la mamelle. Les gens éclairés ont beau représenter combien cet usage est pernicieux à la santé délicate de ces êtres foibles ; l'aveuglement est tellement opiniâtre, que l'abus croît & se multiplie comme les têtes de l'hydre.

Ces ignorans entêtés voient en vain les maladies nombreuses & meurtrières être les suites de cet usage de donner de la bouillie, rien ne peut déraciner ce préjugé : le plus grand nombre des enfans qu'on nourrit avec la bouillie, sont sujets aux aigreurs, aux vers, aux engorgemens & aux obstructions des glandes du ventre, au carreau, aux coliques, aux dévoiemens & aux convulsions : quelques personnes croyant rendre la bouillie plus salutaire & moins nuisible, on a conseillé de faire rôtir la farine : mais qu'arrive-t-il de ce procédé? La partie aqueuse s'envole par le feu, & il ne reste qu'une espèce de cendre qui ne renferme point de partie nourricière.

Le riz est moins malfaisant, mais c'est encore une espèce de farine qui pour devenir digestible, doit éprouver un mouvement de fermentation.

Pour obvier à ces abus, & pour substituer à la bouillie une nourriture saine aux enfans du premier âge, *voyez* l'article ENFANS, où nous avons réuni les maladies de cet âge tendre, & la conduite qu'il faut tenir dans leur éducation physique; cet objet est assez important pour en faire un article à part.

La bouillie comme médicament est un excellent remède en cataplasme, dans les douleurs violentes de goutte, de rhumatisme, d'engorgement de lait dans le sein, & dans les douleurs du ventre. M. B.

BOUILLON, *Nourriture & Médicament.* On donne le nom de bouillon, aux sucs des différentes chairs des animaux, que l'on fait bouillir dans l'eau qui en retient la partie nourricière & adoucissante : on fait des bouillons de veau, de bœuf, de poulet, d'escargot, de vipère, de tortue, &c. Ces différens bouillons ont des vertus relatives aux genres & à l'espèce des maladies. Dans les différens articles, nous parlerons de l'espèce de bouillon qui convient à l'âge, au sexe, au tempérament, à la maladie & au degré de la maladie. M. B.

BOUILLON, *Jardinage.* Mot nouveau, introduit par M. de Schabol. Il est pris de l'usage commun, & employé dans sa signification propre. On prend un bouillon pour s'humecter en même tems que pour se sustenter. Le bouillon dont il est question, est composé d'onctueux, d'humectans & de corroborans; voici comment il se fait.

Prendre pour un seul bouillon plusieurs seaux d'eau, les verser dans un baquet, & y jeter ce qui suit : crottin de cheval, la valeur d'un demi-boisseau, lequel doit être mis en miettes avec les mains, & pulvérisé.... crottins de mouton, pulvérisés aussi, deux fois une pleine main.... bouse de vache, environ un demi-boisseau, laquelle doit être bien délayée avec les deux mains... terreau gras & vif de couche, un demi-boisseau.

Par terreau gras & vif, on entend celui qui n'a point été évaporé pour avoir été longtems à l'air, au hâle & délayé par les pluies; mais nouvellement amoncelé & noirâtre, quand on a brisé les vieilles couches. Dans le cas de disette de celui-là, on le prend tel qu'on le peut avoir; mais on lève celui de la superficie, pour plonger & aller au fond. Il en est du terreau comme de quantité de nos alimens qui se passent étant gardés un certain tems, les uns plus, les autres moins.

Il faut, 1°. commencer par bien battre & mêler le tout ensemble, puis le jeter dans le baquet, & avec les mains le délayer.

2°. Faire un bassin autour d'un arbre, & non pas autour du tronc, dont la fonction principale n'est pas de pomper, mais de recevoir & contenir les sucs; faire ce bassin endeçà, environ à sept ou huit pouces du tronc, ôtant la terre jusqu'aux premières racines, & verser le tout dans la fosse; & comme au fond du baquet il en reste toujours, le bien nettoyer avec les mains, & répandre le tout dans la fosse.

3°. Quand l'imbibition est faite, remettre la terre, afin que rien ne s'évapore, & faire ainsi à tout ce qui en a besoin, arbres, arbustes, plantes en caisses & en pots. Réitérer, si un premier bouillon ne suffit pas; le même a lieu pour des orangers malades.

Le voilà, dit M. de Schabol, ce bouillon si souverain, si efficace, le voilà en petit pour un seul arbre; mais en a-t-on besoin pour un certain nombre d'arbres, on augmente la dose de chaque ingrédient au prorata du nombre des arbres à médicamenter, le tout à vue de pays; un peu plus, un peu moins n'est pas d'une grande conséquence; alors on bat le tout ensemble avec divers outils.

C'est ainsi que dans la cure des maladies humaines, on compte les juleps, les cordiaux, les stomachiques, les bouillons pulmonaires, ceux faits avec les anti-scorbutiques, &c. Mais il est une observation des plus importantes; savoir que de même que dans la médecine humaine, quand les parties nobles sont attaquées immédiatement, ces recettes ne peuvent rien: de même le bouillon ne produit aucun effet sur les arbres épuisés & ruinés.

On est assuré de guérir par le moyen de ce bouillon, une quantité de maladies des plantes & des arbres, telles que la jaunisse, le blanc, ou le meunier aux pêchers, les effets & les accidens causés par la cloque, par les vents roux, &c.

Il y a encore un autre bouillon fait avec les lavures de cuisine.

Bouillon-Blanc, ou Molène. (Voy. *Pl. 14*) M. Tournefort le place dans la sixième section de la seconde classe, qui comprend les fleurs d'une seule pièce en forme d'entonnoir, & dont le pistil devient un fruit dur & sec, & il l'appelle, *verbascum mas latifolium luteum*. M. Linné le classe dans la pentandrie monogynie, & l'appelle *verbascum thapsus*.

Fleur d'une seule pièce B en entonnoir applati, découpée en cinq parties arrondies à leur sommet; les étamines au nombre de cinq, sont attachées à la base de la corolle, ainsi qu'elles sont représentées en C. Le pistil D est placé au centre de la corolle, & s'attache au fond du calice à cinq feuilles E, & il est également divisé en cinq parties pointues au sommet.

Fruit. Le pistil se change en capsule F à deux loges & deux valvules G, remplies de semences H, menues, anguleuses, attachées sur le placenta I.

Feuilles grandes, longues, larges, molles, sans pétiole, adhérentes à la tige par leur base, cotonneuses des deux côtés.

Racine A, oblongue, ligneuse, blanche, rameuse.

Port. La tige s'élève quelquefois à la hauteur de quatre ou cinq pieds, suivant la nature du terrain; grosse, ronde, ligneuse; les fleurs entourent la plus grande partie de la tige. Les feuilles qui partent des racines sont couchées sur terre & disposées en rond; celles des tiges sont placées alternativement, & s'allongent lorsqu'elles poussent d'entre les fleurs.

Bouleau.

Bourgene.

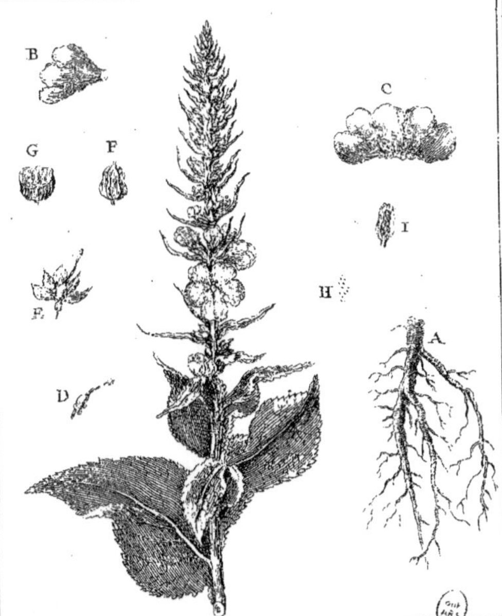

llier Sculp

Bourrache.

Bouillon-Blanc.

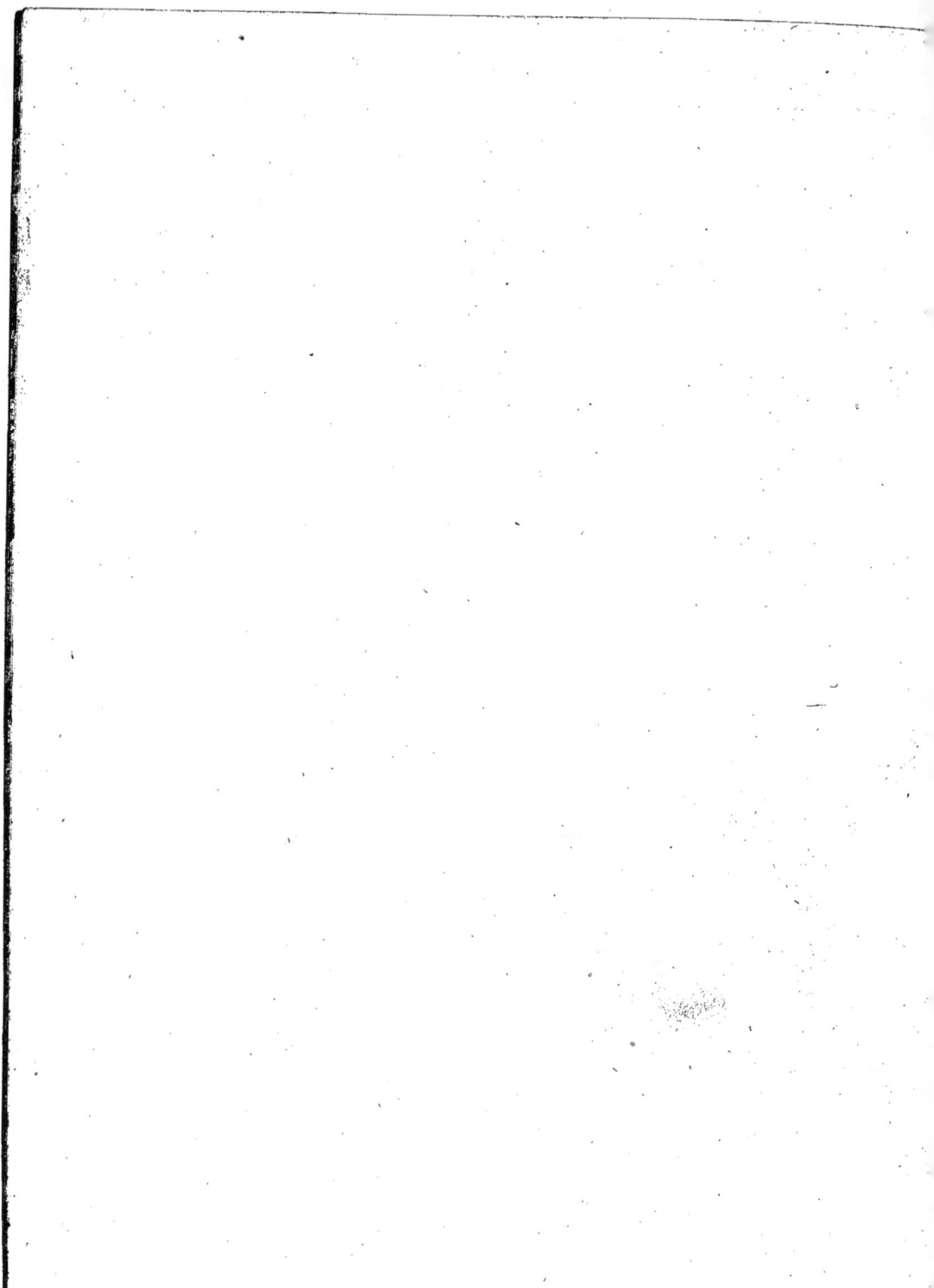

Lieu. Les endroits secs, sablonneux, les terrains remués, les champs. La plante est vivace & fleurit en Juillet, Août, Septembre, & quelquefois en Octobre.

Propriété. Les feuilles ont un goût d'herbe un peu salé & styptique; les fleurs sont émollientes, calmantes & béchiques. Les fleurs déterminent l'expectoration, calment les toux, les rhumes, l'asthme pituiteux, tempèrent la soif; elles sont d'un grand secours dans le ténesme, par de violens purgatifs, dans les dyssenteries; elles calment rarement les douleurs hémorroïdales: sous forme de cataplasme, elles diminuent quelquefois la chaleur, la douleur & la tension des tumeurs inflammatoires.

Usage. On emploie les fleurs sèches & mondées en boisson, à la manière du thé, en fomentations, en lavemens. La boisson pour l'animal est d'une poignée de fleurs sur une livre d'eau.

BOULE. *Arbre taillé en boule.* On le dispose communément ainsi dans les grandes plattes-bandes des jardins, dans les petites avenues. Il faut planter le tronc gros, & de la hauteur qu'on desire, couper toutes les têtes à la même hauteur. Ces arbres profitent peu, poussent peu de racines, parce que les racines sont toujours proportionnées au volume des branches. Ce qui empêche ces arbres de prospérer, est la mutilation presque continuelle de leurs jets, mutilation qui a lieu néanmoins deux fois l'année, de manière que l'arbre ne produit que des branches chiffonnes, des feuilles étroites; c'est l'arbre esclave dans tous les points.

BOULE DE MARS, OU DE NANCY. Comme sa préparation est simple, & que le composé est fort utile dans les campagnes, nous allons décrire la manière de la préparer. Prenez de la limaille de fer tamisée, demi-livre; crême de tartre pulvérisée & tamisée, une livre. Mêlez exactement dans un mortier de fer avec suffisante quantité de bonne eau-de-vie, pour en former une pâte molle, que vous laisserez dessécher à l'air libre. Broyez de nouveau avec de l'eau-de-vie, la masse desséchée; laissez encore dessécher le mélange à l'air libre; réitérez le même procédé, jusqu'à ce que le mélange paroisse égal, sans grumeaux & composé de particules presqu'imperceptibles; enfin, réduisez-la avec de l'eau-de-vie, en une pâte assez ferme pour en faire des boules de la grosseur d'une noix, en roulant chaque portion dans les mains humectées d'eau-de-vie. Exposez-les à l'action de l'air libre; & étant séchées, vous aurez les *boules de Mars*.

La boule de Mars, en solution dans l'eau, convient dans les pâles couleurs, la suspension du flux menstruel par l'impression d'un corps froid, avec foiblesse de forces vitales & musculaires; dans les fleurs blanches accompagnées de foiblesse, principalement lorsque les autres préparations ferrugineuses n'ont produit aucun effet sensible. Pour ces espèces de maladies, il est essentiel de l'associer avec l'infusion d'une plante fortifiante-amère, ou fortifiante-aromatique. Extérieurement en solution avec de l'eau-de-vie, elle est indiquée dans les vives contusions lorsqu'elles sont récentes,

& sur les environs d'une plaie nouvelle, accompagnée de violentes contusions. Mise sur les plaies récentes & profondes, & sur les ulcères, elle s'oppose à la consolidation des premières, & à la cicatrice des seconds.

La dose de la boule de Mars, pour l'intérieur, est depuis dix grains jusqu'à une drachme, en solution dans six onces de véhicule aqueux ou vineux : pour l'extérieur, depuis demi-drachme jusqu'à deux drachmes, en solution dans deux livres d'eau-de-vie. M. Nicolas, apothicaire à Nanci, compose les boules les plus renommées.

BOULEAU. (Voyez *Planche 14*, pag. 404). M. Tournefort le place dans la classe des arbres & arbrisseaux à fleur en chaton, dont les fleurs mâles sont séparées des fleurs femelles sur le même pied, dont les fruits sont écailleux & en forme de cône ; & avec Dodoens, il l'appelle *betula*. M. von Linné le nomme *betula alba*, & le classe dans la monoecie tetrandrie.

Fleur. Les fleurs mâles sont rassemblées sur un chaton alongé, & représentées en B & en C. La *Figure* B montre un individu mâle dans sa position naturelle avec les étamines. La *Figure* C offre la même fleur renversée, dépouillée des étamines, ou pour mieux dire, le calice de la fleur, qui est une écaille obronde, terminée en pointe & creusée en cuiller. Cette écaille est accompagnée à sa base, de deux folioles ovales, terminées en pointe, également creusées en cuiller, comme on le voit en C. Une des étamines est représentée en D.

Les fleurs femelles sont, ainsi que les fleurs mâles, rassemblées sur un chaton A. Le même chaton, dépouillé d'une partie de ses fleurs, est représenté en G. L'individu femelle E consiste en un seul pistil F ; lequel est composé de l'ovaire, de deux stiles & de deux stigmates. Le pistil repose sur la base d'une écaille H, qui est divisée en trois lobes. Le chaton G est figuré dans son état de maturité ; aussi voit-on encore plusieurs fruits attachés à ses écailles. Ces mêmes fruits sont représentés en I I I, séparés de leurs écailles ; chacun d'eux est composé d'une capsule à deux loges, qui devroient contenir chacune une graine, si ordinairement l'une des deux n'avortoit pas. La semence est bordée de deux ailes membraneuses.

Feuilles, ovales, presque triangulaires, pointues, finement dentées en manière de scie ; la surface supérieure est d'un vert clair, & l'inférieure d'un vert blanchâtre.

Racine, rameuse, ligneuse.

Port. Arbre de médiocre grandeur ; le bois tendre & blanc ; l'écorce presqu'incorruptible, blanche, lustrée, satinée sur les jeunes branches, raboteuse sur les troncs ; les boutons alongés ; les feuilles quelquefois doubles.

Lieu. Les bois, les taillis, dans les montagnes ; & fleurit communément en Mai & Juin.

Propriétés. Les feuilles sont un peu odorantes, & d'une saveur agréable ; l'écorce du tronc & des branches, d'une odeur aromatique & douce. En perçant l'écorce dans le tems de la sève, il en découle une liqueur légérement acide, douce, agréable & diurétique. On peut la conserver pendant une année entière dans des vaisseaux clos, en la couvrant d'un peu d'huile. Plusieurs auteurs l'ont recommandée comme un remède très-adoucissant dans les douleurs de la gravelle & de la pierre; d'autres ont vanté l'infusion de la seconde écorce du bois, pour prévenir ces maladies; aucune expérience bien faite, bien authentique, ne prouve cette propriété; & il seroit fort à desirer qu'elle en jouît.

Usage. L'écorce sèche & pulvérisée, se donne depuis une drachme jusqu'à une once, en infusion dans six onces d'eau; récente, depuis deux drachmes jusqu'à deux onces, en infusion dans la même quantité d'eau. La dose du suc est depuis trois onces jusqu'à six pour l'homme, & depuis une demi-livre jusqu'à une livre pour l'animal.

Propriétés économiques. Dans le Canada, les sauvages font d'excellens canots avec son écorce; & les gaulois, nos ancêtres, écrivoient sur sa seconde écorce. Son plus grand & plus utile usage est pour les cerceaux de barriques & de cuves; ils ne valent pas ceux faits en châtaignier; cependant ceux-là se conservent mieux dans les endroits humides, si on a eu le soin de leur conserver leur écorce. Si les tiges sont longues & droites, elles servent à cercler les cuves. Les petits rameaux font d'excellens balais, & les meilleurs de tous pour les blés sur l'aire; il faut alors les faire peu épais, d'un pouce au plus, & leur donner beaucoup de surface, en écartant les maîtres rameaux; communément on les divise en plusieurs petits paquets, mais tous liés ensemble du côté du manche. Les vanniers se servent de ces rameaux, en les dépouillant de leur écorce, pour fabriquer des paniers, qui, dans ce cas, ne valent pas ceux faits avec l'osier. Les charrons en font des jantes de roues, inférieures à celles d'ormeau ou de frêne. Le bois, réduit en charbon, est excellent pour les forges & pour les fonderies. Les suédois couvrent leurs maisons avec l'écorce de l'arbre, & cette toiture dure assez longtems. Ils en font des cordes de puits, ou bien ils tordent cette écorce, & elle leur sert à faire des torches pour s'éclairer pendant la nuit.

Culture. Cet arbre figure très-bien dans un parc, lorsque le terrain est humide; cependant on en voit d'assez beaux dans les sols sablonneux. La nature fait ordinairement tous les frais pour semer le bouleau; & quand une fois il s'est emparé d'un endroit, il couvre bientôt toute la superficie qui l'environne. Il vient difficilement de graine si la main de l'homme le sème. Il vaut mieux aller dans les bois lever les plus jeunes plants, & les déposer dans une pépinière, les y soigner pendant deux à trois ans, & les transplanter ensuite, sans briser aucunes de leurs racines. Si on desire faire taller la plante, on la recoupe rez terre lorsque le tronc a un pouce d'épaisseur; elle pousse alors beaucoup de jets; & quelques corbeilles de terre jetée dans le centre de ces jets, & assez pour bien en couvrir la base, serviront à leur faire pousser des racines, de manière que chacun deviendra un arbre si on a soin de le séparer de la mère-souche, de le transplanter ensuite, & de veiller à sa conservation.

M. Linné compte plusieurs espèces de bouleau, & range dans ce nombre l'aune, dont on a déjà parlé ; il est inutile de les décrire ; elles sont plus du ressort de la botanique que du nôtre.

M. le Blond, dans sa *Pratique du Jardinage*, dit que le bouleau ne souffre aucune vermine ou insecte sur ses feuilles, &c. ; & cependant il est démontré qu'on y en compte de vingt-cinq à trente espèces très-distinctes. Nous relevons cette erreur, parce que plusieurs écrivains ont conseillé, d'après l'assertion de M. le Blond, l'infusion des feuilles de bouleau pour chasser les chenilles, &c. Il en est de cette propriété, comme de celle attribuée à l'aune.

BOULET. Jointure inférieure, située entre le canon & le paturon. Nous disons qu'un cheval est bien planté, quand la face antérieure du boulet se trouve environ deux ou trois doigts plus en arrière que la couronne. S'il avance autant que cette dernière partie ; s'il est sur une ligne perpendiculaire au genou & au canon, le cheval est droit sur ses membres, & cette situation défectueuse annonce qu'il est ruiné ; dans le cas aussi où le boulet est sur une ligne perpendiculaire à la pince, le cheval est bouté ou bouleté. (*Voyez* BOULETÉ) Cette position est si contraire à sa conformation primitive, qu'il est totalement à rejeter. Il en est encore une vicieuse, à laquelle on ne sauroit trop faire attention ; c'est celle où cette partie se trouve, par une erreur de la nature, rejetée trop en dehors ou trop en dedans ; alors le cheval est d'autant plus mal articulé, qu'elle ne répond d'aucune manière juste & positive à la ligne du canon ; & l'extrémité, dans ce cas, perd une grande partie de sa force. S'il est mal tourné ; si sa face antérieure est dévoyée intérieurement, le pied suivant cette direction, nous disons que le cheval est cagneux ; & panard, lorsqu'elle regarde la face externe. Ces défauts peuvent encore provenir du genou & du coude. Des boulets menus & petits sont la plupart trop flexibles, & cette flexibilité est un indice presque certain de leur foiblesse. Cette partie ainsi conformée, l'animal communément se lasse & se fatigue dans le plus léger travail, elle est bientôt gorgée ; & l'enflure dissipée, il y reste ou il survient des molettes. (*Voyez* MOLETTE) Son enflure provient aussi d'un travail excessif ; assez fréquemment alors le boulet est couronné, c'est-à-dire qu'on y observe une tumeur qui l'environne ; elle provient encore d'un repos trop long, d'une infinité d'autres causes, telles que d'une *luxation*, d'une *entorse*, d'une *contusion*. (*Voyez* ces mots) Tout cheval foible des reins, dont les membres sont peu proportionnés, qui est mal planté, serré, cagneux, panard, se coupe & s'entre-taille. La lassitude, la paresse, le défaut d'habitude de cheminer, une vieille ou mauvaise ferrure, des rivets qui débordent, la froideur de l'allure, sont encore autant de points à observer dans l'animal auquel on peut reprocher

reprocher ce défaut. Le cheval qui s'entre-taille s'atteint toujours au même endroit ; de-là la chûte du poil & l'atteinte. (*Voy.* Atteinte) Celui qui s'attrape, se frappe au contraire en différens lieux ; & la partie atteinte n'étant pas toujours la même, il n'y a aucune impression apparente du coup ; selon l'endroit où il a porté, l'animal boite dès le premier pas qu'il fait, & la claudication cesse après qu'il en a fait quelques autres. Quand il est las, il bronche en s'attrapant ; il tombe même, s'il chemine avec vîtesse ou s'il galoppe. Ce défaut, qui est une preuve d'une foiblesse naturelle, & qui provient d'une mauvaise action des jambes qui se croisent sans cesse, doit faire rejeter un cheval, parce que ce vice tient à sa constitution, & qu'il est irréparable. M. T.

BOULETÉ. Nous entendons par cheval bouleté, celui dont le tendon fléchisseur du boulet a souffert & s'est retiré, & quelquefois celui dont le tendon extenseur du pied s'est relâché.

Cette maladie arrive aux chevaux de tirage & de labour, à la suite d'un travail forcé, mais principalement de la ferrure. Un cheval, par exemple, auquel on aura mis des fers longs à fortes éponges, & dont on aura paré la fourchette, y est très-exposé, parce que le tendon fléchisseur de l'os du pied étant toujours obligé de porter à terre, d'être tendu, est nécessairement obligé à tenir le paturon droit sur l'os coronaire ; & successivement, avec le tems, de porter la partie supérieure de cet os en avant.

Il est possible de remédier à ce mal dans le commencement, par la ferrure qui convient au cheval bouleté, ou qui se boulette. (*Voyez* Ferrure) M. T.

BOULINGRIN. Mot emprunté de l'anglois, & francisé, pour désigner un terrain semé avec de l'herbe fine très-serrée, que l'on coupe plusieurs fois dans l'année, & sur laquelle on fait aussitôt après passer un rouleau de pierre, afin de tenir le terrain aplati, & même quelquefois sur l'herbe : en un mot, tout tapis vert forme le boulingrin, surtout s'il est arrondi, pour répondre à la signification du mot anglois, composé de deux mots ; savoir, de *bowlin*, qui veut dire *rond ;* & *gréen*, qui signifie *pré*, *verdure*. En France, le mot boulingrin a une signification différente : on nomme ainsi certains renfoncemens & glacis couverts en gazons. La forme de ces renfoncemens & des glacis qui les accompagnent, varient suivant la main qui les trace. Souvent la superficie de ces renfoncemens est coupée par de petits sentiers sablés de différentes couleurs, & formant des compartimens. Ce genre de décoration suppose un pays où les chaleurs sont peu fortes, les pluies ou l'humidité assez abondantes, & il est presque impossible d'en former dans les provinces méridionales du royaume.

Les boulingrins sont simples ou composés. Les simples sont tout en gazons ; les composés sont ceux garnis de sentiers, de plattes-bandes, & les plattes-bandes enrichies de fleurs, d'arbustes. Leur véritable place est dans les bosquets, au milieu d'une forêt, dans un parc, près des parterres, ou mêlés avec le parterre; alors l'émail des fleurs contraste à merveille avec leur agréable verdure.

BOUQUET, *ou* NOIR MUSEAU. *Médecine vétérinaire.* Cette maladie reçoit un nom très-différent dans chaque province. Ici, elle est connue sous la dénomination de *bouquin*, de *biquet*, de *barbouquet*, de *faux-museau*, de *charbon*, de *faux-nez*, de *poère :* là, sous celle de *verveine*, de *feu-sacré*, &c. C'est une espèce de gale qui affecte ordinairement le museau des brebis, & qui s'étend quelquefois jusqu'aux tempes, au-dessous de l'oreille. Quand cette maladie est récente, elle se guérit en frottant seulement une fois par jour la partie affectée avec un onguent de soufre & d'huile d'olive; si au contraire elle est invétérée, elle est plus difficile & plus rebelle au traitement; il faut pour lors frotter l'endroit affecté avec un mélange de parties égales de chenevis, de soufre, d'ellébore noir & d'euphorbe.

Ce mal survient aussi aux lèvres, & quelquefois dans l'intérieur de la bouche des agneaux & des chevreaux. Ils n'en sont attaqués que lorsqu'on leur a laissé brouter l'herbe toute couverte de rosée; cette maladie est mortelle pour ceux qui tettent. On y remédie en pilant ensemble de l'hyssope, ou toute autre plante aromatique & du sel, & en frottant de ce mélange la partie, qu'on lave ensuite avec du vinaigre. M. T.

Cette maladie se communique. Les bêtes qui en sont attaquées, sentent continuellement une vive démangeaison qui les oblige de se frotter contre les râteliers & les imprègne de l'humeur qui les dévore. Le reste du troupeau, cherchant à manger au râtelier, touche de ses lèvres le virus qui le couvre. Il s'attache à sa peau & s'y insinue peu à peu, de manière que quelques jours après tout le troupeau est infecté. Dès qu'on s'apperçoit de la maladie, il faut sur le champ saigner l'animal malade & interdire toute communication.

Le berger qui a pansé l'animal, devroit, avant de rentrer dans la bergerie, se laver les mains avec de l'eau, & ensuite avec du vinaigre; & il seroit plus prudent encore, si le pansement de l'animal étoit confié à un valet de la ferme, qui n'auroit aucun rapport avec le troupeau.

BOUQUETIN, *ou* BOUC-ESTAIN. Sorte de bouc qui vit sur les plus hautes montagnes d'Europe & de l'Asie. Le bouquetin, plus fort & plus agile que le chamois, s'élève jusqu'au sommet des plus hautes montagnes; au lieu que le chamois n'en habite que le second étage. La nature le vêtit en hiver d'une double fourrure d'un poil extérieur assez rude, & d'un poil intérieur plus fin & plus fourni. Quand on les prend jeunes & qu'on les élève avec les chèvres domestiques, ils s'apprivoisent aisément, s'accoutument à la domesticité, prennent les mêmes mœurs, vont comme elles en troupeaux & reviennent de même à l'étable.

Propriétés. Il est étonnant qu'en médecine, l'opinion sur l'efficacité des remèdes soit disparate & même contradictoire; le sang de bouquetin en eſt une preuve. Van Helmont dit, & avant & après lui, pluſieurs auteurs, que le ſang de cet animal, ſur-tout celui qu'on a tiré des teſticules & qui a été deſſéché au ſoleil, eſt un remède excellent dans la fluxion de poitrine; & l'auteur de cet article, dans le *Dictionnaire Encyclopédique*, ajoute: » J'en ai entendu réciter des effets ſi merveilleux, qu'il eſt ſurprenant qu'on n'en faſſe pas plus d'uſage. On l'ordonne depuis vingt grains, juſqu'à deux drachmes. »

M. Vitet, dans ſa *Pharmacopée de Lyon*, s'explique ainſi: » Les anciens ont cru que le ſang de bouquetin étoit aſtringent & urinaire; qu'il convenoit par conſéquent dans la diarrhée par foibleſſe d'eſtomac & des inteſtins; dans la diarrhée ſéreuſe, la colique néphrétique par des graviers, l'iſchurie par des matières muqueuſes. Le peuple aſſure que le ſang de bouquetin favoriſe l'expectoration, aide à la réſolution de la pleuréſie eſſentielle & de la péripneumonie eſſentielle, excite la ſueur, les urines & le flux menſtruel, & que plus l'animal eſt nourri de plantes aromatiques, plus ſon ſang eſt actif. Ni les uns, ni les autres ne ſont fondés ſur l'obſervation. A qui donc croire? Cette diverſité d'opinions conduiroit preſque au pyrrhoniſme ſur les propriétés des ſubſtances qu'on regarde comme médicinales. » Je l'ai déjà dit, il ſeroit à deſirer que la ſociété royale de médecine, établie à Paris, s'occupât d'un nouvel & ſcrupuleux examen de ces ſubſtances; l'ouvrage eſt trop étendu pour un ſeul particulier; des ſavans, des médecins auſſi éclairés que ceux qui la compoſent, peuvent ſeuls l'entreprendre, & ce ſeroit un des plus grands ſervices que cette ſociété, pleine de zèle, pût rendre à l'humanité. Le voile du charlataniſme tomberoit, & la vérité ſimple & nue paroîtroit dans tout ſon jour; enfin, on ſauroit à quoi s'en tenir.

BOUQUIN. Vieux bouc. (*Voyez* Bouc)

BOURBILLON. Nous donnons ce nom au flocon fibreux qui reſte au milieu du javart, tandis qu'il ſuppure. (*Voyez* Javart) M. T.

BOURGÈNE, *ou* Bourdaine, *ou* Aune-noir. (Voyez *Planche 14*, pag. 404) M. Tournefort la place dans la ſeconde ſection de la vingt-unième claſſe, qui comprend les arbres & les arbriſſeaux, à fleur en roſe, dont le piſtil devient un fruit compoſé de pluſieurs baies; & d'après Dodoens, il l'appelle *frangula*; & Bauhin, *alnus nigra baccifera*; M. von Linné la nomme *rhamnus frangula*, & la claſſe dans la pentandrie monogynie. C'eſt ſans doute à cauſe d'une eſpèce de reſſemblance entre ſes feuilles & celles de l'aune, (*Voyez* ce mot) qu'on l'a nommé mal à propos *aune noir*, puiſqu'il y a une différence ſi frappante entre la fleuraiſon & la fructification de ces deux arbres.

Fleur; d'une ſeule pièce, découpée en cinq parties; en A elle eſt vue de face, en B de profil, & C repréſente la corolle de la fleur ouverte. Les étamines occupent les intervalles des diviſions de la corolle, & elles ſont courtes; le piſtil D eſt placé au centre; le calice eſt adhérent à la corolle.

Fruit E est une baie molle, d'abord verte ; elle devient rouge successivement, & noirâtre lors de sa maturité. Lorsqu'on la coupe transversalement, on la voit partagée en deux loges F, & chacune renferme un pepin G, convexe d'un côté & aplati de l'autre.

Feuilles, simples, entières, ovales, allongées, terminées en pointe, veinées, portées par des pétioles courts.

Racine, ligneuse.

Port. Grand arbrisseau, quelquefois de huit à dix pieds de hauteur, dont les tiges sont unies, l'écorce extérieure brune, l'intérieure jaunâtre, le bois blanc & tendre ; les fleurs naissent des aisselles des feuilles, portées sur des péduncules grêles, ordinairement seules ; les feuilles sont alternativement placées sur les tiges.

Lieu. Dans les terrains humides, à l'abri des grands arbres, dans les pays tempérés, y fleurit en Août ; il est très-commun dans les Monts-Jura.

Propriétés. L'écorce intérieure est amère, un peu gluante, apéritive, purgative lorsqu'elle est desséchée ; émétique, détersive lorsqu'elle est verte. Si on l'emploie comme purgative, on doit craindre des coliques pendant son effet. On l'a vantée un peu trop légèrement pour dissiper l'enflure œdémateuse des jambes. On est dans le cas d'abandonner son usage pour la détersion des différens ulcères.

Usage. On n'emploie en médecine que l'écorce intérieure ; son infusion se donne aux adultes, à la dose d'une drachme dans de l'eau tiède ou du vin blanc ; & pour les animaux, à la dose de demi-once. Il seroit plus prudent de ne pas s'en servir pour l'homme. L'écorce bouillie dans le vinaigre, est utile pour les gencives des scorbutiques, & comme préservative contre la carie & la pourriture des dents.

On fait avec son bois un excellent charbon qui entre dans la composition de la poudre à canon. Un quintal de ce bois ne donne que douze livres de charbon. Avec son fruit, on prépare le vert de vessie.

L'arbre se multiplie par graine, par marcotte, par bouture. La graine doit être semée aussi-tôt qu'elle est mûre ; autrement, elle ne leveroit qu'à la seconde année. Cet arbuste figure assez bien dans les bosquets un peu humides.

BOURDELOIS, *ou* BOURDELAIS, *ou* BOURDELAT. Raisin. (*Voyez* VIGNE, RAISIN).

BOURDIN, *ou* BOURDINE. Pêche. (*Voyez* ce mot)

BOURDON, *ou* FAUX-BOURDON. C'est le mâle de la reine abeille. Il y a aussi une espèce d'abeille qu'on nomme *abeille-bourdon*. Pour l'un & l'autre, *voyez* le mot ABEILLE.

BOURDON. Poire. (*Voyez* ce mot)

BOURDONNET. Petit rouleau de charpie, si c'est pour l'homme, & de filasse bien piquée & très-douce, si c'est pour l'animal, de figure oblongue, plus épais que large, destiné à remplir une plaie ou un ulcère. Si l'ulcère est profond, il est prudent de lier les différentes parties qui le composent, afin de pouvoir le retirer avec facilité. Il vaudroit mieux n'en point employer, que de tamponner la plaie, & de dilater ses bords intérieurs & extérieurs. Son usage est d'absorber le pus qui séjourne au fond, & de procurer l'écoulement des matières purulentes.

BOUGEON, Botanique. Rien de plus ordinaire que de voir les auteurs qui ont écrit sur le jardinage, en général sur la botanique, confondre ces trois mots, *bourgeon*, *bouton* & *œil*. Ils les emploient indifféremment pour désigner ces petites excroissances ligneuses, que l'on remarque entre le corps de la branche & le pédicule des feuilles. De-là naît une espèce de confusion qui répand quelquefois du louche sur ce qu'ils veulent dire. Pour éviter un pareil reproche, nous aurons très-grand soin de distinguer dans nos explications, ce que la nature elle-même semble si bien différencier. Aux yeux de l'observateur, il y a une vraie progression qui empêche de les prendre les uns pour les autres.

L'*œil* est ce petit stilet verdâtre, pointu, & qui n'est, pour ainsi dire, que le germe du bouton. (*Voyez* le mot Œil.)

Le *bouton* est ce même germe développé, porté déjà sur une tige ligneuse, mais encore tendre, & qui par sa forme peut annoncer s'il ne contient que des feuilles & du bois, ou s'il renferme le précieux dépôt de la multiplication par les fleurs & les fruits. (*Voyez* le mot Bouton)

Le *bourgeon* enfin est ce même bouton, beaucoup plus développé, plus avancé, dont la tige a acquis de l'accroissement, tant en grosseur qu'en longueur. C'est une jeune pousse, une branche naissante, un arbre en petit; en un mot, c'est la pousse d'une année qui a eu pour mère une branche, pour père un bouton, & pour nourrice une feuille.

Trois saisons bien distinctes sont l'espace de tems que la nature a prescrit pour le passage de l'œil à son entier développement dans l'état de bourgeon. Le printems & le commencement de l'été voit naître l'*œil*; il croît, acquiert de la force, & devient *bouton* vers le solstice; il se fortifie de plus en plus, se nourrit dans l'automne, où l'on peut déjà y distinguer les rudimens des feuilles & les germes des fleurs. Enfin, vers la fin de l'hiver, au retour du printems, lorsque la chaleur *vernale* développe tout, le bouton grandit & devient *bourgeon*. Le froid resserre les pores du bourgeon, le fait changer de couleur; & lorsque le bois du bourgeon est trop tendre, à l'approche des gelées, toute sa partie, encore imparfaite, périt. Après l'hiver, lorsque la végétation prend de la force, on observe sur la majeure partie des arbres, que l'écorce prend une couleur différente de celle qu'elle avoit eue jusqu'alors; par exemple, sur l'ormeau, le bourgeon rougit, sa couleur est vive, ardente, & son écorce très-luisante; sur le saule, elle devient verte, &c. &c. Mais dès que cette seconde année est passée, l'écorce acquiert une couleur semblable à celle du reste de l'arbre,

D'après cette distinction exacte, nous renvoyons au mot BOUTON tous les détails qui le concernent; nous nous contenterons d'exposer, d'après Grew, comment les bourgeons se forment & croissent. (*Voyez* ACCROISSEMENT) Grew attribue l'accroissement de la tige aux parties du suc les plus grossières, poussées du centre à la circonférence par un mouvement *latéral*, en même-tems qu'elles s'élèvent jusqu'en haut par un mouvement perpendiculaire. Les parties les plus légères & les plus volatiles servent à produire les bourgeons. La force du mouvement qui les porte du centre à la circonférence, se communique aussi aux fibres du corps ligneux qui sont mêlées avec la moelle : ces fibres sont ainsi emportées avec elle; & comme le corps ligneux n'est pas également serré par-tout, elles passent à travers les endroits les moins serrés; non-seulement elles forment alors dans la circonférence du corps ligneux ces cercles nouveaux qui le font grossir, mais s'avançant quelquefois encore au-de-là, elles poussent le parenchyme de l'écorce, lui font prendre le même mouvement & obligent la peau de le suivre aussi; & c'est de cette manière que les bourgeons se forment. C'est par un mécanisme semblable qu'ils croissent & acquièrent de la grandeur.

Cette explication peut bien suffire pour la formation & l'accroissement de la partie ligneuse du bourgeon; mais pour celles des feuilles & des fleurs qu'il renferme, c'est un secret de la nature que l'on a tenté plusieurs fois de découvrir; mais les solutions que l'on a données sont peut-être bien éloignées de la vérité. Nous renvoyons au mot GERME le détail de nos connoissances sur cet objet. M. M.

Il faut distinguer un second ordre de *bourgeons*, & appeler *faux-bourgeon* celui qui ne sort pas directement du bouton, mais qui perce de l'écorce; il est toujours maigre, poreux, & n'est point assez élaboré pour donner un bon bourgeon. On doit les supprimer à la taille, à moins que la nécessité n'oblige de les conserver pour garnir des vides.

Pour mieux s'entendre & avoir des idées claires, le mot *bourgeon* est ordinairement accompagné d'une épithète qui désigne la manière dont il est placé sur la branche. Ainsi, on l'appelle *bourgeon vertical*, ou *bourgeon direct*, lorsqu'il est perpendiculaire à la branche; & cette espèce de bourgeon fait ce qu'on nomme *gourmand*, *bois gourmand*, qui emporte l'arbre, absorbe une si grande quantité de séve qu'il appauvrit & extenue les autres branches. Il est absolument nécessaire de ne pas les conserver, les cas d'exception sont infiniment rares. Les *bourgeons latéraux* sont ceux qui croissent de droite & de gauche, & qui demandent à être conservés. Il y a encore les *bourgeons antérieurs* & *postérieurs* aux branches. Les uns & les autres doivent être abattus.

Dès que le bourgeon commence à prendre une certaine consistance, il demande à être *palissé*. Le grand point est de lui conserver sa direction naturelle, de ne la point forcer, de ne la point couder, ou courber, & de disposer ses bourgeons sur les places vides, en conservant entr'eux un espace proportionné. Au mot PALISSAGE, on trouvera tout ce qui concerne cette opération.

Pour éviter toute confusion, il faut se souvenir que la jeune tige sortie du bouton se nomme *bourgeon*; que si elle part du bas de la tige, elle est appellée *surgeon*, & *drageon*, si elle s'élève des racines.

BOURGOGNE. (*Voyez* SAINFOIN)

BOURGUIGNOTE. Nom qu'on donne en Bourgogne, en Beaujollois, & dans quelques provinces voisines, aux barriques qui renferment le vin. Elles contiennent communément 220 à 225 pintes, mesure de Paris. Elles sont garnies de neuf cerceaux, ou *cercles*, de chaque côté, c'est-à-dire, trois vers le bondon, trois vers l'extrémité & trois dans le milieu. Leur défaut est de n'avoir pas assez de *bouge*, (*Voyez* ce mot) d'être d'un bois trop mince, & d'être cerclées trop légèrement.

BOURRACHE. (*Voyez Planche* 14, page 404). M. Tournefort la place dans la quatrième section de la seconde classe qui comprend les herbes à fleur d'une seule pièce, en forme d'entonnoir, dont le fruit est composé de quatre semences renfermées dans le calice de la fleur, & il l'appelle *borrago floribus cæruleis*. M. von Linné la nomme *borrago officinalis*, & la classe dans la pentandrie monogynie.

Fleur B, d'un seul pétale, divisé en cinq segmens aigus, quelquefois de couleur rose, & le plus souvent bleue, & même blanche dans l'arrière-saison. Les étamines, au nombre de cinq, sont attachées par leur base au milieu du pétale, & se rassemblent en un faisceau de forme conique au milieu de la fleur. Les étamines détachées du pétale sont représentées en C; le calice D est divisé en cinq feuilles étroites & pointues; le pistil s'élève du centre & passe au milieu du faisceau des étamines.

Fruit E. Un calice renflé renferme quatre graines nues F, dont une avorte ordinairement; elles sont cylindriques, ridées & noirâtres dans leur maturité.

Feuilles, toujours placées alternativement, larges, arrondies, rudes, ridées, couchées sur terre, hérissées de poils assez durs.

Port. La tige s'élève à la hauteur d'une coudée, velue, branchue, creuse, cylindrique; les fleurs naissent au sommet des rameaux, & sont portées sur des péduncules longs d'un pouce au moins, & elles s'inclinent vers la terre.

Lieu. Dans les champs, dans les jardins; elle est annuelle, & fleurit presque pendant toute l'année, tant que la chaleur subsiste, & plus particuliérement en Juin & Juillet.

Propriétés. La racine est d'une saveur visqueuse; toute la plante contient un suc visqueux & fade; les feuilles passent pour être diurétiques & expectorantes, & les fleurs béchiques.

Les feuilles récentes, principalement le suc exprimé des feuilles, sont quelquefois indiqués dans la péripneumonie essentielle, lorsque la langue est sèche, la soif considérable, la toux vive & séche. L'observation a confirmé que l'infusion & le suc exprimé des feuilles de bourrache pèsent sur l'estomac, & augmentent souvent l'oppression dans les maladies inflammatoires de la poitrine, plutôt que de la diminuer. On ne sait trop par quel motif les anciens ont placé les fleurs de bourrache au rang des quatre fleurs cordiales. Il est bien prouvé qu'elles n'augmentent ni les forces vitales, ni les forces musculaires; elles sont fades & sans odeur.

Usages. On prépare avec cette plante un syrop, une conserve, qui n'ont d'autre activité que celle procurée par le sucre. Le syrop ordinaire vaut tout autant. L'eau distillée des fleurs est inutile, & n'a aucune supériorité sur l'eau ordinaire bien pure. On donne le suc exprimé, depuis deux onces jusqu'à trois; & pour l'animal, deux fortes poignées de feuilles en décoction.

BOURRE. On donne quelquefois ce nom aux poils de certaines plantes, lorsqu'ils sont nombreux, entrelacés les uns dans les autres, & qu'ils forment un tissu épais. (*Voyez* POIL.)

On se sert aussi de ce mot pour exprimer la première sorte de bourgeons des vignes & des arbres fruitiers.

La graine d'anemone porte encore le nom de *bourre*, à cause du duvet dont elle est enveloppée. M. M.

BOURRELET, BOTANIQUE. C'est une excroissance que l'on remarque sur certaines parties des arbres, sur-tout aux greffes & aux boutures, & sur les bords des plaies faites aux arbres; elles se referment & sont recouvertes peu à peu par le bourrelet. Dans l'arbre comme dans l'homme, il n'y a point de régénération, sinon de l'écorce, & dans celui-ci de la peau. Le muscle emporté, détruit, &c. ne se régénère pas; la peau seule s'étend, ses bords se rapprochent, & la cicatrice se forme. Le bois entaillé, coupé, mutilé, ne végète plus; l'écorce seule recouvre la plaie: c'est pourquoi on trouve souvent dans un tronc d'arbre, très-sain d'ailleurs, des parties de bois desséchées & ensevelies sous le bourrelet. Cette production singulière de la végétation mérite toute l'attention d'un cultivateur; elle lui découvre une grande vérité, l'existence d'une séve descendante, & lui offre en même-tems un procédé sûr & infaillible de réussir dans ses boutures. Rien n'est inutile dans le travail de la nature; souvent plus elle paroît s'écarter des routes ordinaires qu'elle suit, & plus son opération est admirable. Ici, au premier aspect, on ne voit qu'une difformité, qu'une monstruosité, qu'un écart; mais observons cette nouvelle production dans son principe, sa formation, son développement, son utilité, & nous cesserons bientôt d'accuser la nature.

Nous pouvons considérer le bourrelet sous trois états différens, ou comme cicatrisant & réparant les plaies des arbres, ou comme donnant naissance à de nouvelles racines à l'extrémité des boutures, ou enfin comme servant de base aux greffes.

I. *Du bourrelet des plaies des arbres & des ligatures.* L'arbre, comme l'on sait, a toute sa superficie recouverte par l'écorce qui défend le bois

bois proprement dit, & fournit à son accroissement. L'écorce (*Voyez* ce mot) est composée de plusieurs couches qui s'enveloppent les unes les autres, & qui toutes sont recouvertes par une peau très-fine, l'*épiderme*. Si on enlève cet épiderme & une partie de l'écorce, la plaie se refermera promptement, & sa trace sera presque totalement effacée. Si la plaie A (*Figure 6*, *Planche 8*, page 255) est profonde, qu'un fragment de l'écorce entière soit enlevé, & en un mot, qu'elle pénètre jusqu'au bois qui reste ainsi à découvert, en suivant attentivement les progressions de la marche de la nature, l'on voit sortir des couches les plus intérieures de l'écorce, ou plutôt d'entre l'écorce & le bois, une production charnue, verdâtre, assez molle d'abord, & presque herbacée, qui prend à l'air de la solidité. Ce bourrelet paroît d'abord à la partie supérieure de la plaie B, ensuite sur les côtés, & enfin au bas de la plaie C; mais il y demeure toujours plus petit qu'à la partie supérieure. Insensiblement ce bourrelet augmente, il acquiert de l'étendue & de la surface, & il finit par recouvrir tout le bois, sans cependant s'unir & adhérer avec lui. L'écorce, ou le bourrelet, est donc le seul moyen dont la nature se sert pour cicatriser une plaie; le bois n'y entre pour rien. Exposé à l'air, il se desséche, il se durcit, & l'aubier devient un vrai bois. (*Voyez* AUBIER) Il n'en est pas de même si l'on recouvre la plaie, & qu'on la défende du contact de l'air, le bois lui-même concourt à cette réproduction. M. Bonnet de Genève, cet illustre savant, s'en est assuré en recouvrant une plaie faite à un arbre, avec un tuyau de cristal. Il vit d'abord à travers ce cristal sortir du haut de la plaie un bourrelet calleux, qui parut ensuite sur les côtés & à la partie inférieure. Peu après il observa çà & là, sur la surface du bois, de petits mamelons gélatineux & isolés, qui paroissoient naître des interstices des fibres de l'aubier, qui étoient demeurées attachées au bois. En divers endroits de la surface du bois, se remarquoient de petites taches rousses qu'il étoit facile de reconnoître pour des membranes ou des couches naissantes. Elles s'épaississent par degré; des productions grenues, blanchâtres, demi-transparentes & gélatineuses soulèvent les feuillets membraneux; cette matière gélatineuse devient grisâtre, puis verte; & toutes ces productions, en se prolongeant du haut en bas, recouvrent la plaie & forment la cicatrice.

Si l'incision, au lieu d'être perpendiculaire, est horizontale, c'est-à-dire, si l'on enlève un anneau entier d'écorce, la cicatrice se forme différemment; le bourrelet naît, à l'ordinaire, à la partie supérieure de la plaie, mais jamais à la partie inférieure.

Pour produire ce bourrelet, il n'est pas nécessaire de faire une incision; il suffit seulement de pratiquer une ligature & de serrer fortement la tige d'un jeune arbre avec cinq ou six révolutions d'une ficelle ou d'un fil de fer: on voit bientôt se former un bourrelet au-dessus de la ligature. (Voyez *Pl. ibid.* ABC) Les racines sont susceptibles de produire des bourrelets, comme on le voit en B. Enfin les branches même renversées, y sont sujettes, & la production paroît toujours au-dessus de la ligature, du côté des feuilles, comme en C, quoique dans cette situation renversée elle semble être au-dessous.

Pour peu que l'on se soit promené dans les bois & dans les taillis où il croît beaucoup de chèvre-feuille, on a sans doute remarqué très-souvent que cet arbuste cherchant un point d'appui sur les branches voisines, s'entortille autour d'elles en forme de spirale. L'arbre, ou la branche qui lui sert de soutien, venant à croître & à acquérir de la grosseur, les spirales du chèvre-feuille ne s'écartent & ne cèdent pas en proportion; au contraire, elles semblent se resserrer plus étroitement. Alors il se forme un bourrelet en spirale qui devient de plus en plus considérable, au point quelquefois qu'il recouvre presqu'entiérement le chèvre-feuille qui l'a formé. J'ai vu des cannes ou bâtons dont les spirales produites par de pareils bourrelets, étoient très-régulières, & faisoient au moins sept ou huit révolutions. L'on remarquera encore que le bourrelet occupe toujours la partie supérieure.

Quelle peut être la cause de cette singulière production, & quelle est sa formation? Pénétrons dans son intérieur, & nous y lirons le secret de la nature. Si l'on coupe horizontalement un bourrelet provenu sur une plaie faite à un arbre, on verra toutes les fibres corticales (*Fig. 8.*) s'approcher mutuellement les unes des autres, en formant une espèce de volute AA. La convexité de cette volute appuie sur le bois sans y adhérer, & ne forme point corps avec lui. Si le bois se trouve carié ou gâté dans cet endroit, la plaie ne se ferme point; il s'y forme une gouttière dans le genre de celles que les jardiniers appellent *œil de bœuf*. Si la section se fait perpendiculairement, on apperçoit dans l'épaisseur plusieurs mamelons ligneux ABC DEF (*Fig. 9.*) qui tendent du centre, c'est-à-dire, du faisceau des fibres ligneuses qui composent le bois. Ces mamelons se propagent à travers la substance du bourrelet, qui est bien différente de celle du bois, non-seulement pour la couleur, mais encore pour la solidité & la direction des fibres corticales & ligneuses qui la forment. Quand le bourrelet naît à la partie supérieure de la plaie ou de la ligature, les volutes des fibres se roulent de haut en bas; quand il est placé perpendiculairement, les volutes sont horizontales, inclinées cependant de manière qu'elles paroissent toujours naître de la partie la plus élevée. Le bourrelet est-il informe & n'offre-t-il rien d'exact & d'uniforme à l'extérieur? son anatomie fera facilement appercevoir qu'il s'est formé un étranglement, une obstruction qui a fait refluer les sucs, la séve, la matière ligneuse dans la direction constante de haut en bas.

Cette direction annonce clairement quelle est la cause qui l'a produite. La séve (*Voyez* ce mot) ne circule pas comme le sang : elle est double; & des expériences certaines apprennent qu'il y a deux séves; l'une ascendante, qui s'élève des racines aux feuilles; & l'autre descendante, qui coule des feuilles aux racines. La séve descendante est la seule qui agisse dans cette occasion. Quand elle descend des feuilles, à travers les fibres ligneuses & corticales, pour aller nourrir les racines, vient-elle à rencontrer tout d'un coup une interruption sur sa route, occasionnée, ou par le retranchement de ses canaux ordinaires, ou par un étranglement d'une autre ligature, alors elle se dépose, & reflue sur elle-même à la fin de sa course, apportant sans cesse de nouveaux principes & de la substance nutritive; elle engorge les vésicules, les distend, développe toutes les fibrilles, leur fait acquérir de l'étendue, & par ses dépôts successifs, empêche leur rapprochement. (*Voy*. le § III du mot ACCROISSEMENT, tom. I, pag. 228). Comme ces fibres sont liées à leur extrémité par un gluten naturel, leur développement se fait par une espèce de roulement, de volute, de repliement qui leur fait prendre la forme que l'on voit *Figure 8*. Les lèvres du bourrelet prenant de l'étendue, viennent enfin à se joindre, & produisent la cicatrice de la plaie. Quand c'est une simple ligature, le bourrelet, à la longue, vient à bout de couvrir presqu'entiérement le lien qui l'a occasionné.

Rien ne prouve mieux que c'est à la séve descendante qu'il faut attribuer les bourrelets, que l'expérience imaginée par M. Duhamel. Il recourba les branches des jeunes ormes, de façon que leur extrémité chargée de feuilles pendoit vers la terre, & que le tronc principal de ces branches étoit à peu près parallèle à la tige qui les portoit. (*Fig*. 7) Il retint ces branches dans cette situation renversée, en les liant à la tige menue, & ensuite il fit des incisions & des ligatures C à l'écorce de ces branches. Leur situation renversée n'occasionna aucun changement à la formation du bourrelet; & il étoit tel qu'il auroit été, si les branches étoient restées dans leur situation naturelle : le gros bourrelet étoit toujours du côté de l'extrémité des branches. En effet, la séve aérienne ou descendante, entrant par les feuilles E, & descendant le long de la tige, rencontre la ligature ou l'incision C, & ne pouvant passer outre, elle produit nécessairement le bourrelet I supérieur, quoiqu'il paroisse inférieur.

II. *Des bourrelets formés au-dessous des greffes.* Lorsqu'on a greffé un arbre, par exemple, un pêcher, un pommier, il arrive presque toujours qu'à mesure que la nouvelle branche prend de l'accroissement, il se forme un bourrelet sensible à l'endroit de la greffe, qui grossit d'année en année, au point souvent qu'il devient énorme, épuise l'arbre, & lui procure des maladies qui le conduisent à la mort. Les arbres fruitiers y sont très-sujets: dès les trois ou quatre premières années il grossit considérablement, tandis que la tige reste à peu près dans le même état. Au bout d'une dizaine d'années, ce bourrelet, dont les progrès ont éte si sensibles, & qui est devenu comme une couronne autour de la tige, commence à se fendre, la peau s'écaille, il se forme des gouttières, une humeur roussâtre suinte de tous côtés, l'arbre dépérit, les branches latérales meurent les unes après les autres, les perpendiculaires au tronc subsistent seules, l'arbre se couronne, les extrémités des branches s'altèrent & se dégarnissent ; les fleurs & les fruits deviennent rares & aqueux, ils mûrissent difficilement ; enfin l'arbre meurt avant d'avoir fourni sa carrière ordinaire.

Ce que nous avons dit plus haut suffit pour expliquer la formation de ces bourrelets, & ce dérangement de la nature. Les tiges, les feuilles que poussent la greffe, fournissent la séve descendante, qui doit aller nourrir les racines ; mais rencontrant un défaut de continuité, un vide à l'endroit même de la greffe, elle s'arrête & produit bientôt un bourrelet. Comme la tige de la greffe est tendre & délicate, les fibres s'étendent & se dilatent facilement ; aussi, le bourrelet croît-il promptement les premières années. L'arbre se fortifiant, toutes les parties deviennent plus dures & plus compactes. Mais l'affluence de la séve continuant toujours, il faut qu'à la fin l'épiderme & l'écorce éclatent & se fendillent. Ces ouvertures sont autant d'orifices que la séve s'approprie, & par laquelle elle s'extravase. L'humidité perpétuelle dont ces parties ligneuses sont continuellement abreuvées, les variations & les intempéries de l'air, font fermenter la séve déposée dans ces canaux, ces gouttières, elle s'y corrompt, & par son âcreté, elle attaque & corrode tout ce qu'elle touche. M. l'abbé Schabol attribue la formation de ces bourrelets à quatre autres causes, qui effectivement y concourent. 1°. Une greffe qui dans une pépinière, a été appliquée sur un sauvageon trop fluet ou vicieux ; la séve, suivant lui, se portant plus facilement dans la greffe où elle trouve plus de jeu & de tendance à se prêter à toute sorte d'extension, que dans une mauvaise tige où elle n'éprouve que de la roideur & un serrement universel dans toutes ses parties. 2°. Les branches perpendiculaires à la tige ; car on remarque en général que les arbres qui en ont beaucoup, ont le bourrelet de la greffe du double au moins plus gros que le tronc. 3°. Le retranchement des gourmands, qui sont les entrepôts & les magasins de la séve : lorsqu'elle en est privée, elle se porte vers la greffe & elle se décharge horizontalement à l'endroit de la suture qui s'est faite entre elle & le sauvageon. 4°. Enfin, le pincement & la suppression des extrémités des bourgeons durant la pousse, qui troublent le cours de la séve, l'arrêtent & l'obligent de refluer vers la greffe.

On peut empêcher que ces bourrelets ne deviennent préjudiciables aux arbres, mais il n'est pas possible de les faire disparoître. Voici les moyens que M. Schabol indique pour arrêter leur accroissement : il consiste à scarifier au printems l'écorce de la tige, depuis le tronc jusqu'à ce bourrelet, d'abord par derrière l'arbre ; l'année suivante, on réitère cette opération sur un des côtés, à la troisième sur l'autre, & à la quatrième par devant. Cette incision n'est utile qu'à l'égard des arbres dont l'écorce est lisse, unie & dénuée de nœuds. Au reste, on ne la répète qu'à proportion des progrès de la tige. Il est certain que si la séve descendante vient ainsi à rencontrer des issues, elle ne formera plus le dépôt qui donne naissance aux bourrelets ; mais n'est-il pas aussi à craindre que ces incisions ne deviennent à la longue autant de gouttières ? alors le remède seroit pire que le mal.

III. Des avantages que l'on peut retirer des bourrelets. La nature ne fait jamais rien en vain, & si nous ne voyons pas toujours le terme où elle tend, c'est notre faute & non pas la sienne. Les fibres qui composent les branches & les racines, sont absolument indifférentes à produire des branches ou des racines. (*Voyez* BRANCHE, RACINE). On le remarque principalement dans les mamelons qui percent à travers les bourrelets & qui deviennent à volonté des branches chargées de feuilles ou des racines traçantes, suivant les circonstances. Si on étête un arbre, & qu'on ait soin de le dépouiller de tous ses rejetons, on verra sortir d'entre le bois & l'écorce, un gros bourrelet qui donnera naissance à de petits bourgeons. De même, si l'on coupe une des principales racines de cet arbre & qu'on recouvre de terre le chicot, il se formera pareillement entre le bois & l'écorce un bourrelet, d'où sortiront de petites racines. Mais si le chicot n'est point recouvert de terre, & qu'il soit à l'air, le bourrelet produira des bourgeons. Ces vérités sont démontrées par les expériences faites par MM. Duhamel & Bonnet de Genève : le hasard m'a servi encore mieux, & a confirmé absolument ce que ces savans avoient vu. En me promenant dans une lisière de forêt dont on abattoit quelques arbres en les déracinant, j'ai trouvé un arbre à moitié déraciné, & je ne sais quelle raison l'avoit fait abandonner depuis environ un an. Une racine de huit à dix pouces de diamètre avoit été coupée, & un éboulement avoit rapporté de la terre contre elle, de façon qu'il y en avoit à peu près cinq pouces d'enterrés. Ainsi, la moitié environ étoit à l'air, tandis que l'autre étoit recouverte de terre. Du bourrelet supérieur D, (*Fig. 7*) partoient trois bourgeons assez vigoureux. Je fus d'abord surpris de voir une racine chargée de branches, mais me rappelant bientôt ce que j'avois lu dans M. Duhamel, je fus curieux de voir si le bourrelet inférieur F avoit repoussé des racines ; je le déterrai & j'en trouvai deux, avec chacune une bifurcation. Le même tronçon de racine produisoit donc en même tems & des bourgeons & des racines. Au mot BRANCHE, nous verrons le même phénomène végétal.

Dans la *Fig. 9*, les mamelons A B C D E F, sont autant de germes, de racines ou de bourgeons, suivant la position du bourrelet dans l'air, ou dans la terre.

Cette vérité bien démontrée, conduit nécessairement à conclure que lorsqu'on voudra planter des boutures, on y réussira plus aisément lorsqu'on aura fait pousser des racines à un bourrelet artificiel qu'on pourra produire à volonté, si l'on arrache de terre une bouture qui ait déjà poussé des racines ; en l'examinant attentivement on verra que ces racines sont des productions du bourrelet qui s'est formé entre le bois & l'écorce. Les boutures de saule, de peuplier, de sureau, qui reprennent si facilement, sont toujours garnies, dès la première année, d'assez gros bourrelets, d'où partent plusieurs racines. Celles des arbres qui reprennent avec peine, sont plus longues à former ce bourrelet; mais au bout de deux ou trois ans, il devient assez fort pour donner naissance à quelques racines. Avant que de couper la bouture de l'arbre, si l'on formoit artificiellement un bourrelet, on devanceroit le travail de la nature, & la reprise en seroit plus assurée. (*Voyez* BOUTURE) M. M.

BOURRIQUE. (*Voyez* ÂNE)

BOURRU. (Vin) C'est le nom que l'on donne particulièrement au vin blanc, tel qu'il sort du pressoir & qui n'a pas encore commencé à fermenter. C'est proprement du *moût*, tant qu'il conserve sa douceur, sans prendre le goût piquant & vineux; il retient le nom de *bourru*.

BOURSE. Ce mot a deux acceptions relatives à l'agriculture, & une relative à la médecine vétérinaire. La première s'applique, dans le jardinage, aux poiriers & aux pommiers seulement, & la seconde à la famille des champignons & des morilles.

La bourse est à l'extrémité des branches à fruit; on lui a donné ce nom à cause de sa figure étroite dans le haut, & large dans le bas; & ensuite dans le figuré, comme une bourse renferme de l'argent, de même celle-ci & la branche qui la porte, renferment & promettent beaucoup de fruits, pendant plusieurs années consécutives. M. de Schabol dit, heureux les arbres qui ont beaucoup de ces sortes de bourses! elles sont des sources de fécondité inépuisables. Les bourses dans les arbres à fruit, sont des amas d'une séve bien élaborée, tel que le lait contenu dans les mamelles, pour la nourriture de l'enfant.

Comme ces bourses ou branches à fruit s'épuisent à la longue, & qu'elles ne donnent point de branches à bois, ni l'arbre même, l'art doit venir à leur secours; alors en les taillant à un œil seulement, il en sort à la pousse suivante un bourgeon à bois. On sent combien ce bourgeon est précieux, lorsqu'il s'agit de garnir une place vide.

Quelquefois cependant, les bourses à fruit produisent & des branches à bois & des *lambourdes*. (*Voyez* ce mot) La prudence exige que la branche à bois soit ménagée, qu'en la taillant on lui laisse plusieurs yeux, sans quoi la bourse à fruit périroit, & les lambourdes demandent à être taillées à un œil ou deux, afin d'y attirer la séve, d'y former un dépôt de ce suc nourricier; & la nouvelle branche à bois fournira à son tour la subsistance de la bourse à fruit. C'est par ce ménagement bien entendu qu'on change, quand on le veut, un bouton à bois en un bouton à fruit, & ainsi tour-à-tour. C'est le point délicat de la taille, & que peu de jardiniers connoissent, excepté les jardiniers de Montreuil, & ceux qui sortent de leur école.

La seconde acception du mot *bourse*, désigne l'enveloppe épaisse qui renferme certains champi-

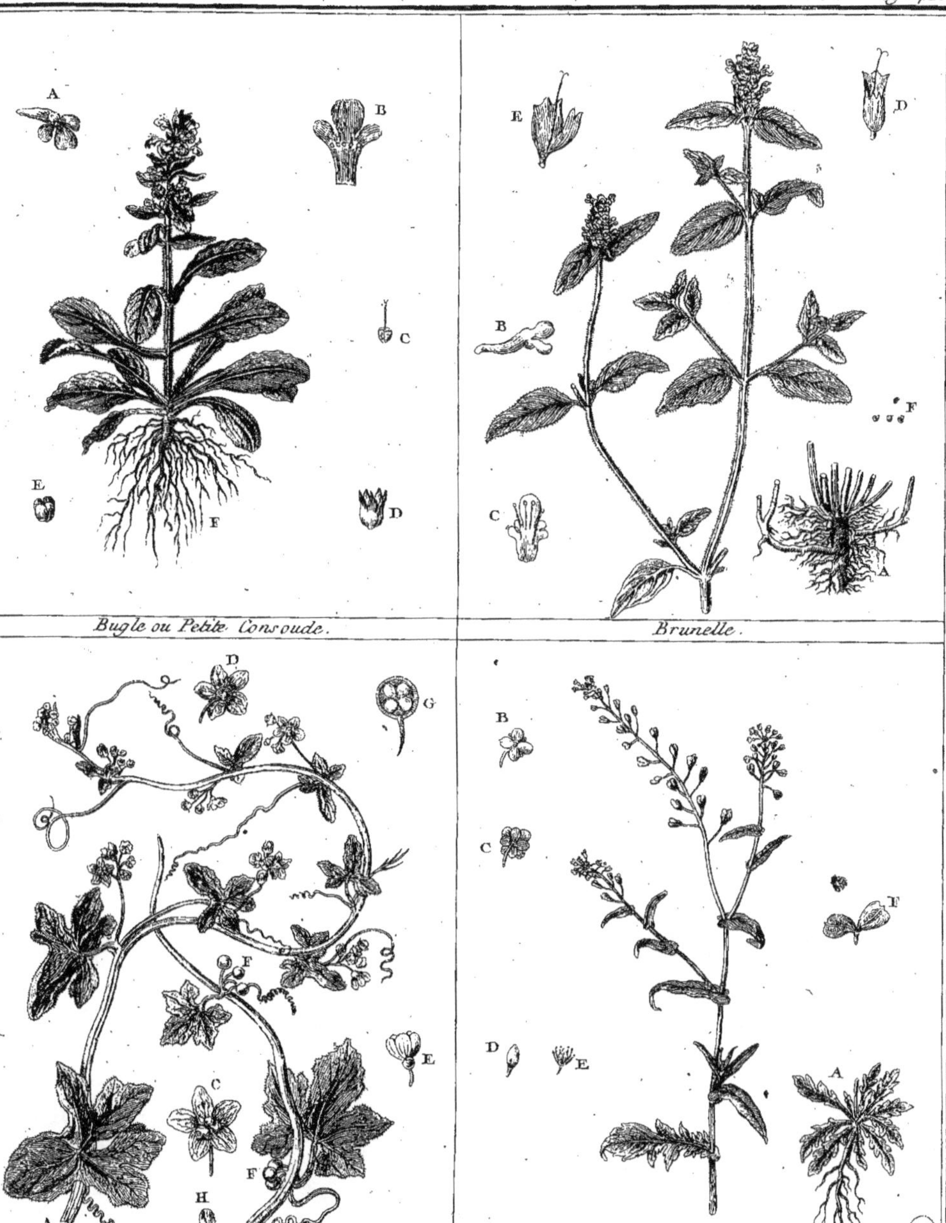

Bugle ou Petite Consoude.

Brunelle.

Bryone.

Bourse à Pasteur.

...ellier Sculp.

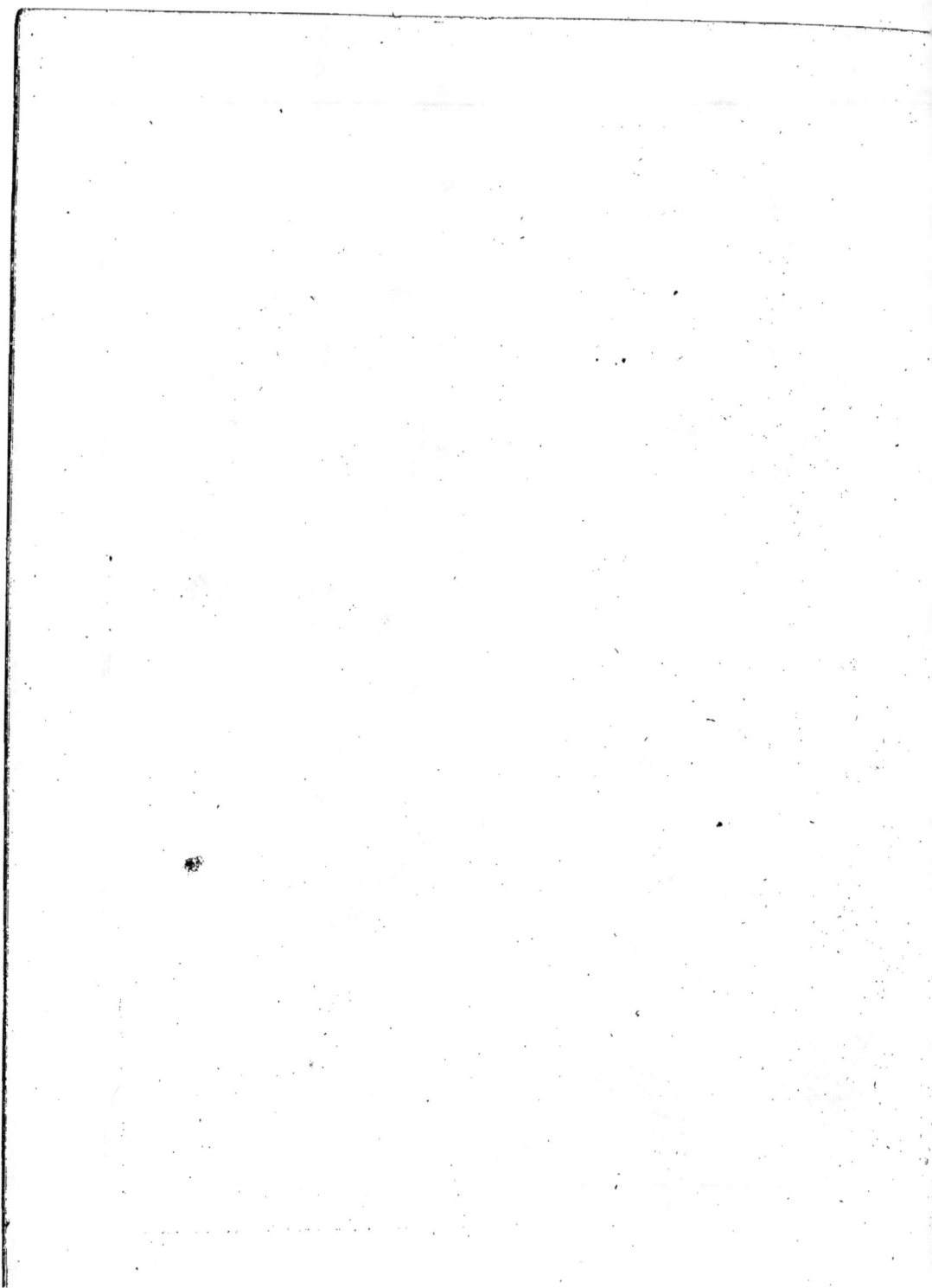

gnons avant leur développement, & qui éclate ensuite pour laisser un libre passage au développement de la plante.

BOURSE, *médecine vétérinaire*. Les deux sacs membraneux qui renferment les testicules dans les animaux, ont reçu le nom de bourses. Ces deux sacs sont formés par deux membranes, dont la plus externe est appelée *scrotum*, & la seconde, *dartos*.

Il est des cas où les parties sont enflées. Les bourses & le fourreau sont extrêmement dilatés ; il n'y a ni chaleur ni douleur, ils cédent à l'impression du doigt, & *gênent les fonctions des testicules*, & *de l'urètre*. Nous avons vu un âne, dont l'enflure du prépuce étoit si considérable, que l'urine ne pouvoit s'échapper qu'avec beaucoup de difficulté, & qu'après de très-grands efforts de la part de cet animal.

L'enflure des bourses disparoît en les fomentant avec une décoction de rue, d'absinthe, ou d'autres plantes aromatiques dans le vin ; on y ajoute même, sur la fin, un peu d'eau-de-vie. Si quelques jours après ce traitement il n'y a aucun changement, il faut scarifier la peau assez profondément avec un bistouri, pour donner issue aux eaux contenues, ayant sur-tout le soin de fomenter les portions scarifiées, avec la même infusion ; le sel de nitre dans une décoction de pariétaire, & le foin abondant en plantes résolutives, doivent être donnés en plus ou moins grande quantité pour nourriture, durant le traitement de la maladie.

Il y a quelquefois un amas d'eau dans le scrotum. On le connoît, à la tension des tégumens, à *l'impression du doigt qui reste plus ou moins*, & à la fluctuation qui est sensible. Ce mal est ordinairement produit, dans les ânes & les chevaux, par l'enflure œdémateuse des jambes, & le plus souvent dans ces derniers, par un vice interne, tel que le farcin, la morve, &c. (*Voyez* ces mots) Lorsque la maladie est locale, c'est-à-dire, lorsqu'elle dépend seulement de la foiblesse des vaisseaux absorbans de la partie, ou de la mauvaise qualité du fluide propre aux bourses, les fomentations réitérées de feuilles de romarin, de sauge, de rue, bouillies dans le vinaigre, des breuvages d'eau de pariétaire & de sel de nitre, sont les médicamens capables d'accroître la force des vaisseaux absorbans. Si la maladie ne céde pas à tous ces remédes, il faut évacuer promptement les eaux contenues, par le moyen d'un trocar.

Il se fait quelquefois par les bourses un écoulement d'humeur qui subsiste quand un âne ou un cheval ont été coupés. Cet accident vient de ce qu'on a laissé une partie des épididymes ; la plaie se cicatrise fort rarement, à moins qu'il ne fût possible de recouper les cordons, ce qui seroit très-difficile, vu qu'ils se retirent dans le bas-ventre. M. T.

BOURSE A PASTEUR, A BERGER, *ou* TABOURET. (*Voy.* Pl. 15) M. Tournefort la place dans la seconde section de la cinquième classe qui renferme les herbes à fleur régulière, en croix & de plusieurs pièces, dont le pistil devient une petite silique, & il l'appelle *bursa pastoris, major, folio sinuato ;* M. von Linné la nomme *thlaspi bursa pastoris*, & la classe dans la tétradynamie siliculeuse.

Fleur B. composée de quatre pétales égaux, arrondis, attachés au fond du calice, & disposés en croix. Le calice est également divisé en quatre parties, & chaque division est placée entre les pétales. Voyez *Fig.* C. Le pistil D est entouré de six étamines E, dont quatre plus longues, & deux plus courtes.

Fruit. Le pistil devient une petite silique triangulaire, aplatie, s'ouvrant par le haut F, représentant à peu près une bourse divisée en deux loges, remplies de semences menues, qui s'attachent des deux côtés d'une nervure. Cette bourse n'a aucun rebord.

Feuilles. Celles qui partent des racines sont découpées en forme d'aile ; celles des tiges sont plus petites, embrassent la tige par leur base, sont garnies d'oreilles des deux côtés, sans découpures. Il est impossible de décrire exactement cette plante si commune ; elle varie à un tel point dans la forme de ses feuilles, dans la hauteur de la tige, qu'elle n'a point de caractère secondaire bien déterminé. Suivant la nature du terrain, les feuilles sont tantôt rondes, tantôt longues, entières, découpées, simples ailées.

Racine A, blanche, droite, fibreuse, menue.

Port. La tige n'a rien de régulier d'après ce qui vient d'être dit ; les fleurs naissent au sommet des rameaux & sont blanches.

Lieu. Elle croît par-tout, même pendant l'hiver, à moins qu'il ne soit très-rigoureux, & fleurit dès qu'il ne gêle pas.

Propriétés. Sa racine a une saveur douceâtre & nauséabonde ; la plante entière à une saveur d'herbe salée, un peu gluante. Elle est vulnéraire & astringente. On l'a beaucoup vantée contre les hémorragies par pléthore, l'épaississement de sang qui reconnoît la même cause, &c. ce qui n'est pas prouvé par de bonnes expériences. Il en est ainsi de la propriété qu'on lui attribue dans les dyssenteries & dans les cours de ventre. On l'a recommandée pilée, imbibée de fort vinaigre & de quelques pincées de sel, pour en faire un épicarpe qui doit être appliqué sur les poignets, lorsque le frisson de la fiévre commence. Ce remède est plus que douteux. Toute plante pilée & appliquée sur une coupure, sur une plaie récente, aide, dit-on, la reprise des chairs. N'est-ce pas simplement parce que elle intercepte l'action de l'air sur la plaie, & la nature ne fait-elle pas le reste ? Une compresse imbibée seulement d'eau, n'auroit-elle pas produit le même effet ?

Usage. L'eau distillée de la plante n'est pas plus utile que l'eau pure de rivière. Le suc clarifié se donne à l'homme depuis quatre onces jusqu'à six ; les feuilles séchées & pulvérisées à la dose d'une drachme.

BOUSBOT. Nom que l'on donne aux vignerons qui habitent les environs de Besançon. Toute profession honorée est sure de fleurir. La classe la plus considérée dans ce pays est, après la noblesse, celle des vignerons. Il existe dans cette ville & depuis sa plus haute antiquité, un ordre d'administration publique sous la dénomination du *tribunal*

des

des *quatre ;* & de ces quatre magiſtrats, deux ſont toujours choiſis parmi les *bousbots*. Ces vieillards quittent leurs outils pour aller rendre la juſtice, & ils ſont récompenſés au centuple de leurs peines, par la gloire ſeule d'être médiateurs. Il ſurvient des diſcuſſions, mais jamais de procès ; & de leur ſiège ſouverain, nos vignerons juriſconſultes retournent à leur colline, pour y jouir ſans reproche du ſoleil & de la nature ; & ſemblables aux romains des premiers tems de la république, après avoir ſervi leur patrie, ils reprennent leurs travaux.

Voici un trait que nous a fait connoître M. le marquis de Pezay. » On me cita dans le pays, dit-il, un de ces bousbots qui jouit à préſent de douze mille livres de rente ; & qui, auſſi loin de l'avarice que d'une fauſſe honte, va tous les jours à la vigne avec ſes trois fils. Là il regarde le ſoleil levant, pour qu'il le béniſſe & mûriſſe ſes raiſins ; enſuite faiſant quatre parts du pain bien choiſi qu'il a apporté, il jette les quatre morceaux à égale diſtance en différentes directions dans ſa vigne. Alors les trois fils s'arment chacun de leur marre ou de leur ſerpe ; ils dirigent leurs travaux vers le point où le repas frugal les attend ; & y arriver le premier, eſt une gloire douce comme une joie pure, dont le père vigoureux ne cède encore rien à ſes enfans. »

Il eſt réſulté de l'établiſſement de ce tribunal, que l'eſprit d'ordre, de droiture, de fidélité & de zèle pour le travail, s'eſt perpétué de race en race, & que chaque bouſbot ambitionnant d'être nommé un des membres du tribunal des *quatre*, veille exactement ſur ſa conduite pour s'en rendre digne. C'eſt dans cet eſprit qu'il élève ſes enfans, & ce bon eſprit s'eſt ſucceſſivement perpétué juſqu'à nos jours. Il en eſt réſulté un bien réel pour le moral & pour le phyſique ; point de vignes mieux cultivées, mieux ſoignées dans la province, que celles des bousbots. Point de deſir d'abandonner la condition de ſon pere, puiſqu'on eſt ſûr d'y être honoré, reſpecté & chéri de ceux à qui l'on rend la juſtice & auxquels on ſert d'exemple.

Oh ! combien il ſeroit avantageux d'établir de pareils tribunaux dans tout le royaume, de rendre le cultivateur eſtimable à ſes propres yeux, de lui faire ſentir ce qu'il vaut, & de quelle utilité il eſt pour l'État ! C'eſt par eſprit de corps que les troupes font des prodiges de valeur ; & par eſprit de corps, les habitans de la campagne feroient des prodiges de culture ; mais au contraire ils ſont mépriſés, ou du moins peu de perſonnes leur rendent la juſtice qu'ils méritent. Le payſan eſt naturellement franc & juſte ; rarement agit-il contre le témoignage de ſa conſcience. Quel ſoin & quel intérêt n'apportera-t-il pas dans l'exercice d'une place qu'il ne devroit qu'à ſa vertu ?

De l'érection de ſemblables tribunaux, il en réſulteroit, il eſt vrai, la deſtruction d'un grand nombre d'offices de procureurs, de greffiers, d'huiſſiers, &c. Mais ſi on conſidère qu'un ſeul de ces individus ſuffit pour ſoulever la moitié d'une communauté contre l'autre, ainſi que cela arrive tous les jours, on se plaindra moins de la suppression. Un médecin meurt de faim sans malades, & un procureur sans procès.

C'est par cet esprit de corps qu'on voit subsister en Auvergne, depuis plus de quatre cens ans, la famille des *Pinçou*, celle des *Fleuriot* en Lorraine; & il est à présumer que le sublime *Kliyoog* ou *Jacques Gouyer*, transmettra à ses enfans, & ses connoissances & sa manière de vivre. Ces noms méritent qu'on s'en occupe, & puisse leur exemple être imité! (*Voyez* ces mots)

BOUSE. Fiente du bœuf & de la vache. On dit communément que c'est un engrais froid, moins chaud que celui du cheval. Cette expression est trop vague & incorrecte. La bouse est plus aqueuse que le crotin, & contient plus d'eau; rassemblée en masse, elle fermente moins fortement que le fumier de cheval. On l'appelle *un engrais frais*, très-utile pour les terrains secs & sablonneux, parce qu'il s'y décompose plus lentement que l'autre. Tous deux sortis du monceau, jetés sur le sol, ou enterrés, ont une chaleur égale : le thermomètre le prouve. Si vous voulez donner plus d'activité au fumier de bœuf, faites de distance en distance de petites couches de chaux réduite en poudre, lorsqu'on les met en monceau pour fermenter. La fiente que ces animaux répandent sur les prés, est en grande partie un engrais perdu. Si on veut qu'il soit actif, il doit auparavant avoir fermenté en masse, & éprouvé dans sa totalité de nouvelles combinaisons. (*Voyez* le mot ENGRAIS) Il est évident que cette bouse répandue çà & là, indistinctement sur le sol lorsque l'animal pâture, est bientôt desséchée par l'action du soleil; sa chaleur volatilise, dissipe les sels & le principe huileux qu'elle contient, & il ne reste plus que la partie terreuse de l'excrément, tandis que la bouse rassemblée en masse, fermente, combine, recombine ses principes, & n'en perd aucun.

BOUSIN *ou* BOUZIN. C'est la matière première & limoneuse des pierres en carrière. Elle est, pour ainsi dire, aux pierres dures, ce que l'aubier est au bois : c'est une pierre encore imparfaite, voilà sa signification propre; mais dans certaines provinces on s'en sert encore pour désigner la couche inférieure de terre qui se trouve au-dessous de celle qui est communément travaillée. Cette couche prend dans d'autres endroits le nom de *tuf*, si elle est pierreuse & caillouteuse. Quelques auteurs recommandent beaucoup de ne pas toucher à la première, de ne la point ramener à la surface, parce que, disent-ils, elle n'est pas cuite. Je ne suis point de ce sentiment, sur-tout à l'égard des terres qui donnent du grain de deux années l'une. Certainement pendant l'année de repos, elle aura le tems de *cuire*, pour me servir de leur expression, puisque la lumière, la chaleur & tous les météores auront le tems d'agir sur elle, d'unir leurs principes avec les siens, de les combiner & de les faire fermenter ensemble. L'opération de ramener la terre de la couche inférieure sur la supérieure, suppose des labours.

profonds. Cette opération n'eſt pas néceſſaire chaque année pour les pays de plaine ; mais elle eſt eſſentielle ſur les terrains en pente, ſur les côteaux, parce que l'eau des pluies fortes & d'orage entraîne toujours avec elle la partie la plus tenue, la *terre ſoluble*, (*Voyez* ce mot, ainſi que celui AMENDEMENT) la ſeule terre végétale, & ne laiſſe que les grains de ſable & de pierre. Si la couche inférieure eſt un composé de cailloutages réunis par une terre de couleur vineuſe ou rougeâtre foncé, il eſt plus prudent de ne pas mêler cette couche avec la ſupérieure, à moins qu'auſſi-tôt que le blé eſt coupé, on ne la ramène ſur la ſurface, ce qui lui donnera le tems de ſe *cuire*. Il en eſt ainſi des terres dont le fond eſt de craie ou de plâtre ; elles exigent plus de tems que les autres, attendu que le grain qui la compoſe y eſt très-ſerré, très-rapproché, & enfin l'action des météores ſur lui eſt plus lente. D'ailleurs comme ces terres ſont peu productives, on ne perdra pas beaucoup à les laiſſer pendant trois années conſécutives ſans les ſemer. Il y croîtra quelques mauvaiſes herbes, & en les détruiſant de tems à autre, en labourant le terrain, on les enterrera, & elles formeront la première terre ſoluble ou végétale.

BOUTE. Peau de bœuf ou de chèvre, préparée pour tranſporter des liqueurs à dos de mulet dans les pays montagneux. C'eſt la même choſe que l'outre. On appelle encore ainſi les grandes futailles dans leſquelles on met l'eau douce pour les beſoins de l'équipage d'un navire.

BOUTEILLE. Vaiſſeau à large ventre, à col étroit, fait de verre ou de grès, ou de bois, ou de cuir, propre à contenir de l'eau, du vin, des liqueurs, &c. Nous ne parlerons ici que de la bouteille deſtinée pour le vin.

Sa forme varie ſuivant les pays. En Angleterre, le col eſt court, écraſé, le corps preſque auſſi large dans toutes ſes parties. En France, la forme eſt arbitraire, & la contenance varie, ce qui favoriſe la friponnerie. Il y en a dont le col eſt fort alongé, le corps petit & le cul très-enfoncé. Toutes ces bouteilles ſe rapprochent plus ou moins de la forme d'une poire. Il ſeroit à deſirer que le réglement fait pour la province de Champagne fût exécuté par tout le royaume ; on ſeroit parlà aſſuré de la quantité du vin qu'on achète. Lorſqu'on demande, par exemple, cent bouteilles de vin, l'acheteur ne voit ſouvent que la forme du verre, & il eſt trompé ſur le contenu. Par exemple, la bouteille ordinaire à col long, à corps court & à cul enfoncé, ne tient pas trois quarts de la pinte, & cependant, ſuivant la loi de l'équité, elle devroit contenir la pinte. Ainſi l'acheteur eſt toujours trompé du plus au moins ; il ne peut l'être en Champagne. Voici ce que la déclaration du roi, du 8 Mars 1735, exige.

1°. La matière vitrifiée ſervant à la fabrication des bouteilles & carafons deſtinés à renfermer les vins & autres liqueurs, ſera bien raffinée & également fondue; ensorte que chaque bouteille ou carafon soit *d'une égale épaisseur* dans sa circonférence.

2°. Chaque bouteille ou carafon contiendra à l'avenir *pinte*, mesure de Paris, & ne pourra être au-dessous du poids de vingt-cinq onces; les demies & quarts à proportion. Quant aux bouteilles & carafons doubles & au-dessus, ils seront aussi proportionnés à leur grandeur.

Cette déclaration a lieu en Champagne; & toutes les voitures chargées de bouteilles, par exemple, à Reims, sont à leur arrivée conduites au bureau de la douane, pour y être mesurées & pesées. Je conviens que voilà une entrave pour le fabricant & même pour l'acheteur; mais si le premier n'avoit pas aidé à la friponnerie du marchand de vin, il est constant qu'on n'auroit jamais songé à établir cette visite & ce contrôle.

A Paris, la bouteille contient un neuvième de moins que celle fixée par la déclaration; c'est, sur la vente de neuf bouteilles, une bouteille de gagnée pour le marchand de vin, & perdue pour l'acheteur. On dit que c'est pour dédommager le vendeur du prix du bouchon. La bouteille de vin le plus médiocre qu'on vende à Paris, coûte dix sols, & souvent plus. A ce prix le bouchon reviendroit prodigieusement cher.

A Bordeaux, on se sert de bouchons d'une longueur disproportionnée, & qui excède souvent celle de deux pouces. On dit que la bouteille est mieux bouchée, que le vin se conserve mieux. Le prétexte est idéal; le véritable motif est que le bouchon est moins cher que le vin; & que ce long bouchon occupe la place du vin.

J'aime beaucoup mieux la méthode suivie dans toute la Hollande. Il est défendu aux marchands de vin de se servir de bouteilles qui ne soient pas étalonnées. Une bande de plomb empreinte d'une marque, indique sur le col de chaque bouteille l'endroit jusqu'où le vin doit monter. Par ce moyen, l'acquéreur ne peut être trompé sur la quantité; quant à la qualité, c'est à lui d'y prendre garde.

La couleur n'influe en rien sur la bouteille, si la vitrification est parfaite. L'embouchure de ce vase doit être ouverte à l'extrémité, de deux lignes plus qu'au-dessous de l'anneau où le bouchon doit pénétrer. Son ouverture, bien ménagée, est ronde & sans saillie, & son col a quatre pouces de plus de longueur.

Que les bouteilles soient neuves ou non, il ne faut jamais s'en servir sans les rincer. Les premières exigent une opération de plus que les secondes, du moins celles qui viennent des verreries, où l'on emploie le charbon fossile & non le bois, soit pour la fusion du verre, soit pour sa recuite après que la bouteille a été soufflée. Dans le fourneau de recuite, lorsqu'on y porte la bouteille qui vient d'être soufflée, & par conséquent qui a perdu la plus grande partie de sa chaleur, puisqu'elle forme déjà un corps presque solide, cette bouteille qui n'est pas au même degré de chaleur que le fourneau de recuite, attire sur son extérieur la fumée & les principes du charbon fossile que l'ignition fait enlever. Il se forme alors à l'extérieur du vase une poudre d'un gris noir qui le recouvre & le tapisse. J'ai la preuve par une expérience répétée maintes fois, que si cette poudre qui se détache en mettant la bouteille dans l'eau, entre dans son intérieur, & si les lavages ne l'en font pas sortir, le vin, dont on remplira ensuite cette bouteille, contractera un mauvais goût. Ce défaut n'a pas lieu, ainsi que je l'ai dit, pour le verre fondu au feu de bois.

Il résulte de cet inconvient, que le premier soin à avoir avant de rincer l'intérieur de la bouteille, est de boucher son ouverture avec le doigt index de la main gauche, & avec une éponge de frotter toutes les parties extérieures de la bouteille, en la mettant tremper dans un baquet plein d'eau.

La manière ordinaire de rincer les bouteilles, est d'avoir plusieurs vaisseaux pleins d'eau, dans lesquels on les passe successivement après les avoir rincées avec du plomb ou avec une petite chaîne de fer. Cette opération est bonne pour un certain nombre de bouteilles; mais peu à peu cette eau se charge des ordures qu'elles contenoient. Si l'on continue, l'opération devient insuffisante & manque le but, à moins qu'on ne renouvelle souvent l'eau de ces baquets. J'ai vu pratiquer en Champagne une méthode bien plus simple & plus expéditive, sur-tout lorsqu'on a un grand nombre de bouteilles à rincer.

Placez sur un trépied, d'un pied & demi ou deux de hauteur, une barrique défoncée par un côté, ou un grand cuvier, suivant le besoin. Adaptez une ou plusieurs canelles au bas de ce cuvier, & assez éloignées les unes des autres, pour qu'un homme puisse commodément manœuvrer; les canelles doivent être garnies de leur piston. L'homme s'assied sur un petit tabouret, étend ses jambes sous le trépied; alors d'une main il ouvre le robinet ou piston, l'eau coule sur les parois du verre, & lave avec une éponge l'extérieur de la bouteille; ensuite, armant cette bouteille d'un entonnoir, il y laisse couler la quantité suffisante d'eau pour la rincer, ferme le robinet, y jette la chaîne ou le plomb, l'agite en tout sens, écoule cette eau dans un baquet, retient la chaîne, présente de nouveau la bouteille sous le robinet, y laisse couler de l'eau, l'agite, l'écoule, & enfin, il en passe de nouvelle jusqu'à ce que le verre soit parfaitement net. Comme cet homme ne sauroit se déplacer, un aide lui approche les bouteilles, & remporte celles qui sont rincées. Il résulte de cette opération bien simple, qu'il faut beaucoup moins d'eau, & que l'eau dont on se sert, est toujours propre & nette.

Si les bouteilles ont contenu des essences spiritueuses, des odeurs, il est très-difficile de les en dépouiller. On n'y réussit qu'à la longue, & par des lavages répétés. Si elles ont renfermé des substances huileuses, les lessives *alcalines* (*voyez* ALCALI) les plus fortes, peuvent seules les en dépouiller. L'alcali, uni à l'huile, en fait un savon, & cette huile, dans son état de combinaison, devient soluble dans l'eau & cède aux lavages réitérés. Ainsi une forte lessive faite avec des cendres, aiguisée par la chaux, est un moyen expéditif. On peut encore se servir de la cendre *gravelée*, ou *clavelée*, (*voyez* ce mot) ou de l'alcali fixe du tartre. Ces deux dernières substances ont la même action sur l'huile.

Il est de la dernière importance qu'une bouteille soit bien rincée, sans quoi le vin contracte un mauvais goût. On emploie communément à cet usage le plomb réduit en grenaille, ou une chaîne de fer, dont les bouts de chaque chaînon sont armés de pointes, comme ce qu'on appelle communément *molettes d'éperon*. Par l'agitation & les secousses réitérées dans tous les sens, ces corps durs détachent du verre les parties étrangères interposées sur sa surface intérieure.

Quelques auteurs ont fait beaucoup de bruit, sur-tout dans les papiers publics, sur la préférence que l'on doit donner à la chaîne de fer, parce que, ont-ils dit, il arrive souvent qu'un ou plusieurs grains de plomb restent dans la bouteille, & qu'alors l'acide du vin attaque la substance du plomb, la dissout peu à peu, enfin, la réduit en chaux de plomb, ou sel de saturne, & tout le monde sait combien cette chaux est dangereuse, mêlée & dissoute dans le vin. Si ce raisonnement étoit vrai & fondé sur la réalité, on auroit raison de proscrire l'usage du plomb. Je n'en suis pas plus partisan qu'un autre, mais je n'aime pas qu'on jette mal à propos de l'inquiétude dans les esprits en les alarmant. L'expérience m'a prouvé que dans des bouteilles remplies depuis près de neuf ans, & dans lesquelles il étoit resté deux grains de plomb, ces deux grains n'y avoient souffert aucune altération. Il faut le contact immédiat de l'air pour que l'acide du vin agisse sur le plomb. Je puis attester que le vin de cette bouteille n'avoit pas le plus léger goût douceâtre, goût qui se manifeste lorsque le vin est uni à une infiniment petite dose de sel de saturne. Malgré ce que je viens de dire, il est plus prudent de se servir d'une chaîne.

On est souvent étonné de trouver à un vin un goût différent de celui qu'on attendoit, de voir un sédiment étranger au fond de la bouteille. Cela provient souvent de la nature des substances qui sont entrées dans la composition du verre en surabondance, & quelquefois de l'union de certaines substances qui lui sont étrangères. Voici un moyen de le reconnoître. Prenez un verre d'eau, jetez-y un peu d'acide nitreux, ou d'acide vitriolique, & videz le tout dans la bouteille. Placez-la au bain marie, & faites bouillir. Si la vitrification est bien faite, l'eau de la bouteille ne perdra pas de sa transparence, & se dissipera sans laisser de sédiment. S'il reste encore d'alcali ou de la terre non vitrifiée dans la bouteille, l'acide les dissoudra, & formera une certaine quantité d'un sel plus ou moins blanc, & un *sel neutre*, (*Voyez* le mot SEL) qui prouvera la mauvaise qualité de la bouteille.

BOUTON. Ce mot exige d'être considéré sous deux principales acceptions. La première est relative à l'arbre & aux plantes; la seconde, aux maladies cutanées, & à un inſtrument dont ſe ſervent les maréchaux.

Bouton. C'eſt un petit corps arrondi, un peu alongé, & quelquefois terminé en pointe, que l'on remarque le long de la tige & des branches des arbres & des arbriſſeaux vivaces.

Tableau du mot Bouton végétal.

Section première.

Section II.

Section III.

I. *Du bouton conſidéré en général.* Germes de la réproduction du feuillage, du bois & du fruit, les boutons ſont, comme les ſemences, deſtinés par la nature à multiplier & perpétuer les eſpèces. Leur fonction eſt ſi importante, que les anciens les ont regardés comme la partie la plus précieuſe; & le nom de *gemmæ* qu'ils leur ont donné, annonce aſſez quel prix ils leur attachoient. Si la graine mérite tant d'attention, ſi l'obſervatenr exact y reconnoît les élémens de la plante future, & eſt étonné des merveilles que lui offre la nature dans un ſi petit eſpace, quelle ſera ſon admiration, l'orſqu'il conſidérera l'appareil & le ſoin qu'elle apporte dans l'arrangement de toutes les parties qui compoſent le bouton? Rien n'eſt négligé, tout eſt prodigué, écailles, feuilles ſur feuilles, duvet, gomme, ſuc viſqueux, & tout cela pour envelopper le germe qui vit au milieu du bouton, le défendre, & le garantir des intempéries des ſaiſons. Un petit être, une plante en miniature, garnie de ſes feuilles, de ſes fleurs, ornées elles-mêmes d'étamines & de piſtil, dont la baſe repoſe ſur un ou pluſieurs germes; voilà ce que le microſcope fait appercevoir au centre du bouton; mais, avant que d'entrer dans ces détails intéreſſans, & de pénétrer dans le ſanctuaire de la nature, conſidérons auparavant la poſition des boutons, leurs différentes formes, & leur accroiſſement.

II. *Poſition, inſertion & forme du bouton.* Rarement, ou pour mieux dire, jamais la nature n'agit ſans des vues directes d'une ſageſſe admirable. On la reconnoît par-tout, & la poſition des boutons décèle cette ſageſſe, que l'on retrouve à chaque inſtant, & qui annonce celui qui a tout fait & tout diſpoſé. Le bouton, au moment de ſa naiſſance & juſqu'à ſon entier développement, a ſans ceſſe beſoin d'être protégé, nourri & défendu: les feuilles ſont chargées de ce ſoin; & pour être plus à même de le remplir, elles ſemblent s'écarter un peu de la tige qui les porte, & enfler leur baſe pour embraſſer le bouton qui naît toujours au point d'inſertion de leur pétiole. Ainſi la poſition des boutons ſur les tiges, eſt toujours relative à celle des feuilles. En général, on remarque, d'après M. Bonnet de Genève, cinq espèces de dispositions relatives des feuilles sur les branches. (*Voyez* FEUILLES) On devroit donc admettre, avec ce savant & M. Duhamel, cinq classes de dispositions relatives des boutons, si dans la cinquième classe les boutons se trouvoient placés à côté des feuilles; mais dans la classe des feuilles placées en *spirales redoublées*, qui renferme le pin & le sapin, les boutons se trouvent à l'extrémité des branches, & non pas dans l'insertion des feuilles. Nous en ferons donc une classe particulière, désignée par de nouveaux caractères.

La première classe contient les boutons *alternes*, ou placés alternativement les uns au-dessus des autres, sur deux lignes parallèles aux branches qui les portent, tels que le coudrier, le châtaignier, le tilleul, &c. &c. (*Fig. 13*, *Planche* du mot BULBE) M. Bonnet compte neuf espèces d'arbres qui portent ainsi leurs boutons; le coudrier, le châtaignier, le lierre, le néflier, l'orme, la grenadille, le tilleul & la vigne.

La seconde classe renferme les boutons à *paires croisées* ou *opposées*. Ils sont placés par paires vis-à-vis l'un de l'autre, de façon que ceux d'une paire croisent à angles droits, ceux de la paire supérieure ou inférieure, comme le frêne, (*Fig. 14*) le buis, le jasmin, l'olivier, le marronnier, &c. &c. M. Bonnet a trouvé cet arrangement sur dix-sept espèces; savoir, le buis, le chèvre-feuille, la citronnelle, la clématite, l'érable, le troëne, le frêne, le fusain, le jasmin, le laurier-thym, le lilas, le marronnier, l'olivier, le plane, le romarin, l'aubier & le sureau.

Dans la troisième classe sont renfermés les boutons *verticillés*, ou qui forment des espèces d'anneaux autour des branches, comme le genevrier, le grenadier, &c. &c. (*Fig. 15*) Il faut cependant remarquer que sur presque toutes les jeunes branches de cet arbuste, les boutons sont seulement opposés. Quatre espèces d'arbustes seulement ont ainsi leurs boutons; le genevrier, le grenadier, le laurier-rose & le myrte.

Dans la quatrième classe les boutons sont rangés en *quinconce*, ou plutôt, forment une spirale très-allongée, & qui monte en tournoyant autour de la branche. (*Fig. 16*) Dans presque tous les arbres fruitiers, les boutons sont ainsi disposés. En un mot, M. Bonnet a remarqué cet ordre dans trente-trois espèces; l'abricotier, l'acacia, l'althea, l'amandier, l'aubépine, le cerisier, le citronnier, le coignassier, le chêne, l'églantier, l'épine-vinette, le figuier, le framboisier, le giroflier, le groseillier, le houx, l'if, le laurier-cerise, le laurier à dard, le merisier, le mûrier, le noyer, l'oranger, l'osier, le pêcher, le peuplier, le poirier, le pommier, le prunier, la ronce, le rosier, le tremble & le saule.

Enfin, dans la cinquième classe sont rangés les boutons des arbres dont les feuilles sont en *spirales redoublées*; & comme ces arbres ne portent point leurs boutons dans l'aisselle de leurs feuilles, mais seulement au bout des branches, le caractère propre de cette classe sera d'avoir les boutons à l'extrémité de la branche, sans que la branche en porte ailleurs : car presque toutes les branches sont

terminées

terminées par un bouton; mais aussi toutes, exceptées celles du pin & du sapin, (*Fig. 17*) en sont plus ou moins pourvues sur leur longueur.

Non-seulement les boutons varient par rapport à leur disposition relative, mais encore par rapport à la manière dont ils sont implantés dans la branche: tantôt ils s'écartent tellement de la branche qui les porte, qu'ils s'implantent presque perpendiculairement sur elle, tels sont ceux du lilas (*Fig. 18*) ; tantôt ils sont collés dans toute leur longueur sur la branche, comme dans le cornouiller (*Fig. 19*); quelquefois on remarque sur le même arbre, à la même branche, ces deux dispositions; le fusain a les boutons de l'extrêmité des branches collés comme le cornouiller, tandis que les boutons d'en bas en sont très-écartés. (*Fig. 20*)

La forme de chaque bouton ne varie pas moins; les uns sont anguleux, courts & ronds, comme ceux de l'extrémité des branches du noyer (*Fig. 21*); d'autres sont longs & pointus, comme ceux du charme (*Fig. 22*); il y en a de velus, le viorme; il y en a de lisses & d'unis, le cerisier, & de résineux, le tacamahaca; le chêne a ses boutons très-petits, tandis que ceux du marronnier d'inde sont très-gros, &c. &c. &c.

On peut voir quelle grande variété règne dans cette production végétale; cependant la même espèce conserve toujours ses mêmes boutons, soit pour leur disposition relative, soit pour leur insertion, soit pour leur forme & leur figure; rarement remarque-t-on des exceptions. On doit donc inférer de-là que la connoissance de cette partie de la botanique, est non-seulement intéressante, mais encore nécessaire à quiconque se livre à la culture des arbres. Comme les boutons s'annoncent une année d'avance, qu'ils croissent insensiblement en automne, & que dans l'hiver ils ont acquis une forme distincte & qui est propre à chaque espèce, cette connoissance des différentes formes, pourra être d'un très-grand secours pour distinguer les diverses espèces d'arbres dans une saison où ils sont dépourvu des fleurs & de fruits, & même, pour le plus grand nombre, dépouillés de leurs feuilles.

III. *Accroissement & développement du bouton.* Le bouton ne se forme pas tout d'un coup, la nature le prépare de très-loin, & pour parler plus exactement, elle y travaille sans cesse; cette mère attentive veille continuellement à la nourriture & à l'accroissement de ce germe précieux. Dans le printems, quelque tems après que les feuilles se sont développées, on apperçoit à leur aisselle un point imperceptible, qui, examiné même au microscope, n'offre rien de confus. Les feuilles, (comme nous le démontrerons à ce mot) sont l'organe principal de la nourriture de la plante, & sur-tout de l'embryon qu'elles renferment à leur base. Ce sont elles qui sont chargées immédiatement du double soin de le protéger & de le nourrir. Cela est si vrai, que dans le courant de l'été, & avant que le bouton ait acquis une certaine vigueur, & que semblable à l'animal adulte, il puisse se passer de sa mère, on arrache la feuille dont le pétiole le recouvre, le bouton ne fait plus que languir, rarement réussit-il, presque toujours il dépérit & meurt.

A mesure que la saison avance, le bouton croît & grossit, les écailles ou enveloppes s'étendent; & la séve, s'établissant un cours fixe vers la nouvelle production, les lames intérieures de l'écorce se prolongent pour former toutes les parties extérieures du bouton, tandis que les rudimens du germe qui doit devenir ou bois, ou fleur, prennent naissance. Tout se travaille à la fois; la base qui doit supporter le bouton, ce petit bourrelet que l'on remarque à son insertion, sert à préparer & à élaborer les sucs que la séve y dépose, & qui doivent servir à la nourriture de l'embryon après la chûte de la feuille, sa mère-nourrice. C'est un réservoir où la nature tient alors en dépôt les provisions nécessaires.

Le bouton tient à la tige, non-seulement par ses enveloppes extérieures, mais encore par une espèce de racine qui pénètre à travers les fibres mêmes de la branche. Ce petit cordon ombilical est l'organe direct par lequel il tire sa nourriture de la branche & du tronc; il est même assez sensible dans l'hiver & à l'entrée du printems. Rompez alors un bouton, vous remarquez à sa base l'orifice d'un petit canal médullaire, ou pour mieux dire, un paquet de fibrilles qui forment un faisceau absolument analogue à une racine.

La séve ascendante, apportée par la tige, est communiquée par ce cordon ombilical dont nous venons de parler; la séve descendante fournie de loin par les feuilles, médiatement par les enveloppes qui sont les prolongations des couches corticales, & de près, & immédiatement par la feuille mère-nourrice, poussent en avant le bouton, & développent toutes ses parties; il acquiert de l'accroissement en longueur & en largeur. Toutes les circonstances qui concourent à l'accroissement végétal, influent nécessairement sur celui du bouton; & si tous les boutons d'une même branche ne se développent pas à la fois, cela dépend de leur position sur leur jet. Cette observation est due à M. Bonnet de Genève. C'est à la différence de chaleur qu'il faut attribuer ce phénomène; car en considérant au printems des jets de plusieurs espèces d'arbres & d'arbustes, situés parallèlement à l'horizon, il a observé que les boutons de ces jets s'épanouissoient d'une manière fort inégale, quoique régulière. Les boutons placés à l'extrémité du jet, ainsi que ceux qui étoient situés sur son côté supérieur, étoient plus développés que ceux qui étoient placés vers l'origine du jet & sur son côté inférieur. Si l'on donne à ces jets une position contraire, on parviendra par-là à hâter le développement des boutons les moins avancés. Il est encore certain qu'il sort plus de boutons sur le côté d'une plante exposée au soleil, que sur celui qui n'est jamais favorisé des regards de cet astre. Nous croyons, avec le savant observateur que nous avons cité, que cette remarque peut devenir utile à la pratique du jardinage.

IV. *Anatomie du bouton en général.*

Après avoir tracé la naissance & l'accroissement du bouton, pénétrons dans son intérieur, détaillons-le pièce par pièce, jusqu'à ce que nous soyons parvenus au germe; à chaque pas nous trouverons l'occasion d'admirer la nature, & d'être étonné du merveilleux appareil qu'elle prépare à la jeune branche, & qui l'accompagne jusqu'à son entier développement.

Les premières parties qui s'offrent à la vue sont des feuilles épaisses, dures, lisses à l'extérieur, ou plutôt des écailles creusées en cueilleron, qui se recouvrent les unes les autres. Elles sont si serrées entr'elles qu'il est impossible à l'eau de pénétrer à travers. Dans certains sujets, on en distingue facilement plusieurs rangs; les extérieures ont toujours une couleur de brun foncé, quelquefois de rouge; les intérieures sont plus minces, plus tendres, plus succulentes, & presque toujours d'un verd assez doux. On en voit sans appendice au sommet, d'autres avec un seul appendice, comme dans le pommier précoce, le prunier; avec plusieurs, comme dans l'abricotier, &c. &c. Les unes & les autres sont garnies en dedans de poils qui forment comme une espèce d'ouate. Ces poils sont d'une substance si délicate, qu'ils sont transparens, vus au microscope. Non-seulement on les remarque sur les bords de ces écailles, mais ils tapissent encore l'intérieur, & plusieurs espèces en portent à l'extérieur. Il faut bien distinguer ici ces poils adhérens aux écailles, des touffes de poils que l'on retrouve dans l'intérieur du bouton de certains arbres.

Les écailles de nature herbacée semblent être une simple prolongation de la substance corticale; elles ne servent, pour ainsi dire, qu'à emmailloter le tendre bourgeon; car dès qu'il a acquis assez de force pour se passer de leur secours, elles se détachent de la tige & tombent. La plupart de ces écailles sont pourvues de mamelons & de glandes, à travers lesquels suinte une liqueur visqueuse & gluante, qui les fait adhérer très-intimément les unes contre les autres, & qui empêche l'eau de pénétrer dans leur intervalle.

Immédiatement après les écailles, on remarque des filets très-minces, de différentes figures; dans certains arbres, ce sont de vraies feuilles passagères, que l'on peut comparer aux cotyledons, ou feuilles séminales, & qui comme elles servent à épurer la séve ou la nourriture que le germe renfermé dans le bouton tire de la tige; elles meurent & tombent comme elles dès que leur service est inutile. Dans d'autres arbres, ce sont des paquets de filets plus ou moins épais, qui enveloppent immédiatement le germe. Ces feuilles sont donc bien distinctes des feuilles véritables, & comme elles périssent durant le développement total du bouton, Malpighi a eu raison de les nommer *caduques*, *folia caduca*, tandis qu'il a désigné les autres sous celui de *stables*, *folia stabilia*. La forme de ces feuilles caduques varie non-seulement dans les divers sujets, mais souvent encore sur le même pied & dans le même bouton. Elles ont la forme d'une mitre dans le figuier, dans le mûrier & le châtaignier; elles sont concaves, oblongues, obtuses au sommet; dans le coudrier, elles sont pareillement concaves, mais larges & surchargées d'utricules; dans le chêne, elles sont longues & d'une forme très-agréable; d'autres enfin, telles que celles de la violette & de la mauve, sont découpées & dentelées. Quelquefois ces feuilles caduques adhèrent à la véritable feuille; quelquefois aussi elles sont implantées au-dessous d'elle. Nous verrons leur développement à l'article des *boutons tons à bois*.

Arrêtons nous ici un instant pour admirer la sage prévoyance de la nature. Si l'embryon étoit recouvert immédiatement par les écailles, il arriveroit souvent qu'il lui seroit impossible de se développer par la résistance que lui opposeroient les écailles adhérentes les unes contre les autres, en raison du suc gluant dont nous avons parlé. En grossissant, il seroit nécessairement gêné & mis à l'étroit par cette enveloppe, qui se durcit à mesure que la saison avance; il ne pourroit gagner en hauteur sans être déchiré par le tranchant de l'extrémité des écailles. Qu'a fait la nature pour parer à ces inconvéniens? Elle a, pour ainsi dire, rembourré l'espace entre les écailles & le germe, de feuillets herbacés, mollasses, ou de filets & de poils susceptibles d'être comprimés, & de céder aux efforts continuels du germe qui se développe en les serrant de plus en plus les uns contre les autres. A mesure qu'il croît, les feuillets & les poils l'accompagnent dans sa route, jusqu'à ce qu'il soit assez fort pour se débarrasser tout à la fois & d'eux & des écailles.

Ce qui n'est qu'une espèce de duvet dans quelques arbres, se trouve être des poils d'une certaine longueur dans d'autres; dans la vigne sur-tout, ils sont crépus; & partant des feuilles de la tige, ils enveloppent le reste du bouton. Dans quelques plantes, le pas d'âne, par exemple, ils sont si épais & tellement mêlés, qu'ils forment une espèce de feutre ou de couverture, qui emmaillotte l'embryon comme un enfant dans son berceau.

Tous les arbres n'ont pas leurs boutons aussi garnis. En général ceux des pays chauds sont, pour ainsi dire, habillés à la légère; & dans ceux qui ne redoutent pas le froid, on ne trouve ni écailles, ni duvet; de petites feuilles extérieures faites en forme de coquilles roulées les unes sur les autres, servent seules à garantir l'embryon qui occupe le milieu; tels sont les lilas, les rosiers, les noisetiers.

Grew, dans son analyse du bouton, distingue dans le bourgeon six parties différentes; les feuilles, les sur-feuilles, les entre-feuilles, les tiges des feuilles, les chaperons, & les petits manteaux ou voiles. Les quatre premières appartiennent aux feuilles, & nous en traiterons à ce mot; les autres sont les petites écailles les plus intérieures, qui quelquefois approchent de la figure d'une feuille ronde.

Après avoir examiné les écailles, les feuillets & les poils, on arrive enfin aux feuilles recouvrant le germe qui devient, ou une branche, ou les organes de la reproduction, c'est-à-dire, une fleur; mais ils n'y sont, pour ainsi dire, qu'en miniature, qu'en ébauche; on peut cependant les appercevoir dès l'automne, sur-tout lorsque cette saison a été assez chaude. Durant l'hiver, où toute végétation paroît suspendue extérieurement, la nature ne l'est pas; toujours animée, elle ne ralentit pas un instant ses opérations, & c'est justement dans ce tems apparent de langueur & d'inertie, qu'elle travaille, pour ainsi dire, en cachette à la formation des différentes parties des fleurs qui doivent s'épanouir & se féconder au printems. (*Voyez* le mot FLEUR)

V. *Distinction du bouton à bois & du bouton à fruit.* On distingue deux espèces de boutons, l'un qui ne doit donner naissance qu'à une branche, & que l'on nomme pour cette raison, *bouton à bois* (*Fig.* 23); il ne contient qu'une tige ligneuse surmontée de plusieurs feuilles enroulées & diversement repliées, le tout enveloppé d'écailles: l'autre, qui renferme les rudimens d'une ou de plusieurs fleurs concentrées & repliées sur elles-mêmes, est appellé *bouton à fleur ou à fruit* (*Fig.* 24). Dans plusieurs espèces d'arbres, le bouton est en même tems *à fleur & à feuilles;* assez ordinairement leur forme extérieure sert à les faire distinguer; les boutons à fleur sont communément plus gros & plus arrondis que les boutons à feuilles, qui sont presque toujours assez pointus. Au reste, les yeux bien exercés & habitués à voir, valent mieux que tous les préceptes que nous pourrions donner. Les boutons des arbres stériles ont à peu près les mêmes caractères distinctifs que ceux des arbres fruitiers, à l'exception de ceux qui n'ont ni bourre, ni écailles, & qui ne sont recouverts que par des feuilles repliées. Les boutons des arbres de simple ornement sont ordinairement fort petits, & il n'est pas facile de distinguer ceux qui produiront des feuilles ou des fleurs. Dans la vigne, au contraire, ils sont tous gros & saillans, mais il n'en est pas moins difficile de connoître ceux qui ne doivent donner que du bois, d'avec les autres.

Les plantes annuelles n'ont point de boutons; celles qui ne sont vivaces que par leur racine, n'en portent point sur leur tige, mais seulement sur leur racine; & dans le nombre de celles qui conservent leurs tiges durant l'hiver, quelques-unes en sont dépourvues, telles que la rue, le bec de grue, &c. & parmi les arbustes, la bourdene, l'alaterne, &c. mais toutes les autres plantes vivaces, & en général les arbres & arbrisseaux, sont garnis de boutons.

Les cayeux & les oignons sont de vrais boutons, comme l'a remarqué Grew: nous le ferons voir à l'article BULBE. (*Voyez* ce mot)

SECTION II.

Du bouton à bois.

Le bouton à bois qui est chargé de la réproduction des branches, porte dans son sein le germe d'une tige; c'est un petit arbre enté sur celui qui le produit, & qui est absolument composé des mêmes parties: pour être convaincu de cette vérité, il suffit de faire exactement l'anatomie d'un bouton à bois. Comme il y a peu de variété entre eux, on comprendra facilement l'organisation de tous par un seul. Suivons, avec M. Duhamel, l'anatomie d'un bouton à bois du marronnier d'inde, il eſt naturellement très-gros, & offre même à la vue ſimple les parties dont il eſt composé. Nous ne ferons qu'y ajouter les obſervations que nous avons faites en particulier.

La *figure 25* repréſente l'extrémité d'une jeune branche de marronnier d'inde, terminée par un bouton. On y remarque les écailles ou enveloppes A, qui ſe recouvrent mutuellement les unes les autres; c'eſt à travers les interſtices de leur réunion, que découle ce ſuc épais & viſqueux, qui ſuinte de leurs pores: au-deſſous eſt la marque BD de l'inſertion de l'ancienne feuille de l'année précédente; elle eſt triangulaire & porte ſept points noirs qui indiquent les fibres ligneuſes qui ſe diſtribuoient de la tige à cette feuille. Si l'on coupe ce bouton & la branche qui le ſupporte ſuivant leur longueur, on verra facilement comment toutes les parties ſont arrangées réciproquement. (*Fig. 26*) On diſtingue d'abord au centre, la moelle ABC; elle eſt blanche depuis A juſqu'en B; mais depuis B juſqu'en C, elle eſt verte. En DD, on retrouve une ſubſtance ligneuſe, ou le bois proprement dit, qui paroît recouvrir la moelle en C, mais qui cependant laiſſe paſſer quelque production médullaire juſqu'en E, le germe de la branche. Le tout eſt recouvert de l'écorce HHFF, qui donne naiſſance aux enveloppes écailleuſes du bouton GG. Ces enveloppes deviennent d'autant plus minces, qu'elles ſe rapprochent plus du centre. Après ces enveloppes, on apperçoit le duvet épais HHH, qui garnit l'intervalle entre les écailles & le germe; enfin, au centre eſt ce germe E, composé de pluſieurs feuilles artiſtement repliées ſur elles-mêmes, & les unes dans les autres. Chacun de leurs piés eſt garni de duvet, au point qu'il eſt très-difficile de les ſéparer & de les développer pour les examiner. Lorſque le bouton s'ouvre, ce duvet accompagne ces feuilles durant quelque tems.

D'après le développement du bouton du marronnier d'inde, on peut aiſément deviner l'organiſation de ceux des autres arbres; & en y joignant celui du pêcher, pour les arbres à fruit, on n'aura preſque rien à deſirer. Nous en aurons encore l'obligation à M. Duhamel, cet excellent & infatigable obſervateur. C'eſt dans le mois de Février, tems où les boutons de cet arbre commencent à pouſſer vigoureuſement, qu'il en examina un bouton. Après en avoir enlevé toutes les enveloppes écailleuſes figurées en cuilleron, il apperçut pluſieurs filets étroits de couleur verte, rangés en ſpirale. Après avoir détaché quelques-uns de ces filets, il les obſerva au microſcope, qui lui fit appercevoir qu'ils étoient dentelés par les bords & hériſſés de poils. Il croit auſſi les avoir apperçus pliés en deux, (& il ne ſe trompe pas; car non-ſeulement ils m'ont paru tels, mais je ſuis venu à bout de les développer.) Il détacha enſuite tous ces filets, pour pouvoir examiner avec le microſcope, un petit corps qu'il voyoit au centre. Il parut composé de deux petites feuilles pliées & dentelées par les bords & non garnies de poils. Il remarqua que ces petites feuilles étoient tout à fait au centre, & qu'elles paroiſfoient fortir de la moelle. La petitesse des parties qui composent le bouton, a empêché M. Duhamel de pousser ses observations plus loin. J'ai fait de nouveaux efforts, & j'ai essayé de développer le bouton bien au-delà du travail de cet illustre physicien; j'ai réussi en partie, mais je n'ai jamais rencontré que ces mêmes petites feuilles qui se recouvroient toujours, & qui à la fin devenoient si petites, qu'elles échappoient au microscope.

La description du bouton du *pin* est trop intéressante pour que nous la passions sous silence, & nous l'emprunterons au baron de Tschoudi.

Les boutons des pins sont constamment placés au bout de la branche, comme nous l'avons fait remarquer; celui qui la termine est robuste & fort long; il est environné circulairement & régulièrement de boutons moins considérables, qui sont entremêlés de plus petits. Tous sont couverts d'une enveloppe membraneuse semblable à une gaine. Qu'on ouvre cette gaine, on apperçoit d'abord le bourgeon herbacé qu'elle renferme; elle est composée de plusieurs pièces cylindriques ajustées les unes dans les autres; ainsi elles se prêtent à l'alongement du bourgeon qui en demeure couvert jusqu'à ce qu'il ait environ deux pouces de longueur: alors il s'échappe par le bout de la gaine qui reste ensuite longtems fixée autour de la partie inférieure. Dès ce moment ses progrès sont d'une étonnante rapidité; lorsqu'il a fait sa crue en longueur seulement, il commence à grossir d'une manière sensible: à cette époque, ses feuilles courtes & tendres, qui jusques-là étoient restées collées contre le bourgeon, se consolident, se développent & s'étendent. Long-tems auparavant on a pu remarquer, au bout de cette tendre branche, l'assortiment de boutons qui la termine, & où la symétrie & le nombre de celles qui doivent éclorre l'année suivante sont déjà déterminés.

A mesure que le bouton croît, toutes ces parties se développent; les écailles s'écartent & s'inclinent à l'horizon, les feuillets & les poils s'étendent, les vraies feuilles, les stables se déroulent, les caduques les accompagnent quelque tems, la petite tige ligneuse renfermée au centre du bouton, croît, prend de la consistance & s'élève à travers toutes ces enveloppes. En écartant enfin tous ces obstacles, la nouvelle branche paroît chargée de feuilles, & le but de la nature étant rempli, tout ce qui n'étoit qu'accessoire tombe.

Ce seroit sans doute ici le lieu de donner le détail du roulement des feuilles dans le bouton, de leur croissance & de la variation de forme que la plupart subissent tant qu'elles y sont renfermées; mais ces détails nous meneroient trop loin, & nous les renvoyons au mot FEUILLE.

Avant que de passer au bouton à fleur, ne négligeons pas de remarquer l'analogie qui se trouve entre le bouton à bois & la graine: l'un & l'autre renferment la plante en petit, en racourci; mais ce qui doit les faire aussi distinguer, c'est que le bouton à bois n'a pas de vraies racines, & qu'il ne renferme pas, par conséquent, la *radicule*, comme la graine ; mais simplement la *plumule.*

Section III.

Des boutons à fleur.

La seconde espèce de boutons que l'on remarque sur les branches est celle des boutons à fleur, ou qui renferment tous les organes de la réproduction, c'est-à-dire les pistils & les étamines. Dans les arbres qui ne sont pas hermaphrodites, on remarque & des boutons qui ne contiennent que les étamines, & des boutons qui ne produisent que des pistils. Les uns & les autres sont garnis extérieurement d'écailles creusées en cueilleron, plus ou moins rondes, plus ou moins dures & épaisses, comme les boutons a bois; mais le lieu de leur insertion n'est pas le même que celui de ces derniers. Dans quantité d'espèces d'arbres, les boutons qui fournissent les fleurs & les fruits sont situés à l'extrémité des petites branches particulières qui ne s'étendent jamais beaucoup, qui sont fort garnies de feuilles, & qui contiennent plus de tissu cellulaire que les branches à bois (*Fig. 27*) ; aux pêchers & à quantité d'arbres de la même famille, les boutons à fleur sont posés sur les mêmes branches que ceux à bois; de sorte qu'on voit quelquefois un bouton à fleur à côté d'un bouton à bois, souvent aussi deux boutons à fleur sont aux deux côtés d'un bouton à bois, ou bien on voit un bouton à fleur entre deux boutons à bois; de sorte que les boutons à fleur qui ne sont point accompagnés de boutons à bois, tombent ordinairement sans produire de fruit. Ils ont besoin d'une abondante nourriture, ou d'une élaboration plus parfaite des sucs nourrissans; & selon toutes les apparences, dans les arbres de cette espèce ce double emploi appartient peut-être immédiatement au bouton à bois, par rapport au bouton à fruit.

Les boutons à fleur sont ordinairement trois ans à se former, suivant la remarque de l'abbé Schabol; ils portent la première année trois feuilles, une de grandeur naturelle, une moyenne & une plus petite; la seconde ils paroissent avec quatre ou cinq feuilles, dont deux ou trois de grandeur ordinaire, une moyenne & une petite; la troisième année, ayant grossis considérablement, ils présentent un groupe de feuilles placées à différens étages; il y en a sept, huit ou neuf, dont les deux tiers sont de grandeur naturelle, & les autres moyennes ou petites. C'est alors que le bouton commence à se développer.

A la base du bouton, on remarque toujours de petits plis & replis, & des espèces de rides qui se multiplient à mesure que la branche fructueuse s'alonge : leur destination est sans doute de filtrer, travailler & élaborer la séve, comme les bourrelets des greffes & des boutures. Ils offrent encore les traces des feuilles qu'ils ont portées.

Par rapport aux boutons à fleur, nous ferons comme pour les boutons à bois, & nous en prendrons l'anatomie dans l'ouvrage de M. Duhamel. En effet, dans quelle meilleure source pourrions-nous puiser? Il a donné celles du *mézéréon*, du pêcher & du poirier; comme cette dernière

dernière est plus détaillée & plus circonstanciée, nous la choisirons de préférence, elle suffira pour raisonner par analogie des autres boutons à fleur.

Ce Savant examina dans le mois de Janvier les boutons à fruit d'un poirier vigoureux ; ils étoient renflés & terminés par une pointe fort obtuse. La *Fig.* 27 représente un de ces boutons ; A écailles ou enveloppes écailleuses, B rides, C stigmates, ou trace de la feuille de l'année précédente. Ces boutons sont composés de 25 à 30 écailles creusées en cueilleron ; elles protègent, par cette forte enveloppe, les jeunes fleurs contre les injures de l'hiver. Les extérieures sont dures, fermes, brunes, peu velues en dehors ; mais au fond de chaque cueilleron, on apperçoit un toupet de poils jaunes qui réfléchissent une couleur dorée quand on les regarde dans un certain sens. Les écailles ou feuillets intérieurs sont plus grands, verdâtres par le bas, recouverts en dehors d'un duvet très-fin, & en dedans garnis de poils de même couleur que ceux des écailles extérieures. Sous ces feuillets, il s'en trouve d'autres plus petits & plus minces, velus & d'un verd blanchâtre.

Quand on a détruit toutes ces enveloppes, on apperçoit les embryons des fleurs, au nombre de huit ou dix (*Fig.* 28) ; ils sont groupés sur une queue commune d'environ une demi-ligne de longueur, & ils y sont attachés par de petites queues particulières fort courtes en premier lieu, mais qui s'alongent plus ou moins par la suite, selon les différentes espèces de poires. Entre les embryons de ces fleurs, qui sont alors presque sphériques, on distingue plusieurs petites feuilles velues, fort minces, de différentes formes, (*Fig.* 29) & d'un vert pâle. Elles remplissent tous les vides, & probablement, elles ne contribuent pas peu à garantir les jeunes fleurs des injures de l'hiver.

Les embryons examinés au microscope ressembloient extérieurement à un bouton de rose (*Fig.* 30) ; d'autres ouverts au foyer même de la lentille, parurent (*Fig.* 31) tous chargés de poils, & on appercevoit dans l'intérieur plusieurs étamines, dont les sommets étoient encore blancs. On ne pouvoit distinguer s'ils étoient formés de la réunion de deux corps en forme d'olive ; (*voyez* ANTHÈRE) les pétales n'étoient guères apparens, & les pistils échappoient à l'œil ; il est vrai qu'il étoit aisé de les confondre avec les pédicules de certaines étamines, qui étoient privés de leurs sommets.

Des embryons observés dans le mois de Mars étoient considérablement grossis, & laissoient appercevoir des embryons mieux formés ; (*Fig.* 32) les sommets des étamines étoient rouges, les pétales s'appercevoient clairement, & on commençoit à découvrir les pistils.

Enfin, vers la fin de Mars, M. Duhamel reconnut assez distinctement à la base du pistil, à l'endroit de l'ovaire, le fruit & les jeunes pepins rassemblés deux à deux.

Nous voyons donc par cette progression, que pendant tout l'hiver le bouton avoit cru & acquis du développement ; il est vrai qu'il faut la chaleur du printems pour l'accomplir entièrement. Le progrès a été insensible dans les années précédentes, & même au dernier hiver; mais à peine les rayons du soleil ont-ils échauffé l'air & ranimé la nature, que tout se développe avec cette vigueur qui fait le caractère de la jeunesse. Les écailles se renversent, les feuilles se déroulent & laissent appercevoir les pétales colorés & nuancés de mille manières, qui recouvrent encore les étamines & les pistils; enfin le moment de la fécondation arrive, les pétales s'ouvrent, & la fleur est dans toute sa beauté.

Plus les parties qui la composent sont délicates, plus aussi la nature apporte de soin pour les défendre; aussi les boutons à fleur sont-ils toujours beaucoup plus garnis d'enveloppes que les boutons à bois, les écailles sont plus fermes, les duvets sont plus épais. C'est envain que les frimats des hivers déploient leurs rigueurs, la pluie ne peut pas les pénétrer, & ces organes si délicats sont à l'abri des gelées les plus violentes. Les troncs se fendent, tandis que les boutons à fruit, & même à bois résistent & se conservent. Nous verrons aux mots FROID, GELÉE, la cause d'un phénomène aussi singulier.

De ces considérations générales, passons à quelques particulières. Si on examine une branche, un bourgeon, le bouton qui se montre à l'extrémité est plus gros que les autres, & c'est par lui que ce bourgeon devient arbre par ses jets successifs. Les baguettes supérieures, les droites ont également à leur extrémité un gros bouton à bois, mais moins gros que celui de la tige principale & perpendiculaire au tronc: il en est ainsi pour tous les rameaux, & à mesure qu'il s'éloigne du sommet de la branche, la grosseur du premier bouton diminue proportionnellement.

Si on arrête, ou si on coupe, ou si on pince, (ces mots sont presque synonymes) le bourgeon par son sommet, ou à différentes hauteurs, le calus se forme, les boutons inférieurs grossissent, & huit ou quinze jours après, le bouton le plus voisin de l'endroit coupé, s'élance & forme un bourgeon. Quelques-uns de ces boutons à bois tendent à devenir boutons à fruit; d'autres poussent des branches chiffonnes; le cours de la séve est altéré & dérangé, & plusieurs pincemens consécutifs changent l'arbre en broussailles; ils forcent souvent les boutons à percer l'écorce & à naître sans feuilles nourrices. Tout pincement en général est pernicieux, & il devient bien plus funeste, si on l'exécute dans le tems de la grande affluence de la séve. Il en est de cette opération, comme d'un médicament donné à contre-sens pendant que la nature prépare la crise d'une maladie. M. M.

Si lorsque le bourgeon ou la branche secondaire n'a point encore éprouvé le mouvement de la séve, on continue d'examiner les boutons, on verra que les plus inférieurs donneront des branches fortes & vigoureuses, sur-tout lorsqu'on a diminué par la taille, la branche, & qu'on ne lui a laissé, par exemple, que la moitié de sa longueur. Le diamètre des canaux séveux reçoit la même quantité de substance nutritive qu'auparavant, & cette substance affluant en plus grande masse dans les boutons qu'auparavant, à cauſe de la ſouſtraction des ſupérieurs, les premiers qui ſe rencontrent ſur ſon paſſage ſont plus nourris, ont plus d'activité & pouſſent plus rapidement.

A côté des boutons, on en voit ſouvent d'autres qui les avoiſinent & qui les touchent. La nature a ménagé ceux-ci dans la crainte de la perte du bouton principal, & pour le ſuppléer. L'oranger, le mûrier, &c. ſont dans ce cas; mais ſi ees boutons ſecondaires viennent à pouſſer, ainſi que le bouton du milieu, voilà l'origine de la plus grande partie de ces branches chiffonnes, qui affament & épuiſent un arbre.

BOUTON, *Médecine*. Voyez CUTANÉES. (maladies)

BOUTON DE FEU, ou *cautère actuel*. Inſtrument de fer, recourbé par le bout, arrondi en manière de bouton pointu. Après l'avoir fait rougir au feu, les maréchaux l'appliquent ſur les boutons de farcin, quelquefois pour détourner des humeurs; & les chirurgiens en font également uſage pour brûler les os, conſumer les exoſtoſes, les caries, &c.

BOUTONNER. Signification qu'il ne faut pas confondre avec bourgeonner. Un arbre boutonne, lorſque la ſéve excitée par la chaleur du printems commence à monter; alors elle fait enfler le germe contenu dans le bouton, les écailles qui le recouvrent s'élargiſſent, ſe ſéparent les unes des autres, le bouton s'épanouit, il eſt prêt à s'élancer, & dès qu'il préſente de la verdure & qu'il pouſſe, il prend le nom de *bourgeon*. Ce bourgeon eſt appellé *branche* à ſa ſeconde année.

BOUTURE. Ce mot pris dans ſa généralité, ſignifie toute partie d'un arbre ou d'une plante que l'on ſépare du corps, que l'on confie à la terre avec des précautions analogues au ſujet, qui y prend racine & forme un nouvel individu.

La bouture diffère de la *marcotte*, (*voyez* ce mot) en ce que celle-ci tient à l'arbre, juſqu'à ce qu'elle ait pouſſé aſſez de racines, pour qu'elle en ſoit par la ſuite ſéparée ſans danger, tandis que la bouture en eſt complettement ſéparée, & miſe en terre comme un être iſolé.

On a vu au mot BOUTON, qu'il y en avoit de différentes eſpèces, mais les plus utiles dans les boutures ſont ceux qui percent directement de l'écorce, ſans le ſecours d'une feuille. Ces boutons, ou mamelons, ſont répandus ſur toute la ſurface des branches & des racines, & c'eſt eux qui jouent le grand rôle dans la repriſe de la bouture. Les boutons à bois & à fruit périſſent preſque toujours; cependant ceux qui ſont diſtribués ſur la partie de la branche qui n'eſt pas dans la terre, contribuent beaucoup à la repriſe de la bouture; ils attirent la ſéve au ſommet de la branche, ils pouſſent des feuilles, & ces feuilles aident à la ſéve à deſcendre à la baſe de la bouture; pour y fournir la nourriture aux mamelons, & leur faire pouſſer des racines.

Pour qu'une bouture reprenne, il faut abſolument qu'il ſe forme un *bourrelet*. (*Voyez* ce mot) Le bourrelet ne feroit-il pas le ſimple développement de ces boutons, de ces mamelons intercutanés? Cette idée me paroît plus que probable. Je conviens, il est vrai, que les racines partent des petites consoles qui servoient de supports aux boutons à bois enfouis dans la terre, & qui y ont pourri. Ces supports sont des bourrelets déjà formés ; il n'est donc pas étonnant qu'ils poussent des racines ; mais la nature toujours riche & variée dans ses ressources, se sert, pour second moyen de réproduction, de boutons intercutanés.

I. *Du tems de faire les boutures.* Il faut distinguer les climats que l'on habite, & l'espèce d'arbre sur lequel on opère. Dans les provinces méridionales, telles que la Provence & le Languedoc, & quelques provinces adjacentes, on peut faire des boutures de certains arbres, aussi-tôt après la chûte des feuilles ; par exemple, des *saules*, des *peupliers*, &c. parce que la douceur des hivers conserve un reste de séve, & permet même à une nouvelle de monter dans la tige ; les bourrelets se forment, quelques radicules poussent, & la reprise des *plantards* ou *plançons* est plus assurée & mieux préparée pour le printems, sur-tout lorsque cette saison est chaude & saine, ainsi que cela arrive communément. D'ailleurs, la végétation de tous les bois blancs est très-précoce, & c'est un grand point de n'y apporter aucun retard.

Sous un autre climat, où la terre reste engourdie pendant plusieurs mois de l'année, il convient de laisser passer les froids, & faire les boutures dès qu'on s'apperçoit du premier mouvement de la séve. Si on opère sur des arbres délicats, dans quelques pays que ce soit, la prudence exige d'attendre les premiers jours du printems, & de ne pas confier indiscrétement à la terre, une bouture qui aura à redouter les rosées froides, les gelées blanches, & dont la circulation de la séve sera sans cesse interrompue.

II. *Du terrain propre aux boutures.* Sa qualité est subordonnée à l'espèce de plant qu'il doit nourrir. Un plançon ou plantard de bois blanc, tel que les saules, les peupliers, &c. ne réussira pas, si le terrain est trop sec, & celui de coignassier, de grenadier s'il est trop humide. Toute bouture dont le bois est poreux, exige une terre forte, parce qu'elle pousse facilement des racines par les bourrelets qui s'y forment : ces bourrelets ne naissent pas si facilement sur les bois durs ; le buis sert d'exemple : plus une bouture à de peine à laisser percer ses racines, plus ses racines sont tendres, foibles & délicates, plus le terrain doit être léger, friable, & en même tems nourrissant.

III. *De la manière de faire les boutures.* Les principes développés aux mots BOURRELET, BOUTONS, indiquent toute la théorie de l'art de faire des boutures.

Premier genre. Dans les bois communs tels que le saule, les osiers, quelques peupliers, (l'ypreau ne prend que de plants enracinés) le mûrier, &c. il faut choisir des branches saines, vigoureuses, garnies de boutons, & principalement celles qui ont sur leur écorce des bourrelets, des tumeurs, &c. les couper au-dessous, & mettre en terre la partie où se trouve le bourrelet. Comme il n'est pas facile de trouver toujours de semblables branches, il est à propos de laisser un peu du vieux bois au plantard ou plançon. On aiguise la partie qui doit être enterrée, mais on a soin de ménager la petite partie du vieux bois adhérente au plançon; c'est un bourrelet tout formé. Si on n'a pas conservé du vieux bois, il faut avoir soin de conserver & de ne pas endommager l'écorce, au moins sur un des côtés du plançon. On peut, par exemple, laisser huit à dix pieds au plançon de saule, & le couper au-dessus. Il n'en est pas ainsi du peuplier, il exige que la baguette soit conservée en entier, ainsi que le bouton qui la termine. C'est par ce moyen que le peuplier noir ou du pays, que celui d'Italie, &c. poussent des tiges élevées. Mais lorsqu'on veut avoir un peuplier commun seulement, pour convertir ses feuilles en échalas, ou lorsqu'on destine ses rameaux à la nourriture des moutons, on coupe la tête du plançon à la même hauteur que celle du saule. Dans ce cas, on se soucie peu de la tige, mais de la multiplicité des branches. Il faut convenir cependant que la reprise de ces boutures est moins assurée que si on avoit laissé la tige entière.

Je ne suis point de l'avis de ceux qui conseillent de faire des entailles dans la partie de la branche qui doit être enterrée. On veut, par ce moyen, multiplier la naissance des bourrelets; mais on ne fait pas assez attention que ces entailles, que ces coches amusent la séve, dérangent ses conduits, qu'elle est obligée de tourner & retourner par d'autres canaux, pour venir reprendre sa direction.

Second genre de boutures des arbres moins communs; par exemple, des grenadiers, de l'épine blanche ou aubépine, du groseillier, &c. Coupez une branche saine, vigoureuse, garnie de ses rameaux; ouvrez un petit fossé, & placez les branches dans ce petit fossé, de manière que la terre les recouvre entièrement; mais ayez soin d'étendre les rameaux comme si vous aviez à disposer des racines. La pratique de cette opération est fondée sur ce que ces rameaux ont beaucoup de boutons, soit à bois, soit à fruit, soit intercutanés. Les premiers & les seconds seront nuls, c'est-à-dire, qu'ils pourriront; mais le bourrelet qui soutenoit la feuille & le bouton, produira des racines. Ces rameaux offrent donc un grand nombre de petits bourrelets, & ce nombre est au moins décuple de celui d'une bouture simple. Ce n'est pas tout, les boutons intercutanés ont bien plus de facilité à percer l'écorce tendre des rameaux, que celle de la branche qui sert de bouture: ainsi, soit en raison de la multiplicité des bourrelets, soit en raison des boutons intercutanés, il est constant que cette manière de faire les boutures peut s'appliquer à un bien plus grand nombre d'arbres & d'arbrisseaux qu'on ne pense. Ici la branche change de direction; ce qui formoit son sommet devient sa base, & sa base son sommet. La réussite, malgré ce changement de situation, ne doit pas surprendre, lorsqu'on connoît les belles expériences de M. Hales, rapportées dans sa *Statique des végétaux*, & si souvent répétées après lui, dans lesquelles il renverse un arbre, plante ses branches comme des racines, & ce qui, auparavant, formoit ses racines, devient ses branches. J'ai dans ce moment beaucoup de boutons de ce genre en terre, d'arbres différens, & sur-tout d'*oliviers*. J'en rendrai compte en parlant de cet arbre si essentiel à multiplier. Quant aux grenadier, épine blanche & groseillier, j'ai par-devers moi la preuve de leur entière réussite.

Troisième genre de boutures. A mesure que l'arbre devient plus précieux, & qu'il est plus difficile à la reprise, il faut multiplier les secours. Veux-je, par exemple, faire des boutures de l'olivier ? je prends une ficelle, & je ceins de deux à trois tours le bas de la branche, à un pouce environ au-dessus de son insertion sur le tronc, & je serre la ficelle de manière que tous ses points pressent sur l'écorce ; si l'on serre trop fort, on mâche, on sépare l'écorce circulairement, & presque toujours la partie supérieure au cordon périt. Le serrement doit être en raison du tems auquel on le pratique : si on le fait au premier printems, la branche n'est pas encore pourvue d'une grande quantité de séve ; on peut alors serrer un peu fort, & la séve descendante formera le bourrelet à mesure que la branche grossira. Si on fait la ligature lorsque la branche est prête à fleurir, une ligature un peu serrée coupe l'écorce. Ici la modération est nécessaire. Si c'est au mois d'Août, il faut serrer au moins comme au premier printems ; parce que l'écorce est devenue dure, & l'olivier a le tems de former le bourrelet avant l'hiver. Voici le résultat de quelques expériences faites sur les boutures de cet arbre.

La bouture simple, c'est-à-dire, celle qui n'avoit ni bourrelet, ni morceau de vieux bois, a poussé moins bien que les deux suivantes, & il en est péri un plus grand nombre.

La bouture qui tenoit à une petite portion de vieux bois, a mieux réussi en tout genre que la première, & moins que la troisième.

La bouture armée de son bourrelet formé par la ligature, a plus complétement prospéré que les deux premières ; & celle qui, outre la ligature, avoit encore un peu de vieux bois, a mieux réussi que toutes les autres.

J'invite à répéter ces expériences sur cet arbre & sur plusieurs autres, & je prie ceux qui se livrent à ces essais, d'avoir la bonté de me communiquer leurs résultats. Toutes les boutures sur lesquelles j'ai fait des ligatures, étoient des bourgeons de l'année précédente, bien vigoureux, & de la grosseur du petit doigt. J'ai ficelé quelques-unes de ces branches sur la hauteur de douze à vingt-quatre lignes, de la manière que l'est un bâton de tabac. Il s'y est formé autant de bourrelets qu'il y avoit de ligatures ; ils n'étoient point aussi saillans, aussi caractérisés que dans le premier cas, ou plutôt, l'écorce se bomboit entre les deux cordes. Ces boutures mises en terre, ont assez mal réussi en comparaison des troisièmes. Je le répéte ; il faut beaucoup de prudence & de précision dans le serrement. Le trop fait périr ; pas assez est inutile.

Quatrième genre de boutures. Prenons un oranger pour exemple. Choisissez sur l'arbre la branche que vous desirez, & qu'elle soit d'une année ; faites la ligature, & laissez former le bourrelet, ou bien à la place de la ligature, faites une incision, (*voyez* A, *Fig. 7*, *Pl. 8*, page 255), le bourrelet se formera ; au-dessous de ce bourrelet mettez de la terre bien meuble, que vous y retiendrez par le moyen d'un linge, & encore mieux avec un panier d'osier ou un vase de terre, de faïence, &c. & ayez soin de tenir cette terre arrosée, afin de l'empêcher de sécher. Au printems suivant, il poussera des racines à travers le bourrelet ; & lorsqu'elles seront bien formées, vous pourrez couper la branche au-dessous de la ligature, & la placer dans un plus grand vase, afin que les racines y travaillent avec plus de liberté. La réussite de ces boutures est très-casuelle dans les provinces méridionales, à moins qu'on n'arrose pendant l'été au moins deux fois par jour, & quelquefois plus souvent. Non-seulement la grande chaleur dissipe l'humidité, mais encore l'activité du courant d'air accélère l'évaporation d'une manière prodigieuse.

Cinquième genre de boutures. Il paroît démontré que les germes de toutes les plantes sont, pour ainsi dire, emboîtés les uns dans les autres ; que chaque portion d'un arbre est un arbre en miniature ; les graines, les boutures, les marcottes, les drageons, les greffes, &c. en sont la preuve. Le végétal ressemble au polype, dont chaque morceau a vie & forme un individu à part. Sur un arbre on peut prendre cent & cent greffes, sans que l'arbre périsse, & on peut couper un polype en cent & cent parties; le tronc, le polype vivent, & les individus qui en sont séparés vivent également. On ne doit donc plus être surpris, si les feuilles mêmes sont susceptibles de fournir & de former des racines. Il n'en est pas tout-à-fait de ce procédé, comme de la bouture de la *lentille d'eau ;* elle végète sur la surface des eaux ; & par une opération spontanée, ses feuilles se détachent d'elles-mêmes ; chaque feuille détachée surnage, flotte, pousse des racines & de nouvelles feuilles qui se détachent à leur tour. Ici la nature fait tout ; là, l'art sollicite la réussite & aide à la nature.

Nous devons à l'excellent & patient observateur, l'illustre M. Bonnet de Genève, des expériences curieuses, qui prouvent que les feuilles peuvent se métamorphoser en plantes, & il en rapporte plusieurs exemples. Celles faites sur le *haricot*, le *chou*, la *belle-de-nuit* & la *mélisse*, méritent d'être citées.

Supposez un vase quelconque plein d'eau, couvert avec une petite planche trouée, ou avec du liège, &c. C'est par ces différens trous que l'on fait entrer le pétiole ou queue de la feuille, à la profondeur de quelques lignes dans l'eau. Ces trous servent encore à maintenir les feuilles dans une direction verticale ou au moins oblique ; enfin, à introduire de l'eau dans le vase à mesure qu'elle s'évapore ou qu'elle est imbibée par la feuille. Les feuilles du *haricot* ont commencé à faire des racines dix à douze jours après avoir été plongées dans l'eau. Ces racines sont sorties de presque tous les points de la surface du pétiole; elles étoient nombreuses, assez longues, simples & blanches; il y avoit lieu de s'attendre que des feuilles si enracinées vivroient long-tems; cependant elles ont passé au bout d'une semaine environ. J'ai essayé d'en transplanter dans des vases pleins d'une terre préparée, mais elles n'y ont fait aucun progrès.

Les feuilles du haricot à bouquets incarnats, plongées dans l'eau par leur pétiole, y ont fait des racines, mais seulement à l'extrémité inférieure de ce dernier. Une feuille de cette espèce mise en expérience à la fin d'Août, avoit poussé le vingt-quatre Septembre plusieurs racines, dont une avoit environ trois pouces de longueur. Cette racine a cru de six lignes dans l'espace de vingt-quatre heures, le *thermomètre* (*voyez* ce mot) de M. de Réaumur étant à dix-huit degrés. Le 14 Octobre la maîtresse racine s'étoit prolongée; de petites racines en sortoient de tous côtés. D'autres racines, du nombre des principales, montroient à leur extrémité un renflement. Depuis cette époque, elle n'a pas fait de progrès sensibles, & vers le commencement de Décembre elle a perdu ses folioles. J'avois pourtant jeté dans le vase de la terre de jardin très-divisée, & qui a rendu l'eau fort trouble.

A l'égard des feuilles du *chou*, dont le pétiole a été plongé dans l'eau, elles ont commencé vers le 25 Septembre, c'est-à-dire, vingt-trois jours après avoir été mises en expérience, à pousser des racines. A l'extrémité de celui-ci, soit en dedans de la coupe, soit en dehors, il en a paru de nouvelles de jour en jour, & toutes ces racines se sont divisées & sous-divisées au point de remplir la capacité du vase.

Une des feuilles de *belle de nuit* qui avoient été plongées dans l'eau par leur pétiole, a commencé à prendre racine dans le même tems que celle du chou. Cette racine étoit très-blanche, fort unie, & de l'épaisseur d'un gros fil; elle est sortie de l'extrémité du pétiole & du bord intérieur de la coupe. Ayant mesuré cette racine exactement, j'ai trouvé qu'elle s'est prolongée de trois lignes dans l'espace d'environ douze heures. Deux jours après, sa longueur alloit à deux pouces; elle ne fit depuis aucun progrès, & le 20 Octobre la feuille avoit passé.

Quoique ces expériences soient jusqu'à présent plus curieuses qu'utiles, elles confirment la théorie des boutures, c'est-à-dire, la présence des mamelons ou petits boutons répandus sur toute la surface intercutanée de l'arbre, jusque même dans le pétiole des feuilles; car personne ne doute, & l'expérience journalière le prouve, qu'un brin de *baume* des jardins, ou *menthe*, &c. mis dans l'eau, y pousse des racines, y végète, & que la plante ainsi formée, enterrée ensuite, continue à y végéter comme celle qui est venue de graine.

Sixième genre de boutures. Je dois à M. Descemet, médecin de la faculté

faculté de Paris, la connoissance de ce genre, & qui sera très-utile aux fleuristes, sur-tout des plantes *liliacées*. On appelle ainsi toutes les plantes à oignon qu'on nomme encore *bulbe*. (*Voyez* ces deux mots) Tous les oignons sont un composé de tuniques ou écailles appliquées les unes sur les autres, & attachées par leur base sur un bourrelet. C'est de ce bourrelet que sortent les *cayeux* (*voyez* ce mot) qui multiplient l'oignon. Il n'en sort pas toujours autant que le fleuriste le desire, surtout quand l'espèce est belle & rare; mais s'il détache de l'oignon plusieurs de ces écailles, & qu'il les plante perpendiculairement dans une terre fine & bien préparée, & que cette terre ne soit point trop humide, il se formera un bourrelet à la partie inférieure de la tunique; ce bourrelet jettera des racines; il se formera de nouvelles tuniques; enfin cette simple tunique deviendra un oignon parfait.

Septième genre de boutures. Dans les endroits où l'on craint les inondations, veut-on multiplier promptement les osiers, les peupliers, &c. non pour former des arbres, mais pour avoir beaucoup de broussailles? prenez les pousses de l'année, flexibles & minces; pliez-les sur elles-mêmes de la même manière que les apothicaires préparent les paquets de *gramen* ou *chiendent*, sans casser les branches; vous aurez un petit fagot de huit à dix pouces de longueur; & avec l'extrémité d'une des branches, liez-le tout-autour sans trop le serrer; enterrez ce petit fagot de manière qu'il n'excède le sol que d'un ou deux pouces tout au plus, & au printems il poussera une quantité étonnante de jeunes bois. Pour peu qu'on les multiplie, on est sûr de former en peu de tems une oseraie bien fournie.

V. *Des soins que les boutures exigent*. Il ne s'agit pas ici de ces boutures grossières, telles que celles du *saule*, du *peuplier*, &c.; elles n'exigent aucun soin particulier; la nature fait tout: il n'en est pas ainsi de celles des arbres plus délicats.

Les boutures faites avant l'hiver, n'ont pas besoin d'être arrosées avant le printems, à moins que l'on n'habite nos provinces méridionales. Si l'on couvre la terre avec de la mousse, de la paille hachée, on empêche l'évaporation de l'humidité; mais les effets de la gelée seront plus sensibles avec la mousse, à cause de l'humidité qu'elle retient. Pendant le grand froid, il sera prudent de les couvrir avec de la paille hachée, ainsi que les tiges, afin de donner de l'air autant qu'on le pourra, crainte de la moisissure & de la pourriture. Il ne faut pas non plus que les boutures soient exposées à un grand courant d'air; il dessèche la tige, fait évaporer l'humidité qu'elle contient: des paillassons préviendront cet inconvénient, & serviront même quelquefois, si le besoin l'exige, à les garantir de certains coups de soleil trop ardens. Si la bouture est foible & délicate, elle demande un *tuteur*, afin de n'être point ébranlée & détachée de la terre.

Règle générale & indispensable; toutes les fois que l'on met en terre une bouture, on doit la couper à un ou deux pouces au plus au-dessus du niveau du sol, c'est-à-dire, lui laisser un ou deux yeux-nonenterrés. La plaie faite par l'amputation sur la tige, sera aussitôt couverte d'*onguent de S. Fiacre.* (*Voyez* ce mot) On sent aisément sur quoi cette loi est fondée. La bouture n'est entretenue fraîche que par son union avec la terre; or, la partie qui resteroit hors de terre seroit desséchée par les vents, par le soleil, puisqu'il n'existe encore aucune racine pour faire monter la séve jusqu'au haut de la tige, & aucune feuille sur la tige pour la faire descendre à l'endroit des racines. Si on suppose actuellement que quelques racines commencent à pousser, les sucs qu'elles pomperont de la terre ne seront pas suffisans pour monter jusqu'au sommet de la tige, sur-tout lorsque le hâle a oblitéré les canaux conducteurs de la séve. Au contraire, en coupant la tige à un œil ou deux au-dessus du sol, l'humidité de la terre entretient fraîche la partie saillante, & la séve se porte directement & sans peine, au premier ou au second bouton. Pour vérifier ce fait, j'ai mis en terre cinquante boutures de platanes; quarante-huit sont restées dans toute leur longueur, & deux ont été coupées près de terre. Les quarante-six sont mortes, les deux autres ont poussé au sommet un bourgeon maigre & grêle, tandis que les deux boutures coupées ont poussé des bourgeons de quatre à cinq pieds de longueur. J'ai répété la même opération sur des oliviers, & le résultat a été le même. Il est inutile de dire que les soins donnés à ces boutures ont été uniformes, & que toutes ont été plantées dans un terrain égal.

En terminant cet article, il est bon de rapporter la cause d'une contestation au sujet de la manière de préparer les boutures, & dont certains papiers publics s'occupèrent il y a quelques années. La question se réduisoit à savoir, s'il falloit tailler en pointe les boutures, en laissant un côté franc avec l'écorce, ou s'il falloit tailler l'extrémité inférieure parfaitement circulaire. Il ne s'agissoit que de s'entendre, & les deux méthodes sont bonnes. Si la bouture est d'un bois commun, comme le *saule* & le *peuplier*, & qu'il faille l'enfoncer profondément en terre, il est presque indispensable, pour accélérer l'opération, de tailler en pointe le *plançon* ou *plantard*, parce que taillé circulairement à sa base, il resteroit peut-être des vides au fond du trou qu'on avoit préparé pour le recevoir; d'ailleurs, celui qui est taillé en pointe s'enfonce plus aisément, plus profondément; & si en descendant, il trouve un obstacle, comme une pierre, &c. il est facile de l'éviter en tournant la pointe du plançon du côté opposé à la pierre; mais si la bouture est d'un bois délicat, si elle est mise dans une terre légère, alors la coupe circulaire à la base a l'avantage de présenter plus d'écorce, par conséquent moins de parties du bois seront à découvert; il y aura plus d'écorce, & par conséquent plus de place pour former le bourrelet, & plus de bourrelet pour pousser des racines.

Les jardiniers pépiniéristes appellent *boutures*, les branches qui sortent de terre au pied de l'arbre. Les unes naissent du tronc, les autres des racines. Elles sont nommées ainsi, parce qu'elles poussent des racines, & qu'en les séparant & les mettant dans la terre, elles reprennent & forment des sujets pour la greffe. Tels sont les pommiers, les pruniers. Ces boutures se manifestent communément sur les vieux arbres, parce que la force de la séve n'est pas assez active pour monter entiérement dans les branches. Il y a alors plus de séve descendante que de séve ascendante. La quantité qui se trouve rassemblée à la base de l'arbre, est obligée, ou d'y pourrir, ou de se porter vers les boutons ou mamelons répandus sous toute l'écorce de l'arbre. Alors un ou plusieurs boutons percent l'écorce; il pousse, s'alonge & forme une branche nommée *bouture*.

Si la bouture naît sur le tronc, il faut déchausser celui-ci, & couper la bouture ras du tronc; il en est ainsi pour la bouture qui pousse des racines. Les pêchers greffés sur pruniers, sont fort sujets à en produire, ainsi que les poiriers & les pommiers greffés sur coignassiers & sur paradis. Si l'arbre ne mérite pas la peine d'être conservé, on peut laisser pousser ces boutures; on sera bien aise de les avoir l'année suivante. En les mettant en pépinière, elles donneront des sujets.

BOUVERIE. (*Voyez* ÉTABLE)

BOUVIER. Celui qui conduit les bœufs, les garde & en prend soin dans l'écurie.

Cet homme doit être fort, vigoureux, adroit, patient & doux. S'il brusque ses bœufs, s'il les maltraite, s'il les bat, il aigrit leur caractère, les rend méchans, intraitables, & souvent dangereux pour ceux qui les approchent.

Les devoirs d'un bouvier sont, 1°. chaque matin d'*étriller* ses bœufs, de les *bouchonner*, de leur laver les yeux. Ces petits soins sont indispensables, & contribuent autant à leur santé qu'à celle du cheval.

2°. De se lever de grand matin pour leur donner à manger, de cribler l'avoine avant de la leur présenter.

3°. De les conduire à l'abreuvoir avant de les mener aux champs.

4°. Au moins une fois par semaine, d'examiner si les jougs, les courroies, les paillassons sur lesquels portent les jougs contre la tête de l'animal, sont suffisamment rembourrés.

5°. Dans les pays où l'on ferre les bœufs, d'examiner si les pieds sont en état.

6°. Au retour des champs, après le travail du matin, de leur donner une nourriture suffisante pour un repas, & de les mener boire. Ce n'est point assez de les faire boire deux fois par jour, même en hiver, quoique le tems ne leur permette pas de sortir de l'étable, & à plus forte raison pendant l'été. A l'approche des chaleurs, & surtout pendant l'été, il leur donnera, de tems à autre, des seaux remplis d'eau rendue légérement acidule par le vinaigre, & quelquefois de l'eau nitrée. C'est le moyen le plus sûr de prévenir les maladies putrides & putrides-inflammatoires, auxquelles ils sont sujets plus que les autres animaux. L'eau rendue blanche par l'addition du son, leur est encore très-utile.

7°. S'ils reviennent des champs

le matin ou le soir, & couverts de poussière & de sueur, il doit les bouchonner jusqu'à ce que la sueur soit dissipée, & pendant ce tems ne les point tenir exposés à un courant d'air frais.

8°. Chaque soir il doit remplir les râteliers, afin que l'animal ait suffisamment de quoi se nourrir pendant la nuit.

9°. Leur faire une litière avec de la paille fraîche & propre.

10°. Deux fois par semaine faire enlever toute la vieille litière, la porter au tas de fumier, & ce seroit encore mieux si chaque jour il la sortoit de l'écurie, pour lui en substituer une toute fraîche. C'est le plus grand des abus que celui de laisser accumuler la litière, ou plutôt le fumier, sous l'animal. Il s'en élève une chaleur humide qui lui est très-nuisible, & ce fumier lui ramollit la corne. Il est presque toujours la cause des maladies qui se jettent sur leurs jambes.

11°. Tous les bouviers, en général, s'imaginent que les bêtes confiées à leurs soins, doivent, pendant l'hiver, être renfermées dans une espèce d'étuve. Presque toujours les étables ne prennent du jour que par des larmiers si étroits, & en si petit nombre, qu'il est impossible que l'air s'y renouvelle. J'en ai vu où le *thermomètre* (*voyez* ce mot) montoit à vingt-quatre degrés de chaleur, tandis qu'à l'extérieur le froid étoit de huit à dix degrés. Si l'animal sort de son étable, il éprouve donc un changement de climat de trente-deux à trente-quatre degrés, & après cela, comment veut-on que l'animal n'éprouve pas des suppressions de transpiration? &c. &c. Au mot ETABLE, nous donnerons les proportions qui lui conviennent.

12°. Dès que les bœufs sortent pour aller aux champs, ou pour travailler, le bouvier doit ouvrir les portes & les fenêtres, afin de renouveler l'air, & lorsque l'animal est rentré, laisser une fenêtre ou deux ouvertes, suivant leur grandeur, à moins que la rigueur du froid ne soit excessive.

13°. En été, suivant la chaleur du pays, il convient de laisser entrer le moins de clarté qu'il sera possible; l'étable en sera plus fraîche, & les animaux ne seront pas abymés & persécutés par les mouches.

14°. Il convient dans cette saison, surtout dans les provinces méridionales, que les animaux passent la nuit dans les pâturages, & que le bouvier, logé dans sa cabanne près d'eux, ne les quitte pas un instant. La chaleur & les mouches sont les deux plus grands fléaux de cet animal. Les mouches les fatiguent souvent au point qu'ils refusent le manger; la chaleur les accable, & l'un & l'autre réunis sont la cause de leur maigreur dans cette saison.

15°. Quoique les *araignées* (*voyez* ce mot) ne soient pas venimeuses, un bouvier qui aime la propreté, (chose fort rare) aura soin au moins une fois par mois, de passer le balai sur tous les murs de l'étable & sous tous les planchers.

16°. C'est encore au bouvier à veiller sur le fourrage distribué chaque jour. Il examinera sa qualité, fixera sa quantité; il verra s'il n'est pas mêlé avec des chardons & autres plantes épineuses, capables de piquer la bouche & le palais de l'animal.

17°. Si on eſt dans la louable coutume de donner du ſel, c'eſt à lui à régler la quantité, ſuivant la nature de l'animal, & ſurtout ſuivant la ſaiſon. Dans les tems humides & pluvieux, lorſque l'herbe des pâturages eſt trop imbibée d'eau, le ſel diminue ou détruit ſa qualité trop relâchante. Au contraire, dans les chaleurs, il faut en uſer avec modération.

18°. Un bouvier doit ſavoir ſaigner, donner un lavement; cependant méfiez-vous de ces hommes qui ont cinq ou ſix recettes de médicamens, & qu'ils donnent le plus ſouvent ſans connoiſſance de cauſe. Une légère indiſpoſition devient ſouvent une maladie grave par le remède donné ou à contretems ou à contre-ſens.

19°. Il ſeroit fort à deſirer que le bouvier eût une connoiſſance exacte des ſymptômes des maladies, de leur marche, de leur terminaiſon, &c. Mais où ces domeſtiques auroient-ils acquis ces lumières? Un pareil bouvier ſeroit un tréſor pour une grande métairie.

BRACTÉES, *ou* FEUILLES FLORALES. Nom que l'on donne à de petites feuilles ſituées dans le voiſinage des fleurs. Quelquefois elles ne paroiſſent qu'avec elles. On les diſtingue des autres feuilles par leur forme & leur couleur. Certaines ſont tachées ou nuancées d'une autre couleur que la couleur verte, commune aux feuilles de preſque toutes les plantes, comme dans la ſauge & dans le mélampire des champs, dont les bractées ſont purpurines. Elles reſtent adhérentes plus ou moins long-tems, mais très-peu ſurvivent à la chûte des fleurs & des fruits. Quelquefois elles forment au-deſſus des fleurs une touffe de feuilles en manière de couronne ou de chevelure, comme dans la fritillaire impériale, la lavande-ſtécade, &c; quelquefois auſſi elles ſe trouvent placées entre les fleurs, avec leſquelles elles forment, par leur rapprochement, une eſpèce d'épi ſerré; on dit alors qu'elles ſont *embriquées*, comme dans la brunelle & l'origan. M. M.

BRANCHAGE. Nom collectif, qui déſigne toutes les branches d'un arbre.

BRANCHE. La tige ou le tronc, en s'élevant, jette de côté & d'autre différentes productions que l'on nomme *branches* ou *rameaux*, qui ſe diviſent & ſe ſubdiviſent à leur tour. Toutes les parties qui concourent à former le tronc, ſe retrouvent dans la branche. Ainſi on y remarque au centre un filet de moelle proportionné à la groſſeur & à l'âge de la branche; le bois proprement dit, compoſé de fibres & de vaiſſeaux; une eſpèce d'aubier, ſur-tout dans les groſſes branches; des couches corticales; enfin un épiderme. Comme le tronc, la branche a ſes yeux, ſes boutons, ſes bourgeons, ſes feuilles; & de plus que le tronc proprement dit, les fleurs & les fruits; car les branches paroiſſent directement deſtinées à les produire. (Quelques arbres font exception à cette loi générale, par exemple l'arbre de Judée : il naît sur le tronc même quelques bouquets de fleurs, & les fruits leur succèdent, ainsi que sur les branches.)

La branche est donc un petit arbre dont toutes les parties sont développées, enté sur un plus gros qui lui fournit une partie de la nourriture, la sève ascendante ou terrestre. Ajoutons encore, pour confirmer cette assertion, que les branches sont susceptibles de pousser des racines quand on les plante en terre, & que le bourrelet qui se forme au bouton sert à leur donner naissance. (*Voyez* BOURRELET & RACINE) Si donc la branche n'a pas de racine, cela ne vient que de la place où elle est attachée; mais les fibres, tant ligneuses que corticales, par lesquelles elle est implantée dans la tige, lui en tiennent lieu, & lui rendent le même service.

Rien n'est plus admirable que cette insertion. La branche composée de toutes ses parties, pénètre à travers l'épaisseur même du tronc, & là chaque partie se réunit & se confond avec celle du tronc; l'écorce avec l'écorce, l'aubier avec l'aubier, le bois avec le bois, la moelle avec la moelle, &c., &c. Pour bien entendre & démontrer ceci jusqu'à l'évidence, il suffit de jeter les yeux sur les *Figures 33*, *34*, *35* & *36* de la planche du mot BULBE. La *Figure 33* représente deux branches sciées au-dessus de leur réunion; on voit par leurs couches concentriques & leur conformation, qu'elles forment chacune un arbre parfait, & il seroit même difficile dans cet état, de distinguer le tronc d'avec la branche. Si l'on scie un peu au-dessous de la jonction des deux branches, (*Fig. 34*) on distingue les deux aires des couches ligneuses A & B, mais elles sont entourées d'autres couches qui les enfermant toutes les deux, forment une enveloppe commune aux couches ligneuses qui appartiennent à chacune des branches. Plus on coupe bas, & plus les deux aires se confondent au point enfin qu'ils ne forment plus qu'une seule tige avec le tronc. Si au lieu de scier les branches horizontalement, on les fend perpendiculairement, (*Fig. 35*) on peut suivre leur réunion jusqu'à ce qu'elles se confondent. La ligne A A représente la coupe de la *Fig. 33*, & BB celle de la *Fig. 34*. Nous avons pointé la trace de la branche D jusqu'en C, pour qu'on pût la distinguer.

Par ce que nous venons de dire on doit conclure que les branches se terminent dans le corps des arbres par un vrai cône ABC (*Fig. 36*) qui a son sommet B sur la couche où le bouton qui a été la première origine de cette branche, a commencé à paroître, & sa base AC est la branche elle-même. Ce cône est d'abord très-petit; plus la branche croît, & plus il se développe & devient étendu.

La branche tire sa nourriture & de la substance même de l'arbre qui la porte, & de ses propres feuilles, lorsqu'elles sont développées. Ces différens sucs produisent son accroissement, tant en grosseur qu'en longueur. Comme nous avons expliqué le mécanisme de l'accroissement du végétal au mot ACCROISSEMENT, nous y renvoyons, parce que la branche ne diffère nullement en ce point du reste de l'arbre.

Si une jeune branche vient à pénétrer & à sortir à travers le tronc, alors les fibres sont forcées de s'écarter pour lui laisser passage, & elles se rapprochent ensuite au-dessus pour reprendre leur première direction droite. Cette déviation des fibres longitudinales, soit dans le tronc, soit dans les grosses branches, produit cette difformité dans les bois que l'on connoît sous le nom de bois *rebours*.

Les branches se divisent & se subdivisent en d'autres plus petites branches, qui forment entre elles différens angles plus ou moins aigus ou plus ou moins ouverts. Les petites branches suivent à leur tour les mêmes progressions que les grosses, & les mêmes que le tronc.

Comme les boutons croissent dans l'aisselle des feuilles, (*voyez* BOUTON) & que c'est à ces boutons que les branches doivent leur origine, les branches suivent le même ordre, dans leur distribution relative, que les feuilles & les boutons: à la vérité, cette distribution est ordinairement moins sensible dans les grosses branches, qu'elle ne l'est dans les plus petites & dans celles de moyenne grosseur; plusieurs circonstances, qu'il seroit trop difficile à suivre, influent sur cette variation.

Nous avons cru pouvoir classer tous les boutons en cinq ordres généraux par rapport à leur position relative; les branches suivent la même division, & ainsi nous avons des branches *alternes*, des branches *à paires croisées ou opposées*, des branches *verticillées*, des branches en *quinconce*, ou en *spirales alongées*, & des branches en *spirales redoublées*. On remarque encore à chaque branche de chaque espèce une disposition assez régulièrement observée; les unes sont droites, lorsqu'elles forment avec la tige des angles très-aigus; les autres sont divergentes & étalées, lorsqu'elles forment des angles presque droits. Ici elles croissent serrées & presque adhérentes à la tige; là elles s'en écartent en formant un peu l'arc, de sorte que leur extrémité est plus basse que leur insertion: plus loin, le saule de Babylone laisse retomber ses branches jusqu'à terre, &c. &c. Que l'on fasse bien attention que nous ne parlons ici que des branches dans leur état naturel, & non pas de celles que la main de l'homme a forcé de prendre telle ou telle direction.

M. Adanson a cru remarquer dans cette disposition des branches, une régularité assez générale, pour pouvoir en faire un systême de botanique. Dans la première classe, il a placé les plantes *sans branches*; dans la seconde, les plantes à *branches alternes*; dans la troisième, celles à *branches opposées*; dans la quatrième celles à *branches verticillées*; enfin dans la cinquième, celles dont les branches sont *hors des aisselles des feuilles*: mais ce caractère est trop peu sensible, sujet à trop de variation, pour en faire la base d'un systême général. (*Voyez* au mot BOTANIQUE, ce qu'il faut penser de ces systêmes.)

Si les branches ont une sorte d'uniformité dans chaque espèce, pour l'insertion & la disposition relative, elles n'en ont pas moins pour leur forme particulière. Au premier coup-d'œil, on croiroit que toutes les branches comme les tiges sont cylindriques, & que leur coupe transversale doit être circulaire : cela peut être par rapport à leur base, où l'accroissement total & complet est achevé ; mais vers l'extrémité des tiges, dans les jeunes pousses où la branche est encore telle qu'elle est sortie des mains de la nature, on remarque des cannelures qui produisent des coupes polygonnes ; ces cannelures déterminent les angles de chaque figure. Cette observation n'a pas échappé à MM. Duhamel & Bonnet ; ils ont distingué des sommités de jeunes branches à trois, à quatre, à cinq, à six, à huit côtés. L'aune, l'oranger, quelques espèces de peupliers donnent une coupe triangulaire ; celle du buis, de la féve, du *phlomis* bouillon sauvage, du fusain, est un carré ; celle de l'arroche, du jasmin jaune des Indes, du pêcher, de la ronce, est un pentagone ; celle de la clématite, de l'érable, du jasmin commun, est un hexagone ; celle du chanvre est un octogone ; enfin on rencontre des sommités parfaitement circulaires, comme celles de la julienne blanche, de l'amandier, du prunier, de l'osier, &c. A mesure que les extrémités grossissent, elles prennent de la rondeur, & les cannelures s'effacent. Il est cependant des espèces qui retiennent ces cannelures, tels que le fusain & la ronce.

M. Duhamel a voulu chercher quelle étoit la proportion qui pouvoit se rencontrer entre l'épaisseur du tronc des arbres & celle des branches qui en partent ; & il a trouvé, 1°. sur un mûrier dont le tronc se partageoit en deux branches, que l'épaisseur ou l'aire du tronc étoit à la somme de celle des deux branches, comme 5 à 6 ; 2°. sur un cerisier dont le tronc portoit trois branches, que le rapport de l'épaisseur du tronc étoit moindre que la somme des épaisseurs des trois branches, de presqu'un quart ; 3°. sur un coignassier qui portoit six branches, que le rapport de l'épaisseur du tronc étoit aux épaisseurs des branches, à peu près comme 4 est à 5. Ainsi en général, la somme des branches qui partent d'un tronc, excède celle du tronc qui les porte, à peu près dans le rapport de 5 à 4.

Poussant plus loin ses recherches, ce savant a voulu examiner le rapport des branches du second ordre, avec celles du premier ordre, & avec le tronc ; (les branches du premier ordre sont celles qui partent immédiatement du tronc ; les branches du second ordre naissent des premières) & il a trouvé, 1°. sur un mûrier qui portoit deux branches du premier ordre, & cinq du second, que le rapport de ces cinq branches avec le tronc étoit comme 100 à 119, & que le rapport de ces cinq mêmes branches du second ordre avec les deux du premier ordre, étoit comme 100 à 101 ; 2°. sur un arbre dont la tige assez basse se divisoit en six branches du premier ordre qui elles-mêmes en portoient treize du second, que le rapport du tronc avec les six branches du premier ordre étoit comme 50 à 59 ; que le rapport du tronc avec les treize branches du second ordre

ordre étoit à peu près comme 51 à 50 ; enfin que le rapport de ces treize branches du second ordre aux six du premier étoit comme 5 est à 6 ou à peu près. Il conclut de-là que les treize branches étoient un peu moindres, non-seulement que les six branches du premier ordre, mais même que le tronc.

Il paroît assez singulier que les branches du premier ordre gagnent constamment de valeur sur le tronc, & que les branches du second ordre perdent sur celles du premier. Suivant l'auteur que nous copions, la cause de cette bisarrerie vient de ce qu'il meurt quantité de menues branches, & que cela diminue d'autant la solidité de ces sortes de branches. Car en supposant que l'on ait abattu une des six branches du premier ordre, il est probable que les autres auroient pu en devenir plus vigoureuses, & augmenter un peu de grosseur; mais si cette augmentation n'étoit pas proportionnée à la branche retranchée, les cinq branches restantes se trouveroient égales, ou inférieures au tronc, qui pourroit bien lui-même avoir un peu profité du retranchement de cette sixième branche.

La tendance contiuelle des branches vers le ciel, la direction droite qu'elles affectent, & la force avec laquelle elles se redressent, sont autant de phénomènes du règne végétal, digne de l'attention & de l'étude la plus réfléchie du philosophe observateur; mais comme ils appartiennent plus particuliérement à la tige, nous en renvoyons l'explication à ce mot. M. M.

Après avoir considéré les branches avec l'œil du physicien, il faut encore les examiner avec celui du jardinier. Le premier développe la formation, & le second s'en sert pour leur faire produire du fruit à volonté, & afin de donner à l'arbre une forme aussi utile qu'agréable. L'ouvrage de M. l'abbé Roger de Schabol, dans lequel il décrit la méthode sublime des habitans de Montreuil, commence à produire une heureuse révolution dans la taille des arbres. En effet, il est impossible de voir des arbres plus beaux, plus sains, plus vigoureux, & qui se conservent plus long-tems dans le luxe de la végétation, si je puis m'exprimer ainsi. Pour parvenir à cette perfection de la taille des Montreuillois, l'arbre doit être suivi depuis le moment qu'il pousse ses premières branches. Cette taille a sa nomenclature comme les autres arts; il est essentiel de bien l'entendre, pour comprendre ce qui sera dit à ce sujet dans le cours de cet Ouvrage. C'est M. de Schabol qui va parler, & je me fais gloire de copier ici les préceptes de ce grand maître, & de publier de nouveau ses observations.

Trois sortes de branches sur tout arbre, des grosses, des moyennes, & des petites. Ces trois sortes de branches se partagent en différentes classes, savoir:

Branches à bois. Elles ne portent que des *boutons* à bois, (*voyez* ce mot) elles sont lisses; leurs fibres sont droites, alongées, aplaties les unes sur les autres, occupant toute l'étendue de la branche, & diminuant à mesure qu'elle diminue de grosseur jusqu'à son extrémité. Elles sont si filandreuses, qu'elles se détachent comme des brins de chanvre qui n'eſt point travaillé; leurs inteſtins, leurs pores, ceux par leſquels la ſéve ſe communique à ces fibres, leurs parois ſemblent ainſi pratiqués dans toute la longueur des diamètres. Elles ſe tordent aiſément, & la plupart obéiſſent juſqu'à plier en forme de ſpirale ſans caſſer. Quand on les rompt, elles éclatent & laiſſent des eſquilles inégales à chacune des parties ſéparées.

Branches à fruit ; à cauſe qu'elles ont des boutons fructueux. Elles ont des marques diſtinctives, ſavoir des rides ou des eſpèces d'anneaux à leur empatement. La configuration de celles-ci eſt bien éloignée des premières. Ces branches ont des fibres courtes & tranſverſales, elles ſont criblées de trous ſemblables à ceux d'un dé à coudre. Quantité de petits vaiſſeaux, dont quelques uns ſont preſqu'imperceptibles; des valvulves, des particules de ſéve amaſſées çà & là, dont le tiſſu eſt plus ſerré; des ſinus, des petites cavités, dont les orifices paroiſſent imiter ceux d'une éponge, ſont répandus dans toute la capacité de ces ſortes de branches. On y trouve pluſieurs cellules, dans leſquelles eſt contenu le ſuc nutritif, plus épais, plus gluant que la ſéve renfermée dans l'intérieur des branches à bois ſeulement. En tirant avec une épingle du fond de ces loges, des particules de ce ſuc, & les conſidérant dans le microſcope, elles paroiſſent comme de la bouillie, de la couleur & de la conſiſtance de la glaire d'un œuf: les *branches à fruit ou brindilles*, au lieu de plier & de ſe rompre par éclat, ſe caſſent net comme le verre ou comme le fer aigre.

Branches de faux bois. Ainſi appelées parce qu'elles percent à travers l'écorce, & non d'un *œil* ou *bouton.* (*Voyez* ces mots) celles-ci ont le même caractère que les branches à bois.

Branches gourmandes ou *gourmands.* Ainſi nommées en raiſon de ce qu'elles prennent toute la nourriture, & cauſent la diſette de leurs voiſines. Perſonne encore, excepté les gens de Montreuil, n'a connu l'uſage, les propriétés & les avantages qu'on peut en tirer. Les arbres venus naturellement, & ſur leſquels la fatale ſerpette du jardinier vulgaire n'a exercé aucun empire, ſont dépourvus de gourmands. Lorſque, dans un jardin, on voit un arbre chargé de ces branches voraces, on peut dire ſans balancer que la perſonne chargée de les tailler n'y entend rien; ils ſont communs ſur l'arbre taillé trop court, ou trop déchargé, ou enfin parce qu'il eſt trop vigoureux, mais ce cas n'eſt pas ordinaire.

On diſtingue trois ſortes de *gourmands ;* les *naturels*, qui naiſſent immédiatement de la greffe & des branches; les *ſauvageons* qui pouſſent au-deſſus de la greffe & du tronc même ; & les *demi-gourmands*, également produits de ces parties de l'arbre. On pourroit y ajouter une quatrième ſorte appelée *gourmand artificiel*, que le jardinier induſtrieux fait pouſſer à tout arbre pour le renouveler lorſqu'il commence à s'uſer, & pour le remplir quand il eſt dégarni à quelque endroit.

Voici les principaux indices pour connoître les branches gourmandes. 1°. Leur *poſition ;* la plupart pouſſent de l'écorce & non d'un œil. 2°. Leur *empatement :* soit qu'ils partent de la peau ou de l'œil, leur base est épatée. Ils sont gros du bas, fournis, nourris même en naissant, & ils occupent toujours par leur base, presque toute la capacité de la branche dont ils sortent. 3°. La *précipitation* avec laquelle ils s'efforcent de pousser ; ils naissent, croissent, grossissent & s'alongent comme tout à coup : il en est qui durant un été poussent jusqu'à six ou sept pieds de haut, & qui parviennent à la grosseur du doigt. J'ai vu un gourmand sur abricotier, avoir plus de deux pouces de diamètre & plus de neuf pieds de haut. 4°. Le *tissu* du bois d'un gourmand, & son écorce sont des marques certaines auxquelles il se fait connoître. Ces sortes de branches commencent de fort bonne heure à avoir par le bas cette couleur brune de la peau, qui n'existe sur les bourgeons, que lorsqu'ils sont convertis en bois dur. Ces caractères distinctifs sont une suite de l'abondance immodérée de la séve. 5°. Leurs *boutons* sont différens de ceux des autres branches, sont petits, noirâtres, & fort distans les uns des autres. 6°. La *figure* le décèle. Ils ne sont point exactement ronds, comme les branches venues dans l'ordre naturel, mais applatis plus ou moins d'un côté ou d'un autre jusqu'à ce qu'ils grandissent. 7°. Leur *écorce*, au lieu d'être lisse, luisante, vernissée, est ordinairement graveleuse & raboteuse. Au mot GOURMAND, nous indiquerons la manière d'en tirer un parti avantageux.

Branches folles ou chiffonnes. Ce sont de menues branches qui ne sont d'aucune valeur, ni d'aucun avantage pour les arbres, & qui naissent sur des arbres malades, ou sur des arbres vigoureux qui regorgent de séve. Le mûrier fournit beaucoup de branches chiffonnes, parce qu'en cueillant la feuille on détruit les boutons ; il en naît de secondaires sur la console ou bourrelet qui supportoit le bouton, & comme elles ne reçoivent point assez de séve pour donner de bonnes branches, elles restent chiffonnes.

Quoique dans ce même article, on ait déjà parlé de la position des branches, il faut encore en dire un mot, & avec M. de Schabol, parler le langage des jardiniers.

Il y a deux autres sortes de branches, savoir des branches *perpendiculaires*, *directes*, *verticales* & d'*aplomb* à la tige & au tronc, & des branches *latérales*. Perpendiculaires, veut dire en ligne droite ; directes, qui part immédiatement du tronc & de la tige ; verticales, du mot latin, qui veut dire la tête, à raison de la façon de pousser des branches, toujours placées à l'extrémité de l'arbre ; enfin d'à-plomb à la tige & au tronc, à raison de ce que ces sortes de bourgeons & de branches s'élancent du bas vers le haut, comme si on les eût posées avec l'à-plomb même : latérales, celles qui poussent de côté.

Dans le systême de Montreuil, outre ce partage des diverses branches, on en fait une nouvelle distribution ainsi qu'il suit.

Aux arbres d'espalier, on ne laisse que deux branches uniques, qu'on appelle *branches-mères*, (*Fig. 1*, *Pl. 16.*)

Ces branches-mères sont deux seules branches, sur lesquelles, dès la première taille, on réduit tout l'arbre; l'une placée à droite, & l'autre à gauche, en forme de fourche, représentant la figure d'un V un peu ouvert.

Ces deux branches-mères sont encore appelées *branches tirantes*, parce qu'elles tirent & reçoivent immédiatement de la greffe toute la substance, pour ensuite la répartir à toutes les autres qui naissent d'elles.

On distingue ensuite un second ordre de branches, qu'on nomme *membres* ou *branches montantes* (*Fig. 2*) & *descendantes*. (*Fig. 3*) Ces membres sont des branches ménagées de distance en distance, sur les deux parties qui composent la fourche ou l'V ouvert. Les branches montantes garnissent le dedans, & les branches descendantes garnissent le dehors, ainsi qu'on va le représenter.

Ainsi donc, on supprime à tous les arbres d'espalier, le canal direct de la séve, & jamais on ne laisse aucune branche perpendiculaire à la tige & au tronc. Toutes les branches sont ce qu'on appelle *obliques* & toujours de côté.

Un troisième ordre de branches achève la formation & la structure des arbres suivant cette méthode de Montreuil. Ces branches sont appelées *branches-crochets*, parce que de la façon qu'elles sont placées sur ces membres, elles forment la figure d'autant de crochets. Ces derniers garnissent tout l'arbre, & l'industrie du jardinier est de ménager toute chose, de telle sorte que toujours & partout, il y ait de ces branches-crochets, qui sont les branches fructueuses.

Au premier coup-d'œil, on imagine la chose bien difficile, mais on a vu par les *Fig. 2* & *3*, que rien n'est plus simple ni plus aisé. Ces branches-crochets se partagent en diverses autres sortes de branches, que l'on caractérise suivant leurs différentes façons de pousser, selon qu'elles sont diversement disposées, & conformément à la place qu'elles tiennent sur l'arbre, ainsi qu'il a été dit plus haut; en branches fortes ou gourmandes, branches demi-fortes ou demi-gourmandes, des branches verticales & perpendiculaires, & d'autres obliques ou de côté.

Voici en deux mots tout le système. A la première année, on fait prendre à un arbre d'espalier la figure de l'V ouvert; ce sont les deux branches-mères ou branches tirantes qui forment chacune un côté de cet V ouvert; les branches montantes (*Fig. 2*) garnissent le dedans, & les branches descendantes (*Fig. 3*) le dehors. Les unes & les autres réunies représentent l'arbre complet dépouillé de ses feuilles, (*Fig. 4*) & chargé de feuilles & de fruits. (*Fig. 5*)

Dans cette figure, certaines branches sont perpendiculaires, mais il faut observer qu'elles ne sont point perpendiculaires directes, mais placées sur des obliques, ce qui fait un point essentiel.

Si on compare actuellement cet arbre ainsi taillé avec ceux qui sont livrés à la main du jardinier ordinaire, on verra une différence frap-

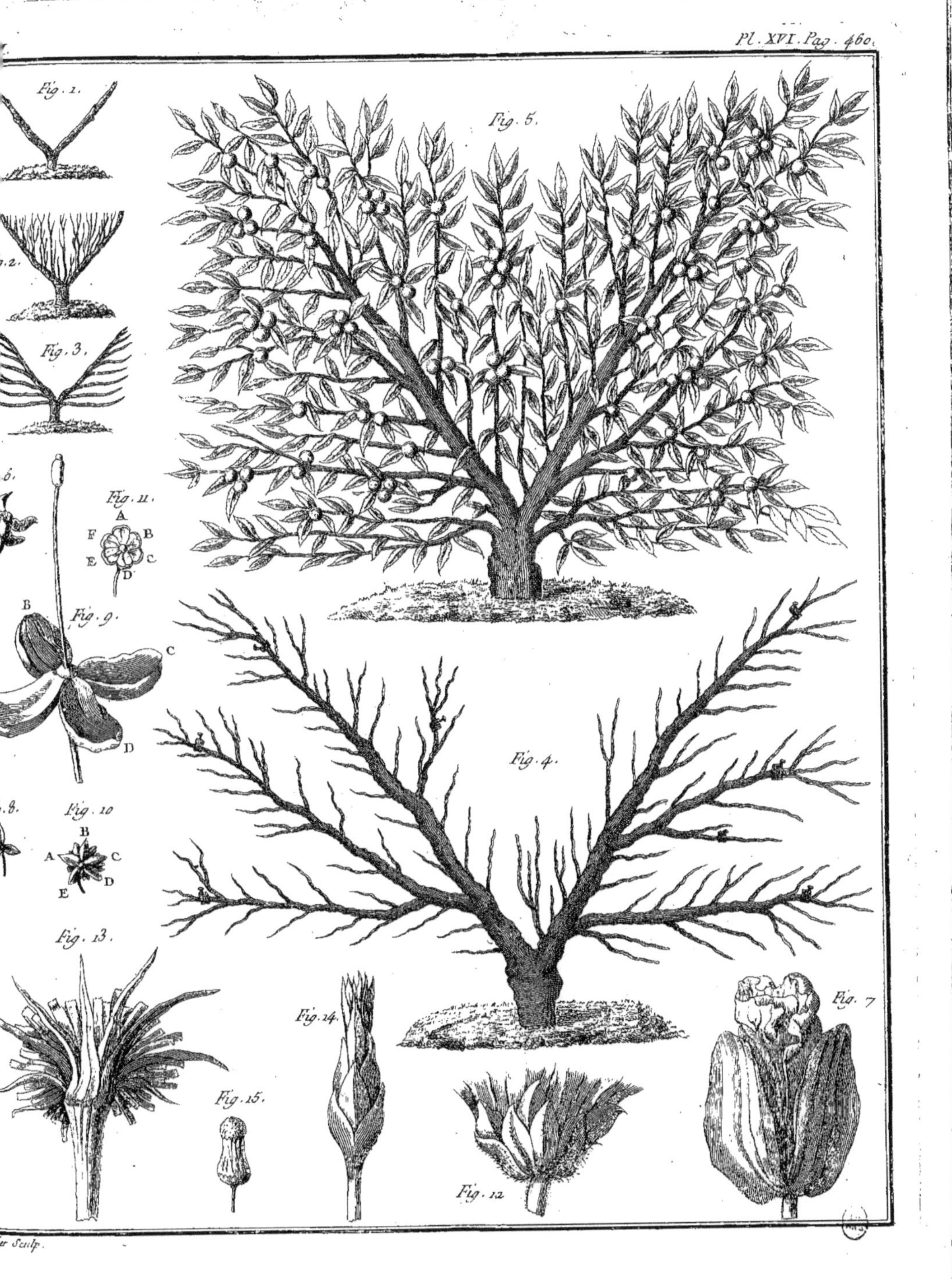
Fig. 1.
.2.
Fig. 3.
6.
Fig. 11.
A
B
C
D
E
F
B
Fig. 9.
C
D
.8.
Fig. 10
B
A
C
D
E
Fig. 13.
Fig. 15.
Fig. 14.
Fig. 12
Fig. 5.
Fig. 4.
Fig. 7

ur Sculp.

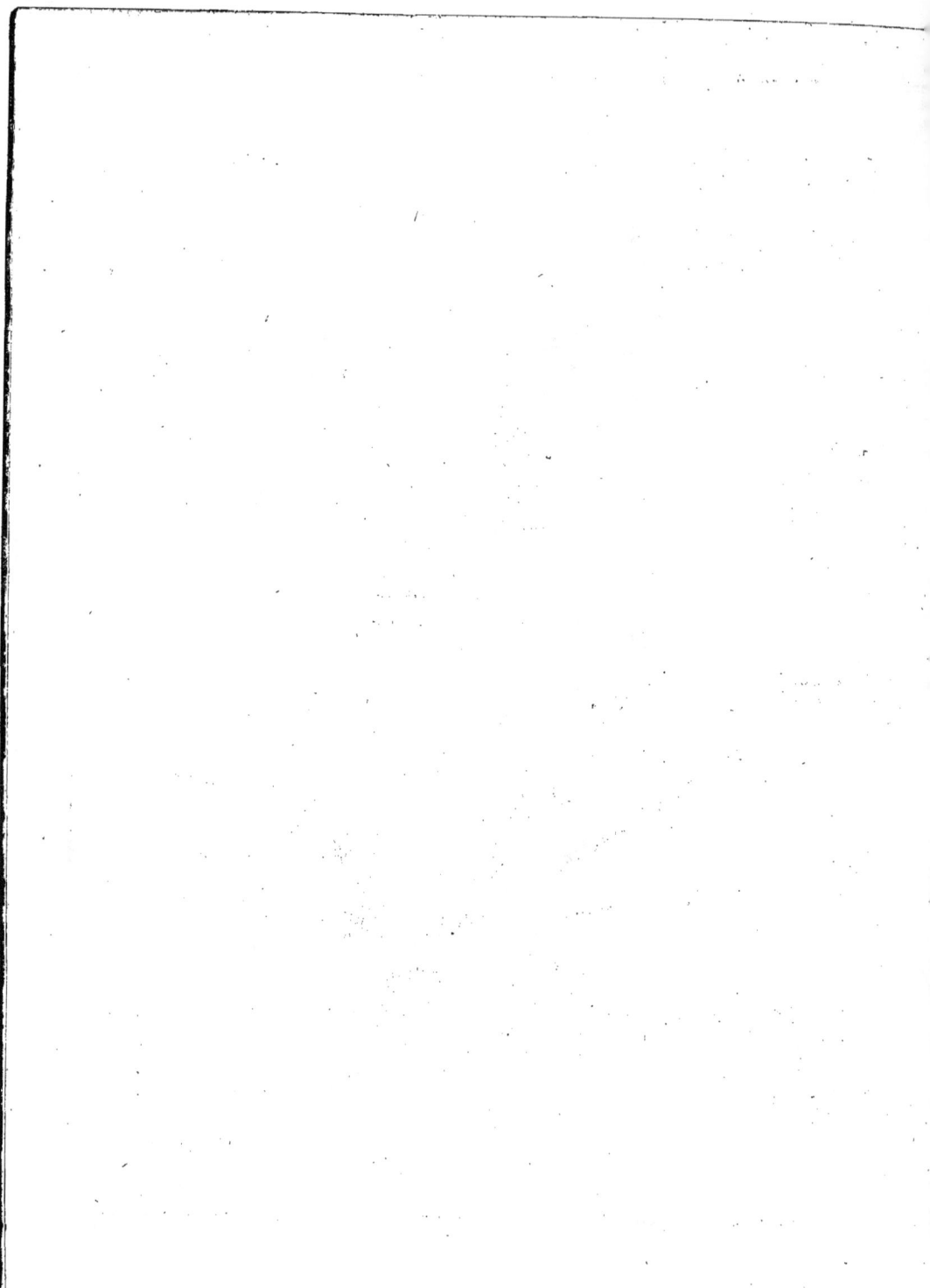

pante : tous les arbres partent du centre comme autant de rayons ; chaque rayon forme un canal direct à la féve : il n'eft donc pas étonnant qu'elle s'emporte, qu'elle produife des gourmands, beaucoup de branches à bois, & peu de branches à fruit : enfin par une forte végétation, l'arbre eft bientôt épuifé, & un pêcher vit à peine dix ans.

Outre les branches dont on vient de parler, il faut encore en diftinguer quelques autres, telles font les *brindilles*, ou *brindelles*, & les *lambourdes* & les *branches de réferve.*

Les *brindilles* font des branches à fruit fort petites & longues, ayant des feuilles ramaffées toutes enfemble, n'excédant jamais deux ou trois pouces de long, fouvent placées fur le devant en forme de dard, au milieu defquelles il exifte toujours un bouton à fruit, ou plufieurs. Les fruits qui naiffent de ces brindilles font prefqu'affurés, ils font communément les plus gros & les plus exquis.

Les *lambourdes* font de petites branches, menues, longues de cinq à fix pouces fur le pêcher, plus longues ordinairement fur les autres arbres ; elles naiffent communément vers le bas à travers l'écorce du vieux bois, & même des yeux des branches de l'année précédente. Leurs yeux font drus, de couleur noirâtre, plus gros & plus rebondis que ceux des fortes branches. La couleur de leur peau eft d'un beau vert de mer clair, luifant. Leur extrémité fupérieure eft couronnée par une efpèce de bouquet ou greffe de boutons noirâtres, avec un feul bouton à bois. Les lambourdes des arbres à pepins font liffes, unies, & les autres branches fructueufes de ces mêmes arbres ont des rides ou des anneaux, mais les boutons à fruit qu'elles produifent en font abondamment pourvus.

Les *branches de réferve.* On nomme ainfi toute branche qui eft entre deux branches à fruit, & que l'on laiffe fort courte pour l'année fuivante, afin qu'elles fourniffent à la place de celles qui ont porté fruit. Sans cette précaution, les arbres fe dénuent, foit du bas, foit par place.

La manière de conferver ou de fouftraire les différentes branches dont on vient de donner l'énumération, & d'expliquer la nomenclature, fera détaillée au mot propre de chaque branche, & lorfqu'on expliquera la taille du *pécher*, qui fervira d'exemple pour les autres arbres. La gravure repréfentera alors tout ce qui eft relatif à un arbre fruitier & à fa taille. La gravure qui accompagne le mot branche feroit donc inutile fi je ne voulois pas mettre fous les yeux du lecteur la forme que l'on donne aux arbres de Montreuil, afin qu'il comprenne mieux ce qui eft dit dans le cours de cet Ouvrage, & qu'il ne foit pas obligé d'attendre jufqu'au tems de l'impreffion du mot PÊCHER.

BRANCHE-URSINE, ou BRANCURSINE. (*Voyez* ACANTHE)

BRANDEVIN. (*Voy.* EAU-DE-VIE)

BRAS. Toutes les plantes cucurbitacées, telles que les courges, les melons, les concombres, &c. pouffent de longues tiges rampantes, & qui fortent des aiffelles des feuilles ; ces pouffes s'alongent confidérablement, & on les appelle *bras:* c'est sur elles que naissent les fleurs mâles & les fleurs femelles, mais séparées les unes des autres. A l'article MELON, nous indiquerons la manière de les gouverner.

BRASSE. Espèce d'aune avec laquelle on mesure les corps étendus, comme les toiles, les draps. Sa longueur varie suivant les pays. Elle devroit cependant être, ainsi que le mot le désigne, ou de la longueur d'un bras, ou de celle des deux bras étendus.

BREBIS. (*Voyez* MOUTON)

BRICELLE. *Prune.* (*Voyez* ce mot)

BRIDE, BRIDON. On appelle ainsi la partie du harnois de la tête d'un cheval qui sert à le conduire. Elle est composée de la têtière, du mors & des rênes.

On dit qu'un cheval boît la *bride* ou le *mors*, quand le mors remonte trop haut, & se déplace de dessus les barres où est son appui.

Un cheval *hoche avec la bride*, lorsqu'il joue avec elle en secouant le mors, par un petit mouvement de tête, surtout lorsqu'il est arrêté.

On se sert au manége de beaucoup d'autres expressions étrangères à notre objet, & que pour cette raison nous passerons sous silence. Mais il est un point essentiel sur lequel il convient de s'arrêter.

Je desirerois que l'on supprimât de toute espèce de bride, ou plutôt de toute espèce de mors, les bossettes en cuivre qui sont un simple ornement pour cacher le bouquet & le fonceau du mors. Cette inutilité de pure fantaisie, est souvent la cause de maladies graves. L'humidité, la bave, la salive des chevaux attaque ce cuivre, il s'y forme du vert de gris qui, dissous, s'étend & gagne jusque dans la bouche de l'animal, & se mêle avec sa salive. Je rapporte ce fait parce que j'en ai été témoin.

Un autre objet aussi important que celui-ci, est de ne jamais ôter la bride à un cheval sans passer dans l'eau le mors & le bien sécher. Comme il est en fer, je conviens qu'on n'a rien à craindre de sa rouille; mais la matière gluante que forme l'écume du cheval, retient dans le mors, & surtout au coin de ses deux extrémités, des débris d'herbes, de foin, &c. qui ont resté dans la bouche de l'animal au moment qu'il a été bridé. Ces ordures fermentent, se corrompent & fatiguent le cheval. Il en coûte si peu pour être propre dans tout ce que l'on fait, que je ne conçois pas comment on néglige ces petites choses.

BRIGNOLE. Espèce de prune desséchée qui a pris le nom de la ville de *Brignoles*, en Provence, où on les prépare. Au mot PRUNIER, nous en donnerons le procédé.

BRIN. (Bois de) *Voyez* BOIS.

BRINDILLE. On a donné presqu'à la fin du mot BRANCHE, (page 461) la définition de la brindille, & les caractères qui la font distinguer des autres branches de l'arbre. Comme cette branche est le magasin du fruit pour l'année précédente, on ne doit jamais l'abattre lorsque l'on *taille* l'arbre, ni lorsqu'on *l'ébourgeonne*, ni au tems du *palissage*, (*Voyez* ces mots) quand même la brindille se trouveroit sur le devant. Il vaut mieux perdre sur la beauté du coup-d'œil, & gagner en utilité. D'ailleurs, lorsque le bouton est grandi, on peut le relever & l'attacher en le courbant doucement. Cette règle cependant souffre une exception particulièrement à l'égard du pêcher : si la gelée a fait périr le *bouton à bois*, (*Voyez* ce mot) il ne faut point relever la brindille, parce que la pêche ne mûrit point si elle n'a pas à côté ou au-dessus d'elle, une branche qui la nourrit ; mais lorsque le fruit a acquis plus de la moitié de sa grosseur, on coupe alors cette branche à trois ou quatre yeux, & les feuilles servent à défendre le fruit de l'ardeur du soleil.

BRIOINE, *ou* BRIONE. (*Voyez* BRYONE)

BRISE-VENT. C'est un rempart de paille ou de roseaux, que l'on fait pour mettre des plantes ou des couches à l'abri des vents. Ces brises-vents ou paillassons sont placés perpendiculairement, & maintenus tels par le secours de piquets fichés en terre ; leur hauteur est communément depuis trois jusqu'à cinq pieds, & la longueur proportionnée au terrain que l'on veut abriter.

A Montreuil, où tout se fait en grand, les brises-vents sont en maçonnerie, & forment des murs d'espaliers perpétuels. Comme la pêche exige un certain degré de chaleur, afin d'acquérir sa maturité & son parfum, les cultivateurs industrieux de ce village, ont eu recours à l'art pour seconder la nature, de manière qu'un arpent de terrain est coupé par un grand nombre de quarrés en murs de huit à neuf pieds de hauteur, & communiquant les uns aux autres par des portes ménagées dans les coins. Chaque quarré est un enclos en petit. De cette manière, ils sont maîtres de s'opposer aux vents qui fatiguent les arbres, & ils ont encore l'avantage d'avoir toutes les expositions possibles, afin que les fruits ne mûrissent pas tous en même tems. Ces murs ont, les uns l'exposition du soleil levant, ceux-ci du soleil de dix heures, du soleil de midi, de deux heures ; enfin aucun des côtés des murs n'est inutile, même ceux directement exposés au midi, ils servent de soutient aux pruniers, &c.

BROC. Vaisseau vinaire à anse, en forme de poire, communément de bois, garni de cinq cercles de fer posés à égale distance les uns des autres ; un dans le bas, sur lequel il appuie, trois dans le milieu, & un au sommet qui forme la gouttière par laquelle on verse le vin. De ce cercle supérieur, part une pièce de fer avec laquelle il est rivé, & cette pièce s'attache sous le troisième cerceau. Un morceau de bois remplit l'anse ; & la pièce de fer qui la constitue, est rivée ou repliée par ses deux côtés sur le bois. C'est le vaisseau le plus commode pour le service des caves, pour l'avinage, l'avillage ou remplissage des tonneaux. Quelque hauteur & quelque largeur qu'ait le broc, son ouverture ne doit pas avoir plus de deux à trois pouces de diamètre. Il est étonnant que son usage soit circonscrit dans quelques provinces seulement. Plus les douves qui composent le broc sont étroites, meilleures elles sont. (*Voyez Figure 6, Planche 17, page 465*) Toute sorte d'ouvrier n'est pas en état de le faire, à cause de la précision dans la diminution des douves, pour entrer dans le cerceau supérieur, diminution beaucoup plus grande que celle de la base des douves.

J'ai vu dans quelques provinces des brocs faits en étaim, & en étaim si commun qu'on l'auroit pris pour du plomb. L'acide du vin corrode l'étaim comme le plomb, & la dissolution qu'il en fait, donne une litharge qui se mêle avec le vin, & le rend infiniment nuisible à la santé.

BROCHER. Mot impropre dont se servent quelques jardiniers, pour dire que des arbres nouvellement plantés poussent de jeunes branches.

BROCOLI. (*Voyez* CHOU)

BRONCHOTOMIE, MÉD. VÉTÉRIN. Opération qui consiste à faire une ouverture à la trachée-artère, pour donner à l'air la liberté d'entrer dans les poumons & d'en sortir, ou pour tirer les corps étrangers qui se sont insinués dans le larynx, ou la trachée-artère. Elle convient dans les esquinancies inflammatoires de la gorge des bœufs & des chevaux, qui ont résisté à tous les remèdes, & qui sont menacés de suffocation. (*Voyez* ESQUINANCIE) M. T.

BROU. Chair qui enveloppe les fruits à coquilles. La couleur du brou de la noix est d'un vert foncé, teint les doigts, s'ouvre en quatre parties quand le fruit est mur. Celui de l'amande est couvert d'un duvet blanchâtre, & sa couleur est d'un vert clair; il s'ouvre en deux parties. Celui de la noisette laisse percer le fruit, & alors son sommet est découpé en manière de franges. On pourroit compter au rang des brous celui du marronnier d'inde, du marronnier-châtaignier, si l'on n'étoit pas convenu de l'appeler hérisson, à cause de la ressemblance de ses piquans avec ceux du hérisson. Le goût des brous varie suivant les espèces de fruits; celui de la noix est très-amer & astringent, celui de l'amande est acide & âpre; le brou de la noisette très-acide & piquant, &c.

On a pensé que la nature avoit donné cette enveloppe à ces fruits, pour les défendre contre la voracité des oiseaux & autres animaux. Tant que le brou subsiste, le fruit n'est pas mûr, & par conséquent ne sauroit attirer les oiseaux, & il faut d'ailleurs que l'huile soit formée; car tant qu'il est en lait ou bave, tant que la noix est ce qu'on appelle blanche, elle n'est pas de leur goût. La nature a un autre objet dans sa formation; le brou est au fruit ce que la *feuille* est au *bouton*. (*Voyez* ces deux mots) Il est le père nourricier du fruit. Enlevez le brou d'une noix, d'une amande, &c. avant sa maturité, le fruit se desséchera, & sa dessiccation sera plus ou moins forte, en raison du plus ou moins de cette écorce extérieure que vous aurez enlevée.

Les brous de noix amoncelés pendant quelques tems, perdent leur couleur verte, & acquièrent une couleur brune.

Si dans cet état on les fait bouil-

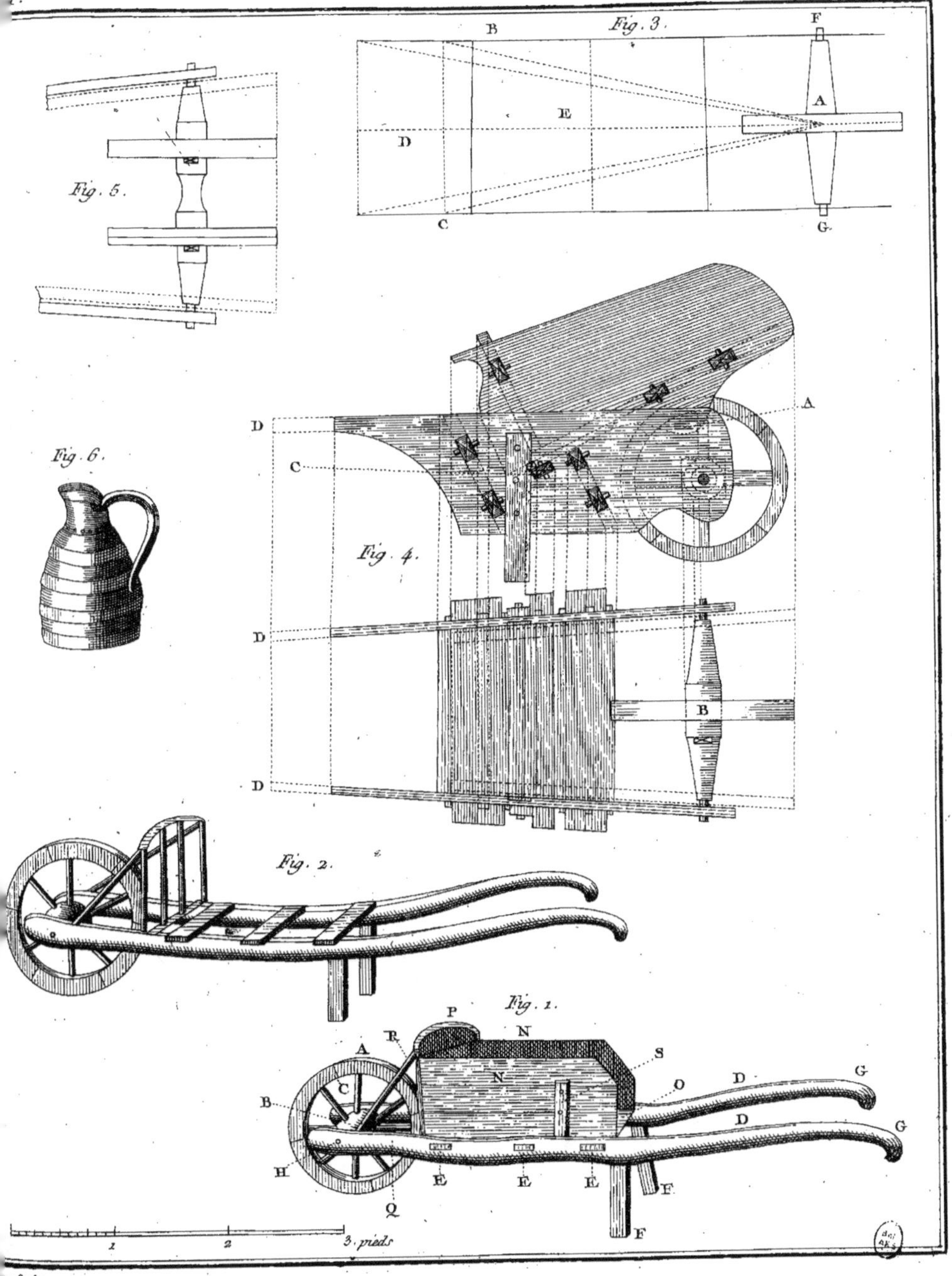

Fig. 3.

Fig. 5.

Fig. 6.

Fig. 4.

Fig. 2.

Fig. 1.

1 2 3. pieds

r Sculp.

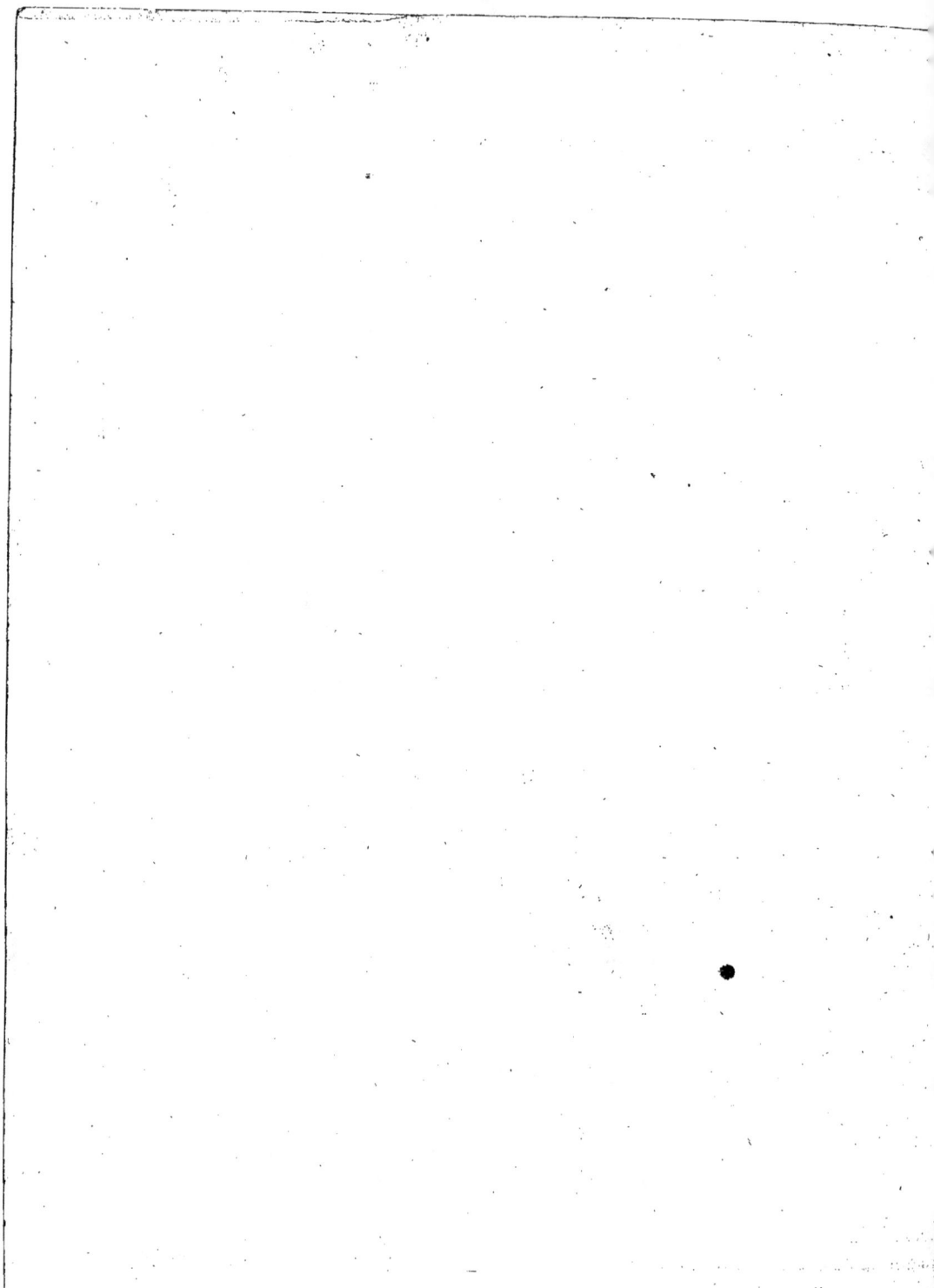

sir dans l'eau assez longtems pour les réduire en pâte, on aura une eau qui donne au bois la couleur du bois de noyer, & aux carreaux d'une chambre une couleur brune, qui tient très-bien sur tous les deux: il faut passer de la cire & frotter pour leur donner le luisant. Les teinturiers emploient le brou de noix dans les couleurs brunes & communes.

BROUETTE. On doit au célèbre Pascal l'invention de cette espèce de voiture si simple, si économique & si expéditive: cependant elle est, pour ainsi dire, inconnue dans la majeure partie de nos provinces méridionales.

La brouette, (*Pl. 17, Fig. 1,*) est composée d'une seule roue A, dont le moyeu B est en olive alongée par les deux bouts. On plante les rais C dans le plus épais de l'olive, qui se trouve être le milieu, & elles sont plantées droites; quatre jantes forment la roue, qui pour l'ordinaire n'est point ferrée: cette roue a environ un pied & demi de diamètre. On fait deux limons ou brancards DD, de cinq pieds à cinq pieds & demi de longueur, & un peu cambrés; on les assemble à deux pieds environ l'un de l'autre, par deux ou trois barres d'enfonçures, dont on voit les bouts en EEE; on y ajoute deux pieds FF; un des bouts de chaque limon destiné à être pris par l'homme, a une broche ou crochet GG, pour empêcher qu'il ne glisse de la main; l'autre bout de chacun est percé d'un trou de tarrière H. On doit passer l'essieu à travers ces deux trous. Cet essieu n'est autre chose qu'une tringle ou cheville de fer, terminée d'un bout par une tête ronde, & de l'autre par une fente dans laquelle on fait entrer une clavette quand l'essieu est en place, de peur qu'il n'en sorte. Quand on veut monter la brouette, il suffit d'enfiler avec l'essieu les limons & le moyeu de la roue qui doit remplir l'intervalle entre les deux limons, & poser la clavette de fer.

On construit le surplus suivant l'usage auquel on destine cette voiture. Si on veut, par exemple, transporter du sable ou de la terre, &c. on cloue sur les barres EEE, un fond de planche O, & sur chaque limon, un côté ou joue de planche NN. Le fond O, se nomme *enfonçure;* on élève une autre enfonçure en face de la roue, qu'on nomme l'enfonçure de devant; on la termine en haut par une pièce de bois plus épaisse & taillée en rabattant par les deux bouts supérieurs; on la nomme le frontier P; & pour soutenir, soit cet assemblage, soit les côtés, on fait entrer à chaque bout de longues chevilles de bois, savoir une en Q, qui coule le long du bout des joues, & l'autre en R, en arc-boutant; on enfonce ces chevilles dans les limons. La cheville R, prenant du plat du frontier par devant, l'étaie & le soutient, ce qui est absolument nécessaire; car le devant doit supporter principalement la charge qu'on met dans la brouette. Les planches d'à côté qu'on a établies sur chaque limon, sont maintenues par une barre S, implantée dans le limon.

Cette brouette est fermée de trois côtés, afin que ce qu'on y met ne se répande pas; mais si on veut voiturer du bois, des échalas, &c. ou autre chose solide, qui ne soit pas susceptible de se répandre, alors on ne fait point de côtés aux brouettes, & on les construit à claire-voie, sans enfonçure, sans côtés, & au lieu de l'enfonçure de devant, on ajoute des chevilles qui soutiennent le frontier, afin de la rendre légère autant qu'on le peut. (*Fig.* 2)

Ces brouettes sont très-utiles pour le service journalier d'un jardin, d'une ferme, &c. mais lorsqu'il s'agit de déblayer & de voiturer beaucoup de terre, le poids se trouve trop près de la main qui soutient la brouette & la fait mouvoir, & par conséquent fatigue beaucoup l'ouvrier sans avancer le travail. M. Munier, sous-ingénieur des ponts & chaussées de la généralité de Limoges, connu par plusieurs ouvrages, & sur-tout par son *Recueil d'Observations sur l'Angoumois*, a perfectionné ce genre de voitures, & voici les principes d'après lesquels il est parti.

Toutes les brouettes se réduisent, selon les principes de la mécanique, à un levier de la deuxième espèce; le poids se trouve entre la puissance, qui est le manœuvre chargé de la rouler, & le point d'appui, qui est la roue. Il résulte de cette disposition, que le manœuvre a non-seulement la totalité du poids à rouler, mais encore à peu près la moitié de ce même poids à soutenir sur les bras. Il suit de là que l'ouvrier perd beaucoup de la force qu'il auroit à rouler, puisqu'il la partage & emploie la plus grande partie à soutenir le poids.

Lorsqu'il est arrivé au lieu de la décharge, il la renverse par le côté, la tourne sens dessus dessous, fatigue pour la verser en entier, & s'il n'est pas accoutumé à manier la brouette, il est souvent entraîné par elle.

Le levier de la deuxième espèce paroît le plus propre à servir de base à la construction des brouettes. Partant de-là, on peut employer deux moyens pour diminuer considérablement le poids que le manœuvre aura à porter en roulant; le premier en alongeant beaucoup le brancard ou limon, en faisant en sorte, par exemple, que la distance de la puissance au centre de gravité du poids, soit triple ou quatruple de celle du centre de gravité du même poids, au point d'appui qu'on suppose être dans la verticale qui passe par le centre de la roue; mais la longueur de cinq à six pieds environ des brouettes n'est déjà que trop embarrassante, sans chercher à augmenter encore l'inconvénient de la décharge. Il vaudroit donc beaucoup mieux diminuer cette longueur. Le second moyen pour diminuer la charge du manœuvre, est d'en rapprocher le centre de gravité le plus près qu'il sera possible du point d'appui.

Or, pour faire trouver le centre de gravité du poids, il faut nécessairement que la caisse de la brouette soit enlevée & attachée par-dessus la roue, ce qui semble, en remédiant à la pesanteur du poids dans les bras du manœuvre, promettre aussi de la facilité pour la décharge. En effet, si on adapte sur la roue de la brouette, une caisse évasée, & que le manœuvre lève les brancards jusqu'à ce que cette caisse soit suffisamment inclinée sur le devant, pour que la charge puisse couler, on croiroit avoir construit une brouette parfaite; mais on se tromperoit; car il résulte de ces dispositions des défauts essentiels & faciles à concevoir. Passons à la description de la nouvelle brouette.

On remarque que ce qui empêche le déversement du poids dans les brouettes ordinaires, est que son centre de gravité E, (*Fig.3*) répond à peu près au milieu du levier, & est suspendu par trois points qu'on peut regarder comme trois appuis posés triangulairement. Le premier est à la roue, & les deux autres, un à chaque main qui soulève la charge. Or, les points étant conçus joints par des lignes droites, forment un triangle isocèle ABC, dans la perpendiculaire duquel AD, & au point E, répond le centre de gravité du poids, ce qui fait qu'il ne peut tomber vers le centre de la terre, ni beaucoup s'écarter à droite ou à gauche. On sent de-là que le centre de gravité étant censé aller de A en D, en parcourant tous les élémens du triangle le long de sa perpendiculaire, le déversement diminuera à mesure que le centre de gravité approchera plus de A que de D; mais aussi la charge de la puissance diminuera, de manière que si l'on conçoit le centre de gravité du poids, situé dans la même verticale que E, le déversement sera le plus grand, & le poids le plus petit, & même zéro par rapport à la puissance.

On voit aussi que plus les brancards de la brouette seront raccourcis, plus il sera facile de soutenir le déversement du poids, qui agira alors sur les leviers plus courts, AF & AG. Il suit de-là, qu'en adaptant une seule roue à une brouette, il n'est guère possible de la rendre commode & utile dans la pratique, sans que le manœuvre ait les bras chargés d'une partie du poids; mais cette partie du poids ne sera pas incommode, soit lors du roulage, soit lors de la décharge, quand elle n'excédera pas quinze à vingt livres. Pour y parvenir, on a jugé à propos de poser les tourrillons A, (*Fig.* 4) qui supportent la caisse à bascule, de manière qu'ils répondent à plomb sur l'essieu B de la roue, lorsque la brouette roule; & que la partie AC de la caisse, depuis les tourrillons jusqu'à son extrémité du côté de la puissance, soit de quatre pouces environ plus longue que la partie restante de l'autre côté. On a réduit aussi les brancards à trois pieds & demi de longueur seulement; savoir, trois pieds trois pouces depuis le tourrillon de la roue jusqu'à l'extrémité du côté de la puissance, & trois pouces de l'autre côté, à cause de la force qu'il faut laisser à ces brancards, par rapport au frottement de l'essieu de la roue: moyennant ces précautions, le déversement du poids n'est presque pas sensible, le manœuvre le maintient facilement & roule aisément sa brouette.

Construction d'une seconde brouette à deux roues. Il est évident qu'en adaptant deux roues à une brouette, il n'y aura plus de déversement, & qu'on pourra faire répondre le centre de gravité de la caisse à bascule dans les tourrillons de la même bascule, & les placer de manière qu'ils répondent à la même verticale que l'essieu des roues; mais afin de conserver la solidité de l'essieu & des roues, on assemble les roues fixément, comme celles de la première brouette, à dix pouces de distance, (*Fig.* 5) de milieu en milieu, sous la caisse à bascule. Cet éloignement des roues suffit pour aider un manœuvre à maintenir avec facilité le déversement que les petites inégalités du terrain pourroient occasionner.

Il est mieux aussi de donner quatre pieds & demi de longueur au brancard de cette seconde brouette, au lieu de trois pieds & demi qu'on a donnés à ceux de la première, ce qui ne change en rien les dispositions du corps de ces brouettes, comme on peut le voir, (*Fig.* 4) où ce ralongement D est supposé.

La charge des brouettes ordinaires, dans un travail continué du matin au soir, est d'un pied cube de terre; le manœuvre le plus fort n'y résisteroit pas si on le chargeoit davantage : la charge d'une brouette à bascule à une roue, peut être régulièrement d'un pied & demi cube; & suivant les essais que M. Munier a faits, le même manœuvre roule plus aisément cette charge dans toutes sortes de chemins, soit en plaine, soit en montant, & à plus forte raison en descendant, qu'il ne fait un pied cube, avec la première; d'où cette brouette augmente le transport d'un tiers dans le même tems, & dans toutes sortes de circonstances.

Si l'on compare à présent la nouvelle brouette à bascule à deux roues avec l'ancienne, il suit des mêmes épreuves, que dans un mauvais chemin qui seroit raboteux, en plaine, ou en montant, ou dans lequel il y auroit de la boue ou terres mouvantes, dans lesquelles les roues enfonceroient de trois à quatre pouces, la première n'auroit aucun avantage sur la seconde, parce que l'augmentation des frottemens dans une, lors du roulage, équivaut à la charge que le manœuvre est obligé de porter sur ses bras dans l'autre. M. Munier a fait charger la brouette à deux roues de deux pieds cubes de terre; le manœuvre la rouloit dans les chemins, mais sans rien porter, sans éprouver aucun balancement, au lieu que le déversement dans la brouette à bascule & à une roue, devenoit difficile à soutenir, ce qui fait qu'on limite la charge, pour tous les cas, seulement à un pied & demi cube. M. Munier a fait ensuite charger l'ancienne brouette de deux pieds cubes des mêmes terres; elle rouloit aisément sans qu'il fût même beaucoup nécessaire de la pousser; mais le manœuvre n'en portoit pas moins un poids d'environ cent livres sur les bras, ce qui le fatiguoit extrêmement, & rendoit le transport insoutenable. L'avantage de porter très-peu de chose, rend la charge de deux pieds cubes de terre aussi facile à rouler en descendant, avec la brouette à deux roues, que celle d'un pied cube avec l'ancienne; d'où il suit que l'une double le transport de l'autre dans le même tems; mais afin de charger deux pieds cubes de terre dans cette brouette, il faut en augmenter la caisse, en la faisant un peu plus large que celle de la brouette à bascule à une roue; c'est pourquoi on a espacé les brancards de la brouette à deux roues, (*Fig.* 5) de deux pieds dans œuvre, à l'endroit où l'essieu est réduit à dix-huit pouces, à l'extrémité de la caisse du côté de la puissance.

On peut auſſi conclure des épreuves citées, qu'on pourroit, dans les grandes entrepriſes, avoir ces deux eſpèces de brouettes en nombre égal.

La décharge des nouvelles brouettes ſe fait d'un coup de main. Le manœuvre étant arrivé à la crête du remblai, appuie les genoux ſur la traverſe de devant, pour être en force; il lève des deux mains le derrière de la caiſſe pour la faire baſculer, le moindre effort ſuffit pour cela; les terres coulent naturellement en remblai, ſans qu'il ſoit beſoin de régulateur: il remet la caiſſe dans ſon premier état, ſans quitter ſa poſition, & s'en retourne. Tout cela eſt beaucoup plus expéditif & commode, que de décharger cette brouette par le côté; on ne fait d'ailleurs aucun effort qui tende à ſa deſtruction; la partie antérieure des roues retient le fond de la caiſſe, & l'empêche de ſe renverſer en entier.

Les roues ſont toujours à couvert; elles ſont conſtruites bien plus ſolidement que les autres. Les quatre rayons ſont de deux pièces qui traverſent l'eſſieu dans lequel ils ſont aſſemblés à mi-bois, & dont les deux extrémités ſeulement portent & roulent dans les brancards, afin que les frottemens ſoient moindres.

Les deux petits tourrillons qui ſervent de baſcule à la caiſſe, ſont de fer; ils ſont également reçus dans les brancards, ſont ſoudés & attachés le long du parement intérieur; & ſous le fond de la caiſſe, avec des cloux moyens de plancher, rivés de l'autre côté.

Les brancards ſont ſolidement aſſemblés par trois traverſes qui fourniſſent cinq tenons paſſant de chaque côté, que l'on arrête ſolidement au dehors par une cheville de bois. Les deux traverſes ſous la caiſſe ſervent en même tems à la ſupporter, & celle du milieu en retient auſſi le fond par une entaille ou redan pratiqué dans toute ſa longueur entre les deux brancards.

On remarque que le fond de la caiſſe eſt beaucoup incliné du côté de la puiſſance, lorſque la brouette eſt poſée ſur ſes pieds. Cette inclinaiſon eſt eſſentielle & ne peut être trop grande, afin que lorſque le manœuvre roule les terraſſes, même dans les plus fortes pentes, le fond de la caiſſe ſoit encore un peu incliné du côté de la puiſſance, pour retenir les terres, les empêcher de retomber ſur le devant, & de ſe décharger en chemin avant d'être arrivées à leur deſtination.

On a donné un pied de profondeur à la caiſſe, dans le fond inſenſiblement réduit à neuf pouces, à la naiſſance de la courbe qui termine ſes côtés: cette conſtruction la rend un peu plus peſante ſur le derrière; & cette peſanteur, jointe à ſon inclinaiſon, fait que lorſque le manœuvre la ramène après la décharge, elle ſe maintient ſolidement ſur les traverſes qui la ſoutiennent, ſans faire aucun mouvement qui tendroit à la faire baſculer. On a encore à craindre cet inconvénient pour le tranſport des terraſſes, parce qu'alors les terres étant jetées, & ſe ramaſſant en plus grande quantité ſur le derrière que ſur le devant, comme on le fait, par exemple, pour les tombereaux, le centre de gravité du poids ſe trouve toujours un peu au-delà de l'essieu entre le point d'appui & la puissance.

Il reste encore à parler du prix des nouvelles brouettes. Les brouettes ordinaires, dont les pieds & la roue sont en bois d'ormeau, & le corps en planches de peuplier, d'un pouce d'epaisseur, coûtent en Angoumois cinq livres pièce, prêtes à rouler; & les nouvelles brouettes y ont coûté, en se servant du même bois, celles à une roue, six livres, & celles à deux roues, sept livres; ce qui suffit pour en établir le prix par-tout.

BROUILLARD. C'est un amas de vapeurs & d'exhalaisons, plus ou moins épaisses, qui s'élèvent dans l'air, & tantôt se dissipent dans les hautes régions de l'atmosphère, & tantôt retombent sur la terre en forme de bruine ou de pluie fine. Deux causes principales concourent immédiatement à la formation des brouillards, la chaleur naturelle de la terre, & le froid des couches inférieures de l'atmosphère. Le soleil d'une journée entière, & la masse de chaleur qu'il a produit dans l'atmosphère, celle qu'il a imprimée à la surface de la terre, occasionnent une évaporation considérable; les molécules aqueuses, raréfiées & chassées par la chaleur qui s'échappe du globe, s'élèvent & se dispersent dans l'air jusqu'à ce que rencontrant une zone froide, elles se condensent & deviennent visibles en se rapprochant & s'épaississant. Leur réunion forme un corps fluide, pénétrable & continu, & susceptible de tous les mouvemens que les vents peuvent lui imprimer. Les vents eux-mêmes contribuent beaucoup à la réunion des vapeurs & à la formation des brouillards. L'air est toujours rempli d'une certaine quantité de vapeurs. (*Voyez* AIR) Si elles sont invisibles, c'est que trop raréfiées, leurs molécules sont éloignées les unes des autres. Mais si les vents viennent à souffler du haut en bas, alors ils abaissent ces vapeurs les plus élevées sur les plus basses, & les condensent. Leur condensation sera encore plus prompte, si les vents soufflent de divers points opposés; ils compriment alors de toutes parts les vapeurs qu'ils trouvent dans l'air. La même chose a lieu, si elles sont poussées par les vents horizontalement contre une montagne: ne pouvant aller plus loin, les dernières se joignent aux premières, & à celles qui sont adossées contre la montagne; elles s'accumulent les unes contre les autres, elles s'épaississent enfin, & y acquièrent un tel degré de densité, qu'elles deviennent visibles & retombent sous la forme de brouillards.

Il n'est point de saison ni de climat où l'on ne voie des brouillards; l'hiver & les pays humides paroissent cependant favoriser le plus la formation de ces météores. Dans l'hiver, le soleil agissant avec moins d'activité, & le ciel étant presque toujours couvert de nuages, l'air froid occasionne nécessairement une condensation dans les vapeurs, & les exhalaisons qui s'élèvent de la terre & des eaux, sur-tout dans les endroits où l'évaporation est plus abondante, comme les sols marécageux & aquatiques, les bas fonds & les bords des rivières. Comme le soleil a peu de force dans cette saison, il dissipe difficilement ces brouillards qui se résolvent ordinairement en pluie s'il fait doux, (*voyez* BRUINE) & en givre, s'il fait froid. (*Voyez* GIVRE) Il n'est donc pas étonnant de voir alors les brouillards obscurcir l'air pendant plusieurs jours de suite; & la résolution de ces brouillards dépend de la température actuelle de l'atmosphère & de l'effet des vents. Dans l'été, les vapeurs élevées dans la journée retombent vers le soir après le coucher du soleil & durant la nuit. Si elles sont assez raréfiées pour être invisibles, elles forment alors la rosée & le serein. (*Voyez* ces mots) Si un froid assez vif, un vent frais les rassemblent & les accumulent, on apperçoit alors un brouillard, plus ou moins épais, que les premiers rayons du soleil du lendemain dissipent ordinairement. Dans le printems & l'automne, les brouillards sont plus fréquens, à cause de la différence marquée de température entre le jour & la nuit. Les pluies, assez fréquentes dans ces deux saisons, imprègnent l'air d'une humidité continuelle, que le moindre froid condense en brouillard.

C'est ordinairement le soir & le matin que les brouillards sont plus sensibles. En voici la raison. Le soir, après que la terre a été échauffée par les rayons du soleil, l'air venant à se refroidir tout à coup au coucher de cet astre, les vapeurs qui avoient été échauffées, s'élèvent dans l'air ainsi refroidi, parce que dans leur état de raréfaction, elles sont plus légères que l'air condensé. Le matin, lorsque le soleil se lève, l'air se trouve échauffé par les rayons beaucoup plutôt que les vapeurs qui y sont suspendues; & comme ces vapeurs sont alors d'une plus grande pesanteur spécifique que l'air, elles retombent vers la terre sous la forme de brouillard.

D'après tout ce que nous venons de dire, on peut donc assurer que les brouillards ne sont autre chose que des molécules aqueuses, disséminées dans l'air, & rendues visibles par leur abondance & par le froid; ce sont, en un mot, de vrais nuages qui flottent dans les régions les plus basses de l'atmosphère, & qui interceptent une partie de la lumière qui nous vient du soleil & des astres. Cette obscurité est produite par le très-grand nombre de ces molécules aqueuses, qui, perdant peu à peu le mouvement en vertu duquel elles se sont élevées, s'arrêtent à une hauteur déterminée, s'approchent & se joignent les unes aux autres. Ainsi disposées, elles doivent nécessairement empêcher que l'effet des rayons lumineux ne parviennent en entier jusqu'à nous, parce que ces gouttes, quelques petites qu'elles soient, se trouvant rassemblées sans ordre, réfléchissent la lumière, & la dissipent par la multitude de leurs surfaces qui s'opposent successivement à son passage. Cet obscurcissement devient quelquefois si considérable, que la lumière est presque totalement interceptée, & que l'on ne distingue les objets qu'à une très-petite distance. Quelquefois aussi ces brouillards épais ne reposent pas immédiatement sur la terre; ils s'élèvent & se fixent dans la région moyenne de l'atmoſphère, où ils forment une eſpèce de zone moins opaque, à la vérité, que les brouillards ordinaires, mais qui ne laiſſe pas d'y répandre une obſcurité ſenſible. S'ils n'interceptent pas totalement les rayons du ſoleil, ils en affoibliſſent tellement l'éclat, que l'on peut alors regarder fixément ſon diſque. Telle eſt la cauſe naturelle de ce phénomène ſingulier, qui, aux yeux de l'ignorance timide & ſuperſtitieuſe, paſſe pour un prodige effrayant, & qui annonce les plus grands malheurs. Si ce phénomène a lieu pluſieurs jours de ſuite, les brouillards qui l'ont produit auront ſéjourné ce même eſpace de tems dans l'atmoſphère, & l'auront vicié. Il n'eſt donc pas étonnant, après cela, qu'il ſe répande des maladies épidémiques, qu'il ne faut attribuer qu'à la préſence des brouillards, & non à l'obſcurciſſement du ſoleil.

Les brouillards ont deux mouvemens généraux; celui par lequel ils ſe condenſent & retombent en bruine ou en pluie, & celui par lequel ils ſe raréfient, s'élèvent de plus en plus, & deviennent de vrais nuages. Ces vapeurs ſuſpendues au-deſſus de la terre, à une hauteur médiocre, quoique ſouvent tranquilles à leur partie inférieure, ſont ſuſceptibles d'un mouvement d'ondulation, ſemblable à celui de la mer, à leur partie ſupérieure. Quand on eſt ſur une montagne aſſez haute, que l'on domine une plaine couverte de brouillards, on croit voir ſous ſes pieds une mer agitée, dont les flots roulent les uns ſur les autres. Inſenſiblement on les voit ſe diſſiper; ſoit lorſque ces molécules aqueuſes, acquérant une peſanteur plus conſidérable que celle de l'air dans lequel elles nagent, forment des gouttes plus groſſes, & retombent ſur la terre par leur propre poids; ſoit que le principe de la chaleur qui les a élevées & diviſées, augmentant encore par l'ardeur du ſoleil, elles reçoivent un mouvement plus fort qui les porte vers la région ſupérieure de l'air, où elles ſe condenſent & prennent la forme de nuages; à moins qu'elles ne ſoient entièrement diſſipées par une raréfaction extrême & prompte.

Si les brouillards n'étoient exactement que de l'eau raréfiée, nous ne nous appercevrions de leur préſence, que par l'humidité qu'ils entretiennent, & par l'obſcurité qu'ils répandent; mais très-ſouvent ils ſont accompagnés d'une odeur infecte, d'une âcreté qu'on reſſent à la gorge & aux yeux. Cette odeur & cette âcreté ſont dues aux exhalaiſons terreſtres que ces vapeurs entraînent avec elles; cette eſpèce de brouillard eſt en général très-mal ſaine.

Comme la production des brouillards ne dépend abſolument que de l'abondance des vapeurs & du froid de l'atmoſphère, ils obſcurciront l'air, ſoit que le baromètre ſe trouve haut ou bas. Quand la colonne de mercure eſt baſſe & annonce la pluie, il n'eſt pas étonnant que l'on voie des brouillards qui ſont une eſpèce de pluie; mais lorſqu'elle ſe tient haute, on pourra avoir des brouillards, 1°. ſi le tems a été long-tems calme & chaud, & qu'il ſe ſoit élevé beaucoup de vapeurs qui aient rempli l'air; le moindre froid, le plus petit vent frais, rafraîchira l'atmosphère, & les vapeurs se condenseront. 2°. Si l'air, se trouvant tranquille, laisse retomber les vapeurs & les exhalaisons qui passent alors librement à travers.

Le brouillard n'est pas comme la rosée, il tombe & mouille indifféremment toute sorte de corps, & pénètre souvent dans l'intérieur des maisons lorsqu'il est humide. Il s'attache alors aux murs & s'écoule par le bas, en laissant sur les parois de longues traces qu'il a formées.

Dans l'été, lorsque l'air se trouve chargé de légers brouillards le matin, communément il fait beau dans la journée, parce qu'à l'arrivée du soleil, le brouillard mince & délié est repoussé vers la terre; de sorte que ces parties devenues fort menues, & étant séparées les unes des autres, vont flotter çà & là dans la partie inférieure de l'atmosphère, & ne se relèvent plus pour retomber en pluie.

La cause de la nature des brouillards étant bien connue, ce seroit ici le lieu d'examiner leur influence sur l'économie animale & sur la végétale. Comme ils agissent en partie par l'humidité, c'est à ce mot que nous renvoyons, pour n'être pas obligés de nous répéter. (*Voyez* HUMIDITÉ) Nous nous contenterons d'observer en général qu'ils fertilisent les terres, ou que du moins nul tems n'est plus favorable aux labours & aux semailles que ces matinées où règne un brouillard épais & stillant, qui baigne & échauffe doucement les sillons. Si les brouillards d'automne hâtent quelquefois la maturité des raisins, ils les font pourrir s'ils sont de trop longue durée. La rouille (*Voyez* ce mot) est causée par les brouillards qui s'attachent aux blés & aux fruits, lorsque le vent ne les dissipe pas, ou quand ils y sont surpris par un vent brûlant, & par l'ardeur du soleil.

Mais il est une qualité essentielle que l'on a découverte dans les brouillards, & qui doit entrer pour beaucoup dans leur action sur les animaux & les plantes; c'est leur électricité. M. Ronayne d'abord, & M. Henley ensuite, ont fait tous deux une belle suite d'expériences, qui leur a démontré que les brouillards sont électriques toujours & par eux-mêmes, que leur électricité est en rapport avec leur épaisseur, & qu'elle n'est jamais si forte que lorsqu'un tems sec & glacial les accompagne. (*Voyez* ÉLECTRICITÉ) M. M.

BROUILLÉ. Terme de fleuriste, pour désigner une fleur, par exemple, la tulipe, l'œillet, dont les panaches ne sont pas nets & bien prononcés.

BROUINE. Nom qu'on donne en quelques endroits de la Normandie à la carie des blés; dans quelques autres endroits, on l'appelle *bruine*.

BROUIR, BROUISSURE. Dommage que des impressions froides causent aux fleurs & aux premiers bourgeons des arbres.

BROUSSIN. Terme de forestier, qui signifie l'amas des branches chiffonnes qui poussent tout près les unes des autres.

BROUTÉ, se dit d'un bois, d'un tailli dont les jeunes pousses ont été en tout ou en partie dévorées par le bétail & par des bêtes fauves. Ces animaux sont la peste des taillis. *Brouter*, mot allégorique employé par les jardiniers, pour dire couper l'extrêmité des jeunes branches, lorsqu'elles sont trop longues en proportion de leur foiblesse.

BROYOIR. (*Voyez* CHIRANCOIR)

BRUGNON. (*Voyez* PÊCHE)

BRUINE. Petite pluie extrêmement fine qui tombe très-lentement. Elle est le produit ou d'un brouillard qui se résout, ou d'une nuée qui se dissout dans toute son étendue également & lentement, ensorte que les particules aqueuses ne se réunissent pas en très-grand nombre, mais elles forment de petites gouttes, dont la pesanteur spécifique n'est presque pas différente de celle de l'air. Alors ces petites gouttes tombent insensiblement, & produisent une *bruine* qui dure quelquefois tout un jour, lorsqu'il ne fait point de vent. Elle a lieu pareillement, lorsque la dissolution de la nuée commence par le bas, & continue de se faire lentement vers le haut ; car alors les particules de vapeurs se réunissent & se convertissent en petites gouttes, à commencer par les inférieures qui tombent aussi les premières, ensuite celles qui se trouvent un peu plus élevées ; suivent les précédentes, & celles-ci ne grossissent pas dans leur chûte, par ce qu'elles ne rencontrent plus de vapeurs en leur chemin ; elles tombent sur la terre avec le même volume qu'elles avoient en quittant la nuée. Mais si la partie supérieure de la nuée se dissout la première & lentement de haut en bas, il ne se forme d'abord dans la partie supérieure, que de petites gouttes, qui venant à tomber sur les particules qui sont placées plus bas, se joignent à elles, & augmentant continuellement en grosseur par les parties qu'elles rencontrent sur leur passage, produisent enfin de grosses gouttes qui se précipitent sur la terre en forme de pluie. (*Voyez* BROUILLARD, NUÉE, PLUIE). M. M.

BRÛLER LES TERRES. (*Voyez* ECOBUER)

BRÛLURE, MÉDECINE RURALE. Division des parties solides du corps faite par l'impression du feu, suivie d'inflammation & de douleur vive & ardente. La brûlure ne diffère de la plaie que relativement à l'agent : dans la brûlure, c'est le feu qui sépare les parties unies du corps ; & dans la plaie, c'est le fer ou tout instrument tranchant de quelque substance qu'il soit.

La brûlure peut être simple, forte ou compliquée :

Dans une brûlure simple & légère, il ne s'agit que d'exposer au feu la partie qui a reçue l'impression du feu, de la frotter avec de l'eau, dans laquelle on a fait dissoudre du sel, & d'appliquer dessus des compresses trempées dans l'eau-de-vie.

Lorsque la brûlure est forte & accompagnée de cloches, le traitement doit être un peu plus méthodique ; c'est alors une plaie réelle en raison de l'âge, du tempérament, des forces du malade, du bon & du mauvais état de son sang, & de l'étendue de la brûlure : toutes ces circonstances méritent la plus grande attention.

Nous ne saurions défendre avec trop de force l'usage pernicieux & presqu'universellement répandu, des onguens & des emplâtres ; c'est dans une brûlure de l'importance de celle dont nous parlons maintenant, que ces moyens sont dangereux.

Il faut premièrement ouvrir les cloches, & faire sortir toute l'eau qu'elles renferment, bassiner ensuite avec de l'eau tiède ; ce moyen a suffi seul plus d'une fois pour arrêter les progrès d'une brûlure très-profonde & très-étendue. La brûlure doit être considérée comme une vive inflammation ; & tous les moyens rafraîchissans & humectans, à la tête desquels nous plaçons l'eau tiède, doivent être mis en usage. Il faut que le malade fasse une diète sévère, & qu'il ne se nourrisse que de bouillons légers : si la brûlure occupe beaucoup d'espace, & s'est étendue sur plusieurs parties, il faut plonger le corps entier du malade dans l'eau tiède : quand l'inflammation est passée, il faut user de bains froids, pour redonner aux parties le ton qu'elles ont perdu. Nous le répétons encore, ces moyens simples & peu dispendieux, ont souvent arrêté les progrès des brûlures les plus dangereuses, comme nous avons été assez heureux pour l'éprouver plus d'une fois.

Mais, comme malheureusement les bons moyens ne sont pas ceux que l'on emploie le plus communément, parce qu'on ne veut pas ajouter foi à la vertu de leur simplicité, on a coutume alors d'employer les onguens ; l'inflammation augmente, la maladie devient très-grave, & se termine par la gangrène.

Dans des cas semblables, si l'inflammation est très-forte, il faut commencer par ôter de dessus la brûlure, l'onguent qu'on y a appliqué, saigner le malade une ou deux fois, suivant l'exigence des cas, appliquer sur la brûlure des cataplasmes faits avec la mie de pain, l'huile & la décoction de graine de lin, & la farine même de graine de lin, arroser souvent l'appareil avec l'eau tiède, & défendre toute nourriture échauffante au malade ; il faut lui faire boire abondamment des infusions de plantes aqueuses, telles que la laitue, la poirée, &c. & lui faire prendre des lavemens avec la décoction des mêmes plantes. On se sert encore avec beaucoup de succès du mélange d'huile d'olives & d'un blanc d'œuf.

Si le mal a fait des progrès plus rapides, & si la brûlure commence à être attaquée par la gangrène, il faut faire le traitement de la *gangrène*. (*Voyez* ce mot)

Quand la suppuration est abondante, il est très-utile de soutenir les forces du malade qui ne manqueroit pas de succomber à une déperdition de substance aussi considérable. On lui donne des bouillons chargés de crême de riz, de féves & de lentilles : on lui fait prendre du quinquina à la dose d'un gros, trois ou quatre fois par jour. On lui donne quelques cuillerées de bon vin, mais avec modération, dans la crainte d'augmenter la fièvre, & d'arrêter la suppuration.

On a conseillé l'usage de l'alcali volatil dans les brûlures légères : plusieurs raisons nous déterminent à défendre l'emploi de ce rémède.

1°. Parce que les brûlures légères n'exigent aucuns remèdes, excepté ceux que nous avons conseillés.

2°. Parce qu'un remède de cette activité ne doit jamais être placé entre les mains de tout le monde, crainte d'accidens, comme nous en avons vu arriver plus d'une fois dans son usage. Un zèle indiscret & peu éclairé, rend des plus sérieuses une brûlure très-légère. M. B.

BRULURE, *médecine vétérinaire.* La force du feu dans une partie du corps de l'animal, occasionne la brûlure. La chaleur, la douleur, accompagnent les brûlures légères & récentes ; la chaleur, la douleur & la noirceur, les brûlures profondes & vives. Lorsqu'un fer rouge ou un charbon ardent touche une portion des tégumens du bœuf ou du cheval, la partie affectée change de couleur, elle devient noire & forme une croûte dure, insensible, que la suppuration fait tomber avec plus ou moins de promptitude, selon la grandeur de l'escarre & la structure des parties qui touchent l'escarre.

Le danger de la brûlure est proportionné à l'âge du sujet, à la partie affectée, au degré de chaleur du corps brûlant, au tems que l'animal a resté exposé à l'action du feu, & à celui qui s'est passé depuis l'action du corps brûlant, jusqu'au moment où le maréchal est appelé.

Aussi-tôt que le bœuf ou le cheval est brûlé, si la brûlure a de l'étendue, & attaque le tissu cellulaire, si les parties brûlées sont menacées d'une inflammation violente, il faut saigner l'animal à la veine jugulaire, réitérer même la saignée, fomenter sans cesse avec une décoction émolliente la partie qui est attaquée, & d'y étendre par dessus un onguent composé de miel, d'huile, & mieux encore, du miel rosat. Ce remède fait tomber l'escarre assez promptement, la suppuration s'établit ; l'escarre étant tombée, on desséche la plaie, en appliquant un dessiccatif fait avec le miel & la céruse.

Brûlure de la sole. De toutes les parties du corps du cheval, la plus exposée à éprouver l'action du feu, est la sôle. Elle peut avoir été brûlée par l'application d'un fer brûlant ou d'un tisonnier rouge, dont se sert le maréchal pour attendrir la sole, & pour avoir plus d'aisance à la parer. On reconnoît qu'elle a été brûlée, par la difficulté de marcher, par la douleur que l'animal ressent lorsqu'on touche la partie brûlée de la sole de corne, avec le brochoir ou les tricoises, & sur-tout par l'espèce d'eau rousse qui sort par les pores de la corne. Il arrive quelquefois une séparation totale de la sole de corne, d'avec la sole charnue, dans l'endroit où elle a été brûlée. Cet accident est plus fréquent aux pieds plats & aux pieds combles, qu'aux autres, parce que la ſole eſt plus mince, ſur-tout dans les derniers; il eſt encore plus commun dans les chevaux qui ont été fourbus, (*voyez* FOURBURE) & qui ont des croiſſans, parce que dans ces ſortes de pieds, autant la muraille eſt épaiſſe, autant la ſole ſe trouve mince.

Il eſt facile de guérir ce mal en parant à la roſée, & en cernant la ſole autour de la muraille, comme pour deſſoler. (*Voyez* DESSOLER) Cela fait, on met dans la rainure, des petits plumaceaux imbibés d'eſſence de térébenthine, ayant ſoin de les arroſer de cette eſſence, deux fois le jour, & de mettre par-deſſus la ſôle, des cataplaſmes émolients, pour la détendre. Ce traitement doit être continué juſqu'à parfaite guériſon, qui à lieu ordinairement au bout de huit à dix jours. M. T.

BRULURE DES MOUTONS, *ou* MAL DE FEU, *médecine vétérinaire.* C'eſt toujours à la ſécchereſſe, aux grandes chaleurs, à la fatigue, au ſoleil, aux grandes courſes, à l'uſage immodéré du ſel, (*voyez* SEL) & des nourritures échauffantes, que cette maladie doit ſon origine. Les moutons s'échauffent ainſi, ils maigriſſent & ſe deſſéchent au point que dans la ſuite ils périſſent de maraſme. Dans l'ouverture de leur corps, on trouve le foie ſec, noir, ſquirreux, & comme racorni, ſur-tout aux bords de ſes lobes.

Cette maladie s'annonce par la rougeur des yeux, par une grande ſoif, par la maigreur, & par les autres ſignes qui indiquent un grand échauffement; elle eſt réputée incurable lorſqu'elle eſt parvenue à un certain degré; les moutons reſtent quelquefois une année dans cet état.

Le repos, une nourriture humectante, émolliente & rafraîchiſſante, les pâturages gras & frais, une boiſſon nitrée & acidulée avec le vinaigre, ſont les remèdes qui conviennent le mieux à ce mal. M. T.

BRULURE. *Jardinage.* M. l'abbé Roger Schabol eſt le premier qui ait connu la cauſe de cette maladie des arbres fruitiers expoſés en eſpalier: le pêcher, ſur-tout, y eſt fort ſujet, parce qu'il eſt très-délicat par lui-même, & d'ailleurs, parce qu'il ſe trouve trop éloigné de ſon pays natal. Il faut emprunter de lui tout cet article.

Ce phénomène du jardinage, en même tems apperçu & méconnu, nous a ſemblé d'une grande importance. Le fait eſt que les arbres d'eſpalier, au midi ſur-tout, ſont brûlés juſque dans la moelle; la tige, la greffe & toutes les groſſes branches, ſont également rôties & grillées. Tous, ſans en excepter un ſeul, accuſent le ſoleil d'été de cet énorme forfait. Ils prétendent ſe garantir de cette brûlure, par quantité d'expédiens. Le plus grand nombre empaille ſes arbres comme on empaille un cardon pour le faire blanchir; quelques-uns mettent des tuiles pour faire ombrage ſur les tiges courtes des arbres nains, & y poſent des douves, des planches, &c. on en trouve qui emmaillottent les tiges, les uns avec de groſſes toiles & du cuir, les autres avec de la toile cirée; nous-mêmes, dit M. Schabol, quand esclave d'une routine aveugle & novice dans le jardinage, nous travaillons sans réfléchir, avons fait la dépense de faire venir plusieurs charretées d'écorce d'arbres, pour appliquer devant les espaliers de notre campagne. Mais chose singulière! malgré tous ces préservatifs, les arbres n'en ont pas moins brûlé jusqu'ici, par-tout, comme à Montreuil, & l'on y replante sans fin au midi. A cette exposition, dit-on, les arbres ne se plaisent pas, & l'on n'examine pas le pourquoi. On ne fait pas attention que la brûlure à lieu aux autres expositions.

Au levant & au couchant, ils sont aussi brûlés, mais bien moins; on y met également des garnitures qui ne remédient pas mieux au mal.

La paille dont on entoure les tiges, outre qu'elle sert de réfuge à une peuplade infinie d'insectes, chenilles, limaçons, perce-oreilles, pucerons, &c. non-seulement prive la tige des bienfaits de l'air, pour laquelle elle est faite, comme les racines pour être bénéficiées par l'humidité de la terre; mais elle occasionne la brûlure comme on va le voir; en outre, lors des humidités, cette paille qui reste mouillée en dedans & dans le fond, ne sert qu'à morfondre la séve par la pourriture & la croupissure; enfin, occasionne à la peau des taches livides, produisant les chancres. Dépouillez l'un des arbres, & vous connoîtrez le fait par vous-même. Lors des gelées, quand cette paille est mouillée, elle gêle nécessairement l'écorce sur laquelle elle est appliquée.

Considérez dans les espaliers un peu anciens, certains vieux pêchers étiques, qui n'ont plus par derrière qu'une petite pelure qui leur charie la séve; ils furent empaillés la plupart dans le tems, cependant ils n'ont pas moins brûlé. Ainsi la paille appliquée aux arbres d'espalier, loin d'être un préservatif, est, au contraire, nuisible par le fait même.

Les douves, les planches, les tuiles ne sont pas si nuisibles que la paille, mais elles font un mal réel, en privant la tige des bienfaits de l'air, dont, par leur présence, le cours & la circulation ne peuvent avoir lieu qu'imparfaitement: d'ailleurs, elles conservent toujours une certaine humidité sur la tige & sur le pied de l'arbre. Le jardinier sensé qui raisonne & qui examine, fait à ce sujet des réflexions, pendant que le jardinier de routine imagine que ses expédiens sont de vrais préservatifs; il reste dans son préjugé, & voit périr ses arbres.

Quant au maillot de grosses toiles épaisses & toiles cirées, c'est pis que tout le reste, à raison de l'interception de l'air. Si tous ces préservatifs ne garantissent pas les arbres de la brûlure, on doit donc conclure que cette brûlure ne vient pas du soleil d'été. Comment brûlent-ils ces arbres? c'est ce qu'il faut exposer.

Durant l'hiver, il tombe sur les arbres en général, & sur ceux d'espalier, des neiges, des gelées blanches, des givres, du grésil & toutes sortes de frimats. Lors donc que le soleil du midi paroît durant les grandes gelées, toutes ces humidités fondent, & l'eau coule de branche en branche, depuis le sommet, sur la greffe & sur la tige, qui, par leur saillie, font une avance qui retient plus ou moins les eaux. A mesure que le soleil se retire, & que la gelée augmente, ces eaux se congèlent sur toutes ces parties mouillées, & par-tout on y voit une incrustation de verglas qui, pressant fortement sur la peau, la morfond, la gêle & la brûle. Le lendemain, le soleil dardant de nouveau, tant sur les nouveaux frimats de la nuit, que sur cette incrustation de verglas, fait fondre le tout de nouveau, qui également se congèle tant que dure la gelée forte. Or, ce sont ces dégels consécutifs & ces congélations réitérées qui brûlent les arbres des espaliers. Les autres arbres en plein air, & les buissons sur qui pareille vicissitudes ne peuvent avoir lieu, ne sont jamais brûlés.

Tous les arbres d'espalier à l'exposition du midi, sont brûlés en face du midi; ceux qui sont à celle du levant, sont peu brûlés, mais seulement de côté, & même point; mais ils le sont du côté où le midi frappe; & ceux du couchant sont brûlés du côté opposé à ceux du levant, à l'endroit où le soleil darde quand il est à son midi.

Une autre observation bien importante encore à faire, c'est sur la brûlure & l'extinction presqu'annuelle de quantité de boutons ou d'yeux, à l'exposition du midi; elle se manifeste suivant que la congélation dont il a été parlé a eu plus ou moins lieu. Voici, par rapport à ces boutons, ce qui se passe.

A tous les boutons ou yeux, il existe une petite éminence. Tous font saillie, & ils sont appliqués droits chacun sur la branche leur mère, & ils se terminent en pointe par le haut. Or, quand les humidités fondent & se congèlent, ainsi qu'il a été dit, celle qui entoure le bouton se congèle aussi, & alors elle ne fait qu'un avec cet œil & cette peau. Le germe de cet œil qui est un petit filet verd bien tendre, se glace bientôt, & par conséquent il faut que l'œil périsse.

Pour s'assurer du fait, il suffit de visiter l'œil dans le tems dont on parle, & on le trouvera incrusté d'un vernis de glace, qui le rend brillant comme une perle.

Dans certaines années où ces incrustations de glace ont lieu plus que dans d'autres, à cause de l'abondance des frimats, les pêchers exposés au midi sont tellement brûlés, qu'il est difficile de trouver un bon œil, & qu'on est contraint de tailler sur vieux bois.

Il y a une autre observation qu'on ne peut oublier. Lorsqu'autour de la tige des arbres on a mis de la paille, ces humidités coulant le long de la tige, & venant à se congeler sur la peau avec la paille, la gelée brûle bien davantage que si cette tige étoit isolée à nud. Le mal est grand, & les suites en sont fâcheuses. A tous les arbres maléficiés par la gelée & par l'incrustation du verglas, la gomme ne manque pas de fluer, elle cave & carie, & le chancre augmente toujours en étendant la plaie faite par la brûlure. L'eau des pluies, durant l'été, y séjourne & cave ; il en est ainsi des humidités des hivers suivans, & elles augmentent l'excavation; enfin, les rayons du soleil brûlant aggravent le mal.

De la brûlure du bout des branches. C'est une maladie à laquelle il peut y avoir du remède, lorsque la brûlure vient du vice du fond de terre. Otez la mauvaise, ajoutez-en de la bonne ; voilà le remède. On connoît cette brûlure, quand les bouts sont tous noirs ou charbonnés.

De la brûlure des racines par le bout. On peut regarder les arbres comme perdus. Si la cause est la même que celle dont on vient de parler, le remède est le même.

BRUNELLE, *ou* BRUNETTE. (Voyez *Planche 15*, pag. 423). M. Tournefort la place dans la première section de la quatrième classe, qui comprend les herbes à fleur, d'une seule pièce, irrégulière & en gueule, dont la lèvre supérieure est en casque ou en faucille ; & il la nomme *brunella major folio non differto*; M. von Linné l'appelle *brunella vulgaris*, & la classe dans la didynamie gymnospermie.

Fleur B, labiée, d'une seule pièce. La lèvre supérieure est en casque, mais plane, large & légèrement dentelée; l'inférieure est divisée en trois parties, dont celle du milieu a, en quelque sorte, la forme d'une cuiller. En C, la fleur est représentée ouverte, & on voit les quatre étamines attachées sur le pétale. Deux étamines sont plus courtes, & deux sont plus grandes. Le calice D, qui laisse voir le pistil après la chûte de la fleur, est un tube aplati, à deux lèvres, ainsi que la fleur, & à cinq dentelures. La fleur est violette, & dans une variété, elle est blanche.

Fruit. Le calice E ouvert, offre le pistil & l'embryon qui lui doit la naissance, composé de quatre graines F, ovoïdes, renfermées dans le calice.

Feuilles, entières, ovales, oblongues, soutenues par des pétioles. Il y a une variété à feuilles profondément découpées.

Racine A, menue, fibreuse, presque horizontale.

Port. Tiges herbacées, quadrangulaires, velues, branchues; les fleurs sont disposées en épi au sommet des rameaux ; les feuilles sont opposées.

Lieu. Les pâturages, les prés, sur les montagnes; fleurit en Juin, Juillet & Août ; la plante est vivace.

Propriétés. La plante a une odeur foible, son suc, une saveur stiptique & amère. Elle est vulnéraire, astringente & détersive.

Usages. En gargarisme pour déterger des ulcères de la bouche, répercuter l'inflammation légère du gosier, & raffermir les gencives. Extérieurement elle favorise la consolidation des plaies superficielles & récentes. Si on en croit Bauhin, elle est utile contre la morsure des bêtes venimeuses; ce qui demande confirmation. On prescrit l'herbe pour les décoctions & potions vulnéraires, à la dose de six onces, & le suc de l'herbe, depuis deux onces jusqu'à quatre onces. Pour les animaux, la décoction d'une poignée

gnée d'herbe ſur une demi-livre d'eau.

BRUYÈRE. Je ne décrirai point avec les botaniſtes les trente-huit à quarante eſpèces de bruyères que compte le chevalier von Linné, & ſoixante eſpèces ſuivant d'autres botaniſtes : ce ſeroit s'écarter de mon objet. Il ne s'agira dans cet article que de la *bruyère ordinaire*; d'un côté auſſi nuiſible à l'agriculture, qu'elle lui eſt avantageuſe de l'autre. M. Tournefort place cet arbriſſeau dans la quatrième ſection de la vingtième claſſe, qui comprend les arbres & arbriſſeaux à fleur d'une pièce, & dont le piſtil devient un fruit à pluſieurs capſules. Il l'appelle *erica vulgaris glabra*; M. von Linné la nomme *erica vulgaris*, & la claſſe dans l'octandrie monogynie.

Fleur, d'une ſeule pièce, en forme de cloche, droite, renflée, diviſée en quatre parties; le calice compoſé de quatre folioles ovales, droites, colorées; les étamines au nombre de huit & fourchues.

Fruit, capſule arrondie, plus petite que le calice, à quatre loges, à quatre valvules, renfermant des ſemences nombreuſes & petites.

Feuilles, liſſes, étroites, en fer de flèche, terminées en pointe.

Port. Arbriſſeau qui s'élève à peine à la hauteur de deux pieds; l'écorce rude, rougeâtre; les fleurs naiſſent des aiſſelles, diſpoſées en grappes à l'extrémité des tiges; elles ſont quelquefois blanches, purpurines pour l'ordinaire; les feuilles ſont oppoſées.

Lieu. Les terrains incultes & arides; fleurit en Août, Septembre & Octobre.

Propriétés. Les fleurs & les feuilles ſont apéritives & diurétiques.

Uſages. On s'en ſert en décoction; & l'huile, tirée des fleurs, eſt, dit-on, utile dans les maladies cutanées; ce qui demande confirmation.

Bruyère, ſe dit encore du terrain dans lequel cette plante croît & ſe multiplie ſouvent ſeule, & quelquefois mêlée des ronces, genets & autres arbuſtes.

Tout terrain à bruyère eſt ordinairement ſablonneux & ferrugineux; telles ſont les landes immenſes entre Bayonne & Bordeaux, celles du Périgord noir, & depuis Anvers juſqu'au Mardick, &c. Il ne faut pas confondre le terrain à bruyère avec celui à fougère; le dernier a du fond, beaucoup de terre végétale & peu de fer. Le peu de fertilité du ſol à bruyère dépend-il de la quantité de fer qu'il a toujours contenu? ou ce fer eſt-il le réſultat de la végétation de la bruyère ſoutenue pendant des ſiècles conſécutifs? Ce qu'il y a de certain, c'eſt que la bruyère eſt une des plantes connues que l'on fait contenir le plus de fer. Ces grandes maſſes d'alios qu'on voit dans les landes de Bordeaux, & par couches & par blocs, ne ſeroient-elles pas des dépôts du fer produits par les bruyères, & enſuite accumulés en maſſe par les eaux? Comment l'eau de la mer, qui a formé ces dépôts, auroit-elle pu raſſembler ces ſables ferrugineux uniquement dans les endroits où croît la bruyère, tandis qu'elle jette des ſables ſur des plages où la bruyère ne sauroit végéter ? Enfin, il reste une seconde question à examiner : la bruyère ne vient-elle que dans des terrains ferrugineux ? cette seconde est presque décidée. J'ai transporté des bruyères dans un jardin dont le sol étoit très-bon, & aussi peu ferrugineux, qu'il est possible de l'être : mes arbrisseaux transplantés y ont éprouvé une végétation étonnante, & dans tous les points supérieure à leur végétation ordinaire sur les dépôts de mer. Laissons aux physiciens & aux naturalistes à examiner ces problêmes, pour nous occuper de rendre ce terrain à l'agriculture.

Il croît sous la bruyère une herbe fine & courte, qui sert de nourriture aux moutons; mais comme elle n'est pas abondante, ils la coupent si près de terre, & y reviennent si souvent, que l'herbe s'appauvrit, & le sol ne sauroit bénéficier du débris de ses feuilles. (*Voyez* le mot AMENDEMENT) Cette herbe fournit par conséquent peu de terre végétale. Ainsi, quand on veut défricher une bruyère, il faut, deux ans auparavant, en interdire l'entrée aux troupeaux, afin de lui laisser le tems de pousser vigoureusement.

Il a deux manières de les défricher : ou en brûlant les plantes sur pied avant de labourer, ou en les enterrant par le labour.

Le brûlis a l'avantage de détruire la tige, les graines, & même les racines ; & la plante, réduite en cendres, devient un engrais pour la terre. Il en résulte que la charrue sillonne plus aisément, & que le bétail en est moins fatigué; mais l'action du feu a fait évaporer & perdre dans l'atmosphère les principes huileux contenus dans la plante, dont il ne reste plus qu'un sel *alcali*. (*Voyez* ce mot)

Par la seconde méthode, on conserve tous les principes de la plante, & ils sont rendus à la terre dans leur intégrité ; de manière qu'en pourrissant dans son sein, ils y accumulent la terre végétale, les principes huileux & salins.

Je ne conseille pas, avec les auteurs qui ont écrit sur ce sujet, de travailler cette terre en hiver ou au printems, mais de choisir la saison & le moment, chacun suivant son climat, où cette plante commence à fleurir, & ne pas attendre qu'elle ait grainé assez complétement pour que cette graine puisse germer. C'est le point préfixe où elle contient le plus de principes; elle est alors remplie de son eau de végétation ; & par conséquent, lorsqu'elle sera enterrée, elle pourrira plus facilement.

La première opération consiste à ouvrir un profond sillon avec la charrue sans oreille ou versoir, afin de détacher les racines. Aussitôt après ce premier labour, se servir de la charrue à versoir d'un seul côté, *repasser dans le même sillon*, en piquant plus profondément, & s'il le faut, avoir des enfans qui enterreront les plantes que le versoir n'aura pas couvertes. La terre restera dans cet état jusqu'au printems suivant, c'est-à-dire, à peu près pendant neuf mois, puisque la bruyere fleurit en Août & Septembre ; & dans ce laps de tems, les feuilles, les fleurs, toutes les branches herbacées, auront eu le tems de se pourrir ; il restera tout au plus des débris, seulement des tiges ligneuses, qui n'auront pas eu le tems de se réduire en terreau.

Si on étoit moins pressé de jouir de son travail, & pour mieux en jouir par la suite, je dirois à celui qui défriche : laissez cette terre ouverte à larges & profonds sillons, pendant l'année révolue ; elle aura eu le tems de profiter du bénéfice de l'air, des pluies, des rosées. Une nouvelle herbe, peut-être même de jeunes bruyères y auront végété ; & voilà une nouvelle acquisition de terre végétale pour vos prochaines moissons : alors le second labour, donné à la même époque, enfouira ces herbes, & recroisera le premier travail. Au mot DÉFRICHEMENT, nous entrerons dans de plus grands détails. Ce n'est donc qu'à la seconde année que vous commencerez à multiplier les labours, afin de confier des grains à votre terre. J'ai conseillé à une personne de ma connoissance d'attendre la troisième, c'est-à-dire, de ne semer qu'à la fin de la seconde ; & les produits de deux portions du même champ, mis en comparaison, prouvèrent qu'il valloit mieux attendre.

On a beaucoup conseillé de porter sur les champs de cette nature, des *vases* d'étang, de marais, d'*algue* ; (*Voyez* ces mots) d'y charier des terres argileuses. Ces avis sont très-bons ; c'est-à-dire, qu'on crée un sol, mais on ne réfléchit point assez à la dépense énorme qu'entraîne une pareille opération ; & le cultivateur, écrasé par les impôts & par la misère, n'ose pas en avoir l'idée.

En Angleterre, où le gouvernement veille avec autant d'attention sur les progrès de l'agriculture que sur ceux du commerce, fit publier, en 1748, la manière de rendre les bruyères fertiles, par le moyen des *turneps*, ou *turnips* ; (*voyez* ce mot) & cette méthode fut également imprimée & distribuée dans les états d'Hanovre. Voici comment le souverain s'explique & parle en père à ses sujets.

Sa majesté ayant ordonné qu'on prenne tous les soins imaginables pour tirer parti des bruyères qui se trouvent dans ses pays, & pour les rendre fertiles de la même façon qu'on le fait en Angleterre avec beaucoup de succès ; & le principal soin dépendant de ce que tous les employés dans les campagnes se donnent la peine de faire des essais en petit, pour tâcher de découvrir si, & comment les intentions de sa majesté pourront être effectuées, pour cultiver les districts considérables de bruyères qui se trouvent dans son pays : nous avons cru devoir vous communiquer, qu'en Angleterre, au défaut de fumier nécessaire, on sème dans des terres stériles & désertes, de la graine d'une certaine espèce de rave blanche, ou de navet appelé *turnips* ; & que par ce moyen on en tire si bon parti, qu'elles rapportent, avec le tems, de très-bons fruits.

Pour vous mettre en état d'essayer si les cantons en bruyère dans ces pays peuvent être de même améliorés, on vous adresse des exemplaires d'une instruction à ce sujet qui nous a été envoyée d'Angleterre. Vous devez apporter toute l'attention imaginable pour faire des essais convenables, & pour effectuer ce que sa majesté desire....

On trouvera cette instruction très-sage au mot TURNIPS; & c'est ainsi que le cultivateur doit être guidé & encouragé par son souverain. On ne manquera pas d'objecter que cette espèce de rave peut se plaire dans un pays, & non-pas dans un autre. L'objection peut être vraie, nommément pour cette espèce; mais dans toute la France, on sème des navets plus ou moins gros, de gros radis, vulgairement nommés *raiforts*, qui tiendront lieu de turnips. En effet, quel est le but de cette opération? ce n'est pas pour assurer une récolte de turnips, puisqu'en labourant on déracine le navet, & on l'enfouit dans la terre. Avant de faire passer la charrue, on laisse parcourir le champ par les troupeaux, afin qu'ils se nourrissent des feuilles de la plante; & lorsqu'il n'en reste plus, ou presque plus, la charrue commence à travailler. On a le plus grand tort d'en agir ainsi, puisqu'on enlève à cette terre la moitié de la substance qu'auroient fournie *la terre végétale*, *le terreau*, *la terre soluble*, si utiles à la végétation. (*Voyez* AMENDEMENT) C'est une vérité dont la démonstration est, pour ainsi dire, géométrique, & qu'il faudroit presque répéter à chaque page de cet Ouvrage. (*Voyez* encore le mot TERRE)

Dans nos provinces méridionales où croît l'olivier, on trouve la grande bruyère en herbe qui s'élève jusqu'à dix ou quinze pieds de hauteur; ses jeunes branches offrent une nourriture assez passable pour les chevaux, pour les bœufs, pour les moutons. Elle est presque le seul aliment des chevaux & des bœufs en Corse.

En Danemarck on fait fermenter les bruyères dans l'eau, & on en extrait une espèce de bière qui est, dit-on, fort agréable au goût.

Les bruyères sont sur la fin de l'été d'une grande ressource pour les abeilles; cette époque est celle de leur fleuraison. Quoique la fleur soit très-petite, elle renferme, proportion gardée, une assez grande quantité de miel: d'ailleurs, sur la même tige il y a un si grand nombre de fleurs, que la multitude supplée au volume.

Ceux qui sont voisins des pays à bruyères s'en servent pour chauffer leur four, & sur-tout pour la litière des moutons & des bœufs. On devroit cependant rejeter les tiges trop fortes; elles peuvent blesser l'animal lorsqu'il est couché.

A Salliès, dans le Béarn, on fait tremper pendant long-tems la bruyère dans l'eau *salée* qui sourcille de toutes parts, & on l'emploie ensuite comme engrais sur les terres. Cet usage peut être introduit dans les environs de Salins en Franche-Comté, & dans tous les endroits où l'on rencontre des sources salées. Si le pays ne fournit pas des bruyères, on peut les suppléer par des fougères, par des feuilles de noyer, de châtaignier, d'ormeau, de chêne, &c. Cet engrais, prudemment ménagé, est excellent; le trop est préjudiciable pendant deux ou trois années, enfin jusqu'à ce que le principe salin se soit combiné avec des substances animales, graisseuses, huileuses, &c. d'une manière assez intime pour les réduire en savon, & par conséquent les rendre solubles dans l'eau.

BRYONE, *ou* COLEUVRÉE, *ou* VIGNE BLANCHE. (Voyez *Planche 13*, pag. 423). M. Tournefort la place dans la sixième section de la première classe, qui comprend les herbes à fleur d'une seule pièce en forme de cloche, dont le pistil s'élève entre les filets des étamines réunies par le bas, & se change en un fruit à plusieurs loges, & il l'appelle *bryonia aspera*, *sive alba*, *baccis rubris*. M. von Linné la nomme *bryonia alba*, & la classe dans la monoecie syngénésie.

Fleur. Les fleurs mâles sont séparées des fleurs femelles sur le même pied. La tige A est représentée chargée de fleurs mâles, & la tige B de fleurs femelles. La fleur mâle C est plus grande que la femelle : on y voit les étamines attachées à la corolle; & en D, la fleur est représentée par derrière, pour montrer la différence des calices; celui de la fleur femelle E est posé sur l'ovaire. Dans ces deux fleurs la corolle est attachée & fait corps avec les parois du tube du calice. M. Miller dit que les jeunes bryones ne donnent que des fleurs mâles dans les premières années.

Fruit. Le pistil se change en un fruit F sphérique, ou baie à quatre loges G molles, pleines de suc, renfermant des semences H couvertes de mucilage.

Feuilles, alternativement placées sur les tiges, soutenues par de longs pétioles, palmées, en forme de cœur, calleuses, rudes au toucher.

Racine; en forme de fuseau, & d'une grosseur étonnante, proportion gardée à celle de la tige. J'en ai vu une plus grosse que la cuisse, & de plus de quinze pouces de longueur.

Port. Tiges longues, grêles, grimpantes, cannelées, légérement velues, armées de vrilles comme la vigne; les fleurs naissent plusieurs ensemble des aisselles des feuilles.

Lieu. Les haies, les buissons. Elle est vivace, & fleurit pendant tout l'été.

Propriétés. Le suc de la racine est âcre, désagréable, un peu amer, d'une odeur fétide; le suc de la racine est nauséeux. Cette plante est purgative, hydragogue, vermifuge, emménagogue, incisive, diurétique.

La racine récente purge avec violence, & donne lieu à une évacuation abondante de sérosités. Il est peu prudent de se servir d'un tel purgatif; il cause des coliques, le ténesme, & souvent l'inflammation des intestins; desséchée, elle est moins active, parce qu'elle a perdu son eau de végétation dans laquelle réside son énergie. Elle est quelquefois indiquée dans l'hydropisie de poitrine & de matrice. Elle accroît les symptômes de la goutte, de l'épilepsie, des maladies du foie, de la rate, &c. Elle est essentiellement préjudiciable aux enfans, aux femmes enceintes, aux tempéramens bilieux & sanguins. Le mieux est de n'en faire aucun usage.

M. Morand, docteur en médecine, & de l'académie des sciences de Paris, compare avec raison la racine de bryone avec celle du *manioque* ou *cassave*, dont on nourrit les nègres dans toutes les îles de l'Amérique. Tant que ces deux plantes ne sont pas privées de leur eau de végétation, elles sont un poison très-actif, sur-tout l'eau du manioque; & l'eau de la bryone le feroit également, ou agiroit comme les poisons, en corrodant, en enflammant, si on la donnoit à une dose un peu forte. La cassave bien desséchée, ensuite bien lavée & pilée, fournit une nourriture très-saine. Il en est ainsi de la bryone. Dans le tems de disette, comme le remarque l'ami du peuple, M. Parmentier, on pourroit y avoir recours, & M. Baumé voudroit que les amidoniers en fissent usage pour la poudre, à la place de la partie amilacée du blé. Elle serviroit encore à faire de la colle à l'usage des cordonniers, des tisserands, des relieurs de livres, & à une infinité d'autres artisans. On doit certainement applaudir aux vues économiques de ces savans; & il feroit facile de multiplier cette plante le long des haies, dans les broussailles, parce qu'il lui faut des supports pour étendre ses tiges. Tous les deux ans on en feroit la récolte, & la grosseur de sa racine & la quantité d'amidon qu'elle contient, dédommageroient amplement des petits frais de main-d'œuvre.

BUBON, MÉDECINE RURALE. On donne le nom de *bubon*, à une tumeur qui vient dans l'aine, au col, aux oreilles, dans les aisselles, &c. accompagnée de chaleur & de battement. Il existe des bubons de nature différente: les uns naissent dans la peste, dans les fièvres malignes; les autres dans les maladies vénériennes. Il faut bien se garder de confondre une descente avec un bubon; le bubon est un abcès, & la descente est formée par une portion des intestins qui sont descendus dans l'aine. La première tumeur, le *bubon*, est dure, ronde & égale au toucher dans sa circonférence; la *descente* est quelquefois inégale & ovale; en faisant coucher le malade sur le dos, les jambes élevées, la tumeur rentre dans le ventre & disparoît: dans le bubon elle ne rentre pas. Dans l'âge de puberté, les glandes des aines se gonflent, & il ne faut aucun remède; il faut laisser à la nature le soin de développer toutes les forces de cet âge.

Les bubons qui viennent soit aux aines, au col & aux aisselles, &c. dans les fièvres malignes, paroissent ordinairement le onzième jour de la maladie. (*Voyez* chacune de ces maladies, où nous nous étendrons particulièrement sur ces objets). Il suffit, dans cet article, d'indiquer les différentes espèces de bubons, afin qu'on ne les confonde pas les uns avec les autres. M. B.

BUBON, *Médecine Vétérinaire.* S'il survient aux glandes inguinales du bœuf & du cheval, une tumeur ronde ou ovale, phlegmoneuse, accompagnée de chaleur, de douleur, circonscrite & rénitente, on l'appelle *bubon*. Il en est de deux espèces : le *bubon simple*, & le *pestilentiel*.

Le bœuf & le cheval sont exposés au bubon, à la suite d'une transpiration ou d'une sueur arrêtée, du long séjour dans des écuries ou des étables humides & mal-propres, & par une disposition naturelle à cette maladie. L'animal boite tout bas, en écartant la jambe. On ne doit point être surpris de cet accident, lorsque l'on considère qu'il y a une affection dans les muscles du bas-ventre & leurs aponévroses, les tendons des muscles fléchisseurs de la cuisse, les nerfs & les vaisseaux qui vont se distribuer à la cuisse, à la jambe & au pied.

Il faut bien se garder de confondre le bubon simple avec le gonflement des glandes inguinales produit par le farcin. (*Voyez* FARCIN) Celui-ci exige un traitement propre au virus farcineux, tandis que l'autre demande d'être conduit à suppuration, par les cataplasmes d'oignons de lys, de levain & d'onguent basilicum. La suppuration, bien loin de porter préjudice, est toujours plus avantageuse que la résolution. L'ouverture de l'abcès ne doit se faire que lorsque le pus a détruit une partie de la glande, ou plutôt dissipé les duretés de la tumeur. Ceux qui s'empressent d'ouvrir l'abcès dès qu'ils s'apperçoivent de la moindre fluctuation, s'exposent à faire naître des ulcères fistuleux, ou à laisser des duretés qui ne cèdent pas toujours aux détersifs les plus forts ; on panse la plaie avec l'onguent digestif, jusqu'à parfaite cicatrice ; on l'anime même avec un peu d'eau-de-vie ; ou la teinture d'aloès, si la suppuration est trop abondante & les chairs trop lâches.

Les fièvres malignes ou pestilentielles des animaux, se terminent souvent par des bubons de la seconde espèce. La tumeur est circonscrite, dure, douloureuse ; elle attaque différentes parties du corps, mais particuliérement les glandes inguinales ; elle est lente à se terminer par la résolution ou par la suppuration, & d'une nature contagieuse.

Les principes qui déterminent le bubon pestilentiel, sont les mêmes que ceux qui peuvent produire la peste. (*Voyez* PESTE) Les accidens qui l'accompagnent sont plus ou moins graves, selon la qualité du virus ; mais quels qu'ils soient, l'animal est toujours triste, les fonctions vitales, musculaires & digestives sont troublées, souvent la tumeur disparoît pour se montrer sur une autre partie du corps ; quelquefois elle tombe en suppuration, & rarement la résolution opère la guérison ; c'est donc au vétérinaire expérimenté à choisir la meilleure méthode.

La saignée doit être proscrite dans le bubon pestilentiel ; on s'expose, en la pratiquant, à voir les forces vitales diminuer, & la tumeur disparoître : les purgatifs produisent le même effet, parce qu'en évacuant en grande quantité les matières fécales, & en entraînant toujours avec elles des sucs nourriciers, ils déterminent la matière du bubon à se porter en dedans & sur des parties essentielles à la vie.

Le remède le plus sûr est de tenir l'animal à la diète, de lui donner souvent de l'eau blanche nitrée, d'appliquer sur la tumeur des cataplasmes maturatifs faits d'oignons de lys, de fiente de pigeon, de gomme ammoniac & d'euphorbe, mêlés avec le savon noir, ou bien un onguent fait avec les mouches cantharides & l'onguent de l'aurier; de faire des scarifications à la tumeur, avant d'appliquer tous ces remèdes. Aussitôt que l'abcès aura acquis une certaine étendue, il faut l'ouvrir avec un bistouri. L'extirpation des glandes inguinales où siège le bubon, offre des difficultés presque insurmontables, à cause de la grandeur & du nombre des vaisseaux qui s'y ramifient; mais si la tumeur affecte d'autres parties du corps, où les vaisseaux & les nerfs n'abondent pas, on l'extirpe pour l'ordinaire avec succès, pourvu qu'on pratique l'opération telle que nous la décrirons au mot *charbon*. (*Voyez* CHARBON) La tumeur emportée, il faut panser la plaie avec le digestif animé avec l'eau-de-vie camphrée, ou l'essence de térébenthine. On peut même administrer à l'animal un breuvage de vin & de thériaque, lorsque les forces vitales sont abattues, & qu'il s'agit d'aider la nature à chasser la matière du bubon du centre à la circonférence, & terminer la cure par un purgatif de trois onces de séné, & de quatre onces de miel, sur lesquels on verse une livre d'eau bouillante. M. T.

BUBONOCELE. (*Voyez* HERNIE)

BUFFLE. C'est une espèce de bœuf dont on se sert en quelques endroits de l'Italie, particulièrement dans le royaume de Naples & dans les États du pape, pour les mêmes usages que des bœufs en France. Il est plus grand & plus fort que le bœuf commun, moins facile à conduire, & assez souvent dangereux. Sa peau est plus douce, plus épaisse que celle du second; son poil est ordinairement noirâtre, & il a sur le front une touffe de poils frisés & crépus. Si on considère le volume de son corps, on trouvera sa tête trop petite & peu proportionnée; ses cornes sont grosses, noires, légérement aplaties, recourbées en-haut, & un peu inclinées vers le dos.

Le buffle est originaire de l'Inde, d'Afrique, &c. d'où il fut amené en Italie vers la fin du seizième siècle. Cet animal diffère du bœuf par le caractère & par son éloignement à s'accoupler avec la vache. Le buffle, dit M. de Buffon, est d'un naturel plus dur & moins traitable que le bœuf; il obéit plus difficilement; il est plus violent; il a des fantaisies plus brusques & plus fréquentes. Toutes ses habitudes sont grossières & brutes; sa figure grosse & repoussante; son regard stupidement farouche; il avance ignoblement son cou, & porte mal sa tête, presque toujours penchée vers la terre; sa voix est un mugissement épouvantable, d'un ton beaucoup plus fort & beaucoup plus grave que celui du taureau. Il a les membres maigres, la queue nue, la mine obscure, la physionomie noire, comme le poil & la peau.

Les buffles sont cependant très-utiles,

utiles. Comme leur corps est très-massif, ils sont propres aux labours, & on les laisse paître dans les bois. Lorsque le laboureur vient à la charrue, il fait signe à un de ses chiens de forte race, d'aller dans les bois; le chien court, saisit avec la plus grande adresse un buffle par l'oreille, & sans quitter prise il l'amène à son maître qui l'attache sous le joug, pendant qu'il retourne dans le bois pour lui en chercher un autre, qu'il met à côté du premier.

Le laboureur leur fait tracer ses sillons, & les conduit facilement à l'aide d'une espèce de croissant de fer, dont les deux pinces entrent dans les naseaux de l'animal. Ce croissant étant suspendu sous le naseau, il fait tourner à volonté le buffle d'un côté ou d'un autre, en tirant une ficelle qui est attachée au morceau de fer, dont la pointe picotte le nez de l'animal. C'est ainsi que les hommes, pour dompter les animaux, les saisissent par leurs parties les plus sensibles. Lorsque les buffles ont fourni leur travail, on les ôte de la charrue, & ils retournent dans les bois se reposer & se nourrir jusqu'au lendemain, où les chiens viennent les y chercher de nouveau. Comme ces animaux portent naturellement leur cou bas, ils emploient en tirant tout le poids de leur corps; aussi un attelage de deux buffles tire-t-il autant que quatre forts chevaux.

Les corses agissent à peu près comme les italiens pour avoir leurs boeufs qui errent dans les forêts. Ils les courent montés sur de petits chevaux, & leur jettent adroitement une corde qui les saisit par les cornes. Lorsque le labourage est fini, l'animal reprend sa liberté & retourne dans les bois.

Si au lieu de laisser errer le buffle dans les bois, on essayoit de l'élever comme le bœuf, il perdroit sûrement un peu de son caractère sauvage & brusque. Sa brusquerie n'est-elle pas une suite du tiraillement journalier par les chiens. C'est par la douceur qu'on subjugue les animaux; les mauvais traitemens aigrissent le caractère, rendent l'animal revêche & impatient au joug. Cet exemple est frappant dans les chevaux.

La peau du buffle préparée & passée à l'huile, forme une branche de commerce assez considérable.

Le lait de la femelle du buffle sert, en Italie, à faire de très-bons fromages; la chair n'est point agréable au goût.

BUGLE, *ou* PETITE CONSOUDE. (*Planche 15*, pag. 423.) M. Tournefort la classe dans la quatrième section de la quatrième classe, qui comprend les herbes à fleur d'une seule pièce, en gueule & à une seule lèvre; & il l'appelle *bugula*. M. von Linné la nomme *ajuga reptans*, & la classe dans la didynamie gymnospermie.

Fleur; le tube A compose la fleur en forme de lèvre; la lèvre est partagée en trois déchirures, & celle du milieu presqu'en deux; les étamines au nombre de quatre, deux plus longues & deux plus courtes; on les distingue dans la corolle ouverte B, attachées aux parois du tube. Le pistil C occupe le centre, & repose au fond du calice. Le calice D est un tube d'une seule pièce, divisé en cinq dentelures aiguës.

Fruit ; quatre semences E arrondies & placées au fond du calice, succèdent aux quatre ovaires.

Feuilles, simples, très-entières, arrondies au sommet, molles, sinuées, luisantes, un peu velues sur leurs bords. Celles qui partent des racines ont un pétiole ; celles de la tige lui sont adhérentes.

Racine F, fibreuse, poussant plusieurs drageons.

Port. Les tiges sont herbacées ; les unes grêles, un peu cylindriques & rampantes ; les autres droites, longues d'une palme, carrées, velues des deux côtés opposés, & les feuilles sont opposées. Les fleurs naissent au sommet en épi.

Lieu. Les prés, les terrains humides & ombragés. La plante est vivace, & fleurit en Mai, Juin & Juillet.

Propriétés. Feuilles inodores, d'une saveur douceâtre, ensuite amère & légérement austère. Elle est vulnéraire, résolutive & apéritive.

Usages. On en tire une eau distillée très-inutile ; on prescrit les feuilles dans les infusions, apozêmes & potions vulnéraires, à la dose d'une poignée ; & les fleurs, depuis une pincée jusqu'à deux. Le suc des feuilles exprimé & clarifié, se prescrit depuis quatre onces jusqu'à six. Le suc s'applique extérieurement sur les plaies & sur les ulcères, & on en fait des gargarismes. La dose pour les animaux est, une poignée de feuilles dans deux livres d'eau, & le suc à la dose de demi-livre. On a beaucoup recommandé l'usage de cette plante pour consolider les ulcères du poumon, de la vessie, contre les pertes blanches, les pertes de sang, le crachement de sang, les dyssenteries, la phtisie, &c. &c. Il seroit bien à desirer qu'elle jouît de ces propriétés.

BUGLOSE ORDINAIRE. (*Planche 18*) M. Tournefort la place dans la quatrième section de la seconde classe, qui comprend les herbes à fleur en forme d'entonnoir, dont le fruit est composé de quatre semences renfermées dans le calice de la fleur ; il l'appelle *buglossum angustifolium majus, flore cæruleo.* M. von Linné la nomme *anchusa officinalis*, & la classe dans la pentandrie monogynie.

Fleur ; vue par derrière en B, c'est un tube menu à sa base, évasé en soucoupe à son extrémité, divisé en cinq segmens arrondis ; en E, la même corolle est représentée ouverte, & vue intérieurement C ; elle renferme cinq étamines & le pistil D. Toutes les parties de la fleur sont rassemblées dans un calice découpé en parties longues, aiguës, couvertes de poils, ainsi que le péduncule qui le supporte. Les divisions du calice pendant la fleuraison, sont ouvertes, comme on le voit, en D ; & après la chûte de la corolle, elles se referment. (Voyez *Figure* E)

Fruit. Les quatre ovaires se changent en autant de semences F ; ces graines sont terminées en pointes rousses & ridées dans leur maturité.

Feuilles, en forme de fer de lance, blanchâtres en-dessous, vertes en-dessus, velues des deux

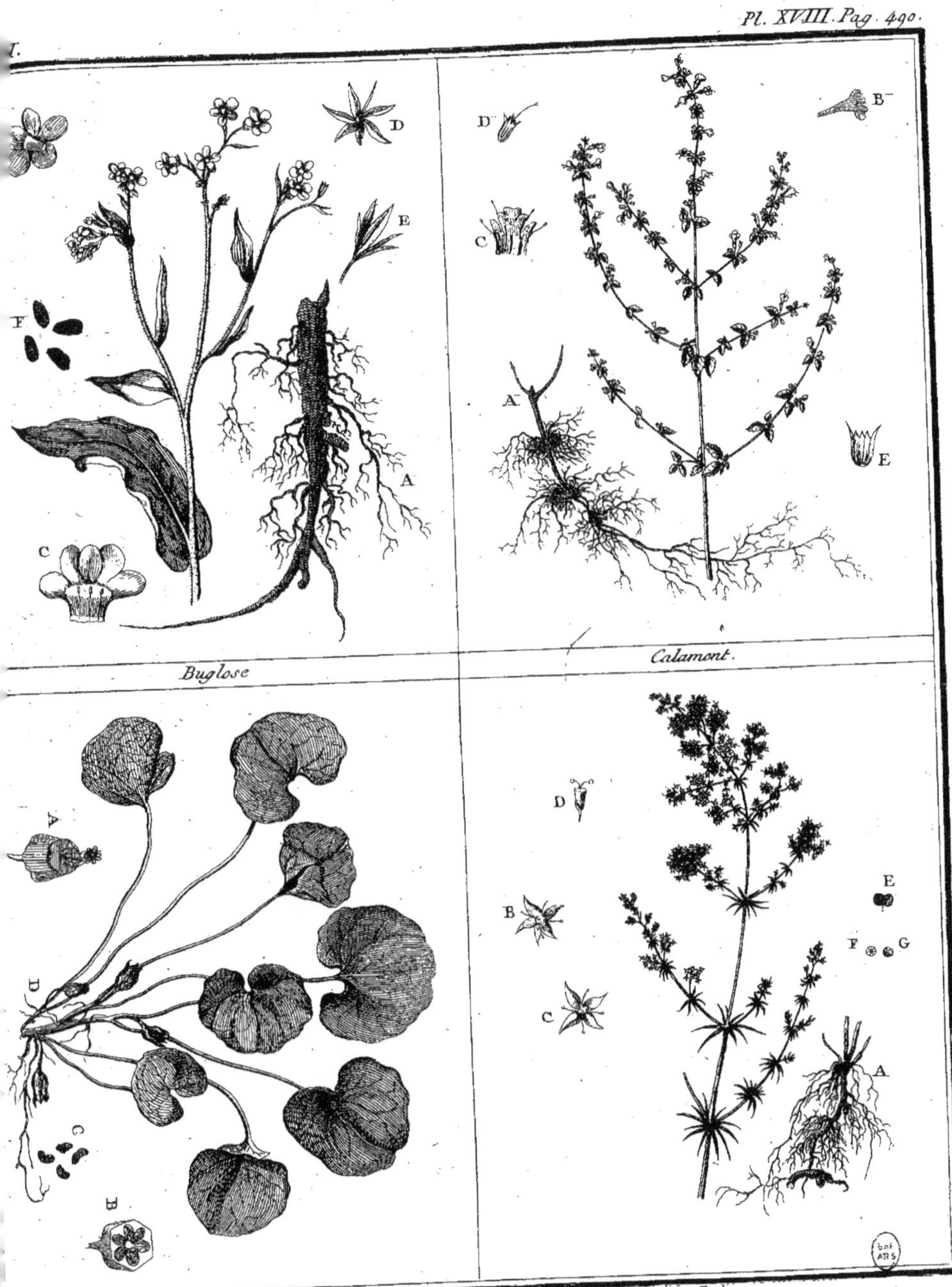
Buglose
Calamont.
Cabaret ou Oreille d'Homme.
Caille-Lait.
Sellier Sculp.

côtés, ferrées contre la tige dans le bas.

Racine A, groffe, rameufe, rouffâtre.

Port. Tiges rameufes, couvertes de poils; les rameaux fortent les uns des aiffelles des feuilles, les autres de la tige; les fleurs font difpofées en épi.

Lieu. Les champs, les chemins, les terres incultes. La plante eft vivace & fleurit en Juin.

Propriétés & ufages. Les mêmes que ceux de la *bourrache.* (*Voyez* ce mot)

Il y a une autre efpèce de buglofe toujours verte, *anchufa femper virens*, qui diffère de la précédente par la grandeur de fes feuilles, & dont les fleurs font difpofées en ombelle au haut des tiges. On emploie l'une & l'autre dans le même cas.

BUGRANDE. (*Voyez* ARRÊTE-BŒUF)

BUJALEUF. *Poire* (*Voyez* ce mot)

BUIS, *ou* improprement BOUIS. M. Tournefort le place dans la feconde fection de la dix-huitième claffe, qui comprend les arbres à fleurs apétales, féparées des fruits fur le même pied, & il l'appelle *buxus arborefcens.* M. von Linné le claffe dans la monœcie tétrandrie, & le nomme *buxus femper virens.*

Fleurs, apétales, mâles ou femelles, féparées, mais fur le même pied; les mâles compofées de quatre étamines & d'un calice divifé en quatre folioles; les fleurs femelles font compofées d'un piftil furmonté de trois ftiles dans un calice divifé en quatre folioles extérieures, & en trois efpèces de pétales internes.

Fruit, capfule arrondie, à trois loges, avec trois éminences en forme de bec, s'ouvrant avec élafticité de trois côtés, renfermant des femences oblongues, arrondies d'un côté, aplaties de l'autre.

Feuilles, fans pétiole, fimples, très-entières, ovales, luifantes.

Racine, ligneufe, rameufe.

Port. On a tort de le placer au rang des arbriffeaux, puifqu'on rencontre des tiges de la groffeur d'un pied de diamètre, & qui s'élèvent jufqu'à trente pieds. L'écorce eft blanchâtre, rude; le bois jaune, très-dur, les fleurs naiffent aux fommités des rameaux.

Lieu. Les montagnes, les bois, fur-tout dans les pays froids; il fleurit en Mars, Avril & Mai.

Propriétés. Les feuilles ont une faveur amère, une odeur peu agréable; elles font fudorifiques; à haute dofe, elles purgent, échauffent, altèrent, & quelquefois font vomir. Vainement on a tenté à fuppléer par fon bois celui de gayac. C'eft fans fondement qu'on a attribué à l'huile empyreumatique, qu'on retire du buis par la diftillation, la propriété de guérir l'épilepfie, la paffion hyftérique, & extérieurement de diffiper la gale, & de détruire la carie des dents.

Ufages. On prefcrit les feuilles depuis une drachme jufqu'à une once en infufion dans cinq onces d'eau; le bois rapé, depuis deux drachmes jufqu'à une once, en macération au bain marie dans huit onces d'eau.

I. *Des efpèces jardinières du buis.*

1°. Buis en arbre à feuilles ovales; c'est celui dont vient de parler.

2°. Buis en arbre à feuilles en forme de lance.

3°. Buis nain à feuilles rondes. Ces espèces jardinières ont produit de nouvelles & jolies variétés.

1°. Le buis à feuilles ovales bordées de jaune.

2°. Le buis à feuilles ovales bordées de blanc.

3°. Le buis à feuilles en lance, dont le bord est bordé de jaune.

4°. Le buis nain à feuilles panachées.

On ne peut obtenir ces variétés que par *bouture*, ou par *marcotte*. (*Voyez* ces mots) Lorsqu'on sème les graines, elles produisent le buis commun; & si cette graine est déposée dans un lieu convenable, elle produit des buis de la plus grande hauteur.

II. *De la culture.* Au moment que les capsules sont prêtes à s'ouvrir, c'est l'époque à laquelle on doit cueillir la graine, & la semer aussi-tôt soit dans des caisses, soit en pleine terre, dans un sol très-léger & très-substanciel. Le terreau formé des débris des couches, la terre tirée de la surface d'une prairie, & dont le gazon aura été réduit en terreau, formeront le fond qui leur convient. Quant à la partie inférieure de cette couche, elle doit être garnie de quelques pouces de graviers, de petits débris de bâtimens, afin que l'eau ne séjourne point dans la couche supérieure, qui peut avoir depuis huit pouces jusqu'à un pied d'épaisseur. Lorsque le besoin exigera des arrosemens, il vaut mieux arroser peu à la fois & en petite quantité, & prendre garde de ne pas trop taper la terre. En un mot, il est nécessaire d'imiter la nature. En effet, le buis pousse & végète dans les forêts; la terre qui le recouvre est un composé de débris de feuilles, de mousses, accumulé depuis un tems considérable. La graine tombe en Octobre; les feuilles des arbres voisins la recouvrent bientôt, la garantissent du hâle, & la protègent contre le froid, lui conservent une humidité suffisante; enfin la défendent des impressions trop vives du soleil du printems.

Après la première année du semis, on peut les planter en pépinière, & les disposer par rang. Si on les destine pour bordures basses, il faut les y planter un peu serré, & les espacer de cinq à six pouces, s'ils doivent être employés pour des cabinets de verdure. Lorsque ces pieds auront acquis une certaine consistance, c'est le cas de les planter à demeure. La majeure partie des arbres verts demande à être transplantée au commencement de l'automne.

Le buis a l'avantage de se prêter à toutes les formes sous la main du jardinier. Ici c'est une niche garnie de son banc; là un berceau impénétrable aux rayons du soleil. De ce côté, il tapisse un mur & offre une continuité de verdure; de celui-là c'est une palissade; & sous la main du décorateur, il dessine les allées d'un jardin, & les formes symétriques d'un parterre. Quel agrément n'offre pas sa verdure pendant l'hiver, lorsque les autres arbres dépouillés de leurs feuilles, semblent être en deuil de l'éloignement du ſoleil? Le buis a encore un avantage ſur preſque tous les autres arbres verts; l'enſemble de ſes feuilles eſt d'un vert moins obſcur, & ſourit plus agréablement à la vue.

On devroit bannir des jardins potagers & de ceux des fleuriſtes, les bordures en buis. Elles ſervent de repaire à une multitude innombrable d'inſectes qui s'y retirent pendant le jour pour fuir l'éclat trop vif du ſoleil, & y chercher une fraîcheur néceſſaire à leur exiſtance; mais combien, dans la nuit, ces inſectes ſe dédommagent-ils de leur retraite forcée pendant le jour! Ils en ſortent preſſés par la faim, attirés par la fraîcheur de la roſée, & ſe jettent ſur toutes les plantes encore tendres de leur voiſinage.

III. *Du buis conſidéré relativement aux forêts & au commerce.* On connoît peu de véritables forêts de buis en France. Une des plus conſidérables, ſi on peut l'appeler ainſi, c'eſt celle de Lugny dans le Mâconois; après elles viennent celles des Monts-Jura du côté de ſaint-Claude; & en remontant leur chaîne dans la Franche-Comté, celles des montagnes du Bugey, du Dauphiné, de la Haute-Provence, la chaîne de celles qui traverſent le Languedoc de l'eſt à l'oueſt, enfin dans les Pyrénées, &c. mais aucune n'eſt une forêt proprement dite, le buis s'y trouve mêlé avec beaucoup d'autres arbres.

La cauſe du dépériſſement des buis vient de l'emploi qu'on en fait. Lorſqu'on a coupé l'arbre par le pied, il reſte le *brouſſin*, c'eſt-à-dire ſa racine. Elle pouſſe des branches qui ſont à leur tour coupées dès qu'elles ont quelques pieds de longueur; on en fait des fagots. Il réſulte que ces branches n'ont point encore porté ni fleurs ni graines, les ſeuls moyens que la nature emploie à la réproduction du buis dans ces lieux élevés.

Le ſecond vice vient de ce qu'on arrache les brouſſins malgré les défenſes. L'intérêt particulier eſt plus actif, plus vigilant que la loi. Il réſulte de-là qu'à deux lieux à la ronde de la ville de Saint-Claude, on ne trouve plus une ſeule cépée, tandis qu'autrefois le buis croiſſoit juſqu'aux portes de la Ville.

La conſommation du buis eſt prodigieuſe à Saint-Claude & aux environs. Chaque payſan emploie toute la ſaiſon de l'hiver à tourner, & chacun a ſon genre, dont il ne s'écarte pas. L'un fait uniquement des grains de chapelet; l'autre des ſifflets; celui-ci des boutons; celui-là des canelles pour tirer le vin, de cuillers, des fourchettes, des tabatières, des peignes, des poivrières, &c. &c. C'eſt la raiſon pour laquelle tous ces objets ſont à ſi grand marché; & leur débit fait ſubſiſter ces habitans, qui n'ont pour vivre que le produit de leur bétail, un peu de ſeigle & des pommes de terre.

Le brouſſin eſt fort recherché, ſur-tout pour les tabatières, parce qu'il eſt bien marbré & veiné. Voici comment la nature parvient à former cette marbrure. Par les coupes réitérées, les fibres des ſouches ſe croiſent dans tous les ſens, ce qui fait que ce bois n'a plus de fil. Il ſe fend par cette raiſon bien plus difficilement, & acquiert beaucoup plus de dureté. Or, l'avantage du bois de buis, dont les fibres sont croisées, est le même que celui des ormes nommés *tortillard*, préférés par les charrons, & que l'on paie deux sols plus cher que les autres. Il en est ainsi du chêne & des érables tortueux; on les préfère pour le tour & pour les panneaux de menuiserie. A Saint-Claude même, les tourneurs préfèrent les broussins du Dauphiné; & c'est de leur beauté, de leur grain & de leur marbrure que les tabatières de buis de Grenoble ont acquis une si grande réputation.

Le buis de tige est fort rare; & il n'y a de véritable buis de tige qu'autant qu'il est venu de graine. Celui-ci a un avantage sur le broussin même pour les tabatières; c'est que lorsqu'il est coupé transversalement, il offre une belle étoile & très-régulière. Cette étoile est si marquée, qu'il n'est pas possible de se tromper à la vue entre le bois de tige & de broussin.

Après le broussin du Dauphiné, celui de Lugny est réputé avoir de la qualité, & mérite même d'être recherché par les tourneurs de Saint-Claude. Si ceux du Languedoc & de Provence étoient aussi communément employés que ceux de Saint-Claude & du Dauphiné, ils auroient acquis la même réputation, & peut-être leur donneroit-on la préférence. Les environs de Saint-Pons en fournissent de l'excellent. Il est constant que la graine de buis qui pousse & végète dans le terrain calcaire, s'élève plus rapidement que dans tout autre sol; il s'y plait, il fait de belles tiges, si on a soin de les conserver; cependant dans les granits de Corse, on y voit de très-beaux buis, ce qui ne doit pas surprendre; c'est que ces granits sont en gros blocs, presqu'arrondis, accumulés les uns sur les autres; & les cavités qui se trouvent entre un bloc & un autre, sont remplies de débris de terre végétale; de manière que les racines trouvent une abondante nourriture, & une facilité étonnante à s'étendre & à pivoter. Par-tout on coupe ces tiges en jardinant, & de nouvelles branches repoussent du tronc. Comme ce bois de tige est fort cher, le marchand n'achète que la partie de la tige qui lui convient; l'un en achète un billot de deux à trois pieds de longueur, & l'autre de quatre, & le reste ou queue demeure au propriétaire. C'est ainsi que cela se pratique dans la forêt de Lugny.

Le buis coupé pendant la sève travaille beaucoup, se fend en se desséchant; celui coupé en tems convenable travaille moins, mais toujours trop pour l'ouvrier. Un moyen assuré de conserver le buis, consiste à porter dans une cave où le jour ne pénètre point, le bois de tige & le broussin, & de l'y conserver au moins pendant trois ans, & pendant cinq ans pour le mieux. Au sortir de la cave, on le fait dégrossir à la hache pour enlever l'aubier, & on lui donne la forme de cylindre. Les pièces dégrossies ne se mettent plus à la cave, mais dans un magasin où l'entrée du jour est interdite, & on ne les en tire que pour les porter sur le tour. Malgré ces précautions, quoique le buis paroisse particulièrement desséché, il attire

Sellier del. Sculp.

encore l'humidité si on le tient dans un lieu frais, & il est sujet à se déjeter.

Lorsque l'on veut faire de belles pièces, on fait tremper le buis pendant vingt-quatre heures dans de l'eau très-fraîche & très-pure, & en sortant de cette eau fraîche, on le fait bouillir pendant quelque tems. Lorsqu'on le sort de ce bouillon, on le met aussi-tôt dans du sable, ou de la cendre, ou du son, enfin dans un milieu quelconque où l'air ne pénètre pas. Cette pièce y reste pendant plusieurs semaines dans un endroit sec & à l'ombre.

Quand le buis est déjeté, on le porte sur une table bien unie, & il reste exposé à la pluie; après cela on le retire & on le charge de quelque poids.

Il est singulier que la manufacture des boutons, des chapelets, des peignes de buis, &c. soit circonscrite dans les environs de Saint-Claude, & que dans les montagnes du reste du royaume, chargées de buis, les paysans ne cherchent pas à imiter l'exemple de ceux de S. Claude; ce travail seroit une ressource pour eux pendant l'hiver, saison qu'ils passent presque tous dans la plus grande oisiveté; ils y feroient des ouvrages de tour comme les paysans des montagnes de Neuchâtel y font des horloges; comme dans la montagne de Gênes, on y fabrique des velours; dans celles de Saint-Chaumont en Lyonois, des rubans; dans celles de Saint-Etienne en Forez, des bois de fusil, & les différentes pièces des platines, &c. &c. &c. On ne sauroit trop multiplier ces petites manufactures locales. C'est aux seigneurs, aux curés à en être les promoteurs & les protecteurs.

IV. *Du buis considéré économiquement.* Le bois de buis est excellent pour le chauffage, & ses cendres admirables pour les lessives. Pour le service des fours à chaux & des autres manufactures où l'on consomme beaucoup de bois, il faut près de la moitié moins de fagots de celui-ci, que de tout autre bois.

Les feuilles & les autres jeunes pousses des buis servent à la litière des troupeaux & du bétail, & elles deviennent un très-bon engrais. On les fait encore pourrir dans les fossés, le long des chemins & des champs. Cet engrais est moins bon que celui du buis qui a servi de litière; malgré cela on doit le multiplier autant qu'il est possible.

BUISSON. En terme de *forestier*, c'est une touffe d'arbrisseaux sauvages & épineux; ou bien c'est un arbre qui, à force d'avoir été brouté par le bétail, est resté rabougri, & a poussé sans ordre de petites branches chiffonnes.

BUISSON. (*Planche 19*) En terme de *jardinier*, c'est un arbre fruitier qu'on coupe environ à un pied au-dessus de la greffe, & auquel on laisse dans la taille pousser plusieurs branches tout au tour, & qu'on évide dans le milieu, de manière qu'il présente à l'œil la forme d'un cône, dont la pointe part de l'arbre. Ce cône est plus ou moins évasé suivant l'idée du jardinier. On a déjà dit plusieurs fois, & sur-tout au mot *branche*, (*voyez* ce mot) & on le dira encore mieux en parlant du *pêcher* & de sa *taille*, (*voyez* ces mots) qu'il faut supprimer le canal direct de la sève, afin que les branches ne s'emportent pas par la formation des gourmands. Comment donc faire dans la taille du buisson, puisque nécessairement il y a des tiges perpendiculaires au tronc, & par conséquent un canal direct de la sève? C'est ce qu'il faut examiner.

Pour former un buisson, il faut que l'arbre, dans la partie qui reste au-dessus de la greffe, pousse plusieurs bourgeons; s'il n'en a poussé qu'un seul on doit le rabaisser, lors de la taille, à deux yeux au-dessus de l'endroit d'où il part, afin que ces deux *boutons* donnent l'année suivante deux bons *bourgeons*, (*voyez* ces mots) qui, dans la suite, fourniront les mères-branches; que si ce seul jet s'élance d'un point trop élevé sur le tronc, il vaut mieux l'année suivante le couper entièrement, couvrir la plaie avec l'*onguent* de Saint-Fiacre; (*voyez* ce mot) & pourvu qu'il reste quinze à dix-huit lignes de hauteur au-dessus de la greffe, l'arbre poussera de bons bourgeons; que si le jet unique tient de trop près à la greffe, & qu'on ne puisse le retrancher sans endommager la greffe, c'est le cas de *greffer* l'arbre en *couronne* sur la place, (*voyez* ce mot) ou de lui en substituer un autre. On perd une année en employant ce dernier procédé. On peut cependant, un peu avant la sève du mois d'Août, ravaler cette branche, afin de la forcer à pousser des bourgeons près de sa base, mais ils seront maigres; & on peut malgré cela, si on sait les conduire, en tirer un parti avantageux pour l'année suivante, en en conservant quelques-uns, les rabaissant à un œil ou deux; enfin, en supprimant tous les autres. On peut encore pincer cette branche unique, ce qui revient au même que de la ravaler.

Le grand point, dans la formation du buisson, est d'obtenir, s'il est possible, quatre branches-mères qui formeront la base de tout l'édifice. Avec trois & même deux on y parviendra; mais non pas aussi aisément.

A la fin de la première année ou au commencement de la seconde, on fera prendre à ces branches une direction régulière, en observant autant que faire se pourra, de conserver entr'elles le même espace & la même symétrie. On parviendra à les fixer ainsi, à l'aide d'un cerceau placé dans l'intérieur de ces branches, & sur lequel on les fixera, non avec des cordes, ni avec du fil-de-fer, parce qu'ils s'enfonceroient nécessairement dans la substance même de la branche, lorsqu'elle grossira dans le courant de l'année. Alors il se forme un *bourrelet*, (*voyez* ce mot) dans la partie supérieure liée par le cerceau, & la séve est gênée dans son cours. Cette partie supérieure prend souvent un accroissement monstrueux, & l'inférieure maigrit & reste presque dans le même état. La séve monte toujours pendant le jour; mais elle se trouve arrêtée lorsqu'elle redescend pendant la nuit des feuilles aux racines. Ce vice de configuration est on ne peut pas plus préjudiciable

à

à l'arbre. Entre le bois du cerceau & l'écorce de la branche, placez un morceau de toile à plusieurs doubles, & encore mieux un morceau de vieux chapeau. Placez également du vieux chapeau sur la partie extérieure de la branche sur laquelle doit porter le lien, & le lien doit être d'une peau quelconque susceptible d'extension. L'osier supplée la peau assez imparfaitement, parce qu'il n'est pas susceptible d'extension. Enfin, ne serrez le lien qu'autant qu'il est nécessaire pour maintenir la branche sur son cerceau, & non pour gêner la circulation de la sève, pour endommager l'écorce, & former le bourrelet. Proportionnez ensuite le raccourcissement des branches à leur force, & autant qu'il est possible, à la même hauteur. Voilà pour la première année après celle de la plantation.

Au lieu d'attacher & de faire supporter le cerceau aux branches, il vaudroit mieux enfoncer des piquets en terre, y attacher le cerceau d'une manière invariable, & ensuite les branches aux cerceaux. Par ce moyen on donne aux branches le pli que l'on veut; au lieu qu'en suivant la première manière, la branche la plus forte tire toujours vers elle la branche la plus foible, & souvent l'arbre se porte tout d'un côté.

A la seconde année, chaque bouton des branches formera autant de bourgeon. Lorsque le tems de la taille sera venu, ne laissez que deux branches bien nourries sur chaque branche-mère, de manière qu'elles forment l'Y, & supprimez celle du milieu qui fournissoit auparavant le canal direct de la sève. Alors les deux branches de l'Y ne sont plus sur la ligne perpendiculaire, elles commencent à être sur la ligne oblique; & par les tailles des années suivantes, elles y seront tout-à-fait.

Quelle longueur doit-on laisser aux deux branches ou bourgeons de l'Y? il n'est pas possible de le prescrire; cela dépend de la nature du bois, & de l'espèce de l'arbre. C'est au jardinier prudent à le ménager. La virgouleuse, par exemple, qui pousse beaucoup en bois fort & vigoureux, exige une taille plus longue que la verte-longue ou ronde, panachée ou *culotte de suisse*, qui donne des bourgeons foibles, & beaucoup de *brindilles*, de *boutons* à *fruit*, &c. (*Voyez* ces mots)

Le premier avantage de ces branches en Y est, comme je l'ai dit, de commencer à diminuer le canal direct ou ligne perpendiculaire de la sève. Le second est la facilité qu'elle offre d'évaser l'arbre à volonté, & de nettoyer son intérieur de toutes les branches qui feroient confusion, & intercepteroient le courant d'air dans cet intérieur.

A la troisième taille, suivez la même méthode que pour la seconde, & ainsi de suite; mais observez de détacher toutes les ligatures qui tiennent le premier cerceau & le second, 1°. afin que les branches, en grossissant, ne soient point trop étranglées, trop serrées: 2°. pour donner une courbure, une direction plus naturelle aux branches, si la première a été un peu forcée, & corriger chaque année ce qu'il y a eu de défectueux dans les premières.

Lorsque la partie inférieure, soit des branches-mères, soit des premiers Y, est forte, vigoureuse, on supprime les cerceaux; mais on les conserve toujours dans la partie supérieure, afin de donner une bonne direction à toutes les branches en Y.

On est assuré, en suivant cette méthode, de donner au buisson la forme la plus gracieuse, de n'avoir presque jamais de gourmands, parce qu'il ne se trouve plus de canal direct de la sève, qui l'emporte toujours aux extrémités des branches perpendiculaires; enfin, on peut donner à ce buisson le diamètre qu'on desire, ainsi que l'épaisseur tout autour des branches.

Le buisson le plus parfait est celui dont toutes les branches conservent entr'elles une proportion régulière, soit pour la *grosseur*, soit pour la *longueur*, soit pour la manière d'être placées. Il faut que l'arbre soit garni par-tout également & sans confusion, que les fruits soient par-tout exposés au courant d'air & à l'influence du soleil; enfin, que le contour ait peu d'épaisseur, mais une épaisseur égale, sur-tout la surface, soit intérieure, soit extérieure.

J'ai dit qu'il falloit qu'il existât une proportion entre la grosseur des branches & entre la longueur. Il est certain, par exemple, que si pour former un arbre en buisson, on prend quatre branches de grosseur inégale; que si on les taille à la même longueur, il est constant qu'en considérant l'arbre ainsi taillé pendant l'hiver, son défaut capital ne frappera pas la vue comme dans l'été; on verra l'ordre symétrique de ces branches; & celui qui ne prévoit pas la suite sera satisfait. Mais l'homme accoutumé à observer, portera un jugement bien différent, & il dira: soyez assuré que lorsque la végétation commencera, les boutons de la branche la plus forte, pousseront des bourgeons plus forts que ceux de la seconde branche moins grosse, & ainsi de suite pour toutes les autres; de sorte que la force de l'arbre se jettera toute d'un côté, & la branche la plus foible restera toujours telle, & même ne croîtra pas dans la même proportion que les autres. Que faire dans pareil cas? c'est de ravaler les branches trop fortes, de les couper à deux ou trois yeux s'il le faut, afin que les bourgeons qu'elles pousseront se trouvent en équilibre avec les branches foibles. Sans cet équilibre, sans cette harmonie, sans cette distribution égale de la sève, les racines se multiplient plus d'un côté, la quantité de sève y augmente, & ce côté dévore, si je puis m'exprimer ainsi, l'autre qui s'appauvrit successivement, & finit par se dégarnir & devenir nul. Pour se convaincre de cette vérité, il suffit de jeter les yeux sur des arbres taillés en buisson, mal pris dans leur principe, ou mal conduits dans les suites.

En suivant les principes que je viens d'établir, je suis parvenu à former de jolis buissons, non-seulement avec les poiriers, les pommiers, les cerisiers, les coignassiers, mais encore avec des pêchers, qui ont toujours été chargés de très-beaux fruits. Le buiffon a l'avantage fur l'efpalier d'avoir toujours une très-grande partie de fes branches & de fes fruits, garantie du vent dominant, & de préfenter une furface immenfe à l'action de l'air & du foleil. Qu'eft-ce qu'un arbre taillé en efpalier d'une toife de longueur? ce n'eft rien. Mais un efpalier d'une toife de diamètre dans fon milieu, offre dans le contour trois toifes de circonférence, & au moins quatre à fon fommet. Que fera donc la furface d'un buiffon de deux à trois toifes de diamètre, ainfi qu'il en exifte?

Ces arbres prodigieux pour le volume font fentir la néceffité indifpenfable de ne pas planter les arbres trop près les uns des autres, autrement les branches fe toucheroient bientôt, fe confondroient enfemble, fi les racines, après s'être entre-mêlées les unes avec les autres, ne s'épuifoient mutuellement & n'empêchoient le développement des branches.

Si l'on compare actuellement la manière dont le commun des jardiniers taille les buiffons, on fera peu furpris de leur prompt dépériffement. En effet, qu'on fuppofe un pivot quelconque, d'où partent depuis fix jufqu'à douze branches droites, qui ont plutôt l'air de manches à balai tortueux que de toute autre chofe; voilà leur buiffon. La fève cherche toujours à monter; la branche fe dépouille de bourgeons à bois, elle s'emporte au fommet, & ce fommet eft chargé & furchargé de bois gourmand qu'on fupprime chaque année, & même deux fois. Ne voit-on pas que par ces pertes annuelles, que par les plaies faites à l'arbre, & dans un nombre prodigieux, on l'épuife? Croyez-vous que la nature a fait les frais de la végétation de ces branches gourmandes uniquement pour exercer votre jardinier & fa ferpette? Croyez-moi, laiffez vos arbres livrés à eux-mêmes, & confiés aux feuls foins de la nature; elle apportera le fecours néceffaire, & remédiera aux maux que vous avez faits aux buiffons.

J'ai vu un nouveau genre de buiffon chez un particulier, très-grand obfervateur de la nature. Ce buiffon n'a pas le mérite de celui qui eft fymétrifé & ménagé d'après des principes. Il a tout uniment planté fes arbres à la manière accoutumée; leur a laiffé cinq à fix pouces au deffus de la greffe, & a chargé la nature de leur éducation, de leur entretien, de leur taille; en un mot, il ne s'en mêle pas plus que des arbres de fes forêts, finon que chaque année ils font plufieurs fois travaillés au pied. Ces arbres avoient alors huit ans; leur forme étoit très-irrégulière, il eft vrai, mais ils étoient chargés de fruits, & n'avoient que peu ou prefque point de branches chiffonnes. Leur végétation, comparée à celle des arbres plantés à la même époque, & certainement cultivés d'après les meilleurs principes, ne pouvoit pas fe comparer. On voyoit l'écorce des premiers liffe, luifante; les branches groffes, bien nourries, & tout l'extérieur d'une belle végétation. Le propriétaire m'affura même que ces arbres fe dépouilloient de leurs feuilles beaucoup plus tard que les autres, signe non équivoque d'une forte végétation. Comme tout le terrain étoit planté de ces arbres, ce que les jardiniers appelleroient *difformité* avoit un air naturel, champêtre, qui me plut bien plus que l'ordre symétrique. D'après ce fait, je conseille à ceux qui ne savent pas tailler les arbres, de suivre l'exemple que je viens de citer.

Quant à ce qui concerne les autres parties de la taille, les soins qu'on doit donner aux boutons, aux branches à bois ou à fruit, *voyez* le mot PÊCHER.

BUISSON ARDENT. M. Tournefort le place dans la neuvième section de la vingt-unième classe, qui comprend les arbres à fleur en rose, dont le calice devient un fruit à noyau, & il l'appelle *mespilus aculeata amygdali folio.* M. von Linné le nomme *mespilus pyracantha*, & le place dans l'icosandrie pentagynie.

Fleur, en rose, composée de cinq pétales obronds, concaves, insérés sur un calice d'une seule pièce, épais & obtus, qui supporte environ vingt étamines & un pistil.

Fruit; baie ronde, marquée d'un ombilic, couronnée par les dentelures du calice, renfermant cinq petits noyaux durs & de forme irrégulière.

Feuilles, vertes, portées par des pétioles, simples, lisses, en forme de lance, ovales, crenelées, imitant celles de l'amandier.

Racine, ligneuse, rameuse.

Port. Arbrisseau presque toujours vert, l'écorce brune, des tiges très-épineuses; les rameaux opposés, les fleurs disposées en longues grappes, d'un beau rouge, qui, lors de leur maturité, font paroître l'arbrisseau tout en feu, d'où il prend le nom de *buisson ardent*; les feuilles sont alternativement placées.

Lieu, l'Italie, la Provence, dans les haies, cultivé dans les jardins. Cet arbrisseau est plus recherché pour l'agrément qu'à cause de ses propriétés médicinales; cependant on lui attribue les mêmes qu'à l'*aubépin*; (*voyez* ce mot) il produit un très-bel effet dans les bosquets d'automne. On s'en sert avantageusement pour garnir des murs.

On le multiplie de semences, par marcottes & par boutures. La reprise de ces dernières est moins assurée; si on sème les baies dès qu'elles sont mûres, on peut espérer qu'elles lèveront au printems suivant, & quelquefois seulement à la seconde année. Elles exigent une terre légère, mêlée de terreau. La graine, une fois germée, fait peu de progrès dans les deux premières années; ensuite sa végétation est rapide, & le semis est le meilleur moyen d'avoir de beaux sujets. Quant à la marcotte, il suffit de coucher une partie d'une branche en terre, de l'y enfoncer à la profondeur de six pouces, & de la recouvrir. Souvent à la fin de la première année, & toujours à la fin de la seconde, on est assuré de pouvoir séparer une bonne marcotte du tronc. Quant à la *bouture* & à la manière de la faire, *voyez* ce mot.

Si on desire jouir promptement & multiplier ce joli arbisseau, il

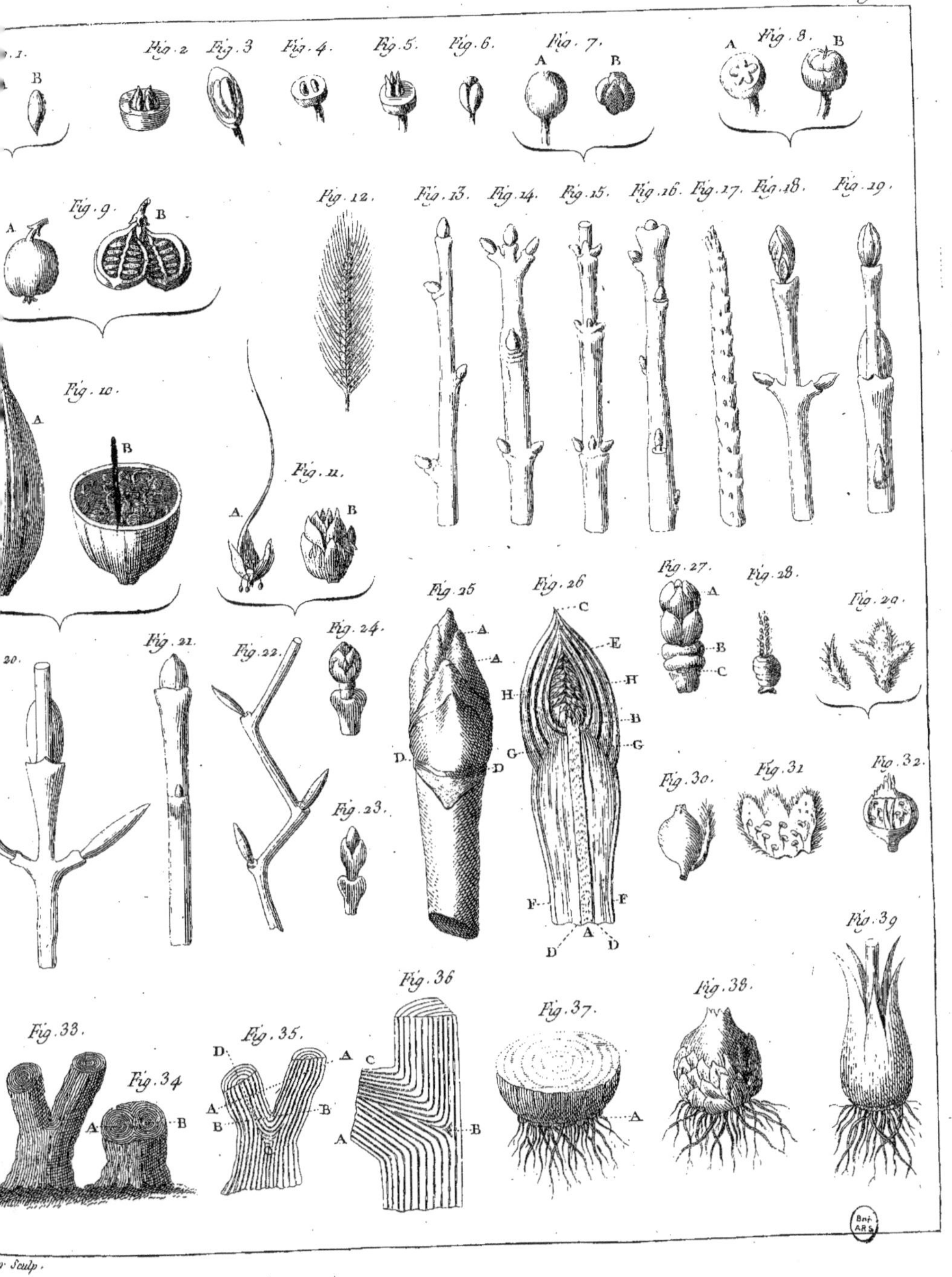
Fig. 2
Fig. 3
Fig. 4
Fig. 5
Fig. 6
Fig. 7
Fig. 8
Fig. 9
Fig. 10
Fig. 11
Fig. 12
Fig. 13
Fig. 14
Fig. 15
Fig. 16
Fig. 17
Fig. 18
Fig. 19
Fig. 21
Fig. 22
Fig. 23
Fig. 24
Fig. 25
Fig. 26
Fig. 27
Fig. 28
Fig. 29
Fig. 30
Fig. 31
Fig. 32
Fig. 33
Fig. 34
Fig. 35
Fig. 36
Fig. 37
Fig. 38
Fig. 39

ier Sculp.

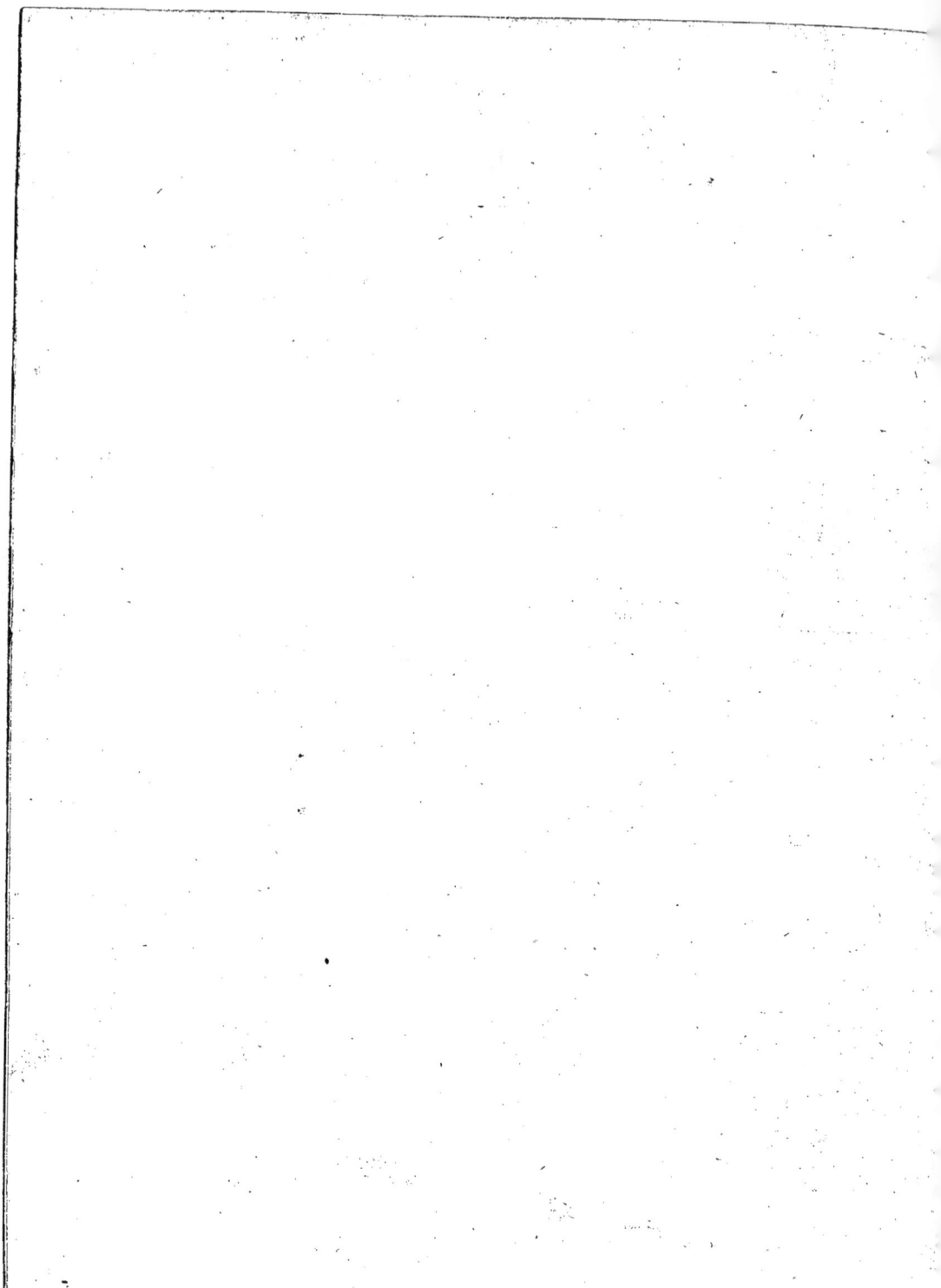

ſuffit de le greffer ſur de jeunes pieds d'aubépin.

Le buiſſon ardent ne ſe plait point dans les terres trop humides ; ſes feuilles ſe chargent de rouille. Quoiqu'originaire des provinces méridionales, il craint peu le froid, réuſſit paſſablement bien en eſpalier au nord, & infiniment mieux placé au midi.

BUISSONNIER. Lieu deſtiné à la plantation des arbres qu'on doit tailler en buiſſon, ou qui ſont déjà plantés & taillés de cette manière. On dit buiſſonnier, comme on dit eſpalier.

BULBE, *ou* OIGNON. (Voyez *Planche 20*) Comme le mot *oignon* eſt employé en botanique principalement pour déſigner une plante particulière, nous ne nous ſervirons que du mot *bulbe* pour exprimer cette ſubſtance tendre, ſucculente, de forme arrondie ou ovale, à laquelle ſont attachées les racines de certaines plantes. Ces bulbes ſont compoſées de différentes couches qui s'enveloppent les unes les autres.

On diſtingue pluſieurs eſpèces de bulbes ; les unes ſont écailleuſes, compoſées de membranes épaiſſes diſpoſées en écailles comme dans le lys (*Fig. 38*) ; les autres ſont d'une ſubſtance charnue & ſolide comme la tulipe (*Fig. 37*) ; d'autres forment pluſieurs tuniques qui s'enveloppent les unes les autres, comme l'ail, l'oignon, &c. (*Fig. 39*). Enfin, certaines bulbes ne ſont que des lamelles ou portions charnues diſtinguées entr'elles, mais qui communiquent par des fibres intermédiaires, comme celles de la ſaxifrage.

La bulbe, proprement dite, n'eſt pas une racine, quoiqu'en botanique on ſe ſerve du mot *racine bulbeuſe* pour déſigner la première diviſion des racines. (*Voyez* ce mot) C'eſt un vrai bouton qui contient en petit les élémens de la plante qui doit ſe développer au printemps. Les racines des bulbes tiennent à un corps charnu A qui eſt au-deſſous de la bulbe. (*Fig. 37*) On peut même l'en détacher, & dans cet état la bulbe peut encore pouſſer ſa tige & même fleurir. Le parenchyme ſucculent dont ſa ſubſtance eſt compoſée, l'air atmoſphérique qui pénètre à travers les vaiſſeaux abſorbans, dont ſes tuniques ſont criblées, ſuffiſent pour nourrir la tige.

Toutes les plantes ſe régénèrent ou de graines, ou de boutons, & quelques-unes de l'une & de l'autre manière. Les plantes bulbeuſes portent leurs boutons au-deſſus de leurs racines, & ils ſe forment entre la bulbe & le corps charnu d'où partent les racines. Ces boutons s'appellent *cayeux*. (*Voyez* ce mot) M. M.

BUSSARD, *ou* BUSSE. Sorte de vaiſſeau, compoſé de douves & de cerceaux, dans lequel on met du vin ou d'autres liqueurs, & qui contient deux cens ſeize pintes, meſure de Paris. Le buſſard eſt une des neuf futailles régulières dont on fait uſage en France. On s'en ſert particulièrement en Anjou & dans le Poitou.

BUSSEROLE, *ou* RAISIN

D'OURS. M. Tournefort la place dans la première section de la vingtième classe, qui comprend les arbres à fleur d'une seule pièce, dont le pistil devient un fruit mou, rempli de semences dures, & il l'appelle *uva ursi.* M. von Linné la nomme *arbutus uva ursi*, & la classe dans la décandrie monogynie.

Fleur, d'une seule pièce, imitant un grelot ovale, aplatie en-dessous, découpée en cinq parties par ses bords qui sont recourbés en dehors; elle renferme dix étamines & un pistil; la fleur est d'un rouge tendre.

Fruit. Baie d'une belle couleur rouge, ronde, pleine de suc, renfermant de petites semences osseuses.

Feuilles, portées par des pétioles, simples, charnues, dures, très-entières, ovales, nerveuses.

Racine, ligneuse.

Port. Petit arbuste presque rampant, les tiges courbées vers la terre, assez nombreuses; les fleurs naissent presqu'au sommet disposées en grappes; les feuilles sont opposées, & quelquefois alternes.

Lieu: Les Alpes, les pays montagneux.

Propriétés. La plante est sans odeur, les baies ont un goût stiptique, & sont un puissant diurétique. Il y a quelques années que les papiers publics nationaux, d'après ceux d'Allemagne, se copièrent les uns & les autres, & vantèrent l'efficacité de la busserole contre les graviers, le calcul. Ils renouvelèrent l'attention sur cette plante, dont les auteurs anciens avoient déjà indiqué les propriétés; & les nouvelles expériences ont prouvé que l'usage des feuilles dissout les petits calculs friables de la vessie, chasse les graviers contenus dans les voies urinaires, les matières visqueuses qui s'accumulent dans la vessie, & qui ne s'échappent qu'avec grands efforts par le canal de l'urètre; son usage dissipe la strangurie, & l'ischurie par relâchement de la tunique musculaire de la vessie. Cependant les expériences de l'usage réitéré de ces feuilles, n'ont pas toujours été accompagnées d'un succès heureux. Quelquefois elles n'ont produit ni bien ni mal; quelquefois elles ont augmenté sensiblement le cours des urines, altéré les malades, aggravé les symptômes de la colique néphretique occasionnée par des graviers avec disposition inflammatoire. Il en est de cette plante comme de tant d'autres; elle est prônée aujourd'hui à l'excès, & demain oubliée. Malgré cela il faut convenir que lorsque l'on commence à sentir les premières dispositions aux sables, aux graviers, aux calculs, on fera prudemment de s'en servir, mais avec modération.

On prescrit les feuilles sèches & pulvérisées, depuis une drachme jusqu'à deux, délayées dans cinq onces d'eau; & depuis une drachme jusqu'à demi-once en macération au bain-marie dans six onces de véhicule aqueux.

BUTTER. C'est entourer de mottes de terre le pied d'un arbre après l'avoir planté, ou élever tout autour de lui un monceau de terre, afin qu'il ne soit pas agité par les vents, ou pour conserver plus de fraîcheur à ses racines. Si toutes les fois qu'on plante un arbre dont la tige a une certaine hauteur, on avoit soin d'ouvrir un large fossé; si en le déterrant, on avoit soin de lui conserver son pivot & toutes ses racines latérales, il seroit inutile de butter, parce que ses racines étendues & chargées de terre seroient autant de liens qui l'y assujétiroient. Au contraire, on se contente de laisser aux racines, la longueur d'un pied environ, de couper le pivot; alors on est forcé de butter; & malgré les buttes qui couvrent mal à propos le collet de la tige, l'arbre n'en est pas moins le jouet des vents, pour peu qu'ils aient d'activité. C'est le cas de donner un ou deux *tuteurs* à l'arbre. (*Voyez* ce mot)

Dans les provinces où le froid est assez vif pour faire périr les artichauts, on les butte avec de la terre avant de les couvrir avec du fumier pendant l'hiver.

On butte les *cardons*, le *céleri*, pour les faire blanchir. (*Voyez* ces mots)

CABANE. Chétive maison, bâtie ordinairement avec de la *bauge*, (*voyez* ce mot) couverte de chaume, & dans laquelle habitent les pauvres gens de la campagne. Si on desire de connoître le tableau de la misère & de l'infortune, que l'on parcoure sur-tout les pays d'élection, où le malheureux habitant n'ose réparer son logement qui écroule de toutes parts, dans la crainte de voir augmenter ses impositions, & qui, le plus souvent, manque du plus strict nécessaire. Un grabat, ou quelque peu de paille jetée dans un coin, sert de lit au père, à la mère, aux filles & aux garçons : souvent sans draps, ils n'ont, pour se couvrir, que leurs vêtemens ou plutôt leurs haillons. « Qu'ils travaillent, » dit l'homme riche; & cet homme au cœur d'airain auroit raison, si ces malheureux n'étoient pas éloignés de toutes les ressources. Il n'en est pas des pays de montagnes, des endroits reculés, comme des villes ou des campagnes qui les avoisinent. Une femme, en s'occupant à filer depuis le lever du soleil jusqu'à la nuit close, gagne trois ou quatre sols, & son mari huit à douze; trop heureux encore, si ce salaire modique étoit assuré! sur quoi il faut payer les impositions, le prix de la ferme, vivre, nourrir, élever & habiller sa famille, &c. &c. Ô vous! hommes opulens qui, dans le sein des grandes villes, courez après le plaisir qui vous fuit, & qui achetez son apparence au poids de l'or, vous ne connoissez pas la loi impérieuse du besoin; mais venez dans ces cabanes, vous y trouverez des hommes pâles, décharnés; & ils sont presque tous plus officieux, plus charitables que vous, même malgré leur extrême misère, parce que l'indigence est assise à leur porte, & par conséquent ils sentent plus vivement les besoins de leurs semblables, tandis que vous ne soupçonnez pas s'il existe des malheureux ! Actuellement que je vous apprends qu'il en existe, rentrez en vous-mêmes, & demandez-vous : En quoi ai-je mérité de jouir d'un sort plus doux ? Vous consommez plus dans un jour, & souvent dans une heure, que cette famille entière dans une année. Si vous êtes hommes, rougissez de son état. Presque toujours c'est vous qui la réduisez à la misère, en pressurant vos vassaux, en vexant vos fermiers, en attirant à vous & dans la ville tout le produit de la terre. Ces malheureux ont travaillé & moissonné pour vous, & à peine leur laissez-vous de quoi glaner ! On auroit tort de penser que ce tableau est chargé ; je le peins d'après nature, & je dirois à celui qui le jugeroit ainsi : Venez & voyez ; parcourez ces antres, ces espèces de sépulcres où la misère s'est réfugiée ; voyez les malheureux qui les habitent : ils sont plus à plaindre que les animaux confiés à leur soin : l'animal pâture dans les champs, & son conducteur est sans pain.

Cabane de berger. Il y en a de deux sortes ; l'une portative, & l'autre fixe.

La première est une espèce de très-petite chambre, faite avec des planches, portée sur un charriot à quatre roues, & plus communément à deux, dans laquelle le berger couche à côté du parc où le troupeau est renfermé. Cette demeure mobile change de place, & suit le parc. On la maintient parallèlement, au moyen de deux piquets, l'un placé sur le devant & l'autre sur le derrière : ils tiennent au charriot à l'aide d'une cheville & d'une boucle de fer. Celui de devant sert à tirer & faire rouler la cabane, & l'autre la suit.

La cabane fixe est également en planches, & le plus souvent en pierres. On peut la considérer plutôt comme un abri pour garantir les bergers des pluies & des vents froids. Elles sont assez communes sur les montagnes où les troupeaux sont stationnaires pendant la belle saison.

Cabane de vers à soie. Logement dans lequel ils fixent leur cocon. Elles sont faites avec de la bruyère, ou de la fougère, ou avec le gramen, enfin avec toute espèce de plante rameuse dont on peut plier les petites branches en forme de voûte. (*Voyez* le mot VER A SOIE)

CABARET. Taverne ou maison où l'on donne à boire & à manger aux particuliers pour de l'argent. Les cabarets sont la ruine des campagnes. Le paysan ne revient jamais chez lui les jours de fêtes sans être pris de vin, & il dépense plus dans un jour qu'il ne gagne pendant toute la semaine. Ce n'est pas encore le plus grand mal. Les misérables domestiques trop désœuvrés ont commencé par y jouer aux cartes ; le paysan a été associé à leurs jeux, & la fureur a gagné de proche en proche. Il ne manquoit plus que ce fléau pour abymer nos campagnes. Si les gens préposés par le seigneur du lieu n'emploient pas la sévérité la plus grande, & contre les joueurs & contre les

les cabaretiers, tout sera perdu. Mais qui croiroit que ces gens de justice ferment volontairement les yeux! Un homme fait des pertes au jeu; les assignations, les procès, les biens en décret, achèvent de le ruiner, & l'homme de justice s'engraisse du sang du joueur. Combien d'exemples pareils je pourrois citer!

CABARET. *Plante.* (Voyez *Pl. 18*, page 490). M. Tournefort le place dans la première section de la quinzième classe, qui comprend les herbes à fleur à étamines, dont la partie inférieure devient le fruit, & il l'appelle *asarum*. M. von Linné le nomme *asarum Europæum*, & le classe dans la dodécandrie monogynie.

Fleur, portée par un péduncule court qui se courbe après la fleuraison; elle n'a point de corolle, mais un calice épais qui en tient lieu. Le pistil sort du fond du calice, entouré de douze étamines A attachées à l'ovaire. Ces étamines se recourbent à leur sommet, & forment une réunion circulaire dont le pistil est le point central.

Fruit. Capsule coriacée, coupée transversalement en B, renfermée dans la substance du calice, divisée en six loges dans lesquelles sont renfermées des semences C ovales, brunes, remplies de moelle.

Feuilles, simples, entières, en forme de rein, obtuses, luisantes, soutenues par de longs pétioles.

Racine D, menue, rampante, fibreuse.

Port. Tige herbacée, simple, basse, les fleurs au sommet, seules; les feuilles sortent deux à deux, & leur pétiole s'alonge à mesure que la plante fleurit; la fleur a une couleur vineuse, terne.

Lieu. Les montagnes élevées; la plante est vivace, fleurit en Juin.

Propriétés. La racine est un peu amère, âcre, aromatique, nauséeuse; les feuilles aromatiques & âcres. Toute la plante est résolutive, purgative par le haut & par le bas, emménagogue, errhine.

Usages. Les feuilles font vomir avec moins de violence que la racine, & la racine étoit le meilleur émétique connu des anciens. La dose pour l'homme des feuilles desséchées & pulvérisées, est depuis trois grains jusqu'à dix, délayées dans cinq onces de véhicule mucilagineux. Les feuilles sèches, depuis quatre jusqu'à quinze grains, en infusion dans cinq onces de vin, ou de petit lait, ou d'hidromel. La racine, depuis trois grains jusqu'à douze, en infusion dans les mêmes véhicules. Les feuilles sèches & pulvérisées comme sternutatoires, depuis demi-grain jusquà un grain. M. Desmarest, médecin à Boulogne-sur-mer, a prescrit heureusement la poudre des feuilles, comme sternutatoire, à un soldat qui après une chûte violente ressentoit au-dessus des orbites une douleur fixe suivie d'un larmoiement. Le soldat en fut parfaitement guéri après la seconde prise.

Il faut beaucoup de prudence pour ordonner ce remède en qualité d'émétique, à cause de son activité singulière; il occasionne souvent de la chaleur & de la douleur dans la région épigastrique.

Les maréchaux se servent contre le farcin de la racine réduite en poudre à la dose d'une once, mêlée avec du son mouillé. Cette dose est trop forte ; il vaudroit mieux faire infuser une petite poignée de feuilles dans une pinte de vin blanc.

CABINET DE VERDURE. Endroit couvert par l'entrelacement de branches d'arbres toujours verts. (*Voyez* le mot BOSQUET)

CABRI. (*Voyez* BOUC)

CACAO, *ou* CACAOTIER, *ou* CACAOYER, *ou* CACOYER. Il y a des forêts entières de cacaoyers dans la Guianne, dont le fruit sert de nourriture aux singes de la contrée. On observe qu'il vient sans culture à Cayenne. Lorsque les Espagnols s'établirent au Mexique, ils virent avec surprise que le cacao étoit le principal aliment du peuple, & qu'il entretenoit l'embonpoint & la fraîcheur du teint de ceux qui en usoient. Cet arbre croît naturellement dans la zône torride de l'Amérique, sur-tout dans les régions de Nicasagues, de Guatimale, le long de la rivière des Amazones, sur la côte de Caraque, dans l'île de Saint Domingue, &c.

Comme je n'ai jamais cultivé ni vu cet arbre précieux, j'ignore les particularités qui le concernent : je vais emprunter du *Nouveau Dictionnaire de Chomel* cet article en entier. La description de cet arbre est dûe à M. de Jussieu. C'est le précis de son *Mémoire* envoyé en 1737, en qualité de médecin du roi à Cayenne, & correspondant de l'académie royale des sciences de Paris. On doit plus se rapporter à ce mémoire qu'à l'ouvrage intitulé, *Histoire naturelle du Cacaoyer*, imprimé à Paris en 1719.

Cet arbre s'enfonce dans la terre par un pivot qui s'étend à une profondeur considérable. A l'origine de ce pivot sont des racines fibreuses & rampantes sur la superficie de la terre. L'écorce du tronc & des branches est plus ou moins brune, suivant l'âge des arbres, mince, passablement unie, assez adhérente au bois, qui est léger, blanchâtre, poreux, souple, & dont toutes les fibres sont droites : en quelque saison qu'on le coupe, on le trouve abondant en séve, & lorsqu'il y en a peu, l'arbre est sur son déclin.

Les feuilles naissent une à une, dans l'ordre alterne, sur un même plan. D'abord rousses & fort tendres, elles deviennent plus dures & d'un vert plus ou moins gai à mesure qu'elles vieillissent ; le dessus est cependant toujours plus foncé que le dessous. Elles sont pendantes, entières & sans dentelure, lisses, terminées en pointes aiguës, peu différentes des feuilles du citronnier, divisées sur leur longueur en deux parties égales par une forte nervure, d'où sortent de part & d'autre des fibres obliques assez sensibles. Le volume des feuilles varie suivant le degré de vigueur des arbres ; tantôt elles ont plus de vingt pouces de long sur environ six de large à leur partie moyenne ; tantôt elles n'en ont que neuf sur quatre, & d'autres ont des proportions relatives à un de ces deux extrêmes. Le pétiole qui les soutient peut avoir une bonne ligne de diamètre, environ un pouce & demi de longueur, & est renflé par les deux bouts. Ces feuilles tombent successivement à mesure que d'autres les remplacent : l'arbre ne paroît jamais dépouillé.

Les fleurs sont très-petites & sans odeur : elles naissent par bouquet depuis le pied de l'arbre jusque vers le tiers des grosses branches. Celles du tronc sortent des endroits où subsistent les vestiges de l'articulation des feuilles que l'arbre a produites dans sa jeunesse. Chaque fleur est portée par un péduncule foible, long de sept à dix lignes, garni de poils très-courts. Le bouton est à peu près fait en cœur, pâle, à cinq pans, haut d'environ trois lignes sur deux tout au plus de diamètre. Quand la fleur est épanouie, on apperçoit un calice composé de cinq pièces étroites, terminées en pointe aiguë, creusées en cuiller, tantôt d'un blanc de jasmin en leur totalité, tantôt pâles au-dehors, & intérieurement elles sont lavées de couleur de chair. Les pétales sont au nombre de cinq, disposés en rose, composés, pour ainsi dire, de deux parties, dont la première, attachée à la base du pistil, est creusée en forme de casque d'un blanc sale, mais intérieurement coupé de bas en haut par trois lignes purpurines qui s'élèvent jusque vers les deux tiers de sa hauteur. A l'extrémité supérieure & postérieure de ce casque, commence l'autre partie du pétale qui représente une espèce de spatule fort étroite & qui s'élargit à mesure qu'elle descend & se jette en dehors. Cette seconde partie du pétale est d'un jaune pâle. Le centre du calice est occupé par le pistil, & la base du pistil est environnée de cinq filets droits, bruns, longs, assez gros à leur origine, & terminés en pointe. De cette même base sortent pareillement cinq étamines qui sont des filets plus petits, lesquels se jettent en forme d'arc avec leur sommet dans la concavité de la première partie de chaque pétale. L'embryon devient dans l'espace de quatre mois un fruit plus ou moins long, nommé *cabosse*. Il est fait comme un concombre, long de six à sept pouces sur trois de diamètre, parsemé de verrues, terminé à sa partie inférieure par une pointe courbe. Ce fruit est d'abord vert, pâlit ensuite, & jaunit en mûrissant. Tantôt il commence par être d'un rouge vineux & foncé, principalement sur les côtes qui dominent les sillons, & devient par degré plus pâle & plus clair ; tantôt, après un mélange confus de rouge & de jaune, les teintes se décidant, forment un rouge plus varié de jaune foncé ; d'autres fois les nuances de vert & de blanc, qui produisent par gradation une sorte de jaune, se terminent dans le tems de la maturité par un rouge foncé, mais parsemé de petits points jaunâtres.

Ces couleurs ne pénètrent pas beaucoup dans l'écorce du fruit ; cette écorce, que l'on nomme *cosse* dans les isles, est épaisse de trois à six lignes, suivant la grosseur du fruit & l'âge de l'arbre ; elle renferme, dans l'épaisseur de près d'un pouce, une substance pulpeuse, d'abord ferme, blanche & un peu teinte de rouge ; ensuite prenant une consistance plus légère, cette pulpe semble être un duvet fort blanc, accompagné d'un mucilage plus ou moins abondant, qui a une saveur acidule, approchante de celle des pepins de grenade. Au milieu sont les semences, tantôt assez ressemblantes à nos féves de marais, tantôt moins grandes, moins aplaties, à peu près de la même forme que les feuilles de l'arbre, plus grosses par leur extrémité qui tient au *placenta*. Ce placenta paroît être produit par le péduncule qui, se prolongeant, forme un axe auquel répondent les colonnes sur lesquelles sont rangées les semences par étage. Le nombre de ces semences varie de vingt à quarante. Leur parenchyme est blanc, quelquefois un peu teint de rouge compacte, charnu, mollet, lisse, très-chargé d'huile, amer, d'un goût stiptique; assez pesant relativement à son volume, très-friable entre les doigts, & formé de deux lobes repliés l'un dans l'autre. La pellicule qui recouvre ces amandes est lisse, très-mince, de même couleur que le parenchyme, mais en se séchant, elle devient d'un rouge brun. Ce sont ces amandes qui servent à faire le *chocolat*.

Usage du cacao. Le principal objet pour lequel on cultive les cacaoyers, est la grande consommation des amandes pour faire le chocolat, liqueur nourrissante, gracieuse qui a donné lieu à M. von Linné d'appeler l'arbre même *theobroma*, mot grec qui signifie *mets des Dieux*.

Les amandes fournissent encore une huile par expression qui s'épaissit naturellement & reçoit alors le nom de *beurre*. Le P. Labat veut que ces amandes pilées soient jetées dans une grande quantité d'eau bouillante, afin que leur huile surnageant soit plus facile à recueillir: ensuite lorsqu'il ne s'en élève plus à la surface de l'eau, on exprime fortement le marc en l'arrosant encore d'eau bouillante. Cette méthode ne convient qu'à l'Amérique où les amandes récentes abondent en huile; mais comme elles arrivent sèches en Europe, & par conséquent privées d'une portion considérable de leur humidité, on est obligé de les torréfier avant de les piler, & quand elles ont bouilli à grande eau pendant une demi-heure, on passe le tout encore bien chaud, & on l'exprime avec force: l'huile se rassemble à la surface de la liqueur. Si elle n'est pas suffisamment pure, on la fait passer dans plusieurs eaux chaudes: l'huile se fige par le refroidissement.

L'huile de cacao se conserve très-long-tems sans devenir rance, n'a pas d'odeur, est assez blanche, & d'une saveur agréable. On peut l'employer aux mêmes usages que l'huile d'olives. La douleur des hémorroïdes cesse quelquefois promptement, quand on y applique du coton imbibé de cette huile. Les personnes qui y sont sujettes, peuvent utilement faire usage de ce remède, deux ou trois fois par mois, pour prévenir le retour des accès, & faire fluer doucement les hémorroïdes. Les Créoles espagnoles s'en servent pour embellir leur peau & en ôter les rougeurs & boutons.

Culture du cacaoyer. On nomme *cacaoyère* ou *cacaotière*, un plant ou verger de cacao. Ces arbres demandent une terre qui ait du fond, qui soit plus forte que légère, fraîche, bien arrosée, mais non pas noyée. Ils réussissent mal dans une terre argileuse : le sol qui leur convient le mieux est une terre noire ou rougeâtre, alliée d'un quart ou d'un tiers de sable, avec quantité de gravier. Dans les terrains plus forts & plus humides, le cacao devient grand & vigoureux, mais il rapporte moins, les fleurs y étant fort sujettes à couler à cause du froid & des pluies fréquentes.

On est assez dans l'usage de défricher des terrains pour y établir des cacaoyers. Quand on prend les terres qui ne sont que reposées, ces arbres durent peu, & ne rapportent communément que du fruit médiocre & en petite quantité.

M. Miller indique les ravines formées par les eaux, comme étant des emplacemens favorables; d'ailleurs les arbres y trouvent un abri naturel que l'on est obligé de leur procurer par art dans d'autres positions: il y a cependant lieu de douter que les ravines puissent les garantir du vent qui leur est très-préjudiciable. D'ailleurs, les cacaoyers pourroient être trop serrés dans ces endroits : ces arbres délicats ont besoin d'une certaine étendue d'air qui les environne.

Trop ou trop peu d'air, les vents & l'ardeur du soleil pouvant beaucoup nuire aux cacaos, on tâche de prévenir ces inconvéniens par la disposition du terrain. L'étendue que l'on a trouvée être avantageuse à une cacaoyère, est d'environ à peu près cent toises. Si le terrain est plus grand, on le divise en plusieurs carrés, réduits à cette proportion, & chaque carré doit être environné de bonne haies.

Si la cacaoyère n'est pas au milieu d'un bois, ou que dans ce bois même elle soit découverte par quelque endroit, on l'abrite par de grands arbres capables de résister à l'impétuosité des vents. Ces lisières peuvent être formées de grands arbres, mais on a lieu de craindre que dans le cas où un ouragan les abattroit, leur chûte ne fît périr beaucoup de cacaotiers. C'est pourquoi il est peut-être préférable de planter au dehors de la cacaoyère, plusieurs rangs de citronniers, de corosoliers, ou de bois immortel, qui étant plus flexibles diminuent la force du vent, ou dont la chûte ne peut pas faire grand tort aux arbres voisins. D'autres couvrent encore les lisières mêmes avec quelques rangs de bananiers ou de bacoviers (qui sont les figuiers des îles,) arbres qui croissent fort vîte, garnissent beaucoup, forment un très-bon abri, & donnent des fruits excellens.

J'ajouterai aux moyens que donne l'auteur de cet article, la plantation du bambou. Ce roseau croît fort vîte, s'élève très-haut, fournit beaucoup, & c'est par son secours que les hollandois au cap de Bonne-Espérance, garantissent leurs plantations. Ses feuilles sont très-utiles pour les animaux, & les nègres sont friands de la moelle spongieuse de cet arbre; il croît dans l'Inde & en Afrique, & en 1759 l'escadre de M. de Bompart le transporta dans les îles du vent de l'Amérique où il a prodigieusement multiplié. Il se reproduit de boutures, chaque nœud portant le germe de la racine & des jets. Plus il fait chaud, plus sa végétation est étonnante; chaque brin, gros comme le bras ou comme la jambe, s'élève dans l'espace de quelques mois, de quarante à cinquante pieds de hauteur. Lorsque les souches sont suffisamment espacées, elles peuvent produire jusqu'à cent jets & plus.

Pour défricher un terrain, on y brûle les plantes & les arbustes qui ont été arrachés, ainsi que les arbres abattus; puis on laboure à la houe le plus profondément qu'il est possible, on ôte toutes les racines que l'on rencontre, & on applanit la surface.

Le terrain étant préparé, on prend les alignemens avec un cordeau divisé par nœuds, vis-à-vis de chacun desquels on plante un piquet, en sorte que tout l'ensemble forme un quinconce.

On garnit la cacaoyère, soit en graine, soit en plant; le cacao se multiplie même de bouture à Cayenne, mais le succès en est beaucoup moins certain. Lorsque le terrain est déjà fatigué, ou qu'il est rempli de fourmis & de criquets, &c., on préfère d'y mettre du plant. Ce plant doit être un peu fort, afin que les insectes l'endommagent moins.

Tandis qu'on abat les arbres du terrain où l'on veut planter le cacao, on fait, le plus près qu'il est possible, une pépinière qui, n'occupant qu'un petit espace, peut être facilement garantie des animaux nuisibles. On doit choisir cette pépinière dans un endroit voisin de quelque rivière ou d'un marécage, afin de pouvoir l'arroser sans peine, car on la commence en été. On y met les graines à six pouces les unes des autres: quelques mois après, c'est-à-dire vers le commencement de l'hiver, dès que les premières pluies ont humecté la terre à une certaine profondeur, on coupe la terre tout autour à trois pouces de chaque arbre, que l'on transporte ainsi dans des paniers à l'endroit qu'on lui a destiné. L'arbre peut avoir alors la grosseur du petit doigt, & deux ou trois pieds de hauteur. Avant de le planter, on rogne son pivot, s'il excède la motte; sans cela, il se courberoit, & feroit périr l'arbre.

Dans les endroits où la terre n'a pas assez de corps pour pouvoir s'enlever ainsi que l'arbre, on élève les graines dans de petits mannequins remplis de terre & plus profonds que larges; ensuite on transporte ces mannequins dans les trous de la cacaoyère. L'usage des mannequins a néanmoins quelques incommodités. Comme ils ne contiennent qu'une petite quantité de terre, la chaleur la pénètre & la desséche, ce qui fait que la graine ne se développe pas sitôt ni si bien qu'en pleine terre. On pourroit les tenir plongés dans d'autre terre, mais ils périroient promptement. Une autre incommodité de ces mannequins ou *caurcouroux*, est que si on tarde un peu à les transporter, les racines en sortent, & alors cet excédant est privé de nourriture, demeure exposé à la chaleur de l'air, & s'y desséche.

Les graines de cacao ne peuvent bien réussir que dans des terrains absolument neufs, parce qu'ils fournissent beaucoup moins d'herbe, & que la violence & la durée du feu qui a consumé les arbres a en même tems dissipé les fourmis, les criquets, &c. Ils sont du moins plus rares dans la première année. Pour planter la graine, on choisit un tems de pluie ou actuelle ou prochaine: on cueille des cosses mûres, & on en tire la graine pour la mettre aussitôt en terre. Cette opération se fait ou à la fin de Juin ou à la fin de Décembre: on met deux ou trois amandes à quelques pouces les unes des autres, autour de chaque piquet, à deux ou quatre pouces de profondeur, ce qui se fait aisément avec le piquet même quand la terre est nouvellement labourée, sinon l'on remue légérement la terre avec une espèce de houlette; on coule chaque amande dans son trou, le gros bout en bas, & on la couvre d'un peu de terre. Comme il en manque toujours plus ou moins, les surnuméraires de celles qui ont bien levé ensemble dans un même bouquet, peuvent servir à regarnir les places vides, ou être plantées ailleurs.

On ne fait guère le choix des brins qui doivent rester en place, que lorsqu'ils ont quinze à vingt-quatre pouces de haut; ceux que l'on retranche doivent être levés avec dextérité pour n'offenser ni leurs racines, ni celles des arbres dont on les sépare, & même ne déranger aucune de celles-ci, parce que le cacaoyer est extrêmement délicat. On les replante aussitôt, avec la précaution de ne laisser aucunes racines dans une position qui les oblige à se courber. Il est plus avantageux de mettre dans les quinze jours de nouvelles graines à la place de celles qui ont péri, ou pour suppléer aux pieds languissans.

La distance qu'il convient de laisser entre chaque arbre, n'est point encore déterminée. On plante de cinq à douze ou à quinze pieds, sur-tout lorsque l'on plante dans des endroits montueux. Ceux qui les mettent près les uns des autres, observent que les cacaoyers ainsi que les caféyers tenus de cette manière dans nos îles, donnent beaucoup de fruits que l'on n'en recueille dans la terre ferme, où ces arbres plus éloignés emploient une plus grande partie de leur séve à se fortifier eux-mêmes, en sorte qu'ils n'ont sur ceux des îles que l'avantage de la hauteur & de la grosseur.

Il est constant que ces arbres plantés près à près, couvrent plutôt le terrain; &, qu'espacés à huit pieds, chacun d'eux peut faire une ombre de plus de trente pieds de circonférence en trois ou quatre ans. Les herbes cessant d'y croître, le travail se réduit à ôter les guys & détruire les insectes; au moyen de quoi, sans multiplier les bras, on peut replanter ailleurs une assez grande quantité d'arbres, & augmenter par progression dans peu d'années le nombre de ses cacaoyères. Plus les arbres sont éloignés les uns des autres, plus on est long-tems assujetti à sarcler & à nettoyer le terrain. Ainsi, en plantant près à près, on peut avoir vingt-quatre mille pieds d'arbres rapportans; au lieu que d'autres, avec les mêmes forces & dans un terrain également bon, n'en auront que huit mille.

Les arbres qui ne tardent pas à se toucher & entrelacer leurs branches, semblent être plus en état de se soutenir mutuellement pour résister au vent. Leur abri réciproque fait encore que la pluie en détruit moins de fleurs & qu'ils rapportent plutôt. Enfin, dans le cas où quelques-uns viennent à périr, le vide est moins sensible. Au contraire, lorsqu'ils sont à douze ou quinze pieds de distance, un ou deux arbres qui périssent, forment un grand vide que les branches voisines ne rempliront presque jamais, & qui laissent, pendant plusieurs années, beaucoup d'autres exposés à toute l'action du vent.

On a dit que l'ardeur du soleil pouvoit nuire aux cacaoyers, surtout dans les terres argileuses, & dans celles où le sable domine; mais on a vu ci-devant qu'une cacaoyère ne peut pas bien réussir, à cause de la qualité du sol, dans un terrain argileux, parce que les racines ne peuvent pas pivoter. Pour ce qui est des terres sèches & légères, le jeune plant y souffre beaucoup du soleil, si on ne met à ses côtés deux rangées de manioque, à un pied & demi des cacaoyers; ce que l'on fait en même-tems que l'on plante le cacao, soit un mois ou six semaines plutôt. Cette dernière méthode fait que le cacao se trouve abrité en levant, & que les mauvaises herbes n'ont pas le tems de prendre le dessus. C'est ici le cas d'employer le bambou, & de le substituer au manioque. L'autre pratique exige à sarcler souvent, jusqu'à ce que le manioque soit assez fort pour étouffer les herbes. Au bout de quinze mois, lorsqu'on fait la récolte du manioque, on en replante d'autres sur une rangée seulement au milieu de chaque allée, & on garnit le reste du terrain en melons d'eau, concombres, giraumons, ignames, patates, choux caraïbes. Toutes ces plantes couvrent la surface, empêchent la production des herbes, & fournissent en même tems de quoi nourrir les nègres. Il est à propos de détourner ces plantes lorsqu'elles s'approchent des cacaoyers.

Quelques cultivateurs ménagent des rigoles dans la cacaoyère, pour arroser le pied du jeune plant durant la saison, jusqu'à ce que son pivot soit parvenu à une profondeur où il trouve une humidité habituelle.

Le vent est bien plus dangereux pour les cacaoyers que le soleil. On a déjà parlé des abris que l'on forme soigneusement autour du terrain avec les arbres; il est encore à propos d'en planter d'autres parmi les cacaoyers. Les plus convenables sont les *bananiers* & les *bacoviers*, arbres d'ailleurs très-utiles, mais trop négligés. Il sont à peu près de la hauteur des cacaoyers, & acquièrent toute leur perfection en douze ou quinze mois. Le tronc a environ quinze à dix-huit pouces de circonférence, & n'est composé que des côtes des premières feuilles qui se couvrent les unes & les autres comme les écailles de poisson. Les feuilles qui forment un assez gros bouquet à la cime de l'arbre, ont cinq à six pieds de long, sur une largeur proportionnée. Ces arbres donnent quantité de rejets qui atteignent bientôt la hauteur & la grosseur des arbres mêmes, & qui tous ensemble font une masse de quinze à vingt pieds de tour; enfin, ils sont toujours très-aqueux,

&

& tiennent toujours la terre fraîche & humide; ce qui convient très-fort au cacaoyer. Il est vrai que ces arbres ne rapportent qu'une seule fois, & qu'ils périssent dès que le fruit est coupé; mais on peut dire qu'ils ne meurent point, les rejets les remplaçant toujours avec avantage & donnant du fruit au bout de huit mois. Tout cela dédommage amplement des frais de la cacaoyère.

On peut donc environner les quarrés par une ou deux rangées de ces arbres plantés à cinq ou six pieds l'un de l'autre, & en former d'autres rangées dans la pièce.

Il y a des endroits où l'on met du maïs, du manioque, & des cotoniers parmi les cacaoyers pour les abriter du vent; mais ces plantes sont assez long-tems à acquérir une certaine hauteur qui n'est jamais fort considérable. Le maïs & le manioque, qu'il faut cueillir au bout de quelques mois, laissent alors les cacaoyers sans abri. Le manioque sert à prévenir le mal que les cacaoyers reçoivent des fourmis; elles préfèrent cette plante.

La graine de cacao est ordinairement de sept à douze jours en terre avant de lever; ses progrès varient beaucoup selon les terrains. A mesure que le jeune arbre grandit, le bouton qui avoit constamment terminé la tige, se partage en plusieurs branches, dont le nombre est communément de cinq, & c'est ce qu'on appelle la *couronne* de l'arbre. S'il y a moins de branches, on croit devoir l'étêter pour donner lieu à la formation d'une nouvelle couronne meilleure que la première. On coupe les branches qui excédent ce nombre, comme pouvant faire prendre à l'arbre une forme défectueuse. Ces branches produisent une multitude de rameaux & s'étendent horizontalement. Le tronc continue de croître & de grossir, & les feuilles ne viennent plus que sur les branches.

Les cacaoyers ne sont pas plutôt couronnés, que de tems en tems ils poussent un peu au-dessous de leur couronne de nouveaux jets appelés *rejetons*. Si on abandonne ces arbres sans les gêner dans leurs productions, ces rejetons forment bientôt une seconde couronne, sur laquelle naît ensuite un nouveau rejeton, d'où il en sort une troisième; &c. au moyen de quoi la première couronne est presqu'anéantie. L'arbre s'effile en s'élevant considérablement, & toutes ses branches s'étendent à droite ou à gauche; en sorte que l'arbre paroît comme un gros buisson sans tronc. Ceux qui cultivent le cacao préviennent ces productions nuisibles aux récoltes du fruit, en rejetonnant, c'est-à-dire, châtrant tous les rejetons, lorsqu'ils sarclent, ou dans le tems de la récolte.

On arrête le cacaoyer à une hauteur médiocre, non-seulement pour avoir plus de facilité à recueillir, mais encore pour qu'il soit moins tourmenté des vents; cette hauteur varie selon les endroits.

L'âge auquel il commence à fleurir & à donner du fruit, n'est pas fixe; c'est ordinairement après dix-huit mois, ou deux ans. Ceux qui sont plantés en donnent cinq ou six mois plutôt. Ils sont couverts de fleurs & de fruits pendant toute l'année. On en fait cependant deux récoltes principales, une en Décembre, Janvier & Février, & l'autre pendant les mois de Mai, Juin & Juillet; on estime sur-tout la récolte d'hiver; cependant l'humidité de la saison doit rendre les fruits plus difficiles à sécher & à se conserver. Le fruit est environ quatre mois à se former & à mûrir. Le signe de maturité est lorsque le fond des sillons a entiérement changé de couleur, & que le petit bouton d'en bas du fruit, est la seule chose qui paroisse verte; on cueille alors le fruit.

Pour faire la récolte, on met un nègre à chaque rangée pour abattre les fruits mûrs avec une fourche de bois, ou les arracher à la main. Tantôt le même nègre les met à mesure dans un panier; tantôt ce panier est entre les mains d'un autre qui le suit, & qui va vider le panier au bout de la file.

Tout étant ramassé & mis par piles, on casse les cosses sur le lieu même au bout de trois ou quatre jours. On dégage les amandes d'avec le mucilage, & tout ce qui les environne, & on les porte à la maison. Les cosses, en demeurant dans la cacaoyère, s'y pourrissent, & peuvent ensuite servir d'amendement; mais on doit prendre garde qu'il ne s'y amasse pas d'insectes. On feroit grand tort aux plantes près desquelles on les charieroit. Les feuilles des cacaoyers amendent pareillement la terre, soit lorsqu'on les enfouit par les labours, soit que, demeurant éparses à sa superficie, elles concentrent l'humidité.

Aussi-tôt que les amandes sont arrivées à la maison, on les entasse dans des paniers, ou dans de grandes auges de bois, & à quelque distance de la terre. On les y laisse suer pendant quatre ou cinq jours, plus ou moins, bien couvertes de feuilles de balisier, ou de bananier, ou avec quelques nattes assujetties avec des planches ou des pierres; on les y retourne soir & matin. Durant cette fermentation, elles deviennent d'un rouge obscur.

Après ce tems, on les expose pendant quelques heures à un soleil vif & ardent, sur des claies, ou dans des caisses plates dont le fond est à jour, afin de dissiper un reste d'humidité qui pourroit les gâter. On les y remue & retourne fréquemment; ensuite on achève de les faire sécher à un soleil plus modéré, ayant soin de les mettre à couvert pendant la nuit, & lorsque le tems est humide ou pluvieux. Quand les amandes sont bien sèches, on les garde dans des futailles, dans des sacs, ou au grenier, jusqu'à ce qu'on ait l'occasion de les vendre. M. Artier approuve beaucoup qu'avant de les serrer, on les mette tremper une demi-journée dans l'eau de mer, & qu'on les fasse sécher une seconde fois.

Une cacaoyère bien tenue, produit considérablement. Les plantes qui servent à la garantir d'accidens, remboursent les frais de sa plantation & de sa culture. Ces frais se réduisent à la nourriture de quelques nègres qui peuvent presque vivre avec les productions destinées principalement à favoriser & conserver les cacaoyers. Les amandes de cacao sont donc un gain bien réel. En évaluant le produit de chaque arbre à deux livres d'amandes sèches, & leur vente à sept sols six deniers par livre, on retire quinze sols de chaque arbre. Vingt nègres peuvent entretenir cinquante mille cacaoyers.

Pour maintenir les cacaoyers en bon état, pendant vingt ou trente années, il faut avoir soin de leur donner deux façons tous les ans, après la première récolte d'été, un peu avant la saison des pluies. Savoir, 1°. de les réchauffer de terre chaude, après avoir bien labouré tout autour. Cela empêche que les petites racines ne prennent l'air & se dessèchent. 2°. La seconde opération est de tailler le bout des branches quand il est sec, & de couper tout près de l'arbre celles qui sont beaucoup endommagées ; mais il ne faut point penser à raccourcir les branches vigoureuses, ni faire de grandes plaies. Comme ces arbres abondent en suc laiteux & glutineux, il se feroit un épanchement qu'on auroit bien de la peine à arrêter, & qui les affoibliroit beaucoup.

Les cacaoyers ont pour ennemis les hannetons, les ravets, diverses sortes de fourmis, des espèces de sauterelles nommés *criquets*. Les criquets mangent les feuilles, & par préférence les bourgeons ; ce qui fait périr l'arbre, ou du moins le retarde de beaucoup. Jusqu'à présent, on n'a point connu d'autres moyens de s'en garantir, que de les faire chercher soigneusement pour en détruire le plus qu'il est possible.

Les fourmis blanches, nommées à Cayenne *poux de bois*, font un grand dégât, & les fourmis rouges encore plus. En une seule nuit, elles ont quelquefois ravagé de vastes plantations. Elles s'attachent principalement aux jeunes arbres. On les détruit en jetant quelques pincées de sublimé corrosif dans leur nid, ou sur leur route. Celles que le sublimé touche périssent en peu de tems, & portent encore la contagion & la mort parmi les autres, en se mêlant avec elles dans les nids.

Quant aux fourmis rouges, un moyen de les détruire est de fouiller la terre, & de jeter quelques pots d'eau bouillante dans les fourmilières que l'on rencontre.

Aux moyens fournis par l'auteur de ce mémoire pour détruire les chenilles, je crois qu'on pourroit employer celui dont on se sert pour faire mourir les *taupes grillons*, nommées *courtillieres* ou *courteroles*. Après avoir découvert le nid des fourmis, il faut couvrir avec un peu d'huile la surface du terrain criblée de trous ; mais auparavant, il faut la mouiller légèrement, afin que si la terre est sèche, elle n'absorbe pas l'huile. Aussi-tôt après, avoir des vases pleins d'eau, & en verser sur ces trous, peu à la fois, & sans interruption, mais autant qu'ils peuvent en recevoir. Cette eau, remplissant successivement les cavités, entraîne l'huile ; & tous les insectes quelconques couverts d'huile, périssent. Comme ils ont tous l'ouverture de leur poumon ou *trachée-artère* sur le dos, près du corselet, cette huile bouche la trachée, l'animal ne peut plus respirer & périt.

CADELLE. (*Voyez* INSECTES NUISIBLES AUX GRAINS)

CADET. (Poire de) *Voyez* POIRE.

CADRAN, CADRANURE, Botanique. C'est une maladie à laquelle les gros arbres, & surtout les chênes, son sujets; elle est bien différente de la roulure, & de la gelivure, avec lesquelles il ne faut pas la confondre. La cadranure est composée des fentes circulaires de la roulure, & des rayons de la gelivure qui vont du centre à la circonférence; de façon que ces différentes fentes ne représentent pas mal les lignes horaires d'un cadran. Très-souvent un arbre qui paroît fort sain à l'extérieur, renferme dans le cœur cette maladie qui ne devient sensible que lorsqu'il est abattu. Les jeunes arbres n'en paroissent jamais attaqués, & elle ne frappe que ceux qui sont sur le retour. Certainement l'altération du bois du cœur influe pour beaucoup dans cette maladie, sans qu'on puisse au juste en assigner la cause. Le bois n'en paroît pas moins sain, & peut être employé à beaucoup d'usages où il n'est pas nécessaire de grosses pièces; par exemple, les lattes, les douelles, le merrain, &c. &c. (*Voyez* Gelivure & Roulure) M. M.

CADUC. (Mal) *Voyez* Épilepsie.

CAFÉ. Je n'ai jamais cultivé cet arbre précieux; je l'ai vu au jardin du roi, mais pas assez fréquemment pour écrire d'après mes observations. J'emprunterai de divers auteurs ce que je vais rapporter, en rendant à chacun ce qui lui appartient, suivant la loi que je me suis imposée & dont je ne me départirai jamais.

Tableau du mot Café.

CHAPITRE PREMIER.

Histoire du Café.

Le cafier, dit M. l'abbé Raynal dans son *Histoire philosophique & politique des établissemens des Européens dans les deux Indes*, vient originairement de la haute Éthiopie, où il a été connu de tems immémorial, & où il est encore cultivé avec succès. M. Lagrenée de Mézières, un des agens les plus éclairés que la France ait jamais employés aux Indes, a possédé de son fruit, & en a fait souvent usage. Il l'a trouvé beaucoup plus gros, un peu plus long, moins vert, presqu'aussi parfumé que celui qu'on a commencé à cueillir dans l'Arabie vers la fin du quinzième siècle.

On croit communément qu'un mollach, nommé Chadely, fut le premier arabe qui fit usage du café, dans la vue de se délivrer d'un assoupissement continuel, qui ne lui permettoit pas de vaquer convenablement à ses prières nocturnes. Ses derviches l'imitèrent. Leur exemple entraîna les gens de loi. On ne tarda pas à s'appercevoir que cette boisson purifioit le sang par une douce agitation, dissipoit les pesanteurs de l'estomac, égayoit l'esprit; & ceux même qui n'avoient pas besoin de se tenir éveillés, l'adoptèrent. Des bords de la mer rouge il passa à Médine, à la

Mecque, & par les pélerins dans tous les pays mahométans.

Dans ces contrées, où les mœurs ne sont pas aussi libres que parmi nous, on imagina d'établir des maisons publiques, où se distribuoit le café. Celles de Perse devinrent bientôt des lieux infâmes; & lorsque la cour eut fait cesser ces dissolutions révoltantes, ces maisons devinrent un asyle honnête pour des gens oisifs, & un lieu de délassement pour les hommes occupés. Les politiques s'y entretenoient de nouvelles; les poëtes y récitoient leurs vers, & les mollachs leurs sermons.

Les choses ne se passèrent pas si paisiblement à Constantinople. On n'y eut pas plutôt ouvert les cafés qu'ils furent fréquentés avec fureur. D'après les représentations du grand muphti, le gouvernement fit fermer ces lieux publics; & l'usage de cette liqueur fut interdit dans l'intérieur des familles. Un penchant décidé triompha de toutes ces sévérités; on continua de boire du café, & même les lieux où il se distribuoit se trouvèrent bientôt en plus grand nombre qu'auparavant.

Au milieu du dernier siècle, le grand visir Koproli se transporta déguisé dans les principaux cafés de Constantinople; il y trouva une foule de gens mécontens, qui, persuadés que les affaires du gouvernement sont en effet celles de chaque particulier, s'en entretenoient avec chaleur, & censuroient avec une hardiesse extrême la conduite des généraux & des ministres. Il passa de-là dans les tavernes où l'on vendoit du vin; elles étoient remplies de gens simples, la plupart soldats, qui, accoutumés à regarder les intérêts de l'Etat comme ceux du prince qu'ils adorent en silence, chantoient gaiement, parloient de leurs amours, de leurs exploits guerriers. Ces dernières sociétés, qui n'entraînent point d'inconvéniens, lui parurent devoir être tolérées; mais il jugea les premières dangereuses dans un état despotique; il les supprima, & personne n'a entrepris depuis de les rétablir.

Dans le tems précisément qu'on fermoit les cafés à Constantinople, on en ouvrit à Londres. Cette nouveauté y fut introduite en 1652, par un marchand nommé Edouard, qui revenoit du Levant. Elle se trouva du goût des anglois; & toutes les nations de l'Europe l'ont depuis adoptée.

M. Aublet, à qui nous sommes redevables de l'*Histoire des plantes de la Guyane françoise*, en 4 volumes *in*-4°. n'est pas d'accord sur ce dernier point avec M. l'abbé Raynal. Il dit: on a des preuves que durant le règne de Louis XIII, on vendoit, sous le petit châtelet de Paris, de la décoction de café sous le nom de *cahové*, ou *cahovet*.

Il paroît, continue M. Aublet, que le premier pied de café qui a été cultivé au jardin du roi, y avoit été apporté par M. Ressons, officier d'artillerie; mais ce pied ayant péri, M. Pancras, bourgmestre d'Amsterdam, envoya en 1714, un pied de café à Louis XIV, & il fut soigné au jardin royal des plantes de Paris. Son histoire est intéressante, parce qu'il a été le père des premières plantations de café dans nos îles d'Amérique.

Dès 1716, de jeunes plants élevés des graines de ce pied, furent confiés à M. Isembery, médecin pour le transport de nos colonies dans les Antilles; mais ce médecin étant mort peu de tems après son arrivée, cette tentative n'eut pas le succès qu'on en attendoit. C'est à M. Declieux que nos îles ont l'obligation d'avoir formé de nouveau, en 1720, le projet d'enrichir la Martinique de cette culture. On doit à ses soins la réussite de ce second essai. Ce bon citoyen, pour lors capitaine d'infanterie & enseigne de vaisseau, s'étant procuré par le crédit de M. Chirac, médecin, un jeune pied de café, élevé de la graine du cafier, donné par M. Pancras, & conservé au jardin du roi, s'embarqua pour la Martinique. Il se trouva sur un vaisseau où l'eau devint rare; il partagea avec son arbuste le peu d'eau qu'il recevoit pour sa boisson; & par ce généreux sacrifice parvint a sauver le précieux dépôt qui lui avoit été confié. Ce plant étoit extrêmement foible, & n'étoit pas plus gros qu'une marcotte d'œillet. Arrivé chez moi, dit M. Declieux, mon premier soin fut de le planter avec attention dans le lieu de mon jardin le plus favorable à son accroissement. Quoique je le gardasse à vue, il pensa m'être enlevé plusieurs fois; de manière que je fus obligé de le faire entourner de piquans, & d'y établir une garde jusqu'à sa maturité. Le succès combla mes espérances; je recueillis environ deux livres de graines, que je partageai entre toutes les personnes que je jugeai les plus capables de donner les soins nécessaires à la prospérité de cette plante. La première récolte se trouva très-abondante; par la seconde, on fut en état d'en étendre prodigieusement la culture. Ce qui favorisa singulièrement sa multiplication, c'est que deux ans après tous les arbres de cacao du pays furent déracinés, enlevés & radicalement détruits par la plus horrible des tempêtes. C'est de la Martinique que les plants de café furent envoyés dans la suite à Saint-Domingue, à la Guadeloupe, & aux autres îles adjacentes.

Ce fut à peu près dans le même tems que le café fut apporté à Cayenne en 1719. Un fugitif de la colonie Françoise, regrettant ce pays qu'il avoit quitté pour se retirer dans les établissemens hollandois de la Guyane, & desirant revenir avec ses compatriotes, écrivit de Surinam que si on vouloit le recevoir, & lui pardonner sa faute, il apporteroit des graines de café en état de germer, malgré les peines rigoureuses prononcées contre ceux qui sortoient de la colonie avec pareille graine. Sur la parole qu'on lui donna, il arriva à Cayenne avec des graines récentes, qu'il remit à M. d'Albon, commissaire ordonnateur de la marine, & qui se chargea de les élever. Ses soins furent couronnés par le succès. Les fruits que produisirent bientôt ces arbres furent distribués aux habitans, & en peu de tems la multiplication fut considérable.

La compagnie des Indes, établie à Paris, envoya en 1717 à l'île de Bourbon, par M. du Fougeret-Gremer, capitaine de navire de Saint-Malo, quelques plants de café moka, qui furent remis à M. des Forges-Boucher, lieutenant de roi de cette île. Il paroît qu'il n'en restoit en 1720 qu'un seul pied, dont le produit fut tel cette année-là, que l'on mit en terre pour le moins 15000 féves de café. On lit dans le volume de l'académie des sciences de Paris, année 1715, le fait suivant. Les habitans de l'île de Bourbon, ayant vu par un navire françois, qui revenoit de moka, des branches de cafier ordinaire, chargées de feuilles & de fruits, ils reconnurent aussi-tôt qu'ils avoient dans leurs montagnes des arbres tout pareils, & allèrent en chercher des branches, dont la comparaison fut exacte; seulement le café de l'île de Bourbon fut trouvé plus long, plus menu & plus vert que celui d'Arabie. Et voilà comme, par le défaut de lumières, on va chercher bien loin & à grands frais ce qui nous environne & que nous foulons souvent aux pieds.

Il seroit à desirer que ceux qui nous ont précédé eussent conservé les noms des personnes qui ont enrichi leur patrie de plantes utiles. Ces noms seroient plus chers à ceux qui savent apprécier les choses, que ceux des conquérans qui l'ont dévastée ou ruinée.

CHAPITRE II.

Description du Café par M. de Jussieu.

Cet arbre auquel on peut donner le nom de *jasminum arabicum, lauri folio cujus semen apud nos* café *dicitur*, (M. von Linné le nomme *coffea arabica*, & le classe dans la pentrandrie monogynie) donne des branches qui sortent d'espace en espace de toute la longueur de son tronc, toujours opposées deux à deux & rangées de manière qu'une paire croise l'autre. Elles sont simples, arrondies, noueuses par intervalle, couvertes aussi-bien que le tronc d'une écorce blanchâtre, très-fine, qui se gerce en se desséchant. Le bois est un peu dur, & douceâtre au goût. Les branches inférieures sont ordinairement simples, & s'étendent plus horizontalement que les supérieures qui terminent le tronc, lesquelles sont divisées en d'autres plus menues qui partent des aisselles des feuilles, & gardent le même ordre que celles du tronc. Les unes & les autres sont chargées en tout tems de feuilles entières sans dentelures ni crenelures dans leurs contours, aiguës par les deux bouts, opposées deux à deux, & elles ressemblent aux feuilles de laurier ordinaire, avec cette différence qu'elles sont moins sèches, moins épaisses, ordinairement plus larges, plus pointues par leur extrémité; elles sont d'un vert gai, luisant en-dessus, vert pâle en-dessous.

De l'aisselle de la plupart des feuilles naissent des fleurs jusqu'au nombre de cinq, soutenues chacune par un péduncule court. Elles sont toutes blanches, d'une seule pièce, à-peu-près du volume & de la figure de celles du jasmin d'Espagne, excepté que le tuyau est plus court, & que les découpures en sont plus étroites, & sont accompagnées de cinq étamines blanches, à sommets jaunâtres; au lieu qu'il n'y en a que deux dans nos jasmins. Ces étamines débordent le tuyau de leur fleur, & entourent un stile fourchu qui surmonte l'embryon, ou pistil placé dans le fond d'un calice vert, à quatre pointes, deux grandes & deux petites, disposées alternativement. Ces fleurs passent fort vîte, & ont une odeur douce & agréable. L'embryon ou jeune fruit, qui devient à peu près de la grosseur & de la figure d'un bigarreau, se termine en ombilic, & est d'un vert clair d'abord, puis rougeâtre, ensuite d'un beau rouge, & enfin rouge obscur dans sa parfaite maturité. Sa chair est glaiseuse & d'un goût désagréable, qui se change en celui de nos pruneaux noirs secs lorsqu'elle est desséchée; & la grosseur de ce fruit se réduit alors en celle d'une baie de laurier. Cette chair sert d'enveloppe à deux coques minces, ovales, étroitement unies, arrondies sur leur dos, aplaties par l'endroit où elles se joignent, de couleur d'un blanc jaunâtre, & qui contiennent chacune une semence calleuse, pour ainsi dire ovale, voûtée sur son dos, plate du côté opposé, creusée dans le milieu, & dans toute la longueur de ce même côté d'un sillon assez profond.

A Battavia & en Arabie cet arbre s'élève beaucoup, & son tronc est toujours mince, proportion gardée avec sa hauteur. Il est presque pendant toute l'année chargé de fruits & de fleurs.

CHAPITRE III.

De sa culture.

On publia en 1773 une lettre sur la culture du café adressée à M. le Monnier, & sans nom d'auteur. C'est d'après cet ouvrage que nous allons parler & en donner le précis.

On a été long-tems en usage, dans l'île de Bourbon, de prendre dans les caféteries les jeunes plants qui naissent des fruits tombés : c'est un abus, & l'expérience a prouvé que ces plants languissent pendant long-tems après leur transplantation.

Les semis doivent être faits en plein-champ, après avoir donné à la terre qu'on leur destine plusieurs façons, & l'avoir engraissée, non pas avec du fumier, mais avec du terreau.

Ce terrain sera disposé en planches, sur lesquelles seront tracés des sillons d'un demi-pouce de profondeur, & espacés de sept à huit.

On jettera dans ces sillons le fruit dépouillé de sa coque, & non pas de son enveloppe coriace. Chaque grain sera éloigné de son voisin de trois pouces de distance, & recouvert de terre. Il est important de choisir les graines bien mûres & fraîches; dès qu'elles sont desséchées elles ne lèvent plus.

Pour enlever la pulpe, les nègres convalescens ou infirmes passent un cylindre de bois sur la cerise lorsqu'elle est rouge. Il écrase la pulpe & la sépare du grain.

Les graines destinées à être plantées ne doivent pas rester amoncelées pendant long-tems; la pulpe fermenteroit, & la fermentation nuiroit au germe. A mesure que le grain est dépouillé de sa pulpe, il est mis dans de la cendre, qui s'attache à l'enveloppe de la fève par l'intermède du suc visqueux fourni par la pulpe, & cette cendre empêche

empêche que les graines ne se collent les unes contre les autres, ce qui facilite les semailles.

Quelques cultivateurs ont pensé qu'il étoit plus à propos de planter les graines entières; c'est-à-dire, avec leur pulpe. Lorsque la pulpe se desséche en terre, elle met un obstacle à la sortie du germe. Il arrive ordinairement que l'une des deux fèves, renfermées dans l'enveloppe commune, germe avant l'autre. Les deux feuilles séminales sont renfermées dans l'enveloppe coriace, qui est particulière à chaque fève; la tige qui vient de naître porte cette enveloppe avec les feuilles, & pousse le grain lui-même hors de terre. Mais comme l'enveloppe *commune*, particulière à chaque féve, est contenue dans l'enveloppe commune aux deux féves, il résulte nécessairement de trois choses l'une; ou que la tige tendre du plant n'a pas assez de force pour soulever le poids de la seconde féve & de la pulpe, indépendamment de la terre qui les recouvre, alors le plant périt; ou bien si un vent trop fort agite cette masse sans défense, il casse la tige encore tendre; enfin, si la seconde graine, dont la germination a été tardive, est poussée sur terre, elle s'y dessèche & périt par l'action du vent & du soleil.

La saison la plus avantageuse pour faire les semis, est celle des mois de Mars, Avril, Mai & Juin, parce que les plants qui en proviennent n'ont à supporter que la chaleur du soleil d'hiver de ces cantons; & sont par conséquent déjà assez forts, lorsque les ardeurs de l'été se font sentir; tandis que les plants qui naissent en Décembre & en Janvier sont exposés aux chaleurs les plus fortes dès le moment de leur naissance, ce qui en fait périr beaucoup.

Il est très-essentiel de ne laisser aucune mauvaise herbe; leur arrachis se fait au pic, & non à la pioche, parce que le peu de distance entre les rayons ne permet pas ce genre de travail.

Les semis de café doivent être arrosés, non-seulement pour les garantir des sécheresses, mais pour accélérer leur végétation. Les arrosemens du soir sont préférables à ceux du matin & de la journée. Si on est près d'une rivière, on peut faire courir l'eau près des plates-bandes, qui doivent être dans ce cas très-étroites, pour qu'elles puissent être humectées entièrement par l'eau courante. Pour arroser par irrigation, on dispose les sentiers de manière qu'ils soient plus élevés qu'elles, & on fait couler l'eau dans celles-ci; ou bien on se contente d'élever seulement les bords d'un carré, & on l'inonde tout à la fois, ayant attention, dans l'un & l'autre cas, que les plants ne soient point submergés. La troisième manière d'arroser consiste à disposer les plates-bandes de façon qu'elles soient un peu plus élevées que les sentiers qui les séparent. On conduit le filet d'eau dans le premier sentier, à l'extrémité duquel on met un peu de terre pour arrêter l'eau; des enfans entrent dans ce sentier, & avec de calebasses ils la répandent sur les plates-bandes, à droite & à gauche, jusqu'à ce qu'elles soient bien humectées. Les deux premiers moyens ſont les plus prompts & les plus faciles, mais pas auſſi avantageux que le troiſième. Si le terrain de la caféterie eſt trop humide, le plant jaunit, ſa végétation eſt lente, & il eſt peu propre à la tranſplantation.

Il arrive preſque toujours que les colons manquent de plant pour achever leurs tranſplantations. Ce défaut retarde leurs travaux & recule leur récolte. On ſent tous les inconvéniens qui réſultent d'en aller chercher fort loin, & du changement de terrain; il vaut donc mieux avoir des milliers de plants de trop dans ſes pépinières, que d'en manquer.

Il eſt néceſſaire de faire des ſemis tous les ans, afin de remplacer les ſujets qui ont péri par les coups de ſoleil, les ſéchereſſes, les gros vers, les poux aſſez connus dans nos îles, & les araignées, qui détruiſent aſſez ſouvent les arbres les plus vigoureux dans les caféteries, mais ſur-tout dans les premières années de leur tranſplantation.

Les ſemis donnent quelquefois des variétés, & il peut en réſulter des découvertes. Les deux petits cafés, confondus à Bourbon ſous les noms d'*adon*, d'*oden* ou d'*ouden*, dont la qualité eſt ſupérieure, ne ſont que des variétés que l'on doit vraiſemblablement à la culture. Si on deſire multiplier les variétés que l'on obtient par ce moyen, il faut employer la greffe.

Il a paru depuis quelques années un petit ſcarabée noir qui ronge les feuilles des cafés. Cet inſecte eſt plus à craindre dans les pépinières que dans les caféteries formées. Il y a lieu de croire qu'il a été apporté du cap de Bonne-Eſpérance. Les hollandois mettent le ſoir ſur les arbres, des cornets de papier ou de feuilles, dans leſquels ces inſectes vont ſe nicher en foule pendant la nuit. On retire les cornets de grand matin, & l'on détruit tous les ſcarabées qu'ils contiennent. On peut joindre à cette méthode celle de ſecouer les arbres; ces inſectes tombent par terre, & on les tue.

Un autre inſecte blanc, qu'on nomme *pou* à l'île de France, s'attache aux branches, aux feuilles & même aux racines des cafés; il les fait languir; & on ne voit guère de ces poux que dans les ſemis qui ſont placés dans des terrains ſecs & arides. Lorſqu'on les arroſe ſouvent, il ne paroît plus de poux.

On a eſſayé de former des caféteries en plantant des graines dans les champs. Ce moyen ne peut avoir du ſuccès que dans les quartiers pluvieux; cependant comme les cafés qui n'ont pas été tranſplantés conſervent leur pivot, il réſiſtent mieux aux ouragans.

Soit qu'on plante le café de graines pour reſter en place, ſoit qu'on le tranſplante, on ne doit cultiver dans le même champ que du maïs & des petits pois, en éloignant ceux-ci des plants, & en ramant les autres, pour qu'ils ne cherchent point à s'attacher aux cafés; encore ne doit-on le faire que pendant les deux premières années, après leſquelles on ne doit rien cultiver du tout parmi les cafés. Les pois du Cap ſont ſujets aux poux, & les communiquent aux arbres. L'*ambravade* lui-même, arbriſſeau légumineux, dont on fait tant de cas à Bourbon, est également sujet aux poux; & c'est peut-être à l'usage où l'on est dans cette île d'abriter les jeunes cafés avec cet arbrisseau, que les colons doivent la ruine de leurs caféteries par ces insectes.

La saison la plus avantageuse pour transplanter les plants de café, est celle des mois de Juin, Juillet & Août; c'est alors qu'ils ont en général le moins de séve; & c'est aussi le tems le plus froid de l'année dans ces climats. Si on avoit dans ses pépinières une quantité surabondante de plants, on pourroit tenter la transplantation dans la saison des pluies, c'est-à-dire, dans les mois de Janvier, Février & Mars.

Il y a deux façons générales de transplanter le café; l'une qui est la plus sûre & la plus profitable, mais la plus longue & la plus laborieuse, est de le transplanter avec sa motte de terre. C'est la plus sûre, en ce que tous les plants réussissent en général; & c'est la plus profitable pour deux raisons: 1°. il faut une quantité bien moindre de plants, puisqu'ils sont moins sujets à périr: 2°. ils ne souffrent point de la transplantation, & par conséquent leur végétation n'en est point, ou presque point ralentie. Pour cette méthode, on se sert d'un déplantoir, qui enlève facilement le plant avec sa motte, & on coupe l'extrémité du pivot quand il dépasse. On mêle du terreau ou de la meilleure terre des environs dans le trou, & on le remplit. Si la terre des semis est trop sèche, il faut l'arroser quelque tems auparavant le moment de la transplantation.

La seconde méthode consiste à enlever les plants à nu, c'est-à-dire, sans prendre la peine de conserver leurs mottes de terre; mais avant de traiter de cette transplantation, il convient de parler du terrain propre à une caféterie.

Les terres fortes, marécageuses, marneuses, argileuses doivent être rejetées; les cafés aiment les terres légères, les rocailles, les pierres & la grande chaleur. S'ils paroissent plus vigoureux, & prospèrent mieux dans les quartiers pluvieux, ils n'ont pas l'avantage de la quantité, & sur-tout de la qualité. Les terres rouges à l'île de France, mêlées de pierres, & de grosses pierres, sont en général les plus propres à la plantation des caféteries. Dans les quartiers secs, ils ne réussissent pas dans les terres rouges, franches & profondes; elles se dessèchent trop promptement. Dans les quartiers pluvieux, ils réussissent dans les mêmes terres. Les terres noires qui couvrent la glaise, à trois ou quatre pouces de profondeur, ne conviennent pas aux cafés.

Quelques particuliers forment leur caféterie par petits champs au milieu des forêts; & l'on a remarqué que les cafés, placés le long des bois abrités du soleil levant & des vents généraux, venoient plus promptement, & étoient plus beaux que les autres. La beauté est illusoire; ils rapportent moins que les autres, & leurs fruits sont d'une qualité bien plus inférieure. Les cafés veulent le soleil & l'air, sans cela point de récoltes abondantes, point de fruits parfumés. Il vaudroit donc mieux donner aux champs des cafés, dans les quartiers secs, la figure d'un parallélogramme étroit, alongé, enfermé dans la forêt de façon qu'il présentât les grands côtés à l'est, & qu'il s'étendît du nord au sud. Il faudroit pratiquer de cent cinquante en cent cinquante toises des allées droites, larges, qui partageroient le parallélogramme en plusieurs autres, & qui traverseroient les deux lisières des bois opposés, & la plantation elle-même. Pour éviter, en partie, les effets des vents du nord & du sud, qui enfileroient toute la plantation, il seroit à propos de planter des arbres, soit alignés, soit en charmilles dans toutes ces allées, qui deviendroient elles-mêmes un objet d'agrément & d'utilité, tels que le manguier, le bois noir, le margozier, le lilas de Chine, le badonier, & sur-tout pour les quartiers pluvieux, le cannellier de Cochinchine, qui donneront de l'abri, dès la cinquième, sixième & septième année. Les allées procurent un libre courant d'air, favorable à la végétation; les mouvemens de cet air sont modérés dans les tems orageux; enfin, elles facilitent le transport des fruits dans les tems de la récolte.

Dans les quartiers pluvieux, on feroit mieux de donner plus de largeur au parallélogramme & éloigner les allées davantage entr'elles. Il n'est pas rare d'y voir des cafés pousser avec la plus grande vigueur, & périr subitement comme étouffés par l'abondance de sève; les saignées faites au sol y deviennent plus ou moins indispensables.

L'opinion générale dans les îles de France & de Bourbon, est que l'on doit placer les plants de café à sept pieds & demi de distance en tous sens; mais cette distance doit cependant être subordonnée à la nature du sol, & à la force qu'il donne à la végétation.

La transplantation exige à peu près les mêmes précautions dans tous les quartiers; & elles sont plus nécessaires dans les quartiers secs que dans les autres.

On commencera, s'il est possible, par préparer d'avance les trous destinés à recouvrir les plants. L'influence de l'air rendra meilleure la terre des fonds de ces trous. Dans les quartiers secs, il faut profiter des jours pluvieux pour ouvrir les trous; & ils doivent y être moins larges que dans les quartiers humides, puisque dans ces derniers les arbres y deviennent plus vigoureux. Dans les terres nouvellement défrichées, les trous doivent y être plus considérables, parce qu'elles se trouvent remplies de grosses & de petites racines d'arbres, qu'il importe d'enlever. Elles servent de pâture aux vers blancs, qui attaquent ensuite celles du café, & sur-tout le pivot, & font périr l'arbre.

On a remarqué que les vers blancs attaquoient de préférence les takamakas & les palmistes. Il faut donc avoir attention de brûler les tiges de ces deux arbres, & même leur tronc. Lorsqu'on fera le défrichement, on arrangera le bûcher sur les troncs des ces arbres, & on y mettra le feu.

Le choix des plants est très-important pour la transplantation; quelques-uns pensent que ceux de cinq à six pouces étoient préférables; & l'expérience a prouvé que les plants forts réussissent mieux. Les plants de deux à trois ans réussissent mieux à la transplantation ; mais elle seroit longue & dispendieuse.

Il y a trois précautions essentielles à prendre dans la transplantation ; la première est d'enlever les plants avec le plus de racines qu'on le pourra. La seconde est de couper le pivot en bec de flûte sur le lieu de la transplantation, & la tête du plant. Cette dernière opération n'est pas adoptée de tous les colons, & ils ont tort. La troisième, après avoir coupé les deux extrémités du plant, on le présentera dans le trou, on y ramènera peu à peu la terre, non celle que l'on en aura tirée, mais celle qui se trouve aux environs sur la superficie du terrain, parce que c'est la meilleure ; & on foulera doucement avec la main dans le trou & contre les racines, à mesure qu'on mettra de la terre, ayant soin de bien étendre les racines, de prendre garde qu'elles ne soient pas ramassées en paquets, ou pressées contre le pivot. On fera bien de mêler avec cette terre du terreau ou de la cendre.

Lorsqu'immédiatement après la transplantation, il survient un soleil ardent qui dure plusieurs jours, on doit, au moins une fois, faire arroser les plantes.

Les soins qu'exigent les cafés une fois plantés, jusqu'au tems de la récolte, consistent principalement à entretenir le terrain bien net, sur-tout au pied des cafés. Ils deviennent jaunes & languissans dès qu'ils sont gagnés par les herbes. On est assez généralement dans l'usage de brûler toutes les mauvaises herbes, après qu'on les a arrachées, parce qu'on s'est apperçu qu'elles poussoient presque toutes sur le terrain où on les avoit dispersées quand il survenoit de la pluie. Il est plus avantageux d'en tirer parti en les étendant aux pieds des cafés pour engraisser la terre ; par ce moyen, il n'en croîtra point de nouvelles pendant long-tems sous celles qui sont entassées ; mais il faut qu'elles forment un lit assez épais : d'ailleurs on aura moins à faire dans le second binage, qui, pour lors, n'est plus aussi pressé, ni aussi essentiel qu'étoit le premier. Pourvu que les jeunes cafés ne soient pas étouffés, on doit peu s'inquiéter de tout ce qui croîtra dans les intervalles laissés entr'eux ; & on étendra, au pied des cafés, toutes les productions qu'on cultivera dans la caféterie.

Toutes les fois qu'on nettoiera le terrain, on arrachera les herbes avec la main, plutôt qu'avec la pioche qui couperoit les racines capillaires qui partent du collet de la plante, à moins que les plantes ne soient tenaces & trop enracinées.

La glaise, les dépôts de rivières, sont les meilleurs engrais pour les quartiers secs. Dans ces mêmes quartiers, on doit détruire toutes les branches gourmandes, elles affament les bonnes branches. Dans les terrains humides ces gourmands sont moins à redouter.

Lorsqu'on trouvera sur les arbres du bois mort, ou des branches vertes à demi-rompues, on les taillera dans le vif, & on appliquera sur la plaie de la terre humectée.

Dès qu'un arbre de café jaunit par les feuilles, c'est une preuve qu'il est malade. Il faut, dans ce cas, fouiller la terre au pied de l'arbre, & chercher si les racines, & sur-tout si la partie pivotante, qu'on lui a laissée, ne sont pas attaquées par quelque ver. Quelquefois les racines sont dévorées par les poux blancs; la terre réduite en boue, les tue, en frottant la partie affectée. Dans ce cas, comme dans le premier, il convient de changer la plus grande partie de la terre qui entoure l'arbre, & de lui en substituer de nouvelle, mêlée de cendre & de terreau; enfin, arroser aussi-tôt après, si le terrain est sec.

Si ce moyen ne ranime pas l'arbre languissant, il convient de le receper. Il poussera plusieurs rejetons; & quand ils seront bien assurés, on les coupera tous, en ne conservant que le plus fort; cependant il ne faut pas tous les abattre le même jour, mais successivement & à plusieurs jours de distance. Si le recepage ne réussit pas, c'est le cas d'arracher l'arbre, de faire un nouveau trou plus grand & plus profond que le premier, d'en changer la terre; enfin, de laisser ce trou exposé au soleil & aux pluies pendant plusieurs mois.

Lorsqu'on voit des poux sur les branches, sur les feuilles & sur les fruits du café, on doit présumer que les feuilles en sont également attaquées; on piochera aux pieds, on y jettera beaucoup de cendre & de terreau, & on frottera les racines & les branches avec de la boue, ainsi qu'il a été dit plus haut.

Les cafés sont quelquefois affectés d'une maladie singulière. Les feuilles, les branches, & souvent même les fruits, sont en grande partie couverts d'une matière noire qui s'y fige & se dessèche. L'évaporation de la sève en est interceptée. Les arbres âgés sont plus sujets que les jeunes à cette maladie, qui n'est pas fort nuisible.

On est dans l'usage à Bourbon & même à l'île de France, de ne pas relever les arbres renversés par les ouragans. On se contente de chausser à la hâte les racines découvertes. Ces arbres poussent des branches gourmandes qui s'élèvent perpendiculairement. On laisse prospérer une ou deux de ces branches, & on coupe le reste. La plupart de ces arbres périssent, quoiqu'on ait beau chausser leurs racines. S'il survient un second ouragan, la caféterie est perdue. La meilleure méthode est de se hâter de relever les arbres renversés, & de chausser avec soin ceux qui sont sur pied aussitôt après l'ouragan.

L'usage a prévalu d'étêter les arbres après trois ans de transplantation, afin que leurs branches s'étendent davantage, & que la récolte soit plus facile; mais il ne suffit pas d'étêter l'arbre une seule fois. Quand on a coupé le sommet de la tige qui s'élève perpendiculairement, il sort deux jets droits immédiatement au-dessus des deux dernières branches latérales qu'on a conservées: ces deux jets forment deux nouvelles tiges; & celles-ci, à la longue, s'élèvent très-haut, au point qu'on ne peut atteindre avec la main le fruit qui croît sur les branches du sommet. Il faudra encore recouper ces deux jets ; & comme ils seront remplacés par d'autres, on coupera annuellement les jets perpendiculaires qui partiront du tronc ; par ce moyen, on viendra à bout de tenir l'arbre à la même hauteur, ainsi qu'on le pratique pour les haies qu'on est obligé de tailler sans cesse, quand on veut les tenir au même niveau. La meilleure saison de pratiquer la taille, est celle des mois de Mai & de Juin ; c'est alors que les cafés, en général, ont moins de féve.

Il est hors de doute que l'arbre auquel on laisseroit prendre son accroissement, donneroit des fruits de meilleure qualité que l'arbre étêté ; mais les derniers sont moins exposés aux ouragans, & leur récolte plus facile. Les arbres livrés à eux-mêmes sont plus précoces.

Lorsque les cafés sont sur le retour, qu'ils portent du bois mort & donnent peu de fruits, il faut alors les receper tous, le plus près de terre que l'on pourra, dans les mois de Juin, de Juillet & d'Août, en même tems labourer les pieds, & y mettre de l'engrais. Ces arbres sont en bon rapport environ pendant quarante ans.

La récolte dédommage le cultivateur de ses peines ; & les soins qu'elle exige se réduisent à cueillir le grain dans sa parfaite maturité ; elle se connoît à la couleur de la cerise. Quand elle est d'un rouge bien foncé, & qu'elle commence à brunir, il est alors tems de la cueillir. Cependant ce n'est pas là marche que l'on suit ; on cueille mal à propos le grain mûr, & celui qui ne l'est pas.

La manière de dessécher les cerises n'est point indifférente. On se contente, dans nos colonies, de les dessécher à l'air & au soleil ; dans quelques-unes on bat la terre avec des demoiselles, & l'on étend toutes les cerises du café sur cette aire ; d'autres y répandent un peu de cendre, ou bien les jettent sur le gazon. La terre communique assez souvent au grain une odeur désagréable. Les colons aisés font paver leur aire, en lui donnant un peu de pente pour l'écoulement des eaux ; cette méthode est préférable aux autres.

On étend le café sur l'aire tous les matins, & le soir il est mis en tas, recouvert avec des nattes faites de feuilles de voakas, afin de le garantir pendant la nuit de la pluie, qui retarde la dessiccation. Cet usage a un grand inconvénient ; le café en tas fermente, sa dessiccation est plus lente, & nuit à la qualité de la féve ; il vaudroit mieux, surtout dans les quartiers secs, laisser les grains épars sur l'aire, les couvrir de nattes pendant la nuit, & dans le jour s'il survient de la pluie. On a l'attention de passer souvent le râteaux sur les tas de café, afin que tour à tour les grains soient exposés au soleil. De toutes les méthodes, celle qui paroît mériter la préférence, est de sécher la cerise dans une étuve. Le dessèchement est plus sûr, plus prompt & plus complet. L'étuve ne doit point être aussi vaste qu'on pourroit le penser, parce que le café d'une plantation ne se récolte pas tout à la fois.

Lorsque le grain est desséché, il faut l'émonder. On a plusieurs moyens pour y parvenir. Les uns le pilent à force de bras dans un mortier de bois ; la main d'œuvre est longue & pénible, & le café est sujet à être écrasé ; d'autres se servent de moulins à vent, ou de moulins à eau ; ces derniers sont préférables à cause de la continuité & de l'égalité du mouvement. Lorsque la pulpe est enlevée, on lave les fèves, & on les met sécher au soleil ; on les dépouille de leur enveloppe coriace en les pilant ; enfin, on les vanne.

Après cette opération, il faut encore dessécher le café avant de le mettre dans des sacs ; ici l'étuve est excellente. Si on le dessèche à l'air libre, l'opération est plus longue & plus casuelle. Certains colons ne prennent pas tant de précautions ; alors il contracte une odeur qui diminue sa qualité. Au sortir de l'étuve, il doit être exposé à l'air, & ensuite mis dans des sacs.

CHAPITRE IV.

De ses propriétés.

Les semences sont inodores, d'une saveur légérement amère & âcre ; étant torréfiées, elles acquièrent une odeur empyreumatique légère, une saveur amère & médiocrement âcre. Le café favorise la digestion, échauffe, augmente le cours des urines, éloigne le sommeil, calme l'ivresse par les spiritueux, excite quelquefois le flux menstruel suspendu par l'impression des corps froids, tend à diminuer l'excès de l'embonpoint, est préjudiciable aux tempéramens sanguins, bilieux, aux enfans & aux femmes, lorsqu'elles sont disposées aux maladies convulsives, aux maladies inflammatoires, aux maladies de l'esprit, & aux maladies évacuatoires. Le café convient dans les maladies de foiblesse, aux tempéramens pituiteux, aux personnes sédentaires, phlegmatiques, dont l'estomac conserve les alimens trop long-tems avec sentiment de pesanteur dans la région épigastrique ; il soulage sensiblement dans les migraines, & dans les maux de tête provenans d'une mauvaise digestion. Le café à la crême est sur-tout très-nuisible aux femmes, il occasionne des pertes blanches. On vante beaucoup les lavemens de café contre l'apoplexie.

Différens auteurs se sont vivement déclarés contre l'usage du café ; d'autres en ont pris aussi vivement la défense. Il est résulté, de toutes ces grandes discussions, que chacun avoit raison ; & on auroit pu les éviter, si on étoit convenu auparavant de la manière de le faire, de la quantité de café nuisible ou utile ; enfin, de la nature des tempéramens auxquels il convenoit. Le goût général est actuellement décidé pour cette boisson ; il est à craindre qu'il se fixe également sur celle du thé, bien plus dangereuse par ses suites.

Le café trop brûlé échauffe beaucoup, & devient alcalin ; la liqueur est âcre, & n'a plus de parfum ; lorsqu'il est au point convenable, son huile essentielle est conservée, & sa décoction est parfumée & moins échauffante.

Les gourmets de café ont à leur tour élevé la question, savoir si on doit le brûler dans un moulin ou dans une poële de terre vernissée, fée. Il eſt conſtant que le moulin attaque l'huile eſſentielle, la ſeule partie aromatique du café, au point que le dedans de ce moulin paroît recouvert d'une ſubſtance qui reſſemble par ſon poli, par ſon luiſant, à une couche de vernis noir de Chine. Dans la poële, au contraire, l'air de l'atmoſphère ſe trouvant froid empêche l'évaporation de cette huile eſſentielle. Un moulin neuf donne pendant quelques jours un goût déſagréable au café, il ne l'eſt plus dans la ſuite. Chacun a ſa méthode pour la préparation de cette boiſſon. Voici la mienne, celle à laquelle je me ſuis décidé, après avoir varié les expériences dans tous les ſens poſſibles.

Je ſuis parti de ce principe univerſellement reconnu : plus le café eſt tenu au ſec, plus il eſt conſervé long-tems, meilleur il devient. La raiſon en eſt ſimple. La deſſiccation a fait évaporer l'eau de végétation contenue dans la féve. Plus un café eſt nouvellement arrivé en Europe, plus il eſt vert, plus cette eau de végétation eſt abondante dans le grain. Il faut donc, en le brûlant, imiter le procédé de la nature. Je préfère de le rôtir au moulin, parce qu'il l'eſt plus également, & l'opération eſt moins fatigante que dans la poële. Le moulin eſt intérieurement bien incruſté du vernis dont nous avons parlé plus haut, & ſert depuis long-tems. On jette dans le fourneau quatre ou cinq charbons au plus; on place le moulin, & le domeſtique tourne ſans ceſſe. Il faut entretenir le feu ſans l'augmenter, & cette opération doit durer au moins une bonne heure. La première odeur qui s'évapore par les joints de la petite porte, quoique fermée, eſt ſingulière ; je ne ſaurois bien la définir ; elle paroît approcher un peu de celle de la violette. Seroit-elle particulière à l'écorce ſeulement qui éprouve la première l'action de la chaleur ? Il eſt conſtant que ce ne peut pas être celle de l'huile eſſentielle, de l'huile aromatique du grain, il faut un autre degré de chaleur plus fort pour la développer. Bientôt après ſuccède une odeur déſagréable, puis faſtidieuſe, puis nauſéeuſe, & enfin à cette dernière odeur ſuccède celle du café brûlé. Dès qu'on commence à la ſentir, on retire le moulin du fourneau, & après en avoir ouvert la porte, on examine ſi la couleur du café approche de celle du tabac foncé, ou de la robe uſée des capucins. Depuis le commencement de l'opération juſqu'à ce moment, il faut avoir ſans ceſſe tourné la manivelle & maintenu un feu égal & doux. Si le grain n'eſt pas aſſez rôti, on remet le moulin ſur le fourneau, & de tems à autre on examine par la porte s'il eſt au point deſiré.

Lorſqu'il y eſt parvenu, il faut ſe hâter de porter le moulin ſur une table de marbre, ou ſur de la pierre, d'en ouvrir la porte, de le vider, enfin de faire en ſorte qu'un grain ne touche pas l'autre. Cette pratique eſt fondée ſur ce que l'attouchement du corps froid, tel que le marbre, la pierre, &c., dérobe au café une partie de ſa chaleur ; d'un autre côté, l'air froid de l'atmoſphère agit ſur le café, & le froid de l'air & de la pierre, au milieu deſquels le grain ſe trouve, empêche l'évaporation de l'huile essentielle, & la concentre dans le grain. Dès qu'il est parfaitement refroidi, il faut le tenir dans un vase qui ferme exactement avec son couvercle.

Plusieurs personnes ont la mauvaise habitude de l'étouffer dans une serviette, dans du papier, &c. il n'est pas possible de recourir à des expédiens plus défectueux. On devroit bien faire attention que cette serviette, ce papier, après en avoir enlevé le café, restent chargés & imprégnés d'une substance huileuse, & cette substance est vraiment l'huile essentielle dont le café s'est dépouillé. On ne la trouvera donc plus dans la boisson. Si on suit le procédé que j'indique, on verra chaque grain, pour ainsi dire, passé au vernis, & c'est l'huile essentielle qui s'est collée par-dessus. Les amateurs de café doivent chaque jour brûler celui qu'ils consomment.

La manière d'en préparer la boisson exige quelques précautions. Faire le café à la grecque, est la meilleure de toutes les méthodes, c'est-à-dire, mettre dans une chausse un peu claire la quantité de café réduite en poudre qu'on juge nécessaire, & vider par-dessus la quantité nécessaire d'eau bouillante, laisser le tout reposer, & servir très-chaud. Si on n'a point de chausse, lorsque l'eau sera bouillante dans la cafetière, y jeter la poudre, la remuer avec une cuiller, laisser reposer près du feu, & tirer à clair.

En suivant exactement ce que je viens de dire, on verra sur la surface de la liqueur l'huile surnager, & le café sera aromatisé. Lorsque l'on fait bouillir le café, l'huile essentielle s'évapore : que sera-ce donc quand on fera rôtir le grain à grand feu? Le café trop brûlé a un goût amer, fort, & il échauffe prodigieusement.

Dans les grandes maisons, on a coutume de le clarifier avec la colle de poisson; la liqueur, il est vrai, est plus agréable à la vue, mais cette colle s'est unie avec l'huile essentielle, se l'est appropriée, & en a dépouillé le café. Cependant c'est sa seule partie aromatique & agréable.

Le café en féve est susceptible de prendre toutes les odeurs des corps qui l'environnent, & l'humidité lui est très-pernicieuse. La meilleure manière de le conserver est de le tenir suspendu dans un sac, & attaché à quelques poutres d'un grenier, ou de tel autre endroit où il règne un grand courant d'air.

J'ai fait nombre d'expériences pour parvenir à enlever à certains cafés le goût qu'on nomme vulgairement *mariné*. Une seule a passablement réussi. Elle consiste à le jeter dans l'eau bouillante, l'y laisser quelques minutes, la vider, & exposer ce grain au grand soleil, ou dans une étuve, ce qui vaut encore mieux; enfin de le conserver ainsi que je viens de le dire. Le même procédé est utile pour les cafés verts.

CAILLE-LAIT JAUNE. (Voyez *Pl. 18*, page 490.) M. Tournefort le place dans la neuvième section de la première classe, qui comprend les herbes à fleur d'une seule pièce en forme de cloche, dont le calice devient un fruit composé de deux pièces adhérentes par la base, & il l'appelle *gallium luteum*, & M. von Linné *gallium verum*, & le classe dans la tétrandrie monogynie.

Fleur B vue en dessus, C vue en dessous. C'est un tube court, évasé en soucoupe, divisé en quatre parties ovales & terminé en pointe. Elle est composée de quatre étamines, placées alternativement entre les divisions de la corolle. Le pistil D est un ovaire posé sous la fleur, renfermé dans un calice avec lequel il fait corps, & ce calice est d'une seule pièce découpée en quatre petites dents.

Fruit E; capsule à deux loges, renfermant deux semences arrondies, lisses d'un côté F, & marquées de plusieurs sillons qui partent du centre de l'autre face G.

Feuilles, verticillées, c'est-à-dire disposées tout autour de la tige, comme les rayons d'une roue autour de l'axe, ordinairement au nombre de huit, linéaires, sillonnées, lisses & non velues.

Racine, longue, traçante, grêle, ligneuse, brune.

Port. Les tiges s'élèvent ordinairement à la hauteur d'un pied & demi; elles sont grêles, un peu velues, quarrées, noueuses; il sort le plus souvent de chaque nœud, deux rameaux assez courts, au sommet desquels, de même qu'à celui des tiges, les fleurs naissent ramassées en grappes.

Lieu. Les haies, les fossés. La plante est vivace, & fleurit en Mai & en Juin.

Propriétés. D'une odeur aromatique, douce, d'une saveur légérement austère; elle est astringente, céphalique, antiépileptique & antispasmodique, suivant M. de Jussieu.

Usage. On donne les fleurs sèches depuis demi-drachme jusqu'à deux drachmes, en macération au bain marie, dans cinq onces d'eau. Sèchées & pulvérisées, depuis 15 grains jusqu'à deux drachmes, incorporées avec un syrop. La dose du suc pour les animaux est de demi-livre, & la décoction de deux bonnes poignées dans deux livres d'eau.

Le nom qu'on lui a donné est dû à la propriété que cette plante a de cailler le lait, parce que toutes ses parties sont propres à cela.

Il y a une autre espèce de caille-lait à fleur blanche qui ne diffère du précédent que par la couleur de sa fleur, par ses feuilles plus grandes, par sa tige molle & flasque, & par ses rameaux très-étendus.

On lit dans les *Mémoires de l'Académie Royale des Sciences de Paris*, *année 1747*, une observation de M. Guettard, fort curieuse. On a nourri pendant quelque tems des lapines pleines, avec une pâtée dans laquelle il entroit de la racine de caille-lait pulvérisée, mêlée avec du son & des feuilles de choux hachées. Leur lait a été teint d'une couleur de rose assez vif, & les os des petits naissans se sont trouvés colorés de rouge, sans que ceux des mères qui ont été disséquées en eussent la plus légère teinte.

CAILLOT-ROSAT. *Poire*. (*Voy*. POIRE)

CAILLOU, HISTOIRE NATU-

RELLE. Le caillou répandu si généralement sur la surface de la terre, & qui, dans certains cantons, semble la recouvrir généralement, est une substance pierreuse extrêmement dure, faisant feu avec le briquet; d'un grain si fin, qu'il échappe à la vue. En général, le caillou est d'une couleur brune, quelquefois noire; mais on en trouve aussi de différentes couleurs. Sa transparence ne s'apperçoit que lorsqu'il est réduit à une très-mince épaisseur; & cette transparence est toujours obscure. Sur la surface de la terre, on le trouve isolé & par morceaux, qui approchent plus ou moins de la figure ronde. Ils paroissent en général avoir été roulés ou par les eaux de la mer, ou par celles des fleuves & des rivières. Ceux que l'on rencontre dans l'intérieur de la terre, y sont par bancs, parsemés dans du sable, du gravier ou de la craie; souvent dans cette dernière substance ils forment des couches considérables, continues, & peu distantes les unes des autres; l'épaisseur de ces couches ne va guère au-delà de dix à douze pouces, & plusieurs n'ont que quelques lignes. C'est dans les falaises qui bordent les côtes de la mer qui baigne la Normandie; dans celles qui, partant de la Champagne, vont à travers l'Ile-de-France, la Normandie & la Picardie, gagner les provinces de l'Angleterre qui font face aux nôtres; dans toute cette étendue, le caillou en banc ne forme qu'une masse raboteuse à l'extérieur, & qui annonce à chaque pas l'ouvrage de la mer, par la forme des madrépores & des polypiers que conserve le caillou dans quantité d'endroits. Ces observations peuvent conduire à l'explication de l'origine du caillou; mais nous en parlerons plus particulièrement au mot PIERRE.

Quelque dur que paroisse le caillou, quoique les acides, ces agens si puissans, ne paroissent avoir aucune prise sur lui, que le feu ne peut le réduire en chaux, & qu'il ne le fond & le vitrifie qu'à l'aide d'un alcali; le tems, ce destructeur puissant, qui développe sans cesse le germe de la décomposition dans tous les êtres, n'épargne pas les corps les plus durs, & le caillou n'est point à l'abri de ses effets. Exposé à l'air, il se décompose par des nuances insensibles, à la vérité, mais qui n'en sont pas moins réelles; alors sa surface extérieure devient blanchâtre, farineuse; elle happe la langue à la façon des argiles: si on le casse dans cet état, on remarquera facilement que cette blancheur pénètre plus ou moins avant dans l'épaisseur du caillou, suivant la longueur du tems qu'il est resté exposé à l'air.

La chimie & l'histoire naturelle, offrent à l'envi une infinité de détails sur la nature & la variété qui se rencontrent dans les cailloux; mais le plan que nous nous sommes proposé dans cet Ouvrage, ne nous permet pas de les exposer ici; nous renvoyons donc ceux de nos lecteurs qui seroient curieux de s'en instruire, aux livres qui les renferment.

Le caillou, lorsqu'il est en trop grande masse & en trop grande quantité, nuit beaucoup à l'agriculture; non-seulement il oppose une difficulté & une gêne perpétuelle au laboureur, mais encore il desseche les racines & les empêche de pomper les sucs nécessaires à la nourriture de la plante. Dans les terrains à vignes, il n'est pas aussi incommode ni aussi dangereux; les racines de la vigne étant plus fortes, elles s'étendent & pénètrent à travers les cailloux avec plus de facilité. M. M.

CAISSE. Machine faite en bois, composée de quatre pieds droits, sur lesquels ou dans lesquels on assujettit par des mortaises, ou par des clous, ou par des équerres en fer, les planches qui doivent former les quatre côtés & le fond; la partie supérieure reste découverte. La caisse doit être proportionnée au volume de la terre, & à la force de la plante ou de l'arbre qu'elle doit contenir, sans quoi le moindre coup de vent renverseroit le tout.

C'est mal entendre ses intérêts que de lésiner sur leur construction, soit relativement à la nature du bois, soit à la force des ferrures; on doit rechercher au contraire tout ce qui contribue à sa solidité & à sa durée. Je conviens qu'elle sera plus pesante, plus difficile à manier; mais comme on les manie deux fois l'année seulement pour les sortir ou pour les renfermer dans l'orangerie, la petite peine de plus qui résulte de leur poids, ne peut être mise en parallèle avec la diminution de sa durée, ou avec les raccommodages perpétuels qu'elle exigera.

On peint communément les caisses à l'extérieur, dans l'intention de garantir les bois de l'impression de l'air & de l'action du soleil. On a eu plus en vue l'agrément du coup d'œil que l'utilité, puisqu'on ne passe aucune couleur dans l'intérieur. Si on veut assurer leur durée, il faut que chaque pièce soit séparément passée à l'huile, même les feuillures & les languettes, avant d'être mises en place; que l'intérieur & l'extérieur soient également & avec le même nombre de couches, passés à la couleur, & surtout que toutes les jointures le soient exactement. Voici la préparation dont je me suis servi le plus avantageusement.

Sur dix pintes d'huile de noix ou de lin, ou de navette, ou de colsat, ou de caméline, cuite à petit feu pendant deux heures, & dans laquelle on aura suspendu une poupée remplie de litarge, jetez quatre livres de poix-résine que vous ferez fondre à très-petit feu, sans quoi elle se boursouffleroit & courroit le risque de tomber dans le feu. Pour cela, le vaisseau ne doit être plein qu'aux deux tiers au plus. Remuez toujours, jusqu'à ce que la poix-résine soit entièrement fondue. Jetez alors dans ce vaisseau une à deux livres de cendres bien tamisées; remuez de nouveau, afin que les molécules des cendres soient bien distribuées dans l'huile; ajoutez ensuite la matière colorante dont vous desirez vous servir. Pour le vert, qui est la couleur la plus employée, prenez du vert-de-gris réduit en pâte la plus fine, en la broyant avec la première huile sur le marbre, faites-en un petit monceau. Avec la même huile, broyez le décuple au moins de blanc de céruse, & non pas de la craie qu'on appelle *blanc de Troye*, *blanc d'Es-*

pagne, &c. ; ensuite reprenez cette pâte de céruse ; rebroyez la masse, en y ajoutant peu à peu de celle du vert-de-gris, jusqu'à ce que le tout soit d'un vert très-clair. Si la couleur verte étoit foncée, elle deviendroit presque noire à la suite du tems.

Lorsque l'on donne la peinture de ces caisses à prix fait, l'ouvrier emploie la craie & non le blanc de céruse, parce que celui-ci est beaucoup plus cher ; c'est toujours par la craie que la couleur se détériore.

Pour se servir du mélange que je viens d'indiquer, il faut, 1°. que le bois soit parfaitement sec, avant que l'ouvrier commence à le dégrossir, sans quoi il sera sujet à se jeter, & la couleur tiendra peu. Tout aubier ou bois imparfait sera scrupuleusement séparé ; c'est par lui que commence la pourriture. 2°. Avant de passer la couleur, laisser le bois exposé à la grosse ardeur du soleil, ou approché d'un feu clair, il prend mieux la couleur. 3°. Tenir la composition sur le feu, & l'employer chaude le plus que faire se pourra. 4°. Chaque fois que l'ouvrier trempe son pinceau, il doit remuer toute la matière.

Si chaque partie qui compose la caisse étoit ainsi preparée avant d'être mise en place, excepté les languettes & les feuillures qui doivent être passées à l'huile simple, il est constant que la durée de ces caisses seroit du double de celle des caisses ordinaires.

La couleur dans l'intérieur de la caisse, est bien plus essentielle que sur l'extérieur, puisque la terre qu'elle contient est sans cesse humectée. En effet, une caisse paroît souvent bien saine à l'œil, tandis qu'elle est toute pourrie en dedans. Je le répète, toute lésinerie va contre les intérêts du propriétaire ; & c'est à lui à bien voir, bien examiner, s'il ne veut pas être trompé par l'ouvrier.

CALAMENT. (Voyez *Planche 18*, page 490). [M. Tournefort la place dans la section troisième de la quatrième classe, qui comprend les herbes à fleur d'une seule pièce, dont la lèvre supérieure est retroussée ; & il l'appelle *calamintha vulgaris & officinarum germaniæ*. M. von Linné la nomme *melissa calamintha*, & le place dans la didynamie gymnospermie.

Fleur. Chacune est formée d'un tube B, menu à sa base, gonflé dans le milieu, divisé à son extrémité en deux lèvres, dont la supérieure est relevée, arrondie, découpée en deux parties ; l'inférieure est rabattue, découpée en trois parties ; celle du milieu plus large que celles de côté, & est en forme de cœur. En C, le tube de la corolle est représenté fendu par le milieu de la lèvre supérieure. Quatre étamines excèdent la longueur du tube, dont deux plus grandes & deux plus courtes. Le pistil D est logé dans le fond du calice E.

Fruit. A la base du calice sont placés quatre ovaires, qui deviennent, par leur maturité, autant de graines.

Feuilles, arrondies, terminées par une pointe mousse, légérement dentelées, velues.

Racine A, rameuse, fibreuse, roussâtre.

Port. Tiges hautes d'une palme, carrées, branchues. Les fleurs naissent des aisselles ou bouquets purpurins, portées par des péduncules subdivisés en deux, & de la longueur des feuilles; les feuilles opposées deux à deux.

Lieu. Les terrains pierreux, les bois, & fleurit en Juin & Juillet.

Propriétés. Ses feuilles ont une odeur agréable, une saveur âcre & un peu amère; elles sont stomachiques, incisives, résolutives, carminatives; les feuilles échauffent médiocrement, favorisent quelquefois l'expectoration, réveillent les forces languissantes de l'estomac & des intestins.

Usages. Elles sont indiquées dans le dégoût par foiblesse d'estomac, ou par des matières pituiteuses; dans l'asthme humide, dans la toux catarrale. La dose des feuilles récentes, est depuis deux drachmes jusqu'à une once, en infusion dans six onces d'eau; les feuilles sèches, depuis une drachme jusqu'à demi-once, en infusion dans la même quantité d'eau. Pour l'animal, en infusion, à la dose d'une poignée dans deux livres d'eau.

CALANDRE. (*Voyez* CHARANÇON)

CALCAIRE, HISTOIRE NATURELLE. On désigne sous ce nom toutes les substances que le feu peut réduire en chaux, & qui font effervescence avec les acides. Ainsi, non-seulement on a des pierres calcaires, mais encore des sables & des terres calcaires, qui ne sont que les *detritus* des premières. Depuis le marbre, qui est la pierre calcaire la plus dure, jusqu'à la craie tendre, on a une infinité de nuances dans la classe de ces pierres, soit pour la couleur, soit pour la dureté; mais toutes ont plus ou moins les qualités suivantes, qui sont les marques distinctives auxquelles on reconnoît les substances calcaires d'avec les substances vitrifiables. Une pierre ou une terre calcaire, mise dans un acide comme de l'eau-forte, fait effervescence, & laisse échapper une grande quantité d'air, qui n'est que de l'air fixe, & forme avec cet acide une nouvelle combinaison. (*Voyez* le mot ACIDE) Exposée au feu, & chauffée pendant un certain tems, elle perd le principe qui lui faisoit faire effervescence; & dépouillée de son air fixe, elle devient chaux vive. (*Voyez* ce mot, où nous développerons la théorie de sa formation) La pierre en état de chaux est dissoluble dans l'eau, & susceptible d'y prendre corps avec une substance intermédiaire, telle que le sable, le gravier, la brique pilée, &c. &c. Enfin, leur dernier caractère est de ne point faire feu avec le briquet.

Les substances calcaires se trouvent, en général, sur le globe, disposées par couches, plus ou moins étendues, horizontales ou inclinées; elles composent des montagnes entières, sur-tout celles de la troisième classe. Dans ces bancs de pierres calcaires, on rencontre très-souvent des débris de coquilles, de madrépores, & d'autres productions marines. Cependant il existe de très-hautes montagnes calcaires par masses, & qui ne sont point chargées de ces dépouilles. Comme la forme des matières calcaires est très-variée, & qu'elles se présentent à l'observateur naturaliste sous des apparences qui pourroient les faire méconnoître ; & qu'enfin, il est très-intéressant à l'agriculteur, qui ne se borne pas au seul labourage de son champ, de pouvoir les reconnoître & les distinguer pour en tirer le parti le plus avantageux, il nous paroît indispensable de lui en détailler les différens genres, en renvoyant seulement au mot PIERRE l'histoire de leur origine première.

On divise en cinq classes toutes les carrières calcaires, proprement dites, c'est-à-dire, celles où le principe calcaire l'emporte infiniment dans leur composition sur tous les autres qui s'y rencontrent ; car nous ne connoissons pas de substance absolument pure, absolument homogène.

1°. Dans la première classe, on range toutes les *terres & pierres coquillières.* Nous avons vu plus haut que les bancs de pierres calcaires contenoient souvent des coquilles, ou autres dépouilles de la mer ; mais quelquefois elles s'y rencontrent en si grande quantité, qu'elles en font la partie principale. Alors elles sont ou en dépôt, mêlées avec de la terre friable, comme dans les falunières de Touraine & du Vexin, (*voyez* le mot *falun*) ne faisant point corps ensemble ; ou réunies par un gluten qui leur donne de la solidité. Les premières font la terre coquillière ; & les secondes, la pierre coquillière. Les coquilles y conservent leur forme organique ; souvent elles y sont tout entières, avec une partie de leur couleur. Si l'on reconnoît la plupart de ces coquilles, souvent aussi les analogues sont absolument inconnues.

On tire le plus grand parti des terres coquillières dans l'agriculture, en les répandant sur les champs ; elles y produisent un effet analogue à celui de la marne.

2°. La seconde classe est composée des *terres* & des *pierres calcaires*, proprement dites. Elles sont formées par les matières du premier genre, usées & déposées par les eaux en forme de bancs & de couches. Il y en a plusieurs sortes : la terre calcaire compacte, qui n'est que la craie ordinaire, & qui varie par la couleur & la finesse du grain ; la terre calcaire en poudre, comme de la farine, ce qui lui a fait donner le nom de *farine fossile ;* la terre calcaire molle, comme le tuf, qui durcit & blanchit en se séchant ; la pierre calcaire à gros grains, comme celle des environs de Paris, dans laquelle on rencontre beaucoup de coquilles à demi-brisées ; enfin, la pierre calcaire à grain extrêmement fin.

La craie est employée à beaucoup d'usages domestiques ; & la pierre calcaire est destinée à la construction de nos édifices, & à la formation de la chaux.

3°. Les *marbres* forment la troisième classe ; mais dans la réalité, ils ne diffèrent des pierres calcaires, proprement dites, que par une plus grande dureté, qui les rend susceptibles de prendre un beau poli ; leurs couleurs variées & brillantes, leur grain plus fin & plus serré en fait la beauté, & les consacrent

aux

aux ouvrages de ſculpture & d'architecture. Dans les pays où les marbres ſont très-communs, on les emploie pour faire de la chaux.

4°. Quand la matière calcaire a été diſſoute par les eaux, & que, chariée par elles, elle ſe dépoſe irrégulièrement à travers les fentes des voûtes, des grottes, ou ſur la ſurface d'un corps quelconque, alors elle forme de *concrétions*. Les concrétions ne ſont pas diſpoſées par grandes couches, mais plus ordinairement par fragmens iſolés, qui peu à peu ſe rapprochent & ſe confondent en augmentant d'étendue & de groſſeur. Les ſtalactites, qui ſont des infiltrations aux voûtes des cavernes, ſont de ce nombre ; lorſqu'elles ſont dépoſées le long des parois des cavités ſouterraines, & qu'elles ont un brillant extérieur, on les nomme *congélations* & *ſtalagmites*, lorſqu'elles ſont dépoſées ſur le ſol. Il faut auſſi ranger dans cette claſſe les albâtres, qui diffèrent du marbre par leur dureté qui eſt moindre, & par leur poli qui paroît gras & huileux.

5°. La cinquième claſſe renferme la matière calcaire criſtalliſée, qui porte alors le nom de *ſpath calcaire*. La caſſure lamelleuſe de cette ſubſtance la fait aiſément diſtinguer des quatre claſſes précédentes, dont la caſſure eſt grenue.

Les arts emploient l'albâtre en ſculpture, & pour différens petits ouvrages de goût. Le ſpath criſtalliſé a paru juſqu'à préſent plutôt un objet de curioſité & d'étude pour l'hiſtoire naturelle, qu'un ſujet d'utilité dont on pût tirer quelqu'avantage direct.

Nous avons obſervé que rarement les terres & pierres calcaires ſe trouvoient pures ; ſouvent elles ſont tellement mêlangées, qu'elles ne ſont preſque plus reconnoiſſables ; & alors elles prennent des noms relatifs à ces nouvelles combinaiſons. Quelquefois mélangées avec une terre argileuſe & du ſable, elles forment cette matière terreuſe, mixte, ſi utile pour l'agriculture, & déſignée ſous le nom de *marne*. (*Voyez* ce mot) M. M.

CALCUL. (*Voyez* PIERRE DE LA VESSIE)

CALEBASSE. (*Voyez* COURGE)

CALICE, BOTANIQUE. Le calice eſt un renflement que l'on remarque ordinairement à l'extrémité du péduncule qui porte les fleurs. Il ſert de baſe & d'enveloppe ſecondaire aux parties de la fleuraiſon & de la fructification. Produit par l'épanouiſſement de tout ce qui forme le péduncule, il eſt organiſé comme lui, c'eſt-à-dire, qu'il eſt compoſé comme lui du tiſſu cellulaire, de vaiſſeaux lymphatiques, & de vaiſſeaux propres recouverts par une enveloppe commune, l'épiderme. D'après cette définition & cette explication, il eſt aſſez facile de diſtinguer le calice d'avec la corolle, quoique ces deux parties aient ſi ſouvent été confondues, même par les auteurs qui avoient le plus grand intérêt de ne les pas prendre les unes pour les autres, puiſqu'elles ſont la baſe de leurs différens ſyſtêmes. Combien de fois ne voyons-nous pas Tournefort prendre pour corolle, les mêmes parties que

Linné nomme *calice* dans le jonc, l'*amaranthe*, le *kali*, le *sceau de Notre-Dame*, &c. &c.; tandis que lui-même donne le nom de calice dans le buis & la camarigne à des parties que M. Linné appelle *corolle ;* enfin, comme le remarque M. le chevalier de la Marck, on démontre actuellement au jardin royal de Paris, sous le nom de *calice*, dans toutes les liliacées, les ellébores, les nielles, les aconits, &c. des parties que MM. de Tournefort & Linné appellent très-décidément *corolle*. On auroit évité cette confusion, si l'on eût expliqué les termes de calice & de corolle avec des caractères absolument distinctifs. Il est bien des cas où la corolle peut exister sans calice, comme dans la tulipe; mais il n'est point de calice sans corolle, ou du moins il en est très-peu. La corolle, (*voyez* ce mot) est la première enveloppe des étamines & des pistils; & le calice la seconde, la plus extérieure, & suppose toujours l'existence de la première.

La destination du calice est double; il sert d'enveloppe dans certaines fleurs, comme dans les renoncules & dans les pavots; il sert seulement d'appui dans presque toutes les fleurs en parasol, & dans quelques autres, comme la garance, la valériane; mais il sert d'enveloppe & d'appui dans les fleurs du rosier, du pommier, du grenadier, &c. Quand il sert d'appui de la corolle, il la soutient, la fortifie, & l'empêche, pour ainsi dire, de trop s'ouvrir avant que la fécondation ait eu lieu. C'est pour cette raison, qu'en général, le calice subsiste plus long-tems que la corolle; souvent même il accompagne le fruit jusqu'à sa parfaite maturité; ce qui l'a fait regarder, par plusieurs illustres naturalistes, comme l'organe coopérateur du fruit. Mais il n'est pas l'unique; & ce n'est pas là sa destination essentielle, puisque lorsqu'il n'existe pas, la corolle supplée à son défaut.

Presque toutes les parties communes, dans toutes les fleurs, ont beaucoup d'analogie entr'elles; cependant leur grande variété n'est pas une des moindres richesses de la nature. On les reconnoît toutes à une forme générale; tandis qu'un caractère particulier les empêche de les confondre. On distingue une variété prodigieuse dans ce support. On trouve des calices en forme de cornet; d'autres en cloches; quelques-uns en tuyaux: ceux-ci en soucoupes, ceux-là en forme de roses; presque tous sont plus ou moins découpés sur les bords; & ces découpures sont ou arrondies, ou pointues, ou dentelées, ou épineuses; elles forment quelquefois des appendices considérables, comme dans le calice de la rose. Il y a des calices unis & lisses; d'autres raboteux, d'autres velus, d'autres épineux, d'autres écailleux; il y en a de très-minces, & d'autres charnus.

Ils sont ou d'une seule pièce, ou de plusieurs; dans le premier cas, on les appelle *calice monophylle*, & leur caractère est que leurs divisions ne s'étendent pas jusqu'à la base, comme dans la primevert, les œillets, les poiriers, les pêchers, les abricotiers, &c. (*Figure 6, Planche 16*, page 460).

Dans le second cas, le calice est polyphylle, & son caractère est d'avoir les divisions prolongées jusqu'à sa base, ou jusqu'au réceptacle; car au-dessous de cette partie, le calice paroîtra toujours monophylle, puisqu'il n'est que l'épanouissement de l'écorce du péduncule. On sent parfaitement que cette seconde espèce de calice varie suivant le nombre de pièces dont il est composé; il est diphylle lorsqu'il n'y a que deux pièces, comme dans le pavot (*Fig. 7*) la fumeterre; triphylle ou à trois pièces, comme dans le fluteau (*Fig. 8*); on a supprimé les pétales & les étamines pour ne laisser voir que le calice; tétraphylle, ou à quatre pièces, comme dans la perce-neige, les sagines, le câprier, (*Fig. 9*, ABCD, les quatre feuilles du calice: on a supprimé les pétales pour pouvoir les distinguer); pentaphylle, ou à cinq pièces, comme dans la morgeline (*Fig. 10*, A B C D E, feuilles du calice) le ciste; le calice des épines-vinettes en a six, &c. (*Fig. 11*, ABCDEF; on a supprimé les pétales pour laisser appercevoir les divisions du calice). Entre les calices d'une seule pièce, la base de quelques-uns se gonfle & devient le fruit; les pommiers, les coignassiers, les grenadiers, sont de ce genre; alors les échancrures du calice restent desséchées au bout du fruit; & ces calices, qui deviennent des fruits, ne tombent point. A d'autres arbres, comme aux amandiers, aux pêchers & aux abricotiers, les calices monophylles servent seulement de supports aux étamines, & d'enveloppe aux jeunes fruits; mais ils tombent dès que le fruit est noué. Il y a donc des calices qui subsistent jusqu'à la maturité des semences ou des fruits; & d'autres calices qui tombent en même tems que les autres parties des fleurs. Le calice de plusieurs fruits, & de la plupart des fleurs légumineuses, subsiste jusqu'à la maturité des semences, comme à la belladone; ou à la naissance des siliques, comme dans le raifort, le choux, le bois puant, &c. A l'égard des fleurs labiées, telles que celles du romarin, les semences n'ont point d'autre enveloppe que le calice. Entre les calices composés de plusieurs pièces, la plupart, comme celui du câprier, tombent avant la maturité des fruits; & quelques-uns, comme celui de la grenadille, subsistent. Cette diversité dans la durée des calices, a fait naître une division naturelle entr'eux, par rapport à leur permanence; & de-là on a distingué les calices *caducs*, qui tombent au moment de leur épanouissement avant la chûte des pétales, comme dans les pavots l'*épimedium*; les calices *tombans*, qui tombent avec la fleur, ou peu après elle, comme dans les liliacées & plusieurs crucifères; les calices *persistans* lorsqu'ils surviennent à la fleur, comme dans la sauge, la mélisse, l'aristoloche, &c.

Jusqu'à présent nous n'avons considéré le calice qu'en tant qu'il ne renferme qu'une seule fleur, comme dans l'œillet, la julienne: il faut encore remarquer que ce calice, que l'on désigne sous le nom de *propre*, peut être simple ou double; c'est-à-dire, il est simple lorfqu'il n'eſt compoſé que d'une ſeule enveloppe, qui eſt tantôt nue, & tantôt garnie de poils & d'épines, & quelquefois d'écailles placées à ſa baſe : ainſi, le calice eſt nu dans la morgeline, velu dans le pavot, épineux dans le coris, & écailleux dans l'œillet ; il eſt double lorſqu'il eſt compoſé de deux ou pluſieurs enveloppes remarquables, toutes néanmoins très-diſtinguées de la corolle, comme dans la mauve (*Fig. 12*). La nature toujours riche & magnifique dans ſes variétés, a donné des calices communs à un grand nombre de plantes. Ces calices communs renferment pluſieurs fleurs toutes diſpoſées ſur le même réceptacle ; cette eſpèce de calice ſubſiſte ordinairement juſqu'à la maturité des fruits. Outre ce calice commun dans les fleurs à fleurons & à demi-fleurons, chaque fleur a encore ſon calice particulier, comme dans le chardon, la laitue, la ſcabieuſe, &c. On diſtingue trois ſortes de calices communs ; le calice commun ſimple qui n'eſt compoſé que d'une ſeule pièce, ou qui n'eſt formé que d'un ſeul rang d'écailles qui ne ſe recouvrent point les unes les autres, comme dans la barbe de bouc (*Fig. 13*) ; le calice commun embriqué, c'eſt-à-dire, compoſé d'écailles ou de folioles diſpoſées ſur plus d'un rang, & qui ſe recouvrent par gradation comme les tuiles d'un toit ; les calices du ſcorſonnère (*Fig. 14*) du chardon ſont de ce genre : enfin, le calice commun caliculé ; c'eſt le calice commun ſimple, garni à ſa baſe extérieure de petites écailles qui forment preſqu'un ſecond calice, plus court que l'autre au moins de moitié, comme dans le ſeneçon, (*Fig. 15*) la lampſane, la cacalia, &c. &c.

On conſidère auſſi dans le calice, ſoit propre, ſoit commun, ſa forme extérieure, & ſa poſition par rapport à l'ovaire, ou aux différentes parties de la fleur dont il eſt quelquefois chargé : ainſi, on dit qu'il eſt arrondi dans le pain de pourceau, tubulé dans l'œillet, ſupérieur à l'ovaire dans le chèvre-feuille, corollifère & ſtaminifère dans la roſe, raboteuſe dans les conyſes, &c. &c.

Si la nature eſt ſi variée par rapport à la forme des calices, elle ne l'eſt pas autant par rapport à leurs couleurs : en général, preſque tous les calices ſont verts ; cependant on en trouve de rayés de blancs & de verts ; d'autres ſont verts en-dehors, & blancs en-dedans, ou entièrement blancs, ou totalement jaunes ; quelques-uns ſont bordés de rouge. Cette couleur verte, qui paroît être propre au calice, ne vient, ſuivant Ceſalpin, que de ce qu'il eſt une prolongation de l'écorce du pédunculе ; cependant cette couleur verte ne peut ſervir à diſtinguer les calices d'avec les pétales, puiſqu'il y a des pétales verts, & des calices de différentes couleurs. M. M.

CALICULÉ, Botanique. On déſigne ſous ce nom le calice commun ſimple, dont la baſe extérieure ſe trouve garnie de petites écailles qui forment preſque un ſecond calice, mais qui eſt beaucoup plus court que l'autre, dont il n'égale jamais la moitié. Les calices

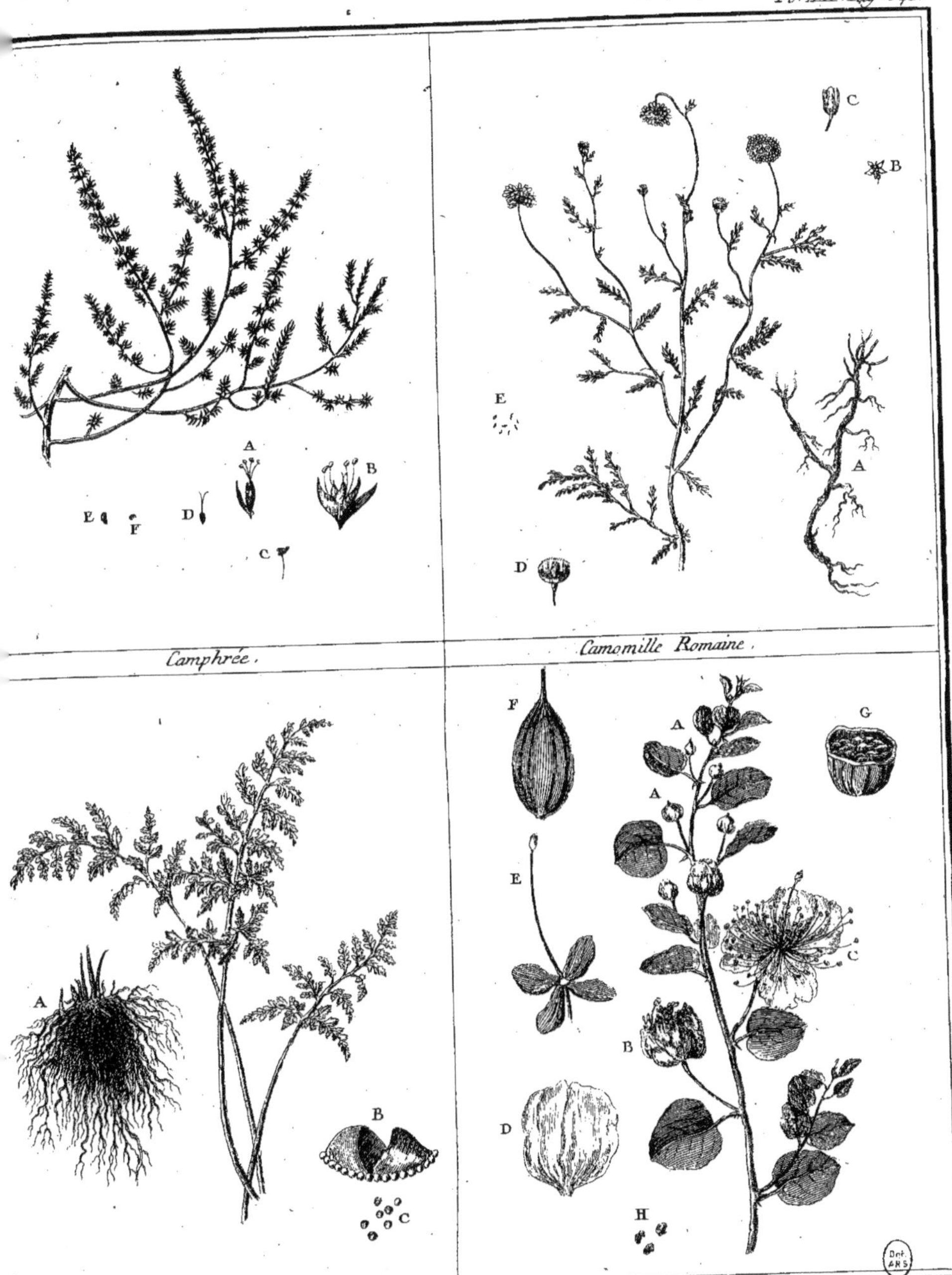

Camphrée.

Camomille Romaine.

Capillaire commun.

Câprier.

…llier Sculp.

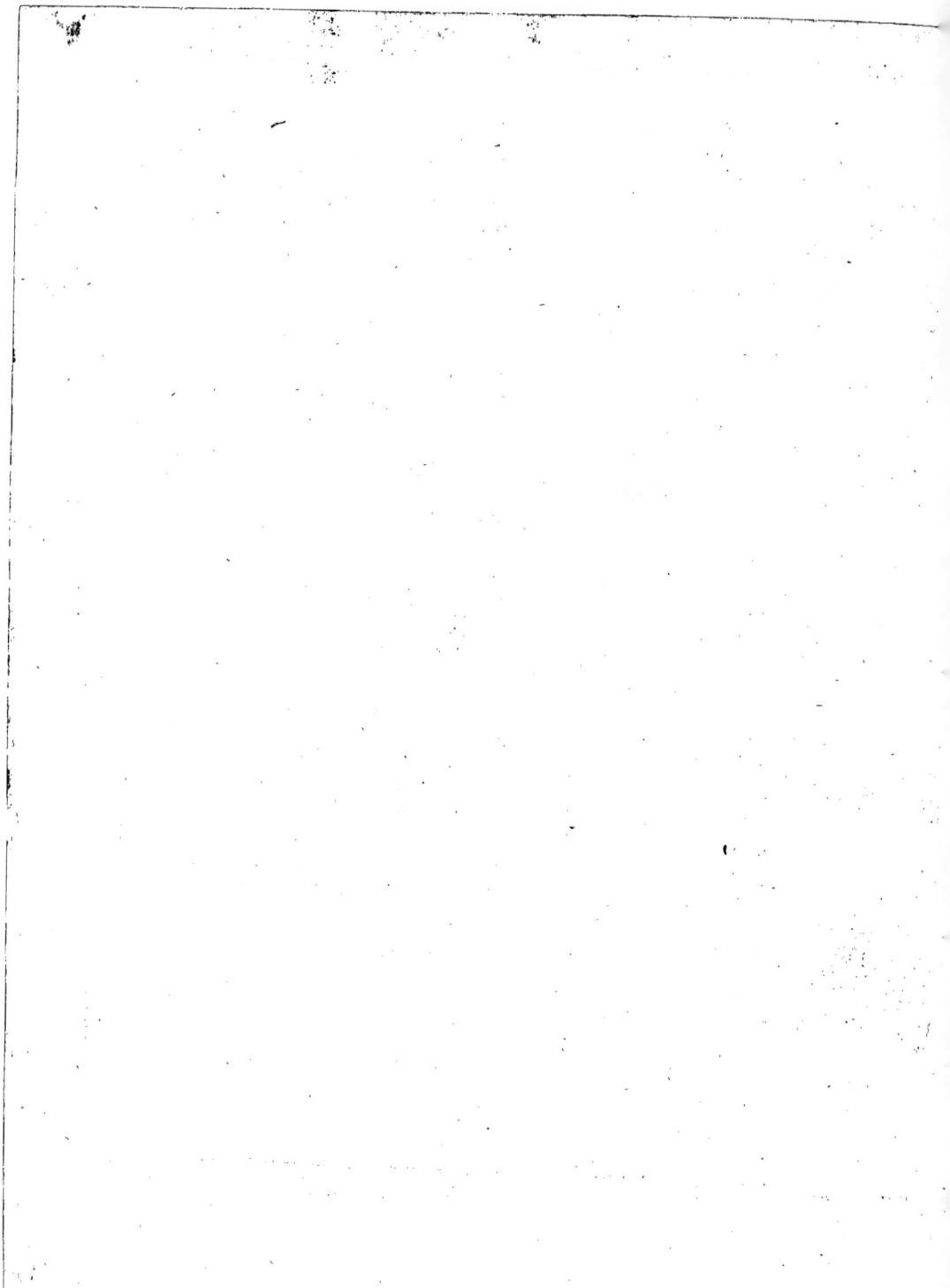

du cacalia, du feneçon, de la lampfane, font de ce genre. *Voyez* au mot CALICE, la *Fig. 15* qui repréfente un calice caliculé. M. M.

CALLOSITÉ, MÉDECINE VÉTÉRINAIRE. Nous donnons ce nom aux chairs dures, sèches, blanches & infenfibles, qui couvrent les bords des plaies ou des ulcères.

Pour obtenir la guérifon des plaies ou des ulcères calleux, il faut avoir recours aux cauftiques, tels que la poudre d'alun calciné, le précipité rouge, &c. Mais l'inftrument tranchant & le feu, felon nous, font à préférer, parce que les callofités étant détruites plus promptement, on les fait fuppurer, & on les conduit à la cicatrifation par la voie ordinaire. (*Voyez* ULCÈRE) M. T.

CALMANT. (*Voyez* ANODIN)

CALVILLE. (Pomme de) *Voyez* POMMES.

CALUS, MÉDECINE VÉTÉRINAIRE. C'eft ainfi que nous appelons la fubftance qui s'épanche entre les deux extrémités des os fracturés, & qui en forme la réunion.

De la manière dont le calus fe forme.

Le mécanifme de la formation du calus, n'eft pas difficile à comprendre, lorfque l'on faura que la fubftance qui s'épanche entre les deux extrémités des os fracturés, eft le fuc nourricier qui circule dans l'os. Ce fuc trouvant une iffue, fe dépofe d'abord dans le fond de la cicatrice, & enfuite à fa circonférence; il paffe de l'état mucilagineux à la confiftance de cartilage; celui-ci s'endurcit peu à peu, acquiert la confiftance de l'os, & de-là le calus.

Du tems que le calus met à fe former.

Le calus eft plus ou moins long à fe former, en raifon de l'âge, du tempérament de l'animal, & du lieu de la fracture. Il fera plutôt formé dans un poulain, que dans un cheval fait; & dans celui-ci, plutôt que dans un vieux cheval. Nous l'avons vu entiérement formé, au bout de vingt-huit jours, au canon de la jambe du montoir de devant d'un mulet âgé de dixhuit mois; tandis qu'il en fallut foixante & quinze à un vieux cheval, qui, à la vérité, étoit farcineux; ce qui nous parut être un obftacle à la réunion des os.

Il peut arriver que la formation du calus ne foit pas uniforme, & cela, fans doute, parce que le fuc nourricier fe fera porté irrégulièrement d'un côté ou d'autre. Ce qu'il y a à faire dans ce cas, fera traité au long dans l'article *fracture*. (*Voyez* FRACTURE) M. T.

CAMÉLÉON BLANC. (*Voyez* CARLINE)

CAMOMILLE ROMAINE. (*Voy. Pl. 21, p. 541*) M. Tournefort la place dans la troifième fection de la quatorzième claffe, qui comprend les herbes à fleur en rayon, dont les femences n'ont ni aigrette ni chapiteau de feuilles, & il l'appelle *Chamæmelum nobile, flori multiplici*. M. von Linné la nomme *Anthemis nobilis*, & la claffe dans la fyngénéfie polygamie.

Fleur, compofée de fleurons hermaphrodites dans le disque, & de demi-fleurons à la circonférence. Chaque fleuron B est un tube menu à sa base, évasé à son extrémité, & divisé en cinq parties aiguës. Le demi-fleuron C est un tube court, terminé par une languette découpée en trois parties. Le calice commun D est hémisphérique, & ses écailles sont presque égales.

Fruit. Semences E, solitaires, oblongues, nues, placées sur un réceptacle conique, garni de lames.

Feuilles, composées, ailées, un peu velues, & adhérentes à la tige.

Racine A, rameuse, fibreuse.

Port. Tiges nombreuses, herbacées, foibles, penchées; les fleurs naissent au sommet, seules, portées sur de longs péduncules; les feuilles placées alternativement sur les tiges.

Lieu. Les campagnes d'Italie; cultivée dans nos jardins, la plante est vivace; fleurit en Juin & Juillet.

Propriétés. Elle est amère & aromatique au goût, agréable à l'odorat: elle est résolutive, fébrifuge, stomachique, carminative, vermifuge.

Usages. Les fleurs raniment les forces vitales & musculaires, particulièrement les forces musculaires de l'estomac, rétablissent l'appétit dépravé par des humeurs pituiteuses, calment les coliques venteuses, les coliques après l'accouchement; suspendent le vomissement par les humeurs séreuses ou pituiteuses, diminuent les accès de la passion hystérique. On prescrit les fleurs séches, pulvérisées & tamisées, depuis quinze grains jusqu'à deux drachmes, incorporées avec un sirop, ou délayées dans cinq onces d'eau. On prescrit encore les fleurs sèches, depuis demi-drachme jusqu'à une once, en infusion dans six onces d'eau.

Si on distille l'herbe & les fleurs des camomille, on en retire une huile d'un beau blanc, qui, prise intérieurement, échauffe beaucoup & enflamme. Elle est indiquée en onction sur le ventre, pour appaiser les coliques venteuses, la suffocation hystérique. Elle produit rarement l'effet qu'on en attend.

Son eau distillée, quoique souvent recommandée, dissipe rarement les coliques venteuses des enfans. L'infusion des fleurs est préférable.

Après les épizooties putrides, après que les symptômes d'inflammation ont disparu, & qu'on n'en redoute plus le retour, l'usage de cette plante est très-utile aux animaux, mêlée en petite quantité avec leur fourrage, ou en infusion, qu'on leur donne avec la corne.

On trouve dans nos campagnes, dans les champs, une autre plante nommée *camomille ordinaire*, qui diffère de la *romaine* par ses fleurs rassemblées en bouquet au haut des tiges, tandis que les autres sont solitaires. On peut l'employer aux mêmes usages.

CAMPANIFORME, BOTANIQUE. M. Tournefort a donné ce nom à une classe de fleurs simples, monopétales, régulières, dont toutes les parties de la corolle sont coupées uniformément, & placées à égale distance d'un centre commun, de manière qu'elles affectent une figure symétrique & régulière dans leur contour, imitant une cloche. (*Voyez* aux mots COROLLE & FLEURS, le dessin d'une fleur campaniforme). Dans chaque fleur campaniforme, on distingue trois parties : l'entrée, c'est le côté le plus évasé ; le corps ; & le fond, c'est celui par lequel la fleur adhère au calice. Elles varient par rapport à leur figure ; & cette variété a fourni plusieurs sections à M. Tournefort pour sa première classe ; les campaniformes proprement dites, qui sont à peu près également évasées dans toutes leurs parties, comme la mandragore, la belladona ; les campaniformes tubulées ont le corps plus alongé & le fond plus étroit ; les évasées ont le fond beaucoup plus étroit que l'entrée ; celles enfin que l'on nomme *en grelot*, ont l'entrée plus étroite que le corps & le fond, comme la bruyère. M. M.

CAMPHRE. Substance qu'on retire d'une espèce de laurier qui croît en Chine, & que les hollandois seuls savent raffiner. C'est un des meilleurs remèdes connus dans la médecine humaine & vétérinaire. Le camphre est léger, blanc, transparent, d'une odeur aromatique très-forte, d'une saveur âcre, légérement amère, laissant un sentiment de fraîcheur dans la bouche ; insoluble dans l'eau, soluble dans l'esprit-de-vin, les jaunes d'œufs, les huiles, les graisses, les acides minéraux & la bile ; peu soluble dans le vin & dans le vinaigre, se dissipant entiérement par le seul contact de l'air libre ; très-inflammable, surnageant l'eau, & ne laissant après sa combustion, ni fumée, ni charbon.

Propriétés. Le camphre échauffe, il favorise souvent l'expectoration & le cours des urines ; cause quelquefois le hoquet pendant cinq ou six secondes ; rend le pouls plus concentré & plus fréquent ; cause une espèce d'ivresse, & quelquefois des mouvemens convulsifs. Il est indiqué dans la péripneumonie essentielle, depuis le troisième jusqu'au sixième jour. Des praticiens célèbres l'associent dans ce cas, tantôt avec le double de son poids de nitre, tantôt avec moitié de son poids de kermès minéral, tantôt avec le nitre & le kermès minéral ensemble, suivant l'indication ; . . . dans plusieurs espèces de fièvres inflammatoires, vulgairement nommées *malignes*, & de fièvres dites *putrides*, avec abattement de forces vitales ; . . . . intérieurement & extérieurement, dans la colique néphretique spasmodique ; . . . . dans la colique par les mouches cantharides ; plusieurs le regardent, avec raison, comme le correctif de ce poison. ; . . . . dans les maladies causées par l'air infect des prisons, des hôpitaux.

L'observation rejette son usage, 1°. dans la plupart des maladies convulsives, accompagnées de vives douleurs de tête ; 2°. dans toute espèce de maladie où le sang se porte vers la tête avec trop d'impétuosité ; 3°. au commencement des maladies inflammatoires, particulièrement de celles du foie, de l'estomac, des intestins ; 4°. dans le plus grand nombre des maladies de rétention ; 5°. dans les fièvres intermittentes ; 6°. dans les maladies évacuatoires..... Son usage est nuisible, en général, aux enfans, aux vieillards ; aux tempéramens bilieux & sanguins. L'eau-de-vie camphrée réussit quelquefois dans les plaies avec contusion, contre la gangrène humide, les tumeurs érysipélateuses essentielles.

On donne communément le camphre, depuis demi-grain jusqu'à dix, mêlé avec le double ou le quadruple de son poids de sucre, incorporé avec un sirop, ou en solution dans un jaune d'œuf. Lorsqu'il sagit de calmer promptement des douleurs très-aiguës, que les remèdes internes ne peuvent appaiser, quelques praticiens observateurs ajoutent à ce mélange, le laudanum liquide, depuis quinze grains jusqu'à une drachme : quoique le laudanum liquide ne s'unisse pas exactement avec les deux autres substances, l'effet n'en existe pas moins. C'est ainsi que M. Vitet s'explique sur les propriétés du camphre.

Dans les épizooties, soit putrides, soit inflammatoires, on peut donner le camphre aux animaux, à la dose de quinze à vingt-cinq grains, uni à pareille dose de nitre, & incorporé dans du miel, mais non pas, ainsi qu'il a été dit, dans le commencement de l'inflammation. Quoiqu'il soit contre-indiqué dans les maladies convulsives, lorsque le sang se porte à la tête, je l'ai vu plusieurs fois réussir, *uni au nitre*, contre le vertigo & autres maladies spasmodiques. Etoit-ce l'effet du nitre plutôt que du camphre ? je ne le crois pas, puisque le nitre seul avoit adouci les symptômes & ne les avoit pas détruits. Dans tous les cas où l'on administre le camphre aux animaux, s'ils ont l'estomac rempli d'alimens, ils en éprouvent de mauvais effets. La dose, pour le cheval, est depuis une demi-drachme jusqu'à une drachme, parce qu'il agit moins sur lui que sur le bœuf & sur la brebis. Il facilite l'éruption de la clavelée. Les maréchaux l'administrent à trop forte dose, & même souvent à celle de demi-once & plus.

CAMPHRÉE. M. Tournefort la place dans la seconde section de la quinzième classe, qui comprend les fleurs apétales, à étamines, dont le pistil devient une semence enveloppée par le calice, & il la nomme *camphorata hirsuta*. M. von Linné l'appelle *camphoroma monspeliaca*, & la classe dans la tétrandrie monogynie. (*Pl. 21*, page 541).

Fleur A ; c'est un calice d'une seule pièce, qui a la forme d'un vase ovoïde & alongé, dans lequel sont renfermées quatre étamines & un pistil. Ce calice est divisé en quatre segmens inégaux & opposés. B, le calice est velu, & persiste jusqu'après la maturité du fruit ; C représente une étamine séparée ; D le pistil.

Fruit E, est une capsule à une seule loge, s'ouvrant par le haut, & renfermant une seule semence F ovale, aplatie, luisante.

Feuilles ; très-fines, en forme d'alêne, linéaires, simples, entières, velues, adhérentes à la tige.

Racine, ligneuse, rameuse.

Lieu. Les terrains incultes d'Espagne

pagne & du Bas-Languedoc; fleurit en Juin, Juillet, & est vivace.

Port. Espèce de sous-arbrisseau, dont les tiges ont à peu près un pied de longueur; elles sont en grand nombre, un peu velues, blanchâtres; les fleurs naissent des aisselles des feuilles, rassemblées, & les feuilles sont alternativement placées sur les tiges.

Propriétés. L'herbe & les feuilles ont une odeur de camphre, & sont âcres au goût. Elles sont expectorantes, incisives, anti-asthmatiques, emménagogues, sudorifiques & apéritives. On s'en sert dans la toux catarrale, l'asthme pituiteux, contre l'oppression dépendante d'une surabondance de matière muqueuse dans les bronches du poumon. Elles retardent les progrès de la phthisie pulmonaire essentielle récente avec un peu de fièvre & de toux, diminuent & souvent guérissent les fleurs blanches qui ne sont entretenues par aucun virus, & qui existent depuis peu de tems.

Usages. On emploie l'herbe & les feuilles en infusion dans l'eau ou dans le vin blanc, à la dose de deux drachmes; on peut en donner aux animaux une once en infusion dans une pinte d'eau.

CANAL DE LA SÉVE. Tout vaisseau qui contient, reçoit & sert de conducteur à la séve est son canal. (*Voyez* les mots ARBRE, BRACTÉE, BRANCHE). On dit que le *canal est direct*, lorsque la branche forme une ligne perpendiculaire avec le tronc, & c'est ce canal qu'on doit absolument retrancher, & faire que toutes les branches décrivent une ligne oblique sur le tronc; alors la séve n'emporte plus dans son impétuosité les jeunes pousses au sommet de la branche; elle travaille plus par conséquent à former du bois à fruit que du bois gourmand. (*Voy.* le mot BUISSON & sa *gravure*, *Planche 19*). Chaque branche y forme une fourche dans toutes ses prolongations, & chaque prolongation détruit ce canal direct. Au mot PÊCHER, on indiquera la manière de gouverner les branches d'un espalier.

CANALICULE, BOTANIQUE. C'est une petite rainure ou sillon, que l'on remarque quelquefois sur les pétioles & les feuilles. Le pétiole est canaliculé ou cannelé, lorsque sa surface est creusée par un sillon ou une gouttière profonde & longitudinale; lorsqu'une pareille gouttière ou sillon règne sur la surface des feuilles, elles portent le même nom. (*Voyez* FEUILLE & PÉTIOLE) M. M.

CANARD, CANE, CANETON. Ces trois mots désignent le père, la mère & le petit. Le mâle est plus gros que la femelle; & ce qui le distingue encore, est un assemblage de quelques plumes de la queue, pliées en rond, & retroussées vers son extrémité supérieure.

Cet animal domestique est d'un grand produit dans une métairie; il multiplie beaucoup; il exige peu de soins, même dans son premier âge. Le moindre bourbier suffit; mais si on a une eau courante, claire, & dans laquelle l'animal puisse nager, sa chair sera plus délicate, & il grossira beaucoup plus. Il faut l'éloigner des lieux où l'on élève du poisson; le fretin est sa proie. Comme le canard eſt très-vorace, qu'il digère promptement, il a bientôt dépeuplé un réſervoir.

Une cane pond communément de cinquante à ſoixante œufs; il faut, il eſt vrai, la veiller de près dans le tems de la ponte, ſans quoi on courroit les riſques de perdre beaucoup d'œufs; elle les dépoſe dans le moment par-tout où elle ſe trouve, même dans l'eau; il vaut mieux la tenir enfermée pendant la ponte. Ses œufs ſont de couleur verdâtre, plus gros que ceux des poules ordinaires, & moins délicats à manger. Le tems de la ponte eſt, ſuivant les climats, depuis la mi-Février juſqu'en Mai. Le tems de la couvée eſt de vingt-neuf à trente jours; un mâle ſuffit à douze femelles; il vaut mieux cependant ne lui en donner que huit à ſervir.

Si la cane eſt trop bien nourrie, elle couve mal; il vaut mieux confier ſes œufs à une poule, ou à une dinde, alors on ſera aſſuré de la couvée. Lorſque la cane couve, on doit tenir près d'elle une nourriture convenable. Tous les alimens lui ſont propres; grains, légumes, herbages, rebuts de cuiſine, chair, boyaux, ſon, recoupe de farine, &c. ſont excellens pour appaiſer ſa faim. Quelques auteurs conſeillent d'aſperger d'eau une fois ou deux les œufs pendant que la cane les couve. Cette précaution eſt ſuperflue & nuiſible. Pourquoi vouloir renchérir ſur la nature? les animaux en ſavent plus que nous ſur tout ce qui concerne la propagation & la conſervation de leur eſpèce. On ne voit pas même le canard ſauvage, dépoſer ſes œufs dans l'eau ni dans un lieu humide; d'où l'on doit néceſſairement conclure que l'eau eſt inutile.

Si on fait couver une cane, on ne doit pas lui donner plus de douze à treize œufs. Quelques auteurs inſiſtent encore ſur ce nombre de treize, & je n'en conçois pas la raiſon. Il eſt néceſſaire de tenir la cane dans un lieu couvert, à l'abri de la pluie & des vents froids. Lorſque les canetons ſont éclos, ils ſont ſans plumes, & la trop forte impreſſion du froid leur eſt nuiſible. La nourriture des canetons pendant les premiers jours, doit être de pain émié & imbibé d'eau. On en préparera peu à la fois, parce qu'il aigrit facilement; quelques jours après, il convient d'y ajouter des herbes potagères cuites & hachées. Lorſqu'ils ſont un peu forts, du ſon mouillé & des herbes crues & hachées ſuffiſent; enfin, du ſon & les criblures qui reſtent après avoir vanné les grains.

Il eſt plus prudent, ainſi qu'il a été dit, de confier à une poule le ſoin de la couvée, parce que dès que les petits ſont éclos, la cane va à l'eau, les petits la ſuivent, & l'impreſſion froide de l'eau en fait périr beaucoup. Les canetons un peu forts abandonnent bientôt cette mère adoptive; leur penchant les entraîne vers l'eau; ils y plongent; la poule ne peut les y ſuivre, & témoigne par des cris & des gémiſſemens qu'ils ne comprennent pas, ſes inquiétudes & ſes alarmes.

La mue du canard eſt fixée à l'époque des tems de la couvée, & celle de la cane lorſque ſes petits ſont en état de ſe paſſer de ſes ſoins. Le mâle & la femelle ſont gras &

bien en chair lorſqu'ils ſont prêts à muer ; la mue diminue beaucoup leur embonpoint, mais leur maigreur n'eſt que paſſagère.

Les propriétaires d'un grand nombre de canes & de canards, trouvent dans leurs plumes un bénéfice aſſuré ; ils les plument de la même manière que les oies.

Lorſqu'on peut ſe procurer des œufs de canards ſauvages, il eſt facile de les élever en les confiant à une poule. On trouve les nids dans les joncs, dans les bruyères qui avoiſinent les pièces d'eau fréquentées par ces animaux. Ils reſtent alors dans l'eſclavage comme les canards domeſtiques, ſurtout ſi on a eu le ſoin de leur couper le *fouet*, c'eſt-à-dire, la petite extrémité d'une des deux ailes. Sans cette précaution, ils s'envoleroient avec les canards ſauvages qui ſéjournent habituellement dans le pays, ou qui y paſſent.

Il eſt encore avantageux d'élever, dans les baſſe-cours, le canard que quelques-uns appellent de *Barbarie*, les autres *des Indes*, & dont le vrai nom eſt le canard *muſqué*. Il emprunte ce nom de l'odeur qu'il répand. Celui-ci, ainſi que ſa femelle, eſt beaucoup plus gros que le canard domeſtique, il en diffère ſur-tout par la tête. Les yeux ſont entourés d'une peau nue, garnie de petits mamelons charnus, d'un rouge très-vif, & marqués de petits points blancs ; le bec eſt d'un rouge vif, ſi on excepte l'origine du demi-bec ſupérieur, tout autour des narrines, qui eſt brune, ainſi que l'onglet du bout du bec. La partie des jambes, dégarnie de plumes, les pieds & les doigts, ainſi que leurs membranes, ſont rouges, & les ongles blanchâtres. La femelle eſt beaucoup plus petite que le mâle, elle en diffère par ſes couleurs. En général, les couleurs des plumes de cette eſpèce de canard, varie beaucoup plus que celle des canards domeſtiques. Il y en a de tout blancs, de tout bruns, tirant ſur le noir verdâtre, enfin, dont les plumes ſont bigarrées de mille manières.

La chair de ces animaux, encore jeunes, eſt très-bonne ; & celle du mâle, après un an, ſent trop fort le mâle.

La femelle eſt une bonne couveuſe, on peut lui donner de quinze à dix-huit œufs.

Le mâle, accouplé avec une cane domeſtique, produit de vrais mulets, dont la chair eſt très-délicate, & plus fine que celle du canard muſqué, & du canard domeſtique. Ce mulet eſt moins gros que ſon père, & plus gros que ſa mère ; & juſqu'à préſent on n'a pas vu qu'il fût en état de ſe reproduire. Lorſque l'on veut croiſer ces deux races, il faut éloigner tous les canards domeſtiques. Il régneroit, ſans cette précaution, entre ces mâles une guerre cruelle, qui finiroit ſouvent par la mort des combatans. Le canard muſqué eſt hargneux, & jaloux à l'excès ; il s'attaque même aux dindes, aux coqs & à tous les oiſeaux de baſſe-cour.

Le chant du canard, ou plutôt ſes cris perçans, fatiguent les oreilles ; ceux du canard mulet ſont ſemblables à une voix éteinte.

Il eſt utile de laiſſer aller de tems à autre les eſpèces de canards se promener dans les jardins potagers, dans les vergers, parce qu'ils mangent toutes les espèces d'insectes; & tant qu'ils en trouvent, ils méprisent les salades, &c.

Les canards sont plus utiles pour la cuisine qu'en médecine.

CANARDIÈRE. On nomme ainsi le lieu que l'on destine aux canards dans les parcs où ils vivent en liberté, ce qui suppose, ou un ruisseau, ou des pièces d'eau. Alors on est obligé de construire sur le bord de l'eau des loges pour les retirer. Il faut renoncer au poisson, à moins qu'on n'y conserve que des grosses pièces. On appelle encore *canardière* un lieu couvert, & préparé dans un étang, ou dans un marais, pour prendre les canards sauvages. Cette chasse, ou plutôt cette pêche, n'est pas du ressort de cet Ouvrage.

CANCER, CARCINOME, MÉDECINE RURALE. On appelle cancer, une tumeur dure, inégale, livide, environnée de vaisseaux gonflés, qui représentent à peu près les pattes d'une écrevisse, d'où le cancer a pris son nom. Les anciens ne connoissoient le cancer que sous le nom de *carcinome*.

Le cancer se divise en cancer occulte, & en cancer ulcéré.

Le premier commence à se former par un engorgement de la grosseur d'un pois, ou d'une noisette; puis il croît même assez promptement, il devient très-douloureux.

Le second est un ulcère sordide, fœtide, inégal, noirâtre, dont les bords sont durs, gonflés, renversés, & versent une liqueur sanieuse de l'odeur la plus infecte.

Le cancer attaque toutes les parties du corps, mais sur-tout les mamelles, les aisselles, les parotides, les nez, les lèvres, les jambes, (alors on le nomme *loup*) les parties naturelles, la matrice & l'anus; les femmes en sont plus communément attaquées que les hommes.

Cette maladie horrible, & qui, jusqu'à nos jours, a éludé toutes les ressources de la médecine, n'est que le dernier degré de l'obstruction, & du squirre, comme la gangrène est le dernier degré de l'inflammation. *Voyez* les mots OBSTRUCTION & SQUIRRE, afin d'avoir un tableau fidèle de la marche de cette désastreuse maladie.

Toutes les causes qui font naître l'obstruction & le squirre, donnent naissance au cancer. Un coup reçu sur une partie glanduleuse, comme le sein sur-tout, fait naître un engorgement dans les glandes de cette partie, obstruction, squirre, & enfin le cancer. « Les femmes qui » ont abusé des plaisirs de l'amour, » & celles qui en ont été entièrement privées, sont plus exposées » que toutes les autres aux cancers » de la matrice ». Dans l'âge où les règles cessent de couler, les passions vives, portées au plus haut degré, & les chagrins, disposent à cette maladie, plutôt qu'à toute autre. « Il n'est pas rare de » voir périr d'obstruction & de » squirre, ces animaux ailés, que » pour satisfaire à nos légers plaisirs, nous privons du plus précieux de tous les dons du ciel, » de la liberté ».

Le cancer eſt une maladie d'autant plus grave, » que le malade » traîne une vie malheureuſe dans » les plus horribles ſouffrances, & » expire dans les angoiſſes de la » douleur, ſans trouver d'autre » allégeance à ſes maux que l'o- » pium ».

Des ignorans, ou des gens de mauvaiſe foi, ont voulu plus d'une fois en impoſer au peuple, en prétendant avoir trouvé le ſpécifique de cette maladie cruelle : abuſés par les promeſſes conſolantes de ces vils charlatans, les malades ont ajouté à leurs maux, le dégoût des remèdes empoiſonnés de ces gens avides, ſans éprouver le plus léger adouciſſement à leurs ſouffrances. Ces ignorans prétendent cependant avoir guéri des cancers, & ils citent même les perſonnes qui, traitées par leurs ſecrets, confeſſent avoir été délivrées d'un cancer. Le peuple, qui croit ſans réfléchir, vante ces prétendues guériſons de cancer, & le remède devient célèbre.

Le plus léger examen ſuffit pour détromper ceux qui ont quelques notions dans cette partie : on guérit des engorgemens aux glandes en faiſant uſage de fondans appropriés. Ces cancers, dont parlent les charlatans, n'étoient que des engorgemens qui auroient pu dégénérer en cancer ; & ils prétendent poſſéder même excluſivement le ſecret admirable de combattre ce fléau. Mais l'enthouſiaſme ne règne qu'une eſpace de tems limité, & on replonge bientôt dans les ténèbres de l'oubli le remède héroïque & ſon auteur.

Les gens inſtruits & raiſonnables ne ſuivent pas cette marche ; ils obſervent les progrès du mal, les effets des différens remèdes qu'ils emploient, & donnent modeſtement le réſultat de leurs obſervations. L'illuſtre M. Stork a trouvé dans la ciguë, priſe en poudre ou en extrait, le ſeul remède qui juſqu'à préſent ait obtenu, ſinon des ſuccès conſtans, du moins des adouciſſemens.

Il eſt prouvé que dans le premier degré du cancer, la ciguë priſe intérieurement, & mêlée au mercure, qu'on applique auſſi à l'extérieur, a quelquefois guéri, & très-ſouvent ſoulagé. Nous parlons du cancer occulte & peu douloureux.

Dans les engorgemens des glandes qui peuvent dégénérer, & qui ſouvent dégénèrent en cancer, l'uſage de la ciguë mêlée au mercure, priſe intérieurement, & des frictions mercurielles ſur la glande, a été ſuivi de ſuccès, comme nous l'avons obſervé plus d'une fois ; mais le traitement eſt long. Il faut donner l'extrait de ciguë par grains les premières fois, & augmenter graduellement les doſes.

Si ce remède ne réuſſit pas, il faut, ſans tarder & pour éviter le cancer, extirper la glande par le moyen du fer ; quelquefois le mal renaît de ſes cendres, & il faut, pour s'oppoſer à ſa renaiſſance, ouvrir pluſieurs cautères pour donner iſſue à la matière, principe de ce mal, & pour la détourner de lieux où elle a déjà porté ſes ravages.

Il eſt d'obſervation que les bains

tièdes, & que tous les remèdes adouciſſans font dégénérer une tumeur glanduleuſe en cancer.

Si l'on tarde à faire l'opération, la tumeur s'ouvre, les bords de la plaie ſe renverſent, ſe déchirent, les hémorragies ſuivent, la ſanie la plus infecte coule de ces bords déchirés & renverſés, la fièvre hectique s'empare du malade, il eſt accablé par les douleurs les plus atroces, & il expire au milieu des plus affreux tourmens.

Dans cette horrible poſition, tous les ſecours humains ſe taiſent, il ne reſte qu'à engourdir les douleurs du patient. Pour cet effet, on applique ſur la plaie des cataplaſmes de carottes rapées, qu'on a beſoin de renouveler ſouvent; ils abſorbent la ſanie âcre qui coule de tous les points de la plaie, & on donne de l'opium à grande doſe au malade, on l'en nourrit même, ſi nous oſons le dire.

Nous devons prévenir nos lecteurs en finiſſant cet article, que les vapeurs infectes qui s'élèvent d'un cancer ouvert ſont très-pernicieuſes pour les perſonnes qui, par un zèle reſpectable, s'occupent à ſoulager ces malheureux en prêtant leurs mains à leur panſement; la phthiſie a ſouvent été la ſuite de ce zèle charitable.

Comme de toutes les maladies qui affligent l'humanité, le cancer eſt, ſans contredit, la plus affreuſe, par les tourmens inouis dans leſquels ces triſtes victimes languiſſent, nous croyons qu'il ſeroit de la ſageſſe du gouvernement de confier à des gens ſages & éclairés l'examen des remèdes connus, & des remèdes nouveaux pour combattre ce fléau; peut-être ſeroit-on aſſez heureux pour le détruire, ou du moins pour en arrêter les progrès. Nous partageons ces vœux avec tous les citoyens reſpectables, & avec tous les amis de l'humanité ſouffrante. M. B.

CANE. Meſure communément de ſix pieds & quelques pouces; elle varie, ainſi que toutes les meſures de France.

CANE D'INDE. (*Voy*. BALISIER)

CANNELLE. Seconde écorce d'une eſpèce de laurier, *laurus cinnamomum*. On l'expoſe au grand ſoleil auſſitôt après l'avoir enlevée; elle ſe roule & ſe replie ſur elle-même, & forme les bâtons qu'on vend dans les boutiques. La bonne doit être mince, d'un jaune tirant ſur le rouge, & d'une odeur agréable; ſa ſaveur en doit être piquante, mais ſuave.

La cannelle échauffe beaucoup, réveille puiſſamment les forces vitales, diminue l'expectoration & le cours des urines, conſtipe, fortifie l'eſtomac & les inteſtins affoiblis par des humeurs ſéreuſes & pituiteuſes; elle eſt indiquée dans les maladies de foibleſſe par ſéroſités, nuiſible dans les maladies, ſoit convulſives, ſoit inflammatoires, ſoit douloureuſes. L'eau de cannelle diſtillée échauffe peu, & réveille à peine les forces vitales; la plus légère infuſion lui eſt préférable. L'eau ſpiritueuſe de cannelle accroît ſur le champ les forces vitales; l'eſprit-de-vin agit pour lors avec plus de force que les parties aromatiques de la cannelle. L'huile essentielle de cannelle enflamme toute la bouche ; mise sur la carie d'une dent, quelquefois elle en appaise la douleur.

CANON, Médecine vétérinaire. Le canon est cette partie de la jambe du cheval, qui s'étend dans les extrémités antérieures, depuis le genou jusqu'au boulet, & du jarret à cette même partie, dans les extrémités postérieures.

Les proportions du canon doivent répondre à celles du reste de la jambe, & aux tendons qui sont situés à sa partie postérieure. Si la grosseur est trop considérable, la jambe en est défectueuse ; s'il est trop menu ou trop mince, l'animal manque de force, à moins que ce défaut ne soit réparé par le grosseur du tendon, ainsi que nous le voyons dans la plupart de chevaux de Barbarie, de Turquie & du Limousin.

Le canon est sujet à beaucoup d'infirmités, c'est-à-dire, à des suros simples, à des suros chevillés, à des suros tendineux, à des osselets, à des fusées, &c. On trouvera à chacun de ces articles le traitement qu'il convient de faire à tous ces maux. M. T.

CANTHARIDE, *meloe vesicatorius*. (*Voyez* la planche du mot Insecte où elle est gravée). L'espèce dont on va parler est nommée vulgairement *cantharide des boutiques*, pour la distinguer des autres espèces. Voici sa description publiée par M. Geoffroy. Elle varie prodigieusement pour sa grandeur ; tout son corps est d'un beau vert doré, à l'exception de ses antennes qui sont noires. Elles sont placées devant les yeux, un peu au-dessus de la tête ; leur premier anneau seul est vert, & les autres sont noirs. Les mâchoires sont saillantes & couvertes d'une petite lame ; le corselet est inégal, fort étranglé proche de la tête, se dilatant ensuite, & formant une pointe mousse de chaque côté. Les étuis sont d'un beau vert, un peu mous, flexibles, comme chagrinés. On distingue sur chacun deux raies longitudinales apparentes ; les ailes sont brunes, & le dessous de la poitrine a quelques poils. On trouve ces insectes sur les frênes, sur-tout vers le mois de Juin, sur l'ormeau, sur les troënes, quelquefois en une quantité considérable, & ils répandent fort au loin une odeur désagréable.

On rassemble ces insectes sur un tamis de crin, recouvert avec de la toile ou du parchemin, & on expose le crin à la vapeur du vinaigre, qui les fait mourir. Aussitôt après on les fait sécher au soleil avant de les renfermer dans un vaisseau bien bouché ; il convient de les renouveler toutes les années, & de ne les pulvériser que l'instant avant leur application.

L'administration intérieure des mouches cantharides n'est jamais sans danger, à moins qu'elle ne soit pratiquée par un médecin en état de remédier à leurs ravages. Extérieurement elles enflamment les tégumens, y font naître des vessies remplies d'humeurs séreuses. Elles agissent en même tems avec plus ou moins d'activité sur les voies urinaires ; souvent elles causent l'ardeur d'urine, quelquefois la strangurie. Elles se portent encore au cerveau, dont elles troublent les fonctions d'une manière moins sensible que celles des reins & de la vessie. Malgré ces inconvéniens, elles sont indiquées sous forme de cataplasme dans les espèces de maladies où il est essentiel, 1°. de faire promptement dériver vers une partie quelconque du corps, des humeurs nuisibles; 2°. de ranimer les forces vitales & musculaires, pourvu qu'il n'existe ni violent délire, ni convulsion considérable.

La manière de faire le cataplasme se réduit à ceci. Prenez, suivant le cas & le sujet, depuis une drachme jusqu'à une once de mouches cantharides nouvellement réduites en poudre; incorporez-les dans quatre onces de levain ou de farine, mêlées avec suffisante quantité de vinaigre, de manière que le mêlange soit exact & d'une consistance molle. Il doit rester pendant 24 heures sur la portion des tégumens où il est appliqué, à moins que les vessies ne se soient formées avant ce tems.

Les animaux auxquels on donne la feuillée pendant l'hiver, (*voyez* le mot BOIS) sont sujets à avaler des mouches cantharides, sur-tout en mangeant les feuilles de frêne, d'ormeau; &c. Les symptômes dont on vient de parler se manifestent du plus au moins. Si leur activité est si grande étant simplement appliquées à l'extérieur, on doit juger de leurs ravages prises intérieurement. L'estomac s'enflamme, bientôt après surviennent la suppression d'urine, le pissement de sang, des tiraillemens, des tensions, sur-tout dans le bas-ventre. Le *camphre*, (*voyez* ce mot) est le vrai contre-poison; mais il ne faut pas négliger les boissons légérement acidulées, les boissons mucilagineuses faites avec la graine de lin, ou avec les feuilles de mauve, de guimauve, &c. Si l'inflammation, si le pissement de sang sont bien caractérisés, la saignée est indiquée, & même les bains, si toutefois l'eau n'est pas trop froide.

Les maréchaux composent une emplâtre de mouches cantharides, dans laquelle ils incorporent de l'euphorbe, de la poix, de la térébenthine & autres drogues semblables. Est-ce pour diminuer l'effet des cantharides sur les voies urinaires? ils n'y parviendront pas.

CAPELET, *ou* **PASSE-CAMPANE**, MÉDECINE VÉTÉRINAIRE. Nous nommons ainsi une tumeur mouvante, & plus ou moins volumineuse, située sur la pointe du jarret du cheval, & qui n'intéresse que le corps de la peau.

Cette tumeur ne porte pas absolument préjudice à l'animal. Elle l'oblige rarement de boiter, à moins qu'elle n'accroisse en volume & en consistance; pour lors elle gêne les mouvemens des parties où elle siège, & le cheval boite.

Causes. Le travail forcé, les frottemens de la pointe du jarret contre un corps dur, les coups, en sont les causes ordinaires.

Traitement. Le vin aromatique chaud, l'eau-de-vie camphrée, employés en friction, guérissent le capelet dans le commencement; mais si la ressorption de la lymphe ſe fait difficilement malgré ces remèdes, le moyen le plus ſûr alors eſt d'en venir à l'application du feu, ſur-tout lorſque la tumeur a acquis un gros volume, & qu'elle eſt ancienne.

Le capelet vient quelquefois aux jarret sdes chevaux & des mules qui n'ont pas jeté ou qui ont mal jeté leur gourme. Dans ce cas, on ne peut remédier à ce mal qu'en combattant la cauſe par les remèdes propres à la *gourme*. (*Voyez* GOURME) M. T.

CAPENDU, *ou* COURPENDU. *Pomme*. (*Voyez* ce mot)

CAPILLAIRE. (Voyez *Planche 21*, pag. 541). M. Tournefort le place dans la première ſection de la ſeizième claſſe, qui comprend les herbes ſans fleurs viſibles, & dont on ne voit que les ſemences; & il l'appelle *filicula quæ adiantum nigrum officinarum, pinnulis obtuſioribus*. M. von Linné le claſſe dans la famille des fougères de la cryptogamie, & le nomme *aſplenium adiantum nigrum*.

Fleurs ou *fruits*; car à l'aide de la meilleure loupe, on n'eſt pas encore parvenu à déterminer la manière dont la fleuraiſon & la fructification s'opèrent; cependant, par le ſecours de l'art, on a découvert que les coques B renferment les ſemences C. Les unes & les autres ſont ici repréſentées beaucoup plus fortes que dans leur état naturel. Chacune de ces coques eſt armée d'un cordon élaſtique en forme de chapelet, qui, par ſa conſtruction, ſépare la coque & laiſſe échapper les ſemences. Ces coques ſont placées ſur deux lignes au-deſſous des feuilles.

Feuilles; deux fois ailées; les folioles preſqu'ovales, crenelées en deſſus; les folioles inférieures plus grandes que les ſupérieures.

Racine A, oblique, garnie de fibres chevelues & noires.

Port. Le pétiole des feuilles tient lieu de tige; il eſt noir, luiſant, dur & caſſant.

Lieu. Les bois humides; la plante eſt vivace.

Le *capillaire de Montpellier*, autrement appelé *cheveux de Vénus*, eſt fort renommé. Il diffère du premier par ſes folioles découpées en lobes & en forme de coin, reſſemblant aſſez aux feuilles de la coriandre; leurs pétioles ſont grêles, longs, courbés, d'un rouge noir, très-liſſes & luiſans. Il faut le cueillir en automne.

Propriétés. Les feuilles ont une odeur aromatique, douce & légère, une ſaveur douce & un peu âcre. Les feuilles ſont indiquées dans la toux eſſentielle, dans l'aſthme humide, dans l'extinction de voix par des humeurs pituiteuſes; elles excitent l'expectoration ſans diminuer la ſécchereſſe de la trachée-artère & des bronches pulmonaires, & ſans calmer la ſoif. Le ſirop de capillaire irrite moins les bronches pulmonaires; cependant il ne convient point dans les eſpèces de maladies de poitrine où il y a chaleur, ſéchereſſe & inflammation.

Uſages. Les feuilles ſèches, depuis demi-drachme juſqu'à demi-once en macération au bain-marie, dans cinq onces d'eau. Le ſirop ſe donne depuis une drachme juſqu'à une once, ſeul ou en infuſion, dans cinq onces d'eau. Formius, médecin de Montpellier, publia il y a plus de cent ans, un *Traité* sur les vertus de cette plante, qu'il regarde comme une panacée universelle. Il faut pardonner son enthousiasme, & rabattre plus des trois quarts des propriétés qu'il lui assigne.

CÂPRE, CÂPRIER. (*Voyez Planche 21*, pag. 541). M. Tournefort le place dans la cinquième section de la sixième classe, qui comprend les herbes à fleur composée de plusieurs pièces régulières, dont le pistil devient un fruit qui renferme plusieurs semences. Il l'appelle *capparis spinosa, fructu minore, folio rotundo.* M. Linné le nomme *capparis spinosa*, & le classe dans la polyandrie monogynie.

Fleur : elle est représentée en A dans son état de bouton qui constitue la câpre que l'on confit au vinaigre ; en B, dans le moment que le bouton se développe & qu'il est prêt à s'épanouir ; & en C, dans son entier épanouissement. La fleur est composée de quatre pétales D disposés en rose, blancs, échancrés, grands & ouverts ; le calice est divisé en quatre parties ovales ; les étamines, en nombre indéterminé de soixante à cent, colorées en rouge, & le pistil E est vert dans toute sa longueur, plus grand que les étamines, & rougeâtre à son sommet.

Fruit F ; baie charnue à une seule loge, représentée coupée horizontalement en G, de la grosseur d'un gland, renfermant des graines H blanches & en forme de rein.

Feuilles, en forme de rein, presque rondes, soutenues par des pétioles, très-entières, & un peu épaisses.

Racine, ligneuse, rameuse, revêtue d'une écorce épaisse.

Port. Espèce d'arbuste qui perd ses tiges pendant l'hiver, & en repousse de nouvelles au printems, armées de pointes. De l'aisselle de chaque feuille sort le péduncule de la fleur. Les feuilles sont placées alternativement sur les tiges.

Lieu. Nos provinces méridionales. Il fleurit pendant tout l'été.

Culture. Cette plante est en culture réglée dans la Basse-Provence, & sur-tout aux environs de Toulon, dans le Bas-Languedoc, c'est-à-dire, dans toute la partie couverte par de grands abris. (*Voyez* le chapitre des *abris*, au mot AGRICULTURE). Les câpriers y sont multipliés.

Cet arbuste ne me paroît pas naturel au pays, puisque les gelées trop fortes le font périr. Il y a sans doute été transporté du Levant. Il se plaît dans les terrains pierreux & caillouteux, mieux que dans tous les autres ; mais il faut cependant que le fonds de terre soit bon & substantiel, lorsqu'il s'agit de retirer un profit honnête.

Le câprier se multiplie par graines qui lèvent facilement, & par boutures ; ce dernier moyen est préférable. Sur le champ qui doit être planté, on trace des lignes droites avec le cordeau ; & dans ces lignes, espacées au moins de neuf à douze pieds, on plante les boutures à la même distance, & bien alignées, dans les trous dont la terre a été défoncée sur un pied de profondeur au moins, & sur trois de largeur. Le trou comblé, le câprier pousse ses tiges, qui donnent quelques fleurs pendant la première année, suivant la force de la bouture. Au mois de Décembre, il faut couper ces tiges à trois ou quatre pouces au-dessus de terre; alors on relève celle des côtés sur ces chicots, afin de les recouvrir de trois ou quatre travers de doigt, & cela suffit pour les garantir des impressions du froid. Aussitôt que la gelée n'est plus à craindre, les câpriers sont découverts, & la terre égalisée avec celle du champ. C'est le moment de donner le premier labour avec la charrue, un traçant des sillons droits. Nous décrirons au mot VIGNE la manière de les labourer, & c'est la même pour les câpriers. Du moment que les bourgeons sont sur le point de se développer, on donne le second labour en sens contraire, c'est-à-dire qu'on croise les sillons. C'est en quoi se réduit toute leur culture, préférable à tous égards à la suivante.

Dans tous les murs de soutènement, on ménage des ventouses pour l'issue des eaux supérieures qui pénètrent dans la terre, afin qu'elles ne fassent point ébouler le mur. C'est dans ces ventouses que l'on place les boutures de câprier; on les couvre d'un peu de terre, & les racines vont s'étendre dans la masse de terre placée derrière le mur. Il résulte de-là deux inconvéniens essentiels: 1°. Que le collet des racines grossissant chaque année par l'insertion des nouvelles branches au tronc, par les bourrelets continuels qui s'y forment, bouche d'autant l'ouverture des ventouses, & retient derrière le mur une plus grande quantité d'eau. 2°. Cette couche de bourrelets augmentant chaque année, fait la fonction du levier contre tous les parois des murs qui l'environnent. Comme ce levier agit perpétuellement & avec une force extrême, il soulève peu à peu le mur, & fait souvent lézarder des toises entières sur une ligne horizontale. J'en ai vu un grand nombre d'exemples, & plusieurs particuliers ont été obligés de refaire à neuf des murs de soutènement. Le câprier cause moins de mal aux murs de terrasse, construits en pierres sèches, parce que ces pierres sont moins liées les unes aux autres, & il réussit mieux. La chaleur, la pluie, les bienfaits de l'air de l'atmosphère, pénètrent plus facilement jusqu'aux racines de la plante.

Des particuliers plus prudens ménagent des espèces de niches dans leurs murs. Si elles sont petites; elles ont dès-lors tous les inconvéniens dont j'ai parlé; si elles sont trop grandes, la première pluie un peu forte imbibe & pénètre la terre du dessus, elle s'écroule, & finit par être entraînée ainsi que celle qui avoisine la niche. Cet exemple est commun. Il vaudroit beaucoup mieux couvrir les murs de soutènemens par des espaliers, ou du moins planter les câpriers dans le bas où ils trouveroient le même abri.

La plantation d'un câprier dans un mur est encore vicieuse par un autre endroit. Comme les branches sont flexibles, longues, les feuilles épaisses, elles plient par le poids, & s'inclinent contre terre. Il résulte de-là, que ces branches, au nombre de vingt ou trente, suivant la force & l'âge du tronc, sont amoncelées les unes sur les autres, & les seules branches supérieures sont chargées de boutons à fleurs. Les intérieures, au contraire, beaucoup plus courtes & plus maigres, ne donnent que des fleurs chétives. Le seul moyen de tirer tout le parti possible des câpriers ainsi plantés, est de palissader ces branches. Des clous, une fois plantés dans le mur, serviroient pour toujours, puisque, chaque année, les branches se dessèchent & périssent. De la paille, du jonc suffiroient pour attacher & fixer les jeunes pousses sans les endommager. Cet espalier, d'un nouveau genre, offriroit à l'œil une verdure circulaire donc le tronc seroit le centre; de manière qu'en plaçant les trous en quinconce, tout le mur se trouveroit garni. Le curieux qui desireroit peu l'utile, c'est-à-dire, la récolte du bouton, pourroit laisser épanouir les fleurs, mais avoir grand soin de les faire couper dès qu'elles commencent à passer, car le cornichon ou fruit absorbe la séve, & on auroit peu de fleurs.

Pour récolter les câpres, on ne doit pas attendre l'épanouissement de la fleur, mais choisir les boutons A A, dès qu'ils sont gros comme des pois. Plus le bouton est tendre, plus il est délicat, & plus il est recherché. La baie qui succède à la fleur lui est supérieure à tous égards, mais elle détruit la récolte. Lorsqu'on laisse une fleur suivre la loi naturelle, il est rare que la branche qui la supporte, donne plus d'un, deux ou de trois fruits. La séve est employée à leur accroissement & à leur perfection. Alors la branche s'alonge moins, donne moins de feuilles; & comme de l'aisselle de chaque feuille naît une fleur, la fleuraison est donc une perte réelle.

Il faut, chaque matin, faire la récolte des boutons, & les jeter aussitôt dans le vinaigre. C'est ce que l'on appelle *confire* les câpres; elles n'exigent pas d'autres préparations. Le vinaigre doit les surnager de deux travers de doigt. La partie qui reste découverte moisit.

Le vinaigre qui a servi à la macération, appliqué extérieurement, est un bon résolutif. Les câpres confites excitent l'appétit, rafraîchissent. En total, elles sont plus utiles pour la cuisine que pour la médecine.

Cette petite branche de commerce est très-lucrative.

CAPRIFICATION. C'est une méthode usitée dans le Levant pour rendre certaines figues bonnes à manger. Elle consiste à faire piquer ces figues par une espèce de moucheron. J'en donnerai la description au mot FIGUIER.

CAPRON. *Fraise.* (*Voyez* le mot FRAISE)

CAPSULE, CAPSULAIRE, BOTANIQUE. Ce terme désigne la première espèce de péricarpe, ou de cette partie du fruit qui enveloppe & défend le fruit. (*Voyez* PÉRICARPE ou FRUIT) La capsule est une enveloppe formée ordinairement de plusieurs panneaux. Quand ils sont jeunes & qu'ils ne commencent qu'à se former, ils sont encore tendres, la capſule eſt très-ſucculente, remplie de quantité de vaiſſeaux dont les principaux forment des arêtes ou des cordons ombilicaux par leſquels les ſemences ſont attachées & reçoivent la nourriture. Avant la maturité des graines & le deſſéchement des capſules & de leurs panneaux, elles ſont remplies dans le tems de leur verdeur d'une pulpe ſucculente, très-utile aux ſemences. A meſure que la maturité fait des progrès, le deſſéchement s'opère, & les valves ou battans ſe percent, la capſule s'entrouve, les ſemences ſe détachent des vaiſſeaux qui les nourriſſoient, & à la fin elles s'échappent par les iſſues qu'elles rencontrent; car les capſules peuvent s'ouvrir & s'ouvrent en effet en différens ſens, dans les diverſes plantes à fruits capſulaires. La capſule s'ouvre par le haut dans le pavot, l'œillet; par le bas dans la campanule; en travers dans le mouron; la diſpoſition de l'ouverture de la capſule dans le mouron eſt aſſez ſingulière; elle eſt découpée circulairement, ce qui lui a fait donner le nom de *capſula circumciſſa:* celle de l'ancolie s'ouvre longitudinalement.

La forme de la capſule en général varie beaucoup; elle eſt cylindrique dans la ſaponnaire, l'œillet, la gentiane; globuleuſe dans le pain de pourceau; ovale dans la morgeline; courbée dans le ceraiſte commun; anguleuſe dans la campanule; torſe dans la ſpirée-ormière; enfin ſcrotiforme, c'eſt-à-dire, compoſée de deux globes réunis & un peu comprimés du côté où ils ſe touchent, comme dans la mercuriale.

Si la capſule n'a qu'une ſeule valve qui ne s'ouvre que d'un côté pour laiſſer échapper la ſemence, alors on la nomme *univalve*, comme dans le dauphin, la pivoine; ſi une cloiſon la ſépare en deux parties, & qu'elle forme, en s'ouvrant, deux panneaux bien différens, alors elle eſt bivalve, comme dans la dorine, la *mitella* de Tournefort; elle eſt trivalve dans les lys, le polycarpe; quadrivalve, dans l'épilobe, la bruyère; quinquevalve dans la lampette, le coris.

Nous n'avons conſidéré la capſule que par rapport à ſa forme extérieure & à la manière dont elle s'ouvroit; pénétrons dans ſon intérieur, & ſuivons-la dans ſes diviſions ou cavités. Ces cavités portent communément le nom de loges, & alors la capſule eſt uniloculaire lorſque ſa cavité n'eſt point diviſée, comme dans la primevert, la violette; cette capſule contient une ou pluſieurs ſemences, une dans le charme, deux dans l'arroche, pluſieurs dans l'œillet. La capſule eſt biloculaire, ou à deux loges, lorſqu'une cloiſon la ſépare par le milieu, & chaque loge contient, ou une ſemence, comme dans l'erable, ou deux, comme dans le lilas; triloculaire, comme dans les lys, le tourneſol des teinturiers, le paliurus, la camelée; les trois loges de ces deux dernières ne contiennent chacune qu'une ſemence, tandis que celles de la tithymale, de la toute-ſaine ou *androſæmum*, en renferment pluſieurs; quadriloculaire, comme le fuſain & l'airelle, dont chaque loge ne renferme qu'une ſemence, & quelques bruyères qui en contiennent plusieurs ; à cinq loges ; comme la pyrole, dont chaque cavité est remplie de semences : la capsule du tilleul est aussi à cinq loges, & ne devroit contenir que cinq semences, mais il n'y en a ordinairement qu'une seule qui réussisse ; à six loges remplies de semences, comme l'aristoloche, le cabaret ; à huit loges, le lin ; à dix loges, quelques espèces de lin ; enfin à loges nombreuses & indéterminées, comme les cistes & le nénufar.

Quelquefois les loges des capsules sont tellement distinguées, qu'elles forment plusieurs capsules réunies, mais distinctes ; alors cette espèce de péricarpe devient polycapsulaire. (*Voyez* PÉRICARPE) M. M.

CAPUCHON. (*Voyez* le mot COEFFE)

CAPUCINE, *ou* CRESSON D'INDE *ou* DU PÉROU. M. Tournefort la place dans la seconde section de la onzième classe, qui comprend les herbes à fleur de plusieurs pièces irrégulières, dont le pistil devient un fruit à plusieurs loges, & il l'appelle *cardamindum ampliori folio & majori flore.* M. von Linné la nomme *Tropælum majus*, & la classe dans l'octandrie monogynie.

Fleur, composée de cinq pétales inégaux, les deux supérieurs plus grands, les inférieurs barbus près de leurs onglets. Le calice d'une seule pièce, coloré, divisé en cinq découpures, se prolongeant en arrière, formant un nectar en forme d'alène plus long que le calice.

Fruit. Trois baies solides, convexes d'un côté, sillonnées & anguleuses de l'autre ; chaque baie renferme une semence à peu près semblable.

Feuilles, soutenues par de longs pétioles, faites en rondache, comme divisées en trois lobes, planes, unies, entières.

Racine, fibreuse.

Port. Tiges herbacées, pliantes, s'élevant contre les supports qu'on lui présente, & s'y attachant par ses feuilles.

Les *fleurs* sont solitaires ; une des trois semences avorte ; les feuilles sont placées alternativement sur les tiges.

Lieu. Originaire du Mexique où elle est vivace. Elle en fut apportée en 1684 ; fleurit tout l'été. Cette plante est également vivace en France, si on la préserve des gelées.

Propriétés. Toute la plante est âcre & piquante ; la fleur est odoriférante : on la regarde comme un excellent détersif ; elle est résolutive, diurétique, antiscorbutique.

Culture. On la sème ou dans des caisses pour être replantée, ou sur place. Cette dernière manière est préférable, surtout dans les pays où l'on craint peu les gelées tardives. Si on la sème en place, il convient de préparer, 1°. des creux d'un pied de profondeur, de les remplir de bonne terre mêlée avec beaucoup de fumier, ou de faire des tranchées de la même profondeur sur la même largeur. 2°. Arroser fréquemment, & ne pas inonder dès que la plante commence à avoir quelques pouces de hauteur. 3°. Lui donner de bonne heure des tuteurs comme aux pois. Plus il fera chaud, plus il faudra souvent arroser, & les tiges s'élèveront alors sur la ramée à la hauteur de six à huit pieds.

Si on sème dans des caisses, dès

que la plante aura quatre ou six feuilles, elle est en état d'être replantée; elle reprend très-facilement en l'arrosant un peu.

Si on sème pour décoration, il convient de choisir la graine de capucine à fleur large & bien veloutée. Si on sème au contraire pour récolter le bouton avant l'épanouissement de la fleur, on doit choisir la capucine à petite fleur & à fleur jaune, parce que ses boutons sont plus multipliés que ceux de la première.

La capucine peut se multiplier de boutures. A cet effet on choisit l'extrémité des branches les plus vigoureuses; & après en avoir coupé la longueur de quelques pouces, on la plante dans du terreau bien consommé. Il faut arroser légérement, tenir la bouture au grand air, & non au soleil.

Les curieux cultivent une capucine à fleur double qui, ne donnant point de graine, ne peut se multiplier que par boutures. Si la gelée la touche, elle périt. Pour la conserver, la serre chaude est nécessaire; elle craint beaucoup l'humidité.

Il faut, chaque jour, faire la cueillette des boutons, & rejeter soigneusement ceux qui commencent à se colorer en jaune; ils ne sont plus aussi bons pour confire.

Les boutons de capucine, confits au vinaigre, tiennent lieu de câpres, & ils sont plus parfumés. On jette ces boutons dans du bon vinaigre; ils doivent y tremper, de sorte qu'à mesure que le nombre des boutons augmente, on doit ajouter de nouveau vinaigre; par ce moyen, on n'est pas obligé de changer celui-ci. Les vases destinés à cette préparation journalière, n'exigent pas d'être couverts, sinon avec une toile, une planche seulement, pour empêcher les ordures d'y pénétrer. Le vinaigre devient de plus en plus acide & fort par sa communication avec l'air atmosphérique. Des auteurs recommandent de laisser pendant plusieurs heures les boutons nouvellement cueillis se flétrir à l'ombre; cette précaution est très-inutile. D'autres exigent de changer le vinaigre tous les huit jours; si le premier vinaigre est bon, c'est une opération superflue. L'addition du sel, du poivre, &c. quoique également prescrite, est dans le même cas.

CARACTÈRE D'UNE PLANTE, BOTANIQUE. Les botanistes emploient ce mot pour désigner ce qui distingue si bien une plante de toutes celles qui ont quelque rapport avec elles, qu'on ne sauroit la confondre avec ces plantes. Ce qui constitue cette marque distinctive est l'ensemble & la combinaison des parties les plus essentielles de la plante durant sa vie & jusqu'après sa mort; car non-seulement les fleurs, les fruits, la tige, les branches, &c. mais encore la graine fournit un caractère distinctif. Si l'on pouvoit parvenir à saisir exactement tous les caractères distinctifs de toutes les plantes entr'elles, on pourroit alors classer & établir les familles naturelles, & le grand problême de la botanique seroit résolu. Mais on est encore bien loin d'avoir découvert cette méthode naturelle qui donneroit la progression graduelle que la nature a suivie dans la distribution des végétaux. Dans l'impossibilité de rassembler & de connoître parfaitement toutes les plantes, & tous leurs caractères naturels, on s'est contenté d'en étudier le plus qu'on a pu. Les méthodistes n'ont vu dans les caractères en général, qu'une note simple ou composée; disons mieux, ces caractères ne sont que les parties essentielles par lesquelles les plantes se ressemblent ou diffèrent entr'elles. M. Tournefort & ceux qui l'ont suivi, soit en adoptant son systême, soit en le rectifiant, n'en ont fait aucune distinction, les ont confondus, ou plutôt ne s'en sont pas servi. Le chevalier von Linné est le premier qui en ait distingué de quatre espèces; le caractère factice ou artificiel, le caractère essentiel, le caractère naturel, & le caractère habituel.

Avant que d'expliquer en détail ces quatre sortes de caractères, que l'on ne perde pas de vue que les caractères généraux & particuliers sont pris & choisis dans les parties qui concourent à la réproduction, c'est-à-dire, aux parties de la fructification ou de la génération.

1°. Le caractère factice ou artificiel est celui qui se tire d'un signe de convention. Ce caractère est au choix du méthodiste qui établit une nouvelle méthode. Ce caractère arbitraire peut être pris indistinctement de telle ou telle partie de la plante; il suffit en général, pour distinguer les genres d'un ordre d'avec ceux d'un autre ordre; mais il ne les distingue pas entr'eux. Tels sont les caractères génériques de tous les méthodistes artificiels, de Tournefort, de Césalpin, de Rai, de von Linné. M. Tournefort a adopté la forme de la corolle ou des pétales; Césalpin, Morison, Rai employèrent principalement la considération du fruit; le chevalier von Linné se fonda sur les parties mâles & femelles des plantes, c'est-à-dire, sur les étamines & les pistils.

2°. Le caractère essentiel est un signe si remarquable & si approprié aux plantes qui le portent, qu'il ne convient à aucun autre, & qui fait qu'au premier coup-d'œil, on la distingue facilement de toute autre; tel est le nectar des hellébores & des aconits. Ce caractère distingue essentiellement les genres dans tous les ordres, & distingue essentiellement aussi tous les genres d'un même ordre, les uns des autres. On est convenu que ce caractère pour les genres & les classes, pourroit se tirer d'une des six parties de la fructification, & celui des espèces, de toutes les autres parties différentes de celles de la fructification. Quelques auteurs cependant y ont eu recours, & de-là ils sont tombés dans le défaut qu'ils recommandent si fort d'éviter, de prendre les mêmes parties pour caractériser les classes, les genres & les espèces; défaut qui entraîne nécessairement de la confusion.

3°. Le caractère naturel, comme nous l'avons dit plus haut, se tire de toutes les parties des plantes; il comprend par conséquent le factice & l'essentiel, & sert à distinguer les classes, les genres & les espèces. Si l'on pouvoit se flatter d'avoir rassemblé tous les caractères naturels, on auroit bientôt la grande division du règne végétal par familles

milles naturelles, mais nous sommes encore bien loin d'avoir fait cette découverte. Le caractère naturel des classes & des genres se prend dans les parties essentielles de la fructification ; on n'est pas également d'accord pour celui des espèces. M. Tournefort, dans l'établissement des caractères des espèces, rejette la considération de la fleur & du fruit, comme réservée à la détermination des genres ; & il admet l'examen, non-seulement du port, des feuilles, des tiges, des supports, des racines, mais encore lorsque ces signes paroîtroient insuffisans, celui de toutes les qualités sensibles, telles que la couleur, la saveur, l'odeur, la grandeur, la ressemblance à des choses connues, &c. Le chevalier von Linné au contraire, rejette les dernières qualités comme incertaines, peu déterminées, vagues & sujettes à varier suivant la différence de la culture, du sol, du climat, de l'exposition & de plusieurs autres accidens, & en cela il a raison. Il veut qu'on distingue l'espèce d'une manière plus stable ; il admet l'unique considération de toutes les parties de la plante, que l'œil ou la main discernent constamment, dans chaque individu de l'espèce. Ces caractères, à la vérité, sont devenus plus nombreux depuis M. Tournefort, par la détermination d'un grand nombre de parties qui, de son tems, n'avoient pas été suffisamment observées, telles que les supports, les stipules, les glandes, les poils, &c. Il faut y ajouter les parties de la fructification elles-mêmes, que le chevalier von Linné considère aussi dans l'espèce, lorsqu'elles n'ont pas servi à déterminer le genre.

4°. Enfin le caractère habituel est celui qui résulte de l'ensemble, de la conformation générale d'une plante, de la disposition de toutes ses parties considérées suivant leur position, leur accroissement, leur grandeur respective, en un mot, suivant tous leurs rapports, qui s'apperçoivent au premier coup-d'œil. On connoît le caractère habituel plus particuliérement sous le nom de *port*, *facies propria*, *habitus plantæ*. Il n'a guère été employé qu'à la distinction des espèces ; M. von Linné a pensé néanmoins qu'il pourroit servir aussi à faciliter celle des genres ; M. Goüan, dans son *Hortus Monspeliensis*, l'a utilement employé sous le nom de caractère secondaire.

M. le chevalier de la Marck, dans ses *Principes de Botanique*, ou la *Flore Françoise*, ayant pris la base de son systême dans l'analyse, n'a aucun égard à la distinction des caractères que nous venons de développer ; il la croit même plus nuisible qu'avantageuse à l'étude des plantes, parce que, comme il le remarque très-bien, le même caractère qui aura servi à lier un certain nombre de plantes comprises dans une grande division, peut être employé encore pour lier d'autres plantes qui formeroient alors une division très-circonscrite, ou même pour séparer une espèce d'avec une autre. La nature nous met à chaque instant sous les yeux ces caractères ; pourquoi vouloir que ce caractère qui se multiplie souvent avec les plantes que nous découvrons, ne puisse servir que dans telle ou telle circonstance prise exclusivement ? M. M.

CARDASSE. (*Voyez* FIGUE)

CARDEPOIRÉE. (*Voyez* POIRÉE)

CARDIAQUE. (*Voyez* AGRIPAUME)

CARDINALE. *Pêche.* (*Voyez* le mot PÊCHE)

CARDON. MM. Tournefort & von Linné le placent dans la même classe & dans le même genre que l'*artichaut.* (*Voyez* ce mot) Le premier le désigne par ces mots: *Cinara spinosa*, *cujus pediculi esitantur*, & M. von Linné le nomme *Cinara carduncululs.* Il est originaire de l'île de Crête. Les jardiniers en reconnoissent deux espèces, l'une nommée *cardon de Tours*, & l'autre *cardon d'Espagne.* Je ne crois même pas que les botanistes soient dans le cas de les considérer comme une simple *variété* l'une de l'autre, puisqu'elles se perpétuent de graines, sans rien perdre de leur forme. Les feuilles des artichauts diffèrent de celles des cardons par une longue appendice ou continuation de la base de la feuille qui se propage sur le tranchant inférieur de la côte ou pétiole, jusqu'à la naissance de l'autre feuille, & fait corps avec elle, tandis que dans les cardons cette appendice n'est bien caractérisée que dans les divisions supérieures de la feuille. La feuille du cardon est d'un vert plus pâle, plus blanchâtre que celle de l'artichaut; celle du cardon d'Espagne est sans épine bien caractérisée; au contraire celle du cardon de Tours est armée d'épines très-piquantes à l'extrémité de chaque nervure des divisions des feuilles. Les divisions des feuilles sont beaucoup plus grandes vers le haut de la feuille, diminuent de grandeur à mesure qu'elles se rapprochent de sa base, & finissent enfin par n'être plus que de simples oreillettes très-rapprochées, & chacune armée de cinq à six longues épines très-aiguës. Les oreillettes qui garnissent la base de chaque division de la feuille en dessous, sont armées de deux à trois épines, de manière que la feuille est épineuse, tant en dessous qu'en dessus. Cette espèce est, à tous égards, préférable à la première, elle s'élève beaucoup plus haut, ses côtes sont plus larges, plus charnues & beaucoup plus délicates à manger.

Culture. Elle varie suivant les pays & les facultés des propriétaires. Celle des amateurs est plus dispendieuse, & à mon avis la jouissance anticipée ne compense pas les frais, & diminue la quantité du cardon. Il faut faire connoître les deux méthodes, le lecteur aura le choix de celle qu'il jugera la meilleure. Le *Traité des Jardins*, ou le nouveau *La Quintynie*, offrira la première; quant à la seconde, je la décrirai d'après ma pratique ordinaire & celle des jardiniers.

I. *Méthode recherchée.* Pour avoir des cardons toute l'année, il faut en semer en plusieurs saisons.

En Janvier, on sème sur couches, sous cloches, ou mieux sous châssis, de la graine de cardon. Lorsque le plant a deux feuilles bien formées, outre les feuilles séminales, on doit le repiquer sur une couche neuve, couverte de neuf à dix pouces de terre & terreau passés à la claie & bien mêlées; le laisser sur cette seconde couche qu'on réchauffe dans le besoin, jusqu'à ce qu'il soit assez fort pour être mis en place. Ces couches peuvent être occupées en même tems par d'autres plantes, telles que les raves, les laitues, &c. Cependant il est plus sûr de semer ces graines dans des pots à œillets, remplis de bonne terre mêlée de terreau, & de placer ces pots dans une couche: lorsqu'elle n'a plus de chaleur, on les transporte dans une autre. Dans un pot de cette capacité, le plant trouve de quoi se nourrir & se fortifier jusqu'à ce qu'on le mette en place, & il est plutôt en état d'y être mis que celui dont les progrès ont été interrompus & retardés par les transplantations. Il faut faire une troisième couche de fumier consommé, chargé d'un pied de bonne terre mêlée & passée à la claie, avec moitié ou tiers de terreau, suivant que la terre est plus ou moins bonne & meuble. Lorsque sa grande chaleur est passée, il faut, à deux pieds & demi de distance, y planter en échiquier, les jeunes pieds de cardon, & les couvrir chacun d'une cloche (s'ils ne sont pas sous châssis) jusqu'à ce qu'ils soient bien repris (s'ils sont en pots, on les dépote & on les place sans rompre ni altérer leur motte; comme ils ne souffrent aucun dérangement ni ébranlement, ils n'ont point à reprendre, ni par conséquent besoin d'être couverts de cloches ni de vitrages). Etant en place, on attache des gaulettes à des fourchettes plantées sur les bords de la couche, pour soutenir des paillassons dont il faut couvrir le plant pendant les jours froids & les nuits. On donne ordinairement quatre pieds & demi de largeur à cette dernière couche, & on la réchauffe au besoin, si la saison ne s'adoucit pas. On peut semer quelques légumes entre les cardons.

Cette méthode est praticable à Paris, où le fumier de littière est si abondant, que le propriétaire est obligé de payer pour le faire enlever. Elle est encore praticable chez les grands seigneurs, à qui rien ne coûte; mais par-tout ailleurs, l'achat des fumiers, la façon des couches coûteroient vingt & trente fois plus qu'on ne vendroit les cardons de primeur. Il vaut mieux manger chaque chose dans sa saison, conserver les engrais, & les employer dans les terres à grain.

Il faut souvent mouiller le plant, soit pour l'empêcher de monter en graine, soit pour augmenter ses progrès. A mesure que chaque pied a acquis la grosseur & la force nécessaires, on le lie avec trois ou quatre liens de paille par un tems sec; ensuite on l'empaille jusqu'à l'extrémité des feuilles exclusivement, avec de la paille neuve, ou mieux encore, avec de la grande littière qu'on lie pareillement avec des liens de paille ou d'osier bien serrés. Environ trois semaines après, le cardon est blanc & bon à être employé, ce qui arrive ordinairement en Mai.

Pour éviter les épines du cardon de Tours, deux hommes en face l'un de l'autre, le saisissent & l'embrassent par le pied, chacun avec une fourche de bois. Ils font glisser leur fourche jusque vers l'extrémité des feuilles; alors ils serrent les fourches le plus qu'ils peuvent contre la plante, en les fixant en terre par l'autre bout; ensuite ils approchent du cardon & placent leurs liens. Un seul homme peut faire cet ouvrage. D'abord il saisit toutes les feuilles d'un côté avec une fourche, la fait glisser jusque vers leur extrémité, la fixe en terre par l'autre bout, fait la même chose d'un autre côté avec une fourche; ensuite il place les liens de paille. L'opération se fait mieux par deux hommes, dont l'un embrasse & arrange les feuilles du cardon, & l'autre met les liens; mais il faut que le premier soit vêtu & ganté de bonne peau. De quelque façon qu'on s'y prenne, on doit avoir grande attention de ne pas rompre des feuilles, puisque leur côte est la principale portion utile du cardon.

Lorsqu'on a mis le plant de cardon en place sur couche, on a dû choisir les plus beaux pieds & les plus forts, & laisser les plus foibles sur la seconde couche ou dans les pots. Vers la mi-Mars, on laboure profondément un morceau de bonne terre; on y marque des places en échiquier, distantes de trois, ou au moins de deux pieds & demi en tout sens; on y fait de petites fosses de huit à dix pouces sur chaque dimension, que l'on remplit de fumier consommé, recouvert de deux ou trois pouces de terreau, & on place un pied de cardon dans chacune. S'il étoit en pot, il n'a besoin que d'une bonne mouillure pour plomber le terreau contre sa motte. S'il étoit planté sur la couche, il faut, aussitôt qu'il est placé en pleine terre, le mouiller & le couvrir pendant quelques jours d'un pot, de paille, ou de quelqu'autre chose, dont l'abri puisse faciliter sa reprise. Ce plant n'aura besoin que de quelques binages au pied, & d'être mouillé tous les deux jours, jusqu'à ce qu'il soit bon à lier; ce qui arrive en Juin ou Juillet.

Si le semis de Janvier avoit été tout employé pour la première plantation, il faudroit, pour cette seconde, faire un second semis du 15 au 18 Février, sur couche, qui n'aura pas besoin d'être transplanté sur une autre. Il est plus avantageux de placer ce second plant dans la plate-bande d'un espalier au nord, ou autre lieu frais, ou abrité du soleil, qui, dans cette saison, feroit monter en graine la plupart des pieds.

Enfin vers le 15 Avril, il faut labourer profondément & dresser un terrain, y faire garnir & espacer de petites fosses comme il est dit ci-devant, semer dans chacune trois ou quatre graines de cardon, à deux ou deux pouces & demi de distance l'une de l'autre, & environ à un pouce de profondeur. Lorsque le jeune plant est à sa troisième feuille, on choisit le plus beau pied de chaque fosse, & on arrache tous les autres; mais dans les terrains & les années où le ver de hanneton, la lisette, la fourmi-rouge, le puceron, &c. font de grands ravages, on est quelquefois obligé de resemer le cardon, ce qui fait un retardement préjudiciable & fort long; car la graine ne lève que du quinzième au vingtième jour ; c'eſt pourquoi il eſt plus ſûr & plus avantageux de ſemer dans de petits pots que l'on place autour des couches & en dehors des châſſis, ou au pied d'un mur ou bâtiment au midi, ou en un autre lieu à couvert des ennemis de ces jeunes plantes, & on ne les met en pleine terre que lorſqu'elles ont leur quatrième feuille ; alors elles n'ont à craindre que le ver du hanneton. Telle eſt la méthode ſuivie par ceux qui ont un intérêt quelconque à avoir des primeurs, & qui peuvent ſe les procurer par l'abondance des fumiers de littière & des terreaux qui en réſultent.

II. *Méthode ordinaire & ſuffiſante.* 1°. *Du tems & de la façon de ſemer.* Chacun doit ſe régler ſuivant le climat & la manière d'être des ſaiſons du pays qu'il habite ; ainſi on peut ſemer dès qu'on ne craint plus l'effet des gelées ; par exemple, dans certains cantons de la Provence, du Languedoc, &c. il eſt poſſible de ſemer vers la fin de Février. On gagne du tems, il eſt vrai, mais on court le riſque de voir beaucoup de pieds monter en graine dans les mois de Juillet & d'Août ; ce qu'on ne craint pas dans les pays plus ſeptentrionaux. Les pieds qui ne grainent pas dans cette ſaiſon, ſont plus beaux, plus vigoureux que ceux qui ont été ſemés plus tard.

En général, le bon tems de ſemer dans les pays méridionaux, eſt vers le milieu ou la fin de Mars, & vers la fin d'Avril dans les pays ſitués au nord. On peut ſemer à demeure ou en pépinière ; le ſecond moyen eſt plus commode, parce qu'on ſoigne plus aiſément une table de ſemis, que des trous diſperſés çà & là. Si on ſème à demeure, on travaillera à la *bêche*, (*voyez* ce mot) tout le terrain deſtiné aux cardons ; enſuite, de diſtance en diſtance, ainſi qu'il a été dit dans le premier article, on ouvrira un trou d'un pied en carré, ſur autant de profondeur, que l'on remplira de la meilleure terre qu'il ſera poſſible de ſe procurer ; elle ſera légère & ſubſtantielle. C'eſt dans cette terre que trois ou quatre grains ſeront dépoſés à la diſtance de trois à quatre pouces les uns des autres. Cette méthode a l'avantage de ſupprimer la tranſplantation qui fait périr beaucoup de pieds. Lorſque la graine aura germé ; lorſque les jeunes plants auront quatre feuilles bien formées, on arrachera les plants ſurnuméraires, & on n'en laiſſera qu'un ſeul. Ces plants, levés avec ſoin, ſerviront à remplacer ceux qui ſeront languiſſans dans les autres trous, ou à garnir les places dont les ſemences n'auront pas germé.

Si on ſème en pépinière, la terre de la table ou planche ſera défoncée au moins à la profondeur de huit pouces, après avoir été couverte de fumier bien conſommé & enterré avec la bêche en travaillant la terre. La graine ſera ſemée à la volée, mais très-claire. C'eſt un défaut trop ordinaire des jardiniers, de ſemer trop épais. Lorſque la graine germe, les tiges, les feuilles ſe touchent toutes ; & pour ainſi dire, dès le berceau la plante *s'étiole*, (*voyez* ce mot) de manière que les pieds n'acquièrent jamais la force qu'ils devroient avoir. Arroſer, détruire les mauvaiſes herbes, ont les seuls secours que les cardons exigent jusqu'à la transplantation. Quelques particuliers plus attentifs ne font point semer à la volée, mais ils tracent de petits sillons à la profondeur d'un pouce, destinés à recevoir la semence. L'ouvrier voit mieux ce qu'il fait; il a plus de facilité à espacer ses graines de quelques pouces, & il est plus aisé de détruire les mauvaises herbes sans endommager les plants. La graine semée à la fin de Mars, reste plus long-tems à lever que celle semée dans le courant d'Avril; la différence est presque de moitié. Les cardons semés trop de bonne heure, sont plus sujets à monter en graine que les autres; & rarement ceux qui fleurissent ainsi donnent de bonne graine.

2°. *De la transplantation.* Commencez dans un coin de la planche, par ouvrir un petit fossé qui découvrira les racines; ménagez-les avec le plus grand soin. Pour cet effet, creusez jusqu'au-dessous, alors le plant viendra sans peine, & ses racines ne seront point endommagées. Ne tirez que ce qu'un homme peut replanter dans une demi-heure; & si la terre ne tient pas aux racines, ne les laissez jamais exposées au hâle, au soleil, &c.; placez les plants dans un panier, avec un peu de terre par-dessus les racines, ou dans un plat rempli d'une suffisante quantité d'eau pour qu'elles trempent. Il vaut mieux revenir plus souvent à la pépinière, que d'enlever trop de plants à la fois. Ces soins paroîtront minutieux à la plupart des jardiniers: laissez-les dire; ordonnez, & faites-vous obéir. Au mot RACINE, on verra leur usage, & l'indispensable nécessité de les ménager & de les conserver.

Aussitôt après la transplantation, arrosez légérement; trop d'eau tape la terre, la durcit, & il vaut mieux revenir à plusieurs petits arrosemens consécutifs qu'à un seul trop copieux.

Si on prévoit que pendant le jour le soleil dardera avec trop de force sur ces jeunes plants, on fera très-bien de cueillir de mauvaises feuilles de choux & de les couvrir; le soir ces feuilles seront soulevées, afin qu'ils jouissent de la fraîcheur de la nuit. Suivant la reprise, ces feuilles, ou de nouvelles, seront remises & enlevées jusqu'à ce que le plant se tienne droit, en un mot, qu'il ait bien repris.

On observera, en transplantant, d'espacer les plants à trois pieds les uns des autres, en tout sens, & à quatre pieds ce seroit encore mieux. Il n'y aura point de terrain perdu, puisque cet espace peut être garni en plantes dont la racine ne pivote pas, & qui auront fait leur crue avant l'époque du blanchîment des cardons.

III. *Des soins après la transplantation.* Ils se réduisent, 1°. à arracher les mauvaises herbes; 2°. à serfouir deux ou trois fois pendant l'été le pied des cardons; 3°. à donner de fréquens arrosemens. Le meilleur moyen d'empêcher la fleuraison de la plante, est l'arrosement. L'eau modère sa propension à monter. Les auteurs conseillent de les arroser tous les deux jours. L'avis est sage si on se sert d'arrosoirs; il est dangereux si c'est par *irrigation*, (*voyez* ce mot) à moins que l'évaporation ne soit excessive, & causée par un vent impétueux ou par une chaleur dévorante. Un seul arrosement par irrigation pénètre plus profondément la terre que ne le feroit l'eau de dix à douze arrosoirs vidés successivement. L'irrigation nécessite à serfouir plus souvent.

Tenir le terrain frais, est la loi qu'il faut suivre ; l'arrosement est par conséquent soumis à la température du climat que l'on habite.

IV. *Des manières de blanchir les cardons.* Voici celles décrites dans le *Traité des Jardins* déjà cité. Depuis le mois d'Octobre, on lie & on empaille successivement de huit en huit jours quelques-uns des plus beaux pieds pour les consommer trois semaines après. Lorsque les gelées commencent à se faire sentir, on les lie tous sans les empailler, & on les butte de sept à huit pouces. S'il survient en Novembre quelques gelées un peu fortes, on jette dessus de la litière, des cosses de pois, &c. Enfin, lorsqu'en Décembre on prévoit les grandes gelées, il faut lever en motte tous les pieds de cardons, les transporter dans la serre, les y planter dans du sable, leur donner de l'air toutes les fois qu'il est doux. Ils y blanchissent sans paille, & dans une bonne serre il s'en conserve jusqu'en Avril. On peut ne les point planter dans le sable ; mais les ranger debout l'un devant l'autre contre un mur de la serre, les visiter souvent, les nettoyer de toutes les feuilles pourries, & retirer pour la consommation ceux qui paroissent les plus avancés ; mais il est rare & difficile d'en conserver aussi longtems ; cet usage ne convient qu'aux maraîchers.

Lorsqu'on n'a pas une serre pour loger les cardons, on suit *une autre méthode*. Par le mot *serre*, on n'entend pas parler d'une serre chaude, ni d'une orangerie, mais d'un bas, d'un endroit à l'abri des gelées, & même d'une trop grande humidité qui pourriroit plutôt les cardons qu'elle ne les blanchiroit. On peut faire dans un terrain très-sec, une tranchée profonde de trois pieds, large de quatre pieds, & de longueur proportionnée au nombre de plants de cardons. A un bout de la tranchée, on fait un chevet de longue paille ; c'est-à-dire on tapisse, on couvre ce bout de la tranchée de deux ou trois pouces de longue paille. Contre ce chevet, on place debout trois ou quatre pieds de cardon, levés en motte, de sorte qu'un pied ne touche point l'autre. On fait un second chevet qui couvre ce premier rang ; on y place un second rang de cardon, & ainsi de suite, ayant attention de laisser l'extrémité des feuilles à l'air, tant que la rigueur du froid n'oblige pas de couvrir toute la surface de la tranchée avec de la paille & avec des paillassons inclinés, pour empêcher les pluies & les neiges de pénétrer. Cet expédient est fort bon ; le suivant vaut encore mieux.

Troisième méthode. Dans un terrain sec, ouvrez une tranchée de trois pieds de profondeur sur cinq de largeur & de longueur, proportionnée au besoin. Jetez sur le bord de la tranchée, des côtés du nord, du levant & du couchant, toutes les terres qui sortiront de la fouille ; plombez-les bien, & disposez-les en talus, qui éloigne de la tranchée les pluies & les neiges. Le long de la tranchée, du côté du midi, plantez des échalas ou de grandes fourchettes pour soutenir une perche, sur laquelle vous attacherez un nombre suffisant d'échalas pour porter une couverture grossière de paille, ou de fougère, ou de cosses de pois, & des paillassons par-dessus. Cette couverture plus inclinée du côté du nord que du côté du midi, sera appliquée par son extrémité sur les terres qui bordent la tranchée. Du côté du midi, vous ménagerez quelques ouvertures pour introduire l'air & le soleil, quand il est possible, & afin de pouvoir descendre dans la tranchée, & y soigner les cardons. Ces ouvertures se bouchent avec de doubles paillassons pendant les nuits & les tems rudes. On dispose, comme ci-devant, les cardons entre des chevets de paille, suivant la longueur de la tranchée du côté du nord, ou bien comme dans une serre.

Dans les climats où la rigueur du froid est considérable, & les pluies fortes & fréquentes, il est bon de choisir une des méthodes ci-dessus décrites; dans les pays plus tempérés, ces grandes précautions sont assez inutiles; l'une des deux méthodes suivantes suffit.

Quatrième méthode. Dès le mois de Novembre, & même plutôt si l'on veut, on peut lier une certaine quantité de pieds de cardons, & tous les huit ou quinze jours, suivant le besoin, en lier de nouveau & les faire blanchir à la manière du céleri, c'est-à-dire relever la terre autour des pieds dont les feuilles sont liées, & ne laisser que les sommités à découvert. La principale attention à avoir, consiste à ne lier les feuilles que par un tems très-sec, & à les butter dans les mêmes circonstances. Cette attention est également indispensable dans la méthode suivante.

Cinquième méthode. Il a été dit que les cardons devoient être plantés au moins à trois pieds de distance les uns des autres. Faites une fosse au pied de la plante, dégarnissez ses racines d'un côté, couchez-la dans la fosse, sans rompre la racine; recouvrez la terre sur sept à huit pouces de hauteur, & laissez sortir quelques bouts de feuilles, pour l'indiquer. Plus la terre sera humide, plutôt il blanchira & pourrira. Si elle est un peu sèche, & qu'on la préserve des pluies par de la paille longue qui en repousse les eaux, les cardons se conserveront pendant plusieurs mois; & dans les pays secs, tels que le Comtat, la Basse-Provence, le Bas-Languedoc, on mange quelquefois en Février, & même en Mars, des cardons enterrés à la fin de Novembre. Il ne faut pas conclure de ce que je dis, que chaque pied ait été conservé frais dans sa fosse; on en trouve plusieurs entiérement pourris: je rapporte cet exemple, pris dans les extrêmes, pour prouver que plus le terrain sera humide, plus le blanchîment du cardon sera prompt, & par conséquent le jardinier doit se régler sur ce principe, afin de prévenir la pourriture. La constitution de la saison influe beaucoup, & le jardinier doit y faire attention.

Certains auteurs ont conseillé d'autres méthodes pour le blanchîment.

Liger

Liger propose d'environner le cardon après qu'il est lié, avec une caisse semblable à une ruche à miel ; la dépense est un peu considérable : d'autres, d'environner le cordon lié avec du marc de raisin, &c. Pourquoi multiplier la main-d'œuvre & la dépense sans nécessité ? la quatrième & la cinquième méthode sont les plus simples.

Dans nos provinces méridionales, où la durée des froids n'est pas considérable, on peut, pendant ce tems, lier les cardons, les environner avec de la paille brisée ou avec la balle du grain. Dès que la gelée cessera, il faudra en écarter la paille, couper les liens & laisser aux feuilles la liberté de reprendre leur première situation ; sauf à lier de nouveau, à rapprocher la paille s'il survient de nouvelles gelées, parce que la plante qui a déjà été une fois emprisonnée, est bien plus délicate & plus susceptible des impressions du froid. Par ce moyen, on prolonge de beaucoup sa jouissance.

V. *Récolte de la graine*. Laissez sur terre les pieds de cardon les plus vigoureux, ne les enterrez pas, mais garantissez-les avec force paille, après avoir butté leur pied avec de la terre. Le cardon est vivace, ainsi que l'artichaut, si on les préserve du froid : gouvernez-le donc comme l'artichaut. Dès que les froids seront passés, enlevez la paille, la terre, les feuilles pourries & desséchées, & mettez le sol de niveau ; travaillez la terre, enfin, arrosez suivant le besoin. Aux mois de Mai, de Juin, de Juillet, la tige pousse du pied, s'élève, porte plusieurs fleurs ou têtes ; abattez le plus grand nombre dès qu'il paroît, & conservez seulement les pommes qui promettent le plus. Il est prudent d'attacher cette tige contre un échalas, afin de la soustraire à la fureur des vents qui règnent sur les côtes, mais sur-tout pour l'incliner, afin que la pluie ne tombe pas dans l'intérieur de la pomme ; elle fait couler les fleurs, & souvent pourrir les graines lorsque la fleur a noué. Ce même pied de cardon peut servir pendant plusieurs années de suite à produire la graine. Quelques auteurs pensent que celle des vieux pieds est préférable à celle donnée par des pieds plus jeunes : cela peut être ; je ne le sais pas par expérience. Si on tient la semence dans un lieu sec, elle est bonne à semer même à la troisième année.

CARÈNE, Botanique. On a donné le nom de *carène* au pétale inférieur des fleurs papilionacées ; elle a la forme de *l'avant* d'une nacelle. La carène renferme presque toujours les étamines & le pistil ; quelquefois elle est composée de deux pièces, comme dans la réglisse, le landier d'Europe, & contournée dans le haricot. (*Voyez* le mot Corolle)

On dit d'une feuille, qu'elle est *carinée* lorsqu'elle est faite en forme de carène, c'est-à-dire, creusée dans le milieu & relevée par le bout, comme dans l'asphodèle rameux. M. M.

CARIE, Médecine vétérinaire. La carie est aux os ce que la gangrène est aux chairs. Nous pouvons donc la définir une solution de continuité dans un os, accompagnée de perte de substance, laquelle peut être occasionnée par une humeur âcre & rongeante.

Nous distinguons la carie en raboteuse & en vermoulue.

Dans la première, l'artiste vétérinaire, ou le maréchal, sent, au moyen de la sonde, des aspérités & des inégalités sur la surface de l'os.

Dans la seconde, l'os est réduit en une espèce de poudre semblable à celle que l'on obtient du bois rongé par les vers; c'est pourquoi nous l'appelons vermoulue.

Causes de la carie. La carie provient de l'affluence continuelle d'une humeur viciée sur l'os, ou de l'acrimonie de cette même humeur, de fracture, de luxation, des fortes contusions, des ulcères morveux & farcineux, des médicamens corrosifs inconsidérément employés par le maréchal dans le traitement des plaies, & sur-tout de ce que l'os, dans une plaie qui le laisse à découvert, reste long-tems à nu & exposé au contact de l'air.

Traitement. Dans le traitement de la carie il s'agit: 1°. d'en empêcher le progrès; 2°. de la détruire en faisant séparer la partie cariée de la partie saine.

Dans le premier cas, les remèdes propres pour s'opposer aux progrès de la carie, sont la teinture de myrrhe & d'aloës, l'eau-de-vie camphrée, l'essence de térébenthine, dont on imbibe de petits plumaceaux, & que l'on applique sur la partie cariée. La teinture d'aloës seule nous a suffi plus d'une fois pour provoquer l'exfoliation des apophises épineuses des vertèbres dorsales de deux chevaux, qui avoient été cariées par le séjour de la matière, à la suite d'un mal de garot.

Il peut cependant arriver que ces topiques soient insuffisans. C'est ici le second cas, c'est-à-dire, celui où il faut détruire la carie en séparant la partie gâtée de la partie saine. On y parviendra par l'application du feu ou du cautère actuel. La carie une fois desséchée par le feu, l'exfoliation se fait dans quelques jours, parce que le suc nourricier soutenant les lames osseuses dont l'organisation est détruite, les sépare de la partie de l'os; de manière qu'il ne reste plus alors qu'un ulcère simple, qui se déterge & se cicatrise comme une plaie ordinaire.

La carie attaque ordinairement le cartilage de l'os du pied dans le javart encorné. (*Voyez* JAVART.) Le cartilage ne pouvant s'exfolier, le javart devient incurable, à moins de faire l'extirpation du cartilage en entier, parce qu'il est prouvé par l'expérience que le cartilage carié seulement dans un de ses points, est peu-à-peu gagné par la carie: c'est aussi par la même raison que la carie de l'os de la noix, à la suite d'un clou de rue, est incurable, cet os étant couvert d'un cartilage dans toute sa surface: elle n'est curable que lorsque le cheval est vieux, parce que, dit le célèbre hippiatre françois, M. la Fosse, « il guérit alors aisément, le cartilage étant » ossifié ou usé par l'âge. » M. T.

CARIE, *Jardinage.* L'organisation des plantes étant la même que celle de l'homme, à quelques modifications près, il doit en résulter les mêmes principes de destruction. En effet, la substance de l'arbre se carie comme celle des os. Plusieurs causes concourent à établir la carie sur un arbre; les unes sont extérieures, & les autres intérieures. Parmi les premières, l'on compte les coups donnés contre un arbre avec des corps durs qui écrasent l'écorce, endommagent l'aubier & la substance ligneuse;

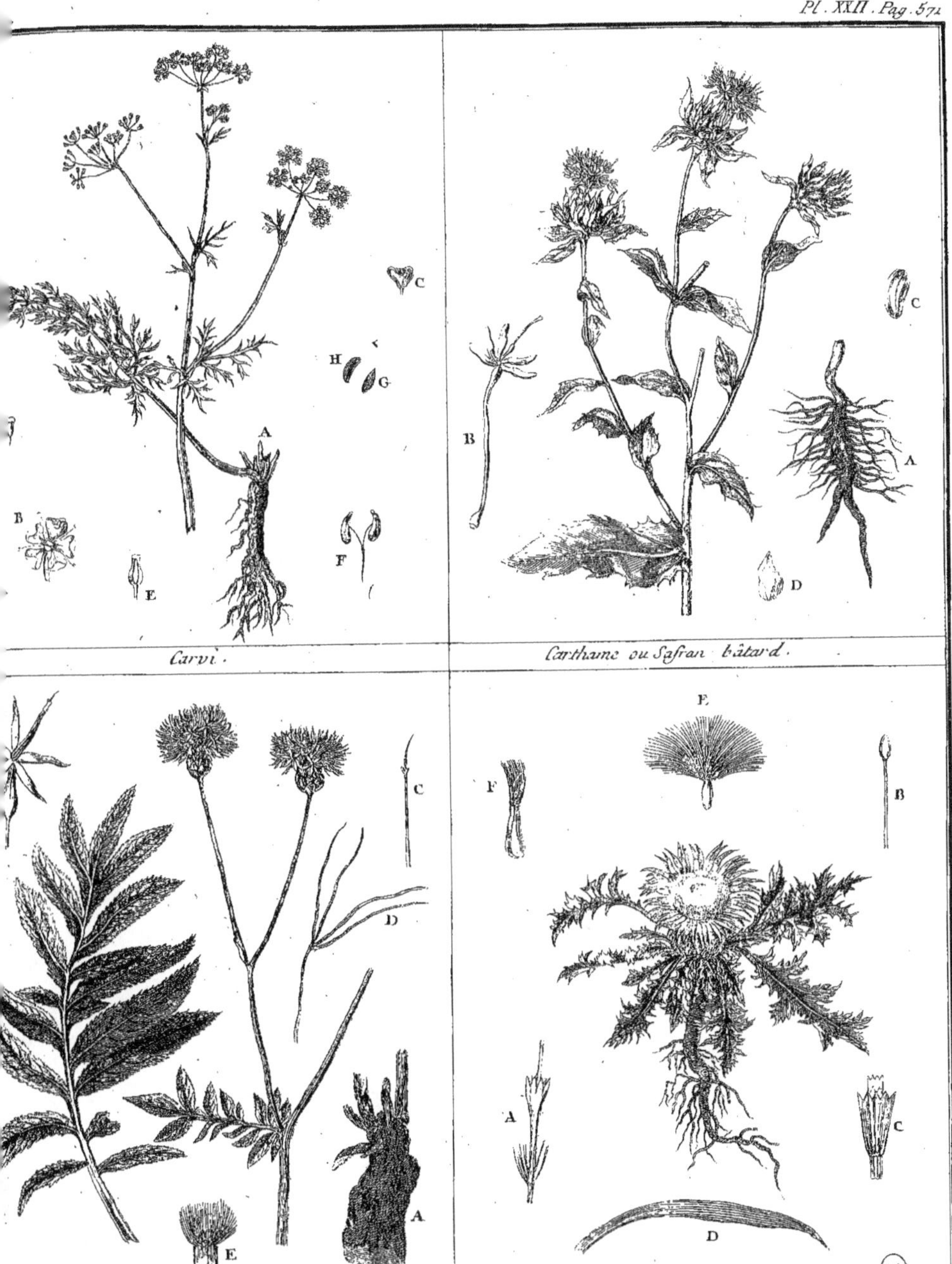

Carvi.

Carthame ou Safran bâtard.

Centaurée Grande.

Carline ou le Caméléon Blanc.

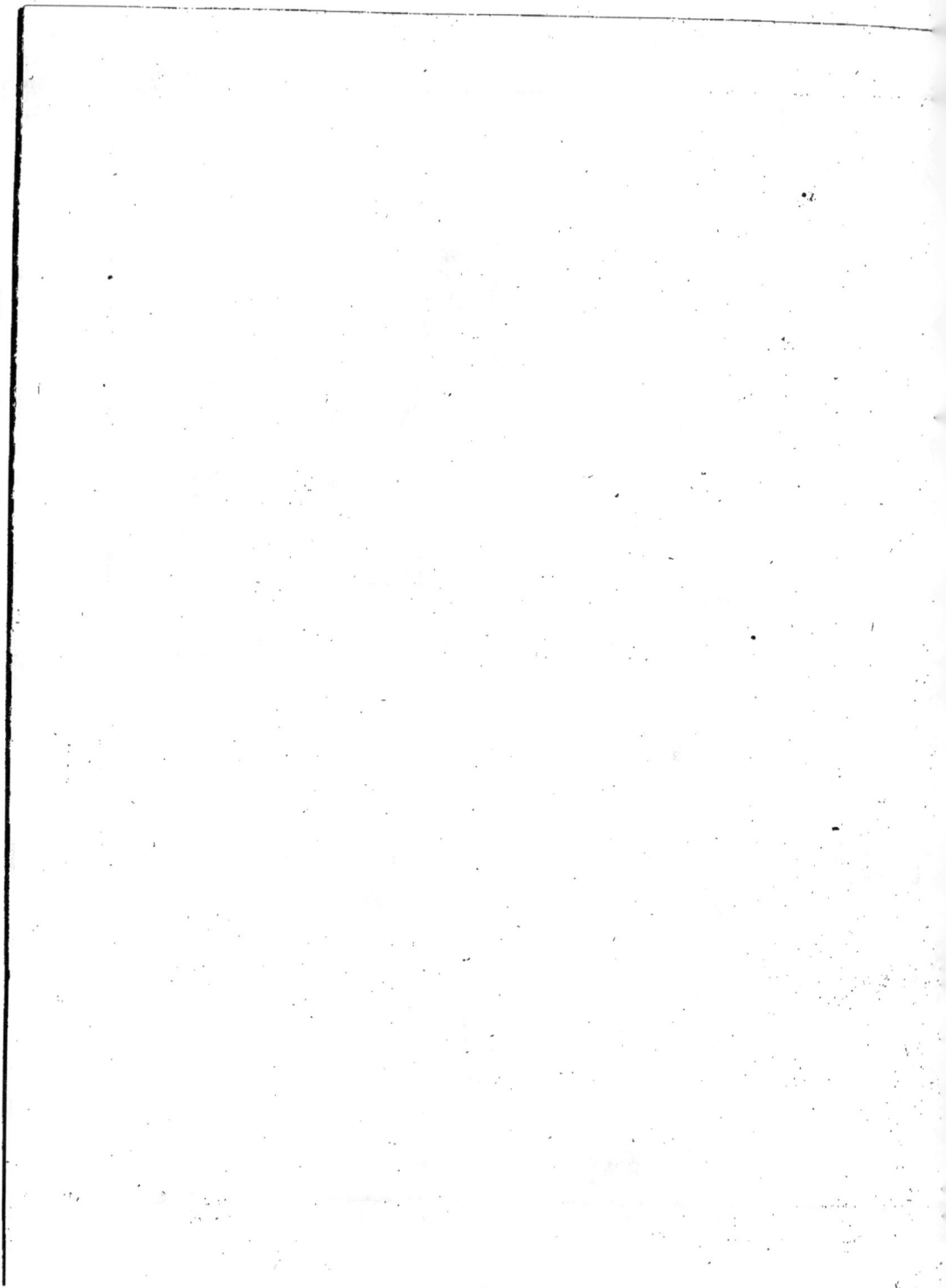

les plaies faites avec des instrumens tranchans, lors de la taille, sur-tout quand on abat des maitresses branches, & qu'on ne recouvre pas la plaie avec *l'onguent de Saint-Fiacre.* (*Voyez* ce mot) L'extravasation de la sève, l'action du soleil, de l'air, des gelées, des pluies, des rosées, &c. entretiennent & augmentent la carie, rendent la plaie plus profonde, & elle gagne insensiblement le cœur de l'arbre, fait périr les branches, & souvent l'arbre lui-même.

Les causes intérieures sont, ou une transpiration arrêtée, qui forme un dépôt sur une partie; cette humeur se vicie bientôt au point d'attaquer & ronger le bois sous l'écorce : ou une sève viciée par un principe quelconque qui circule avec elle; mais aucune substance n'y contribue plus efficacement que la gomme sur tous les arbres à noyaux.

Dès qu'on s'apperçoit de la carie, il convient d'y apporter un prompt remède, soit en amputant la branche ou la partie endommagée, en taillant jusqu'au vif, & recouvrant la plaie avec l'onguent de Saint-Fiacre, si le mal est local; soit en donnant quelques *bouillons*, (*voyez* ce mot) si la cause du mal tient à une sève viciée.

Carie des Blés. (*Voyez* Froment)

CARLINE *ou* Caméléon Blanc. (*Voy. Pl. 22, p. 571*) M. Tournefort la place dans la cinquième section de la quatorzième classe, qui comprend les herbes à fleur radiée, dont le disque est composé de pétales planes; il l'appelle *carlina acaulos magno flore albo.* M. von Linné la classe dans la syngénésie polygamie égale, & la nomme *carlina acaulis.*

Fleur, composée de fleurons blancs, hermaphrodites dans le disque, & à la circonférence; leur tube est court, leur limbe en forme de cloche, divisé en cinq. Le calice est commun à toutes les fleurs, large, évasé, composé d'un grand nombre d'écailles D; elles sont aiguës, les intérieures très-longues, luisantes, colorées, formant une couronne autour de la fleur. A représente un des fleurons séparé de la fleur; le pistil B excède la longueur du tube de la corolle C, divisée en cinq dentelures.

Fruit E, semences solitaires, presque cylindriques, velues, couronnées d'une aigrette rameuse qui ressemble à une plume, rassemblées dans le calice sur un réceptacle plane, couvert de lames, séparées entr'elles par des feuilles F pliées en gouttieres.

Feuilles, adhérentes à la tige, placées tout autour, & ordinairement couchées sur terre; elles sont découpées irrégulièrement & armées de quelques épines sur leurs bords.

Racine, en forme de fuseau.

Port; quelquefois sans tige; la fleur unique placée au centre des tiges, les feuilles alternes.

Lieu. Les montagnes assez élevées, fleurit en Juin, Juillet & Août.

Propriété. Cette plante a une odeur d'amande amère; son goût est amer & âcre. La racine échauffe, altère, constipe, excite quelquefois le cours des urines, ranime les forces vitales, cause souvent des nausées & des douleurs plus ou moins vives dans la région épigastrique, détruit quelquefois les vers contenus dans les premières voies.

Usage. On peut manger le réceptacle de la fleur comme le cul des artichauts; la médecine emploie seulement la racine; pulvérisée & tamisée, elle est prescrite depuis demi-drachme jusqu'à deux drachmes, incorporée avec un sirop, ou délayée dans cinq onces d'eau, réduite en petits morceaux, depuis une drachme jusqu'à demi-once, en macération au bain-marie dans six onces d'eau; pour les animaux, en infusion à la dose de demi-once.

CARMINATIF. C'est le nom que l'on donne aux remèdes qui chassent de l'estomac & des intestins, les vents qui se sont cantonnés dans ces parties. Si on s'en tenoit à l'éthimologie de ce mot, on entendroit par carminatifs, tous les remèdes propres à calmer, & à *enchanter* les douleurs; mais on ne connoît dans cette classe que ceux qu'on tire de l'opium.

L'usage a prévalu; on ne donne le nom de carminatifs qu'aux remèdes qui chassent les vents : or, ces remèdes peuvent être des émétiques, des purgatifs & des aromatiques.

Si les vents doivent leur existence à des amas de matières putrides, fixées dans les premières voies, tout remède qui en procurera la sortie par le vomissement, sera un remède carminatif.

Si les matières indigestes ont passé dans les secondes voies, c'est-à-dire dans les intestins, elles donnent naissance à des coliques venteuses, souvent fort douloureuses; alors on fait usage de limonade légère, & on purge le malade; ces moyens seront des carminatifs.

Mais si les vents sont fixés dans l'estomac, par le relâchement de ce viscère, l'infusion de plantes aromatiques, comme le thé, la lavande, l'anis, &c. les amers, comme la camomille romaine, &c. les spiritueux à petite dose, donneront du ton à l'estomac, chasseront les vents, & mériteront le nom de carminatifs.

Il faut bien prendre garde d'abuser de ces derniers moyens, sur-tout des spiritueux, il s'ensuivroit deux abus dangereux: on fixeroit dans l'estomac les substances putrides, & on courroit les risques de faire naître une inflammation dans l'estomac & dans le bas-ventre. M. B.

CARNOSITÉS, MÉDECINE VÉTÉRINAIRE. Ce sont des excroissances charnues & fongueuses, qui se forment dans le canal de l'urètre des animaux.

Cette maladie est très-rare. Nous avons seulement rencontré une fois des carnosités dans le canal de l'urètre d'un âne. Cet animal se campoit souvent pour uriner; le jet de l'urine étoit fort délié, fourchu & de travers. Une longue sonde de plomb que nous introduisîmes dans le canal, nous assura de l'existence de ce mal.

Les carnosités peuvent devenir fâcheuses par l'augmentation de leur volume, & retenir entièrement l'urine en retrécissant le diamètre du canal. Elles sont très-difficiles à guérir, pour ne pas dire incurables. M. T.

CARONCULE LACRYMALE, MÉDECINE VÉTÉRINAIRE. Masse grenue, oblongue, noire & très-dure, qui occupe le grand angle de l'œil des bestiaux.

Cette masse est garnie d'une multitude de petits points enduits d'une humeur d'une consistance épaisse & de couleur blanche, dont l'usage est de retenir les ordures de l'œil. Elle fait l'office d'une digue, en s'opposant à ce que la lymphe, trop abondante, ne franchisse l'obstacle qu'elle lui présente & ne coule le long du chanfrein, en la déterminant du côté des points lacrymaux.

La caroncule lacrymale est, dans quelques chevaux, naturellement plus considérable & plus saillante. Cette augmentation de volume l'a fait prendre, par la plupart des maréchaux, pour une maladie connue sous le nom d'*onglée*. (*Voyez* ONGLÉE) M. T.

CAROTTE, *ou* PASTENADE, *ou* PASTONADE. Dans presque toutes nos provinces méridionales, la carotte est plus connue du peuple sous ces seconds noms que sous le premier. Cette différente acception de mot est fausse, puisque celui de *pastenade* est tiré du latin *pastinaca*, qui désigne le *panais*. (*Voyez* ce mot) Dans quelques provinces, on confond encore la *carotte* avec la *bette-rave* ; & on les distingue l'une de l'autre par *carotte jaune*, qui désigne la première, & par *carotte rouge* la seconde. J'insiste sur la vraie signification de ces noms, parce que j'ai vu une confusion étrange entr'eux dans un ouvrage sur le jardinage; ce qui prouve combien son auteur connoissoit peu les plantes dont il parloit. Cependant il a été servilement copié par un autre auteur.

M. Tournefort place la carotte dans la première section de la classe septième, qui comprend les herbes à fleur en rose, en ombelle, soutenue par des rayons dont le calice devient un fruit composé de deux petites semences, striées ou cannelées; & il l'appelle *daucus sativus radice lutea & rubra*. M. Linné la nomme *daucus carotta*, & la classe dans la pentandrie digynie.

Fleur, en rose & en ombelle, composée de cinq pétales en cœur, recourbés, les extérieurs plus grands que les intérieurs. L'ombelle universelle, ainsi que la partielle, est composée d'un grand nombre de rayons presqu'égaux, mais un peu plus courts dans le centre. L'enveloppe générale est composée de plusieurs folioles de la longueur de l'ombelle; ses folioles linéaires & ailées; l'enveloppe partielle simple, & de la longueur des petites ombelles.

Fruit, ovoïde, couvert de poils rudes, composé de deux semences convexes & velues d'un côté, & applaties de l'autre.

Feuilles. Elles embrassent les tiges par leur base, & elles sont ailées; les folioles ailées, très-découpées, & d'un vert foncé.

Racine, en forme de fuseau.

Port, tige herbacée, cannelée, rameuse, velue; l'ombelle blanche naît au sommet, & les feuilles sont alternativement placées sur les tiges.

Lieu. Les prés, cultivée dans les jardins, où elle subsiste pendant deux ans.

La carotte mérite d'être considérée sous trois points de vue différens: 1°. relativement au jardinage; 2°. relativement à l'agriculture économique; 3°. relativement à la médecine rurale & vétérinaire.

I. *Relativement au jardinage*. On compte trois *espèces jardinières*, que les botanistes prennent pour des variétés. La couleur de la racine constitue leur principal caractère; mais sa forme plus changeante varie beaucoup; la racine est tantôt ronde, tantôt longue; ce qui dépend sur-tout de la nature du terrain & de la fréquence des arrosemens. Si le sol est solide, compacte, s'il n'est pas assez humecté, la racine ne peut pas pivoter; alors elle prend en largeur ce qu'elle perd en longueur. Les trois espèces de carottes sont la jaune, la blanche & la rouge: la rouge est souvent panachée de jaune, & quelquefois la jaune est panachée de rouge.

La rouge est celle que l'on préfère en Angleterre; la blanche en Italie, & la jaune en France. Cette dernière paroît mériter la préférence; elle cuit mieux; elle est plus tendre & plus délicate: cependant on ne peut pas disputer des goûts. La blanche craint moins l'humidité que les autres.

Culture. Plus la terre est légère & substantielle, plus la carotte pivote profondément. J'en ai vu plusieurs de deux pieds de longueur sur un diamètre de près de cinq pouces vers le colet. D'après ce principe, il faut donc rendre doux & léger le sol qu'on lui destine, s'il est trop compacte & trop serré. Le sable sec & non graveleux est excellent pour cet objet, & le terreau bien consommé vaut encore mieux.

On sème la carotte en pépinière ou à demeure; le premier moyen est préférable, 1°. parce qu'on espace les pieds régulièrement & à volonté; 2°. parce qu'on soigne plus facilement une petite pépinière que plusieurs grandes raies; & il est plus aisé de la sarcler & de la tenir en état.

Du semis. Dans les provinces méridionales du royaume, on peut semer en Février près d'un bon abri, en Mars, en Avril, en Mai, en Août & en Septembre; dans celles du nord en Avril & en Septembre. Dans les provinces du midi, on a à craindre que les carottes semées en Février ne montent facilement en graine; car cette plante n'est *bienne* qu'autant qu'elle ne fleurit pas dans la même année. Dès qu'on s'apperçoit qu'un pied monte en graine, il faut l'arracher de terre, à moins qu'on ne le conserve pour grainer. On doit cependant observer que cette graine précoce & hâtée n'est jamais aussi bonne que le grain de la plante, dont la fleur & le fruit paroissent à la seconde année. Alors la racine a eu le tems de se fortifier, & de produire une tige forte & vigoureuse, dont la qualité de la fleur & de sa graine se ressent.

Dans les provinces du nord, il est prudent, à l'approche des gelées, de couvrir les semis faits en Septembre, avec de la paille longue, afin de les garantir des rigueurs de l'hiver.

Il y a deux manières de semer en pépinière: ou à la volée, ou par rayons séparés les uns des autres de huit à neuf pouces. Cette dernière méthode est préférable à l'autre; on arrose plus facilement, & on n'endommage pas les jeunes plants en les sarclant. Le point essentiel, même dans les deux cas, est de semer clair.

L'art du jardinier consiste à se procurer, pendant toute l'année, des carottes bonnes à manger. Ces plantes sont d'une nécessité première dans les cuisines. Les semis pratiqués à différentes époques, lui ménagent cette ressource.

De la transplantation. Elle dépend de la grosseur acquise par la racine. Dès qu'elle a acquis la grosseur d'un tuyau de plume à écrire, elle est en état d'être transplantée. Le jardinier doit alors, après avoir préparé le terrain, ainsi qu'il a été dit plus haut, commencer la tranchée à une des extrémités de la pépinière, & après avoir découvert jusqu'à l'extrémité des racines, soulever la terre sans les endommager d'une manière quelconque. S'il casse le pivot, la carotte ne prendra plus d'accroissement en longueur, mais seulement en largeur. Il ne coupera, suivant la méthode meurtrière des jardiniers, aucun des chevelus; la reprise sera plus prompte & plus assurée. La réussite dépend beaucoup d'une petite précaution dont je me trouve très-bien pour toutes les plantes de jardinage que je fais transplanter: au moment qu'on les sort de terre, leurs racines & une partie de leur pied sont mis dans un plat plus ou moins profond, plus ou moins rempli d'eau, suivant la grosseur & la longueur de la plante que l'on tire de terre. Je prie les personnes qui regarderont cette attention comme trop minutieuse, d'en faire l'expérience comparée avec des plantes mises en terre, suivant la manière des jardiniers. Cette eau fait que la terre se joint plus intimément à la racine, & elle empêche sur-tout que l'action de l'air n'agisse sur la plante depuis qu'elle est hors de terre jusqu'à ce qu'elle y rentre; de manière que les feuilles ne sont point fanées, & conservent leur fraîcheur.

Aussi-tôt qu'on a transplanté, il faut arroser près du pied. La trop grande quantité d'eau serre la terre, & détruit presque tout le bénéfice du labour. Il vaut mieux répéter plusieurs fois la même opération.

Des soins. Sarcler & arroser à propos, sont les seuls que la carotte exige. On peut la laisser l'hiver suivant en pleine terre, si, selon le climat, on a soin de couvrir le sol avec des feuilles, de la paille, &c. mais éviter de lui occasionner trop d'humidité, qui la feroit périr. Ceux qui sont dans le cas de craindre les rigueurs de l'hiver, feront bien d'enlever les plantes de terre avant les fortes gelées, de les porter sous quelque abri, ou dans l'endroit que les maraîchers nomment *jardin d'hiver*, qui est une simple chambre au rez-de-chaussée, & où il ne doit point geler. Là, après avoir coupé la fane, on disposera les carottes les unes contre les autres sans les enterrer. C'est alors le cas de séparer les pieds les plus petits & les plus sains pour les replanter après l'hiver à douze pouces de distance les uns des autres dans un terrain bien préparé, pour se procurer une récolte de bonnes graines.

Dans les provinces méridionales, il est inutile d'arracher les plantes avant l'hiver; de petits soins pendant la courte durée du froid leur suffisent.

Du tems de récolter la semence & de son choix. A la fin d'Avril, en Mai ou en Juin, suivant le climat, du milieu des feuilles s'élève une tige, & cette tige porte des fleurs disposées en ombelle. Aux fleurs succèdent les semences, & ces semences sont ordinairement mûres en Août. Celui qui sera curieux de se procurer d'excellente graine, cueillera seulement celles de l'ombelle principale, qui occupe le sommet de la tige, & abandonnera toutes les autres. Sur cette ombelle principale, il choisira, de préférence, les graines de la circonférence, parce qu'elles sont mieux nourries que celles du centre. Aussi-tôt après le choix, la plante sera arrachée, la bonne graine exposée pendant quelques jours au soleil, & ensuite tenue dans un lieu fort sec.

On peut en semer tout de suite, pour avoir des racines bonnes à manger au printems suivant, lorsque celles qui avoient été semées au mois de Mars précédent seront épuisées.

Le ver du hanneton est l'ennemi le plus dangereux de la carotte; il la cerne tout autour & cause sa ruine. La courtillière ou taupe-grillon, est moins dangereuse lorsque la racine a acquis une certaine consistance; mais lorsqu'elle est encore mince, la fatale scie dont chacune des deux pattes de devant de cet animal est armée, la partage en deux.

II. *De la carotte considérée relativement à l'agriculture économique.* On doit au zèle de la société établie à Londres pour l'encouragement des arts, la culture en grand de cette plante, & elle fit publier en 1764 le mémoire de M. Robert Billing, fermier à Weasenham, dans la province de Norfolk. En 1766, M. Guerwer, pasteur de Vigneule, répéta en Suisse, & avec le plus grand succès, les expériences de M. Billing. Depuis cette époque, la carotte fournit une culture réglée en plusieurs endroits. Elle a l'avantage, ainsi que toutes les plantes dont la racine pivote, de ne point épuiser la superficie du terrain, & par conséquent de ne point nuire au blé, aux grains qui seront semés après avoir enlevé les carottes. C'est une vérité à laquelle on ne fait point assez attention, & qui cependant doit être la base de toute bonne agriculture. Lorsque la superficie d'un champ est épuisée par les racines des blés, il ne l'est pas dans la couche inférieure. Lorsque les trèfles ou les luzernes ont appauvri la couche inférieure, la supérieure ne l'est pas du tout; ce qui provient de la différence de profondeur sur laquelle les racines travaillent. C'est par ce moyen simple, & par plusieurs autres semblables, qu'on peut chaque année obtenir une récolte sur le même champ. (*Voyez* le mot ALTERNER) Voici comment M. Billing s'explique dans son mémoire.

« Ce fut en 1763 que j'ensemençai » de carottes trente arpens & demi. » Tout ce terrain étoit partagé en » trois portions : la première pièce de » treize arpens, avoit porté en 1762, » du froment; la seconde, d'un demi » arpent seulement, avoit porté du » trèfle, & la troisième, de dix-sept » arpens, avoit porté cette année des » raves. Celle de treize arpens est une » terre froide, tenace & mauvaise, » qui repose sur une espèce d'argile; » la dernière pause est une terre » mêlée, sur un fond de terre grasse » & humide. Les dix-sept arpens peu- » vent être divisés en deux parties, » l'une de quatorze & l'autre de trois. » L'une & l'autre forment une terre » légère & aride que j'avois tout fraî- » chement amendée avec la marne. » La première est un excellent sol » bien tempéré, & qui porte sur un » fond de marne; l'autre est un sable » noir & stérile, qui porte sur un fond » de molasse imparfaite.

» Je labourai mon champ de fro- » ment & de trèfle dès le commen- » cement de Novembre; car une cho- » se dont je suis convaincu par toutes » les observations que j'ai faites de- » puis que j'ai entrepris cette culture, » est

» est que si on sème les carottes sur » un champ de trèfle ou de froment, » & que les anglois nomment *rey-gras*, la terre ne peut jamais être » labourée d'assez bonne heure, afin » que le froid & la neige puissent la » diviser & la rendre propre à re- » cevoir une si petite graine. Plus la » terre est dure & tenace, plus cette » attention devient nécessaire. Pour » ce qui est du champ qui n'avoit » porté que des raves, je le laissai » reposer jusque vers la fin de Jan- » vier; je pensois qu'il seroit assez tôt » de le labourer alors, la terre ayant » été entièrement nettoyée de toutes » les mauvaises herbes par la culture » & les labours qu'elle avoit reçus » avec la herse, pendant l'été pré- » cédent.

» De treize arpens de champ de » froment, six avoient été travaillés » comme si le champ devoit être en- » semencé de nouveau de froment, » & non pas de carottes. Sur quatre » & demi, je ne mis aucun engrais, » & deux arpens & demi furent fu- » més simplement comme pour por- » ter des carottes. Le champ de trèfle » fut travaillé de même; & des dix- » sept arpens où j'avois recueilli des » raves en 1762, une partie avoit » servi de bergerie, & toute la ré- » colte de raves y avoit été consom- » mée par les brebis & le menu bétail.

» Je trouve que quatre livres de » graines suffisent pour ensemencer » un arpent; il faut, avant de la se- » mer, avoir l'attention de la passer » par un tamis fin, & de la frotter » entre les mains pour la dépouiller » de tout ce qui est inutile.

» Il se passe ordinairement trois » semaines & quelquefois davanta- » ge, avant que les jeunes plantes » paroissent, & c'est-là le principal » avantage, sans parler de la diffé- » rence qu'il y a dans la dépense que » les raves occasionnent en compa- » raison de celle que les carottes exi- » gent. » (*Voyez* au mot RAVE les avantages qui résultent lorsqu'on *alterne* avec ce légume.) » Les carottes » que j'avois semées en Avril sur le » champ de trèfle, furent les pre- » mières en état d'être sarclées, quoi- » que semées les dernières. J'avois » donné trois labours aux champs de » froment & de trèfle, tandis que je » n'en avois donné que deux au champ » de raves; le premier fort léger, & » le second aussi profond que la na- » ture du terroir pouvoit le permet- » tre. Après ce labourage, je semai » les carottes.

» Il est nécessaire de sarcler les » jeunes carottes, & ce sarclage ne » les fait point souffrir. Quoiqu'elles » se trouvent en peu de tems cou- » vertes de méchantes herbes avant » d'être sarclées, & qu'elles soient cou- » vertes de terre après cette opération, » il ne paroît cependant pas qu'elles » en reçoivent aucun dommage après » qu'elles ont été nettoyées de nou- » veau.

» Notre sarcloir a six pouces de » longueur; & pourvu que les mauvai- » ses herbes n'y soient pas à l'excès, il » n'en coûte guère plus de six livres » par arpent pour les faire sarcler la » première fois. Si, par hasard, il » survient beaucoup de pluie, & que » la terre soit humide avant d'avoir été » ensemencée, ou qu'il se passe un » long intervalle entre le tems de se- » mer & celui de sarcler, ou si par » toutes ces raisons prises ensemble, » la terre se trouve couverte de mé- » chantes herbes, il en coûtera depuis

» sept jusqu'à neuf livres par arpent. » Dix ou quinze jours après avoir fait » sarcler mes carottes, je fais passer » la herse sur le semis, tant pour » déplacer les mauvaises herbes que » pour les empêcher de recroître, ac- » cident qui arriveroit vraisemblable- » ment sans cela, sur-tout si le tems » continuoit à être pluvieux. Bien loin » que la herse endommage les jeunes » plantes, elle leur fait beaucoup de » bien, parce qu'elle leur procure » de la terre fraîche, en même- » tems qu'elle extermine les mauvai- » ses herbes.

» Trois semaines après les avoir » hersées, au cas que le champ ne soit » pas bien net, qu'il y ait encore de » mauvaises herbes, je sarcle mes ca- » rottes une seconde fois, travail qui » coûte environ trois livres & un peu » plus, suivant que le champ est plus » ou moins rempli de mauvaises her- » bes. Si, après cela, il en reste, ce » qui peut aisément arriver si pen- » dant le second sarclage il pleut sou- » vent, je fais passer par-dessus une » seconde fois la herse; cependant » j'ai remarqué plus d'une fois que » lorsque le tems a été favorable, & » que les ouvriers ont fait leur devoir, » les carottes seulement sarclées & » hersées une fois, ont été aussi nettes » que celles que j'ai fait sarcler deux » fois & herser à plusieurs reprises.

» Je dois actuellement donner le » détail des succès obtenus en 1763, » sur les différentes parties du terrain » dont je viens de parler. Les carottes » qui réussirent le mieux furent celles » du champ de deux arpens & demi, » qui avoient porté l'année précédente » du froment ». Il est aisé de conce- voir d'où provient la différence qui frappa M. Billing. Le froment n'a- voit appauvri les sucs de la super- ficie du sol qu'à quelques pouces de profondeur, & la carotte, en pivo- tant, a profité de ceux de la couche inférieure, tandis que les raves & le trèfle avoient appauvri cette cou- che inférieure.

» Les carottes (continue M. Bil- » ling) tirées du champ de froment, » avoient deux pieds de longueur, & » depuis douze jusqu'à quatorze pou- » ces de circonférence à la partie supé- » rieure ». Suivant son calcul, il a re- cueilli sur les deux arpens & demi, vingt-deux à vingt-quatre chars par arpent, & en tout cinquante-cinq ou cinquante-six chars. Le demi-arpent semé auparavant en trèfle, produisit environ douze chars. Les six arpens & demi, fumés comme si on avoit voulu semer du froment, rendirent dix-huit à vingt-quatre chars par ar- pent. Enfin les quatre arpens non-fu- més produisirent depuis douze jus- qu'à quatorze chars par arpent.

» Je n'avois fait qu'une chétive » récolte de raves dans l'année pré- » cédente, sur le champ de dix-sept » arpens; cependant chacun de ces » arpens produisit seize à dix-huit » chars. Je parle de quatorze arpens; » car les autres trois arpens ne don- » nèrent qu'une pauvre récolte : en » sorte que je calcule avoir recueilli » sur les dix-sept arpens, qui avoient » porté auparavant des raves, environ » deux cens soixante-dix chars de ca- » rottes, ce qui, joint aux premiers, » forme un produit de cinq cens dix » chars : or, je porte la valeur du » produit total des carottes à près de » mille chars de raves, ou à trois cens » chars de foin, & c'est d'après l'ex- » périence que je parle.

» J'ai trouvé que la meilleure mé-

» thode de tirer les carottes de terre, » étoit avec une fourche à quatre bran- » ches. Un homme ouvre, avec cet » instrument, la terre à la profondeur » de six ou huit pouces sans endom- » mager les carottes; un petit garçon » le suit, les ramasse & les met en tas.

» Je remarquai que toute espèce » de bestiaux mangeoient les choux » avec autant d'avidité que les raves, » & que s'étant accoutumés insensible- » ment à manger les carottes, ils com- » mençoient à les préférer aux choux. » Je conduisis d'abord les choux & » les carottes, & ensuite les carottes » & les raves du champ où ils avoient » crû, dans un enclos; & là, sans au- » tre préparation que d'en secouer un » peu la terre, je les dispersai sur le » sol, afin que le bétail pût manger » le tout ensemble.

» Le premier troupeau nourri de » cette façon, étoit de douze bœufs & » de quarante moutons qui n'avoient » pas encore deux ans, une vache & » une génisse de trois ans; enfin j'y ajou- » tai dix-sept bœufs venus d'Ecosse.

» Je dois observer ici, qu'après » avoir consommé ma provision de » choux, j'employai pendant quel- » ques jours une charge de raves, » ce qui, avec trois charges de ca- » rottes, suffisoit pour nourrir tout » ce bétail. De-là, je pouvois con- » clure avec raison, qu'une charge de » carottes équivaut, à peu de chose » près, à deux charges de raves, & » aucun fourrage n'engraisse autant » le bétail que les carottes. Cette » nourriture leur répugne un peu » dans le commencement; mais dès » qu'ils y sont accoutumés, ils la pré- » fèrent à toute autre.

» La grande quantité de carottes » que j'avois cultivées, me fournit en- » core l'occasion d'essayer quel avan- » tage on en retireroit si on les don- » noit à manger aux vaches, brebis, » chevaux & cochons, que l'on garde » dans les écuries.

» Ce fut au mois d'Avril que je » trouvai à propos d'économiser un » peu le produit des carottes de neuf » ou dix arpens, & de n'employer » que ce qu'il falloit absolument pour » achever d'engraisser mes bœufs, » & je venois de finir ma provision » de raves. Le bétail que j'avois alors » se montoit à trente-cinq vaches & » à un troupeau de quatre cens vingt » brebis.

» Ce fut alors que je tâchai de » trouver un moyen de tirer mes ca- » rottes de la terre avec moins d'em- » barras & plus de vîtesse que je ne » faisois auparavant : je me détermi- » nai à me servir de la charrue à pe- » tit soc. Comme elle va doucement, » comme le soc ouvre la terre, il y a » peu de racines endommagées. Le » versoir fait sortir de la terre la plu- » part des carottes, & la herse finit » par les enlever. Il est impossible » qu'il ne reste pas toujours quelques » carottes enfouies dans la terre; » mais comme aussi-tôt après que » cette récolte est levée, il faut labou- » rer le champ & le herser, alors ce » qui reste est ramené sur la terre, & » on y conduit le bétail qui n'en » laisse aucune. De cette manière, » rien n'est perdu.

» L'expérience m'a prouvé que les » vaches donnent beaucoup plus de » lait, un beurre de meilleure qua- » lité, & qu'elles, ainsi que les brebis, » se portent beaucoup mieux. Cet » avantage est encore manifeste sur » les agneaux qui naissent dans cette » saison.

» En Novembre 1763, je commençai à nourrir avec des carottes, » seize chevaux qui faisoient tous » mes ouvrages de la campagne. Je » ne leur donnai ni foin, ni graine, » mais quelque peu de paille & des » pois. Ils furent ainsi nourris jusqu'au » mois d'Avril. Comme ils travailloient beaucoup, ils eurent à cette » époque un peu d'avoine, & les » carottes ont été leur principale nourriture jusqu'à la fin de Mai, qu'ils » furent mis au vert. Cependant, » mes chevaux ne se portèrent jamais » mieux, & ne firent jamais mieux » leur ouvrage.

» Je donnai à ces seize chevaux » deux charges de carottes par semaine; & suivant mon calcul, ces » deux charges m'épargnoient pour » le moins un char de foin. Dans le » commencement, je faisois couper » la tête & la queue de ces carottes » avant de les donner aux chevaux, » & ces rebuts servoient à la nourriture des cochons. Je m'apperçus » bientôt que les chevaux mangeoient » avec autant de plaisir les deux extrémités que le corps de la racine. Le » cochon mange avec avidité cette » plante, & elle l'engraisse beaucoup.

» Il en coûte plus pour mettre un » champ en carottes qu'en raves, » parce qu'il exige des labours plus » profonds & plus de sarclage; mais » le bénéfice est de beaucoup plus » considérable. Les raves sont très-» sujettes à manquer, & souvent elles » pourrissent au premier printems. » La durée de la carotte est plus assurée, plus longue, objet très-précieux dans cette saison où les fourrages sont épuisés ».

Nous devons faire des vœux pour que la culture des carottes, faite en grand, s'établisse en France. Les malheureux cultivateurs y trouveront un légume très-sain, & les animaux une excellente nourriture. Un autre avantage qui mérite la plus grande attention, c'est que le champ qui donnera cette récolte, en fournira une, l'année suivante, supérieure en froment.

III. *Ses propriétés médicinales.* La racine est regardée comme apéritive, carminative, diurétique. La semence est une des quatre semences chaudes mineures. Pour l'homme, la dose des semences est depuis demi-drachme jusqu'à demi-once en macération au bain-marie dans cinq onces d'eau; & pour l'animal, à la dose de demi-once macérée dans du vin blanc.

CAROUBIER, CAROUGE. M. Tournefort le place dans la première section de la dix-huitième classe, qui comprend les arbres & les arbrisseaux dont les fleurs sont à pétales & attachées aux fruits; & il le nomme *siliqua edulis*. M. Linné le place dans la polygamie dioecie.

Fleurs, mâles & femelles, sur des pieds différens; les mâles composées de cinq étamines & d'un calice très-grand, divisé en cinq parties, qui tient lieu de corolle, & est soutenu par un péduncule. La fleur femelle est composée d'un pistil placé dans un calice d'une seule pièce, formé de cinq tubercules & adhérent à la branche.

Fruit, légume long, aplati, rempli d'une pulpe charnue, dans laquelle sont creusées, d'espace en espace, de petites loges, qui renferment chacune une semence presque ronde, comprimée, dure & brillante.

Feuilles, ailées, souvent sans impaire, les folioles presque rondes, fermes, nerveuses & entières, avec un pétiole très-court; elles sont ordinairement au nombre de cinq.

Racine, ligneuse, rameuse.

Port. L'arbre s'élève très-haut, jette beaucoup de branches dont le bois est dur. Les fleurs naissent des aisselles des feuilles disposées en grappes.

Les feuilles sont alternes, & subsistent pendant l'hiver.

Lieu. L'Italie, l'Archipel, la Provence, le Bas-Languedoc.

Propriétés. Le fruit est doux, fade, mucilagineux, pectoral, adoucissant, laxatif.

Les siliques servent de nourriture aux bestiaux & les engraissent. Pour l'homme, c'est un fruit assez dégoûtant quand il est vert, & passable lors de sa maturité. Sa décoction peut être utile dans les rhumes, la toux.

Les feuilles peuvent servir à la préparation des cuirs, en manière de tan, & le bois est aussi dur & aussi utile que celui du chêne vert.

Cet arbre figure très-bien dans les bosquets d'hiver. On ne peut, en France, le cultiver que dans les bons abris de nos provinces méridionales.

CARPE, Carpeau. Ces deux mots n'ont pas la même signification; ils sont ici accolés ensemble pour ne pas en faire deux articles.

I. *De la Carpe.* La carpe est un poisson d'eau douce, qui vit & grossit dans les rivières, les étangs & les viviers, &c. Il est trop commun & trop connu pour le décrire. Ceux qui désireront connoître sa description anatomique, pourront lire le mémoire de M. Petit, dans les volumes de l'*académie des sciences de Paris, années 1733, pag. 197*, & l'observation rapportée par M. Morand, page 51 de l'Histoire de l'année 1737. Quoique ces détails soient fort curieux, il n'entre pas dans le plan de notre Ouvrage de les placer ici.

Au mot Étang, on parlera des soins qu'on doit donner à ce poisson, afin qu'il y grossisse, & devienne un objet de commerce. Quant à la carpe de rivière, la providence veille à sa nourriture, & lui a fourni les moyens de se la procurer.

Il est faux que la carpe se nourrisse de limon, ainsi qu'il est dit dans le *Dictionnaire économique* de Chomel. Si elle avale du limon, c'est pour lester son estomac, ne trouvant pas autre chose; mais le limon ne la nourrit point. Elle mange des vers, des insectes aquatiques, des herbes tendres. Une feuille de laitue est pour elle un morceau friand; & elle en laisse la côte complétement dépouillée.

La carpe & les poissons en général, sont une grande ressource pour détruire les cousins, insectes très-persécuteurs dans les pays chauds. Le *cousin* (*voyez* ce mot) naît dans l'eau sous la forme d'un petit ver; & ce ver est, heureusement pour nous, fort recherché par le poisson.

Il est bien démontré, d'après les expériences de M. Petit, que la fécondité de la carpe est prodigieuse. Voici comment il s'explique: « Ayant » eu la curiosité de savoir combien il » y avoit d'œufs dans une carpe de » dix-huit pouces de longueur, y » compris la tête & la queue, je mis » dans une balance une quantité de » ces œufs, égale au poids d'un grain; & » les ayant ensuite comptés, j'en trou» vai soixante-onze ou soixante-douze. » Toute la masse des œufs de cette

» carpe pesoit huit onces deux gros, » ce qui fait quatre mille sept cens cinquante-deux grains. Or, multipliant » ces quatre mille sept cens cinquante-» deux grains par soixante-douze, on » trouve que cette carpe avoit trois » cens quarante-deux mille cent quarante-quatre œufs ».

Cette fécondité est dans l'ordre de la nature, qui multiplie les animaux en raison du nombre de ceux à qui ils doivent servir de nourriture. Si actuellement on met en ligne de compte la quantité de petits poissons qu'aura dévorés, par exemple, un brochet, avant qu'il ait acquis le poids de six à huit livres, on ne sera pas surpris de cette étonnante fécondité. La mouche sert d'aliment à une infinité d'oiseaux, sur-tout à ceux qui ont le bec allongé. Aussi se multiplie-t-elle à l'excès. Combien ne pourrois-je pas citer de pareils exemples !

Les étangs sont d'un gros produit, lorsqu'ils ne sont pas trop éloignés du lieu de la consommation; mais comme le poisson meurt dès qu'il est hors de l'eau, on le transporte dans des barriques pleines d'eau, qu'on change d'heure en heure, afin qu'il arrive vivant à la ville. Ce changement d'eau est indispensable, parce que le poisson ainsi accumulé, l'a bientôt viciée au point qu'elle agit sur lui comme l'*air fixe* (*voyez* ce mot) sur les animaux qu'on plonge dans ce fluide.

Voici un point de fait qui n'est pas assez connu, & cependant très-intéressant pour le commerce du poisson d'eau douce. La carpe, par exemple, ne meurt pas parce qu'on la sort de l'eau, mais parce qu'étant hors de cet élément, la base de ses deux ouïes se colle contre le corps, elle ne peut plus respirer, & meurt suffoquée. Tout autour de la base & du contour des ouïes, il se forme un mucilage, un gluten, qui réunit intimément l'ouïe au corps de l'animal, & la mastique tellement, qu'elle ne peut plus la soulever pour respirer. En effet, lorsqu'un poisson a été pendant un tems assez considérable hors de l'eau, & qu'il est asphyxique, si on le plonge de nouveau dans une eau très-froide, si on a l'attention de le soutenir dans sa position naturelle, le dos en dessus & le ventre en dessous, on le voit peu à peu faire des efforts pour respirer; il cherche à soulever ses ouïes. L'eau & ses efforts détachent peu à peu le gluten; enfin, l'ouïe commence à s'ouvrir un peu, & à laisser un petit passage à l'eau entr'elle & la bouche de l'animal; enfin elle s'ouvre tout-à-fait, & il respire librement. C'est alors qu'on voit clairement cette substance mucilagineuse ressemblante à de la colle, se détacher peu à peu; & lorsqu'il n'en reste plus, la carpe est hors de tout danger : c'est un vrai *asphyxique* (*voyez* ce mot) que l'on a rendu à la vie.

Si on laisse la carpe couchée sur son plat, sur son côté, elle restera beaucoup plus long-tems avant de donner signe de vie, & souvent on ne parviendra pas à l'y rappeler. J'ai essayé, avant de mettre la carpe asphyxiée dans l'eau, de soulever doucement les ouïes, de détacher le gluten qui les circonscrit, & par conséquent de donner à l'air & à l'eau un passage aussi libre que celui qui étoit établi dans le poisson avant de le sortir de l'eau; & l'expérience m'a prouvé que cette introduction trop subite & trop abondante d'air & d'eau nuisoit plus qu'elle n'étoit utile. En se preſſant moins, on avance beaucoup plus ſûrement. Soulevez doucement les ouïes avec un linge doux; eſſuyez leur baſe avant de mettre le poiſſon dans l'eau fraîche, la nature fera le reſte. Ce mucilage m'a paru graiſſeux, & très-difficile à diſſoudre par l'eau.

L'opération dont je viens de parler eſt ſuffiſante, lorſque la carpe n'a pas reſté un tems trop conſidérable hors de l'eau; mais ſi on deſire la tranſporter au loin, ainſi qu'on le pratique pour les carpes ſi renommées du Rhône, du Rhin, de l'étang de Caniers, près de Boulogne en Normandie, on ne réuſſira pas. Voici une méthode qui ne laiſſe rien à deſirer, & facilite leur tranſport.

Prenez trois planches de la longueur du poiſſon: une ſervira de baſe, & les deux autres ſeront clouées ſur les côtés, & placées perpendiculairement: garniſſez la baſe avec des herbes fraîches & molles: placez le dos de la carpe ſur ces herbes, & qu'elle ait le ventre en l'air. Dans cet état, elle ſera couchée mollement ſur les herbes, & ne pourra faire aucun mouvement, puiſqu'elle ſera retenue dans toute ſa longueur par les planches de côté. Avant de la coucher, ſoulevez doucement ſes ouïes, & dans leur ouverture, placez un morceau de pomme pelée, qui n'occupe pas toute la capacité. Ce morceau de pomme les tiendra ſoulevées, & laiſſera à l'air un libre paſſage, & l'animal reſpirera ſans peine.

Si la durée du voyage excède les vingt-quatre heures, il eſt néceſſaire de tirer la carpe de ſa niche deux fois par jour, d'enlever doucement les morceaux de pomme, de la plonger dans l'eau, de lui donner à manger, & de la laiſſer repoſer pendant quelques heures. Lorſqu'il faudra continuer la route, on prendra toutes les précautions déjà indiquées. On eſt aſſuré, par ce moyen, de conſerver pendant pluſieurs jours la vie d'une carpe; & elle aura ſi peu ſouffert dans la route, que ſi, en arrivant, on la jette dans un vivier, elle nagera tout de ſuite. Je parle d'après ma propre expérience.

Une perſonne bien digne de foi, m'a aſſuré, qu'au mariage de M. le comte d'Artois, on apporta à Paris une carpe peſant plus de 30 livres, pêchée dans le Rhin; mais que les maîtres-d'hôtel ayant trouvé ſon prix trop haut, la renvoyèrent à Straſbourg, d'où elle venoit, & qu'elle y arriva vivante.... A-t-on ſuivi dans cette occaſion la méthode que j'ai indiquée? Je l'ignore. Si on en connoît une plus ſimple & plus ſûre, je prie de me l'indiquer.

J'invite ceux qui demeurent au bord de la mer, de faire des tentatives en ce genre ſur les poiſſons volumineux qu'on y pêche. Comme le gluten qui ſe forme au bas de leurs ouïes, eſt plus viſqueux & plus tenace que celui des poiſſons d'eau douce, l'animal eſt plutôt aſphyxié. Il faudra donc commencer l'opération du moment même qu'il ſort du filet. Je prie également d'avoir la bonté de me communiquer les expériences que l'on fera en ce genre.

II. *Du Carpeau.* Eſt-ce une eſpèce diſtincte de la carpe, ou bien, eſt-ce ſimplement une carpe mâle, privée des parties de la génération? M. de la Tourette, ſecrétaire perpétuel de l'académie des ſciences de Lyon, qui s'applique ſi utilement à l'étude de toutes les branches de l'hiſtoire naturelle, a donné la ſolution de ce problême. Je vais tirer de ſon mémoire ce qu'il eſt important de connoître; & j'en ferai enſuite l'application aux avantages que le commerce du poiſſon en peut retirer.

Le carpeau, dit ce ſavant, diffère au dehors de la carpe, en ce que, à poids égal, il a le corps en général plus court, la tête plus obtuſe, l'os du crâne plus large, le bec, ou partie qui s'étend antérieurement depuis les yeux juſqu'à l'extrémité des mâchoires, moins alongé, les lèvres plus épaiſſes, plus renflées, ce qui donne à la ſupérieure, l'air d'une lèvre relevée. Le dos eſt pareillement plus élargi, plus charnu, & le ventre ſingulièrement aplati ſur les côtés, ſur-tout auprès de l'anus, que les pêcheurs, ſuivant Rondelet, appellent *ombilic.* C'eſt cette petite ouverture ſaillante, qui eſt placée près de la queue, entre le ſillon du ventre.

L'aplatiſſement du ventre eſt le ſigne le plus certain qui caractériſe le carpeau: les autres ſont moins conſtans.

Si on examine les parties intérieures, nulle différence dans la couleur des chairs; l'organiſation générale eſt abſolument la même, avec cette ſeule différence que, de quelque groſſeur que ſoit le carpeau, on ne trouve dans la capacité de l'abdomen, ni œuf, ni laite, ni ordinairement aucuns veſtiges de ces parties, dans les endroits qu'elles occupent dans la carpe.

On ſait que la laite ou laitance, caractériſe la carpe mâle, comme les œufs ſont l'attribut de la femelle. La laite & les œufs ſont viſibles dans les plus jeunes ſujets; ils rempliſſent un eſpace conſidérable dans l'intérieur de l'abdomen. Les œufs, dans la femelle, ſont diviſés en deux paquets revêtus d'une fine membrane, qui, à droite & à gauche, entoure les inteſtins & le foie, partant du diaphragme, & ſe réuniſſant à l'anus en un ſeul canal. La laitance eſt également compoſée de deux corps blancs, irréguliers, couverts d'une pellicule, remplis d'une ſubſtance blanchâtre, liquide; cette laitance embraſſe pareillement des deux côtés, les inteſtins, depuis le diaphragme juſqu'à l'anus.

Ces parties ſexuelles manquent entièrement dans le carpeau, d'où réſulte l'aplatiſſement de ſon ventre. N'ayant ni laite, ni œuf, doit-il être regardé comme un poiſſon neutre? M. Morand a fait voir à l'académie des ſciences de Paris, une carpe hermaphrodite. M. de Réaumur fit la même obſervation ſur un brochet, & M. Marchand ſur un merlan. Une carpe neutre ſeroit en effet un monſtre *par défaut*, comme les carpes hermaphrodites ſont des monſtres *par excès.*

L'expérience a prouvé à M. de la Tourette, qu'il exiſte quelquefois des portions de laitance dans le carpeau, mais très-petites, & d'une conſiſtance plus molle que la laite ordinaire. Il ſuit de-là que cet individu étoit un mâle impuiſſant, dont la ſemence ne pouvoit ſortir au-dehors.

Un carpeau eſt donc une carpe vraiſemblablement mâle, & privée, en naiſſant, des parties de la génération, ou née avec quelque défaut dans ces parties, qui les diſpoſe à devenir nulles & à diſparoître. Dans tous les animaux, l'impuiſſance du ſujet, ſur-tout parmi les mâles, donne lieu à ſon développement en groſſeur; & cela eſt reſpectif. Un embonpoint exceſſif & trop prompt nuit au pouvoir de procréer.

C'eſt

C'est à cet état d'impuissance originaire, ou bien à une disposition à y tendre, que l'auteur attribue la grosseur, la graisse, la succulence qui distingue le carpeau; & il regarde cet état comme une castration naturelle, qui opère dans lui la même modification que la castration artificielle occasionne dans ces hommes qu'on destine à chanter, & dans plusieurs animaux conservés pour notre nourriture. On sait que cette opération perpétue, pour ainsi dire, dans eux, l'enfance & les caractères qui la distinguent; l'absence de la barbe & le fausset dans les uns, la délicatesse de la chair dans les autres : barbare invention, ignorée des Sauvages, & que la nature outragée semble prévenir dans le carpeau, pour satisfaire notre sensualité.

La carpe est un poisson qui paroît naturellement très-disposé à éprouver du dérangement dans ses parties destinées à la génération. Les pêcheurs de la province de Bresse, où les étangs sont très-multipliés, assurent que, lorsque les poissons qu'ils envoient à Lyon, souffrent dans le transport, il arrive souvent à de grosses carpes mâles ou femelles, de perdre entièrement dans la route, toute leur laite ou leurs œufs. Ce sont sans doute ces carpes que les traiteurs appellent improprement *carpeaux à tête alongée*, qui ont souffert, & qu'ils reconnoissent pour être d'une qualité assez médiocre. Ainsi, pour qu'une carpe devienne réellement carpeau, il faut que ce soit dans sa première jeunesse qu'elle éprouve des accidens capables d'altérer dans elle les parties de la génération; & ces altérations influent en même-tems sur la forme de ces parties osseuses, occasionnent le raccourcissement de la tête, comme la castration influe sur la conformation extérieure, & sur toute l'habitude du corps, & dans les hommes & dans les animaux qui ont été soumis de bonne heure à cette opération.

On vante beaucoup, & à tort, les carpeaux du Rhône. Ils y sont maigres; ils grossissent & s'engraissent plus facilement dans les eaux lentes & savoneuses de la Saone. Ce poisson semble être particulier à ces deux rivières, & aux étangs de la Bresse & de la Dombe. Les poissons de cette espèce, d'un poids médiocre, sont vendus ordinairement un écu la livre, & le prix augmente en proportion de sa grosseur. Les gros carpeaux destinés pour Paris ou pour la Cour, coûtent quelquefois cinq à six louis.

N'est-il pas possible d'imiter, par le secours de l'art, les écarts de la nature? Oui, on le peut; il suffit seulement d'être cruel : ma plume répugne à écrire les détails de l'opération; mais le but de cet Ouvrage l'exige. Ce qui me console, c'est que cette découverte n'est pas dûe à un françois.

Ce fut au mois de Décembre 1741, que M. Sloane, président de la société royale de Londres, écrivant à M. Geoffroi, de l'académie des sciences de Paris, lui manda qu'un inconnu étoit venu le voir, pour lui communiquer le secret qu'il avoit trouvé de châtrer le poisson, & de l'engraisser par ce moyen. Cet homme, qui n'étoit au commencement qu'un faiseur de filets, s'étant rendu habile à connoître & à nourrir le poisson, étoit parvenu à en faire un commerce considérable. La singularité du fait excita la curiosité de M. Sloane, & le marchand de poisson offrit d'en faire l'épreuve sous ses yeux. Il fut chercher huit *carruchens*, espèce de petites carpes qu'on avoit apportées depuis peu de Hambourg en Angleterre. Il en disséqua une des huit, & montra à M. Sloane l'ovaire avec son conduit. Il fit ensuite l'opération de la castration sur une seconde, en lui ouvrant l'ovaire, & remplissant la peau avec un morceau de chapeau noir. La carpe châtrée ayant été remise dans l'eau avec les six autres qui restoient, parut, pour le moment, nager avec un peu moins de facilité qu'elles. Le nom de ce pêcheur est *Samuel Tull.* Peu à peu cette cruelle découverte se répandit en Angleterre ; & les papiers anglois ne tardèrent pas à la divulguer. En voici le précis.

Samuel Tull châtre les poissons mâles & femelles ; & quoiqu'on puisse faire l'opération dans toutes les saisons, la moins favorable est celle qui succède à l'époque du frai, parce que le poisson est alors trop foible & trop languissant. Le tems le plus commode est lorsque les ovaires des femelles sont remplis de leurs œufs, & que les vaisseaux du mâle, qui sont analogues à ceux-ci, sont garnis de leur matière séminale ; car pour lors on les distingue plus sûrement d'avec les uretères qui charient l'urine des reins dans la vessie, & qui sont situés près des vaisseaux de la semence, de chaque côté de l'épine. On pourroit aisément, si on y faisoit bien attention, les prendre pour les ovaires, sur-tout lorsque ces derniers sont vides. Quand le poisson a frayé pendant quelques semaines, il est tems de faire l'opération ; car de même que les poules, ils ont de petits œufs dans les ovaires, aussi-tôt qu'ils ont déposé leur première ponte d'œufs.

Quand on veut châtrer un poisson, il faut le tenir dans un morceau de drap mouillé, le ventre en haut : ensuite avec un canif bien tranchant, dont la pointe est courbée en arrière, ou avec quelqu'autre instrument fait exprès, l'opérateur fend les tégumens de la coiffe du ventre, en évitant avec soin de toucher à aucun des intestins. Aussi-tôt qu'il a fait une petite ouverture, il glisse adroitement son canif crochu, avec lequel il dilate cette ouverture depuis les deux nageoires de devant jusqu'à l'anus. Au moyen de ce que le dos de l'instrument n'est pas coupant, il évite aisément de blesser les intestins. Ensuite avec deux petits crochets d'argent qui ne piquent point, & à l'aide d'un assistant, il tient le ventre du poisson ouvert, écarte soigneusement d'un côté les intestins avec une spatule ou une cuiller. Quand ils sont écartés, on apperçoit l'uretère, qui est un petit vaisseau placé à-peu-près dans la direction de l'épine ; & en même-tems, l'ovaire, vaisseau plus gros, paroît immédiatement devant, & plus proche des tégumens du ventre. On prend ce dernier vaisseau avec un crochet de la même espèce que les précédens, & le détachant par un côté, assez pour ce qu'on veut faire, on le coupe transversalement avec une paire de ciseaux bien tranchans, en observant toujours de ne point blesser, ni endommager les intestins.

Quand on a ainsi coupé un des ovaires, on procède de la même manière pour couper l'autre ; après quoi on recoud les tégumens séparés du ventre avec de la soie, en observant de faire les points de suture rapprochés les uns des autres.

Les carpes ne sont pas les seules victimes de cette opération ; l'avidité du gain & la sensualité de l'homme riche, y a soumis les truites, les perches, les tanches, les brochets, &c. Il faut connoître le tems du frai ; celui de la truite est près de Noël, de la perche en Février, des brochets en Mars, des carpes & des tanches en Mai.

CARRÉ, CARREAU. En terme de jardinage, signifie un espace de terre en carré, où l'on plante des légumes. Le mot *carreau* a une autre acception ; il signifie plus particulièrement une portion de terre carrée ou figurée, qui fait partie d'un parterre ordinairement bordé de buis & garni de fleurs ou de gazon ; la grandeur des carrés ou des carreaux, doit toujours être proportionnée à l'étendue du jardin ou du parterre. C'est le local qui doit la décider.

CARRIÈRE. Lieu dont on tire la pierre propre pour bâtir.

Carrière, *Botanique.* Ce mot désigne un fruit pierreux, tel que le coin, les poires sauvages & plusieurs poires cultivées. Quelle est la cause de cet amas énorme de petites pierres dans les fruits ? Comment la portion de la sève la plus épurée de l'arbre qui les a formés, s'est-elle accumulée au point de se durcir, de se pétrifier ? Il n'est pas aisé d'expliquer ces phénomènes. Je vais hazarder quelques idées, quelques conjectures. J'ai dit, (*voyez* les mots Amendement, Sève) que par l'analyse chimique, on retire de toutes les plantes, de l'huile, de l'eau, un sel & de la terre ; ces substances ne peuvent se combiner ensemble, sans auparavant avoir été réduites dans un état savoneux ; que dans cet état, chacune étoit réduite à la plus extrême des divisions, & par conséquent, étoit appropriée au calibre des vaisseaux des plantes. L'expérience prouve, par exemple, que plus le bois est pesant, plus ses tuyaux sont resserrés ; qu'alors ils contiennent une plus grande quantité d'huile, une plus grande quantité *d'air fixe*, (*voyez* ce mot) & une moins grande quantité d'eau : les bois de gayac, de buis, &c. sont les garans de ce que j'avance ; plus le bois est léger, le saule, par exemple, plus il contient *d'air inflammable*, (*voyez* ce mot) & ainsi des autres ; de sorte que chaque bois, suivant le diamètre de ses conduits, retient ou laisse évaporer en plus grande quantité une des quatre substances dont je viens de parler, de manière que l'on pourroit dire que la portion terreuse est plus abondante dans l'écorce du bois, la partie aqueuse dans l'aubier, la partie huileuse dans le bois fait, & l'air soit fixe, soit inflammable, dans le centre. Ce n'est pas que ces quatre substances ne soient disséminées dans tout le bois, mais elles sont en plus grande abondance dans un endroit que dans un autre. C'est donc en raison des diamètres des différens calibres que ces substances montent dans l'arbre pour former toutes les parties qui le constituent. Or, si le coignassier, cité pour exemple, a des tuyaux d'un calibre assez large pour laisser monter une certaine quantité de substance terreuse, il n'est donc pas surprenant que le fruit ressemble à une carrière ; mais *greffez* (*voyez* ce mot) ce coignassier, ces poiriers sauvages, vous changerez le diamètre des calibres, l'ordre de leur direction; la sève montera plus épurée, par conséquent moins terreuse, & le fruit sera moins pierreux. Greffez-le de nouveau, regreffez-le encore, & plus il sera souvent greffé sur lui-même, moins il sera pierreux. Peut-être parviendroit-on à détruire complètement la congestion de ces graviers : le véritable bon-chrétien d'Ausch est très-peu graveleux; cependant on doit le regarder comme une variété du bon-chrétien ordinaire, & je suis convaincu qu'il doit sa perfection à la greffe multipliée sur le même pied de poirier de bon-chrétien ordinaire.

On se presse trop de jouir. Il seroit à desirer qu'un amateur vraiment instruit de la physique des arbres, suivît les principales espèces de fruits que nous connoissons, & qu'il s'attachât à les greffer toujours sur elles-mêmes pendant une certaine suite d'années; je pense qu'à la dixième greffe, le perfectionnement du fruit seroit étonnant, & qu'il ne seroit plus graveleux.

CARIOLE. (*Voyez* VOITURE)

CARTHAME, *ou* SAFRAN BATARD, & connu dans le commerce sous le nom de *safranum*. (*Voyez Planche 22, page 571.*) M. Tournefort le place dans la troisième section de la douzième classe, qui comprend les herbes à fleur à fleuron, qui laisse après elle la semence sans aigrette, & il le nomme *carthamus officinarum, flore croceo*. M. von Linné l'appelle *carthamus tinctorius*, & le classe dans la syngénésie polygamie égale.

Fleur, est un composé de fleurons hermaphrodites. Chacun de ces fleurons B, est un tube cylindrique, menu à sa base, alongé, évasé à son extrémité, & divisé en cinq parties. Le pistil excède de beaucoup le fleuron; les étamines l'entourent comme une gaine, & sous le pistil est l'ovaire. Le calice est une espèce d'enveloppe dont les folioles diminuent de grandeur à mesure qu'elles approchent des fleurons. Ces fleurs sont d'un jaune éclatant.

Fruit. Chaque ovaire devient une graine C, blanchâtre, luisante, pointue, quadrangulaire, sans aigrette; on la voit coupée transversalement en D.

Feuilles, adhérentes à la tige, simples, entières, ovales, dentées; les dentelures pointues, piquantes; la surface lisse, garnie de trois nervures.

Racine A, en forme de fuseau, brune à l'extérieur.

Port, tige blanchâtre, solide, herbacée, haute de trois pieds environ. La fleur naît au sommet des tiges, seule, soutenue par un péduncule, & les feuilles sont placées alternativement sur la tige.

Lieu, originaire d'Egypte, cultivé dans nos jardins, où il fleurit en Mai & Juin; cultivé aussi dans les champs, & dans les provinces du nord du royaume, où il fleurit en automne. La plante est annuelle.

Propriétés. Les fleurs favorisent l'expectoration des matières muqueuses, excitent les urines, & sont indiquées dans l'asthme pituiteux, le rhume catarral & la toux catarrale.

Les semences sont un purgatif violent pour l'homme, & cependant elles nourrissent & engraissent les perroquets & autres oiseaux sans les purger. Elles causent à l'homme des épreintes, la soif & l'ardeur dans les premières voies.

Usage. On prescrit les fleurs sèches, depuis une drachme jusqu'à une demi-once, en macération au bain-marie, dans six onces d'eau, & les semences pulvérisées depuis une jusqu'à deux drachmes, triturées & délayées dans cinq onces d'eau; concassées depuis une drachme jusqu'à demi-once, infusées dans la même quantité d'eau.

Culture. Cette plante mérite d'être prise en considération, & pour peu qu'on s'attachât à sa culture, la France ne seroit plus dans le cas de revenir à l'étranger. Elle aime un terrain sec & meuble; on la sème suivant le pays qu'on habite, dès qu'on ne craint plus l'effet des gelées; si le semis n'est pas retardé, on aura le tems de récolter des graines noires, tandis que dans nos provinces septentrionales, on est forcé chaque année de tirer de nouvelles graines des provinces du midi. Semez à la volée, mais semez de manière que chaque pied soit éloigné de son voisin de dix à douze pouces. Il seroit un peu plus long, il est vrai, de semer par sillons, & de herser ensuite, mais le semis en vaudroit beaucoup mieux. Sarcler souvent, serfouir quelquefois le terrain, éclaircir les plants trop épais; voilà les seuls soins essentiels.

Dès que les fleurs commencent à paroître & s'ouvrent, c'est là le moment de les cueillir; le trop grand épanouissement nuit à la beauté de la couleur. On les porte aussi-tôt dans un lieu à l'abri du soleil, & où il règne un courant d'air pour les faire dessécher; enfin on les tient ensuite dans un lieu sec, renfermées ou dans des sacs, ou dans des caisses. On doit rejeter dans le commerce, celui dont la couleur est terne & peu nette. C'est une preuve que la fleur a été mal desséchée, & que sa partie colorante, point essentiel, est attaquée.

Les marchands de mauvaise foi, mêlent les fleurs du safranum avec celles du véritable safran, parce que le prix des premières est de beaucoup inférieur à celui des secondes. On reconnoîtra la fraude en considérant ces fleurs séparément, & l'on verra alors que la partie fibreuse du safranum est étroite, dure, sèche, & sa couleur beaucoup plus pâle que celle du *safran.* (*Voyez* ce mot)

Son grand usage est pour les teintures; il faut cependant convenir que toutes les étoffes teintes avec le safranum, ne sont jamais d'un bon teint. On prépare avec ses étamines une couleur qu'on nomme *vermillon d'Espagne* ou lacque de carthame.

Cette plante figure bien dans les grands jardins.

CARTILAGINEUSE, BOTANIQUE. Se dit d'une feuille, lorsque ses bords sont garnis, pour ainsi dire, d'une espèce de cartilage, ou d'une substance plus ferme & plus sèche que celle de la feuille, comme dans la saxifrage, le cotylédon. (*V.* FEUILLE) M. M.

CARVI, *ou* CUMIN DES PRÉS. (*Voyez pl. 22, pag. 571*). M. Tournefort le place dans la première section de la septième classe, qui comprend les herbes à fleur en rose, en ombelle, dont le calice devient un fruit composé de deux petites semences cannelées, & il l'appelle *carvi cæsalpini.* M. von Linné le nomme *carum carvi*, & le classe dans la pentandrie digynie.

Fleur, en rose B, composée de cinq pétales C, presqu'égaux, en forme de cœur, recourbés au sommet; elle renferme cinq étamines longues & étroites, posées alternativement avec des pétales sur les bords du calice. Le pistil D est placé sous la fleur; chaque fleur naît au sommet d'un rayon, & ces rayons forment l'ombelle; l'enveloppe universelle, placée au bord de l'ombelle générale, est quelquefois composée de deux folioles longues & étroites; les ombelles partielles n'en ont point.

Fruit. Le pistil D se change en un fruit E, composé de deux graines qui se séparent naturellement comme on le voit dans la figure F. Ces deux graines sont ovales, oblongues, applaties G du côté qui les unit, convexes & cannelées extérieurement H.

Feuilles. Elles embrassent la tige par la base; elles sont deux fois ailées, les folioles simples & découpées.

Racine A, en forme de fuseau, grosse, peu fibreuse.

Port, tiges hautes de deux pieds, cannelées, lisses, branchues, rameuses; les feuilles sont placées alternativement sur elles, & l'ombelle naît au sommet.

Lieu. Dans les prés des pays froids; la plante est bienne, & fleurit en Mai, Juin & Juillet; la fleur est blanche, tirant un peu sur le jaune.

Propriétés. La racine a un gout âcre, aromatique, ainsi que la semence; la semence est mise au nombre des quatre semences chaudes; elle est carminative, stomachique, diurétique: les semences sont quelquefois recommandées pour accélérer la sortie du fœtus, retardée par foiblesse, dans l'asthme humide, dans la toux catarrale ancienne.

Usage. Par la distillation, on obtient une eau inférieure en qualité, à la plus légère infusion des semences; par l'expression des graines, une huile qui a les mêmes propriétés que celle d'olive; on en retire encore une huile essentielle, très-échauffante, & même inflammatoire, dont il est inutile de faire usage intérieurement. La semence réduite en poudre, est prescrite depuis un scrupule jusqu'à une drachme, en infusion dans un véhicule convenable; & pour les animaux, à la dose de deux drachmes.

Usage économique. Dans le nord de l'Europe, on prescrit cette semence avec le pain qu'on nomme biscuit, on la substitue à l'anis, & les gens de mer en assaisonnent leurs mets. On dit que les habitans de l'Amérique font une grande consommation de ces graines du carvi, comme s'il leur manquoit de plantes aromatiques; c'est sans doute parce qu'elle croît dans les pays froids, qu'elle acquiert du mérite à être transportée dans les pays chauds; voilà l'homme.

CARYOPHILÉE ou *en œillets*, BOTANIQUE. C'est la huitième classe des fleurs polypétales régulières de Tournefort. Le caractère propre à cette classe est d'avoir l'onglet, c'est-à-dire la partie inférieure du pétale, attaché au fond du calice, formé d'une seule pièce cylindrique, & sur les bords duquel les lames des pétales s'évasent & se dispersent en roue, comme dans l'œillet, le lycus. (*V.* COROLLE) M.M.

CASCADE. Chûte d'eau, soit naturelle, soit artificielle, par nappe ou par grandes ou par petites masses. Heureux le cultivateur qui peut en avoir une dans ses possessions! Elle suppose une certaine hauteur, & parconséquent, une distribution facile & abondante des eaux pour l'irrigation de ses prairies, de ses jardins, & même de ses champs, s'il habite nos provinces méridionales. Qu'elle soit en même-tems un objet de décoration, rien n'est plus naturel; mais que l'eau n'ait pas l'air captive & gênée dans sa marche; si l'art concourt à diriger sa course, qu'il soit si bien caché qu'on le prenne pour l'effet de la nature. Il ne faut ni rampes en marbre blanc, noir ou varié, ni ornemens de glaçons, de rocailles tirées au cordeau, ni coquillages factices, ni vases, ni figures, ni tous ces colifichets dont on les surcharge dans les parcs des grands Seigneurs. Celui qui les y considère pour la première fois, admire la difficulté vaincue; peu à peu son admiration baisse, s'évanouit, & il finit par regarder avec indifférence l'ouvrage de la main de l'homme. Au contraire, combien de fois reviendra-t-il avec un plaisir toujours nouveau, penser, réfléchir, rentrer en lui-même auprès d'une eau, qui, sans gêne, sans entraves, se précipite d'un rocher sur un autre; la fraîcheur du lieu, la verdure qui l'accompagne, le bruit non interrompu de cette eau; tout, en un mot, lui inspire des idées si douces, si variées, qu'il s'en éloigne à regret.

CASQUE, BOTANIQUE. Le casque est l'armure de la tête que portoient les anciens guerriers. M. Tournefort ayant trouvé, dans les plantes qu'il a désignées sous le nom d'*anomales* ou *polypétales*, proprement dites, & qui composent sa onzième classe, que le pétale de plusieurs fleurs ressembloit à un casque, a employé ce terme pour le désigner. Ainsi, l'aconit, par exemple, a cinq pétales inégaux, dont le supérieur tubulé est en forme de casque renversé. La ressemblance va quelquefois au point, dans certaines espèces d'aconit, que l'on croit y reconnoître les oreillettes & la mentonnière du casque. Il y a d'autres fleurs dont la partie supérieure est seulement tournée en casque; mais elles n'ont ni oreillettes, ni mentonnières, comme les fleurs de l'ormin, de la brunelle, &c. M. M.

CASSAVE. (*Voy.* MANIOQUE)

CASSE-MOTTE. Petite massue de bois dur, quelquefois cerclée en fer, dont on se sert dans les terres fortes pour casser les mottes. Si on a bien labouré, & labouré dans les tems convenables, il ne doit point y avoir de mottes.

CASSER, CASSEMENT. Mots, pour ainsi dire, introduits dans la pratique du jardinage par M. l'abbé Roger Schabol. Il s'explique ainsi: *Casser*, c'est rompre & éclater à dessein, un rameau de la pousse, ou une branche de la pousse précédente, en appuyant avec le pouce sur le tranchant de la serpette. Ce cassement doit être fait environ à un demi-pouce de l'endroit où le rameau qu'on casse a pris naissance, directement au-dessus de ce qu'on appelle les *sous-yeux*. En cassant de la sorte à la fin de Mai jusqu'à la mi-Juin, & par-delà encore, on est assuré que des sous-yeux il poussera infailliblement ou une *lambourde*, ou une *brindille*, ou des *boutons à fruit* (*voyez* ces mots) pour les années suivantes, & quelquefois toutes ces trois choses à la fois à un même arbre ; mais ce caſſement n'a lieu communément que pour les arbres à pepins.

Si l'on coupe au lieu de caſſer, la sève recouvre la plaie, & il repouſſe une nouvelle branche ou de nouveaux bourgeons, qui forment ce qu'on appelle des *têtes de ſaule*, ou des toupillons de petites branches qui défigurent & épuiſent l'arbre. Mais quand on caſſe, ainſi qu'il vient d'être dit, alors les coquilles ou les fragmens qui reſtent, empêchent la sève de recouvrir, & les ſous-yeux s'ouvrent pour donner ou une lambourde, ou une brindille, ou des boutons à fruit.

Caſſer, c'eſt encore l'action de ſupprimer le bout d'une lambourde.

Le caſſement a lieu quelquefois à l'égard de certains bourgeons, & des gourmands en bien des occaſions; mais il faut être très-réſervé pour l'employer à propos, non-ſeulement dans ces occaſions, mais dans celles dont on vient de parler. Quelqu'un qui caſſeroit trop, ſeroit ſûr d'avoir une prodigieuſe quantité de fruits ; auſſi ſes arbres ſeroient bientôt épuiſés.

CASSIS, *ou* GROSEILLIER A FRUIT NOIR. (*Voyez* GROSEILLIER)

CASSOLETTE. *Poire.* (*Voyez* ce mot)

CASSONADE. (*Voyez* SUCRE)

CASTOR. Mon intention n'eſt pas de placer ici l'hiſtoire de cet utile & induſtrieux animal ; ce n'eſt pas le but de cet Ouvrage. On peut, à ce ſujet, conſulter le *Dictionnaire d'hiſtoire naturelle* de M. Valmont de Bomare, & les autres livres de ce genre. J'en parle ſeulement pour apprendre à mes compatriotes que le caſtor exiſte en France. C'eſt à M. Montet, de la ſociété royale des ſciences de Montpellier, & naturaliſte très-inſtruit, que l'on doit cette découverte. Il en a trouvé ſur les bords du Rhône, dans la partie de ce fleuve, voiſine de *Saint-Andeol*, ſur le *Gardon d'Alais*, ſur celui d'*Anduze*, & dans la rivière de Viſtre. Il eſt appellé *Bièvre*, & il eſt en tout ſemblable aux caſtors du Canada; on en trouve auſſi en Dauphiné.

Ces animaux étoient autrefois beaucoup plus communs en Languedoc qu'ils ne le ſont aujourd'hui. On prétend que les inondations en ont fait périr un grand nombre. Leur rareté pourroit auſſi venir de ce que les riverains du Rhône les détruiſent autant qu'ils peuvent, parce que ces animaux coupent & rongent les plantations de ſaules qu'ils ſont ſur les bords de ce fleuve, & qui ſont pour eux d'un grand revenu. Doit-on ſacrifier les ſaules aux caſtors, ou les caſtors aux ſaules ? Il eſt conſtant qu'une peuplade de caſtors rendroit beaucoup plus.

CASTRATION, MÉDECINE VÉTÉRINAIRE. C'eſt la ſection des teſticules des animaux.

Elle s'exécute de deux manières. La première ſe fait en jetant l'animal par terre (*voyez* ABATTRE) du côté gauche du montoir, en lui prenant avec une corde ou une plate-longe, la jambe de derrière droite, en la lui paſſant par-deſſus le col, afin de pouvoir ſaiſir les teſticules. L'opérateur fait d'abord une inciſion longitudinale au ſcrotum, le long des cordons ſpermatiques, juſqu'au corps du teſticule ; puis prenant une aiguille courbe,

courbe, dans le trou de laquelle il aura fait passer une ficelle cirée, il la fait entrer dans la substance du cordon spermatique, à un travers de doigt au-dessus du testicule, lequel doit être coupé un pouce au-dessous de la ligature. Il est essentiel que le fil ciré passe dans la substance du cordon, afin d'éviter de prendre dans la ligature le nerf que nous appelons *spermatique*, dont l'irritation occasionnant celle du genre nerveux, produiroit la mort de l'animal... Il faut encore laisser pendre un bout de ce fil, qui doit tomber par la suppuration. L'autre testicule se coupe de la même manière. L'opération faite, il suffit de bassiner la plaie avec du vin chaud, & d'en laisser le soin à la nature.

La seconde manière d'opérer dans la castration, se fait en jetant également l'animal par terre; & après avoir attiré la jambe droite de derrière par-dessus le col, & fait sortir le testicule, l'opérateur le coupe sans précaution avec un bistouri, & applique un bouton de feu sur l'orifice du vaisseau qui fournit du sang. On emporte l'autre testicule de même; après quoi on lâche l'animal, qui doit rester deux ou trois jours à l'écurie, pour s'assurer que l'hémorragie est parfaitement arrêtée.

Ces deux méthodes d'opérer, quelqu'avantageuses qu'elles puissent être, ne nous paroissent pas cependant aussi promptes, aussi sûres & aussi propres que la section entière des testicules à l'aide des billots. Nous en avons vu même des suites fâcheuses dans plusieurs chevaux.

Manière d'opérer à l'aide des billots. Il faut pratiquer deux incisions au scrotum assez longues pour laisser passer les testicules. Les incisions faites, on les tire doucement; ensuite on applique sur les côtés de chaque cordon spermatique, deux billots faits d'un bâton de sureau, de la longueur de cinq pouces, & d'un pouce de diamètre, fendus suivant leur longueur en deux parties égales, & remplis, dans la cavité que la moëlle occupoit, d'un mélange de parties égales de vitriol bleu & de poudre de licoperdon: on coupe les testicules: vingt-quatre heures après la section, l'opérateur détache les billots, & ordonne de promener l'animal une heure le matin, autant le soir, parce qu'il est d'observation que le grand repos est moins avantageux que l'exercice modéré.

Le bouc & le bélier ne pouvant point supporter la castration, suivant les méthodes que nous venons de décrire, quand même ils seroient bien nourris & bien portans, on doit les châtrer de la manière suivante.

L'opérateur prend trois brins de fil retors de bonne consistance, les roule sur les genoux, comme font les cordonniers, & les tire avec la poix dont ils se servent. Il prend ensuite un brin de ce fil, d'une longueur suffisante, qu'il noue par chaque bout à un petit morceau de bois, & en lie les testicules, en tirant le fil à soi par un de ces bâtons le plus fortement qu'il lui est possible, tandis qu'un assistant le tire par l'autre, parce que c'est de-là que dépend le succès de l'opération. Les testicules perdent par ce moyen tout sentiment, par le défaut de circulation; mais il ne faut pas attendre qu'ils se détachent d'eux-mêmes, la gangrène seroit alors à craindre, & pourroit peut-être entraîner la perte de l'animal. Le mieux est de les couper au bout de huit jours, en faisant attention de ne pas faire l'incision trop près de la ligature.

L'âge convenable à chaque animal pour l'opération de la castration, est désigné à l'article qui traite de chaque animal en particulier : ainsi *voyez* Ane, Bœuf, Bouc, Cheval, Mouton, &c. M. T.

Castration *des poissons*. (*Voyez* la manière de la pratiquer sur le *carpeau* au mot Carpe.)

CATALEPSIE, Médecine rurale. Ce mot signifie *j'arrête, je retiens*. On a donné ce nom à une maladie du cerveau, dans laquelle les malades restent fixés, comme des statues, dans la place où ils se trouvent. Quand le mal s'empare d'eux, ils ont l'air de ces soldats que la fable nous représente pétrifiés dans différentes attitudes, à la vue de la tête de Méduse. C'est par une forte & universelle convulsion que le corps est maintenu & fixé dans la même attitude où la maladie l'a saisi.

Le cataleptique reste les yeux ouverts sans voir, sans sentir, sans entendre & sans faire aucun mouvement : si on le pousse, il fait un pas ou deux, & reste toujours dans la même position où il se trouve; si l'on remue ses bras, sa tête, ses mains, il les tient roides dans l'attitude qu'on leur donne; sa respiration est lente, son poulx est plein : cette maladie est très-rare, nous ne l'avons observée qu'une fois.

Toutes personnes qui se laissent accabler par le chagrin, celles qui se livrent aux contemplations célestes, aux méditations profondes, celles qui poussent l'abstinence de toute espèce & le jeûne au de-là des bornes prescrites par la raison, sont plus exposées à la catalepsie que les autres. On a souvent vu des gens d'une imagination vive & exaltée, après des réflexions abstraites sur des sujets trop au-dessus de leur portée, tomber tout-à-coup dans la catalepsie. Dans les siècles d'ignorance, on lui a quelquefois donné le nom d'*extase*.

Cette maladie est fort grave, tant par elle-même, que par les suites qu'elle traîne après elle; elle attaque le cerveau, & il existe peu de maladies légères dans son organe; elle est ordinairement suivie de convulsions & de stupidité.

Cette maladie exige l'application des remèdes les plus actifs; il faut ouvrir la jugulaire ou l'artère temporale; on met les sangsues sur le nez; les vésicatoires, les émétiques, les fers rouges appliqués aux pieds, sont des remèdes convenables; mais le premier doit être l'ouverture de l'artère temporale : il faut faire aussi usage de lavemens purgatifs. Comme dans cette maladie, la vie, si nous pouvons nous exprimer ainsi, est suspendue dans son cours, il faut nécessairement exciter dans la machine de violentes secousses, lui donner une forte impulsion, & remonter les ressorts, afin qu'elle puisse reprendre l'exercice de ses mouvemens.

Nous le répétons encore à la fin de cet article, cette maladie est on ne peut plus rare, sur-tout parmi les gens qui vivent à la campagne. M. B.

Catalepsie, *Médecine vétérinaire*. Affection soporeuse. Cette maladie est très-rare chez les animaux. Comme nous ne l'avons pas encore observée chez eux, nous ne pouvons en faire le détail. M. T.

Catalepsie, *Botanique.* Le nom de cette maladie a été transporté en botanique, & appliqué à un phénomène singulier qu'offrent quelques plantes. On sait que toutes les plantes en général jouissent du mouvement de ressort; c'est-à-dire, qu'elles peuvent se rétablir dans la première situation, & se redresser lorsqu'on les a inclinées; cependant il en existe une sur-tout, qui est la moldavique de Virginie, qui est privée de cette force naturelle du ressort spontané, & de quelque côté que l'on tourne ou retourne ses fleurs, elles restent dans la même situation où on les place, ce qui lui a fait donner le nom de *cataleptique.* (*Voyez* Mouvement *végétal*) M. M.

CATALOGNE. (Prune de) *Voyez* ce mot.

CATAPLASME. Espèce d'emplâtre ou médicament mol, semblable à de la bouillie, qui s'applique à l'extérieur. Le nombre des cataplasmes est multiplié à l'excès ; & cette multiplication prouve plus le charlatanisme que l'utilité. Les cataplasmes sont classés suivant la nature des substances qui entrent dans leur composition ; les uns sont *adoucissans* , *émolliens ;* d'autres *maturatifs* , ou *suppuratifs ;* d'autres enfin *résolutifs* , &c. (*Voyez* ces mots)

Lorsqu'il y a inflammation, c'est le cas d'employer des cataplasmes de mie de pain bouillie dans l'eau commune, & c'est un cataplasme émollient.

Lorsqu'il faut attirer au dehors la suppuration, on y parvient par les cataplasmes maturatifs ou suppuratifs ; le meilleur de tous, sans contredit, & le plus simple, est celui fait avec la bouillie ou avec la mie de pain & le lait que l'on fait cuire avec une quantité proportionnée d'oignons de lys blanc si on en a, ou simplement, d'oignons de cuisine; on peut y ajouter quelques figues grasses. Suivant une coutume abusive, on emploie le lait, le beurre, les huiles ; s'il y a inflammation, le lait aigrit, le beurre & l'huile rancissent, & dans cet état, ils deviennent épipastiques & causent des érysipèles sur la peau de l'endroit sur lequel le cataplasme est appliqué, & il en résulte souvent des désordres affreux pour le malade.

Lorsqu'il faut résoudre, on prend six onces de farine d'orge, deux onces de feuilles fraîches de ciguë écrasées, du vinaigre une quantité suffisante. Le tout doit bouillir pendant quelques minutes, & on ajoute ensuite deux gros de sucre de plomb.

Dans un grand nombre de maladies il est important de hâter la dérivation de l'humeur ; on recourt alors au cataplasme vésicatoire ou épipastique. Prenez mouches *cantharides*, (*voyez* ce mot), depuis une drachme jusqu'à une once sur quatre onces de levain ou de farine ; mêlez avec suffisante quantité de vinaigre ; le mêlange doit être exact, & d'une consistance molle: il restera pendant vingt-quatre heures sur la portion des tégumens où il est appliqué, à moins que les vessies ne soient formées avant ce tems.

Lorsque l'on craint que les voies urinaires ne soient trop fortement affectées par l'effet des cantharides, on emploie les *sinapismes* ou cataplasmes de moutarde. Prenez de la moutarde pulvérisée, & mêlez-la avec suffisante quantité de vinaigre, pour réduire le tout en consistance de cataplasme; s'il n'est pas assez actif, ajoutez-y de l'ail écrasé.

CATAPLASME, *Jardinage.* Prenez de la bouse de vache, incorporée & bien mêlangée avec du terreau gras; ce mêlange est appellé *onguent de Saint-Fiacre*, & on s'en sert pour recouvrir les plaies faites aux arbres lorsqu'on les taille.

CATAPUCE. (*Voyez* TITHYMALE)

CATARACTE, MÉDECINE VÉTÉRINAIRE. Maladie des yeux de l'animal, dans laquelle la pupille qui paroît noire dans l'état naturel, perd sa transparence, & prend une couleur tantôt jaune, tantôt cendrée, bleue ou de couleur de feuille morte. Dans le principe de la cataracte, la vue de l'animal n'est que troublée, mais elle se perd entièrement dans la suite. Le cheval est celui de tous les animaux le plus exposé à cette maladie : elle a des causes prochaines & éloignées. La cause prochaine est l'opacité du crystallin; les causes éloignées, sont la stagnation des humeurs épaisses & gluantes dans le crystallin, après des violentes inflammations dans les yeux, des fluxions lunatiques, des coups donnés sur ces parties, des efforts qu'a faits l'animal, un reste de gourme, le virus du farcin & de la morve. Le crystallin devient opaque, parce qu'entre les différentes couches membraneuses qui le composent, il se dépose des matières étrangères, qui interceptent le passage des rayons de la lumière, s'épanchent dans le tissu cellulaire de cette partie, s'y épaississent, & font perdre à cet organe, la transparence qu'il avoit auparavant.

Il est aisé de reconnoître la cataracte, en examinant l'animal en face, à la sortie d'une écurie, ou dessous une porte cochère; l'on voit un corps plus ou moins blanc, que nous appellons *dragon*. Ce mal est presque toujours incurable à cause de la difficulté de l'opération.

On a confondu jusqu'à présent cette maladie avec l'onglée des animaux; les ânes, les chevaux, les mulets, les moutons, les chèvres y sont sujets. Cette prétendue cataracte est facile à détruire; ce n'est autre chose qu'un relâchement de la membrane clignotante, qui naît du côté du petit angle de l'œil qui s'avance sur tout le globe, & le recouvre quelquefois en entier si l'on ne s'oppose à ses progrès. Quant à la manière de parer à cet inconvénient, *voyez* ONGLÉE. M. T.

CATARRE, MÉDECINE RURALE. On a coutume de nommer catarre, rhume ou fluxion, cet état maladif dans lequel une humeur âcre coule du nez, de la bouche, du gosier & de la poitrine.

L'humeur catarrale peut attaquer toutes les parties du corps humain indistinctement, & y exciter un commencement d'inflammation qui, négligée ou mal traitée, dégénère en inflammation vraie, en suppuration & en gangrène : ainsi le cerveau, les yeux, le nez, les oreilles, le gosier, la poitrine, l'estomac, les intestins, le foie, la rate, les reins, la vessie & la matrice, peuvent être attaqués du catarre, du rhume ou de la fluxion.

Dans son commencement, l'humeur catarrale donne des signes de son existence, lesquels signes sont relatifs à la partie affectée & gênée dans ses fonctions, par la présence de cette matière étrangère : en général, les malades éprouvent tous les effets de l'inflammation, mais à un degré modéré. (*Voyez* INFLAMMATION)

Comme la membrane qui tapisse l'intérieur du nez, de la bouche & du gosier, se prolonge dans la poitrine, il n'est pas rare de voir l'humeur catarrale suivre cette membrane, & porter ses impressions dans tous les lieux où cette dernière a des communications.

Les causes qui font naître un catarre dans quelques parties que ce soit, sont les mêmes que celles qui déterminent l'inflammation de ces mêmes parties : le contact de l'air froid sur une partie arrosée par la sueur, l'humidité & le froid qui arrêtent la transpiration, la rentrée des maladies quelconques de la peau, & le vice des différentes humeurs du corps.

Les catarres sont d'autant plus dangereux, qu'ils attaquent des parties plus intéressantes à la vie, & des sujets foibles & épuisés ; les catarres de la poitrine sont les plus dangereux, ainsi que ceux du foie & de l'estomac.

Les catarres de la poitrine souvent répétés, mènent à la suppuration du poumon ; & ceux du foie & de l'estomac mènent à l'inflammation & à la suppuration de ces deux organes.

Les catarres suffoquans de la poitrine menacent du danger le plus éminent en moins de douze heures. Les gens sujets à cette dernière maladie, sont les personnes chargées d'embonpoint outre mesure, & qui ne gardent aucun ménagement dans leur nourriture, les personnes contrefaites & les vieillards.

Les catarres règnent quelquefois épidémiquement, & méritent la plus grande attention.

Le traitement des catarres est simple. Comme la cause qui les détermine est une matière âcre qui, par sa présence, géne les fonctions de la partie sur laquelle elle s'est fixée, il faut employer dans le premier tems tous les remèdes & boissons humectantes ; la saignée même est souvent nécessaire quand l'inflammation, la douleur & la sécheresse sont fortes. Dans le second tems, quand la résolution se fait, c'est-à-dire, quand la matière âcre commence à se détacher, quand la fièvre est diminuée de beaucoup, ainsi que la sécheresse & la douleur, il faut donner un peu d'activité aux remèdes, afin de commencer à faire sortir la matière catarrale. Il ne faut jamais perdre de vue que, dans tous les catarres, la nature, comme dans toutes les maladies, tend à se débarrasser, tantôt par les urines ou par les sueurs, & tantôt par les crachats ou par les dévoiemens ; il faut suivre la route que la nature indique. Si la nature indique la voie des urines, on fait fondre, dans les tisanes appropriées, quelques grains de sel de nitre ; si les sueurs paroissent, on fait usage des sudorifiques légers, comme quelques tasses d'infusion de fleur de sureau ou de coquelicot, &c. Si les crachats commencent à sortir, on en facilite l'expectoration par quelques looks aiguisés avec deux ou trois grains de kermès, ou quelques fractions de grains d'ipécacuanha, mêlés avec le sucre, &c. Si la matière catarrale s'ouvre une route par les selles, on emploie des purgatifs doux, la manne, les tamarins, les sels neutres, le séné, à petites quantités.

On commet ordinairement bien des erreurs dans le traitement de ces maladies; elles sont de deux genres. Les uns ne font usage que des remèdes les plus incendiaires, & les autres que des remèdes les plus relâchans. Ces derniers nuisent moins que les premiers; & c'est pour cette raison qu'ils en font moins d'usage, preuve bien convaincante des maux dans lesquels nous plonge l'ignorance. Nous allons examiner ces deux objets, qui sont bien plus intéressans que le commun du peuple ne le croit.

Premièrement, les *remèdes chauds*. Lorsqu'une personne est attaquée d'un catarre, sur-tout à la poitrine, à l'estomac & au foie, le peuple, qui croit que toutes les maladies ne viennent que de foiblesse, fait usage de remèdes chauds; le vin chaud avec le sucre & la cannelle, l'eau-de-vie, seule ou mêlée avec quelques aromats, sont, comme on le dit vulgairement, les grands chevaux de bataille. Mais qu'arrive-t-il de l'usage de ces remèdes? Nous avons dit plus haut, que tout catarre étoit une inflammation légère; & il est aisé de concevoir si des remèdes chauds appaiseront l'inflammation. Non-seulement elle ne cède pas à ces moyens, mais elle devient très-considérable: la suppuration n'a pas le tems de se former, & la gangrène paroît, accompagnée de tous ses symptômes sinistres. Nous avons plus d'une fois vu expirer en peu de tems des malheureux attaqués de catarres simples, qui étoient dégénérés en gangrène, à la suite de ce traitement ignorant. Le médecin, communément appelé trop tard, n'arrive que pour gémir sur les abus énormes répandus dans la science salutaire & consolante de la médecine; abus qui détruisent plus de citoyens utiles que la peste & la guerre.

Secondement, les *remèdes relâchans*. Dans le commencement d'un catarre, comme il y a fièvre, tension, douleur & toux, si la poitrine est affectée, il est certain que les remèdes relâchans, l'eau tiède, chargée de la partie mucilagineuse des plantes émollientes, l'eau de poulet & de veau légère, &c. conviennent, ainsi que la saignée, pour détourner le sang qui se porte toujours avec impétuosité vers les lieux enflammés, & pour détremper l'humeur âcre qui irrite ces organes; mais lorsqu'une fois l'inflammation est calmée, & que la nature commence à exciter de légers mouvemens pour se débarrasser de la matière catarrale par un endroit quelconque; que la tension & la douleur sont beaucoup diminuées, & presque disparues, il ne faut pas continuer l'usage des remèdes relâchans, parce qu'affoiblissant la nature, elle ne pourra pas ramasser assez de force pour chasser au dehors ce qui lui nuit, la matière restera fixée dans des organes affoiblis, s'altèrera, communiquera son altération aux parties sur lesquelles elle siège, & de là naîtront des suppurations lentes de la poitrine, de la vessie, du foie, &c. On voit tous les jours des gens qui rendent le pus par la bouche ou par d'autres couloirs, parce qu'on a négligé ou mal traité un catarre très-léger dans son principe. Quelquefois on voit l'humeur catarrale se répandre & se fixer indistinctement dans telle ou telle partie du corps, & servir de noyau à des maladies terribles & mortelles.

Il existe quelques catarres de la poitrine, qu'on ne parvient à guérir qu'en usant des émétiques. Comme ces derniers remèdes exigent les connoissances d'un homme très-éclairé & très-versé dans la pratique de la médecine, nous renvoyons aux gens de l'art, plutôt que de faire commettre des abus plus dangereux que le mal: nous aurons rendu des services bien importans, si nous sommes assez heureux pour détruire des préjugés funestes au repos & au bonheur des hommes.

Le catarre suffoquant prive quelquefois de la vie en dix ou douze heures; & souvent, malgré les secours les plus prompts & les plus éclairés, le malade succombe à la force du mal. Il faut, sans hésiter, saigner le malade du bras & du pied, répéter les saignées suivant la force des symptômes, lui appliquer de larges & grands vésicatoires, & le tenir à une diète sévère. Ce dernier moyen n'est pas difficile à administrer: car les malades éprouvent les plus grandes difficultés à avaler. Si le malade revient un peu, on suit le traitement du catarre, indiqué plus haut: il faut seulement faire observer le plus grand régime, car les rechûtes sont mortelles, comme l'expérience nous l'a prouvé plus d'une fois. M. B.

CATARRE, *Médecine vétérinaire.* Ce n'est autre chose qu'une inflammation fausse, avec fluxion & distillation d'humeur, qui peut attaquer toutes les parties du corps des animaux, mais qui se fixe le plus souvent au nez, au col, ou sur le poumon.

Causes du Catarre. Les causes les plus communes du catarre sont les intempéries de l'air, la suppression de l'insensible transpiration, de la sueur, le peu de soin qu'ont les cultivateurs, d'entraîner un courant d'air dans les écuries & les étables; le passage subit de l'air échauffé qui règne dans les lieux où sont enfermés beaucoup d'animaux, à l'air libre & froid; les eaux crues & glacées qu'on leur laisse boire, sur-tout lorsqu'ils travaillent; la répercussion des maladies cutanées, telles que la gale, les dartres, les eaux aux jambes, les solandres, les malandres, &c.

Le cheval, l'âne, le mulet, le bœuf, le mouton, la chèvre & le cochon, sont sujets au catarre. Mais comme cette maladie est mieux connue dans tous ces animaux, sous le nom de *morfondure*, nous renvoyons à cet article. (*Voyez* MORFONDURE) Il nous reste seulement à parler du catarre qui a souvent des suites funestes chez les chevaux, & qui, pour l'ordinaire, est épizootique. Il se manifeste par les symptômes suivans:

1°. Les premiers jours, un malaise & une foiblesse générale, quelques légers frissons, sur-tout le soir, à la rentrée du travail.

2°. Des ébrouemens fréquens, suivis de l'écoulement par les naseaux d'une humeur limpide & âcre.

3°. Un mouvement convulsif dans la lèvre antérieure.

4°. La perte de l'appétit dans quelques chevaux.

5°. Vers le quatrième jour, ce dernier symptôme est le plus général, & les ébrouemens moins fréquens.

6°. L'humeur devient verdâtre, & s'épaissit; elle ne coule alors que par un naseau; les glandes lymphatiques de dessous la ganache se tuméfient du côté du naseau qui flue.

7°. Les glandes ne sont entièrement engorgées que lorsque le flux a lieu par les deux naseaux à la fois.

8°. Les huitième, neuvième, dixième & douxième jours, les ébrouemens cessent, l'humeur devient plus épaisse, jaunâtre, & successivement blanche; elle coule en plus grande quantité, & souvent alors par les deux naseaux.

9°. La respiration se trouve gênée.

10°. Quelques légers accès de toux qui n'ont le plus souvent lieu que parce que l'humeur, devenue trop épaisse, engoue les fosses nasales.

11°. Le flux & la tuméfaction cessent peu-à-peu, & l'animal reprend sa gaieté & son appétit.

Dans quelques chevaux, la maladie s'annonce par la prostration des forces, par une toux sèche, plus ou moins violente, & beaucoup de sensibilité à la poitrine; huit ou dix jours après, la toux commence à devenir grasse, & il se fait par les naseaux & quelquefois par la bouche, une expectoration copieuse de matière épaisse & jaunâtre; l'insensible transpiration se rétablit peu-à-peu, elle est même quelquefois abondante, & l'animal guérit.

Cette espèce de catarre attaquant ordinairement la poitrine des chevaux, il est dangereux, & souvent funeste pour ceux qui ont essuyé des péripneumonies, pour ceux qui ont le poumon foible & délicat, & pour ceux qui ont la pousse; quelques-uns même succombent. La pousse est quelquefois augmentée dans d'autres, au point qu'ils ne peuvent résister à la chaleur de l'été. En général, cette maladie est dangereuse, & se termine au bout de quinze jours. Les chevaux qui ont des eaux aux jambes, des javarts, ou d'autres accidens locaux, en sont pour l'ordinaire exempts.

Traitement. Dans le premier cas, les remèdes mucilagineux & adoucissans, tels que la mauve, la guimauve, le bouillon blanc, la graine de lin, en boissons & en fumigations; ensuite les délayans légèrement incisifs, le kermès minéral donné avec du miel, ou bien étendu dans l'eau blanchie avec le son de froment, sont les remèdes à employer.

Mais dans le second, c'est-à-dire, dans celui où la prostration des forces est manifeste, les infusions des plantes aromatiques, telles que l'absinthe, la sauge, la lavande, l'iris de Florence, le kermès, sont à préférer. La nourriture doit être la paille & le son.

On doit bien sentir que la saignée n'est indiquée que dans le premier cas, encore faut-il que la difficulté dans la respiration subsiste, & qu'elle soit faite dans les quarante-huit heures de l'invasion du mal; parce que si on la pratiquoit le troisième ou quatrième jour que la coction de l'humeur catarrale commence à se faire, il seroit à craindre qu'elle ne se fixât entièrement sur le poumon, & qu'elle n'y occasionnât des inflammations, dont la plupart se termineroient par l'empyème & la mort. M. T.

CATARRE DU CHIEN, *Médecine vétérinaire.* Le chien est sujet au catarre du gosier. On connoît qu'il en est attaqué lorsqu'il est triste, dégoûté, qu'il lui sort beaucoup de sérosités par le nez, par son gosier qui est douloureux & enflammé, & quelquefois par sa tuméfaction.

Ce mal cède facilement en tenant le chien chaudement, en faisant sur la partie tuméfiée, des onctions avec l'huile de camomille, & des fumigations de cascarille. M. T.

CATHARTIQUE. Nom que l'on a coutume de donner à tout médicament simple ou composé, qui fait sortir du corps les humeurs putrides & autres par les selles : c'est la même chose que purgatif. (*Voyez* MÉDICAMENT) M. B.

CATILLAC. *Pêche.* (*Voyez* ce mot)

CATILLAC. *Poire.* (*Voy.* ce mot)

CAVE. Lieu souterrain consacré à renfermer les vaisseaux remplis de liqueurs spiritueuses, telles que le vin, le cidre, le poiré, &c. La cave diffère du cellier, en ce que celui-ci est ordinairement de plein-pied avec le sol. Il s'agit actuellement d'examiner :

1°. Quelle doit être la profondeur d'une cave, la hauteur de sa voûte, la disposition des soupiraux, &c. pour qu'elle soit bonne ?

2°. A quoi reconnoît-on les qualités d'une bonne cave ? & quels sont les moyens de remédier à ses défauts ?

3°. De la disposition d'une cave.

4°. Y a-t-il une manière plus économique de construire les caves que la méthode employée ordinairement ?

Avant de discuter ces différentes questions, il est essentiel de démontrer qu'il est impossible de conserver longtems les liqueurs spiritueuses sans une bonne cave.

Tout fruit qui renferme en lui une substance sucrée & mucilagineuse, soumis à un degré de chaleur convenable, rendu fluide & rassemblé en masse, éprouve trois degrés de *fermentation.* (*Voyez* ce mot) La première qui s'opère dans la cave, est la *tumultueuse* ou vineuse, elle convertit le principe sucré & mucilagineux en liqueur spiritueuse ; la fermentation *insensible* lui succède, ou plutôt, c'est une continuation de la tumultueuse, & celle-ci rafine la liqueur, l'épure, la débarrasse des corps étrangers, connus sous le nom de *lie*, qui se déposent au fond des *tonneaux.* (*Voyez* ces deux mots) Tant que les principes constituant la liqueur, conservent un parfait équilibre entr'eux, ils forment une boisson agréable & salubre, & c'est pour prolonger la durée de cet équilibre que l'expérience a fait imaginer la construction des caves. Si la cave n'a pas les qualités requises dont on parlera plus bas, la fermentation insensible passe promptement à la *fermentation acide*, enfin à la *fermentation putride*, qui finit la désunion des principes.

Deux causes toujours agissantes, & presque jamais strictement les mêmes seulement pendant une heure, agissent du plus au moins sur la liqueur spiritueuse, & tendent sans cesse à la désunion, à la dégrégation de ses principes, & par conséquent à leur décomposition. Ces deux causes sont l'air atmosphérique & la chaleur. Cet air (*voyez* ce mot) jouit de trois qualités, *fluidité*, *pesanteur*, *élasticité*, & c'est en vertu de ces trois qualités qu'il agit sur tous les corps, & principalement sur les liqueurs, en raison de leur fluidité, de leur compression & de leur dilatabilité. Il s'insinue par sa fluidité, pénètre, traverse les corps sans jamais la perdre. Il gravite sur eux par sa pesanteur, & en réunit les parties ; il cède par son élasticité à l'impression des autres corps, en diminuant son volume ; se rétablit ensuite dans la même forme, & souvent occupe une plus grande étendue. C'est par cette force élastique qu'il s'insinue dans les corps, y portant avec lui la facilité spéciale de se dilater. De là naissent les oscillations continuelles dans les parties auxquelles il se mêle, parce que son degré de chaleur, sa gravité, sa densité, ainsi que son élasticité & son expansion, ne restent jamais les mêmes pendant l'espace d'une ou deux minutes de suite: il se fait donc dans tous les corps, sur-tout les corps fluides, une vibration, une dilatation, & une contension continuelles.

Il est impossible dans ce moment, de considérer cette espèce d'air comme un corps isolé sans un degré quelconque de chaleur ou de froid, qui le rend tour-à-tour plus ou moins élastique, plus ou moins humide ou sec, &c. C'est par ces qualités accessoires, mais inséparables, qu'il agit sur les vaisseaux remplis de liqueurs spiritueuses. Du raisonnement, passons à l'expérience toujours plus convaincante.

Prenons un *thermomètre* (*voyez* ce mot) gradué pour le climat de la France, afin d'avoir un terme moyen des deux extrêmes. On a vu l'esprit-de-vin ou le mercure monter dans le tube à trente & trente-un degrés de chaleur, & on a vu ces mêmes fluides descendre à seize degrés au-dessous du terme de la glace; voilà donc une variation de quarante-six degrés, que ces fluides ont éprouvée dans le tube. Or, ce qui s'opère sur le fluide du tube, s'opère également sur les autres fluides renfermés dans des vaisseaux qui ne sont pas privés d'air. Il est vrai que dans ces derniers la dilatation & la condensation n'y sont pas aussi marquées, aussi sensibles parce que l'air intérieur s'y oppose, au lieu que les autres se font dans le vide, mais elles n'existent pas moins. Quant à la manière d'agir de l'air par sa pesanteur, elle est démontrée par le *baromètre*; (*voyez* ce mot) le mercure monte & descend suivant l'état de l'atmosphère, & le vin se condense & se dilate également dans le tonneau.

Des expériences de comparaison, passons à une expérience prise dans le vent même. Si le vent du nord règne pendant quelques jours, la liqueur est claire dans le tonneau; si, au contraire, le vent du sud souffle, le vin perd une partie de sa transparence, sa couleur est fausse, louche, trouble, &c. Il est donc démontré que l'air atmosphérique agit sur le vin renfermé dans les tonneaux; il est donc encore démontré que plus les fluides restent exposés à son action, plus ils sont sujets à se décomposer, & la décomposition est plus rapide, en raison de la plus ou moins grande quantité de principes qui ont concouru à leur formation; enfin, en raison de la manière d'être de ces principes entr'eux. L'esprit-de-vin est un être très-simple, infiniment plus que le vin; aussi sa durée est presque inaltérable. Les vins doux où le principe sucré domine, tels que les vins d'Espagne, de Grèce, &c. sont moins susceptibles d'altération que les autres; 1°. parce que l'abondance de leur mucilage retient plus intimément la partie spiritueuse, & empêche son évaporation; 2°. parce que la partie sucrée & surabondante sert à donner du nouvel esprit à mesure que celui qui est déjà formé s'évapore; 3°. parce que *l'air fixe* (*voyez* ce mot) est plus resserré entre les mofécules de la liqueur, & ne peut pas s'échapper; c'est lui qui est le lien des corps, & le conservateur des liqueurs spiritueuses : dès qu'il s'échappe, dès qu'il est échappé, le vin est décomposé & pourri. Les vins de Champagne, de Bourgogne, &c. sont plus soumis aux variations de l'atmosphère que les premiers, parce qu'ils contiennent plus de phlegme, & par conséquent moins de principes sucrés. Les sirops bien faits ne fermentent point.

Il résulte de ce qui vient d'être dit, que plus un vin contient de phlegme, & moins de parties spiritueuses & sucrées, plus il a de tendance naturelle à se décomposer, & que cette tendance est augmentée & centuplée par les variations de l'atmosphère qui agissent perpétuellement sur lui. Ces principes sont prouvés par l'expérience, & ils sont incontestables. On doit en tirer ces conséquences : pour conserver les vins, il faut donc les soustraire aux variations de l'atmosphère ; il faut donc empêcher, autant qu'il est possible, que la fermentation insensible soit altérée, puisque c'est de son prolongement que dépend la bonté du vin. Les caves saines & bonnes préviennent tous les inconvéniens. *C'est la cave qui fait le vin* ; ce proverbe est rigoureusement vrai, & il s'étend même jusque sur la fabrication des fromages.

Un champenois, un bourguignon, trouveront sans doute extraordinaire que j'aie insisté sur la nécessité d'une bonne cave ; mais quel sera leur étonnement, lorsque je leur dirai que dans les provinces les plus méridionales & les plus chaudes du royaume, on ne connoît pas les caves, & que le vin est fermé dans les celliers, tandis que plus la chaleur d'un pays est forte, plus les bonnes caves y deviennent nécessaires.

I. *Quelle doit être la profondeur d'une cave, la hauteur de sa voûte & la disposition de ses soupiraux, pour qu'elle soit bonne ?* S'il existe un feu central, hypothèse qui a servi à échafauder de grands systêmes, il sembleroit résulter que plus une cave seroit profonde, plus elle seroit chaude, & par conséquent moins propre à conserver le vin. Il est vrai que toutes les fouilles faites par la main des hommes sont bien peu de chose en comparaison de l'énorme diamètre de la terre; mais si effectivement il existoit un feu central, son action seroit nécessairement plus sensible, à mesure qu'on s'enfonceroit profondément en terre, puisque cette masse de feu, supposée toujours constante, toujours la même, devroit agir toujours également & se faire sentir par degré du centre à la circonférence. Or, il est démontré, par les recherches des physiciens, qu'à quelque profondeur de la terre que l'on soit parvenu, le thermomètre s'y est constamment soutenu à dix degrés & un quart de chaleur, à moins que des causes purement accessoires n'aient changé cette température ; & ce terme de dix degrés est précisément celui, ainsi que je l'ai observé plusieurs fois, auquel commence la fermentation tumultueuse dans la cuve, ou du moins lorsque ses premiers signes se manifestent. On verra bientôt la connexion qui se trouve entre cette seconde observation & la première. Creusons des caves, & laissons l'hypothèse du feu central pour ce qu'elle est. (*Voyez* les mots CHALEUR & FEU CENTRAL.)

La profondeur d'une cave dépend

du local sur lequel on la creuse; dans une plaine, elle doit être plus basse que si elle étoit creusée dans un rocher; une galerie de deux à trois toises de longueur, & fermée par une porte à chacune de ses extrémités, tiendroit cette cave aussi fraîche qu'une glacière, attendu que l'air atmosphérique n'auroit d'entrée que par ces deux portes, & il seroit possible & même prudent de fermer l'une pendant qu'on ouvriroit l'autre. La cave proprement dite, seroit recouverte par la masse totale du rocher, & les vicissitudes du chaud & du froid ne sauroient la pénétrer. Heureux qui peut avoir une pareille cave, pourvu qu'elle ne soit pas trop humide.

Dans la plaine, au contraire, j'estime qu'elle doit avoir la profondeur de seize pieds environ: la voûte sous la clef aura douze pieds de hauteur, & toute la voûte sera chargée de quatre pieds de terre. Quant à la longueur, elle est indéfinie. L'expérience m'a appris que de telles caves sont toujours excellentes lorsque les autres circonstances s'y rencontrent. Si elles sont plus profondes, elles n'en vaudront que mieux.

J'appelle *circonstances*, l'ouverture ou entrée, les soupiraux, & la position de la cave.

L'entrée doit toujours être placée dans l'intérieur de la maison, garnie de deux portes, l'une placée au haut de l'escalier, & l'autre au bas; ce qui équivaut à une galerie. Si l'entrée est placée à l'extérieur, cette galerie devient d'une nécessité absolue; plus elle sera prolongée, plus elle sera utile. Si l'entrée est tournée & exposée au midi, il faut absolument la changer & la transporter au nord, à moins qu'on n'habite un pays très-élevé ou sous un climat froid.

Les *soupiraux*. C'est la plus grande de toutes les erreurs, & la mal-adresse la plus marquée de la part de l'architecte de les faire grands, de manière qu'on y voit autant dans une cave que dans un rez-de-chaussée. L'action de l'air atmosphérique est toujours graduée sur le diamètre des soupiraux. Ils sont nécessaires, j'en conviens, pour renouveler l'air qui deviendroit à la longue moffétique, pour diminuer l'humidité; mais voilà leur seule utilité.

La *position de la cave*. Choisissez, autant qu'il est possible, la position du nord; après celle-là, le levant; les caves placées au midi & au couchant, sont ordinairement détestables. Chacun en sent la raison.

A mesure que la chaleur de l'atmosphère, après l'hiver, monte à huit ou dix degrés, on doit fermer une certaine quantité de soupiraux, & presque tous, dès qu'elle excède ce terme, parce que l'air de la cave tend à se mettre en équilibre avec celui de l'atmosphère. Au contraire, pendant l'hiver, il convient de laisser entrer jusqu'à un certain point l'air extérieur, afin de diminuer la chaleur de la cave; ce conseil exige une restriction: si le froid extérieur est de six degrés, c'est le cas de fermer les soupiraux: l'air de la cave approcheroit du même terme, & le vin souffriroit dans les tonneaux. C'est en couvrant ou fermant prudemment ces soupiraux, que l'on parvient à conserver le vin, & à lui procurer cette vieillesse qui le rend si précieux.

II. *A quoi reconnoît-on une bonne cave? & quels sont les moyens de remédier à ses défauts?* La meilleure &

la plus parfaite sans contredit est celle où le thermomètre se maintient toujours entre dix degrés & dix degrés & un quart de chaleur, terme que les physiciens ont appellé *tempéré*. Telles sont les caves de l'observatoire de Paris; tels sont tous les souterrains où les variations du chaud & du froid sont insensibles. Plus la température d'une cave s'éloigne de ce point, moins elle est bonne. Voilà la véritable pierre de touche & la condition par excellence. Si donc une cave n'est pas assez profonde, il faut la creuser davantage, & la charger de terre; si elle est trop exposée à l'action de l'air, la mettre à l'abri, l'environner de murs, lui donner un toit, multiplier les portes, diminuer les soupiraux, boucher ceux qui sont mal placés, en ouvrir de nouveaux, établir des courans d'air frais, &c.

Une bonne cave doit être éloignée de tout passage de voitures, de tout attelier de forgerons & d'ouvriers qui frappent sans cesse. Ces coups, ces trémoussemens répondent jusqu'aux vaisseaux, & font osciller les fluides qu'ils renferment; ils facilitent par-là le dégagement de cet air fixe, le premier lien des corps, la lie se recombine avec le vin, la fermentation insensible est augmentée, & la liqueur plus promptement décomposée: je parle d'après l'expérience.

Une cave ne sauroit être trop sèche. L'humidité abyme les tonneaux, fait moisir & pourrir les cerceaux, ils éclatent, & le vin se perd. D'ailleurs, cette humidité pénètre insensiblement le bois, & à la longue, communique au vin un goût de moisi.

Lorsque vous bâtirez une cave, & que vous craindrez la filtration des eaux, faites pratiquer un fort corroi de terre glaise par derrière le mur à mesure qu'on l'élevera, & continuez ce corroi sur toute la voûte. Si dans le canton il est possible de se procurer de la pouzzolane, mêlez-en un tiers avec autant de chaux & autant de sable pour en faire un mortier, ou bien, bâtissez les caves en béton comme on le dira plus bas; si vous n'avez pas de pouzzolane, composez un ciment ou mortier avec moitié chaux nouvellement éteinte & encore chaude, & moitié cendres & briques pilées; que si le mur est déjà élevé, recouvrez tous ses parois avec ce ciment. Si le sol de la cave est humide, recouvrez-le d'un demi-pied de *béton*. (*Voyez* ce mot)

Dans les caves profondes, l'air a beaucoup de peine à s'y renouveler; peu-à-peu il se corrompt, se vicie, & même dans quelques-unes il devient mortel. Toutes les fois que dans une cave, la lumière d'une bougie, d'une chandelle, &c. n'est pas vive comme à l'ordinaire, on peut dire que l'air y est vicié. Si la flamme s'élève vers le sommet du lumignon, si elle est petite, cet air a un degré de plus de corruption. Enfin, si la lumière s'éteint, la personne qui la porte ne tardera pas à tomber en *asphyxie*. (*voyez* ce mot où l'on trouve les remèdes qu'il faut administrer dans ce cas.) La lumière alors s'éteint plus promptement lorsqu'on l'approche de terre, que lorsqu'on l'élève vers la voûte, parce que cet air vicié, cet air fixe est plus pesant que l'air atmosphérique, qui surnage cet air fixe. D'après ce point de fait, il est très-important que les soupiraux prennent naissance du sol de la cave, & non pas simplement du haut de la voûte, ainsi qu'on le pratique ordinairement.

M. Bidet dans son *Traité de la*

Culture de la Vigne, donne un très-bon moyen pour renouveler l'air. « Placez, dit-il, un tuyau de » fer-blanc ou de plomb ou de fonte » ou en terre cuite, de quatre pouces » de diamètre, contre le mur de la » maison, qui descendra dans le soupirail de la cave à plusieurs pieds de » profondeur : ce tuyau s'élèvera jusqu'à la couverture de la maison. A » l'extrémité supérieure de ce tuyau » placez un entonnoir de deux pieds » de diamètre, & pratiquez par dessus un moulinet dont les ailes soient » garnies de toile passée à l'huile, ou » en fer-blanc, qui tournant au gré du » vent, dirigeront l'air vers l'entonnoir, & le contraindront de descendre dans la cave. »

Il est clair que cette masse d'air sans cesse poussée dans la cave, se mêlera peu à peu à l'air méphytique ou fixe, & détruira sa qualité mortelle. Je dis plus, un semblable tuyau & un semblable moulinet, placés à l'extrémité de la même cave, maintiendront un courant d'air frais, & ce courant augmentera la fraîcheur de la cave. Cette proposition paroît contradictoire avec ce que j'ai dit plus haut, relativement à l'équilibre qui tend toujours à s'établir entre l'air atmosphérique & celui de la cave. Dans ce premier cas, ces deux airs sont, pour ainsi dire, en stagnation, au lieu que dans le second, c'est un courant d'air qui produit une évaporation, & cette évaporation augmente la fraîcheur; en voici un exemple : personne ne peut nier que l'air de la chambre voisine ne soit à la même température que celui de la chambre où l'on se trouve, puisque toutes les portes de communication des deux chambres sont supposées ouvertes; c'est donc le même air. Supposons actuellement ces portes fermées, & présentons une bougie allumée au trou de la serrure d'une des portes, ou à la base de ces portes, & nous verrons cette lumière s'allonger contre l'ouverture, ou en être repoussée, comme si l'air d'un soufflet, médiocrement pressé, agissoit sur la lumière. Voilà le courant d'air établi & démontré par l'expérience; actuellement voyons comment il occasionne de la fraîcheur. Présentons la main ou l'œil à ce trou, nous sentirons un courant d'air frais, quoiqu'il ne soit pas plus frais que l'air de la chambre : c'est que frappant sur la peau de la main ou des paupières, il occasionne plus rapidement l'évaporation de notre chaleur; & quoique ce froid ne soit que relatif, il occasionne réellement un frais & un froid, comme s'il existoit véritablement. Il en est de même lorsqu'on prend un soufflet, & qu'on fait agir son souffle contre la peau; on sent une fraîcheur bien marquée, qui augmente l'évaporation de la chaleur de la partie sur laquelle on souffle. C'est ainsi qu'en frottant un bras, par exemple, avec de l'éther, & soufflant fortement avec un soufflet à deux ames sur ce bras, on parviendroit à le glacer. Il en est de même du froid lorsque l'air est vif, & que le vent souffle avec force; il agit plus fortement sur nos corps, le froid nous paroît plus âpre, plus vif que si l'intensité de ce froid étoit augmentée de cinq à six & même de dix degrés, sans courant d'air. Il en est de même pour les caves & pour les vaisseaux qui y sont renfermés. Si on parvient à y établir un courant d'air rapide, elles seront réellement plus froides qu'elles ne l'auroient été, même malgré la plus grande profondeur. On ne ſera donc plus ſurpris de voir à Rome le vin ſe conſerver parfaitement bien dans une cave peu profonde, creuſée dans les débris d'une ancienne fabrique de poterie. Tous ces morceaux mal joints les uns aux autres, laiſſent paſſage à l'air, & établiſſent un courant continuel qui entretient la fraîcheur, en augmentant l'évaporation. On obtiendra le même effet par la diſpoſition de deux, trois, ou quatre moulinets ſemblables à ceux dont on vient de parler, & ils feront très-avantageux aux caves trop peu profondes, & qu'on ne peut creuſer.

Toutes ces précautions en général ſont aſſez inutiles pour les pays élevés, comme Langres, Clermont, Riom, Limoges, &c. en un mot, pour les climats trop froids où la vigne ne peut point croître.

Il eſt rare que la chaleur de leur ſouterrain quelconque excède dix degrés, & l'intenſité du froid n'y eſt pas aſſez forte pour que le vin en ſoit altéré, à moins qu'on ne prenne aucune précaution pour y fermer les portes, les ſoupiraux, de manière que la température de ces caves eſt toujours à-peu-près au dixième degré, qui eſt le terme convenable pour perpétuer la fermentation inſenſible. Les plus petits vins ſe conſervent dans de pareilles caves, y acquièrent de la qualité; les bons vins y deviennent excellens, & ſe conſervent tels pendant une longue ſuite d'années.

Avant de finir cet article, il me paroît intéreſſant de détruire un préjugé. On ne ceſſe de dire & de répéter que les caves ſont fraîches en été & chaudes en hiver; il n'en eſt rien. L'expérience prouve que la chaleur y eſt à-peu-près la même dans les deux ſaiſons. J'ai démontré que la meilleure cave étoit celle où la chaleur ſe maintenoit à dix degrés, & que plus elle s'éloignoit de cette température, moins la cave étoit bonne. Pour ſe convaincre de ce point de fait, il ſuffit d'y deſcendre un thermomètre, de l'y laiſſer, & l'on verra la vérité de ce que j'avance. Nous jugeons ſeulement relativement à nous: notre corps eſt expoſé, en été, à la chaleur de l'atmoſphère, qui eſt de vingt à vingt-cinq degrés, & la chaleur de notre ſang augmente en raiſon de celle de l'atmoſphère. Ainſi, lorſque nous entrons dans une cave, nous éprouvons un degré de fraîcheur, parce qu'elle n'eſt qu'à dix ou douze degrés. En hiver, au contraire, lorſque le froid de l'atmoſphère eſt de douze à quinze degrés au-deſſous de la glace, nous trouvons la cave chaude, puiſqu'elle eſt à dix degrés au-deſſus; mais dans l'un & dans l'autre cas, ce n'eſt pas la température de la cave qui change, c'eſt notre manière de ſentir qui eſt différente ſuivant les circonſtances; car la chaleur d'une bonne cave ne diffère, en ces deux ſaiſons, que d'un à deux degrés.

III. *De la diſpoſition d'une cave.* Elle doit être pourvue de tous les outils néceſſaires pour la conduite des vins, & d'endroits ménagés exprès, afin d'éviter le chaos & la confuſion. On a tort de faire en bois les chantiers ſur leſquels repoſent les tonneaux; & encore plus de les faire ordinairement trop bas. Je dirois au grand propriétaire de vignobles, ou au gros négociant en vin: Faites ces chantiers en maçonnerie, donnez-leur une épaiſſeur convenable, ſuivant l'eſpèce de vaiſſeaux dont vous vous ſervez; enfin, élevez ces chantiers à la hauteur de trois pieds : 1°. le tonneau ainsi élevé est plus éloigné de l'humidité du sol ; 2°. un plus grand courant d'air l'environne & le tient sec ; 3°. le tonneau ne craint pas le *coup de feu* ; (*voyez* cet article au mot TONNEAU) 4°. ainsi placé, on n'a plus besoin de pompe, de siphon, de soufflet, &c. ; pour soutirer le vin d'un vaisseau dans un autre, il suffit d'approcher la barrique qu'on veut remplir, au-dessous de celle qui est sur le chantier, d'y placer la cannelle, & laisser couler le vin, ce qui simplifie singuliérement l'opération du tirage au clair. (*Voyez* le mot SOUTIRER)

Je dirois encore à ce propriétaire : Ne multipliez pas les futailles, ayez de grands vaisseaux nommés *foudres*. La partie spiritueuse s'évapore moins, le vin perd moins, la fermentation insensible s'y complette mieux, le vin s'y conserve mieux, parce que l'action de l'air atmosphérique a moins de prise sur une liqueur dont le vaisseau de bois qui la contient a plusieurs pouces d'épaisseur, que sur un vaisseau ordinaire, dont l'épaisseur de la douve n'excède jamais un pouce. L'air aura encore bien moins d'action, si ce grand vaisseau ou foudre est construit en béton, comme je le dirai bientôt, parce que l'épaisseur des murs sera au moins d'un pied. Tels sont les beaux foudres que MM. Argand viennent de faire construire à Valignac, près de Montpellier, dans la brûlerie de M. de Joubert. Ils contiennent seize muids, & le muid est composé de six cens soixante-quinze bouteilles, mesure de Paris. (*Voyez* le mot FOUDRE)

IV. *Manière économique de construire les voûtes de caves sans pierres, briques, ni ceintre en charpente, & qui coûtent les deux tiers moins que celles en pierre.* Cette méthode est mise en pratique dans quelques cantons de la Bresse & du Lyonnois. Il faut creuser les fondations jusqu'au solide, comme pour faire un mur. Si on veut, dans la suite, élever un mur au-dessus de ces caves, la tranchée doit être proportionnée à la masse de l'édifice. Pour une cave simple, faites une tranchée de trente pouces d'épaisseur, que l'on réduira à vingt-deux, à l'endroit destiné à poser la naissance de la voûte, pour y établir une recoupe de huit pouces.

De la terre qui sortira des fondations, formez sur la superficie intérieure du terrain, un ceintre plus ou moins surbaissé ; c'est à votre choix ; mais observez que le moins surbaissé est toujours le meilleur. Pour lui donner une forme & un niveau égal, posez sur chaque extrémité & dans le milieu, des panneaux ceintrés de planches, afin de pouvoir passer par-dessus une règle qui servira à égaliser la terre qui doit former le ceintre de la voûte. Battez cette terre pour la rendre solide, & laissez les panneaux enterrés dans les places où ils auront été posés ; ils vous serviront toujours à retrouver le ceintre dans le cas que les pluies eussent fait affaisser la terre nouvellement remuée.

Pour la porte & les jours de votre cave, placez dans les endroits convenables de petits panneaux sur les bords, joignant les murs, en formant une lunette qui se termine en pointe du côté de la clef. On forme cette lunette en terre de la même manière & de la même forme que celle en bois employée dans la construction des voûtes en pierre.

Les

Les matériaux pour la construction sont du *béton* ou *bléton* (*voyez* le premier mot) qui est un composé de chaux, de sable & de gravier. Il est important que le gravier & le sable ne soient point terreux : dans le cas où ils le seroient, exposez-les à une eau courante ; remuez-les, & l'eau entraînera la terre. La proportion est un tiers de chaux, un tiers de sable & un tiers de gravier.

On est le maître de construire en béton les murs de la cave : alors on remplit également avec ce béton les tranchées, & dans le même jour s'il est possible. Ces tranchées une fois remplies, on les couvrira de terre, & on les laissera s'affermir pendant une année entière.

La seconde année on les découvrira, & on travaillera au ceintre de la voûte. Alors on commence à poser avec la truelle le béton, lit par lit de neuf à dix pouces d'épaisseur, en observant de les poser en pente, comme on feroit pour la maçonnerie en pierre. Il n'est pas inutile d'y larder des cailloux, des morceaux de pierre ou de brique. On pose le béton des deux côtés pour le monter également jusqu'à la clef, que l'on mettra en posant des cailloux ou pierres dans le béton, & en les frappant avec la tête du marteau. Le tout sera recouvert de six pouces de terre, & on le laissera reposer encore pendant deux années. Si on veut économiser sur la main-d'œuvre, en employant, il est vrai, un peu plus de chaux, de sable & de gravier, on pourra élever perpendiculairement la terre sur les côtés de la voûte, à la hauteur qu'elle doit avoir, & remplir le tout, comme il a été dit ci-dessus, & recouvrir de terre.

Après la seconde année, on sera assuré que le béton aura acquis toute la consistance nécessaire, qu'il se sera crystallisé en une seule & unique masse ; enfin, que les murs & la voûte ne formeront qu'une même masse. Les planches qui figuroient l'ouverture de la voûte seront défaites, & on enlevera par cet endroit tout le terrain qui a servi de noyau & de charpente pour les murs & pour la voûte.

Si le sol d'une pareille cave avoit été dans le tems recouvert de béton, on seroit assuré qu'elle tiendroit l'eau comme un vase, & que jamais l'eau extérieure ne la pénétreroit ; ce qui est de la dernière importance pour les caves bâties près des rivières, près des latrines, près des puits, &c. Plus le béton vieillira, plus il acquerra de force & de consistance ; & sa dureté deviendra telle, que dans moins de dix ans, les instrumens de fer n'auront aucune prise sur lui.

CAULINAIRE, BOTANIQUE, du mot *caulis*, qui veut dire tige. Tout ce qui tient à la tige porte ce nom. Non-seulement il y a des plantes qui sont caulescentes lorsqu'elles produisent des tiges, par opposition à celles que l'on nomme *sessiles* quand elles en sont dépourvues ; mais encore les péduncules sont caulinaires lorsqu'ils tirent leur origine de la tige. Les feuilles portent le même nom dans le même cas, comme celles de la laitue, de la sauge ; les fruits peuvent être aussi caulinaires. M. M.

CAUSTIQUE. Toute substance qui agit comme le feu, & qui détruit les parties sur lesquelles on la pose, telles que le bois, le fer rouge, le coton, le chanvre, le duvet des feuilles de molène, le moxa allumé, les pierres à cautère, les pierres infernales, &c. font nommés *caustiques*.

On emploie ces substances, ou pour brûler les chairs qui croissent sur les vieux ulcères de mauvais genre, ou pour ouvrir des cautères, ou pour les douleurs de rhumatisme. (*Voyez* MÉDICAMENT) M. B.

CAUTÈRE. Le cautère est une petite plaie ou un petit ulcère que l'on fait à la peau, pour procurer la sortie d'une humeur fixée dans un endroit quelconque. On ouvre un cautère à la nuque, aux bras, aux jambes & aux cuisses.

On fait le cautère avec un instrument tranchant, ou avec la pierre à cautère, ou la pierre infernale : ces opérations doivent être pratiquées par les gens de l'art. M. B.

CAYEUX, BOTANIQUE. Production bulbeuse, qui se forme à côté des racines des plantes bulbeuses ou à oignon. Le cayeux doit être considéré comme un vrai bouton qui naît, croît & se développera un jour en devenant lui-même une plante. Quoique la nature ait donné à toutes les plantes un moyen de réproduction uniforme, celui des graines; cependant toujours féconde & toujours variée, elle supplée à la difficulté que certaines graines ont à se développer, par les rejetons & les cayeux qui naissent sur les racines. La classe des oignons, en général, porte des graines fécondes & vivaces; mais de plus elle pousse des cayeux qui les multiplient encore, & plus sûrement & plus promptement. Les *orchis* mêmes paroissent ne pouvoir se reproduire que par le cayeux. Le cayeux est donc une seconde plante, comme le bouton produit par une mère qui lui fournit la nourriture propre, jusqu'à ce qu'épuisée elle-même par la substance qu'elle communique à son enfant, elle se dessèche & tombe en pourriture. Les plantes qui ont des branches portent leurs boutons à bois sur ces mêmes branches; mais celles qui ne sont qu'herbacées & qui n'ont que des tiges, ou n'ont point de boutons à branches, ou les ont placés sur les racines. L'oignon mis en terre, se développe, ou plutôt toute sa tige, ses fleurs & ses graines qui étoient renfermées dans son centre, comme les tubes d'une lunette sont rentrés les uns dans les autres, poussent successivement; mais ici il n'y a pas de nouvelle réproduction; ce n'est qu'un développement. La vraie réproduction se fait latéralement par la naissance du cayeux qui ordinairement paroît, vers le mois de Février, comme un petit dard d'un vert blanchâtre, entre le corps charnu qui produit les racines & l'oignon, ou la bulbe. (*Voyez* le mot BULBE) Insensiblement il prend des forces, acquiert de la consistance, s'étend un peu en largeur, adhérant toujours contre sa mère. Vers le mois d'Avril il est déjà gros comme une lentille, & d'une forme triangulaire; son accroissement se fait lentement, jusqu'à l'instant où la fleur de l'oignon commence à paroître; alors son développement est bien plus rapide; & à peine la fleur est-elle passée, & les graines sont-elles parvenues à leur maturité, que le cayeux est fort & vigoureux, & qu'il a acquis toute sa grosseur: plusieurs petites racines pointent à sa base, & il commence à se nourrir par lui-même;

c'est un véritable oignon. Sa mère, qui a nourri en même-tems ses fleurs, ses fruits & son jeune nourrisson, s'est absolument épuisée : tout son parenchyme est desséché ; il ne lui reste plus que le tissu réticulaire & fibreux, qui bientôt tombe absolument en pourriture, & par sa combinaison avec la terre, devient partie nourrissante de son propre fils. C'est ainsi que la nature fait servir tous les êtres à la réproduction les uns des autres. Quelques mois suffisent pour qu'on puisse distinguer dans le cayeux toutes ses parties essentielles ; & en cela ils sont plus prompts que les boutons des branches ligneuses, auxquels il faut presque toujours deux ans pour être totalement formés.

Le détail que nous venons de donner sur la production des cayeux, explique un phénomène bien naturel, mais qui paroît singulier dans la pratique du jardinage fleuriste. Quelques cultivateurs industrieux des tulipes ont soin de mettre un morceau de brique ou d'ardoise sous l'oignon. Quelle est leur surprise, lorsque venant à retirer de terre leur oignon vers la fin de l'été, ils sont tout étonnés de le trouver déplacé, & quelquefois hors de l'ardoise ! Mais leur surprise cessera bientôt, lorsqu'ils feront attention que ce n'est plus l'oignon qu'ils avoient mis en terre qu'ils retrouvent, mais celui qui a crû à côté : c'est un cayeux devenu oignon. M. M.

L'oignon est composé de tuniques qui se recouvrent circulairement les unes sur les autres. Elles sont très-distinctes lorsque le cayeux a acquis sa perfection. La nature les a placées ainsi pour défendre & conserver le germe, puisque toute la plante est renfermée dans l'oignon. Mais elles ont encore la propriété d'être elles-mêmes de véritables cayeux, ou d'excellentes *boutures*. (*Voyez* ce mot) Puisque si l'on sépare une de ces tuniques, & qu'on la plante, elle produira un véritable cayeux, qui se changera à son tour en un véritable oignon. Cette découverte est très-importante pour les amateurs des belles tulipes, hyacinthes, &c.

CÉDRAT. (*Voyez* CITRONNIER)

CÈDRE. M. Tournefort place les cèdres dans la quatrième section de la dix-neuvième classe, qui comprend les arbres & arbrisseaux à fleurs en chaton, dont les fleurs mâles sont séparées des fleurs femelles sur le même pied, & dont les fruits sont des baies molles ; & M. von Linné le classe dans la monœcie monadelphie.

Comme je n'ai cultivé aucune espèce des cèdres nouvellement découverts, je vais copier ce qui en a été dit par M. le baron de Tschoudi, si connu par son excellent *Traité sur les arbres toujours verts*, & par les articles intéressans qu'il a insérés dans le Supplément du *Dictionnaire Encyclopédique*, & je parlerai ensuite des autres cèdres.

Caractères génériques. Fleur d'une seule pièce, divisée par le bord en cinq parties. Il s'y trouve cinq étamines adhérentes à un embryon arrondi, qui devient une silique ovale à cinq cellules. Celles-ci ont chacune cinq valvules à double couverture, & s'ouvrent de bas en haut. La couverture extérieure est épaisse & boiseuse ; l'intérieure est très-mince, & recouvre immédiatement la semence. Cette semence est épaisse à sa base ; mais dans sa partie supérieure, elle eſt plate, mince comme les ailes qui adhèrent aux ſemences des pins & des ſapins.

Eſpèces. 1°. Cèdre à feuilles conjuguées, à folioles jointes en grand nombre & obtuſes, à fruit ovale & uni.

2°. Cèdre à feuilles conjuguées, à folioles oppoſées, à fleurs rameuſes & éparſes.

3°. Cèdre à feuilles alternes, ſimples, en forme de cœur, ovales, pointues, à fruit pentagonal terminé en pointe.

La première croît en Amérique, dans les îles des poſſeſſions angloiſes. C'eſt un arbre d'une taille & d'un volume conſidérables, qui s'élève quelquefois à quatre-vingts pieds. Les habitans de ces îles en font des pirogues; ſon bois eſt très-propre à cet uſage, on le creuſe aiſément. Sa légéreté le rend propre à ſoutenir les plus lourdes charges ſur l'eau. On en fait auſſi des boiſeries; & il eſt d'autant meilleur pour en conſtruire des armoires, que ſon odeur aromatique & ſon amertume qui ſe communique à tout ce qu'on y renferme, empêchent les inſectes de jamais y dépoſer leurs œufs. Le feuillage de cet arbre répand, au plus chaud de l'été, une odeur déſagréable & dangereuſe. Dans les îles françoiſes de l'Amérique, on l'appelle *cèdre acajou.* Le nom de cèdre lui a été donné à cauſe de ſa réſine aromatique.

Le bois du ſecond eſt très-connu en Angleterre ſous le nom de *Mahagony.* Cet arbre vient de lui-même dans les plus chaudes contrées de l'Amérique; & il eſt très-commun à l'île de Cuba, à la Jamaïque, &c. Ces deux îles en produiſent quelques-uns d'une taille ſi prodigieuſe, qu'on peut en faire des planches de ſix pieds de large. Ceux des îles de Bahama ne ſont pas ſi gros. On en voit cependant qui ont quatre pieds de diamètre, & qui s'élèvent à une grande hauteur, quoiqu'ils croiſſent ordinairement ſur des rochers, où ils trouvent à peine aſſez de terre pour les ſuſtenter. Le bois qu'on apporte en Angleterre de ces dernières îles, paſſe ordinairement ſous le nom de *bois de Madère*; mais il n'eſt pas douteux que c'eſt le même que celui de Mahagony.

En Europe on le multiplie de ſemence, ainſi que la première eſpèce. Celle qu'on fait venir des îles de Bahama eſt la meilleure; celle de la Jamaïque n'a pas bien réuſſi: elle ſe sème comme les graines des plantes de ſerre chaude. Cet arbre pouſſe vigoureuſement; il ne faut que très-peu l'arroſer pendant l'hiver; & avant de tranſporter les jeunes ſujets du ſemis, chacun dans un pot ſéparé, on aura ſoin que ces pots remplis de terre, aient été deux jours dans une couche de tan pour les échauffer.

La troiſième eſpèce a été découverte par le docteur Houſton, à Campêche. Il n'a pas vu la fleur de cet arbre; & ce n'eſt que par la reſſemblance de la forme de ſon fruit avec celle des fruits des eſpèces précédentes, qu'on s'arroge le droit de la réunir au même genre. Cet arbre s'élance ordinairement à la hauteur de quatre-vingts pieds & plus. On ne ſait rien de la qualité de ſon bois, parce que peu de perſonnes curieuſes ont eu occaſion de voyager dans la partie du Nouveau Monde où croît cet arbre. Il pouſſe de trois pieds la première année du ſemis de la graine; mais à peine, dans les ſix années ſuivantes, fait-il la même crue. Il faut l'élever & le conduire comme les deux premières espèces.

Après avoir parlé en faveur des amateurs des arbres étrangers & rares, il faut examiner l'avantage plus direct qu'on peut retirer des autres cèdres, & en particulier de celui nommé *cèdre du Liban*. Les auteurs sont peu d'accord sur le genre auquel on doit le rapporter : les uns l'ont réuni à celui des melèzes, d'autres à celui des genevriers, & M. von Linné à celui des pins ; il l'a appelé *pinus cedrus foliis fasciculatis acutis*. M. Tournefort le nomme *larix orientalis, fructu rotundiore obtuso*. Cet arbre devient prodigieusement gros. Ses branches s'étendent horizontalement & quelquefois à plus de vingt à trente pieds du tronc, & souvent jusqu'à terre ; elles procurent un ombrage des plus épais. Il conserve ses feuilles pendant l'hiver. M. Pockocke, dans son *Voyage au Levant*, dit : « Nous arrivâmes au bout » d'une heure par une montée fort » douce, dans une grande plaine, » située entre les plus hauts sommets » du mont Liban. C'est dans l'en» coignure qui est au nord-est, que » sont les fameux cèdres. Ils forment » un bois d'environ un mille de cir» cuit, composé de gros cèdres pla» cés près à près d'un grand nom» bre d'autres plus jeunes, & de quel» ques pins. Les premiers ressem» blent de loin à des chênes touffus. » Le tronc de l'arbre est fort court ; » il se partage au bas en trois ou qua» tre branches, qui s'élèvent ensem» ble à la hauteur d'environ dix pieds, » ressemblent à des colonnes gothi» ques accouplées ; mais au-dessus, » elles prennent une direction hori» zontale. Le cèdre le plus rond, » mais qui n'étoit pas le plus gros, » avoit vingt-quatre pieds de circon» férence ; & un autre dont le tronc » étoit triple & d'une figure trian» gulaire, avoit douze pieds de cha» que côté. »

Ce qu'il importe de savoir, est que cet arbre réussit très-bien en Europe, en France. Il commence à devenir fort commun en Angleterre, & il faut espérer qu'il le sera bientôt en France. Son coup-d'œil pittoresque l'y fera rechercher pour les bosquets d'hiver ; mais on aura soin de ne point élaguer cet arbre. Il faut le laisser livré à lui-même : son bois est presqu'incorruptible ; sa culture est la même que celle des *melèzes*. (*Voyez* ce mot)

CÉLERI. M. Tournefort le place dans la première section de la septième classe, qui comprend les herbes à fleurs en rose, disposées en ombelle, soutenues par des rayons, & dont le calice devient un fruit composé de deux petites semences cannelées. Il l'appelle *apium dulce celeri italorum*. M. von Linné le classe dans la pentandrie digynie, & le nomme *apium grave olens*.

Fleur, en rose & en ombelle, composée de plusieurs pétales presque ronds, égaux & recourbés. L'enveloppe générale de l'ombelle est composée d'une ou de plusieurs folioles, ainsi que celle des ombelles particulières.

Fruit, ovale, cannelé, se divisant en deux semences ovales, cannelées d'un côté & planes de l'autre.

Feuilles. Celles des tiges sont en forme de coin, dentées & adhérentes à la tige. Celles qui partent des racines sont soutenues par de longues côtes sillonnées, & elles sont divisées en trois folioles plus ou moins découpées.

Racine, pivotante, fibreuse, rousse en dehors, blanche en dedans.

Port; tiges hautes de deux pieds, cannelées profondément, noueuses. Les fleurs naissent ordinairement des aisselles des feuilles, quelquefois au sommet des rameaux. Les feuilles de la tige sont placées alternativement; les inférieures sont opposées & marquées de points blancs sur leur dentelure.

Lieu; les terrains humides & marécageux; & on l'a naturalisé dans nos jardins potagers.

Propriétés. La racine de la plante sauvage est d'une saveur désagréable, âcre, un peu amère, & son odeur est forte & aromatique. Celle du céleri cultivé dans les jardins est plus douce; elle est apéritive, sudorifique, diurétique & emménagogue.

Usages. La racine est une des cinq racines apéritives majeures, & la semence une des quatre semences chaudes. Le suc de la plante dépuré se donne à la dose de quatre onces pour exciter la sueur. Ce suc sert également à déterger les ulcères scorbutiques de la bouche. Le céleri est plus employé dans les cuisines qu'en médecine.

De sa culture.

Les italiens ont été les premiers qui aient tiré des marais le céleri pour le transformer en plante potagère; & c'est d'eux que vient le nom de *céleri*. La culture lui a fait perdre sa saveur désagréable & son odeur forte. Plus d'une fatale expérience a prouvé que le céleri cueilli dans les marais, est une plante vénéneuse, & qu'on ne mange pas sans danger. Voici une règle générale pour toutes les plantes dont les fleurs sont en ombelle: celles qui croissent naturellement sans le secours de l'homme dans les terrains secs, telles que l'anis, le fenouil, l'ammi, le chervi, l'angélique, &c. ont une odeur forte, aromatique, & sont toutes échauffantes; au contraire, les ombellifères qui végètent dans les terrains humides, dans l'eau, sont toutes vénéneuses: telles sont la cigüe, l'œnanthe, &c. Cette règle souffre peu d'exceptions.

I. *Des espèces de céleri*. La culture a singulièrement éloigné cette plante de ce qu'elle étoit dans son principe, & a procuré plusieurs espèces que j'appelle *jardinières*, & que les botanistes ne reconnoissent pas pour telles. On peut les réduire à quatre.

1°. Le *céleri long* ou *tendre*, ou *grand céleri*. Ses feuilles partent immédiatement de la racine qui est grosse, charnue, chevelue & unique. Les feuilles s'élèvent à la hauteur de deux pieds & plus, suivant le terrain. Leurs côtes sont charnues, creuses, cylindriques, sillonnées à l'extérieur, & du côté opposé creusées d'un fort sillon; enfin nues jusqu'à la moitié de leur hauteur. A cet endroit naissent les feuilles proprement dites; car la côte leur tient lieu de pétiole. Les folioles qui naissent sur la côte, varient en nombre de quatre à huit; elles sont portées par un pétiole particulier, & ce pétiole soutient trois feuilles découpées en trois, & inégalement dentelées. Leur couleur est d'un vert clair.

Cette espèce de céleri a produit deux variétés. La première, à la partie charnue de la racine, est de couleur rose plus ou moins foncée ; la seconde est le *céleri plein*. Il diffère du premier en ce que les feuilles s'élèvent moins haut ; mais son caractère essentiel est d'avoir la côte pleine intérieurement ; en quoi il diffère de toutes les espèces de céleri. Il est plus tendre, son goût est plus délicat ; mais il est fort sujet à dégénérer. Si on le laisse grainer, planté au milieu des autres espèces, sa graine dégénère, & la plante qui en provient, est en tout inférieure aux autres. Le céleri plein a fourni encore une autre variété, & l'a fait nommer *céleri rouge*, parce que sa partie charnue est parsemée de quelques veines de cette couleur. Toutes les espèces ou variétés de céleri long sont plus sujettes à la rouille que les autres ; un brouillard, auquel succède un soleil ardent, suffit pour les endommager.

2°. Le *céleri court* ou *céleri dur*, ou *petit céleri*. Ses feuilles sont plus courtes que celles des précédens, d'un vert plus foncé, & plus charnues que celles du céleri long, & moins lisses ; ce qui porteroit à croire que le céleri plein est une variété plus directe de celui-ci. La forme des feuilles & leur délicatesse le rapprochent davantage du céleri long. Le goût du céleri court est moins délicat ; sa racine est plus dure. Il a l'avantage, par-dessus tous les autres, d'être moins sensible à la gelée, & d'être plus hâtif.

Les espèces de céleri qu'on vient de décrire, sont presque les seules cultivées dans les provinces de l'intérieur & du nord du royaume. La troisième espèce l'est de préférence par les maraîchers dans celles du midi, au moins dans le Languedoc, où elle réussit à merveille, ainsi qu'en Italie.

3°. Le *céleri branchu* ou *fourchu*. Il tire son nom de sa forme. Figurez-vous un pivot gros & court, duquel partent plusieurs autres pivots plus petits, qui forment chacun une plante de céleri. L'ensemble ne ressemble pas mal à un lustre à plusieurs bras un peu resserrés contre le centre d'où ils sortent. Il est moins haut que les précédens, d'une couleur foncée, ses tiges plus nombreuses, ses feuilles plus larges, la côte plus creuse. Son caractère essentiel consiste dans la forme de sa racine ; son odeur est forte, son goût est doux, bien parfumé.

4°. Le *céleri à grosse racine*, ou *céleri-rave*, ou *céleri-navet*. Il a deux caractères essentiels qui le font distinguer de tous les autres, ses feuilles & sa racine. Les feuilles, au lieu d'être droites, sont couchées sur terre horizontalement & circulairement, & sa racine a la forme quelquefois d'une grosse rave, & quelquefois d'un gros navet. Il est très-délicat, très-parfumé, sur-tout après qu'il a été cuit. Cette espèce a produit une variété veinée de rouge. Le céleri-navet exige moins d'eau que les précédens, mais il demande une terre bien meuble : c'est de ce point que dépend la grosseur de sa racine.

II. *Du tems de semer le céleri, & de la préparation du terrain.* Ici tout est relatif au climat sous lequel on habite, & aux facultés du cultivateur.

Celui qui est assez riche pour se procurer du fumier en abondance, & des châssis ou des cloches de verre dans les pays septentrionaux, peut semer en Janvier. De bons abris & des paillassons, suivant l'exigence des cas, suffisent dans nos provinces méridionales ; cependant une petite couche de fumier de litière n'est pas à négliger, si on le peut. On aura, par ce moyen, du céleri bon à manger en Juillet & Août.

On sèmera en Mars dans les provinces qui avoisinent la Méditerranée, en Avril dans l'intérieur du royaume, & au commencement de Mai, & plutôt, si la saison le permet, dans celles du nord. Le tems de semer dépend des *abris*, (*voyez* ce mot) parce que des abris dépend la plus ou moins forte chaleur du climat. Le second semis réparera les pertes faites dans le premier, & les plants qui en proviendront, seront en état d'être liés au mois d'Août. On sème également en Mai en pleine terre. Cultivé ainsi que nous le dirons, il sera mangeable en Octobre. Le semis de Juin fournit les plants destinés pour l'hiver. Je ne conseille point ces deux derniers semis dans les provinces méridionales ; je n'y ai point vu cet usage établi, & je craindrois que la plante ne montât en graine ; c'est une expérience à tenter.

Le terrain destiné au semis doit être bien amendé, bien travaillé ; & si on peut se procurer du terreau, du fumier bien consommé, le mêler avec la terre, & le semis en sera plus beau.

III. *De la manière de semer, & des soins à donner au semis.* Presque tous les jardiniers ont la fureur de semer trop épais. Les plantes se pressent en grandissant ; elles s'allongent & s'effilent : c'est un vrai étiolement dont elles auront beaucoup de peine à se rétablir. On peut dire que du semis dépend dans la suite la perfection de la plante. Semez donc clair & très-clair, & vous vous éviterez la nécessité de replanter les jeunes céleris avant de les fixer à demeure. Toutes ces déplantations & replantations endommagent & mutilent les racines ; & il faut compter pour beaucoup le tems que la plante perd avant de reprendre, elle l'auroit bien mieux employé à son profit.

Si vous avez semé trop épais, il est de nécessité indispensable de repiquer le jeune plant ; mais grondez fortement votre jardinier de s'être mis dans ce cas.

La graine de céleri ne demande pas à être beaucoup recouverte, & le sol doit toujours être tenu passablement humide. Le céleri a été tiré des marais ; c'est donc une preuve qu'il aime l'eau : ainsi ne l'épargnez pas.

A mesure que le céleri grossit dans la pépinière, éclaircissez souvent, & plus souvent encore sarclez, afin que les mauvaises herbes n'absorbent pas sa nourriture.

IV. *Du tems & de la façon de replanter.* Quelle est l'époque de cette opération ? Elle dépend de la manière dont la plante a végété dans la pépinière ; dès qu'elle sera assez forte, lorsqu'elle aura poussé la cinquième ou la sixième feuille, c'est l'époque de la transplantation ; & il est avantageux de la faire plutôt que plus tard. Avant de replanter, ouvrez une petite tranchée à une extrémité de la pépinière, mettez les racines à découvert, creusez au-dessous, de manière que la plante n'ayant plus de soutien, s'affaisse ; c'est la méthode la plus sûre pour ne pas endommager les racines. Plus la plante sera en racine, plus sa reprise sera prompte & sûre. Pour vous en convaincre, prenez un pied de céleri arraché par force, à la manière des jardiniers ; plantez-le à côté de celui

celui que vous aurez arraché d'après le procédé que j'indique, & vous verrez la différence de végétation. Celui-ci sera plusieurs jours à reprendre, & l'autre sera bien repris dans les vingt-quatre heures.

Levez de la pépinière, seulement les plants que le jardinier peut planter dans une heure; ayez une jatte pleine d'eau, dans laquelle vous mettrez tremper les racines & la base de la plante. Lorsqu'on les mettra dans le trou qui leur est destiné, la terre s'unira mieux aux racines, & la plante se maintiendra fraîche jusqu'au moment où elle sera arrosée. Cette pratique n'est pas plus à négliger que la première. (*Voyez* le mot RACINE) Séparez les plants les plus forts des plus petits, & plantez ces derniers séparément.

Transplantez par un tems couvert, ou disposé à la pluie, s'il est possible; dans le cas contraire, après avoir arrosé le jeune plant, recouvrez-le d'une feuille un peu large, afin de le soustraire à la trop grande ardeur du soleil.

Le céleri se plante en table ou planche lorsqu'on se sert d'arrosoir, & sur de petits ados lorsqu'on arrose par *irrigation*. (*Voyez* ce mot) La distance de six à sept pouces est suffisante pour le céleri long, plein & petit. Le céleri branchu & le céleri-navet demandent au moins huit pouces d'écartement, & toutes les espèces doivent être plantées en quinconce.

La manière de planter le céleri varie suivant les provinces. Dans quelques-unes, on le plante sur trois rangées, & on laisse trois pieds d'intervalle entre ces trois rangées & les trois suivantes. Dans d'autres, on plante rangée par rangée; mais on laisse entre-deux dix-huit à vingt pouces de distance. Suivant l'une & l'autre méthode, le terrain n'est pas perdu; il est planté de quelque légume qui reste peu de tems en terre, afin qu'il soit enlevé avant le moment de lier le céleri; tels sont les laitues, les chicorées, les petites raves, radis, raiforts, &c.

Il est inutile de dire que le lieu qu'on destine à laisser le céleri à demeure, doit avoir été profondément travaillé & bien fumé. De ces deux conditions dépendent la beauté & la vigueur de la plante, & sur-tout des fréquens arrosemens, sans lesquels il ne sauroit prospérer. Quelques auteurs conseillent de l'arroser tous les deux jours, à moins que la pluie n'y supplée.

V. *De la manière de lier & faire blanchir le céleri.* Celui qui a été semé dans les mois de Janvier ou de Février, doit être lié en Juin; & la manière de le faire blanchir est différente de celle employée pour les céleris semés pendant les mois suivans, & qui ne seront prêts à être liés qu'à l'entrée ou pendant l'hiver, suivant le climat.

Choisissez un jour chaud & un tems sec, que la rosée & toute humidité soient dissipées. Avec des liens de paille ou de jonc, réunissez les feuilles, & placez un lien vers leur base, un second dans le milieu de leur tige; enfin un troisième, s'il est nécessaire, à leur sommet. Garnissez de litière sèche tous les vides qui se trouvent entre chaque pied, de manière que toute la plante en soit couverte. Il est inutile de couper la sommité des feuilles. Arrosez de deux jours l'un, ou tous les deux à trois jours, si c'est par irrigation. Si les arrosemens affaissent la paille, on doit en mettre de nouvelle. Il ne faut pas un mois dans les provinces méridionales pour le blanchir de cette manière. Si on ne la trouve pas assez expéditive, pour la hâter, arrosez cette litière de tems à autre, & quinze jours suffiront; mais craignez la pourriture.

La seconde méthode pour les blanchir dans les saisons suivantes, est, après les avoir liés ainsi qu'il a été dit, & avec les mêmes précautions, de les butter avec de la terre jusqu'au premier lien, de manière qu'il ne se trouve point de vide entre un plant & un autre. Huit jours après, on butte de même jusqu'au second lien, & après le même espace de tems jusqu'au troisième, de manière que la terre monte jusqu'au sommet des feuilles. Plusieurs jardiniers, sur-tout ceux qui cultivent pour vendre, buttent toute la plante à la fois; mais elle ne blanchit jamais si bien.

Voici une autre méthode de faire blanchir pendant l'été, pratiquée dans quelques cantons, & rapportée par tous les auteurs. J'avoue que je parle ici d'après eux. On laboure & on ameublit bien profondément un coin de terre, & on y donne une mouillure assez forte pour pénétrer tout le labour. Vingt-quatre heures après, on y fait, avec un gros plantoir, des trous distans l'un de l'autre d'environ quatre pouces, & de profondeur égale à la longueur du plant. Le céleri qui aura été lié la veille, sera arraché, une partie des racines supprimée, & chaque pied sera mis dans un trou, sans resserrer la terre contre lui. Aussi-tôt après on donne un second arrosement. On peut se servir de cette méthode pour les céleris tardifs; mais il faut avoir soin de les couvrir de grande litière, & de les enlever lorsque le tems le permet.

Quant au céleri branchu, il ne sauroit entrer dans ces trous, puisque ses branches partant de la racine, ont très-souvent plus de six pouces de diamètre. Je crois même qu'il pourriroit plutôt que de blanchir de cette manière. Le céleri-navet n'exige aucun soin, puisque sa racine est la seule partie que l'on mange. Lorsqu'on l'a enlevé de terre, on tord ses feuilles pour les arracher, & la racine est mise dans la terre près à près, comme celle des *carottes*. (*Voyez* ce mot)

Les céleris destinés pour l'hiver, exigent de grandes précautions, sur-tout dans les provinces où le froid est rigoureux, & où les pluies sont abondantes pendant cette saison.

On lie le plus tard qu'on peut, mais toujours avant les gelées, & on le couvre pendant le froid avec de la grande litière, qu'on enlève toutes les fois que le tems est doux, & qu'on replace dès que l'on craint la gelée. Cette précaution est ordinairement suffisante jusqu'à l'époque où le froid commence réellement, & où il n'est guère possible de se flatter d'avoir de beaux jours. C'est le cas alors de butter par progression, & si la nécessité presse, de butter tout-à-la-fois; enfin, de répandre abondamment de la litière. Cette méthode est sûre pour les terrains secs; mais s'ils sont naturellement humides, ou rendus tels par l'abondance des pluies, il est prudent de recourir à un autre expédient.

Après avoir lié les plants un peu avant que les fortes gelées se fassent sentir, enlevez-les de terre sans endommager les racines; portez-les dans une ferre, fur un lit de fable un peu humide, & enterrez-les jufqu'au premier lien ; quelques jours après jufqu'au fecond; enfin jufqu'à la fommité des feuilles ; mais comme tous les pieds blanchiroient à la fois, ne buttez complétement que ce que vous devez confommer, & ainfi de fuite. La première opération fuffit pour conferver la plante pendant tout l'hiver, fi on a foin de renouveler l'air le plus fouvent qu'il fera poffible. Cette ferre eft appellée avec raifon *jardin d'hiver ;* elle ne doit pas être trop humide, & il eft néceffaire qu'on puiffe y renouveler l'air avec facilité.

VI. *De la récolte de la graine.* Choififfez fur toutes les planches de céleri, les plus beaux pieds, & deftinez-les pour la graine. Ils exigent comme les autres, les mêmes précautions pour les préferver des gelées, fans cependant les déplacer. Lorfque les froids ne font plus à craindre, on les déterre peu à peu pour les accoutumer à l'air, & enfin on les délie. Si la rigueur du froid les a fait périr, on peut remettre en terre quelques-uns des plus beaux pieds qui ont été confervés dans le jardin d'hiver. Dans les provinces méridionales, la graine eft mûre & bonne à être cueillie en Juillet ou en Août au plus tard ; dans celles du nord, c'eft en Septembre, & quelquefois au commencement d'Octobre.

Si on veut ne point perdre de graines, il faut les cueillir à la rofée, & les laiffer enfuite pendant quelques heures expofées au foleil. Cette graine fe conferve très-bonne pendant trois ou quatre ans. Il vaut cependant mieux fe fervir de la nouvelle; elle exige d'être tenue dans un endroit fec.

CELLIER. Lieu ordinairement voûté, fitué au rez-de-chauffée d'une maifon, en quoi il diffère d'une cave, & dans lequel on ferre du vin & d'autres provifions.

Il paroît que les romains étoient plus attentifs que nous à fe procurer les aifances relatives à l'accélération & à la perfection de l'ouvrage. Ecoutons Palladius. « Il faut que le cellier au vin foit expofé au feptentrion, frais, prefque obfcur, éloigné des étables, du four, des tas de fumier, des citernes, des eaux, ainfi que de toutes les autres chofes qui peuvent avoir une odeur révoltante ; qu'il foit fi bien fourni des commodités néceffaires, que le fruit, tel abondant qu'il foit, puiffe très-bien s'y conferver, & qu'il foit conftruit en forme de bafilique ; de manière qu'il s'y trouve entre deux foffes deftinées à recevoir le vin, un fouloir élevé fur une eftrade à laquelle on puiffe monter par trois ou quatre degrés environ. Des canaux en maçonnerie, ou bien des tuyaux de terre cuite, partiront de ces foffes pour aboutir à l'extrémité des murs, & conduire le vin à travers des paffages pratiqués au bas de ces murs, dans des futailles qui y feront adoffées. Si l'on a une grande quantité de vin, on deftinera le centre du cellier aux cuves, &, de crainte qu'elles n'empêchent les paffans d'aller & de venir, on pourra les monter fur de petites bafes fuffifamment hautes, en laiffant entre chacune une diftance affez grande pour que celui qui en prendra foin, puiffe, quand le cas l'exigera, en approcher librement. Si on deftine, au contraire, un emplacement féparé aux cuves, cet emplacement fera, comme le fouloir, élevé fur de petites eftrades, & consolidé par un pavé de terre cuite, afin que si une cuve vient à s'enfuir sans qu'on s'en apperçoive, le vin qui se répandra ne soit pas perdu, mais qu'il soit reçu dans la fosse qui sera au bas de ces estrades. »

Je demande actuellement, avons-nous en France beaucoup de celliers construits aussi commodément que celui dont parle Palladius? Si j'avois à construire un cellier, & que l'emplacement le permît, voici comme je m'y prendrois.

Je choisirois la croupe d'un côteau, d'une pente douce, & par conséquent, sur laquelle les charrettes pourroient monter sans peine. Dans la partie supérieure de ce terrain, je ferois une tranchée soutenue par un mur de dix pieds de haut; à cette hauteur, seroient placées des fenêtres plus larges que hautes, & le mur seroit continué par-dessus pour soutenir le toit; un chemin seroit pratiqué au-dessus de ce mur, & presqu'au niveau de la base de la fenêtre; ce seroit dans cette partie que je placerois les *cuves*, qui pourroient être bâties en *béton*, (*voyez* ces mots), & les pressoirs. Par ces fenêtres, au moyen d'un couloir en bois ou en pierre, incliné vers les cuves, on jetteroit la vendange à mesure qu'elle arriveroit de la vigne, portée sur la charrette; au bas de chaque cuve, il y auroit une grosse cannelle en cuivre bien étamé, qui s'ouvriroit dans un vaste tuyau dont on verra tout-à-l'heure la destination.

Sous ce premier plan, j'éleverois un second mur qui iroit à niveau de la base du sol des cuves, & de distance en distance des piliers de maçonnerie s'éleveroient pour soutenir le toit commun. Une simple balustrade, même mobile pour le besoin, les sépareroit l'un de l'autre. Dans cette partie inférieure seroient placés les tonneaux, barriques, élevés sur des chantiers de deux pieds & demi de hauteur; le milieu de la partie supérieure seroit creusé en gouttière, & cette gouttière auroit une pente douce depuis une extrémité jusqu'à l'autre, afin que le vin qui s'écouleroit par la bonde, pût se rassembler vers un bout, dans un vaisseau destiné à le recevoir.

Nous avons parlé d'un gros tuyau de communication à chaque cannelle de cuve. C'est par le moyen de ce même tuyau, qui auroit lui-même plusieurs cannelles dont le nombre seroit proportionné à celui des tonneaux placés sur le plan inférieur, en y adaptant un tuyau de fer-blanc ou de cuir préparé, que le vin des cuves & des pressoirs couleroit de lui-même dans les tonneaux placés sur leurs chantiers, & les rempliroit. Une seule personne conduiroit cette opération. J'ai demandé que les chantiers fussent élevés, afin d'avoir la facilité de *soutirer* le vin; (*voyez* ce mot) il s'agiroit seulement d'approcher le vaisseau destiné à être rempli, sous la barrique placée sur le chantier, & au moyen d'une cannelle dont le bec entreroit dans le bondon, le vin couleroit d'un vaisseau sans *s'éventer*, (*voyez* ce mot) & sans perdre aucun principe dont dépend sa durée.

Par-dessous le plan où sont les tonneaux, seroit bâtie la *cave*. (*Voyez* ce mot) Sa voûte seroit percée de plusieurs trous qu'on boucheroit & ouvriroit à volonté.

L'expérience m'a appris que les vins nouveaux se dépouillent beaucoup mieux de leurs parties étrangères & grossières dans les celliers, que dans les caves, si on les y place aussi-tôt qu'ils sont faits. Pourvu qu'il ne gèle pas dans le cellier, cela suffit. D'ailleurs, suivant les espèces de vins, les uns sont en état d'être soutirés à Noël, & presque tous en Février; ainsi l'attention à prévenir les effets de la gelée dans le cellier, ne sera pas de longue durée. Le moment de soutirer le vin étant venu, on placera la cannelle à la barrique; & avec les mêmes tuyaux de fer-blanc ou de cuir, (je préfère les premiers) on descendra le vin dans la cave, & on y remplira tous les vaisseaux de ce vin tiré à clair. Un seul homme suffit pour faire tout le travail, & deux au plus le feront avec la plus grande facilité. On ne sauroit croire combien la conduite des vins est coûteuse, par la quantité de monde qu'il faut employer : je ne pense pas qu'il y ait un moyen plus simple d'éviter la dépense, que celui que je propose.

Rien n'égale la mal-propreté des fermiers, des maîtres-valets, relativement au cellier. Comme il ne sert que pendant un certain tems de l'année, c'est le réceptacle de tous les débarras de la métairie; & quelque grand qu'il soit, il est toujours encombré de manière qu'on ne sauroit s'y tourner. Combien de fois n'ai-je pas vu les poules, les dindes, aller se coucher sur les cuves, sur les pressoirs; & après cela, doit-on être étonné si une pièce de bois couverte d'excrémens pendant neuf mois de l'année, est pourrie: il faudra la remplacer par une autre qui éprouvera le même sort : enfin le bois de la cuve s'imprègne tellement de mauvaise odeur, qu'elle se communique à la vendange mise en fermentation, & de là au vin qui en provient.

Dès que la vendange est finie, dès que le vin est dans les tonneaux, faites laver exactement, & essuyer tout ce qui a servi à sa fabrication; que dans le cellier il ne reste aucun vestige d'ordure; que les vaisseaux vides soient placés de manière qu'un courant d'air circule tout autour; que chaque objet ait une place fixe, d'où on ne le tirera que pour l'y remettre après s'en être servi : enfin, que tout y soit aussi propre, aussi net que dans les appartemens.

CELLULE, *ou* LOGE, *Botanique.* C'est l'espace vide de la capsule où sont logées les semences. Delà vient l'épithète de *cellulaire*, que l'on donne à certains fruits. (*Voyez* CAPSULE & LOGE) M. M.

CELLULE. Une cellule d'abeille est un tuyau exagone, dont un bout est ouvert, & l'autre fermé par une base ou fond pyramidal, composé de trois rhombes assez communément égaux. (*Voyez* l'article ALVÉOLE) M. D. L. L.

CENDRE. Substance qui reste des matières combustibles après que le feu les a consumées à l'air libre.

I. *Des principes des cendres.* Il est essentiel de les connoître, sans quoi on feroit des raisonnemens faux, qui conduiroient à une pratique vicieuse. Tous les corps qui renferment des substances inflammables, donnent, réduits en cendres, un sel *alcali*; (*voyez* ce mot) & c'est de ce sel que résulte leur activité sur la végétation des plantes.

Chaque espèce de substance inflammable fournit un sel alcali ; mais ce sel diffère par sa base, par son mélange avec d'autres sels, par sa cristallisation, enfin par sa plus ou moins grande pureté. Il y a plus : la même plante cultivée sur les bords de la mer, ou dans l'intérieur du royaume, produit deux sels alcalis très-distincts par leur base, & en plus grande quantité. La soude, ou kali, en est une preuve : la soude donne l'alcali le plus déterminé, d'où l'on a tiré le mot d'alcali. M. Duhamel a reconnu 1°. que la soude cultivée dans le Gatinois, & loin de la mer, tient une espèce de milieu entre les plantes maritimes & celles qui naissent naturellement dans nos provinces, puisque le kali du Gatinois a donné, outre l'alcali qui lui est propre, un autre alcali tout semblable à celui du tartre, tel que le donnent les plantes naturelles de ce canton : d'où il suit que le terrain d'une part, & de l'autre, la nature des plantes concourent à la formation des différens sels qu'on retire des végétaux par la combustion. La même différence est sensible, si on examine les cendres, par exemple, d'un chêne qui a végété dans un terrain humide & au nord, & d'un chêne semblable placé dans un terrain sec & situé au midi.

La manière de brûler les végétaux concourt encore à augmenter ou à diminuer la quantité de sel alcali qui doit se trouver dans la cendre. Si la substance inflammable a brûlé dans un grand courant d'air, si la flamme a été vive & soutenue, le sel sera moins abondant ; si au contraire le feu a été étouffé, si l'ignition a été sans flamme bien apparente, le produit du sel sera presque du double. On voit que ces observations ne sont pas indifférentes à ceux qui s'occupent à faire du salin, & sur-tout à ceux qui l'achètent, soit pour l'employer dans les champs, sur les prés, soit pour l'usage des arts, comme les verreries, les nitrières artificielles, &c.

Il résulte des expériences de M. de Morveau, que les cendres de bois sont presque toutes de la pierre calcaire réduite à l'état de chaux, & que c'est à cet état de chaux qu'est dû le principe salin ou alcalin.

Voici comment il s'explique : » que l'on prenne la quantité que l'on voudra de cendres neuves, par exemple, une livre ; que l'on fasse passer dessus assez d'eau chaude pour en épuiser les sels ; ce sera alors de la cendre lessivée, il est bien évident que celle qui a servi aux lessives domestiques, ne peut rien contenir de plus, puisque tout ce qui étoit soluble par l'eau a été de même entraîné. »

» Si on jette cette cendre lessivée dans l'eau forte, il se fera à l'instant une violente effervescence, la cendre sera dissoute presqu'entièrement. Il ne restera sur le filtre que quatre gros, soixante-six grains, partie de silex, partie d'argile colorée par une portion infiniment petite de fer. »

» Veut-on s'assurer que ce qui a été dissous par l'eau-forte, soit véritablement de la chaux & de la terre calcaire ? on n'a qu'à jeter dans la dissolution de l'acide vitriolique, il se formera aussi-tôt de la sélénite, c'est-à-dire, un sel vitriolique calcaire de la nature du gypse ou pierre à plâtre qui, ne pouvant se dissoudre que dans cinq cens fois son poids d'eau, se précipitera en forme de poudre blanche. Cette poudre pesant dix-huit onces deux gros & soixante grains, il est démontré, suivant les analyses du célèbre Bergman, qu'elle tient cinq onces, six gros, soixante-onze grains, un vingt-cinquième de chaux pure, & cette quantité de chaux pure donne dix onces, cinq gros, trente grains $\frac{34}{55}$ de chaux aërée, ou de terre calcaire révivifiée. »

« Ces résultats varient, suivant les espèces de cendres sur lesquelles on opère; mais ils ne prouveront pas moins que la chaux est la base de la cendre, & que cette chaux ne diffère pas essentiellement de celle dont on se sert dans la maçonnerie. »

Il est étonnant que ceux qui ont écrit sur l'agriculture, & plus particulièrement encore sur l'efficacité des cendres pour les prairies, n'aient pas tiré de cette démonstration des conséquences plus étendues, & n'aient pas établi une théorie générale fondée sur l'expérience.

II. *Des cendres lessivées.* Si la lessive a été bien faite, il ne doit plus rester dans ces cendres de principes salins, ou du moins une très-petite quantité, retenue par la viscosité ou espèce de savon qui s'est formé, par le mélange de l'alcali, avec la matière de transpiration & autres substances semblables dont les linges étoient pénétrés avant de les passer à la lessive.

De telles cendres n'ont presque plus aucune propriété puisqu'elles sont dépouillées de leur alcali; mais si elles sont mises en monceau, & exposées à l'air sous des hangars, à l'abri de la pluie, elles attireront le sel répandu dans l'air atmosphérique, (*voyez* AMENDEMENT, Chapitre premier) sur-tout si on a eu soin de vider par-dessus l'eau qui a servi à la lessive, & surtout si on les arrose de tems à autre avec du jus du fumier. Le sel de l'atmosphère combiné avec ces cendres est un vrai nitre qu'on peut retirer par la lixiviation. Plus ces cendres présenteront de surface à l'air, plus elles seront remuées souvent, & plus alors elles attireront le principe salin. Dans cet état, elles redeviennent très-propres pour les engrais.

III. *De la manière d'agir des cendres comme engrais.* Tous les corps de la nature servent mutuellement d'engrais les uns aux autres; ils agissent, ou mécaniquement comme le sable pour la division de l'argile, & l'argile pour donner du corps, de la solidité au sable; ou relativement aux substances contenues dans leurs différens principes, & qui se mêlent & se combinent avec celles renfermées dans le sol sur lequel on les répand.

Les cendres agissent de deux manières; 1°. mécaniquement, à cause de l'atténuité de leurs parties, en s'insinuant dans la substance compacte de l'argile, & la rendant plus perméable à l'eau; 2°. comme principe salin & comme alcali, qui s'unissant intimément à l'aide de l'eau & de l'humidité, avec les substances animales graisseuses, & les substances végétales huileuses enfouies dans la terre, forme avec elles un véritable corps savonneux, dès-lors très-soluble dans l'eau. Dans cette combinaison, l'eau tient en dissolution, dans la division la plus extrême, le principe huileux ou graisseux, le principe salin & le principe terreux. La bulle de savon faite au moyen d'un chalumeau dans lequel souffle un enfant, est la preuve la plus complette de cette division extrême, & du mélange intime de ces principes.

Dans cet état de la plus grande

ténuité, l'eau, le sel, l'huile & la terre végétale ou l'*humus*, c'est-à-dire la terre parfaitement soluble dans l'eau, sont en état de pénétrer dans les plus petits orifices des dernières extrémités des racines capillaires & dans les pores de ces *racines*; (*voyez* ce mot) enfin de monter dans les vaisseaux de la plante, d'y circuler avec la sève, & d'y porter la nourriture & la vie. Si, malgré l'expérience, on n'admet pas ce principe savonneux, je ne vois & ne connois aucune manière satisfaisante d'expliquer comment l'eau, l'huile, le sel & la terre, qui composent toutes les plantes, & que l'on retire par l'analyse chimique, ont pu y pénétrer.

Il est aisé actuellement de concevoir pourquoi les cendres produisent un excellent engrais pour les prairies. Un pré chargé de plantes qui se touchent près à près, voit chaque année sa couche végétale être augmentée. Plusieurs plantes annuelles périssent, d'autres bisannuelles périssent aussi après avoir donné leurs graines; la fane des plantes vivaces se dessèche chaque année, en tout ou en partie. Les détrimens de ces végétaux rendent plus à la terre qu'ils n'ont reçu d'elle, tel que l'*humus*, terre calcaire soluble, atténuée à l'infini, & qui, par une succession non interrompue, sert à les nourrir pendant les années suivantes. Supposez une terre rougeâtre, semez-y une prairie; quelques années après, détruisez cette prairie, & vous trouverez la couche superficielle du sol convertie en terre brune, fine & douce au toucher; & voilà le résultat des débris des végétaux.

Ce n'est pas tout: plus le sol sera couvert de plantes, & plus le nombre des insectes y sera multiplié. Chaque plante a son insecte particulier: quelques-unes en ont plusieurs, & on compte plus de cent insectes divers qui vivent sur le chêne. Comme chacun de ces insectes a un ou plusieurs ennemis particuliers qui les dévorent, leur nombre devient prodigieux, sans parler de celui des insectes qui vivent dans la terre. Or, tous ces animaux payent le tribut à la nature, les uns plutôt, les autres plus tard, & fournissent à la terre les substances graisseuses & huileuses; enfin la portion de terre calcaire qui composoit la charpente solide de leur corps, & cette terre est le véritable *humus*, la véritable terre soluble. Voilà la seconde ressource de la nature pour la végétation. La terre soluble ou l'*humus*, est due à la décomposition des végétaux, des animaux, de l'homme même, & il faut un principe salin pour rendre miscibles à l'eau ces différentes substances graisseuses, huileuses, calcaires; & c'est ce que les cendres opèrent lorsqu'on les considère comme contenant un sel alcali.

Un second avantage de ce sel alcali est de tomber facilement en déliquescence, c'est-à-dire, d'attirer puissamment l'humidité de l'air, & par conséquent le sel aërien ou acide qu'il contient; de s'unir avec ce nouveau sel, de faire avec lui un sel neutre, & d'agir puissamment tous deux ensemble sur les substances animales, pour les rendre miscibles à l'eau, & propres à la végétation.

On dit que les *cendres raniment une prairie*, lui donnent *une nouvelle vie*. Cela est vrai. Comme la substance animale est plus abondante dans ce cas, que le principe salin, la la plante languit, végète mal, jaunit, & sa nourriture est indigeste ; elle n'est pas assez élaborée ; elle ne sauroit parvenir à l'état savonneux ; mais dès que le principe salin ou alcali est en quantité proportionnée, la combinaison devient plus exacte, plus intime, & la plante reçoit enfin une nourriture proportionnée à ses besoins, qui ranime sa végétation, & la fait prospérer.

Si, au contraire, vous surchargez ce terrain de cendres, c'est-à-dire, d'alcali, la prairie ne tarde pas à jaunir, l'herbe à se dessécher & à périr comme si elle avoit été réellement brûlée par un coup de soleil. La raison en est simple : ce sel ne trouve plus la quantité proportionnée de substances animales pour les combiner en état de savon, le sel est excédent, il est soluble dans l'eau, monte en surabondance dans la plante, corrode ses vaisseaux délicats, & elle périt : c'est donc de la juste proportion des principes unis ensemble que dépend la bonne végétation. Aussi rien n'est plus ridicule, à mon avis, que les conseils donnés par les faiseurs de livres sur l'agriculture. Toujours la mesure à la main, pour avoir un air magistral, ils disent gravement à leurs lecteurs : Mettez tant de tombereaux de fumier par arpent, tant de mesures de cendres, comme si la même terre que je suppose de trente arpens étoit égale, quant à la qualité, dans toute son étendue. Quant à moi, je dirois au cultivateur : Étudiez votre terrain, que je ne puis connoître, faites des expériences, & d'après elles, réglez-vous sur la quantité des engrais que vous avez à donner à vos champs, à vos prairies, &c.

IV. *Peut-on suppléer les cendres par d'autres substances ?* Les cendres neuves ou non lessivées sont ordinairement très-coûteuses, à cause de l'emploi domestique auquel on les destine, à moins qu'on n'habite près des lieux où l'on fait le salin, c'est-à-dire où la difficulté & l'éloignement pour le transport des bois oblige de brûler sur place les bois des forêts, & de les réduire en cendres. Ces cendres mêmes reviendroient fort cher, si la distance étoit un peu considérable. Quant au prix des *soudes* ou salicors, & des *varecs*, (*voyez* ces mots) que l'on brûle sur les bords de la mer, il n'est pas assez bas, si on veut se servir de ces substances en qualité d'engrais. D'ailleurs, les soudes & les varecs sont en masses solides, & il en coûteroit encore beaucoup pour les réduire en poussière. Quant aux cendres lessivées, elles contiennent trop peu de principes alcalis après la lixiviation ; il faut donc les laisser pendant long-tems, ainsi qu'il a été dit, exposées à l'action de l'air, &c. Somme totale, l'engrais par les cendres devient fort dispendieux.

Il a été prouvé que le principe actif des cendres est en tout semblable à celui qui constitue la chaux. Pourquoi donc ne pas employer la chaux, le plâtre ? (*Voy.* ces mots) L'expérience la plus soutenue a démontré leur efficacité : ce seroit vouloir se refuser à l'évidence. Une mesure de chaux équivaut au moins à trois mesures de cendres neuves, & à plus de trente de cendres lessivées. Pour se servir de la chaux, il faut la laisser fuser à l'air libre, sous un hangar qui la garantisse de la pluie ; quant au plâtre, on l'emploie réduit en poudre, après qu'il a été calciné, & tel qu'on l'apporte communément dans les villes. Le moment le plus favorable pour répandre sur les prairies ces engrais, est à l'entrée de l'hiver. Les pluies, les neiges ont le tems de dissoudre les sels qu'ils contiennent, & les gelées en soulevant & écartant les molécules de la terre, leur donnent la facilité d'y pénétrer plus profondément.

Dans la province de Picardie, on trouve à une certaine profondeur en terre un amas immense de *tourbe pyriteuse*. (*Voyez* ces mots) Peu de jours après qu'elles ont été portées à la superficie du sol, elles s'effleurissent, s'échauffent, s'y enflamment d'elles-mêmes, & se réduisent en cendres. Ces cendres sont devenues un objet de commerce assez considérable pour tous les environs. On les jette sur les prairies, sur les terres labourables, où elles produisent un très-bon effet. Il se trouve par-tout des personnes difficiles, ennemies des nouveautés, qui firent, dans le commencement de cette découverte, des efforts inouis pour empêcher l'usage de ces cendres. La vérité a prévalu, & les prairies attestent aujourd'hui leur utilité.

Concluons. L'usage des cendres neuves est fort avantageux, mais trop dispendieux, à moins qu'on ne soit près de la fabrique du salin.

Celui des cendres lessivées n'est guère supérieur au mélange du sable calcaire avec les terres quelconques, à moins que ces cendres n'aient été exposées sous des hangars à l'air libre, & de tems à autre, imbibées de jus de fumier, ou de la lessive tirée de ces cendres après qu'elle aura servi aux usages domestiques.

Que dans les pays où la chaux & le plâtre sont abondans & peu coûteux, il convient de les préférer aux cendres neuves, parce qu'ils contiennent beaucoup plus de sel alcali qu'elles, & sont par conséquent infiniment supérieurs aux cendres lessivées.

Quant à ces dernières, il convient de les conserver pour la fabrication du *salpêtre*. (*Voyez* ce mot) Chaque particulier peut en faire chez soi, & il répondra aux vues du gouvernement.

CENDRE GRAVELÉE *ou* CLAVELÉE. Il n'y a point de petite économie pour celui qui habite la campagne; ne rien perdre est son bénéfice; & il doit avoir toujours les yeux ouverts pour se le procurer. Les grands possesseurs de vignes ont nécessairement beaucoup de vin. Le vin dépose beaucoup de lie, dont la valeur est ordinairement nulle entre leurs mains. On peut leur dire : Après avoir soutiré vos vins, faites écouler la lie dans des vaisseaux ou réservoirs destinés à cet usage. Lorsque vous ferez relier vos tonneaux, observez qu'ils soient ratissés exactement, & entièrement dépouillés de leur lie & de leur tartre; rassemblez encore l'un & l'autre, & portez-les dans vos réservoirs. Lorsque toutes ces lies seront sèches, vendez-les aux fabricans de chapeaux ou aux teinturiers. Vous en tirerez cependant un parti plus lucratif en les convertissant en cendres gravelées. En voici le procédé.

Faites un lit avec du bois quelconque, & un lit de ces lies parfaitement desséchées, & ainsi de lit en lit; donnez le feu & calcinez-les. Le feu doit être assez vif pour faire fondre le sel, mais non pas pour vitrifier les cendres qui se trouvent mêlées avec lui. Lorſque la maſſe totale ſera refroidie, paſſez au crible ſerré, afin que la cendre ſe ſépare, & il ſera aiſé enſuite d'enlever avec la main la partie charbonneuſe qui ſe trouvera mêlée avec le ſel. Portez le ſel auſſi-tôt dans un lieu ſec, & enfermez-le dans des barriques dont un fond aura été enlevé. A chaque lit que vous y mettrez, faites piler, afin qu'il ne reſte point de vide; plus le ſel alcali ſera preſſé, mieux il ſe conſervera. Lorſque la barrique ſera pleine, remettez ſon fond, & cerclez à la manière ordinaire. Ces précautions ſont eſſentielles, parce que ce ſel attire puiſſamment l'humidité de l'air. S'il a été bien fondu, il l'attirera beaucoup moins. Telle eſt la cendre gravelée qu'on vend dans le commerce.

Je dirois encore aux diſtillateurs en grand des eaux-de-vie: Pourquoi laiſſez-vous perdre les vinaſſes qui ſortent des chaudières après que vous en avez retiré l'eſprit? pourquoi ne pas avoir de grandes foſſes placées les unes à côté des autres pour les recevoir? Comme on diſtille beaucoup de vins nouveaux, ſouvent troubles & épais, ils contiennent le tartre & la lie dont ils n'ont pas eu le tems de ſe dépouiller, & l'un & l'autre ſeroient dépoſés dans ces foſſes. Lorſque le tems de la diſtillation ſera paſſé, ou bien lorſque la chaleur & le courant d'air auront fait évaporer la partie fluide contenue dans ces foſſes, c'eſt alors le cas d'en retirer le dépôt, de le faire ſécher, & de le calciner enſuite. Si en commençant vous avez rempli ces foſſes avec des ſarmens ou autres bois qui laiſſent des vides entr'eux, vous trouverez ces ſarmens recouverts de criſtaux de tartre, & intérieurement imprégnés de cette ſubſtance. Il ne s'agira plus que de brûler le tout pour en retirer la cendre gravelée, ou le *tartre*. (*Voyez* ce mot) Ce n'eſt point une petite économie que je propoſe; elle eſt d'autant plus conſidérable, qu'elle ne coûte ni peines, ni ſoins, ni dépenſes: tout eſt bénéfice.

CENS *ou* CENSIVE, eſt une redevance due par le propriétaire d'un fonds au ſeigneur de ce fonds, laquelle conſiſte en argent ou denrées.

Le paiement d'un cens (*a*) conſtitue un héritage *roture*; les fonds nobles n'y ſont point aſſujettis.

Il faut expliquer ceci. Sous la première race de nos rois, le vaſte ſol de la France fut diviſé en un petit nombre de propriétaires. Ces propriétaires étoient des germains. Ils établirent ſur les terres l'eſclavage germanique. « Les germains, dit Tacite, » ne ſe ſervent point de leurs eſcla» ves pour les fonctions domeſtiques, » comme nous. Chacun d'eux a ſa » maiſon, ſa famille, & paye, ſelon » la volonté de ſon maître, une cer» taine quantité de grains, un certain » nombre de beſtiaux, des habits, » comme un fermier. C'eſt en cela » ſeulement que conſiſte leur ſervi» tude. » *De Mor. Germ.* Cette coutume eſt bien évidemment l'origine des cens.

Mais, pourquoi les terres nobles n'en payent-elles point? La raiſon en eſt ſimple. Les grandes poſſeſſions dont les ſeigneurs germains, vaſſaux du roi, s'emparèrent, leur furent aſſu-

(*a*) Excepté en Bretagne.

surées en place du cens, à condition de l'hommage, de l'obligation du service militaire, &c. Eux-mêmes en conférant à des personnes de leur rang, & quelquefois de leur famille, une portion d'héritage, en exigèrent une prestation d'hommage & de services pareils à ceux qu'ils rendoient de leur côté; & ce fut ainsi que se formèrent les fiefs.

Que si, contraints par la nécessité d'exploiter des fonds qui, sans cela, seroient restés en friche, ils étoient obligés d'y appeler des cultivateurs, ils se réservoient des redevances telles qu'encore aujourd'hui on en paie aux seigneurs divers, sous le nom de *censives*.

De cette introduction historique, qui fonde le principe, « que le cens » est le prix de la concession originaire du fonds », on tire plusieurs conséquences : la première, que le cens est une dette *réelle*, qu'on ne doit qu'autant qu'on est possesseur de l'héritage sur lequel il est assis ; la deuxième, que le possesseur actuel ne peut pas céder ce fonds à un autre, moyennant un nouveau cens. S'il le fait, on n'appelle plus *cens* cette seconde redevance, mais *rente foncière*, *cens-mort*, *sur-cens*, *gros-cens*; dont la nature est telle que si, par le droit de sa directe, l'héritage revient au seigneur, le *sur-cens* s'éteint dans sa main.

La troisième conséquence est, que toutes les fois que le tenancier vend un héritage censuel, il doit au seigneur des lods & ventes.

La quatrième conséquence est, qu'à moins d'une stipulation expresse contraire, il faut le porter au manoir de celui qui en est créancier. Ainsi, dès que le cens n'est pas dit *quérable*, il est *portable*.

Le cens est généralement imprescriptible. Cependant, selon Expilly & Salvaing, il se prescrit en Dauphiné par cent ans.

Il se prescrit de même dans les provinces de Bresse & de Bugey.

Suivant la coutume d'Artois, le vassal peut prescrire toutes sortes de redevances contre son seigneur.

Les coutumes du Bourbonnois, de l'Auvergne & de la Marche, soumettent le cens à la prescription de trente ans.

Les arrérages du cens en général, ne sont sujets qu'à cette dernière prescription de trente ans.

Cependant encore il y a sur cet article une foule d'exceptions. Un édit de Charles-Emmanuel, duc de Savoie, lequel s'observe dans les provinces de Bresse, Bugey, Valromey & Gex, veut que les arrérages de cens se prescrivent par cinq ans, s'il n'existe une demande faite en justice.

La coutume de Bourbonnois dit : « qu'arrérages de cens & autres devoirs portant directe seigneurie, se » prescrivent par dix ans. » Art. 18.

La coutume d'Auvergne, art. 7, dit : « que les arrérages de cens ou » rente annuelle ne se peuvent demander que de trois ans; si ce n'est » qu'il y ait des poursuites des années » précédentes. »

Pour se faire payer les arrérages du *cens*, le seigneur peut, selon la coutume de Paris, procéder à la saisie-brandon des fruits de l'héritage sur lequel le cens lui est dû (*a*). Art. 74.

(*a*) *Brandon* est un bâton entouré de paille que l'huissier plante en plusieurs endroits du champ, pour marquer qu'il en a saisi les fruits.

Mais, quoique la saisie se fasse toujours pour un terme de vingt-neuf années, le saisi obtient la main-levée provisoire en consignant trois ans. Art. 75.

Lorsqu'il s'agit d'une maison de la ville & banlieue de Paris, qui doit cens, le seigneur censier est le maître de *saisir-gager* les meubles qui sont dedans pour trois années de droits échus. Art. 86.

L'art. 85 de la même coutume astreint à une amende de cinq sols parisis (six sols trois deniers tournois) le censitaire qui laisse arrérager le cens; amende dont cet article exempte *les héritages assis en la ville & banlieue de Paris.*

Quoique le *cens* soit stipulé en blé, néanmoins, s'il n'en croît point sur l'héritage, on se libère en le livrant en nature du plus beau grain qui vienne dans le champ.

En Provence, il faut s'acquitter avec le plus beau blé qui croisse dans le territoire; & en quelques endroits particuliers, quand le censitaire paie en argent, il paie le septier de blé dix sols en sus du prix ordinaire.

La stérilité, quelque grande qu'elle soit, n'exempte pas du *cens*.

Le privilège du seigneur *censier* est le premier de tous; il va même avant celui du bailleur de fonds. Si le possesseur détruisoit un héritage, de manière qu'il ne fût plus capable de produire de quoi acquitter le *cens*, le seigneur seroit admis à s'opposer à la détérioration.

Quelque partagé que soit un héritage, les différens possesseurs sont tous tenus solidairement au paiement du *cens*. Il doit être payé en nature quand il plait au seigneur de l'exiger ainsi.

Le seigneur est en droit d'exiger des déclarations de ses tenanciers quand bon lui semble, & de contraindre les refusans, par voie de saisie & même de confiscation.

En général, il faut bien prendre garde d'avoir des procès sur une matière toujours légère, le cens jadis imposé, n'étant qu'une très-foible rétribution, est toujours vu favorablement dans les tribunaux. M. F.

CENTAURÉE. (la grande) (*Voyez Pl. 22, page 571*) M. Tournefort la place dans la seconde section de la douzième classe, qui comprend les herbes à fleur à fleurons, qui laisse après elle des semences aigretées, & il l'appelle *centaurium majus, folio in plures lacinias diviso*. M. von Linné la nomme *centaurea, centaurium*, & la classe dans la polygamie superflue.

Fleur, composée de fleurons hermaphrodites dans le disque, & femelles ou stériles à la circonférence; ils sont portés sur un réceptacle commun, au fond d'une enveloppe composée d'écailles qui se recouvrent successivement comme les tuiles d'un toit. Le fleuron hermaphrodite B, est un tube évasé à son extrémité, divisé en cinq dents égales, & il renferme les parties mâles & femelles; cinq étamines entourent le pistil C. Les fleurons de la circonférence sont représentés séparément en D, ils sont plus grêles dans toutes leurs proportions, que ceux du centre, & n'ont ordinairement que quatre divisions.

Fruit. Le pistil du fleuron hermaphrodite devient une semence E, luisante, oblongue, aigretée.

Feuilles, lisses, ailées; les découpures supérieures plus grandes que les inférieures, les folioles dentées en manière de ſcie, & ſe prolongeant ſur la tige par leur baſe.

Racine A, ſolide, groſſe, noirâtre en dehors, rougeâtre en dedans, & pleine de ſuc.

Port. Les tiges ont trois ou quatre pieds de hauteur, elles ſont cylindriques, branchues; les fleurs de couleur vineuſe, naiſſent au ſommet, & les feuilles ſont placées dans un ordre alterne.

Lieu. Elle naît ſur les montagnes très-élevées, où elle eſt vivace.

Propriétés. La racine a une ſaveur amère, un peu âcre, elle eſt un très-bon ſtomachique, vulnéraire & apéritive.

Uſage. On preſcrit la racine à la doſe d'un gros dans les décoctions & les infuſions vulnéraires, ou réduite en poudre, également à la même doſe, infuſée dans du vin, ou dans quelqu'autre véhicule convenable. On l'ordonne dans le crachement de ſang, dans les hémorragies, dans les diarrhées, les dyſſenteries, lorſqu'il n'y a plus d'irritation ou d'inflammation.

Centaurée. (la petite) *Voyez planche 23.* M. Tournefort la place dans la première ſection de la ſeconde claſſe, qui comprend les herbes à fleur d'une ſeule pièce en forme d'entonnoir, dont le piſtil devient le fruit, & il l'appelle *centaurium minus.* M. von Linné la claſſe dans la pentandrie digynie, & la nomme *gentiana centaurium.*

Fleur, compoſée d'un ſeul pétale, en forme de tube à ſa baſe, évaſé à ſa partie ſupérieure, & diviſé en cinq découpures. Ce tube renferme cinq étamines repréſentées en B, attachées ſur le tube ouvert. Les anthères ſe roulent comme on le voit en C. Au milieu eſt le piſtil D, qui s'élève du fond du calice découpé en cinq dentelures.

Fruit E, capſule longue, diviſée en deux valves F, coupées tranſverſalement G, remplies de ſemences menues H.

Feuilles à trois nervures; celles qui partent de la racine ſont couchées ſur terre, celles des tiges ſont oblongues, liſſes & veinées.

Racine A, menue, blanche, ligneuſe, fibreuſe.

Port. Les tiges ſont hautes d'un demi-pied, elles s'élèvent d'entre les feuilles, ſont anguleuſes, branchues; les fleurs ſont diſpoſées au ſommet des tiges, preſqu'en ombelle, & leur couleur eſt celle d'un rouge de brique bien cuite; on trouve quelquefois une variété à fleurs blanches; les feuilles ſont diſpoſées deux à deux.

Lieu. Les terrains ſecs, arides; la plante eſt annuelle, & fleurit en Août & Septembre.

Propriétés. Les fleurs & les feuilles ſont inodores, leur ſaveur eſt amère & médiocrement âcre, les fleurs ſont toniques, ſtomachiques, fébrifuges, vermifuges & déterſives. Auſſitôt qu'elles ſont cueillies, il faut lier les tiges enſemble, envelopper de papier la partie fleurie, & mettre ſécher les paquets dans un lieu très-ſec: la lente deſſiccation nuit à leurs propriétés; c'eſt une des meilleures plantes dont la médecine puiſſe faire uſage.

Uſages. On preſcrit les fleurs récentes en infuſion dans cinq onces d'eau; les fleurs ſèches depuis demi-drachme juſqu'à une once en infuſion dans la même quantité d'eau; l'extrait depuis ſix grains juſqu'à une

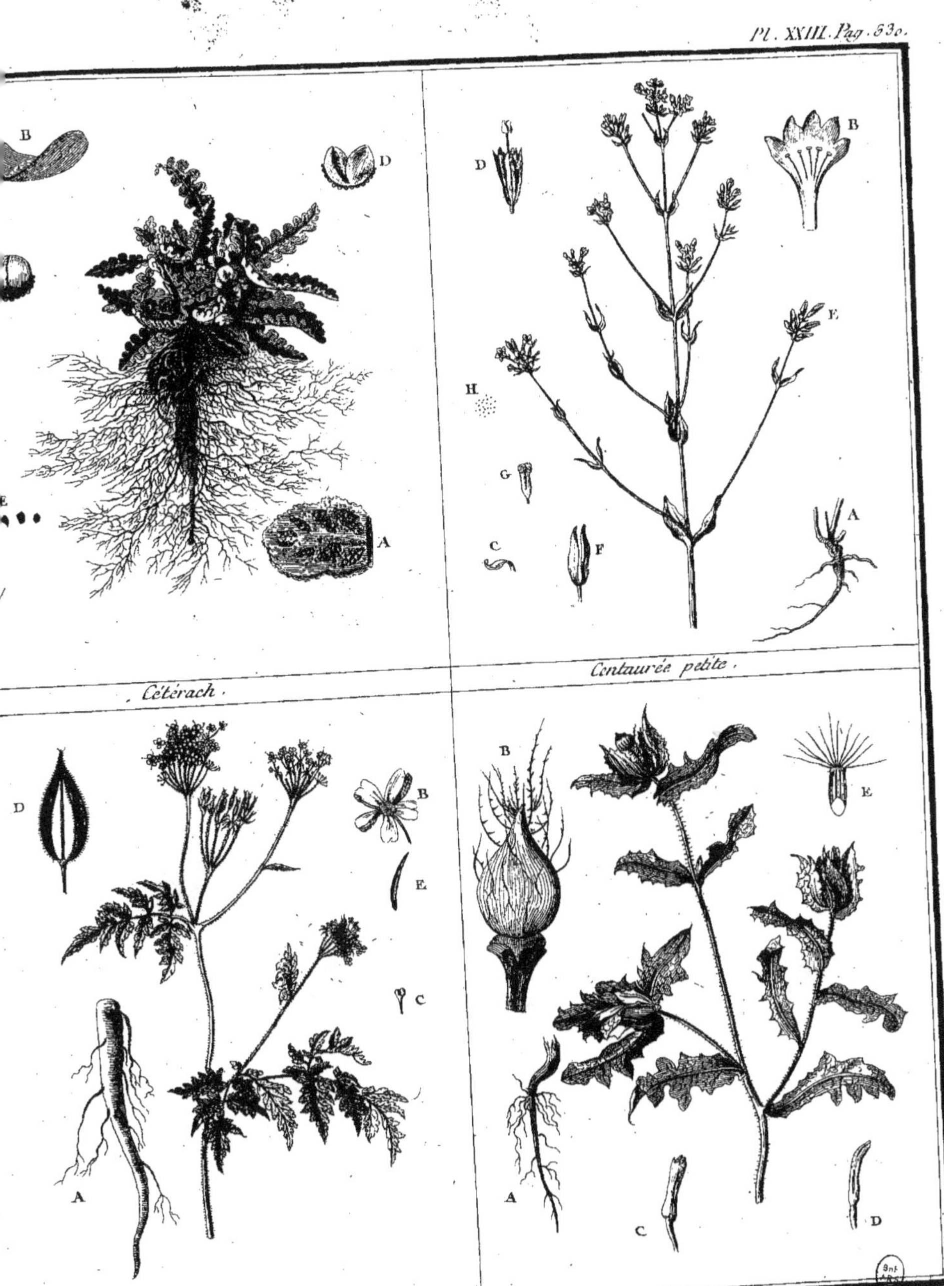

Cétérach.

Centaurée petite.

Cerfeuil musqué.

Chardon Benit.

Sellier Sculp.

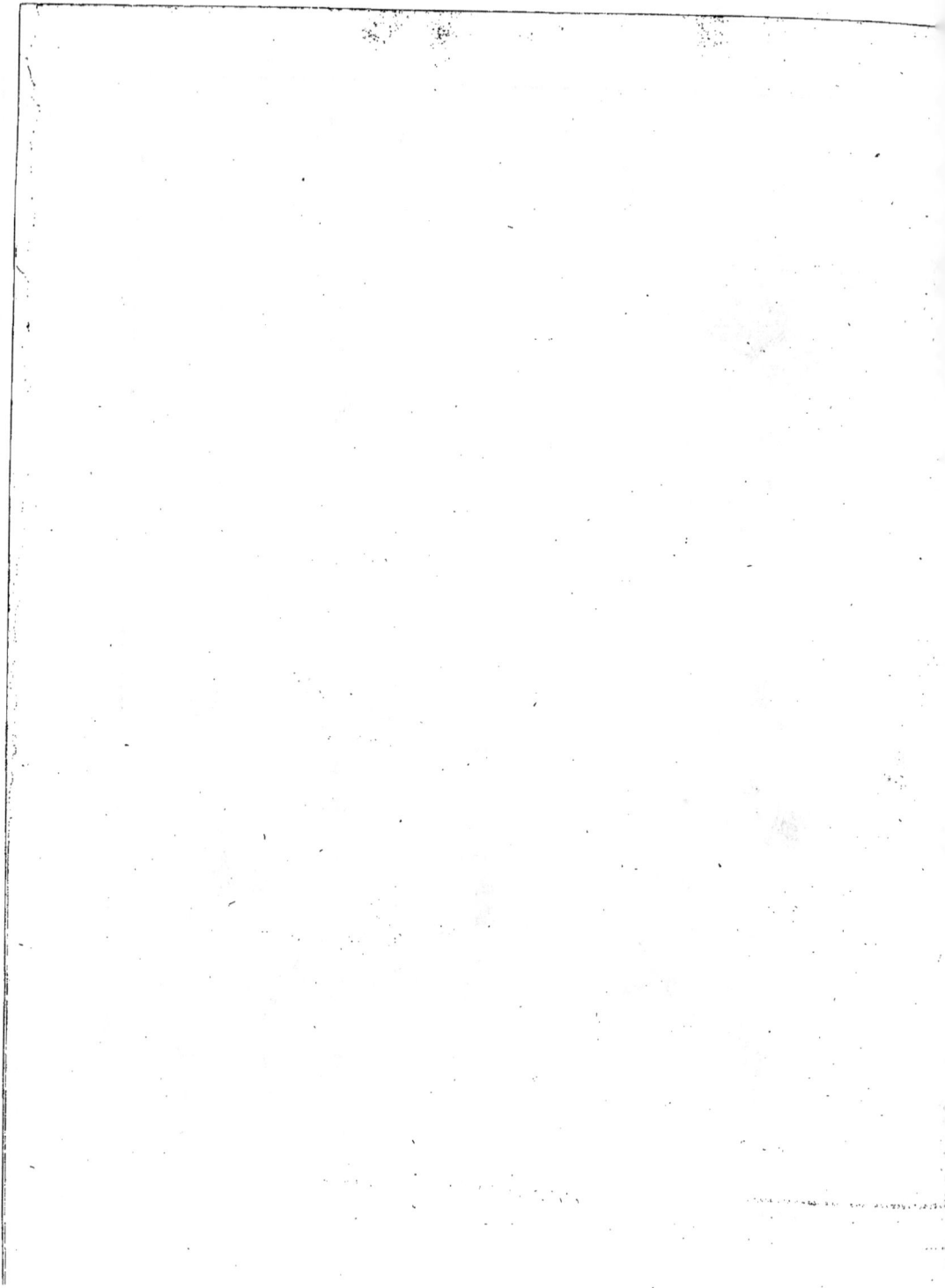

drachme & demie. Quant à l'eau distillée de petite centaurée qu'on vend dans les boutiques, elle n'a pas plus de propriété que l'eau de rivière ordinaire.

L'expérience a démontré que l'usage des fleurs & des feuilles est communément très-avantageux contre les fièvres intermittentes, les fièvres quotidiennes & tierces. Elles fortifient l'estomac, échauffent & rarement constipent; unies avec les terres absorbantes, elles détruisent les humeurs acides contenues dans les premières voies, & s'opposent à leur développement. Elles sont indiquées dans les obstructions du foie, de la rate, lorsqu'il n'y a ni spasme, ni disposition inflammatoire; dans la suppression des hémorroïdes avec foiblesse des forces vitales; dans la suppression du flux menstruel par des corps froids; dans les maladies occasionnées par les vers lombricaux ou ascarides, sans inflammation..... extérieurement pour déterger les ulcères putrides & sanieux, & borner la gangrène humide, en employant la décoction.

L'extrait que l'on donne communément dans les fièvres intermittentes, fatigue l'estomac & cause des coliques.

Dans les maladies putrides des animaux, lorsqu'il n'existe plus d'inflammation, l'infusion de petite centaurée produit de bons effets. La dose pour le bœuf, pour le cheval, est d'une demi-poignée en infusion dans une demi-livre de vin; la dose de la centaurée réduite en poudre est de demi-once.

CEP, Souche *ou* Pied de vigne, sont des mots synonymes. Chaque année le cep se dépouille de son écorce par parcelles longues & étroites & comme par écailles; elles s'accumulent les unes sur les autres, jusqu'à ce que les pluies, les vents les détachent entièrement du tronc. Si on cultivoit la vigne pour le simple agrément, comme l'amateur soigne un arbre précieux, je conseillerois d'enlever chaque année ces débris d'écorce, parce qu'ils servent de retraite aux insectes pendant l'hiver, & ils en sortent pour dévorer les bourgeons, les feuilles & les fleurs sur la grappe, aussi-tôt que la vigne végète & pousse. Un autre inconvénient aussi à craindre que le premier, est l'humidité qui se conserve sous ces écorces, de manière que lorsqu'il a plu ou neigé, & que le froid survient, cette eau se glace, & cette glace forme une espèce de surtout autour du cep. Le bois inférieur imbibé d'eau, éprouve plus rigoureusement l'intensité du froid, & la gelée fait périr beaucoup de vieux ceps: les jeunes s'en garantissent beaucoup mieux, parce que leur écorce, encore lisse & peu gercée, laisse glisser l'eau, & se soustrait par conséquent aux rigueurs de la gelée. L'opération d'enlever les vieilles écorces, seroit trop coûteuse dans les grands pays de vignobles, pour que j'ose la conseiller.

La grosseur & la hauteur du cep varient suivant les méthodes adoptées dans les différens pays. *Voyez* le mot Accoler. A l'article Vigne, on examinera la manière de le conduire suivant les circonstances.

CÉPÉE. Touffe de plusieurs tiges de bois qui sortent d'une même souche. L'ordonnance ne permet d'abattre les cépées qu'à la coignée, & non avec la ſerpe ou avec la ſcie.

CÉPHALIQUE, MÉDECINE RURALE. On déſigne, par ce nom, tous les remèdes qui ſont propres pour les maladies de la tête, tout ce qui peut tempérer la trop grande vivacité du ſang, & l'irritation des fibres: leur tenſion eſt par conſéquent céphalique; car c'eſt de ces cauſes que naiſſent l'irrégularité dans la diſtribution des eſprits, le délire, le ſpaſme, les convulſions, &c. &c.

Les remèdes dont les exhalaiſons agréables peuvent tempérer l'agitation des eſprits, ſont claſſés parmi les céphaliques, tels que les fleurs de primevère, de tilleul, de ſureau, de violette, de lis des vallées; enfin les ſubſtances balſamiques dont on a preſcrit l'uſage en infuſion, en décoction ou en poudre.

L'on fait quelquefois prendre les céphaliques en ſternutatoires; (*voyez* ce mot) leur effet alors eſt d'irriter légèrement la membrane pituitaire, d'exciter par-là l'évacuation de la mucoſité qui s'y ſépare, & de ſoulager par ce moyen, dans les cas où ſon trop grand épaiſſiſſement ou ſa trop grande quantité eſt nuiſible.

CÉRAT. Eſpèce d'emplâtre dont la cire fait la baſe; on en compoſe de pluſieurs eſpèces. Le *cérat rafraîchiſſant de Galien* eſt plus communément employé : en voici la compoſition. Prenez cire blanche, deux onces; huile récente d'amandes, ſix onces; faites fondre au bain-marie, dans un vaſe de faïence; retirez du feu, verſez le mélange dans un mortier de marbre, agitez avec un pilon de bois; ajoutez peu à peu d'eau de rivière filtrée, ſix onces; mêlez exactement, laiſſez égoutter ſur un tamis de crin, & vous aurez le cérat.

CERCEAU, CERCLE. Ce dernier mot, emprunté de la géométrie, & pris pour le premier, n'eſt pas admiſſible dans la langue; mais l'uſage journalier a prévalu de manière qu'en agriculture & dans le commerce, tous les deux ſont employés pour exprimer cette partie de bois dont on ſe ſert pour relier les cuves, les tonneaux & les barriques; & les meilleurs cerceaux ſont ceux faits en bois de châtaignier; après eux les cerceaux de frêne, de ſaule-marceau, de tremble, de noiſetier, de peuplier, & enfin de ſaule. La rareté des bois a forcé de recourir à ces expédiens. Les cerceaux périſſent toujours par l'écorce & par l'aubier. Ils ſont piqués des inſectes, qui y dépoſent leurs œufs, d'où il ſort de petits vers. Juſqu'à ce que ces vers ſe métamorphoſent en inſectes ailés, il faut qu'ils vivent, & c'eſt aux dépens de l'aubier qu'ils environnent; l'écorce reſte intacte ou preſque intacte. Lorſque la cave ou le cellier ſont humides, cette ſciure de bois s'imprègne d'eau & le cerceau pourrit, enfin il éclate. Les propriétaires aſſez heureux pour avoir du bois propre à la fabrication des cerceaux, & qui en ont beſoin pour leurs vaiſſeaux vinaires, feront très-bien de choiſir pour leur uſage ceux tirés du cœur du bois, ou du moins de les faire écorcer, & avec la plane, d'enlever l'aubier. De pareils cerceaux en châtaignier dureront dix fois autant que les autres.

Il eſt prudent, & très-prudent, de faire cette obſervation pour les cerceaux

ceaux destinés aux cuves. La plus petite réparation à y faire entraîne ensuite dans de grandes dépenses. Au mot Cuve, nous entrerons dans de plus grands détails.

L'usage des cerceaux est indispensable pour les arbres que l'on se propose de tailler en *buisson*. (*Voyez* Buissonnier) C'est le moyen le plus aisé de faire prendre aux branches de l'arbre la forme de gobelet, telle qu'on la desire: mais prenez garde que le bois du cerceau ne presse trop fortement contre la branche tendre de l'arbre; son écorce seroit bientôt meurtrie, & une pression un peu vive prive la sève des moyens de circuler avec aisance. Il en est de même quand la ligature qui assujettit la branche la serre trop fortement. La branche grossira; & si le lien ne prête pas, il pénétrera dans l'écorce; la sève ne pouvant descendre des branches aux racines, & monter facilement des racines aux branches, formera un bourrelet en dessus & en dessous du lien, & même le cachera & le recouvrira entièrement, &c.

CERFEUIL MUSQUÉ. (*Voyez Pl. 23, p. 630*) M. Tournefort le place dans la seconde section de la septième classe, qui comprend les herbes à fleurs en rose disposées en ombelles, dont le calice se change en deux petites semences; & il l'appelle *myrris major, vel cicutaria odorata*. M. von Linné le nomme *scandix odorata*, & le classe dans la pentandrie digynie.

Fleur B, en rose, composée de cinq pétales ovales de la forme d'un cœur, posés par leur base sur les bords d'un calice à cinq divisions, avec lesquelles elles sont alternativement placées: le calice est très-petit. Les cinq étamines sont placées sur les bords du calice. Le pistil C est représenté grandi à la loupe, & il devient, après sa fécondation, une double graine D.

Fruit. On voit en E, une des deux graines séparées; elle est grande, longue, à cinq angles, à cinq sillons.

Feuilles; elles embrassent la tige par leur base; elles sont ailées, découpées & un peu velues.

Racine A, en forme de fuseau, blanche & molle.

Port. Les tiges sont herbacées, cannelées, rameuses, velues, creuses, de la hauteur de quatre ou cinq pieds; l'ombelle naît au sommet; les feuilles sont alternativement placées sur les tiges, & les fleurs du disque de l'ombelle n'ont ordinairement que des étamines.

Lieu, les Alpes; cultivé dans nos jardins. La plante est vivace.

Propriétés. La racine a une saveur agréable, aromatique, un peu âcre, ainsi que les semences. Elle jouit des mêmes propriétés que le cerfeuil ordinaire des jardins.

Cerfeuil des Jardins. Il diffère principalement du précédent par sa tige noueuse, lisse, & qui ne s'élève ordinairement qu'à une coudée, par ses feuilles plus découpées, par sa racine plus fibreuse.

Sa racine est légèrement âcre, les feuilles ont une saveur & une odeur aromatique. La plante est incisive, apéritive, diurétique; elle soulage dans la colique néphrétique causée par des graviers, lorsqu'il n'y a point d'inflammation dans l'ictère par obstruction des vaisseaux biliaires. Les autres propriétés qu'on lui attribue sont au moins douteuses.

On donne le suc exprimé des feuilles depuis une once jusqu'à quatre ; les feuilles récentes depuis demi-once jusqu'à deux onces, en macération au bain-marie dans cinq onces d'eau. Cette plante est plus employée dans les cuisines qu'en médecine. Le suc exprimé de la plante se donne aux animaux jusqu'à demi-livre.

Culture du cerfeuil musqué. Sa graine est ordinairement mûre en Juin; c'est le tems de la semer aussi-tôt. Cette graine sera souvent deux mois sans lever, & quelquefois elle ne lèvera qu'au printems suivant. Comme la plante est vivace, il vaut mieux éclater son pied & en tirer des rejetons. On peut faire cette opération dans les mois de Mars ou d'Avril pour les pays froids, & en Février ou au commencement de Mars dans les provinces méridionales, Sa culture est semblable à celle de toutes les autres plantes potagères. Il demande un terrain sec. Si on le met dans un sol humide, il perdra presque toute son odeur aromatique.

Culture du cerfeuil ordinaire. On peut en semer en Janvier sur couche, ou dans une position très-chaude & à l'abri des gelées. Ceux qui seront moins pressés feront bien d'attendre le mois de Mars ou celui d'Avril, suivant le climat. On peut également en semer tous les mois de l'année, dans les pays tempérés : dans les méridionaux, il monteroit trop vîte en graine si l'on attendoit la fin du printems ou l'été. Celui qui se sème en automne fournira pour l'hiver. La graine de celui semé en Mars ou Avril sera mûre en Juin ou Juillet.

CERISE. Expression dont se servent les maréchaux pour désigner une excroissance plus molle que les verrues, ordinairement rouge, qui survient à la sole charnue du cheval, & surmonte la sole de corne. Aux mots CRAPAUD, EXCROISSANCE, FIC, *&c*, on traitera des remèdes curatifs de cette maladie.

CERISE. *Fruit.* (*Voyez* l'article suivant)

CERISIER. M. Tournefort le place dans la septième section de la vingt-unième classe, qui comprend les arbres à fleurs en rose dont le pistil devient un fruit à noyau, & il l'appelle *cerasus sativa*. M. von Linné le classe dans l'icosandrie monogynie, & le regarde comme une espèce du genre du prunier, & il le nomme *prunus cerasus*.

Avant d'entrer dans aucun détail sur cet arbre & sur ses espèces, il convient de donner une idée claire du mot *cerisier*, afin d'éviter toute confusion. Par le mot *cerise*, on désigne, à Paris & dans les provinces voisines, la *cerise acide*, & on nomme *guigne*, *bigarreau*, les *cerises douces*. Dans les autres provinces, au contraire, on appelle *griotte* la *cerise acide* ; & la *cerise douce*, *cerise* proprement dite. J'aurai soin de faire remarquer cette différence de dénomination en parlant de chaque espèce en particulier.

PLAN DU TRAVAIL SUR LE CERISIER.

CHAP. I. *Observations sur son origine.*
CHAP. II. *Caractère du genre.*
CHAP. III. *Description de ses espèces.*
CHAP. IV. *De sa culture.*
CHAP. V. *De ses propriétés.*

CHAPITRE PREMIER.

Observations sur l'origine du Cerisier.

Tous les auteurs modernes ont assez généralement copié les anciens, & se sont accordés à dire, d'après Ammian Marcellin, que Lucullus fut le premier qui fit transporter les cerisiers de Cerasunte à Rome. Pline dit qu'avant la victoire remportée par Lucullus sur Mithridate, les cerisiers étoient inconnus à Rome l'an 680; & que de Rome, cent vingt ans après, ces arbres passèrent en Angleterre. On a conclu des passages des différens auteurs, que la cerise n'étoit pas originaire d'Europe. Ne donneroit-on pas trop d'extension, & ne généraliseroit-on pas un peu trop cette conclusion?

J'accorderai volontiers que la cerise n'étoit pas connue à Rome avant la victoire de Lucullus; mais on ne doit pas conclure d'une petite partie de l'Europe pour l'Europe entière. Ne pourroit-on pas encore dire que Lucullus apporta des greffes ou des arbres de Cerasunte, dont la qualité du fruit étoit supérieure à celle des cerisiers sauvages, qui ne fixoient pas l'attention des romains? ou peut-être ces cerisiers sauvages n'existoient pas en Italie, parce que cet arbre aime les pays froids? Pline ajoute qu'on n'a pas pu naturaliser cet arbre en Egypte, sans doute à cause de la chaleur du climat.

Il me paroît que le type de presque toutes les espèces de cerisiers aujourd'hui connues, existoit dans les Gaules, & y a toujours existé. Nos grandes forêts en fournissent la preuve. Entrons dans quelques détails à ce sujet.

On sait que l'origine du pêcher, de l'abricotier, du lilas, est asiatique. Ces arbres ont été multipliés en France, & leurs graines, répandues par hasard dans les bois voisins des habitations des hommes, ont germé, & enfin ont donné des arbres de leur espèce.

On trouvera peut-être encore un marronnier d'Inde, levé au milieu des forêts de Marly, de Saint Germain, &c. ou un acacia dans celles du midi de la France, &c. & ces arbres sont fort étonnés de se trouver dans une semblable situation; mais si on pénètre au fond de ces immenses forêts qui sont restées de l'ancienne Gaule, & éloignées de toute habitation, comme la forêt de Compiègne ou celle d'Orléans, ou dans les pays de montagnes qui représentent la nature sauvage, comme les Ardennes, les Vosges, les forêts de Bourgogne, de Champagne, de Franche-Comté, de Suisse, &c. on n'y trouvera jamais ni pêchers, ni abricotiers, ni lilas, ni marronnier d'Inde, ni acacia, &c. Cependant c'est dans ces mêmes forêts qu'on trouve en très-grande abondance le cerisier des bois ou *merisier*, qui est un arbre égal en hauteur aux autres grands arbres des forêts, & que je crois être le type des cerisiers à fruits doux, nommés *guignes* à Paris.

Aucun auteur ne rapporte si Lucullus a réellement enrichi la campagne de l'ancienne Rome, des espèces de cerises acides & douces. Il y a même lieu de penser que les huit espèces de cerises citées par Pline, avoient été produites postérieurement à la première époque, soit par les semis, soit par l'*hibridicité* ou mélange des étamines, puisque toutes ont des noms romains, comme l'*apronienne*, la *lutacienne*, la *cécilienne*, la *julienne*, &c. Les romains ont même emprunté un mot celtique pour caractériser une cerise fondante ou remplie d'*eau*; ils l'ont appelée *duracine*, du mot *dur*, qui veut dire *eau*, ainsi que *dor*. Si Lucullus avoit rapporté de Cerasunte ces différentes espèces, elles auroient conservé le nom sous lequel elles étoient connues dans leur pays natal, & ils n'auroient pas été obligés d'emprunter un mot celtique plutôt qu'un mot grec; & le terme *duracine* suppose déjà que cette cerise existoit dans le pays des descendans des celtes. Pline parle des cerises de la Gaule Belgique, de celles qui croissent sur les bords du Rhin; enfin, il ajoute: « il n'y a pas cinq ans, que les *laurines* ont commencé à paroître; elles ont été nommées ainsi, parce qu'elles ont été greffées sur des lauriers; elles ont une amertume qui ne déplaît point. » Ce fait seul suffit pour prouver les expériences mises en pratique par les romains, afin de parvenir à perfectionner les fruits.

Je regarde, ainsi que je l'ai dit, le merisier comme le type général des cerises à fruit doux; & les différentes espèces de merisiers qui se rencontrent dans nos forêts, comme le type secondaire des espèces de cette famille. L'existence des différentes espèces de merisiers n'est point idéale; j'en ai reconnu plusieurs de très-marquées, de très-sensibles, je ne dis pas aux yeux du botaniste qui généralise trop, mais à ceux du cultivateur. Je prie ceux qui habitent le voisinage des grandes forêts, de vérifier ce fait par eux-mêmes, & de s'occuper à les classer; objet dont il est impossible de m'occuper aujourd'hui. Je leur aurai la plus grande obligation, s'ils ont la bonté de me communiquer le résultat de leur travail.

Outre le merisier à fruit doux très-sucré, très-vineux, on rencontre dans les forêts un cerisier moins fort, moins élevé que le merisier, dont le fruit a plus de consistance, plus de fermeté, & est moins coloré. Je le regarde comme le type des cerisiers nommés *bigarreaux*, & un autre cerisier sauvage, nommé *cerisier à la feuille*, parce qu'il a des feuilles attachées aux queues des cerises, comme une espèce qui se rapproche des bigarreaux.

Je conviens que les fruits de ces derniers arbres & de plusieurs autres qu'on pourroit encore citer, sont plus ou moins amers, & quelques-uns sont très-acerbes; mais ne peut-on pas supposer qu'on aura trouvé le fruit d'un arbre plus doux ou moins amer, ou moins acerbe qu'un autre, & qu'on l'aura greffé; enfin, que de greffe en greffe, le fruit se sera perfectionné? On connoît l'heureuse métamorphose produite par l'effet de la greffe; & après la cinquième greffe, je suis parvenu à rendre très-douce la chair d'un pommier sauvage, quoique la greffe ait toujours été prise sur les pousses des années précédentes, c'est-à-dire, en greffant cinq fois de suite franc sur franc.

Il existe encore une autre espèce de merise à fruit acide, approchant de celui nommé *griotte* en province, & *cerise* à Paris, qui est le type des cerises à fruit acide. Voilà donc l'origine des trois divisions de la *famille des cerisiers* (je parle le langage des jardiniers) indigènes à nos climats. Tout me porte à croire que la culture a fait le reste, & que Lucullus a fort bien pu donner aux romains la connoiſſance des cerifiers qu'ils n'avoient pas, & que ce riche cadeau a ſeulement contribué à perfectionner nos eſpèces gauloiſes, s'il eſt vrai qu'elles ne le fuſſent pas déjà à cette époque. En effet, ces différentes eſpèces de meriſiers ſe perpétuent de noyau; le fruit, il eſt vrai, dégénère ſi la graine eſt confiée à une mauvaiſe terre; & ſi l'on refuſe des ſoins à l'arbre, peu-à-peu, il reviendra au point d'où il eſt parti; mais malgré cela, on reconnoîtra toujours ou la meriſe noire à fruit doux & ſucré, ou la meriſe à fruit plus ferme, plus dur & plus caſſant, ou la meriſe à fruit acide. Peut-être dira-t-on que la première eſpèce mérite ſeule le nom de *meriſe*, que les autres forment des eſpèces à part, & ne ſont pas des meriſes. Quand cela feroit, il n'en reſteroit pas moins prouvé que nos anciens druides mangeoient des cериſes avant que Lucullus en enrichît l'Italie, où il fait trop chaud pour que les arbres y réuſſiſſent, & que les fruits aient un parfum auſſi agréable que ceux des climats plus froids. Peut-être trouveroit-on, à une certaine hauteur & température des Apennins, les mêmes cerifiers ſauvages que dans les Gaules, ce qui ne changeroit rien au principe que je viens d'établir. Notre richeſſe dans les eſpèces de cerifiers, nous fait voir avec indifférence les fruits des forêts; & le pépiniériſte & l'homme riche ſongent ſeulement à vendre des arbres, ou à jouir de leurs fruits.

CHAPITRE II.

Caractère du genre du Cerisier.

La fleur eſt compoſée de cinq pétales attachés au calice par leur onglet; le calice eſt d'une ſeule pièce à cinq découpures, & ſe deſſèche & tombe avant que le fruit ait acquis ſa groſſeur, & ſouvent même dès qu'il eſt noué; quelquefois il ſubſiſte juſqu'à la maturité du fruit: une vingtaine d'étamines environ, ſont attachées ſur les parois intérieures du calice, & le piſtil occupe le milieu de la fleur.

Le fruit couvert d'une écorce fine, luiſante, fraîche à l'œil: la chair eſt un compoſé de petites cellules qui contiennent un ſuc doux ou acide, ſuivant l'eſpèce. Dans certaines, la chair tient au noyau; dans d'autres, elle s'en ſépare, & quelques-uns de ces noyaux tiennent au pétiole. Le noyau eſt une ſubſtance ligneuſe, blanche, plus dure dans les fruits acides, & il renferme dans ſon milieu une amande.

Quatre écorces revêtent le tronc & les branches des cerifiers. L'enveloppe extérieure eſt forte, dure, ſolide, coriace: la ſeconde a les mêmes caractères, mais elle eſt plus mince & moins dure: la troiſième eſt molle & ſpongieuſe. La direction des fibres de ces trois écorces eſt en ſpirale: les fibres de la quatrième ſont ſuivant la longueur des branches, & ſa ſubſtance eſt blanche & molle.

Les cerifiers ont les trois eſpèces de *boutons;* (*voyez* ce mot) ceux à bois ſont placés à l'extrémité des branches, plus pointus que les ſuivans; ceux à feuilles ſon implantés le long des jeunes branches; ils ſont plus gros & moins pointus que les premiers, & il en ſort un petit faiſceau compoſé de huit à dix feuilles; voilà le berceau dans lequel ſont préparés & nourris les boutons à fleurs

& à fruits qui paroîtront l'année suivante. Les boutons à fruits sont plus gros & plus ronds que les deux premiers.

Les feuilles sont placées alternativement sur les branches; elles sont ovales, lanceolées, dentées en manière de scie, portées par de longs pétioles. L'intensité de la couleur verte du dessus ou du dessous de la feuille, varie suivant les espèces : le dessous est toujours d'un vert plus clair. Une grosse nervure occupe le milieu de toutes les feuilles, & cette nervure est le prolongement du pétiole; elle se ramifie en sept ou huit nervures plus petites; & de celles-ci il en part une infinité d'autres plus petites encore.

CHAPITRE III.

Des espèces de Cerisiers.

Les auteurs ont divisé en deux classes la famille des cerisiers; ils ont rangé dans la première les fruits en cœur & dans la seconde les cerisiers à fruits ronds. Ne seroit-il pas plus naturel de diviser les cerisiers d'après la manière d'être de leur fruit ? La première classe contiendroit les fruits dont la chair est tendre, fondante, & dont le suc est doux : la seconde, les fruits dont la chair est ferme, cassante, & le suc doux : la troisième, enfin, comprendroit les fruits à suc acide. Cependant, pour ne pas m'écarter de la loi tracée par M. Duhamel, à qui nous sommes redevables d'excellens traités sur tous les arbres, & en particulier sur les arbres fruitiers, j'adopte ses mêmes divisions, & je rends par conséquent hommage au maître qui m'instruit ; je ne laisserai jamais passer aucune occasion sans lui témoigner ma reconnoissance.

Section première.

Première Classe.

Des Cerisiers a fruits en cœur.

Des Merisiers.

I. Merisier a petit fruit. *Cerasus major sylvestris fructu cordato minimo, subdulci, aut insulso.* Duh.

Je regarde ce *merisier*, si on doit l'appeler ainsi, comme le type des bigarreautiers; & on en trouve dans les bois plusieurs espèces ou variétés qui diffèrent par la couleur de l'écorce de leur fruit, ou rouge ou noire, ou un peu blanche. Cette dernière imite assez celle de la cire, mais un peu colorée & veinée de rouge. La saveur du fruit n'est pas agréable; sa chair est sèche : le noyau occupe presque tout le fruit très-petit, & il est adhérent à la chair.

La *fleur* est proportionnée au volume du fruit; ses pétales sont très-blancs, froncés sur leur bord, & en forme de cœur. Le même bouton en produit deux ou trois. J'en ai vu un pied dont le bouton donnoit jusqu'à sept fleurs.

Les *feuilles*. Leur longueur est du double de leur largeur; elles sont portées par un pétiole grêle, & par conséquent pendantes : leur contour est dentelé en manière de scie, & les dentelures inégales; la partie inférieure est d'un vert blanchâtre, & la supérieure d'un vert luisant.

Cet arbre s'élève beaucoup dans les forêts, se multiplie de lui-même par ses noyaux. Il est très-utile pour les pépiniéristes ; c'est sur cette espèce de merisier qu'ils greffent toutes les espèces de cerisiers; & ils ont alors de beaux sujets. Quelques-uns enlèvent ces pieds dans les forêts, les transplantent dans leurs jardins, & les y greffent. Plusieurs cherchent moins de façon; ils greffent leurs sujets dans les bois mêmes, & lorsque la greffe a bien repris, ils transplantent & vendent l'arbre. M. Duhamel remarque que la greffe se décolle facilement sur cette espèce de merisier: il veut sans doute parler de la *greffe* en *écusson*; mais je n'ai rien observé de semblable sur la *greffe* en *fente*, (*voyez* le mot GREFFE) même sur les merisiers dans les bois. Il ne faut pas, il est vrai, que ce sujet se trouve étouffé par d'autres grands arbres; & j'avoue que les pépiniéristes dont l'habitation n'est pas éloignée des forêts, doivent préférer ce dernier parti : il est pour eux plus économique que les autres.

Il seroit satisfaisant de savoir le nom du premier amateur qui, à force de soins, est parvenu à se procurer le *merisier à fleur double*, & comment il y est parvenu, ou enfin, si cette précieuse variété est due au hasard. Il diffère du premier seulement par ses fleurs doubles, c'est-à-dire, chargées de pétales comme la rose, & disposées de la même manière; de sorte que la fleur, par elle-même, est isolée & très-agréable à la vue, & infiniment plus encore, lorsque l'on considère l'arbre qui en est chargé : il devient le plus bel ornement des bosquets du printems. On voit ordinairement les fleurs simples qui deviennent doubles par excès de soins & de nourriture, perdre les parties de la génération, c'est-à-dire, les étamines & les pistils. Ici c'est tout le contraire, les étamines sont en grand nombre, le pistil est monstrueux; en conséquence il ne se change pas en fruit. On peut donc dire que les fleurs ont toutes les parties de la génération, & que si elles sont infécondes, c'est à cause du vice d'organisation.

II. MERISIER A GROS FRUIT NOIR. *Cerasus major sylvestris fructu cordato nigro, subdulci.* DUH.

M. Duhamel regarde ce merisier comme une variété du précédent. Je suis fâché de ne pas être du sentiment de ce grand homme : la différence totale de la manière d'être de l'arbre & de son fruit, établit un caractère très-marqué; d'ailleurs je ne crois même pas qu'elle soit due à la culture, puisque j'ai trouvé ces merisiers dans des forêts très-éloignées de toute habitation. Il est certain que si l'on considère cet arbre d'après les idées que les botanistes se sont faites des genres, des espèces & des variétés, il est clair qu'on ne le regardera que comme une simple variété; mais alors il faudroit condamner toutes les autres espèces de cerisiers à subir la même loi, & même, à l'exemple de M. von Linné, les engloutir toutes dans le genre du prunier. L'agriculture est obligée de subdiviser plus que le botaniste.

La fleur du merisier à gros fruit noir est moins grande que celle du précédent, ses pétales plus arrondis, un peu rougeâtres ou veinés, & son calice d'un rouge vif.

Son fruit a la peau noire, fine, luisante, la chair tendre, d'un rouge foncé, très-vineuse, douce & sucrée, adhérente au noyau.

Ses feuilles sont d'un vert plus brun, & leurs nervures rougeâtres.

Les bourgeons (*voyez* ce mot, ainsi que celui de BOUTON) diffèrent des premiers par leur couleur plus brune, & ils font moins forts : de ces boutons il fort trois ou quatre fleurs.

Le tronc & les branches font en total moins forts, moins grands que ceux du premier merifier.

C'eft avec le fruit de cet arbre qu'on prépare le ratafia de cerife, dont on parlera au Chapitre cinquième, ainfi que du marafquin & du kirfchwafer.

Section II.

Des Guigniers de Paris, nommés Cerifiers en Province.

I. Guignier a fruit noir. (*Voyez planche 24, n°. 1*) *Cerafus major hortenfis fructu cordato, nigricante, carne tenerâ & aquofâ.* Duh.

Les *fleurs* s'ouvrent peu ; les pétales creufés en cuilleron, arrondis & fillonnés dans l'extrémité fupérieure, très-minces ; le calice fe replie vers le péduncule, fes découpures font très-profondes & font terminées en pointe à leur fommet.

Le *fruit* eft repréfenté de grandeur naturelle, il eft exactement figuré en cœur ; le péduncule eft implanté dans un enfoncement. En A, on voit le fruit coupé perpendiculairement, & en B, la forme de fon noyau ; la peau du fruit eft fine, d'une couleur brune, tirant fur le noir ; la chair & le fuc font ordinairement d'un rouge foncé lors de fa maturité. Le noyau B eft adhérent à la chair, alors un peu mollaffe, ce qui engage à le cueillir un peu avant cette époque.

Les *feuilles* font prefque ovales, allongées aux deux extrémités, plus étroites vers le pétiole ; les bords dentés en manière de fcie, & les dentelures inégales ; leur couleur eft d'un vert foncé par-deffus, & d'un vert clair en deffous. Les feuilles qui naiffent des bourgeons font un quart plus longues que celle des branches à fruits. On remarque ordinairement à la bafe de chaque feuille deux petites glandes oppofées & féparées par le pétiole ; les feuilles font pendantes.

Les *bourgeons* ont une écorce brune & ils font affez gros ; les boutons le font moins & plus longs.

Cet arbre s'élève moins que le merifier, fes branches font plus chargées de feuilles, & font plus touffues. Le tems de la maturité de fon fruit eft au mois de Mai ou de Juin fuivant le climat.

Le guignier qu'on vient de décrire a produit une variété dont le fruit eft également noir, mais plus petit & moins allongé ; fa chair eft plus fade lors de fa maturité, & le noyau eft blanc ; il mûrit à la même époque que le précédent.

Dans le territoire de Côte-Rôtie, près de Vienne, mais dans le Lyonnois, on cultive un guignier ou cerifier, qu'on devroit appeler *hâtif*, puifque c'eft le premier pour la maturité au moins dans ces climats. Je regarde cette efpèce comme beaucoup moins éloignée de fon état primitif que les autres. La couleur de fon fruit eft d'un rouge tendre. Il eft plus gros vers la queue qu'à fon extrémité. On pourroit, abfolument parlant, le comprendre à caufe de fa forme, dans la famille des bigarreautiers, & fur-tout du n° 3, mais fa chair n'eft point dure, ferme & caffante. Elle renferme au contraire beaucoup d'eau légèrement fucrée & peu aromatifée. Il me paroît qu'on en doit faire une efpèce à part.

II. Guignier a gros fruit blanc. *Cerafus major hortenfis fructu cordato, partim albo, partim rubro,*

Tom. II.
Bigarreau.
Chery-duke.
Pl. XXV. Pag. 641.
N°. 1.
B
B
A
N°. 3.
N°. 2.
Cerise de la Toussaint
Sellier Sculp.

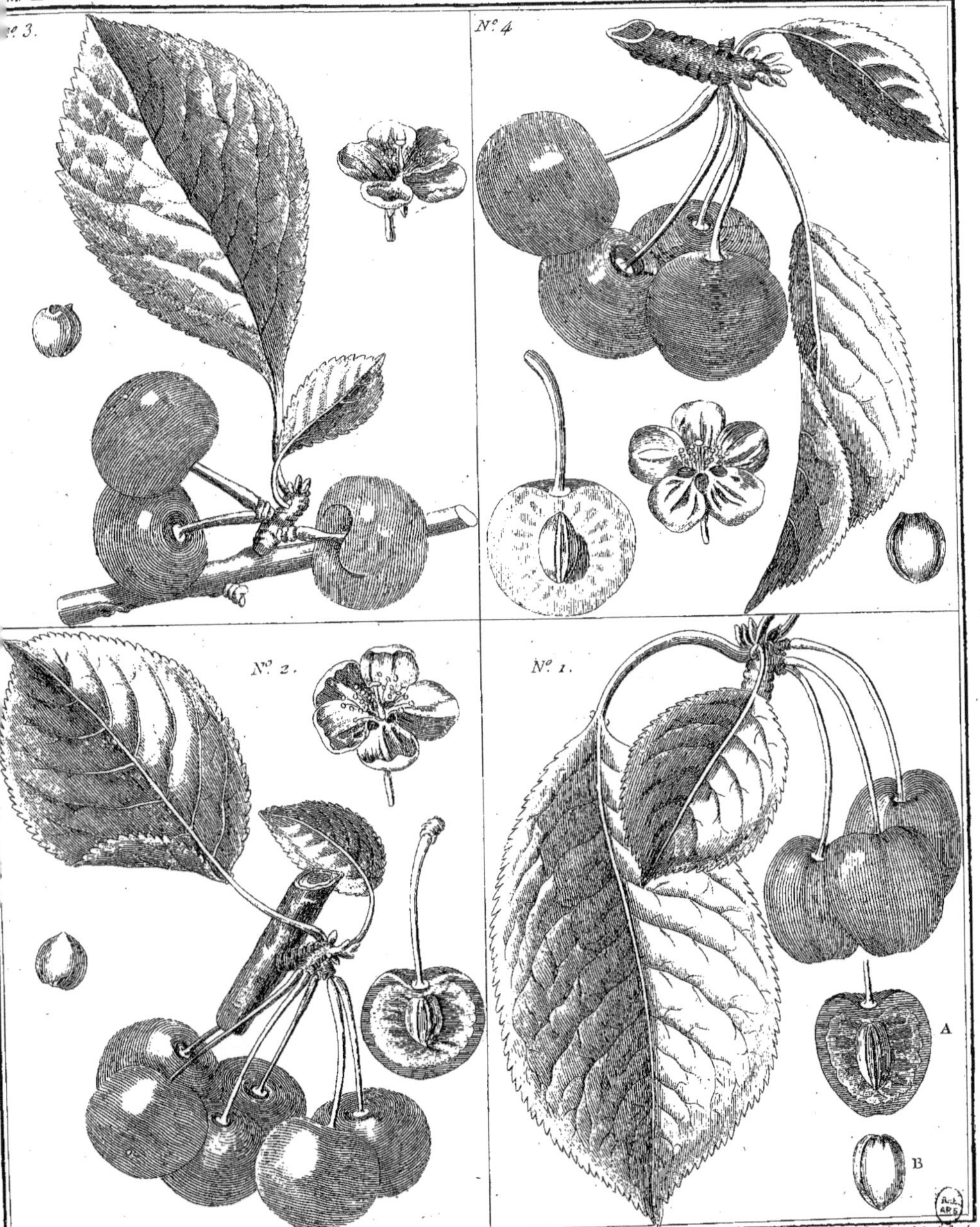

N°. 3.

N°. 4

N°. 2.

N°. 1.

A

B

Sellier del et Sculp.

Cerise hâtive.

Guigne.

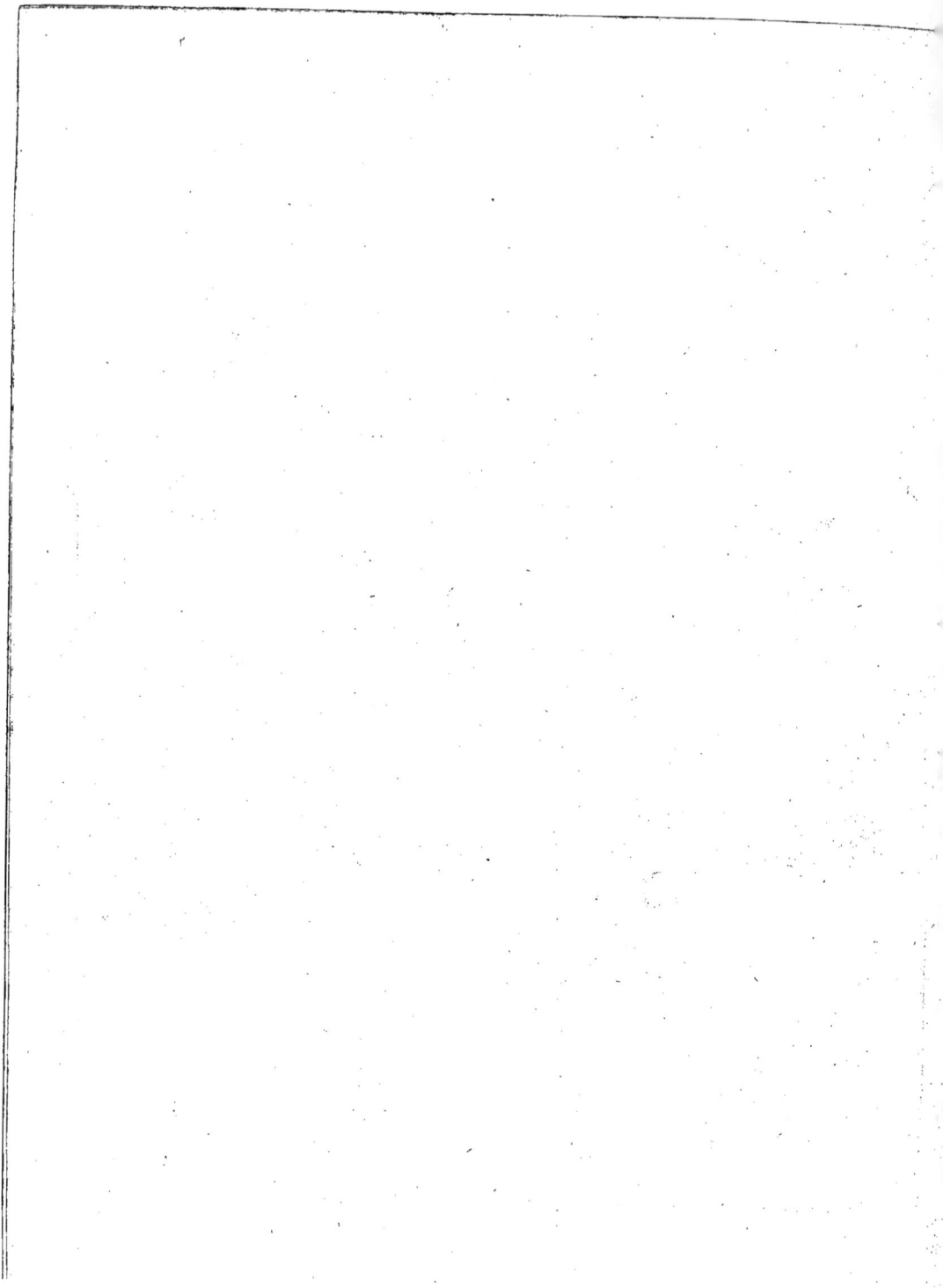

rubro, *carne tenerâ & aquosâ*. DUH.

Le *fruit*; sa couleur est d'un blanc de cire d'un côté, lavé de rouge de l'autre; sa chair est blanche & plus ferme, son eau est blanche & plus agréable, son noyau est très-blanc, très-adhérent à la chair.

L'écorce de ses bourgeons est de couleur cendrée, & le vert de ses feuilles est plus pâle que celui des espèces précédentes. Le fruit mûrit de dix à quinze jours plus tard.

III. GUIGNIER A FRUIT ROUGE, TARDIF, *ou* GUIGNE DE FER *ou* DE SAINT-GILLES. *Cerasus major hortensis fructu cordato*, *rubro*, *serotino*, *carne tenerâ & aquosâ*. DUH. Il commence à fleurir, dit M. Duhamel, vers la fin d'Avril, & son fruit est mûr en Septembre & Octobre. Je n'ai jamais vu cet arbre, & M. Duhamel n'en donne aucune description.

IV. GUIGNIER A GROS FRUIT NOIR LUISANT. *Cerasus major hortensis fructu cordato*, *nigro*, *splendente*, *carne tenerâ*, *aquosâ*, *sapidissimâ*. DUH.

Sa *fleur* est plus petite que celle des espèces précédentes; les pétales sont un peu concaves, & leur extrémité est fendue en cœur, le calice est d'un vert rougeâtre du côté de l'ombre, & d'un rouge brun du côté du soleil.

Le *fruit* a une peau noire, polie & luisante; sa chair est rouge, tendre sans être molle, son eau abondante, d'un goût relevé & agréable, son noyau un peu teint de rouge.

L'*arbre* est de la même grandeur, de la même force que les autres guigniers; ses bourgeons sont jaunâtres, arrondis, & comme cannelés à leur extrémité; leurs boutons sont longs, peu pointus; ceux à fruit sont de forme ovale, & très-renflés dans leur milieu; ce guignier mûrit à la fin de Juin, & son fruit est sans contredit préférable à tous les autres.

Dans les environs de Lyon, & surtout au village de Loire, pays assez froid, relativement aux autres villages qui l'avoisinent, à cause de sa position au nord, on cultive sur des hauteurs le guignier ou cerisier dont on vient de parler; son fruit y est délicieux, mais il a une variété qui lui est préférable encore, c'est le *guignier* ou *cerisier à gros fruit noir*, *luisant*, & *à courte queue*. En effet, elle n'a pas un pouce de longueur. C'est à mon avis, la plus aromatisée de toutes les guignes ou cerises. Si un amateur s'occupoit à rassembler les différentes espèces de cerisiers cultivés dans les provinces de ce royaume, il en découvriroit un grand nombre d'espèces qui le récompenseroient bien de ses peines.

SECTION III.

Des Bigarreautiers.

I. BIGARREAUTIER A GROS FRUIT ROUGE. (*Planche 25*, *n°. 1.*) *Cerasus major hortensis fructu cordato majore saturè rubro*, *carne durâ & sapidissimâ*.

Ses *fleurs* s'ouvrent peu, & leurs pétales sont terminés en rond à leurs extrémités; les étamines sont de longueur inégale; le calice d'un vert clair. M. Duhamel a remarqué un phénomène assez singulier: le pédunculе qui soutient la fleur a à peine un pouce de longueur lorsque la fleur commence à épanouir, & lorsqu'elle est passée, il se trouve alongé jusqu'à trois pouces.

Le *fruit* est gros, convexe d'un côté, applati de l'autre, & divisé par une rainure assez profonde qui règne fur toute fa longueur. Sa peau eft polie, brillante, d'un rouge foncé du côté du foleil, & d'un rouge vif du côté de l'ombre. Sa chair eft ferme, caffante, fucculente, parfemée de fibres blanches; fon eau eft un peu rougeâtre, bien parfumée & excellente; le noyau eft ovale & jaunâtre. La place qu'occupe la figure du bigarreau dans cette gravure, n'a pas permis de repréfenter cette branche à fruit dans une plus grande étendue. Qu'on fe figure l'efpace compris entre A & B, chargé de boutons à fruits, du centre defquels s'élancent deux ou trois pédunculés avec les fruits qu'ils foutiennent, de manière qu'ils fe touchent.

Les *feuilles* font d'un vert clair, dentées en manière de fcie, & à dentelures égales, grandes, pointues aux deux extrémités, & la largeur, prife dans le milieu, eft la moitié de leur longueur.

Cet *arbre* eft à-peu-près de la même grandeur que les guigniers; fon bois eft plus gros, fes branches moins nombreufes, & fes feuilles plus pendantes; l'écorce des bourgeons eft d'un brun clair. Ils font courts & gros, & les boutons, foit à bois, foit à fruit, font gros & affez arrondis. La maturité du fruit eft plus tardive que celle des guignes; elle a lieu dans les mois de Juillet & Août.

On ne digère point auffi facilement le bigarreau que les guignes; il pèfe à l'eftomac de certaines perfonnes, & leur caufe des indigeftions fi elles en mangent un peu copieufement.

II. BIGARREAUTIER A GROS FRUIT BLANC. *Cerafus major hortenfis fructu cordato majore, hinc albo, indè dilutè rubro, carne durâ fapidâ.* DUH.

Il diffère du précédent par la couleur du fruit d'un rouge très-clair du côté du foleil, & d'un blanc de cire du côté de l'ombre; par fa chair qui eft moins ferme & plus fucculente; enfin par l'écorce de fes bourgeons qui eft cendrée.

III. BIGARREAUTIER A PETIT FRUIT HATIF. *Cerafus major hortenfis fructu cordato minore, hinc albo, indè dilutè rubro, carne durâ dulci.* DUH.

La peau du fruit, marquée d'une fimple ligne, eft d'un rouge tendre du côté du foleil, & d'un blanc de cire du côté de l'ombre, mais légèrement rofe. Sa chair eft blanche, moins dure que celle des autres bigarreaux, caffante, beaucoup plus ferme que celle des guignes; fon eau a un goût relevé, & fon noyau eft blanc. La maturité de ce fruit concourt avec celle des guignes.

M. Duhamel parle d'un bigarreautier que je ne connois point, & il le défigne fous le nom de *belle de Rocmont;* voici ce qu'il en dit. Il eft moins aplati & moins alongé que le bigarreau rouge. Le côté aplati n'a point de rainure fenfible, il n'eft divifé que par une ligne blanchâtre très-peu marquée; le pédunculé eft planté dans une cavité affez profonde, évafée, ronde dans fon pourtour.

Sa peau eft très-unie & brillante, d'un beau rouge pur dans quelques endroits, par-tout ailleurs marbrée, ou tiquetée finement de jaune doré; le côté de l'ombre eft d'un rouge lavé.

Sa chair eft ferme & caffante, un peu jaune fous le côté où la peau eft plus haute en couleur, un peu tiquetée de très-petits points rouges autour du noyau, blanche dans le refte.

Son eau eft abondante, vineufe, & très-agréable; fon noyau eft marbré de rouge. Cet excellent bigarreau

II. *Cerise de Hollande.* *Cerise à Bouquet.* Pl. XXVI. Pag. 643.

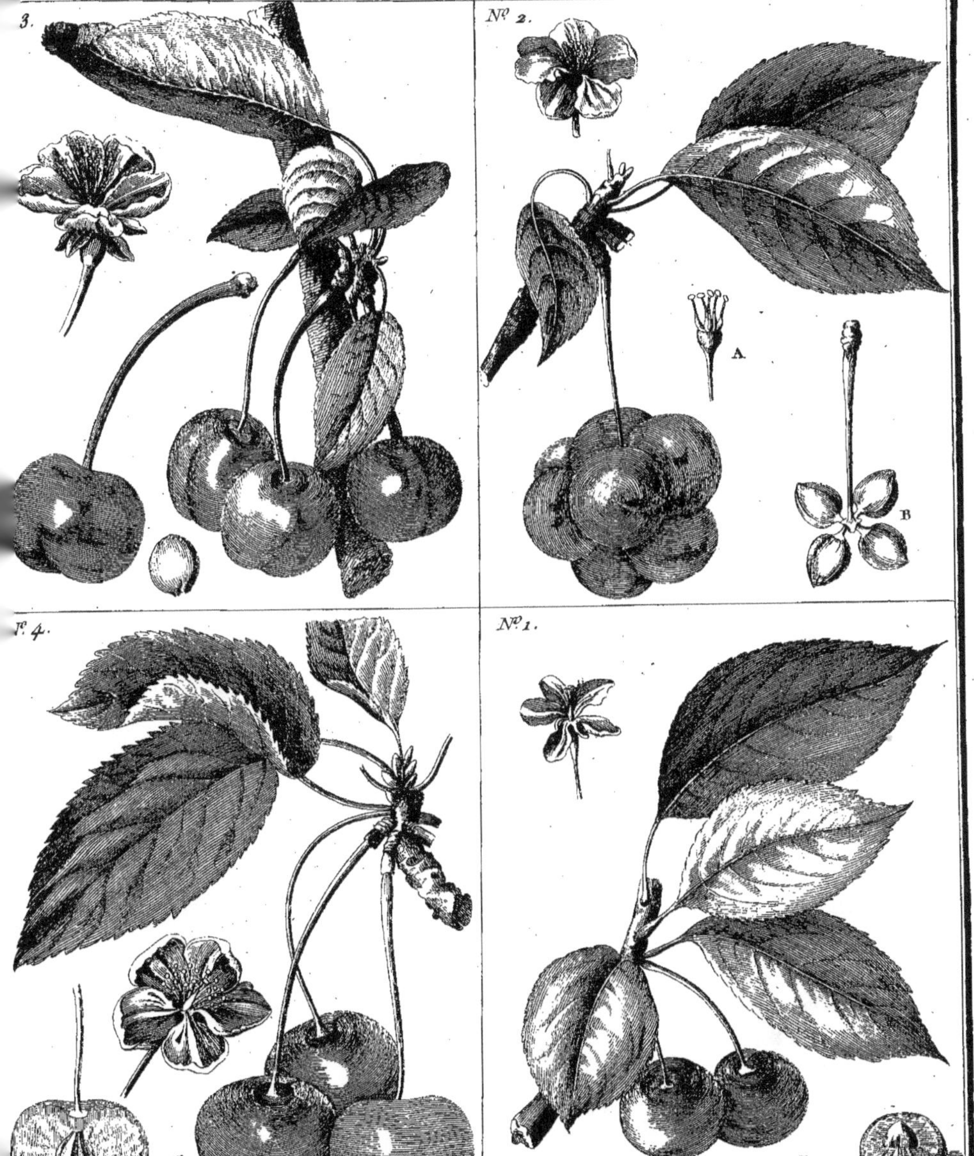

Cerise Ambrée. *Cerise précoce.* *Sellier Sculp.*

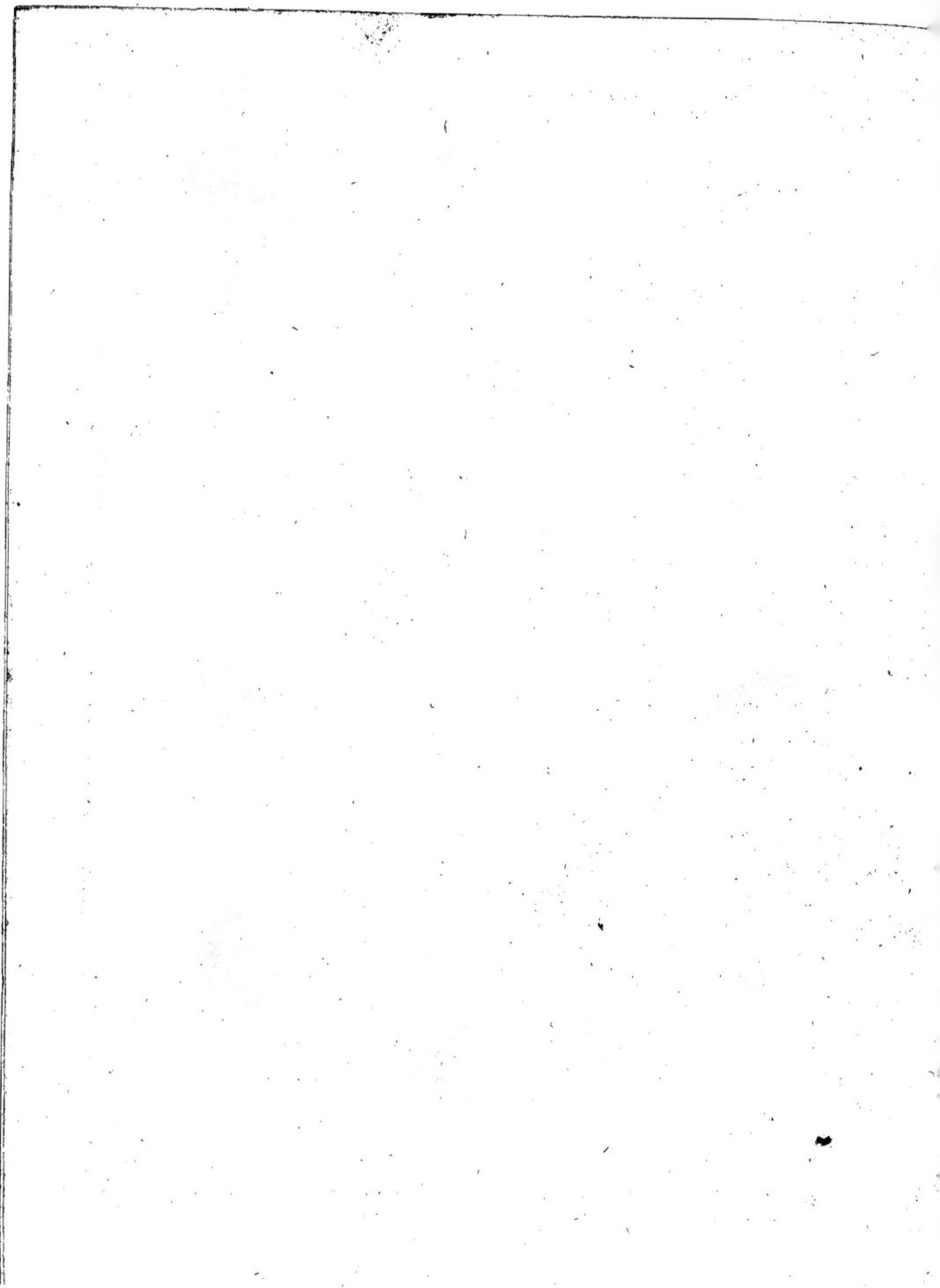

mûrit au commencement de Juillet & mérite d'être moins rare.

Section IV.

Seconde Classe.

Cerisiers (à Paris) *à fruits ronds, appelés* Griottiers *en province.*

Le port de l'arbre suffit seul pour distinguer ceux de cette classe, de celle des cerisiers ou guigniers, & bigarreautiers. Ils ne s'élèvent jamais autant que les autres, leurs branches sont plus multipliées, plus chiffonnes & moins fortes; leurs feuilles plus fermes sur leurs queues, moins grandes, d'un vert plus foncé; les fleurs plus petites, mais plus ouvertes; leurs fruits ronds, fondans, acides, & la peau se sépare aisément de la chair.

On pourroit, si on le vouloit, diviser cette famille en deux ordres; dans le premier, on rangeroit les arbres à fruits rouges, & dans le second les arbres à fruits noirs. Ces distinctions auroient peu d'utilité.

I. Cerisier nain précoce *ou* Griottier en province. *Cerasus pumila fructu rotundo minimo acido præcociori.* Duh. (*Voyez Planche 26, n°. 1.*)

Sa hauteur en plein vent est de six à huit pieds; la flexibilité & la longueur de ses branches le rendent propre à l'espalier; s'il ne mûrissoit pas aussi promptement, il ne mériteroit pas la peine d'être cultivé.

La *fleur* est composée de cinq pétales minces, alongés, étroits, froncés sur les bords; le calice est court proportion gardée avec la longueur des pétales.

Le *fruit* est le plus petit de toutes les espèces de cerises ou griottes de cette famille, rond, aplati par ses extrémités. Sa peau est dure, d'un rouge clair avant sa parfaite maturité, alors sa couleur est plus foncée; sa chair est blanchâtre, sèche, un peu colorée en rouge lorsque le fruit est mûr; son eau est fortement acide, & même un peu âpre; sur quelques pieds le noyau occupe les deux tiers du fruit; sur d'autres il est plus petit.

Les *feuilles* sont petites, si on les compare à celles des guigniers, &c. d'un vert plus noir, dentées en manière de scie irrégulièrement.

Les *bourgeons* sont, comme on l'a dit, longs & fluets, bruns du côté du soleil, & gris du côté opposé. Les boutons sont très-pointus, petits, alongés, & des boutons à fruits sortent communément deux cerises soutenues par des péduncules assez courts.

Le fruit est mûr dans le courant de Mai. On le greffe sur des drageons de cerisier à fruit rond, ou sur le cerisier de Sainte-Lucie.

II. Cerisier *ou* Griottier hatif. *Cerasus sativa fructu rotundo medio, acido, præcoci.* Duh. (*Voyez Pl. 24, n°. 2, pag. 640.*)

La *fleur* est très-ouverte, ses pétales arrondis, le pistil gros & saillant; les divisions du calice finement dentelées.

Le *fruit* est beaucoup plus aplati vers la queue qu'à l'autre extrémité. Sa peau rougit de bonne heure, mais le fruit n'est exactement mûr que lorsque la peau est d'un rouge plus foncé; sa chair est presque blanche, son eau douce, agréablement acide. Le noyau est presque rond, & un peu pointu à son extrémité supérieure.

Les *feuilles* se tiennent droites, celles des bourgeons sont plus grandes que les autres ; elles sont légèrement dentelées, d'un vert foncé & luisant.

L'*arbre* est beaucoup plus grand que le précédent, moins que les guigniers & les bigarreautiers, chargé de beaucoup de branches qui se soutiennent très-mal ; les boutons sont ovales & pointus, & font avec les bourgeons un angle assez ouvert ; les fleurs sortent souvent trois ou quatre du même œil, & comme les yeux sont rapprochés, il n'est pas rare de voir des grouppes de fruits de huit à neuf, & même plus.

On le greffe sur le merisier pour lui donner un pied un peu élevé ; l'époque de la maturité du fruit est à la fin de Mai ou au commencement de Juin.

III. Cerisier commun, *ou* Griottier a fruit rond. *Cerasus vulgaris fructu rotundo.* Duh.

Toutes les espèces de cette famille provenues de noyau, portent ce nom ; elles varient beaucoup par la grandeur de l'arbre, la manière de disposer ses branches, la qualité du fruit & le tems de sa maturité. C'est le griottier le plus rapproché de son état primitif. Je suis persuadé que si on le livroit à lui, que le terrain sur lequel il végète ne fût pas cultivé, que si on semoit de suite les noyaux du premier arbre ainsi abandonné à lui-même, que si on semoit encore les noyaux de ces seconds arbres, puis des troisièmes, on parviendroit à la dégénérescence exacte de l'espèce, & enfin elle seroit réduite à l'état sauvage dont j'ai parlé au premier Chapitre, & d'où la patience & l'industrie de l'homme l'ont tirée.

Le griottier commun a un grand avantage : comme il est moins éloigné de son état primitif, comme il végète dans son pays natal, il est plus robuste, & craint moins les effets du froid rigoureux que les autres griottiers plus perfectionnés & policés. Il faut des circonstances bien extraordinaires pour qu'il ne se charge pas chaque année d'une assez grande quantité de fruit, & lorsque la saison est propice, il en est surchargé.

La culture ou le hasard ont procuré deux jolies variétés de cet arbre : c'est le cerisier ou griottier à *fleur double* & *à fleur semi-double*, & tous deux produisent le plus joli effet dans les jardins ornés, & dans les bosquets d'été.

La fleur semi-double est formée par une vingtaine de pétales, du milieu desquels s'élèvent assez souvent deux pistils. M. Duhamel a observé que lorsque les fleurs à double pistil nouent leur fruit, ce qui n'arrive communément que sur les vieux arbres, le fruit est jumeau ; que les pistils de quelques fleurs se développent en petites feuilles vertes, & ces fleurs sont stériles ; enfin, que les fleurs à un seul pistil & en très-petit nombre, produisent du fruit.

La fleur double est composée d'un plus grand nombre de pétales ; du milieu s'élève un pistil monstrueux ou dégénéré en plusieurs feuilles vertes. Ces fleurs sont moins belles que celles des merisiers à fleur double ou semi-double.

IV. Cerisier *ou* Griottier a la Feuille.

On le trouve dans les bois. Son caractère particulier est d'avoir une feuille alongée, à dentelures inégales, pointue des deux côtés, peu renflée dans son milieu, & ayant des glandes à sa base & quelquefois des stipules. Cette feuille est adhérente à la queue qui soutient le fruit, & cette queue est longue. Le port de l'arbre eſt ſemblable à celui des autres griottiers, c'eſt-à-dire, que ſes branches ſont longues, fluettes, pendantes, &c; ſon fruit eſt dans ſon état ſauvage, & il ſert plus à la nourriture des oiſeaux qu'à celle des hommes; il eſt très-acide, même âpre & très-petit.

M. Duhamel parle d'une belle *ceriſe à la feuille*, que je n'ai jamais vue. Voici ce qu'il en dit: « Son fruit eſt gros & beau, aplati ſur un côté, diviſé d'une extrémité à l'autre par une ligne un peu enfoncée. Il diminue beaucoup de groſſeur vers la tête, ce qui, joint à ſon aplatiſſement, lui donne la forme d'une groſſe guigne raccourcie: la queue eſt bien nourrie, lavée de rouge à l'extrémité qui s'implante dans le fruit, au milieu d'une cavité aſſez profonde, mais étroite. La peau eſt d'un rouge brun très-foncé; la chair eſt rouge; l'eau eſt aigre. Dans ſon extrême maturité, elle perd aſſez de ſon aigreur pour ne pas déplaire à ceux qui aiment que la ceriſe ait le goût un peu vif, mais au moins elle eſt très-bonne en compote. Le noyau eſt gros & très-légèrement teint: ſa maturité eſt à peu près à la mi-Juillet.

V. Cerisier *ou* Griottier a trochet. *Ceraſus ſativa multifera, fructu rotundo medio, ſaturè rubro.* Duh.

Sa fleur reſſemble à celle du ceriſier hâtif; ſa taille, ſes feuilles & ſes bourgeons tiennent le milieu entre le ceriſier précoce & le ceriſier hâtif; ſes fruits ſont de médiocre groſſeur, la peau d'un rouge foncé dans ſa pleine maturité, la chair délicate, un peu fortement acide. Les fruits ſont ſi nombreux ſur les branches fluettes, qu'elles ſuccombent ſous le poids.

VI. Cerisier *ou* Griottier a bouquet. *Ceraſus ſativa fructu rotundo, acido, uno pediculo plures ferens.* Duh. (*Voyez Pl. 26, n°. 2, p. 643.*) Cette eſpèce eſt très-ſingulière par la forme de ſes fleurs, & par la manière dont les fruits ſe grouppent enſemble.

La *fleur*; le nombre des pétales varie de cinq à ſept; les étamines ſont en grand nombre, ainſi que les piſtils dont le nombre eſt depuis un juſqu'à douze. Si toutes les fleurs devenoient fruits, ils offriroient un coup-d'œil bien particulier; mais la majeure partie avorte, & les bouquets ſont ſeulement compoſés de deux, de trois, de quatre ou de cinq fruits.

Le *fruit* eſt rond, aplati par les extrémités, forme un grouppe à l'extrémité de la queue, plus nombreux ſur les vieux arbres que ſur les jeunes. On voit en A la diſpoſition des piſtils, & en B la manière dont ils ſont placés lorſqu'ils adhèrent au noyau; quoique les fruits ſe touchent, ils ne ſont point collés les uns contre les autres; leur peau eſt un peu dure, d'un rouge clair & vif; la chair eſt blanche, & ſon eau acide.

L'*arbre* a les branches très-touffues, foibles, pendantes; les bourgeons ſont fluets, rougeâtres du côté du ſoleil, & d'un vert jaunâtre du côté de l'ombre; les boutons ſont petits & obtus. Cet arbre eſt une variété du précédent, & il donne ſon fruit dans le mois de Juin.

VII. Cerisier, *ou* Griottier de la Toussaint, *ou* tardif. *Ceraſus ſativa æſtate continuâ florens ac frugeſcens.* Duh. (*Voyez Pl. 25, n°. 2, p. 641.*)

La *fleur* s'ouvre moins que celle des ceriſiers à fruits acides; les pétales ſont preſque planes, & un peu pointus à leur sommet; les étamines blanches & leur sommet jaune; les découpures du calice profondes, à dentelures fines & régulières.

Le *fruit* est petit, porté sur une très-longue queue; sa peau est dure, d'un rouge clair; sa chair blanche & son eau acide; le noyau est blanc.

L'*arbre* s'élève à la même hauteur que le précédent; & il lui ressemble par la disposition & la forme de ses branches. Elles sont chargées de boutons à bois & de boutons à fruit seulement. Ces derniers produisent de petits bourgeons, dont les trois ou quatre premiers yeux sont des boutons à bois pour l'année suivante; les autres boutons s'alongent, & donnent dans le même tems une ou deux fleurs; les premières fleurs paroissent en Juin, & l'arbre en produit pendant tout l'été. Il a de commun avec l'oranger, d'avoir en même-tems des boutons de fleurs, des fleurs épanouies, des fruits qui nouent, d'autres verts, d'autres qui commencent à rougir, & d'autres qui sont mûrs. Si on n'a pas le soin de dégarnir cet arbre de la prodigieuse quantité de branches chiffonnes, les fleurs des branches de l'intérieur avortent. La partie de la branche qui a donné du fruit se desséche pendant l'hiver, & périt. S'il ne produisoit pas du fruit dans une saison si reculée, il ne vaudroit pas la peine d'être cultivé.

VIII. Cerisier, *ou* Griottier de Montmorency, gros Gobet, Gobet a courte queue. *Cerasus sativa fructu rotundo majore acutè & splendidè rubro, brevi pediculo.* Duh. (*Voy. Pl. 24, n°. 3, pag. 640.*)

La *fleur* a ses pétales arrondis, un peu froncés sur les bords, le calice est à cinq dentelures pointues.

Le *fruit* est gros, fort aplati à ses deux extrémités; la queue est courte, grosse, implantée dans une cavité évasée; la peau d'un beau rouge vif peu foncé; la chair délicate, d'un blanc un peu jaunâtre; l'eau abondante, agréable, peu acide; le noyau blanc, petit.

Les *feuilles* petites, longuettes, dentées en manière de scie, & les dentelures un peu mousses; celles des branches à fruit moins grandes que les autres.

L'*arbre* médiocrement grand, ses bourgeons d'un brun plus clair du côté de l'ombre que de celui du soleil; ils sont très-fluets. Les boutons sont petits, arrondis, couverts d'écailles brunes. Son fruit mûrit en Juillet.

IX. Cerisier, *ou* Griottier de Montmorency. *Cerasus sativa fructu rotundo magno, rubro, gratè acidulo.* Duh.

Sa *fleur* est plus grande que celle du précédent, & son fruit moins gros & moins comprimé, plus arrondi, d'un rouge plus foncé, & plus hâtif d'environ quinze jours.

X. Cerisier, *ou* Griottier de Villenes a gros fruit rouge-pale. *Cerasus sativa fructu rotundo majore, dilutiùs rubro, gratissimi saporis vix aciduli.* Duh. (*Voy. Pl. 24, n°. 4, pag. 640.*)

La *fleur* est moins ouverte que celle des deux précédens. Ses pétales sont très-concaves, froncés & repliés en dedans par les bords.

Le *fruit* est gros, bien arrondi par la tête, couvert d'une peau fine, teinte d'un rouge clair, que l'extrême maturité fonce un peu; sa chair succulente, blanche; son eau abondante,

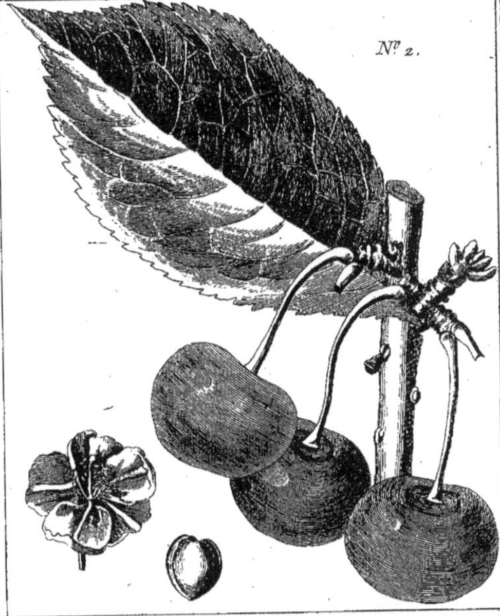

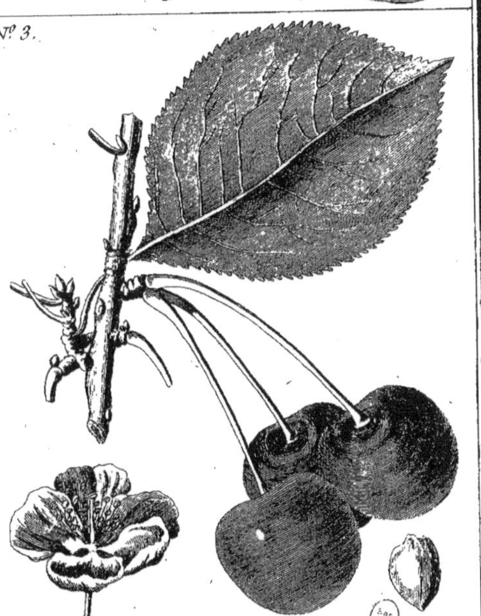

Griotte. Griotte d'Allemagne.

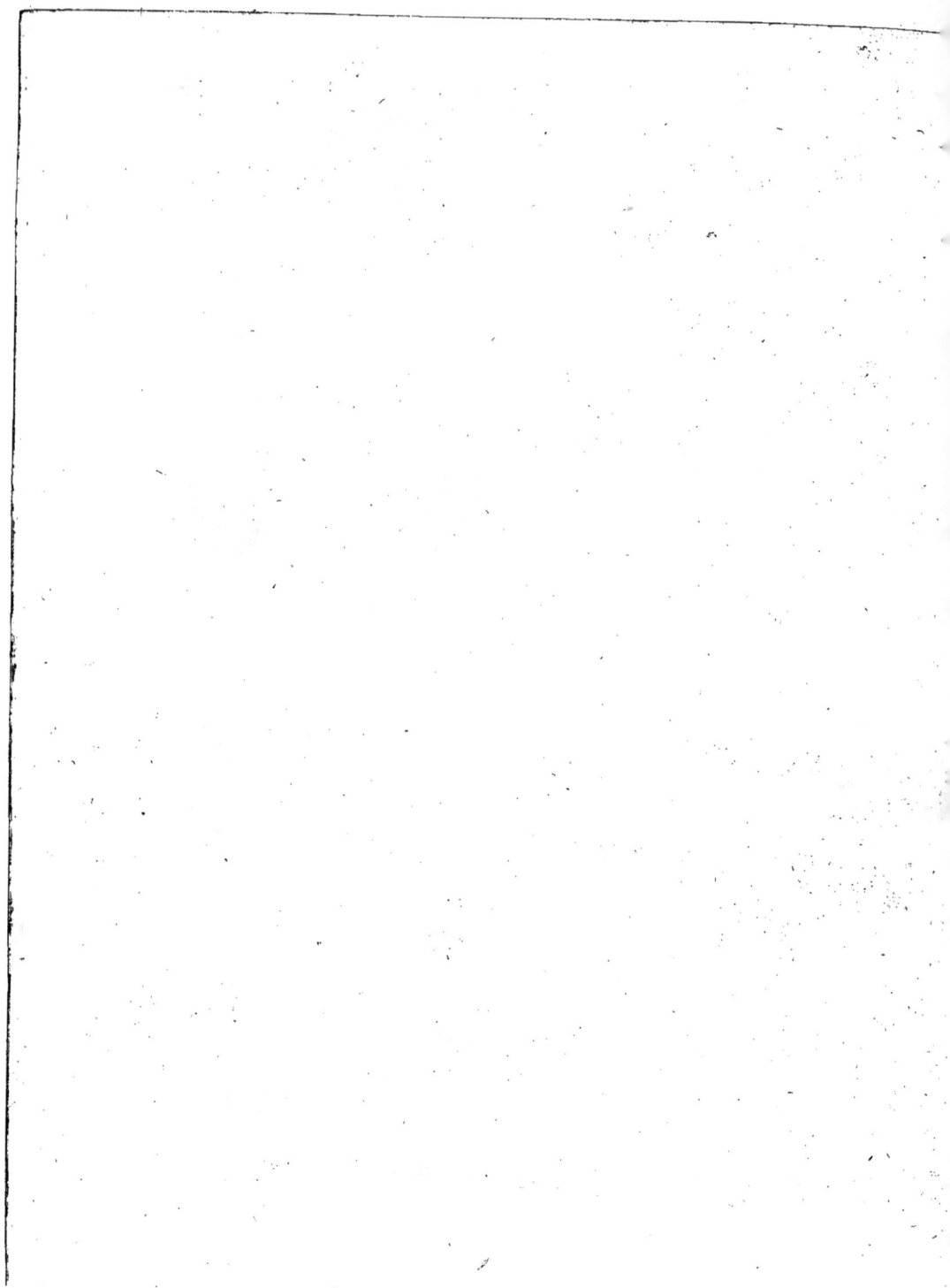

très-agréable, relevée d'une très-légère acidité.

Les *feuilles* d'un côté d'un vert peu foncé, & de l'autre d'un vert très-clair; elles se terminent par une pointe aiguë, & leurs bords sont garnis de dentelures inégales.

L'*arbre* surpasse par sa hauteur les deux précédens, soutient mieux ses branches, & pousse ses bourgeons verticalement. Les bourgeons ont le double de grosseur de ceux du gros gobet, & sont moins rouges. Les boutons sont une fois plus gros & plus longs, & tous sont pointus. Il sort deux à trois fruits du même œil, qui mûrissent dans le courant de Juin.

XI. Cerisier de Hollande. *Cerasus sativa paucifera, fructu rotundo magno, pulchrè rubro, suavissimo.* Duh. (*V. pl. 26, n°. 3, p. 643.*)

La *fleur* grande, moins ouverte que celle des cerisiers à fruits ronds; son pistil moitié plus long que les étamines; les bords des pétales sont un peu échancrés, & les découpures du calice aiguës & lisses.

Le *fruit* est gros, presque rond, soutenu par de longues queues bien nourries; sa peau est d'un très-beau rouge; sa chair fine d'un blanc un peu rougeâtre; son eau douce, très-agréable, légèrement teinte; son noyau est un peu rougeâtre.

Les *feuilles* sont grandes, ovales, aiguës par leurs extrémités; leur contour à dentelures inégales; leur pétiole d'un rouge foncé du côté du soleil.

L'*arbre* est le plus grand de tous les cerisiers-griottiers; ses branches sont moins nombreuses, & plus nourries que celles des arbres de cette famille; les bourgeons forts, d'un rouge brun du côté du soleil, d'un vert jaunâtre du côté de l'ombre, recouverts & comme marbrés de gris clair. Les boutons sont gros, longs, rassemblés, & de chaque bouton il pend depuis deux jusqu'à quatre fruits. Les fleurs de cet arbre sont sujettes à couler: la maturité du fruit est dans le milieu de Juin.

XII. Cerisier a fruit ambré, a fruit blanc. *Cerasus sativa fructu rotundo magno, partim rubello, partim succineo colore.* Duh. (*Voy. Pl. 26, n°. 4, page 643.*)

Ce cerisier devient le plus grand de sa classe; il soutient bien ses branches, quoique fort longues; ses bourgeons sont forts, ses yeux fort gros, ses feuilles grandes, ses fleurs nombreuses, peu ouvertes; son fruit est la plus excellente de toutes les cerises, souvent peu abondant, gros, arrondi par la tête, porté par une queue assez longue; sa peau est fine, de couleur d'ambre, que la maturité lave, en quelques endroits, de rouge fort léger, ou bien le soleil la teint de rouge clair, & le côté de l'ombre est mêlé de rouge jaune; son eau est très-abondante, douce, sucrée, sans fadeur; sa maturité est vers la mi-Juillet; je n'ai jamais vu ce fruit ni l'arbre qui le produit.

XIII. Griottier. *Cerasus sativa fructu rotundo, magno, nigro, suavissimo.* Duh. (*Voy. Pl. 27, n°. 1.*)

Les *fleurs* s'ouvrent bien; leurs pétales plus larges que longs, fortement creusés en cuilleron; le calice rougeâtre, petit, à découpures aiguës.

Le *fruit* est gros, aplati vers la queue, sillonné dans l'aplatissement qui règne d'un côté de sa hauteur; sa queue bien nourrie, placée dans une cavité assez large; la peau fine, luifante & noire ; la chair ferme, d'un rouge brun foncé ; son eau d'un beau rouge, très-douce, très-agréable.

Les *feuilles* grandes, d'un vert très-foncé, terminées en pointes longues & aiguës, pliées en gouttière, dentelées inégalement.

L'*arbre* moins grand que le précédent, soutient bien son bois, plus plus gros & moins nombreux ; ses bourgeons sont gros, courts, d'un rouge brun peu foncé du côté du soleil, verts du côté de l'ombre ; ses boutons gros par la base, terminés en pointe ; ils sont très-rapprochés, & de chacun il sort deux ou trois fruits, de manière que les fruits environnent la branche ; ce qu'on n'a pas pu représenter dans la gravure, à cause du peu d'espace. Le fruit mûrit au commencement de Juillet.

On connoît encore le *cerisier à petit fruit noir & à très-petit fruit noir*, qu'on appelle *grosse & petite cerise à ratafia*, & qu'on ne doit pas confondre, à cause de la singularité de la nomenclature, avec les merisiers destinés au même usage, qui sont des fruits tardifs, petits & amers ; ils mûrissent en Août : leur peau est épaisse, d'un rouge obscur fort approchant du noir ; la chair & l'eau d'un rouge foncé.

XIV. GRIOTTIER DE PORTUGAL. *Cerasus sativa fructu rotundo, maximo, è rubro nigricante, sapidissimo.* DUH. (*Voy. Pl. 27, n°. 2, p. 647.*)

La *fleur* bien ouverte, bien arrondie ; les pétales plus larges que longs, plissés dans le milieu & sur les bords ; le calice est court, les découpures obtuses à leur extrémité.

Le *fruit* très-gros, applati par les extrémités, & un peu par un côté. La queue est grosse, sur-tout à son insertion dans le fruit, dans une cavité profonde & évasée ; sa peau est cassante, d'un beau rouge brun tirant sur le noir ; sa chair ferme, d'un rouge foncé, & s'éclaircit vers le noyau ; l'eau d'un beau rouge, abondante, légèrement amère & excellente ; le noyau petit, pointu à son sommet.

Les *feuilles* sont grandes ; leur plus forte largeur est vers le sommet terminé en pointe ; leur circonférence est garnie de dentelures profondes & inégales ; celles des bourgeons ont un quart de longueur de plus que celles des branches à bois.

L'*arbre* est de hauteur médiocre, pousse de fort gros bourgeons courts & bien garnis de grandes feuilles ; les boutons sont gros, courts, souvent doubles ou triples. Il sort de chacun deux ou trois fruits ; il mûrit en Août.

Cette espèce de cerise est nommée par quelques-uns *royale, archiduc, royale de Hollande, cerise de Portugal.*

XV. GRIOTTIER D'ALLEMAGNE, GRIOTTE DE CHAUX, GROSSE CERISE DE M. LE COMTE DE SAINT-MAURE. *Cerasus sativa, fructu subrotundo, magno, è rubro nigricante, acido.* DUH. (*Voy. Pl. 2, n°. 37, page 647.*)

La *fleur* moins ouverte que celle des cerisiers ; ses pétales plus larges que longs, fort concaves, plissés souvent en forme de cœur ; le calice petit, ses découpures profondes, arrondies à leur base, aiguës à leur sommet.

Le *fruit* a la forme alongée ; il est plus renflé vers la queue qu'à l'autre extrémité ; sa queue est menue, longue, implantée dans un enfoncement peu creusé ; la peau est d'un rouge brun foncé & presque noir ; la chair d'un d'un rouge foncé ; l'eau abondante, trop acide ; le noyau un peu teint en rouge, terminé en petite pointe.

Les *feuilles* des branches à fruit sont petites, courtes, pointues, dentées finement & régulièrement; celles des bourgeons sont plus longues d'un tiers, terminées par une longue pointe, dentées inégalement & profondément.

L'*arbre*; son bois est menu, alongé, se soutient mal; ses bourgeons sont longs, menus, fluets, d'un brun rougeâtre; les boutons sont longs, bien nourris, obtus. Il sort trois ou quatre fleurs de chaque bouton. Le fruit est mûr à la mi-Juillet.

Dans le Poitou, dans l'Angoumois, & dans les provinces circonvoisines, on cultive un cerisier ou griottier de Paris, nommé *guindoubier*, & son fruit *guindoux*. La queue en est courte, forte; le fruit très-gros, très-charnu, très-coloré, rempli d'une eau abondante, excellente & bien parfumée. Il est étonnant qu'il ne soit pas plus multiplié dans les autres provinces du royaume.

XVI. Royale Chery-duke. *Cerasus sativa multifera, fructu rotundo, magno, è rubro-subnigricante, suavissimo.* Duh. (*V. Pl. 25, n°. 3, p. 641.*)

Les *fleurs* bien ouvertes; les pétales ovales & creusés en cuilleron, attachés par de longs onglets.

Fruit, gros, un peu comprimé par les deux extrémités; la queue médiocrement grosse, toute verte; la peau d'un beau rouge brun, tirant sur le noir dans l'extrême maturité du fruit; la chair rouge & un peu ferme; l'eau très-douce, le noyau surmonté de quelques proéminences du côté de la queue, & pointu de l'autre extrémité.

L'*arbre* s'épuise à produire des fruits; il est d'une grandeur au-dessous de la moyenne; ses bourgeons sont légérement teints de rouge du côté du soleil, & d'un vert clair à l'ombre; ils sont courts. Les boutons sont petits, longs, pointus; & d'un même bouton il sort depuis deux jusqu'à cinq fleurs qui nouent facilement : aussi la branche est-elle environnée de fruit par grouppes, qu'on n'a pas pu représenter dans la gravure. Le fruit mûrit au commencement de Juillet.

On compte plusieurs variétés de ce cerisier : les plus estimées sont le *may duke*, ou *royale hâtive*, qui mûrit au commencement de Juin, & souvent en Mai; la *royale tardive*, dont le fruit mûrit en Septembre; il est beau, mais trop acide; la *royale tardive* ou la *holmans-duke*, qui est une très-bonne cerise. Je ne connois aucune de ces variétés; mais je demande si elles ressemblent beaucoup aux espèces que l'on transporta de Rome en Angleterre, cent vingt ans après que Lucullus les eut apportées à Rome.

XVII. Cerise-Guigne. *Cerasus sativa multifera, fructu subcordato, magno, è rubro nigricante, suavissimo.* Duh. (*Voy. Pl. 27, n°. 4, p. 647.*)

Les *fleurs* peu ouvertes, les pétales un peu creusés en cuilleron, assez semblables à celles du précédent.

Fruit, gros, aplati sur les côtés, sans rainure; la queue menue, implantée dans une cavité large & profonde; la peau d'un rouge brun foncé, & presque noire dans sa maturité; la chair un peu molle, colorée comme la peau, s'éclaircit auprès du noyau; son eau douce, d'un goût agréable &

rouge; ſon noyau ovale, alongé, pointu à ſon extrémité.

Ses *feuilles* ſemblables à celles du précédent.

L'*arbre* plus grand que le chéry-duke; ſes bourgeons gros, forts, de longueur médiocre; ſes boutons grouppés en grand nombre à l'extrémité des branches à fruit, ce qu'on n'a pu repréſenter dans la gravure, donnent chacun depuis trois juſqu'à cinq fleurs. Cet arbre eſt une variété perfectionnée du précédent: il mûrit à la fin de Juin.

De cette variété, il en eſt provenu une autre, nommée *royale-nouvelle*, qui fleurit depuis la mi-Juin juſqu'à la mi-Juillet. Elle diffère de la première par ſa couleur un peu plus claire, & ſa forme un peu plus arrondie.

Ceriſes ſuivant l'ordre de leur maturité.

May-duke.	Guindoux.
Ceriſe précoce.	Ceriſe à gros fruit rouge pâle.
Guigne blanche.	Gros bigarreau blanc.
Guigne noire.	Gros bigarreau rouge.
Bigarreau hâtif.	Ceriſe-guigne.
Ceriſe hâtive.	Gros gobet.
Ceriſe commune.	Ceriſe ambrée.
Guigne noire luiſante.	Griotte.
Ceriſe à bouquet.	Griotte de Portugal.
Ceriſe à trochet.	Griotte d'Allemagne.
Ceriſe de Montmorency.	Ceriſe commune tardive.
Chery-duke.	Ceriſe de la Touſſaint.

CHAPITRE IV.

De la culture du Ceriſier.

Tout ſol de nature calcaire & légère eſt excellent pour le ceriſier. Il réuſſit moins bien dans les fonds argileux, ou dont le grain de terre eſt trop compacte, ainſi que dans les endroits humides. Dans ces derniers terrains ſur-tout, la fleur eſt ſujette à couler, & la meilleure eſpèce de ceriſe y a peu de goût.

Les ceriſiers ne ſe plaiſent pas dans les pays & dans les expoſitions trop chaudes. On ne doit y planter que ceux de primeur, & leur fruit ſera toujours au-deſſous du médiocre. Il aime les pays de montagnes, les lieux élevés; il y eſt plus tardif, il eſt vrai, mais ſon fruit eſt beaucoup plus parfumé. Sa bonté dédommage amplement d'une jouiſſance anticipée de deux ou trois ſemaines; l'arbre s'en porte mieux, & ſubſiſte plus long-tems.

La majeure partie des ceriſiers ſe multiplie & ſe reproduit de noyau. La greffe cependant eſt préférable & plus expéditive, puiſqu'il faut attendre que l'arbre provenu du noyau donne ſon fruit, afin d'être à même de juger de ſa qualité. J'invite ceux qui peuvent ſacrifier une légère ſomme à des expériences, à multiplier les ſemis; ſur la totalité, ils ſeront peut-être aſſez heureux pour avoir de nouvelles eſpèces: ſinon ils auront des ſujets pour greffer les eſpèces qu'ils deſireront. Il conviendroit encore qu'ils mariaſſent les étamines d'une eſpèce avec le piſtil d'une eſpèce différente. *Voyez* ce que j'ai dit du mélange des étamines à la page 195 du tome premier, au mot Abricot, ainſi que pour les ſemis, page 197.

Le meriſier eſt, de tous les arbres de cette famille, celui qui réuſſit le mieux pour recevoir la greffe. D'ailleurs, ſes pieds ſont droits, forts & vigoureux, & il ne pouſſe point de rejetons de ſes racines; c'eſt le meilleur arbre pour les hautes tiges. Après lui viennent les ceriſiers à fruits ronds, ou *griottiers* en province. Ceux-ci ont la facilité de se reproduire de drageons; & si on veut les multiplier, il suffit de couper le tronc de l'arbre entre deux terres, ou de l'éclater à la naissance des racines. (*Voyez* ce qui est dit de l'*acacia*, tome I, page 208.) Si on les greffe, ils poussent beaucoup de drageons.

Le cerisier de Sainte-Lucie ou *Mahaleb*, (*voyez* ce mot) est encore très-bon pour recevoir la greffe de tous les cerisiers; il réussit assez bien même dans les plus mauvais terrains, & très-bien dans les terrains passables.

Toutes les manières de greffer sont bonnes pour le cerisier: l'écusson, à la pousse des jeunes sujets; en fente, lorsque le pied est fort, ou lorsque l'on veut changer la tête de l'arbre, sont les méthodes les plus sûres de *greffer*. (*Voyez* le mot Greffe)

Il faut bien aimer à tyranniser les arbres pour disposer leurs branches contre des murs, pour les tailler en *espalier* ou en *buisson*. Cet arbre a conservé, malgré nos soins, son principe sauvage; il veut pousser à sa fantaisie, & suivant la loi prescrite par l'auteur de la nature. La serpette meurtrière du jardinier veut le contraindre de se prêter à ses volontés, il dépérit & meurt promptement.

Ne cherchez pas à donner à l'arbre destiné au plein-vent une forme gracieuse & symétrique, sans quoi vous payerez cher votre attention déplacée. S'il meurt des branches, laissez-les sécher sur pied, un coup de vent les cassera, & l'arbre sera net. Quant aux branches chargées de gomme, ce qui arrive toujours par une transpiration arrêtée, ne les abattez pas, elles périront d'elles-mêmes; leur retranchement feroit une nouvelle plaie à l'arbre, où il se formeroit une plus grande quantité de gomme. En général, le cerisier à fruit en cœur se coiffe & pyramide bien; ceux à fruit rond se chargent de trop de branches; mais comme la nature n'a rien fait en vain, & comme cet arbre n'est pas créé pour le simple coup-d'œil, il aura soin de se débarrasser de ses branches superflues. Ce langage paroîtra singulier à ceux qui ont toujours la serpette à la main; mais qu'ils prennent la peine de comparer la durée de l'arbre façonné suivant leurs caprices, ou celle de l'arbre conduit par les mains de la nature. En un mot, la véritable forme du cerisier est le plein-vent.

J'avoue, malgré ce que je viens de dire, qu'un mur garni de branches de cerisier disposées en espalier offre un joli coup-d'œil; dans la première saison, la multiplicité de ses fleurs & leur ordre symétrique flattent la vue; ensuite le vert foncé des feuilles contraste parfaitement bien avec la vivacité & la couleur tranchante des fruits, depuis qu'ils rougissent jusqu'à leur parfaite maturité. Ce que j'ai dit de la taille du cerisier à plein-vent s'applique en partie à celui-ci, c'est-à-dire, qu'il faut être très-discret dans la taille & dans l'ébourgeonnement. C'est de la multiplicité des *brindilles* (*voyez* ce mot,) que dépend celle des fruits. Tous les bourgeons de cerisiers à fruit rond sont, comme on l'a remarqué, menus, fluets, & par conséquent ils se prêtent avec une facilité extrême au palissage; il vaut mieux conserver & palisser ceux qui ont poussé sur le devant des tiges que de les couper. La multiplicité des branches à fruit fait que l'arbre a peu de gourmands ; s'il monte trop haut, on peut le rabaisser ; les boutons percent facilement l'écorce, & garnissent les places vides. Encore une fois, je le répète, craignez de trop couper des branches.

CHAPITRE V.

Des propriétés du Cerisier.

I. *Propriétés médicinales.* Le fruit est rafraîchissant, nourrissant, laxatif quand il est bien mûr, astringent lorsqu'il est encore vert. On regarde les feuilles comme laxatives & les noyaux comme diurétiques. La cerise acide ou griotte tempère la soif. Son suc étendu dans beaucoup d'eau, édulcoré avec suffisante quantité de sucre, convient dans les fièvres où il y a ardeur, soif, & tendance vers la putridité. Le cerisier à fruit doux ou le guignier cause des vents dans les premières voies.

II. *Des propriétés du bois.* Si la couleur du bois se soutenoit, il seroit un arbre précieux pour l'ébénisterie. Le merisier a son bois plus serré, plus dur que les cerisiers à fruit en cœur & à fruit rond. Dans quelques provinces on fait avec les branches de celui-là de très-bons échalas pour les vignes, sur-tout si on a eu le soin de les écorcer ; des cerceaux de tonneau, si elles sont assez droites & assez longues ; & dans quelques autres endroits, les grandes branches unies au tronc & fendues dans les proportions convenables, servent à faire des cerceaux pour les cuves.

III. *Des propriétés économiques du fruit.* Je pense que l'on ne trouvera pas déplacé le petit épisode sur le *kirsch-wasser*, & non pas *kervaser*, comme on prononce en France, liqueur spiritueuse qu'on obtient par la distillation des différentes espèces de cerises sauvages. La distillation de cette liqueur forme une branche de commerce assez considérable dans les montagnes d'Alsace & de Franche-Comté, mais principalement dans les cantons de Bâle, de Berne, &c. Comme l'arbre qui produit la cerise propre à cette distillation est fort commun dans toutes nos forêts & sur nos montagnes, il seroit à desirer que ce genre d'industrie s'étendît en France, & rien n'est plus facile.

Le kirsch-wasser se fait avec la merise noire à suc doux, & avec la cerise ou griotte à fruit rouge & acide. Ces cerisiers donnent des fruits en abondance, même dans les vallons au pied des glâciers de Grindelvald. La liqueur qui provient du merisier à fruit noir est infiniment plus délicate que celle tirée de la cerise acide. Souvent on mêle les deux fruits ensemble, & on a tort. On a plus grand tort encore lorsqu'on mêle à ces deux fruits les prunelles & les sorbes. Alors la liqueur est détestable & nuisible à la santé. Voici la manière de la préparer.

Prenez telle quantité qu'il vous plaira de cerises des bois, noires, vineuses, teignant fortement les doigts, nommées *merises*, lorsqu'elles seront au point d'une parfaite maturité. Otez-en les queues, & mettez-les dans un vase quelconque, où elles seront écrasées & bien réduites en pâte. N'écrasez pas tous les noyaux, mais seulement un tiers, ou la moitié tout au plus. Les merises ainsi préparées, jettez le tout ensemble dans un tonneau, pour les laisser *fermenter* (*voyez* ce mot) pendant six ou sept jours. Si c'est dans un grand vase ouvert, couvrez-le bien, afin que la liqueur ne s'évente pas. Lorsque la fermentation est achevée, prenez une quantité de ces merises & de leur suc, que vous jetterez dans un *alambic* (*voyez* ce mot) garni de toutes ses pièces. Ayez l'attention de ne pas le remplir, & de laisser un demi-pied de vide. Vous verserez pour la première fois sur les merises mises dans l'alambic, une pinte ou une pinte & demie d'eau de merise distillée, & mêlez le tout exactement. Si on repasse par une seconde distillation la liqueur qu'on obtiendra dans la première, cette addition est inutile; le kirsch-wasser en sera plus fort.

Commencez par donner un feu doux, modéré & par degré, & ayez soin de remuer de tems en tems toute la masse avec un bâton, afin que le marc ne s'attache pas au fond. Lorsque la masse annonce les premiers bouillonnemens, couvrez la chaudière de l'alambic de son chapiteau, armez-le de son serpentin, de son réfrigérant, & ayez grand soin que son eau soit fraîche & jamais chaude; renouvelez-la lorsqu'elle commencera à s'échauffer. La plus grande attention à avoir, est de ne pas presser le feu. Si la distillation coule trop vîte ou trop fort, c'est une marque qu'il y a trop de feu, & la liqueur sentira l'empireume. Elle doit couler goutte à goutte. Tant que la liqueur sera claire comme l'eau de roche, ce sera une preuve que la distillation de la bonne liqueur n'est pas à sa fin; mais dès qu'elle paroîtra louche, changez aussi-tôt de récipient, & recevez dans un autre ce qui continuera à distiller. Prenez garde cependant que cette liqueur louche ne contracte le goût de feu ou de brûlé qui ne se perd jamais. Conservez cette eau louche pour une seconde distillation, & vous distillerez jusqu'à ce que vous n'ayez plus de fruit fermenté.

Celui qui desirera la perfection du kirsch-wasser, fera très-bien de *distiller* au *bain-marie*, (*voyez* DISTILLATION) la liqueur n'aura jamais aucun mauvais goût, & on ne craindra pas de brûler l'alambic, ni de gâter la liqueur en poussant le feu.

Plusieurs distillateurs de kirsch-wasser n'ont point de réfrigérant sur le chapiteau de l'alambic, ni même de serpentin, mais un simple tuyau qui s'adapte au bec de l'alambic, & traverse un tonneau ou tel autre vaisseau rempli d'eau: il n'est donc pas étonnant que la plus grande partie de cette liqueur qu'on vend dans le commerce, ait un goût de feu. A Grasse en Provence, les distillateurs d'eau de senteur, &c. ont un filet d'eau froide qui passe perpétuellement par le réfrigérant. Mais consultez ce que j'ai dit au mot ALAMBIC, en parlant des réfrigérans.

Presque tout le marasquin du commerce est fait avec le kirsch-wasser mêlé avec une quantité proportionnée d'eau ordinaire & de sucre.

J'ignore la composition du marasquin de Zara, presqu'isle de la Dalmatie. Le nom de *marasquin* vient de *marasque*, qui est le nom donné par les italiens à une cerise acide, ou griotte. Mais cette cerise est-elle la même que celle dont on se sert à Zara? Ce qui prouveroit le contraire, c'est la différence des deux qualités de marasquins. Les vénitiens ont fait tout ce qu'ils ont pu pour perfectionner leur marasquin, mais celui de Zara mérite la préférence à tous égards.

Dans les pépinières de Montbard,

en Bourgogne, on vendoit un arbre sous le nom de cerisier de Zara, dont le fruit étoit rouge & acide; mais qui pourra constater que les premiers noyaux soient venus de Zara? & quand même on les auroit apportés à Montbard, il ne seroit pas encore décidé que c'étoit avec le fruit de cet arbre qu'on y faisoit le marasquin. Je prie très-instamment les personnes entre les mains desquelles cet Ouvrage tombera, & qui sont dans le cas d'aller à Zara, ou d'y avoir des correspondances, de me procurer des noyaux des cerisiers dont on fait le marasquin; je leur en aurai la plus grande obligation, ainsi que des espèces de cerisiers cultivés ou sauvages de Cerasunte. Je leur demanderai encore de me procurer un détail bien circonstancié du procédé suivi dans la fabrication du marasquin.

Si on doit s'en rapporter à ce qui est dans l'*Art du Distillateur & Marchand de liqueurs*, publié par M. Dubuisson, en 1779, tome I, pag. 324, on aura le procédé de Zara. L'auteur dit le tenir d'un savant piémontois, sujet de Sa Majesté le feu Roi de Sardaigne, qui a résidé fort long-tems à Venise & à Zara.

» On se sert d'une espèce de cerise sauvage qui ne croît qu'en Dalmatie : ce fruit est aromatique, & le goût de son amande est un peu semblable à celui de nos avelines. (Cette définition très-imparfaite, se rapporteroit plutôt au fruit du merisier qu'à celui de la cerise aigre.) » On recueille ces fruits lorsqu'ils ont atteint leur parfaite maturité. On les sépare de leurs queues; on écrase fruits & amandes, & le tout est jeté dans une cuve destinée à les faire fermenter; on délaye ensuite avec le jus de ce fruit, autant de livres de miel blanc qu'on a écrasé de quintaux de cerises; puis on le jette dans la cuve, on foule, & quand le liquide a éprouvé le même degré de fermentation qu'on fait subir aux raisins, on le verse dans de grands alambics, au fond desquels on a préalablement placé une grille construite en deux parties qu'on adapte l'une à côté de l'autre, & dont les mailles sont assez serrées pour que le marc ne se précipite pas au fond du vaisseau qu'on couvre de son chapiteau, armé de son réfrigérant, & on procède à la distillation. Six mois ou un an après avoir converti ce vin en eau-de-vie, on rectifie cette liqueur au bain-marie, & on répète cette opération autant de fois qu'on estime devoir le faire, c'est-à-dire, jusqu'à ce que l'esprit soit dépouillé de tout corps hétérogène; ce qu'on connoît à l'odeur & à la saveur agréable de cette liqueur. On fait fondre du sucre blanc dans une suffisante quantité d'eau simple, on le mêle avec l'esprit-de-vin, & on laisse vieillir le mélange. »

Les auteurs & les voyageurs qui parlent de Zara, ne disent rien de satisfaisant sur la marasque. Dans un ouvrage intitulé : *Etat de la Dalmatie*, imprimé en 1775, & dont l'auteur, nommé Grisogono, est né en Dalmatie, dans la ville de Trau, on lit que la marasque ne se trouve abondamment que dans la province de Poglizza, qui est une petite république indépendante au milieu de la Dalmatie, & que par-tout ailleurs elle est très-rare; que les paysans de cette province en exportent une très-grande quantité dans des barques, ou par terre à dos de cheval, dont la plus grande partie se vend aux fabricateurs de *rossoli* qui sont dans toutes les villes voisines; de manière que l'excellente qualité de ces fruits rend ces *roſſolis* parfaits & ſupérieurs à tous ceux qui ſe font en Italie & dans d'autres pays. Il eſt viſible que ce que l'auteur entend par *roſſoli*, eſt le maraſquin.

CERISE. *Pêche*. (*Voyez* ce mot)

CERISETTE. *Prune*. (*Voy*. ce mot)

CERNEAU. *Noix verte*. (*Voyez* NOIX.)

CETERACH. (*Voyez Pl. 23, page 630.*) M. Tournefort le place dans la première ſection de la ſeizième claſſe, qui comprend les herbes apétales ſans fleurs, dont les fruits naiſſent ſur le dos des feuilles, & il l'appelle *aſplenium ceterach*. M. von Linné lui a conſervé la même dénomination, & il le claſſe dans la cryptogamie, dans la famille des fougères.

Fleur & fruit. On ſait que les lignes droites & ſaillantes placées ſous les feuilles, ſont des fleurs dont on n'a pas encore bien développé la ſtructure; ainſi nous les appellerons du mot général *fructification*. Ces lignes droites ſont un compoſé de petites écailles, entre leſquelles s'élèvent des amas de cellules ſphériques qui contiennent une pouſſière ſemblable à celle des fougères. Les paquets de fleurs ſont ovales & diſpoſés ſur deux rangs ſous chaque diviſion des feuilles. On voit en A une de ces diviſions groſſie au microſcope, qui couvre les fentes par où s'échappe cette eſpèce de pouſſière, reconnue pour être le fruit B: c'eſt une petite boule membraneuſe environnée d'un cordon à grains de chapelet C, qui par ſa conſtruction le fait ouvrir en deux parties D comme une boîte à ſavonnette, & répand quelques ſemences fort menues E.

Feuilles, preſque ailées, découpées en lobes alternativement placés, unis par leur baſe, obtus, ſinués & ondés.

Racine, fibreuſe, brune.

Port. Il ſort de la racine un grand nombre de feuilles de trois ou quatre pouces de long, vertes en deſſus, d'un jaune brun ſur la ſurface inférieure qui porte la fructification.

Lieu. Les mazures, les rochers.

Propriétés. C'eſt une de cinq plantes capillaires. Les feuilles ont une ſaveur d'herbe mucilagineuſe, un peu âpre & aſtringente; on la regarde comme apéritive & comme béchique.

Uſages. On ſe ſert de toute la plante, excepté de la racine, & on en fait des infuſions & des décoctions en manière de thé. M. Morand en conſeille fortement l'uſage, & il preſcrit deux ou trois taſſes le matin à jeûn, pour charier doucement les ſables, diſſiper les embarras des reins, adoucir les douleurs cauſées par les maladies néphrétiques dans les voies urinaires.

CHALEUR, PHYSIQUE, ŒCONOMIE ANIMALE & VÉGÉTALE.

PLAN DU MOT CHALEUR.

Section première.

Définition de la Chaleur.

Si nous considérons la chaleur par rapport à nous & métaphysiquement, nous la définirons un sentiment particulier excité en nous par la présence du feu. Si nous la considérons dans les corps qui nous environnent & dans nous-mêmes, mais indépendamment de la sensation qu'elle nous fait éprouver, nous pouvons, je crois, très-bien définir la chaleur, un être physique, un commencement de feu dont on connoît la présence, & dont on mesure les effets tant sur les solides que sur les fluides. Tout ce que nous dirons de la chaleur, aura la plus grande analogie avec ce que nous dirons du *feu*, (*voyez* ce mot) & nous pourrions renvoyer à cet article, s'il n'y avoit pas une infinité de connoissances & de phénomènes intéressans à bien entendre dans la chaleur, considérée simplement comme chaleur. Nous croyons donc absolument nécessaire de les développer ici, renvoyant pour de plus longs détails aux mots Feu & Lumiere.

§. I. *Origine & effets physiques de la chaleur sur tous les corps.*

La chaleur existe-t-elle par elle-même & individuellement comme l'eau, l'air, &c. &c.? n'est-elle que le feu, ou l'un & l'autre ne sont-ils que la matière générale mise dans un mouvement particulier, qui allant toujours en croissant, donne naissance à la chaleur, la dilatation, l'inflammation, la volatilisation & l'incinération? La solution de ces trois problêmes tient à la haute physique & à la chimie profonde : nous nous abstiendrons donc de la chercher.

On a long-tems disputé, & l'on dispute encore sur l'origine de la chaleur, sur sa nature, sur son essence. Comme on n'est pas d'accord, & que l'on peut compter au moins quatre ou cinq sentimens aussi plausibles les uns que les autres, nous ne parlerons d'aucuns, nous contentant de ne considérer la chaleur que sous son rapport direct avec ce qui nous intéresse.

Quelle que soit l'origine ou la cause productrice de la chaleur, ses effets n'en sont pas moins réels, sensibles & toujours agissans; ils ne diffèrent de ceux du feu que par leur intensité; & leur impression sur nos organes est d'autant plus vive, que la matière du feu annoncé par le sentiment de la chaleur, est plus abondamment accumulée; & réciproquement d'autant moindre, qu'il y a moins de feu en action, ou qu'il agit de plus loin. C'est ce qui a fait dire à quelques physiciens, que le degré de chaleur que nous éprouvons à la présence du feu, suit la raison inverse du quarré des distances, c'est-à-dire, que la même quantité de feu qui nous fait éprouver un degré de chaleur quelconque à une distance connue, nous en fait éprouver une quatre fois moindre à une distance double, & neuf fois plus foible à une distance triple, & ainsi de suite: car on doit regarder le foyer d'où part la chaleur, comme le centre d'une infinité de rayons chauds qui vont toujours en s'écartant les uns des autres. Plus on sera près du centre, & plus le nombre des rayons qui agiront sur nos organes, sera grand; plus on s'éloignera de ce centre pour s'approcher de la circonférence de cette sphère de chaleur, & moins le nombre de rayons sera considérable. L'expérience démontre tous les jours la vérité de cette explication: à mesure que vous vous approchez d'un foyer embrasé, vous éprouvez de plus en plus de la chaleur; à mesure que vous vous éloignez, cette chaleur qui étoit brûlante, se tempère insensiblement, & ne devient plus qu'une sensation douce & agréable.

Quoique la propagation de la chaleur paroisse être la même que celle de la lumière & du feu, elle se rapproche cependant davantage, par sa nature, du feu que de la lumière; car elle existe très-souvent sans lumière, & l'on peut difficilement concevoir la chaleur sans la présence du feu. La chaleur réside & pénètre tous les corps de la nature; elle agit sur tous, & tous sont plus ou moins affectés par sa présence: on doit même ajouter qu'il n'en est aucun qui n'ait un degré de chaleur habituel: l'eau, l'air, la terre jouissent de différens degrés de chaleur qui leur sont propres, & que les circonstances peuvent développer, augmenter ou diminuer, mais peut-être jamais annihiler. La chaleur comme un fluide, tend sans cesse à se distribuer uniformément & à se mettre en équilibre dans tous les corps. Un corps plus chaud placé sur un corps plus froid, perd une partie de sa chaleur, qui pénètre le corps plus froid; le premier se refroidit, tandis que le second s'échauffe proportionnellement, jusqu'à ce que l'un & l'autre aient acquis le même degré. C'est la raison pour laquelle tous les corps prennent à-peu-près la même température que l'atmosphère dans laquelle ils sont exposés. La pénétration de la chaleur dans un corps, y opère en petit & à la longue les mêmes effets que le feu y produiroit: elle en chasse insensiblement toutes les parties humides, dilate les solides, ouvre leurs pores, augmente la fluidité des liquides & les fait évaporer, ce qui produit la dureté du corps qui les receloit dans ses interstices. C'est ainsi que les argiles, les terres, les pierres même durcissent au soleil & à la chaleur des fourneaux. En général les principaux effets de la chaleur se réduisent à ceux-ci: raréfaction & évaporation des fluides seuls, dilatation des solides seuls, condensation & endurcissement des mixtes composés de solides & de fluides; & ces effets sont les grands principes de tout ce qui se passe sous nos yeux, de tous les phénomènes de la nature dans les règnes animal & végétal. Comme nous ne pouvons faire un pas assuré dans l'œconomie rurale, sans bien entendre & leurs causes & leurs manières d'agir, nous allons les parcourir successivement.

§. II. *Deux espèces de chaleur: chaleur naturelle, & chaleur artificielle.*

Pour parler avec plus de clarté & de méthode, qu'il nous soit permis de distinguer la chaleur en deux espèces : la chaleur naturelle, & la chaleur artificielle. Par la première, nous entendrons celle qui existe & agit dans la nature indépendamment de nous, telle que la chaleur du soleil, celle de la terre, celle de l'air, de l'atmosphère ou des climats ; & par la seconde, nous entendrons celle qui est produite par frottement ou par pénétration ; elle renferme la chaleur animale & végétale, ou celle qui est propre aux animaux & aux végétaux.

SECTION II.

De la Chaleur naturelle.

§. I. *De la chaleur des rayons solaires.*

La *lumière* (*voyez* ce mot) est répandue dans l'espace ; le mouvement du soleil est le principe du mouvement de la lumière, & lorsque l'on se trouve exposé à son action, on éprouve un sentiment de chaleur, & les corps inorganisés en sont affectés. Les rayons du soleil sont-ils donc chauds par eux-mêmes, ou ne font-ils que développer la chaleur inhérente dans tous les corps ? On peut croire, sans craindre de se tromper, que les rayons lumineux s'échauffent en traversant notre atmosphère, s'ils ne sont pas chauds par eux-mêmes, & que leur mouvement qu'ils communiquent aux corps qu'ils frappent, y occasionne le développement de la matière du feu, dont le premier effet est la chaleur. D'après ce principe si simple, on concevra pourquoi tous les corps exposés au soleil deviennent plus ou moins chauds. Mais un phénomène singulier & bien digne de toute notre attention, parce qu'il s'offre à chaque pas, c'est la diversité des degrés de chaleur que les différens corps prennent au soleil. Si l'on se promène au soleil, vêtu de blanc & de noir, & qu'on porte ensuite sa main alternativement sur les parties blanches & noires, on y trouvera sensiblement une grande différence dans la chaleur ; le noir sera toujours chaud au toucher, & le blanc toujours frais. Est-on vêtu totalement en noir, la chaleur du soleil paroît insupportable, tandis qu'elle sera douce si l'on n'est vêtu que de blanc. En un mot, portez la main sur plusieurs corps diversement colorés, exposés pendant un certain tems au soleil, vous trouverez que la chaleur qu'ils auront acquise, sera toujours en raison de l'intensité de leur couleur, ou suivant qu'ils seront d'une couleur plus ou moins foncée ; le noir d'abord, ensuite le rouge, puis le vert obscur, le bleu de roi, &c. enfin le blanc. Deux causes concourent à produire ce phénomène singulier : les rayons lumineux, & la substance élémentaire qui entre dans la composition du corps échauffé. Nous verrons au mot LUMIÈRE que les corps noirs ou très-foncés en couleur absorbent la lumière, tandis que les blancs, & par conséquent tous ceux qui approchent de cette couleur, réfléchissent la lumière sans, pour ainsi dire, s'en laisser pénétrer. Les rayons lumineux chauds par eux-mêmes, ou échauffés par leur mouvement à travers de l'atmosphère, venant à rencontrer un corps noir (nous prenons les extrêmes, on expliquera facilement les intermédiaires) le pénètrent aisément ; celui-ci les absorbe, pour ainsi dire, la chaleur cherche à se mettre en équilibre dans tous les corps qu'elle touche : la chaleur des rayons du soleil passe donc dans l'intérieur du corps noir, se communique à chacune de ses parties, & les échauffe enfin, jusqu'à ce que le tout ait acquis le même degré de chaleur qu'ils avoient eux-mêmes. Le blanc au contraire bien loin de se laisser pénétrer par les rayons lumineux, les repousse & les réfléchit. Comme cette réflexion se fait en-dehors du corps, celui-ci n'acquiert pas le même degré de chaleur, & il paroît souvent frais, en comparaison des corps qui l'environnent, & sur-tout de la portion de l'air ambiant qui est échauffé, non-seulement par les rayons lumineux qui le traversent, mais encore par ceux que le corps blanc réfléchit.

Si à cette première raison on ajoute celle qui est tirée de la matière colorante du corps, la difficulté du phénomène disparoîtra, & on l'entendra plus facilement. Toutes les couleurs sombres, sur-tout les noires, sont dues aux métaux, soit dans les substances naturelles, soit dans les corps colorés artificiellement. Le noir des étoffes n'est que du fer très-divisé dans la couperose, & précipité & fixé sur la laine par la noix de galle ou toute autre décoction astringente; les verts, les bleus sont dûs au cuivre, au fer, ou à des fécules de plantes qui ne doivent elles-mêmes leurs couleurs qu'à ces substances métalliques. Plus les corps sont denses & solides, plus ils s'échauffent vîte & fortement. Ainsi les métaux qui colorent les différens corps exposés au soleil, influent pour beaucoup dans leur facilité à s'échauffer : ceux qui en contiennent le plus, s'échauffent davantage que ceux qui en contiennent moins, ou point du tout.

Après l'explication de ce phénomène, tâchons d'en tirer quelqu'utilité, & disons, comme M. Franklin dans une lettre à Miss Stevenson, en parlant de cette même observation: *à quoi bon la philosophie, si on ne l'applique à quelqu'usage?* On doit conclure que les habits noirs ne conviennent pas autant que les blancs dans un climat, ou dans un tems chaud & au soleil, parce que, lorsqu'on marche à l'ardeur du soleil avec de tels habits, le corps s'échauffe beaucoup plus facilement, & ce redoublement de chaleur peut être la cause de fièvres putrides & dangereuses. En général à la campagne, où l'on s'expose souvent au soleil, on devroit être habillé de blanc; les chapeaux d'été, tant pour hommes que pour femmes, devroient être de la même couleur; ils repousseroient la chaleur, préviendroient les maux de tête & les coups de soleil toujours très-dangereux : un chapeau noir, recouvert d'une calotte de papier blanc, produiroit le même effet. L'application de ce principe a été portée plus loin; & en Angleterre où l'on ne néglige rien de ce qui peut avoir une utilité directe, le Lord Leicester a fait noircir les murs de ses jardins avec beaucoup de succès, pour ce qui concerne la garantie des jeunes fruits contre le danger des gelées printanières. En effet, les espaliers étant noircis, reçoivent assez de chaleur pendant le jour pour en conserver une partie pendant la nuit, & entretenir autour des jeunes fruits, une douce température qui les défende de la gelée. Que d'heureuses applications on pourroit faire de ce principe! Les circonstances, les tems, les lieux les indiqueront facilement à l'observateur intelligent.

§. II. *Différence entre la chaleur directe du soleil comparée à celle de l'ombre.*

Les rayons directs du soleil produisent donc & occasionnent des degrés de chaleur assez sensibles, & qui peuvent devenir quelquefois dangereux; mais sont-ils aussi différens de l'état de l'atmosphère à l'ombre qu'on l'imagine ordinairement, & la chaleur directe du soleil, comparée à celle de l'ombre, est-elle due uniquement aux rayons lumineux? Cette question, plus importante qu'on ne pense, & dont la solution peut devenir très-avantageuse dans la pratique de l'agriculture, mérite d'être discutée. Ordinairement on dit que la chaleur que l'on éprouve au soleil est infiniment plus considérable que celle que l'on éprouve à l'ombre; & l'on a raison jusque-là; mais on attribue cette différence uniquement à la chaleur des rayons solaires qui ne sont pas dans l'ombre, & c'est ici que l'on se trompe. Ne cherchant qu'à trouver cette différence, & à la spécifier, M. le président Bon fit à Montpellier, en 1737, quelques expériences qui l'induisirent en erreur, puisqu'elles le porterent à conclure que la chaleur du soleil en été, fait monter ordinairement la liqueur du thermomètre de M. de Réaumur à une hauteur double de celle qu'un pareil thermomètre marque à l'ombre, en comptant du point de la congélation. Cette différence, suivant ce savant, est encore bien plus considérable en hiver, puisque la chaleur du soleil est exprimée par un nombre de degrés au moins triple, & quelquefois même sextuple de celui que le thermomètre marque à l'ombre. Il paroît que M. Bon n'avoit pas isolé son thermomètre, & qu'il étoit échauffé par la réflexion des rayons solaires renvoyés ou par la terre, ou par le mur contre lequel son thermomètre étoit fixé. M. Bonnet de Genève a répété les mêmes expériences, mais avec cette sagacité, cette attention & cette exactitude qu'on lui connoît, & les résultats ont été bien différens. Il se servit de thermomètres de mercure bien calibrés & bien purgés d'air. Le tube étoit appliqué sur une planche de sapin, de façon cependant que la boule débordoit la planchette de huit à dix lignes, ce qui l'isoloit parfaitement, & l'empêchoit de participer le moins possible à la chaleur que contracte le bois. Il établit ces thermomètres aux deux faces opposées d'un grand if; les uns étoient exposés au midi & au soleil direct, les autres au nord & à l'ombre. Cette expérience dura depuis le 17 Juillet jusqu'au 13 Août, & le résultat en fut, que le 23 Juillet le thermomètre placé à l'ombre se tenoit cinq degrés plus bas que celui qui étoit exposé au soleil, & que le 12 Août la différence entre les deux thermomètres alloit jusqu'à six degrés. Cependant M. Bonnet, instruit que de bons observateurs n'avoient trouvé de différence que de deux à trois degrés, conclut que malgré ses précautions pour isoler ses thermomètres, la chaleur de l'if se faisoit encore sentir au thermomètre exposé au midi; il recommença ses expériences, en isolant absolument un thermomètre exposé au soleil, & alors la différence ne se trouva que de deux à trois degrés au plus. On sent donc facilement que la chaleur directe du soleil en été, ne diffère que très-peu de celle qu'on éprouve à l'ombre, & que cet excès de chaleur que l'on ressent, ne vient que de la chaleur solaire réfléchie ou par un mur, ou par un bois, ou par une montagne. Si l'on avoit une suite d'expériences bien exactes sur l'influence des abris, & peut-être de différens abris, la théorie & la pratique des couches, des ados & des espaliers se perfectionneroient; l'agriculture & le jardinage sur-tout, y gagneroient infiniment. (*Voyez* au mot AGRICULTURE, l'article *Abri.*)

§. III. *De la chaleur des saisons.*

Les longues chaleurs de l'été, la température douce du printems & de l'automne, le froid supportable de nos climats dans nos hivers, ne viennent en général que de la position & de la direction du soleil par rapport à nous; & non point, comme quelques savans l'ont avancé, d'un feu intérieur & central dont l'action agit du centre du globe à la circonférence. Il est démontré par une longue suite d'expériences, que la chaleur interne de la terre, à quelque profondeur qu'on la pénètre, est toujours de dix degrés au-dessus du terme de la congélation, ou de celui auquel la glace commence à fondre. Si par hazard elle excède ce terme, alors il faut l'attribuer à la fermentation & à l'inflammation des couches pyriteuses & bitumineuses, par le concours de l'air & de l'eau qui y ont pénétré de la surface de la terre. Cette chaleur intérieure & particulière du globe, dont la cause physique ne nous est pas connue & dévoilée absolument, est un des agens les plus puissans de la *végétation*, comme on peut le voir à ce mot. C'est cette chaleur douce & bénigne, toujours la même, agissant perpétuellement, que rien n'altère, que rien ne dissipe, & qui n'augmente que par des accidens & des circonstances très-rares, qui tient les racines des plantes dans un état de dilatation propre à se laisser pénétrer par les sucs terrestres. Mais cette chaleur intérieure agit-elle & se fait-elle sentir à la surface de la terre? Nous croyons que ses effets sont très-peu de chose, puisqu'ils ne sont pas capables souvent de faire fondre la glace & la neige dans nos glacières & sur la terre; & que par conséquent la chaleur que nous éprouvons habituellement n'est due principalement qu'à l'action du soleil sur notre atmosphère & sur tous les corps qu'il affecte. La variation de la chaleur en France, qui n'est environ que de trente-deux degrés entre la plus grande chaleur de l'été & le plus grand froid de l'hiver, est cependant bien inférieure à celle que nous éprouverions si la masse de la chaleur produite par la présence successive du soleil sur différens points du globe, n'étoit continuellement amortie & tempérée par l'évaporation qui l'accompagne. Les molécules aqueuses élevées dans l'atmosphère & dispersées de tous côtés, s'unissent & se combinent avec les molécules aériennes échauffées par les rayons solaires, dont par-là elles diminuent l'effet.

Pour bien entendre comment la présence du soleil produit tous les degrés de chaleur qui forment la variété de nos saisons, il faut bien faire attention que le soleil échauffe la terre non-seulement en raison de sa plus ou moins grande proximité, mais encore en raison de son séjour plus ou moins long sur la partie du globe que nous habitons, & de la direction plus ou moins perpendiculaire de ſes rayons. En été, quoique le ſoleil ſoit plus loin de nous qu'en hiver, il eſt plus élevé, plus perpendiculaire à nos têtes; ſes rayons tombent dans cette ſituation en plus grande quantité ſur un eſpace donné; & toutes choſes égales d'ailleurs, la chaleur eſt proportionnelle à la quantité des rayons qui la produiſent. M. Halley a calculé que Paris recevoit trois fois plus de rayons en été qu'en hiver; & M. Fatio, célèbre géomètre anglois, en ayant égard à cette perpendicularité des rayons qui frappent avec d'autant plus de force qu'ils ſont moins inclinés, a trouvé que dans nos climats la chaleur de l'été, abſtraction faite de toute autre cauſe, devoit être à celle de l'hiver comme 9 eſt à 1.

La longueur des jours d'été ſur ceux d'hiver, eſt encore une des principales cauſes de la plus grande chaleur de cette ſaiſon. Au ſolſtice d'été, c'eſt-à-dire dans le mois de Juin, le jour, dans le climat de Paris, eſt de ſeize heures, & la nuit de huit; c'eſt tout le contraire au ſolſtice d'hiver, au mois de Décembre, où la nuit eſt deux fois plus longue que le jour. Ainſi le ſoleil reſte ſur l'horizon une fois plus de tems dans une ſaiſon que dans l'autre : il doit donc échauffer la terre au moins une fois davantage; & comme Paris reçoit trois fois plus de rayons, il s'enſuit que la chaleur doit être au moins ſix fois plus grande. M. de Mairan va plus loin; il trouve que cette chaleur du plus grand jour d'été, eſt preſque dix-ſept fois plus grande : d'après M. Fatio, il faut tripler encore ce rapport, & l'on verra que la chaleur de l'été ſera cinquante fois plus grande que celle de l'hiver. Cette énorme différence entre la chaleur de ces deux ſaiſons, avoit fait recourir à l'exiſtence d'un feu central perpétuellement agiſſant, qui produiſoit la maſſe de la chaleur de l'hiver, & qui établiſſoit une eſpèce d'équilibre entre celle de l'hiver & de l'été. Mais on eſt tombé dans une erreur manifeſte, parce que l'on n'a point fait attention aux effets de l'évaporation, comme l'a très-bien démontré M. Romé de l'Iſle dans ſon ouvrage intitulé : *Feu central démontré nul*, où il fait remarquer que la chaleur de l'été eſt continuellement amortie & diminuée par l'évaporation, qui alors eſt d'autant plus grande que la chaleur eſt plus forte. Cette évaporation ne peut avoir lieu ſans dépouiller la ſurface de la terre d'une quantité ſurabondante de chaleur. D'un autre côté, l'évaporation étant beaucoup moindre en hiver, la terre perd moins de la chaleur qu'elle reçoit alors du ſoleil, quoique la quantité en ſoit inconteſtablement beaucoup moindre qu'en été. Dans cette ſaiſon, un rien, le moindre vent du nord, un tems couvert, un ſimple orage, une pluie abondante, rafraîchiſſent ſubitement l'air & la ſurface de la terre; en hiver, un vent du ſud, ou du ſud-oueſt, adoucit la rigueur de la ſaiſon, & rend à la terre une partie de la chaleur qui s'en exhaloit. Ce ſont ces viciſſitudes perpétuelles & la tendance que la chaleur a naturellement à ſe diſſiper, qui cauſent la légère différence que l'on trouve entre la température de l'hiver & celle de l'été.

§. IV. *De la chaleur des climats.*

D'après ce que nous venons de dire, on ſent facilement que les climats & les lieux les plus chauds doivent être ceux où la chaleur s'accumule le plus & s'évapore le moins. Les vastes déserts de l'Asie & de l'Afrique sont toujours brûlans, parce que la rareté de l'eau & des rivières est cause qu'il n'y a presque aucune évaporation; au contraire, l'Amérique, presque par-tout couverte d'eau & de forêts, est moins brûlée sous la même latitude que les contrées arides & découvertes de l'Afrique & de l'Asie. Dans nos contrées mêmes, cette différence devient sensible à chaque pas. Les plaines fort étendues qui ne sont coupées ni par des étangs ni par des rivières, qui ne sont ombragées par aucun arbre, comme celles de la Beauce, les pays crayeux de la Champagne, les landes de la Gascogne, &c. &c. sont perpétuellement brûlées par les ardeurs de l'été, tandis que les plaines voisines, arrosées par des eaux abondantes ou des marécages, tempèrent l'air échauffé par une évaporation bénigne & continuelle.

Il paroîtroit naturel que ce fût au solstice d'été, tems où le soleil est plus long-tems sur notre horizon, pour nos climats, que les plus grandes chaleurs devroient se faire sentir; mais si l'on fait attention que la chaleur actuelle est toujours la somme de la chaleur passée jointe à la chaleur présente, on concevra que la chaleur des mois de Juillet & d'Août doit être composée de celle que la terre a acquise par l'approche du soleil vers le solstice en Mai & Juin, & par son retour de ce point d'élévation en Juillet & Août. De plus, la terre desséchée en Mai & Juin, par l'évaporation continuelle dans ces deux mois, ne contient plus assez d'humidité pour fournir à l'évaporation nécessaire qui doit contre-balancer les chaleurs de Juillet & d'Août, jusqu'à ce que par des pluies ou des rosées abondantes elle ait acquis de quoi faire au moins équilibre. Il en est de la terre, en général, comme de tout autre corps en particulier que l'on échauffe dans le feu, & que l'on en retire ensuite: il conserve long-tems la chaleur qu'il y avoit acquise, quoiqu'il n'y soit plus exposé. Les corps ne commencent à se refroidir que lorsque la chaleur qu'ils avoient commencé à s'évaporer. Mais si un corps est toujours plus échauffé qu'il ne perd de sa chaleur, ou s'il en perd bien moins qu'il n'en acquiert, alors il doit recevoir continuellement une nouvelle augmentation de chaleur; & c'est précisément le cas de la terre en été. Une supposition va rendre ceci plus intelligible. (Si nous nous arrêtons un peu sur cet article, c'est que la solution de ce problême est très-intéressante à tout cultivateur.) Supposons, par exemple, que dans les grands jours de l'été, pendant tout l'intervalle de tems que le soleil est au-dessus de notre horizon, la terre, & l'air qui l'environne, reçoivent cent degrés de chaleur, mais que pendant la nuit, qui est environ de moitié plus courte que le jour, il s'en évapore cinquante; il restera encore cinquante degrés de chaleur. Le jour suivant, le soleil agissant presqu'avec la même force, en communiquera à-peu-près cent autres, dont il s'en perdra encore environ cinquante pendant la nuit. Ainsi, au commencement du troisième jour, la terre aura cent ou presque cent degrés de chaleur: d'où il s'ensuit que puisqu'elle acquiert alors beaucoup plus de chaleur pendant le jour qu'elle n'en perd pendant la nuit, il doit se faire en ce cas une augmentation très-considérable. Mais après l'équinoxe, les jours venant à diminuer & les nuits devenant beaucoup plus longues, il doit se faire une compensation; de sorte que pendant l'hiver il s'évapore, la nuit, une plus grande quantité de chaleur de dessus la terre qu'elle n'en reçoit durant le jour: ainsi le froid doit à son tour se faire sentir. Cette vicissitude est perpétuelle d'année en année. Les étés, en général, sont à-peu-près les mêmes, ainsi que les hivers: la durée d'un vent du nord peut les rendre plus vifs, plus piquans dans une année, ou la privation des pluies laisse quelquefois accumuler des chaleurs étouffantes; mais ces excès ne sont qu'accidentels, & sur-tout dans nos climats tempérés, les saisons sont assez semblables.

Plusieurs auteurs ont observé que la température de la France même a changé depuis une suite de siècles, & qu'elle est plus chaude à présent qu'autrefois. Si nous consultons les écrivains du commencement de l'ère chrétienne, nous y trouverons un tableau du froid ancien bien plus rigoureux que celui de nos jours. Au rapport de Diodore de Sicile & de César, les rivières des Gaules geloient tous les hivers, & la glace étoit si ferme, que non-seulement les gens de pied & à cheval y passoient, mais même des armées entières avec tous les chariots & les équipages. Quelques faits semblent aussi prouver que dans certains cantons la chaleur a diminué de nos jours, puisqu'on fait la récolte & les vendanges beaucoup plus tard. Ces faits isolés ne doivent pas nous empêcher de croire qu'en général, depuis dix-huit cens ans, la température du climat de la France n'ait gagné beaucoup du côté de la chaleur; changement qui est dû à la culture, aux défrichemens, aux âbattis des forêts, aux desséchemens des étangs & des marais. Veut-on une preuve démonstrative de cette vérité? que l'on jette un coup-d'œil sur l'Amérique: par-tout où la culture n'a pas gagné, des forêts épaisses que la lumière ne pénètre jamais, des marais que la chaleur du soleil ne peut dessécher, couvrent toute la terre, & rafraîchissent tellement l'atmosphère, que lorsqu'on est obligé d'y passer la nuit, l'on est contraint d'y allumer du feu. Dans les terrains, au contraire, que l'industrie humaine a défrichés, une température chaude, souvent un air brûlant est le seul qu'on y respire, & le plus souvent la différence de ces deux climats n'est que la distance d'une ou deux lieues. Sans sortir de la France, qui croiroit que dans les plaines de la Bresse & du Forez on n'éprouve jamais autant de chaleur que dans celles du Dauphiné, qui n'en sont distantes que de quelques lieues? Les récoltes y sont plus tardives, la maturité y est lente, & la végétation paroît être le produit de deux climats très-éloignés.

Les positions locales, les abris, influent beaucoup sur la température de l'atmosphère. Les gorges des montagnes à l'abri du nord, éprouvent des chaleurs plus considérables en été que les plaines qu'elles avoisinent, quoique les premières soient beaucoup plus élevées. Cette augmentation est due à la concentration de la chaleur & à la répercussion des rayons lumineux par les côtes des montagnes.

tagnes. Ces grandes chaleurs, à la vérité, ne sont pas de longue durée; mais elles sont assez considérables pour être en état de faire mûrir des fruits & des légumes qui ne croissent que dans nos provinces méridionales.

Section III.

De la chaleur artificielle.

Jusqu'à présent nous n'avons considéré que la chaleur atmosphérique & terrestre, celle qui existe dans la nature, qui lui est propre, soit qu'elle vienne du soleil, soit qu'elle soit inhérente au globe; en un mot, celle que nous avons d'abord désignée sous le nom de *naturelle*. La chaleur artificielle n'est pas moins digne de toute notre attention, puisque nous allons lui voir jouer un très-grand rôle dans l'économie animale & végétale. Produite par l'art ou du moins mécaniquement, elle doit sa naissance au frottement ou à la pénétration. Deux corps que l'on frotte l'un contre l'autre, s'échauffent d'abord, & si l'on continue long-tems & avec rapidité la même opération, ils parviennent enfin à s'embraser. C'étoit le moyen que la nature avoit enseigné aux sauvages pour avoir du feu, & deux morceaux de bois très-durs étoient entre leurs mains le principe de la chaleur & du feu.

Deux liqueurs qui se pénètrent, des principes fermentescibles qui agissent & réagissent les uns contre les autres, peuvent produire de la chaleur. Dans toute fermentation vineuse la chaleur suit des degrés constans. De façon que par eux on peut connoître facilement les progrès de la fermentation, quand elle s'établit, quand elle est à son dernier période & qu'elle va passer à la fermentation acéteuse; ce qui est si important dans la fabrication des vins. (*Voyez* le mot Fermentation) Ces deux causes de la chaleur se retrouvent sans doute dans la chaleur animale.

Section IV.

De la chaleur animale.

Dans l'homme comme dans les animaux, il existe un principe de chaleur sans cesse agissant. Il répare continuellement les pertes que le contact immédiat du milieu environnant occasionne, & cette réparation est toujours proportionnée à la gradation, à la marche de la cause qui nécessite ces pertes. De plus, ce principe doit être absolument autre chose que la chaleur que le corps animal reçoit lui-même du milieu dans lequel il existe; cette seconde chaleur est nécessairement en raison de la température ambiante, & varie comme elle. Un cadavre n'a plus que cette dernière, froid ou chaud, comme l'atmosphère ou le corps sur lequel il repose, rien en lui ne peut compenser cette alternative. Au contraire, l'homme & l'animal vivans jouissent jusqu'à un certain terme d'un degré de chaleur uniforme, indépendant des variations & des changemens arrivés autour d'eux. Tantôt l'homme exposé à environ soixante-dix degrés de froid (thermomètre de Réaumur), comme dans l'hiver de 1735 le 16 Janvier à Yenifeik en Sibérie, & même à plus de soixante-onze & demi, comme à Tornea le 5 Janvier 1760; l'homme, dis-je, conserve environ vingt-huit à vingt-neuf degrés & demi de chaleur naturelle:

tantôt s'exposant, comme MM. Fordyce, Banks, Solander, à un degré de chaleur immodérée, il parvient petit à petit à rester quelques minutes dans une étuve échauffée jusqu'au soixante-dix-neuvième degré & demi de chaleur; c'est-à-dire, presqu'au terme de l'eau bouillante, sans cependant que sa chaleur naturelle varie beaucoup, puisqu'elle s'est toujours soutenue à trente ou trente-deux degrés.

§. I. *Comment on doit estimer la chaleur animale.*

Il est donc un point, un terme fixe, autour duquel se font les variations assez légères. Pour connoître le vrai degré, il faudra donc soustraire la chaleur propre ou naturelle de la chaleur absolue. Que la chaleur atmosphérique soit de dix degrés, par exemple, & que la chaleur absolue de l'animal soit de vingt-huit, il faudra retrancher les dix degrés atmosphériques, il ne restera de chaleur naturelle que dix-huit. L'augmentation de cette chaleur naturelle est proportionnelle à celle du froid. La chaleur absolue étant supposée vingt-huit, & celle du milieu ambiant de dix, si cette dernière descend à cinq, la chaleur naturelle augmentera de cinq, & sera de vingt-trois à zéro ou au terme de congélation; l'animal fournira, pour ainsi dire, à lui seul la somme de vingt-huit. Si le froid augmente de plusieurs degrés, alors l'animal produira autant de degré de surplus qui se perdront nécessairement pour établir l'équilibre de chaleur entre le corps de l'animal & le milieu dans lequel il se trouve. C'est pour cela que dès qu'on passe dans un appartement froid, la sensation du froid, vive dans le premier instant, diminue par degré; l'atmosphère de l'appartement s'échauffe nécessairement; & si un certain nombre de personnes se trouvent rassemblées dans un même lieu, cet endroit acquerra un degré de chaleur très-considérable. On sent facilement que cette production de chaleur superflue ne peut se faire que jusqu'à un certain point. Cet accroissement reconnoît des bornes: quand l'animal ne peut parvenir à établir un parfait équilibre entre la chaleur vitale & la température environnante, l'engourdissement s'empare d'abord des extrêmités, gagne bientôt les parties nobles, & le cœur qui semble être le foyer générateur de la chaleur animale, & termine enfin sa vie par la destruction totale du mouvement & des organes qui le produisent & le conservent.

Pour bien entendre tout ce que nous avons encore à dire sur la chaleur animale, il faut savoir qu'en général on distingue les animaux en deux classes, en chauds & en froids. Les animaux froids (s'il en existe réellement) sont ceux qui n'ont qu'un degré de chaleur un peu supérieur à celui du milieu qui les environne, & qui participent exactement à tous les changemens qui arrivent dans la température; les grenouilles, les vers, les poissons, les insectes; en un mot, tous ceux dont la chaleur, étant fort au-dessous de la nôtre, affectent notre toucher de la sensation du froid. Les animaux chauds, au contraire, sont ceux qui comme l'homme, jouissent d'un degré de chaleur naturelle très-supérieur à celui du milieu dans lequel ils vivent.

§. II. *Degrés de chaleur que l'animal peut supporter, & effets du sommeil sur cette chaleur.*

Plus les animaux sont parfaits, plus aussi sont-ils doués de la faculté de conserver ce certain degré de chaleur que l'on doit regarder comme la base de la chaleur animale. Cependant, d'après les expériences de M. Hunter, plusieurs de ces animaux & peut-être tous, ne conservent pas constamment ce même degré; mais cette chaleur peut varier & s'écarter un peu de son point fixe, soit par contact extérieur, soit par maladie; mais ces variations sont toujours plus grandes au-dessus du terme fixe qu'au dessous, c'est-à-dire, que les animaux parfaits résistent plus facilement à la chaleur qu'au froid, comme on le peut voir par l'exemple cité plus haut, & par celui d'une jeune fille dont parle M. Tillet, (*Académie des Sciences, 1764, page 186*) qui resta devant lui pendant près de dix minutes dans un four à pain, dont la chaleur étoit de cent douze degrés, c'est-à-dire, de vingt-sept plus forte que l'eau bouillante. La chaleur actuelle ou *naturelle*, se trouve augmentée & diminuée par le contact de l'air extérieur, & elle varie suivant les forces vitales, tant dans les mêmes parties, que dans les parties différentes du même animal. L'animal sain est plus en état de fournir à cette augmentation que l'animal malade, & toutes les parties ne sont pas également propres à la produire: plus les parties sont nobles, pour ainsi dire, & vitales, plus elles ont la force d'engendrer la chaleur. Il en est de même des parties les plus éloignées du centre ou du cœur. Dans la belle suite d'expériences de M. Hunter, sur la chaleur des animaux, (*Journal de Physique, 1781*) on y remarque un fait assez singulier: c'est que les oiseaux sont doués d'une chaleur de quelques degrés plus grande que celle de la classe des quadrupèdes, (quoiqu'ils soient certainement moins parfaits que ceux-ci). Quel a été le but de la nature en la leur prodigant? ne seroit-elle pas destinée pour l'œuvre de l'incubation? L'œuf, comme matière inanimée, n'a que la température de l'atmosphère; il a besoin d'un degré bien supérieur pour éclore.

Le sommeil, dans les animaux comme dans l'homme, diminue la chaleur extérieure; & un homme qui dort a toujours un degré & demi ou deux degrés de chaleur moindre que lorsqu'il veille. Plusieurs expériences faites par le docteur Martine sur cet objet, ont appris que le sommeil, tant qu'il dure, rafraîchit le corps à l'extérieur, mais que la chaleur se rétablit dès qu'on s'éveille. Quant à l'intérieur, il paroît qu'il n'éprouve pas de changement sensible; enfin, plusieurs observations que l'on a faites sur des enfans, induisent à croire que la chaleur se retire dans l'intérieur tandis que l'on dort, & qu'elle revient au-dehors lorsqu'on se réveille.

Il faut bien distinguer le sommeil paisible & le sommeil inquiet: celui-ci tient le milieu entre le premier sommeil & la veille, témoins les rêves. Jugeons-en par les enfans qui s'abandonnant totalement à la nature, en sont les organes simples & fidèles. Quand ils ont mal dormi, leurs joues sont rouges, ils s'éveillent en sursaut, ils crient; leur chaleur est augmentée. Au contraire, leur repos a-t-il été doux & paisible, le pouls & la respiration annoncent plus de fraîcheur. Avant le sommeil le pouls bat environ cent cinq fois par minute dans les enfans de trois à cinq ans; mais pendant le sommeil environ quatre-vingt-dix fois; & dès qu'ils sont éveillés, il reprend sa première vîtesse. Ils n'ont pas la respiration plus fréquente que les hommes de trente à quarante ans; les uns & les autres respirent quinze ou seize fois par minute, & pendant la veille de vingt à vingt-trois fois. La chaleur est donc la même dans les enfans & dans les adultes. L'on a trouvé souvent que leur chaleur intérieure & extérieure, dans l'état de santé, ne passe pas vingt-neuf degrés trois cinquièmes; celle des aisselles & du ventre dans les adultes, s'élève à ce degré lorsqu'ils ont fait de l'exercice, qu'ils ont eu chaud, ou qu'ils sont très-couverts; mais si un homme s'est donné peu de mouvement & qu'il soit peu couvert, on peut regarder vingt-huit degrés quatre cinquièmes de chaleur au ventre comme fébrile. (Le docteur Martine porte la chaleur de la fièvre dans l'homme, à environ trente-deux, trente-deux & demi, trente-trois degrés.) Cette observation a été faite sur un malade de la petite vérole. On sent facilement que tout ceci doit varier suivant la constitution : dans les uns la chaleur est plus interne; dans d'autres plus extérieure, tandis que dans les uns & dans les autres elle est en totalité à-peu-près égale.

§. III. *Chaleur différente dans les différentes classes d'animaux.*

Le degré de chaleur des différens animaux varie, comme nous l'avons déjà observé, suivant les espèces. Dans la classe des animaux froids, nous ne leur trouvons que très-peu de chaleur au-dessus de celle du milieu qui les environne. On a peine à en trouver dans les huîtres & dans les moules; il y en a fort peu dans les poissons qui ont des ouïes; il se trouve à peine chez eux un degré de chaleur de plus que dans l'eau où ils nagent. Les truites ne sont qu'au treizième degré, tandis que l'eau de la rivière est à douze degrés deux tiers; une carpe surpasse à peine le onzième degré & demi de l'eau dans laquelle elle vit; la chaleur d'une anguille est la même; en un mot, les poissons peuvent vivre dans une eau qui n'est qu'un tant soit peu plus chaude que le degré de congélation. Quoique les poissons, en général, vivent communément dans un milieu si peu échauffé, il est des exemples dans la nature où on les voit vivre dans une eau très-chaude. M. Sonnerat ayant rencontré dans les îles Philippines, à quinze lieues des Manilles, une source chaude qui faisoit monter le thermomètre à soixante-neuf degrés, observa des poissons qui y nageoient avec beaucoup d'agilité. Il les reconnut pour des poissons à écailles brunes, & les plus grands avoient environ quatre pouces. Nous voyons que la nature si féconde en merveilles, nous offre des phénomènes surprenans dans tous les genres, & dont l'explication sera toujours une énigme.

Les serpens, les grenouilles, les crapauds, &c. n'ont guère que deux degrés de chaleur de plus que celle de l'atmosphère. La plupart de ces sortes d'animaux ne sont pas en état de supporter de fort grands froids; aussi se retirent-ils dans des trous, sous des abris où ils peuvent jouir d'une température analogue à ce qu'ils peuvent produire de chaleur naturelle. Mais ce qui paroîtra toujours très-étonnant, c'est que les insectes les plus tendres & les plus délicats de tous les animaux, qui ont à peine un degré ou un degré & demi de chaleur au-dessus de l'air ambiant, sont cependant en état de supporter les plus grands froids sans en être incommodés, sur-tout quand ils sont en chrysalides. Ils se conservent dans les hivers les plus rigoureux, sans autre défense souvent que l'écorce des arbres & des arbrisseaux, en se tenant dans les trous des murailles, ou bien couverts d'un peu de terre; quelques-uns même s'y exposent entièrement à découvert. Les insectes alors deviennent engourdis, au point qu'ils ne paroissent jouir d'aucune faculté vitale, & cet engourdissement général est peut-être le principe qui les conserve à la vie.

Dans la classe des grands animaux chauds, ceux dont la chaleur est en général plus considérable, toutes circonstances égales d'ailleurs, c'est sans contredit les oiseaux. Les canards, les oies, les poules, les pigeons, les perdrix, les hirondelles mêmes, sur-tout les premiers, font quelquefois monter le thermomètre depuis le trente-deuxième degré de chaleur, jusqu'au trente-sixième, & même au trente-septième degré, tandis que des quadrupèdes ordinaires, comme les chiens, les chats, les moutons, les bœufs, les cochons, &c. ne va que depuis le vingt-neuvième degré, jusqu'au trente-deuxième environ. L'homme, dans un état de santé & de tranquillité, est presque toujours entre vingt-sept & vingt-huit: un exercice violent, une maladie peut augmenter ce degré, comme le sommeil ou un dérangement dans la santé peut le diminuer. La dernière classe des grands animaux chauds, est celle des cétacés, qui tiennent le milieu entre les animaux froids & l'homme. Il faut mettre dans la même classe les poissons qui ont des poumons, & n'ont pas des ouïes.

§. IV. *Cause productrice de la chaleur animale.*

Après avoir fait le détail des différens degrés de chaleur de divers animaux, ce seroit bien ici le cas d'examiner quelle peut être la cause de cette chaleur. Nous savons bien qu'elle existe, nous la suivons dans sa marche; nous voyons dans tous les animaux la faculté de la produire, de l'entretenir, & même de l'augmenter jusqu'à un certain point, en raison de la température extérieure. Mais quel est ce principe, le même dans tous les animaux, agissant dans tous suivant les mêmes loix? Ici nous sommes arrêtés, & nous avouons de bonne foi que nous n'avons que des conjectures: la nature garde pour elle quelqu'un de ses secrets, & il faut étudier, raisonner, discuter, avancer souvent des hypothèses avant que de la deviner. C'est ce qui est arrivé dans le cas présent. Nous avons deux fameux systêmes pour expliquer l'origine de la chaleur animale: le premier, de M. Douglas, qui prétend qu'elle n'est due qu'au frottement qu'éprouvent les globules du sang en circulant dans le corps, sur-tout dans les vaisseaux capillaires; le second, du docteur Leslie qui, à ce mouvement, y joint celui du phlogistique qui entre dans la composition de tous les corps naturels, & qui, en conséquence de l'action du syſtême vaſculaire, ſe développe graduellement dans toutes les parties de la machine animale. En peu de mots, voici ſa théorie; elle paroît ſi vraiſemblable, qu'elle a preſque l'air de la vérité, au moins eſt-ce le ſyſtême le plus probable que nous ayons. Le ſang contient du phlogiſtique, (ou feu principe); l'action des vaiſſeaux dans leſquels le ſang ſéjourne, s'épure & circule, développe ce phlogiſtique; ce développement ne peut ſe faire ſans production de chaleur, & la chaleur ainſi produite ſuffit, ſuivant ce ſavant, pour rendre compte, non-ſeulement de la chaleur des animaux vivans, mais encore des phénomènes les plus frappans qui l'accompagnent.

SECTION V.

De la chaleur végétale.

Nous avons démontré au mot ARBRE, (*voyez* ce mot) que l'obſervateur pouvoit remarquer une très-grande analogie entre les animaux & les végétaux: nous trouvons ici encore un terme de comparaiſon non moins intéreſſant, & non moins frappant que dans les autres parties. Les végétaux ſont doués d'un certain degré de chaleur qui leur eſt propre, qu'ils peuvent diminuer ou augmenter juſqu'à un certain point: parlons plus exactement; il y a dans le végétal un principe particulier purement mécanique, qui eſt cauſe que la chaleur de ſes parties intérieures varie en raiſon de la température de l'air qui l'environne. Cette chaleur propre a été révoquée en doute par quelques obſervateurs, ſur-tout par le docteur Martine. Mais le raiſonnement, & quelques obſervations & expériences de MM. Hunter & de Buffon, vont nous prouver que la nature eſt uniforme, & que dans tous les êtres qui ont une vie, elle a placé une certaine meſure de chaleur pour principe d'exiſtence.

§. I. *Expériences qui découvrent ſon exiſtence.*

Si nous jetons un coup-d'œil ſur les plantes, les arbriſſeaux, & les arbres au ſortir de l'hiver, nous voyons que toutes les plantes herbacées, très-délicates par leur nature, éprouvent des accidens cruels par l'effet des gelées; les jeunes tiges, les pouſſes encore tendres ſe gèlent & périſſent, mais le tronc ou le cœur de la plante réſiſte ſouvent aux plus grands froids; les bourgeons gèlent très-rarement. Dans les régions alpines, où un froid perpétuel ſemble étendre un empire abſolu, la mort paroît régner, pendant neuf mois de l'année, ſur tout ce qui vivoit auparavant: le printems, ou plutôt l'été vient-il répandre ſes douces influences, la mort n'étoit qu'apparente, tout revit bientôt, tout renaît, & ces mêmes plantes, dont les rameaux étoient flétris par la gelée, retrouvent dans leurs tiges & dans leurs racines, les ſucs néceſſaires à une réproduction nouvelle. Dans les parties les plus ſeptentrionales de l'Amérique, où le thermomètre eſt ſouvent à trente & trente-ſix degrés au-deſſous du zero, où l'on ſait que quelquefois les pieds des habitans ſe gèlent, & que les nez tombent par le froid, cependant le ſapin, le bouleau, le genevrier, &c. n'en ſont point affectés. Comment peut-il ſe faire que ces végétaux échappent à la rigueur de la ſaiſon, s'ils n'ont pas en eux-mêmes un principe de chaleur toujours ſubſiſtant, qui s'affoiblit à la vérité, fur-tout aux extrémités, mais qui ne fe détruit pas totalement ? Lorfque cela arrive, il en eft du végétal comme de l'animal; il faut qu'il gèle, & qu'il périffe ; car toute plante, dans fon état actif ou de végétation comme dans fon état paffif, fi elle vient à geler, eft morte au dégel.

M. Hunter, dans une fuite d'expériences faites dans le courant de Mars & d'Avril, a trouvé des variations fingulières : elles furent faites fur un noyer dans toute fa vigueur, & il s'affura de fa chaleur interne par le moyen d'un thermomètre très-fenfible, qu'il introduifit à douze pouces de profondeur vers le centre de l'arbre. Dans trois expériences faites à fix heures du matin, l'arbre fe trouva d'un degré & demi plus froid que l'atmofphère; dans les expériences faites dans la foirée des 4, 5, 7, & 9 Avril, l'arbre fe trouva plus chaud que l'atmofphère, quelquefois même de plus de cinq à fix degrés. Le même auteur répéta fes expériences dans le tems où l'arbre paffe de l'état actif à l'état paffif, c'eft-à-dire, de l'état de végétation à l'état de repos. Dans quatorze expériences faites en Octobre & en Novembre, à différentes heures du jour, & fur des arbres de différentes efpèces, l'intérieur de l'arbre fe trouva toujours de quelques degrés plus chaud que l'atmofphère.

C'eft fans doute en raifon de cette chaleur naturelle, & de l'acte même de la végétation, que les arbres peuvent fupporter jufqu'à trente & trente-fix degrés de froid, comme nous l'avons vu plus haut, fans qu'ils fe gèlent; mais tous les fucs qui circulent dans un arbre peuvent fe geler & fe gèlent effectivement hors de l'arbre, quand la température eft à zéro ou à 1 degré de froid. Comment donc fe peut-il que tous ces fucs, tant qu'ils féjournent dans leurs canaux naturels, confervent la fluidité dans ces grands froids ? N'eft-ce que l'effet de l'acte de la végétation même infenfible qui a lieu alors ? ou bien la sève fe trouve-t-elle renfermée de telle manière dans l'arbre, que la congélation ne puiffe fe propager, comme on s'en eft apperçu pour l'eau enfermée hermétiquement dans des vaiffeaux globulaires ? Et quelle différence y a-t-il entre la pofition de ces fucs dans l'arbre vivant & dans l'arbre mort, qui fuivent exactement la température de l'atmofphère & font fufceptibles de fes mêmes degrés de froid ? Toutes ces queftions font très-difficiles à réfoudre, pour ne pas dire infolubles. (*Voyez* le mot VÉGÉTATION)

§. II. *Caufes extérieures de la chaleur végétale.*

Examinons, avec M. de Buffon, toutes les caufes extérieures qui concourent à cette chaleur naturelle au végétal. Ayant obfervé fur un grand nombre d'arbres coupés dans un tems froid, que leur intérieur étoit très-fenfiblement chaud, & que cette chaleur duroit plufieurs minutes après leur abattage, il craignit d'abord qu'elle ne fût produite par le mouvement violent de la coignée, ou le frottement brufque & réitéré de la fcie; il s'affura du contraire en faifant fendre ce bois avec des coins; car il le trouva chaud à deux ou trois pieds de diftance de l'endroit où avoient été placés les coins. Tant que l'arbre eft jeune, & qu'il fe porte bien, cette chaleur naturelle n'eft que de quelques degrés au-deffus de celle de l'atmosphère ; mais quand il commence à vieillir, & qu'il est malade, le cœur s'échauffe par la fermentation de la sève qui ne circule plus avec la même liberté. Nous pouvons très-bien comparer cette augmentation de chaleur à la chaleur *fébrile* animale, à celle d'une inflammation. Cette partie du centre prend en s'échauffant une teinte rouge, qui est le premier indice du dépérissement de l'arbre & de la désorganisation du bois. M. de Buffon assure qu'il en a manié des morceaux dans cet état, qui étoient aussi chauds que si on les eût fait chauffer au feu.

La différence des saisons où l'on a fait les expériences sur la chaleur végétale, est sans doute cause que quelques auteurs n'ont trouvé aucune différence; mais ils n'ont pas fait attention (ajoute le Pline françois) « que la chaleur de l'air est aussi grande & plus grande que celle de l'intérieur de l'arbre en été : tandis qu'en hiver c'est tout le contraire. Ils ne se sont pas souvenu que les racines ont constamment au moins le degré de chaleur de la terre qui les environne ; & que cette chaleur de l'intérieur de la terre est, pendant tout l'hiver, considérablement plus grande que celle de l'air & de la surface de la terre refroidie par l'air. Ils ne se sont pas rappelé que les rayons du soleil tombant très-vivement sur les feuilles & les autres parties délicates des végétaux, non-seulement les échauffent, mais les brûlent; qu'ils échauffent de même à un très-grand degré, l'écorce & le bois dont ils pénètrent la surface, dans laquelle ils s'amortissent & se fixent. Ils n'ont pas pensé que le mouvement seul de la sève déjà chaude, est une cause nécessaire de la chaleur; & que ce mouvement venant à augmenter par l'action du soleil, ou d'une autre chaleur extérieure, celle des végétaux doit être d'autant plus grande, que le mouvement de leur sève est plus accéléré, &c. Je n'insiste si long-tems (continue M. de Buffon) sur ce point, qu'à cause de son importance: l'uniformité du plan de la nature seroit violée, si, ayant accordé à tous les animaux un degré de chaleur supérieur à celui des matières brutes, elle l'avoit refusé aux végétaux, qui, comme les animaux, ont leur espèce de vie ».

Si les plantes ont une sorte de faculté de produire de la chaleur, surtout en raison de la température de l'atmosphère, & si plusieurs d'entr'elles sont en état de résister aux plus grands froids, il n'en est pas de même de la chaleur en général. Les très-grandes chaleurs dessèchent & brûlent les plantes; & l'on pourroit dire avec vérité, que la nature est moins féconde, moins vivante dans les régions brûlées de la zone torride, que dans les climats glacés du nord. L'évaporation trop considérable que la terre & les plantes éprouvent, est la principale cause de leur mort. L'humidité nécessaire pour délayer leurs sucs propres, pour les faire circuler, manque; insensiblement ils s'épaississent, obstruent les vaisseaux, & empêchent les parties nutritives de se distribuer de manière à produire ou l'accroissement ou l'entretien. La nature a trouvé cependant le moyen de faire subsister quelques plantes, des arbres même, dans ces climats brûlans où la chaleur à l'air libre va souvent à trente-quatre degrés, & même à la surface de la terre, elle surpasse quelquefois le soixante-cinquième; mais elles

meurent

meurent dans un air chaud de trente-quatre degrés, & au-dessus lorsqu'il n'est pas renouvelé, & à dix degrés au-dessus de la congélation, lorsqu'ils durent long-tems. Ce qui n'est pour nous qu'une chaleur douce & tempérée, est pour le Sénégal, par exemple, un vrai froid qui brûle les feuilles & fait périr les plantes, accoutumées à des feux continuels : dix à quatorze degrés seulement de chaleur, sont pour elles une température glaciale, dans laquelle elles ne peuvent vivre. Aussi, si nous voulons conserver ces plantes dans nos climats, sommes-nous obligés de les élever dans un air très-chaud, dû à nos *serres chaudes*. (*Voyez* ce mot)

SECTION VI.

Effets de la chaleur atmosphérique sur les animaux & les végétaux.

Après avoir étudié autant qu'il a été en nous la chaleur animale & la chaleur végétale, revenons un instant sur nos pas, & considérons les effets de la chaleur atmosphérique, & ses influences sur tous les êtres vivans qui y sont soumis.

Une chaleur douce, de dix degrés, par exemple, pour ces climats, est celle qui convient en général le plus aux individus des deux règnes. Les animaux comme les végétaux, y trouvent les degrés nécessaires pour le développement de tous les principes qui concourent à leur existence. Le corps y est dans un état de bien-être qui dépend alors du parfait équilibre, de l'harmonie générale de toutes ses parties. Le végétal y croît & s'y développe avec vigueur; quelques degrés supérieurs lui deviennent plus avantageux à mesure qu'il acquiert de la force & de la hauteur. La chaleur du mois de Mars fait germer les graines, éclore les bourgeons; celle d'Avril, jointe avec les pluies de cette saison, suffit pour les faire pousser vigoureusement. En Mai & au commencement de Juin, la chaleur augmente; & proportion gardée, c'est dans ce tems que les plantes grandissent & se renforcent davantage : viennent enfin les grandes chaleurs, & les semences mûrissent.

Dans quelque saison que ce soit, si cet ordre est interverti, & que la chaleur soit beaucoup plus forte qu'elle ne doit être, bientôt un air très-languissant annonce leur état de souffrance; les feuilles se sèchent & se fanent; leurs pétioles n'ont plus la force de les supporter; les tiges mêmes baissent la tête, & semblent, en s'inclinant vers la terre, aller au-devant de l'humidité qui s'en échappe. Les effets de la sécheresse ne sont pas cruels aux plantes seules; les bestiaux s'en ressentent aussi : dès que les chaleurs parviennent à un degré qu'ils ne peuvent soutenir, ils perdent bientôt leur embonpoint, & languissent. On peut, jusqu'à un certain point, prévenir ces funestes effets par le moyen des abris, en donnant de l'ombre aux bestiaux, & en arrosant les plantes.

Les trop grandes chaleurs influent encore sur les liqueurs susceptibles de fermenter, & que l'on veut conserver. La fraîcheur d'une bonne *cave*, (*voyez* ce mot) jointe à sa sécheresse, prévient tous les accidens que l'on pourroit redouter.

Nous aurions pu peut-être parler ici de la chaleur que les liqueurs actuellement en fermentation acquièrent, si nous ne traitions pas ce sujet plus naturellement au mot **Fermentation**, que l'on peut consulter.

§. *Observations sur la chaleur des fumiers.*

Quand on a laissé long-tems les matières animales & végétales accumulées les unes sur les autres, & exposées au grand air & à toutes les influences de l'atmosphère, leurs principes constituans agissent bientôt, se décomposent, se combinent ensemble, & forment de nouveaux mixtes: mais cette action & cette réaction mutuelles ne peuvent avoit lieu sans la production de la chaleur, qui naît, comme nous l'avons vu (Section III) du mouvement, du frottement, de la pénétration. Cette chaleur, produite par cette vraie fermentation, est quelquefois assez forte pour monter jusqu'au trente-troisième degré. On a su tirer le plus grand parti de cet effet dans l'agriculture & dans la pratique du jardinage. Les fumiers considérés comme produisant de la chaleur, sont employés dans les terres labourables, les vignes, les couches & les réchauds de jardinage; (*voyez* ces mots) mais il faut bien faire attention que les fumiers, ou toute substance fermentante, ne produisent de la chaleur que durant le tems de la fermentation, où tous les principes sont en action & en mouvement; que ce tems passé, le mouvement intestin cesse, & avec lui la chaleur. Rien ne le prouve mieux que les couches de fumier & de terreau. Quand on commence à les employer, elles ont un degré de chaleur assez considérable; il augmente même, si la fermentation se soutient; mais il diminue insensiblement avec elle; & à la fin la couche n'a plus que la chaleur de la terre qui l'environne: six semaines ou deux mois au plus est le tems que dure, dans toute sa force, la chaleur d'une couche. L'humidité s'évaporant, les principes se neutralisant les uns les autres, la fermentation putride achève de détruire tout le fumier, & de le réduire en terreau. Dans ce nouvel état, il est d'un très-grand usage, mais non plus comme échauffant. (*Voyez* le mot **Terreau**) On doit donc bien se donner de garde d'employer, pour produire un certain degré de chaleur, du fumier trop consumé, trop avancé: on manqueroit son but; c'est à l'agriculteur, au jardinier à connoître le point le plus propre aux usages auxquels il destine le fumier. L'habitude & l'observation seront toujours ses meilleurs guides. M. M.

CHALUMEAU, Botanique; tige des graminées. (*Voyez* le mot Chaume) M. M.

CHAMÆDRIS. (*Voyez* Germandrée)

CHAMAPILIS. (*Voy.* Ivette)

CHAMP. Pièce de terre labourable, qui n'est ordinairement pas entourée de murailles.

Ce mot a une autre acception dans le jardinage & même dans l'agriculture: on dit, *semer à champ* ou *à la volée*; c'est jeter la semence de manière qu'elle se distribue sans symétrie sur la terre labourée.

Les jardiniers disent encore, *fumer à champ*; c'est jeter du fumier & en couvrir toute la superficie d'une portion de terrain.

Champ riche d'Italie. *Poire.* (*Voyez* ce mot)

CHAMPIGNON. Je laisse à d'autres la gloire de traiter ce végétal dangereux, & ma plume se refuse à tracer la manière de le cultiver, lorsque je pense qu'il n'occasionne que trop souvent les accidens les plus affreux, & donne la mort à plus de cinquante personnes par an dans le royaume.

M. Parmentier, si distingué par ses lumières & par son zèle patriotique, s'est convaincu par les analyses chimiques & comparées sur les champignons qu'on regarde comme innocens & sur les mauvais, que leurs produits ont été entièrement semblables, enfin qu'on ne sait point encore quelle est la partie vénéneuse, ni où elle réside dans la plante. Il a été prouvé, par des expériences postérieures, que l'eau de végétation dans la plante contenoit le principe delétère. Un très-grand médecin assure que tous les champignons indifféremment, sont nuisibles du plus ou du moins; & le célèbre M. Geoffroi dit qu'il vaut mieux jeter le champignon sur le fumier qui l'a produit, que de le préparer pour aliment. Tel a été le langage des plus grands médecins & naturalistes depuis Pline jusqu'à ce jour.

Il est encore prouvé, par les expériences de M. Parmentier, que ce végétal ne contient aucun principe nutritif. Il sert donc uniquement à flatter la sensualité. Vaut-il mieux se bien porter & vivre, ou risquer beaucoup en satisfaisant à la sensualité pendant un instant? La solution du problême n'est pas difficile à donner.

M. Paulet, médecin très-zélé & très-instruit, a démontré qu'il y a des champignons si vénéneux, que la médecine n'a encore trouvé aucun remède contre leur terrible activité: il faut mourir.

On s'accorde assez généralement à dire que les champignons salubres ont pour signe distinctif des mauvais, une membrane ou *collet* qui entoure le pédicule. Et bien, ce *collet* se trouve également sur un des plus dangereux champignons connus; & il ressemble si bien à ceux que l'on mange, que la méprise est très-facile. Il faut que ces signes soient peu certains, puisqu'il arrive tant de malheurs. J'aime mieux que l'on me reproche de pousser les choses trop loin, & même, si l'on veut, d'exagérer les craintes, que de donner lieu à des méprises toujours funestes. Celui qui cueille les champignons ne se ressouviendroit pas des caractères que j'aurois établis pour distinguer les bons des mauvais; on les confondroit, on les appliqueroit mal, il vaut mieux se taire.

Ceux qui voudront connoître la manière de préparer les couches à champignons, peuvent consulter l'ouvrage de M. Roger de Schabol, intitulé: *Pratique du Jardinage*, tome II, page 588; ou *le Dictionnaire économique*, au mot *Champignon*; ou *la Maison rustique*, & enfin tous les livres sur le jardinage. J'ai eu des exemples trop funestes devant les yeux, & qui me font encore frémir lorsque j'y pense, pour parler de ce dangereux végétal.

Des signes qui se manifestent lorsqu'on a eu le malheur de manger de mauvais champignons; & des remèdes convenables. Ils sont plus ou moins sensibles, suivant la qualité & la quantité qu'on en a prise. Les champignons ont un effet tardif; leurs premiers symptômes ne se manifestent souvent que douze ou vingt-quatre heures après. Les anxiétés, les nauſées, les défaillances, les foibleſſes continuelles, un vomiſſement, le dévoiement, l'aſſoupiſſement ſont les ſymptômes les plus ordinaires. Quelquefois il ſurvient des urines ſanglantes, des cardialgies, des tranchées, une ſoif ardente, le tranſport, l'oppreſſion, le gonflement des hypocondres, &c. Le pouls eſt fréquent & concentré, les extrémités ſont froides, &c. Certains champignons, & non pas tous, occaſionnent un reſſerrement à la gorge. Enfin ces ſubſtances vénéneuſes paſſent dans les ſecondes voies, & attaquent l'origine des nerfs & le cerveau.

L'émétique eſt le remède le plus prompt; mais il ne ſuffit pas, puiſque à l'apparition des ſymptômes, le champignon a déjà paſſé en grande partie dans les ſecondes voies. Il convient donc de l'unir aux purgatifs & même d'employer les lavemens d'une décoction de tabac, afin de faire rendre promptement ce qu'elles contiennent.

Si on n'a pas ſous la main, & ſi on n'eſt pas à portée de ſe procurer ſur le champ les remèdes dont on vient de parler, il faut favoriſer par de grands lavages tièdes, le vomiſſement naturel lorſqu'il a lieu, faire beaucoup boire au malade de l'eau rendue acidule par ſon union avec le vinaigre. Ce remède ſimple a ſouvent ſuffi. Enfin, lorſque les accidens les plus graves auront diſparu, c'eſt-à-dire, après l'entière évacuation des champignons, on fera prendre au malade, dans chaque verre de ſa boiſſon, un peu d'éther vitriolique. C'eſt à MM. Paulet & Parmentier que l'on doit la découverte de ce remède. Je le répète, ſouvent d'amples boiſſons acidulées par le vinaigre ſuffiſent. Après la diſparition totale des ſymptômes, & l'évacuation de ce qui les cauſoit, une priſe de thériaque ne ſera pas déplacée.

CHANCELIERE. *Pêche.* (*Voy.* ce mot)

CHANCI, CHANCIR, CHANCISSURE. En agriculture, ce mot eſt appliqué à différens objets.

On dit que le fumier *ſe chancit* lorſqu'il commence à blanchir & à produire de petits filamens. Le fumier chancit par trois raiſons; 1°. lorſqu'il a été tenu trop au ſec; alors il ſe brûle, ſe conſume, & finit par ſe réduire en terreau; 2°. lorſqu'après avoir été trop long-tems noyé d'eau, qu'il eſt tiré de la marre, & que par des pluies continuelles, ou par d'autres raiſons, il reſte encore pendant long-tems pénétré d'eau, de manière que cette trop grande humidité s'oppoſe à ſa fermentation; 3°. enfin, parce que n'éprouvant plus de fermentation, il ne réſulte aucune chaleur dans ſon intérieur, & aucune recombinaiſon de ſes principes. Dans cet état, la moiſiſſure, la chanciſſure le gagne, & il n'a même plus les qualités dont il étoit doué à ſa ſortie de l'écurie. L'eau dans laquelle il a été plongé, s'eſt approprié ſes parties ſalines, huileuſes & ſavoneuſes; de ſorte qu'il ne lui reſte, pour ainſi dire, qu'un *caput mortuum*, qui ſera de la *terre végétale* ou *humus*. (*Voyez* ces mots)

Racines chancies. On appelle ainſi celles qui étant éclatées, ou mutilées, ou meurtries en terre, moiſiſſent. Alors il ſe forme autour d'elles une pellicule blanchâtre, & l'intérieur noircit. Ce qui paroît une pellicule, examiné au microſcope, eſt un tiſſu de petites plantes ſerrées les unes contre les autres. Ces plantules ont des racines, des tiges, des rameaux, &c. le tout en miniature. Les racines chanciffent fouvent dans les terrains trop humides, fur-tout fi cette humidité a lieu pendant les grandes chaleurs. Un débordement du Rhône, dans le courant du mois d'Août, & à l'époque du renouvellement de la sève, fit périr prefque tous les arbres fruitiers dont le pied fut couvert par l'eau. Je fis déchauffer un grand nombre d'arbres; les racines étoient chancies, & en moins de quinze jours les arbres périrent.

Si la chanciffure, cette dangereufe maladie, provient d'un terrain habituellement aquatique, il faut renoncer à y planter des arbres fruitiers. Si elle eft accidentelle & occafionnée par des bleffures, le jardinier attentif déchauffera l'arbre dès qu'il le verra fouffrir, coupera les racines noires; il ira jufqu'au vif, changera la terre, & enfuite donnera un *bouillon* ou *demi-bouillon*, (*voyez* ce mot) fuivant l'exigence des cas; que fi la chanciffure eft trop générale, il vaut mieux arracher l'arbre que de travailler en pure perte.

La chanciffure partielle mine l'arbre, & infenfiblement l'entraîne à fa deftruction. Cette maladie fe foutient fouvent pendant plufieurs années de fuite: l'arbre végète, mais il végète mal; fes bourgeons font fluets, mal nourris, courts; fes fleurs, pour la plupart, tombent fans *aoûter*; & fi quelques fruits fubfiftent, ils font plutôt mûrs que ceux de la même efpèce fur des arbres fains, & prefque toujours remplis de vers: d'ailleurs ils ont peu de goût. On peut dire de ces arbres, qu'ils fe nourriffent plus par leurs *feuilles* (*voyez* ce mot) que par leurs racines, quoique ces feuilles annoncent par leur vert trifte & pâle, l'état de leur fouffrance. Souvent l'arbre eft dépouillé auffi-tôt que le fruit eft parvenu à fa maturité. Arrachez fans miféricorde de pareils arbres, dès que les remèdes font infuffifans. Ils occupent inutilement une place, atteftent le peu de connoiffance du jardinier, ou la mauvaife qualité du fol; enfin, ils déparent un jardin fruitier.

CHANCRE, MÉDECINE RURALE. Le jardinage a emprunté ce mot de la médecine. Il faut donc parler du chancre relativement à l'*homme* & aux *animaux*, & relativement aux *arbres*.

Le chancre eft un petit ulcère qui vient à la bouche, aux lèvres & aux parties naturelles des deux fexes; il jette un pus jaune, vert ou gris; il eft entouré de petits vaiffeaux fanguins gonflés, femblables aux pattes d'un petit cancre.

Le chancre eft fimple ou compliqué. Le chancre fimple vient fouvent de mal-propreté; & en lavant la partie fur laquelle il eft placé, avec de l'eau & du vinaigre, il difparoît. Le chancre compliqué eft un effet de la *vérole*. (*Voyez* ce mot) M. B.

CHANCRE, *Médecine vétérinaire*. La bouche du bœuf, du cheval & de l'âne, & fur-tout la langue, font le fiège de ce mal. Il s'annonce par une tumeur remplie d'une humeur rouffe & fluide, qui fe fait jour d'elle-même, & produit une cavité dont la grandeur augmente en très-peu de tems, fouvent jufqu'à détruire les parties circonvoifines. Les aphtes remplis de férofités, & quelquefois terminés par une pointe noire, font des vrais chancres. Etant ouverts, ils rongent promptement la langue ou les parties voisines, si l'on n'arrête pas leurs progrès. (*Voyez* APHTES).

On guérit les chancres en les râtissant avec un instrument quelconque, pour en faire sortir le sang, & en lavant souvent la plaie avec du vinaigre, dans lequel on a fait infuser de la rue & de l'ail, en ajoutant à la colature un peu d'eau-de-vie camphrée. Les animaux qui en sont atteints, guérissent aisément par cette méthode. En 1773, nous vîmes beaucoup de chevaux & de mulets attaqués de ce mal. Plusieurs perdirent leur langue entre les mains des maréchaux, parce qu'ils ne connurent point le remède.

Cette maladie est ordinairement épizootique : alors on l'appelle *chancre volant*, *pustule maligne*, *charbon à la langue*. (*Voyez* CHARBON A LA LANGUE)

Le mouton est exposé à des petites vésicules d'une humeur rousse, qui attaque les tégumens du col ; elles excitent au commencement une vive démangeaison. Lorsqu'elles sont ouvertes, elles s'étendent au loin, & détruisent les tégumens & les muscles voisins. Nous appelons cette espèce de chancre *feu Saint-Antoine*, *feu céleste*. (*Voyez* FEU S. ANTOINE)

Quant au chancre qui survient dans le nez des chevaux attaqués de la morve, & qui est un signe univoque de cette maladie, on parvient à le déterger avec une once d'une injection faite d'une drachme de sublimé corrosif, dissoute dans environ dix onces d'esprit de vin camphré, le tout étendu dans une livre de décoction de graine de lin. (*Voyez* MORVE) M. T.

CHANCRE DES OREILLES, *Médecine vétérinaire*. De tous les animaux, il n'y a que le chien dont les oreilles soient attaquées de cette espèce de chancre, & cela arrive sur-tout lorsqu'il a eu ou qu'il a encore la gale, ou lorsqu'en chassant il s'est écorché les oreilles dans les broussailles.

Dans le premier cas, pour remédier à ce mal, il convient plutôt de guérir la gale avant que d'entreprendre la cure du chancre. (*Voyez* GALE DES CHIENS)

Dans le second, c'est-à-dire, quand le vice n'est que local, il suffit de toucher le chancre avec la pierre infernale, ou avec l'esprit de vitriol. Si loin de céder à ces topiques, l'ulcère s'agrandit & fait des progrès, le plus court parti est d'emporter l'oreille avec des ciseaux à l'endroit qu'occupe le chancre, & d'appliquer tout de suite le feu pour arrêter l'hémorragie. M. T.

CHANCRE, *Jardinage*. Les végétaux, ainsi que nous, sont soumis à la même loi. Naître, végéter, souffrir & mourir, tel est le sort de tout ce qui respire. Rendons à l'arbre les mêmes soins que le médecin donne à l'homme, le vétérinaire à l'animal, &c. ; il sera reconnoissant de nos attentions, ou plutôt notre jouissance sera prolongée.

Une humeur âcre & corrosive détruit peu-à-peu l'organisation intérieure d'une branche ou d'un arbre, & forme un chancre. Suivant la qualité & la quantité de l'humeur mordante, les progrès du chancre sont plus ou moins rapides, & le chancre est plus ou moins profond ; les cerisiers, pêchers, amandiers, abricotiers, en un mot, les arbres gommeux y ſont plus ſujets que les autres.

I. *Du chancre des arbres non gommeux.* L'écorce ſe gerce, ſe deſsèche dans la partie affectée par le chancre, le mal va toujours en augmentant; ſouvent un côté entier d'un arbre en eſt affecté; enfin il périt ſi on n'apporte du ſecours. Le plus prompt, dès qu'on s'en apperçoit, eſt le mieux. Les poiriers de bon-chrétien, de bergamotte, &c. y ſont fort ſujets, ſur-tout, lorſqu'ils ſont plantés dans des terrains humides; l'opération eſt indiſpenſable, ſi on veut en prévenir les ſuites funeſtes. A cet effet, cernez avec la ſerpette ou avec tel autre inſtrument tranchant proportionné au volume de l'arbre, toute l'écorce endommagée; mettez à nud la partie ligneuſe affectée, & enlevez-la juſqu'au vif; il vaut mieux emporter même une portion d'écorce & de bois ſain que de craindre de faire une trop large plaie. Si le chancre n'eſt pas complétement détruit, c'eſt ne rien faire. Après l'opération, rempliſſez l'ouverture avec *l'onguent de Saint-Fiacre.* (*Voyez* ce mot)

L'époque la plus favorable pour l'opération, eſt au renouvellement de la sève du printems; l'écorce diſpoſée à s'étendre par l'affluence continuelle de la sève, couvrira la plaie peu-à-peu, & l'arbre ſe rétablira.

II. *Du chancre des arbres gommeux.* On ſait que la gomme eſt une sève extravaſée; que lorſqu'elle s'extravaſe l'arbre ſouffre, & meurt ſi elle eſt trop abondante. La sève qu'on laiſſe ſéjourner ſur une partie d'un arbre, y bouche les pores de la tranſpiration, cauſe des élévations à la peau: la matière perſpirable s'y corrompt, ronge & carie les parties ligneuſes qu'elle imbibe: voilà pour l'intérieur. A l'extérieur, le ſuc prend une forme ſolide & concrète en deſſéchant, & forme la gomme; enfin ces deux cauſes réunies concourent à établir un véritable chancre. Si les chancres ſont placés ſur de petites branches, détruiſez dans le tems ces branches par la taille. Si les petites taches noires, livides & chancreuſes ne ſont pas conſidérables, ſaiſiſſez le premier jour de pluie; lorſque la gomme ſera bien détrempée, enlevez-la avec la pointe d'un inſtrument tranchant, & avec ce même inſtrument, détruiſez l'écorce & le bois chancreux; la branche reprendra bientôt ſa première vigueur: opérez de la même manière ſur des chancres placés ſur les groſſes branches, & rempliſſez la cavité des plaies, ainſi qu'il a été dit, avec l'onguent de Saint-Fiacre.

On doit à M. Roger-Schabol l'obſervation ſuivante. Les chancres naiſſent auſſi des queues des pêches qui demeurent ſur les arbres plus d'une année après qu'elles ſont cueillies; ces queues ſe sèchent, meurent & durciſſent.

CHANTEAU. Terme de tonnelier, pour déſigner la pièce du fond d'un tonneau, qui eſt ſeule de ſon eſpèce, & qui eſt terminée par deux ſegmens de cercle égaux.

CHANTE-PLEURE. Grand entonnoir qui ſert à remplir les tonneaux, & dont l'orifice ſupérieur de la douille eſt recouvert d'une plaque de fer-blanc percée de pluſieurs trous par leſquels le vin s'échappe dans le tonneau. Cette eſpèce de grille ſert à retenir tous les corps étrangers.

Dans certaines provinces, on désigne encore par le mot de *chante-pleure*, un vaisseau dans lequel on foule, piétine, écrase le raisin avant de le jeter dans la cuve ; il est garni d'une gouttière qui conduit le vin dans la cuve. Dans d'autres, la *chante-pleure* est criblée de trous, & on la place sur la cuve même. On dit encore, *chante-pleurer* une cuve, lorsque, remplie au quart ou à moitié, ou entièrement, on y piétine le raisin, afin d'augmenter la masse de fluide. Dans quelques endroits, lorsque la fermentation est bien établie, plusieurs hommes armés de longues pièces de bois, agitent autant qu'ils peuvent, en tout sens, la masse fermentante. Cette opération est non-seulement inutile, mais très-nuisible. (*Voyez* le mot FERMENTATION)

FIN du Tome second.

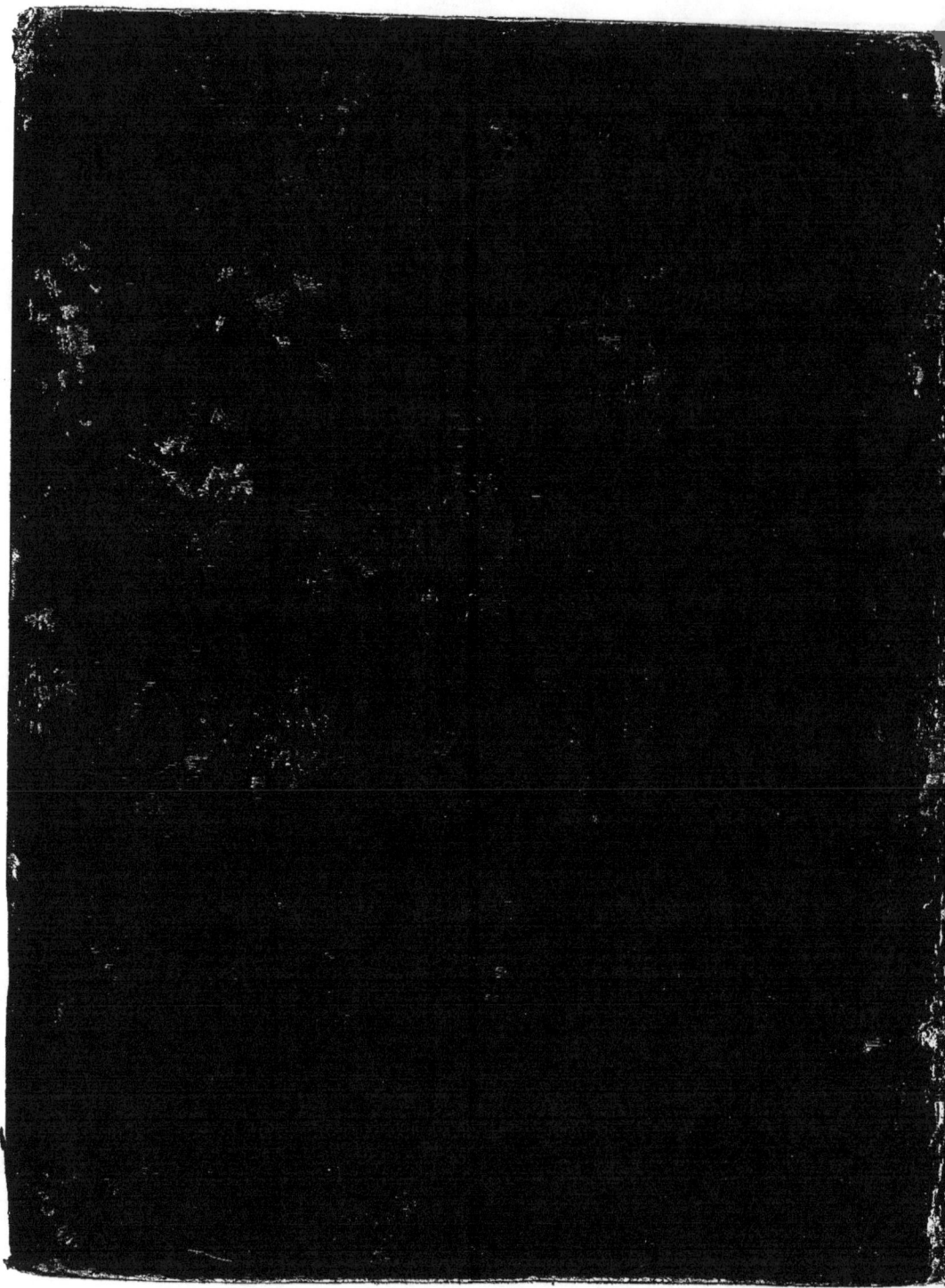